Robert M. Silverstein
Francis X. Webster
David J. Kiemle

SPECTROMETRIC IDENTIFICATION OF ORGANIC COMPOUNDS

Seventh Edition

유기 화합물의 분광학

제7판

남계춘 · 문석식 · 심원보
이효원 · 홍인석 공역

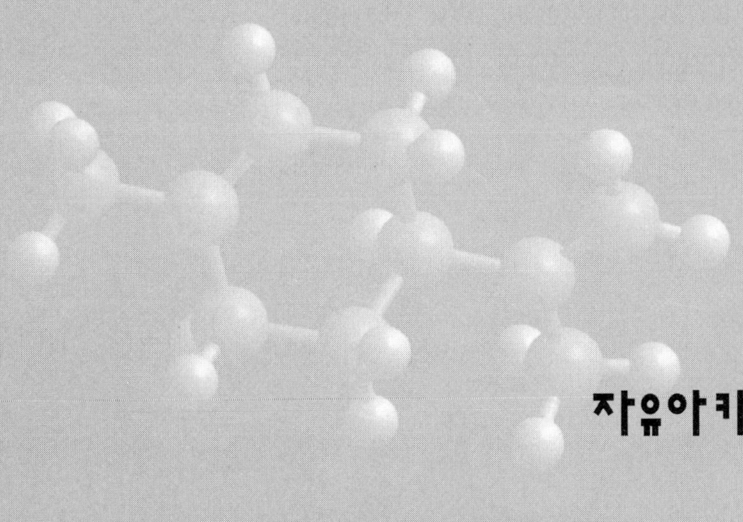

자유아카데미

SPECTROMETRIC IDENTIFICATION OF ORGANIC COMPOUNDS

- Seventh Edition -

Robert M. Silverstein
Francis X. Webster
David J. Kiemle

저자 서문

유기 화학자들에게 질량(MS), 적외선(IR), 핵자기 공명(NMR), 및 자외선(UV)의 협동적 정보로부터 유기 화합물을 확인하는 방법을 가르치기 위하여, 1963년도에 이 문제 풀기 교재의 초판을 발간하였다. 본질적으로 분자는 이러한 에너지 탐침에 의하여 교란되어 그 감응이 스펙트럼으로 기록된다. UV는 다른 용도를 가지지만 현재는 유기 화합물을 확인하는 데 거의 사용하지 않는다. 이러한 제한점으로 우리는 6판에 해명과 더불어 UV를 폐기하였다.

현재 현저한 NMR의 발전은 네 개의 장을 필요로 한다. 어려운 화합물의 구조 확인은 6, 7, 8장에서 예시한 바와 같이 주로 2-D NMR에 의존하게 되었다.

이론과 실제 간에 균형을 유지하는 것은 어렵다. 우리는 전자와 양자 역학의 난해한 부분을 피했다. 그러나 대안으로 블랙박스식 접근법은 받아들이지 않았다. 우리는 어느 정도 구체적으로 도해적이고 비수학적인 접근법을 사용하여 이러한 극단적인 것들을 피했다. 해석이 목적이기 때문에 충분한 도해와 우수한 스펙트럼들을 모든 기회에서 제시하였다.

이러한 것이 전문가의 가장 중도적인 수준이더라도 상당수의 구조 확인 문제들에 관한 해답을 제공할 것이다. 물론 실제에서 다른 정보들 — 시료 출처, 분리 정보, 합성 순서 혹은 유사 물질에 대한 정보들도 주어졌다. 흔히 복잡한 분자도 일부 구조가 알려져 있기 때문에 확인이 가능하게 되고 특정한 문항이 만들어질 수 있다. 따라서 과정은 확인보다는 확증에 해당된다. 그러나 실제에서는 아주 작은 양의 화합물을 물리적으로 취급하는데 어려움이 있다. 포착, 흡착제로부터의 용리, 용매 제거, 오염 방지 및 불안정한 화합물의 분해 등의 어려움이 있다. 수분, 공기, 잠금꼭지의 윤활제, 용매 불순물 및 가소제들은 많은 연구자들을 좌절하게 만들었다. 교육적인 목적에서 우리는 순수한 유기 화합물만 취급하였다. 이러한 내용에서 "순수"라는 말은 상대적인 용어이고, 우리가 더 높은 순도라 말할 수 있다면 더 좋다는 것이다. 많은 경우에 확인은 시료의 몇 분의 일 밀리그램 혹은 더나아가 마이크로그램 수준에서 이루어 진다. 통상적으로는 밀리그램 수준에서 확인이 이루어 진다. 물론 모든 분자가 쉽게 확인되는 것은 아니다. 화학적 조작이 필요할 수도 있지만 스펙트럼에서 얻은 정보는 화학적 처리에 지적인 선택을 가능하게 해 준다.

이러한 것들이 가능하게 하기 위하여 이 교재는 적절한 자료를 보여 준다. 차트와 도표는 교재의 전반에 걸쳐 포괄적이며 쉽게 사용할 수 있도록 고안되었다. 각 장의 끝에는 여러 연습 문제의 세트가 있다. 7장은 합당한 스펙트럼을 가지는 여섯 개의 화합물로 구성되어 적절하게 상세히 논의하고 있다. 8장은 다소 난이도가 증가하는 순서로 연습 문제가 구성되었다.

저자들은 이번 기회에 새로운 재료를 포함하고, 낡은 것들은 버리고, 도해를 개선하는 데 사용하였다. 각 장의 중요한 변화는 다음에 요약하였다.

질량 분석법(1장)

이 장의 장점은 EI 스펙트럼의 토막내기에 관한 취급의 범위이며 중심 주제로 남아 있다. 기기장치에 대한 취급은 다시 쓰여 졌으며, 이온화법 및 이온 분리를 초점으로 크게 확장되었다. 이 장에서 모든 스펙트럼은 다시 작성되었다. 물론 새로운 화합물의 스펙트럼도 있다. 토막내기 양식(구조)은 다시 쓰여 졌으며 수정되었다. EI 토막내기의 논의는 부분적으로 다시 쓰여졌다. 이 장의 마지막에 있는 연습 문제로 새로이 크게 확장되었다.

화학식 질량 도표(소수점 넷째 자리로)는 시안으로 분자량과 단위 질량 피크를 기초로 한 토막을 선택하는데 편리하다. 7장의 서론에서의 첫 문단에서 "분자식을 찾으시오"라고 서술한 것을 유념하시오.

IR 분광법(2장)

아직도 유기 화학자가 IR 분광법에서 상당량의 이론 및 기기장치법에 대하여 이해할 필요가 있다. 우리는 원자단-흡수 차트, 특성 스펙트럼, 참고 문헌 및 연습 문제와 더불어, "흡광 특정 원자단"의 취급이 유용하다고 믿고 있다. 이 장은 이 장 끝에 있는 연습 문제를 제외하고 본질적으로 (이전과) 같다. 대부분의 스펙트럼은 다시 만들어졌다.

양성자 핵자기 공명 분광법(3장)

이 장에서 우리는 일반적인 핵자기 공명의 배경을 보여 주었으며, 양성자 NMR을 발전하기 위하여 진행하였다. 양성자 NMR 스펙트럼의 해석이 목적이다. 처음부터 NMR 분광학의 기초는 양성자와 함께 진화하였으며, 아직도 만들어진 대부분의 NMR을 담당하고 있다.

이 장의 17절을 설명하기보다는 단순히 이 장이 크게 확장되도록 철저히 교정되었다고 언급하겠다. 중요한 강조는 FT NMR을 중심으로 하였으며, 특히 몇몇 이론을 중점적으로 다루었다. 그림의 대부분은 최신 것이며, 많은 그림이 600 MHz 스펙트럼들이다. 연습 문제 개수도 논의된 물질을 포함하기 위하여 증가시켰다. 학생이 일차 다중선의 개념에 숙달됨에 따라 양성자 다중선이 자주 확대하였음을 알 수 있다. 중요한 개념은 자세히 논의하였다.

한 번 더 관찰한다면 ^{1}H와 ^{13}C 분광법을 3장과 4장으로 분리하였음을 알 수 있을 것이다. 우리는 이전 판에서 개발한 바와 같이 이러한 접근 방식은 건전하다고 확신하였으며, 4장으로 진행한다.

탄소-13 NMR 분광법(4장)

이 장은 철저히 수정하였다. 모든 그림은 새롭고 75.5 MHz(양성자에 관한 300 MHz에 해당) 혹은 150.9 MHz(양성자에 관하여 600 MHz에 해당)에서 얻었다. 많은 ^{13}C 화학 이동의 도표가 확장되었다.

DEPT 스펙트럼에 대하여 많은 강조를 하였다. 사실 모든 연습 문제에서 시대에 뒤떨어진 짝풀림 ^{13}C 스펙트럼 대신 이것들로 대체하였다. DEPT 스펙트럼은 각 탄소에 부착된 수소 원자수를 가지는 탄소 원자의 분포를 제공한다.

상관 NMR 분광법; 2-D NMR(5장)

5장은 2-D 상관관계를 취급한다. 그러나 다시 조직화하고, 확장하고 최신 것으로 바꾸어 계속적으로 증가하는 2-D NMR의 중요성을 반영하게 하였다. 재조직화는 주어진 화합물의 모든 스펙트럼에서 이루어 졌으며, 각 보기를 분리하여 취급하였다. 입세놀, 카료필렌 옥사이드, 락토스 및 테트라펩타이드. 대부분의 실험에 대한 펄스 서열이 주어졌다. 확장된 취급은 또한 ROSEY와 HMQC-TOCSY 같은 혼성 실험의 많은 새로운 2-D 실험을 포함하였다. 새로운 연습 문제가 많이 있다.

1/2 스핀을 가진 다른 중요한 핵의 NMR 분광법(6장)

6장은 더 많은 보기, 포괄적인 도표 및 보다 개선되게 보여주는 스펙트럼으로 확장하였다.

취급은 화학적 상관관계를 강조하고자 의도하였으며, 몇 개의 2-D 스펙트럼을 포함하였다. 취급한 핵들은 다음과 같다.

^{15}N, ^{19}F, ^{29}Si, ^{31}P

예 제(7장)

7장은 서론 다음 여섯 개의 풀어본 "문제"가 뒤따른다. 우리의 제안된 접근법은 확장되었으며, 학생들에게 유익할 것이다. 우리는 지나치게 처방적(규범적)인 것을 억제하였다. 학생들은 그들만의 접근법을 개발하도록 강조하였으나 우리들의 제안이 제공되었으며, 단서(但書)를 제시하였다. 여섯 개의 문제는 어려움이 증가하는 순서로 배열하였다. 이 장에 두 개의 학생 연습 문제 구조를 제공하면서 첨부하였으며, 학생이 구조 확인 배정을 하여 구조를 규명하도록 하였다. 여분의 이러한 형식의 문제는 8장 끝에 첨부하였다.

문제 풀기(8장)

8장은 완전히 다시 만들었다. 스펙트럼을 구조적인 어려움에 따라 분류하였으며, 2-D 스펙트럼에 대하여 강조하였다. 보다 어려운 몇 개의 보기에 대해서는 구조를 주었으며, 학생이 구조를 규명하고 스펙트럼에서 구조 배정하기를 요청하였다.

연습 문제에 대한 해답은 교사 및 전문가들에게 편지로 출판사에 요청하면 PDF 형식으로 주어질 것이다. 더 많은 연습 문제는 http://www.wiley.com/college/silverstein.에서 찾아 볼 수 있다.

마지막 생각

평범한 실험실의 유기 화학자들에게 대부분의 분광법적 기법이 쉽게 접근할 수 있게 되었다. 양질의 NMR, IR, MS 데이터의 생성은 화학구조를 확인하는데 더 이상 속도 결정 단계가 아니다. 오히려 데이터의 분석은 수년 간 숙련된 분광학자의 경우와 같이 유기 화학자의 일차적인 장애가 되었다. 현재는 구조 입력에 따라서 NMR, MS, IR 스펙트럼을 평가하고 예측하는 소프트웨어의 수단을 이용할 수 있으며, 스펙트럼 입력에 기초한 자동적 구조 규명을 제공하는 꿈의 해법도 역시 점차 사용할 수 있게 되었다. 이러한 수단은 숙련된 실험자와 미숙한 실험자 모두에게 데이터 해석에 많은 도움을 제공한다. 오늘날에는 예측된 스펙트럼(http://www.acdlabs.com을 참조)을 주는 몇 가지 수단도 존재하지만 복잡성과 능력에서 차이가 있다.

요약하면 이 책은 상위 학부생과 대학원생을 위하여 고

안되었다. 이 교재는 또한 실제적인 유기 화학자에게도 도움이 될 것이다. 우리가 본문에서 여러 번 되풀이 한 바와 같이 목적은 협동적인 정보를 이용하여 스펙트럼을 해석하는 것이다. 따라서 우리는 필요한 스펙트럼을 가장 읽기 좋은 형태로 제기하도록 모든 노력을 기울였다. 특이 이러한 것은 NMR 스펙트럼에서 볼 수 있다. 학생은 금방 300과 600 MHz 분광기에서 생성된 일차 다중성의 가치를 알아볼 것이며, 수많은 확대 삽입화에 감사할 것이다. 교수들도 마찬가지일 것이다.

감사의 글

Advanced Chemistry Development (ACD) 사의 부사장 및 수석과학자인 Anthony Willaims에게 8장의 4장에 사용한 IR/MS 처리 소프트웨어를 기증해 주어 데이터를 손쉽게 양지로 제공하게 되어 감사한다. 또한 Bruker BioSpin Coporation사의 Paul Cope에 대하여 NMR 처리 소프트웨어를 기증하여 역시 감사하다. 이러한 소프트웨어 패키지 없이는 이 책의 도해가 불가능하였을 것이다.

복잡한 원고를 멋있는 7판 인쇄판으로 변환할 수 있게 많은 도움을 준 John Wiley and Sons의 Jennifer Yee, Sarah Wolfmann Robichaud 및 여러 스탭들에게 감사한다.

다음의 교정자들은 격려와 많은 유용한 제안을 제공하였다. 우리는 그들이 상당한 시간을 할애하여 줌에 감사한다: John Montgomery. Wayne State University: Cynthia McGowan, Merrimack College: William Feld. Wright State University: James S. Nowick, University of California, Irvine; and Mary Chisholm, Penn State Erie. Behrend College.

마지막으로 SUNY ESF, Syracuse의 분석장비를 사용하게 허락하여 준 Analytical and Technical Services사의 이사 Arthur Stipanovic 박사에게 감사한다.

우리들의 아내 (Olive, Kathryn과 Sandra) 들은 지속적인 인내와 지지를 제공하였다. 우리의 감사를 달리 적절하게 표현할 수 없다.

Robert M. Silverstein
Francis X. Webster
David J. Kiemle

왼쪽에서 오른쪽으로: Robert M. Silverstein, Francis X. Webster와 David J. Kiemle.

초판 서문

과거 수년 간 우리는 복잡한 혼합물로부터 작은 양의 유기 화합물을 불리하고 이러한 화합물을 분광법에 의하여 확인하는 데 종사하여 왔다.

San Jose State College의 A. J. Castro 박사의 제안에 따라 우리는 "유기 화합물의 분광법적 확인"이라는 한학기 과정을 개발하였으며, 1962년 봄학기 동안 대학원생과 산업 화학자의 교실에서 강의하였다. 이 책은 그 강의를 위하여 수집한 자료로부터 주로 만들어 졌으며, 강의와 같은 제목을 가지고 있다.*

우리는 먼저 두 곳으로부터의 경제적인 도움에 감사한다: Perkin-Elmer Corporation과 Stanford Research Insitute.

대부분의 감사의 빚은 Stanford Research Insitute의 우리 동료에게 있다. 우리는 그들을 일일이 나열하기에 너무 많은 신세를 지었다. 그러나 우리는 특히 NMR 분광학에 많은 조언을 주었던 S. A. Fuqua 박사에게 감사하는 바이다. 우리는 또한 Organic Research Department의 부장인 C. M. Himel 박사와 Analytical Research Department의 부장인 D. M. Coulson 박사의 경영수준에서의 협조에 감사한다.

Varian Associates사는 NMR 응용 실험실의 시간과 인력을 제공해 주었다. 우리는 N. S. Bhacca씨와 L. F. Johnson씨 및 J. N. Shooolery 박사에게 NMR 스펙트럼과 해석의 관점에서의 관대한 도움에 감사한다.

San Jose State College에서의 초청 강의는 행정적인 수고를 마다한 화학과 학과장인 Bert M. Morris 박사 덕분이다.

많은 양의 원고는 Stanford University의 R. H. Eastman 박사가 읽어 가장 도움이 되는 그의 의견에 깊이 감사한다.

마지막으로 우리들의 아내에게 감사하고 싶다. 아내의 인내심을 시험하여 저작의 산통에 있는 저자와 비유할 수 있는 것이 별로 없다. 우리들의 아내는 인내하였을 뿐만 아니라 격려하여 주고, 도와주고 영감을 불어 넣어 주었다.

R. M. Silverstein
G. C. Bassler

Menlo Park, *California*
1963년 4월

* 간략한 방법론의 서술이 다음에 발표되었다: R. M. Silverstein and G. C. Bassler, *J. Chem. Educ.* **39**,546 (1962) .

역자 서문

21세기의 화학은 매우 빠른 변화를 겪고 있다. 특히 조합화학을 이용하고 다양한 합성 반응을 통하여 수많은 화학종을 신속히 합성할 뿐만 아니라, 두 개 이상의 화합물의 집합체를 연구 대상으로 하는 초분자 화학 등 화합물의 다양화를 초래하고 있다. 특히 화합물의 종류는 2천만 개를 넘은지 수년이 되어 이제는 화합물의 종류를 헤아리는 의미도 희석되었다.

유기 화합물은 화합물의 대부분을 차지하고 있으며 합성 혹은 천연으로부터 얻는다. 합성 반응 혹은 천연물에 의하여 얻은 유기 화합물은 분리 정제 과정을 거쳐 구조를 확인하게 된다. 단일 유기 화합물의 구조는 분자 내의 원자의 위치를 얻는 것을 의미하지만, 삼차원적 좌표를 얻는 것은 분자의 융통성을 고려할 때 매우 어렵다. X-선 결정법은 결정 내의 유기 화합물의 절대적 입체화학을 분석하는 좋은 방법이지만, 결정을 얻어야 하는 단점과 용액 내에서의 구조에 대한 취약점을 가지고 있다. 우리가 유기 화합물의 구조 확인에 가장 많이 사용하는 분광학은 핵자기 공명 분광학 (Nuclear Resonance Spectroscopy), 질량 분광학 (Mass spectrometer), 적외선 분광학 (IR spectroscopy)이 된다. 이외에 보조적인 자외선-가시광선, 라만 (Raman) 분광학, CD (Circular Dichroism), 터널 주사 현미경, 전자 현미경 등의 다양한 보조 수단이 존재한다. 본 교재에서는 유기 구조 확인에 가장 필수적인 NMR, Mass 및 IR 분광학을 다루며, 비교적 심도있는 내용을 전달하고자 한다.

유기 화합물의 구조를 결정하기 위해서는 분광학의 이론적인 배경이 필요하지만, 양자화학적 배경을 지나치게 강조할 필요는 없다. 다시 말하자면 구조를 결정하기 위하여 많은 경험을 축적하여야 한다. 본 교재는 수학적 접근을 될수록 억제하고, 도해를 통한 적절한 이론적 배경과 실제적 연습을 통하여 유기 화합물의 구조를 결정하는 데 교과서로 수월성을 가진다. 이 교재를 통하여 고학년의 학부생과 대학원 초급생들이 유기 화합물의 구조를 결정하기 위한 분광학적 기초를 제공한다. 특히 유기 분광학에서 가장 중요한 NMR의 경우 기기 및 이론의 발전이 매우 빨라 현실과 교과서와의 괴리가 커졌다. 본 교재에서는 이러한 시대의 변화에 따라 가고자 노력한 바가 많다. 특히 많은 부분을 NMR에 할애한 이유는 NMR은 이차원적 구조 뿐만 아니라, 삼차원적인 구조에 대한 정보를 제공하기 때문이다. 약간 아쉬운 점은 오늘날 사용하고 있는 최신의 NMR 분광기는 자장기울기를 이용하고 있어 이에 대한 언급이 너무 간략화되어 있다는 점이다. 앞으로의 개정판에서 기대해 볼만하다. 또한 본 교재는 이제는 대부분의 유기 화학자들이 구조 결정 및 확인에 거의 사용하지 않는 자외선-가시광선 분광학은 취급하지 않아 적절한 분량과 시대의 균형적인 내용을 지니고 있어 한학기로 강의하기에 적절하다.

역자들은 번역을 통하여 보다 쉽게 유기화학을 공부하는 학생 혹은 유기 화학자들에게 도움을 주고자 의도하였지만, 역자의 지식의 한계와 화학술어의 사용이 의도한 바대로 쉽게 전달되기 어려운 점이 본 교재의 뛰어남을 가리지 않을까 염려가 된다. 언제든지 역자들의 잘못됨을 지적하여 바로 잡아주기 바란다. 끝으로 이렇게 좋은 유기 분광학 교재의 번역서가 출간될 수 있게 큰 도움을 주신 자유아카데미의 주정희 사장님, 임철석 상무님께 감사를 드린다.

역자 일동

차례 CONTENTS

4장 탄소-13 NMR 분광법 207

1장
질량 분석법

1.1 서론

질량 분석법의 개념은 비교적 단순하다. 한 화합물을 이온화하고(이온화법, ionization method), 이온화된 이온을 그 이온의 질량 대 전하비를 기준으로 분리하고(이온 분리법, ion separation method), 각 질량/전하 단위를 나타내는 이온의 개수를 하나의 스펙트럼(spectrum)으로 기록한다. 예를 들어, 주로 사용되는 전자 충격(electron-impact, EI) 방식에서 질량 분석계가 고에너지의 전자빔으로 기체 상태의 분자에 충격을 가한 후 결과를 질량대 전하(m/z)를 기준으로 분리된 양이온의 스펙트럼으로 표시한다.*

그림 1.1은 벤즈아마이드(benzamide)의 EI 질량 스펙트럼을 양(수직의 피크 강도)과 m/z의 좌표로 나타낸 것이다. m/z 121에 해당하는 양이온 피크는 전자빔의 충격으로 전자 하나를 잃은 분자(M)을 나타낸다. 이 양이온을 분자 이온($M^{\cdot+}$)이라 한다. 에너지가 큰 분자 이온은 연속적으로 그림 1.1에 이론적으로 설명한 이온 토막(fragment)을 생성한다.

보통 질량 분석계에 기체 크로마토그래프(GC-MS)나 액체 크로마토그래프(LC-MS) 같은 분석 기기를 연결한다. 질량 분석계는 질량 스펙트럼을 알고 있는 화합물이나 전혀 알려지지 않은 화합물의 분석에 많이 쓰인다. 알려진 화합물인 경우, 컴퓨터 검색을 통해 알고자 하는 화합물의 질량 스펙트럼을 막대한 양의 질량 스펙트럼 모음(library of mass spectra)과 비교한다. 일치하는 검색항목이 나오면 이것은 확인과정에서 유력한 증거이면서 법정에서 용인될 수 있는 자료가 되기도 한다. 알려지지 않은 화합물일 경우에는 분자 이온과 토막내기 모양, 그리고 IR, NMR과 같은 다른 형태의 분석법 자료를 토대로 새로운 화합물을 확인한다. 이 장의 주요 목표는 나중에 필요한 실력을 키우는 것이다. 다른 데에 적용하거나 더 자세한 내용은 이번 장 끝에 나오는 질량 분석 텍스트와 스펙트럼 편집물을 참고하라.

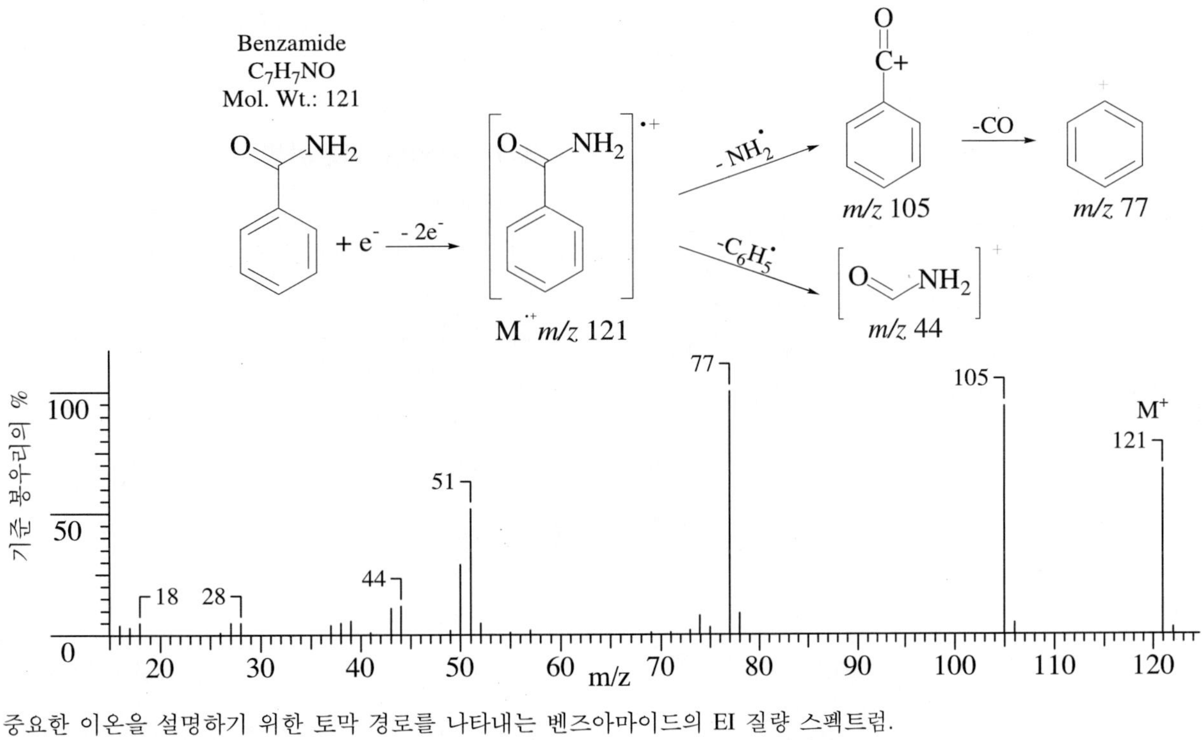

그림 1.1 중요한 이온을 설명하기 위한 토막 경로를 나타내는 벤즈아마이드의 EI 질량 스펙트럼.

* 질량의 단위는 Dalton (Da)로 동위원소 ^{12}C의 원자 1개의 질량인 12.0000....질량단위의 1/12로 정의한다.

1.2 기기장치

지난 10년 간 질량 분석법의 기기장치는 많이 바뀌어왔다. 각 기기에 대해서 설명하는 대신 기기의 종류를 (1) 이온화법과 (2) 이온 분리법 두 가지로 분류할 수 있다. 일반적으로 이온화법은 몇 가지 예외가 있지만 이온 분리법과는 무관하다.

유기 화학자의 최소 필요 요건은 화합물의 분자 질량을 가장 가까운 정수로 기록할 수 있는 능력이다. 따라서 스펙트럼이 질량 400을 나타내어야 할 때, 질량 399와 질량 401과 구별될 수 있는 피크가 나타나야 한다. 동위원소 피크 세기를 측정함으로써 가능한 분자식을 선택하기 위해서는 인접 (adjacent) 피크들과 확실하게 구분해야 한다. 임의적으로 이 두 피크 사이의 골은 더 큰 피크 높이의 10%보다 커서는 안된다. 이 분해능의 정도는 "단위" 분별 ("unit" resolution)이라 하는데, "단위 분별" 기기로 약 3000 Da의 질량까지 얻을 수 있다.

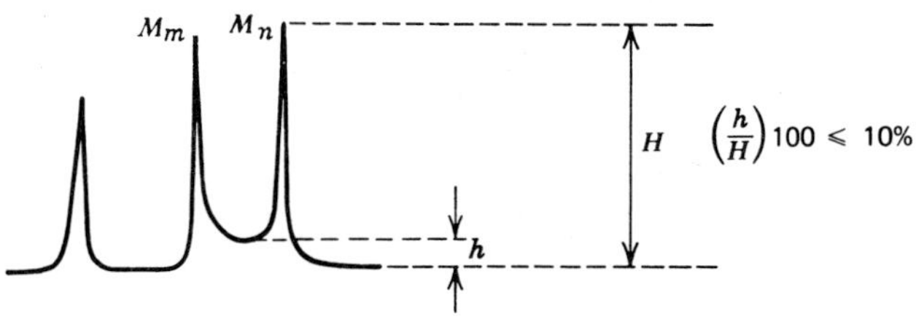

기기의 분해능을 결정하기 위해서는 비슷한 세기의 인접한 두 피크를 고려해야 한다. 이 피크들은 피크 사이 골의 높이가 두 피크 세기의 10% 미만이 되도록 선택한다. 분해능 (resolution, R) 은 $R = M_n/(M_n - M_m)$ 인데, M_n은 인접한 두 피크 중 질량수가 높은 것이고, M_m은 질량수가 낮은 것이다.

질량 분석계는 크게 저분해능와 고분해능의 두 종류로 분류한다. 저분해능 기계는 m/z 3000[$R = 3000/(3000 - 2999) = 3000$] 까지의 단위 질량을 분별할 수 있는 기계이다. 고분해능 기계 (예, $R = 20{,}000$) 는 $C_{16}H_{26}O_2$와 $C_{15}H_{24}NO_2$ [$R = 250.1933/(250.1933 - 250.1807) = 19857$]를 구별할 수 있다. 분해능 100,000인 질량 분석계는 이온의 원자 구성을 측정할 수 있을 정도의 정밀도로 이온의 질량을 측정할 수 있다.

모든 질량 분석계는 모두 공통된 특징이 있다 (그림 1.2 참조) . 많은 기기는 시료를 이온화함 (ionization chamber)에 직접 주입하기도 하지만, 어떤 종류의 크로마토그래피는 시료를 질량 분석계에 주입한다. 모든 질량 분석계는 시료를 이온화하고 m/z를 기초로 하여 이온을 분리한다. 이 방법은 아래에서 자세히 다루어질 것이다. 이온이 일단 분리되면 그 이온을 탐지하고 정량화한다. 일반적인 이온 수집기 (ion collector) 는 평행한 슬릿으로 구성되어 있는데, 이 슬릿은 한 번에 한 세트의 이온만을 수집기로 향하게 한다. 수집기에서 이온을 탐지하고 전자 증배관에 의해 증폭된다. 이온 탐지 방법 (ion detection method) 은 어느 정도는 이온 분리법에 의존한다.

오늘날 거의 모든 질량 분석계는 컴퓨터와 연결되어 있다. 일반적으로 컴퓨터가 크로마토그래피를 포함한 기기의 작동을 통제하고 자료를 수집, 저장하며, 스펙트럼 결과를 그래프 (막대 그래프) 나 표로 나타낸다.

1.3 이온화법

수많은 이온화법과 그중에 고도로 특수화된 이온화법은 모든 적용 범위에서 제외된다. 기체상, 탈착 (desorption) , 증발에 의한 이온화 이 세 분야에 주로 사용되는 이온화법은 다음과 같다.

1.3.1 기체상 이온화법

질량 분석에 필요한 이온을 발생시킬 수 있는 기체상 방법은 가장 오래되었으며, 자주 애용되는 방법이다. 화합물이 안정한 온도하에서 약 10^{-6} torr 정도의 최소 증기압을 갖는 화합물에 적용된다. 이 기준은 MW < 1000인 많은 비이온 분자에 해당한다.

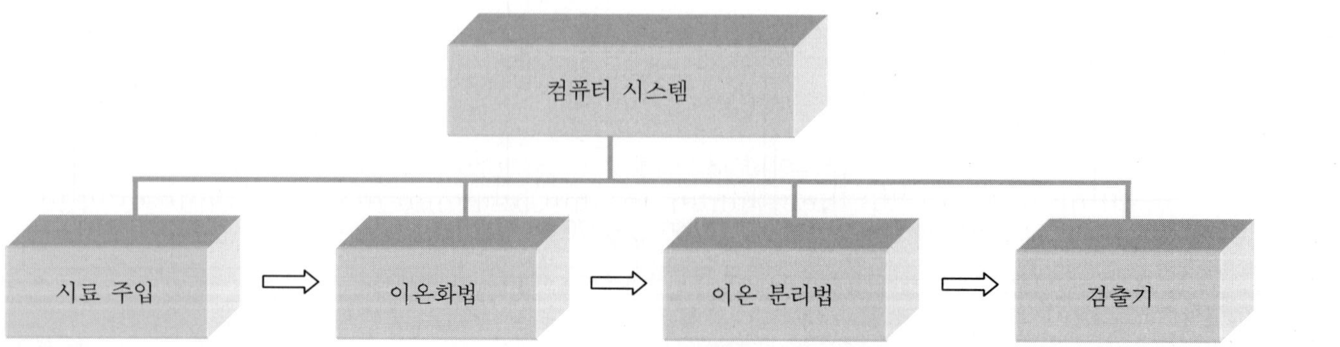

그림 1.2 전형적인 질량 분석계의 특징을 묘사한 도표.

1.3.1.1 전자 충격 이온화 전자 충격(electron impact, EI)은 질량 분석에 필요한 이온을 발생시키는 데 가장 널리 사용되는 방법이다. 기체상 시료 분자는 고에너지(일반적으로 70 eV)의 전자와 충돌하여 전자를 방출하고 양이온, 즉 분자 이온을 생성한다. 보통 일반적인 유기 화합물의 이온화 전위는 15 eV 미만이기 때문에 충돌하는 전자는 50 eV의 초과된 에너지를 새로 생성된 분자 이온에게 준다. 이 분자 이온은 결합력이 3 ~ 10 eV인 공유 결합이 깨지면서 분산된 이온이다.

결합이 깨지는 것은 주로 광범위하고 다시 생산가능하며, 이것은 화합물의 특징이다. 게다가 이 분해 과정은 예측가능하며 질량 분석법을 통한 구조해석에 강력한 자료가 된다. 때로 분자 이온이 받는 여분의 에너지가 매우 커서 질량 스펙트럼에서 분자 이온을 알아볼 수 없게 된다. 분자 이온을 얻는 데 흔히 유용한 방법은 이온화 전압을 감소하는 것이다. 분해 과정이 크게 줄어들기 때문에 이 방법은 거의 성공적이다. 이 방법의 단점은 스펙트럼이 변하므로 표준 문헌 스펙트럼과 비교할 수 없는 것이다.

많은 사람들은 질량 분석법은 EI 질량 분석법과 동일하다고 생각한다. 이 관점은 두 가지 이유로 이해할 수 있다. 첫째는 역사적으로 다른 이온화법이 개발되기 전에 EI가 보편적으로 사용되었다. 초기의 많은 작업이 EI 질량 분석으로 이루어졌다. 둘째로 사람들이 크게 신뢰하고 인용하는 질량 분석 데이터의 주요 도서와 데이터베이스가 EI 질량 스펙트럼이다. 쉽게 이용할 수 있는 데이터베이스는 무려 390,000개 이상 화합물의 EI 질량 스펙트럼을 포함하며, 이 데이터베이스는 컴퓨터 알고리즘으로 쉽게 검색가능하다. 주어진 유기 화합물의 EI 질량 스펙트럼은 입체이성질체이더라도 거의 확실하게 하나뿐인 것이다. 이 방법의 감도성이 크고, 이 유일성 때문에 GC-MS는 가장 강력하고 좋은 분석법으로 평가된다.

1.3.1.2 화학적 이온화 전자 충격 이온화는 종종 분자 이온이 전혀 관찰되지 않을 정도로 토막내기가 많다. 이러한 문제를 피하기 위한 방법은 화학적 이온화(chemical ionization, CI)가 중요한 역할을 하는 'soft ionization' 기술을 사용하는 것이다. CI에서 시료 분자(기체상)는 고에너지 전자의 충격에 영향을 받지 않는다. 반응 기체(주로 메테인, 아이소뷰테인, 암모니아를 사용하지만, 다른 것도 쓰임)를 주입구에 넣어 이온화한다. 시료 분자들은 이온화된 반응 기체 분자(CH_5^+, $C_4H_9^+$ 등)와 비교적 높은 압력 CI 원(source)에서 충돌하여 양성자 전달에 의해 $[M+1]^+$ 이온을 생성하거나 친전자성 첨가에 의해 $[M+15]^+$, $[M+24]^+$, $[M+43]^+$, $[M+18]^+$ (NH_4^+ 이온과) 등을 생성하거나, 전하 교환(드물지만)에 의해 $[M]^+$ 이온을 생성하는 이차 이온화가 이루어진다. 화학적 이온화 스펙트럼은 때로 수소화 이온의 제거 때문에 $[M-1]^+$의 두드러진 피크를 나타낸다. 따라서 생성된 이온은 짝수 전자를 가지는 화학종이다. 이온화 과정에서 시료 분자에 전달되는 과량의 에너지는 일반적으로 작아 5 eV 미만이다. 그렇기 때문에 토막내기가 적게 일어난다. 여기서 몇 가지 중요한 과정들이 있다. 가장 유용한 요소는 분자 이온의 양과 더 큰 감도성이다. 그 이유는 전체 이온 흐름이 몇몇 이온에 집중되어 있기 때문이다. 하지만 구조에 대한 정보는 많이 얻지 못한다. 준분자 이온(quasimolecule ion)은 대개 안정하며 쉽게 관찰할 수 있나. 종종 1 ~ 2개 정도만 토막이 생기고 때로는 전혀 생기지 않는다.

예를 들어, 3,4-다이메톡시아세토페논(3,4-dimethoxyacetophenone)의 EI 질량 스펙트럼(그림 1.3)은 *m/z* 180의 분자 이온 이외에도 *m/z* 15-167 범위에 나타나는 많은 토막 피크들을 나타낸다. *m/z* 165의 기준 봉우리와 *m/z* 137과 *m/z* 77의 두드러진 피크도 나타난다. CI 질량 스펙트럼(반응 기체로 메테인, CH_4 사용)은 준분자 이온($[M+1]^+$, *m/z* 181)이 기준 봉우리(100%)로 나타나고, 각각 적은 강도 %를 차지하는 사실상 유일한 다른 피크인 분자 이온 피크가 *m/z* 180, *m/z* 209 ($[M+29]^+$, $M+C_2H_5^+$), *m/z* 221 ($[M+41]^+$, $M+C_3H_5^+$)에 나타난다. 마지막 두 피크는 탄소양이온에 친전자성 첨가된 결과로 분자 이온을 분별해내는 데 아주 유용하다. 과량의 메테인 운반 기체는 전자 충돌에 의해서 일차 이온인 CH_4^+와 CH_3^+로 이온화된다. 이는 곧 과량의 메테인과 반응하여 이차 이온을 만든다.

$$CH_3^+ + CH_4 \longrightarrow C_2H_5^+ \text{와 } H_2$$
$$CH_4 + C_2H_5^+ \longrightarrow C_3H_5^+ \text{와 } 2H_2$$

다양한 이차 이온의 에너지 함량(메테인, 아이소뷰테인, 암모니아 각각으로부터)은 $CH_5^+ > t\text{-}C_4H_9^+ > NH_4^+$ 순서로 낮아진다. 따라서 어떤 반응 기체를 선택하느냐에 따라서 CI로 생성된 $[M+1]^+$ 이온에서 쪼개짐의 경향을 조절할 수 있다. 예를 들어, 메테인을 반응 기체로 사용하면 다이옥틸프탈레이트(dioctylphthalate)는 $[M+1]^+$ 피크(*m/z* 391)이 기준 봉우리로 나타난다. 더 중요한 점은 토막 피크(예, *m/z* 113과 149)는 위의 기준 봉우리 세기의 30 ~ 60%이다. 아이소뷰테인을 사용하면 $[M+1]^+$ 피크는 여전히 크겠지만, 토막 피크가 겨우 $[M+1]^+$ 피크 세기의 5% 밖에 되지 않는다.

CI 질량 분석법은 피크 비교(직접 손으로 또는 컴퓨터로)하는 데 적합하지 않으며, 특별히 구조 설명을 하기에도 유용하지가 않다. 이것의 주용도는 분자 이온과 분자 질

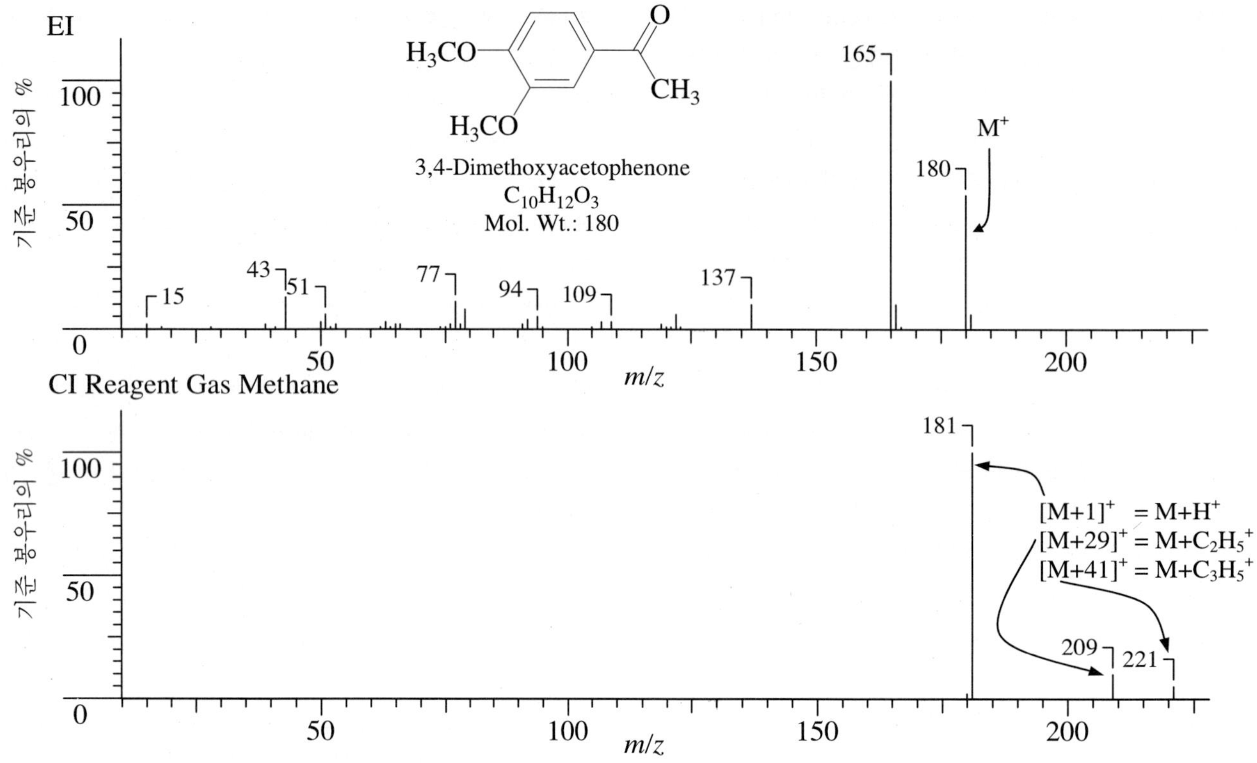

그림 1.3 3,4-다이메톡시아세토페논의 EI와 CI 질량 스펙트럼.

량을 알아내는 것이다.

1.3.2 탈착 이온화법

탈착 이온화법 (desorption ionization methods) 은 시료 분자가 응축상에서 기체 상태로 이온처럼 곧바로 방출하는 기법이다. 크고 비휘발성이거나 이온 결합 화합물에 주로 사용한다. 탈착 이온화법은 치명적인 단점이 있다. 이 방법은 대체로 얻을 수 있는 시료를 효율적으로 사용하지 못한다. 흔히 정보내용이 제한되어 있다. 미지 화합물의 경우, 이 방법으로 주로 분자 질량을 알 수 있으며, 때로는 정확한 질량을 알 수 있다. 하지만 이런 용도로 사용한다고 하더라도 주의를 기울여야 한다. 그 이유는 분자 이온이나 준분자 이온이 분명하지 않기 때문이다. 결과로 얻어진 스펙트럼은 대개 많은 기반 이온 때문에 복잡하다.

1.3.2.1 장 탈착 이온화 FD 이온화법 (field desorption ionization) 에서는 시료를 표면에 탄소 현미침 (microneedle) 이 존재하는 금속 방출체에 적용된다. 현미침이 표면을 활성화하면 표면의 전압이 가속되고 계속 양극으로 작용한다. 현미침 끝의 높은 전압 차이가 시료의 전자를 떼어내고, 만들어진 양이온은 방출체로부터 반발되어 떨어나간다. 만들어진 이온은 초과 에너지가 거의 없어 최소의 토막내기가 생긴다. 즉, 대개 분자 이온이 볼 수 있는 유일한 이온이다. 예를 들면, EI와 CI로는 콜레스텐-5-엔-3,16,22,26-테트롤 (cholesten-5-ene-3,16,22,26-tetrol) 과 같은 지질은 분자 이온을 볼 수가 없다. 하지만 FD 질량 스펙트럼 (그림 1.4) 에서는 토막내기가 되지 않는 분자 이온을 확연히 볼 수 있다.

장탈착은 FAB (다음 절) 의 출현으로 빛을 발휘하지 못하였다. 비극성 화합물을 다루는 데 있어서 FAB보다 FD법이 더 실용적이고, 매트릭스 지원 탈착법 (matrix-assisted desorption method) 에서 발견되는 배경 이온의 수준이 높아 어려움을 당하지 않는다는 사실에도 불구하고, FAB만큼 널리 사용되지 않았는데 그것은 제조업자들이 FAB를 강력하게 원조했기 때문이다.

1.3.2.2 고속 원자 폭격 이온화 고속 원자 폭격 이온화 (Fast Atom Bombardment Ionization, FAB) 는 제논이나 아르곤 원자의 고에너지 (6 ~ 10 keV) 를 이용하여 증기압이 낮은 액체 (예, 글리세롤) 에 용해되어 있는 시료에 충돌시킨다. 매트릭스는 과도한 방사선의 손상으로부터 시료를 보호해 준다. 이와 비슷한 방법으로는 액체 이차 이온화 질량 분석계 (liquid secondary ionization mass spectrometry, LSIMS) 가 있는데, 이 분석계는 좀 더 에너지가 높은 세슘 이온 (10 ~ 30 keV) 을 이용한다는 점을 빼고는 FAB와 비슷하다. FAB와 LSIMS법 모두 양이온 (양이온 첨가 ([M +

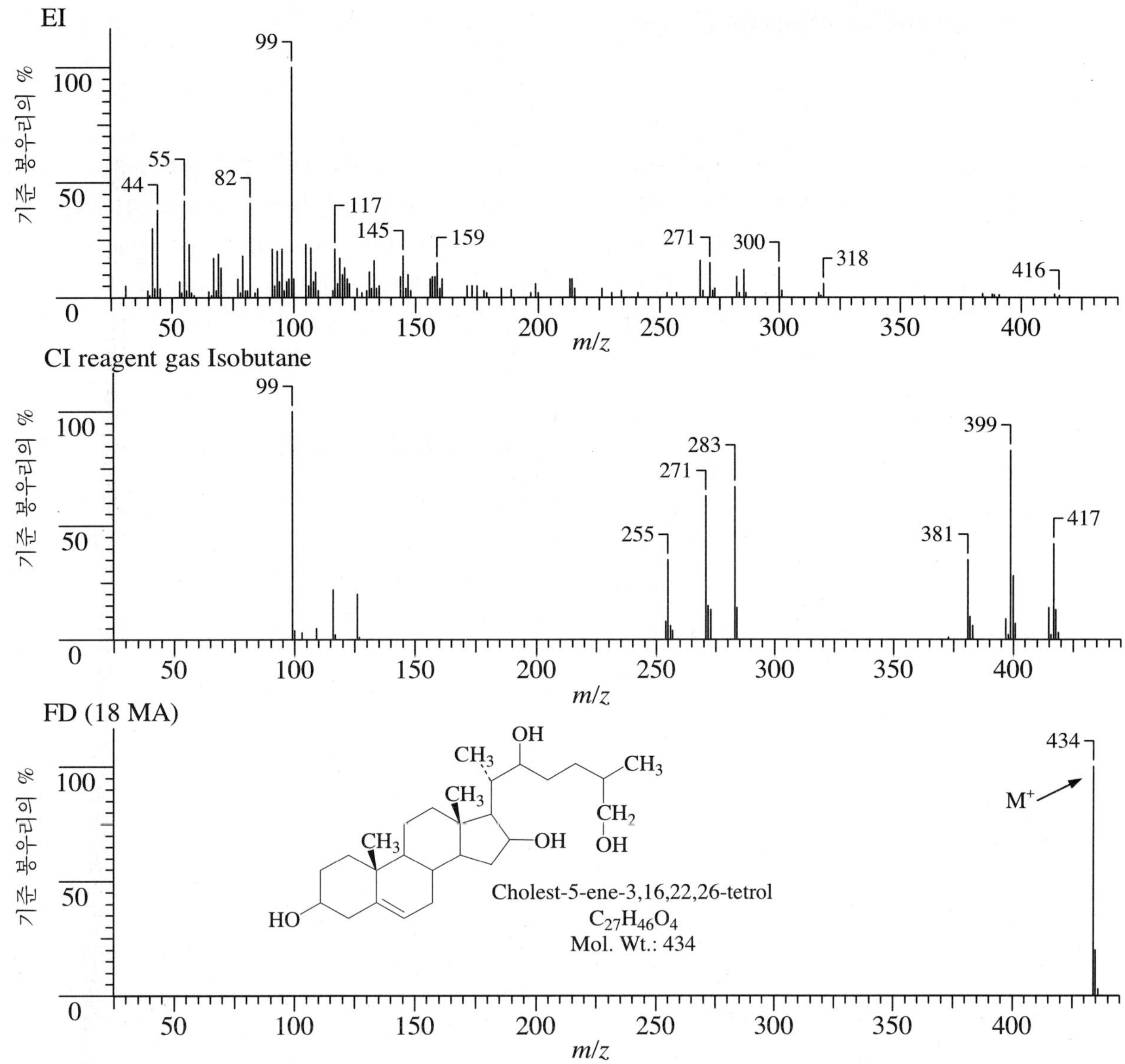

그림 1.4 콜레스트-5-엔-3,16,22,26-테트롤의 전자 충격(EI), 화학적 이온화(CI), 장탈착(FD) 질량 스펙트럼.

$1]^+$ 또는 $[M + 23, Na]^+$)과 음이온(양성자 이탈하면서 $[M - 1]^+$)을 생성한다. 두 종류의 이온 모두 주로 하나의 전하를 띠어, 기기에 따라 FAB를 고분해능 상태에서 사용할 수 있다. FAB는 주로 크고 비휘발성인 분자의 분자 질량을 결정한다. 거의 모든 종류의 화합물에 대해 나머지 스펙트럼은 덜 중요하게 여겨지는데, 부분적인 이유로는 질량이 낮은 범위의 이온은 매트릭스 그 자체에서 만들어지기 때문이다. 하지만 다당류와 펩타이드와 같이 여러 작은 단위로 이루어진 특정한 종류의 화합물에서는 글리코사이드 결합과 펩타이드 결합에서 차례대로 토막내기가 일어나면서 이런 종류의 화합물을 순서를 정할 수 있기 때문에 구조적인 정보를 얻을 수 있다.

FAB(그리고 LSIMS)의 최대 질량 한계는 10 ~ 20 kDa 사이이며, FAB는 6 kDa까지가 가장 유용하다. FAB은 주로 모든 질량 범위 내에서 0.3 *m/z*의 분해능을 갖는 이중 초점 자기 영역 기기(double focusing magnetic sector instrument)와 같이 사용된다. 그러나 FAB는 거의 모든 종류의 질량 분석관과 병행하여 사용할 수 있다. FAB의 가장 큰 단점은 스펙트럼이 항상 매트릭스에서 만들어진 이온의 수치가 높아 감도를 떨어뜨려 중요한 토막 이온을 보는 데 방해한다.

1.3.2.3 플라즈마 탈착 이온화 플라즈마 탈착 이온화법(Plasma Desorption Ionization)은 비행시간형 질량 분석계(1.4.4절)와만 사용하는 매우 특수화된 기술이다. 캘리포늄-252(^{252}Cf)의 핵분열 생성물은 80 ~ 100 MeV 범위의 에너지를 갖는데, 이것을 시료와 충돌시켜 이온화시키는데 사용된다. ^{252}Cf가 분열될 때마다 생성된 두 입자가 서

로 반대 방향으로 움직이게 된다. 그중 한 입자가 방아쇠 검출기 (triggering detector) 와 부딪혀 시작시간 신호를 알린다. 나머지 입자는 시료 매트릭스와 충돌하여 시료 이온을 비행시간형 질량 분석계 (time of flight mass spectrometer, TOF-MS) 로 방출한다. 시료 이온은 거의 대부분 단일, 이중, 삼중 양성자화되어 방출된다. 이 방출된 이온은 에너지가 낮기 때문에 구조적으로 필요한 토막내기가 거의 관찰되지 않는다. 다당류와 폴리펩타이드의 경우 정보를 배열할 수가 없다. 이 방법의 질량 정밀도는 비행시간형 질량 분석계에 의해 제한될 수 밖에 없으며, 분자 질량이 45 kDa 이상인 화합물을 다룰 때 유용하다.

1.3.2.4 레이저 탈착 이온화 레이저 탈착 이온화법 (Laser Desorption Ionization) 은 펄스 레이저 광선을 써서 질량 분석할 시료를 이온화할 수 있다. 이 이온화법은 펄스 (pulse) 이기 때문에 반드시 비행시간형 질량 분석계나 푸리에 변환 질량 분석계 (Fourier transform mass spectrometer, 1.4.5 절) 를 병행하여 사용해야 한다. 전체적으로 두 종류의 레이저가 널리 쓰인다. 원적외선을 방출하는 CO_2 레이저와 266 nm의 UV 광선을 방출하는 사중 주파수 Nd/YAG (frequency-quadrupled neodymium/yttriumaluminum-garnet) 레이저이다. 매트릭스의 지원 없이는 이 방법은 분자 질량이 작은 분자에만 국한된다 (< 2 kDa) .

매트릭스의 지원이 됨으로써 이 이온화법 능력이 더 강화된다 (매트리스 지원 레이저 탈착 이온화, matrix assisted laser desorption ionization, MALDI) . 매트릭스 물질인 니코틴산 (nicotinic acid) 과 시나핀산 (sinapinic acid) 은 사용한 레이저와 일치한 흡수띠를 가져 널리 사용되며, 20 ~ 30만 Da인 시료의 분자 질량을 완벽하게 분석한다. 시료 몇 피코몰 (pm) 을 매트릭스 화합물과 섞고 펄스를 쪼여 시료 이온 (주로 단일 전하를 띠는 단량체이지만, 때로 복합전하 이온과 이합체도 관찰됨) 을 매트릭스로부터 질량 분석계로 끄집어낸다.

이 이온들은 초과 에너지가 적어 토막날 경향이 낮다. 그러한 이유로 이 방법은 혼합물을 다룰 때 매우 유용하다. TOF-MS를 사용할 때는 질량 정확도가 낮으나 FT-MS를 사용할 시 매우 높은 분해능을 얻을 수 있다. 그밖의 다른 매트릭스 지지법은 MALDI가 매트릭스 물질의 바탕 간섭으로 인해 방해를 받으며, 매트릭스 부가 (matrix adduction) 가 상황을 더욱 악화시킨다. 따라서 미지 화합물의 분자 이온은 확실하게 지정할 수 없다.

1.3.3 증발 이온화법

증발 이온화법 (Evaporative Ionization Methods) 은 용액 (주로 폼산을 포함) 중에 이온이나 중성 화합물이 증발에 의해 떨어져 나가는 용매 분자를 가지는 경우, 동시에 이온화가 일어나, 질량 분석에 사용되는 이온을 남기게 되는 두 가지 중요한 방법이 있다. 이 방법들은 액체 크로마토그래피 기기장치와 짝을 이루어 매우 널리 사용된다.

1.3.3.1 열분무 질량 분석계 열분무법 (thermospray) 에서는 가열된 모세관을 이용해 시료 용액을 질량 분석계에 주입한다. 모세관에서 용매가 분무되고 부분적으로 증발되어 미세한 방울들이 생겨 이온원 (ion source) 에 들어간다. 용매가 완전히 증발되면 시료 이온의 질량을 분석할 수 있다. 이 방법은 높은 흐름 속도와 완충제를 다룰 수 있다. 질량 분석계와 수용성 액체 크로마토그래피를 결부한 초기의 방법이었다. 이 방법은 대개 전기분무법으로 대체되었다.

1.3.3.2 전기분무 질량 분석계 전기분무 (electrospray) 이온원 (그림 1.5) 은 대기압이나 그와 비슷한 압력에서 작동하기 때문에 대기압 이온화법 (atmospheric pressure

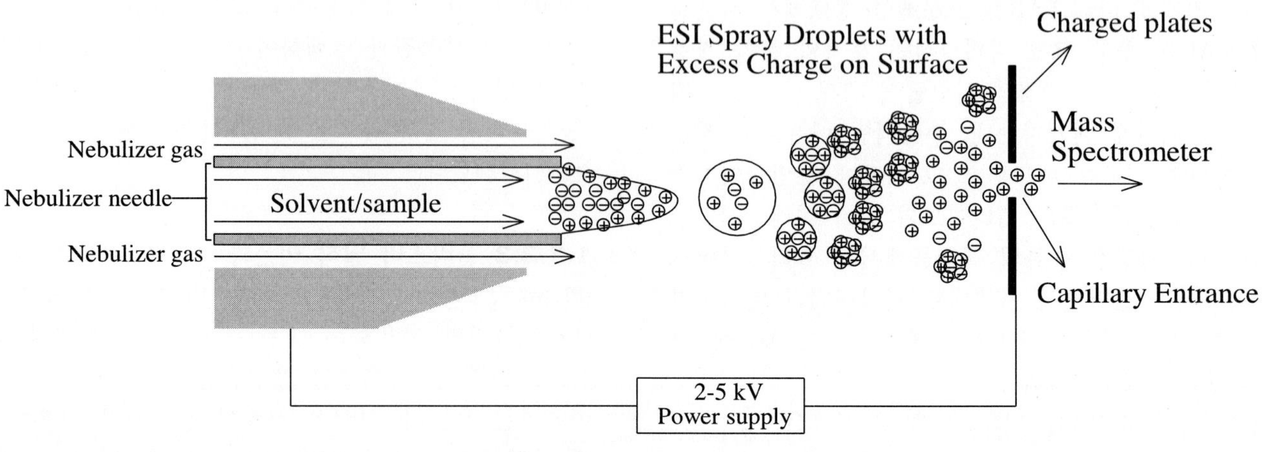

그림 1.5 전기 분무에서 단독 이온에 기여하는 용매의 증발을 보여 주는 도식도.

ionization, API) 이라고도 부른다. 용액 (주로 극성이며 휘발성인 용매) 중의 시료가 스테인리스 모세관을 따라 이온원에 주입되면, 같은 축으로 흐르는 분무 기체 (nebulizing gas) 라고 하는 질소의 흐름으로 둘러싸이게 된다. 모세관의 끝은 상대 전극에 관하여 높은 전위를 유지하고 있다. 그 전위차는 5 kV/cm의 장변화도를 생성한다. 용액이 모세관을 빠져나갈 때 전하를 띤 방울의 에어로솔이 형성된다. 분무 기체의 흐름이 용액의 질량 분석계로 용액의 흐름을 이끌어나간다.

에어로솔 방울이 용매가 증발하면서 줄어들어 전하를 띤 시료 이온이 응집된다. 전하를 띤 시료 이온들 사이에 정전기적 반발력이 임계점에 노날하게 되면, 방울은 "쿨롱 폭발 (Coulombic explosion)"이라는 과정을 거치게 되는데, 이 과정에서 시료 이온이 기체 상태로 방출된다. 기체 상태의 이온은 다수의 시료 구멍 (sampling orifices) 을 통해 질량 분석관으로 초점이 맞춰진다.

전기분무 질량 분석계는 1990년경부터 주로 다중 전하를 포함하는 위치를 가지는 화합물에 대해 많이 사용되고 있다. 예를 들어, 단백질에서는 다중 전하 이온이 형성된다. 질량 분석계가 질량을 직접 측정하는 것이 아니라 질량대 전하비를 측정하기 때문에 다중 전하 이온의 질량값은 실제 질량의 1/2,1/3......1/*n*로 기록된다. 여기서 n은 전하의 수를 뜻한다. 커다란 단백질은 40개 이상의 전하를 가지므로 100 kDa까지의 분자를 일반적인 사중극자, 이온 트랩이나 자기 부채꼴 질량 분석계 (magnetic sector mass spectrometer) 에서 감지될 수 있다. 스펙트럼 모양이 질량이 증가하는 일련의 피크를 볼 수 있는데, 이는 연속해서 양성자 하나가 적어 전하 하나가 적은 유사 분자 이온에 해당한다.

이온의 정확한 질량을 측정하기 위해서는 이온의 전하를 알고 있어야 한다. 만약 하나의 전하차로 인해 다른 두 피크가 구별되면 계산은 간단해진다. 시료 분자 (Ms) 의 각 이온이 일반적인 형식 $(M_s + zH)^{z+}$를 갖는다는 것을 상기하라. 여기서 H는 양성자의 질량 (1.0079 Da) 이다. 하나의 전하차로 나른 두 이온, $m_1 = [M_s + (z+1)H]/(z+1)$과 $m_2 = [(M_s + zH)/z]$를 살펴보자. 전하 z에 관한 두 연립 방정식을 풀어보면 $z = (m_1 - H)/(m_2 - m_1)$라는 답이 나온다. 단순한 컴퓨터 프로그램으로 스펙트럼의 각 피크를 자동으로 계산하고 질량을 곧바로 계산한다.

많은 제조자들은 전기분무를 위한 값싼 질량 분석계를 두 가지 이유에서 도입하였다. 첫 번째 이유는 방법이 사용하기 단순하면서 성공적으로 결과를 이끌어냈기 때문이다. 두 번째 이유는 단백질과 작은 펩타이드 분석의 중요성이 점점 부각되고 있으며, 아마도 전기분무법이 가장 적합하기 때문이다.

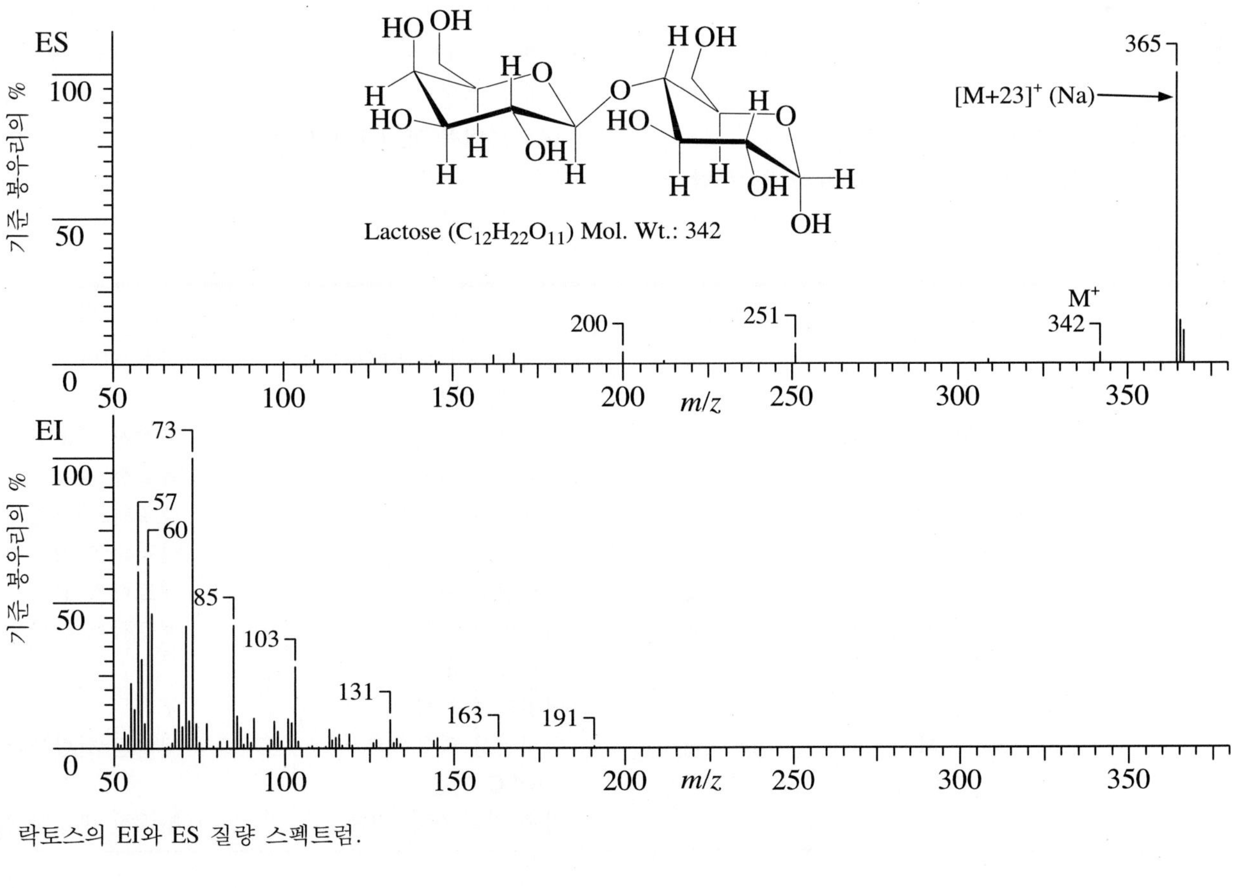

그림 1.6 락토스의 EI와 ES 질량 스펙트럼.

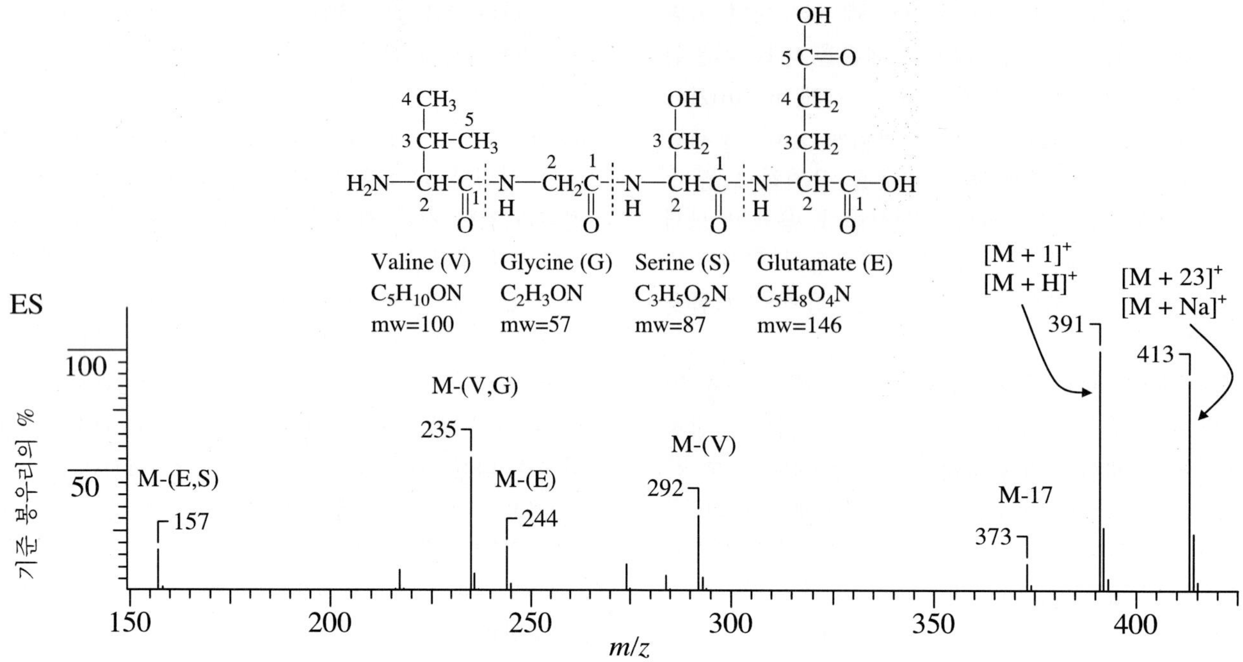

그림 1.7 테트라-펩타이드에 대한 전기분무(ES) 질량 스펙트럼. 본문 설명을 참조하라.

그림 1.6은 락토스(lactose)의 EI 질량 스펙트럼(그림 1.6의 아래 그림)과 ES 질량 스펙트럼(그림 1.6 위 그림)을 비교한 것이다. 젖당은 5장에서 더 자세하게 다룰 것이다. 젖당의 증기압이 낮고 열에 불안정하며, 스펙트럼이 별다른 특징을 나타내지 않아 EI 질량 스펙트럼은 완전히 쓸모가 없다. ES 질량 스펙트럼은 약한 분자 이온 피크 *m/z* 342를 나타내고, 특징적으로 분자 이온에 소듐이 더해진 $[M + 23]^+$를 나타낸다. 소듐 이온이 용액 어디든 편재하기 때문에 이 소듐 첨가 생성물은 매우 흔하다.

발린(valine), 글리신(glycine), 세린(serine), 글루탐산(glutamic acid, VGSE)으로 구성된 테트라 펩타이드(tetrapeptide)의 ES 질량 스펙트럼이 그림 1.7에 있다. VGSE는 5장에서 화합물의 예이기도 하다. 기준 봉우리는 *m/z* 391인 $[M + 1]^+$ 이온이며, 소듐 첨가물인 $[M + 23]^+$는 기준 봉우리의 약 90%를 차지한다. 또한 각 아미노산의 특징에 따라 유용한 토막내기 정보가 있다. 작은 펩타이드는 도움될 만한 토막을 찾기가 드물지 않지만 단백질 같은 경우는 매우 드물다.

이온화법을 표 1.1에 요약하였다.

표 1.1 이온화법 요약

이온화법	이온 형태	감도	장점	단점
전자 충격	M^+	ng−pg	검색가능한 데이터베이스 구조적 정보	가끔 M의 부재
화학적 이온화	M + 1, M + 18, etc	ng−pg	보통 M+로 존재	부족한 구조적 정보
장탈착	M^+	μg−pg	비휘발성 화합물	특별한 장치
고속 원자 폭격	M + 1, M + 양이온 M + 매트릭스	μg−pg	비휘발성 화합물 배열 정보	매트릭스 간섭 설명의 어려움
플라즈마 탈착	M +	μg−pg	비휘발성 화합물	매트릭스 간섭
레이저 탈착	M + 1, M + 매트릭스	μg−pg	비휘발성 화합물 Burst of ions	매트릭스 간섭
열분무	M^+	μg−pg	비휘발성 화합물	구식
전기분무	M^+, M^{++}, M^{+++}, etc	ng−pg	비휘발성 화합물과 w/LC 연결 다중 전하 이온 형태	제한된 화합물의 종류 부족한 구조적 정보

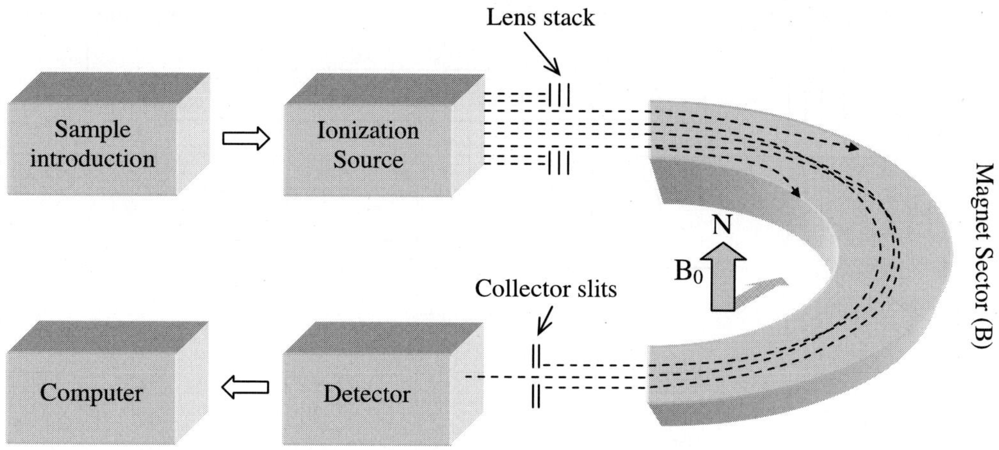

그림 1.8 단일집중 180° 부채꼴 질량 분석관의 개략도. 자기장은 페이지에서 수직이다. 곡선의 반지름은 한 개의 기기부터 다른 기기까지 다양하다.

1.4 질량 분석관

스펙트럼을 얻기 위한 이온화 중간에 생긴 혼합 이온을 분리하는 질량 분석관은, 각 질량 분석계의 중심으로 여러 종류가 있다. 주요 질량 분석관의 종류를 아래에 서술하였으며, 이 절에서는 직렬 질량 분석기 (tandem MS) 와 관련 과정을 간단하게 설명하고자 한다.

1.4.1 자기 부채꼴 질량 분석계

자기 부채꼴 질량 분석계 (Magnetic Sector Mass Spectrometer, MS-MS) 는 자기장을 이용하여 곡선 모양으로 움직이는 이온을 빗나가게 한다 (그림 1.8 참조) . 자기 부채꼴 질량 분석계는 상업적으로 처음 사용가능한 기구였으며 아직까지도 중요한 수단으로 여겨진다. 이온 분리는 질량대 전하비를 기초로 하여 가벼운 이온이 무거운 이온보다 넓은 범위로 빗겨나가는 원리로 진행된다. 분해능은 같은 운동 에너지를 가지는 각 이온이 자기장에 들어가는 것에 의해 좌우된다. 이때 각 이온은 전압 V로 가속하는 이온에 의해서 서로 같은 운동 에너지를 갖게 된다. 각 이온은 운동 에너지 $E = zV = mv^2/2$를 얻게 된다. 가속된 이온이 자기장 (B) 에 들어오게 되면, 원래의 방향의 직각 방향으로 경로를 휘게하는 힘 (Bzv) 를 받게 된다. 이온은 이제 반지름 r인 원형으로 돌게 된다. 이때 주어지는 식은 $Bxv = mv^2/r$이다. 이 두 식을 조합시키면 우리에게 익숙한 자기 부채꼴 방정식, $m/z = B^2r^2/2V$을 얻게 된다. 기기의 반지름이 고정되어 있기 때문에 연속적으로 이온에 초점을 맞추기 위해서 자기장을 주사 (走査) 하게 된다. 여기 방정식이 나타내는 대로 자기 부채꼴 기기는 이온을 질량만이 아닌 질량과 가속도의 곱인 운동량을 기초로 하여 분리한다. 따라서 같은 질량이더라도 에너지가 다르면 다른 위치에 초점이 맞춰질 것이다.

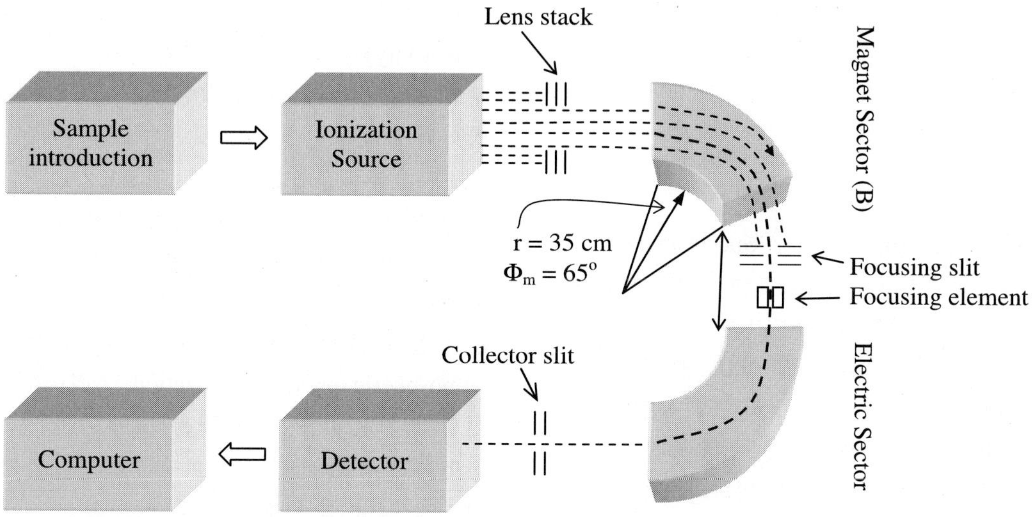

그림 1.9 이중집속 질량 분석계의 개략도.

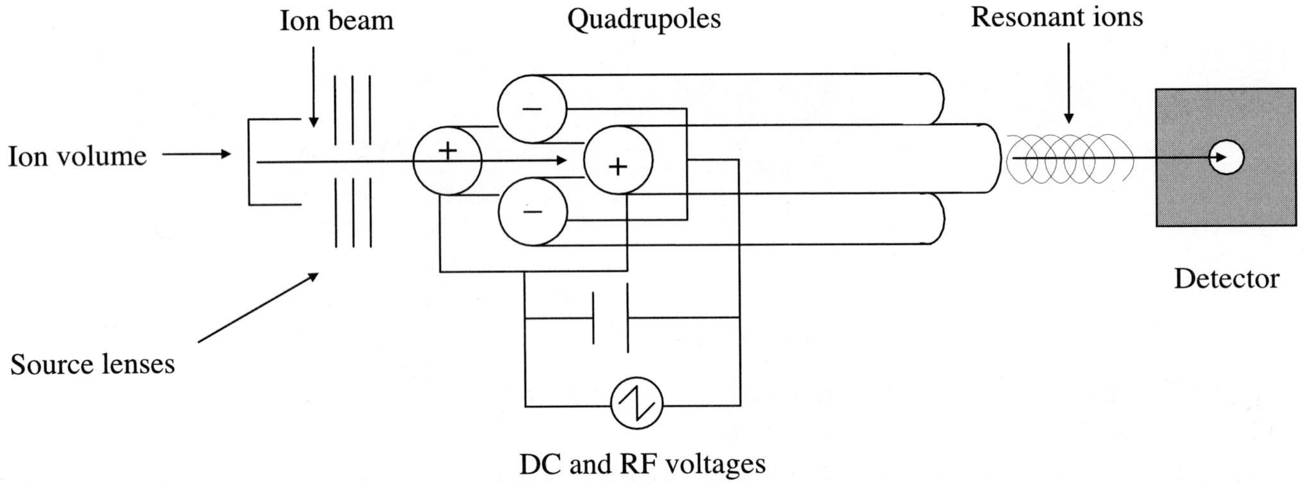

그림 1.10 사중극자 질량 거르기 또는 이온 분리기의 개략도.

정전기 분석관(electrostatic analyzer, ESA)은 같은 전하(z)와 운동 에너지(질량 무시)를 가지는 이온들을 억지로 같은 경로로 가게 함으로써 이온빔의 에너지가 분포되는 것을 상당히 줄여준다. ESA의 출구에 난 틈은 이온빔이 검출기로 들어가기 전에 초점을 맞춘다. ESA와 자기 부채꼴을 조합하면 이중 집속(double focusing)이 되는데, 그 이유는 두 자기장 각각이 갖는 방향과 속도의 분산 효과를 중화시키기 때문이다.

이중 집속 자기 부채꼴 기기의 분해능은 아주 작은 슬릿을 이용하여 높게는 100,000까지 나타낼 수 있다. 이같이 높은 분해능으로 "정확한 질량"을 측정할 수 있는데, 이를 측정하면 확실하게 매우 유용한 분자식을 알아낼 수 있다. 이와 같은 고분해능 기기는 민감도가 높아야 한다. 반대로, 저분해능 5000에서의 에너지 분포를 나타내게 하는 슬릿(slit)은 적어도 총 질량 범위 내에서 0.5 m/z의 정확도를 나타낸다(표준 질량 스펙트럼의 "단위 분별"을 뜻한다). 상업적 자기 부채꼴 기계의 최대 질량치는 대략 m/z 15,000이다. 최대 질량치를 올리는 것은 이론적으로 가능할 수 있으나 실현 불가능하다.

1.4.2 사중극자 질량 분석계

사중극자 질량 분석계(Quadrupole Mass Spectrometers)는 자기 부채꼴 기기보다 크기가 훨씬 작고 값이 싸다. 사중극자 구조(그림 1.10 참조)는 실린더 모양(또는 쌍곡선의 단면)의 막대(길이 100~200 mm) 네 개가 서로 평행하게 정사각형의 모서리에 각각 고정되어 있다. 사중극자 질량 분석관을 완전하게 수학적으로 분석하는 것은 매우 복잡하지만, 이것이 어떻게 작용하는지 간단하게 논의하고자 한다. 고주파 전위(ratio frequency voltage)에 의해 조작되는 일정한 직류 전압을 사중극자 구조의 막대에 가한다. 막대 한쪽 끝의 사각형 중심에 있는 네 사중극자 막대로 형성된 "터널"(tunnel)로 이온이 들어와 축을 따라 이동하게 된다.

주어진 DC 전위와 적절한 진동수에서 적용된 변형된 전위의 주어진 조합에 있어서 특정한 m/z값을 갖는 이온들만이 안정한 궤도를 가져 사중극자의 끝까지 다 통과하여 검출기에 도달할 수 있다. m/z값이 다른 모든 이온들은 불안정하여 일정한 궤도를 따라 움직이지 않고, 산만하게 움직여서 어떤 막대와 부딪치거나 사중극자 바깥으로 나갈 수 있다. 사중극자 질량 분석관을 살펴 볼 수 있는 쉬운 방법은 가변 질량 거르개(tunable mass filter)를 이용하는 것이다. 다시 말해서, 이온이 한쪽 끝에서 들어오면, 하나의 m/z 이온만이 통과하게 된다. 실제로, 거르기는 아주 빠른 속도로 진행되어 총 질량 범위를 1초 안에 관찰할 수 있다.

분해능과 질량 범위를 고려할 때 사중극자 방식은 일반적으로 자기 부채꼴 방식보다 뒤쳐진다. 예를 들어, 현재의 최대 질량 범위는 5000 m/z 미만이다. 반면, 민감도(sensitivity)는 주로 높은데 그것은 이온의 일부를 떼어낼 분리 슬릿(resolving slit)이 필요 없기 때문이다. 사중극자 방식의 가장 큰 장점은 낮은 속도의 이온, 다시 말해서 이온원이 바닥 전위(즉, 낮은 전압) 가까이에서도 작동할 수 있는 이온을 작동하기에 가장 효율적이라는 것이다. 실제로 주입되는 이온이 대개 100 eV보다 적은 에너지를 갖기 때문에 사중극자 질량 분석계는 액체 크로마토그래피계와 전기분무법(1.3.3.2절 참조)과 같은 대기압 이온화(atmospheric pressure ionization, API) 기술을 사용하는 데 이상적이다. 이런 방법들은 고에너지 충돌이 사중극자에 들어가기 전에 덜 일어날 수 있도록 하는 낮은 에너지의 이온에 가장 잘 작용한다.

1.4.3 이온 포집 질량 분석계

이온 포집 질량 분석계 (Ion trap Mass Spectrometer) 는 사중극자 방식과 외형이나 작동방법이 비슷하기 때문에 때로 사중극자 방식의 변형으로 여겨진다. 그러나 이온 포집 방식이 잠재적으로 훨씬 다목적으로 쓰이고 발전 가능성이 높다. 한때는 이온 포집이 평판이 좋지 않을 때가 있었는데, 초기 모델이 사중극자보다 못한 결과를 나타냈기 때문이다. 결과는 대체로 "농도 의존적"이었다. 비교적 큰 시료는 [이온 + 1] 질량을 가지는 피크가 많이 나왔는데, 이는 스펙트럼 결과를 표준 EI 라이브러리로 검색하는 것을 쓸모없게 만들어버렸다. 이러한 문제들은 이제 해결되어, 이온 포집으로 얻는 EI 스펙트럼을 상업적 데이터베이스로 탐지할 수 있다. 게다가 이온 포집은 사중극자 배열보다 더 감도가 강하고, 이온 포집이 일반적으로 배열되어 있어 별도의 하드웨어 없이 직렬 실험을 실행할 수 있다.

어떤 면에서 이온 포집 (ion trap) 이라는 이름이 적절한데, 단지 질량 거르개 역할만 하는 사중극자와는 달리 비교적 장기간 중요한 순서로 이온을 "포집 (trap, 트랩)"할 수 있다. 포집된 이온의 단순한 기능은 이온을 차례대로 검출기로 방출하여 질량 스펙트럼을 만들어 낸다. 포집된 이온의 다른 기능을 논하기 전에 이온 포집 자체에 대해 깊게 살펴보도록 하자.

이온 포집은 일반적으로 쌍곡선 내부 표면을 가지는 고리 모양의 전극 하나와 양 끝에 쌍곡선 말단마개 전극 두 개의 총 세 전극으로 구성되어 있다 (이온 포집의 단면이 그림 1.11에 나타나 있다) . 고리 모양의 전극은 사인 (sinusoidal) 라디오파장으로 작동되는데 반해 말단마개 전극은 세 가지 방식 중 하나로 작동한다. 말단마개 전극은 바닥 전위 또는 DC나 AC 전압으로 작동한다.

이온 포집 안에서 이온의 움직임을 나타내는 수학공식으로 Mathieu 방정식이 있다. 삼차원적 이온 안정화 도표는 March와 Hughes (1989) 또는 Nourse와 Cook (1990) 에서 찾을 수 있다. 이온 포집의 장점은 RF 전압, AC 전압, DC 전압의 세 가지 매개변수를 조절하여 광범위의 실험을 꽤 쉽게 할 수 있다는 것이다 (좀 더 자세한 내용은 March와 Hughes 1989를 참조) .

이온 포집은 세 가지 기본적인 방식으로 작동된다. 첫째는 말단마개와 고리 전극 사이에 고정된 RF 전압과 DC가 적용되지 않은 상태에서 이온 포집을 작동시킬 때 어떤 특정한 *m/z* 차단 비율을 넘는 모든 이온들이 포집될 것이다. RF 전압을 서서히 높일수록 차단 *m/z*가 어느 조절선에서 증가하며, 이온이 차례대로 방출되어 감지될 것이다. 그 결과는 표준 질량 스펙트럼이며 이러한 방법을 "질량 선택 불안정 (mass-selective instability)" 작동 방식이라 한다. 최대 RF 전위 전극 사이에 적용할 수 있는 최대 RF 전위가 이 방식의 상부 질량 범위를 제한한다. 상부 질량 범위 위쪽 이온은 RF 전위가 다시 0으로 돌아오면 제거된다.

둘째 작동 방식은 DC 전위를 말단마개에 교차하여 이용한다. 일반적인 결과는 위아래 말단 사이 (*m/z*) 의 이온이다. 이런 방식을 이용한 실험의 가능성은 무궁무진하며 거의 모든 이온 포집 작동은 이 방식에서 실행된다. 이온 질량 하나만큼의 양이 선택된다. 선택적인 이온 모니터링은 이 둘째 작동 방식에서 아주 중요한 역할을 한다. 선택될 수 있는 이온 질량의 수에는 제한이 전혀 없다.

셋째 방식은 둘째 방식과 비슷하나 다른 점은 말단마개 전극 사이의 보조 진동장 (auxillary oscillatory field) 을 사용해 어느 특정한 이온에 운동 에너지를 선택적으로 가하는 결과를 얻게 된다는 것이다. 작은 진폭의 보조장으로,

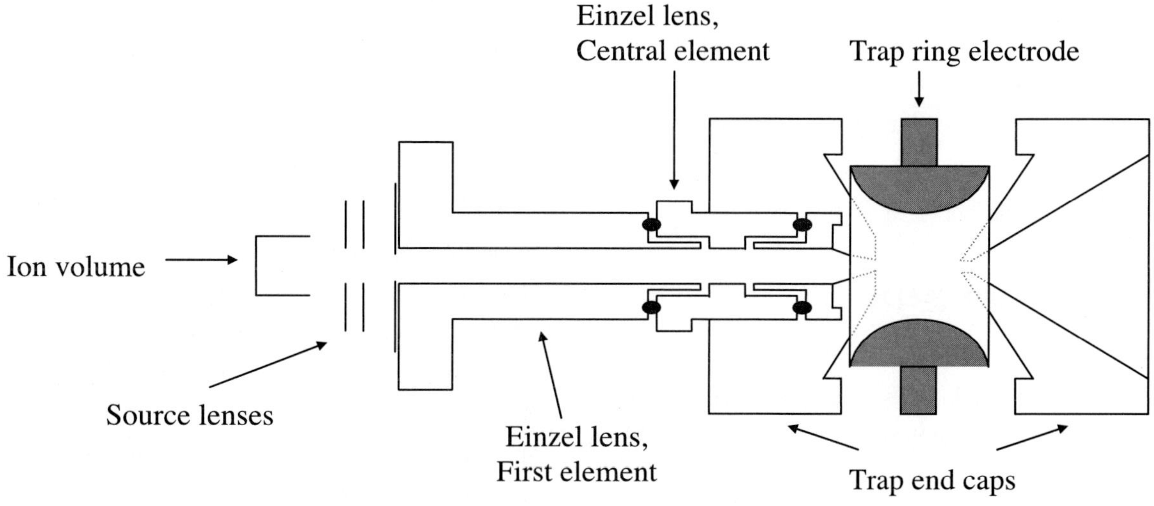

그림 1.11 이온 포집의 단면.

토막을 만드는 충돌을 거치는 시간 동안 선택된 이온은 서서히 운동 에너지를 얻게 된다. 결과는 100% MS-MS 효율이 될 수 있다. 이온 포집 본래의 감도가 거의 100% 직렬 효율로 고려하면 직렬 MS 실험용 이온 포집을 사용하면 "triple quad"라고 하는 것보다 크게 우수하다(아래 참조).

이 운동 에너지 첨가 방식을 이용하는 다른 방법은 이온 포집에서 필요치 않은 이온을 선택적으로 버리는 것이다. 이런 이온들은 용매에서 파생되거나 FAB 또는 LSIMS 실험의 매트릭스에 나온 것일 수 있다. 이온화하는 동안 고압의 일정한 진동수의 장을 걸어주면 단일 이온을 선택적으로 방출될 것이다. 이 방식으로 여러 이온도 선택할 수 있다.

1.4.4 비행시간형 질량 분석계

비행시간형 질량 분석계(Time-of-Flight Mass spectrometer, TOF)의 원리는 매우 단순하다. 이온에 전위(V)를 걸어 가속화시킨 후 이온을 튜브에서 검출기로 밀어낸다. 이 튜브 시작지점에 도착하는 모든 이온이 $zeV = mv^2/2$라는 같은 양의 에너지를 갖는다고 가정하면, 질량이 다른 이온은 각각 다른 속도 $v = (2zeV/m)^{1/2}$를 얻게 된다. 이 분석계의 편류관(drift tube)의 길이가 L일 때 이온의 비행 시간은 $t = (L^2m/2zeV)^{1/2}$이며, 이를 토대로 주어진 이온의 질량을 쉽게 계산할 수 있다.

이 단순한 기기의 결정적인 점은 정확하게 알고 있는 시작 시간과 위치에서 이온을 만들어야 한다는 것이다. 이러한 제약 때문에 비행시간형 질량 분석계를 플라즈마, 레이저 탈착(예, MALDI, matrix assisted laser desorption)을 포함하는 펄스 이온화 기술에 사용하는 데 한계가 있다.

비행시간형 질량 분석계의 분해능은 이온 에너지가 변하기 때문에 대개 20,000보다 작다. 또한 검출기에 도착하는 시간의 차이가 10^{-7} s보다 작기 때문에 충분한 분해능을 위해서 빠른 전자가 필요하다. 비행시간형 질량 분석계의 긍정적인 측면을 살펴보면, 이 기기의 질량 범위가 제한되어 있지 않다는 것이다. 또한 분리 슬릿(resolving slit)이 없기 때문에 사중극자와 마찬가지로 감도가 우수하다. 그러므로 이 방법은 큰 생체분자에 아주 유용하다.

1.4.5 푸리에 변환 질량 분석계

푸리에 변환 질량 분석계(Fourier transform (FT) mass spectrometer)는 가격 때문에 요즘은 많이 사용되지 않는다. 머지않아 초전도 자석이 만들어지면 널리 사용하게 될 것이다.

푸리에 변환 질량 분석계에서 이온들은 강한 자기장 내 포집 전위로 된 셀(cell)에 들어있다. 이 셀 안에서 각 이온은 이온의 m/z에 비례하는 진동수를 가지고 자기장에 수직 방향으로 궤도를 돈다. 셀에 적용된 무선주파수 펄스(pulse)는 모든 사이클로이드 진동수를 동시에 공명을 일으켜 간섭그림(interferogram)을 만드는데, 개념상으로 NMR에서 자유 유도 감쇠(free induction decay, FID) 신호나 FTIR 실험에서 만들어지는 간섭그림과 비슷하다. 이 간섭그림은 시간영역 스펙트럼(time domain spectrum)인데, 푸리에 변환 과정에서 진동수 영역 스펙트럼(frequency domain spectrum)으로 바뀐 후 전통적인 m/z 스펙트럼이 나타나게 한다. 펄스 푸리에 변환 분광계(Pulsed Fourier transform spectrometry)는 핵자기 공명 분광법에 적용이 되는데, 이것에 대한 내용은 3, 4, 5장에서 다루기로 한다.

이 기기에는 고정된 세기의 자기장이 작동하기 때문에 매우 높은장의 초전도 자석을 사용한다. 또한 질량 범위가 자기장의 세기와 정비례하기 때문에 매우 높은 질량 검출이 가능하다. 마지막으로 한 번의 이온화로 모든 이온을 잡아두어 분석할 수 있기 때문에 이 방법은 매우 감도가 높고 펄스 이온화법과 함께 가장 잘 이용된다. 이 방법의 가장 강력한 측면은 분해능이 아주 높다는 것이다. 이것 때문에 FT 질량 분석계가 다른 질량 분석계보다 각광받는다. FT 질량 분석계는 크로마토그래피 기기 및 다양한 이온화법과 병행하여 사용할 수 있으며, 곧 작은 분자에 사용할 수 있다는 것을 의미한다. FT 질량 분석계의 더 많은 정보가 Gross(1990)의 책에서 볼 수 있다.

1.4.6 직렬 질량 분석계

직렬 질량 분석계(Tandem mass spectrometry, 또는 MS-MS)는 알려진 화합물이나 미지의 화합물을 연구할 때 모두 유용하게 사용된다. 특정한 이온 포집들을 써서 $n = 2$에서 9까지 MS의 n제곱(MS^n)이 가능하다. 실제로, n이 2나 3을 초과하는 경우는 매우 드물다. MS-MS를 사용하여 초기 토막내기(초기 토막내기로 재래식 질량 스펙트럼이 얻어짐)에서 생성된 "모체" 이온을 선택하고, 더 분해되도록 유도하여 "딸"이온을 더 생산토록 한다. 복잡한 혼합물에서 이 딸이온들은 알려진 화합물의 존재를 증명할 수 있는 증거를 제시한다. 미지의 즉, 새로운 화합물의 경우 딸이온들은 구조적 정보의 가능성을 한층 더 제공한다.

MS-MS의 또 다른 용도는 정제하지 않은 시료를 이온화하는 것이다. 선택적으로 연구하는 화합물의 이온적 특성을 낚아서 이 화합물의 이온에서 생산된 딸이온의 특징적인 스펙트럼을 얻을 수 있다. 이런 방법으로 화합물이 정제되지 않은 상태에서 크로마토그래피를 이용한 다른 분리단계 없이도 명확하게 검출할 수 있다. 그러므로 MS-MS는 매우 강력한 선별 도구가 될 수 있다. 이런 종류의 분석은 복잡한 혼합물을 분리하는 여러 기계적 절차를 거치지 않아도 된다. 예를 들어, 마약검사나 약물 대사산물을 검사하기 위해 소변 시료를 분석할 때 소변을 따로 정제하거나 분리할 필요없이 그대로 MS-MS를 이용할 수 있다. 미지의 화합물에 대해서는 이러한 딸이온들이 구조적 정보를 제공한다.

MS-MS를 실행하는 한 가지 방법은 두 개 이상의 질량 분석관을 순서대로 같이 연결하여, 이온 하나를 선택하고 그 이온(부모 또는 딸이온)이 어떻게 분해되는지를 살펴볼 수 있는 기구를 만드는 것이다. 예를 들어, 세 개의 사중극다를 연결하여(일명 "triple quad") 직렬 질량 분석계를 만든다. 이런 구조에서 첫 번째 사중극자가 좀 더 깊은 분석을 위해서 특정한 이온을 선택하고, 두 번째 사중극자가 충돌 셀(CID) 역할을 하여 무선주파수만으로 작동하며, 세 번째 사중극자가 만들어진 이온을 분리하여 딸 이온의 스펙트럼을 만든다. 직렬 질량 분석계 분야에 대한 연구는 활발히 많이 이루어졌기 때문에 관련 자료가 많다. (Benninghoven 등, 1987과 Wilson 등, 1989).

한 기기가 MS-MS를 작동하기 위해서는 위에 나열된 세 가지 작동을 할 수 있어야 한다. 그러나 우리가 본 것처럼 MS-MS와 MSn를 실행할 수 있는 이온 포집 장치는 질량 분석계의 직렬 배열을 전혀 사용하지 않고, 대신 모든 세 가지 작동에 단일 이온 포집을 동시에 사용한다. 위에서 설명한 바와 같이 이러한 이온 포집 직렬 질량 분석계 실험은 매우 민감하며 사용하기 편하다. 이온 포집은 MS-MS 실험을 비교적 저렴한 비용에 실행할 수 있도록 한다.

질량 분석관과 이온화법에 대한 요약을 표 1.2에 나타내었다.

1.5 EI 질량 스펙트럼의 해석

질량 스펙트럼 해석에 대해서 EI 질량 분석계에 한해 논의하기로 한다. EI 질량 스펙트럼에 있는 토막들은 구조에 대한 많은 정보를 제공한다. 따라서 유기 화학자들에게 EI 질량 스펙트럼은 특별히 유용하다.

EI 질량 스펙트럼은 일반적으로 70 eV의 전자빔 에너지에서 얻는다. 전자빔의 전자를 이용해 기체 상태의 분자에서 전자 하나를 떼어내어 라디칼 양이온인 분자 이온을 형성하는 과정이 가장 단순한 과정이다. 예를 들어, 메탄올(methanol)은 분자 이온을 형성하는데, 도식 1.1에 나타낸 점 하나는 남아있는 홀수개의 전자를 나타낸다. 전하가 어느 한 특정한 원자에 놓일 수 있다면, 전하를 그 원자에 나타낸다.

$$CH_3\overset{\cdot +}{\underset{\cdot\cdot}{O}}H$$

$$CH_3OH + e^- \longrightarrow CH_3OH^{\cdot +}\,(m/z\ 32) + 2e^-$$

(도식 1.1)

이러한 분자 이온은 가장 간단한 경우에 $10^{-10} - 10^{-3}$ s 안에 분해되어 양전하를 띠는 토막과 라디칼이 된다. 그래서 많은 토막 이온이 형성되고, 각각의 토막 이온은 더 쪼개져서 도식 1.2와 같이 더 작은 토막을 만든다.

$$CH_3OH^{\cdot +} \longrightarrow CH_2OH^+\ (m/z\ 31) + H^{\cdot}$$
$$CH_3OH^{\cdot +} \longrightarrow CH_3^+\ (m/z\ 15) + {}^{\cdot}OH$$
$$CH_2OH^+ \longrightarrow CHO^+\ (m/z\ 29) + H_2$$

(도식 1.2)

표 1.2 질량 분석관 요약

질량 분석관	질량 범위	분해능	감도	장점	단점
자기 부채꼴	1 − 15,000 *m/z*	0.0001	낮음	고분해능	낮은 감도 매우 비쌈
사중극자	1 − 5000 *m/z*	단위	높음	저렴하게 사용하기 쉽다	낮다 낮은 질량 범위
이온 포집	1 − 5000 *m/z*	단위	높음	저렴하게 사용하기 쉽다 높은 감도 직렬 MS (MS^n)	저분해능 낮은 질량 범위
비행시간형	무제한	0.0001	높음	높은 질량 범위 간단한 디자인	고분해능
푸리에 변환	up to 70 kDa	0.0001	높음	높은 분해능과 질량 범위	매우 비쌈 높은 기술적 전문 지식

만약 분자 이온의 일부가 변하지 않고 검출기까지 그대로 도달하면 분자 이온 피크를 관찰할 수 있다. 이 분자 이온 피크를 구별하는 것이 중요한데, 그 이유는 이것을 토대로 화합물의 분자량을 알 수 있기 때문이다. 단위 분별로, 이 양은 가장 가까운 정수로 나타낸 분자량이다.

질량 스펙트럼은 양전하를 띠는 토막(분자 이온을 포함하여)에 대한 상대 농도를 나타낸 것이다. 스펙트럼 중 가장 강한 피크를 기준 봉우리(base peak)라 하는데 이 피크에 100% 값을 주고 분자 이온을 포함한 다른 피크의 강도는 기준 봉우리의 대한 백분율로 보고된다. 물론, 분자 이온 피크도 때로 기준 봉우리가 될 수 있다. 그림 1.1에서 보면 분자 이온 피크는 *m/z* 121이고, 기준 봉우리는 *m/z* 77이다.

스펙트럼의 표나 그래프를 사용할 수 있다. 그래프를 사용할 때의 장점은 경험상으로 스펙트럼의 패턴을 한눈에 쉽게 알아볼 수 있다. 그러나 그래프를 그릴 때 질량 단위를 확실히 구별하여 그려야 한다. *m/z* 80인 피크를 실수로 *m/z* 79로 쓰면 완전히 혼동을 일으킬 수 있다. 분자 이온 피크는 대개 동위원소 피크를 제외하고는 질량수가 가장 큰 피크이다.

1.5.1 분자 이온 피크 알아내기

종종 전자 충격(EI)에서 분자 이온 피크$(M)^+$를 알아내는 데 문제가 있다. 피크가 아주 약하게 나타나거나 아예 나타나지 않을 수도 있다. 나타난 스펙트럼이 분자 이온 피크인지 토막 피크나 불순물이 아닌지를 어떻게 확인할 수 있을까? 가장 좋은 방법은 화학적 이온화 스펙트럼(1.3.1.2절 참조)을 얻는 것이다. 보통 결과는 $[M + 1]^+$과 작은 토막 내기에서 강한 피크가 나타난다.

단순하게 가능성 있는 분자 이온의 합당한 구조 조건의 근거로 많은 피크를 제외할 수 있다. 이럴 때 "질소 규칙(nitrogen rule)"이 아주 유용하다. 이 규칙은 분자량이 짝수인 분자는 반드시 질소가 없거나 짝수개의 질소 원자를 포함한다는 것이다. 분자량이 홀수인 경우는 홀수개의 질소 원자를 필요로 한다.* 이 규칙은 탄소, 수소, 산소, 질소, 황, 할로젠 외에 인, 붕소, 규소, 비소, 알칼리 토금속 원소 등 주로 잘 쓰이지 않는 원소를 포함한 화합물 모두에 해당한다.

아주 유용한 추론은 단일 결합이 토막나면 짝수의 분자 이온에서는 홀수의 이온이, 홀수의 분자 이온에서는 짝수의 이온이 만들어진다는 것이다. 이 추론이 맞아 떨어지려면 이온 토막은 분자 이온에 있는 질소 모두를 포함해야만 한다.

다른 정보와 함께 분해 양식을 고려하는 것도 분자 이온을 구별하는 데 도움이 될 것이다. 부록 A에는 분자식 뿐만 아니라 조각식도 들어있다는 것을 기억하라. 이 중 몇몇 식은 어떤 문제를 푸는 데 필요하지 않을 수도 있다.

분자 이온 피크의 세기는 분자 이온의 안정성에 따라 달라진다. 가장 안정한 분자 이온은 순수한 방향계(aromatic system)일 때이다. 만약 쪼개지기 쉬운 치환기가 있다면 분자 이온 피크의 세기는 줄어들고 토막 피크가 더 강하게 나타날 것이다. 일반적으로 화합물의 부류에 따라 분자 이온 피크를 뚜렷하게 나타내는 능력이 감소하는 순서는 다음과 같다. 방향족 화합물 > 컨쥬케이션된 알켄 > 고리 화합물 > 유기 황화물 > 짧은 곧은 사슬 알케인 > 머캡탄. 분자 이온을 분간할 수 있는 순서는 주로 다음과 같다. 케톤 > 아민 > 에스터 > 에테르 > 카복실산 ~ 알데하이드 ~ 아마이드 ~ 할로젠화물. 지방족 알코올, 아질산, 질산, 나이트로 화합물, 나이트릴, 가지가 많은 화합물에서는 분자 이온을 감지하기 힘들다.

M − 15 피크(CH_3를 잃음), M − 18 피크(H_2O을 잃음), M − 31 피크(메틸 에스터로부터 OCH_3를 잃음) 등이 있으면 분자 이온 피크를 확인할 수 있다. M − 1 피크는 흔하고, 가끔 M − 2 피크(토막내기 과정이나 열분해에 의해 H_2를 잃음)도 생기며, 드물지만 M − 3 피크(알코올로부터)도 만들어질 수 있다. 하지만 M − 3 ~ M − 14 범위에 있는 피크는 오염물질이 존재하거나 분자 이온 피크라고 추정한 것이 사실은 토막 이온 피크일 수도 있다는 것을 나타낸다. 질량이 19 ~ 25인 토막을 잃는 것도 그럴 수 있다(예외로 플루오린화물에서 F를 잃으면 19, HF를 잃으면 20). 16(O), 17(OH), 18(H_2O)을 잃는 것은 분자 안에 산소 원자가 있을 때에만 그러하다.

1.5.2 분자식 결정

1.5.2.1 단위 질량 분자 이온과 동위원소 피크 지금까지는 단위 분별의 관점에서 질량 스펙트럼을 논의해 왔다. C_7H_7NO(그림 1.1)의 단위 질량 분자 이온의 *m/z*는 121이다. 즉, 가장 풍부한 동위원소의 단위 질량의 합인 $(7 \times 12[^{12}C] + (7 \times 1[^{1}H]) + (1 \times 14[^{14}N] + (1 \times 16[^{16}O]) = 121$이다.

또한 덜 풍부한 동위원소를 포함하는 분자도 존재하는데, 이는 M + 1, M + 2 등에서 "동위원소 피크(isotope peak)"를 나타낸다. 그림 1.1에서 M + 1 피크는 분자 이온 피크 세기의 약 8%인데, 이런 이유로 분자 이온 피크를 100% 기준으로 잡는 것이다. M+1 피크에 기여하는 동위원소는 ^{13}C, ^{2}H, ^{15}N, ^{17}O가 있다. 표 1.3은 가장 풍부하게

* 질소 규칙에서 중요한 점은 단지 단위 원자 질량(예, 정수)은 화학식 질량을 계산할 때 사용한다.

존재하는 동위원소의 양에 대한 이 동위원소의 상대적인 양을 비교한 것이다. M + 2 피크에 기여하는 분자는 C_7H_7NO가 유일하고 이 분자는 상대적으로 적게 존재한다. 따라서 M+2 피크는 감지되지 않는다. 만약 C, H, N, O, F, P, I만 존재한다면 대략적으로 예상되는 CnHmNxOy의 분자식을 갖는 화합물의 (M + 1), (M + 2) 백분율은 다음과 같은 공식으로 계산할 수 있다(여기서 주목할 점은 F, P, I는 동위원소가 하나 뿐이며, 피크를 나타내는 데 기여하지 않기 때문에 공식에서 제외한다).

$$\%(M+1) \approx (1.1n) + (0.36 \cdot x) \text{ 와 } \%(M+2) \approx (1.1 \cdot n)^2/200 + (0.2 \cdot y)$$

동위원소 피크가 정확하게 측정할 수 있을 정도의 세기가 된다면 위의 공식 계산은 분자식을 결정하는 데 아주 유용할 것이다.*

만약에 황과 규소가 존재한다면 M + 2가 좀 더 세게 나타날 것이다. 황 원자가 하나 있는 경우에 동위원소 34S는 M + 2 피크에 4.40% 정도 기여한다. 분자 안에 존재하는 규소는, 30Si이 M + 2에 약 3.35% 정도 기여한다(1.6.15절 참조). 여러 개의 브로민과 염소 원자의 효과는 1.6.16절에 설명하였다. 브로민과 염소 원자가 여러 개 있는 경우 나타나는 동위원소 피크에 유의하라. 질량 스펙트럼에서 M + 2, M + 4와 더 높은 동위원소 피크의 상대적인 세기를 대략적으로 보고, 상대적인 세기를 조심스럽게 측정해야 한다. F, P, I는 동위원소가 하나 뿐이기 때문에 관찰하기 어렵다.

본문에 소개된 문제들을 풀 때 단위 분별 분자 이온은 부록 A를 참고하면 IR, NMR과 함께하여 분자식을 결정하기에 거의 모두 충분할 것이다. 좀 더 어려운 문제들을 위해서 고분해능 화학식량을 부록 A (1.5.2.2절)에 실었다.

표 1.3은 주요 원소의 안정한 동위원소와 가장 흔한 동위원소를 포함한 100개의 분자를 기준으로 계산한 그 동위원소의 존재비를 표로 나타낸 것이다. 이것은 원소의 모든 동위원소의 합이 100% 기준으로 한 다른 동위원소 존재율표와 다르다는 것을 유념하라.

1.5.2.2 고분해능 분자 이온 유일한 분자식(또는 조각식)은 종종 충분히 정확한 질량 측정(고분해능 질량 분석) 하나만으로도 추론해낼 수 있다. 이것은 핵종의 질량이 정수가 아니기 때문에 가능한 것이다(표 1.4 참조). 예를 들어, 단위 질량이 28인 CO, N_2, CH_2N, C_2H_4 분자를 구별할 수 있다. CO의 정확한 질량은 12.0000 (^{12}C) + 15.9949 (^{16}O) = 27.9949이고, N_2의 정확한 질량은 2×14.0031 (^{14}N)- 28.0062이다. 비슷한 계산 방법으로 CH_2N의 질량, C_2H_4의 질량을 각각 28.0187, 28.0312로 구할 수 있다.

따라서 CO의 분자 이온에 대해 관찰되는 질량은 탄소와 산소의 가장 풍부한 동위원소의 정확한 질량의 합이다. 이것은 자연에 존재하는 한 원소의 모든 동위원소 질량의 평

표 1.3 원소의 상대적인 동위원소 양

원소	동위원소	상대적 양	동위원소	상대적 양	동위원소	상대적 양
탄소	^{12}C	100	^{13}C	1.11		
수소	^{1}H	100	^{2}H	0.016		
질소	^{14}N	100	^{15}N	0.38		
산소	^{16}O	100	^{17}O	0.04	^{18}O	0.2
플루오린	^{19}F	100				
규소	^{28}Si	100	^{29}Si	5.1	^{30}Si	3.35
인	^{31}P	100				
황	^{32}S	100	^{33}S	0.78	^{34}S	4.4
염소	^{35}Cl	100			^{37}Cl	32.5
브로민	^{79}Br	100			^{81}Br	98
아이오딘	^{127}I	100				

* 작은 피크를 측정하는 어려움은 줄어들었다. $^{13}C/^{2}C$비는 화합물의 원과 다르다. – 천연원과 비교하면서 합성한다. 다른 유기체 또는 영역으로부터의 천연 생성물은 차이가 있을 것이다. 또한 동위원소 피크는 시료의 농도 또는 화합물 종류의 변화에 따른 이온–분자의 상호작용 때문에 계산된 값보다 강도가 강할 것이다.

표 1.4 동위원소의 정확한 양

원소	원자량	핵종	질량
수소	1.00794	^{1}H	1.00783
		$D(^{2}H)$	2.01410
탄소	12.01115	^{12}C	12.00000 (std)
		^{13}C	13.00336
질소	14.0067	^{14}N	14.0031
		^{15}N	15.0001
산소	15.9994	^{16}O	15.9949
		^{17}O	16.9991
		^{18}O	17.9992
플루오린	18.9984	^{19}F	18.9984
규소	28.0855	^{28}Si	27.9769
		^{29}Si	28.9765
		^{30}Si	29.9738
인	30.9738	^{31}P	30.9738
황	32.0660	^{32}S	31.9721
		^{33}S	32.9715
		^{34}S	33.9679
염소	35.4527	^{35}Cl	34.9689
		^{37}Cl	36.9659
브로민	79.9094	^{79}Br	78.9183
		^{81}Br	80.9163
아이오딘	126.9045	^{127}I	126.9045

균값 (C = 12.01, O = 15.999), 즉 원자량을 기초로 한 CO의 분자량과는 다르다. 표 1.4는 흔한 핵종의 질량을 소숫점 아래 4~5자리까지 나타낸 것이다. 이 표에는 또한 우리에게 익숙한 원자량(원소의 평균 질량값)도 나와 있다.

부록 A는 단위 질량순으로 분자식과 조각식을 나열한 것이다. 각 단위 질량마다 식은 표준 **Chemical Abstract** 체계로 나열되어 있다. 각 식마다 화학식량(formula mass, FM)이 소숫점 아래 네 자리까지 주어져 있다. 부록 A는 단위 분별 질량 분석계와 다른 스펙트럼의 단서로부터 단위 분자량을 얻어냈다는 가정하에 계획된 참고자료이다. 표에는 C, H, N, O만을 실었다는 것을 유념하기 바란다.

1.5.3 분자식 사용. 수소 결핍 지수

만일 유기 화학자들에게 스펙트럼과 화학적 조작으로 얻을 수 있는 정보들 중 한 가지만 고르라고 한다면 분명히 분자식을 고를 것이다.

분자식은 원자의 종류와 개수 이외에 수소 결핍 지수를 알려준다. 수소 결핍 지수(index of hydrogen deficiency)란 관심있는 분자식을 만들기 위해 그에 상응하는 "포화된" 식으로부터 제거해야 하는 수소 원자쌍의 개수를 말한다. 수소 결핍 지수는 "불포화도(degree of unsaturation)"라고도 한다. 하지만 수소 결핍이 고리 구조 외에도 다중 결합에 의해서 나타날 수도 있기 때문에 이 이름은 합당하지 않다.그러므로 수소 결핍 지수는 고리의 개수와 이중 결합의 개수 및 삼중 결합의 두 배의 합을 의미한다.

탄소, 수소, 질소, 할로젠, 산소, 황을 포함하는 분자식 $C_nH_mX_xN_yO_z$인 화합물로부터 다음 공식으로 수소 결핍 지수를 계산할 수 있다.

$$\text{수소 결핍 지수} = (n) - (m/2) - (x/2) + (y/2) + 1$$

따라서 화합물 C_7H_7NO의 수소 결핍 지수는 $7 - 3.5 + 0.5 + 1 = 5$이다. 이가 원자인 산소와 황은 이 식에서 제외된다는 것을 유념하라.

일반적인 분자식 $\alpha_I\beta_{II}\gamma_{III}\delta_{IV}$에서 α는 H, D 또는 할로젠(즉, 일가 원자), β는 O, S 및 다른 이가 원소, γ는 C, Si 또는 다른 삼가 원자일 때 수소 결핍 지수는 $(IV) - (I/2) + (III/2) + 1$이다. 로마숫자 I, II, III, IV는 각각 일가, 이가, 삼가, 사가 원자의 개수를 나타낸다.

간단한 분자식의 경우, 관심을 갖는 화합물과 상응하는 포화 화합물을 비교함으로써 수소 결핍 지수를 알아낼 수 있다. C_6H_6와 C_6H_{14}을 비교해 보자. 전자의 수소 결핍 지수는 4이고, 후자는 0이다.

C_7H_7NO의 수소 결핍 지수는 5이고, 가능한 구조는 벤즈아마이드(benzamide, 그림 1.1 참조)이다. 물론, 다른 이성질체(같은 분자식에 다른 구조)도 아래 그림처럼 가능하다.

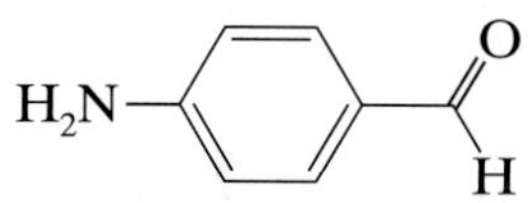

벤젠 고리는 불포화도가 4인데, 이중 결합 세 개와 고리 하나로 이루어져 있다는 것을 유념하라.

황이나 인과 같이 더 높은 원자가 상태의 원자를 포함하는 화합물에 대해서는 극성 구조를 사용해야 한다. 따라서 다이메틸 설폭사이드(dimethyl sulfoxide, DMSO)에 있는

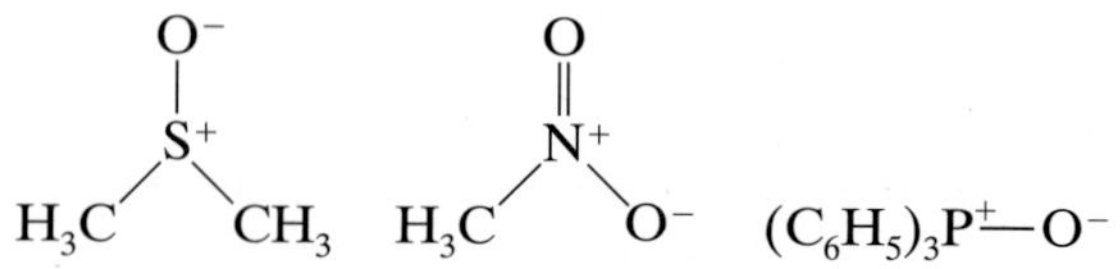

Dimethyl sulfoxide　　nitromethane　　triphenylphosphine oxide

그림 1.12 수소 결핍 지수를 정확하게 설명하는 다이메틸 설폭사이드, 나이트로메테인, 산화 트라이페닐포스핀의 극성루이스 구조.

황을 형식적으로 이가 원자로 취급하면 수소 결핍 지수가 0이 되고 그림 1.12에 나온 구조와 일치한다. 원자가 껍질이 채워져 있는 식만을 사용해야 한다. 즉, 루이스 팔전자 규칙을 만족해야 한다.

비슷하게 나이트로메테인 (nitromethane) 의 질소를 삼가 원자로 취급하면 수소 결핍 지수는 1이다. 이는 그림 1.12와 역시 모순없이 맞아 떨어진다. 산화 트라이페닐포스핀 (triphenylphosphine oxide) 의 인을 삼가로 다루면 지수는 12가 되어 그림 1.12에 있는 루이스 구조를 만족시킨다. 예로 분자식 $C_{13}H_9N_2O_4BrS$를 생각해 보자. 이 분자의 수소 결핍 지수는 $13 - 10/2 + 2/2 + 1 = 10$이고, 맞는 구조는 다음 그림과 같을 것이다.

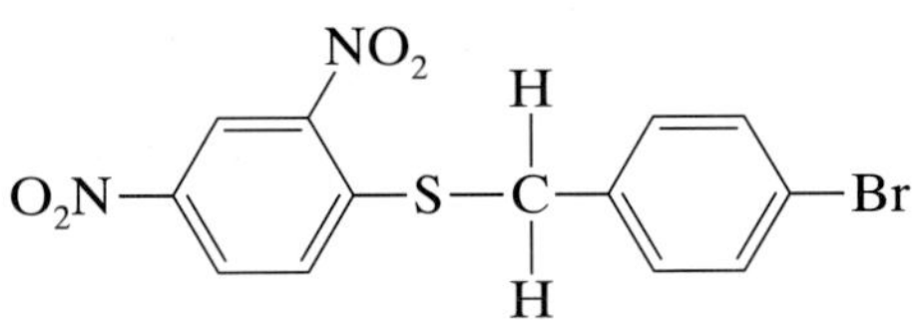

(벤젠 고리 하나당 수소 결핍 지수는 4이고, NO_2기 하나당 수소 결핍 지수는 1이다.)

수소 결핍 지수를 구하는 위의 식은 토막 이온과 분자 이온 모두에 적용할 수 있다. 이 공식이 전자수가 짝수인 이온(모든 전자가 쌍으로 존재)이면, 결과는 항상 0.5의 홀수 배수이다. 수소 결핍 지수가 5.5인 $C_7H_5O^+$를 예로 들면, 타당한 구조는 다음과 같다.

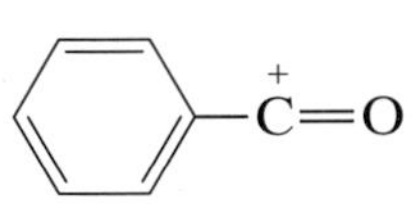

이에 상응하는 포화된 화합물의 식 $C_7H_{16}O$ ($C_nH_{2n+2}O$) 를 얻기 위해서는 5와 1/2의 수소 원자쌍이 필요하다. 홀전자를 가지는 토막 이온은 항상 수소 결핍 지수가 정수이다.

터펜류 (terpenes) 는 종종 이중 결합과 고리 구조 두 가지 중 한 가지 구조를 갖는다. 이런 선택의 문제에서는 마이크로그램 규모로 촉매를 이용해 화합물을 수소화하고, 질량 스펙트럼을 다시 한 번 가동시킨다. 만약 쉽게 환원될 수 있는 작용기가 남아있지 않다면, 분자 이온 피크의 질량의 증가분이 이중 결합의 개수를 나타내며, 나머지 "불포화 부분"은 고리 구조가 될 것이다.

이와 같이 간단한 고려사항들은 화학자들에게 구조에 관한 아주 신속한 정보를 제공한다. 다른 예를 들자면, 산소 원자 하나를 포함하는 화합물의 "불포화 부분"의 개수를 세어봄으로써 이 화합물이 에테르 (ether) 인지 카보닐 화합물 (carbonyl compound) 인지를 쉽게 결정할 수 있다.

1.5.4 토막내기

언뜻 보면 거대한 잉여 에너지를 가해 분자를 토막내는 것은 분자 구조를 알아내기 위한 주먹구구적인 방법으로 여겨질 수 있다. 하지만 스펙트럼 패턴을 구조와 연관시키기 위한 이론적 설명은 때로 임의적이긴 하지만 명쾌하다고 할 수 있다. McLafferty, Beynon, Stenhagen, Ryhage, Meyerson 같은 몇몇 선구자들은 토막내기에 대한 수많은 합리적인 메커니즘을 통찰하였다. 이러한 메커니즘은 Biemann (1962) , Budzikiewicz (1967) 과 다른 책에서 잘 요약되고 정교하게 부연 설명되어 있다.

일반적으로, 분자 이온을 편재 전하 (localized charge) 로 표현하는 경향이 있다. Budzikiewicz 등 (1967) 의 접근 방법은 π 결합 (콘쥬게이션된 계 제외) 이나 헤테로 원자에 양전하를 배치시킨다. 이 개념이 완전히 정밀하든 그렇지 않든 간에, 적어도 교육학적인 대걸작이다. 교재에서는 이와 같이 편재 전하를 띠는 분자 이온을 사용하기로 한다.

예를 들어, 그림 1.13에 있는 구조 **A, B, C**는 사이클로헥사다이엔 (cyclohexadiene) 의 분자 이온을 나타낸다. 화합물 **A**는 원래의 전하를 띠지 않는 다이엔 (diene) 보다 전하가 하나 적은 비편재 구조 (delocalized structure) 이다. 전자와 양전하 모두 π 계에 비편재화된다. 분자 이온을 형성하기 위해 제거되는 전자가 π 전자이기 때문에 **B**와 **C** (원자가 결합 구조) 와 같은 다른 구조를 이용할 수 있다. **B**와 **C**와 같은 구조는 전자와 양전하가 편재되어 있기 때문에 토막내기 과정을 설명하기에 아주 적합하다.

토막내기는 전자의 충격으로 시작된다. 토막내기의 원동력 중 작은 부분만이 충격으로 인해 전해지는 에너지이다. 주요 원동력은 구조에 부과된 양이온-라디칼 특성 (cation-radical character) 이다.

홀전자를 갖는 분자 이온 (라디칼-양이온, $M^{\cdot+}$) 은 단일 결합의 균일 분열이나 불균일 분열로 의해서 쪼개질 수 있다. 균일 분열 (도식 1.3, ***I***) 에서는 각 전자가 자유롭게 독립적으로 한쪽 가시가 있는 낚시바늘 모양로 나타낸 것과 같이 움직인다. 토막은 짝수 전자의 양이온과 자유 라디칼 (홀전자) 이다. 혼란을 방지하기 위해서 필요한 낚시바늘의 각 쌍중 하나만 나타내었다 (도식 1.3, ***II***) . 불균일 분열에서는 보통의 곡선 화살표로 나타낸 것처럼 전자쌍이 전하를

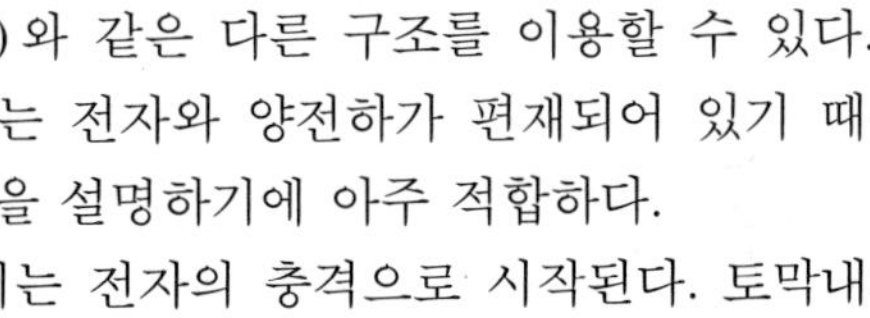

A **B** **C**

그림 1.13 사이클로헥사다이엔의 라디칼 양이온의 다른 표현.

떤 장소로 함께 이동한다. 이때 토막은 다시 짝수 전자 양이온과 라디칼이지만, 여기에서 마지막의 전하를 띤 위치는 알킬 생성물에 있다(도식 1.3, ***III***).

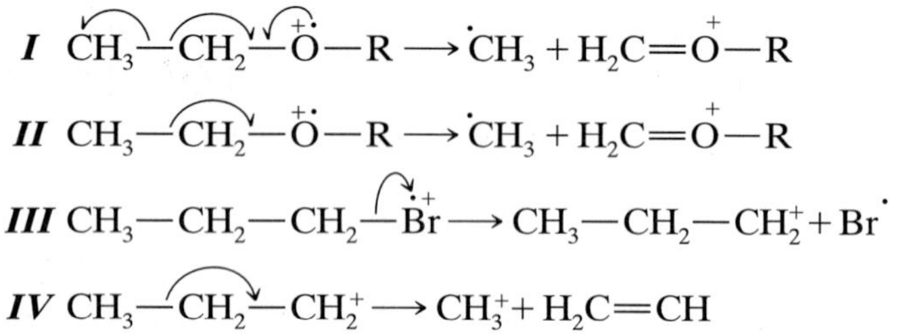

(도식 1.3)

고리가 없을 경우(토막이 나려면 두 개 이상의 결합이 끊어져야 한다) 질량 스펙트럼의 주요 토막은 단일 분열로 생성된 짝수 전자의 양이온들이다. 짝수 전자의 양이온들이 계속 토막내기 과정을 거치면 다른 짝수 전자의 양이온과 짝수 전자의 중성 분자가 생성된다(도식 1.3, ***IV***).

매우 안정한 양이온 그리고/또는 안정한 라디칼, 즉 중성 분자를 형성하여 에너지 이득이 생기면, 잘 정의된 낮은 에너지 경로를 따라 동시에 또는 연속해서 여러 개의 결합이 끊어지게 된다. 이런 내용은 1.5.5절(자리옮김)과 각 화합물 부류별로 1.6절에서 다룰 것이다.

어떤 특정한 결합이 끊어질 가능성은 결합력과 낮은 에너지 전이 가능성, 토막들의 안정성, 토막내기 과정에서 형성되는 전하를 띠거나 띠지 않는 토막들과 관련이 있다. 열분해(pyrolytic cleavage)에 대한 지식이 분자 이온이 쪼개지는 가능한 방식을 예측하는 데 어느 정도 이용될 수 있다. 질량 분석계 안의 매우 낮은 압력 때문에 토막들의 충돌은 매우 드물게 일어난다. 여기서는 단분자의 분해에 대해서 주로 다룬다. 여러 참고 스펙트럼의 자료에 의해 뒷받침되는 이러한 가정은 어떤 분자의 토막내기 방식으로부터 얻을 수 있는 막대한 양의 자료의 기본이 된다. 전통적인 유기화학이 화학 반응물, 열에너지, 빛에 의해서 개시되는 반응을 다루는 반면, 질량 분석법은 약 10^{-6} mm Hg의 증기압에서 유기 분자에 이온화 전자빔을 가함으로써 나타나는 결과를 다룬다.

EI 스펙트럼에서 커다란 피크를 예측하는 여러 일반적인 규칙을 물리유기화학의 기본 원리를 이용하여 이론적으로 설명할 수 있다.

1. 분자 이온 피크의 상대적 높이는 원자의 결합이 곧은 사슬 화합물이 가장 크고 가지가 많아질수록 크기가 줄어든다(규칙 3 참조).
2. 분자 이온 피크의 상대적 높이는 동족 계열에서 흔히 분자량이 증가할수록 감소한다. 지방 에스터는 예외이다.
3. 알킬 치환된 탄소 원자에서 분열이 더 잘 일어난다. 치환이 더 많이 될수록 분열도 더 많이 일어난다. 이는 삼차 탄소양이온이 이차 탄소양이온에 비해, 이차 탄소양이온은 일차 탄소양이온에 비해 더 안정해지기 때문이다.

   양이온 안정성 순서

   $$CH_3^+ < R_2CH_2^+ < R_3CH^+ < R_3C^+$$

   일반적으로 가지난 곳에서 가장 큰 치환체가 라디칼로 가장 잘 떨어지는데, 아마도 긴 사슬의 라디칼이 고립 전자의 비편재화를 통해 약간 안정해지기 때문이다.

4. 이중 결합, 고리 구조, 특히 방향족(또는 헤테로방향족) 고리는 분자 이온을 안정화시켜 분자 이온이 나타날 확률을 높인다.
5. 이중 결합에서는 알릴자리 절단(allylic cleavage)이 잘 일어나 공명 안정화된 알릴형 양이온을 만든다. 이 규칙은 단순한 알켄에는 해당하지 않는데, 그 이유는 이중 결합이 빠르게 이동하기 때문이다. 그러나 사이클로알켄에서는 이 규칙이 적용된다.
6. 포화 고리에서는 α-결합에서 알킬 곁가지가 끊어지는 경향이 있다. 이것은 단지 가지(규칙 3)의 특별한 경우에 불과하다. 양전하는 고리 토막에 계속 머무르는 경향을 보인다. 도식 1.4 참조.

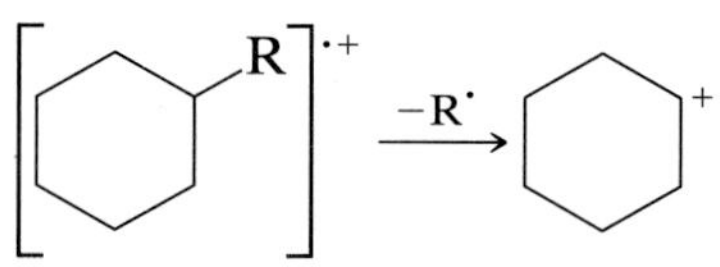

(도식 1.4)

불포화 고리는 도식 1.5의 역-딜스-알더(*retro*-Diels-Alder) 반응을 거칠 수 있다.

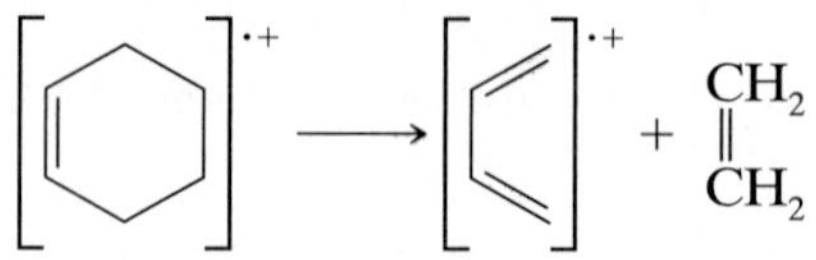

(도식 1.5)

7. 알킬 치환된 방향족 화합물에서 β 결합에서 고리로 쪼개짐이 가장 가능성이 있다. 쪼개지고 나면 공명 안정된 벤질(benzyl) 이온 또는 트로필륨(tropylium) 이온을 만든다(도식 1.6 참조).

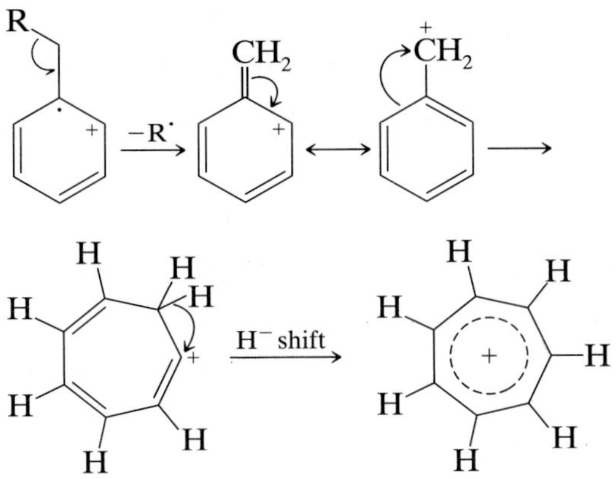

(도식 1.6)

8. 헤테로원자 옆에 있는 C—C 결합은 자주 끊어져서 헤테로원자를 포함하는 토막에 전하를 남긴다. 헤테로원자에 있는 비공유 전자 때문에 공명 안정화가 일어난다.
9. 쪼개짐은 흔히, 일산화 탄소, 올레핀, 물, 암모니아, 황화수소, 사이안화 수소, 머캡탄, 케텐, 또는 알코올과 같이 작고 안정적인 중성 분자의 제거나 자리옮김과 관련이 있다(1.5.5절).

이 토막내기 규칙들은 EI 질량 분석법에 해당한다는 것을 명심해야 한다. 다른 이온화법(CI 등)은 주로 훨씬 더 낮은 에너지의 분자 또는 매우 다른 토막내기 방식을 갖는 준분자 이온을 생성하기 때문에, 이들 분자 이온의 토막내기에는 다른 규칙이 적용된다.

1.5.5 자리옮김

자리옮김 이온(rearrangement ion)은 분자 이온에서 단순히 결합이 쪼개지는 것으로는 출처를 설명할 수 없는 토막이지만, 이 자리옮김 이온은 토막내기 과정에서 일어나는 분자 내 원자의 자리옮김(재배열, rearrangement)의 결과물이다. 헤테로원자를 포함한 분자 내에서 수소 원자가 이동하는 자리옮김이 일상적이다. 아주 중요한 예는 맥래퍼티 자리옮김(McLafferty rearrangement)이다. 이 자리옮김의 일반적인 경우를 도식 1.7에 설명하였다.

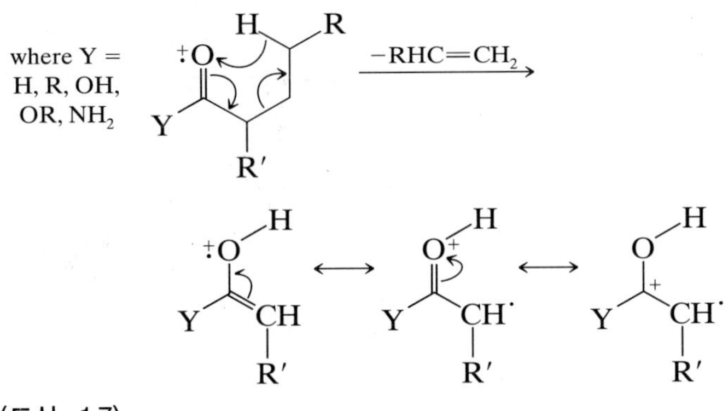

(도식 1.7)

맥래퍼티 자리옮김이 일어나기 위해서 분자가 적합하게 배치된 헤테로원자, π 전자계(주로 이중 결합), C=O계의 γ 위치에 추출가능한 수소 원자를 반드시 포함해야 한다.

이와 같은 자리옮김으로 중요한 피크의 성질을 설명할 수 있어 우리의 목적에 매우 유용하다. 이들은 낮은 에너지 전이와 결과물의 안정성이 증가하는 것을 기초로 합리화될 수 있다. 안정한 중성 분자가 제거되어 나타나는 자리옮김이 보통이며, 화합물 부류별 질량 스펙트럼을 논의할 때 보게 될 것이다.

자리옮김 피크는 토막 이온과 이에 상응하는 분자 이온의 질량(m/z) 수를 고려함으로써 구별할 수 있다. 자리옮김 없는 짝수의 분자 이온이 단순히 쪼개지면 홀수의 토막 이온을 생성하고, 홀수의 분자 이온이 쪼개지면 짝수의 토막 이온을 생성한다. 단순한 쪼개짐에 의해 생기는 토막(짝수 질량 분자 이온으로부터 짝수 질량의 토막)으로 예상되는 것과 질량 단위가 1 다른 토막 이온의 질량을 관찰하면 토막내기 과정에 수소의 자리옮김이 있어났다는 것을 알 수 있다. 자리옮김 피크는 1.5.1절에 소개된 "질소 규칙"의 추론을 고려하면 구별할 수 있다. 따라서 짝수의 분자 이온에서 파생된 짝수의 피크는 자리옮김과 관련된 두 번의 분열의 결과이다.

석유산업에서 질량 분석자들에 의해서 탄화수소의 "무작위" 자리옮김이 일찍이 발견되었다. 예컨대, 도식 1.8에 나타난 네오펜틸 라디칼 양이온(*neo*-pentyl radical-cation)에서 에틸 양이온의 자리옮김은 직접적으로 설명할 수 없다.

$$\left[\begin{matrix} & CH_3 & \\ & | & \\ H_3C- & C & -CH_3 \\ & | & \\ & CH_3 & \end{matrix}\right]^{\cdot+} \longrightarrow [C_2H_5]^+$$

(도식 1.8)

1.6 몇몇 부류 화합물들의 질량 스펙트럼

이 절에서는 여러 부류의 화합물들의 질량 스펙트럼들을 확인하기 위한 가장 유용한 일반적인 개념을 간단히 설명하고자 한다. 좀 더 자세한 내용은 다음 참고 문헌을 활용하기 바란다(특히 Budzikiewicz, Djerassi, Williams, 1967년에서 철저히 다루고 있다). 데이터베이스는 출판사와 일부 기기 기능서에서 얻을 수 있다. 여기서 다룬 참고 문헌들은 통합적인 내용을 다루는 것이 아니라 선택적으로 다루고 있다. 자주 다루는 토막 이온들의 표를 부록 B에 실었다. 자주 떨어져 나가는(전하를 갖지 않는) 토막과 추론되는 구조의 표는 부록 C에 있다. 일반적인 토막 이온에 대한 좀 더 철저한 목록도 편집되어 있다(참고 문헌 참조).

1.6.1 탄화수소

1.6.1.1 포화 탄화수소 질량 분석법의 초기 연구는 거의 모두 석유산업의 관심사인 탄화수소에 대해 이루어졌다. 규칙 1-3 (1.5.4절)이 거의 전반적으로 적용된다. 자리옮김이 일어난 피크도 흔하지만 주로 강하지 않다(무작위 자리옮김). 많은 참고용 스펙트럼이 이용 가능하다.

곧은 사슬 포화 탄화수소의 분자 이온 피크는 긴 사슬의 화합물에서는 세기가 작지만 항상 존재한다. 토막내기 양식은 피크가 무리를 이루는 것이 특징인데, 각 무리에 해당하는 피크들은 14 질량 단위 (CH_2) 만큼 떨어져 있다. 무리 중에서 가장 높게 나타나는 피크는 C_nH_{2n+1} 토막을 의미하며, $m/z = 14n + 1$에서 나타난다. 이는 C_nH_{2n}과 C_nH_{2n-1} 토막들을 동반한다. 가장 많은 토막은 C_3과 C_4에 존재하고 토막의 양은 곡선 커브가 $[M - C_2H_5]^+$로 내려갈수록 줄어든다. $[M - CH_3]^+$ 피크는 특징적으로 아주 약하거나 아예 나타나지 않는다. 탄소 원자를 아홉 개 이상 포함하는 화합물도 비슷한 스펙트럼을 나타낸다. 그러므로 확인은 분자 이온 피크에 달렸다.

가지난 포화 탄화수소의 스펙트럼은 곧은 사슬의 스펙트럼과 매우 비슷하다. 그러나 각 가지에서 토막내기가 일어나 세기가 줄어드는 매끄러운 곡선이 파괴된다. 그림 1.14 (위)에서 보는 바와 같이 *n*-알케인의 매끄러운 곡선은 가지난 알케인(그림 1.14, 아래)의 C_{12}에서 불연속적인 것과 대조를 이룬다. 이러한 불연속성은 5-메틸펜타데케인 (5-methylpentadecane)의 가장 긴 가지가 열 개의 탄소 원자를 가진다는 것을 나타낸다.

그림 1.14의 아래 스펙트럼을 보면, m/z 169와 85에서의 피크는 치환된 탄소 원자의 전하 변화없이 각각의 옆에서 쪼개짐이 일어났음을 의미한다. 이들 토막의 합으로부터 분자량을 빼면 토막 —CH—CH_3을 설명한다. 다시 말해, C_{11} 단위가 없어졌음을 알 수 있는데, 이것은 한 번의 쪼개짐으로 형성되지 않는다. 결정적으로 특징적인 피크 M−15의 존재 또한 메틸기의 가지를 나타낸다. 가지에서 쪼개진 조각은 수소 원자 하나를 잃는 경향이 있어, 그로 인해 생성된 C_nH_{2n} 피크가 두드러지며, 때로는 상응하는 C_2H_{2n+1} 피크보다 더 강하다. 탄화수소 내에 포화 고리가 있으면 분자 이온 피크의 상대 세기가 증가되며, 고리와 그 나머지 분자를 연결하는 결합이 잘 끊어지게 된다(규칙 6, 1.5.4절). 고리가 쪼개지면 보통 C_2H_4 (28)나 C_2H_5 (29)와 같이 두 개의 탄소 원자를 가진 부분이 끊어지는 특징이 있다. C_2H_4 같은 짝수 조각을 잃는 이러한 경향 때문에 비고리형 탄화수소의 스펙트럼에 비해 짝수 질량을 가지는 이온의 비율이 더 많은 스펙트럼을 나타내게 된다. 가지난 탄화수소에서처럼 C—C 결합이 쪼개지면서 수소 원자를 하나를 잃는다. 그 결과 C_nH_{2n-1}와 C_nH_{2n-2} 계열이 특징적인 피크로 나타난다.

사이클로헥세인의 질량 스펙트럼(그림 1.15)은 비고리형 분자보다 더 강한 분자 이온을 보인다. 그 이유는 쪼개질 때 두 개의 C—C 결합이 쪼개져야 하기 때문이다. 이 스펙트럼은 m/z 56에서 기준 봉우리 (base peak)가 있으며 (C_2H_4의 소실), m/z 41에서 큰 피크를 가지는데 이것은 C_nH_{2n-1} 계열에서 $n = 3$일 때의 토막이다.

1.6.1.2 알켄 (올레핀) 알켄, 특히 폴리알켄(polyalkene)의 분자 이온 피크는 쉽게 구별된다. 비고리형 알켄의 이중 결합은 쉽게 이동하여 위치선정에 어려움이 있다. 고리형 알켄(특히 여러고리)에서, 이중 결합의 위치선정은 종종 명료한데, 이는 이중 결합의 이동없이 알릴형(allylic) 쪼개짐을 하려는 경향의 결과이다(규칙 5, 1.5.4절). 카보닐기와의 콘쥬게이션 역시 이중 결합의 위치를 고정시켜 준다. 포화 탄화수소와 같이 비고리형 알켄도 14 단위의 간격으로 피크의 무리가 있는 특징이 있다. 이들 무리에서 C_nH_{2n-1}과 C_nH_{2n}의 피크는 C_nH_{2n+1} 피크보다 더 강하다.

터펜의 일종인 β-미르센(β-myrcene)의 질량 스펙트럼은 그림 1.16과 같다. m/z 41, 55, 69인 피크는 C_nH_{2n-1}에서 $n = 3, 4, 5$ 일 때에 각각 해당한다. m/z 41 피크의 형성은 반드시 이성질화와 관련이 있다. m/z 67와 69의 피크는 바이알릴형(bi-allylic) 결합의 쪼개짐에 의해 생기는데, 이는 도식 1.9에 나타난다.

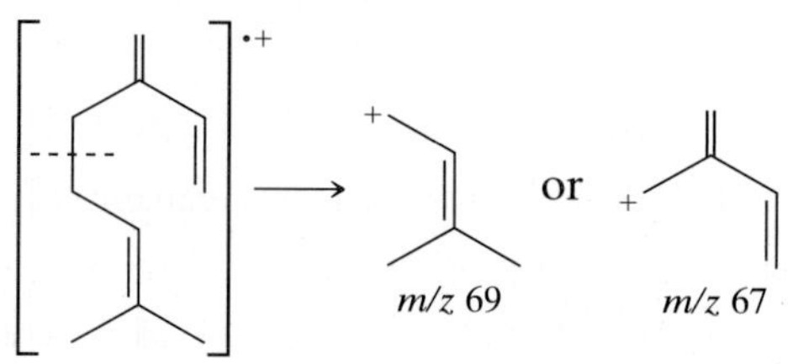

(도식 1.9)

m/z 93의 피크는 도식 1.10에서 이론적으로 설명되는데, 이중 결합 이성질화 과정에서 $C_7H_9^+$의 구조가 형성(콘쥬게이션의 증가 야기)되고, 이어서 알릴형 쪼개짐이 일어난다. m/z 93에서 이온은 안정성에 기여하는 최소 두 개의 중요한 공명 형태를 가진다. 이 공명 구조를 그려보며 연습하기를 권한다.

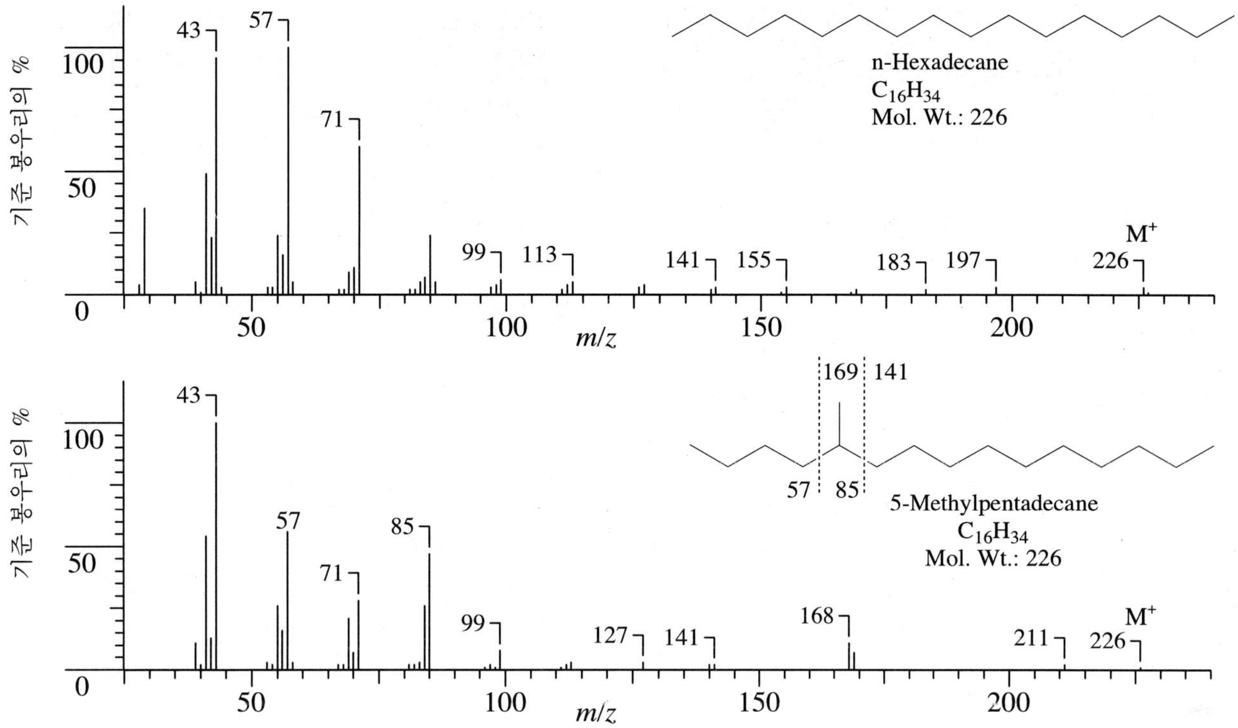

그림 1.14 C_{16} 탄화수소 이성질체의 EI 질량 스펙트럼.

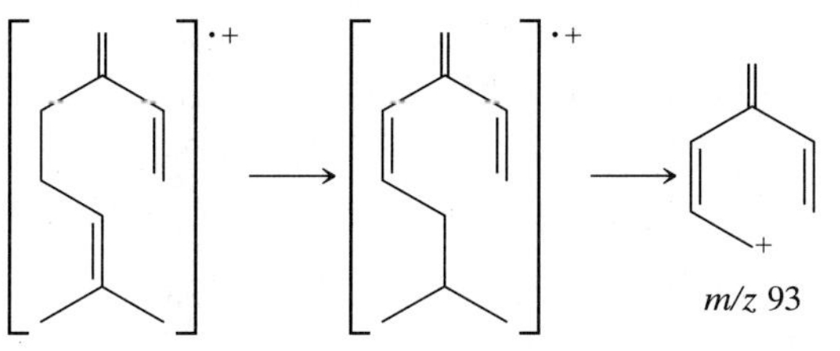

(도식 1.10)

고리형 알켄은 보통 특이한 분자 이온 피크를 보인다. 쪼개짐의 특이한 방식은 역–딜스–알더 반응 (*retro*-Diels-Alder reaction) 이다. 이 반응은 도식 1.11에서 리모넨 (limonene) 으로 예를 들어 설명할 수 있다. 이 예에서 역–딜스–알더 반응은 두 개의 아이소프렌 (isoprene) 분자를 형성한다. 이 반응은 자리옮김의 예이므로, 이 아이소프렌 중 하나는 중성 분자이다.

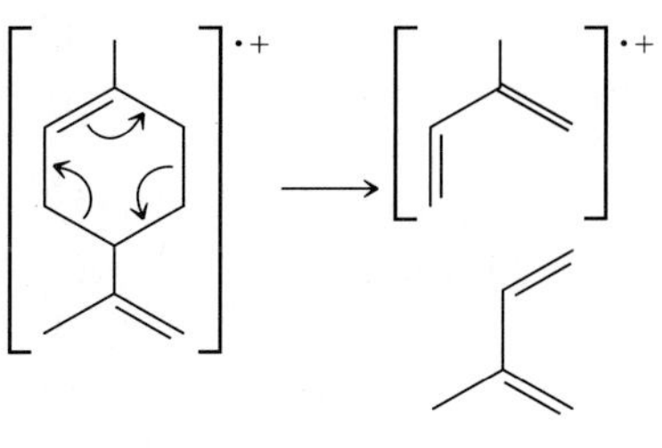

(도식 1.11)

1.6.1.3 방향족 탄화수소 및 아랄킬 탄화수소 분자 안에 있는 방향족 고리는 분자 이온 피크를 안정화시키는데 (규칙 4, 1.5.4절), 이는 보통 충분히 커서 M + 1과 M + 2 피크에서 정확한 세기를 측정할 수 있다.

그림 1.17은 나프탈렌 (naphthalene) 의 질량 스펙트럼이다. 이 분자 이온 피크는 기준 봉우리이기도 하며, 가장 큰 토막 피크인 *m/z* 51는 분자 이온 피크의 12.5%만큼 강하다.

알킬 치환된 벤젠 고리는 종종 *m/z* 91에서 두드러지는 피크 (보통 기준 봉우리) 를 나타낸다 ($C_6H_5CH_2^+$). α 탄소에 가지가 있으면 14만큼씩 증가하며 91보다 더 큰 질량이 나타나는데, 가장 큰 치환기가 가장 쉽게 제거된다 (규칙 3, 1.5.4절). 그러나 질량 91에서 피크만으로 α 탄소에서 가지난 것이라고 말할 수 없는데, 이 안정성이 매우 높은 토막이 자리옮김으로 인해 형성될 수도 있기 때문이다. 구별되는 그리고 종종 도드라지는 M − 1 피크는 C—H 결합의 유사한 벤질형 (benzylic) 쪼개짐의 결과이다.

대부분의 경우에 질량 91인 이온은 벤질 양이온이 아니라 트로필륨 (tropylium) 이라고 제안되었다. 이것은 톨루엔 (toluene) 에서는 메틸기가 쉽게 떨어지지 않지만, 자일렌 (xylene, 도식 1.12) 에서는 메틸기가 쉽게 떨어지는 것을 설명한다. 자일렌의 초기 분자 라디칼 이온은 메틸사이클로헵타트라이엔 (methylcycloheptatriene) 라디칼 이온으로 자리옮김되고, 그 후 끊어져 트로필륨 이온 ($C_7H_7^+$) 으로 된다. 종종 관측되는 *m/z* 65 피크는 트로필륨 이온에서 중성 아세틸렌 (acetylene) 분자가 제거되어 생긴 것이다.

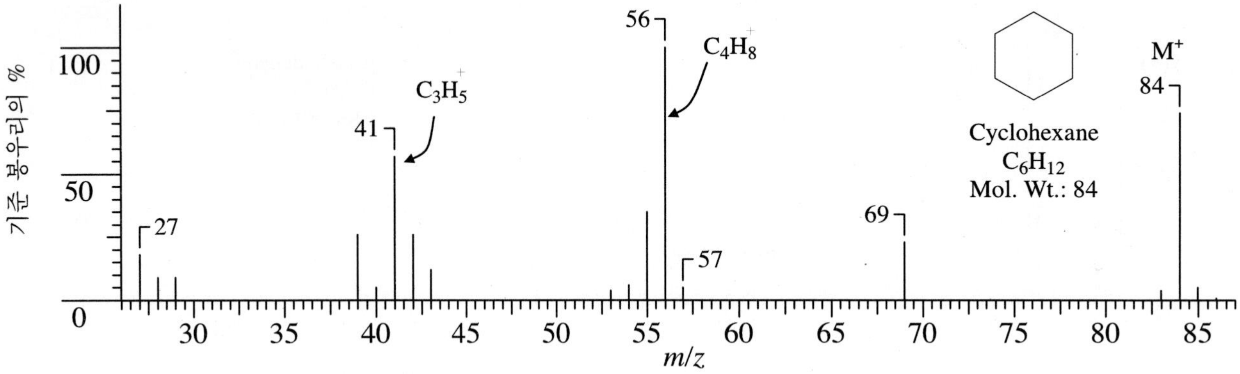

그림 1.15 사이클로헥세인의 EI 질량 스펙트럼.

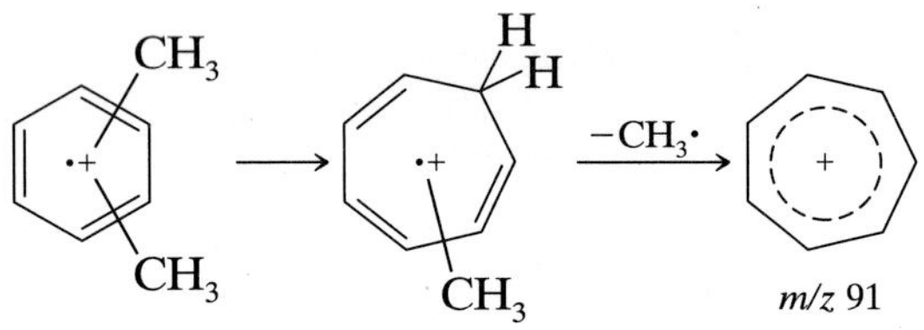

(도식 1.12)

중성 알켄 분자의 제거와 함께 수소가 이동하면 알킬기가 C_2보다 길 때 관측되는 *m/z* 92 피크의 원인이 된다. 도식 1.13은 이를 예를 들어 설명한 것이다. 이것은 자리옮김의 예라는 것을 다시 유념하라.

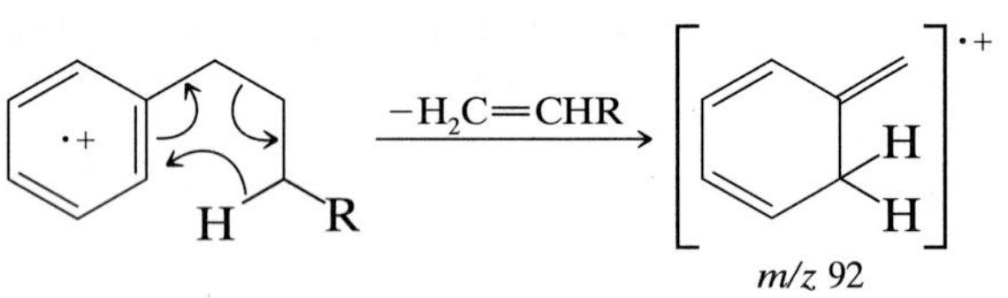

(도식 1.13)

α 쪼개짐과 모노알킬벤젠(monoalkylbenzenes)에서의 수소 이동으로 만들어진 이온 뭉치의 특징은 *m/z* 77 ($C_6H_5^+$), 78 ($C_6H_6^+$), 79 ($C_6H_7^+$)에서 나타난다.

알킬화된 폴리페닐(polyphenyl)과 알킬화된 여러고리 방향족 탄화수소는 알킬벤젠 화합물과 같은 β 쪼개짐의 특징을 보인다.

1.6.2 하이드록시 화합물

1.6.2.1 알코올 일차 또는 이차 알코올의 분자 이온 피크는 보통 매우 작으며, 삼차 알코올의 경우는 종종 관측이 불가능하다. 1-펜탄올(1-Pentanol)의 분자 이온은 이와 비슷한 물질과 비교해 매우 아주 약하다. 분자량을 얻기 위해 CI와 같은 방법을 사용할 수도 있다. 산소 원자 옆 C—C 결합이 쪼개짐이 일반적으로 일어난다(규칙 8, 1.5.4절). 그래서 일차 알코올은 $^+CH_2$—OH (*m/z* 31)의 도드라지는 피크를 보인다. 이차, 삼차 알코올도 비슷하게 끊어지는데, 이것은 각각 $^+$CHR—OH (*m/z* 45, 59, 73)와 $^+$CRR′—OH (*m/z* 59, 73, 87 등)에서 도드라지는 피크를 보인다. 가장 큰 치환기가 가장 쉽게 떨어진다(규칙 3). 때로, 산소 원자 옆의 C—H 결합이 끊어진다. 가장 덜 선호되는 이 경로로 M − 1 피크가 나타난다.

일차 알코올에서는 산소 원자 옆의 주요한 C—C의 쪼개짐 뿐만 아니라, 산소 원자에서 연속적으로 제거된 C—C 결합의 쪼개짐으로 인해 야기된 점차적으로 감소하는 세기의 일련의 피크를 나타낸다. 긴 사슬(> C_6)을 가진 알코올에서 토막내기는 탄화수소의 패턴에 의해 조절된다. 사실, 스펙트럼은 상응하는 알켄의 스펙트럼과 비슷하다. 일차 알코올에서 매우 약하거나 아예 존재하지 않는 분자 이온 피크 주변 스펙트럼은 때로 약한 M − 2와 M − 3 피

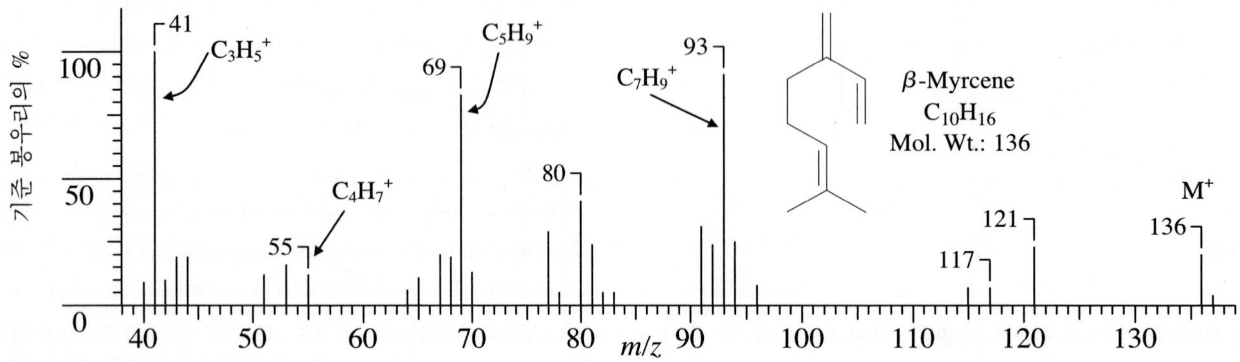

그림 1.16 β-미르센의 EI 질량 스펙트럼.

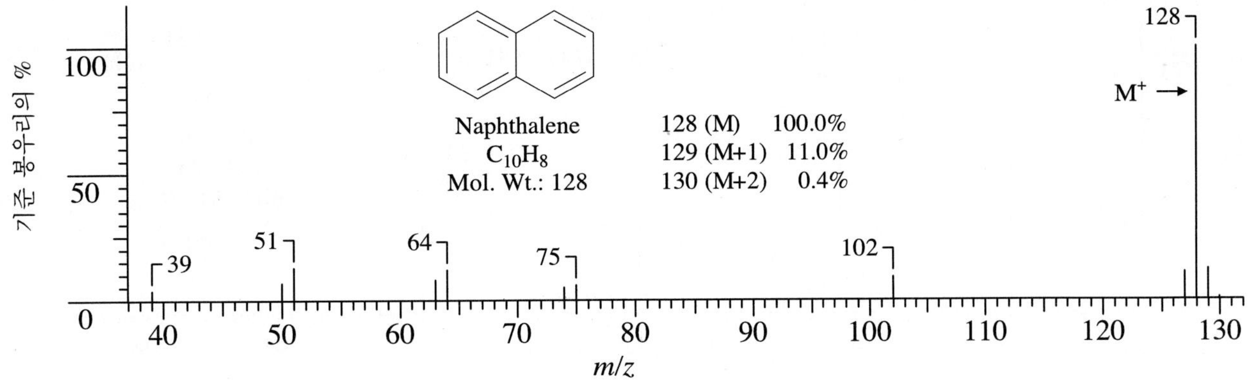

그림 1.17 나프탈렌의 EI 질량 스펙트럼.

크 때문에 혼동될 수 있다.

확실히 구별되는 피크는 보통 물의 손실에 의해 M − 18에서 나타난다. 이 피크는 일차 알코올의 스펙트럼에서 가장 눈에 띤다. 전자 충격에 의한 이러한 제거는 이론적으로 설명되었으며 δ 수소를 잃는 과정은 도식 1.14에서 볼 수 있다. γ 수소를 잃는 과정도 이와 비슷하다. M − 18 피크는 종종 뜨거운 주입구 표면에서 더 큰 알코올의 열분해로 인해 더 커지게 된다. 물의 제거는 일차 알코올의 알켄 제거와 더불어 (도식 1.14 ***II*** 참조), 피크 M − (알켄 + H_2O)의 원인이 되는데, 이것은 피크 M − 46, M − 74, M − 102에 해당한다.

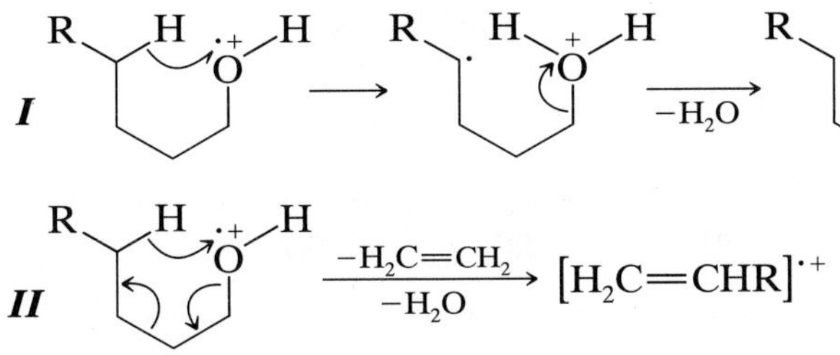

(도식 1.14)

가지난 메틸기를 가지는 알코올 (예, 터펜 알코올)은 종종 M − 33에서 강한 피크를 보이는데, 이는 CH_3와 H_2O를 잃어 생긴 것이다.

고리형 알코올은 복잡한 과정으로 토막내기된다. 예를 들어, 사이클로헥산올 (cyclohexanol M = *m/z* 100)은 α 수소를 잃고 $C_6H_{11}O^+$ (둘 이상의 가능한 다리놓인 이중고리 구조를 가짐)를 형성하며, 복잡한 고리 쪼개짐 과정을 통해 $C_3H_5O^+$ (*m/z* 57)을 형성한다.

m/z 31인 피크 (위 참조)는 이 피크가 *m/z* 45, 59, 73 등보다 더 강하다면 일차 알코올에서 매우 특징적이다. 그러나 이차 알코올에서 처음 생성된 이온은 더 분해되어 중간 정도 세기의 *m/z* 31 이온을 만든다.

그림 1.18은 이성질체인 일차, 이차, 삼차 C_5 알코올의 특징적인 스펙트럼을 보여 준다.

벤질 알코올과 그 치환 유사체들은 다른 부류를 구성한다. 일반적으로 모체 피크가 강하다. 벤질형 피크 (M − OH)는 β 쪼개짐에서부터 고리까지로 예상되듯이 존재할 수 있다. 복잡한 순서로 도드라지는 M − 1, M − 2, M − 3 피크가 만들어 진다. 벤질 알코올 그 자체는 토막이 되어 차례로 M − 1 이온과 CO를 잃어 만들어진 $C_6H_7^+$, 그리고 여기서 H_2를 잃어 생긴 $C_6H_5^+$ 이온이 된다 (도식 1.15 참조).

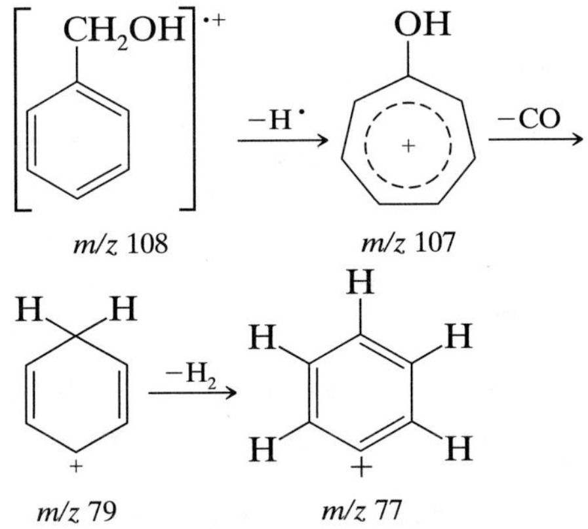

(도식 1.15)

H_2O를 잃어 뚜렷한 피크 M − 18을 나타내는 것은 가장 흔한 특징으로 특히 *ortho* 치환된 벤질 알코올에서 두드러지며, 과정 또한 명확하다. 도식 1.16에서 보는 바와 같이 물을 잃는 과정은 *ortho* 위치에 산소 원자를 가지는 경우 (페놀)에서만큼이나 잘 일어난다. 여기서는 또한 복잡한 분해 과정을 거쳐 생겨난 방향족 뭉치인 *m/z* 77, 78, 79도 도드라진다.

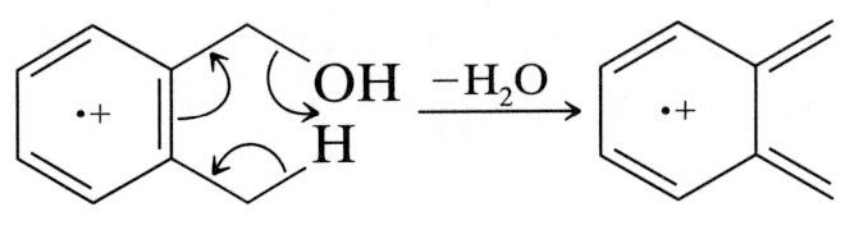

(도식 1.16)

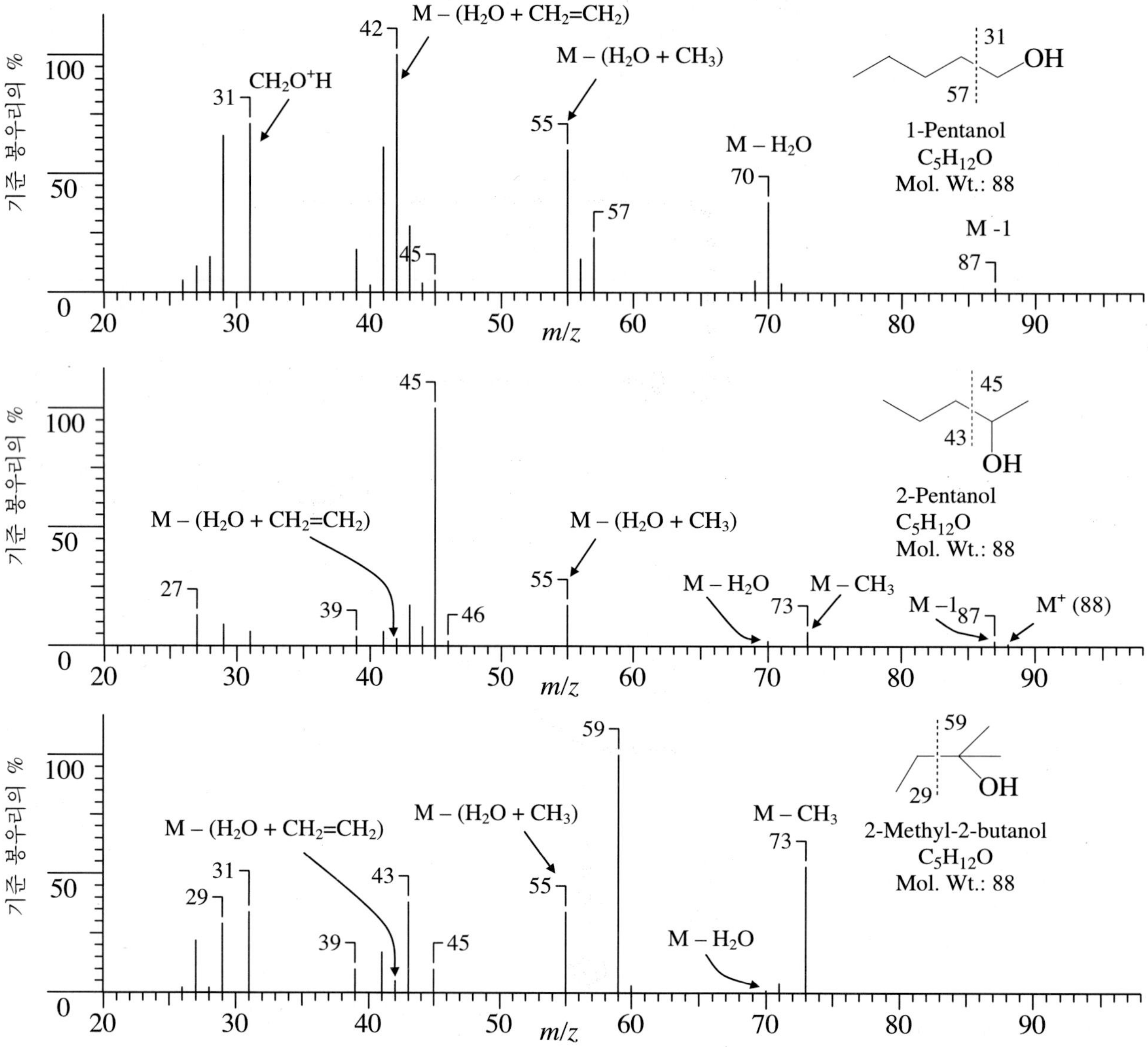

그림 1.18 펜탄올 이성질체들의 EI 질량 스펙트럼.

1.6.2.2 페놀 뚜렷한 분자 이온 피크가 있어 페놀의 구분이 쉽다. 페놀 자체에서는 분자 이온 피크가 기준 봉우리이며, M − 1 피크는 작다. 크레솔(cresol)에서는 벤질 위치의 C—H 쪼개짐으로 인해 M − 1 피크가 분자 이온 피크보다 크다. *m/z* 77의 자리옮김 피크와 CO (M − 28) 및 CHO (M − 29)를 잃어 생긴 피크들을 페놀에서 흔히 볼 수 있다.

전형적인 페놀인 에틸 페놀의 질량 스펙트럼은 그림 1.19와 같다. 이 스펙트럼은 메틸기가 α 수소보다 훨씬 더 쉽게 떨어지는 것을 보여준다.

1.6.3 에테르

1.6.3.1 지방족 에테르 (그리고 아세탈) 분자 이온 피크(탄화수소보다 2 질량 단위 더 큼)는 작으나 더 큰 시료는 분자 이온 피크나 M + 1 피크(이온-분자 충돌시 H˙가 이동)가 분명하다.

m/z 31, 45, 59, 73에서 나타나는 강한 피크로 산소 원자가 존재함을 추측할 수 있다. 이런 피크들은 RO^+와 $ROCH_2^+$ 토막을 나타낸다. 다음 두 가지 주된 방법으로 조각이 만들어 진다.

1. 산소 옆 C—C 결합의 쪼개짐(α, β 결합, 규칙 8, 15.4절). 이들 산소를 포함하는 이온 중 하나 또는 다른 것으로 기준 봉우리를 설명할 수 있다. 그림 1.20의 경우, 첫 번째 쪼개짐(더 큰 토막을 잃는 가지난 위치)이 선호된다. 그러나 처음 형성된 토막에서 에틸렌을 잃고 더 분해되어 기준 봉우리를 만든다. 이 분해반응은 α 탄소에 치환되어 있을 때 중요한 역할을 한다(맥래퍼티 자리옮김, 1.5.5절 참조)

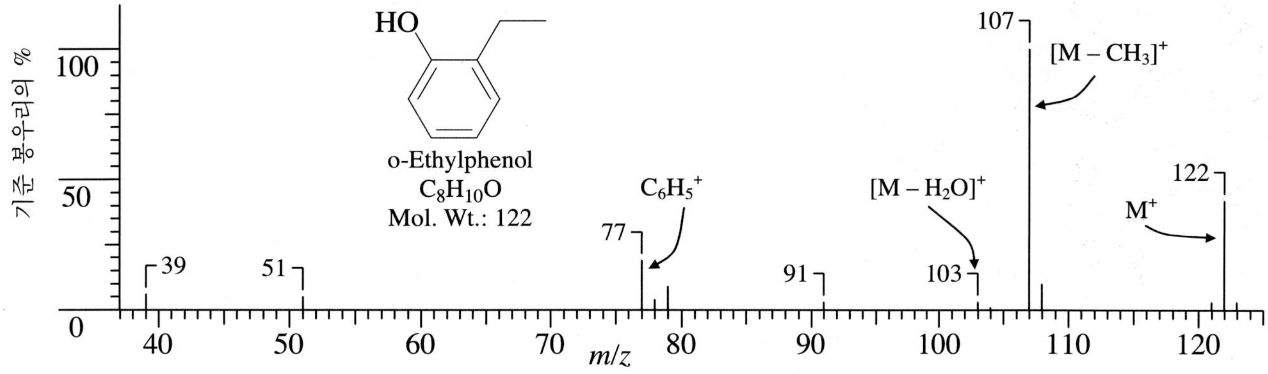

그림 1.19 *o*-에틸페놀의 EI 질량 스펙트럼.

2. 전하가 알킬 토막에 남는 C—O 결합의 쪼개짐. 긴 사슬 에터의 스펙트럼은 탄화수소 패턴에 의해 조절된다.

아세탈은 에터의 특별한 부류이다. 아세탈의 질량 스펙트럼은 아주 약한 분자 이온 피크와 M − R과 M − OR (그리고/또는 M − OR′) 에서의 도드라지는 피크, 그리고 M − H의 약한 피크가 특징이다. 이들 각 쪼개짐은 산소 원자에 의해 중재되며, 그래서 쉽게 일어난다. 대개 가장 큰 작용기가 쉽게 제거된다. 지방족 에테르와 같이, 처음 형성된 산소를 포함하는 토막은 수소 이동과 알켄 제거반응으로 더 분해할 수 있다. 케탈 (ketal) 도 비슷하게 반응한다.

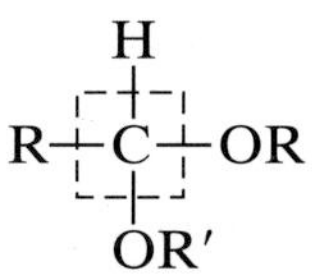

1.6.3.2 방향족 에테르 방향족 에테르 (aromatic ether) 의 분자 이온 피크는 두드러진다. β 결합에서 고리로 일차 쪼개짐이 일어나고, 처음 형성된 이온은 계속 분해된다. 그로 인해 아니솔 (anisole, 그림 1.21, MW 108) 은 *m/z* 93과 65인 이온을 낸다. *m/z* 78과 77의 특징적 방향족 피크는 아니솔에서 유래된 것이다.

방향족 알킬 에테르의 알킬 부분이 C_2 이상일 때, 알킬벤젠에서 강조된 바와 같이 β에서 고리로 쪼개짐이 수소 이동과 함께 일어난다 (도식 1.17). 분명히 쪼개짐은 산소 원자보다 고리에 의해 중재된다. 산소 옆 C—C 쪼개짐은 중요하지 않다.

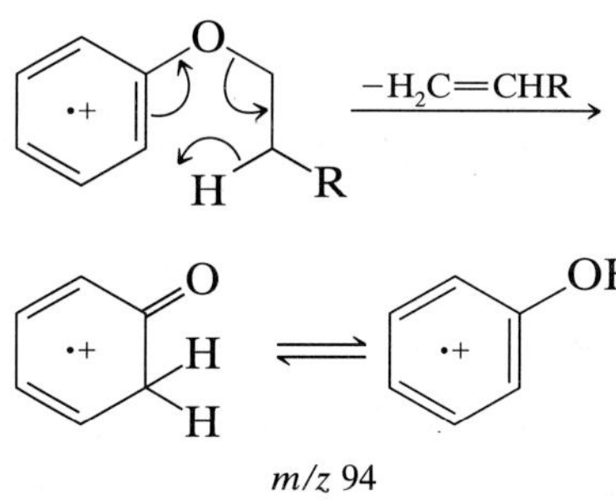

(도식 1.17)

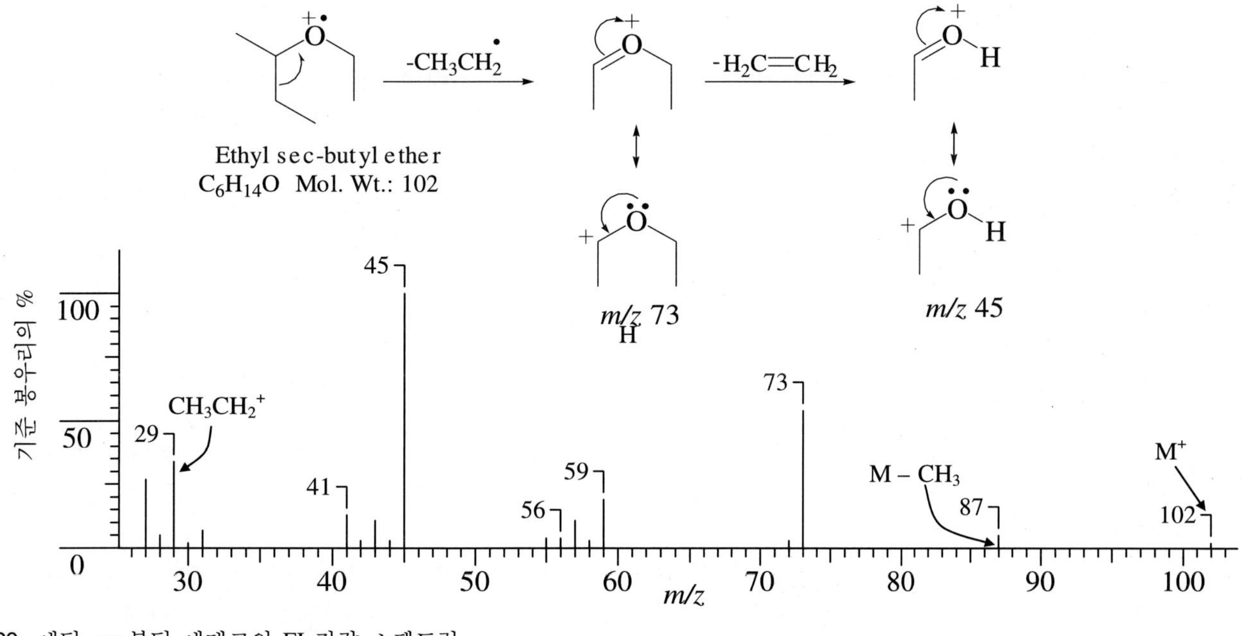

그림 1.20 에틸 *sec*-부틸 에테르의 EI 질량 스펙트럼.

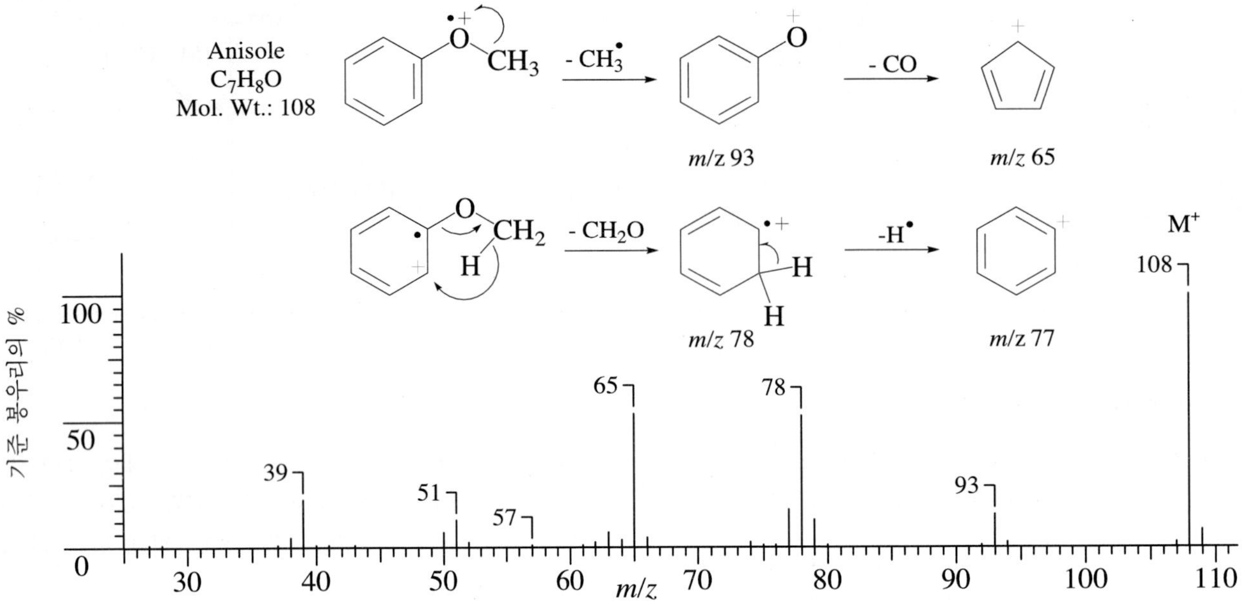

그림 1.21 아니솔의 EI 질량 스펙트럼.

다이페닐 에테르는 복잡한 자리옮김 때문에 M − H, M − CO, M − CHO 피크를 보인다.

1.6.4 케톤

1.6.4.1 지방족 케톤 케톤의 분자 이온 피크는 대개 뚜렷하다. 지방족 케톤의 토막 피크들은 대부분 산소 원자 인접 C—C 결합의 쪼개짐으로부터 생긴 것들로, 전하는 공명 아실륨 이온(acylium ion)에 남아있다(도식 1.18). 따라서 알코올이나 에테르와 같이 쪼개짐은 산소에 의해 중재된다. 이런 쪼개짐으로 피크 *m/z* 43, 57, 71 등이 나타난다. 기준 봉우리는 주로 더 큰 알킬기를 잃어 만들어진다.

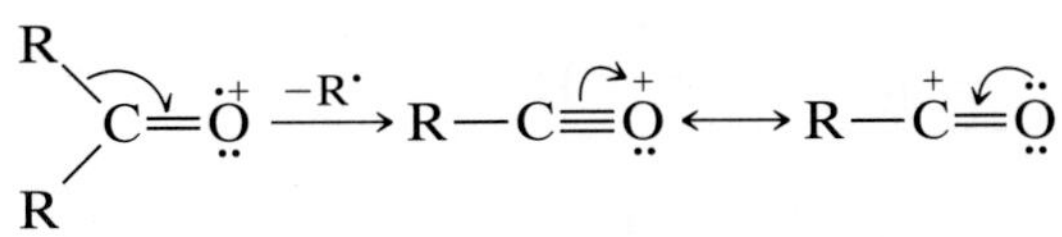

(도식 1.18)

C＝O기에 붙어있는 알킬 사슬 중 하나의 길이가 C_3 이상일 때, C＝O기로부터 제거되었던 C—C 결합(α, β-결합)이 쪼개지고, 수소 이동이 일어나 주피크를 나타낸다(맥래퍼티 자리옮김, 도식 1.19). αβ-결합이 단순히 쪼개지면 두 개의 인접한 양전하 중심을 가지기 때문에, 이온의 안정도가 낮아 이러한 쪼개짐은 일어나지 않는다.

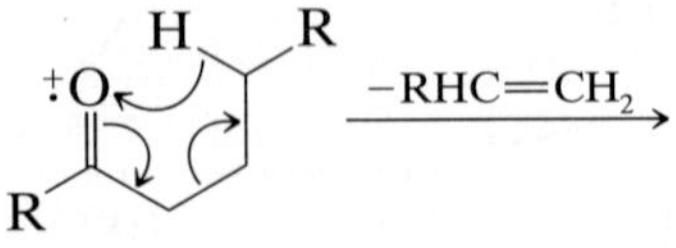

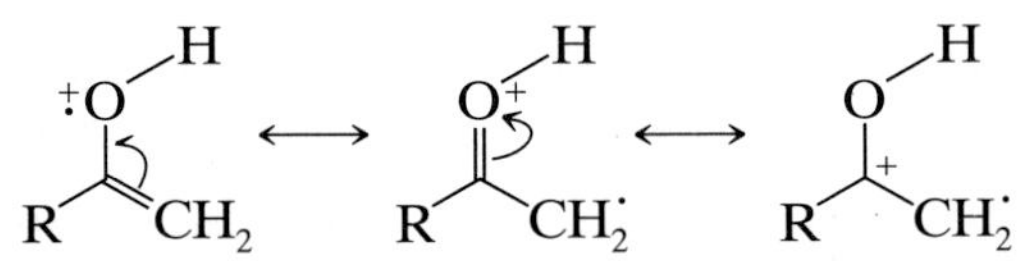

(도식 1.19)

긴 사슬을 가지는 케톤에서는 탄화수소 피크가 아실 피크와 구별할 수 없다는 것을 유념하라. 그 이유는 C＝O 단위의 질량(28)이 메틸렌(methylene) 단위의 질량과 같기 때문이다. 케톤에서 여러 번 쪼개지는 방식으로 탄소 사슬 배치의 확인이 때로 어렵다. 카보닐기에서 메틸렌기가 감소하면 상응하는 탄화수소를 만드는데, 이 탄화수소의 토막 패턴으로부터 탄소 골격을 이끌어낸다.

1.6.4.2 고리형 케톤 고리형 케톤의 분자 이온 피크는 두드러진다. 비고리 케톤과 같이 고리형 케톤의 일차 쪼개짐은 C＝O기의 인접에서 일어나지만, 그로 인해 생성되는 이온은 반드시 다음 단계의 쪼개짐을 거쳐 토막을 생성한다. 사이클로펜탄온(cyclopentanone)과 사이클로헥산온(cyclohexanone)의 스펙트럼에서 기준 봉우리는 *m/z* 55이다(그림 1.22). 이 과정은 두 가지 경우와 비슷하다. 수소가 이동하여 일차 라디칼을 콘쥬게이션된 이차 라디칼로 바꾸고, 이어서 공명 안정화된 이온 *m/z* 55이 만들어진다. 다른 구별되는 피크는 사이클로헥산온의 스펙트럼에서 *m/z* 83과 42인데, 그림 1.22과 같이 설명할 수 있다.

1.6.4.3 방향족 케톤 방향족 케톤의 분자 이온 피크는 두드러진다. 아릴 알킬 케톤은 β 결합에서 고리로 쪼개져

특징적인 $ArC{\equiv}O^+$ 토막을 남기는데 (Ar = 페닐일 때 *m/z* 105), 대개 이것이 기준 봉우리가 된다. 이 토막에서 CO를 잃으면 아릴 (aryl) 이온이 남는다 (아세토페논의 경우 *m/z* 77). Ar기의 *para* 위치에 전자 끄는기 (electron-withdrawing group)가 있는 경우 약간 증가한다 (반대로 전자 주는기에 의해 감소) 하지만, 고리에 인접한 결합이 끊어져 $RC{\equiv}O^+$ 토막이 형성되는 것은 별로 중요하지 않다.

알킬 사슬이 C_3 이상일 때, C=O기로부터 한 번 제거되었던 C—C 결합이 수소의 이동과 함께 다시 끊어진다. 이 쪼개짐은 지방족 케톤에서 언급된 고리형 전이 상태를 거쳐 알켄이 제거되고, 안정한 이온을 형성하는 것과 같다.

비대칭적인 다이아릴 케톤 (diaryl ketone)인 *p*-클로로벤조페논 (*p*-chlorobenzophenone)의 질량 스펙트럼은 그림 1.23과 같다. 분자 이온 피크 (*m/z* 216)가 두드러지며, M + 2 피크의 세기 (분자 이온 피크와 비교하여 33.99%)는 염소가 이 구조 안에 있음을 증명한다 (1.6.16절 표 1.5와 그림 1.29 참조).

m/z 141 피크의 세기가 *m/z* 139 피크 세기의 약 1/3이기 때문에, 염소를 포함하는 이들 피크는 같은 토막에 상응한다. *m/z* 111과 113 피크를 형성하는 토막도 위와 마찬가지로 말할 수 있다.

주요 피크를 이루는 토막내기를 그림 1.23에 나타내었다. $Cl{-}ArC{\equiv}O^+$ 피크는 $Cl{-}Ar^+$ 피크보다 더 크며, $ArC{\equiv}O^+$ 피크는 Ar^+ 피크보다 크다 (*β* 쪼개짐이 우세). Cl로 치환된 부분의 [토막 +2] 피크들을 생각해도 $Cl{-}ArCO^+$와 $ArCO^+$ 또는 $Cl{-}Ar^+$와 Ar^+ 사이에서 피크들은 거의 차이가 없다. *para* 치환된 Cl은 친전자성 방향족 치환반응에서처럼 유발 효과 (전자를 끄는)와 공명 효과 (전자 주기)의 영향이 균형을 이룬다.

1.6.5 알데하이드

1.6.5.1 지방족 알데하이드 지방족 알데하이드의 분자 이온 피크는 보통 식별가능하다. 산소 원자 옆에 있는 C—H와 C—C 결합이 쪼개져 M − 1 피크와 M − R 피크 (*m/z* 29, CHO^+)를 나타낸다. M − 1 피크는 긴 사슬을 가진 알데하이드의 특징적인 피크이지만, C_4 이상의 알데하이드에 존재하는 *m/z* 29 피크는 탄화수소 $C_2H_5^+$ 이온의 결과이다.

C_4 이상의 알데하이드에서 *α*, *β* C—C 결합의 맥래퍼티 쪼개짐은 *α* 치환기에 따라서 *m/z* 44, 58, 또는 72에서 주요 피크를 나타낸다. 이것은 Y = H일 때 도식 1.7에서 나타낸 바와 같이 고리형 전이 상태를 거쳐 형성된 공명 안정 (도식 1.20) 이온이다.

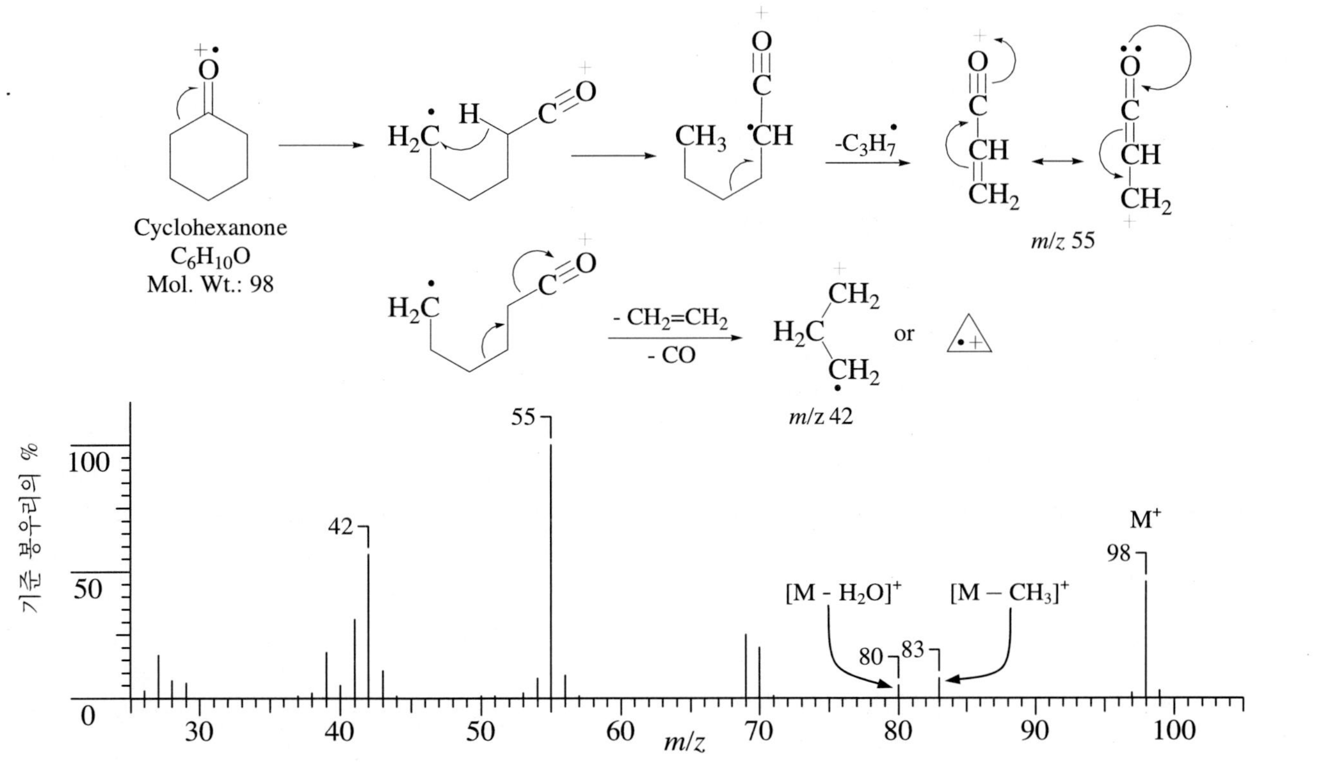

그림 1.22 사이클로헥산온의 EI 질량 스펙트럼.

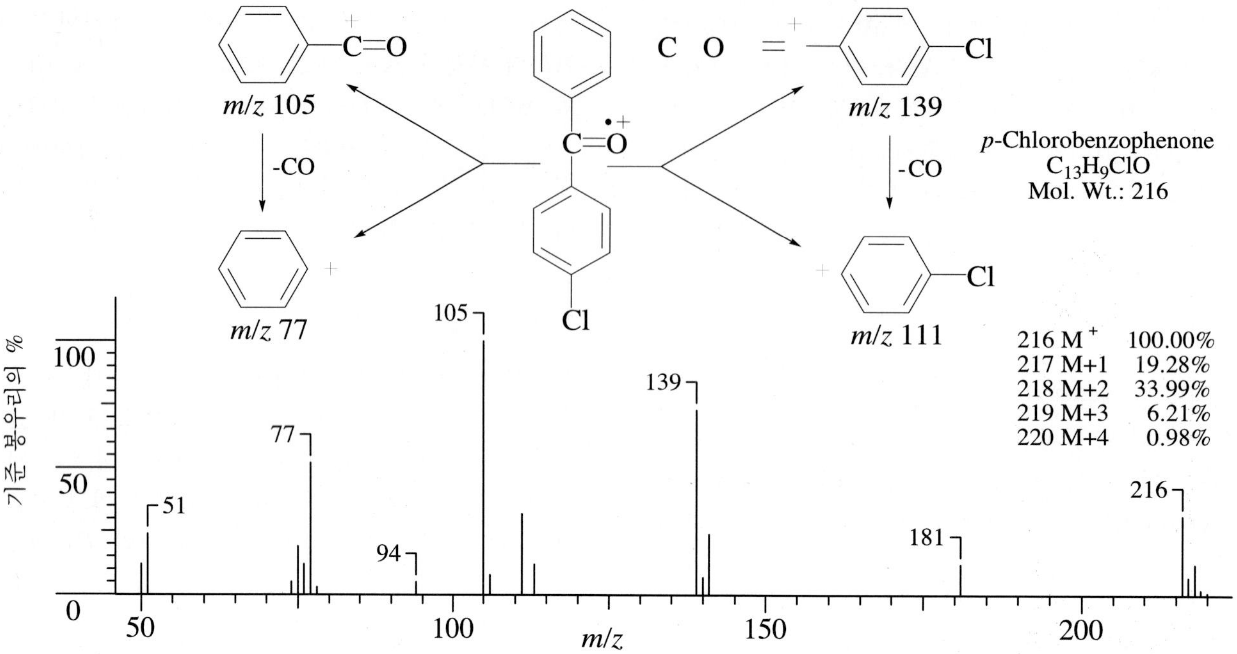

그림 1.23 p-클로로벤조페논의 EI 질량 스펙트럼.

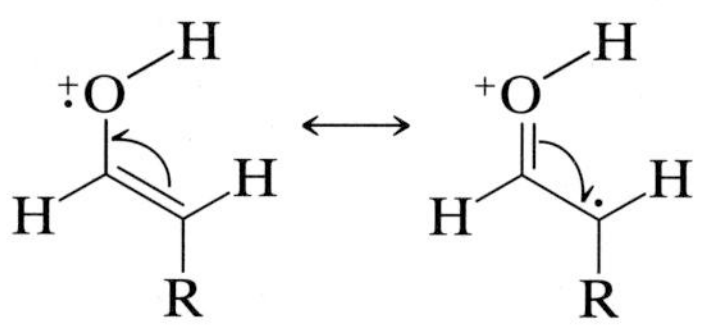

(도식 1.20)

곧은 사슬 알데하이드에서 식별 가능한 피크들은 M−18 (물 손실), M − 28 (에틸렌 손실), M − 43 ($CH_2 =$ CH—O′ 손실), M −44 ($CH_2 =$ CH—OH 손실) 이다. 이들 피크를 나타내도록 하는 자리옮김은 이론적으로 설명되었다 (Budzikiewicz et al., 1967). 사슬이 길어질수록 탄화수소 패턴 (m/z 29, 43, 57, 71,...) 도 강해진다. 이런 특징들은 노난알 (nonanal) 의 스펙트럼에서 극명하게 나타난다 (그림 1.24).

1.6.5.2 방향족 알데하이드 방향족 알데하이드는 큰 분자 이온 피크와 언제나 크고 분자 이온 피크보다도 더 클 수도 있는 M − 1 피크 (Ar—C ≡ O^+) 를 나타내는 특징이 있다. Ar이 페닐일 때 M − 1 이온 (C_6H_5—CO^+) 은 CO가 제거되며 페닐 이온을 내는데 (m/z 77), 연달아 아세틸렌이 제거되며 $C_4H_3^+$ 이온 (m/z 51) 을 만든다.

1.6.6 카복실산

1.6.6.1 지방족 산 곧은 사슬 단일카복실산의 분자 이온 피크는 약하지만 보통 식별 가능하다. 가장 특징적인 (가끔 기준 봉우리로 나타나기도 함) 피크는 m/z 60인데, 이 피크는 맥래퍼티 자리옮김 (도식 1.21) 에 의한 것이다. α 탄소에 가지가 있으면 더 잘 쪼개진다.

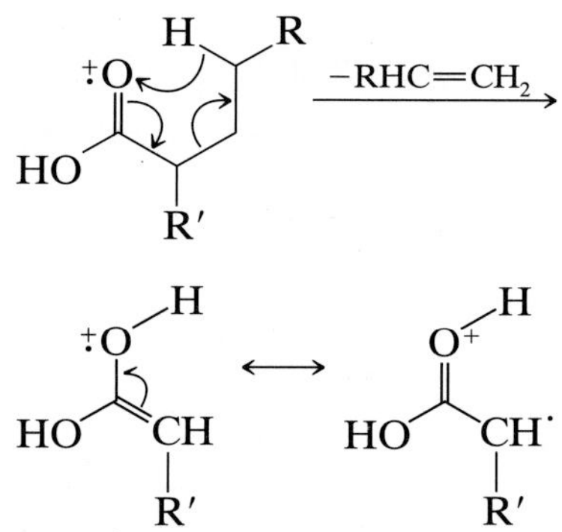

(도식 1.21)

짧은 사슬의 산에서는 M − OH와 M − CO_2H의 피크가 두드러진다. 이 피크들은 C = O 옆의 결합이 쪼개짐을 뜻한다. 긴 사슬의 산에서는 산소를 포함하는 토막 (m/z 45, 59, 73, 87...) 과 알킬 토막 (m/z 29, 43, 57, 71, 85) 의 전하는 유지시키며, 각 C—C 결합이 끊어진 결과로 생긴 두 계열의 피크가 스펙트럼을 이룬다. 앞에서 논의한 바와 같이, 탄화수소 패턴은 m/z 27, 28; 41, 42; 55, 56; 69, 70에서 피크를 보인다. 요약하면, 맥래퍼티 자리옮김 피크 뿐만 아니라, 긴 사슬을 가지는 산의 스펙트럼은 14 질량 단위 간격으로 탄화수소 뭉치의 계열과 비슷하다. 그러나 각 뭉치는 $C_nH_{2n-1}O_2$에서 두드러지는 피크를 가진다. 데칸산 (decanoic acid, 그림 1.25) 은 위에서 언급된 요점들을 나타내고 있다.

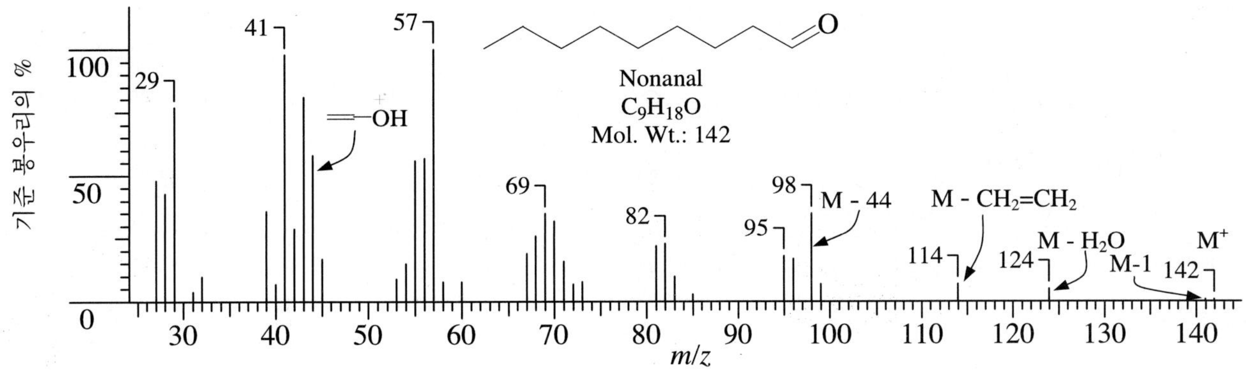

그림 1.24 노난알의 EI 질량 스펙트럼.

이염기성 산은 보통 휘발성이 낮으며 따라서 증기압을 높이기 위해 에스터로 전환된다. 트라이메틸실릴 에스터(trimethylsilyl ester)는 좋은 결과를 낸다.

1.6.6.2 방향족 산 방향족 산의 분자 이온 피크는 크다. 다른 두드러지는 피크들은 OH를 잃거나(M − 17) CO_2H를 잃어(M − 45) 형성된다. 만약 수소를 포함하는 *ortho*기가 있으면 도식 1.22에 그린 바와 같이 물을 잃음(M − 18)이 두드러진다. 이것은 '*ortho* 효과(*ortho effect*)'의 한 예로 치환기가 육원자 전이 상태에 있어 H_2O, ROH, NH_3와 같은 중성 분자가 쉽게 떨어져 나갈 수 있는 것이다.

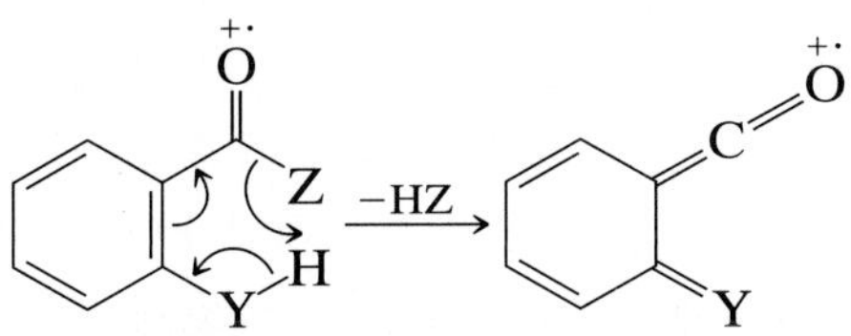

Z = OH, OR, NH_2; Y = CH_2, O, NH

(**도식** 1.22)

1.6.7 카복실산 에스터

1.6.7.1 지방족 에스터 곧은 사슬 지방족 산의 메틸 에스터의 분자 이온 피크는 보통 식별가능하다. 왁스도 보통 분자 이온 피크를 인지할 수 있다. 분자 이온 피크는 *m/z* 130~200의 범위에서는 약하지만, 이 범위를 넘어서면 세기가 증가한다. 가장 특징적인 피크는 맥래퍼티 자리옮김(도식 1.23은 에스터의 자리옮김을 보여줌)과 C=O기로부터 제거된 한 결합의 쪼개짐에 의해 일어난다. 따라서 α 탄소에 가지가 없는 지방족 산의 메틸 에스터는 *m/z* 74에서 강한 피크를 보이는데, 그것은 사실 C_6~C_{26}의 곧은 사슬 메틸 에스터의 기준 봉우리이다. 알코올 부분과 α 치환기는 이 쪼개짐의 결과로 인한 피크의 위치에 의해 줄어들 수 있다.

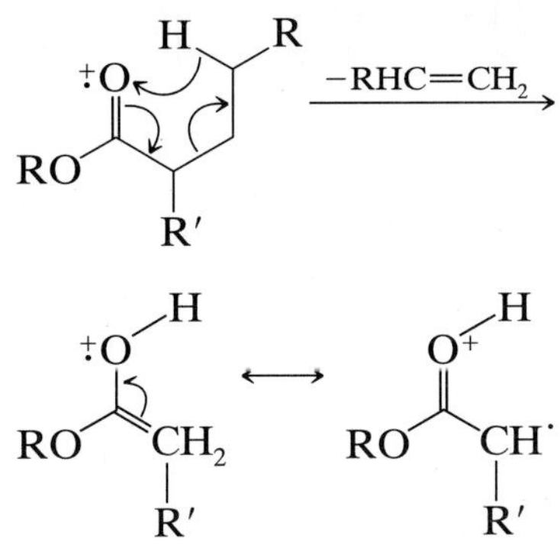

(**도식** 1.23)

전형적인 에스터는 C=O 옆 결합의 쪼개짐에 의해 네 개의 이온을 형성할 수 있다.

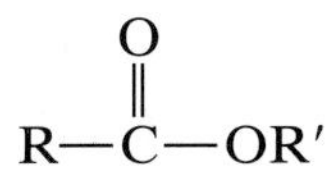

짧은 사슬 에스터에서는 R^+ 이온이 두드러지게 나타나지만, 사슬의 길이가 길어질수록 그 양이 빠르게 감소하여 헥산산 메틸(methyl hexanoate)에서는 거의 알 수 없다. R—C≡O^+ 이온은 쉽게 인식할 수 있는 에스터의 피크이다. 메틸 에스터에서는 M − 31에서 나타난다. 이것은 아세트산 메틸(methyl acetate)의 기준 봉우리이며, C_{26} 메틸 에스터에서는 기준 봉우리의 4%밖에 되지 않는다. $[OR']^+$와 $[C(=O)OR']^+$ 이온은 대개는 거의 중요하지 않다. 후자는 R′=CH_3일 때 식별가능하다(그림 1.26의 *m/z* 59 피크 참조).

우선 분자에 산 부분이 분자의 주된 부분이 되는 에스터를 생각해 보자. 곧은 사슬 산의 메틸 에스터의 토막내기 패턴은 자유산의 패턴을 설명하던 방법으로 할 수 있다. C—C 결합이 쪼개지면 알킬 이온(*m/z* 29, 43, 57...)과 산소를 포함하는 이온인 $C_nH_{2n-1}O_2^+$(*m/z* 59, 73, 87...)를 만든다. 따라서 14 질량 단위 간격의 탄화수소의 뭉치가 존재하는데, 각 뭉치에서 $C_nH_{2n-1}O_2^+$가 가장 두드러지는 피

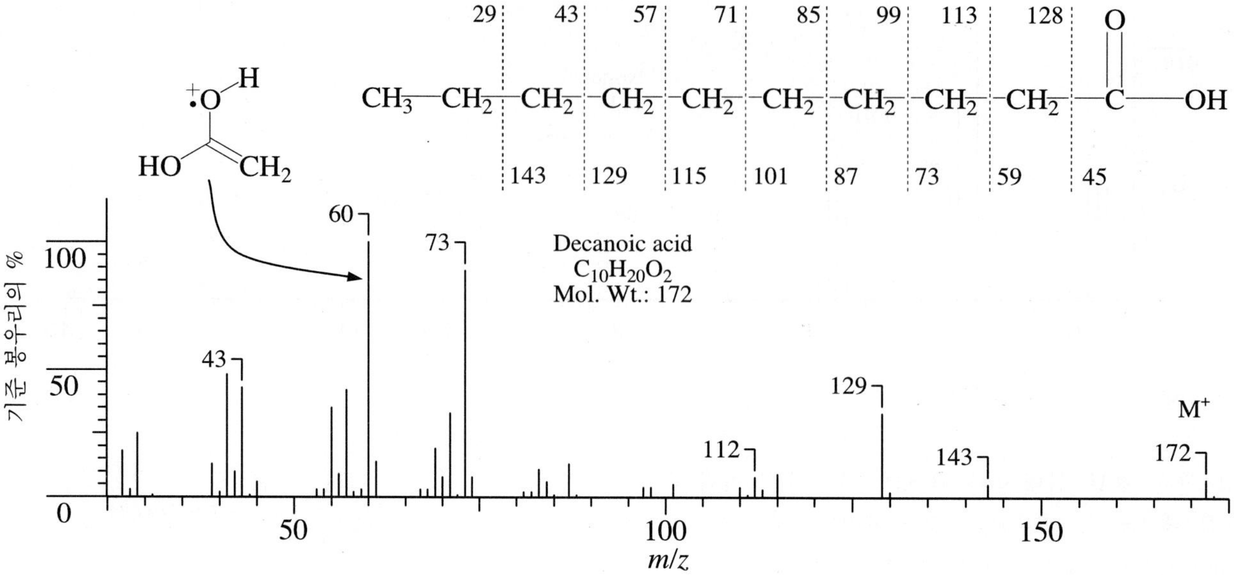

그림 1.25 데칸산의 EI 질량 스펙트럼.

크를 가진다. $[CH_2CH_2COOCH_3]^+$ 이온에 의해 나타난 피크(m/z 87)는 언제나 이것의 동족체보다 더 강하지만, 그 이유는 아직 밝혀지지 않았다. 그러나 $C_nH_{2n-1}O_2{}^+$이 단순히 쪼개짐에 의한 것이 아님은 분명하다.

옥탄산 메틸(methyl octanoate)의 스펙트럼을 그림 1.26에 나타내었다. 이 스펙트럼은 분자식을 얻기 위해 M + 1 피크를 사용하는 데 있어서의 한 가지 어려움을 보여 준다(1.5.2.1절에서 언급). M + 1 피크의 측정값은 12%이다. 계산값은 10.0%이다. 측정된 값이 더 높은 이유는 약한 분자 이온 피크를 보기 위해 사용된, 비교적 큰 시료에 의해 유도된 이온-분자 반응 때문이다.

이제 알코올 부분이 분자에서 주가 되는 에스터에 대해 알아보자. 알코올에서 물을 제거하는 것과 같은 방법으로 지방족 알코올의 에스터(메틸 에스터 제외)에서 산 분자가 제거된다. 앞에서 알코올에 대해 설명한 유사한 도식인 수소 하나가 에스터의 알코올에 있는 산소로 옮겨가는 것을 쓸 수 있다. 또 다른 과정은 수소화이온(hydride)이 카보닐 산소로 옮겨가는 것이다(맥래퍼티 자리옮김).

스테로이드의 아세트산 에스터에서는 앞에서 언급한 과정으로 아세트산을 쉽게 잃어 분자 이온 피크를 알 수 없다. 스테로이드계 역시 상응하는 아세트산 에스터가 그렇지 않을 때에라도 알코올과 같이 유효한 분자 이온을 나타내는 것이 드물다.

긴 사슬 알코올의 에스터는 알킬 부분이 제거되고, 수소 원자 두 개가 산소를 포함하는 토막으로 옮겨져(본질상 양성화된 카복실산) 특징적인 m/z 61, 75, 89 피크를 만든다.

일반적으로 이염기성 산의 에스터인 $ROOC(CH_2)_nCOOR$는 분자 이온 피크를 쉽게 알 수 있다. 강한 피크는 $[ROOC(CH_2)_nC{=}O]^+$와 $[ROOC(CH_2)_n]^+$에서 발견된다.

1.6.7.2 벤질 에스터와 페닐 에스터 아세트산 벤질(benzyl acetate, 아세트산 퓨푸릴과 다른 비슷한 아세트산 에스터도)과 아세트산 페닐(phenyl acetate)에서는 중성 분자인 케텐(ketene, 도식 1.24)이 제거된다. 주로 이것이 기

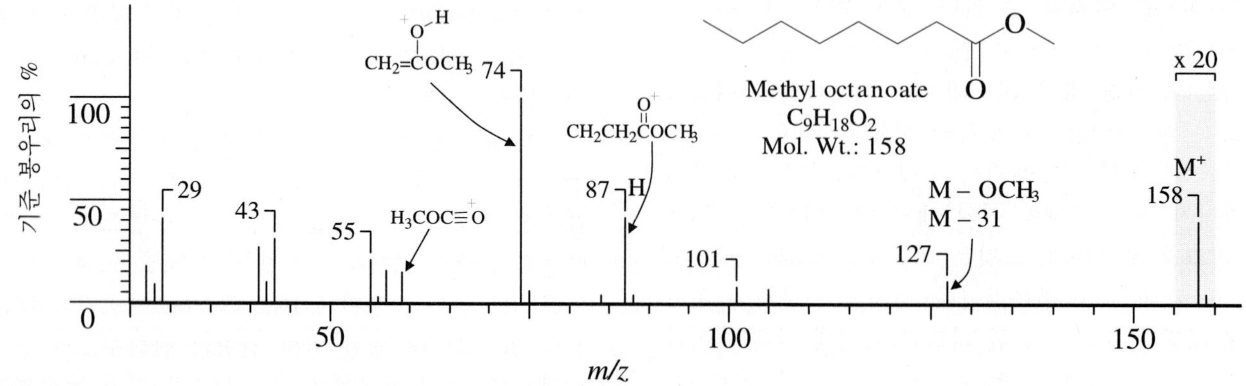

그림 1.26 옥탄산 메틸의 EI 질량 스펙트럼.

준 봉우리로 나온다.

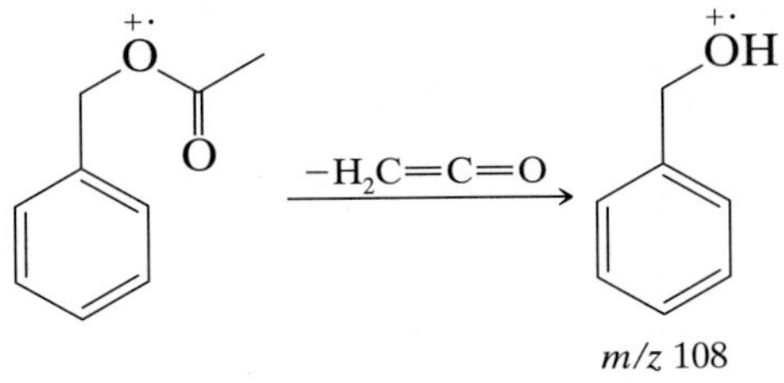

(도식 1.24)

아세트산 벤질에서는 물론 m/z 43 $(CH_3C=O)^+$ 피크와 m/z 91 $(C_7H_7)^+$ 피크가 두드러진다.

1.6.7.3 방향족 산의 에스터 방향족 산의 메틸 에스터의 분자 이온 피크는 두드러진다 (ArCOOR, $R=CH_3$). 알코올 부분의 크기가 커질수록 분자 이온 피크의 세기는 빠르게 감소하며, 실질적으로 C_5에서 0가 된다. 기준 봉우리는 ·OR이 제거된 것이며, ·COOR이 제거되어 또 다른 주요한 피크가 만들어 진다. 메틸 에스터에서 이들 피크는 각각 M −31과 M −59이다.

알킬 부분의 길이가 길수록 다음 세 종류의 쪼개짐의 중요하게 된다. (1) 맥래퍼티 자리옮김, (2) 두 수소의 자리옮김과 함께 이루어지는 알릴형 라디칼의 제거, (3) 알킬기에 의한 양전하의 유지.

맥래퍼티 자리옮김 과정은 방향족 산 $(ArCOOH)^+$ 피크의 원인이 된다. 두 번째 과정은 양성자화된 방향족 산 $(ArCOOH_2)^+$이 된다. 세 번째 쪼개짐 과정으로 알킬 양이온 R^+이 된다.

ortho 치환된 벤조산 에스터는 위 방향족 산에서 설명된 *ortho* 효과를 통해 ROH가 제거된다. 따라서 살리실산 메틸 (methyl salicylate)의 스펙트럼에 나타나는 기준 봉우리는 m/z 120이다. 이 이온에서 일산화 탄소가 제거되면 m/z 92에서 강한 피크를 나타낸다.

질량 149의 특징적인 피크를 모든 프탈산 (phthalic acid) 에스터의 스펙트럼에서 볼 수 있다. 이 피크는 프탈산의 다이메틸 또는 메틸 에틸 에스터, 아이소프탈산 (isophthalic acid) 또는 테레프탈산 (terephthalic acid)의 에스터에서는 크게 중요하지 않다 (각각 M − R, M − 2R, M − CO_2R, M − $2CO_2R$에서 피크가 예상된다). 긴 사슬의 프탈산 에스터는 가소제 (plasticizer)로 널리 사용되기 때문에 m/z 149에서의 강한 피크는 오염되었음을 나타낸다. m/z 149 토막 (실질적으로 양성화된 프탈산 무수물)은 두 에스터 토막으로 형성되는데, 이 과정에서 수소 원자 두 개가 이동하고 다른 수소 원자가 이동한 후 H_2O가 제거되는 것으로 생각된다.

1.6.8 락톤

오원자 고리 락톤의 분자 이온 피크는 특이하지만, 알킬 치환기가 C_4에 존재하면 더 약해진다. C_4에서 쉽게 곁가지가 쪼개져 (규칙 3과 8, 1.5.4절) M − 알킬의 강한 피크를 나타낸다.

γ-발레로락톤 (γ-valerolactone, 그림 1.27)의 기준 봉우리 (m/z 56)와 뷰티로락톤 (butyrolactone) 같은 강한 피크는 이론적으로 설명될 수 있는데, 이들은 아세트알데하이드가 제거된 것이다.

표지 실험 (labeling experiment)을 통해 γ-발레로락톤의 m/z 56 피크들 중 몇 개는 $C_4H_8^+$ 이온에 의해 유도된다는 것을 알았다. γ-발레로락톤의 다른 강한 피크는 m/z 27 $(C_2H_3^+)$, 28 $(C_2H_4^+)$, 29 $(C_2H_5^+)$, 41 $(C_3H_5^+)$, 43 $(C_3H_7^+)$, 85 ($C_4H_5O_2^+$, 메틸기 제거)이다. 뷰티로락톤에서는 m/z 27, 28, 29, 41, 42 $(C_3H_6^+)$에서 강한 피크들이 나타난다.

1.6.9 아민

1.6.9.1 지방족 아민 지방족 일아민 (aliphatic monoamine)의 분자 이온 피크는 홀수인데, 보통 약하며, 긴 사슬이나 가지가 많은 아민에서는 감지가 불가능하다. 기준 봉우리는 종종 질소 원자 옆 C—C 결합이 끊어진 결과로 나타난다 (α, β 규칙 8, 1.5.4절). α 탄소에 가지가 없는 일차 아민의 경우, 도식 1.25에 나타난 m/z 30 $(CH_2NH_2^+)$이 그 결과이다. 이러한 끊어짐 때문에 가지가 없는 α 탄소의 일차, 이차, 삼차 아민의 기준 봉우리가 나오게 된다. α 탄소 원자에서 가장 큰 가지 (도식 1.25에서 ·R″)가 쉽게 제거된다.

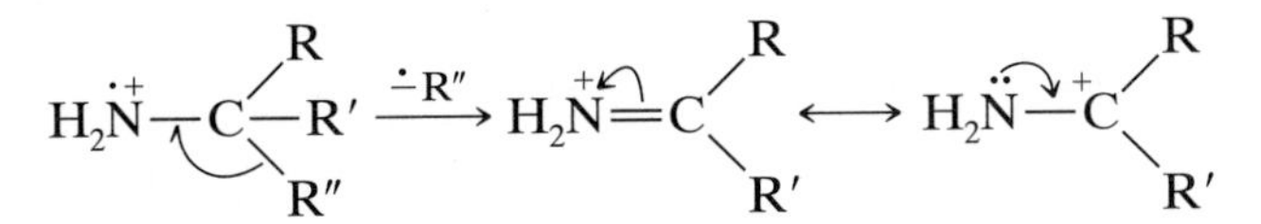

(도식 1.25)

α 탄소에 가지가 존재하지 않을 경우, M − 1 피크를 볼 수 있다. 이것은 위에서 언급되었던 알코올의 쪼개짐과 같은 형태이다. 이 영향은 아민에서 더욱 두드러지는데 이는 전기음성도가 O 원자보다 작은 N 원자에 의해 이온 토막의 공명이 더 큰 안정성을 가지기 때문이다.

일차 곧은 사슬 아민은 m/z 30, 44, 58에서 계속적으로 감소하는 일련의 피크를 나타내는데 (ϵ-결합에서 쪼개지는 것이 이웃 결합이 끊어지는 것보다 조금 더 중요하다), 이 피크들은 질소를 포함하는 토막에 전하가 유지된 채로 질소 원자로부터 연속적으로 제거된 C—C 결합에서 쪼개진 결과이다. 이러한 피크들은 C_nH_{2n+1}, C_nH_{2n}, C_nH_{2n-1} 이온의 탄화수소 패턴을 동반한다. 따라서 14 질량 단위 간격으로

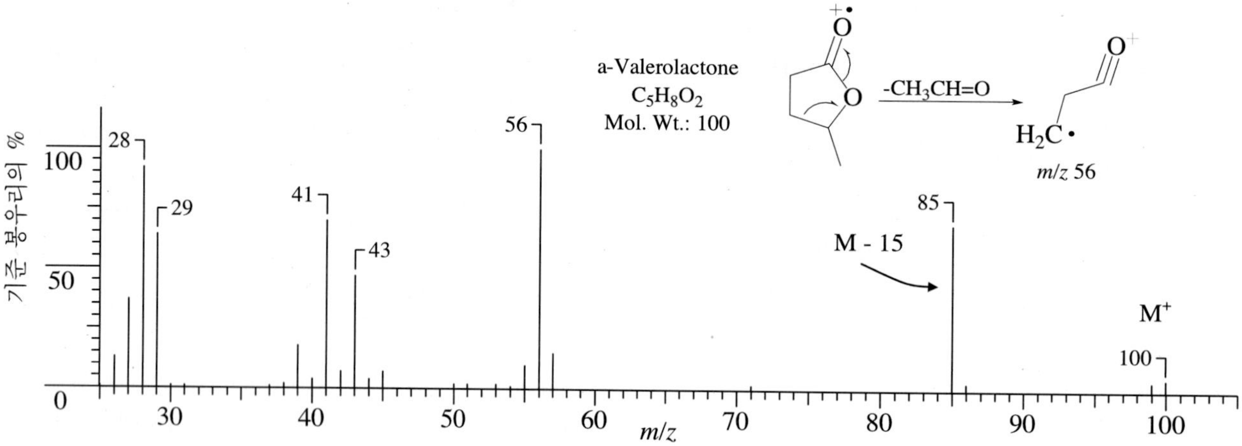

그림 1.27 γ-발레로락톤의 EI 질량 스펙트럼.

특징적인 뭉치를 볼 수 있는데, 각 뭉치는 $C_nH_{2n+2}N$ 이온으로부터 만들어진 피크를 포함한다. 기준 봉우리를 형성하는 매우 쉬운 쪼개짐으로 인해 질량이 큰 부분의 쪼개지는 패턴은 매우 약해진다.

더 긴 사슬 아민이 토막내기는 동안 고리형 토막이 분명히 나타난다. 도식 1.26에서 나타난 조각은 육원자 고리를 만든다. 오원자 고리도 일반적으로 형성된다.

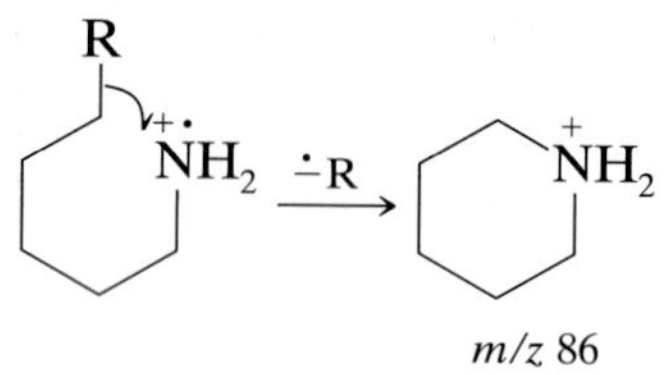

(도식 1.26)

m/z 30에서의 피크가 곧은 사슬 일차 아민을 확인할 수 있는 최종적인 증거는 되지 못한다. 또한 이차 또는 삼차 아민으로부터 처음으로 형성된 이온이 분해되면 피크 m/z 30, 44, 58, 72...를 만든다. 이런 과정은 위에서 설명한 지방족 알코올이나 에테르의 경우와 비슷하며, 마찬가지로 α 탄소 중 하나에 가지가 있으면 향상된다.

아미노산 에스터는 질소 원자 옆의 양쪽 C—C 결합(아래 점선)에서 쪼개진다. 카브알콕시기(carbalkoxy group, —COOR′)가 잘 떨어진다. 지방족 아민 토막($^+NH_2=CHCH_2CH_2R$)은 더 분해되어 m/z 30에서 피크를 만든다.

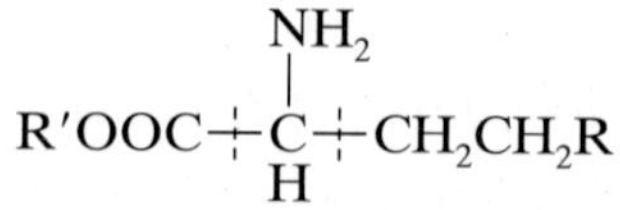

1.6.9.2 고리형 아민 비고리형 아민에 비해, 고리형 아민의 분자 이온 피크들은(α 위치에 치환기가 있는 경우를 제외하곤) 보통 더 강하다. 그 예로, 피롤리딘(pyrrolidine)의 분자 이온 피크는 강하다. N 원자 옆에 있는 결합이 일차적으로 쪼개지면 α 수소를 잃어 강한 M − 1 피크를 만들거나 고리가 열리게 된다. 후자는 에틸렌이 제거되어 $\cdot CH_2-{}^+NH=CH_2$ (m/z 43, 기준 봉우리)가 된다. N-메틸피롤리딘(N-methylpyrrolidine)도 둘 이상의 경로를 통해 $C_2H_4N^+$ (m/z 42) 피크를 만든다.

피페리딘(piperidine) 또한 강한 분자 이온 피크와 M − 1 피크(기준 봉우리)를 나타낸다. 고리가 열리면 몇몇 연속된 과정을 거쳐 m/z 70, 57, 56, 44, 43, 42, 30, 29, 28에서 특징적인 피크를 만든다. 치환기들은 고리에서 떨어져 나간다(규칙 6, 1.5.4절).

1.6.9.3 방향족 아민(아닐린) 방향족 일아민의 분자 이온 피크(홀수)는 강하다. 아닐린에서 아미노 H 원자 하나를 잃으면 M − 1 피크를 나타내며, HCN 중성 분자를 잃으면 산소 원자가 이어서 떨어져 결과적으로 m/z 66과 65에서 각각 뚜렷한 피크를 나타낸다.

위에서 언급하였듯이 알킬 아릴 에테르가 쪼개지면 ArO—R 결합의 끊어지며 자리옮김이 일어난다. 즉, 고리가 아닌 산소 원자에 의해 쪼개짐이 조절된다. 알킬 아릴 아민의 경우, 질소 원자 옆 C—C 결합의 쪼개짐이 두드러진다(도식 1.27). 즉, 헤테로원자가 쪼개짐을 조절한다.

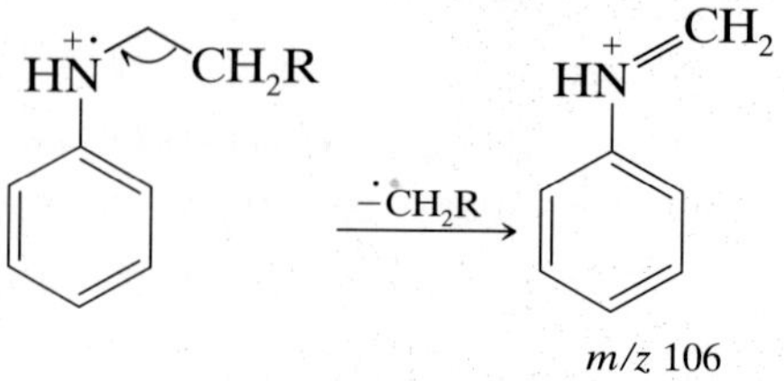

(도식 1.27)

1.6.10 아마이드

1.6.10.1 지방족 아마이드 곧은 사슬 일아마이드의 분자 이온 피크는 보통 구별가능하다. 쪼개지는 방식은 아실(acyl) 부분의 길이와 질소 원자에 붙어있는 알킬기의 길이와 수에 의존한다.

프로피온아마이드보다 더 큰 모든 곧은 사슬 일차 아마이드의 기준 봉우리(m/z 59, $H_2NC(=OH^+)CH_2^{\cdot}$)는 익숙한 맥래퍼티 자리옮김의 결과이다. α 탄소에 가지(CH_3 등)가 있으면 m/z 73이나 87 등에서 동족 피크를 나타낸다.

일차 아마이드는 R—$CONH_2$ 결합이 끊어져 m/z 44에서 강한 피크를 나타낸다($O=C={}^+NH_2$). 이것은 C_1—C_3 일차 아마이드와 아이소뷰티르아마이드(isobutyramide)에서 기준 봉우리이다. m/z 86의 중간 정도의 피크는 γ,δ C—C 결합이 끊어져 생긴 것으로 고리화를 수반할 수 있다(도식 1.28).

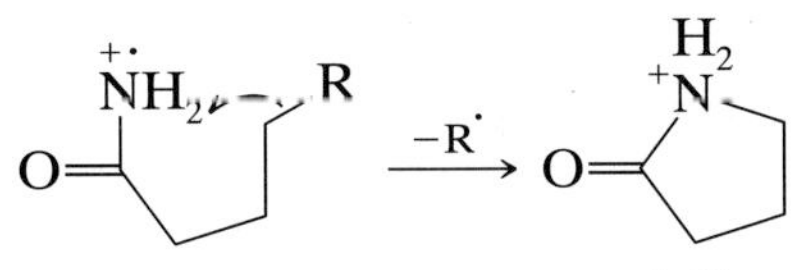

(도식 1.28)

N 원자에 메틸기나 아실 부분의 γ-탄소에 수소가 있는 이차와 삼차 아마이드는 맥래퍼티 자리옮김으로 만들어진 뚜렷한 피크를 나타낸다. *N*-알킬기가 C_2 이상이고, 아실 부분이 C_3보다 짧으면 다른 방식으로 쪼개짐이 우세하다. N-알킬기의 β에서 질소 원자가 끊어지고 카보닐 C—N 결합이 끊어지고, 아실 부분의 α-수소 원자가 이동하여(중성의 케텐(ketene) 분자가 떨어짐) ${}^+NH_2=CH_2$가 남는다(m/z 30).

1.6.10.2 방향족 아마이드 벤즈아마이드(그림 1.1)는 방향족 아마이드의 전형적인 예이다. 분자 이온에서 NH_2를 잃으면 공명 안정화된 벤조일 양이온(benzoyl cation)이 만들어 진다. 이 양이온은 쪼개져 페닐 양이온(phenyl cation)이 된다. 각 토막은 m/z 44 피크의 원인이 된다.

1.6.11 지방족 나이트릴 화합물

아세토나이트릴과 프로피온나이트릴을 제외한 지방족 나이트릴 화합물의 분자 이온 피크는 약하거나 나타나지 않지만, 시료의 크기가 증가함에 따라 M + 1 피크가 주로 나타난다(1.5.2.1절). α 수소를 잃고 안정한 이온인 $RCH=C=N^+$을 형성함으로써 약하지만 특징적으로 유용한 M − 1 피크가 나타난다.

C4~C9인 곧은 사슬 나이트릴의 기준 봉우리는 m/z 41이다. 이 피크는 맥래퍼티 자리옮김(McLafferty rearrangement)과 비슷하게 육원자 전이 상태를 거쳐 수소의 자리옮김이 일어나 만들어진 m/z 41인 $CH_2=C=N^+$—H 이온이다. 하지만 이 피크는 탄화수소 사슬을 포함하는 모든 분자에서 C_3H_5 (m/z 41) 존재 때문에 나타나기 때문에 특징적인 값이 되지 못한다.

C_8 이상인 곧은 사슬 나이트릴에 대해서는 m/z 97의 피크가 특징적이고 강해, 때로는 기준 봉우리가 되기도 한다. 이 이온을 설명하기 위해 도식 1.29에 나타낸 메커니즘이 제안되었다.

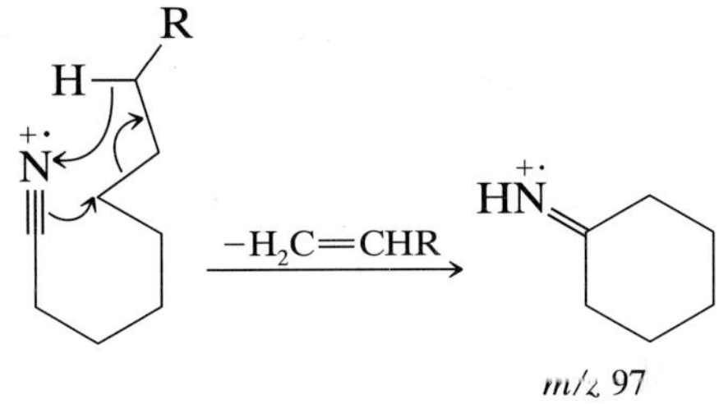

(도식 1.29)

N 원자 옆에 있는 경우를 제외하고 각 C—C 결합이 단순히 끊어지면 $(CH_2)_nC\equiv N^+$ 이온으로부터 사슬의 전체 길이에 따라 일련의 특징적인 짝수 질량수의 동족 피크(m/z 40, 54, 68, 82,...)가 나타난다. 이들 피크는 탄화수소 형태의 일반적인 피크이다.

1.6.12 나이트로 화합물

1.6.12.1 지방족 나이트로 화합물 지방족 일나이트로 화합물의 분자 이온 피크(홀수)는 약하거나 없다(작은 화합물에서는 예외). 주피크는 M − NO_2된 탄화수소 토막이다. 나이트로기가 있는 것은 m/z 30 (NO^+)과 이보다 더 작은 질량수 46 (NO_2^+)의 피크로 알 수 있다.

1.6.12.2 방향족 나이트로 화합물 방향족 나이트로 화합물의 분자 이온 피크(질소 원자 한 개 때문에 홀수)는 강하다. 두드러진 피크는 NO_2 라디칼의 제거[M − 46, 나이트로벤젠(nitrobenzene)의 기준 봉우리]와 중성 NO의 제거와 자리옮김으로 만들어진 페녹시(phenoxy) 양이온(M − 30)인데 모두 매우 특징적인 피크이다. M − 46으로부터 아세틸렌이 제거되면 강한 M − 72가 되고, M − 30 이온으로부터 CO가 제거되면 M − 58인 피크가 된다.

이성질체인 *o*-, *m*-, *p*-나이트로아닐린(nitroaniline)은 각각 강한 분자 이온(짝수)을 나타낸다. 이들은 모두 두 순서의 결과로 두드러진 피크를 나타낸다. 첫 번째 경로는

NO_2 기가 제거되어 (M − 46) *m/z* 92를 나타내는 것인데, 이 이온은 HCN을 잃고 *m/z* 65가 된다. 두 번째는 NO를 잃어 (M − 30) *m/z* 108을 나타내는 것인데, 이것은 CO를 잃어 *m/z* 80이 된다.

세기의 차이를 제외하고 이 세 이성질체의 스펙트럼은 매우 비슷하다. *meta*와 *para* 화합물은 O 원자를 잃어 만들어진 *m/z* 122의 작은 피크를 나타내지만, *ortho* 화합물은 도식 1.30과 같이 OH를 잃어 *m/z* 121의 작은 피크를 나타낸다.

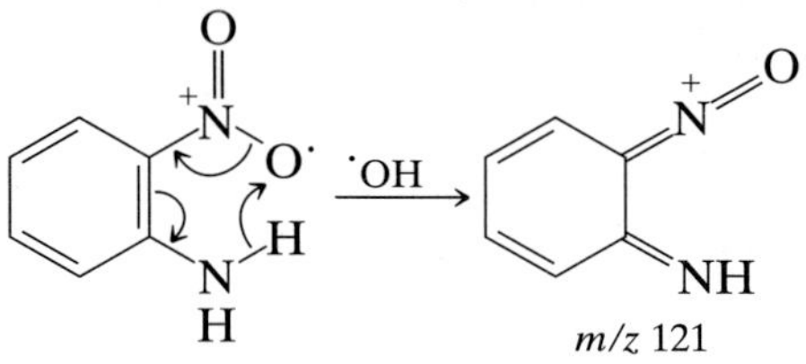

(도식 1.30)

1.6.13 지방족 아질산염

지방족 아질산염 (N 하나 존재) 의 분자 이온 피크 (홀수) 는 약하거나 없다. *m/z* 30 (NO^+) 인 피크는 항상 크고 주로 기준 봉우리가 된다. α 탄소에 가지가 없는 모든 아질산염은 *m/z* 60 ($CCH_2 = {}^+ONO$) 의 커다란 피크가 있다. 이것은 ONO기의 옆에 있는 C—C 결합이 끊어진 것을 나타낸다. α 위치에 가지가 있으면 *m/z* 74, 88, 102인 피크를 통해 알 수 있다. *m/z* 46인 큰 피크가 없는 것으로 나이트로 화합물과 구별된다. 탄화수소 피크가 두드러지며, 이들의 분포와 세기로 탄소 사슬의 이동을 설명한다.

1.6.14 지방족 질산염

지방족 질산염 (N 하나 존재) 의 분자 이온 피크 (홀수) 는 약하거나 없다. 두드러진 피크 (주로 기준 봉우리) 는 ONO_2 기의 옆에 있는 C—C 결합이 끊어지고, α 탄소에 결합된 가장 무거운 알킬기가 떨어져나간 것이다. *m/z* 46인 NO_2^+ 피크도 두드러진다. 지방족 아질산염의 경우에서처럼 탄화수소 피크가 뚜렷하다.

1.6.15 황 화합물

^{34}S 동위원소 (4.4%, 표 1.3과 그림 1.28 참조) 때문에 M + 2 피크가 나오고 때로 (토막 + 2) 피크가 나타나는 것으로, 황을 포함하는 화합물이라는 것을 인식할 수 있다. 황을 포함하는 화합물의 동족 계열은 탄화수소 토막의 계열보다 질량 단위 4가 크다. 황 원자의 개수는 M + 2 피크에 대한 기여의 크기로부터 결정할 수 있다. 존재하는 황 원자의 질량을 분자량에서 뺀다. 예를 들어, 이황화 다이아이소펜틸 (diisopentyl disulfide) 에서 분자량은 206이고, 이 분자는 황 원자 두 개를 포함하고 있다. 따라서 분자 나머지의 식은 206 − (2 × 32) 인 질량 142이다.

1.6.15.1 지방족 머캡탄 (싸이올) 삼차 머캡탄을 제외하고 지방족 머캡탄의 분자 이온 피크는 M + 2 피크가 정확하게 나타날만큼 강하다. 일반적으로 쪼개지는 형태가 알코올의 경우와 비슷하다. SH기의 옆에 있는 C—C 결합 (α,β 결합) 이 쪼개지면 특징적인 이온인 $CH_2 = SH^+$ (*m/z* 47) 이 얻어진다. 황은 질소만은 못하지만 산소보다는 이러한 토막을 더 잘 안정화시킬 수 있다. β,γ 결합이 쪼개지면 *m/z* 47 피크의 절반 정도의 세기를 가지는 *m/z* 61 피크를 만든다. γ,δ 결합이 쪼개지면 작은 *m/z* 75 피크를 만들고, δ,ϵ 결합이 쪼개지면 *m/z* 73 피크보다 더 강한 *m/z* 89 피크를 만드는데, *m/z* 89 피크는 다음과 같이 고리화되어 안정하다.

$$\text{(cyclic)}\ \overset{+}{S}\text{—H}$$

역시 알코올과 비슷하게 일차 머캡탄은 H_2S가 떨어지고

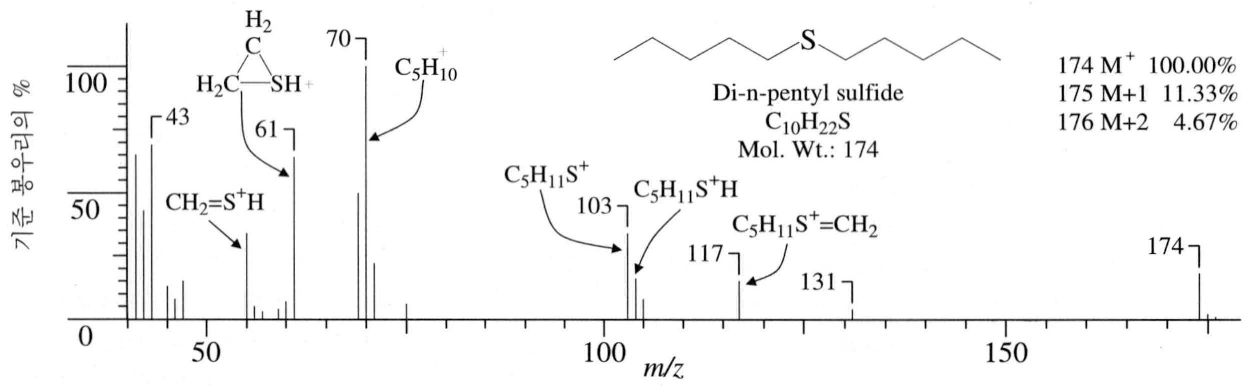

그림 1.28 이황화 다이-*n*-펜틸의 EI 질량 스펙트럼.

강한 M − 34 피크를 나타내는데, 이 이온은 그후 에틸렌이 제거된다. 따라서 유사계열인 M − H_2S − $(CH_2=CH_2)_n$이 된다.

이차와 삼차 머캡탄은 α 탄소 원자에서 가장 큰 작용기가 쪼개져 두드러진 피크 M − CH_3, M − C_2H_5, M − C_3H_7 … 을 형성한다. 하지만 이차와 삼차 머캡탄이 자리옮김한 피크로 m/z 47인 피크가 나타날 수 있다. M − 33 (HS 소실) 인 피크는 주로 이차 머캡탄에서 나타난다.

긴 사슬 머캡탄의 경우 탄화수소 패턴이 머캡탄 패턴과 겹쳐진다. 알코올에서처럼 알케닐 피크 (즉, m/z 41, 55, 69,...) 가 알킬 피크 (m/z 43, 57, 71,...) 보다 크거나 같게 나타난다.

1.6.15.2 지방족 황화물 지방족 황화물의 분자 이온 피크는 대개 M + 2를 정확히 측정할 수 있을 정도로 강하게 나타난다. 쪼개지는 방식은 일반적으로 에테르의 경우와 비슷하다. 가장 큰 작용기를 잃으면서 하나 혹은 다른 α,β C—C 결합이 끊어진다. 이들 처음 형성된 이온들은 수소 전이와 알켄의 제거로 더 분해된다. 지방족 에테르에서의 단계가 황화물에서도 일어난다 (도식 1.31). 최종 결과는 $RCH=SH^+$ 이온이 된다 (그림 1.28 참조).

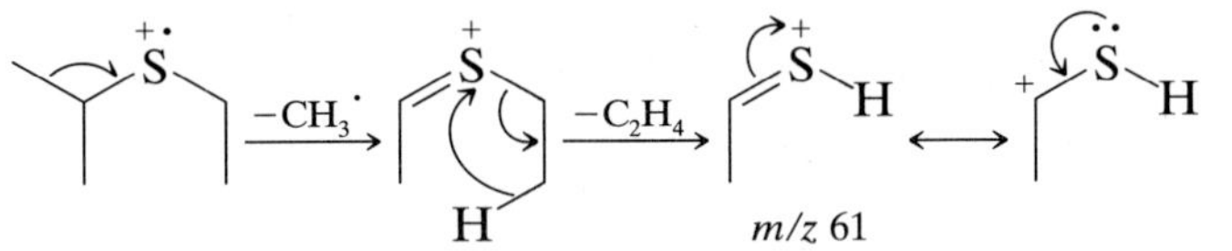

(도식 1.31)

양쪽 δ 탄소 원자에 가지가 없는 황화물에 대해서 이 이온은 $CH_2=SH^+$ (m/z 47) 이며, 그 세기가 머캡탄으로부터 유래한 같은 이온과 혼동을 일으키게 할 수도 있다. 하지만 황화물 스펙트럼에서는 M − H_2S나 M − SH 피크가 없으므로 구별할 수 있다.

삼차 황화물을 제외한 모든 스펙트럼에서 m/z 61의 중간 내지 강한 피크가 존재한다 (알킬 황화물 분열, 그림 1.28 참조). α 메틸 치환기가 존재하면 m/z 61은 이중 분열의 결과로 생긴 $CH_3CH=SH^+$ 이온이다. 메틸 일차 황화물은 α,β 결합이 끊어져 m/z 61인 $CH_3—S^+=CH_2$ 이온이 된다.

하지만 곧은 사슬 황화물 스펙트럼에서의 강한 m/z 61 피크는 다르게 설명하여야 한다. 도식 1.32로 그럴듯한 설명을 할 수 있다.

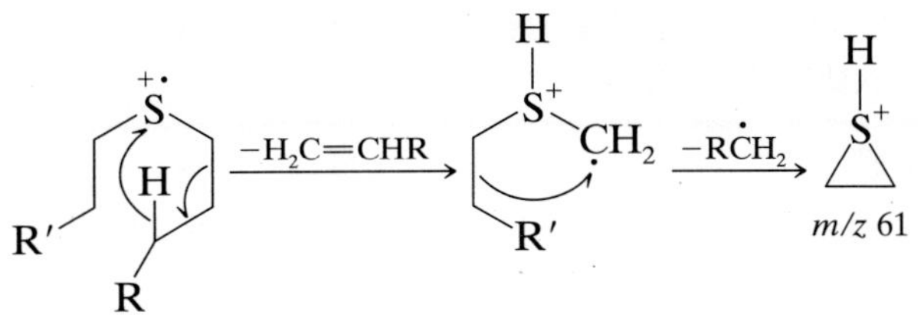

(도식 1.32)

황화물은 황에 전하가 유지된 채로 C—S 결합이 쪼개져 특징적인 이온을 형성한다. 그 결과로 얻어진 RS^+ 이온은 m/z 32 + CH_3, 32 + C_2H_5, 32 + C_3H_7, ...의 피크를 만든다. m/z 103인 이온은 자리옮김이 일어난 고리형 이온을 형성함으로써 가능한 특별한 것이다 (도식 1.33). 이 모양은 다이-*n*-펜틸 황화물 (di-*n*-pentyl sulfide) 의 스펙트럼에서 나타난다 (그림 1.28).

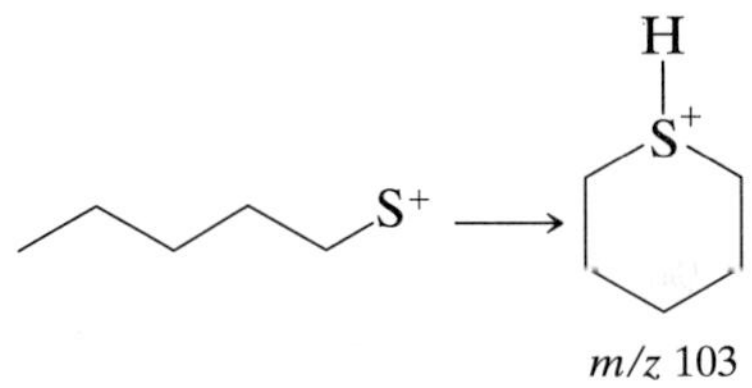

(도식 1.33)

긴 사슬 에테르에서처럼 탄화수소 패턴은 긴 사슬 황화물 스펙트럼의 특징이 될 수 있다. C_nH_{2n} 피크가 특별히 두드러진다. 가지난 사슬 황화물에서 각 가지의 분열이 특징적인 황화물 피크의 상대적 세기를 감소시킬 수 있다.

1.6.15.3 지방족 이황화물 C_{10}까지 이황화물의 분자 이온 피크는 강하게 나타난다. 이들 스펙트럼에서 발견되는 주된 피크는 알킬 토막에 전하가 유지된 채로 C— S 결합 중 하나가 끊어진 결과로 나타난 것이다. 다른 주요 피크는 수소 원자가 이동하여 RSSH 토막을 형성하여 전하를 유지하는 같은 분열로부터 얻어진 것이다. 다른 피크는 자리옮김 없이 황 원자 사이의 분열이나 1∼2개의 수소 원자가 이동하여 RS^+, $RS^+ - 1$, $RS^+ - 2$를 각각 형성한 것이다.

1.6.16 할로젠 화합물

염소 원자 하나를 포함하는 화합물은 ^{37}Cl 동위원소를 포함하는 분자 이온이 존재하므로, 분자 이온 세기의 1/3 정도의 M + 2 피크를 가질 것이다 (표 1.4 참조). 브로민 원자 하나를 포함하는 화합물은 ^{81}Br 동위원소를 포함하는 분자 이온이 존재하므로, 분자 이온 세기와 거의 같은 M + 2 피크를 가질 것이다. 염소 두 개나 브로민 두 개 또는 염소 하나와 브로민 하나를 포함하는 화합물은 두 원자의 무거운 동위원소를 포함하는 분자 이온이 존재하므로 M + 2

표 1.5 염소와 브로민의 결합을 위한 동위원소 피크(분자와 이온의 상대적인) 의 강도

할로젠 존재	% M + 2	% M + 4	% M + 6	% M + 8	% M + 10	% M + 12
Cl	32.6					
Cl_2	65.3	10.6				
Cl_3	97.8	31.9	3.5			
Cl_4	131.0	63.9	14.0	1.2		
Cl_5	163.0	106.0	34.7	5.7	0.4	
Cl_6	196.0	161.0	69.4	17.0	2.2	0.1
Br	97.9					
Br_2	195.0	95.5				
Br_3	293.0	286.0	93.4			
BrCl	130.0	31.9				
$BrCl_2$	163.0	74.4	10.4			
Br_2Cl	228.0	159.0	31.2			

피크 뿐만 아니라 뚜렷한 M + 4 피크도 보일 것이다. 일반적으로 분자 안에 있는 염소나 브로민 원자의 개수는 분자 이온 피크 너머에 있는 피크의 수로부터 알아낼 수 있다. 따라서 분자 안에 염소 원자가 세 개 있다면 M + 2, M + 4, M + 6 피크를 나타낼 것이다. 염소가 여러 개 있는 화합물에서는 가장 질량이 큰 피크가 약해서 알아보지 못할 수도 있다.

염소와 브로민을 포함하는 화합물에 대해 피크의 상대적 크기(분자 이온, M + 2, M + 4, ...)를 1968년 Beynon 등이 계산하였다(염소와 브로민 외 다른 원자는 무시). 이 결과를 일부 고쳐서 표 1.5에 나타내었다. 염소와 브로민 원자가 어떤 조합으로 존재하는지를 이제 말할 수 있다. 표 1.4는 분자 이온 피크에 대한 백분율로 동위원소 분포를 나타낸 것이다. 그림 1.29는 이에 대한 막대 그래프를 나타낸 것이다.

표 1.5에서와 같이 *p*-클로로벤조페논(*p*-chlorobenzophenone)의 스펙트럼(그림 1.23)에서 M + 2 피크는 분자 이온 피크(*m/z* 218)의 약 1/3 정도의 세기이다. 앞서 말한 바와 같이 토막들을 포함하는 염소(*m/z* 141과 113)은 적절한 세기의 (토막 + 2) 피크를 나타낸다.

방향족 할로젠 화합물에서는 일반적으로 유용하지만, 곧은 사슬 탄소 원자 여섯 개 이상의 여러 지방족 할로젠 화합물이나 이보다 탄소가 적은 가지난 사슬에서는 불행히도 분자 이온이 약해서 동위원소 분포가 유용하지 못하다. 하지만 염소나 브로민 하나가 있는 토막 피크에 대한 (토막 + 2) 피크의 비율로부터 할로젠을 포함하는 토막을 알아낼 수 있다. 염소나 브로민을 여러 개 포함하는 경우에는 이 (토막 + 동위원소) 피크는 분명한 일련의 다중선을 형성한다(그림 1.30). 토막 이온이 동위원소 토막 중 하나와 일치하여 특징적인 비율로 다른 혼란을 가져올 수 있다는 것을 항상 유념해 두어야 한다.

플루오린과 아이오딘보다 더 무거운 동위원소가 없다.

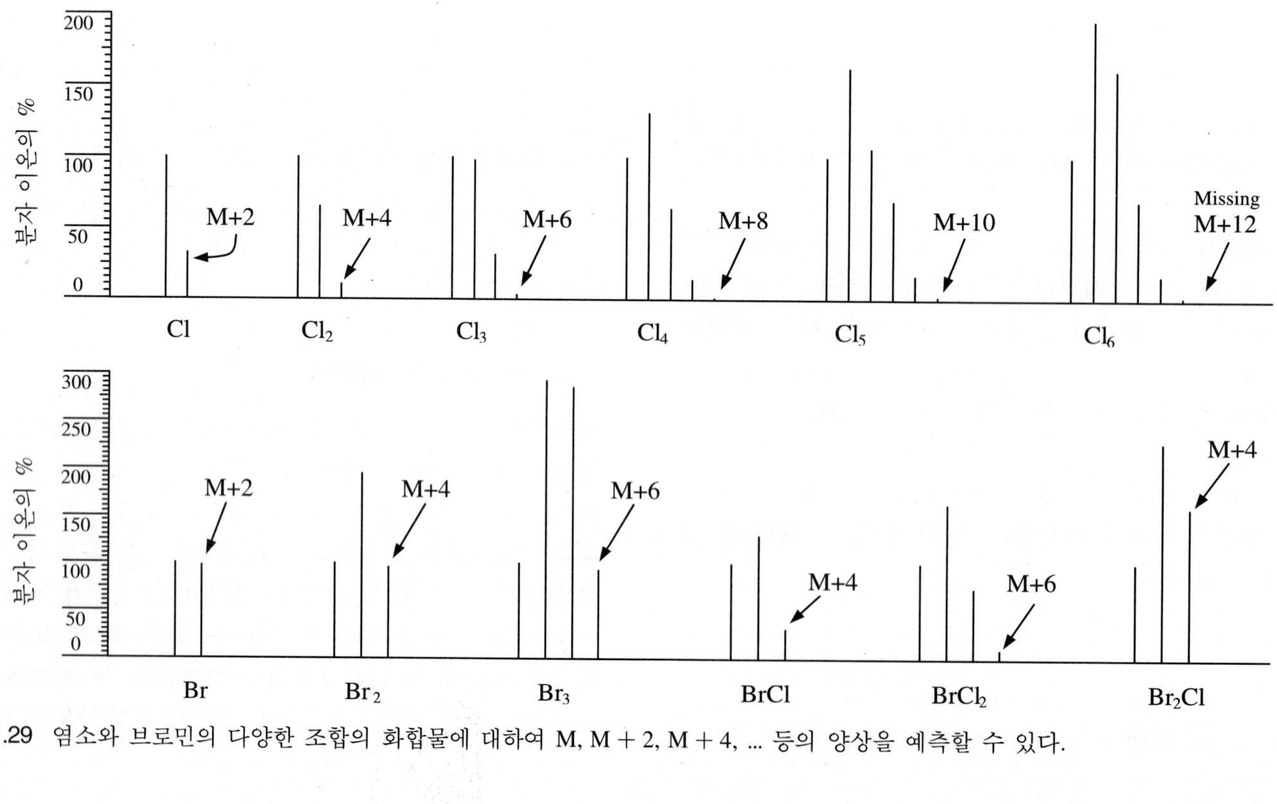

그림 1.29 염소와 브로민의 다양한 조합의 화합물에 대하여 M, M + 2, M + 4, ... 등의 양상을 예측할 수 있다.

1.6.16.1 지방족 염화물 염소 하나를 포함하는 작은 염화물에서만 분자 이온 피크를 볼 수 있다. 염소 원자가 중재하여 분자 이온이 토막내기가 일어나는데, 산소, 질소, 황을 포함하는 화합물의 경우보다는 그 정도가 덜하다. 따라서 곧은 사슬 일염화물에서 염소 원자에 인접한 C—C 결합이 끊어지면 *m/z* 49인 $CH_2{=}Cl^+$의 작은 피크와 *m/z* 51의 동위원소 피크를 설명할 수 있다.

C—Cl 결합이 쪼개지면 Cl^+ 피크와 R^+ 피크를 나타내는데, 작은 염화물에서는 우세하지만 C_5보다 더 긴 사슬에서는 매우 작다.

C_6보다 더 긴 곧은 사슬 염화물은 $C_3H_6Cl^+$, $C_4H_8Cl^+$, $C_5H_{10}Cl^+$ 이온을 만든다. 이 중에서 $C_4H_8Cl^+$가 가장 강한 피크(때로는 기준 봉우리)를 만든다. 오원자 고리 구조로 그 안정성을 설명할 수 있다(도식 1.34).

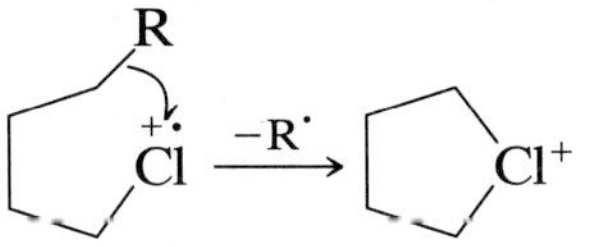

(도식 1.34)

1,3 제거로 HCl을 잃으면 M − 36인 피크(약하거나 중간)를 만든다.

일반적으로 지방족 일염화물의 스펙트럼은 알코올이나 아민, 머캡탄보다 더 탄화수소 패턴이 우세하다.

1.6.16.2 지방족 브로민화물 지방족 염화물에서 관찰되는 것이 지방족 브로민화물에도 매우 일반적으로 적용된다.

1.6.16.3 지방족 아이오딘화물 지방족 아이오딘화물은 지방족 할로젠화물 중에서 가장 강한 분자 이온 피크를 나타낸다. 아이오딘은 다른 동위원소가 없으므로 다른 동위원소 피크가 없다. 분자 이온 피크에 비해 매우 작은 동위원소 피크와 여러 독특한 피크들로부터 아이오딘 원자의 존재를 추론할 수 있다. 아이오딘이 여러 개 있는 화합물은 주된 피크들 사이의 간격이 매우 큰 것이 특징적이다.

아이오딘화물들은 염화물이나 브로민화물과 같은 방식으로 끊어지지만, $C_4H_8I^+$ 이온은 염화물이나 브로민화물만큼 결정적이지 않다.

1.6.16.4 지방족 플루오린화물 지방족 플루오린화물은 지방족 할로젠화물 중에서 가장 약한 분자 이온 피크를 나타낸다. 플루오린은 다른 동위원소가 없고 플루오린이 여럿 있는 화합물을 알아내는 것은 분자 이온에 비해 상대적으로 매우 작은 동위원소 피크, 피크 사이의 간격, 특징적인 피크 등으로 가능하다. 이 중에서 가장 특징적인 것은 CF_3^+로부터 나오는 *m/z* 69인데, 이것은 모든 과플루오린화탄소(perfluorocarbon)에서 기준 봉우리이다. 두드러진 피크는 *m/z* 119, 169, 219 등으로 이들은 CF_2가 여럿 있는 것이다. 안정한 이온인 $C_3F_5^+$와 $C_4F_7^+$는 *m/z* 131과 181에서 큰 피크로 나타난다. M − F 피크는 주로 과플루오린화합물에서 나타난다. 일플루오린화물에서 α,β C—C 결합이 쪼개지는 것은 다른 일할로젠화물에서보다 덜 중요하지만 α 탄소 원자에서의 C—H 결합이 끊어지는 것은 더 중요하다. 이것은 F 원자의 전기음성도가 크기 때문이며, α 탄소 원자에 양전하가 놓임으로써 합리적으로 설명할 수 있다. 따라서 도식 1.35에 그린 것과 같이 수소 원자를 잃어 만들어진 이차 카보늄 이온은 알킬 라디칼을 잃어 만들어진 일차 카보늄 이온보다 더 안정하다.

$$[R-CH_2-F]^{\cdot+} \xrightarrow{-H^\cdot} R-\overset{+}{C}H-F$$
$$[R-CH_2-F]^{\cdot+} \xrightarrow{-R^\cdot} \overset{+}{C}H_2-F$$

(도식 1.35)

1.6.16.5 할로젠화 벤질 할로젠화 벤질에서는 분자 이온

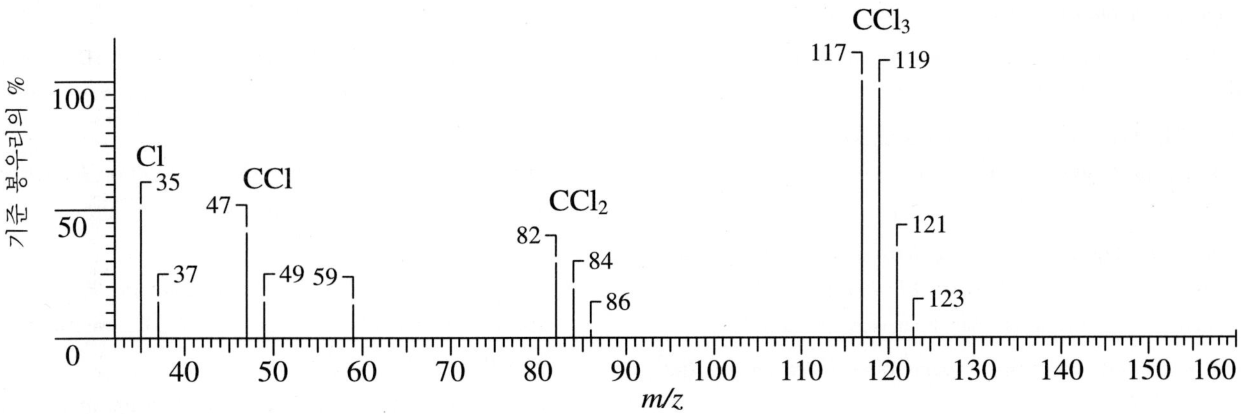

그림 1.30 사염화 탄소(CCl_4)의 EI 질량 스펙트럼.

피크를 대개 볼 수 있다. 할로젠화물에서 벤질(혹은 트로필륨) 이온이 쪼개지는 것(규칙 8, 1.5.4절)이 알킬 치환기가 β 결합이 쪼개지는 것보다도 더 유리하다. 고리가 여럿 치환되어 있을 때에는 치환된 페닐 이온(α 결합 쪼개짐)이 두드러진다.

1.6.16.6 방향족 할로젠화물 할로젠화 아릴의 분자 이온 피크는 매우 분명하다. X가 고리에 직접 붙어있는 모든 화합물에서 M − X 피크가 크다.

1.6.17 헤테로방향족 화합물

헤테로방향족과 알킬화된 헤테로방향족의 분자 이온 피크는 강하다. 알킬벤젠에서와 마찬가지로 고리에 β 결합이 쪼개지는 것이 일반적인 규칙이다. 피리딘에서 치환된 위치가 β 결합 쪼개짐의 수월성을 결정한다.

분자 이온의 전하가 고리의 π 구조에 있는 것보다 헤테로 원자에 위치하는 것이, 관찰된 절단 방식을 만족할만하게 설명할 수 있다. 이것은 Djeerassi가 사용한 것을 따른 것이다(Budzikiewicz 등, 1967).

오원자 고리 헤테로방향족(퓨란, 싸이오펜, 피롤)은 매우 비슷한 절단 패턴을 보인다. 각 경우 첫 단계는 탄소-헤테로 원자 결합이 쪼개지고 중성 아세틸렌 분자나 라디칼 토막이 떨어져 나간다. 따라서 퓨란(furan)은 $C_3H_3^+$ (*m/z* 39)와 HC≡O+ (*m/z* 29)의 두 개의 주요 피크를 보인다. 싸이오펜(thiophene)은 $C_3H_3^+$ (*m/z* 39), $HC{\equiv}S^+$ (*m/z* 45), $C_2H_2S^+$ (*m/z* 58)의 세 피크를 보인다. 피롤(pyrrole)은 $C_3H_3^+$ (*m/z* 39), $HC{=}NH^+$ (*m/z* 28), $C_2H_2NH^+$ (*m/z* 41)의 세 피크를 보인다. 피롤은 또한 중성 분자인 HCN이 떨어지면서 *m/z* 40인 강한 피크를 보인다. 2,5-다이메틸퓨란(2,5-dimethylfuran)의 기준 봉우리는 *m/z* 43 ($CH_3C{\equiv}O^+$)이다.

알킬피리딘(alkylpyridine)에서 β C—C 결합이 쪼개지는 것(도식 1.36)은 고리 치환체의 위치에 달려있는데, 알킬기가 3번 위치에 있을 때 더 뚜렷하다. 2번 위치에 탄소 원자 네 개 이상인 알킬기가 있으면 수소 원자가 고리의 질소로 옮겨갈 수 있다.

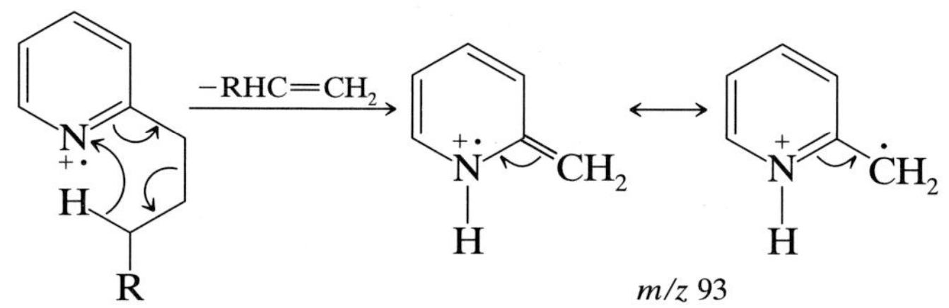

(도식 1.36)

피라진(pyrazine)에서도 모든 고리 치환체들이 질소 원자 중 하나에 대해서 *ortho* 위치이므로 비슷한 쪼개짐을 볼 수 있다.

참고 문헌

일반

Beynon, J. H. (1960). *Mass Spectrometry and Its Application to Organic Chemistry*. Amsterdam: Elsevier.

Beynon, J. H., and Brenton, A. G. (1982). *Introduction to Mass Spectrometry*. Cardiff: University of Wales Publications.

Beynon, J. H., Saunders, R. A., and Williams A. E. (1968). *The Mass Spectra of Organic Molecules*. New York: Elsevier.

Biemann. K. (1962). *Mass Spectrometry, Applications to Organic Chemistry*. New York: McGraw-Hill.

Budzikiewicz, H., Djerassi, C., and Williams. D. H. (1967). *Mass Spectrometry of Organic Compounds*. San Francisco: Holden-Day.

Budzikiewicz, H., Djerassi, C., and Williams, D. H. (1964). *Structure Elucidation of Natural Products by Mass Spectrometry*, Vols. I and 11. San Francisco: Holden-Day.

Chapman. J. R. (1993). *Practical Organic Mass Spectrometry*, 2nd ed. New York:Wiley.

Constatin, E., Schnell, A., and Thompson, M. (1990). *Mass Spectrometry*. Englewood Cliffs, NJ: Prentice-Hall.

Davis, R., and Frierson, M. (1987). *Mass Spectrometry*. New York:Wiley. Self-study guide.

Hamming, M., and Foster, N. (1972). *Interpretation of Mass Spectra of Organic Compounds*. New York: Academic Press.

Hoffmann, E.D., and Stroobant, V. (2002). *Mass Spectrometry: Principles and Applications*. John Wiley and Sons, Ltd.

Howe. I., Williams, D. H., and Bowen. R. D. (1981). *Mass Spectrometry—Principles and Application*. New York: McGraw-Hill.

McLafferty, F. W., and Turecek. A. (1993). *Interpretation of Mass Spectra*, 4th ed. Mill Valley, CA: University Scientific Books.

McLafferty, F. W., and Venkataraghavan. R. (1982). *Mass Spectral Correlations*. Washington, DC:American Chemical Society.

McNeal, C. J., Ed. (1986). *Mass Spectrometry in the Analysis of Large Molecules*. New York:Wiley.

Middleditch, B. S.. Ed. (1979). *Practical Mass Spectrometry*. New York: Plenum Press.

Milne, G. W. A. (1971). *Mass Spectrometry: Techniques and Applications*. New York: Wiley-Interscience.

Rose, M., and Johnston, R. A. W. (1982). *Mass Spectrometry for Chemists and Biochemists*. New York: Cambridge University Press.

Shrader, S. R. (1971). *Introduction to Mass Spectrometry*. Boston: Allyn and Bacon.

Smith, R. M. (1998). *Understanding Mass Spectra: A Basic Approach*. Wiley-Interscience.

Watson, J.T. (1985). *Introduction to Mass Spectrometry*. 2nd ed. New York: Raven Press.

Williams, D. H. (June 1968 – June 1979). *Mass Spectrometry. A Specialist Periodical Report*, Vols. I – V. London: Chemical Society.

(1980). *Advances in Mass Spectrometry; Applications in Organic and Analytical Chemistry*. New York: Pergamon Press.

Mass Spectrometry Reviews. New York:Wiley, 1982 to date.

Mass Spectrometry Bulletin. Aldermaston, England, 1966 to date.

데이터와 스펙트럼 편집

American Petroleum Institute Research Project 44 and Thermodynamics Research Center (formerly MCA Research Project). (1947 to date). *Catalog of Selected Mass Spectral Data*. College Station, TX; Texas A & M University, Dr. Bruno Zwohnski, Director.

Beynon, J. H., and Williams. A. E. (1963). *Mass and Abundance Tables for Use in Mass Spectrometry*. Amsterdam: Elsevier.

(1992). *Eight Peak Index of Mass Spectra*, 4th ed. Boca Raton, FL: CRC Press.

Heller, S. R., and Milne, G. W. EPA/NIH Mass Spectral Search System (MSSS). A Division of CIS. Washington, DC: U.S. Government Printing Office. An interactive computer searching system containing the spectra of over 32,000 compounds. These can be searched on the basis of peak intensities as well as by Biemann and probability matching techniques.

McLafferty, F.W. (1982). *Mass Spectral Correlations*, 2nd ed. Washington, DC:American Chemical Society.

McLafferty, F.W., and Stauffer, D. B. (1988). *The Wiley/NBS Registry of Mass Spectral Data* (7 volumes). New York: Wiley-Interscience.

McLafferty, F.W., and Stauffer, D. B. (1992). *Registry of Mass Spectral Data*, 5th ed. New York:Wiley. 220,000 spectra.

McLafferty, F. W., and Stauffer, D. B. (1991). *The Important Peak Index of the Registry of Mass Spectral Data*, 3 Vols. New York:Wiley.

특별한 모노그래프

Ardrey, R. E. (2003). *Liquid Chromatography— Mass Spectrometry: An Introduction*. New York: John Wiley & Sons.

Ashcroft, A. E. (1997). *Ionization Methods in Organic Mass Spectrometry*. London: Royal Society of Chemistry.

Cech, N. B., and Enke, C. G. (2002). Practical implications of some recent studies in electrospray ionization fundamentals. *Mass Spectrometry Reviews*, **20**, 362 – 387.

Cole, R. B. Ed. (1997). *Electrospray Ionization Mass Spectrometry*. New York: Wiley-Interscience.

Harrison, G. (1992). *Chemical Ionization Mass Spectrometry*, 2nd ed. Boca Raton. FL: CRC Press.

Kinter, M., and Sherman, N. E. (2000). *Protein Sequencing and Identification Using Tandem Mass Spectrometry*. New York: Wiley-Interscience.

Linskens, H. F., and Berlin, J. Eds. (1986). *Gas Chromatography-Mass Spectrometry*. New York: Springer-Verlag.

March, R. E., and Hughes. R. J. (1989). *Quadrupole Storage Mass Spectrometry*. New York:Wiley-Interscience.

McLafferty, F.W. (1983). *Tandem Mass Spectrometry*, 2nd ed. New York:Wiley-Interscience.

Message,G. M. (1984). *Practical Aspects of Gas Chromatography-Mass Spectrometry*. New York:Wiley.

Siuzdak, G. (1996). *Mass Spectrometry for Biotechnology*. New York: Academic Press.

Waller: G. R., Ed. (1972). *Biochemical Applications of Mass Spectrometry*. New York:Wiley-Interscience.

Waller, G. R., and Dermer, O. C., Eds. (1980). *Biochemical Applications of Mass Spectrometry*, First Suppl. Vol. New York:Wiley-Interscience.

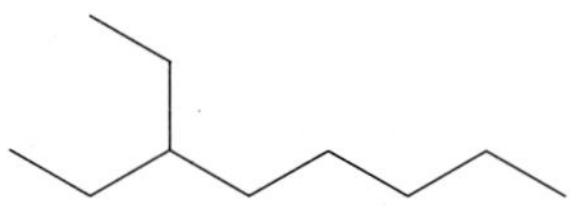

a

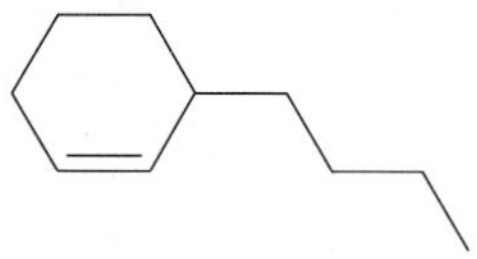

b

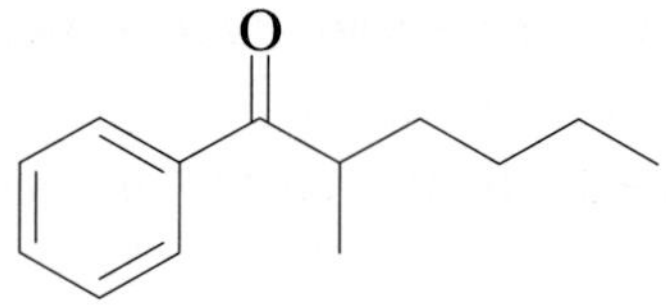

c

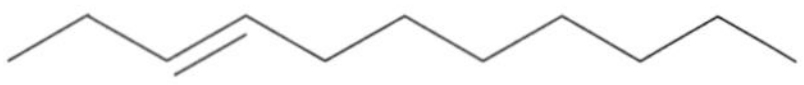

d

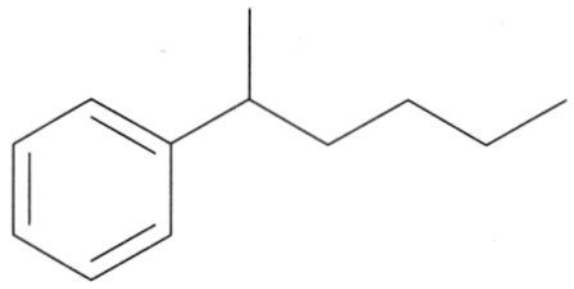

e

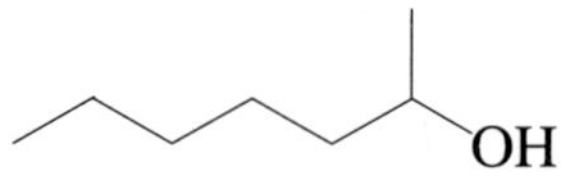

f

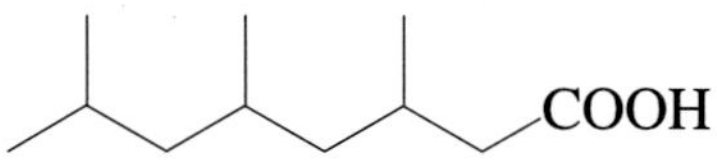

g

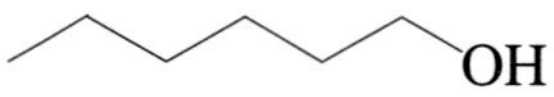

h

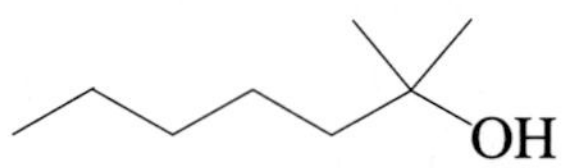

i

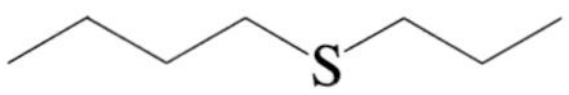

j

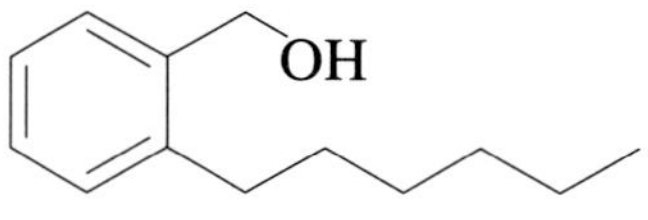

k

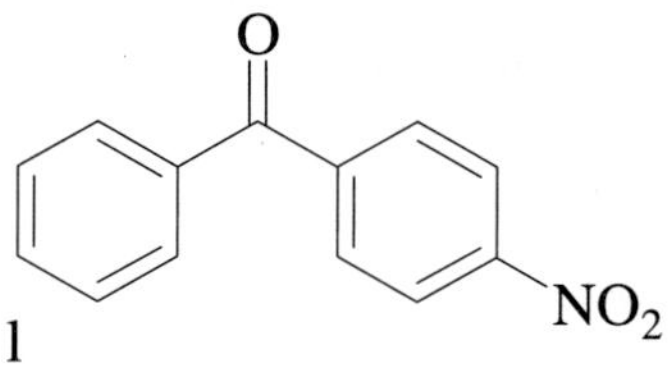

l

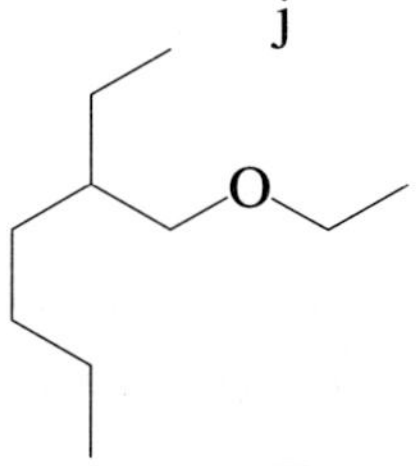

m

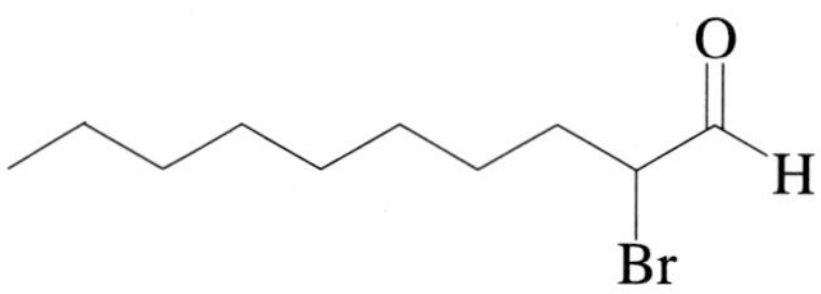

n

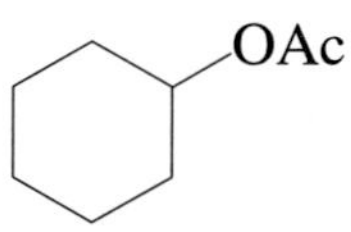

o

연습 문제

1.1 표 1.4를 써서 화합물 (**a−o**) 의 정확한 질량을 계산하시오.

1.2 위 화합물들의 수소 결핍 지수를 결정하시오.

1.3 각 화합물 (**a−o**) 에 대하여 분자 이온의 구조를 쓰시오. 가능하면 라디칼 양이온의 위치를 나타내시오.

1.4 위 화합물들에 대해 중요한 세 가지 토막내기/자리옮김 경로를 예측하시오. 당신의 예측을 지지하는 1.5.4절의 규칙을 각 경로에 표시하시오.

1.5 연습 문제 1.4의 각 토막내기/자리옮김 경로에 대해서 적절한 화살표를 이용하여 자세한 메커니즘을 나타내시오.

1.6 다음 질량 스펙트럼 (**A−W**) 에 대해 정확한 질량값을 연결하시오. 두 화합물이 정확한 질량값이 같을 수 있다는 것을 염두에 두고, 그럴 경우에는 CI 질량 스펙트럼을 고려할 필요가 있다. (a) 56.0264, (b) 73.0896, (c) 74.0363, (d) 89.0479, (e) 94.0535, (f) 96.0572, (g) 98.0736, (h) 100.0893, (i) 102.0678, (j) 113.0845, (k) 114.1043, (l) 116.0841, (m) 116.1206, (n) 122.0733, (o) 122.0733, (p) 126.1041, (q) 138.0687, (r) 150.0041, (s) 152.0476, (t) 156.9934, (u) 161.9637, (v) 169.9735, (w) 208.0094.

1.7 각 질량 스펙트럼 (**A−W**) 에 대해 화합물내에 헤테로원자 S, Cl, Br이 있는지 결정하시오.

1.8 각 질량 스펙트럼 (**A−W**) 에 해당하는 정확한 질량에 대해 분자식을 결정하시오. 연습 문제 1.7에서 결정한 헤테로원자를 주의깊게 보시오.

1.9 연습 문제 1.6의 각 식에서 수소 결핍 지수를 결정하시오.

1.10 각 EI 질량 스펙트럼 (**A−W**) 에 대해 기준 봉우리와 분자 이온 피크를 나열하시오.

1.11 각 EI 질량 스펙트럼 (**A−W**, H 제외) 에서 분자 이온을 제외하고 세 개의 이온을 선택하고 각 토막 이온에 대한 분자식을 결정하고, 분자 이온으로부터 떨어져 나간 부분의 분자식을 쓰시오. 어떤 이온이 자리옮김으로 생긴 것인지 지적하시오.

A

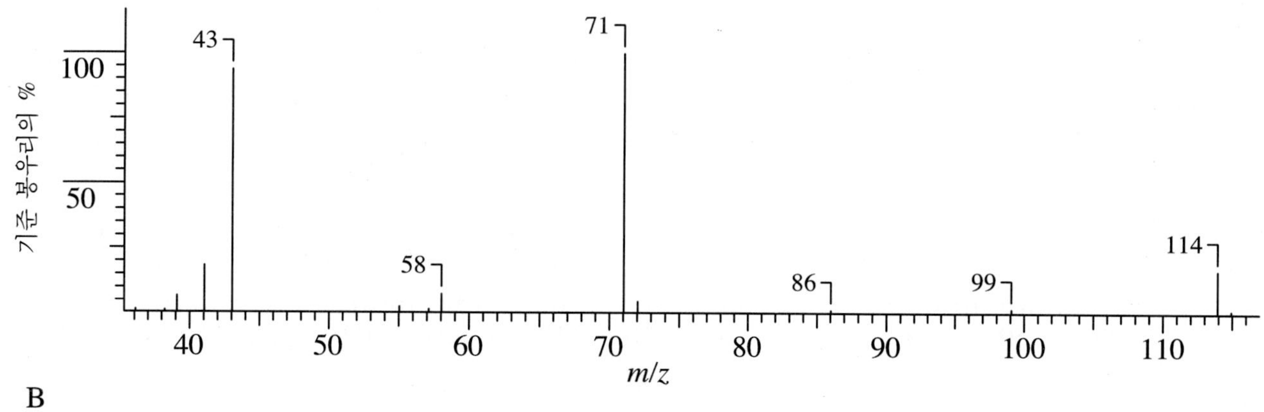

B

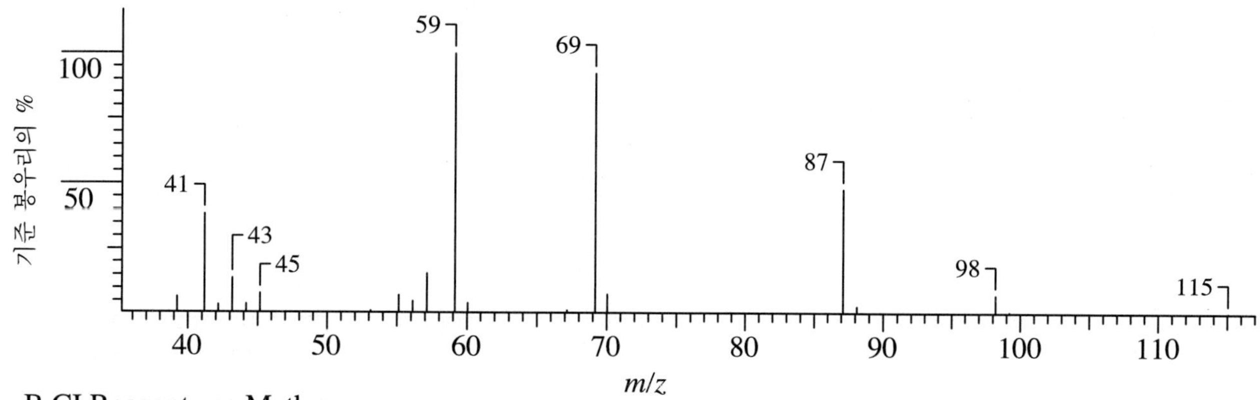

B CI Reagent gas Methane

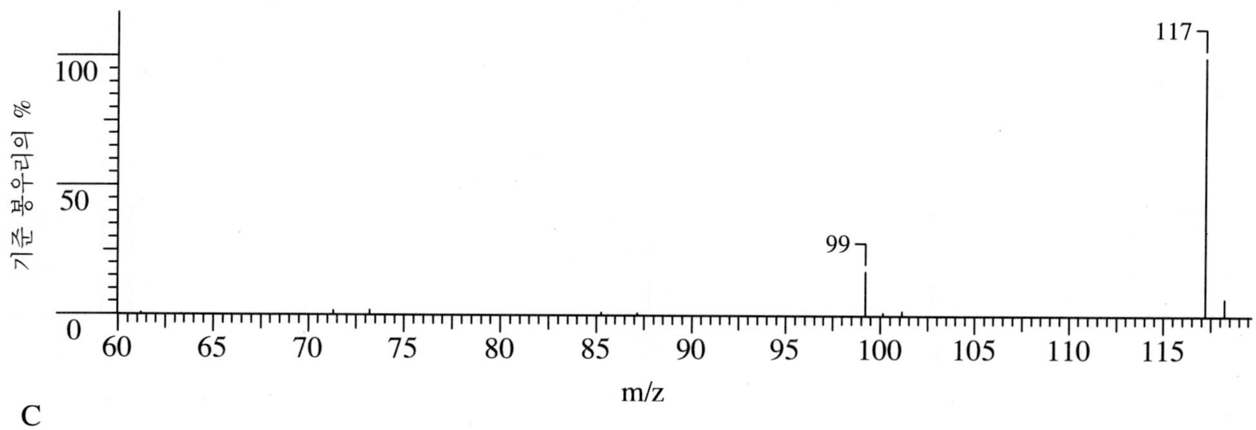

C

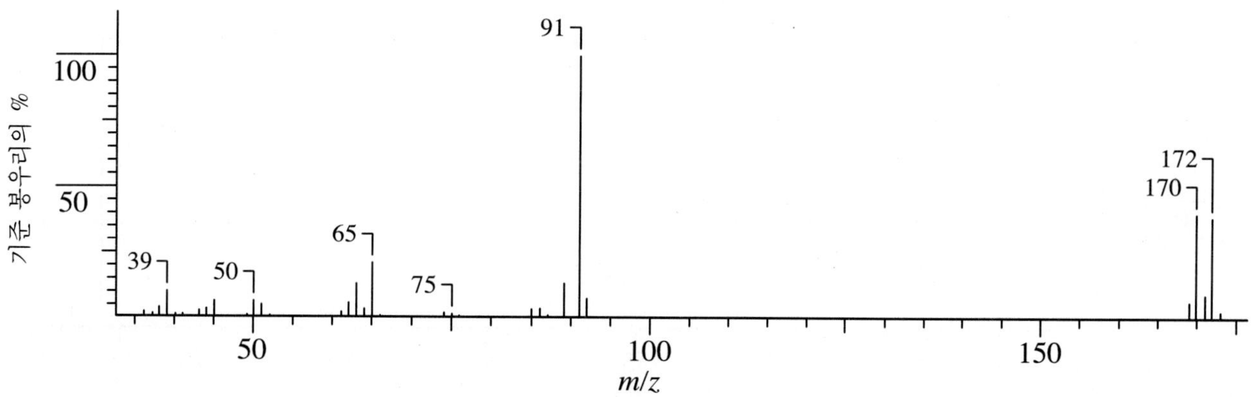

D

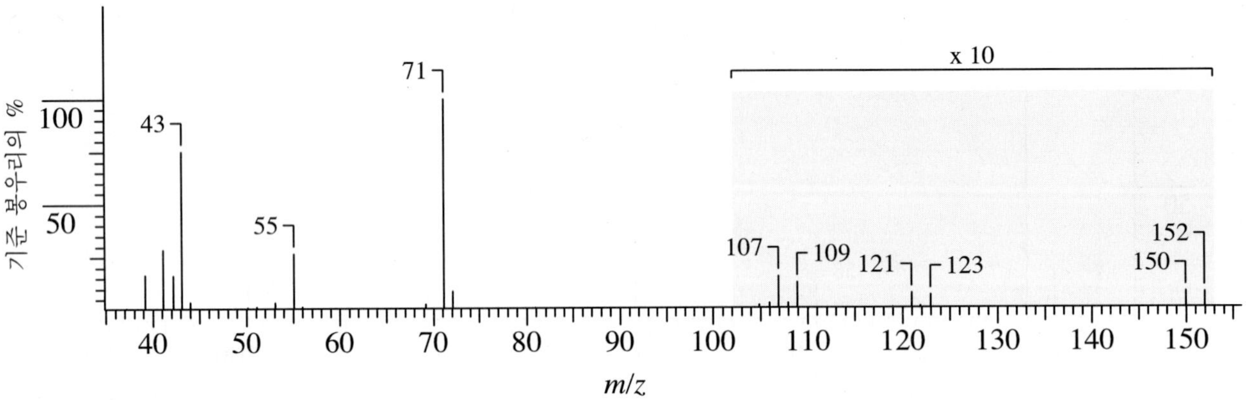
x 10
기준 봉우리의 %
100
50
43
55
71
107
109
121
123
150
152
40
50
60
70
80
90
100
110
120
130
140
150
m/z

E

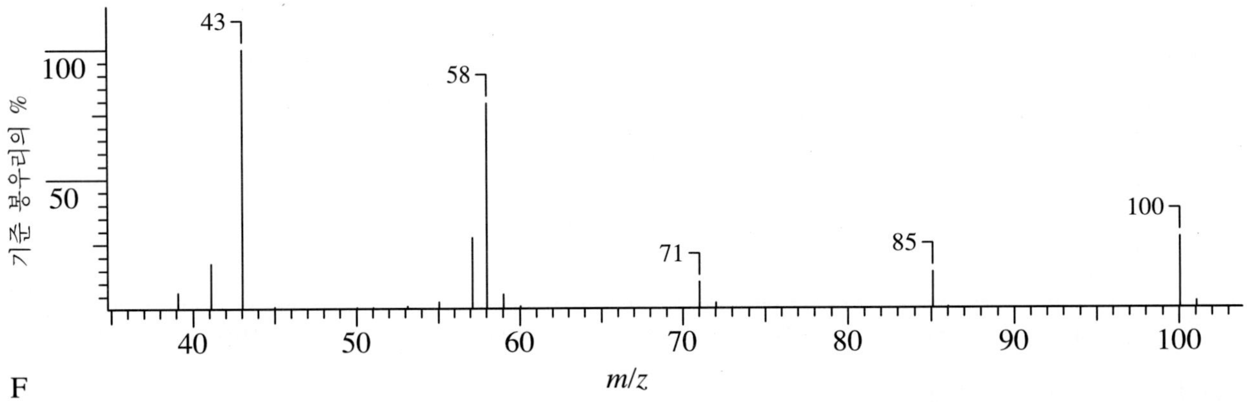
기준 봉우리의 %
100
50
43
58
71
85
100
40
50
60
70
80
90
100
m/z

F

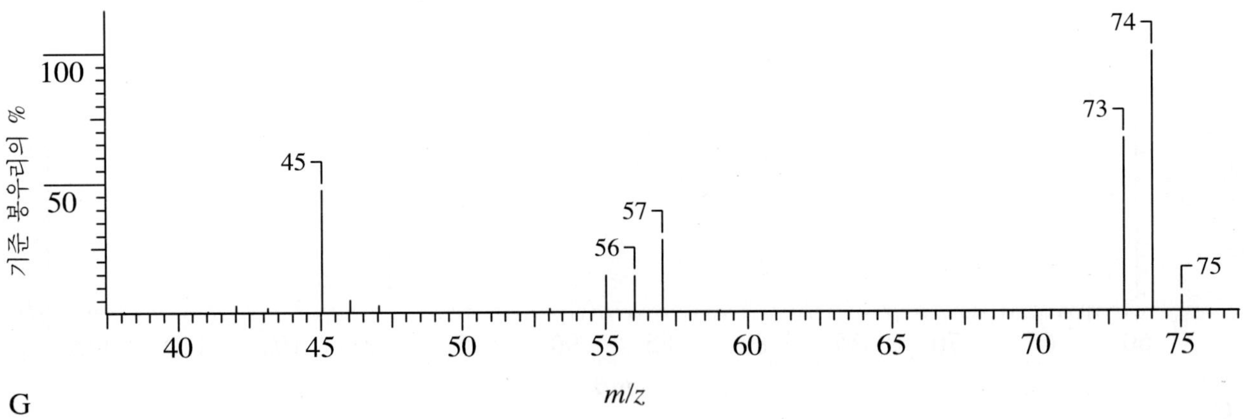
기준 봉우리의 %
100
50
45
56
57
73
74
75
40
45
50
55
60
65
70
75
m/z

G

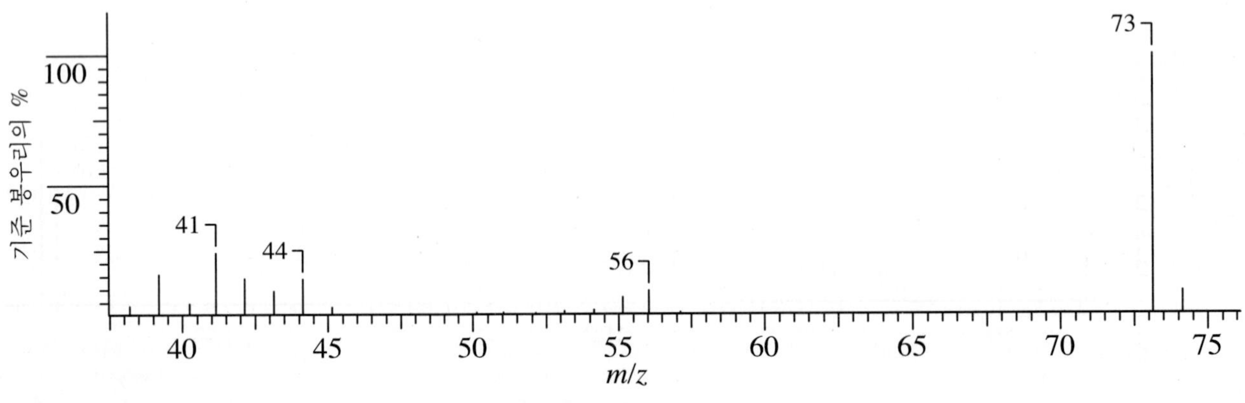
기준 봉우리의 %
100
50
41
44
56
73
40
45
50
55
60
65
70
75
m/z

H

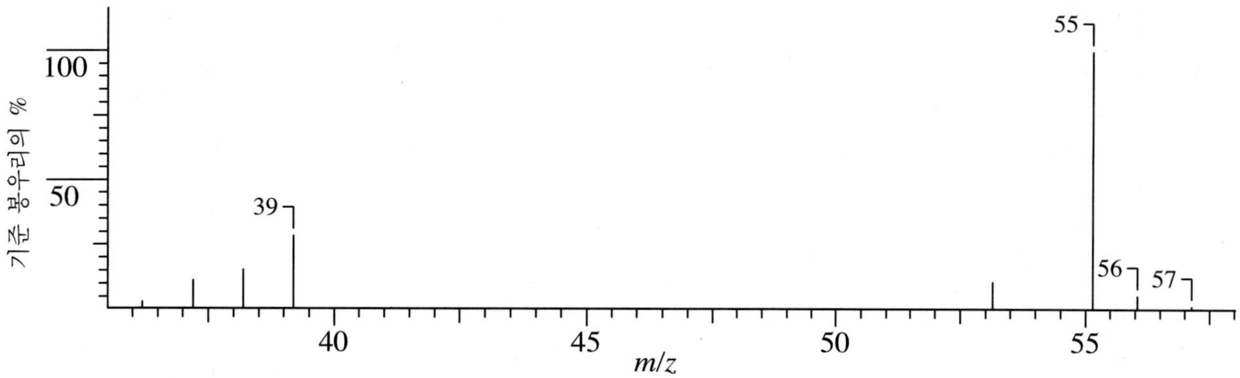

H CI Reagent gas Methane

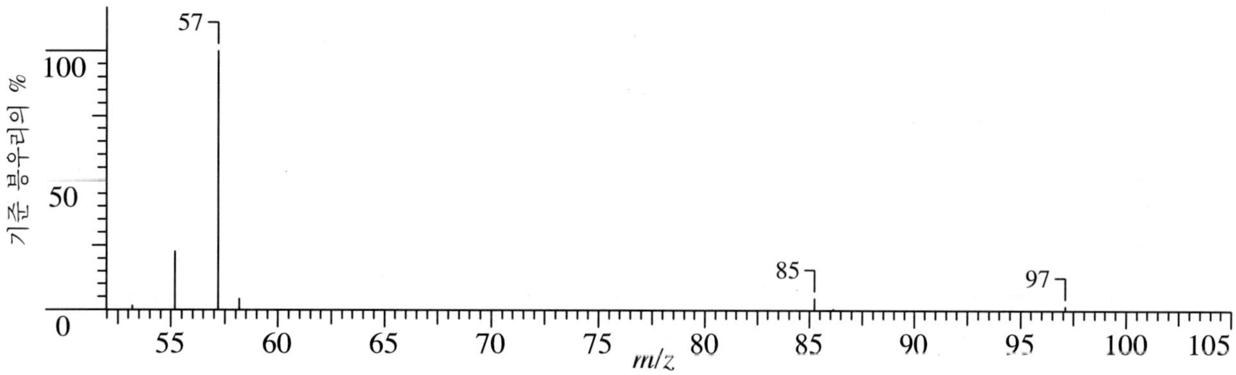

I

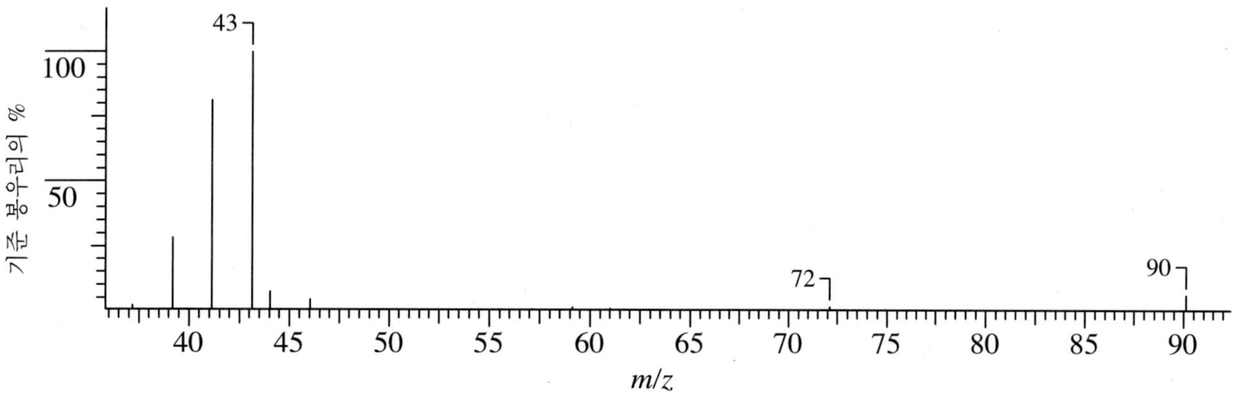

I CI Reagent gas Methane

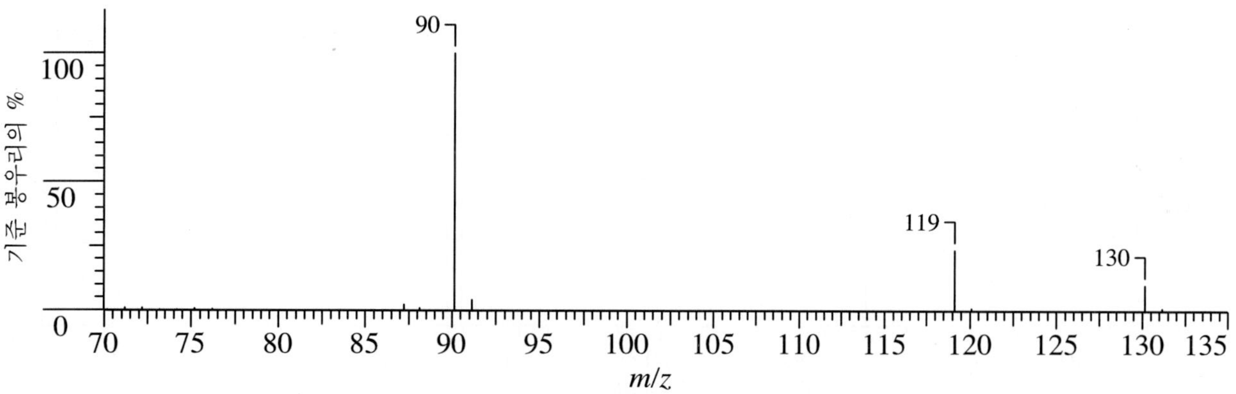

J

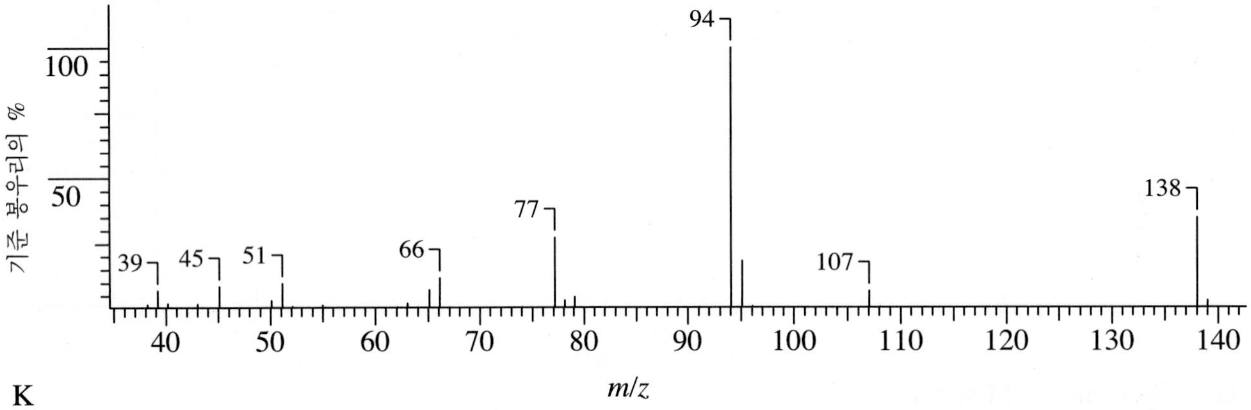
기준 봉우리의 %
100
50
39
45
51
66
77
94
107
138
40 50 60 70 80 90 100 110 120 130 140
m/z

K

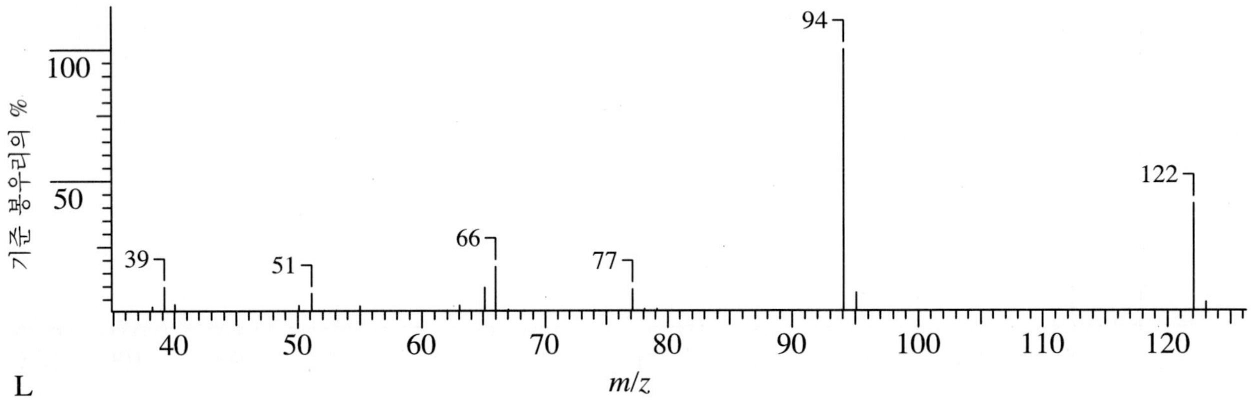
기준 봉우리의 %
100
50
39
51
66
77
94
122
40 50 60 70 80 90 100 110 120
m/z

L

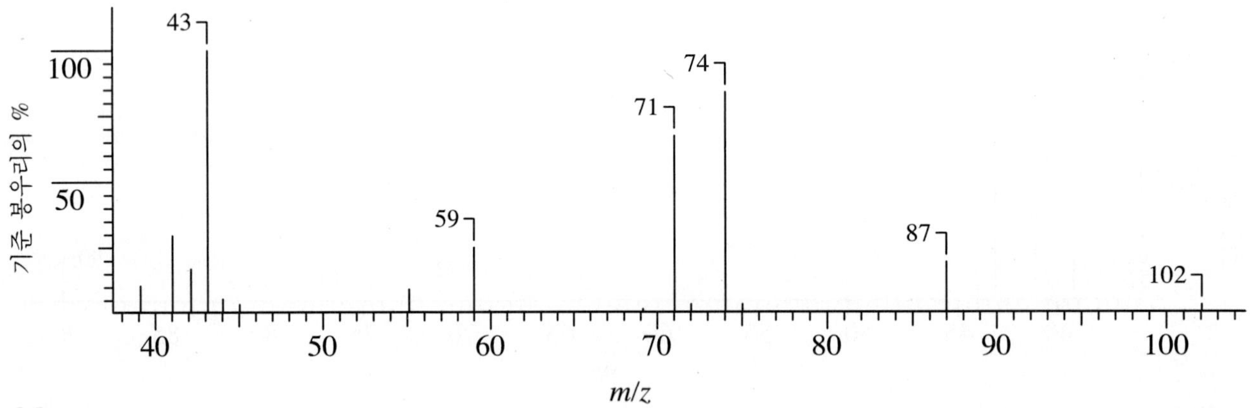
기준 봉우리의 %
100
50
43
59
71
74
87
102
40 50 60 70 80 90 100
m/z

M

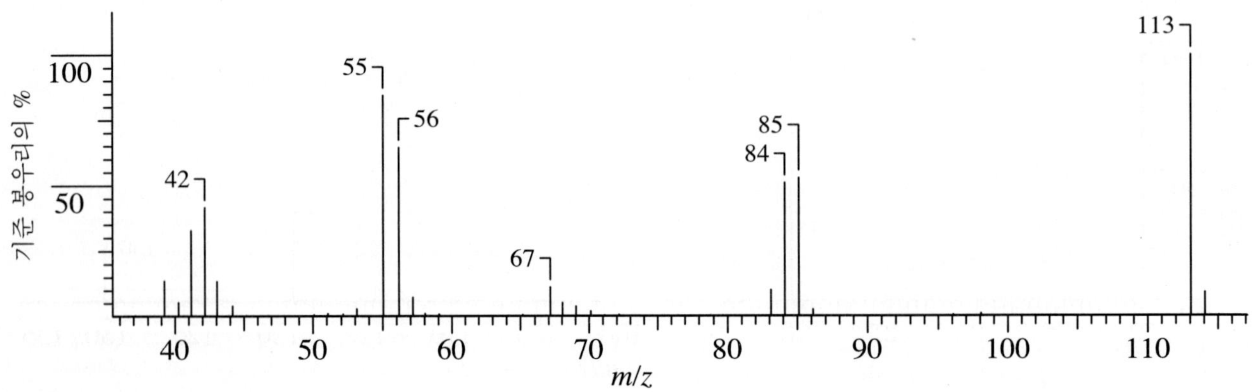
기준 봉우리의 %
100
50
42
55
56
67
84
85
113
40 50 60 70 80 90 100 110
m/z

N

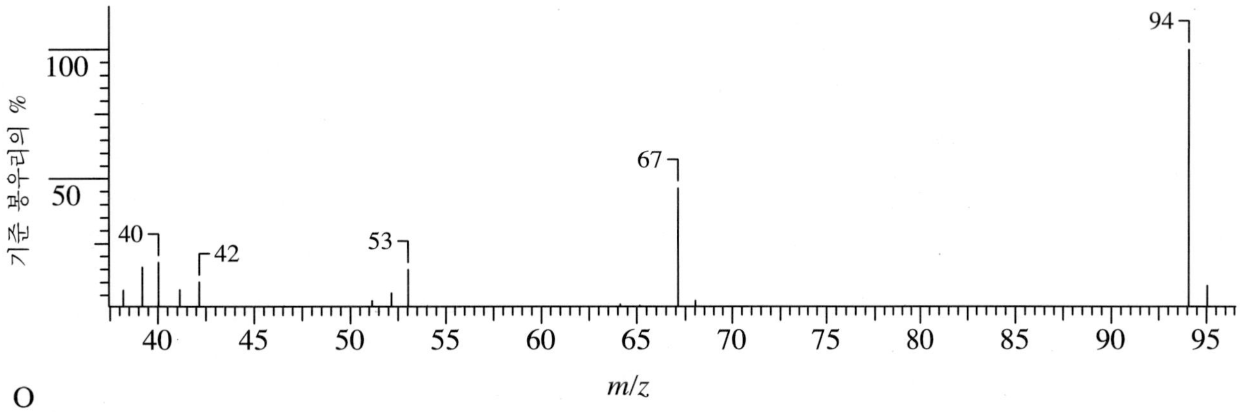
기준 봉우리의 %
100
50
94
67
40
42
53
40 45 50 55 60 65 70 75 80 85 90 95
m/z

O

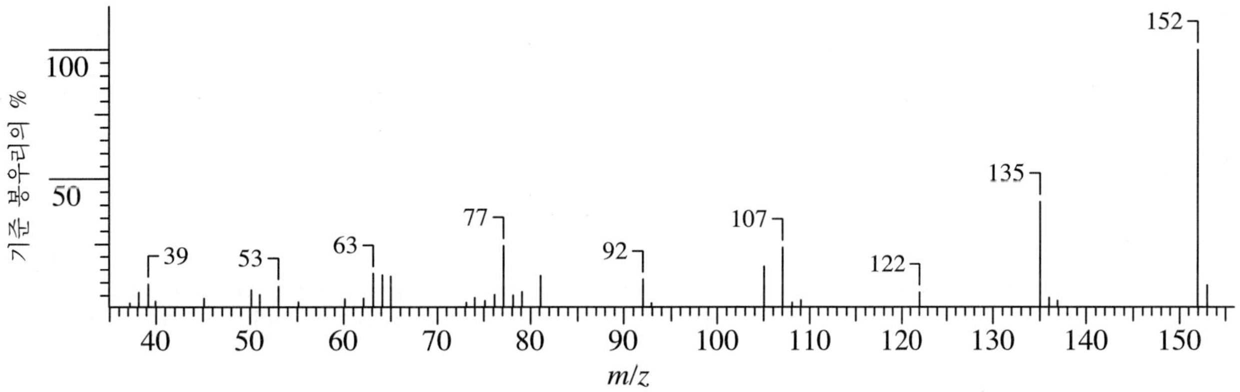
기준 봉우리의 %
100
50
152
135
107
77
63
92
39
53
122
40 50 60 70 80 90 100 110 120 130 140 150
m/z

P

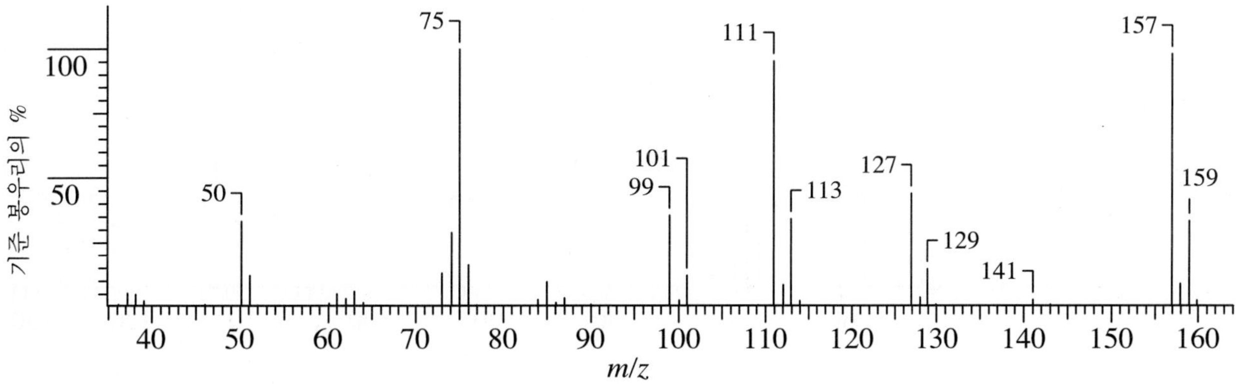
기준 봉우리의 %
100
50
75
111
157
101
99
113
127
159
50
129
141
40 50 60 70 80 90 100 110 120 130 140 150 160
m/z

Q

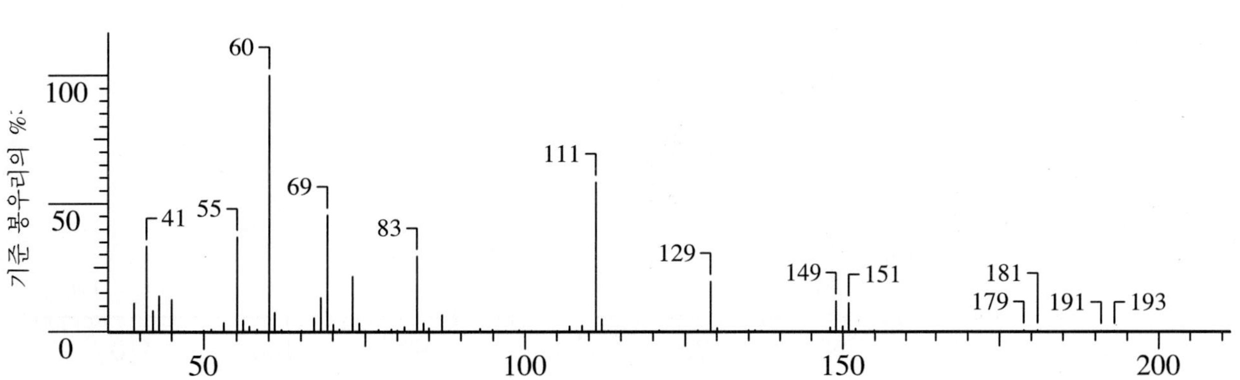
기준 봉우리의 %
100
50
0
60
111
69
41
55
83
129
149
151
181
179
191
193
50 100 150 200
m/z

Q CI Reagent gas Methane

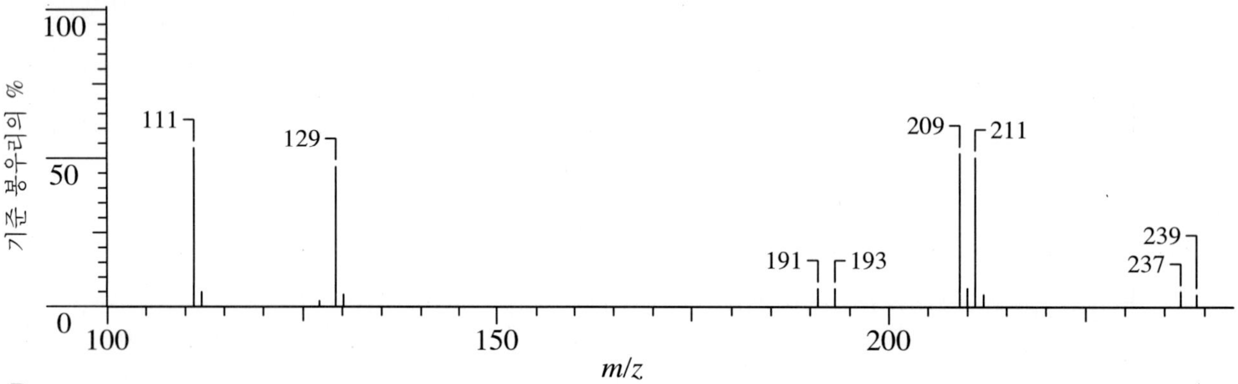

R

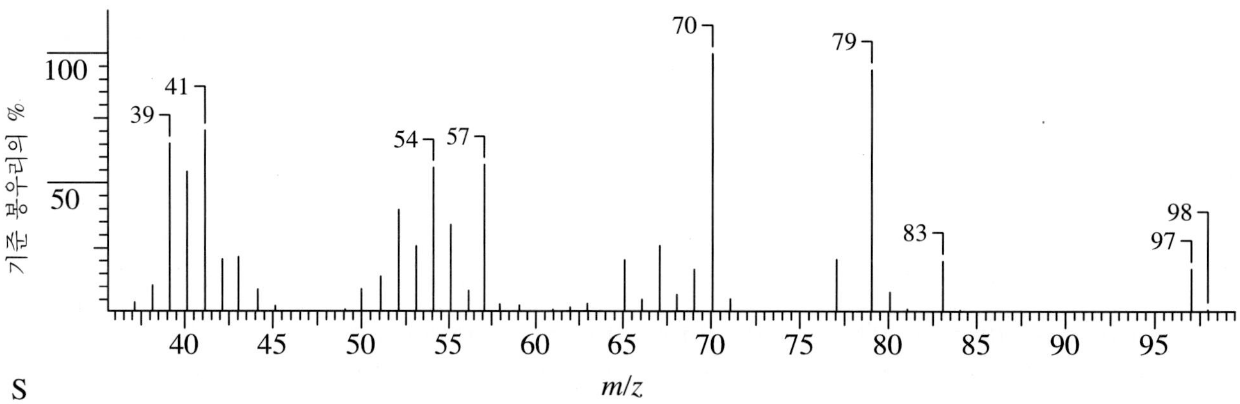

S

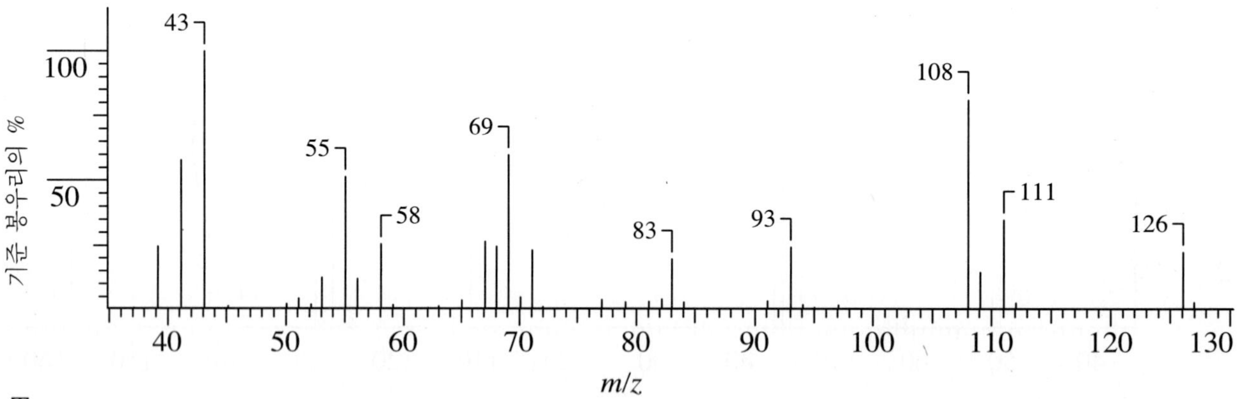

T

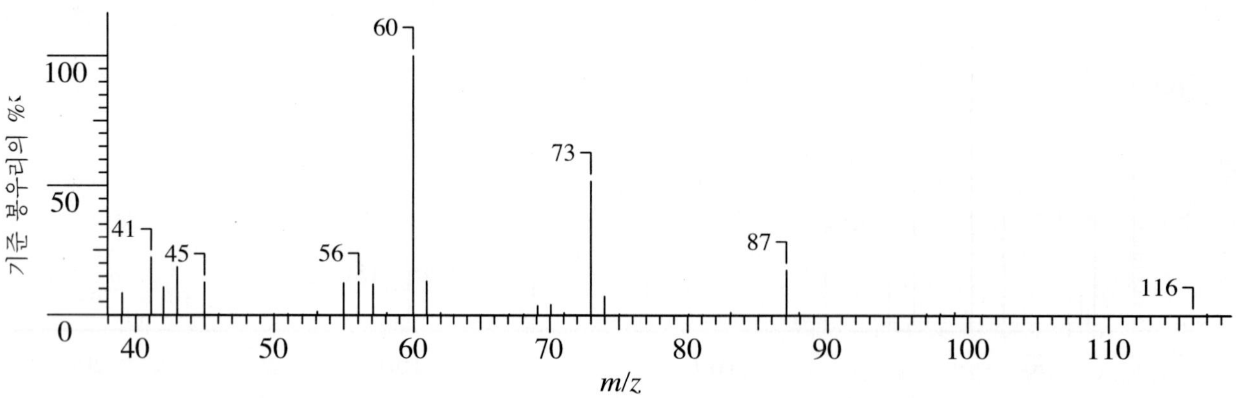

T CI Reagent gas Methane

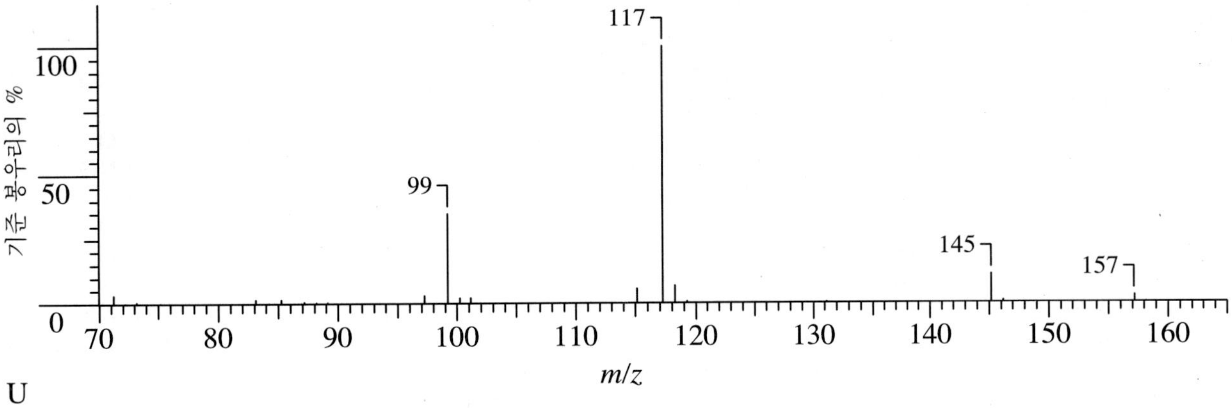

U

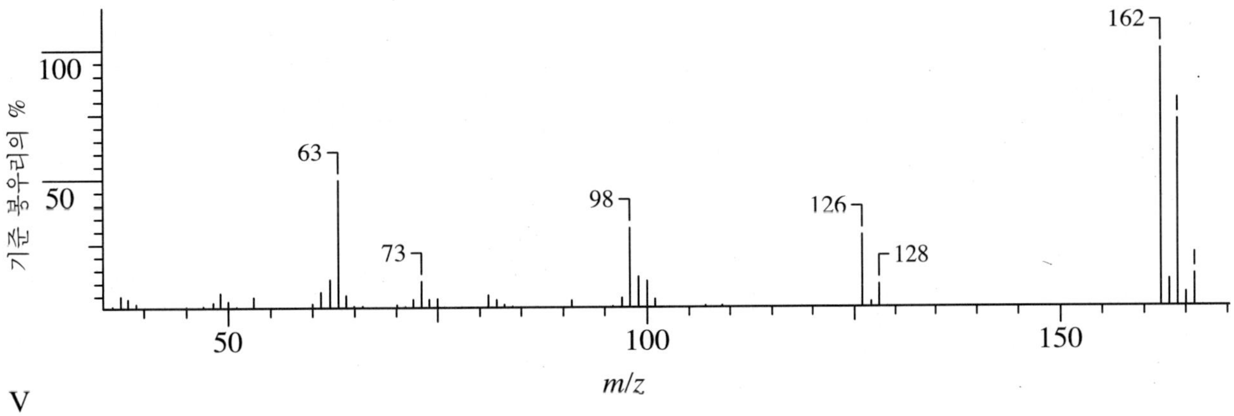

V

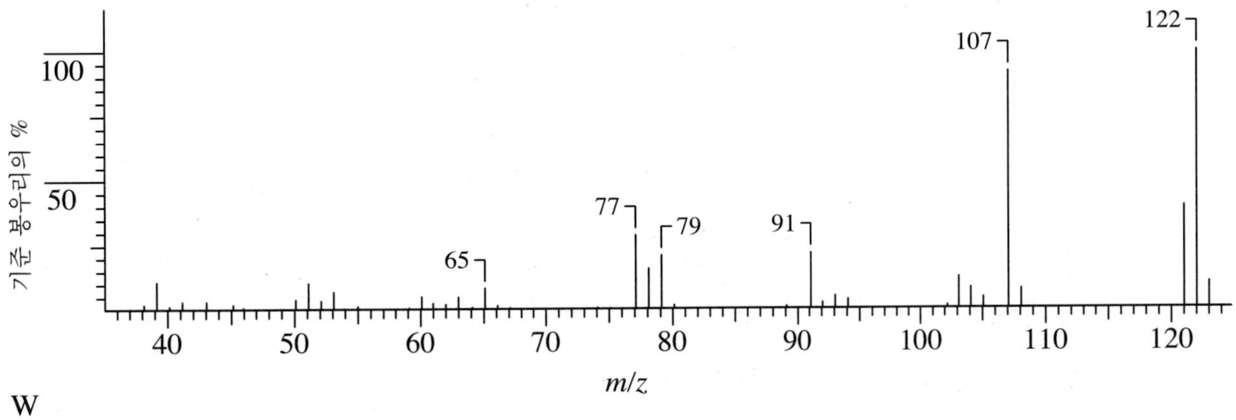

W

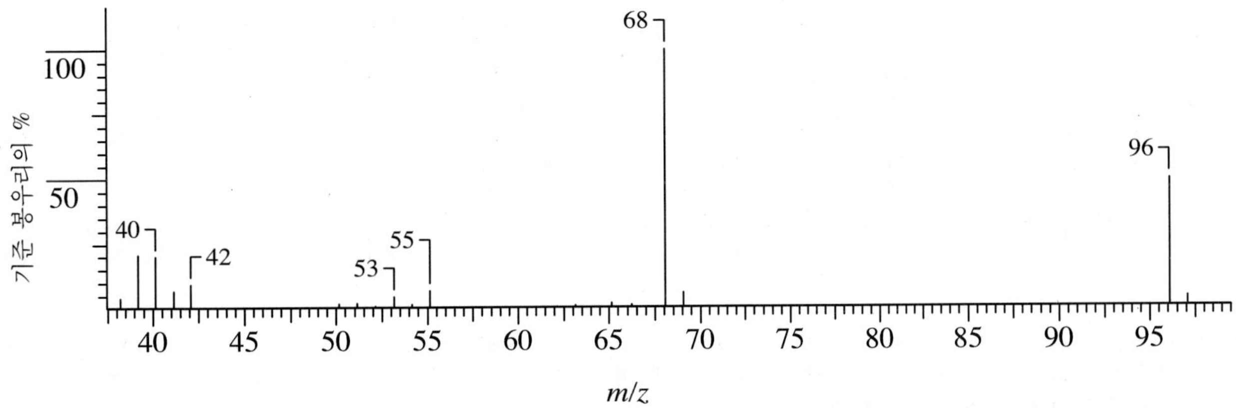

부록 A 탄소, 수소, 질소, 산소의 여러 조합에 대한 화학식 질량(FM)

	FM		FM		FM		FM
12		H_4N_2	32.0375	C_2H_6O	46.0419	CH_3N_2O	59.0246
C	12.0000	CH_4O	32.0262	**47**		CH_5N_3	59.0484
13		**33**		HNO_2	47.0007	$C_2H_3O_2$	59.0133
CH	13.0078	HO_2	32.9976	CH_3O_2	47.0133	C_2H_5NO	59.0371
14		H_3NO	33.0215	CH_5NO	47.0371	$C_2H_7N_2$	59.0610
N	14.0031	**34**		**48**		C_3H_7O	59.0497
CH_2	14.0157	H_2O_2	34.0054	O_3	47.9847	C_3H_9N	59.0736
15		**38**		H_2NO_2	48.0085	**60**	
HN	15.0109	C_3H_2	38.0157	H_4N_2O	48.0324	CH_2NO_2	60.0085
CH_3	15.0235	**39**		CH_4O_2	48.0211	CH_4N_2O	60.0324
16		C_2HN	39.0109	**49**		CH_6N_3	60.0563
O	15.9949	C_3H_3	39.0235	H_3NO_2	49.0164	$C_2H_4O_2$	60.0211
H_2N	16.0187	**40**		**52**		C_2H_6NO	60.0450
CH_4	16.0313	C_2H_2N	40.0187	C_4H_4	52.0313	$C_2H_8N_2$	60.0688
17		C_3H_4	40.0313	**53**		C_3H_8O	60.0575
HO	17.0027	**41**		C_3H_3N	53.0266	C_5	60.0000
H_3N	17.0266	CHN_2	41.0140	C_4H_5	53.0391	**61**	
18		C_2H_3N	41.0266	**54**		CH_3NO_2	61.0164
H_2O	18.0106	C_3H_5	41.0391	$C_2H_2N_2$	54.0218	CH_5N_2O	61.0402
24		**42**		C_3H_2O	54.0106	CH_7N_3	61.0641
C_2	24.0000	N_3	42.0093	C_3H_4N	54.0344	$C_2H_5O_2$	61.0289
26		CNO	41.9980	C_4H_6	54.0470	C_2H_7NO	61.0528
CN	26.0031	CH_2N_2	42.0218	**55**		**62**	
C_2H_2	26.0157	C_2H_2O	42.0106	$C_2H_3N_2$	55.0297	CH_2O_3	62.0003
27		C_2H_4N	42.0344	C_3H_3O	55.0184	CH_4NO_2	62.0242
CHN	27.0109	C_3H_6	42.0470	C_3H_5N	55.0422	CH_6N_2O	62.0480
C_2H_3	27.0235	**43**		C_4H_7	55.0548	$C_2H_6O_2$	62.0368
28		HN_3	43.0170	**56**		**63**	
N_2	28.0062	CHNO	43.0058	C_2O_2	55.9898	HNO_3	62.9956
CO	27.9949	CH_3N_2	43.0297	C_2H_2NO	56.0136	CH_5NO_2	63.0320
CH_2N	28.0187	C_2H_3O	43.0184	$C_2H_4N_2$	56.0375	**64**	
C_2H_4	28.0313	C_2H_5N	43.0422	C_3H_4O	56.0262	C_5H_4	64.0313
29		C_3H_7	43.0548	C_3H_6N	56.0501	**65**	
HN_2	29.0140	**44**		C_4H_8	56.0626	C_4H_3N	65.0266
CHO	29.0027	N_2O	44.0011	**57**		C_5H_5	65.0391
CH_3N	29.0266	CO_2	43.9898	C_2H_3NO	57.0215	**66**	
C_2H_5	29.0391	CH_2NO	44.0136	$C_2H_5N_2$	57.0453	C_4H_4N	66.0344
30		CH_4N_2	44.0375	C_3H_5O	57.0340	C_5H_6	66.0470
NO	29.9980	C_2H_4O	44.0262	C_3H_7N	57.0579	**67**	
H_2N_2	30.0218	C_2H_6N	44.0501	C_4H_9	57.0705	$C_3H_3N_2$	67.0297
CH_2O	30.0106	C_3H_8	44.0626	**58**		C_4H_3O	67.0184
CH_4N	30.0344	**45**		CH_2N_2O	58.0167	C_4H_5N	67.0422
C_2H_6	30.0470	CH_3NO	45.0215	CH_4N_3	58.0406	C_5H_7	67.0548
31		CH_5N_2	45.0453	$C_2H_2O_2$	58.0054	**68**	
HNO	31.0058	C_2H_5O	45.0340	C_2H_4NO	58.0293	$C_3H_4N_2$	68.0375
H_3N_2	31.0297	C_2H_7N	45.0579	$C_2H_6N_2$	58.0532	C_4H_4O	68.0262
CH_3O	31.0184	**46**		C_3H_6O	58.0419	C_4H_6N	68.0501
CH_5N	31.0422	NO_2	45.9929	C_3H_8N	58.0657	C_5H_8	68.0626
32		CH_2O_2	46.0054	C_4H_{10}	58.0783	**69**	
O_2	31.9898	CH_4NO	46.0293	**59**		C_3H_3NO	69.0215
H_2NO	32.0136	CH_6N_2	46.0532	$CHNO_2$	59.0007	$C_3H_5N_2$	69.0453

[a] J. H. Beynon, *Mass Spectrometry and its Application to Organic Chemistry*, Amsterdam, 1960의 허락을 받아 게재함. 상단에 있는 FM은 각 원소의 가장 풍부한 동위원소의 정확한 질량을 기초로 하여 화학식 질량을 포함한다. 이들 질량은 탄소의 가장 풍부한 동위원소를 12.0000의 질량을 가지는 것을 기초로 한 것이다. 이 표는 C, H, N, O만을 포함한다는 것을 기억하라.

부록 A (계속)

	FM
C_4H_5O	69.0340
C_4H_7N	69.0579
C_5H_9	69.0705
70	
$C_2H_4N_3$	70.0406
$C_3H_2O_2$	70.0054
C_3H_4NO	70.0293
$C_3H_6N_2$	70.0532
C_4H_6O	70.0419
C_4H_8N	70.0657
C_5H_{10}	70.0783
71	
$C_2H_3N_2O$	71.0246
$C_2H_5N_3$	71.0484
$C_3H_3O_2$	71.0133
C_3H_5NO	71.0371
$C_3H_7N_2$	71.0610
C_4H_7O	71.0497
C_4H_9N	71.0736
C_5H_{11}	71.0861
72	
$C_2H_2NO_2$	72.0085
$C_2H_4N_2O$	72.0324
$C_2H_6N_3$	72.0563
$C_3H_4O_2$	72.0211
C_3H_6NO	72.0449
$C_3H_8N_2$	72.0688
C_4H_8O	72.0575
$C_4H_{10}N$	72.0814
C_5H_{12}	72.0939
73	
$C_2H_3NO_2$	73.0164
$C_2H_5N_2O$	73.0402
$C_2H_7N_3$	73.0641
$C_3H_5O_2$	73.0289
C_3H_7NO	73.0528
$C_3H_9N_2$	73.0767
C_4H_9O	73.0653
$C_4H_{11}N$	73.0892
74	
$C_2H_2O_3$	74.0003
$C_2H_4NO_2$	74.0242
$C_2H_6N_2O$	74.0480
$C_2H_8N_3$	74.0719
$C_3H_6O_2$	74.0368
C_3H_8NO	74.0606
$C_3H_{10}N_2$	74.0845
$C_4H_{10}O$	74.0732
75	
$C_2H_3O_3$	75.0082
$C_2H_5NO_2$	75.0320
$C_2H_7N_2O$	75.0559
$C_2H_9N_3$	75.0798
$C_3H_7O_2$	75.0446
C_3H_9NO	75.0684
76	
$C_2H_4O_3$	76.0160
$C_2H_6NO_2$	76.0399
$C_2H_8N_2O$	76.0637
$C_3H_8O_2$	76.0524
C_5H_2N	76.0187
C_6H_4	76.0313
77	
CH_3NO_3	77.0113
$C_2H_5O_3$	77.0238
$C_2H_7NO_2$	77.0477
C_6H_5	77.0391
78	
$C_2H_6O_3$	78.0317
C_5H_4N	78.0344
C_6H_6	78.0470
79	
C_5H_5N	79.0422
C_6H_7	79.0548
80	
$C_3H_2N_3$	80.0249
$C_4H_4N_2$	80.0375
C_5H_4O	80.0262
C_5H_6N	80.0501
C_6H_8	80.0626
81	
$C_3H_3N_3$	81.0328
$C_4H_5N_2$	81.0453
C_5H_5O	81.0340
C_5H_7N	81.0579
C_6H_9	81.0705
82	
$C_3H_4N_3$	82.0406
C_4H_4NO	82.0293
$C_4H_6N_2$	82.0532
C_5H_6O	82.0419
C_5H_8N	82.0657
C_6H_{10}	82.0783
83	
$C_3H_5N_3$	83.0484
$C_4H_3O_2$	83.0133
C_4H_5NO	83.0371
$C_4H_7N_2$	83.0610
C_5H_7O	83.0497
C_5H_9N	83.0736
C_6H_{11}	83.0861
84	
$C_3H_6N_3$	84.0563
$C_4H_4O_2$	84.0211
C_4H_6NO	84.0449
$C_4H_8N_2$	84.0688
C_5H_8O	84.0575
$C_5H_{10}N$	84.0814
C_6H_{12}	84.0939
85	
$C_3H_5N_2O$	85.0402
$C_3H_7N_3$	85.0641
$C_4H_5O_2$	85.0289
C_4H_7NO	85.0528
$C_4H_9N_2$	85.0767
C_5H_9O	85.0653
$C_5H_{11}N$	85.0892
C_6H_{13}	85.1018
86	
$C_2H_2N_2O_2$	86.0116
$C_2H_4N_3O$	86.0355
$C_2H_6N_4$	86.0594
$C_3H_4NO_2$	86.0242
$C_3H_6N_2O$	86.0480
$C_3H_8N_3$	86.0719
$C_4H_6O_2$	86.0368
C_4H_8NO	86.0606
$C_4H_{10}N_2$	86.0845
$C_5H_{10}O$	86.0732
$C_5H_{12}N$	86.0970
C_6H_{14}	86.1096
87	
$C_2H_7N_4$	87.0672
$C_3H_3O_3$	87.0082
$C_3H_5NO_2$	87.0320
$C_3H_7N_2O$	87.0559
$C_3H_9N_3$	87.0798
$C_4H_7O_2$	87.0446
C_4H_9NO	87.0684
$C_4H_{11}N_2$	87.0923
$C_5H_{11}O$	87.0810
$C_5H_{13}N$	87.1049
88	
$C_2H_4N_2O_2$	88.0273
$C_2H_6N_3O$	88.0511
$C_2H_8N_4$	88.0750
$C_3H_4O_3$	88.0160
$C_3H_6NO_2$	88.0399
$C_3H_8N_2O$	88.0637
$C_3H_{10}N_3$	88.0876
$C_4H_8O_2$	88.0524
$C_4H_{10}NO$	88.0763
$C_4H_{12}N_2$	88.1001
$C_5H_{12}O$	88.0888
89	
$C_2H_5N_2O_2$	89.0351
$C_2H_7N_3O$	89.0590
$C_2H_9N_4$	89.0829
$C_3H_5O_3$	89.0238
$C_3H_7NO_2$	89.0477
$C_3H_9N_2O$	89.0715
$C_3H_{11}N_3$	89.0954
$C_4H_9O_2$	89.0603
$C_4H_{11}NO$	89.0841
C_7H_5	89.0391
90	
$C_2H_4NO_3$	90.0191
$C_2H_6N_2O_2$	90.0429
$C_2H_8N_3O$	90.0668
$C_2H_{10}N_4$	90.0907
$C_3H_6O_3$	90.0317
$C_3H_8NO_2$	90.0555
$C_3H_{10}N_2O$	90.0794
$C_4H_{10}O_2$	90.0681
C_7H_6	90.0470
91	
$C_2H_3O_4$	91.0031
$C_2H_5NO_3$	91.0269
$C_2H_7N_2O_2$	91.0508
$C_2H_9N_3O$	91.0746
$C_3H_7O_3$	91.0395
$C_3H_9NO_2$	91.0634
C_6H_5N	91.0422
C_7H_7	91.0548
92	
$C_2H_4O_4$	92.0109
$C_2H_6NO_3$	92.0348
$C_2H_8N_2O_2$	92.0586
$C_3H_8O_3$	92.0473
C_6H_4O	92.0262
C_6H_6N	92.0501
C_7H_8	92.0626
93	
$C_2H_5O_4$	93.0187
$C_2H_7NO_3$	92.0426
$C_5H_5N_2$	93.0453
C_6H_5O	93.0340
C_6H_7N	93.0579
C_7H_9	93.0705
94	
$C_2H_6O_4$	94.0266
$C_4H_4N_3$	94.0406
C_5H_4NO	94.0293
$C_5H_6N_2$	94.0532
C_6H_6O	94.0419
C_6H_8N	94.0657
C_7H_{10}	94.0783
95	
$C_4H_5N_3$	95.0484
C_5H_5NO	95.0371
$C_5H_7N_2$	95.0610
C_6H_7O	95.0497
C_6H_9N	95.0736
C_7H_{11}	95.0861
96	
$C_4H_6N_3$	96.0563
$C_5H_4O_2$	96.0211
C_5H_6NO	96.0449
$C_5H_8N_2$	96.0688
C_6H_8O	96.0575
$C_6H_{10}N$	96.0814
C_7H_{12}	96.0939
97	
$C_3H_5N_4$	97.0515
$C_4H_5N_2O$	97.0402
$C_5H_5O_2$	97.0289
C_5H_7NO	97.0528
$C_5H_9N_2$	97.0767

부록 A (계속)

	FM
C_6H_9O	97.0653
$C_6H_{11}N$	97.0892
C_7H_{13}	97.1018
98	
$C_3H_4N_3O$	98.0355
$C_3H_6N_4$	98.0594
$C_4H_4NO_2$	98.0242
$C_4H_6N_2O$	98.0480
$C_4H_8N_3$	98.0719
$C_5H_6O_2$	98.0368
C_5H_8NO	98.0606
$C_5H_{10}N_2$	98.0845
$C_6H_{10}O$	98.0732
$C_6H_{12}N$	98.0970
C_7H_{14}	98.1096
99	
$C_3H_5N_3O$	99.0433
$C_3H_7N_4$	99.0672
$C_4H_3O_3$	99.0082
$C_4H_5NO_2$	99.0320
$C_4H_7N_2O$	99.0559
$C_4H_9N_3$	99.0798
$C_5H_7O_2$	99.0446
C_5H_9NO	99.0685
$C_5H_{11}N_2$	99.0923
$C_6H_{11}O$	99.0810
$C_6H_{13}N$	99.1049
C_7H_{15}	99.1174
100	
$C_2H_4N_4O$	100.0386
$C_3H_4N_2O_2$	100.0273
$C_3H_6N_3O$	100.0511
$C_3H_8N_4$	100.0750
$C_4H_4O_3$	100.0160
$C_4H_6NO_2$	100.0399
$C_4H_8N_2O$	100.0637
$C_4H_{10}N_3$	100.0876
$C_5H_8O_2$	100.0524
$C_5H_{10}NO$	100.0763
$C_5H_{12}N_2$	100.1001
$C_6H_{12}O$	100.0888
$C_6H_{14}N$	100.1127
C_7H_{16}	100.1253
101	
$C_3H_3NO_3$	101.0113
$C_3H_5N_2O_2$	101.0351
$C_3H_7N_3O$	101.0590
$C_3H_9N_4$	101.0829
$C_4H_5O_3$	101.0238
$C_4H_7NO_2$	101.0477
$C_4H_9N_2O$	101.0715
$C_4H_{11}N_3$	101.0954
$C_5H_9O_2$	101.0603
$C_5H_{11}NO$	101.0841
$C_5H_{13}N_2$	101.1080
$C_6H_{13}O$	101.0967
$C_6H_{15}N$	101.1205
102	
$C_2H_6N_4O$	102.0542
$C_3H_4NO_3$	102.0191
$C_3H_6N_2O_2$	102.0429
$C_3H_8N_3O$	102.0668
$C_3H_{10}N_4$	102.0907
$C_4H_6O_3$	102.0317
$C_4H_8NO_2$	102.0555
$C_4H_{10}N_2O$	102.0794
$C_4H_{12}N_3$	102.1032
$C_5H_{10}O_2$	102.0681
$C_5H_{12}NO$	102.0919
$C_5H_{14}N_2$	102.1158
$C_6H_{14}O$	102.1045
C_8H_6	102.0470
103	
$C_2H_5N_3O_2$	103.0382
$C_2H_7N_4O$	103.0621
$C_3H_3O_4$	103.0031
$C_3H_5NO_3$	103.0269
$C_3H_7N_2O_2$	103.0508
$C_3H_9N_3O$	103.0746
$C_3H_{11}N_4$	103.0985
$C_4H_7O_3$	103.0395
$C_4H_9NO_2$	103.0634
$C_4H_{11}N_2O$	103.0872
$C_4H_{13}N_3$	103.1111
$C_5H_{11}O_2$	103.0759
$C_5H_{13}NO$	103.0998
C_7H_5N	103.0422
C_8H_7	103.0548
104	
$C_2H_4N_2O_3$	104.0222
$C_2H_6N_3O_2$	104.0460
$C_2H_8N_4O$	104.0699
$C_3H_4O_4$	104.0109
$C_3H_6NO_3$	104.0348
$C_3H_8N_2O_2$	104.0586
$C_3H_{10}N_3O$	104.0825
$C_3H_{12}N_4$	104.1063
$C_4H_8O_3$	104.0473
$C_4H_{10}NO_2$	104.0712
$C_4H_{12}N_2O$	104.0950
$C_5H_{12}O_2$	104.0837
$C_6H_4N_2$	104.0375
C_7H_4O	104.0262
C_7H_6N	104.0501
C_8H_8	104.0626
105	
$C_2H_5N_2O_3$	105.0300
$C_2H_7N_3O_2$	105.0539
$C_2H_9N_4O$	105.0777
$C_3H_5O_4$	105.0187
$C_3H_7NO_3$	105.0426
$C_3H_9N_2O_2$	105.0664
$C_3H_{11}N_3O$	105.0903
$C_4H_9O_3$	105.0552
$C_4H_{11}NO_2$	105.0790
$C_6H_5N_2$	105.0453
C_7H_5O	105.0340
C_7H_7N	105.0579
C_8H_9	105.0705
106	
$C_2H_4NO_4$	106.0140
$C_2H_6N_2O_3$	106.0379
$C_2H_8N_3O_2$	106.0617
$C_2H_{10}N_4O$	106.0856
$C_3H_6O_4$	106.0266
$C_3H_8NO_3$	106.0504
$C_3H_{10}N_2O_2$	106.0743
$C_4H_{10}O_3$	106.0630
C_6H_4NO	106.0293
$C_6H_6N_2$	106.0532
C_7H_6O	106.0419
C_7H_8N	106.0657
C_8H_{10}	106.0783
107	
$C_2H_5NO_4$	107.0218
$C_2H_7N_2O_3$	107.0457
$C_2H_9N_3O_2$	107.0695
$C_3H_7O_4$	107.0344
$C_3H_9NO_3$	107.0583
$C_5H_5N_3$	107.0484
C_6H_5NO	107.0371
$C_6H_7N_2$	107.0610
C_7H_7O	107.0497
C_7H_9N	107.0736
C_8H_{11}	107.0861
108	
$C_2H_6NO_4$	108.0297
$C_2H_8N_2O_3$	108.0535
$C_3H_8O_4$	108.0422
$C_4H_4N_4$	108.0437
$C_5H_4N_2O$	108.0324
$C_5H_6N_3$	108.0563
$C_6H_4O_2$	108.0211
C_6H_6NO	108.0449
$C_6H_8N_2$	108.0688
C_7H_8O	108.0575
$C_7H_{10}N$	108.0814
C_8H_{12}	108.0939
109	
$C_2H_7NO_4$	109.0375
$C_4H_5N_4$	109.0515
$C_5H_5N_2O$	109.0402
$C_5H_7N_3$	109.0641
$C_6H_5O_2$	109.0289
C_6H_7NO	109.0528
$C_6H_9N_2$	109.0767
C_7H_9O	109.0653
$C_7H_{11}N$	109.0892
C_8H_{13}	109.1018
110	
$C_4H_4N_3O$	110.0355
$C_4H_6N_4$	110.0594
$C_5H_6N_2O$	110.0480
$C_5H_8N_3$	110.0719
$C_6H_6O_2$	110.0368
C_6H_8NO	110.0606
$C_6H_{10}N_2$	110.0845
$C_7H_{10}O$	110.0732
$C_7H_{12}N$	110.0970
C_8H_{14}	110.1096
111	
$C_4H_5N_3O$	111.0433
$C_4H_7N_4$	111.0672
$C_5H_5NO_2$	111.0320
$C_5H_7N_2O$	111.0559
$C_5H_9N_3$	111.0789
$C_6H_7O_2$	111.0446
C_6H_9NO	111.0684
$C_6H_{11}N_2$	111.0923
$C_7H_{11}O$	111.0810
$C_7H_{13}N$	111.1049
C_8H_{15}	111.1174
112	
$C_3H_4N_4O$	112.0386
$C_4H_4N_2O_2$	112.0273
$C_4H_6N_3O$	112.0511
$C_4H_8N_4$	112.0750
$C_5H_4O_3$	112.0160
$C_5H_6NO_2$	112.0399
$C_5H_8N_2O$	112.0637
$C_5H_{10}N_3$	112.0876
$C_6H_8O_2$	112.0524
$C_6H_{10}NO$	112.0763
$C_6H_{12}N_2$	112.1001
$C_7H_{12}O$	112.0888
$C_7H_{14}N$	112.1127
C_8H_{16}	112.1253
113	
$C_3H_5N_4O$	113.0464
$C_4H_5N_2O_2$	113.0351
$C_4H_7N_3O$	113.0590
$C_4H_9N_4$	113.0829
$C_5H_5O_3$	113.0238
$C_5H_7NO_2$	113.0477
$C_5H_9N_2O$	113.0715
$C_5H_{11}N_3$	113.0954
$C_6H_9O_2$	113.0603
$C_6H_{11}NO$	113.0841
$C_6H_{13}N_2$	113.1080
$C_7H_{13}O$	113.0967
$C_7H_{15}N$	113.1205
C_8H_{17}	113.1331
114	
$C_3H_6N_4O$	114.0542
$C_4H_4NO_3$	114.0191
$C_4H_6N_2O_2$	114.0429
$C_4H_8N_3O$	114.0668
$C_4H_{10}N_4$	114.0907

부록 A (계속)

Formula	FM
$C_5H_6O_3$	114.0317
$C_5H_8NO_2$	114.0555
$C_5H_{10}N_2O$	114.0794
$C_5H_{12}N_3$	114.1032
$C_6H_{10}O_2$	114.0681
$C_6H_{12}NO$	114.0919
$C_6H_{14}N_2$	114.1158
$C_7H_{14}O$	114.1045
$C_7H_{16}N$	114.1284
C_8H_{18}	114.1409
C_9H_6	114.0470
115	
$C_3H_5N_3O_2$	115.0382
$C_3H_7N_4O$	115.0621
$C_4H_5NO_3$	115.0269
$C_4H_7N_2O_2$	115.0508
$C_4H_9N_3O$	115.0746
$C_4H_{11}N_4$	115.0985
$C_5H_7O_3$	115.0395
$C_5H_9NO_2$	115.0634
$C_5H_{11}N_2O$	115.0872
$C_5H_{13}N_3$	115.1111
$C_6H_{11}O_2$	115.0759
$C_6H_{13}NO$	115.0998
$C_6H_{15}N_2$	115.1236
$C_7H_{15}O$	115.1123
$C_7H_{17}N$	115.1362
C_9H_7	115.0548
116	
$C_2H_4N_4O_2$	116.0335
$C_3H_4N_2O_3$	116.0222
$C_3H_6N_3O_2$	116.0460
$C_3H_8N_4O$	116.0699
$C_4H_4O_4$	116.0109
$C_4H_6NO_3$	116.0348
$C_4H_8N_2O_2$	116.0586
$C_4H_{10}N_3O$	116.0825
$C_4H_{12}N_4$	116.1063
$C_5H_8O_3$	116.0473
$C_5H_{10}NO_2$	116.0712
$C_5H_{12}N_2O$	116.0950
$C_5H_{14}N_3$	116.1189
$C_6H_{12}O_2$	116.0837
$C_6H_{14}NO$	116.1076
$C_6H_{16}N_2$	116.1315
$C_7H_4N_2$	116.0375
$C_7H_{16}O$	116.1202
C_8H_6N	116.0501
C_9H_8	116.0626
117	
$C_2H_5N_4O_2$	117.0413
$C_3H_3NO_4$	117.0062
$C_3H_5N_2O_3$	117.0300
$C_3H_7N_3O_2$	117.0539
$C_3H_9N_4O$	117.0777
$C_4H_5O_4$	117.0187
$C_4H_7NO_3$	117.0426
$C_4H_9N_2O_2$	117.0664
$C_4H_{11}N_3O$	117.0903
$C_4H_{13}N_4$	117.1142
$C_5H_9O_3$	117.0552
$C_5H_{11}NO_2$	117.0790
$C_5H_{13}N_2O$	117.1029
$C_5H_{15}N_3$	117.1267
$C_6H_{13}O_2$	117.0916
$C_6H_{15}NO$	117.1154
C_8H_7N	117.0579
C_9H_9	117.0705
118	
$C_2H_4N_3O_3$	118.0253
$C_2H_6N_4O_2$	118.0491
$C_3H_4NO_4$	118.0140
$C_3H_6N_2O_3$	118.0379
$C_3H_8N_3O_2$	118.0617
$C_3H_{10}N_4O$	118.0856
$C_4H_6O_4$	118.0266
$C_4H_8NO_3$	118.0504
$C_4H_{10}N_2O_2$	118.0743
$C_4H_{12}N_3O$	118.0981
$C_4H_{14}N_4$	118.1220
$C_5H_{10}O_3$	118.0630
$C_5H_{12}NO_2$	118.0868
$C_5H_{14}N_2O$	118.1107
$C_6H_{14}O_2$	118.0994
$C_7H_6N_2$	118.0532
C_8H_6O	118.0419
C_8H_8N	118.0657
C_9H_{10}	118.0783
119	
$C_2H_5N_3O_3$	119.0331
$C_2H_7N_4O_2$	119.0570
$C_3H_5NO_4$	119.0218
$C_3H_7N_2O_3$	119.0457
$C_3H_9N_3O_2$	119.0695
$C_3H_{11}N_4O$	119.0934
$C_4H_7O_4$	119.0344
$C_4H_9NO_3$	119.0583
$C_4H_{11}N_2O_2$	119.0821
$C_4H_{13}N_3O$	119.1060
$C_5H_{11}O_3$	119.0708
$C_5H_{13}NO_2$	119.0947
$C_6H_5N_3$	119.0484
C_7H_5NO	119.0371
$C_7H_7N_2$	119.0610
C_8H_7O	119.0497
C_8H_9N	119.0736
C_9H_{11}	119.0861
120	
$C_2H_6N_3O_3$	120.0410
$C_2H_8N_4O_2$	120.0648
$C_3H_6NO_4$	120.0297
$C_3H_8N_2O_3$	120.0535
$C_3H_{10}N_3O_2$	120.0774
$C_3H_{12}N_4O$	120.1012
$C_4H_8O_4$	120.0422
$C_4H_{10}NO_3$	120.0661
$C_4H_{12}N_2O_2$	120.0899
$C_5H_4N_4$	120.0437
$C_5H_{12}O_3$	120.0786
$C_6H_4N_2O$	120.0324
$C_6H_6N_3$	120.0563
C_7H_6NO	120.0449
$C_7H_8N_2$	120.0688
C_8H_8O	120.0575
$C_8H_{10}N$	120.0814
C_9H_{12}	120.0939
121	
$C_2H_5N_2O_4$	121.0249
$C_2H_7N_3O_3$	121.0488
$C_2H_9N_4O_2$	121.0726
$C_3H_7NO_4$	121.0375
$C_3H_9N_2O_3$	121.0614
$C_3H_{11}N_3O_2$	121.0852
$C_4H_9O_4$	121.0501
$C_4H_{11}NO_3$	121.0739
$C_5H_5N_4$	121.0515
$C_6H_5N_2O$	121.0402
$C_6H_7N_3$	121.0641
$C_7H_5O_2$	121.0289
C_7H_7NO	121.0528
$C_7H_9N_2$	121.0767
C_8H_9O	121.0653
$C_8H_{11}N$	121.0892
C_9H_{13}	121.1018
122	
$C_2H_6N_2O_4$	122.0328
$C_2H_8N_3O_3$	122.0566
$C_2H_{10}N_4O_2$	122.0805
$C_3H_8NO_4$	122.0453
$C_3H_{10}N_2O_3$	122.0692
$C_4H_{10}O_4$	122.0579
$C_5H_6N_4$	122.0594
$C_6H_4NO_2$	122.0242
$C_6H_6N_2O$	122.0480
$C_6H_8N_3$	122.0719
$C_7H_6O_2$	122.0368
C_7H_8NO	122.0606
$C_7H_{10}N_2$	122.0845
$C_8H_{10}O$	122.0732
$C_8H_{12}N$	122.0970
C_9H_{14}	122.1096
123	
$C_2H_7N_2O_4$	123.0406
$C_2H_9N_3O_3$	123.0644
$C_3H_9NO_4$	123.0532
$C_5H_5N_3O$	123.0433
$C_5H_7N_4$	123.0672
$C_6H_5NO_2$	123.0320
$C_6H_7N_2O$	123.0559
$C_6H_9N_3$	123.0798
$C_7H_7O_2$	123.0446
C_7H_9NO	123.0684
$C_7H_{11}N_2$	123.0923
$C_8H_{11}O$	123.0810
$C_8H_{13}N$	123.1049
C_9H_{15}	123.1174
124	
$C_2H_8N_2O_4$	124.0484
$C_4H_4N_4O$	124.0386
$C_5H_4N_2O_2$	124.0273
$C_5H_6N_3O$	124.0511
$C_5H_8N_4$	124.0750
$C_6H_4O_3$	124.0160
$C_6H_6NO_2$	124.0399
$C_6H_8N_2O$	124.0637
$C_6H_{10}N_3$	124.0876
$C_7H_8O_2$	124.0524
$C_7H_{10}NO$	124.0763
$C_7H_{12}N_2$	124.1001
C_8N_2	124.0062
$C_8H_{12}O$	124.0888
$C_8H_{14}N$	124.1127
C_9H_{16}	124.1253
125	
$C_4H_3N_3O_2$	125.0226
$C_4H_5N_4O$	125.0464
$C_5H_5N_2O_2$	125.0351
$C_5H_7N_3O$	125.0590
$C_5H_9N_4$	125.0829
$C_6H_5O_3$	125.0238
$C_6H_7NO_2$	125.0477
$C_6H_9N_2O$	125.0715
$C_6H_{11}N_3$	125.0954
$C_7H_9O_2$	125.0603
$C_7H_{11}NO$	125.0841
$C_7H_{13}N_2$	125.1080
$C_8H_{13}O$	125.0967
$C_8H_{15}N$	125.1205
C_9H_{17}	125.1331
126	
$C_3H_2N_4O_2$	126.0178
$C_4H_4N_3O_2$	126.0304
$C_4H_6N_4O$	126.0542
$C_5H_4NO_3$	126.0191
$C_5H_6N_2O_2$	126.0429
$C_5H_8N_3O$	126.0668
$C_5H_{10}N_4$	126.0907
$C_6H_6O_3$	126.0317
$C_6H_8NO_2$	126.0555
$C_6H_{10}N_2O$	126.0794
$C_6H_{12}N_3$	126.1032
$C_7H_{10}O_2$	126.0681
$C_7H_{12}NO$	126.0919
$C_7H_{14}N_2$	126.1158
$C_8H_{14}O$	126.1045
$C_8H_{16}N$	126.1284
C_9H_{18}	126.1409
127	

부록 A (계속)

	FM
$C_3H_3N_4O_2$	127.0257
$C_4H_5N_3O_2$	127.0382
$C_4H_7N_4O$	127.0621
$C_5H_5NO_3$	127.0269
$C_5H_7N_2O_2$	127.0508
$C_5H_9N_3O$	127.0746
$C_5H_{11}N_4$	127.0985
$C_6H_7O_3$	127.0395
$C_6H_9NO_2$	127.0634
$C_6H_{11}N_2O$	127.0872
$C_6H_{13}N_3$	127.1111
$C_7H_{11}O_2$	127.0759
$C_7H_{13}NO$	127.0998
$C_7H_{15}N_2$	127.1236
$C_8H_{15}O$	127.1123
$C_8H_{17}N$	127.1362
C_9H_{19}	127.1488
128	
$C_3H_4N_4O_2$	128.0335
$C_4H_4N_2O_3$	128.0222
$C_4H_6N_3O_2$	128.0460
$C_4H_8N_4O$	128.0699
$C_5H_4O_4$	128.0109
$C_5H_6NO_3$	128.0348
$C_5H_8N_2O_2$	128.0586
$C_5H_{10}N_3O$	128.0825
$C_5H_{12}N_4$	128.1063
$C_6H_8O_3$	128.0473
$C_6H_{10}NO_2$	128.0712
$C_6H_{12}N_2O$	128.0950
$C_6H_{14}N_3$	128.1189
$C_7H_{12}O_2$	128.0837
$C_7H_{14}NO$	128.1076
$C_7H_{16}N_2$	128.1315
$C_8H_{16}O$	128.1202
$C_8H_{18}N$	128.1440
C_9H_{20}	128.1566
$C_{10}H_8$	128.0626
129	
$C_3H_3N_3O_3$	129.0175
$C_3H_5N_4O_2$	129.0413
$C_4H_5N_2O_3$	129.0300
$C_4H_7N_3O_2$	129.0539
$C_4H_9N_4O$	129.0777
$C_5H_5O_4$	129.0187
$C_5H_7NO_3$	129.0426
$C_5H_9N_2O_2$	129.0664
$C_5H_{11}N_3O$	129.0903
$C_5H_{13}N_4$	129.1142
$C_6H_9O_3$	129.0552
$C_6H_{11}NO_2$	129.0790
$C_6H_{13}N_2O$	129.1029
$C_6H_{15}N_3$	129.1267
$C_7H_{13}O_2$	129.0916
$C_7H_{15}NO$	129.1154
$C_7H_{17}N_2$	129.1393
$C_8H_{17}O$	129.1280
$C_8H_{19}N$	129.1519
C_9H_7N	129.0579
$C_{10}H_9$	129.0705
130	
$C_3H_4N_3O_3$	130.0253
$C_3H_6N_4O_2$	130.0491
$C_4H_4NO_4$	130.0140
$C_4H_6N_2O_3$	130.0379
$C_4H_8N_3O_2$	130.0617
$C_4H_{10}N_4O$	130.0856
$C_5H_6O_4$	130.0266
$C_5H_8NO_3$	130.0504
$C_5H_{10}N_2O_2$	130.0743
$C_5H_{12}N_3O$	130.0981
$C_5H_{14}N_4$	130.1220
$C_6H_{10}O_3$	130.0630
$C_6H_{12}NO_2$	130.0868
$C_6H_{14}N_2O$	130.1107
$C_6H_{16}N_3$	130.1346
$C_7H_4N_3$	130.0406
$C_7H_{14}O_2$	130.0994
$C_7H_{16}NO$	130.1233
$C_7H_{18}N_2$	130.1471
$C_8H_6N_2$	130.0532
$C_8H_{18}O$	130.1358
C_9H_8N	130.0657
$C_{10}H_{10}$	130.0783
131	
$C_3H_3N_2O_4$	131.0093
$C_3H_5N_3O_3$	131.0331
$C_3H_7N_4O_2$	131.0570
$C_4H_5NO_4$	131.0218
$C_4H_7N_2O_3$	131.0457
$C_4H_9N_3O_2$	131.0695
$C_4H_{11}N_4O$	131.0934
$C_5H_7O_4$	131.0344
$C_5H_9NO_3$	131.0583
$C_5H_{11}N_2O_2$	131.0821
$C_5H_{13}N_3O$	131.1060
$C_5H_{15}N_4$	131.1298
$C_6H_{11}O_3$	131.0708
$C_6H_{13}NO_2$	131.0947
$C_6H_{15}N_2O$	131.1185
$C_6H_{17}N_3$	131.1424
$C_7H_5N_3$	131.0484
$C_7H_{15}O_2$	131.1072
$C_7H_{17}NO$	131.1311
$C_8H_7N_2$	131.0610
C_9H_7O	131.0497
C_9H_9N	131.0736
$C_{10}H_{11}$	131.0861
132	
$C_3H_4N_2O_4$	132.0171
$C_3H_6N_3O_3$	132.0410
$C_3H_8N_4O_2$	132.0648
$C_4H_6NO_4$	132.0297
$C_4H_8N_2O_3$	132.0535
$C_4H_{10}N_3O_2$	132.0774
$C_4H_{12}N_4O$	132.1012
$C_5H_8O_4$	132.0422
$C_5H_{10}NO_3$	132.0661
$C_5H_{12}N_2O_2$	132.0899
$C_5H_{14}N_3O$	132.1138
$C_5H_{16}N_4$	132.1377
$C_6H_4N_4$	132.0437
$C_6H_{12}O_3$	132.0786
$C_6H_{14}NO_2$	132.1025
$C_6H_{16}N_2O$	132.1264
$C_7H_9N_3$	132.0563
$C_7H_{16}O_2$	132.1151
C_8H_6NO	132.0449
$C_8H_8N_2$	132.0688
C_9H_8O	132.0575
$C_9H_{10}N$	132.0814
$C_{10}H_{12}$	132.0939
133	
$C_3H_5N_2O_4$	133.0249
$C_3H_7N_3O_3$	133.0488
$C_3H_9N_4O_2$	133.0726
$C_4H_7NO_4$	133.0375
$C_4H_9N_2O_3$	133.0614
$C_4H_{11}N_3O_2$	133.0852
$C_4H_{13}N_4O$	133.1091
$C_5H_9O_4$	133.0501
$C_5H_{11}NO_3$	133.0739
$C_5H_{13}N_2O_2$	133.0978
$C_5H_{15}N_3O$	133.1216
$C_6H_5N_4$	133.0515
$C_6H_{13}O_3$	133.0865
$C_6H_{15}NO_2$	133.1103
$C_7H_5N_2O$	133.0402
$C_7H_7N_3$	133.0641
C_8H_7NO	133.0528
$C_8H_9N_2$	133.0767
C_9H_9O	133.0653
$C_9H_{11}N$	133.0892
$C_{10}H_{13}$	133.1018
134	
$C_3H_6N_2O_4$	134.0328
$C_3H_8N_3O_3$	134.0566
$C_3H_{10}N_4O_2$	134.0805
$C_4H_8NO_4$	134.0453
$C_4H_{10}N_2O_3$	134.0692
$C_4H_{12}N_3O_2$	134.0930
$C_4H_{14}N_4O$	134.1169
$C_5H_{10}O_4$	134.0579
$C_5H_{12}NO_3$	134.0817
$C_5H_{14}N_2O_2$	134.1056
$C_6H_4N_3O$	134.0355
$C_6H_6N_4$	134.0594
$C_6H_{14}O_3$	134.0943
$C_7H_6N_2O$	134.0480
$C_7H_8N_3$	134.0719
$C_8H_6O_2$	134.0368
C_8H_8NO	134.0606
$C_8H_{10}N_2$	134.0845
$C_9H_{10}O$	134.0732
$C_9H_{12}N$	134.0970
$C_{10}H_{14}$	134.1096
135	
$C_3H_7N_2O_4$	135.0406
$C_3H_9N_3O_3$	135.0644
$C_3H_{11}N_4O_2$	135.0883
$C_4H_9NO_4$	135.0532
$C_4H_{11}N_2O_3$	135.0770
$C_4H_{13}N_3O_2$	135.1009
$C_5H_3N_4O$	135.0308
$C_5H_{11}O_4$	135.0657
$C_5H_{13}NO_3$	135.0896
$C_6H_5N_3O$	135.0433
$C_6H_7N_4$	135.0672
$C_7H_5NO_2$	135.0320
$C_7H_7N_2O$	135.0559
$C_7H_9N_3$	135.0798
$C_8H_7O_2$	135.0446
C_8H_9NO	135.0684
$C_8H_{11}N_2$	135.0923
$C_9H_{11}O$	135.0810
$C_9H_{13}N$	135.1049
$C_{10}H_{15}$	135.1174
136	
$C_3H_8N_2O_4$	136.0484
$C_3H_{10}N_3O_3$	136.0723
$C_3H_{12}N_4O_2$	136.0961
$C_4H_{10}NO_4$	136.0610
$C_4H_{12}N_2O_3$	136.0848
$C_5H_2N_3O_2$	136.0147
$C_5H_4N_4O$	136.0386
$C_5H_{12}O_4$	136.0735
$C_6H_4N_2O_2$	136.0273
$C_6H_6N_3O$	136.0511
$C_6H_8N_4$	136.0750
$C_7H_4O_3$	136.0160
$C_7H_6NO_2$	136.0399
$C_7H_8N_2O$	136.0637
$C_7H_{10}N_3$	136.0876
$C_8H_8O_2$	136.0524
$C_8H_{10}NO$	136.0763
$C_8H_{12}N_2$	136.1001
$C_9H_{12}O$	136.0888
$C_9H_{14}N$	136.1127
$C_{10}H_{16}$	136.1253
137	
$C_3H_9N_2O_4$	137.0563
$C_3H_{11}N_3O_3$	137.0801
$C_4H_{11}NO_4$	137.0688
$C_5H_3N_3O_2$	137.0226
$C_5H_5N_4O$	137.0464
$C_6H_5N_2O_2$	137.0351
$C_6H_7N_3O$	137.0590
$C_6H_9N_4$	137.0829

부록 A (계속)

	FM
$C_7H_5O_3$	137.0238
$C_7H_7NO_2$	137.0477
$C_7H_9N_2O$	137.0715
$C_7H_{11}N_3$	137.0954
$C_8H_9O_2$	137.0603
$C_8H_{11}NO$	137.0841
$C_8H_{13}N_2$	137.1080
$C_9H_{13}O$	137.0967
$C_9H_{15}N$	137.1205
$C_{10}H_{17}$	137.1331
138	
$C_3H_{10}N_2O_4$	138.0641
$C_5H_4N_3O_2$	138.0304
$C_5H_6N_4O$	138.0542
$C_6H_4NO_3$	138.0191
$C_6H_6N_2O_2$	138.0429
$C_6H_8N_3O$	138.0668
$C_6H_{10}N_4$	138.0907
$C_7H_6O_3$	138.0317
$C_7H_8NO_2$	138.0555
$C_7H_{10}N_2O$	138.0794
$C_7H_{12}N_3$	138.1032
$C_8H_{10}O_2$	138.0681
$C_8H_{12}NO$	138.0919
$C_8H_{14}N_2$	138.1158
$C_9H_{14}O$	138.1045
$C_9H_{16}N$	138.1284
$C_{10}H_{18}$	138.1409
139	
$C_4H_3N_4O_2$	139.0257
$C_5H_3N_2O_3$	139.0144
$C_5H_5N_3O_2$	139.0382
$C_5H_7N_4O$	139.0621
$C_6H_5NO_3$	139.0269
$C_6H_7N_2O_2$	139.0508
$C_6H_9N_3O$	139.0747
$C_6H_{11}N_4$	139.0985
$C_7H_7O_3$	139.0395
$C_7H_9NO_2$	139.0634
$C_7H_{11}N_2O$	139.0872
$C_7H_{13}N_3$	139.1111
$C_8H_{11}O_2$	139.0759
$C_8H_{13}NO$	139.0998
$C_8H_{15}N_2$	139.1236
$C_9H_3N_2$	139.0297
$C_9H_{15}O$	139.1123
$C_9H_{17}N$	139.1362
$C_{10}H_{19}$	139.1488
$C_{11}H_7$	139.0548
140	
$C_4H_4N_4O_2$	140.0335
$C_5H_4N_2O_3$	140.0222
$C_5H_6N_3O_2$	140.0460
$C_5H_8N_4O$	140.0699
$C_6H_4O_4$	140.0109
$C_6H_6NO_3$	140.0348
$C_6H_8N_2O_2$	140.0586
$C_6H_{10}N_3O$	140.0825
$C_6H_{12}N_4$	140.1063
$C_7H_8O_3$	140.0473
$C_7H_{10}NO_2$	140.0712
$C_7H_{12}N_2O$	140.0950
$C_7H_{14}N_3$	140.1189
$C_8H_{12}O_2$	140.0837
$C_8H_{14}NO$	140.1076
$C_8H_{16}N_2$	140.1315
$C_9H_{16}O$	140.1202
$C_9H_{18}N$	140.1440
$C_{10}H_6N$	140.0501
$C_{10}H_{20}$	140.1566
$C_{11}H_8$	140.0626
141	
$C_4H_3N_3O_3$	141.0175
$C_4H_5N_4O_2$	141.0413
$C_5H_3NO_4$	141.0062
$C_5H_5N_2O_3$	141.0300
$C_5H_7N_3O_2$	141.0539
$C_5H_9N_4O$	141.0777
$C_6H_5O_4$	141.0187
$C_6H_7NO_3$	141.0426
$C_6H_9N_2O_2$	141.0664
$C_6H_{11}N_3O$	141.0903
$C_6H_{13}N_4$	141.1142
$C_7H_9O_3$	141.0552
$C_7H_{11}NO_2$	141.0790
$C_7H_{13}N_2O$	141.1029
$C_7H_{15}N_3$	141.1267
$C_8H_{13}O_2$	141.0916
$C_8H_{15}NO$	141.1154
$C_8H_{17}N_2$	141.1393
$C_9H_{17}O$	141.1280
$C_9H_{19}N$	141.1519
$C_{10}H_7N$	141.0579
$C_{10}H_{21}$	141.1644
$C_{11}H_9$	141.0705
142	
$C_4H_4N_3O_3$	142.0253
$C_4H_6N_4O_2$	142.0491
$C_5H_4NO_4$	142.0140
$C_5H_6N_2O_3$	142.0379
$C_5H_8N_3O_2$	142.0617
$C_5H_{10}N_4O$	142.0856
$C_6H_6O_4$	142.0266
$C_6H_8NO_3$	142.0504
$C_6H_{10}N_2O_2$	142.0743
$C_6H_{12}N_3O$	142.0981
$C_6H_{14}N_4$	142.1220
$C_7H_{10}O_3$	142.0630
$C_7H_{12}NO_2$	142.0868
$C_7H_{14}N_2O$	142.1107
$C_7H_{16}N_3$	142.1346
$C_8H_{14}O_2$	142.0994
$C_8H_{16}NO$	142.1233
$C_8H_{18}N_2$	142.1471
$C_9H_6N_2$	142.0532
$C_9H_{18}O$	142.1358
$C_9H_{20}N$	142.1597
$C_{10}H_8N$	142.0657
$C_{10}H_{22}$	142.1722
$C_{11}H_{10}$	142.0783
143	
$C_4H_3N_2O_4$	143.0093
$C_4H_5N_3O_3$	143.0331
$C_4H_7N_4O_2$	143.0570
$C_5H_5NO_4$	143.0218
$C_5H_7N_2O_3$	143.0457
$C_5H_9N_3O_2$	143.0695
$C_5H_{11}N_4O$	143.0934
$C_6H_7O_4$	143.0344
$C_6H_9NO_3$	143.0583
$C_6H_{11}N_2O_2$	143.0821
$C_6H_{13}N_3O$	143.1060
$C_6H_{15}N_4$	143.1298
$C_7H_{11}O_3$	143.0708
$C_7H_{13}NO_2$	143.0947
$C_7H_{15}N_2O$	143.1185
$C_7H_{17}N_3$	143.1424
$C_8H_{15}O_2$	143.1072
$C_8H_{17}NO$	143.1311
$C_8H_{19}N_2$	143.1549
$C_9H_7N_2$	143.0610
$C_9H_{19}O$	143.1436
$C_9H_{21}N$	143.1675
$C_{10}H_7O$	143.0497
$C_{10}H_9N$	143.0736
$C_{11}H_{11}$	143.0861
144	
$C_4H_4N_2O_4$	144.0171
$C_4H_6N_3O_3$	144.0410
$C_4H_8N_4O_2$	144.0648
$C_5H_6NO_4$	144.0297
$C_5H_8N_2O_3$	144.0535
$C_5H_{10}N_3O_2$	144.0774
$C_5H_{12}N_4O$	144.1012
$C_6H_8O_4$	144.0422
$C_6H_{10}NO_3$	144.0661
$C_6H_{12}N_2O_2$	144.0899
$C_6H_{14}N_3O$	144.1138
$C_6H_{16}N_4$	144.1377
$C_7H_{12}O_3$	144.0786
$C_7H_{14}NO_2$	144.1025
$C_7H_{16}N_2O$	144.1264
$C_7H_{18}N_3$	144.1502
$C_8H_6N_3$	144.0563
$C_8H_{16}O_2$	144.1151
$C_8H_{18}NO$	144.1389
$C_8H_{20}N_2$	144.1628
C_9H_6NO	144.0449
$C_9H_8N_2$	144.0688
$C_9H_{20}O$	144.1515
$C_{10}H_8O$	144.0575
$C_{10}H_{10}N$	144.0814
$C_{11}H_{12}$	144.0939
145	
$C_4H_5N_2O_4$	145.0249
$C_4H_7N_3O_3$	145.0488
$C_4H_9N_4O_2$	145.0726
$C_5H_7NO_4$	145.0375
$C_5H_9N_2O_3$	145.0614
$C_5H_{11}N_3O_2$	145.0852
$C_5H_{13}N_4O$	145.1091
$C_6H_9O_4$	145.0501
$C_6H_{11}NO_3$	145.0739
$C_6H_{13}N_2O_2$	145.0978
$C_6H_{15}N_3O$	145.1216
$C_6H_{17}N_4$	145.1455
$C_7H_5N_4$	145.0515
$C_7H_{13}O_3$	145.0865
$C_7H_{15}NO_2$	145.1103
$C_7H_{17}N_2O$	145.1342
$C_7H_{19}N_3$	145.1580
$C_8H_5N_2O$	145.0402
$C_8H_7N_3$	145.0641
$C_8H_{17}O_2$	145.1229
$C_8H_{19}NO$	145.1467
C_9H_7NO	145.0528
$C_9H_9N_2$	145.0767
$C_{10}H_9O$	145.0653
$C_{10}H_{11}N$	145.0892
$C_{11}H_{13}$	145.1018
146	
$C_4H_6N_2O_4$	146.0328
$C_4H_8N_3O_3$	146.0566
$C_4H_{10}N_4O_2$	146.0805
$C_5H_8NO_4$	146.0453
$C_5H_{10}N_2O_3$	146.0692
$C_5H_{12}N_3O_2$	146.0930
$C_5H_{14}N_4O$	146.1169
$C_6H_{10}O_4$	146.0579
$C_6H_{12}NO_3$	146.0817
$C_6H_{14}N_2O_2$	146.1056
$C_6H_{16}N_3O$	146.1295
$C_7H_6N_4$	146.0594
$C_7H_{14}O_3$	146.0943
$C_7H_{16}NO_2$	146.1182
$C_7H_{18}N_2O$	146.1420
$C_8H_2O_3$	146.0003
$C_8H_6N_2O$	146.0480
$C_8H_8N_3$	146.0719
$C_8H_{18}O_2$	146.1307
$C_9H_6O_2$	146.0368
C_9H_8NO	146.0606
$C_9H_{10}N_2$	146.0845
$C_{10}H_{10}O$	146.0732

부록 A (계속)

	FM
$C_{10}H_{12}N$	146.0970
$C_{11}H_{14}$	146.1096
147	
$C_4H_7N_2O_4$	147.0406
$C_4H_9N_3O_3$	147.0644
$C_4H_{11}N_4O_2$	147.0883
$C_5H_9NO_4$	147.0532
$C_5H_{11}N_2O_3$	147.0770
$C_5H_{13}N_3O_2$	147.1009
$C_5H_{15}N_4O$	147.1247
$C_6H_{11}O_4$	147.0657
$C_6H_{13}NO_3$	147.0896
$C_6H_{15}N_2O_2$	147.1134
$C_6H_{17}N_3O$	147.1373
$C_7H_5N_3O$	147.0433
$C_7H_7N_4$	147.0672
$C_7H_{15}O_3$	147.1021
$C_7H_{17}NO_2$	147.1260
$C_8H_5NO_2$	147.0320
$C_8H_7N_2O$	147.0559
$C_8H_9N_3$	147.0798
$C_9H_7O_2$	147.0446
C_9H_9NO	147.0684
$C_9H_{11}N_2$	147.0923
$C_{10}H_{11}O$	147.0810
$C_{10}H_{13}N$	147.1049
$C_{11}H_{15}$	147.1174
148	
$C_4H_8N_2O_4$	148.0484
$C_4H_{10}N_3O_3$	148.0723
$C_4H_{12}N_4O_2$	148.0961
$C_5H_{10}NO_4$	148.0610
$C_5H_{12}N_2O_3$	148.0849
$C_5H_{16}N_4O$	148.1325
$C_6H_4N_4O$	148.0386
$C_6H_{12}O_4$	148.0735
$C_6H_{14}NO_3$	148.0974
$C_6H_{16}N_2O_2$	148.1213
$C_7H_6N_3O$	148.0511
$C_7H_8N_4$	148.0750
$C_7H_{16}O_3$	148.1100
$C_8H_6NO_2$	148.0399
$C_8H_8N_2O$	148.0637
$C_8H_{10}N_3$	148.0876
$C_9H_8O_2$	148.0524
$C_9H_{10}NO$	148.0763
$C_9H_{12}N_2$	148.1001
$C_{10}H_{12}O$	148.0888
$C_{10}H_{14}N$	148.1127
$C_{11}H_{16}$	148.1253
149	
$C_4H_9N_2O_4$	149.0563
$C_4H_{11}N_3O_3$	149.0801
$C_4H_{13}N_4O_2$	149.1040
$C_5H_{11}NO_4$	149.0688
$C_5H_{13}N_2O_3$	149.0927
$C_5H_{15}N_3O_2$	149.1165
$C_6H_5N_4O$	149.0464
$C_6H_{13}O_4$	149.0814
$C_6H_{15}NO_3$	149.1052
$C_7H_5N_2O_2$	149.0351
$C_7H_7N_3O$	149.0590
$C_7H_9N_4$	149.0829
$C_8H_5O_3$	149.0238
$C_8H_7NO_2$	149.0477
$C_8H_9N_2O$	149.0715
$C_8H_{11}N_3$	149.0954
$C_9H_9O_2$	149.0603
$C_9H_{11}NO$	149.0841
$C_9H_{13}N_2$	149.1080
$C_{10}H_{13}O$	149.0967
$C_{10}H_{15}N$	149.1205
$C_{11}H_{17}$	149.1331
150	
$C_4H_{10}N_2O_4$	150.0641
$C_4H_{12}N_3O_3$	150.0879
$C_4H_{14}N_4O_2$	150.1118
$C_5H_{12}NO_4$	150.0766
$C_5H_{14}N_2O_3$	150.1005
$C_6H_4N_3O_2$	150.0304
$C_6H_6N_4O$	150.0542
$C_6H_{14}O_4$	150.0892
$C_7H_6N_2O_2$	150.0429
$C_7H_8N_3O$	150.0668
$C_7H_{10}N_4$	150.0907
$C_8H_6O_3$	150.0317
$C_8H_8NO_2$	150.0555
$C_8H_{10}N_2O$	150.0794
$C_8H_{12}N_3$	150.1032
$C_9H_{10}O_2$	150.0681
$C_9H_{12}NO$	150.0919
$C_9H_{14}N_2$	150.1158
$C_{10}H_{14}O$	150.1045
$C_{10}H_{16}N$	150.1284
$C_{11}H_{18}$	150.1409
151	
$C_4H_{11}N_2O_4$	151.0719
$C_4H_{13}N_3O_3$	151.0958
$C_5H_3N_4O_2$	151.0257
$C_5H_{13}NO_4$	151.0845
$C_6H_3N_2O_3$	151.0144
$C_6H_5N_3O_2$	151.0382
$C_6H_7N_4O$	151.0621
$C_7H_5NO_3$	151.0269
$C_7H_7N_2O_2$	151.0508
$C_7H_9N_3O$	151.0746
$C_7H_{11}N_4$	151.0985
$C_8H_7O_3$	151.0395
$C_8H_9NO_2$	151.0634
$C_8H_{11}N_2O$	151.0872
$C_8H_{13}N_3$	151.1111
$C_9H_{11}O_2$	151.0759
$C_9H_{13}NO$	151.0998
$C_9H_{15}N_2$	151.1236
$C_{10}H_{15}O$	151.1123
$C_{10}H_{17}N$	151.1362
$C_{11}H_{19}$	151.1488
152	
$C_4H_{12}N_2O_4$	152.0797
$C_5H_4N_4O_2$	152.0335
$C_6H_4N_2O_3$	152.0222
$C_6H_6N_3O_2$	152.0460
$C_6H_8N_4O$	152.0699
$C_7H_6NO_3$	152.0348
$C_7H_8N_2O_2$	152.0586
$C_7H_{10}N_3O$	152.0825
$C_7H_{12}N_4$	152.1063
$C_8H_8O_3$	152.0473
$C_8H_{10}NO_2$	152.0712
$C_8H_{12}N_2O$	152.0950
$C_8H_{14}N_3$	152.1189
$C_9H_{12}O_2$	152.0837
$C_9H_{14}NO$	152.1076
$C_9H_{16}N_2$	152.1315
$C_{10}H_{16}O$	152.1202
$C_{10}H_{18}N$	152.1440
$C_{11}H_6N$	152.0501
$C_{11}H_{20}$	152.1566
$C_{12}H_8$	152.0626
153	
$C_5H_3N_3O_3$	153.0175
$C_5H_5N_4O_2$	153.0413
$C_6H_5N_2O_3$	153.0300
$C_6H_7N_3O_2$	153.0539
$C_6H_9N_4O$	153.0777
$C_7H_5O_4$	153.0187
$C_7H_7NO_3$	153.0426
$C_7H_9N_2O_2$	153.0664
$C_7H_{11}N_3O$	153.0903
$C_7H_{13}N_4$	153.1142
$C_8H_9O_3$	153.0552
$C_8H_{11}NO_2$	153.0790
$C_8H_{13}N_2O$	153.1029
$C_8H_{15}N_3$	153.1267
$C_9H_{13}O_2$	153.0916
$C_9H_{15}NO$	153.1154
$C_9H_{17}N_2$	153.1393
$C_{10}H_{17}O$	153.1280
$C_{10}H_{19}N$	153.1519
$C_{11}H_7N$	153.0579
$C_{11}H_{21}$	153.1644
$C_{12}H_9$	153.0705
154	
$C_5H_4N_3O_3$	154.0253
$C_5H_6N_4O_2$	154.0491
$C_6H_4NO_4$	154.0140
$C_6H_6N_2O_3$	154.0379
$C_6H_8N_3O_2$	154.0617
$C_6H_{10}N_4O$	154.0856
$C_7H_6O_4$	154.0266
$C_7H_8NO_3$	154.0504
$C_7H_{10}N_2O_2$	154.0743
$C_7H_{12}N_3O$	154.0981
$C_7H_{14}N_4$	154.1220
$C_8H_{10}O_3$	154.0630
$C_8H_{12}NO_2$	154.0868
$C_8H_{14}N_2O$	154.1107
$C_8H_{16}N_3$	154.1346
$C_9H_{14}O_2$	154.0994
$C_9H_{16}NO$	154.1233
$C_9H_{18}N_2$	154.1471
$C_{10}H_{18}O$	154.1358
$C_{10}H_{20}N$	154.1597
$C_{11}H_8N$	154.0657
$C_{11}H_{22}$	154.1722
$C_{12}H_{10}$	154.0783
155	
$C_5H_3N_2O_4$	155.0093
$C_5H_5N_3O_3$	155.0331
$C_5H_7N_4O_2$	155.0570
$C_6H_5NO_4$	155.0218
$C_6H_7N_2O_3$	155.0457
$C_6H_9N_3O_2$	155.0695
$C_6H_{11}N_4O$	155.0934
$C_7H_7O_4$	155.0344
$C_7H_9NO_3$	155.0583
$C_7H_{11}N_2O_2$	155.0821
$C_7H_{13}N_3O$	155.1060
$C_8H_{11}O_3$	155.0708
$C_8H_{13}NO_2$	155.0947
$C_8H_{15}N_2O$	155.1185
$C_8H_{17}N_3$	155.1424
$C_9H_{15}O_2$	155.1072
$C_9H_{17}NO$	155.1311
$C_9H_{19}N_2$	155.1549
$C_{10}H_7N_2$	155.0610
$C_{10}H_{19}O$	155.1436
$C_{10}H_{21}N$	155.1675
$C_{11}H_7O$	155.0497
$C_{11}H_9N$	155.0736
$C_{11}H_{23}$	155.1801
$C_{12}H_{11}$	155.0861
156	
$C_5H_4N_2O_4$	156.0171
$C_5H_6N_3O_3$	156.0410
$C_5H_8N_4O_2$	156.0648
$C_6H_6NO_4$	156.0297
$C_6H_8N_2O_3$	156.0535
$C_6H_{10}N_3O_2$	156.0774
$C_6H_{12}N_4O$	156.1012
$C_7H_8O_4$	156.0422
$C_7H_{10}NO_3$	156.0661
$C_7H_{12}N_2O_2$	156.0899
$C_7H_{14}N_3O$	156.1138

부록 A (계속)

	FM
$C_7H_{16}N_4$	156.1377
$C_8H_{12}O_3$	156.0786
$C_8H_{14}NO_2$	156.1025
$C_8H_{16}N_2O$	156.1264
$C_8H_{18}N_3$	156.1502
$C_9H_6N_3$	156.0563
$C_9H_{16}O_2$	156.1151
$C_9H_{18}NO$	156.1389
$C_9H_{20}N_2$	156.1628
$C_{10}H_6NO$	156.0449
$C_{10}H_8N_2$	156.0688
$C_{10}H_{20}O$	156.1515
$C_{10}H_{22}N$	156.1753
$C_{11}H_8O$	156.0575
$C_{11}H_{10}N$	156.0814
$C_{11}H_{24}$	156.1879
$C_{12}H_{12}$	156.0939
157	
$C_5H_5N_2O_4$	157.0249
$C_5H_7N_3O_3$	157.0488
$C_5H_9N_4O_2$	157.0726
$C_6H_7NO_4$	157.0375
$C_6H_9N_2O_3$	157.0614
$C_6H_{11}N_3O_2$	157.0852
$C_6H_{13}N_4O$	157.1091
$C_7H_9O_4$	157.0501
$C_7H_{11}NO_3$	157.0739
$C_7H_{13}N_2O_2$	157.0978
$C_7H_{15}N_3O$	157.1216
$C_7H_{17}N_4$	157.1455
$C_8H_5N_4$	157.0515
$C_8H_{13}O_3$	157.0865
$C_8H_{15}NO_2$	157.1103
$C_8H_{17}N_2O$	157.1342
$C_8H_{19}N_3$	157.1580
$C_9H_5N_2O$	157.0402
$C_9H_7N_3$	157.0641
$C_9H_{17}O_2$	157.1229
$C_9H_{19}NO$	157.1467
$C_9H_{21}N_2$	157.1706
$C_{10}H_7NO$	157.0528
$C_{10}H_9N_2$	157.0767
$C_{10}H_{21}O$	157.1593
$C_{10}H_{23}N$	157.1832
$C_{11}H_9O$	157.0653
$C_{11}H_{11}N$	157.0892
$C_{12}H_{13}$	157.1018
158	
$C_5H_6N_2O_4$	158.0328
$C_5H_8N_3O_3$	158.0566
$C_5H_{10}N_4O_2$	158.0805
$C_6H_8NO_4$	158.0453
$C_6H_{10}N_2O_3$	158.0692
$C_6H_{12}N_3O_2$	158.0930
$C_6H_{14}N_4O$	158.1169
$C_7H_{10}O_4$	158.0579
$C_7H_{12}NO_3$	158.0817
$C_7H_{14}N_2O_2$	158.1056
$C_7H_{16}N_3O$	158.1295
$C_7H_{18}N_4$	158.1533
$C_8H_6N_4$	158.0594
$C_8H_{14}O_3$	158.0943
$C_8H_{16}NO_2$	158.1182
$C_8H_{18}N_2O$	158.1420
$C_8H_{20}N_3$	158.1659
$C_9H_6N_2O$	158.0480
$C_9H_8N_3$	158.0719
$C_9H_{18}O_2$	158.1307
$C_9H_{20}NO$	158.1546
$C_{10}H_6O_2$	158.0368
$C_{10}H_8NO$	158.0606
$C_{10}H_{10}N_2$	158.0845
$C_{10}H_{22}O$	158.1672
$C_{11}H_{10}O$	158.0732
$C_{11}H_{12}N$	158.0970
$C_{12}H_{14}$	158.1096
159	
$C_5H_7N_2O_4$	159.0406
$C_5H_9N_3O_3$	159.0644
$C_5H_{11}N_4O_2$	159.0883
$C_6H_9NO_4$	159.0532
$C_6H_{11}N_2O_3$	159.0770
$C_6H_{13}N_3O_2$	159.1009
$C_6H_{15}N_4O$	159.1247
$C_7H_{11}O_4$	159.0657
$C_7H_{13}NO_3$	159.0896
$C_7H_{15}N_2O_2$	159.1134
$C_7H_{17}N_3O$	159.1373
$C_8H_5N_3O$	159.0433
$C_8H_7N_4$	159.0672
$C_8H_{15}O_3$	159.1021
$C_8H_{17}NO_2$	159.1260
$C_8H_{19}N_2O$	159.1498
$C_8H_{21}N_3$	159.1737
$C_9H_5NO_2$	159.0320
$C_9H_7N_2O$	159.0559
$C_9H_9N_3$	159.0798
$C_9H_{19}O_2$	159.1385
$C_9H_{21}NO$	159.1624
$C_{10}H_7O_2$	159.0446
$C_{10}H_9NO$	159.0684
$C_{10}H_{11}N_2$	159.0923
$C_{11}H_{11}O$	159.0810
$C_{11}H_{13}N$	159.1049
$C_{12}H_{15}$	159.1174
160	
$C_5H_8N_2O_4$	160.0484
$C_5H_{10}N_3O_3$	160.0723
$C_5H_{12}N_4O_2$	160.0961
$C_6H_{10}NO_4$	160.0610
$C_6H_{12}N_2O_3$	160.0848
$C_6H_{14}N_3O_2$	160.1087
$C_6H_{16}N_4O$	160.1325
$C_7H_{12}O_4$	160.0735
$C_7H_{14}NO_3$	160.0974
$C_7H_{16}N_2O_2$	160.1213
$C_7H_{18}N_3O$	160.1451
$C_7H_{20}N_4$	160.1690
$C_8H_6N_3O$	160.0511
$C_8H_8N_4$	160.0750
$C_8H_{16}O_3$	160.1100
$C_8H_{18}NO_2$	160.1338
$C_8H_{20}N_2O$	160.1577
$C_9H_6NO_2$	160.0399
$C_9H_8N_2O$	160.0637
$C_9H_{10}N_3$	160.0876
$C_9H_{20}O_2$	160.1464
$C_{10}H_8O_2$	160.0524
$C_{10}H_{10}NO$	160.0763
$C_{10}H_{12}N_2$	160.1001
$C_{11}H_{12}O$	160.0888
$C_{11}H_{14}N$	160.1127
$C_{12}H_{16}$	160.1253
161	
$C_5H_9N_2O_4$	161.0563
$C_5H_{11}N_3O_3$	161.0801
$C_5H_{13}N_4O_2$	161.1040
$C_6H_{11}NO_4$	161.0688
$C_6H_{13}N_2O_3$	161.0927
$C_6H_{15}N_3O_2$	161.1165
$C_6H_{17}N_4O$	161.1404
$C_7H_5N_4O$	161.0464
$C_8H_5N_2O_2$	161.0351
$C_8H_7N_3O$	161.0590
$C_8H_9N_4$	161.0829
$C_8H_{17}O_3$	161.1178
$C_8H_{19}NO_2$	161.1416
$C_9H_5O_3$	161.0238
$C_9H_7NO_2$	161.0477
$C_9H_9N_2O$	161.0715
$C_9H_{11}N_3$	161.0954
$C_{10}H_9O_2$	161.0603
$C_{10}H_{11}NO$	161.0841
$C_{10}H_{13}N_2$	161.1080
$C_{11}H_{13}O$	161.0967
$C_{11}H_{15}N$	161.1205
$C_{12}H_{17}$	161.1331
162	
$C_5H_{10}N_2O_4$	162.0641
$C_5H_{12}N_3O_3$	162.0879
$C_5H_{14}N_4O_2$	162.1118
$C_6H_{12}NO_4$	162.0766
$C_6H_{14}N_2O_3$	162.1005
$C_6H_{16}N_3O_2$	162.1244
$C_6H_{18}N_4O$	162.1482
$C_7H_6N_4O$	162.0542
$C_7H_{14}O_4$	162.0892
$C_7H_{16}NO_3$	162.1131
$C_7H_{18}N_2O_2$	162.1369
$C_8H_6N_2O_2$	162.0429
$C_8H_8N_3O$	162.0668
$C_8H_{10}N_4$	162.0907
$C_8H_{18}O_3$	162.1256
$C_9H_6O_3$	162.0317
$C_9H_8NO_2$	162.0555
$C_9H_{10}N_2O$	162.0794
$C_9H_{12}N_3$	162.1032
$C_{10}H_{10}O_2$	162.0681
$C_{10}H_{12}NO$	162.0919
$C_{10}H_{14}N_2$	162.1158
$C_{11}H_{14}O$	162.1045
$C_{11}H_{16}N$	162.1284
$C_{12}H_{18}$	162.1409
163	
$C_5H_{11}N_2O_4$	163.0719
$C_5H_{13}N_3O_3$	163.0958
$C_5H_{15}N_4O_2$	163.1196
$C_6H_{13}NO_4$	163.0845
$C_6H_{15}N_2O_3$	163.1083
$C_6H_{17}N_3O_2$	163.1322
$C_7H_5N_3O_2$	163.0382
$C_7H_7N_4O$	163.0621
$C_7H_{15}O_4$	163.0970
$C_7H_{17}NO_3$	163.1209
$C_8H_5NO_3$	163.0269
$C_8H_7N_2O_2$	163.0508
$C_8H_9N_3O$	163.0746
$C_8H_{11}N_4$	163.0985
$C_9H_7O_3$	163.0395
$C_9H_9NO_2$	163.0634
$C_9H_{11}N_2O$	163.0872
$C_9H_{13}N_3$	163.1111
$C_{10}H_{11}O_2$	163.0759
$C_{10}H_{13}NO$	163.0998
$C_{10}H_{15}N_2$	163.1236
$C_{11}H_{15}O$	163.1123
$C_{11}H_{17}N$	163.1362
$C_{12}H_{19}$	163.1488
164	
$C_5H_{12}N_2O_4$	164.0797
$C_5H_{14}N_3O_3$	164.1036
$C_5H_{16}N_4O_2$	164.1275
$C_6H_4N_4O_2$	164.0335
$C_6H_{14}NO_4$	164.0923
$C_6H_{16}N_2O_3$	164.1162
$C_7H_6N_3O_2$	164.0460
$C_7H_8N_4O$	164.0699
$C_7H_{16}O_4$	164.1049
$C_8H_6NO_3$	164.0348
$C_8H_8N_2O_2$	164.0586
$C_8H_{10}N_3O$	164.0825
$C_8H_{12}N_4$	164.1063
$C_9H_8O_3$	164.0473
$C_9H_{10}NO_2$	164.0712
$C_9H_{12}N_2O$	164.0950
$C_9H_{14}N_3$	164.1189
$C_{10}H_{12}O_2$	164.0837
$C_{10}H_{14}NO$	164.1076

부록 A (계속)

	FM
$C_{10}H_{16}N_2$	164.1315
$C_{11}H_{16}O$	164.1202
$C_{11}H_{18}N$	164.1440
$C_{12}H_{20}$	164.1566
165	
$C_5H_{13}N_2O_4$	165.0876
$C_5H_{15}N_3O_3$	165.1114
$C_6H_5N_4O_2$	165.0413
$C_6H_{15}NO_4$	165.1001
$C_7H_5N_2O_3$	165.0300
$C_7H_7N_3O_2$	165.0539
$C_7H_9N_4O$	165.0777
$C_8H_5O_4$	165.0187
$C_8H_7NO_3$	165.0426
$C_8H_9N_2O_2$	165.0664
$C_8H_{11}N_3O$	165.0903
$C_8H_{13}N_4$	165.1142
$C_9H_9O_3$	165.0552
$C_9H_{11}NO_2$	165.0790
$C_9H_{13}N_2O$	165.1029
$C_9H_{15}N_3$	165.1267
$C_{10}H_{13}O_2$	165.0916
$C_{10}H_{15}NO$	165.1154
$C_{10}H_{17}N_2$	165.1393
$C_{11}H_{17}O$	165.1280
$C_{11}H_{19}N$	165.1519
$C_{12}H_7N$	165.0579
$C_{12}H_{21}$	165.1644
$C_{13}H_9$	165.0705
166	
$C_5H_{14}N_2O_4$	166.0954
$C_6H_4N_3O_3$	166.0253
$C_6H_6N_4O_2$	166.0491
$C_7H_6N_2O_3$	166.0379
$C_7H_8N_3O_2$	166.0617
$C_7H_{10}N_4O$	166.0856
$C_8H_6O_4$	166.0266
$C_8H_8NO_3$	166.0504
$C_8H_{10}N_2O_2$	166.0743
$C_8H_{12}N_3O$	166.0981
$C_8H_{14}N_4$	166.1220
$C_9H_{10}O_3$	166.0630
$C_9H_{12}NO_2$	166.0868
$C_9H_{14}N_2O$	166.1107
$C_9H_{16}N_3$	166.1346
$C_{10}H_{14}O_2$	166.0994
$C_{10}H_{16}NO$	166.1233
$C_{10}H_{18}N_2$	166.1471
$C_{11}H_{18}O$	166.1358
$C_{11}H_{20}N$	166.1597
$C_{12}H_8N$	166.0657
$C_{12}H_{22}$	166.1722
$C_{13}H_{10}$	166.0783
167	
$C_6H_5N_3O_3$	167.0331
$C_6H_7N_4O_2$	167.0570
$C_7H_5NO_4$	167.0218
$C_7H_7N_2O_3$	167.0457
$C_7H_9N_3O_2$	167.0695
$C_7H_{11}N_4O$	167.0934
$C_8H_7O_4$	167.0344
$C_8H_9NO_3$	167.0583
$C_8H_{11}N_2O_2$	167.0821
$C_8H_{13}N_3O$	167.1060
$C_8H_{15}N_4$	167.1298
$C_9H_{11}O_3$	167.0708
$C_9H_{13}NO_2$	167.0947
$C_9H_{15}N_2O$	167.1185
$C_9H_{17}N_3$	167.1424
$C_{10}H_{15}O_2$	167.1072
$C_{10}H_{17}NO$	167.1311
$C_{10}H_{19}N_2$	167.1549
$C_{11}H_7N_2$	167.0610
$C_{11}H_{19}O$	167.1436
$C_{11}H_{21}N$	167.1675
$C_{12}H_9N$	167.0736
$C_{12}H_{23}$	167.1801
$C_{13}H_{11}$	167.0861
168	
$C_6H_4N_2O_4$	168.0171
$C_6H_6N_3O_3$	168.0410
$C_6H_8N_4O_2$	168.0648
$C_7H_6NO_4$	168.0297
$C_7H_8N_2O_3$	168.0535
$C_7H_{10}N_3O_2$	168.0774
$C_7H_{12}N_4O$	168.1012
$C_8H_8O_4$	168.0422
$C_8H_{10}NO_3$	168.0661
$C_8H_{12}N_2O_2$	168.0899
$C_8H_{14}N_3O$	168.1138
$C_8H_{16}N_4$	168.1377
$C_9H_{12}O_3$	168.0786
$C_9H_{14}NO_2$	168.1025
$C_9H_{16}N_2O$	168.1264
$C_9H_{18}N_3$	168.1502
$C_{10}H_{16}O_2$	168.1151
$C_{10}H_{18}NO$	168.1389
$C_{10}H_{20}N_2$	168.1628
$C_{11}H_8N_2$	168.0688
$C_{11}H_{20}O$	168.1515
$C_{11}H_{22}N$	168.1753
$C_{12}H_8O$	168.0575
$C_{12}H_{10}N$	168.0814
$C_{12}H_{24}$	168.1879
$C_{13}H_{12}$	168.0939
169	
$C_6H_5N_2O_4$	169.0249
$C_6H_7N_3O_3$	169.0488
$C_6H_9N_4O_2$	169.0726
$C_7H_7NO_4$	169.0375
$C_7H_9N_2O_3$	169.0614
$C_7H_{11}N_3O_2$	169.0852
$C_7H_{13}N_4O$	169.1091
$C_8H_9O_4$	169.0501
$C_8H_{11}NO_3$	169.0739
$C_8H_{13}N_2O_2$	169.0978
$C_8H_{15}N_3O$	169.1216
$C_8H_{17}N_4$	169.1455
$C_9H_{13}O_3$	169.0865
$C_9H_{15}NO_2$	169.1103
$C_9H_{17}N_2O$	169.1342
$C_9H_{19}N_3$	169.1580
$C_{10}H_7N_3$	169.0641
$C_{10}H_{17}O_2$	169.1229
$C_{10}H_{19}NO$	169.1467
$C_{10}H_{21}N_2$	169.1706
$C_{11}H_7NO$	169.0528
$C_{11}H_9N_2$	169.0767
$C_{11}H_{21}O$	169.1593
$C_{11}H_{23}N$	169.1832
$C_{12}H_9O$	169.0653
$C_{12}H_{11}N$	169.0892
$C_{12}H_{25}$	169.1957
$C_{13}H_{13}$	169.1018
170	
$C_6H_6N_2O_4$	170.0328
$C_6H_8N_3O_3$	170.0566
$C_6H_{10}N_4O_2$	170.0805
$C_7H_8NO_4$	170.0453
$C_7H_{10}N_2O_3$	170.0692
$C_7H_{12}N_3O_2$	170.0930
$C_7H_{14}N_4O$	170.1169
$C_8H_{10}O_4$	170.0579
$C_8H_{12}NO_3$	170.0817
$C_8H_{14}N_2O_2$	170.1056
$C_8H_{16}N_3O$	170.1295
$C_8H_{18}N_4$	170.1533
$C_9H_6N_4$	170.0594
$C_9H_{14}O_3$	170.0943
$C_9H_{16}NO_2$	170.1182
$C_9H_{18}N_2O$	170.1420
$C_9H_{20}N_3$	170.1659
$C_{10}H_6N_2O$	170.0480
$C_{10}H_8N_3$	170.0719
$C_{10}H_{18}O_2$	170.1307
$C_{10}H_{20}NO$	170.1546
$C_{10}H_{22}N_2$	170.1784
$C_{11}H_8NO$	170.0606
$C_{11}H_{10}N_2$	170.0845
$C_{11}H_{22}O$	170.1671
$C_{11}H_{24}N$	170.1910
$C_{12}H_{10}O$	170.0732
$C_{12}H_{12}N$	170.0970
$C_{12}H_{26}$	170.2036
$C_{13}H_{14}$	170.1096
171	
$C_6H_7N_2O_4$	171.0406
$C_6H_9N_3O_3$	171.0644
$C_6H_{11}N_4O_2$	171.0883
$C_7H_9NO_4$	171.0532
$C_7H_{11}N_2O_3$	171.0770
$C_7H_{13}N_3O_2$	171.1009
$C_7H_{15}N_4O$	171.1247
$C_8H_{11}O_4$	171.0657
$C_8H_{13}NO_3$	171.0896
$C_8H_{15}N_2O_2$	171.1134
$C_8H_{17}N_3O$	171.1373
$C_8H_{19}N_4$	171.1611
$C_9H_5N_3O$	171.0433
$C_9H_7N_4$	171.0672
$C_9H_{15}O_3$	171.1021
$C_9H_{17}NO_2$	171.1260
$C_9H_{19}N_2O$	171.1498
$C_9H_{21}N_3$	171.1737
$C_{10}H_7N_2O$	171.0559
$C_{10}H_9N_3$	171.0798
$C_{10}H_{19}O_2$	171.1385
$C_{10}H_{21}NO$	171.1624
$C_{10}H_{23}N_2$	171.1863
$C_{11}H_7O_2$	171.0446
$C_{11}H_9NO$	171.0684
$C_{11}H_{11}N_2$	171.0923
$C_{11}H_{23}O$	171.1750
$C_{11}H_{25}N$	171.1988
$C_{12}H_{11}O$	171.0810
$C_{12}H_{13}N$	171.1049
$C_{13}H_{15}$	171.1174
172	
$C_6H_8N_2O_4$	172.0484
$C_6H_{10}N_3O_3$	172.0723
$C_6H_{12}N_4O_2$	172.0961
$C_7H_{10}NO_4$	172.0610
$C_7H_{12}N_2O_3$	172.0848
$C_7H_{14}N_3O_2$	172.1087
$C_7H_{16}N_4O$	172.1325
$C_8H_{12}O_4$	172.0735
$C_8H_{14}NO_3$	172.0974
$C_8H_{16}N_2O_2$	172.1213
$C_8H_{18}N_3O$	172.1451
$C_8H_{20}N_4$	172.1690
$C_9H_6N_3O$	172.0511
$C_9H_8N_4$	172.0750
$C_9H_{16}O_3$	172.1100
$C_9H_{18}NO_2$	172.1338
$C_9H_{20}N_2O$	172.1577
$C_9H_{22}N_3$	172.1815
$C_{10}H_6NO_2$	172.0399
$C_{10}H_8N_2O$	172.0637
$C_{10}H_{10}N_3$	172.0876
$C_{10}H_{20}O_2$	172.1464
$C_{10}H_{22}NO$	172.1702
$C_{10}H_{24}N_2$	172.1941
$C_{11}H_8O_2$	172.0524
$C_{11}H_{10}NO$	172.0763
$C_{11}H_{12}N_2$	172.1001
$C_{11}H_{24}O$	172.1828
$C_{12}H_{12}O$	172.0888
$C_{12}H_{14}N$	172.1127

부록 A (계속)

	FM		FM		FM		FM
$C_{13}H_{16}$	172.1253	$C_{11}H_{12}NO$	174.0919	$C_{11}H_{12}O_2$	176.0837	$C_{12}H_{20}N$	178.1597
173		$C_{11}H_{14}N_2$	174.1158	$C_{11}H_{14}NO$	176.1076	$C_{13}H_8N$	178.0657
$C_6H_9N_2O_4$	173.0563	$C_{12}H_{14}O$	174.1045	$C_{11}H_{16}N_2$	176.1315	$C_{13}H_{22}$	178.1722
$C_6H_{11}N_3O_3$	173.0801	$C_{12}H_{16}N$	174.1284	$C_{12}H_{16}O$	176.1202	$C_{14}H_{10}$	178.0783
$C_6H_{13}N_4O_2$	173.1040	$C_{13}H_{18}$	174.1409	$C_{12}H_{18}N$	176.1440	**179**	
$C_7H_{11}NO_4$	173.0688	**175**		$C_{13}H_{20}$	176.1566	$C_6H_{15}N_2O_4$	179.1032
$C_7H_{13}N_2O_3$	173.0927	$C_6H_{11}N_2O_4$	175.0719	**177**		$C_6H_{17}N_3O_3$	179.1271
$C_7H_{15}N_3O_2$	173.1165	$C_6H_{13}N_3O_3$	175.0958	$C_6H_{13}N_2O_4$	177.0876	$C_7H_5N_3O_3$	179.0331
$C_7H_{17}N_4O$	173.1404	$C_6H_{15}N_4O_2$	175.1196	$C_6H_{15}N_3O_3$	177.1114	$C_7H_7N_4O_2$	179.0570
$C_8H_{13}O_4$	173.0814	$C_7H_{13}NO_4$	175.0845	$C_6H_{17}N_4O_2$	177.1353	$C_7H_{17}NO_4$	179.1158
$C_8H_{15}NO_3$	173.1052	$C_7H_{15}N_2O_3$	175.1083	$C_7H_5N_4O_2$	177.0413	$C_8H_5NO_4$	179.0218
$C_8H_{17}N_2O_2$	173.1291	$C_7H_{17}N_3O_2$	175.1322	$C_7H_{15}NO_4$	177.1001	$C_8H_7N_2O_3$	179.0457
$C_8H_{19}N_3O$	173.1529	$C_7H_{19}N_4O$	175.1560	$C_7H_{17}N_2O_3$	177.1240	$C_8H_9N_3O_2$	179.0695
$C_8H_{21}N_4$	173.1768	$C_8H_7N_4O$	175.0621	$C_7H_{19}N_3O_2$	177.1478	$C_8H_{11}N_4O$	179.0934
$C_9H_7N_3O$	173.0590	$C_8H_{15}O_4$	175.0970	$C_8H_5N_2O_3$	177.0300	$C_9H_7O_4$	179.0344
$C_9H_9N_4$	173.0829	$C_8H_{17}NO_3$	175.1209	$C_8H_7N_3O_2$	177.0539	$C_9H_9NO_3$	179.0583
$C_9H_{17}O_3$	173.1178	$C_8H_{19}N_2O_2$	175.1447	$C_8H_9N_4O$	177.0777	$C_9H_{11}N_2O_2$	179.0821
$C_9H_{19}NO_2$	173.1416	$C_8H_{21}N_3O$	175.1686	$C_8H_{17}O_4$	177.1127	$C_9H_{13}N_3O$	179.1060
$C_9H_{21}N_2O$	173.1655	$C_9H_5NO_3$	175.0269	$C_8H_{19}NO_3$	177.1365	$C_9H_{15}N_4$	179.1298
$C_{10}H_5O_3$	173.0238	$C_9H_7N_2O_2$	175.0508	$C_9H_7NO_3$	177.0426	$C_{10}H_{11}O_3$	179.0708
$C_{10}H_7NO_2$	173.0477	$C_9H_9N_3O$	175.0746	$C_9H_9N_2O_2$	177.0664	$C_{10}H_{13}NO_2$	179.0947
$C_{10}H_9N_2O$	173.0715	$C_9H_{11}N_4$	175.0985	$C_9H_{11}N_3O$	177.0903	$C_{10}H_{15}N_2O$	179.1185
$C_{10}H_{11}N_3$	173.0954	$C_9H_{19}O_3$	175.1334	$C_9H_{13}N_4$	177.1142	$C_{10}H_{17}N_3$	179.1424
$C_{10}H_{21}O_2$	173.1542	$C_9H_{21}NO_2$	175.1573	$C_{10}H_9O_3$	177.0552	$C_{11}H_{15}O_2$	179.1072
$C_{10}H_{23}NO$	173.1781	$C_{10}H_7O_3$	175.0395	$C_{10}H_{11}NO_2$	177.0790	$C_{11}H_{17}NO$	179.1311
$C_{11}H_9O_2$	173.0603	$C_{10}H_9NO_2$	175.0634	$C_{10}H_{13}N_2O$	177.1029	$C_{11}H_{19}N_2$	179.1549
$C_{11}H_{11}NO$	173.0841	$C_{10}H_{11}N_2O$	175.0872	$C_{10}H_{15}N_3$	177.1267	$C_{12}H_{19}O$	179.1436
$C_{11}H_{13}N_2$	173.1080	$C_{10}H_{13}N_3$	175.1111	$C_{11}H_{13}O_2$	177.0916	$C_{12}H_{21}N$	179.1675
$C_{12}H_{13}O$	173.0967	$C_{11}H_{11}O_2$	175.0759	$C_{11}H_{15}NO$	177.1154	$C_{13}H_9N$	179.0736
$C_{12}H_{15}NO_2$	173.1205	$C_{11}H_{13}NO$	175.0998	$C_{11}H_{17}N_2$	177.1393	$C_{13}H_{23}$	179.1801
$C_{13}H_{17}$	173.1331	$C_{11}H_{15}N_2$	175.1236	$C_{12}H_{17}O$	177.1280	$C_{14}H_{11}$	179.0861
174		$C_{12}H_{15}O$	175.1123	$C_{12}H_{19}N$	177.1519	**180**	
$C_6H_{10}N_2O_4$	174.0641	$C_{12}H_{17}N$	175.1362	$C_{13}H_{21}$	177.1644	$C_6H_{16}N_2O_4$	180.1111
$C_6H_{12}N_3O_3$	174.0879	$C_{13}H_3O$	175.0184	**178**		$C_7H_6N_3O_3$	180.0410
$C_6H_{14}N_4O_2$	174.1118	$C_{13}H_{19}$	175.1488	$C_6H_{14}N_2O_4$	178.0954	$C_7H_8N_4O_2$	180.0648
$C_7H_{12}NO_4$	174.0766	**176**		$C_6H_{16}N_3O_3$	178.1193	$C_8H_6NO_4$	180.0297
$C_7H_{14}N_2O_3$	174.1005	$C_6H_{12}N_2O_4$	176.0797	$C_6H_{18}N_4O_2$	178.1431	$C_8H_8N_2O_3$	180.0535
$C_7H_{16}N_3O_2$	174.1244	$C_6H_{14}N_3O_3$	176.1036	$C_7H_6N_4O_2$	178.0491	$C_8H_{10}N_3O_2$	180.0774
$C_7H_{18}N_4O$	174.1482	$C_6H_{16}N_4O_2$	176.1275	$C_7H_{16}NO_4$	178.1080	$C_8H_{12}N_4O$	180.1012
$C_7H_{16}N_4O$	174.1244	$C_7H_{14}NO_4$	176.0923	$C_7H_{18}N_2O_3$	178.1318	$C_9H_8O_4$	180.0422
$C_8H_6N_4O$	174.0542	$C_7H_{16}N_2O_3$	176.1162	$C_8H_6N_2O_3$	178.0379	$C_9H_{10}NO_3$	180.0661
$C_8H_{14}O_4$	174.0892	$C_7H_{18}N_3O_2$	176.1400	$C_8H_8N_3O_2$	178.0617	$C_9H_{12}N_2O_2$	180.0899
$C_8H_{16}NO_3$	174.1131	$C_7H_{20}N_4O$	176.1639	$C_8H_{10}N_4O$	178.0856	$C_9H_{14}N_3O$	180.1138
$C_8H_{18}N_2O_2$	174.1369	$C_8H_6N_3O_2$	176.0460	$C_8H_{18}O_4$	178.1205	$C_9H_{16}N_4$	180.1377
$C_8H_{20}N_3O$	174.1608	$C_8H_8N_4O$	176.0699	$C_9H_6O_4$	178.0266	$C_{10}H_{12}O_3$	180.0786
$C_8H_{22}N_4$	174.1846	$C_8H_{16}O_4$	176.1049	$C_9H_8NO_3$	178.0504	$C_{10}H_{14}NO_2$	180.1025
$C_9H_6N_2O_2$	174.0429	$C_8H_{18}NO_3$	176.1287	$C_9H_{10}N_2O_2$	178.0743	$C_{10}H_{16}N_2O$	180.1264
$C_9H_{10}N_4$	174.0907	$C_8H_{20}N_2O_2$	176.1526	$C_9H_{12}N_3O$	178.0981	$C_{10}H_{18}N_3$	180.1502
$C_9H_{18}O_3$	174.1256	$C_9H_6NO_3$	176.0348	$C_9H_{14}N_4$	178.1220	$C_{11}H_{16}O_2$	180.1151
$C_9H_{20}NO_2$	174.1495	$C_9H_8N_2O_2$	176.0586	$C_{10}H_{10}O_3$	178.0630	$C_{11}H_{18}NO$	180.1389
$C_9H_{22}N_2O$	174.1733	$C_9H_{10}N_3O$	176.0825	$C_{10}H_{12}NO_2$	178.0868	$C_{11}H_{20}N_2$	180.1628
$C_{10}H_6O_3$	174.0317	$C_9H_{12}N_4$	176.1063	$C_{10}H_{14}N_2O$	178.1107	$C_{12}H_8N_2$	180.0688
$C_{10}H_8NO_2$	174.0555	$C_9H_{20}O_3$	176.1413	$C_{10}H_{16}N_3$	178.1346	$C_{12}H_{20}O$	180.1515
$C_{10}H_{10}N_2O$	174.0794	$C_{10}H_8O_3$	176.0473	$C_{11}H_{14}O_2$	178.0994	$C_{12}H_{22}N$	180.1753
$C_{10}H_{12}N_3$	174.1032	$C_{10}H_{10}NO_2$	176.0712	$C_{11}H_{16}NO$	178.1233	$C_{13}H_8O$	180.0575
$C_{10}H_{22}O_2$	174.1620	$C_{10}H_{12}N_2O$	176.0950	$C_{11}H_{18}N_2$	178.1471	$C_{13}H_{10}N$	180.0814
$C_{11}H_{10}O_2$	174.0681	$C_{10}H_{14}N_3$	176.1189	$C_{12}H_{18}O$	178.1358	$C_{13}H_{24}$	180.1879

부록 A (계속)

	FM
$C_{14}H_{12}$	180.0939
181	
$C_{7}H_{5}N_{2}O_{4}$	181.0249
$C_{7}H_{7}N_{3}O_{3}$	181.0488
$C_{7}H_{9}N_{4}O_{2}$	181.0726
$C_{8}H_{7}NO_{4}$	181.0375
$C_{8}H_{9}N_{2}O_{3}$	181.0614
$C_{8}H_{11}N_{3}O_{2}$	181.0852
$C_{8}H_{13}N_{4}O$	181.1091
$C_{9}H_{9}O_{4}$	181.0501
$C_{9}H_{11}NO_{3}$	181.0739
$C_{9}H_{13}N_{2}O_{2}$	181.0978
$C_{9}H_{15}N_{3}O$	181.1216
$C_{9}H_{17}N_{4}$	181.1455
$C_{10}H_{13}O_{3}$	181.0865
$C_{10}H_{15}NO_{2}$	181.1103
$C_{10}H_{17}N_{2}O$	181.1342
$C_{10}H_{19}N_{3}$	181.1580
$C_{11}H_{7}N_{3}$	181.0641
$C_{11}H_{17}O_{2}$	181.1229
$C_{11}H_{19}NO$	181.1467
$C_{11}H_{21}N_{2}$	181.1706
$C_{12}H_{7}NO$	181.0528
$C_{12}H_{9}N_{2}$	181.0767
$C_{12}H_{21}O$	181.1593
$C_{12}H_{23}N$	181.1832
$C_{13}H_{9}O$	181.0653
$C_{13}H_{11}N$	181.0892
$C_{13}H_{25}$	181.1957
$C_{14}H_{13}$	181.1018
182	
$C_{7}H_{6}N_{2}O_{4}$	182.0328
$C_{7}H_{8}N_{3}O_{3}$	182.0566
$C_{7}H_{10}N_{4}O_{2}$	182.0805
$C_{8}H_{8}NO_{4}$	182.0453
$C_{8}H_{10}N_{2}O_{3}$	182.0692
$C_{8}H_{12}N_{3}O_{2}$	182.0930
$C_{8}H_{14}N_{4}O$	182.1169
$C_{9}H_{10}O_{4}$	182.0579
$C_{9}H_{12}NO_{3}$	182.0817
$C_{9}H_{14}N_{2}O_{2}$	182.1056
$C_{9}H_{16}N_{3}O$	182.1295
$C_{9}H_{18}N_{4}$	182.1533
$C_{10}H_{6}N_{4}$	182.0594
$C_{10}H_{14}O_{3}$	182.0943
$C_{10}H_{16}NO_{2}$	182.1182
$C_{10}H_{18}N_{2}O$	182.1420
$C_{10}H_{20}N_{3}$	182.1659
$C_{11}H_{8}N_{3}$	182.0719
$C_{11}H_{18}O_{2}$	182.1307
$C_{11}H_{20}NO$	182.1546
$C_{11}H_{22}N_{2}$	182.1784
$C_{12}H_{8}NO$	182.0606
$C_{12}H_{10}N_{2}$	182.0845
$C_{12}H_{22}O$	182.1671
$C_{12}H_{24}N$	182.1910
$C_{13}H_{10}O$	182.0732
$C_{13}H_{12}N$	182.0970
$C_{13}H_{26}$	182.2036
$C_{14}H_{14}$	182.1096
183	
$C_{7}H_{7}N_{2}O_{4}$	183.0406
$C_{7}H_{9}N_{3}O_{3}$	183.0644
$C_{7}H_{11}N_{4}O_{2}$	183.0883
$C_{8}H_{9}NO_{4}$	183.0532
$C_{8}H_{11}N_{2}O_{3}$	183.0770
$C_{8}H_{13}N_{3}O_{2}$	183.1009
$C_{8}H_{15}N_{4}O$	183.1247
$C_{9}H_{11}O_{4}$	183.0657
$C_{9}H_{13}NO_{3}$	183.0896
$C_{9}H_{15}N_{2}O_{2}$	183.1134
$C_{9}H_{17}N_{3}O$	183.1373
$C_{9}H_{19}N_{4}$	183.1611
$C_{10}H_{7}N_{4}$	183.0672
$C_{10}H_{15}O_{3}$	183.1021
$C_{10}H_{17}NO_{2}$	183.1260
$C_{10}H_{19}N_{2}O$	183.1498
$C_{10}H_{21}N_{3}$	183.1737
$C_{11}H_{7}N_{2}O$	183.0559
$C_{11}H_{9}N_{3}$	183.0798
$C_{11}H_{19}O_{2}$	183.1385
$C_{11}H_{21}NO$	183.1624
$C_{11}H_{23}N_{2}$	183.1863
$C_{12}H_{7}O_{2}$	183.0446
$C_{12}H_{9}NO$	183.0684
$C_{12}H_{11}N_{2}$	183.0923
$C_{12}H_{23}O$	183.1750
$C_{12}H_{25}N$	183.1988
$C_{13}H_{11}O$	183.0810
$C_{13}H_{13}N$	183.1049
$C_{13}H_{27}$	183.2114
$C_{14}H_{15}$	183.1174
184	
$C_{7}H_{8}N_{2}O_{4}$	184.0484
$C_{7}H_{10}N_{3}O_{3}$	184.0723
$C_{7}H_{12}N_{4}O_{2}$	184.0961
$C_{8}H_{10}NO_{4}$	184.0610
$C_{8}H_{12}N_{2}O_{3}$	184.0848
$C_{8}H_{14}N_{3}O_{2}$	184.1087
$C_{8}H_{16}N_{4}O$	184.1325
$C_{9}H_{12}O_{4}$	184.0735
$C_{9}H_{14}NO_{3}$	184.0974
$C_{9}H_{16}N_{2}O_{2}$	184.1213
$C_{9}H_{18}N_{3}O$	184.1451
$C_{9}H_{20}N_{4}$	184.1690
$C_{10}H_{6}N_{3}O$	184.0511
$C_{10}H_{8}N_{4}$	184.0750
$C_{10}H_{16}O_{3}$	184.1100
$C_{10}H_{18}NO_{2}$	184.1338
$C_{10}H_{20}N_{2}O$	184.1577
$C_{10}H_{22}N_{3}$	184.1815
$C_{11}H_{8}N_{2}O$	184.0637
$C_{11}H_{10}N_{3}$	184.0876
$C_{11}H_{20}O_{2}$	184.1464
$C_{11}H_{22}NO$	184.1702
$C_{11}H_{24}N_{2}$	184.1941
$C_{12}H_{8}O_{2}$	184.0524
$C_{12}H_{10}NO$	184.0763
$C_{12}H_{12}N_{2}$	184.1001
$C_{12}H_{24}O$	184.1828
$C_{12}H_{26}N$	184.2067
$C_{13}H_{12}O$	184.0888
$C_{13}H_{14}N$	184.1127
$C_{13}H_{28}$	184.2192
$C_{14}H_{16}$	184.1253
185	
$C_{7}H_{9}N_{2}O_{4}$	185.0563
$C_{7}H_{11}N_{3}O_{3}$	185.0801
$C_{7}H_{13}N_{4}O_{2}$	185.1040
$C_{8}H_{11}NO_{4}$	185.0688
$C_{8}H_{13}N_{2}O_{3}$	185.0927
$C_{8}H_{15}N_{3}O_{2}$	185.1165
$C_{8}H_{17}N_{4}O$	185.1404
$C_{9}H_{13}O_{4}$	185.0814
$C_{9}H_{15}NO_{3}$	185.1052
$C_{9}H_{17}N_{2}O_{2}$	185.1291
$C_{9}H_{19}N_{3}O$	185.1529
$C_{9}H_{21}N_{4}$	185.1768
$C_{10}H_{7}N_{3}O$	185.0590
$C_{10}H_{9}N_{4}$	185.0829
$C_{10}H_{17}O_{3}$	185.1178
$C_{10}H_{19}NO_{2}$	185.1416
$C_{10}H_{21}N_{2}O$	185.1655
$C_{10}H_{23}N_{3}$	185.1894
$C_{11}H_{9}N_{2}O$	185.0715
$C_{11}H_{11}N_{3}$	185.0954
$C_{11}H_{21}O_{2}$	185.1542
$C_{11}H_{23}NO$	185.1781
$C_{11}H_{25}N_{2}$	185.2019
$C_{12}H_{9}O_{2}$	185.0603
$C_{12}H_{11}NO$	185.0841
$C_{12}H_{13}N_{2}$	185.1080
$C_{12}H_{25}O$	185.1906
$C_{12}H_{27}N$	185.2145
$C_{13}H_{13}O$	185.0967
$C_{13}H_{15}N$	185.1205
$C_{14}H_{17}$	185.1331
186	
$C_{7}H_{10}N_{2}O_{4}$	186.0641
$C_{7}H_{12}N_{3}O_{3}$	186.0879
$C_{7}H_{14}N_{4}O_{2}$	186.1118
$C_{8}H_{12}NO_{4}$	186.0766
$C_{8}H_{14}N_{2}O_{3}$	186.1005
$C_{8}H_{16}N_{3}O_{2}$	186.1244
$C_{8}H_{18}N_{4}O$	186.1482
$C_{9}H_{6}N_{4}O$	186.0542
$C_{9}H_{14}O_{4}$	186.0892
$C_{9}H_{16}NO_{3}$	186.1131
$C_{9}H_{18}N_{2}O_{2}$	186.1369
$C_{9}H_{20}N_{3}O$	186.1608
$C_{10}H_{6}N_{2}O_{2}$	186.0429
$C_{10}H_{8}N_{3}O$	186.0668
$C_{10}H_{10}N_{4}$	186.0907
$C_{10}H_{18}O_{3}$	186.1256
$C_{10}H_{20}NO_{2}$	186.1495
$C_{10}H_{22}N_{2}O$	186.1733
$C_{10}H_{24}N_{3}$	186.1972
$C_{11}H_{8}NO_{2}$	186.0555
$C_{11}H_{10}N_{2}O$	186.0794
$C_{11}H_{12}N_{3}$	186.1032
$C_{11}H_{22}O_{2}$	186.1620
$C_{11}H_{24}NO$	186.1859
$C_{11}H_{26}N_{2}$	186.2098
$C_{12}H_{10}O_{2}$	186.0681
$C_{12}H_{12}NO$	186.0919
$C_{12}H_{14}N_{2}$	186.1158
$C_{12}H_{26}O$	186.1985
$C_{13}H_{14}O$	186.1045
$C_{13}H_{16}N$	186.1284
$C_{14}H_{18}$	186.1409
187	
$C_{7}H_{11}N_{2}O_{4}$	187.0719
$C_{7}H_{13}N_{3}O_{3}$	187.0958
$C_{7}H_{15}N_{4}O_{2}$	187.1196
$C_{8}H_{13}NO_{4}$	187.0845
$C_{8}H_{15}N_{2}O_{3}$	187.1083
$C_{8}H_{17}N_{3}O_{2}$	187.1322
$C_{8}H_{19}N_{4}O$	187.1560
$C_{9}H_{7}N_{4}O$	187.0621
$C_{9}H_{15}O_{4}$	187.0970
$C_{9}H_{17}NO_{3}$	187.1209
$C_{9}H_{19}N_{2}O_{2}$	187.1447
$C_{9}H_{21}N_{3}O$	187.1686
$C_{9}H_{23}N_{4}$	187.1925
$C_{10}H_{7}N_{2}O_{2}$	187.0508
$C_{10}H_{9}N_{3}O$	187.0746
$C_{10}H_{11}N_{4}$	187.0985
$C_{10}H_{19}O_{3}$	187.1334
$C_{10}H_{21}NO_{2}$	187.1573
$C_{10}H_{23}N_{2}O$	187.1811
$C_{10}H_{25}N_{3}$	187.2050
$C_{11}H_{7}O_{3}$	187.0395
$C_{11}H_{9}NO_{2}$	187.0634
$C_{11}H_{11}N_{2}O$	187.0872
$C_{11}H_{13}N_{3}$	187.1111
$C_{11}H_{23}O_{2}$	187.1699
$C_{11}H_{25}NO$	187.1937
$C_{12}H_{11}O_{2}$	187.0759
$C_{12}H_{13}NO$	187.0998
$C_{12}H_{15}N_{2}$	187.1236
$C_{13}H_{15}O$	187.1123
$C_{13}H_{17}N$	187.1362
$C_{14}H_{19}$	187.1488
188	
$C_{7}H_{12}N_{2}O_{4}$	188.0797
$C_{7}H_{14}N_{3}O_{3}$	188.1036
$C_{7}H_{16}N_{4}O_{2}$	188.1275
$C_{8}H_{14}NO_{4}$	188.0923

부록 A (계속)

	FM
$C_8H_{16}N_2O_3$	188.1162
$C_8H_{18}N_3O_2$	188.1400
$C_8H_{20}N_4O$	188.1639
$C_9H_6N_3O_2$	188.0460
$C_9H_8N_4O$	188.0699
$C_9H_{16}O_4$	188.1049
$C_9H_{18}NO_3$	188.1287
$C_9H_{20}N_2O_2$	188.1526
$C_9H_{22}N_3O$	188.1764
$C_9H_{24}N_4$	188.2003
$C_{10}H_8N_2O_2$	188.0586
$C_{10}H_{10}N_3O$	188.0825
$C_{10}H_{12}N_4$	188.1063
$C_{10}H_{20}O_3$	188.1413
$C_{10}H_{22}NO_2$	188.1651
$C_{10}H_{24}N_2O$	188.1890
$C_{11}H_8O_3$	188.0473
$C_{11}H_{10}NO_2$	188.0712
$C_{11}H_{12}N_2O$	188.0950
$C_{11}H_{14}N_3$	188.1189
$C_{11}H_{24}O_2$	188.1777
$C_{12}H_{12}O_2$	188.0837
$C_{12}H_{14}NO$	188.1076
$C_{12}H_{16}N_2$	188.1315
$C_{13}H_{16}O$	188.1202
$C_{13}H_{18}N$	188.1440
$C_{14}H_{20}$	188.1566
189	
$C_7H_{13}N_2O_4$	189.0876
$C_7H_{15}N_3O_3$	189.1114
$C_7H_{17}N_4O_2$	189.1353
$C_8H_{15}NO_4$	189.1001
$C_8H_{17}N_2O_3$	189.1240
$C_8H_{19}N_3O_2$	189.1478
$C_8H_{21}N_4O$	189.1717
$C_9H_7N_3O_2$	189.0539
$C_9H_9N_4O$	189.0777
$C_9H_{17}O_4$	189.1127
$C_9H_{19}NO_3$	189.1365
$C_9H_{21}N_2O_2$	189.1604
$C_9H_{23}N_3O$	189.1842
$C_{10}H_7NO_3$	189.0426
$C_{10}H_9N_2O_2$	189.0664
$C_{10}H_{11}N_3O$	189.0903
$C_{10}H_{13}N_4$	189.1142
$C_{10}H_{21}O_3$	189.1491
$C_{10}H_{23}NO_2$	189.1730
$C_{11}H_9O_3$	189.0552
$C_{11}H_{11}NO_2$	189.0790
$C_{11}H_{13}N_2O$	189.1029
$C_{11}H_{15}N_3$	189.1267
$C_{12}H_{13}O_2$	189.0916
$C_{12}H_{15}NO$	189.1154
$C_{12}H_{17}N_2$	189.1393
$C_{13}H_{17}O$	189.1280
$C_{13}H_{19}N$	189.1519
$C_{14}H_{21}$	189.1644
190	
$C_7H_{14}N_2O_4$	190.0954
$C_7H_{16}N_3O_3$	190.1193
$C_7H_{18}N_4O_2$	190.1431
$C_8H_6N_4O_2$	190.0491
$C_8H_{16}NO_4$	190.1080
$C_8H_{18}N_2O_3$	190.1318
$C_8H_{20}N_3O_2$	190.1557
$C_8H_{22}N_4O$	190.1795
$C_9H_8N_3O_2$	190.0617
$C_9H_{10}N_4O$	190.0856
$C_9H_{18}O_4$	190.1205
$C_9H_{20}NO_3$	190.1444
$C_9H_{22}N_2O_2$	190.1682
$C_{10}H_8NO_3$	190.0504
$C_{10}H_{10}N_2O_2$	190.0743
$C_{10}H_{12}N_3O$	190.0981
$C_{10}H_{14}N_4$	190.1220
$C_{10}H_{22}O_3$	190.1569
$C_{11}H_{10}O_3$	190.0630
$C_{11}H_{12}NO_2$	190.0868
$C_{11}H_{14}N_2O$	190.1107
$C_{11}H_{16}N_3$	190.1346
$C_{12}H_{14}O_2$	190.0994
$C_{12}H_{16}NO$	190.1233
$C_{12}H_{18}N_2$	190.1471
$C_{13}H_{18}O$	190.1358
$C_{13}H_{20}N$	190.1597
$C_{14}H_{22}$	190.1722
$C_{15}H_{10}$	190.0783
191	
$C_7H_{15}N_2O_4$	191.1032
$C_7H_{17}N_3O_3$	191.1271
$C_7H_{19}N_4O_2$	191.1509
$C_8H_7N_4O_2$	191.0570
$C_8H_{17}NO_4$	191.1158
$C_8H_{19}N_2O_3$	191.1396
$C_8H_{21}N_3O_2$	191.1635
$C_9H_7N_2O_3$	191.0457
$C_9H_9N_3O_2$	191.0695
$C_9H_{11}N_4O$	191.0934
$C_9H_{19}O_4$	191.1284
$C_9H_{21}NO_3$	191.1522
$C_{10}H_7O_4$	191.0344
$C_{10}H_9NO_3$	191.0583
$C_{10}H_{11}N_2O_2$	191.0821
$C_{10}H_{13}N_3O$	191.1060
$C_{10}H_{15}N_4$	191.1298
$C_{11}H_{11}O_3$	191.0708
$C_{11}H_{13}NO_2$	191.0947
$C_{11}H_{15}N_2O$	191.1185
$C_{11}H_{17}N_3$	191.1424
$C_{12}H_{15}O_2$	191.1072
$C_{12}H_{17}NO$	191.1311
$C_{12}H_{19}N_2$	191.1549
$C_{13}H_{19}O$	191.1436
$C_{13}H_{21}N$	191.1675
$C_{14}H_9N$	191.0736
$C_{14}H_{23}$	191.1801
$C_{15}H_{11}$	191.0861
192	
$C_7H_{16}N_2O_4$	192.1111
$C_7H_{18}N_3O_3$	192.1349
$C_7H_{20}N_4O_2$	192.1588
$C_8H_6N_3O_3$	192.0410
$C_8H_8N_4O_2$	192.0648
$C_8H_{18}NO_4$	192.1236
$C_8H_{20}N_2O_3$	192.1475
$C_9H_6NO_4$	192.0297
$C_9H_8N_2O_3$	192.0535
$C_9H_{10}N_3O_2$	192.0774
$C_9H_{12}N_4O$	192.1012
$C_9H_{20}O_4$	192.1362
$C_{10}H_8O_4$	192.0422
$C_{10}H_{10}NO_3$	192.0661
$C_{10}H_{12}N_2O_2$	192.0899
$C_{10}H_{14}N_3O$	192.1138
$C_{10}H_{16}N_4$	192.1377
$C_{11}H_{12}O_3$	192.0786
$C_{11}H_{14}NO_2$	192.1025
$C_{11}H_{16}N_2O$	192.1264
$C_{11}H_{18}N_3$	192.1502
$C_{12}H_{16}O_2$	192.1151
$C_{12}H_{18}NO$	192.1389
$C_{12}H_{20}N_2$	192.1628
$C_{13}H_8N_2$	192.0688
$C_{13}H_{20}O$	192.1515
$C_{13}H_{22}N$	192.1753
$C_{14}H_{10}N$	192.0814
$C_{14}H_{24}$	192.1879
$C_{15}H_{12}$	192.0939
193	
$C_7H_{17}N_2O_4$	193.1189
$C_7H_{19}N_3O_3$	193.1427
$C_8H_7N_3O_3$	193.0488
$C_8H_9N_4O_2$	193.0726
$C_8H_{19}NO_4$	193.1315
$C_9H_7NO_4$	193.0375
$C_9H_9N_2O_3$	193.0614
$C_9H_{11}N_3O_2$	193.0852
$C_9H_{13}N_4O$	193.1091
$C_{10}H_9O_4$	193.0501
$C_{10}H_{11}NO_3$	193.0739
$C_{10}H_{13}N_2O_2$	193.0978
$C_{10}H_{15}N_3O$	193.1216
$C_{10}H_{17}N_4$	193.1455
$C_{11}H_{13}O_3$	193.0865
$C_{11}H_{15}NO_2$	193.1103
$C_{11}H_{17}N_2O$	193.1342
$C_{11}H_{19}N_3$	193.1580
$C_{12}H_{17}O_2$	193.1229
$C_{12}H_{19}NO$	193.1467
$C_{12}H_{21}N_2$	193.1706
$C_{13}H_9N_2$	193.0767
$C_{13}H_{21}O$	193.1593
$C_{13}H_{23}N$	193.1832
$C_{14}H_9O$	193.0653
$C_{14}H_{11}N$	193.0892
$C_{14}H_{25}$	193.1957
$C_{15}H_{13}$	193.1018
194	
$C_7H_{18}N_2O_4$	194.1267
$C_8H_6N_2O_4$	194.0328
$C_8H_8N_3O_3$	194.0566
$C_8H_{10}N_4O_2$	194.0805
$C_9H_8NO_4$	194.0453
$C_9H_{10}N_2O_3$	194.0692
$C_9H_{12}N_3O_2$	194.0930
$C_9H_{14}N_4O$	194.1169
$C_{10}H_{10}O_4$	194.0579
$C_{10}H_{12}NO_3$	194.0817
$C_{10}H_{14}N_2O_2$	194.1056
$C_{10}H_{16}N_3O$	194.1295
$C_{10}H_{18}N_4$	194.1533
$C_{11}H_{14}O_3$	194.0943
$C_{11}H_{16}NO_2$	194.1182
$C_{11}H_{18}N_2O$	194.1420
$C_{11}H_{20}N_3$	194.1659
$C_{12}H_8N_3$	194.0719
$C_{12}H_{18}O_2$	194.1307
$C_{12}H_{20}NO$	194.1546
$C_{12}H_{22}N_2$	194.1784
$C_{13}H_8NO$	194.0606
$C_{13}H_{10}N_2$	194.0845
$C_{13}H_{22}O$	194.1671
$C_{13}H_{24}N$	194.1910
$C_{14}H_{10}O$	194.0732
$C_{14}H_{12}N$	194.0970
$C_{14}H_{26}$	194.2036
$C_{15}H_{14}$	194.1096
195	
$C_8H_7N_2O_4$	195.0406
$C_8H_9N_3O_3$	195.0644
$C_8H_{11}N_4O_2$	195.0883
$C_9H_9NO_4$	195.0532
$C_9H_{11}N_2O_3$	195.0770
$C_9H_{13}N_3O_2$	195.1009
$C_9H_{15}N_4O$	195.1247
$C_{10}H_{11}O_4$	195.0657
$C_{10}H_{13}NO_3$	195.0896
$C_{10}H_{15}N_2O_2$	195.1134
$C_{10}H_{17}N_3O$	195.1373
$C_{10}H_{19}N_4$	195.1611
$C_{11}H_7N_4$	195.0672
$C_{11}H_{15}O_3$	195.1021
$C_{11}H_{17}NO_2$	195.1260
$C_{11}H_{19}N_2O$	195.1498
$C_{11}H_{21}N_3$	195.1737
$C_{12}H_7N_2O$	195.0559
$C_{12}H_9N_3$	195.0798
$C_{12}H_{19}O_2$	195.1385

부록 A (계속)

	FM
$C_{12}H_{21}NO$	195.1624
$C_{12}H_{23}N_2$	195.1863
$C_{13}H_9NO$	195.0684
$C_{13}H_{11}N_2$	195.0923
$C_{13}H_{23}O$	195.1750
$C_{13}H_{25}N$	195.1988
$C_{14}H_{11}O$	195.0810
$C_{14}H_{13}N$	195.1049
$C_{14}H_{27}$	195.2114
$C_{15}H_{15}$	195.1174
196	
$C_8H_8N_2O_4$	196.0484
$C_8H_{10}N_3O_3$	196.0723
$C_8H_{12}N_4O_2$	196.0961
$C_9H_{10}NO_4$	196.0610
$C_9H_{12}N_2O_3$	196.0848
$C_9H_{14}N_3O_2$	196.1087
$C_9H_{16}N_4O$	196.1325
$C_{10}H_{12}O_4$	196.0735
$C_{10}H_{14}NO_3$	196.0974
$C_{10}H_{16}N_2O_2$	196.1213
$C_{10}H_{18}N_3O$	196.1451
$C_{10}H_{20}N_4$	196.1690
$C_{11}H_8N_4$	196.0750
$C_{11}H_{16}O_3$	196.1100
$C_{11}H_{18}NO_2$	196.1338
$C_{11}H_{20}N_2O$	196.1577
$C_{11}H_{22}N_3$	196.1815
$C_{12}H_8N_2O$	196.0637
$C_{12}H_{10}N_3$	196.0876
$C_{12}H_{20}O_2$	196.1464
$C_{12}H_{22}NO$	196.1702
$C_{12}H_{24}N_2$	196.1941
$C_{13}H_8O_2$	196.0524
$C_{13}H_{10}NO$	196.0763
$C_{13}H_{12}N_2$	196.1001
$C_{13}H_{24}O$	196.1828
$C_{13}H_{26}N$	196.2067
$C_{14}H_{12}O$	196.0888
$C_{14}H_{14}N$	196.1127
$C_{14}H_{28}$	196.2192
$C_{15}H_{16}$	196.1253
197	
$C_8H_9N_2O_4$	197.0563
$C_8H_{11}N_3O_3$	197.0801
$C_8H_{13}N_4O_2$	197.1040
$C_9H_{11}NO_4$	197.0688
$C_9H_{13}N_2O_3$	197.0927
$C_9H_{15}N_3O_2$	197.1165
$C_9H_{17}N_4O$	197.1404
$C_{10}H_{13}O_4$	197.0814
$C_{10}H_{15}NO_3$	197.1052
$C_{10}H_{17}N_2O_2$	197.1291
$C_{10}H_{19}N_3O$	197.1529
$C_{10}H_{21}N_4$	197.1768
$C_{11}H_7N_3O$	197.0590
$C_{11}H_9N_4$	197.0829
$C_{11}H_{17}O_3$	197.1178
$C_{11}H_{19}NO_2$	197.1416
$C_{11}H_{21}N_2O$	197.1655
$C_{11}H_{23}N_3$	197.1894
$C_{12}H_9N_2O$	197.0715
$C_{12}H_{11}N_3$	197.0954
$C_{12}H_{21}O_2$	197.1542
$C_{12}H_{23}NO$	197.1781
$C_{12}H_{25}N_2$	197.2019
$C_{13}H_9O_2$	197.0603
$C_{13}H_{11}NO$	197.0841
$C_{13}H_{13}N_2$	197.1080
$C_{13}H_{25}O$	197.1906
$C_{13}H_{27}N$	197.2145
$C_{14}H_{13}O$	197.0967
$C_{14}H_{15}N$	197.1205
$C_{14}H_{29}$	197.2270
$C_{15}H_{17}$	197.1331
198	
$C_8H_{10}N_2O_4$	198.0641
$C_8H_{12}N_3O_3$	198.0879
$C_8H_{14}N_4O_2$	198.1118
$C_9H_{12}NO_4$	198.0766
$C_9H_{14}N_2O_3$	198.1005
$C_9H_{16}N_3O_2$	198.1244
$C_9H_{18}N_4O$	198.1482
$C_{10}H_{14}O_4$	198.0892
$C_{10}H_{16}NO_3$	198.1131
$C_{10}H_{18}N_2O_2$	198.1369
$C_{10}H_{20}N_3O$	198.1608
$C_{10}H_{22}N_4$	198.1846
$C_{11}H_8N_3O$	198.0668
$C_{11}H_{10}N_4$	198.0907
$C_{11}H_{18}O_3$	198.1256
$C_{11}H_{20}NO_2$	198.1495
$C_{11}H_{22}N_2O$	198.1733
$C_{11}H_{24}N_3$	198.1972
$C_{12}H_8NO_2$	198.0555
$C_{12}H_{10}N_2O$	198.0794
$C_{12}H_{12}N_3$	198.1032
$C_{12}H_{22}O_2$	198.1620
$C_{12}H_{24}NO$	198.1859
$C_{12}H_{26}N_2$	198.2098
$C_{13}H_{10}O_2$	198.0681
$C_{13}H_{12}NO$	198.0919
$C_{13}H_{14}N_2$	198.1158
$C_{13}H_{26}O$	198.1985
$C_{13}H_{28}N$	198.2223
$C_{14}H_{14}O$	198.1045
$C_{14}H_{16}N$	198.1284
$C_{14}H_{30}$	198.2349
$C_{15}H_{18}$	198.1409
199	
$C_8H_{11}N_2O_4$	199.0719
$C_8H_{13}N_3O_3$	199.0958
$C_8H_{15}N_4O_2$	199.1196
$C_9H_{13}NO_4$	199.0845
$C_9H_{15}N_2O_3$	199.1083
$C_9H_{17}N_3O_2$	199.1322
$C_9H_{19}N_4O$	199.1560
$C_{10}H_7N_4O$	199.0621
$C_{10}H_{15}O_4$	199.0970
$C_{10}H_{17}NO_3$	199.1209
$C_{10}H_{19}N_2O_2$	199.1447
$C_{10}H_{21}N_3O$	199.1686
$C_{10}H_{23}N_4$	199.1925
$C_{11}H_7N_2O_2$	199.0508
$C_{11}H_9N_3O$	199.0746
$C_{11}H_{11}N_4$	199.0985
$C_{11}H_{19}O_3$	199.1334
$C_{11}H_{21}NO_2$	199.1573
$C_{11}H_{23}N_2O$	199.1811
$C_{11}H_{25}N_3$	199.2050
$C_{12}H_9NO_2$	199.0634
$C_{12}H_{11}N_2O$	199.0872
$C_{12}H_{13}N_3$	199.1111
$C_{12}H_{23}O_2$	199.1699
$C_{12}H_{25}NO$	199.1937
$C_{12}H_{27}N_2$	199.2176
$C_{13}H_{11}O_2$	199.0759
$C_{13}H_{13}NO$	199.0998
$C_{13}H_{15}N_2$	199.1236
$C_{13}H_{27}O$	199.2063
$C_{13}H_{29}N$	199.2301
$C_{14}H_{15}O$	199.1123
$C_{14}H_{17}N$	199.1362
$C_{15}H_{19}$	199.1488
200	
$C_8H_{12}N_2O_4$	200.0797
$C_8H_{14}N_3O_3$	200.1036
$C_8H_{16}N_4O_2$	200.1275
$C_9H_{14}NO_4$	200.0923
$C_9H_{16}N_2O_3$	200.1162
$C_9H_{18}N_3O_2$	200.1400
$C_9H_{20}N_4O$	200.1639
$C_{10}H_8N_4O$	200.0699
$C_{10}H_{16}O_4$	200.1049
$C_{10}H_{18}NO_3$	200.1287
$C_{10}H_{20}N_2O_2$	200.1526
$C_{10}H_{22}N_3O$	200.1764
$C_{10}H_{24}N_4$	200.2003
$C_{11}H_8N_2O_2$	200.0586
$C_{11}H_{10}N_3O$	200.0825
$C_{11}H_{12}N_4$	200.1063
$C_{11}H_{20}O_3$	200.1413
$C_{11}H_{22}NO_2$	200.1651
$C_{11}H_{24}N_2O$	200.1890
$C_{11}N_{26}N_3$	200.2129
$C_{12}H_8O_3$	200.0473
$C_{12}H_{10}NO_2$	200.0712
$C_{12}H_{12}N_2O$	200.0950
$C_{12}H_{14}N_3$	200.1189
$C_{12}H_{24}O_2$	200.1777
$C_{12}H_{26}NO$	200.2015
$C_{12}H_{28}N_2$	200.2254
$C_{13}H_{12}O_2$	200.0837
$C_{13}H_{14}NO$	200.1076
$C_{13}H_{16}N_2$	200.1315
$C_{13}H_{28}O$	200.2141
$C_{14}H_{16}O$	200.1202
$C_{14}H_{18}N$	200.1440
$C_{15}H_{20}$	200.1566
201	
$C_8H_{13}N_2O_4$	201.0876
$C_8H_{15}N_3O_3$	201.1114
$C_8H_{17}N_4O_2$	201.1353
$C_9H_{15}NO_4$	201.1001
$C_9H_{17}N_2O_3$	201.1240
$C_9H_{19}N_3O_2$	201.1478
$C_9H_{21}N_4O$	201.1717
$C_{10}H_7N_3O_2$	201.0539
$C_{10}H_9N_4O$	201.0777
$C_{10}H_{17}O_4$	201.1127
$C_{10}H_{19}NO_3$	201.1365
$C_{10}H_{21}N_2O_2$	201.1604
$C_{10}H_{23}N_3O$	201.1842
$C_{10}H_{25}N_4$	201.2081
$C_{11}H_7NO_3$	201.0426
$C_{11}H_9N_2O_2$	201.0664
$C_{11}H_{11}N_3O$	201.0903
$C_{11}H_{13}N_4$	201.1142
$C_{11}H_{21}O_3$	201.1491
$C_{11}H_{23}NO_2$	201.1730
$C_{11}H_{25}N_2O$	201.1968
$C_{11}H_{27}N_3$	201.2207
$C_{12}H_9O_3$	201.0552
$C_{12}H_{11}NO_2$	201.0790
$C_{12}H_{13}N_2O$	201.1029
$C_{12}H_{15}N_3$	201.1267
$C_{12}H_{25}O_2$	201.1855
$C_{12}H_{27}NO$	201.2094
$C_{13}H_{13}O_2$	201.0916
$C_{13}H_{15}NO$	201.1154
$C_{13}H_{17}N_2$	201.1393
$C_{14}H_{17}O$	201.1280
$C_{14}H_{19}N$	201.1519
$C_{15}H_{21}$	201.1644
202	
$C_8H_{14}N_2O_4$	202.0954
$C_8H_{16}N_3O_3$	202.1193
$C_8H_{18}N_4O_2$	202.1431
$C_9H_6N_4O_2$	202.0491
$C_9H_{16}NO_4$	202.1080
$C_9H_{18}N_2O_3$	202.1318
$C_9H_{20}N_3O_2$	202.1557
$C_9H_{22}N_4O$	202.1795
$C_{10}H_8N_3O_2$	202.0617
$C_{10}H_{10}N_4O$	202.0856
$C_{10}H_{18}O_4$	202.1205
$C_{10}H_{20}NO_3$	202.1444
$C_{10}H_{22}N_2O_2$	202.1682

부록 A (계속)

	FM
$C_{10}H_{24}N_3O$	202.1921
$C_{10}H_{26}N_4$	202.2160
$C_{11}H_8NO_3$	202.0504
$C_{11}H_{10}N_2O_2$	202.0743
$C_{11}H_{12}N_3O$	202.0981
$C_{11}H_{14}N_4$	202.1220
$C_{11}H_{22}O_3$	202.1569
$C_{11}H_{24}NO_2$	202.1808
$C_{11}H_{26}N_2O$	202.2046
$C_{12}H_{10}O_3$	202.0630
$C_{12}H_{12}NO_2$	202.0868
$C_{12}H_{14}N_2O$	202.1107
$C_{12}H_{16}N_3$	202.1346
$C_{12}H_{26}O_2$	202.1934
$C_{13}H_{14}O_2$	202.0994
$C_{13}H_{16}NO$	202.1233
$C_{13}H_{18}N_2$	202.1471
$C_{14}H_{18}O$	202.1358
$C_{14}H_{20}N$	202.1597
$C_{15}H_{22}$	202.1722
203	
$C_8H_{15}N_2O_4$	203.1032
$C_8H_{17}N_3O_3$	203.1271
$C_8H_{19}N_4O_2$	203.1509
$C_9H_7N_4O_2$	203.0570
$C_9H_{17}NO_4$	203.1158
$C_9H_{19}N_2O_3$	203.1396
$C_9H_{21}N_3O_2$	203.1635
$C_9H_{23}N_4O$	203.1873
$C_{10}H_7N_2O_3$	203.0457
$C_{10}H_9N_3O_2$	203.0695
$C_{10}H_{11}N_4O$	203.0934
$C_{10}H_{19}O_4$	203.1284
$C_{10}H_{21}NO_3$	203.1522
$C_{10}H_{23}N_2O_2$	203.1761
$C_{10}H_{25}N_3O$	203.1999
$C_{11}H_7O_4$	203.0344
$C_{11}H_9NO_3$	203.0583
$C_{11}H_{11}N_2O_2$	203.0821
$C_{11}H_{13}N_3O$	203.1060
$C_{11}H_{15}N_4$	203.1298
$C_{11}H_{23}O_3$	203.1648
$C_{11}H_{25}NO_2$	203.1886
$C_{12}H_{11}O_3$	203.0708
$C_{12}H_{13}NO_2$	203.0947
$C_{12}H_{15}N_2O$	203.1185
$C_{12}H_{17}N_3$	203.1424
$C_{13}H_{15}O_2$	203.1072
$C_{13}H_{17}NO$	203.1311
$C_{13}H_{19}N_2$	203.1549
$C_{14}H_{19}O$	203.1436
$C_{14}H_{21}N$	203.1675
$C_{15}H_9N$	203.0736
$C_{15}H_{23}$	203.1801
204	
$C_8H_{16}N_2O_4$	204.1111
$C_8H_{18}N_3O_3$	204.1349
$C_8H_{20}N_4O_2$	204.1588
$C_9H_6N_3O_3$	204.0410
$C_9H_8N_4O_2$	204.0648
$C_9H_{18}NO_4$	204.1236
$C_9H_{20}N_2O_3$	204.1475
$C_9H_{22}N_3O_2$	204.1713
$C_9H_{24}N_4O$	204.1952
$C_{10}H_8N_2O_3$	204.0535
$C_{10}H_{10}N_3O_2$	204.0774
$C_{10}H_{12}N_4O$	204.1012
$C_{10}H_{20}O_4$	204.1362
$C_{10}H_{22}NO_3$	204.1600
$C_{10}H_{24}N_2O_2$	204.1839
$C_{11}H_8O_4$	204.0422
$C_{11}H_{10}NO_3$	204.0661
$C_{11}H_{12}N_2O_2$	204.0899
$C_{11}H_{14}N_3O$	204.1138
$C_{11}H_{16}N_4$	204.1377
$C_{11}H_{24}O_3$	204.1726
$C_{12}H_{12}O_3$	204.0786
$C_{12}H_{14}NO_2$	204.1025
$C_{12}H_{16}N_2O$	204.1264
$C_{12}H_{18}N_3$	204.1502
$C_{13}H_{16}O_2$	204.1151
$C_{13}H_{18}NO$	204.1389
$C_{13}H_{20}N_2$	204.1628
$C_{14}H_{20}O$	204.1515
$C_{14}H_{22}N$	204.1753
$C_{15}H_{10}N$	204.0814
$C_{15}H_{24}$	204.1879
$C_{16}H_{12}$	204.0939
205	
$C_8H_{17}N_2O_4$	205.1189
$C_8H_{19}N_3O_3$	205.1427
$C_8H_{21}N_4O_2$	205.1666
$C_9H_7N_3O_3$	205.0488
$C_9H_9N_4O_2$	205.0726
$C_9H_{19}NO_4$	205.1315
$C_9H_{21}N_2O_3$	205.1553
$C_9H_{23}N_3O_2$	205.1791
$C_{10}H_7NO_4$	205.0375
$C_{10}H_9N_2O_3$	205.0614
$C_{10}H_{11}N_3O_2$	205.0852
$C_{10}H_{13}N_4O$	205.1091
$C_{10}H_{21}O_4$	205.1440
$C_{10}H_{23}NO_3$	205.1679
$C_{11}H_9O_4$	205.0501
$C_{11}H_{11}NO_3$	205.0739
$C_{11}H_{13}N_2O_2$	205.0978
$C_{11}H_{15}N_3O$	205.1216
$C_{11}H_{17}N_4$	205.1455
$C_{12}H_{13}O_3$	205.0865
$C_{12}H_{15}NO_2$	205.1103
$C_{12}H_{17}N_2O$	205.1342
$C_{12}H_{19}N_3$	205.1580
$C_{13}H_{17}O_2$	205.1229
$C_{13}H_{19}NO$	205.1467
$C_{13}H_{21}N_2$	205.1706
$C_{14}H_9N_2$	205.0767
$C_{14}H_{21}O$	205.1593
$C_{14}H_{23}N$	205.1832
$C_{15}H_9O$	205.0653
$C_{15}H_{11}N$	205.0892
$C_{15}H_{25}$	205.1957
$C_{16}H_{13}$	205.1018
206	
$C_8H_{18}N_2O_4$	206.1267
$C_8H_{20}N_3O_3$	206.1506
$C_8H_{22}N_4O_2$	206.1744
$C_9H_6N_2O_4$	206.0328
$C_9H_8N_3O_3$	206.0566
$C_9H_{10}N_4O_2$	206.0805
$C_9H_{20}NO_4$	206.1393
$C_9H_{22}N_2O_3$	206.1631
$C_{10}H_8NO_4$	206.0453
$C_{10}H_{10}N_2O_3$	206.0692
$C_{10}H_{12}N_3O_2$	206.0930
$C_{10}H_{14}N_4O$	206.1169
$C_{10}H_{22}O_4$	206.1518
$C_{11}H_{10}O_4$	206.0579
$C_{11}H_{12}NO_3$	206.0817
$C_{11}H_{14}N_2O_2$	206.1056
$C_{11}H_{16}N_3O$	206.1295
$C_{11}H_{18}N_4$	206.1533
$C_{12}H_{14}O_3$	206.0943
$C_{12}H_{16}NO_2$	206.1182
$C_{12}H_{18}N_2O$	206.1420
$C_{12}H_{20}N_3$	206.1659
$C_{13}H_8N_3$	206.0719
$C_{13}H_{18}O_2$	206.1307
$C_{13}H_{20}NO$	206.1546
$C_{13}H_{22}N_2$	206.1784
$C_{14}H_{10}N_2$	206.0845
$C_{14}H_{22}O$	206.1671
$C_{14}H_{24}N$	206.1910
$C_{15}H_{10}O$	206.0732
$C_{15}H_{12}N$	206.0970
$C_{15}H_{26}$	206.2036
$C_{16}H_{14}$	206.1096
207	
$C_8H_{19}N_2O_4$	207.1345
$C_8H_{21}N_3O_3$	207.1584
$C_9H_7N_2O_4$	207.0406
$C_9H_9N_3O_3$	207.0644
$C_9H_{11}N_4O_2$	207.0883
$C_9H_{21}NO_4$	207.1471
$C_{10}H_9NO_4$	207.0532
$C_{10}H_{11}N_2O_3$	207.0770
$C_{10}H_{13}N_3O_2$	207.1009
$C_{10}H_{15}N_4O$	207.1247
$C_{11}H_{11}O_4$	207.0657
$C_{11}H_{13}NO_3$	207.0896
$C_{11}H_{15}N_2O_2$	207.1134
$C_{11}H_{17}N_3O$	207.1373
$C_{11}H_{19}N_4$	207.1611
$C_{12}H_{15}O_3$	207.1021
$C_{12}H_{17}NO_2$	207.1260
$C_{12}H_{19}N_2O$	207.1498
$C_{12}H_{21}N_3$	207.1737
$C_{13}H_9N_3$	207.0798
$C_{13}H_{19}O_2$	207.1385
$C_{13}H_{21}NO$	207.1624
$C_{13}H_{23}N_2$	207.1863
$C_{14}H_9NO$	207.0684
$C_{14}H_{11}N_2$	207.0923
$C_{14}H_{23}O$	207.1750
$C_{14}H_{25}N$	207.1988
$C_{15}H_{11}O$	207.0810
$C_{15}H_{13}N$	207.1049
$C_{15}H_{27}$	207.2114
$C_{16}H_{15}$	207.1174
208	
$C_8H_{20}N_2O_4$	208.1424
$C_9H_8N_2O_4$	208.0484
$C_9H_{10}N_3O_3$	208.0723
$C_9H_{12}N_4O_2$	208.0961
$C_{10}H_{10}NO_4$	208.0610
$C_{10}H_{12}N_2O_3$	208.0848
$C_{10}H_{14}N_3O_2$	208.1087
$C_{10}H_{16}N_4O$	208.1325
$C_{11}H_{12}O_4$	208.0735
$C_{11}H_{14}NO_3$	208.0974
$C_{11}H_{16}N_2O_2$	208.1213
$C_{11}H_{18}N_3O$	208.1451
$C_{11}H_{20}N_4$	208.1690
$C_{12}H_8N_4$	208.0750
$C_{12}H_{16}O_3$	208.1100
$C_{12}H_{18}NO_2$	208.1338
$C_{12}H_{20}N_2O$	208.1577
$C_{12}H_{22}N_3$	208.1815
$C_{13}H_8N_2O$	208.0637
$C_{13}H_{10}N_3$	208.0876
$C_{13}H_{20}O_2$	208.1464
$C_{13}H_{22}NO$	208.1702
$C_{13}H_{24}N_2$	208.1941
$C_{14}H_{10}NO$	208.0763
$C_{14}H_{12}N_2$	208.1001
$C_{14}H_{24}O$	208.1828
$C_{14}H_{26}N$	208.2067
$C_{15}H_{12}O$	208.0888
$C_{15}H_{14}N$	208.1127
$C_{15}H_{28}$	208.2192
$C_{16}H_{16}$	208.1253
209	
$C_9H_9N_2O_4$	209.0563
$C_9H_{11}N_3O_3$	209.0801
$C_9H_{13}N_4O_2$	209.1040
$C_{10}H_{11}NO_4$	209.0688
$C_{10}H_{13}N_2O_3$	209.0927
$C_{10}H_{15}N_3O_2$	209.1165
$C_{10}H_{17}N_4O$	209.1404

부록 A (계속)

	FM
$C_{11}H_{13}O_4$	209.0814
$C_{11}H_{15}NO_3$	209.1052
$C_{11}H_{17}N_2O_2$	209.1291
$C_{11}H_{19}N_3O$	209.1529
$C_{11}H_{21}N_4$	209.1768
$C_{12}H_9N_4$	209.0829
$C_{12}H_{17}O_3$	209.1178
$C_{12}H_{19}NO_2$	209.1416
$C_{12}H_{21}N_2O$	209.1655
$C_{12}H_{23}N_3$	209.1894
$C_{13}H_9N_2O$	209.0715
$C_{13}H_{11}N_3$	209.0954
$C_{13}H_{21}O_2$	209.1542
$C_{13}H_{23}NO$	209.1781
$C_{13}H_{25}N_2$	209.2019
$C_{14}H_9O_2$	209.0603
$C_{14}H_{11}NO$	209.0841
$C_{14}H_{13}N_2$	209.1080
$C_{14}H_{25}O$	209.1906
$C_{14}H_{27}N$	209.2145
$C_{15}H_{13}O$	209.0967
$C_{15}H_{15}N$	209.1205
$C_{15}H_{29}$	209.2270
$C_{16}H_{17}$	209.1331
210	
$C_9H_{10}N_2O_4$	210.0641
$C_9H_{12}N_3O_3$	210.0879
$C_9H_{14}N_4O_2$	210.1118
$C_{10}H_{12}NO_4$	210.0766
$C_{10}H_{14}N_2O_3$	210.1005
$C_{10}H_{16}N_3O_2$	210.1244
$C_{10}H_{18}N_4O$	210.1482
$C_{11}H_{14}O_4$	210.0892
$C_{11}H_{16}NO_3$	210.1131
$C_{11}H_{18}N_2O_2$	210.1369
$C_{11}H_{20}N_3O$	210.1608
$C_{11}H_{22}N_4$	210.1846
$C_{12}H_8N_3O$	210.0668
$C_{12}H_{10}N_4$	210.0907
$C_{12}H_{18}O_3$	210.1256
$C_{12}H_{20}NO_2$	210.1495
$C_{12}H_{22}N_2O$	210.1733
$C_{12}H_{24}N_3$	210.1972
$C_{13}H_8NO_2$	210.0555
$C_{13}H_{10}N_2O$	210.0794
$C_{13}H_{12}N_3$	210.1032
$C_{13}H_{22}O_2$	210.1620
$C_{13}H_{24}NO$	210.1859
$C_{13}H_{26}N_2$	210.2098
$C_{14}H_{10}O_2$	210.0681
$C_{14}H_{12}NO$	210.0919
$C_{14}H_{14}N_2$	210.1158
$C_{14}H_{26}O$	210.1985
$C_{14}H_{28}N$	210.2223
$C_{15}H_{14}O$	210.1045
$C_{15}H_{16}N$	210.1284
$C_{15}H_{30}$	210.2349
$C_{16}H_{18}$	210.1409
211	
$C_9H_{11}N_2O_4$	211.0719
$C_9H_{13}N_3O_3$	211.0958
$C_9H_{15}N_4O_2$	211.1196
$C_{10}H_{13}NO_4$	211.0845
$C_{10}H_{15}N_2O_3$	211.1083
$C_{10}H_{17}N_3O_2$	211.1322
$C_{10}H_{19}N_4O$	211.1560
$C_{11}H_7N_4O$	211.0621
$C_{11}H_{15}O_4$	211.0970
$C_{11}H_{17}NO_3$	211.1209
$C_{11}H_{19}N_2O_2$	211.1447
$C_{11}H_{21}N_3O$	211.1686
$C_{11}H_{23}N_4$	211.1925
$C_{12}H_9N_3O$	211.0746
$C_{12}H_{11}N_4$	211.0985
$C_{12}H_{19}O_3$	211.1334
$C_{12}H_{21}NO_2$	211.1573
$C_{12}H_{23}N_2O$	211.1811
$C_{12}H_{25}N_3$	211.2050
$C_{13}H_9NO_2$	211.0634
$C_{13}H_{11}N_2O$	211.0872
$C_{13}H_{13}N_3$	211.1111
$C_{13}H_{23}O_2$	211.1699
$C_{13}H_{25}NO$	211.1937
$C_{13}H_{27}N_2$	211.2176
$C_{14}H_{11}O_2$	211.0759
$C_{14}H_{13}NO$	211.0998
$C_{14}H_{15}N_2$	211.1236
$C_{14}H_{27}O$	211.2063
$C_{14}H_{29}N$	211.2301
$C_{15}H_{15}O$	211.1123
$C_{15}H_{17}N$	211.1362
$C_{15}H_{31}$	211.2427
$C_{16}H_{19}$	211.1488
212	
$C_9H_{12}N_2O_4$	212.0797
$C_9H_{14}N_3O_3$	212.1036
$C_9H_{16}N_4O_2$	212.1275
$C_{10}H_{14}NO_4$	212.0923
$C_{10}H_{16}N_2O_3$	212.1162
$C_{10}H_{18}N_3O_2$	212.1400
$C_{10}H_{20}N_4O$	212.1639
$C_{11}H_8N_4O$	212.0699
$C_{11}H_{16}O_4$	212.1049
$C_{11}H_{18}NO_3$	212.1287
$C_{11}H_{20}N_2O_2$	212.1526
$C_{11}H_{22}N_3O$	212.1764
$C_{11}H_{24}N_4$	212.2003
$C_{12}H_8N_2O_2$	212.0586
$C_{12}H_{10}N_3O$	212.0825
$C_{12}H_{12}N_4$	212.1063
$C_{12}H_{20}O_3$	212.1413
$C_{12}H_{22}NO_2$	212.1651
$C_{12}H_{24}N_2O$	212.1890
$C_{12}H_{26}N_3$	212.2129
$C_{13}H_8O_3$	212.0473
$C_{13}H_{10}NO_2$	212.0712
$C_{13}H_{12}N_2O$	212.0950
$C_{13}H_{14}N_3$	212.1189
$C_{13}H_{24}O_2$	212.1777
$C_{13}H_{26}NO$	212.2015
$C_{13}H_{28}N_2$	212.2254
$C_{14}H_{12}O_2$	212.0837
$C_{14}H_{14}NO$	212.1076
$C_{14}H_{16}N_2$	212.1315
$C_{14}H_{28}O$	212.2141
$C_{14}H_{30}N$	212.2380
$C_{15}H_{16}O$	212.1202
$C_{15}H_{18}N$	212.1440
$C_{15}H_{32}$	212.2505
$C_{16}H_{20}$	212.1566
213	
$C_9H_{13}N_2O_4$	213.0876
$C_9H_{15}N_3O_3$	213.1114
$C_9H_{17}N_4O_2$	213.1353
$C_{10}H_{15}NO_4$	213.1001
$C_{10}H_{17}N_2O_3$	213.1240
$C_{10}H_{19}N_3O_2$	213.1478
$C_{10}H_{21}N_4O$	213.1717
$C_{11}H_7N_3O_2$	213.0539
$C_{11}H_9N_4O$	213.0777
$C_{11}H_{17}O_4$	213.1127
$C_{11}H_{19}NO_3$	213.1365
$C_{11}H_{21}N_2O_2$	213.1604
$C_{11}H_{23}N_3O$	213.1842
$C_{11}H_{25}N_4$	213.2081
$C_{12}H_9N_2O_2$	213.0664
$C_{12}H_{11}N_3O$	213.0903
$C_{12}H_{13}N_4$	213.1142
$C_{12}H_{21}O_3$	213.1491
$C_{12}H_{23}NO_2$	213.1730
$C_{12}H_{25}N_2O$	213.1968
$C_{12}H_{27}N_3$	213.2207
$C_{13}H_9O_3$	213.0552
$C_{13}H_{11}NO_2$	213.0790
$C_{13}H_{13}N_2O$	213.1029
$C_{13}H_{15}N_3$	213.1267
$C_{13}H_{25}O_2$	213.1855
$C_{13}H_{27}NO$	213.2094
$C_{13}H_{29}N_2$	213.2332
$C_{14}H_{13}O_2$	213.0916
$C_{14}H_{15}NO$	213.1154
$C_{14}H_{17}N_2$	213.1393
$C_{14}H_{29}O$	213.2219
$C_{15}H_{17}O$	213.1280
$C_{15}H_{19}N$	213.1519
$C_{16}H_{21}$	213.1644
214	
$C_9H_{14}N_2O_4$	214.0954
$C_9H_{16}N_3O_3$	214.1193
$C_9H_{18}N_4O_2$	214.1431
$C_{10}H_{16}NO_4$	214.1080
$C_{10}H_{18}N_2O_3$	214.1318
$C_{10}H_{20}N_3O_2$	214.1557
$C_{10}H_{22}N_4O$	214.1795
$C_{11}H_8N_3O_2$	214.0617
$C_{11}H_{10}N_4O$	214.0856
$C_{11}H_{18}O_4$	214.1205
$C_{11}H_{20}NO_3$	214.1444
$C_{11}H_{22}N_2O_2$	214.1682
$C_{11}H_{24}N_3O$	214.1921
$C_{11}H_{26}N_4$	214.2160
$C_{12}H_8NO_3$	214.0504
$C_{12}H_{10}N_2O_2$	214.0743
$C_{12}H_{12}N_3O$	214.0981
$C_{12}H_{14}N_4$	214.1220
$C_{12}H_{22}O_3$	214.1569
$C_{12}H_{24}NO_2$	214.1808
$C_{12}H_{26}N_2O$	214.2046
$C_{12}H_{28}N_3$	214.2285
$C_{13}H_{10}O_3$	214.0630
$C_{13}H_{12}NO_2$	214.0869
$C_{13}H_{14}N_2O$	214.1107
$C_{13}H_{16}N_3$	214.1346
$C_{13}H_{26}O_2$	214.1934
$C_{13}H_{28}NO$	214.2172
$C_{13}H_{30}N_2$	214.2411
$C_{14}H_{14}O_2$	214.0994
$C_{14}H_{16}NO$	214.1233
$C_{14}H_{18}N_2$	214.1471
$C_{15}H_{18}O$	214.1358
$C_{15}H_{20}N$	214.1597
$C_{16}H_{22}$	214.1722
215	
$C_9H_{15}N_2O_4$	215.1032
$C_9H_{17}N_3O_3$	215.1271
$C_9H_{19}N_4O_2$	215.1509
$C_{10}H_7N_4O_2$	215.0570
$C_{10}H_{17}NO_4$	215.1158
$C_{10}H_{19}N_2O_3$	215.1396
$C_{10}H_{21}N_3O_2$	215.1635
$C_{10}H_{23}N_4O$	215.1873
$C_{11}H_7N_2O_3$	215.0457
$C_{11}H_9N_3O_2$	215.0695
$C_{11}H_{11}N_4O$	215.0934
$C_{11}H_{19}O_4$	215.1284
$C_{11}H_{21}NO_3$	215.1522
$C_{11}H_{23}N_2O_2$	215.1761
$C_{11}H_{25}N_3O$	215.1999
$C_{11}H_{27}N_4$	215.2238
$C_{12}H_9NO_3$	215.0583
$C_{12}H_{11}N_2O_2$	215.0821
$C_{12}H_{13}N_3O$	215.1060
$C_{12}H_{15}N_4$	215.1298
$C_{12}H_{23}O_3$	215.1648
$C_{12}H_{25}NO_2$	215.1886
$C_{12}H_{27}N_2O$	215.2125
$C_{12}H_{29}N_3$	215.2363
$C_{13}H_{11}O_3$	215.0708

부록 A (계속)

	FM
$C_{13}H_{13}NO_2$	215.0947
$C_{13}H_{15}N_2O$	215.1185
$C_{13}H_{17}N_3$	215.1424
$C_{14}H_{15}O_2$	215.1072
$C_{14}H_{17}NO$	215.1311
$C_{14}H_{19}N_2$	215.1549
$C_{15}H_{19}O$	215.1436
$C_{15}H_{21}N$	215.1675
$C_{16}H_{23}$	215.1801
216	
$C_9H_{16}N_2O_4$	216.1111
$C_9H_{18}N_3O_3$	216.1349
$C_9H_{20}N_4O_2$	216.1588
$C_{10}H_8N_4O_2$	216.0648
$C_{10}H_{18}NO_4$	216.1236
$C_{10}H_{20}N_2O_3$	216.1475
$C_{10}H_{22}N_3O_2$	216.1713
$C_{10}H_{24}N_4O$	216.1952
$C_{11}H_8N_2O_3$	216.0535
$C_{11}H_{10}N_3O_2$	216.0774
$C_{11}H_{12}N_4O$	216.1012
$C_{11}H_{20}O_4$	216.1362
$C_{11}H_{22}NO_3$	216.1600
$C_{11}H_{24}N_2O_2$	216.1839
$C_{11}H_{26}N_3O$	216.2077
$C_{11}H_{28}N_4$	216.2316
$C_{12}H_8O_4$	216.0422
$C_{12}H_{10}NO_3$	216.0661
$C_{12}H_{12}N_2O_2$	216.0899
$C_{12}H_{14}N_3O$	216.1138
$C_{12}H_{16}N_4$	216.1377
$C_{12}H_{24}O_3$	216.1726
$C_{12}H_{26}NO_2$	216.1965
$C_{12}H_{28}N_2O$	216.2203
$C_{13}H_{12}O_3$	216.0786
$C_{13}H_{14}NO_2$	216.1025
$C_{13}H_{16}N_2O$	216.1264
$C_{13}H_{18}N_3$	216.1502
$C_{13}H_{28}O_2$	216.2090
$C_{14}H_{16}O_2$	216.1151
$C_{14}H_{18}NO$	216.1389
$C_{14}H_{20}N_2$	216.1628
$C_{15}H_{20}O$	216.1515
$C_{15}H_{22}N$	216.1753
$C_{16}H_{10}N$	216.0814
$C_{16}H_{24}$	216.1879
$C_{17}H_{12}$	216.0939
217	
$C_9H_{17}N_2O_4$	217.1189
$C_9H_{19}N_3O_3$	217.1427
$C_9H_{21}N_4O_2$	217.1666
$C_{10}H_7N_3O_3$	217.0488
$C_{10}H_9N_4O_2$	217.0726
$C_{10}H_{19}NO_4$	217.1315
$C_{10}H_{21}N_2O_3$	217.1553
$C_{10}H_{23}N_3O_2$	217.1791
$C_{10}H_{25}N_4O$	217.2030
$C_{11}H_7NO_4$	217.0375
$C_{11}H_9N_2O_3$	217.0614
$C_{11}H_{11}N_3O_2$	217.0852
$C_{11}H_{13}N_4O$	217.1091
$C_{11}H_{21}O_4$	217.1440
$C_{11}H_{23}NO_3$	217.1679
$C_{11}H_{25}N_2O_2$	217.1917
$C_{11}H_{27}N_3O$	217.2156
$C_{12}H_9O_4$	217.0501
$C_{12}H_{11}NO_3$	217.0739
$C_{12}H_{13}N_2O_2$	217.0978
$C_{12}H_{15}N_3O$	217.1216
$C_{12}H_{17}N_4$	217.1455
$C_{12}H_{25}O_3$	217.1804
$C_{12}H_{27}NO_2$	217.2043
$C_{13}H_{13}O_3$	217.0865
$C_{13}H_{15}NO_2$	217.1103
$C_{13}H_{17}N_2O$	217.1342
$C_{13}H_{19}N_3$	217.1580
$C_{14}H_{17}O_2$	217.1229
$C_{14}H_{19}NO$	217.1467
$C_{14}H_{21}N_2$	217.1706
$C_{15}H_9N_2$	217.0767
$C_{15}H_{21}O$	217.1593
$C_{15}H_{23}N$	217.1832
$C_{16}H_{11}N$	217.0892
$C_{16}H_{25}$	217.1957
$C_{17}H_{13}$	217.1018
218	
$C_9H_{18}N_2O_4$	218.1267
$C_9H_{20}N_3O_3$	218.1506
$C_9H_{22}N_4O_2$	218.1744
$C_{10}H_8N_3O_3$	218.0566
$C_{10}H_{10}N_4O_2$	218.0805
$C_{10}H_{20}NO_4$	218.1393
$C_{10}H_{22}N_2O_3$	218.1631
$C_{10}H_{24}N_3O_2$	218.1870
$C_{10}H_{26}N_4O$	218.2108
$C_{11}H_8NO_4$	218.0453
$C_{11}H_{10}N_2O_3$	218.0692
$C_{11}H_{12}N_3O_2$	218.0930
$C_{11}H_{14}N_4O$	218.1169
$C_{11}H_{22}O_4$	218.1518
$C_{11}H_{24}NO_3$	218.1757
$C_{11}H_{26}N_2O_2$	218.1996
$C_{12}H_{10}O_4$	218.0579
$C_{12}H_{12}NO_3$	218.0817
$C_{12}H_{14}N_2O_2$	218.1056
$C_{12}H_{16}N_3O$	218.1295
$C_{12}H_{18}N_4$	218.1533
$C_{12}H_{26}O_3$	218.1883
$C_{13}H_{14}O_3$	218.0943
$C_{13}H_{16}NO_2$	218.1182
$C_{13}H_{18}N_2O$	218.1420
$C_{13}H_{20}N_3$	218.1659
$C_{14}H_{18}O_2$	218.1307
$C_{14}H_{20}NO$	218.1546
$C_{14}H_{22}N_2$	218.1784
$C_{15}H_{10}N_2$	218.0845
$C_{15}H_{22}O$	218.1671
$C_{15}H_{24}N$	218.1910
$C_{16}H_{10}O$	218.0732
$C_{16}H_{12}N$	218.0970
$C_{16}H_{26}$	218.2036
$C_{17}H_{14}$	218.1096
219	
$C_9H_{19}N_2O_4$	219.1345
$C_9H_{21}N_3O_3$	219.1584
$C_9H_{23}N_4O_2$	219.1822
$C_{10}H_7N_2O_4$	219.0406
$C_{10}H_9N_3O_3$	219.0644
$C_{10}H_{11}N_4O_2$	219.0883
$C_{10}H_{21}NO_4$	219.1471
$C_{10}H_{23}N_2O_3$	219.1710
$C_{10}H_{25}N_3O_2$	219.1948
$C_{11}H_9NO_4$	219.0532
$C_{11}H_{11}N_2O_3$	219.0770
$C_{11}H_{13}N_3O_2$	219.1009
$C_{11}H_{15}N_4O$	219.1247
$C_{11}H_{23}O_4$	219.1597
$C_{11}H_{25}NO_3$	219.1835
$C_{12}H_{11}O_4$	219.0657
$C_{12}H_{13}NO_3$	219.0896
$C_{12}H_{15}N_2O_2$	219.1134
$C_{12}H_{17}N_3O$	219.1373
$C_{12}H_{19}N_4$	219.1611
$C_{13}H_{15}O_3$	219.1021
$C_{13}H_{17}NO_2$	219.1260
$C_{13}H_{19}N_2O$	219.1498
$C_{13}H_{21}N_3$	219.1737
$C_{14}H_9N_3$	219.0798
$C_{14}H_{19}O_2$	219.1385
$C_{14}H_{21}NO$	219.1624
$C_{14}H_{23}N_2$	219.1863
$C_{15}H_9NO$	219.0684
$C_{15}H_{11}N_2$	219.0923
$C_{15}H_{23}O$	219.1750
$C_{15}H_{25}N$	219.1988
$C_{16}H_{11}O$	219.0810
$C_{16}H_{13}N$	219.1049
$C_{16}H_{27}$	219.2114
$C_{17}H_{15}$	219.1174
220	
$C_9H_{20}N_2O_4$	220.1424
$C_9H_{22}N_3O_3$	220.1662
$C_9H_{24}N_4O_2$	220.1901
$C_{10}H_8N_2O_4$	220.0484
$C_{10}H_{10}N_3O_3$	220.0723
$C_{10}H_{12}N_4O_2$	220.0961
$C_{10}H_{22}NO_4$	220.1549
$C_{10}H_{24}N_2O_3$	220.1788
$C_{11}H_{10}NO_4$	220.0610
$C_{11}H_{12}N_2O_3$	220.0848
$C_{11}H_{14}N_3O_2$	220.1087
$C_{11}H_{16}N_4O$	220.1325
$C_{12}H_{12}O_4$	220.0735
$C_{12}H_{14}NO_3$	220.0974
$C_{12}H_{16}N_2O_2$	220.1213
$C_{12}H_{18}N_3O$	220.1451
$C_{12}H_{20}N_4$	220.1690
$C_{13}H_8N_4$	220.0750
$C_{13}H_{16}O_3$	220.1100
$C_{13}H_{18}NO_2$	220.1338
$C_{13}H_{20}N_2O$	220.1577
$C_{13}H_{22}N_3$	220.1815
$C_{14}H_{10}N_3$	220.0876
$C_{14}H_{20}O_2$	220.1464
$C_{14}H_{22}NO$	220.1702
$C_{14}H_{24}N_2$	220.1941
$C_{15}H_{10}NO$	220.0763
$C_{15}H_{12}N_2$	220.1001
$C_{15}H_{24}O$	220.1828
$C_{15}H_{26}N$	220.2067
$C_{16}H_{12}O$	220.0888
$C_{16}H_{14}N$	220.1127
$C_{16}H_{28}$	220.2192
$C_{17}H_{16}$	220.1253
221	
$C_9H_{21}N_2O_4$	221.1502
$C_9H_{23}N_3O_3$	221.1741
$C_{10}H_9N_2O_4$	221.0563
$C_{10}H_{11}N_3O_3$	221.0801
$C_{10}H_{13}N_4O_2$	221.1040
$C_{10}H_{23}NO_4$	221.1628
$C_{11}H_{11}NO_4$	221.0688
$C_{11}H_{13}N_2O_3$	221.0927
$C_{11}H_{15}N_3O_2$	221.1165
$C_{11}H_{17}N_4O$	221.1404
$C_{12}H_{13}O_4$	221.0814
$C_{12}H_{15}NO_3$	221.1052
$C_{12}H_{17}N_2O_2$	221.1291
$C_{12}H_{19}N_3O$	221.1529
$C_{12}H_{21}N_4$	221.1768
$C_{13}H_9N_4$	221.0829
$C_{13}H_{17}O_3$	221.1178
$C_{13}H_{19}NO_2$	221.1416
$C_{13}H_{21}N_2O$	221.1655
$C_{13}H_{23}N_3$	221.1894
$C_{14}H_9N_2O$	221.0715
$C_{14}H_{11}N_3$	221.0954
$C_{14}H_{21}O_2$	221.1542
$C_{14}H_{23}NO$	221.1781
$C_{14}H_{25}N_2$	221.2019
$C_{15}H_9O_2$	221.0603
$C_{15}H_{11}NO$	221.0841
$C_{15}H_{13}N_2$	221.1080
$C_{15}H_{25}O$	221.1906
$C_{15}H_{27}N$	221.2145
$C_{16}H_{13}O$	221.0967
$C_{16}H_{15}N$	221.1205
$C_{16}H_{29}$	221.2270

부록 A (계속)

	FM
$C_{17}H_{17}$	221.1331
222	
$C_{9}H_{22}N_{2}O_{4}$	222.1580
$C_{10}H_{10}N_{2}O_{4}$	222.0641
$C_{10}H_{12}N_{3}O_{3}$	222.0879
$C_{10}H_{14}N_{4}O_{2}$	222.1118
$C_{11}H_{12}NO_{4}$	222.0766
$C_{11}H_{14}N_{2}O_{3}$	222.1005
$C_{11}H_{16}N_{3}O_{2}$	222.1244
$C_{11}H_{18}N_{4}O$	222.1482
$C_{11}N_{3}O_{3}$	221.9940
$C_{12}H_{14}O_{4}$	222.0892
$C_{12}H_{16}NO_{3}$	222.1131
$C_{12}H_{18}N_{2}O_{2}$	222.1369
$C_{12}H_{20}N_{3}O$	222.1608
$C_{12}H_{22}N_{4}$	222.1846
$C_{13}H_{8}N_{3}O$	222.0668
$C_{13}H_{10}N_{4}$	222.0907
$C_{13}H_{18}O_{3}$	222.1256
$C_{13}H_{20}NO_{2}$	222.1495
$C_{13}H_{22}N_{2}O$	222.1733
$C_{13}H_{24}N_{3}$	222.1972
$C_{14}H_{10}N_{2}O$	222.0794
$C_{14}H_{12}N_{3}$	222.1032
$C_{14}H_{22}O_{2}$	222.1620
$C_{14}H_{24}NO$	222.1859
$C_{14}H_{26}N_{2}$	222.2098
$C_{15}H_{10}O_{2}$	222.0681
$C_{15}H_{12}NO$	222.0919
$C_{15}H_{14}N_{2}$	222.1158
$C_{15}H_{26}O$	222.1985
$C_{15}H_{28}N$	222.2223
$C_{16}H_{14}O$	222.1045
$C_{16}H_{16}N$	222.1284
$C_{16}H_{30}$	222.2349
$C_{16}NO$	221.9980
$C_{17}H_{18}$	222.1409
223	
$C_{10}H_{11}N_{2}O_{4}$	223.0719
$C_{10}H_{13}N_{3}O_{3}$	223.0958
$C_{10}H_{15}N_{4}O_{2}$	223.1196
$C_{11}H_{13}NO_{4}$	223.0845
$C_{11}H_{15}N_{2}O_{3}$	223.1083
$C_{11}H_{17}N_{3}O_{2}$	223.1322
$C_{11}H_{19}N_{4}O$	223.1560
$C_{12}H_{7}N_{4}O$	223.0621
$C_{12}H_{15}O_{4}$	223.0970
$C_{12}H_{17}NO_{3}$	223.1209
$C_{12}H_{19}N_{2}O_{2}$	223.1447
$C_{12}H_{21}N_{3}O$	223.1686
$C_{12}H_{23}N_{4}$	223.1925
$C_{13}H_{9}N_{3}O$	223.0746
$C_{13}H_{11}N_{4}$	223.0985
$C_{13}H_{19}O_{3}$	223.1334
$C_{13}H_{21}NO_{2}$	223.1573
$C_{13}H_{23}N_{2}O$	223.1811
$C_{13}H_{25}N_{3}$	223.2050

	FM
$C_{14}H_{9}NO_{2}$	223.0634
$C_{14}H_{11}N_{2}O$	223.0872
$C_{14}H_{13}N_{3}$	223.1111
$C_{14}H_{23}O_{2}$	223.1699
$C_{14}H_{25}NO$	223.1937
$C_{14}H_{27}N_{2}$	223.2176
$C_{15}H_{11}O_{2}$	223.0759
$C_{15}H_{13}NO$	223.0998
$C_{15}H_{27}O$	223.2063
$C_{15}H_{29}N$	223.2301
$C_{16}H_{15}O$	223.1123
$C_{16}H_{17}N$	223.1362
$C_{16}H_{31}$	223.2427
$C_{17}H_{19}$	223.1488
224	
$C_{10}H_{12}N_{2}O_{4}$	224.0797
$C_{10}H_{14}N_{3}O_{3}$	224.1036
$C_{10}H_{16}N_{4}O_{2}$	224.1275
$C_{11}H_{14}NO_{4}$	224.0923
$C_{11}H_{16}N_{2}O_{3}$	224.1162
$C_{11}H_{18}N_{3}O_{2}$	224.1400
$C_{11}H_{20}N_{4}O$	224.1639
$C_{12}H_{8}N_{4}O$	224.0699
$C_{12}H_{16}O_{4}$	224.1049
$C_{12}H_{18}NO_{3}$	224.1287
$C_{12}H_{20}N_{2}O_{2}$	224.1526
$C_{12}H_{22}N_{3}O$	224.1764
$C_{12}H_{24}N_{4}$	224.2003
$C_{13}H_{8}N_{2}O_{2}$	224.0586
$C_{13}H_{10}N_{3}O$	224.0825
$C_{13}H_{12}N_{4}$	224.1063
$C_{13}H_{20}O_{3}$	224.1413
$C_{13}H_{22}NO_{2}$	224.1651
$C_{13}H_{24}N_{2}O$	224.1890
$C_{13}H_{26}N_{3}$	224.2129
$C_{14}H_{10}NO_{2}$	224.0712
$C_{14}H_{12}N_{2}O$	224.0950
$C_{14}H_{14}N_{3}$	224.1189
$C_{14}H_{24}O_{2}$	224.1777
$C_{14}H_{26}NO$	224.2015
$C_{14}H_{28}N_{2}$	224.2254
$C_{15}H_{12}O_{2}$	224.0837
$C_{15}H_{14}NO$	224.1076
$C_{15}H_{16}N_{2}$	224.1315
$C_{15}H_{28}O$	224.2141
$C_{15}H_{30}N$	224.2380
$C_{16}H_{16}O$	224.1202
$C_{16}H_{18}N$	224.1440
$C_{16}H_{32}$	224.2505
$C_{17}H_{20}$	224.1566
225	
$C_{10}H_{13}N_{2}O_{4}$	225.0876
$C_{10}H_{15}N_{3}O_{3}$	225.1114
$C_{10}H_{17}N_{4}O_{2}$	225.1353
$C_{11}H_{15}NO_{4}$	225.1001
$C_{11}H_{17}N_{2}O_{3}$	225.1240
$C_{11}H_{19}N_{3}O_{2}$	225.1478

	FM
$C_{11}H_{21}N_{4}O$	225.1717
$C_{12}H_{9}N_{4}O$	225.0777
$C_{12}H_{17}O_{4}$	225.1127
$C_{12}H_{19}NO_{3}$	225.1365
$C_{12}H_{21}N_{2}O_{2}$	225.1604
$C_{12}H_{23}N_{3}O$	225.1842
$C_{12}H_{25}N_{4}$	225.2081
$C_{13}H_{9}N_{2}O_{2}$	225.0664
$C_{13}H_{11}N_{3}O$	225.0903
$C_{13}H_{13}N_{4}$	225.1142
$C_{13}H_{21}O_{3}$	225.1491
$C_{13}H_{23}NO_{2}$	225.1730
$C_{13}H_{25}N_{2}O$	225.1968
$C_{13}H_{27}N_{3}$	225.2207
$C_{14}H_{9}O_{3}$	225.0552
$C_{14}H_{11}NO_{2}$	225.0790
$C_{14}H_{13}N_{2}O$	225.1029
$C_{14}H_{15}N_{3}$	225.1267
$C_{14}H_{25}O_{2}$	225.1855
$C_{14}H_{27}NO$	225.2094
$C_{14}H_{29}N_{2}$	225.2332
$C_{15}H_{13}O_{2}$	225.0916
$C_{15}H_{15}NO$	225.1154
$C_{15}H_{17}N_{2}$	225.1393
$C_{15}H_{29}O$	225.2219
$C_{15}H_{31}N$	225.2458
$C_{16}H_{17}O$	225.1280
$C_{16}H_{19}N$	225.1519
$C_{16}H_{33}$	225.2584
$C_{17}H_{21}$	225.1644
226	
$C_{10}H_{14}N_{2}O_{4}$	226.0954
$C_{10}H_{16}N_{3}O_{3}$	226.1193
$C_{10}H_{18}N_{4}O_{2}$	226.1431
$C_{11}H_{16}NO_{4}$	226.1080
$C_{11}H_{18}N_{2}O_{3}$	226.1318
$C_{11}H_{20}N_{3}O_{2}$	226.1557
$C_{11}H_{22}N_{4}O$	226.1795
$C_{12}H_{8}N_{3}O_{2}$	226.0617
$C_{12}H_{10}N_{4}O$	226.0856
$C_{12}H_{18}O_{4}$	226.1205
$C_{12}H_{20}NO_{3}$	226.1444
$C_{12}H_{22}N_{2}O_{2}$	226.1682
$C_{12}H_{24}N_{3}O$	226.1929
$C_{12}H_{26}N_{4}$	226.2160
$C_{13}H_{10}N_{2}O_{2}$	226.0743
$C_{13}H_{12}N_{3}O$	226.0981
$C_{13}H_{14}N_{4}$	226.1220
$C_{13}H_{22}O_{3}$	226.1569
$C_{13}H_{24}NO_{2}$	226.1808
$C_{13}H_{26}N_{2}O$	226.2046
$C_{13}H_{28}N_{3}$	226.2285
$C_{14}H_{10}O_{3}$	226.0630
$C_{14}H_{12}NO_{2}$	226.0868
$C_{14}H_{14}N_{2}O$	226.1107
$C_{14}H_{16}N_{3}$	226.1346
$C_{14}H_{26}O_{2}$	226.1934

	FM
$C_{14}H_{28}NO$	226.2172
$C_{14}H_{30}N_{2}$	226.2411
$C_{15}H_{14}O_{2}$	226.0994
$C_{15}H_{16}NO$	226.1233
$C_{15}H_{18}N_{2}$	226.1471
$C_{15}H_{30}O$	226.2298
$C_{15}H_{32}N$	226.2536
$C_{16}H_{18}O$	226.1358
$C_{16}H_{20}N$	226.1597
$C_{16}H_{34}$	226.2662
$C_{17}H_{22}$	226.1722
227	
$C_{10}H_{15}N_{2}O_{4}$	227.1032
$C_{10}H_{17}N_{3}O_{3}$	227.1271
$C_{10}H_{19}N_{4}O_{2}$	227.1509
$C_{11}H_{17}NO_{4}$	227.1158
$C_{11}H_{21}N_{3}O_{2}$	227.1635
$C_{11}H_{23}N_{4}O$	227.1873
$C_{12}H_{7}N_{2}O_{3}$	227.0457
$C_{12}H_{9}N_{3}O_{2}$	227.0695
$C_{12}H_{11}N_{4}O$	227.0934
$C_{12}H_{19}O_{4}$	227.1284
$C_{12}H_{21}NO_{3}$	227.1522
$C_{12}H_{23}N_{2}O_{2}$	227.1761
$C_{12}H_{25}N_{3}O$	227.1999
$C_{12}H_{27}N_{4}$	227.2238
$C_{13}H_{9}NO_{3}$	227.0583
$C_{13}H_{11}N_{2}O_{2}$	227.0821
$C_{13}H_{13}N_{3}O$	227.1060
$C_{13}H_{15}N_{4}$	227.1298
$C_{13}H_{25}NO_{2}$	227.1886
$C_{13}H_{27}N_{2}O$	227.2125
$C_{13}H_{29}N_{3}$	227.2363
$C_{14}H_{11}O_{3}$	227.0708
$C_{14}H_{13}NO_{2}$	227.0947
$C_{14}H_{15}N_{2}O$	227.1185
$C_{14}H_{17}N_{3}$	227.1424
$C_{14}H_{27}O_{2}$	227.2012
$C_{14}H_{29}NO$	227.2250
$C_{15}H_{15}O_{2}$	227.1072
$C_{15}H_{17}NO$	227.1311
$C_{15}H_{19}N_{2}$	227.1549
$C_{15}H_{31}O$	227.2376
$C_{15}H_{33}N$	227.2615
$C_{16}H_{19}O$	227.1436
$C_{16}H_{21}N$	227.1675
$C_{17}H_{23}$	227.1801
228	
$C_{10}H_{16}N_{2}O_{2}$	228.1111
$C_{10}H_{18}N_{3}O_{3}$	228.1349
$C_{10}H_{20}N_{4}O_{2}$	228.1588
$C_{11}H_{8}N_{4}O_{2}$	228.0648
$C_{11}H_{18}NO_{4}$	228.1236
$C_{11}H_{20}N_{2}O_{3}$	228.1475
$C_{11}H_{22}N_{3}O_{2}$	228.1713
$C_{11}H_{24}N_{4}O$	228.1952
$C_{12}H_{8}N_{2}O_{3}$	228.0535

부록 A (계속)

	FM
$C_{12}H_{12}N_4O$	228.1012
$C_{12}H_{20}O_4$	228.1362
$C_{12}H_{22}NO_3$	228.1600
$C_{12}H_{24}N_2O_2$	228.1839
$C_{12}H_{26}N_3O$	228.2077
$C_{12}H_{28}N_4$	228.2316
$C_{13}H_8O_4$	228.0422
$C_{13}H_{10}NO_3$	228.0661
$C_{13}H_{12}N_2O_2$	228.0899
$C_{13}H_{14}N_3O$	228.1138
$C_{13}H_{24}O_3$	228.1726
$C_{13}H_{26}NO_2$	228.1965
$C_{13}H_{28}N_2O$	228.2203
$C_{13}H_{30}N_3$	228.2442
$C_{14}H_{12}O_3$	228.0786
$C_{14}H_{14}NO_2$	228.1025
$C_{14}H_{16}N_2O$	228.1264
$C_{14}H_{18}N_3$	228.1502
$C_{14}H_{28}O_2$	228.2090
$C_{14}H_{30}NO$	228.2329
$C_{14}H_{32}N_2$	228.2567
$C_{15}H_{16}O_2$	228.1151
$C_{15}H_{18}NO$	228.1389
$C_{15}H_{20}N_2$	228.1628
$C_{15}H_{32}O$	228.2454
$C_{16}H_{20}O$	228.1515
$C_{16}H_{22}N$	228.1753
$C_{17}H_{10}N$	228.0814
$C_{17}H_{24}$	228.1879
$C_{18}H_{12}$	228.0939
229	
$C_{10}H_{17}N_2O_4$	229.1189
$C_{10}H_{19}N_3O_3$	229.1427
$C_{10}H_{21}N_4O_2$	229.1666
$C_{11}H_7N_3O_3$	229.0488
$C_{11}H_9N_4O_2$	229.0726
$C_{11}H_{19}NO_4$	229.1315
$C_{11}H_{21}N_2O_3$	229.1553
$C_{11}H_{23}N_3O_2$	229.1791
$C_{11}H_{25}N_4O$	229.2030
$C_{12}H_9N_2O_3$	229.0614
$C_{12}H_{11}N_3O_2$	229.0852
$C_{12}H_{13}N_4O$	229.1091
$C_{12}H_{21}O_4$	229.1440
$C_{12}H_{23}NO_3$	229.1679
$C_{12}H_{25}N_2O_2$	229.1917
$C_{12}H_{27}N_3O$	229.2156
$C_{12}H_{29}N_4$	229.2394
$C_{13}H_9O_4$	229.0501
$C_{13}H_{11}NO_3$	229.0739
$C_{13}H_{13}N_2O_2$	229.0978
$C_{13}H_{15}N_3O$	229.1216
$C_{13}H_{17}N_4$	229.1455
$C_{13}H_{25}O_3$	229.1804
$C_{13}H_{27}NO_2$	229.2043
$C_{13}H_{29}N_2O$	229.2281
$C_{13}H_{31}N_3$	229.2520
$C_{14}H_{13}O_3$	229.0865
$C_{14}H_{15}NO_2$	229.1103
$C_{14}H_{17}N_2O$	229.1342
$C_{14}H_{19}N_3$	229.1580
$C_{14}H_{29}O_2$	229.2168
$C_{14}H_{31}NO$	229.2407
$C_{15}H_{17}O_2$	229.1229
$C_{15}H_{19}NO$	229.1467
$C_{15}H_{21}N_2$	229.1706
$C_{16}H_{21}O$	229.1593
$C_{16}H_{23}N$	229.1832
$C_{17}H_9O$	229.0653
$C_{17}H_{11}N$	229.0892
$C_{18}H_{13}$	229.1018
230	
$C_{10}H_{18}N_2O_4$	230.1267
$C_{10}H_{20}N_3O_3$	230.1506
$C_{10}H_{22}N_4O_2$	230.1744
$C_{11}H_8N_3O_3$	230.0566
$C_{11}H_{10}N_4O_2$	230.0805
$C_{11}H_{20}NO_4$	230.1393
$C_{11}H_{22}N_2O_3$	230.1631
$C_{11}H_{24}N_3O_2$	230.1870
$C_{11}H_{26}N_4O$	230.2108
$C_{12}H_8NO_4$	230.0453
$C_{12}H_{10}N_2O_3$	230.0692
$C_{12}H_{12}N_3O_2$	230.0930
$C_{12}H_{14}N_4O$	230.1169
$C_{12}H_{22}O_4$	230.1518
$C_{12}H_{24}NO_3$	230.1757
$C_{12}H_{26}N_2O_2$	230.1996
$C_{12}H_{28}N_3O$	230.2234
$C_{12}H_{30}N_4$	230.2473
$C_{13}H_{10}O_4$	230.0579
$C_{13}H_{12}NO_3$	230.0817
$C_{13}H_{14}N_2O_2$	230.1056
$C_{13}H_{16}N_3O$	230.1295
$C_{13}H_{18}N_4$	230.1533
$C_{13}H_{26}O_3$	230.1883
$C_{13}H_{28}NO_2$	230.2121
$C_{13}H_{30}N_2O$	230.2360
$C_{14}H_{14}O_3$	230.0943
$C_{14}H_{16}NO_2$	230.1182
$C_{14}H_{18}N_2O$	230.1420
$C_{14}H_{20}N_3$	230.1659
$C_{14}H_{30}O_2$	230.2247
$C_{15}H_{18}O_2$	230.1307
$C_{15}H_{20}NO$	230.1546
$C_{15}H_{22}N_2$	230.1784
$C_{16}H_{10}N_2$	230.0845
$C_{16}H_{22}O$	230.1671
$C_{16}H_{24}N$	230.1910
$C_{17}H_{10}O$	230.0732
$C_{17}H_{12}N$	230.0970
$C_{17}H_{26}$	230.2036
$C_{18}H_{14}$	230.1096
231	
$C_{10}H_{19}N_2O_4$	231.1345
$C_{10}H_{21}N_3O_3$	231.1584
$C_{10}H_{23}N_4O_2$	231.1822
$C_{11}H_7N_2O_4$	231.0406
$C_{11}H_9N_3O_3$	231.0644
$C_{11}H_{11}N_4O_2$	231.0883
$C_{11}H_{21}NO_4$	231.1471
$C_{11}H_{23}N_2O_3$	231.1710
$C_{11}H_{25}N_3O_2$	231.1948
$C_{11}H_{27}N_4O$	231.2187
$C_{12}H_9NO_4$	231.0532
$C_{12}H_{11}N_2O_3$	231.0770
$C_{12}H_{13}N_3O_2$	231.1009
$C_{12}H_{15}N_4O$	231.1247
$C_{12}H_{23}O_4$	231.1597
$C_{12}H_{25}NO_3$	231.1835
$C_{12}H_{27}N_2O_2$	231.2074
$C_{12}H_{29}N_3O$	231.2312
$C_{13}H_{11}O_4$	231.0657
$C_{13}H_{13}NO_3$	231.0896
$C_{13}H_{15}N_2O_2$	231.1134
$C_{13}H_{17}N_3O$	231.1373
$C_{13}H_{19}N_4$	231.1611
$C_{14}H_{15}O_3$	231.1021
$C_{14}H_{17}NO_2$	231.1260
$C_{14}H_{19}N_2O$	231.1498
$C_{14}H_{21}N_3$	231.1737
$C_{15}H_9N_3$	231.0798
$C_{15}H_{19}O_2$	231.1385
$C_{15}H_{21}NO$	231.1624
$C_{15}H_{23}N_2$	231.1863
$C_{16}H_9NO$	231.0684
$C_{16}H_{11}N_2$	231.0923
$C_{16}H_{23}O$	231.1750
$C_{17}H_{11}O$	231.0810
$C_{17}H_{13}N$	231.1049
$C_{17}H_{27}$	231.2114
$C_{18}H_{15}$	231.1174
232	
$C_{10}H_{20}N_2O_4$	232.1424
$C_{10}H_{22}N_3O_3$	232.1662
$C_{10}H_{24}N_4O_2$	232.1901
$C_{11}H_8N_2O_4$	232.0484
$C_{11}H_{10}N_3O_3$	232.0723
$C_{11}H_{12}N_4O_2$	232.0961
$C_{11}H_{22}NO_4$	232.1549
$C_{11}H_{24}N_2O_3$	232.1788
$C_{11}H_{26}N_3O_2$	232.2026
$C_{11}H_{28}N_4O$	232.2265
$C_{12}H_{10}NO_4$	232.0610
$C_{12}H_{12}N_2O_3$	232.0848
$C_{12}H_{14}N_3O_2$	232.1087
$C_{12}H_{16}N_4O$	232.1325
$C_{12}H_{24}O_4$	232.1675
$C_{12}H_{26}NO_3$	232.1914
$C_{12}H_{28}N_2O_2$	232.2152
$C_{13}H_{12}O_4$	232.0735
$C_{13}H_{14}NO_3$	232.0974
$C_{13}H_{16}N_2O_2$	232.1213
$C_{13}H_{18}N_3O$	232.1451
$C_{13}H_{20}N_4$	232.1690
$C_{13}H_{28}O_3$	232.2039
$C_{14}H_{16}O_3$	232.1100
$C_{14}H_{18}NO_2$	232.1338
$C_{14}H_{20}N_2O$	232.1577
$C_{14}H_{22}N_3$	232.1815
$C_{15}H_{10}N_3$	232.0876
$C_{15}H_{20}O_2$	232.1464
$C_{15}H_{22}NO$	232.1702
$C_{15}H_{24}N_2$	232.1941
$C_{16}H_{10}NO$	232.0768
$C_{16}H_{12}N_2$	232.1001
$C_{16}H_{24}O$	232.1828
$C_{16}H_{26}N$	232.2067
$C_{17}H_{12}O$	232.0888
$C_{17}H_{14}N$	232.1127
$C_{17}H_{28}$	232.2192
$C_{18}H_{16}$	232.1253
233	
$C_{10}H_{23}N_3O_3$	233.1741
$C_{10}H_{25}N_4O_2$	233.1979
$C_{11}H_9N_2O_4$	233.0563
$C_{11}H_{11}N_3O_3$	233.0801
$C_{11}H_{23}NO_4$	233.1628
$C_{11}H_{25}N_2O_3$	233.1866
$C_{11}H_{27}N_3O_2$	233.2105
$C_{12}H_{11}NO_4$	233.0688
$C_{12}H_{13}N_2O_3$	233.0927
$C_{12}H_{15}N_3O_2$	233.1165
$C_{12}H_{17}N_4O$	233.1404
$C_{12}H_{25}O_4$	233.1753
$C_{12}H_{27}NO_3$	233.1992
$C_{13}H_{13}O_4$	233.0814
$C_{13}H_{15}NO_3$	233.1052
$C_{13}H_{17}N_2O_2$	233.1291
$C_{13}H_{19}N_3O$	233.1529
$C_{13}H_{21}N_4$	233.1768
$C_{14}H_9N_4$	233.0829
$C_{14}H_{17}O_3$	233.1178
$C_{14}H_{19}NO_2$	233.1416
$C_{14}H_{21}N_2O$	233.1655
$C_{15}H_9N_2O$	233.0715
$C_{15}H_{11}N_3$	233.0954
$C_{15}H_{21}O_2$	233.1542
$C_{15}H_{23}NO$	233.1781
$C_{15}H_{25}N_2$	233.2019
$C_{16}H_9O_2$	233.0603
$C_{16}H_{11}NO$	233.0841
$C_{16}H_{13}N_2$	233.1080
$C_{16}H_{25}O$	233.1906
$C_{16}H_{27}N$	233.2145
$C_{17}H_{13}O$	233.0967
$C_{17}H_{15}N$	233.1205
$C_{17}H_{29}$	233.2270
$C_{18}H_{17}$	233.1331
234	
$C_{10}H_{22}N_2O_4$	234.1580
$C_{10}H_{24}N_3O_3$	234.1819

부록 A (계속)

	FM
$C_{10}H_{26}N_4O_2$	234.2057
$C_{11}H_{10}N_2O_4$	234.0641
$C_{11}H_{12}N_3O_3$	234.0879
$C_{11}H_{14}N_4O_2$	234.1118
$C_{11}H_{24}NO_4$	234.1706
$C_{11}H_{26}N_2O_3$	234.1945
$C_{12}H_{12}NO_4$	234.0766
$C_{12}H_{14}N_2O_3$	234.1005
$C_{12}H_{16}N_3O_2$	234.1244
$C_{12}H_{18}N_4O$	234.1482
$C_{12}H_{26}O_4$	234.1832
$C_{13}H_{14}O_4$	234.0892
$C_{13}H_{16}NO_3$	234.1131
$C_{13}H_{18}N_2O_2$	234.1369
$C_{13}H_{20}N_3O$	234.1608
$C_{13}H_{22}N_4$	234.1846
$C_{14}H_{10}N_4$	234.0907
$C_{14}H_{18}O_3$	234.1256
$C_{14}H_{20}NO_2$	234.1495
$C_{14}H_{22}N_2O$	234.1733
$C_{14}H_{24}N_3$	234.1972
$C_{15}H_{10}N_2O$	234.0794
$C_{15}H_{12}N_3$	234.1032
$C_{15}H_{22}O_2$	234.1620
$C_{15}H_{24}NO$	234.1859
$C_{15}H_{26}N_2$	234.2098
$C_{16}H_{10}O_2$	234.0681
$C_{16}H_{12}NO$	234.0919
$C_{16}H_{14}N_2$	234.1158
$C_{16}H_{26}O$	234.1985
$C_{16}H_{28}N$	234.2223
$C_{17}H_{16}N$	234.1284
$C_{17}H_{30}$	234.2349
$C_{18}H_{18}$	234.1409
235	
$C_{10}H_{23}N_2O_4$	235.1659
$C_{10}H_{25}N_3O_3$	235.1897
$C_{11}H_{11}N_2O_4$	235.0719
$C_{11}H_{13}N_3O_3$	235.0958
$C_{11}H_{15}N_4O_2$	235.1196
$C_{11}H_{25}NO_4$	235.1784
$C_{12}H_{13}NO_4$	235.0845
$C_{12}H_{15}N_2O_3$	235.1083
$C_{12}H_{17}N_3O_2$	235.1322
$C_{12}H_{19}N_4O$	235.1560
$C_{13}H_{15}O_4$	235.0970
$C_{13}H_{17}NO_3$	235.1209
$C_{13}H_{19}N_2O_2$	235.1447
$C_{13}H_{21}N_3O$	235.1686
$C_{13}H_{23}N_4$	235.1925
$C_{14}H_9N_3O$	235.0746
$C_{14}H_{11}N_4$	235.0985
$C_{14}H_{19}O_3$	235.1334
$C_{14}H_{21}NO_2$	235.1573
$C_{14}H_{23}N_2O$	235.1811
$C_{14}H_{25}N_3$	235.2050
$C_{15}H_9NO_2$	235.0634
$C_{15}H_{11}N_2O$	235.0872
$C_{15}H_{13}N_3$	235.1111
$C_{15}H_{23}O_2$	235.1699
$C_{15}H_{25}NO$	235.1937
$C_{15}H_{27}N_2$	235.2176
$C_{16}H_{11}O_2$	235.0759
$C_{16}H_{13}NO$	235.0998
$C_{16}H_{15}N_2$	235.1236
$C_{16}H_{27}O$	235.2063
$C_{16}H_{29}N$	235.2301
$C_{17}H_{15}O$	235.1123
$C_{17}H_{17}N$	235.1362
$C_{17}H_{31}$	235.2427
$C_{18}H_{19}$	235.1488
236	
$C_{10}H_{24}N_2O_4$	236.1737
$C_{11}H_{12}N_2O_4$	236.0797
$C_{11}H_{14}N_3O_3$	236.1036
$C_{11}H_{16}N_4O_2$	236.1275
$C_{12}H_2N_3O_3$	236.0096
$C_{12}H_4N_4O_2$	236.0335
$C_{12}H_{14}NO_4$	236.0923
$C_{12}H_{16}N_2O_3$	236.1162
$C_{12}H_{18}N_3O_2$	236.1400
$C_{12}H_{20}N_4O$	236.1639
$C_{13}H_8N_4O$	236.0699
$C_{13}H_{16}O_4$	236.1049
$C_{13}H_{18}NO_3$	236.1287
$C_{13}H_{20}N_2O_2$	236.1526
$C_{13}H_{22}N_3O$	236.1764
$C_{13}H_{24}N_4$	236.2003
$C_{14}H_{10}N_3O$	236.0825
$C_{14}H_{12}N_4$	236.1063
$C_{14}H_{20}O_3$	236.1413
$C_{14}H_{22}NO_2$	236.1651
$C_{14}H_{24}N_2O$	236.1890
$C_{14}H_{26}N_3$	236.2129
$C_{15}H_{10}NO_2$	236.0712
$C_{15}H_{12}N_2O$	236.0950
$C_{15}H_{14}N_3$	236.1189
$C_{15}H_{24}O_2$	236.1777
$C_{15}H_{26}NO$	236.2015
$C_{15}H_{28}N_2$	236.2254
$C_{16}H_{12}O_2$	236.0837
$C_{16}H_{14}NO$	236.1076
$C_{16}H_{16}N_2$	236.1315
$C_{16}H_{28}O$	236.2141
$C_{16}H_{30}N$	236.2380
$C_{17}H_{16}O$	236.1202
$C_{17}H_{18}N$	236.1440
$C_{17}H_{32}$	236.2505
$C_{18}H_{20}$	236.1566
237	
$C_{11}H_{13}N_2O_4$	237.0876
$C_{11}H_{15}N_3O_3$	237.1114
$C_{11}H_{17}N_4O_2$	237.1353
$C_{12}H_{15}NO_4$	237.1001
$C_{12}H_{17}N_2O_3$	237.1240
$C_{12}H_{19}N_3O_2$	237.1478
$C_{12}H_{21}N_4O$	237.1717
$C_{13}H_9N_4O$	237.0777
$C_{13}H_{17}O_4$	237.1127
$C_{13}H_{19}NO_3$	237.1365
$C_{13}H_{21}N_2O_2$	237.1604
$C_{13}H_{23}N_3O$	237.1842
$C_{13}H_{25}N$	237.2081
$C_{14}H_9N_2O_2$	237.0664
$C_{14}H_{11}N_3O$	237.0903
$C_{14}H_{13}N_4$	237.1142
$C_{14}H_{21}O_3$	237.1491
$C_{14}H_{23}NO_2$	237.1730
$C_{14}H_{25}N_2O$	237.1968
$C_{14}H_{27}N_3$	237.2207
$C_{15}H_9O_3$	237.0552
$C_{15}H_{11}NO_2$	237.0790
$C_{15}H_{13}N_2O$	237.1029
$C_{15}H_{15}N_3$	237.1267
$C_{15}H_{25}O_2$	237.1855
$C_{15}H_{27}NO$	237.2094
$C_{15}H_{29}N_2$	237.2332
$C_{16}H_{13}O_2$	237.0916
$C_{16}H_{15}NO$	237.1154
$C_{16}H_{17}N_2$	237.1393
$C_{16}H_{29}O$	237.2219
$C_{16}H_{31}N$	237.2458
$C_{17}H_{17}O$	237.1280
$C_{17}H_{19}N$	237.1519
$C_{17}H_{33}$	237.2584
$C_{18}H_{21}$	237.1644
238	
$C_{11}H_{14}N_2O_4$	238.0954
$C_{11}H_{16}N_3O_3$	238.1193
$C_{11}H_{18}N_4O_2$	238.1431
$C_{12}H_{16}NO_4$	238.1080
$C_{12}H_{18}N_2O_3$	238.1318
$C_{12}H_{20}N_3O_2$	238.1557
$C_{12}H_{22}N_4O$	238.1795
$C_{13}H_8N_3O_2$	238.0617
$C_{13}H_{10}N_4O$	238.0856
$C_{13}H_{18}O_4$	238.1205
$C_{13}H_{20}NO_3$	238.1444
$C_{13}H_{22}N_2O_2$	238.1682
$C_{13}H_{24}N_3O$	238.1921
$C_{13}H_{26}N_4$	238.2160
$C_{14}H_{10}N_2O_2$	238.0743
$C_{14}H_{12}N_3O$	238.0981
$C_{14}H_{14}N_4$	238.1220
$C_{14}H_{22}O_3$	238.1569
$C_{14}H_{24}NO_2$	238.1808
$C_{14}H_{26}N_2O$	238.2046
$C_{14}H_{28}N_3$	238.2285
$C_{15}H_{10}O_3$	238.0630
$C_{15}H_{12}NO_2$	238.0868
$C_{15}H_{14}N_2O$	238.1107
$C_{15}H_{16}N_3$	238.1346
$C_{15}H_{26}O_2$	238.1934
$C_{15}H_{28}NO$	238.2172
$C_{15}H_{30}N_2$	238.2411
$C_{16}H_{14}O_2$	238.0994
$C_{16}H_{16}NO$	238.1233
$C_{16}H_{18}N_2$	238.1471
$C_{16}H_{30}O$	238.2298
$C_{16}H_{32}N$	238.2536
$C_{17}H_{18}O$	238.1358
$C_{17}H_{20}N$	238.1597
$C_{17}H_{34}$	238.2662
$C_{18}H_{22}$	238.1722
239	
$C_{11}H_{15}N_2O_4$	239.1032
$C_{11}H_{17}N_3O_3$	239.1271
$C_{11}H_{19}N_4O_2$	239.1509
$C_{12}H_{17}NO_4$	239.1158
$C_{12}H_{19}N_2O_3$	239.1396
$C_{12}H_{21}N_3O_2$	239.1635
$C_{12}H_{23}N_4O$	239.1873
$C_{13}H_9N_3O_2$	239.0695
$C_{13}H_{11}N_4O$	239.0934
$C_{13}H_{19}O_4$	239.1284
$C_{13}H_{21}NO_3$	239.1522
$C_{13}H_{23}N_2O_2$	239.1761
$C_{13}H_{25}N_3O$	239.1999
$C_{13}H_{27}N_4$	239.2238
$C_{14}H_9NO_3$	239.0583
$C_{14}H_{11}N_2O_2$	239.0821
$C_{14}H_{13}N_3O$	239.1060
$C_{14}H_{15}N_4$	239.1298
$C_{14}H_{23}O_3$	239.1648
$C_{14}H_{25}NO_2$	239.1886
$C_{14}H_{27}N_2O$	239.2125
$C_{14}H_{29}N_3$	239.2363
$C_{15}H_{11}O_3$	239.0708
$C_{15}H_{13}NO_2$	239.0947
$C_{15}H_{15}N_2O$	239.1185
$C_{15}H_{17}N_3$	239.1424
$C_{15}H_{27}O_2$	239.2012
$C_{15}H_{29}NO$	239.2250
$C_{15}H_{31}N_2$	239.2489
$C_{16}H_{15}O_2$	239.1072
$C_{16}H_{17}NO$	239.1311
$C_{16}H_{19}N_2$	239.1549
$C_{16}H_{31}O$	239.2376
$C_{16}H_{33}N$	239.2615
$C_{17}H_{19}O$	239.1436
$C_{17}H_{21}N$	239.1675
$C_{17}H_{35}$	239.2740
$C_{18}H_{23}$	239.1801
240	
$C_{11}H_{16}N_2O_4$	240.1111
$C_{11}H_{18}N_3O_3$	240.1349
$C_{11}H_{20}N_4O_2$	240.1588
$C_{12}H_8N_4O_2$	240.0648
$C_{12}H_{18}NO_4$	240.1236
$C_{12}H_{20}N_2O_3$	240.1475
$C_{12}H_{22}N_3O_2$	240.1713
$C_{12}H_{24}N_4O$	240.1952

부록 A (계속)

	FM
$C_{13}H_{8}N_{2}O_{3}$	240.0535
$C_{13}H_{10}N_{3}O_{2}$	240.0774
$C_{13}H_{12}N_{4}O$	240.1012
$C_{13}H_{20}O_{4}$	240.1362
$C_{13}H_{22}NO_{3}$	240.1600
$C_{13}H_{24}N_{2}O_{2}$	240.1839
$C_{13}H_{28}N_{4}$	240.2316
$C_{14}H_{8}O_{4}$	240.0422
$C_{14}H_{10}NO_{3}$	240.0661
$C_{14}H_{12}N_{2}O_{2}$	240.0899
$C_{14}H_{14}N_{3}O$	240.1138
$C_{14}H_{16}N_{4}$	240.1377
$C_{14}H_{24}O_{3}$	240.1726
$C_{14}H_{26}NO_{2}$	240.1965
$C_{14}H_{28}N_{2}O$	240.2203
$C_{14}H_{30}N_{3}$	240.2442
$C_{15}H_{12}O_{3}$	240.0786
$C_{15}H_{14}NO_{2}$	240.1025
$C_{15}H_{16}N_{2}O$	240.1264
$C_{15}H_{18}N_{3}$	240.1502
$C_{15}H_{28}O_{2}$	240.2090
$C_{15}H_{30}NO$	240.2329
$C_{15}H_{32}N_{2}$	240.2567
$C_{16}H_{16}O_{2}$	240.1151
$C_{16}H_{20}N_{2}$	240.1628
$C_{16}H_{18}NO$	240.1389
$C_{16}H_{32}O$	240.2454
$C_{16}H_{34}N$	240.2693
$C_{17}H_{20}O$	240.1515
$C_{17}H_{22}N$	240.1753
$C_{17}H_{36}$	240.2819
$C_{18}H_{24}$	240.1879
241	
$C_{11}H_{17}N_{2}O_{4}$	241.1189
$C_{11}H_{19}N_{3}O_{3}$	241.1427
$C_{11}H_{21}N_{4}O_{2}$	241.1666
$C_{12}H_{19}NO_{4}$	241.1315
$C_{12}H_{21}N_{2}O_{3}$	241.1553
$C_{12}H_{23}N_{3}O_{2}$	241.1791
$C_{12}H_{25}N_{4}O$	241.2030
$C_{13}H_{11}N_{3}O_{2}$	241.0852
$C_{13}H_{13}N_{4}O$	241.1091
$C_{13}H_{21}O_{4}$	241.1440
$C_{13}H_{25}N_{2}O_{2}$	241.1679
$C_{13}H_{25}N_{2}O_{2}$	241.1917
$C_{13}H_{27}N_{3}O$	241.2156
$C_{13}H_{29}N_{4}$	241.2394
$C_{14}H_{11}NO_{3}$	241.0739
$C_{14}H_{13}N_{2}O_{2}$	241.0978
$C_{14}H_{15}N_{3}O$	241.1216
$C_{14}H_{17}N_{4}$	241.1445
$C_{14}H_{25}O_{3}$	241.1804
$C_{14}H_{27}NO_{2}$	241.2043
$C_{14}H_{29}N_{2}O$	241.2281
$C_{14}H_{31}N_{3}$	241.2520
$C_{15}H_{13}O_{3}$	241.0865
$C_{15}H_{15}NO_{2}$	241.1103
$C_{15}H_{17}N_{2}O$	241.1342
$C_{15}H_{19}N_{3}$	241.1580
$C_{15}H_{29}O_{2}$	241.2168
$C_{15}H_{31}NO$	241.2407
$C_{15}H_{33}N_{2}$	241.2646
$C_{16}H_{17}O_{2}$	241.1229
$C_{16}H_{19}NO$	241.1467
$C_{16}H_{21}N_{2}$	241.1706
$C_{16}H_{33}O$	241.2533
$C_{16}H_{35}N$	241.2771
$C_{17}H_{21}O$	241.1593
$C_{17}H_{23}N$	241.1832
$C_{18}H_{25}$	241.1957
242	
$C_{11}H_{18}N_{2}O_{4}$	242.1267
$C_{11}H_{20}N_{3}O_{3}$	242.1506
$C_{11}H_{22}N_{4}O_{2}$	242.1744
$C_{12}H_{8}N_{3}O_{3}$	242.0566
$C_{12}H_{10}N_{4}O_{2}$	242.0805
$C_{12}H_{20}NO_{4}$	242.1393
$C_{12}H_{22}N_{2}O_{3}$	242.1631
$C_{12}H_{24}N_{3}O_{2}$	242.1870
$C_{12}H_{26}N_{4}O$	242.2108
$C_{13}H_{8}NO_{4}$	242.0453
$C_{13}H_{10}N_{2}O_{3}$	242.0692
$C_{13}H_{12}N_{3}O_{2}$	242.0930
$C_{13}H_{14}N_{4}O$	242.1169
$C_{13}H_{22}O_{4}$	242.1518
$C_{13}H_{24}NO_{3}$	242.1757
$C_{13}H_{26}N_{2}O_{2}$	242.1996
$C_{13}H_{28}N_{3}O$	242.2234
$C_{13}H_{30}N_{4}$	242.2473
$C_{14}H_{10}O_{4}$	242.0579
$C_{14}H_{12}NO_{3}$	242.0817
$C_{14}H_{14}N_{2}O_{2}$	242.1056
$C_{14}H_{16}N_{3}O$	242.1295
$C_{14}H_{18}N_{4}$	242.1533
$C_{14}H_{26}O_{3}$	242.1883
$C_{14}H_{28}NO_{2}$	242.2121
$C_{14}H_{30}N_{2}O$	242.2360
$C_{14}H_{32}N_{3}$	242.2598
$C_{15}H_{14}O_{3}$	242.0943
$C_{15}H_{16}NO_{2}$	242.1182
$C_{15}H_{18}N_{2}O$	242.1420
$C_{15}H_{20}N_{3}$	242.1659
$C_{15}H_{30}O_{2}$	242.2247
$C_{15}H_{32}NO$	242.2485
$C_{15}H_{34}N_{2}$	242.2724
$C_{16}H_{18}O_{2}$	242.1307
$C_{16}H_{20}NO$	242.1546
$C_{16}H_{22}N_{2}$	242.1784
$C_{16}H_{34}O$	242.2611
$C_{16}H_{18}O_{2}$	242.1307
$C_{16}H_{20}NO$	242.1546
$C_{16}H_{22}N_{2}$	242.1784
$C_{16}H_{34}O$	242.2611
$C_{17}H_{22}O$	242.1871
$C_{17}H_{24}N$	242.1910
$C_{18}H_{10}O$	242.0732
$C_{18}H_{12}N$	242.0970
$C_{18}H_{26}$	242.2036
$C_{19}H_{14}$	242.1096
243	
$C_{11}H_{19}N_{2}O_{4}$	243.1345
$C_{11}H_{21}N_{3}O_{3}$	243.1584
$C_{11}H_{23}N_{4}O_{2}$	243.1822
$C_{12}H_{7}N_{2}O_{4}$	243.0406
$C_{12}H_{9}N_{3}O_{3}$	243.0644
$C_{12}H_{11}N_{4}O_{2}$	243.0883
$C_{12}H_{21}NO_{4}$	243.1471
$C_{12}H_{23}N_{2}O_{3}$	243.1710
$C_{12}H_{25}N_{3}O_{2}$	243.1948
$C_{12}H_{27}N_{4}O$	243.2187
$C_{13}H_{9}NO_{4}$	243.0532
$C_{13}H_{11}N_{2}O_{3}$	243.0770
$C_{13}H_{13}N_{3}O_{2}$	243.1009
$C_{13}H_{15}N_{4}O$	243.1247
$C_{13}H_{23}O_{4}$	243.1597
$C_{13}H_{25}NO_{3}$	243.1835
$C_{13}H_{27}N_{2}O_{2}$	243.2074
$C_{13}H_{29}N_{3}O$	243.2312
$C_{13}H_{31}N_{4}$	243.2551
$C_{14}H_{11}O_{4}$	243.0657
$C_{14}H_{13}NO_{3}$	243.0896
$C_{14}H_{15}N_{2}O_{2}$	243.1134
$C_{14}H_{17}N_{3}O$	243.1373
$C_{14}H_{19}N_{4}$	243.1611
$C_{14}H_{27}O_{3}$	243.1961
$C_{14}H_{29}NO_{2}$	243.2199
$C_{14}H_{31}N_{2}O$	243.2438
$C_{14}H_{33}N_{3}$	243.2677
$C_{15}H_{15}O_{3}$	243.1021
$C_{15}H_{17}NO_{2}$	243.1260
$C_{15}H_{19}N_{2}O$	243.1498
$C_{15}H_{21}N_{3}$	243.1737
$C_{15}H_{31}O_{2}$	243.2325
$C_{15}H_{33}NO$	243.2564
$C_{16}H_{19}O_{2}$	243.1385
$C_{16}H_{21}NO$	243.1624
$C_{16}H_{23}N_{2}$	243.1863
$C_{17}H_{23}O$	243.1750
$C_{17}H_{25}N$	243.1988
$C_{18}H_{11}O$	243.0810
$C_{18}H_{13}N$	243.1049
$C_{18}H_{27}$	243.2114
$C_{19}H_{15}$	243.1174
244	
$C_{11}H_{20}N_{2}O_{4}$	244.1424
$C_{11}H_{22}N_{3}O_{3}$	244.1662
$C_{11}H_{24}N_{4}O_{2}$	244.1901
$C_{12}H_{8}N_{2}O_{4}$	244.0484
$C_{12}H_{10}N_{3}O_{3}$	244.0723
$C_{12}H_{12}N_{4}O_{2}$	244.0961
$C_{12}H_{22}NO_{4}$	244.1549
$C_{12}H_{24}N_{2}O_{3}$	244.1788
$C_{12}H_{26}N_{3}O_{2}$	244.2026
$C_{12}H_{28}N_{4}O$	244.2265
$C_{13}H_{10}NO_{4}$	244.0610
$C_{13}H_{12}N_{2}O_{3}$	244.0848
$C_{13}H_{14}N_{3}O_{2}$	244.1087
$C_{13}H_{16}N_{4}O$	244.1325
$C_{13}H_{24}O_{4}$	244.1675
$C_{13}H_{26}NO_{3}$	244.1914
$C_{13}H_{28}N_{2}O_{2}$	244.2152
$C_{13}H_{30}N_{3}O$	244.2391
$C_{13}H_{32}N_{4}$	244.2629
$C_{14}H_{12}O_{4}$	244.0735
$C_{14}H_{14}NO_{3}$	244.0974
$C_{14}H_{16}N_{2}O_{2}$	244.1213
$C_{14}H_{18}N_{3}O$	244.1451
$C_{14}H_{20}N_{4}$	244.1690
$C_{14}H_{28}O_{3}$	244.2039
$C_{14}H_{30}NO_{2}$	244.2278
$C_{14}H_{32}N_{2}O$	244.2516
$C_{15}H_{16}O_{3}$	244.1100
$C_{15}H_{18}NO_{2}$	244.1338
$C_{15}H_{20}N_{2}O$	244.1577
$C_{15}H_{22}N_{3}$	244.1815
$C_{15}H_{32}O_{2}$	244.2403
$C_{16}H_{10}N_{3}$	244.0876
$C_{16}H_{20}O_{2}$	244.1464
$C_{16}H_{22}NO$	244.1702
$C_{16}H_{24}N_{2}$	244.1941
$C_{17}H_{10}NO$	244.0763
$C_{17}H_{12}N_{2}$	244.1001
$C_{17}H_{24}O$	244.1828
$C_{17}H_{26}N$	244.2067
$C_{18}H_{12}O$	244.0888
$C_{18}H_{14}N$	244.1127
$C_{18}H_{28}$	244.2192
$C_{19}H_{16}$	244.1253
245	
$C_{11}H_{21}N_{2}O_{4}$	245.1502
$C_{11}H_{23}N_{3}O_{3}$	245.1741
$C_{11}H_{25}N_{4}O_{2}$	245.1979
$C_{12}H_{9}N_{2}O_{4}$	245.0563
$C_{12}H_{11}N_{3}O_{3}$	245.0801
$C_{12}H_{13}N_{4}O_{2}$	245.1040
$C_{12}H_{23}NO_{4}$	245.1628
$C_{12}H_{25}N_{2}O_{3}$	245.1866
$C_{12}H_{27}N_{3}O_{2}$	245.2105
$C_{12}H_{29}N_{4}O$	245.2343
$C_{13}H_{11}NO_{4}$	245.0688
$C_{13}H_{13}N_{2}O_{3}$	245.0927
$C_{13}H_{15}N_{3}O_{2}$	245.1165
$C_{13}H_{17}N_{4}O$	245.1404
$C_{13}H_{25}O_{4}$	245.1753
$C_{13}H_{27}NO_{3}$	245.1992
$C_{13}H_{29}N_{2}O_{2}$	245.2230
$C_{13}H_{31}N_{3}O$	245.2469
$C_{14}H_{13}O_{4}$	245.0814

부록 A (계속)

	FM
$C_{14}H_{15}NO_3$	245.1052
$C_{14}H_{17}N_2O_2$	245.1291
$C_{14}H_{19}N_3O$	245.1529
$C_{14}H_{21}N_4$	245.1768
$C_{14}H_{29}O_3$	245.2117
$C_{14}H_{31}NO_2$	245.2356
$C_{15}H_{17}O_3$	245.1178
$C_{15}H_{19}NO_2$	245.1416
$C_{15}H_{21}N_2O$	245.1655
$C_{15}H_{23}N_3$	245.1894
$C_{16}H_9N_2O$	245.0715
$C_{16}H_{11}N_3$	245.0954
$C_{16}H_{21}O_2$	245.1542
$C_{16}H_{23}NO$	245.1781
$C_{16}H_{25}N_2$	245.2019
$C_{17}H_{11}NO$	245.0841
$C_{17}H_{13}N_2$	245.1080
$C_{17}H_{25}O$	245.1906
$C_{17}H_{27}N$	245.2145
$C_{18}H_{13}O$	245.0967
$C_{18}H_{15}N$	245.1205
$C_{18}H_{29}$	245.2270
$C_{19}H_{17}$	245.1331
246	
$C_{11}H_{22}N_2O_4$	246.1580
$C_{11}H_{24}N_3O_3$	246.1819
$C_{11}H_{26}N_4O_2$	246.2057
$C_{12}H_{10}N_2O_4$	246.0641
$C_{12}H_{12}N_3O_3$	246.0879
$C_{12}H_{14}N_4O_2$	246.1118
$C_{12}H_{24}NO_4$	246.1706
$C_{12}H_{26}N_2O_3$	246.1945
$C_{12}H_{28}N_3O_2$	246.2183
$C_{12}H_{30}N_4O$	246.2422
$C_{13}H_{12}NO_4$	246.0766
$C_{13}H_{14}N_2O_3$	246.1005
$C_{13}H_{16}N_3O_2$	246.1244
$C_{13}H_{18}N_4O$	246.1482
$C_{13}H_{26}O_4$	246.1832
$C_{13}H_{28}NO_3$	246.2070
$C_{13}H_{30}N_2O_2$	246.2309
$C_{14}H_{14}O_4$	246.0892
$C_{14}H_{16}NO_3$	246.1131
$C_{14}H_{18}N_2O_2$	246.1369
$C_{14}H_{20}N_3O$	246.1608
$C_{14}H_{22}N_4$	246.1846
$C_{14}H_{30}O_3$	246.2196
$C_{15}H_{10}N_4$	246.0907
$C_{15}H_{18}O_3$	246.1256
$C_{15}H_{20}NO_2$	246.1495
$C_{15}H_{22}N_2O$	246.1733
$C_{15}H_{24}N_3$	246.1972
$C_{16}H_{10}N_2O$	246.0794
$C_{16}H_{12}N_3$	246.1032
$C_{16}H_{22}O_2$	246.1620
$C_{16}H_{24}NO$	246.1859
$C_{16}H_{26}N_2$	246.2098
$C_{17}H_{10}O_2$	246.0681
$C_{17}H_{12}NO$	246.0919
$C_{17}H_{14}N_2$	246.1158
$C_{17}H_{26}O$	246.1985
$C_{17}H_{28}N$	246.2223
$C_{18}H_{14}O$	246.1045
$C_{18}H_{16}N$	246.1284
$C_{18}H_{30}$	246.2349
$C_{19}H_{18}$	246.1409
247	
$C_{11}H_{23}N_2O_4$	247.1659
$C_{11}H_{25}N_3O_3$	247.1897
$C_{11}H_{27}N_4O_2$	247.2136
$C_{12}H_{11}N_2O_4$	247.0719
$C_{12}H_{13}N_3O_3$	247.0958
$C_{12}H_{15}N_4O_2$	247.1196
$C_{12}H_{25}NO_4$	247.1784
$C_{12}H_{27}N_2O_3$	247.2023
$C_{12}H_{29}N_3O_2$	247.2261
$C_{13}H_{13}NO_4$	247.0845
$C_{13}H_{15}N_2O_3$	247.1083
$C_{13}H_{17}N_3O_2$	247.1322
$C_{13}H_{19}N_4O$	247.1560
$C_{13}H_{27}O_4$	247.1910
$C_{13}H_{29}NO_3$	247.2148
$C_{14}H_{15}O_4$	247.0970
$C_{14}H_{17}NO_3$	247.1209
$C_{14}H_{19}N_2O_2$	247.1448
$C_{14}H_{21}N_3O$	247.1686
$C_{14}H_{23}N_4$	247.1925
$C_{15}H_9N_3O$	247.0746
$C_{15}H_{11}N_4$	247.0985
$C_{15}H_{19}O_3$	247.1334
$C_{15}H_{21}NO_2$	247.1573
$C_{15}H_{23}N_2O$	247.1811
$C_{15}H_{25}N_3$	247.2050
$C_{16}H_{11}N_2O$	247.0872
$C_{16}H_{13}N_3$	247.1111
$C_{16}H_{23}O_2$	247.1699
$C_{16}H_{25}NO$	247.1937
$C_{16}H_{27}N_2$	247.2176
$C_{17}H_{11}O_2$	247.0759
$C_{17}H_{13}NO$	247.0998
$C_{17}H_{15}N_2$	247.1236
$C_{17}H_{27}O$	247.2063
$C_{17}H_{29}N$	247.2301
$C_{18}H_{15}O$	247.1123
$C_{18}H_{17}N$	247.1362
$C_{18}H_{31}$	247.2427
$C_{19}H_{19}$	247.1488
248	
$C_{11}H_{24}N_2O_4$	248.1737
$C_{11}H_{26}N_3O_3$	248.1976
$C_{11}H_{28}N_4O_2$	248.2214
$C_{12}H_{12}N_2O_4$	248.0797
$C_{12}H_{14}N_3O_3$	248.1036
$C_{12}H_{16}N_4O_2$	248.1275
$C_{12}H_{26}NO_4$	248.1863
$C_{12}H_{28}N_2O_3$	248.2101
$C_{13}H_{14}NO_4$	248.0923
$C_{13}H_{16}N_2O_3$	248.1162
$C_{13}H_{18}N_3O_2$	248.1400
$C_{13}H_{20}N_4O$	248.1639
$C_{13}H_{28}O_4$	248.1988
$C_{14}H_{16}O_4$	248.1049
$C_{14}H_{20}N_2O_2$	248.1526
$C_{14}H_{22}N_3O$	248.1764
$C_{14}H_{24}N_4$	248.2003
$C_{15}H_{10}N_3O$	248.0825
$C_{15}H_{12}N_4$	248.1063
$C_{15}H_{20}O_3$	248.1413
$C_{15}H_{22}NO_2$	248.1651
$C_{15}H_{24}N_2O$	248.1890
$C_{15}H_{26}N_3$	248.2129
$C_{16}H_{10}NO_2$	248.0712
$C_{16}H_{12}N_2O$	248.0950
$C_{16}H_{14}N_3$	248.1189
$C_{16}H_{24}O_2$	248.1777
$C_{16}H_{26}NO$	248.2015
$C_{16}H_{28}N_2$	248.2254
$C_{17}H_{12}O_2$	248.0837
$C_{17}H_{14}NO$	248.1076
$C_{17}H_{16}N_2$	248.1315
$C_{17}H_{28}O$	248.2141
$C_{17}H_{30}N$	248.2380
$C_{18}H_{16}O$	248.1202
$C_{18}H_{18}N$	248.1440
$C_{18}H_{32}$	248.2505
$C_{19}H_{20}$	248.1566
249	
$C_{11}H_{25}N_2O_4$	249.1815
$C_{11}H_{27}N_3O_3$	249.2054
$C_{12}H_{13}N_2O_4$	249.0876
$C_{12}H_{15}N_3O_3$	249.1114
$C_{12}H_{17}N_4O_2$	249.1353
$C_{12}H_{27}NO_4$	249.1941
$C_{13}H_{15}NO_4$	249.1001
$C_{13}H_{17}N_2O_3$	249.1240
$C_{13}H_{19}N_3O_2$	249.1478
$C_{13}H_{21}N_4O$	249.1717
$C_{14}H_9N_4O$	249.0777
$C_{14}H_{17}O_4$	249.1127
$C_{14}H_{19}NO_3$	249.1365
$C_{14}H_{21}N_2O_2$	249.1604
$C_{14}H_{23}N_3O$	249.1842
$C_{14}H_{25}N_4$	249.2081
$C_{15}H_9N_2O_2$	249.0664
$C_{15}H_{11}N_3O$	249.0903
$C_{15}H_{13}N_4$	249.1142
$C_{15}H_{21}O_3$	249.1491
$C_{15}H_{23}NO_2$	249.1730
$C_{15}H_{25}N_2O$	249.1968
$C_{15}H_{27}N_3$	249.2207
$C_{16}H_{11}NO_2$	249.0790
$C_{16}H_{13}N_2O$	249.1029
$C_{16}H_{15}N_3$	249.1267
$C_{16}H_{25}O_2$	249.1855
$C_{16}H_{27}NO$	249.2094
$C_{16}H_{29}N_2$	249.2332
$C_{17}H_{13}O_2$	249.0916
$C_{17}H_{15}NO$	249.1154
$C_{17}H_{17}N_2$	249.1393
$C_{17}H_{29}O$	249.2219
$C_{17}H_{31}N$	249.2458
$C_{18}H_{17}O$	249.1280
$C_{18}H_{19}N$	249.1519
$C_{18}H_{33}$	249.2584
$C_{19}H_{21}$	249.1644
250	
$C_{11}H_{26}N_2O_4$	250.1894
$C_{12}H_{14}N_2O_4$	250.0954
$C_{12}H_{16}N_3O_3$	250.1193
$C_{12}H_{18}N_4O_2$	250.1431
$C_{13}H_{16}NO_4$	250.1080
$C_{13}H_{18}N_2O_3$	250.1318
$C_{13}H_{20}N_3O_2$	250.1557
$C_{13}H_{22}N_4O$	250.1795
$C_{14}H_{10}N_4O$	250.0856
$C_{14}H_{20}NO_3$	250.1444
$C_{14}H_{22}N_2O_2$	250.1682
$C_{14}H_{24}N_3O$	250.1921
$C_{14}H_{26}N_4$	250.2160
$C_{15}H_{10}N_2O_2$	250.0743
$C_{15}H_{12}N_3O$	250.0981
$C_{15}H_{14}N_4$	250.1220
$C_{15}H_{22}O_3$	250.1569
$C_{15}H_{24}NO_2$	250.1808
$C_{15}H_{26}N_2O$	250.2046
$C_{15}H_{28}N_3$	250.2285
$C_{16}H_{10}O_3$	250.0630
$C_{16}H_{12}NO_2$	250.0868
$C_{16}H_{14}N_2O$	250.1107
$C_{16}H_{16}N_3$	250.1346
$C_{16}H_{26}O_2$	250.1934
$C_{16}H_{28}NO$	250.2172
$C_{16}H_{30}N_2$	250.2411
$C_{17}H_{14}O_2$	250.0994
$C_{17}H_{16}NO$	250.1233
$C_{17}H_{18}N_2$	250.1471
$C_{17}H_{30}O$	250.2298
$C_{17}H_{32}N$	250.2536
$C_{18}H_{18}O$	250.1358
$C_{18}H_{20}N$	250.1597
$C_{18}H_{34}$	250.2662
$C_{19}H_{22}$	250.1722

부록 B 일반적인 토막 이온

나열한 모든 토막은 +1의 전하를 갖는다. 부록 C와 함께 사용하라. 동족 계열과 이성질 계열을 모두 제시하지는 않았다. 여기에 나열한 것은 전부를 나타낸 것이 아니라 일부를 제시한 것이다. Hamming과 Foster (1972)의 부록 II, McLafferty (1993)의 표 A-7 설명서와 McLafferty (1982)의 고분해능 이온 자료를 추가자료로 추천한다.

***m/z* 이 온**[a]

14 CH_2
15 CH_3
16 O
17 OH
18 H_2O, NH_4
19 F, H_3O
26 C≡N, C_2H_2
27 C_2H_3
28 C_2H_4, CO, N_2 (air), CH=NH
29 C_2H_5, CHO
30 CH_2NH_2, NO
31 CH_2OH, OCH_3
32 O_2 (air)
33 SH, CH_2F
34 H_2S
35 ^{35}Cl[b]
36 $H^{35}Cl$[b]
39 C_3H_3
40 CH_2C≡N, Ar (air)
41 C_3H_5, CH_2C≡N + H, C_2H_2NH
42 C_3H_6, C_2H_2O
43 C_3H_7, CH_3C=O, C_2H_5N
44 CH_2C(=O)H + H, CH_3CHNH_2, CO_2 (air), NH_2C=O, $(CH_3)_2N$
45 $CH_3CH(OH)$, CH_2CH_2OH, CH_2OCH_3, C(=O)OH
46 NO_2
47 CH_2SH, CH_3S
48 CH_3S + H
49 $CH_2{}^{35}Cl$[b]
51 CH_2F_2, C_4H_3
53 C_4H_5
54 CH_2CH_2C≡N
55 C_4H_7, CH_2=CHC=O
56 C_4H_8
57 C_4H_9, C_2H_5C=O
58 CH_3C(=O)CH_2 + H, $C_2H_5CHNH_2$, $(CH_3)_2NCH_2$, $C_2H_5NHCH_2$, C_2H_5S
59 $(CH_3)_2COH$, $CH_2OC_2H_5$, CO_2CH_3, NH_2C(=O)CH_2 + H, CH_3OCHCH_3, CH_3CHCH_2OH, C_2H_5CHOH
60 CH_2CO_2H + H, CH_2ONO
61 CH_3CO_2 + 2H, CH_2CH_2SH, CH_2SCH_3
65 C_5H_5
66 H_2S_2, 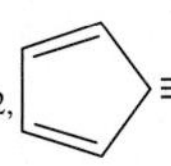 ≡C_5H_6
67 C_5H_7
68 $CH_2CH_2CH_2C$≡N
69 C_5H_9, CF_3, CH_3CH=CHC=O, CH_2=C(CH_3)C=O
70 C_5H_{10}
71 C_5H_{11}, C_3H_7C=O
72 C_2H_5C(=O)CH_2 + H, $C_3H_7CHNH_2$, $(CH_3)_2N$=C=O, $C_2H_5NHCHCH_3$ and isomers
73 Homologs of 59, $(CH_3)_3Si$
74 $CH_2CO_2CH_3$ + H
75 $CO_2C_2H_5$ + 2H, $C_2H_5CO_2$ + 2H, $CH_2SC_2H_5$, $(CH_3)_2CSH$, $(CH_3O)_2CH$, $(CH_3)_2SiOH$
76 C_6H_4 (C_6H_4XY)
77 C_6H_5 (C_6H_5X)
78 C_6H_5 + H
79 C_6H_5 + 2H, ^{79}Br[b]
80 CH_3SS + H, $H^{79}Br$[b],
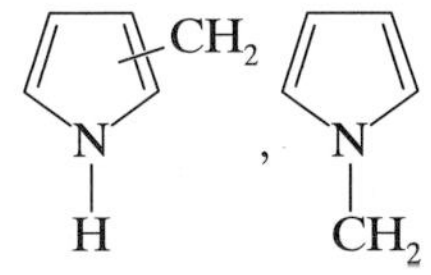

81 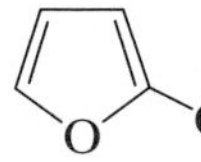 CH_2, C_6H_9
82 $(CH_2)_4C$≡N, C_6H_{10}, $C^{35}Cl_2$[b]
83 C_6H_{11}, $CH^{35}Cl_2$[b], 
85 , 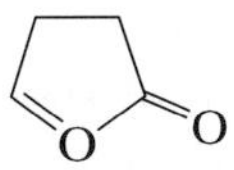, C_6H_{13}, C_4H_9C=O, $Cl^{35}ClF_2$[b]
86 C_3H_7C(=O)CH_2 + H, $C_4H_9CHNH_2$ and isomers
87 $C_3H_7CO_2$, Homologs of 73, $CH_2CH_2CO_2CH_3$
88 $CH_2CO_2C_2H_5$ + H
89 $CO_2C_3H_7$ + 2H, 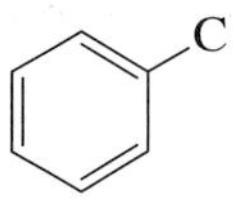
90 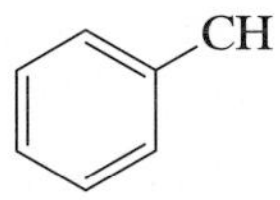, CH_3CHONO_2
91 $(C_6H_5)CH_2$, $(C_6H_5)CH$ + H, $(C_6H_5)C$ + 2H, $(CH_2)_4{}^{35}Cl$[b], $(C_6H_5)N$
92  CH_2, $(C_6H_5)CH_2$ + H

부록 B (계속)

m/z **이온**[a]

93 $CH_2{}^{79}Br^b$, C_7H_9, $(C_6H_5)O$, 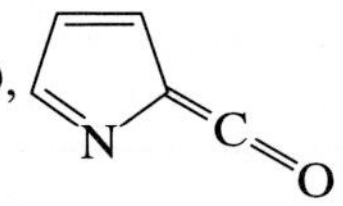

94 $(C_6H_5)O + H$, 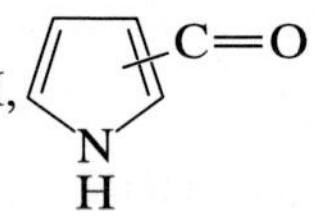

95 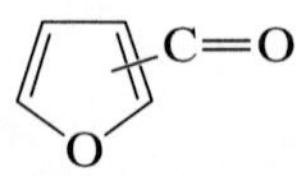

96 $(CH_2)_5C{\equiv}N$

97 C_7H_{13}, 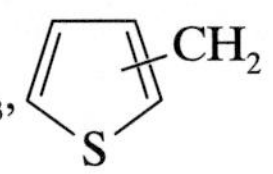

98 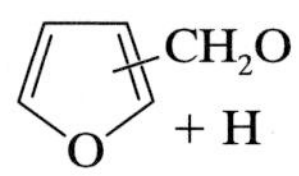

99 C_7H_{15}, $C_6H_{11}O$, 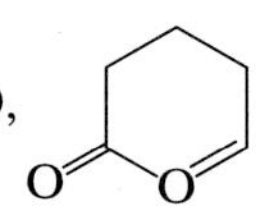

100 $C_4H_9C({=}O)CH_2 + H$, $C_5H_{11}CHNH_2$

101 $CO_2C_4H_9$

102 $CH_2CO_2C_2H_7 + H$

103 $CO_2C_4H_9 + 2H$, $C_5H_{11}S$, $CH(OCH_2CH_3)_2$

104 $C_2H_5CHONO_2$

105 $C_6H_5C{=}O$, $C_6H_5CH_2CH_2$, $C_6H_5CHCH_3$

106 $C_6H_5NHCH_2$

107 $C_6H_5CH_2O$, $HO(C_6H_4)CH_2$, $C_2H_4{}^{79}Br^b$

108 $C_6H_5CH_2O + H$, 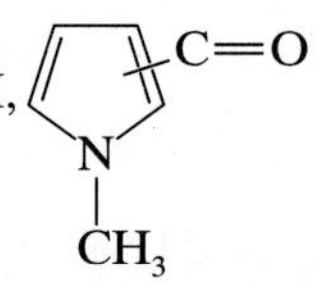

109 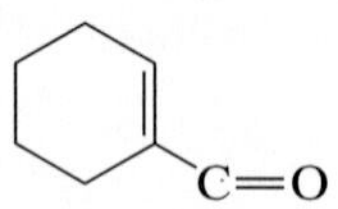

111 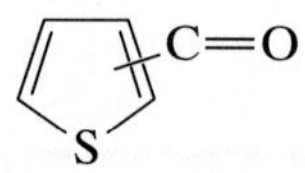

119 CF_3CF_2, $(C_6H_5)C(CH_3)_2$, $CH_3CH(C_6H_4)CH_3$, $CO(C_6H_4)CH_3$

120 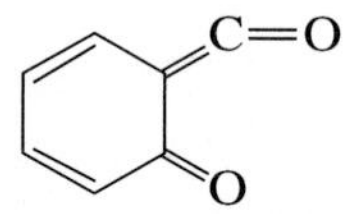

121 C_9H_{13}, 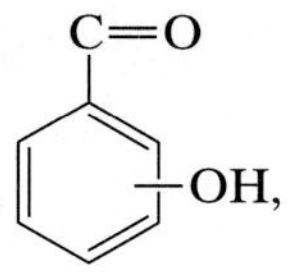 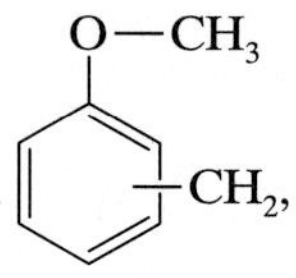 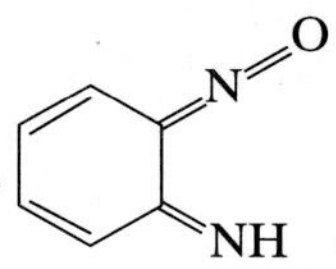

122 $C_6H_5CO_2 + H$

123 $F(C_6H_4)C{=}O$, $C_6H_5CO_2 + 2H$

125 C_6H_5SO

127 I

128 HI

130 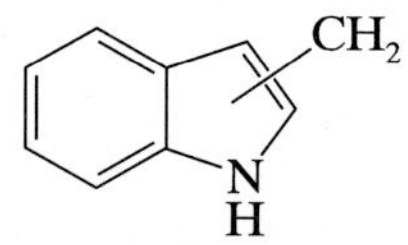

131 C_3F_5, $C_6H_5CH{=}CHC{=}O$

135 $(CH_2)_4{}^{79}B_r{}^b$

138 $CO_2(C_6H_4)OH + H$

139 ${}^{35}Cl(C_6H_4)C{=}O^b$

141 CH_2I

147 $(CH_3)_2Si{=}O{-}Si(CH_3)_3$

149 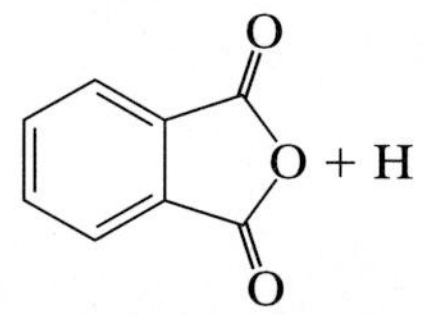

154 $(C_6H_5)_2$

---

[a] 토막 *n*H (*n* 1, 2, 3 …) 가 수소 전이를 포함하는 자리옮김을 경유하여 일어나는 이온 표시.

[b] 더 풍부한 동위원소가 표시된다.

부록 C 떨어져 나가는 공통 이온

여기에 나열한 것은 포괄적인 것이 아니라 일부를 제시한 것이다. 부록 B와 함께 사용하라. Hamming과 Foster (1972) 의 표 5-19, McLafferty (1993) 의 표 A-5를 추가자료로 추천한다. 모든 토막은 중성 종으로 떨어져 나간 것이다.

분자 이온에서 빼기	떨어져 나가는 토막(추정 구조)
1	H·
2	2H·
15	CH_3·
16	O ($ArNO_2$, amine oxides, sulfoxides); ·NH_2 (carboxamides, sulfonamides)
17	HO·
18	H_2O (alcohols, aldehydes, ketones)
19	F·
20	HF
26	$CH{\equiv}CH$, ·$CH{\equiv}N$
27	$CH_2{=}CH$·, $HC{\equiv}N$ (aromatic nitrites, nitrogen heterocycles)
28	$CH_2{=}CH_2$, CO, (quinones) (HCN + H)
29	CH_3CH_2·, (ethyl ketones, $ArCH_2CH_2CH_3$), ·CHO
30	NH_2CH_2·, CH_2O ($ArOCH_3$), NO ($ArNO_2$), C_2H_6
31	·OCH_3(methyl esters), ·CH_2OH, CH_3NH_2
32	CH_3OH, S
33	HS· (thiols), (·CH_3 and H_2O)
34	H_2S (thiols)
35	Cl·
36	HCl, $2H_2O$
37	H_2Cl (or HCl + H)
38	C_3H_2, C_2N, F_2
39	C_3H_3, HC_2N
40	$CH_3C{\equiv}CH$
41	$CH_2{=}CHCH_2$·
42	$CH_2{=}CHCH_3$, $CH_2{=}C{=}O$, $H_2C\overset{H_2}{\overset{\diagup\diagdown}{C}}CH_2$ (cyclopropane), NCO, $NCNH_2$
43	C_3H_7·(propyl ketones, $ArCH_2{-}C_3H_7$), $CH_3\overset{O}{\overset{\Vert}{C}}$·(methyl ketones, $CH_3\overset{O}{\overset{\Vert}{C}}G$, where G = various functional groups), $CH_2{=}CH{-}O$·, (CH_3· and $CH_2{=}CH_2$), HCNO
44	$CH_2{=}CHOH$, CO_2 (esters, anhydrides), N_2O, $CONH_2$, $NHCH_2CH_3$
45	CH_3CHOH, CH_3CH_2O·(ethyl esters), CO_2H, $CH_3CH_2NH_2$
46	(H_2O and $CH_2{=}CH_2$), CH_3CH_2OH, ·NO_2 ($ArNO_2$)
47	CH_3S·
48	CH_3SH, SO (sulfoxides), O_3
49	·CH_2Cl
51	·CHF_2
52	C_4H_4, C_2N_2
53	C_4H_5
54	$CH_2{=}CH{-}CH{=}CH_2$
55	$CH_2{=}CHCHCH_3$

부록 C (계속)

분자 이온에서 빼기	떨어져 나가는 토막(추정 구조)
56	$CH_2{=}CHCH_2CH_3$, $CH_3CH{=}CHCH_3$, 2CO
57	$C_4H_9\cdot$ (butyl ketones), C_2H_5CO (ethyl ketones, EtC=OG, G = various structural units)
58	$\cdot NCS$, (NO + CO), CH_3COCH_3, C_4H_{10}
59	$CH_3OC({=}O)\cdot$, $CH_3C({=}O)NH_2$, 
60	C_3H_7OH, $CH_2{=}C(OH)_2$ (acetate esters)[a]
61	$CH_3CH_2S\cdot$, 
62	(H_2S and $CH_2{=}CH_2$)
63	$\cdot CH_2CH_2Cl$
64	C_5H_4, S_2, SO_2
68	$CH_2{=}C(CH_3){-}CH{=}CH_2$
69	$CF_3\cdot$, $C_5H_9\cdot$
71	$C_5H_{11}\cdot$
73	$CH_3CH_2OC({=}O)\cdot$
74	C_4H_9OH
75	C_6H_3
76	C_6H_4, CS_2
77	C_6H_5, CS_2H
78	C_6H_6, CS_2H_2, C_5H_4N
79	$Br\cdot$, C_5H_5N
80	HBr
85	$\cdot CClF_2$
100	$CF_2{=}CF_2$
119	$CF_3{-}CF_2\cdot$
122	C_6H_5COOH
127	$I\cdot$
128	HI

[a] McLafferty 자리옮김

2장

IR 분광법

2.1 서론

적외선(IR) 복사(radiation)는 넓게는 가시광선에서 마이크로파 범위의 전자기 스펙트럼과 관계있다. 실제 유기 화학자에게 가장 실용적으로 유용한 범위는 4000 − 400 cm^{-1}로 한정되어 있다. 특별한 경우에는 근적외선(14,290 − 4000 cm^{-1})이나 원적외선인 700 − 200 cm^{-1}에 관심이 있는 경우도 있다.

간단한 이론 논의와 더불어 스펙트럼을 살펴 볼텐데, 아주 간단한 분자조차도 극도로 복잡한 스펙트럼을 가지는 것을 보게 될 것이다. 사실 유기 화학자는 미지 화합물의 스펙트럼이 진짜 시료의 스펙트럼과 잘 일치하는지 확인하기 위해서 이런 복잡한 스펙트럼의 장점을 이용하기도 한다. 각 피크마다 완전히 일치한다면 그것은 동일한 물질이라는 강력한 증거가 된다. 거울상이성질체를 제외하고는 어떤 두 화합물도 정확하게 일치하는 IR 스펙트럼을 가질 수 없다.

IR 스펙트럼이 전체 분자에 대해서 고유한 성질이지만, 원자의 특정 그룹은 그 분자의 나머지 구조에 상관없이 같은 진동수 또는 비슷한 진동수의 띠를 가질 수도 있다. 이러한 특징적인 띠를 확인하여 화학자는 일반화되어 있는 특정 그룹의 진동수를 참고하여, 간단하게 그 띠의 유무를 보고 유용한 구조적 정보를 얻을 수 있다. 앞으로 우리는 이러한 특징적인 작용기의 진동수에 크게 의존하게 될 것이다.

우리가 구조 분석을 위해서 전적으로 IR 스펙트럼에 의존하지 않기 때문에 자세한 스펙트럼 분석은 필요하지 않다. 일반적으로 분자의 구조를 조사하기 위해서 다른 분광 데이터와 연결하여 IR 스펙트럼을 사용하기 때문에, 이 장에서 우리는 일반화된 계획에 따라서 이 목적에 맞는 이론만을 다룰 것이다.

여러 교재에서 IR 분광법이 한 부분 또는 전 부분에서 소개되는 것을 보면 IR 분광법이 유기 화학자를 숙련시키는 도구로 중요하다는 것을 알 수 있다(이 장의 마지막 부분의 참고 문헌 참조). 문헌이나 분광 모음집의 목록 뿐 아니라 스펙트럼 출판서도 있다. 출판물로써 가장 대표적인 것이 Sadtler (1994)와 Aldrich (1989)에 의해 출판된 것이다.

2.2 이론

유기 분자가 100 cm^{-1}보다 적은 진동수의 적외선 복사를 흡수하면 흡수 에너지가 분자의 회전 에너지로 전환된다. 이 흡수는 양자화되어 있어서 분자 회전 스펙트럼은 불연속적인 선으로 구성되어 있다.

유기 화합물이 대략 10,000에서 100 cm^{-1} 범위의 적외선 복사 에너지를 흡수하면, 그 에너지는 분자의 진동 에너지로 전환된다. 이 흡수도 역시 양자화되어 있으나, 진동 스펙트럼은 불연속적인 선보다는 보통 띠로 나타나는데, 이는 하나의 진동 에너지 변화는 여러 가지 회전 에너지 변화를 수반하기 때문이다. 이것이 바로 우리가 관심을 갖고 있는 4000 − 400 cm^{-1} 범위 사이에서 나타나는 것으로 진동-회전띠이다. 흡수하는 진동수나 파장은 원자의 상대적인 질량, 결합의 힘상수(force constant), 원자의 기하구조에 달려있다.

여기서 IR 스펙트럼에서 띠(band)의 위치는 파수(($\bar{\nu}$), wavenumber)로 나타내고, 그 단위는 cm의 역수이다(cm^{-1}); 이 단위는 진동 에너지에 비례하고, 현대 기기는 cm의 역수에 비례한다. 오래된 문헌에서는 파장(λ)의 단위로 마이크로미터 단위($\mu m = 10^{-6}$ m, 마이크론이라 불렀다)를 사용했다. 파수는 파장과 역의 관계에 있다.

$$cm^{-1} = 10^4/\mu m$$

파수는 종종 "진동수"라고도 한다. 그러나 파수(cm^{-1}의 단위는 $\bar{\nu}$)는 μm 단위로 $1 \times 10^4/\lambda$과 동일하고, 진동수(Hz의 ν)는 센티미터 단위로 c/λ과 동일하기 때문에, 파수가 진동수라는 것은 정확히 말해서 틀렸다. 여기서 c는 빛의 속도(3×10^{10} cm/s)이다. 기호 $\bar{\nu}$는 "뉴 바"(nu bar)라 부른다. 이 책에서 IR 스펙트럼은 일반적으로 특별한 언급이 없다면 cm^{-1}의 선형 함수로 주어질 것이다. μm 단위의 함수로 기록된 스펙트럼은 cm^{-1}로 기록된 스펙트럼과는 아주 다르다는데 주의하라(그림 2.6 참조).

띠세기는 투과율(T, transmittance) 또는 흡광도(A, absorbance) 중에 하나로 표현될 수 있다. 투과율은 시료를 통과한 빛의 세기와 시료에 주사한 빛의 세기에 대한 비율이다. 흡광도는 밑을 10으로 하는 투과율의 역수에 대한 로그함수이다; $A = \log_{10}(1/T)$. 유기 화학자는 대개 반정량

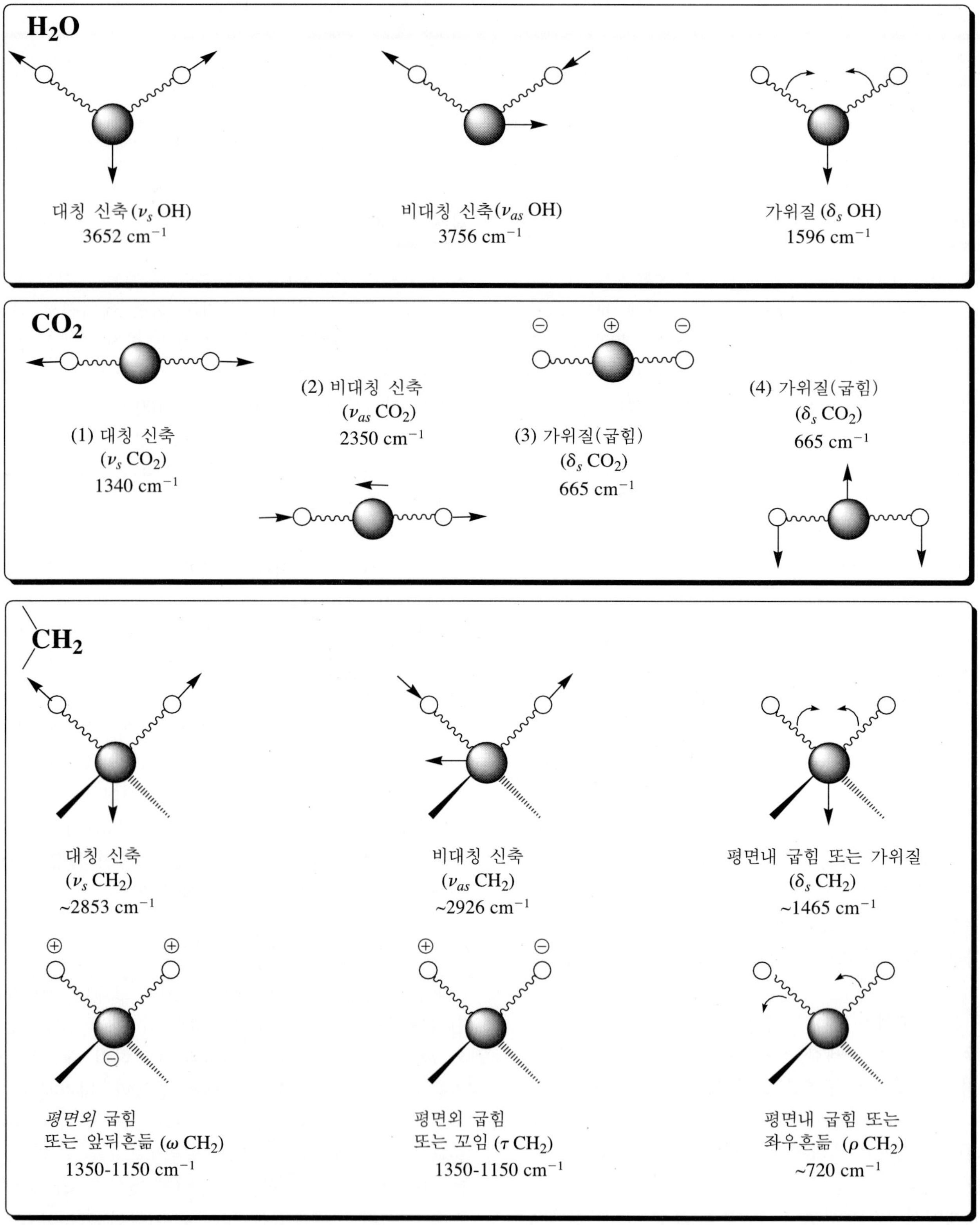

그림 2.1 (맨위) H_2O의 진동 방식. (가운데) 선형인 CO_2의 진동 방식. (아래) CH_2기의 진동 방식(+와 −는 페이지 평면에 대해 수직으로 이동함을 의미한다).

적인 (semiquantitative) 용어 (s = 강한, m = 중간, w = 약한)로 그 세기를 나타낸다.

분자의 진동에는 신축(stretching)과 굽힘 (bending) 두 가지 형태가 있다. 신축 진동은 결합축을 따라 원자 간의 거리가 늘어났다가 줄어들었다 하는 주기적 운동을 의미한다. 굽힘 진동은 하나의 공통 원자에 붙어 있는 결합들 사이 또는 그룹에서 고정된 원자에 대해서 그룹의 움직임이 있는 결합각의 변화로 구성된다. 예를 들면, 비틀림 (twisting), 흔들림 (rocking), 뒤틀림 (torsional) 진동은 분자 내에서 임의의 표준 좌표에 대해서 결합각의 변화와 관련되어 있다.

IR 영역에서는 분자의 쌍극자 모멘트가 주기적으로 변하는 그러한 진동만이 관측된다. 진동에 수반되는 전하의 분포 변화에 의해서 생기는 교류 전기장이, 분자의 진동과 전자기 복사의 진동하는 전기장이 짝지어지게 된다.

개별 원자의 전체 자유도 (degree of freedom) 처럼 분자도 많은 자유도를 갖고 있다. 각 원자는 분자에서 다른 원자에 상대적인 위치를 묘사할 때 필요한 직교 좌표계 (x, y, z) 에 대응하는 세 개의 자유도를 갖고 있다. n개의 원자를 가진 분자는 $3n$개의 자유도를 갖는다. 비선형 분자의 경우에, 세 개의 자유도는 회전에 관계있고, 또 다른 세 개는 병진운동; 나머지 $3n - 6$개의 자유도는 진동 자유도 또는 기본적인 (fundamental) 진동에 관련되어 있다. 선형 분자는 오직 두 개의 자유도만 회전 운동에 관여되어 있기 때문에, $3n - 5$개 진동 자유도를 갖고 있다.

기본적인 진동은 분자의 중력 중심에 대한 변화와 관련이 없다. 세 원자 분자인 물과 같은 비선형 분자의 기본적인 진동 세 개를 그림 2.1의 윗부분에 도식화하였다. 멀리 떨어진 가위질 (scissoring) 방식과 비교되는 상호작용 또는 짝지어진 비대칭과 대칭 신축 방식이 아주 근접해 있는 진동수 간격에 주목하라.

CO_2 분자는 선형이고 세 개의 원자를 갖고 있다; 그러므로 그림 2.1의 가운데 부분에 보이는 것처럼 네 개의 기본적인 진동 [$(3 \times 3) - 5$] 을 갖고 있다. (1) 의 대칭 신축 진동은 분자의 쌍극자 모멘트를 변화시키지 않기에 IR에 비활성이다. (3) 과 (4) 의 굽힘 진동은 동등하고 핵간 축의 어떤 각에 대해 굽힘 운동의 결정된 성분이 있다; 그 둘은 동일한 진동수를 갖고 두 개로 축퇴 (degenerate) 되어 있다고 말한다.

분자의 일부분에서 보이는 AX_2기의 다양한 신축과 굽힘 방식을 예를 들면, 탄화수소 분자의 CH_2기, 그림 2.1에 나타내었다. CH_2기의 경우는 분자의 일부분을 나타내기에 $3n - 6$ 규칙을 적용할 수 없다.

배음 (overtone, 주어진 진동수의 배수) 과 조합음 (combination tone, 다른 두 진동수의 합) 때문에 이론적인 개수만큼의 기본적인 진동 (흡수 진동수) 을 관측하기는 힘들 것이다. 반면에 띠의 수가 다른 현상에 의해 증가하기도 한다. 다음과 같은 이유로 이론적인 개수보다 띠가 줄어서 나타난다.

1. $4000 - 400\ \text{cm}^{-1}$ 범위 밖에 위치한 기본적인 진동수.
2. 관측하기에 너무 약한 기본적인 띠.
3. 너무 인접해서 겹쳐진 기본적인 진동.
4. 아주 대칭적인 분자에서 같은 진동수의 흡수 때문에 생긴 축퇴띠의 출현.
5. 분자의 쌍극자 변화의 결여 때문에 IR에 나타나지 않은 어떤 기본적인 진동.

근사적으로 Hook의 법칙을 응용하여 신축 진동수를 결정할 수 있다. 이 법칙에 의하면, 두 원자를 연결하는 결합은 스프링으로 연결된 두 질량을 가진 간단한 조화 진동자 (harmonic oscillator) 로 볼 수 있다. 다음 식은 Hooke의 법칙으로 유도된 진동자의 진동수, 원자량, 결합의 힘상수 사이의 관계를 나타낸다.

$$\bar{\nu} = \frac{1}{2\pi c}\sqrt{\frac{f}{(Mx/My)/(Mx + My)}}$$

여기서, $\bar{\nu}$ = 진동 진동수 (cm^{-1})
c = 빛의 속도 (cm/s)
f = 결합의 힘상수 (dyne/cm)
Mx와 My = x와 y 원자의 질량 (g)

단일 결합에 대해서 f는 대략 5×10^5 dyne/cm, 이중 결합과 삼중 결합은 대략 이 값의 두 배와 세 배 정도된다 (표 2.1 참조). 힘상수 f는 결합의 "강성도"를 나타내는 척도로 볼 수 있다. 이 힘상수는 결합 차수와 결합 세기와 연관되어 있다. 진동수는 힘상수의 제곱근에 직접 관계되어 있기 때문에, 결합의 세기가 감소함에 따라 결합 진동의 진동수도 따라서 감소한다는 것을 알 수 있다.

이 식을 C—H 신축의 경우에 응용을 하면, C와 H의 질량을 각각 2.10×10^{-23}과 1.67×10^{-24} g이라 했을 때, $3032\ \text{cm}^{-1}$에서 C—H 결합 진동의 진동수가 나타남을 계산할 수 있다. 실제로 메틸, 메틸렌기와 연관된 C—H 신

표 2.1 Hooke의 법칙으로 계산한 IR 흡광 범위

결합 형태	힘상수 f (dyne/cm)	흡광 범위 (cm^{-1}) 계산값	관측값
C—O	5.0×10^5	1113	1300−800
C—C	4.5×10^5	1128	1300−800
C—N	4.9×10^5	1135	1250−1000
C=C	9.7×10^5	1657	1900−1500
C=O	12.1×10^5	1731	1850−1600
C≡C	15.6×10^5	2101	2150−2100
C—D	5.0×10^5	2225	2250−2080
C—H	5.0×10^5	3032	3000−2850
O—H	7.0×10^5	3553	3800−2700

축 진동은 일반적으로 2960과 2850 cm^{-1} 사이에서 관측된다. 계산값과 실제 관측값이 정확하게 일치하지 않는 것은 분자내에서 C—H 주위의 환경에 기인한 효과를 무시했기 때문이다. IR 흡수 진동수는 결합의 힘상수를 계산하는데 흔하게 이용되고 있다.

중수소화반응을 한 후에 흡수 진동수가 어떻게 이동했는지를 확인하여 C—H 신축 진동수를 종종 판별하기도 한다. 위의 식을 이용하여 중수소화반응 후에 신축 진동수의 변화를 평가할 수 있다. C—H 화합물에 대해서 $MxMy/(Mx + My)$를 $M_C M_H/(M_C + M_H)$로 표현할 수 있다. 여기서 $M_C \gg M_H$ 이기에 대략 $M_C M_H/M_C$는 M_H로 나타낼 수 있다. 그래서 C—D 화합물의 경우 이것은 M_D와 같다. Hooke의 법칙을 적용하면, 진동수는 수소 동위원소 질량의 제곱근에 반비례한다. 그러므로 C—D에 대한 C—H 신축 진동수의 비율은 $\sqrt{2}$가 된다. 중수소화반응 이후에 진동수의 비율이 $\sqrt{2}$보다 아주 작다면, 이 진동이 단순한 C—H 신축 진동이 아니고, 다른 진동과의 상호작용(짝지음)이 관련된 복합적인 진동이란 것을 알 수 있다.

표 2.1에 나타낸 것처럼 Hooke의 법칙에 기초하여 근사적으로 결합 형태의 신축 진동수를 계산할 수 있다.

Hooke의 법칙으로 결합의 신축에 의한 진동 진동수를 계산하기 위해서는, 결합의 세기와 원자 질량의 상대적인 기여도를 고려해야 한다. 예를 들면, 원자 질량에 기초하여, F—H기와 C—H기를 피상적으로 비교하면, F—H 결합의 신축 진동수가 C—H 결합보다 더 낮은 진동수에 나타나게 된다. 그러나 주기율표의 첫 번째 2주기의 경우 왼쪽에서 오른쪽으로 갈수록 힘상수 값이 커지기 때문에, 질량의 증가보다 더 큰 영향을 끼친다. 그래서 F—H기는 C—H기의 진동수(3040 cm^{-1})보다 더 높은 진동수(4138 cm^{-1})에서 흡수가 일어난다.

일반적으로 큰 쌍극자를 가진 작용기는 IR 스펙트럼에서 강한 흡수를 야기하다.

2.2.1 짝지음 상호작용

두 개의 결합을 가진 진동자가 공통의 원자를 공유할 때, 개별적인 진동자의 진동수가 크게 다르지 않는 경우에는 개별적인 진동자처럼 행동하는 경우는 드물다. 이것은 진동자 사이에 기계적으로 짝지음 상호작용이 있기 때문이다. 예를 들면, 공통의 탄소 원자를 갖고 있는 두 개의 C=O 결합으로 구성된 이산화 탄소는 두 개의 기본적인 신축 진동을 갖고 있다: 하나의 비대칭과 다른 하나의 대칭 신축 방식. 대칭 신축 방식은 위상맞음(in phase) 신축 또는 C=O 결합의 수축으로 구성되어 있고, 지방족 케톤의 카보닐기에서 관측되는 것보다 더 긴 파장에서 흡수가 일어난다. 대칭 신축 방식은 분자의 쌍극자 모멘트(μ)에서 변화를 일으키지 않아서 IR에서 "비활성"이다. 그러나 그것은 라만(Raman) 스펙트럼*에서 1340 cm^{-1} 근처에서 쉽게 관측할 수 있다. 비대칭 신축 방식에서는 두 개의 C=O 결합은 위상벗어남(out of phase)으로 신축한다; 하나의 C=O 결합이 수축함에 따라 다른 하나는 늘어나게 된다. 비대칭 신축 방식은 쌍극자 모멘트의 변화를 일으키기 때문에 IR 활성이다; 흡수(2350 cm^{-1})는 지방족 케톤의 카보닐기에서 관측되는 것보다 더 큰 진동수(더 짧은 파장)에서 일어난다.

이산화 탄소 분자에서 나타나는 카보닐 흡수 진동수의 차이는 강한 기계적인 짝지음 또는 상호작용에 기인한다. 반면에, 하나 이상의 탄소 원자에 의해 분리된 케톤성 두 카보닐기는 1715 cm^{-1} 근처에서 정상적인 카보닐 흡수를 나타낸다. 이는 중간에 낀 탄소 원자가 짝지음을 방해하기 때문이다.

일차 아민(amine)과 일차 아마이드(amide) 스펙트럼의 경우에 3497 − 3077 cm^{-1}에서 나타나는 두 개의 N—H 신축띠도 짝지음으로 설명할 수 있다. 또한 카복실 무수물과 이마이드 스펙트럼의 경우에 1818 − 1720 cm^{-1}에서 나타나는 두 개의 C=O 신축띠와 메틸렌과 메틸기의 3000 − 2760 cm^{-1}에서 나타나는 두 개의 C—H 신축띠도 짝지음으로 설명할 수 있다.

유용하고 특징적인 그룹에 대한 진동수 띠는 종종 짝지음 진동과 연관되어 있다. 알코올의 스펙트럼은 대개 "C—O 신축띠"로 지정된 1260과 1000 cm^{-1} 사이의 영역에서 강한 띠를 갖고 있다. 메탄올의 스펙트럼에서 이 띠는 1034 cm^{-1}에서 나타나고, 에탄올의 스펙트럼에서는 1053 cm^{-1}에서 나타난다. 알코올 구조에서 곁가지가 있거나 불포화 탄소가 있는 경우는 특징적인 흡수띠를 생성시킨다(알코올 부분 참조). 그것은 우리가 지금 독립된 C—O 신축 진동이 아니라, C—C—O 신축과 관련된 짝지어진 비대칭 진동을 다루고 있기 때문에 나타나는 것이다.

결합각의 변화에 기인한 진동은 종종 신축 진동과 비슷한 방법으로 짝지음이 있다. 그래서 방향족 분자에서 고리 C—H의 평면위아래 굽힘 진동수는, 그 고리 위에 있는 인접한 수소 원자의 개수에 의존한다. 수소 원자가 결합된 고리에서 C—C 결합의 굽힘은 수소 원자 사이의 짝지음에

* 라만(Raman) 스펙트럼에서 띠세기는 분자의 쌍극자 변화보다는 결합의 편극성에 의존한다.

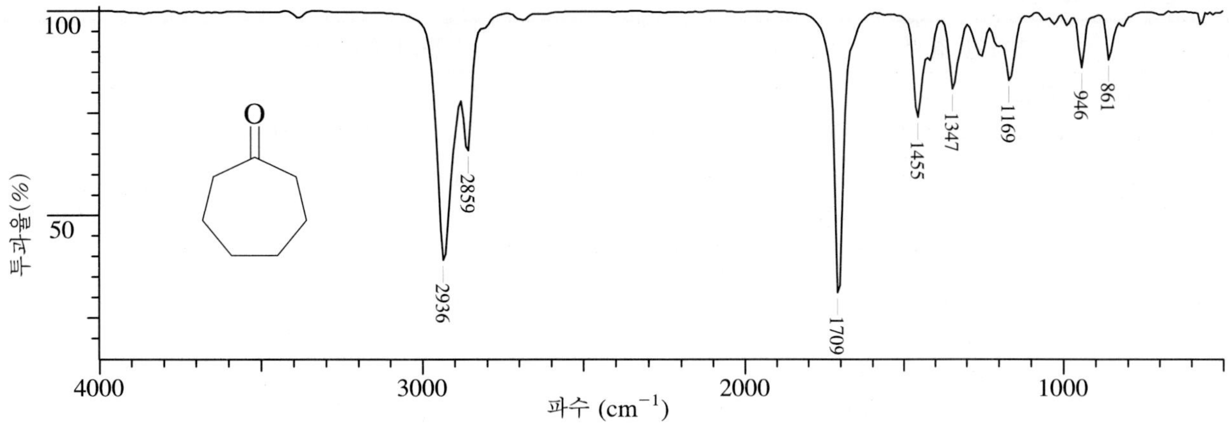

그림 2.2 사이클로헵탄온, 원액.

영향을 끼친다.

이차 비고리성 아마이드의 흡수는 신축과 굽힘 진동의 짝지음에 기인한 상호작용으로 설명할 수 있다. *trans* 배치로 주로 존재하는 이차 비고리성 아마이드는 1563 – 1515 cm^{-1}에서 강한 흡수를 보인다. 이 흡수는 N—H 굽힘과 C—N 신축 진동의 짝지음과 관련 있다.

효과적인 짝지음 상호작용에 요구되는 사항을 다음과 같이 요약할 수 있다.

1. 상호작용이 일어나려면, 진동은 반드시 동일한 대칭 화학종이어야 한다.
2. 신축 진동 사이의 강한 짝지음은 그 그룹 사이에 공통의 원자가 있어야 한다.
3. 짝지어진 그룹이 개별적으로 거의 동일한 진동수를 흡수할 때 상호작용이 최대가 된다.
4. 신축하는 결합이 변하는 각의 한쪽을 형성할 때, 굽힘과 신축 진동 사이의 짝지음이 일어날 수 있다.
5. 굽힘 진동의 짝지음을 위해서는 공통의 결합이 필요하다.
6. 그룹이 하나 이상의 탄소에 의해 분리되어 있을 때 짝지음은 무시할 만하고 진동은 서로 수직이다.

우리가 상호작용을 논의할 때 살펴보았듯이, 두 개의 기본 진동 방식의 짝지음은 두 개의 새로운 진동 방식을 형성하게 되고, 그 진동수는 상호작용이 없을 때 관측되는 것보다 더 높거나 더 낮다. 상호작용은 또한 기본 진동과 배음 또는 조합음 진동 사이에도 일어난다. 그러한 상호작용은 Fermi 공명으로 알려져 있다. Fermi 공명의 한 예를 이산화 탄소의 흡수 패턴에서 볼 수 있다. 상호작용을 설명할 때, CO_2의 대칭 신축띠가 라만 스펙트럼에서 1340 cm^{-1} 근처에서 나타난다고 지적했다. 사실은 두 개의 띠가 관측되는데, 하나는 1286 cm^{-1}에서, 다른 하나는 1388 cm^{-1}에서 나타난다. 이 갈라짐(splitting)은 1340 cm^{-1} 근처의 기본 C=O 신축 진동과 굽힘 진동의 첫 번째 배음 사이의 짝지음에 기인한다. 기본 굽힘 진동은 666 cm^{-1} 근처에서 나타나고, 1334 cm^{-1} 근처에서 첫 번째 배음이 나타난다.

Fermi 공명은 IR과 라만 스펙트럼에서 흔한 현상이다. Fermi 공명을 위해서는 진동 준위가 동일한 대칭 화학종이어야 하며, 상호작용하는 그룹이 분자내에 위치하고 있어야 기계적인 짝지음이 용이하다.

유기 구조에서 Fermi 공명의 예를 들면, 어떤 고리 케톤의 C=O 신축이 분리가 충분히 좋을 경우에, "이중선"으로 나타나는 것을 들 수 있다. 그림 2.2에 일반적인 해상도의 사이클로헵탄온(cycloheptanone) 스펙트럼을 나타내었다. 1709 cm^{-1}의 카보닐 피크가 "단일선"으로 보인다. 그러나 그림 2.3에 네 가지 다른 조건에서처럼 적당한 해상도 조건에서 사이클로헵탄온의 카보닐 부분 IR 스펙트럼이 이중선으로 나타나는 것을 볼 수 있다. 이러한 이중선은 카보닐기가 α−메틸렌기의 배음 또는 조합띠의 Fermi 공명에 의한 것이다.

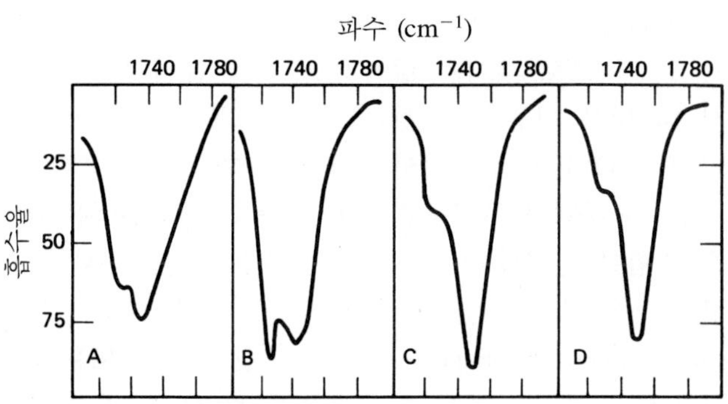

그림 2.3 다양한 조건에서 사이클로헵탄온의 IR 스펙트럼. A. 사염화 탄소 용액(0.15 *M*). B. 이황화 탄소 용액(0.023 *M*). C. 클로로폼 용액(0.025 *M*). D. 액체 상태(얇은 막). (계산된 스펙트럼 슬릿 폭 2 cm^{-1}).

표 2.2 수소 결합의 신축 진동수

X—H···Y	분자간 결합			분자내 결합		
	진동수 감소			진동수 감소		
세기	ν_{OH}	$\nu_{C=O}$	화합물 종류	ν_{OH}	$\nu_{C=O}$	화합물 종류
약함	300[a]	15[b]	알코올, 페놀 카보닐에 결합하는 분자간 하이드록실	<100[a]	10	1,2-다이올, α-하이드록시 케톤, 대부분의 β-하이드록시 케톤; *o*-클로로 페놀, *o*-알콕시 페놀
중간				100−300[a]	50	1,3-다이올; 어떤 β-하이드록시 케톤; β-하이드록시 아미노 화합물; 나이트로 화합물
강함	>500[a]	50[b]	RCO_2H 이합체	>300[a]	100	*o*-하이드록시 아릴 케톤; *o*-하이드록시 아릴산; β-다이케톤; 트로폴론

[a] "자유" 신축 진동수에 상대적인 진동수 이동.
[b] 적용이 가능할 때의 카보닐 신축.

2.2.2 수소 결합

수소 결합은 양성자의 *s* 오비탈이 받개(acceptor)기의 *p* 또는 π 오비탈과 효과적으로 중첩할 수 있다면, 양성자 주개(donor)기(X−H)와 양성자 받개(acceptor) 기($\ddot{Y}$)를 가진 시스템에서는 일어날 수 있다. X와 $\ddot{Y}$ 원자는 전기음성도가 크고, $\ddot{Y}$ 원자는 비공유 전자쌍을 가지고 있다. 유기 분자에서 대표적인 양성자 주개기는 카복시기, 하이드록시기, 아민기, 아마이드기이다. 유기 분자에서 대표적으로 양성자를 받는 원자는 산소, 질소, 그리고 할로젠이다. C=C 이중 결합 같은 불포화기도 양성자 받개로 작용할 수 있다.

수소 결합의 세기는 양성자 주개기와 비공유쌍 오비탈의 축이 동일 선상에 있을 때 최대가 된다. 수소 결합의 세기는 X와 Y 사이의 거리가 증가함에 따라 감소한다.

수소 결합은 양쪽 기의 힘상수를 변화시킨다; 그래서 신축과 굽힘 진동의 진동수가 모두 바뀌게 된다. X—H 신축 띠는 일반적으로 세기가 증가하고, 띠의 넓어짐을 수반하면서 더 낮은 진동수(더 긴 파장)로 이동하게 된다. 예를 들면, C=O 같은 받개기의 신축 진동수도 역시 줄어들지만, 양성자 주개기보다는 덜하다. H—X 굽힘 진동은 대개 수소 결합이 일어났을 때 더 짧은 파장으로 이동한다; 이러한 이동은 신축 진동수보다 더 작다.

분자간(intermolecular) 수소 결합은 같은 분자 또는 다른 화합물의 두 개 이상의 분자의 회합과 관련되어 있다. 분자간 결합은 이합체(dimer) 분자(카복실산에서 관측됨) 또는 원액 시료나 모노하이드록시(monohydroxy) 알코올의 진한 용액에서 존재할 수 있는 고분자 사슬을 형성하게 된다. 분자내(intramolecular) 수소 결합은 양성자 주개와 받개가 한 분자내에 존재할 때 형성되고, 이는 공간적인 조건이 오원자 내지 육원자 고리 화합물을 형성할 수 있게 오비탈의 중첩 요구 조건이 허용될 때 가능하다. 분자내 수소 결합과 분자간 수소 결합의 정도는 모두 온도에 따라 달라진다. 분자내와 분자간 수소 결합에 대한 농도의 효과는 아주 다르다. 분자간 수소 결합에 기인한 띠는 일반적으로 낮은 농도에서 사라진다(무극성 용매에서 대략 0.01 *M*보다 작을 때). 분자내 수소 결합은 내부적인 효과로써 아주 낮은 농도에서도 발휘한다.

"자유" OH 흡수와 결합된 OH 흡수 사이의 진동수 변화는 수소 결합 세기에 대한 하나의 척도이다. 고리 스트레인(strain), 분자의 기하구조, 양성자 주개와 받개기의 상대적인 산성도와 염기도가 결합의 세기에 영향을 미친다. 같은 결합기가 관련된 분자내 수소 결합은 결합에 의해 작은 고리가 형성될 때보다 육원자 고리가 형성될 때 더 강하다. 수소 결합은 결합된 구조가 공명에 의해 안정화될 때 가장 강하다.

표 2.2에 하이드록실기와 카보닐기의 신축 진동에 대한 수소 결합의 효과를 요약했다. 그림 2.14는 O—H 신축 범위에 대한 사이클로헥실카비놀(hexylcarbinol)의 스펙트럼으로 이 효과를 잘 보여 준다.

수소 결합과 관련된 중요한 사항은 용매와 용질의 작용기 사이의 상호작용이다. 용질이 극성이라면, 용질의 농도와 사용한 용매를 명시하는 것이 중요하다.

2.3 기기장치

2.3.1 분산 IR 분광기

IR 스펙트럼은 수 년 동안 적외선을 시료에 투과시키고, 분산 장비(회절발로 친숙한)를 가지고 스펙트럼을 스캔하여 얻었다. 즉, 회절발을 회전시키면서 스펙트럼을 스캔하였다. 흡수 면적(피크)을 검출하고 세기에 대한 진동수로 도시했다.

그림 2.4에 두 개의 빔을 가진 분산 기기를 자세하게 묘사하였으며, 작동의 기본적인 원리는 빔을 갈라지게 하는 것과 관계있다. 한 부분은 시료 셀을 투과하고, 다른 부분은 기준 셀을 투과하는 것이다. 그런 다음 개별적인 빔은 회전하는 부채꼴 거울(*M*7)을 사용하여, 교대하는 분절을 갖는 하나의 빔으로 재결합된다. 분절의 흡수 세기는 기준 빔의 감쇠기에 의해 상쇄된다. 그래서 기준 셀과 시료 셀의 용매는 상쇄되고, 스펙트럼은 오직 시료 자체의 흡수 피크만을 기록하게 된다.

2.3.2 푸리에 변환 IR 분광기(간섭계)

지난 10년 동안 푸리에 변환 IR 분광법(FT-IR)이 널리 개발되어 왔고, 여러 가지 장점을 제공해 주고 있다. 전체 IR 파장(즉, 4000 − 400 cm^{-1})을 가진 복사선을 두 개의 빔으로 갈라지게 한다(그림 2.5). 하나의 빔은 고정된 길이를, 다른 하나는 변하는 길이(움직이는 거울)를 갖고 있다.

두 경로 사이에 거리의 변화를 주면 일련의 보강 간섭과 상쇄 간섭을 유발하게 되고 세기의 변화가 유발된다: 간섭그림(interferogram). 푸리에 변환은 이 간섭그림을 시간 영역에서 더 친숙한 진동수 영역으로 스펙트럼의 한 점으로 변환시킨다. 부드럽고 연속적으로 피스톤의 길이를 변화시키며 거울 B의 위치를 조절하게 되고, 이는 빔 B의 길이의 변화를 주게 된다; 이러한 변화를 통하여 연속적인 지점에서 푸리에 변환을 시키면 완전한 IR 스펙트럼을 형성시킨다. 이 복사선이 시료를 통과하면 화합물은 넓은 띠의 에너지를 받게 된다. 원리상으로 하나의 넓은 띠의 복사선이 시료를 통과한 것을 분석하면 완전한 IR 스펙트럼을 형성시킬 것이다.

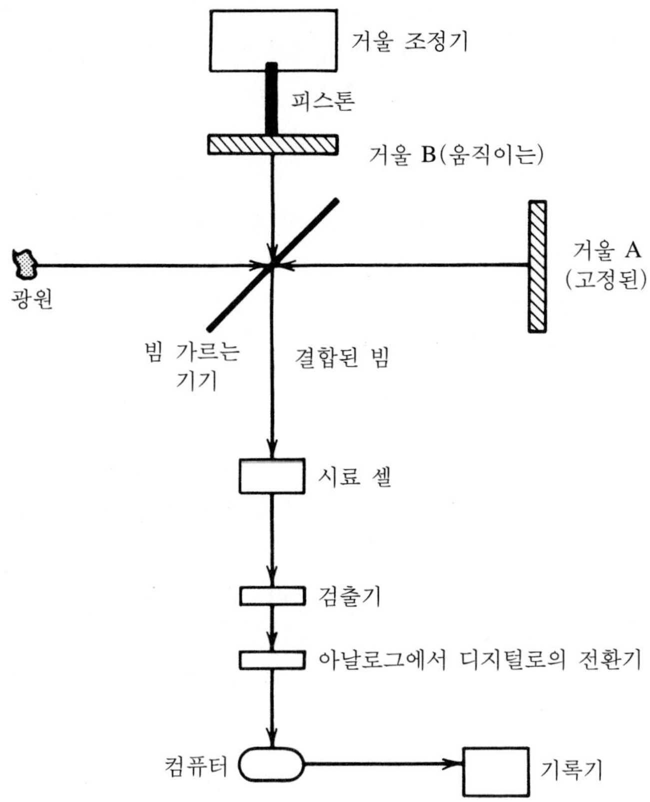

그림 2.5 FT-IR 분광기의 도식도.

FT-IR 방법은 여러 가지 장점이 있다. 단색화장치(monochromator)를 사용하지 않고 전 복사선 영역의 빛을 시료에 동시에 투과시키기 때문에 시간이 많이 절약된다(Felgett의 장점). FT-IR 기기는 아주 고도의 해상도

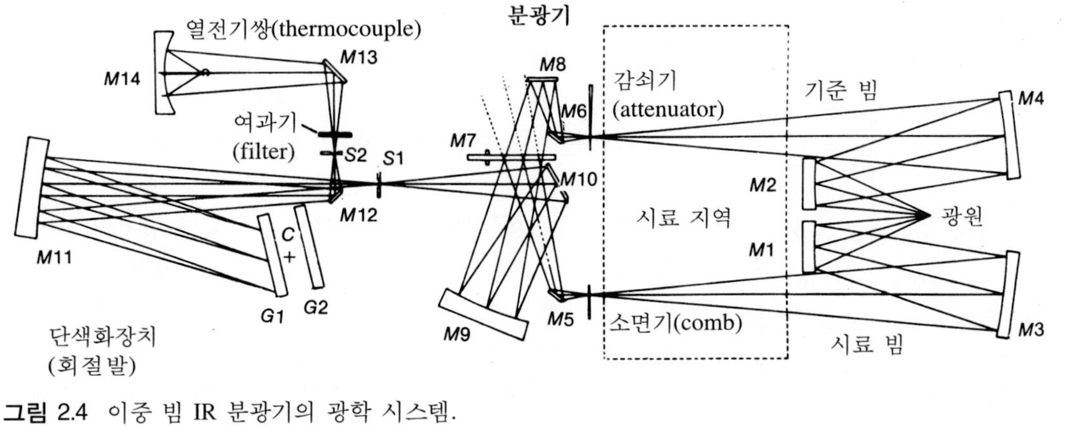

그림 2.4 이중 빔 IR 분광기의 광학 시스템.

(≤ 0.001 cm^{-1}) 를 갖고 있다. 게다가 데이터가 아날로그에서 디지털로 전환되기에 IR 결과를 쉽게 다룰 수 있다; 여러 스캔의 결과를 모아서 평균을 내어서 무작위적 흡수 잡음을 제거할 수 있고, 아주 소량의 시료를 사용하여 좋은 스펙트럼을 얻을 수 있다. 그러므로 FT-IR 기기는 HPLC 또는 GC 기기와 연결하여 사용할 수 있다. 컴퓨터가 연결된 분광기가 있다면 순수한 시료나 용매의 스펙트럼 (컴퓨터에 저장되어 있을 때)을 혼합물 시료의 스펙트럼에서 뺄 수가 있다. 분광을 인쇄하는 방법에도 유연성이 있다; 예를 들면, 시료의 데이터로부터 자유롭게 파수 또는 파장에 비례한 스펙트럼을 얻을 수 있다.

여러 제조업체에서 GC-FT IR 기기를 구입할 수 있는데, 이 분광기로 모세관 GC 칼럼을 통하여 나오는 나노그램의 화합물로 기체상 스펙트럼을 얻을 수 있다. 기체상 스펙트럼은 비극성 용매에서 아주 희석된 시료와 거의 비슷하다: 농도와 관계있는 피크들이 농축된 용액, 얇은 필름, 또는 고체 상태에서 얻은 것보다 더 높은 진동수로 이동할 것이다(Aldrich, 1989 참조).

2.4 시료 취급

IR 스펙트럼은 기체, 액체, 고체 시료에 대해서 얻을 수 있다. 기체나 낮은 끓는점을 가진 액체 시료의 경우에, 스펙트럼은 시료를 진공 셀 (cell) 로 팽창시켜서 얻을 수 있다. 기체 셀은 수 cm에서 40 m까지 가능하다. 표준 IR 분광광도계는 10 cm보다 훨씬 큰 셀은 수용할 수 없지만, 긴 경로는 여러 개의 반사 광학을 통하여 해결할 수 있다.

액체 시료는 원액이나 용액상으로 스펙트럼을 얻을 수 있다. 원액 액체 시료는 대개 공간자 (spacer, 간격을 띄우는 것) 없이 직접 염 플레이트 (plate) 사이에 놓고 찍을 수 있다. 평평한 플레이트 사이에 액체 시료를 놓고 압력을 가하면, 0.01 mm 두께 또는 그보다 더 작은 얇은 막 (film) 을 만들 수 있고, 이것은 모세관 현상에 의해 플레이트 사이에 고정되게 된다. 1 − 10 mg의 시료가 필요하다. 원액 액체 시료의 경우에 시료의 두께가 두꺼우면 대개 만족할 만한 스펙트럼을 얻기에 너무 강한 흡수가 일어난다. 휘발성 액체는 아주 얇은 공간자로 봉인된 용기에서 찍을 수 있다. 염화 소듐 플레이트를 녹이는 시료의 경우에는 염화 은 플레이트를 대용으로 사용하기도 한다.

용액 시료는 0.1 − 1 mm 두께의 셀을 이용하여 찍어야 한다. 일반적으로 사용하는 셀의 경우 0.1 − 1 mL의 0.05 − 10% 용액 정도면 충분하다. 용매의 흡광도를 상쇄시키기 위해서 순수한 용매를 함유한 셀을 기준빔의 위치에 놓는다. 이렇게 얻은 스펙트럼은 용매가 강하게 흡수한 범위를 제외한 범위에서 용질이 흡수한 스펙트럼이 된다. 예를 들면, 사염화 탄소 (carbon tetrachloride) 의 두꺼운 시료는 800 cm^{-1} 근처에서 강하게 흡수한다; 이 띠를 상쇄시키는 것은 비효율적이다. 왜냐하면, 강한 흡수가 복사선이 검출기에 도달하는 것을 방해하기 때문이다.

선택된 용매는 잘 건조되어야 하고 관측하고자 하는 범위의 빛을 잘 투과시켜야 한다. 전 범위의 스펙트럼이 필요하다면, 여러 용매를 사용해야 한다. 흔하게 사용하는 용매로는 사염화 탄소 (CCl_4) 와 이황화 탄소 (carbon disulfide, CS_2) 가 있다. 사염화 탄소는 상대적으로 1333 cm^{-1} 이상의 진동수에서는 흡수가 없는 반면에, CS_2는 1333 cm^{-1} 아래에서 거의 흡수가 없다. 용매를 선정할 때, 용질과 반응하는 용매는 당연히 피해야 한다. 예를 들면, 일차 또는 이차 아민의 용매로 CS_2를 사용할 수 없다. 아미노 알코올 (amino alcohol) 은 천천히 CS_2, CCl_4와 반응한다. 부록 A에 용매와 반죽 (mulling) 오일 (oil) 에 대한 흡수 패턴을 나타내었다.

고체 시료는 보통 반죽, 압축된 디스크 (disk) , 또는 석출된 유리 같은 얇은 막 형태로 찍는다. 반죽은 2−5 mg의 시료를 부드러운 막자 사발에서 잘게 갈아서 만든다. 한 두 방울의 반죽 오일을 첨가한 후에 더 갈아서 반죽을 만든다. 다량의 복사선 산란을 막기 위해서는 갈아진 입자의 크기가 2 μm보다 더 작아야 한다. 그 반죽은 평평한 염 플레이트 사이에 놓고 얇은 막으로 만들어 스펙트럼을 찍게 된다. 반죽 오일로 흔하게 사용되는 것은 Nujol®(끓는점이 높은 석유 오일) 이다. 탄화수소띠가 스펙트럼과 간섭할 때는 Fluorolube® (F와 Cl을 가진 완전히 할로젠화된 고분자) 또는 헥사클로로뷰타다이엔 (hexachlorobutadiene) 을 사용하면 된다. Nujol이나 Fluorolube 반죽을 사용하면 4000 − 250 cm^{-1} 범위에서 거의 간섭하는 띠가 없는 스캔이 가능하다.

펠렛 (pellet, 압축된 디스크) 기술은 잘 건조되고, 미세한 가루인 브로민화 포타슘 (potassium bromide, 다른 알칼리 금속 할로젠도 가능) 을 압축시켜서 투명한 디스크를 만들 수 있다는 사실에 기반을 두고 있다. 시료 (0.5 − 1.0 mg) 를 대략 100 mg의 건조한 KBr 가루와 아주 고르게 잘 섞는다. 혼합물을 막자사발이나 작은 진동 볼 맷돌에서 갈거나, 동결건조 방법을 쓰면 더 효과적으로 섞을 수 있다. 그 혼합물을 특별한 압축기를 가지고 10,000 − 15,000 psi로 압력을 가하여 투명한 디스크를 만들 수 있다. 스펙트럼의 질은 혼합이 어떻게 잘 되었는가와 섞인 입자의 크기가 2 μm 내지 그보다 더 작은가에 달려있다. 직경이 0.5−1.5 mm인 마이크로디스크 (microdisk) 는 빔 농축기 (condenser) 를 사용하면 스펙트럼을 얻을 수 있다. 마이크로디스크 기술을 이용하여 1 μg과 같은 작은 양의 시료도 스펙트럼을 찍을 수 있게 되었다. 압력을 가하여 만든 디스크를 사용하여 얻은 IR 스펙트럼에서는 종종 습기 때문에 3448과 1639 cm^{-1} 근처에서 띠를 볼 수 있다.

KBr 디스크나 펠렛의 사용을 종종 피하는 경우가 있는데, 이는 펠렛을 잘 만들어야 좋은 스펙트럼을 얻을 수 있기 때문이다. KBr 디스크를 Mini-Press를 사용하여 만드는 방법은, 과정이 단순하여 더 쉽게 디스크를 만들 수 있다; KBr-시료 혼합물을 하나의 볼트를 가진 조립체의 너트 부위에 넣는다. 두 번째 볼트를 끼우고, 압력을 가하여 볼트를 죈다. 그런 다음 볼트를 제거하면 펠렛이 너트에 남고 이것을 하나의 셀로 사용할 수 있다.

물질이 용액으로부터 석출될 수 있거나, 용융된 상태에서 식히면 미세 결정이나 유리 같은 필름 형태가 될 수 있다면 석출 필름(deposited film) 형태로 찍는 것이 유용하다. 결정 필름은 일반적으로 다량의 빛을 산란시킨다. 특정 결정의 배향이 반죽이나 할로젠화 디스크에서처럼 무작위로 입자가 배향되었을 때, 관측되는 스펙트럼과 다른 결과를 초래할 수도 있다. 수지(resin)나 플라스틱의 IR 스펙트럼을 찍고 싶을 때 이와 같은 석출 필름 방법이 유용하다. 이 경우에 시료에 용매가 남아 있지 않도록 주의를 해야 하는데, 진공 처리 또는 살짝 가열하면 된다.

감쇠 전반사(attenuated total reflection) 또는 내부 반사 분광법(internal reflection spectroscopy)으로 알려진 기술은 두께와 상관없이 고체 시료의 정성적인 스펙트럼을 얻을 수 있게 해 준다. 이 기술은 전달 매개체의 표면에서 내부적으로 반사된 빔이 반사하는 경계를 넘어 짧은 거리를 통과하고, 반사의 한 과정으로써 전달 매개체로 다시 돌아온다는 사실에 기초한 것이다. 만약 전달 매개체보다 더 작은 굴절률을 가진 물질(시료)이 반사 표면과 접촉해 있다면, 빛은 수 마이크로미터까지 그 물질을 투과하게 되고, 흡수 스펙트럼을 생기게 할 것이다. 이 기술을 확장하면 시료의 표면을 따라서 복수의 내부 반사를 제공할 수 있을 것이다. 이러한 복수의 내부 반사 기술은 투과 스펙트럼의 세기에 필적하는 스펙트럼을 얻게 할 수 있다.

일반적으로 좋은 스펙트럼(즉, 일그러짐이 가장 적은)을 얻기 위해서는 비극성 용매를 사용하고 용액을 묽게 하는 것이 좋다. 비극성 화합물의 IR 스펙트럼은 비극성 용매에서 찍은 것이나 농축된 상(즉, 원액 액체, 반죽, KBr 디스크 얇은 필름)에서 찍은 것이 거의 동일하다. 그러나 극성 화합물은 농축된 상에서는 종종 수소 결합 효과를 보인다. 불행하게도 극성 화합물은 자주 비극성 용매에 잘 녹지 않아서, 스펙트럼을 농축된 상에서 또는 극성 용매를 사용하여 얻는다; 후자의 경우 용질과 용매 사이의 수소 결합의 가능성이 생긴다.

염 셀이나 플레이트를 다룰 때는 특히 주의를 해야 한다. 습기가 없는 시료를 반드시 사용해야 한다. 손가락은 광학 표면을 건드려서는 안된다. 그리고 실리콘으로 오염되지 않도록 주의해야 하는데, 그 이유는 제거가 어렵고, 강한 흡수 패턴을 보여 주기 때문이다.

2.5 스펙트럼의 해석

IR 스펙트럼을 해석하는데 엄격한 규칙은 없다. 그러나 스펙트럼을 해석하는 시도에 앞서 몇 가지 요구 조건이 있다.

1. 스펙트럼은 적당한 분해능과 적당한 세기를 갖고 있어야 한다.
2. 스펙트럼은 당연히 순수한 화합물의 스펙트럼이어야 한다.
3. 분광광도계는 눈금이 정확히 보정되어 있어서 올바른 진동수나 파장에서 띠가 관측되어야 한다. 올바른 보정은 폴리스티이렌(polystyrene) 필름과 같은 신뢰할 수 있는 표준물질로 행해야 한다.
4. 시료를 취급하는 방법을 명시해야 한다. 용매를 사용했다면, 용매, 농도, 셀의 두께도 표기해야 한다.

복잡한 분자의 진동을 정확하게 분석하는 것은 불가능하다. 그래서 IR 스펙트럼은 실험적으로 스펙트럼을 비교하거나 더 단순한 분자의 연구를 통한 외삽으로 해석을 할 수 있다. IR 스펙트럼을 해석하면서 생기는 많은 의문점은 질량(제 2장)이나 NMR 스펙트럼(제 3–6장)을 통하여 얻은 데이터로 해결할 수 있다.

특징적인 그룹 흡수에 대한 유기 분자들의 적외선 흡수를 부록 B에 차트로 요약하였다. 많은 그룹의 흡수가 실제로 넓은 범위에서 일어나는데, 띠는 분자내에서 복잡하게 상호작용하는 진동 때문에 생긴 것이다. 그러나 흡수띠는 대개 우세한 하나의 진동 방식을 대변한다. 예를 들면, C—H, O—H와 C═O 신축 방식 같은 특정 흡수띠는 스펙트럼에서 아주 좁은 범위에서 나타난다. 좁은 범위 안에 있는 정확한 위치의 흡수띠를 이용하여 구조의 중요한 세부를 밝힐 수 있다. 분자 환경의 변화에 기인한 흡수 위치의 변화와 띠의 윤곽의 변화도 중요한 구조적 세부 사항을 밝혀주기도 한다.

스펙트럼의 예비 조사에서 중요한 두 개의 범위는 4000 – 1300과 900 – 650 cm^{-1} 범위이다. 스펙트럼의 높은 진동수 부분은 작용기 부분이라 일컫는다. 스펙트럼에서 OH, NH, C═O와 같은 중요한 작용기의 특징적인 신축 진동수가 이 범위에서 나타난다. 지정된 범위에서 다양한 작용기에 대한 흡수띠가 없다면, 그것은 분자내에 그러

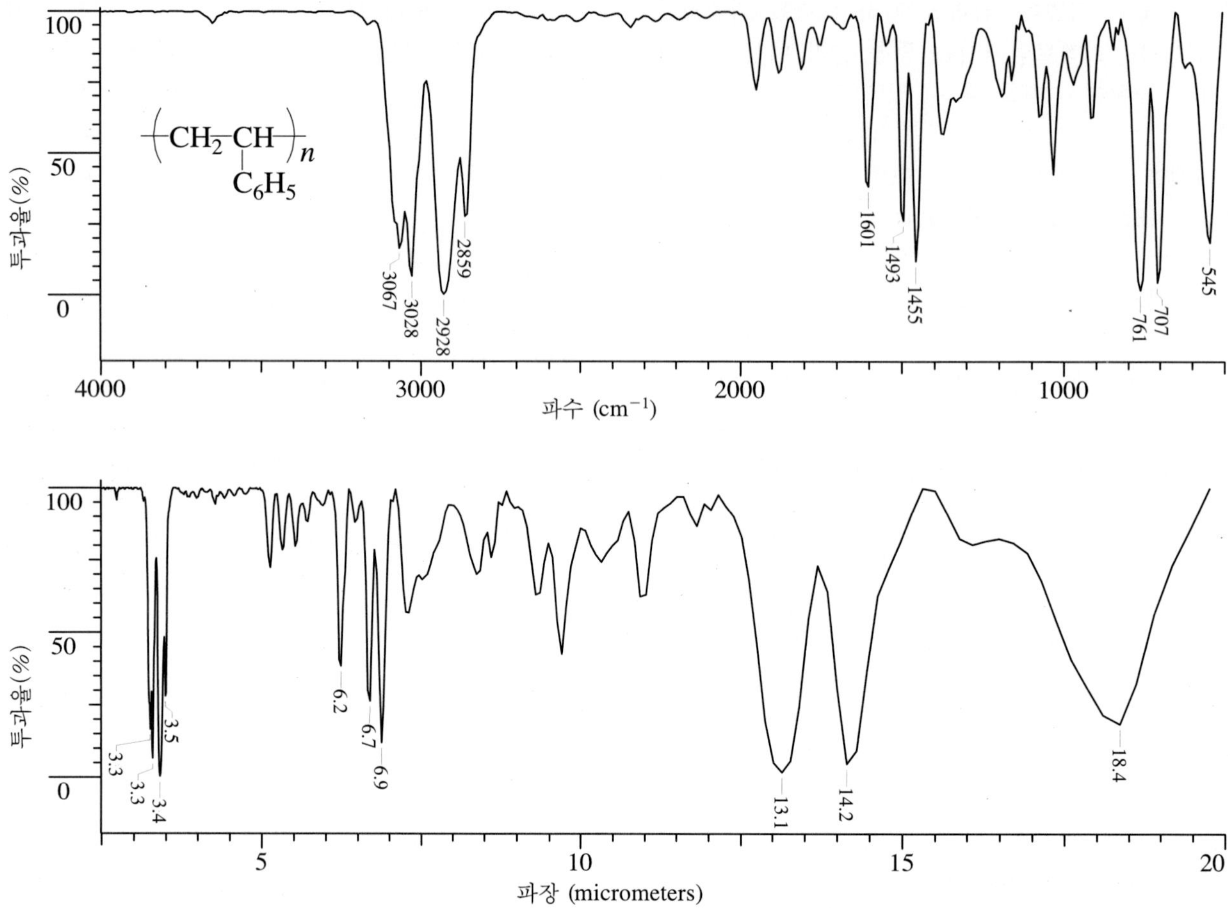

그림 2.6 폴리스타이렌, (a)와 (b)는 동일한 시료. 스펙트럼 (a)는 파수(wavenumber, cm^{-1})에 비례한 것이고, 스펙트럼 (b)는 파장(wavelength, μm)에 비례하는 그래프.

한 작용기가 없다는 증거로 대개 활용될 수 있다. 그러나 어떤 구조적 특징이 띠를 극도로 퍼지게 만들어, 스펙트럼에서 띠로 인식하지 못하게 할 수도 있기 때문에, 그러한 해석에서 주의 깊은 연습이 필요하다. 예를 들면, 아세틸아세톤(acetylacetone)의 엔올(enol) 형태의 경우 분자내 수소결합이 가능하고, 이것이 넓게 퍼진 OH띠를 유발한다. 이 경우 OH띠를 보지 못하고 넘어가는 경우가 있다. 1850 – 1540 cm^{-1} 범위에서 흡수띠가 없다면 이는 카보닐기가 포함된 구조를 배제할 수 있다.

S—H와 C=C 같은 작용기의 기본적인 흡수띠도 높은 진동수 범위에서 나타나고, 띠의 세기가 약하지만 구조를 결정하는데 아주 가치가 있다. 이런 약한 띠는 스펙트럼의 보다 더 복잡한 범위에서는 가치가 없을 수도 있다. 낮은 진동수 띠의 배음과 조합음이 종종 스펙트럼의 높은 진동수 범위에 나타나기도 한다. Fermi 공명이 일어나지 않는다면 배음과 조합음 띠는 대개 특징적으로 약한 띠이다. 방향족과 헤테로방향족의 강한 골격띠가 스펙트럼에서 1600 – 1300 cm^{-1} 범위에서 나타난다.

일반적으로 방향족 구조가 아니라면 900 – 650 cm^{-1} 범위에서 강한 흡수띠가 없다. 방향족과 헤테로 방향족 화합물의 강한 평면외(out of plane) C—H 굽힘과 고리 굽힘 흡수띠가 이 범위에서 나타난다. 이것은 종종 치환 패턴과 연결시킬 수 있다. 낮은 진동수 범위에 넓고 보통 세기의 흡수띠가 있다면, 이는 카복실산 이합체, 아민, 또는 아마이드의 존재를 암시하고 이 범위에서 평면외 굽힘을 나타낸다. 그 범위가 1000 cm^{-1}까지 확장되면, 알켄 구조의 특징적인 흡수띠도 포함되게 된다.

스펙트럼의 중간 부분(1300 – 900 cm^{-1})은 대개 "지문"(finger-print) 범위로 참조된다. 이 범위의 흡수 패턴은 상호작용하는 진동 방식에 기인하는 띠이므로 종종 복잡하게 나타난다. 스펙트럼에서 이 부분은 다른 부분을 참조하여 조사하면 아주 가치가 있다. 예를 들면, 스펙트럼에서 높은 진동수 범위에서 알코올자리 또는 페놀자리와 같은 O—H 신축 진동이 나타나고, C—C—O 흡수띠의 위치가 1260 – 1000 cm^{-1} 범위에 있는 것을 확인하면, O—H 흡수가 높은 특정 구조에서 알코올과 페놀에 해당한다는 것

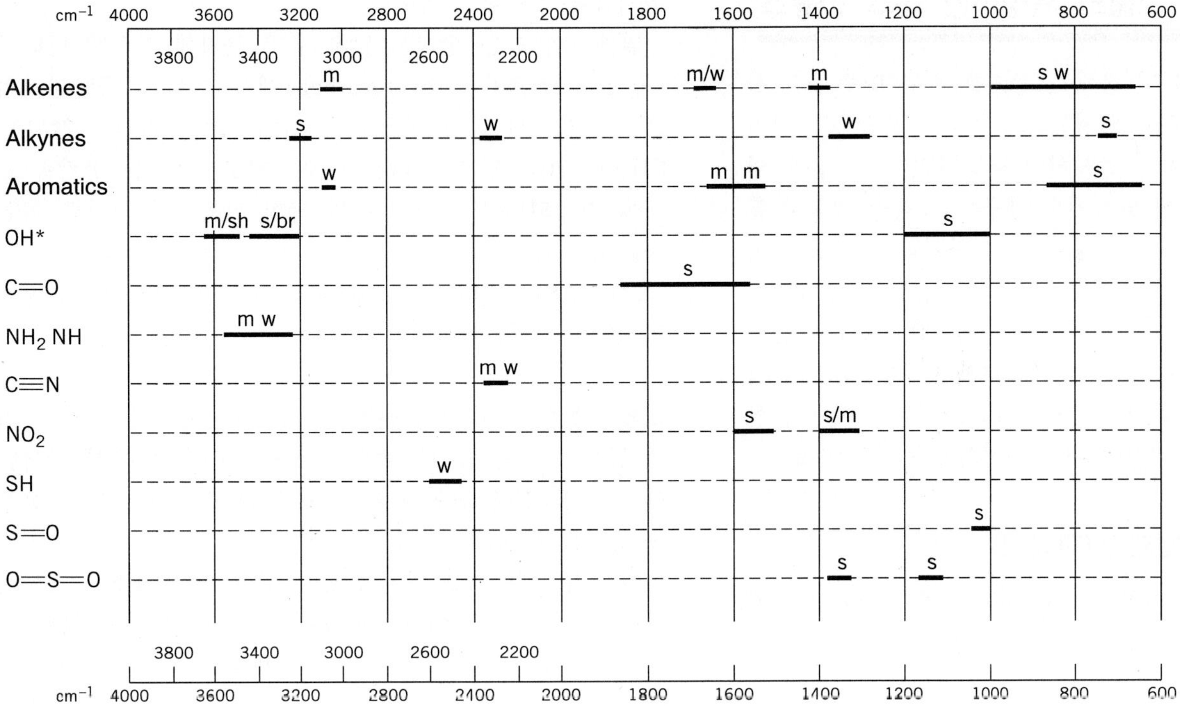

*자유 OH, 중간과 뾰족한 띠; 결합된 OH, 강하고 넓은 띠.

그림 2.7 아주 특징적인 흡수를 가진 흔한 작용기에 대한 단순화된 흡수 차트.
s = 강한 (strong) , m = 중간 (medium) , w = 약한(weak) , sh = 뾰족한 (sharp), br = 넓은 (broad) .

을 확신할 수 있다. 이러한 중간 범위에서 나타나는 흡수는 아마도 모든 분자종마다 독특할 것이다.

특정 띠를 조사한 후에 도달한 결론은 스펙트럼의 다른 부분에 어떤 띠가 가능한지를 조사하여 확신해야 한다. 예를 들면, 카보닐띠를 알데하이드 (aldehyde) 로 확정하려면 알데하이드기의 C—H 신축 진동에 기인한 2900 − 2695 cm^{-1} 범위에서 하나의 띠 또는 한 쌍의 띠가 스펙트럼에 나타나야 한다. 유사하게 카보닐띠를 에스터 (ester) 로 확정하려면 1300 − 1100 cm^{-1} 범위에서 강한 C—O 신축띠가 관측되어야 한다.

유사한 화합물은 정상적인 조건에서 사실상 동일한 스펙트럼으로 나타날지도 모른다. 그러나 수직축을 확장하거나 아주 많은 시료 (큰 띠가 스케일 밖으로) 를 사용하면 지문의 차이를 검출할 수도 있다. 예를 들면, 펜테인 (pentane) 과 헥세인 (hexane) 은 정상적인 조건에서는 본래 구별이 안 되지만, 기록기의 민감도를 아주 높이면 두 스펙트럼을 구별할 수 있다.

마지막으로, 스펙트럼의 "지문"을 비교할 경우나 피크의 모양이 중요한 다른 경우에는, 파수에 비례한 스펙트럼에서 파장에 비례한 스펙트럼으로 변화를 주었을 때, 스펙트럼이 어떻게 나타나는지 그 상당한 차이를 알아야 한다 (그림 2.6) .

특징적인 흡수 그룹의 전체 차트 (부록 B) 가 어마하게 많다. 다음의 서술과 단순화된 차트를 보면 흡수띠를 이해하는데 도움을 줄 것이다 (그림 2.7) .

첫 번째 조언은 다소 부정적이다: IR 스펙트럼을 해석할 때, 정면으로 체계적으로 접근하려고 시도하지 마라. 대신에, 매우 특징적인 흡수를 갖는 몇 개의 대표적인 작용기의 존재 유무를 먼저 찾아라. 그림 2.7에 나타나 있는 OH, C = O와 NH기와 같이 맞다/아니다 대답이 가능한 그룹부터 시작하라. 이 그룹에 대해 "맞다" (존재한다) 라는 대답이 나오면 초점을 상당히 좁힐 수 있을 것이다. 그 대답은 확실히 질량 스펙트럼 (제 1장) 에서 분자식을 유추하는 것과 NMR 스펙트럼 (제 3−6장) 의 착수점을 아는데 도움을 줄 것이다. 이러한 다른 스펙트럼은 다시 IR 스펙트럼을 해석하는데 더 도움을 줄 것이다.

그림 2.7은 흔히 마주치는 독특하고 특징적인 흡수를 나타내는 그룹의 목록이다. 2.6절에서 여러 가지 주의해야 할 점을 포함해서 더 자세한 정보를 제공할 것이다.

2.6 유기 분자 그룹의 특징적인 흡수 진동수

유기 작용기의 특징적인 흡수 진동수를 부록 B에 표로 실었다. 각 작용기의 흡수 범위는 그 그룹을 포함하는 여러 화합물의 IR 스펙트럼을 조사하여 결정지었다. 그 흡수 범위가 아주 잘 정의되어 있음에도 불구하고, 특정 그룹이 흡수하는 정확한 파장이나 진동수는 그 분자내의 환경과 물리적인 상태에 달려있다.

이 절의 주 관심사는 특징적인 그룹에 대한 흡수와 분자 구조와의 관계에 대한 포괄적인 이해이다. 주된 형태, 분자 종류 또는 작용기에 대해 연속해서 IR 스펙트럼 예제와 함께 소개하며, 중요한 피크에 대해 명시하게 될 것이다.

2.6.1 일반적인 알케인 (파라핀)

보통 알케인 (alkane (파라핀 paraffin)) 은 C—H와 C—C 결합의 신축과 굽힘에 관련된 네 개의 진동으로 해석할 수 있다. 일련의 작은 분자량 알케인의 스펙트럼은 자세하게 분석이 가능하고, 분광상에서 특정 진동 방식의 위치를 자세하게 지정하는 것이 가능하다.

파라핀 분자의 가능한 흡수 진동수가 구조를 분석할 때 모두 같은 값을 갖는 것은 아니다. C—C 굽힘 진동은 아주 낮은 진동수 (500 cm^{-1} 아래) 에서 나타나서 우리가 보통 보는 스펙트럼에는 나타나지 않는다. C—C 신축 진동 띠는 약하고 1200 − 800 cm^{-1}의 넓은 범위에서 나타난다; 그래서 보통은 그 피크들을 판별하는 것은 별 가치가 없다.

가장 특징적인 진동은 C—H 신축과 굽힘에 의해 생기는 흡수띠이다. 이러한 진동 중에서 메틸렌 (methylene) 뒤틀림 (twisting) 과 앞뒤흔듦 (wagging) 에 기인한 진동은 매우 약하고 불안정하기 때문에 대개 판별용으로 이용하기에는 한계가 있다. 이 불안정성은 분자의 나머지 부분과 강한 짝지음에 기인한 결과이다.

알케인의 진동 방식은 많은 유기 분자에 흔하게 나타난다. 많은 탄화수소 (hydrocarbon) 에서 메틸과 메틸렌기의 C—H 신축과 굽힘 진동수의 위치가 거의 변하지 않지만, CH_3나 CH_2가 탄소와 다른 원자, 카보닐기 또는 방향족 고리에 결합되면 C—H 신축과 굽힘 진동수가 상당히 이동하는 결과를 낳는다.

그림 2.8은 도데케인 (dodecane) 의 스펙트럼으로 전형적인 선형 사슬형 탄화수소이다.

2.6.1.1 C—H 신축 진동 알케인에서 C—H 신축에 의한 흡수는 일반적으로 3000 − 2840 cm^{-1} 영역에서 일어난다. C—H 신축 진동의 위치는 스펙트럼에서 가장 안정한 곳 중 하나이다.

메틸기 메틸기를 가지고 있는 많은 포화 탄소를 조사해 보면 모든 경우에 대략 2962와 2872 cm^{-1}에 나타나는 두 개의 독특한 띠를 보여 준다. 첫 번째 띠는 비대칭 (as) 신축 방식으로 메틸기의 두 개의 C—H 결합이 늘어나면서, 나머지 하나의 C—H 결합이 수축하여 일어나는 것이다 ($\nu_{as}CH_3$). 두 번째 띠는 대칭 (s) 신축 방식으로 모든 세 개의 C—H 결합이 같은 상에서 늘어나고 줄어들면서 생기는 것이다 ($\nu_s(H_3)$). 한 분자내에서 여러 개의 메틸기가 있을 때는 이 위치에서 강한 흡수가 나타난다.

메틸렌기 비대칭 신축 ($\nu_{as}CH_2$) 과 대칭 신축(ν_sCH_2) 이 각각 2926과 2853 cm^{-1} 근처에서 일어난다. 지방족과 스트레인 (strain) 이 없는 고리 탄화수소에서 이 띠 위치는 ±10 cm^{-1} 보다 더 많이 변하지는 않는다. 메틸렌기가 스트레인이 있는 고리의 일부분일 때는 메틸렌 신축 진동수가 더 커진다.

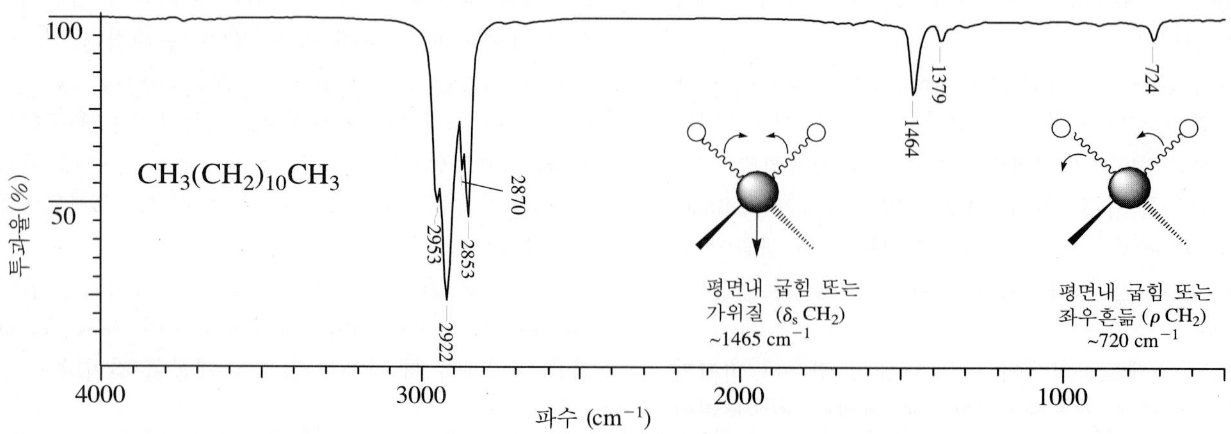

그림 2.8 도데케인. C—H 신축: 2953 cm^{-1} $\nu_{as}CH_3$, 2870 cm^{-1} ν_sCH_3, 2922 cm^{-1} $\nu_{as}CH_2$, 2853 cm^{-1} ν_sCH_2. C—H 굽힘: 1464 cm^{-1} δ_sCH_2, 1450 cm^{-1} $\delta_{as}CH_3$, 1379 cm^{-1} δ_sCH_3. CH_2 좌우흔듦: 724 cm^{-1} ρ CH_2.

2.6.1.2 C—H 굽힘 진동 메틸기 두 개의 굽힘 진동이 하나의 메틸기에서 일어날 수 있다. 첫 번째는 C—H 결합 (**I**) 의 위상맞음 (in phase) 굽힘과 관련된 대칭 굽힘 진동이다. 두 번째는 C—H 결합 (**II**) 의 위상벗어남 (out of phase) 굽힘과 관련된 비대칭 굽힘 진동이다.

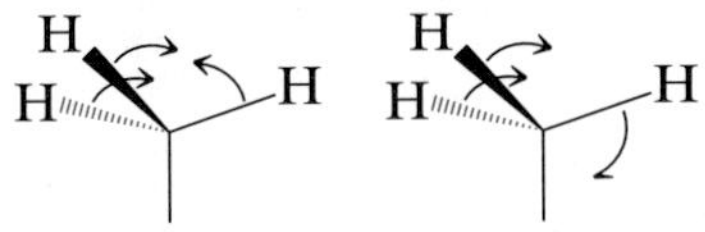

I에서 C—H 결합은 꽃이 꽃잎을 닫는 것처럼 움직이고, **II**에서는 두 개의 꽃잎이 닫힐 때 하나의 꽃잎이 열리는 것처럼 움직이는 것이다.

대칭 굽힘 진동 ($\delta_s CH_3$) 은 1375 cm^{-1} 근처에서 일어나고, 비대칭 굽힘 진동 ($\delta_{as} CH_3$) 은 1450 cm^{-1} 근처에서 일어난다.

비대칭 진동은 일반적으로 메틸렌기의 가위질 진동과 겹친다 (그림 2.8 참조). 그러나 다이에틸 케톤 (diethyl ketone) 과 같은 화합물에서는 두 개의 독특한 띠가 관찰되는데, 메틸렌 가위질 띠는 더 낮은 진동수인 1439 – 1399 cm^{-1}로 이동을 하고, 카보닐기에 인접해 있어서 세기는 증가하게 된다.

메틸 C—H 결합의 대칭 굽힘에 기인하여 1375 cm^{-1} 근처에 생긴 흡수띠는 메틸기가 다른 탄소 원자에 결합되어 있을 때 아주 안정하다. 이 띠의 세기는 화합물 안에 있는 비대칭 메틸 굽힘 진동이나 메틸렌 가위질 진동의 세기보다 훨씬 크다.

메틸렌기 그림 2.1에서 메틸렌기의 C—H 결합 굽힘 진동을 도식적으로 나타내었다. 네 개의 굽힘 진동은 각각 **가위질** (*scissoring*), **좌우흔듦** (*rocking*), **앞뒤흔듦** (*wagging*) 과 **꼬임** (*twisting*) 이라 일컫는다.

탄화수소의 스펙트럼에서 가위질 띠 ($\delta_s CH_2$) 는 1465 cm^{-1} 근처에서 거의 고정된 위치에서 나타난다 (그림 2.8 참조).

메틸렌 좌우흔듦 진동 (ρCH_2) 띠는 모든 메틸렌기가 같은 상에서 좌우로 흔들리고 있는 것으로, 일곱 개 이상의 탄소 원자를 가진 선형 사슬 알케인에서는 거의 720 cm^{-1}에서 나타난다. 이 띠는 고체 시료의 스펙트럼에서는 이중선으로 나타나기도 한다. 일련의 작은 분자량의 보통 *n*-알케인에서 띠가 다소 높은 진동수에서 나타난다.

메틸렌 꼬임과 앞뒤흔듦 진동 때문에 탄화수소의 흡수는 1350 – 1150 cm^{-1} 영역에서 주로 관찰된다. 이 띠들은 일반적으로 메틸렌 가위질에 기인한 띠보다 상당히 약하다. 메틸렌기로부터 생기는 일련의 이 범위의 띠는 긴 사슬 산, 아마이드, 에스터의 고체 시료에 대한 특징적인 스펙트럼이다.

2.6.2 곁가지 사슬 알케인

일반적으로 곁가지가 있는 탄화수소의 스펙트럼에서 생기는 변화는 골격 신축 진동과 메틸 굽힘 진동의 변화에 기인한다; 이 띠는 1500 cm^{-1} 아래에 나타난다. 그림 2.9는 아이소옥테인 (isooctane) 의 스펙트럼으로 전형적인 곁가지 알케인의 스펙트럼이다.

2.6.2.1 C—H 신축 진동 삼차 C—H기 이 진동 방식의 흡수는 매우 약하고, 대개 다른 지방족 C—H 흡수에 파묻혀서 보이지 않는다. 탄화수소에서 이 흡수는 2890 cm^{-1}

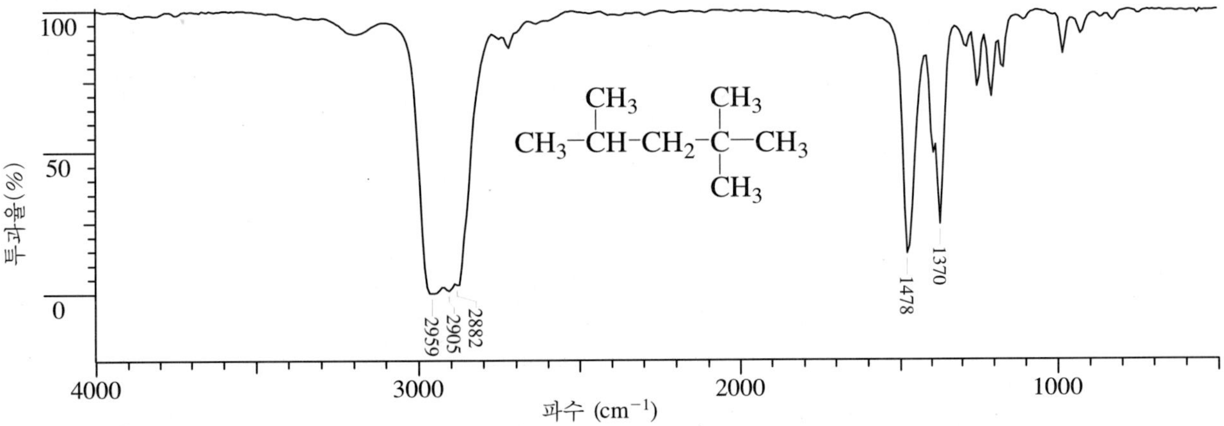

그림 2.9 2,2,4-트라이메틸펜테인.* C—H 신축 (그림 2.8 참조). C—H 굽힘 (그림 2.8 참조). 1400 – 1340 cm^{-1}에서 아이소프로필기와 *t*-뷰틸기의 겹쳐진 이중선이 있다. 그림 2.8에 대해 메틸렌의 좌우흔듦 띠 (1000 – 800 cm^{-1}) 가 없음을 비교해 보라.

*2,2,4-트라이메틸펜테인의 보통 이름이 아이소옥테인이다.

근처에서 일어난다.

2.6.2.2 C—H 굽힘 진동 *gem*-다이메틸기 두 메틸기가 같은 탄소에 결합된 배치에서는 C—H 굽힘 진동에 대한 독특한 흡수가 나타난다. 아이소프로필(isopropyl)기는 거의 동일한 세기의 피크로 1385 − 1380과 1370 − 1365 cm^{-1}에서 강한 이중선을 나타낸다. **삼차** 뷰틸(butyl)기는 두 개의 C—H 굽힘띠를 생기게 하는데, 하나는 1395 − 1385 cm^{-1} 범위에, 다른 하나는 거의 1370 cm^{-1}에 나타난다. *t*-뷰틸 이중선에서 긴 파장의 띠가 훨씬 더 세기가 크다. 내부에 *gem*-다이메틸기가 나타날 때, 아이소프로필과 *t*-뷰틸기에서 흡수가 일어나는 똑같은 영역에서 이중선이 필수적으로 나타난다. *gem*-다이메틸기에서 이중선이 관측되는 이유는 공통된 탄소 원자에 결합된 두 개의 메틸기에 대해서 위상맞음과 위상벗어남 CH_3 굽힘 진동 사이에 상호작용이 있기 때문이다.

아이소프로필과 *t*-뷰틸기에서 메틸 좌우흔듦 진동에 기인한 약한 띠가 있다. 이 진동은 질량과 골격의 진동 방식과의 상호작용에 민감하고, 대개 C—H 굽힘 진동보다 신뢰성이 떨어진다. 다음과 같이 배정할 수 있다: 아이소프로필기, 922 − 919 cm^{-1}, *t*-뷰틸기, 932 − 926 cm^{-1}.

2.6.3 고리 알케인

2.6.3.1 C—H 신축 진동 스트레인이 없는 고리 폴리(메틸렌) 구조에서 메틸렌의 신축 진동은 고리가 아닌 파라핀의 신축 진동과 거의 동일하다. 고리 스트레인이 증가함에 따라서 C—H 신축띠는 점차 높은 진동수로 이동한다. 모노알킬사이클로프로페인(monoalkylcyclopropane) 고리에서 고리 CH_2와 CH기는 3100 − 2990 cm^{-1} 범위에서 흡수가 있다.

2.6.3.2 C—H 굽힘 진동 고리화(반응)가 되면서 CH_2 가위질 진동의 진동수는 감소한다. 사이클로헥세인(cyclohexane)은 1452 cm^{-1}에서 흡수를 하는 반면에, *n*-헥세인은 1468 cm^{-1}에서 흡수가 일어난다. 사이클로펜테인(cyclopentane)은 1455 cm^{-1}에서, 사이클로프로페인(cyclopropane)은 1442 cm^{-1}에서 흡수가 일어난다. 이 이동을 이용해서 종종 이 영역에서 메틸렌과 메틸 흡수에 대한 독특한 띠를 관측하는 것이 가능하다.

2.6.4 알켄

알켄(alkene(올레핀, olefin)) 구조는 탄화수소 분자에 여러 개의 새로운 진동 방식을 생성시킨다: 하나의 C=C 신축 진동, 알켄 탄소에 있는 C—H 신축 진동, 알켄 C—H 결합의 평면내와 평면외 굽힘 진동. 그림 2.10은 전형적인 말단 알켄의 스펙트럼이다.

2.6.4.1 C=C 신축 진동 콘쥬게이션 안된 선형 알켄 콘쥬게이션 안된 알켄의 C=C 신축 방식은 대개 1667 − 1640 cm^{-1}에서 보통에서 약한 흡수로 나타난다. 바이닐(vinyl)기와 같은 단일치환(monosubstituted) 알켄은 보통의 세기를 갖고 1640 cm^{-1} 근처에서 흡수가 나타난다. 이중치환(disubstituted) *trans* 알켄, 삼중치환, 테트라알킬(tetraalkyl) 치환된 알켄의 경우에는 거의 1670 cm^{-1} 근처에서 흡수가 나타난다. 이중치환 *cis* 알켄과 바이닐리딘(vinylidene) 알켄은 1650 cm^{-1} 근처에서 흡수가 나타난다.

대칭 이중치환 *trans* 알켄이나 사중치환 알켄의 흡수는 극도로 약하거나 아예 없을 수도 있다. *trans* 구조의 대칭성이 없는 *cis* 알켄은 *trans* 알켄보다 더 강하게 흡수한다. 내부에 있는 이중 결합이 일반적으로 말단 이중 결합보다 더 약하게 흡수가 일어나는데, 이는 유사대칭성(pseudosy-

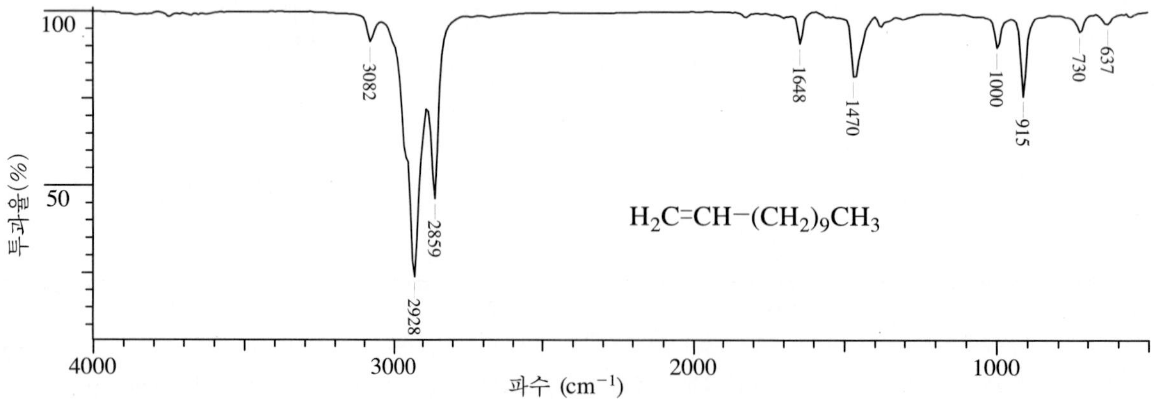

그림 2.10 1-도데케인. C—H 신축(그림 2.8 참조). 알켄 C—H 신축, 3082 cm^{-1}. C=C 신축, 1648 cm^{-1}, 부록의 표 C-1을 참조. *평면외* C—H 굽힘: 1000 cm^{-1}, (알켄) 915 cm^{-1}. 메틸렌 좌우흔듦: 730 cm^{-1}.

mmetry) 때문이다.

비정상적인 높은 흡수 진동수가 —CH=CF_2와 —CF=CF_2기에서 관측된다. 전자는 1754 cm^{-1} 근처에서 흡수하고, 후자는 1786 cm^{-1} 근처에서 흡수가 일어난다. 대조적으로 염소(chlorine), 브로민(bromine) 또는 아이오딘(iodine)이 결합된 경우 흡수 진동수는 감소한다.

사이클로알켄 스트레인 없는 사이클로헥센(cyclohexene) 시스템에서 내부 이중 결합의 흡수는 기본적으로 비고리 시스템의 *cis*-이성질체의 그것과 동일하다. C=C 신축 진동은 인접한 결합의 C—C 신축과 짝지음 상호작용을 한다. α각

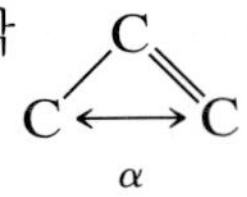

이 작아짐에 따라서 상호작용은 줄어든다. 사이클로뷰텐(cyclobutene, 1566 cm^{-1})에서는 90°에서 그 각이 최소가 된다. 사이클로프로펜(cyclopropene) 구조에서는 다시 상호작용이 인지할 수 있을 만큼 커지고, 흡수 진동수도 증가한다(1641 cm^{-1}).

스트레인이 있는 고리 시스템에서 수소를 알킬기로 치환하면 C=C 흡수 진동수를 증가시키게 된다. 사이클로뷰텐은 1566 cm^{-1}에서 흡수가 있는 반면, 1-메틸사이클로뷰텐(1-methylcyclobutene)은 1641 cm^{-1}에서 흡수가 있다.

고리밖에 위치한 결합의 흡수 진동수는 고리 길이가 감소함에 따라서 증가한다. 메틸렌사이클로헥세인(methylenecyclohexane)이 1650 cm^{-1}에서 흡수가 있는 반면에, 메틸렌사이클로프로페인(methylenecyclopropane)은 1781 cm^{-1}에서 흡수가 있다.

콘쥬게이션된 시스템 대칭 중심이 없고 콘쥬게이션된 다이엔(diene)에서 알켄 결합의 신축 진동은 두 개의 C=C 신축띠를 생성하기 위해서 상호작용한다. 1,3-펜타다이엔(1,3-pentadiene)과 같은 비대칭이면서 콘쥬게이션된 다이엔의 스펙트럼은 1650과 1600 cm^{-1} 근처의 흡수띠를 보여 준다. 대칭 분자인 1,3-뷰타다이엔(1,3-butadiene)은 비대칭 신축에 기인한 1600 cm^{-1} 근처에서 오직 하나의 띠를 보인다; 대칭 신축띠는 IR에서 비활성이다. 그림 2.11은 아이소프렌의 IR 스펙트럼으로 이와 같은 많은 특징을 보여 준다.

방향족 고리와 알켄 이중 결합이 콘쥬게이션된 경우 알켄의 흡수가 증가하는데 1625 cm^{-1} 근처에서 일어난다.

카보닐기와 콘쥬게이션된 알켄 결합의 흡수 진동수는 약 30 cm^{-1} 정도 낮아진다; 흡수 세기는 증가한다. *s-cis* 구조에서는 알켄의 흡수가 카보닐기의 세기만큼 된다. *s-trans* 구조는 *s-cis* 구조보다 더 약하게 흡수가 일어난다.

연속된 알켄 알레인(allene)$\left(\gt C{=}C{=}CH_2\right)$과 같은 연속된 이중 결합 시스템은 2000 – 1900 cm^{-1} 근처에서 흡수가 일어난다. 흡수는 비대칭 C=C=C 신축에 기인한다. 이 흡수는 고리밖 C=C 흡수의 극단적인 경우로 생각할 수도 있다.

2.6.4.2 알켄 C—H 신축 진동 일반적으로 3000 cm^{-1} 이상에서 나타나는 C—H 신축띠는 방향족, 헤테로방향족, 알카인(alkyne) 또는 알켄 신축에 기인한 것이다. 또한 사이클로프로페인 같은 작은 고리 화합물의 C—H 신축과 할로젠이 결합된 알킬기에서 C—H 신축이 같은 영역에서 발견된다. 알켄 C—H 신축 흡수의 진동수와 세기는 치환기의 형태에 영향을 받는다. 신축 상호작용이 있는 경우에 해상도가 적당히 좋다면 다중띠를 관측할 수 있을 것이다. 예를 들면, 바이닐기는 세 개의 근접한 C—H 신축띠를 만든다. 그중 두 개는 말단 C—H기의 대칭과 비대칭 신축에 기인한 것이고, 나머지는 남아있는 하나의 C—H 신축에 기인한 것이다.

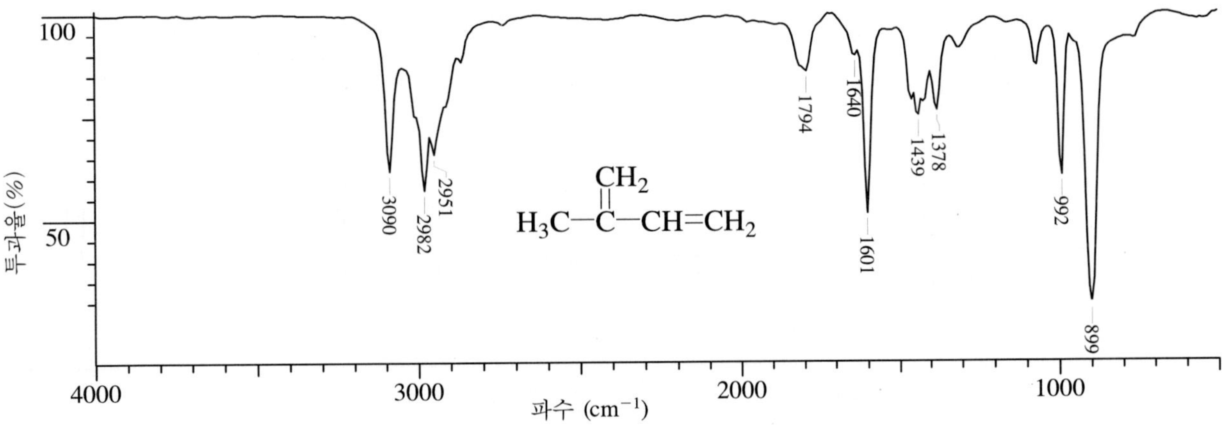

그림 2.11 아이소프렌. C—H 신축: =C—H 3090 cm^{-1}. 짝지음 C=C—C=C 신축: 대칭 1640 cm^{-1}(약함), 비대칭 1601 cm^{-1}(강함). C—H 굽힘(포화된, 알켄 평면내). C—H 평면외 굽힘: 992 cm^{-1}, 899 cm^{-1}(부록 표 C-1의 바이닐 참조).

2.6.4.3 알켄 C—H 굽힘 진동 알켄 C—H 결합은 굽힘 진동을 하는데, C=C 결합에 수직으로 또는 같은 평면에서 가능하다; 굽힘 진동은 서로에 대해서 위상맞음에서 또는 위상벗어남으로 가능하다.

굽힘 진동 중에서 평면내 굽힘 진동은 분명하고 신뢰할 수 있는 해석이 가능하다. 바이닐기는 말단 메틸렌기의 가위질 진동에 기인한 1416 cm^{-1} 근처에서 흡수가 있다. *cis*-이중치환된 알켄의 C—H 좌우흔듦 진동도 일반적으로 같은 영역에서 일어난다.

알켄의 가장 특징적인 진동 방식은 1000에서 650 cm^{-1} 사이에 나타나는 평면외 C—H 굽힘 진동이다. 이 띠들은 대개 알켄의 스펙트럼에서 가장 세기가 크다. 가장 신뢰할 수 있는 띠는 바이닐기, 바이닐리딘기와 *trans*-이중치환 알켄의 띠이다. 부록 표 C-1과 C-2에 알켄의 흡수 패턴을 요약했다.

알레인(allene) 구조에서 가장 센 흡수는 850 cm^{-1} 근처에서 관측되고, 이는 $=CH_2$ 앞뒤흔듦에 기인한 것이다. 이 띠의 첫 번째 배음도 역시 관측된다.

2.6.5 알카인

알카인(alkyne (아세틸렌)) 에서는 C≡C와 C—H 신축과 관련된 두 개의 신축 진동이 있다. C—H 굽힘에 기인한 흡수는 아세틸렌(acetylene) 과 단일치환 알카인의 특징적인 것이다. 그림 2.12의 스펙트럼은 전형적인 말단 알카인의 스펙트럼이다.

2.6.5.1 C≡C 신축 진동 알카인 분자의 약한 C≡C 신축띠는 2260 − 2100 cm^{-1} 영역에서 나타난다. 대칭적으로 치환된 알카인에서 C≡C띠는 그 대칭성 때문에 IR 스펙트럼에서 관측할 수 없다. 단일치환 알카인의 IR 스펙트럼에서, C≡C띠는 2140 − 2100 cm^{-1}에서 나타난다. 치환기가 다른 이중치환 알카인은 2260 − 2190 cm^{-1} 근처에서 나타난다. 치환기들의 질량이 비슷하거나 유사한 유도적 효과와 공명효과를 발휘한다면, 그 띠는 세기가 너무 약해서 IR 스펙트럼에서 관측하기가 어렵다. 말단의 C≡C 띠는 대칭성의 이유로 인해 내부 C≡C(유사 대칭성) 띠보다 더 강한 세기의 띠를 형성한다. C≡C 신축띠의 세기는 카보닐기에 콘쥬게이션되면 더 증가하게 된다.

2.6.5.2 C—H 신축 진동 단일치환 알카인의 C—H 신축 진동은 일반적으로 3333 − 3267 cm^{-1} 범위에 나타난다. 이것은 강한 띠이고, 동일한 범위에서 나타나는 OH와 NH띠보다 더 가늘다.

2.6.5.3 C—H 굽힘 진동 알카인이나 단일치환 알카인의 C—H 굽힘 진동은 700 − 610 cm^{-1} 범위에서 강하고 넓은 흡수를 나타낸다. C—H 굽힘 진동의 첫 번째 배음이 1370 − 1220 cm^{-1} 범위에서 약하고 넓은 띠로 나타날 것이다.

2.6.6 단핵 방향족 탄화수소

IR 스펙트럼에서 방향족 화합물에 대한 가장 확실한 정보를 주는 띠는 900에서 675 cm^{-1} 사이의 낮은 진동수 범위에서 나타난다. 이 강한 흡수띠는 고리 C—H 결합의 평면외(out of plane, "oop") 굽힘 진동에 기인한 것이다. 평면내 굽힘띠는 1300 − 1000 cm^{-1} 범위에서 나타난다. 고리에서 C—C 신축과 관련된 골격 진동은 1600 − 1585와 1500 − 1400 cm^{-1}의 범위에서 흡수가 일어난다. 골격과 관련된 띠는 종종 고리 치환기의 특성에 따라서 이중선으로 나타나기도 한다.

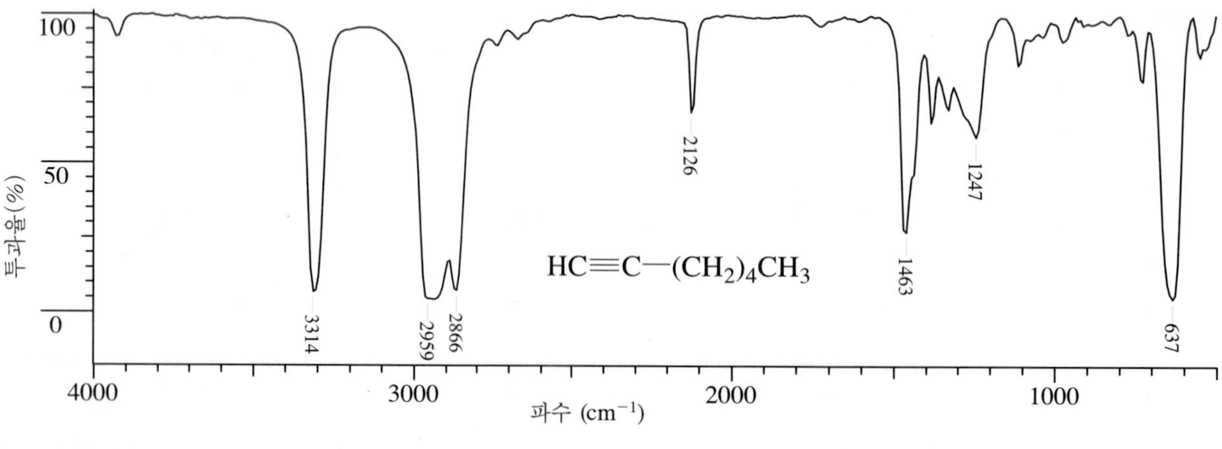

그림 2.12 1-헵타인. ≡C—H 신축, 3314 cm^{-1}. 알킬 C—H 신축 1450−1360 cm^{-1} (그림 2.8 참조), 2960−2860 cm^{-1}. C≡C 신축, 2126 cm^{-1}. C—H 굽힘: 1463 cm^{-1} $\delta_s CH_2$, 1450 cm^{-1} $\delta_{as} CH_3$. ≡C—H 굽힘 배음, 1247 cm^{-1}. ≡C—H 굽힘 기본적, 637 cm^{-1}.

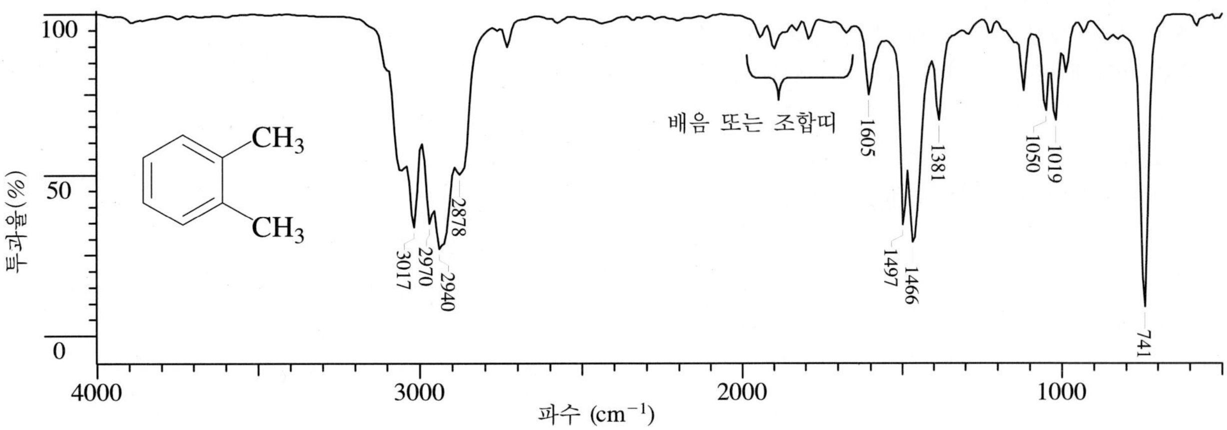

그림 2.13 *o*-자일렌. 방향족 C—H 신축, 3017 cm^{-1}. 메틸띠, C—H 신축 3970, 2940, 2875 cm^{-1}. 배음과 조합띠, 2000−1667 cm^{-1} (그림 2.16 참조). C═C 고리 신축, 1605, 1497, 1466 cm^{-1}. 평면내 C—H 굽힘, 1050, 1019 cm^{-1}. 평면외 —C—H 굽힘, 741 cm−1.

방향족 C—H 신축띠는 3100 − 3000 cm^{-1} 사이에서 나타난다. 약한 조합음과 배음띠는 2000 − 1650 cm^{-1} 범위에시 나다닌다. 배옴띠의 패턴은 고리의 치환기 페턴을 이해하는데 신뢰할 안내자가 될 수 없다. 왜냐하면, 그 띠의 세기가 너무 약하고, 배음과 조합띠가 두꺼운 시료를 사용한 IR 스펙트럼에서 대부분 흔하게 관측되기 때문이다. 그림 2.13의 스펙트럼은 전형적인 방향족 벤젠류(benzenoid) 화합물의 스펙트럼이다.

2.6.6.1 평면외 C—H 굽힘 진동 고리 수소 원자의 평면내, 평면외 굽힘은 인접한 수소 원자와 강하게 짝지음이 일어난다. 그러므로 평면외 굽힘띠의 흡수 위치는 고리 위에 인접한 수소 원자의 개수와 특징적으로 관련되어 있다. 그 띠는 종종 강한 세기고 900 − 675 cm^{-1} 근처에서 나타난다.

치환기가 있는 벤젠(benzene)의 스펙트럼에서 C—H 평면외 굽힘띠의 특징적인 흡수 패턴을 부록 B의 차트에 나타내었다. 이 표의 흡수 패턴은 대개 알킬 치환된 벤젠에 대해서 신뢰할 만하지만, 나이트로벤젠(nitrobenzene), 방향족의 산과 에스터, 방향족 산의 아마이드와 같이 극성기가 직접 고리에 결합되었을 때는 스펙트럼을 해석할 때 특별히 주의가 필요하다.

치환기가 있는 벤젠에서 600 − 420 cm^{-1} 근처에서 종종 나타나는 흡수띠는 평면외 고리 굽힘에 기인한 것이다.

2.6.7 다핵 방향족 탄화수소

단핵 방향족 물질과 같이 다핵 방향족 화합물도 스펙트럼에서 세 개의 특징적인 흡수 범위를 나타낸다.

방향족 C—H 신축과 골격 진동은 단핵 방향족 화합물에서 관찰되었던 같은 범위에서 흡수가 일어난다. 다핵 방향족에서 관찰되는 가장 특징적인 흡수는 900 − 675 cm^{-1} 범위에 있는 C—H 평면외 굽힘에 기인한 것이다. 이 띠들은 고리 위에 인접해 있는 수소의 개수와 상관관계를 가진다. 예를 들면, 대부분의 β-치환된 나프탈렌(naphthalene)은 평면외 C—H 굽힘에 기인한 세 개의 흡수띠를 보인다; 이것은 분리된 수소 원자와 하나의 고리 위에 인접한 두 수소 원자, 그리고 다른 고리 위에 있는 네 개의 인접한 수소 원자에 각각 대응된다.

표 2.3 **β-치환된 나프탈렌의 C—H 평면외 굽힘 진동**

치환 패턴	흡수 범위 (cm^{-1})
분리된 수소	862−835
두 개의 인접한 수소 원자	835−805
네 개의 인접한 수소 원자	760−735

α-치환된 나프탈렌의 스펙트럼에서는 β-나프탈렌의 분리된 수소 원자와 두 인접한 수소 원자의 띠가 세 개의 인접한 수소 원자로 대체된다. 이 띠는 810 − 785 cm^{-1} 근처에 있다. 고리 굽힘 진동에 기인한 부가적인 띠들도 나타난다(표 2.3 참조). 치환이 훨씬 많이된 나프탈렌과 다른 다핵 방향족 화합물의 흡수띠의 위치는 Colthup 그룹(1990)과 Conley 그룹(1972)이 요약하였다.

2.6.8 알코올과 페놀

알코올과 페놀의 스펙트럼에서 관측되는 특징적인 띠는 O—H 신축과 C—O 신축에 기인한 것이다. 이 진동은 수소 결합에 민감하다. C—O 신축과 O—H 굽힘 방식은 서로 인접한 진동으로 짝지음이 일어나서 독립적인 진동 방식이 아니다.

2.6.8.1 O—H 신축 진동 수소가 결합되지 않거나 "자유" 하이드록시기를 가진 알코올과 페놀은 3700 – 3584 cm^{-1} 부근에서 강하게 흡수가 일어난다. 이 뾰족한 "자유" 하이드록실띠는 기체상이나 비극성 용매에 아주 희석된 용액에서 또는 입체장애가 있는 OH기일 경우에 관측된다. 용액의 농도가 증가할수록 분자간(intermolecular) 수소 결합이 증가하고 더 낮은 진동수 3550 – 3200 cm^{-1}에서 자유 하이드록실띠의 대가로 부가적인 띠가 생기기 시작한다. 그림 2.14에 이 효과를 사염화 탄소 용매에서 사이클로헥실카비놀(cyclo-hexylcarbinol)의 스펙트럼으로 나타내었고, 두 개의 다른 농도에 대한 O—H 신축 범위에서 흡수띠를 나타내었다. 이 형태의 비교를 위해서는 농도의 변화를 주기 위해서 셀의 경로 길이를 바꾸어 주어야 하고, 그렇게 되면 IR 빔에 노출되었을 때 같은 개수의 흡수 분자들이 각각의 농도에서 존재하게 된다. 3623 cm^{-1}의 띠는 단량체에 기인한 것이고, 3333 cm^{-1} 근처의 넓은 흡수는 "고분자" 구조에 기인한 것이다.

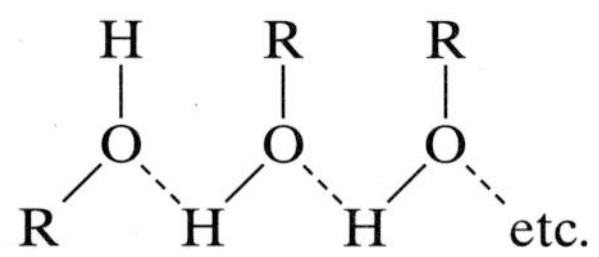

o-하이드록시아세토페논(*o*-hydroxyacetophenone)에서는 강한 분자내(intramolecular) 수소 결합이 일어난다. 그래서 3077 cm^{-1}에서 넓고 얕으며 농도에 무관한 흡수가 있다(그림 2.15).

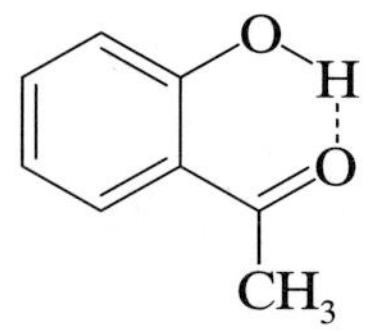

반면에, *p*-하이드록시아세토페논은 희석된 CCl_4 용액에서 3600 cm^{-1}의 뾰족한 자유 하이드록시 피크를 보여 줄 뿐만 아니라, 원액 시료의 스펙트럼에서도 3100 cm^{-1}에서 강한 분자간 피크를 보여 준다.

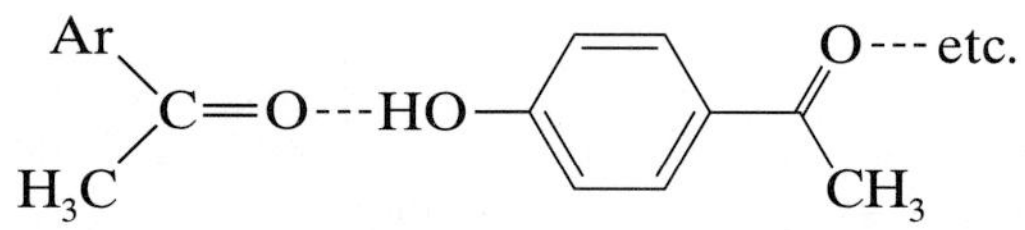

입체 장애가 수소 결합을 방해하는 2,6-다이-*t*-뷰틸페놀(2,6-di-*t*-butylphenol)과 같은 구조에서는, 원액 시료의 스펙트럼에서조차도 결합된 하이드록실띠를 관측할 수가 없다.

2.6.8.2 C—O 신축 진동 알코올(그림 2.16과 2.18)과 페놀(그림 2.17)의 C—O 신축 진동은 스펙트럼의 1260 – 1000 cm^{-1} 범위에서 강한 띠를 형성한다.

C—O 신축 방식은 인접한 C—C 신축 진동과 짝지음을 한다; 그래서 일차 알코올의 경우에 진동은 비대칭 C—C—O 신축 진동으로 설명하는 것이 더 나을 수도 있

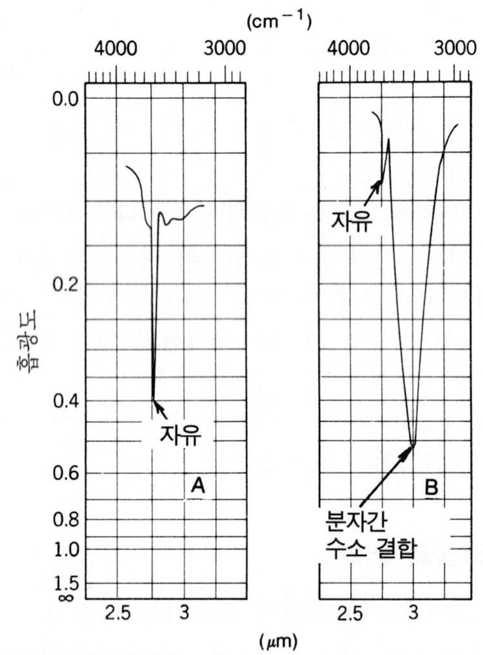

그림 2.14 CCl_4에서 사이클로헥실카비놀의 O—H 신축 지역에서의 IR 스펙트럼. 피크 A는 0.03 *M* (0.406 mm 셀); 피크 B는 1.00 *M* (0.014 mm 셀)

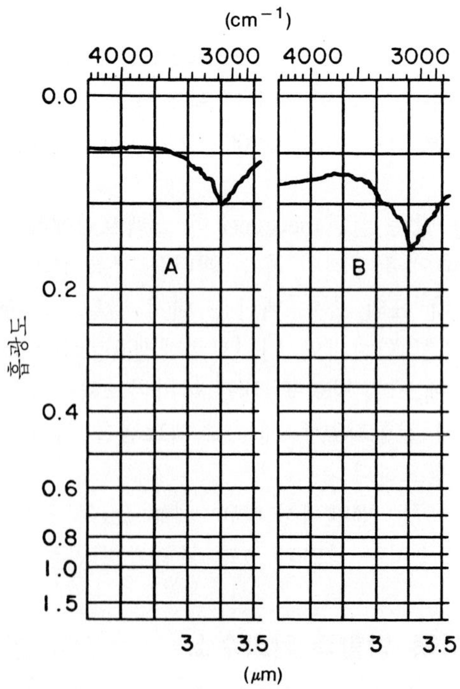

그림 2.15 *o*-하이드록시아세토페논의 IR 스펙트럼의 일부. 피크 A는 0.03 *M*, 셀 두께: 0.41 mm. 피크 B는 1.0 *M*, 셀 두께: 0.015 mm.

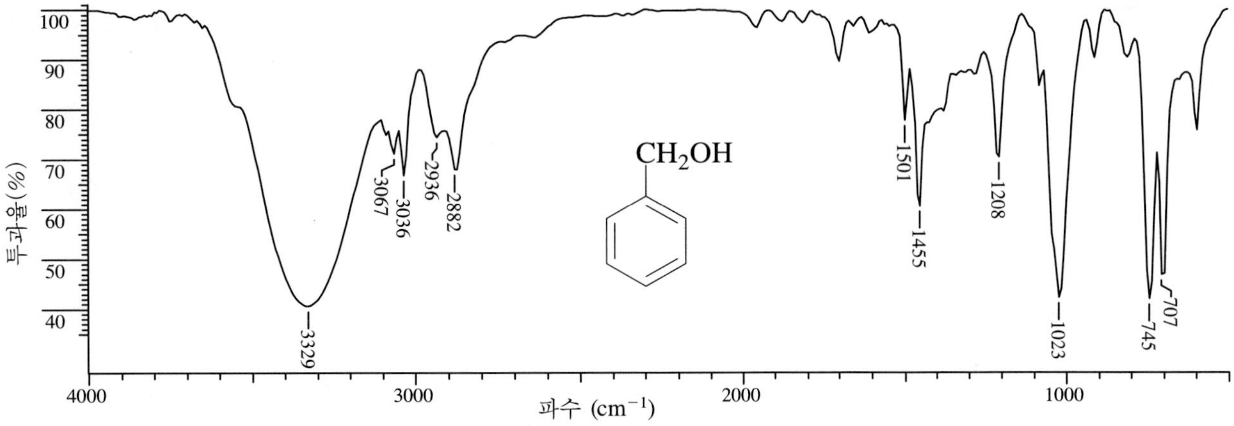

그림 2.16 벤질 알코올. O—H 신축: 분자간 수소 결합, 3329 cm^{-1}. C—H 신축: 방향족 3100−3000 cm^{-1}. C—H 신축: 메틸렌, 2940−2860 cm^{-1}. 배음 또는 조합띠, 2000−1667 cm^{-1}. C$\overline{=\!=}$C 고리 신축, 1501, 1455 cm^{-1}, CH_2 가위질과 중첩, 대략 1471 cm^{-1}. O—H 굽힘, 평면내 C—H 굽힘에 의해 증가되는 것이 가능, 1209 cm^{-1}. C—O 신축, 일차 알코올(표 2.5 참조) 1023 cm^{-1}. 평면외 방향족 C—H 굽힘, 745 cm^{-1}. 고리 C$\overline{=\!=}$C 굽힘, 707 cm^{-1}.

다. 진동 방식은 곁가지가 있거나 α,β-불포화인 경우에 더 복잡해진다. 일련의 이차 알코올(원액 시료)에 대한 이러한 효과를 표 2.4에 요약하였다.

표 2.5에 다양한 형태의 알코올에 대한 흡수 범위를 나타내었다. 이 값들은 알코올 원액 시료로 얻은 값이다.

표 2.4 2차 알코올의 C—C—O 신축 진동

이차 알코올	흡수(cm^{-1})
2-뷰탄올	1105
3-메틸-2-뷰탄올	1091
1-페닐에탄올	1073
3-뷰텐-2-올	1058
다이페닐메탄올	1014

페놀의 빈즉, 펠렛 또는 용융액은 1390 − 1330과 1260 − 1180 cm^{-1}에서 흡수가 있다. 이 띠들은 분명히 O—H 굽힘과 C—O 신축 사이의 상호작용에 기인한 것이다. 긴 파장 띠가 더 강하고 두 띠 모두 용액에서 관측된 스펙트럼보다 더 긴 파장에서 나타난다. 그림 2.17에 나타낸 페놀 스펙트럼은 용융된 시료로 찍은 것이고, 아주 많이 뭉쳐있는 것을 보여 준다.

2.6.8.3 O—H 굽힘 진동 O—H 평면내 굽힘 진동은 일반적으로 1420 − 1330 cm^{-1} 범위에서 나타난다. 일차와 이차 알코올의 경우에는 O—H 평면내 굽힘은 C—H 앞뒤흔듦 진동과 짝지어져서 두 개의 띠를 형성한다: 첫 번째는 1420 cm^{-1} 근처에서, 두 번째는 1330 cm^{-1} 근처에서

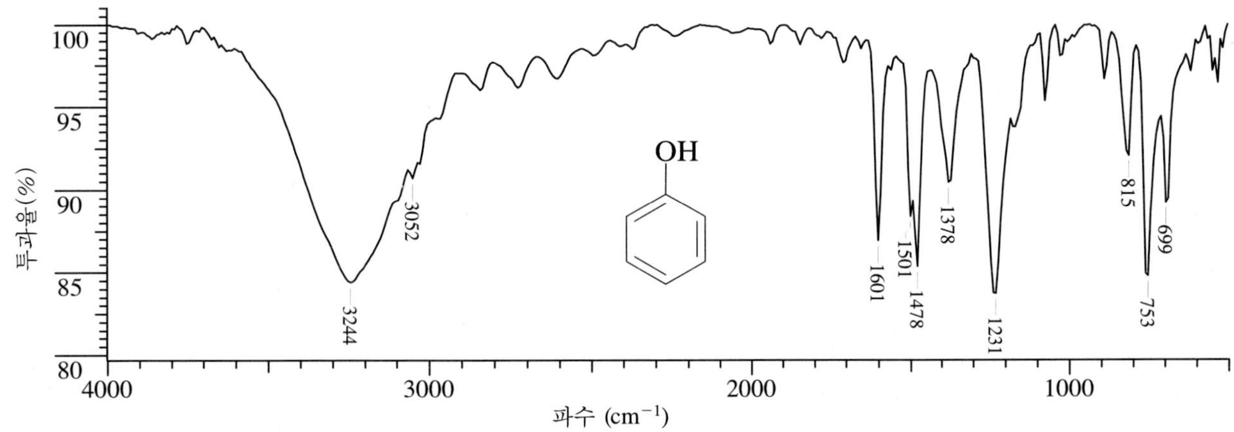

그림 2.17 페놀(용융액). 넓은 분자간 수소 결합, O—H 신축, 3244 cm^{-1}. 방향족 C—H 신축, 3052 cm^{-1}. 배음 또는 조합띠, 2000−1667 cm^{-1}. C$\overline{=\!=}$C 고리 신축, 1601, 1501, 1478 cm^{-1}. 평면내 O—H 굽힘, 1378 cm^{-1}. C—O 신축, 1231 cm^{-1}. 평면외 C—H 굽힘, 815, 753 cm^{-1}. 평면외 고리 C$\overline{=\!=}$C 굽힘, 699 cm^{-1}. (넓은) 수소 결합, 평면외 O—H 굽힘, 대략 650 cm^{-1}.

표 2.5 알코올자리의 C—O 신축 흡수

알코올 형태	흡수 범위 (cm^{-1})
(1) 포화된 삼차 (2) 이차, 아주 대칭적인	1205 − 1124
(1) 포화된 이차 (2) α-불포화되거나 고리성 삼차	1124 − 1087
(1) 이차, α-불포화 (2) 이차, 지방족 다섯 또는 여섯 고리 화합물 (3) 포화된 일차	1085 − 1050
(1) 삼차, 고도의 α-불포화된 (2) 이차, 이치환-α-불포화된 (3) 이차, α-불포화되고 α-곁가지 (4) 이차, 지방족 일곱 또는 여덟 고리 화합물 (5) 일차, α-불포화되고/또는 α-곁가지	< 1050

나타난다. 이러한 띠는 판별용으로는 별 가치가 없다. 짝지음이 없는 삼차 알코올은 이 범위에서 하나의 띠를 보여주는데, 그 위치는 수소 결합 정도에 달려있다.

액체 상태에서 찍은 페놀과 알코올의 스펙트럼은 결합된 O—H기의 평면외 굽힘 때문에 769 − 650 cm^{-1}에서 넓은 흡수띠를 보여 준다.

2.6.9 에테르, 에폭사이드와 과산화물

2.6.9.1 C—O 신축 진동 IR에서 에테르(ether)의 특징적인 반응은 C—O—C 시스템의 신축 진동과 관계있다. 이 시스템의 진동 특징이 C—C—C 시스템의 신축 진동과 아주 다르지 않기 때문에, C—O—C 신축 진동이 일반적으로 같은 영역에서 나타나는 것은 놀랄 일이 아니다. 그러나 산소 원자가 관련된 진동이 탄소 원자가 관련된 것보다 쌍극자 모멘트의 변화가 더 크기 때문에, 에테르에서 더 강한 IR띠가 관측된다. 알코올의 C—O 신축띠처럼 에테르의 C—O—C 신축띠도 분자내의 다른 진동과의 짝지음이 관련되어 있다. 그림 2.19에 전형적인 아릴 알킬 에테르(aryl alkyl ether)인 아니솔(anisole)의 스펙트럼을 나타내었다.

지방족 에테르의 스펙트럼에서 가장 특징적인 흡수는 비대칭 C—O—C 신축에 기인한 1150 − 1085 cm^{-1}에 나타나는 강한 띠이다; 이 띠는 대개 1125 cm^{-1} 근처에서 나타난다. 대칭 신축띠는 대개 약하고 라만 스펙트럼에서 더 잘 나타난다.

여섯 개 고리 화합물에서 C—O—C기는 고리가 없는 에테르와 같은 진동수에서 흡수가 일어난다. 고리가 작아짐에 따라서 비대칭 C—O—C 신축 진동이 점차 낮은 파수(더 긴 파장)로 이동하는 반면에, 대칭 C—O—C 신축 진동(고리 호흡(breathing) 진동수)은 더 높은 파수로 이동하게 된다.

산소에 인접한 탄소 원자에 곁가지가 달리면 대개 C—O—C 띠를 갈라지게 한다. 아이소프로필 에테르(isopropyl ether)는 1170 − 1114 cm^{-1} 범위에서 삼중선 구조를 보이고, 주된 띠는 1114 cm^{-1}에서 나타난다.

아릴 알킬 에테르의 스펙트럼을 보면 비대칭 C—O—C 신축띠가 1275 − 1200 cm^{-1}에서 나타나고, 대칭 신축은 1075 − 1020 cm^{-1} 근처에서 나타난다. 바이닐 에테르(vinyl ether)에서 비대칭 C—O—C 신축에 기인한 강한 흡수는, 1075 − 1020 cm^{-1}에서 강한 대칭 띠와 더불어 1225 − 1200 cm^{-1} 범위에서 나타난다. 공명에 의해 C—O 결합이 강하게 되는데, 이는 아릴알킬(arylalkyl)과 바이닐 에테르(vinyl ether)의 비대칭 흡수띠가 이동하게 되는 이유이다.

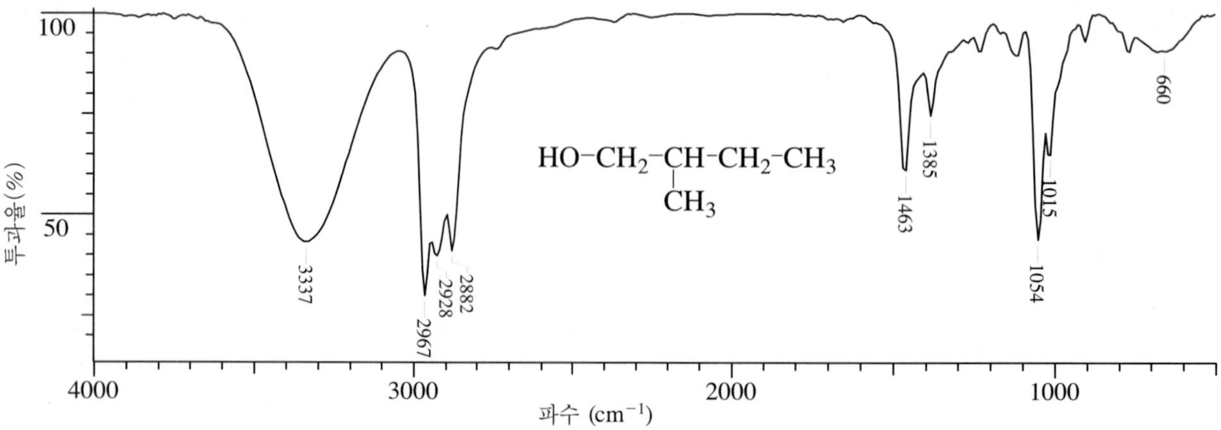

그림 2.18 2-메틸-1-뷰탄올. O—H 신축, 분자간 수소 결합 3337 cm^{-1}. C—H 신축(그림 2.8 참조), 3000 − 2800 cm^{-1}. C—H 굽힘(그림 2.8 참조). C—O 신축 1054 cm^{-1}.

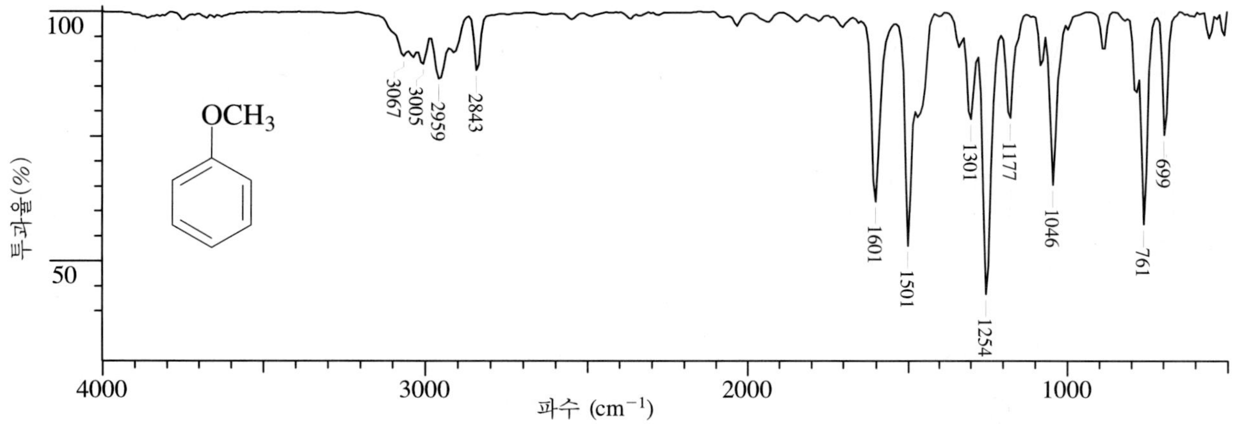

그림 2.19 아니솔. 방향족 C—H 신축, 3067, 3030, 3005 cm^{-1}. 메틸 C—H 신축, 2950, 2843 cm^{-1}. 배음과 조합 범위, 2000−1650 cm^{-1}. C═C 고리 신축, 1601, 1501 cm^{-1}. 비대칭 C—O—C 신축, 1254 cm^{-1}. 대칭 C—O—C 신축, 1046 cm^{-1}. 평면외 C−H 굽힘, 784, 761 cm^{-1}. 평면외 고리 C═C 굽힘, 699 cm^{-1}.

바이닐 에테르의 C＝C 신축띠는 1660 − 1610 cm^{-1} 범위에 나타난다. 이 알켄띠는 알켄의 C＝C 신축띠와 비교하여 더 강한 세기를 보여주므로 구별할 수 있다. 이 띠는 종종 회전 이성질체의 흡수 때문에 이중선으로 나타나기도 한다.

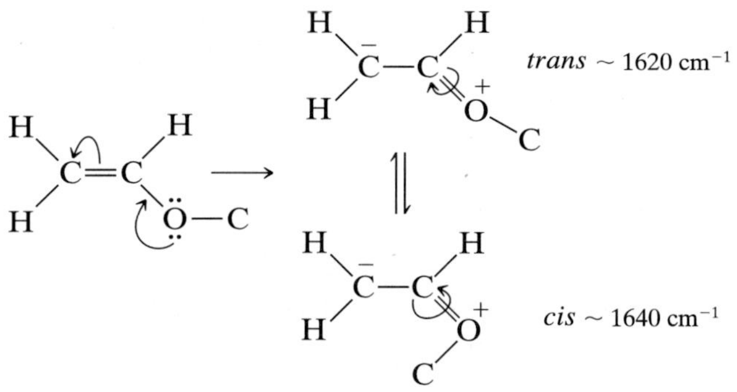

trans 이성질체의 경우 동일평면성에 위치하므로 공명이 최대가 되고, 이것은 알켄 연결고리의 이중 결합 특성을 효과적으로 더 줄여주게 된다. *cis* 이성질체에서는 입체 장애가 공명을 줄어들게 한다.

말단 알켄의 ＝C—H 앞뒤흔듦에 기인한 두 개의 띠는 1000과 909 cm^{-1} 근처에서 나타난다. 바이닐 에테르의 스펙트럼에서 이 띠들은 공명 때문에 더 긴 파장으로 이동한다.

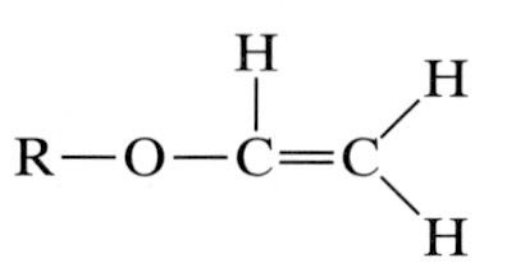

말단 CH_2 앞뒤흔듦, 813 cm^{-1}
trans CH 앞뒤흔듦, 960 cm^{-1}

알킬과 아릴 과산화물은 1198 − 1176 cm^{-1} 범위에서 C—C—O 흡수를 보인다. 이실(acyl)과 아로일(aroyl) 과산화물은 1818 −1754 cm^{-1} 범위에서 두 개의 카보닐 흡수띠가 나타난다. 두 띠가 관측되는 이유는 두 카보닐기 사이에 기계적인 상호작용이 있기 때문이다.

에폭시(epoxy) 고리의 대칭 신축 또는 고리 호흡 진동수, 같은 위상의 모든 고리 결합 신축과 수축이 1250 cm^{-1} 근처에서 일어난다. C—O 결합이 수축하는 동안 C—C 결합이 늘어나는 비대칭 고리 신축은 950 − 810 cm^{-1} 범위에서 다른 띠로 나타난다. "12 마이크론 띠"라 일컫는 세 번째 띠는 840 − 750 cm^{-1} 범위에서 나타난다. 에폭시 고리의 C—H 신축 진동은 스펙트럼에서 3050 − 2990 cm^{-1} 범위에서 나타난다.

2.6.10 케톤

2.6.10.1 C＝O 신축 진동 케톤, 알데하이드, 카복실산, 카복실산 에스터, 락톤, 할로젠화산, 무수물, 아마이드와 락탐은 1870 − 1540 cm^{-1} 범위에서 강한 C＝O 신축 흡수띠가 나타난다. 이 흡수띠는 상대적으로 위치가 변하지 않으며, 세기도 강하고, 상대적으로 방해하는 띠로부터 떨어져 있어서, IR 스펙트럼에서 가장 쉽게 인식할 수 있는 띠이다.

주어진 범위 내에서 C＝O 신축띠의 위치는 다음 요소로 결정된다. (1) 물리적 상태, (2) 이웃한 치환기의 전자적 효과 및 질량 효과, (3) 콘쥬게이션, (4) 수소 결합(분자내 또는 분자간), (5) 고리 스트레인. 이러한 요소를 고려하면 C＝O기의 주위 환경에 대해 상당한 정보를 얻게 된다.

이러한 효과를 논의할 때, 포화된 지방족 케톤(ketone)의

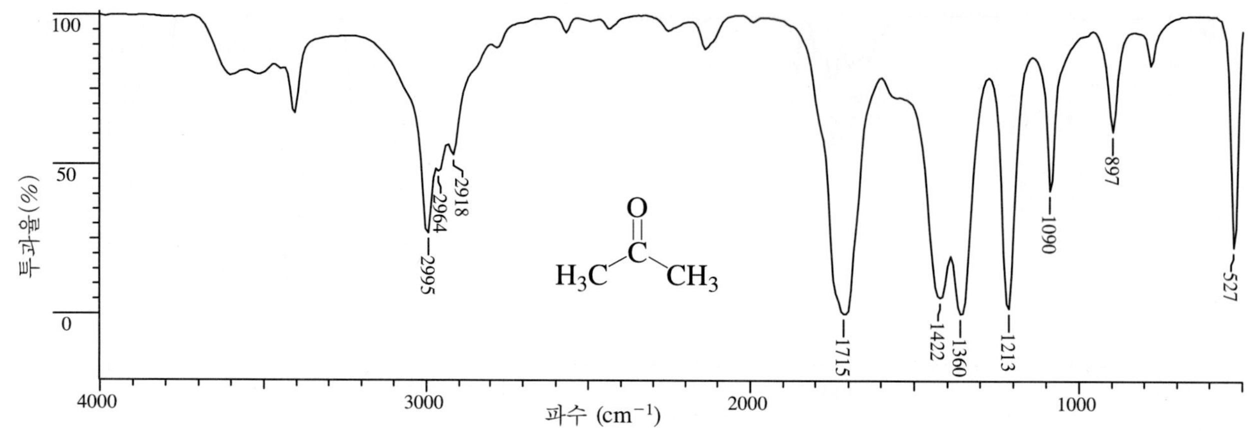

그림 2.20 아세톤. ν_{as}, 메틸, 2995 cm^{-1}. ν_{as}, 메틸렌, 2964 cm^{-1}. ν_s, 메틸, 2918 cm^{-1}. 정상적인 C=O 신축, 1715 cm^{-1}. δ_{as}, CH_3 1422 cm^{-1}. δ_s, CH_3 1360 cm^{-1}. C—CO—C 신축과 굽힘, 1213 cm^{-1}.

원액 시료에 대한 흡수 진동수를 "정상적"으로 1715 cm^{-1}로 관습상 참조한다. 예를 들면, 아세톤(acetone)과 사이클로헥산온(cyclohexanone)은 1715 cm^{-1}에서 흡수가 일어난다. 카보닐기에 대한 환경의 변화는 "정상적"인 값에서 흡수 진동수를 내리거나 또는 올리게 만든다. 그림 2.20에 전형적인 케톤 스펙트럼을 나타내었다.

원액 시료에서 관찰되는 흡수 진동수는 비극성 용매에서 관측되는 흡수보다 더 증가한다. 극성 용매는 흡수 진동수를 감소시킨다. 용매 효과에 대한 전체 범위는 25 cm^{-1}을 넘지 않는다.

포화 지방족 케톤의 알킬기를 헤테로원자(G)로 바꾸면 카보닐기의 흡수를 이동시키게 된다. 이동의 방향은 유도 효과(a)나 공명 효과(b) 중에 어느 것이 우세한가에 달려 있다.

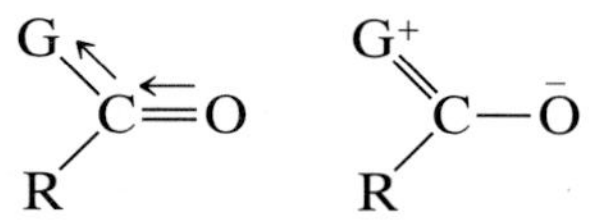

(a) (b)

유도 효과는 C=O 결합의 길이를 줄여주게 되어서 힘 상수와 흡수 진동수를 증가시키게 된다. 공명 효과는 C=O 결합 길이를 증가시키고 흡수 진동수를 감소하게 한다.

표 2.6에 여러 가지 카보닐 화합물 종류에 대한 흡수 진동수를 나타내었다.

C=C 결합과 콘쥬게이션은 두 불포화기의 π 전자들을 비편재화시킨다. C=O기의 π 전자 비편재화는 C—O 결합의 이중 결합 특성을 감소시키게 되고, 흡수가 더 낮은 파수(더 긴 파장)에서 일어나게 한다. 알켄이나 페닐기와의 콘쥬게이션은 1685 – 1666 cm^{-1}에서 흡수가 일어나게

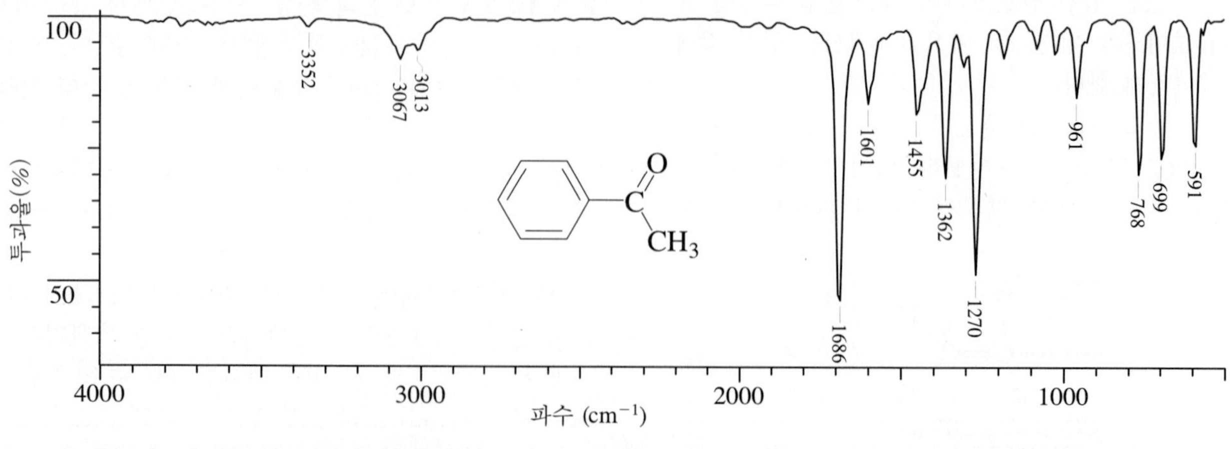

그림 2.21 아세토페논. C=O 신축의 배음 3352 cm^{-1}; C=O 신축의 대략 두 배의 진동수. C=O 신축, 1686 cm^{-1}, 페닐기와의 콘쥬게이션에 의해 그림 2.20에서 관측된 것보다 더 낮은 진동수.

표 2.6 다양한 RC(=O)G 화합물에 대한 카보닐 흡수

G가 유도 효과를 우세하게 발휘하는 경우	
G	**ν C=O (cm^{-1})**
Cl	1815 − 1785
F	~1869
Br	1812
OH (단량체)	1760
OR	1750 − 1735
G가 공명 효과를 우세하게 발휘하는 경우	
G	**ν C=O (cm^{-1})**
NH_2	1695 − 1650
SR	1720 − 1690

한다. 부가적인 콘쥬게이션은 진동수를 약간 더 감소시키게 한다. 그림 2.21에 이 콘쥬게이션 효과를 설명하였다.

입체 장애는 콘쥬게이션 시스템이 동일평면성에 존재하는 것을 가로막게 하여 콘쥬게이션 효과를 감소시킨다. 입체 장애가 없는 경우에 콘쥬게이션 시스템은 평면 배치를 가지려는 경향이 있다. 그래서 α,β-불포화 케톤은 *s-cis*와 *s-trans* 형태로 존재한다. 두 개의 형태가 존재할 때, 각 형태의 흡수가 각각 관측된다. CS_2에서 벤잘아세톤 (benzalacetone) 의 흡수가 한 예이다; 상온에서 *s-cis*와 *s-trans* 형태가 모두 존재한다.

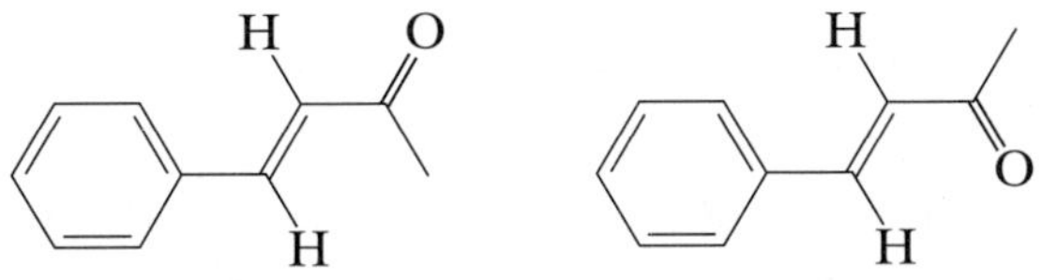

s-trans 1674 cm^{-1} *s-cis* 1699 cm^{-1}

카보닐기와 콘쥬게이션된 알켄의 흡수는 분리되어 있는 C=C 결합의 진동수보다 더 낮은 진동수에서 일어난다; *s-cis* 시스템일 때 콘쥬게이션된 이중 결합의 흡수 세기는 분리되어 있는 이중 결합의 흡수 세기보다 더 크다.

케톤과 메탄올 (methanol) 같은 하이드록실 용매 사이에 일어나는 분자간 수소 결합은 카보닐기의 흡수 진동수를 약간 감소시킨다. 예를 들면, 에틸 메틸 케톤 (ethyl methyl ketone) 의 원액 시료는 1715 cm^{-1}에서 흡수가 일어나는 반면에, 메탄올에서 10% 케톤의 용액은 1706 cm^{-1}에서 흡수가 일어난다.

β-다이케톤 (β-diketone) 은 일반적으로 토토머 (tautomer) 인 케토와 엔올 형태의 혼합물로 존재한다. 엔올 형태는 콘쥬게이션된 케톤의 정상적인 흡수를 보여 주지 않는다. 대신에 넓은 띠가 1640 − 1580 cm^{-1} 범위에서 나타나는데, 보통의 카보닐 흡수보다 여러 배 더 강한 세기를 나타낸다. 이러한 강한 세기와 흡수는 분자내 수소 결합에 기인한 것으로, 공명에 의해 안정화된 결합 구조를 가지고 있다.

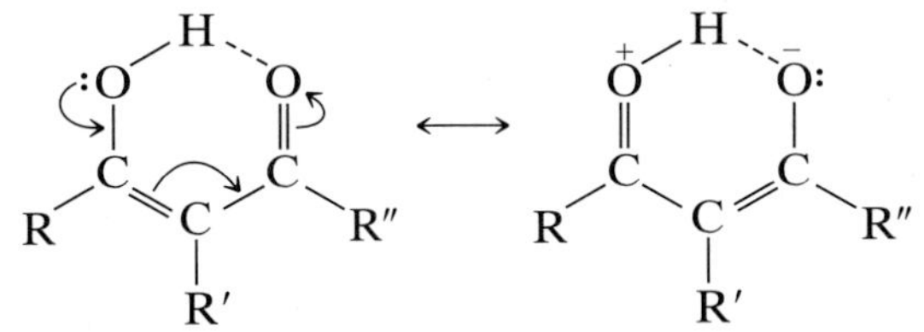

40℃에서 액체 아세틸아세톤 (acetylacetone) 은 64% 정도 엔올 형태로 존재하고, 1613 cm^{-1}에서 흡수가 일어난다. 케토 형태와 결합이 없는 소량의 엔올 형태는 1725 cm^{-1} 근처에 중심을 둔 두 개의 띠로 나타난다. 케토 형태에서 두 카보닐기 사이의 상호작용이 이 이중선의 원인으로 제안되었다. 엔올 형태의 O—H 신축 흡수는 넓고 얕은 띠로 3000 − 2700 cm^{-1} 범위에서 나타난다.

카보닐기가 형식적으로 콘쥬게이션된 α-다이케톤 (α-diketone) 은 상응하는 모노케톤 (monoketone) 에 대해 관측되는 진동수 근처에서 하나의 흡수띠를 보여 준다. 바이아세틸 (biacetyl) 은 1718 cm^{-1}에서 흡수가 있고, 벤질 (benzil) 은 1681 cm^{-1}에서 흡수가 있다. α-다이케톤에서 콘쥬게이션은 비효과적이고, 이 다이케톤의 C=O기는 산무수물 (acid anhydride) 에서 상응하는 기에서 보듯이 (2.6.16절 참조) 서로 짝지음이 없다.

같은 고리에 두 개의 카보닐기를 갖고 있는 퀴논 (quinone) 은 1690 − 1655 cm^{-1} 범위에서 흡수를 갖는다. 카보닐기가 다른 고리에 있어서 콘쥬게이션이 확장되면 흡수 진동수는 1655 − 1635 cm^{-1} 범위로 이동하게 된다.

비고리 α-클로로 케톤 (α-chloro ketone) 은 회전 이성질체 때문에 두 개의 진동수에서 흡수가 일어난다. 염소 원자가 산소 원자 근처에 있으면, 염소의 전기음성적 특성이 산소 원자의 비공유 전자쌍을 밀어내어서 C=O 결합의 힘 상수를 증가시키게 된다. 이 형태는 카보닐 산소와 염소 원자가 충분히 분리되어 있을 때의 진동수 (1725 cm^{-1}) 보다 더 큰 진동수 (1745 cm^{-1}) 를 흡수하게 만든다. 모노케토 스테로이드 (monoketo steroid) 와 같은 고정된 분자에서, α-할로젠화 반응에서는 적도 (equatorial) 방향 또는 축 (axial) 방향의 치환이 가능하다. 할로젠이 적도 방향에 결합된 경우, 할로젠 원자는 카보닐기에 가까이 위치하게 되어, "장 효과 (field effect)"에 의해 C=O 신축 진동수를 증가시키게 된다. 이성질체인 할로젠 원자가 고리축 방향에 있는 경우에는, C=O기에 대해서 멀리 떨어져 있어서 진동수의 이동이 관측되지 않는다.

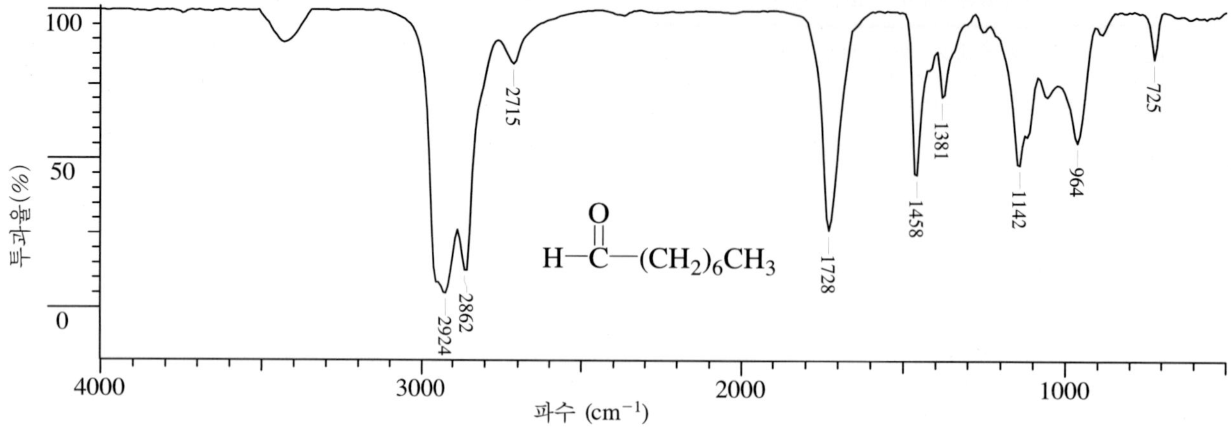

그림 2.22 옥탄알. 지방족, 2980－2860 cm^{-1} (그림 2.8 참조). 알데하이드, C—H 신축, 2715 cm^{-1}. 보통의 알데하이드 C＝O 신축, 1728 cm^{-1}. 알데하이드 C—H 굽힘, 1381 cm^{-1}.

고리 케톤에서는 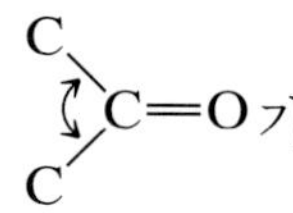 기의 결합각이 카보닐기의 흡수 진동수에 영향을 준다. 확실히 C＝O 신축은 인접한 C—C 신축에 영향을 받는다. 비고리 케톤이나 육원자 고리 화합물의 케톤에서는 각이 거의 120°에 가깝다. 각이 120°보다 작아서 스트레인 있는 고리에서는 C—C 결합 신축과 상호작용이 있어서, C＝O 신축을 하기 위해서는 에너지를 증가시켜야 하므로, 신축 진동수가 증가하게 된다. 사이클로헵탄온은 1709 cm^{-1}에서 흡수가 일어나고, 사이클로헥산온은 1715 cm^{-1}, 사이클로펜탄온 (cyclopentanone) 은 1751 cm^{-1}, 사이클로뷰탄온 (cyclobutanone) 은 1775 cm^{-1}에서 흡수가 일어난다.

2.6.10.2 C—C(＝O)—C 신축과 굽힘 진동 케톤은 C—C—C기에서 C—C—C 신축과 C—C(＝O)—C 굽힘에 기인해서 1300 － 1100 cm^{-1}에서 보통 세기로 흡수가 있다. 흡수는 다중띠로 구성되었을 수도 있다. 지방족 케톤은 1230 － 1100 cm^{-1} 범위에서 흡수가 일어난다; 방향족 케톤은 일반적인 흡수 범위의 높은 진동수 말단 범위에서 흡수가 일어난다.

2.6.11 알데하이드

그림 2.22는 옥탄알 (octanal) 의 스펙트럼으로 전형적인 알데하이드 (aldehyde) 흡수의 특징을 보여 준다.

2.6.11.1 C＝O 신축 진동 알데하이드의 카보닐기는 상응하는 메틸 케톤 (methyl ketone) 보다 약간 더 높은 진동수를 흡수한다. 지방족 알데하이드기는 1740 － 1720 cm^{-1} 근처에서 흡수가 일어난다. 알데하이드 카보닐기의 흡수는 케톤처럼 똑같은 방식으로 구조의 변화에 반응한다. α-탄소에 전기음성도가 큰 치환기가 있으면 카보닐 흡수 진동수는 증가하게 된다. 아세트알데하이드 (acetaldehyde) 는 1730 cm^{-1}에서, 트라이클로로아세트알데하이드 (trichloroacetaldehyde) 는 1768 cm^{-1}에서 흡수가 일어난다. α,β-불포화 알데하이드와 벤즈알데하이드 (benzaldehyde) 같은 콘쥬게이션된 불포화 화합물의 경우 카보닐 흡수 진동수를 감소시킨다. α,β-불포화 알데하이드와 벤즈알데하이드는 1710 － 1685 cm^{-1} 범위에서 흡수가 있다. 살리실알데하이드 (salicylaldehyde) 에서 일어나는 것처럼 내부 수소 결합이 있는 경우 흡수는 더 낮은 파수로 이동하게 된다 (살리실알데하이드의 경우 1666 cm^{-1}). α-다이케톤처럼 글리옥살 (glyoxal) 은 모노알데하이드의 일반적인 흡수 위치로부터 변화가 없는 오직 하나의 카보닐 흡수 피크를 보여 준다.

2.6.11.2 C—H 신축 진동 대부분의 알데하이드는 2830 － 2695 cm^{-1} 범위에서 알데하이드 C—H 신축 흡수를 보여 준다. 이 범위에서 종종 보통의 세기를 가진 두 개의 띠가 관측된다. 두 띠가 나타나는 것은 기본적인 알데하이드 C—H 신축과 대개 1390 cm^{-1} 근처에서 나타나는 알데하이드 C—H 굽힘 진동의 첫 번째 배음 사이의 Fermi 공명에 기인한 것이다. 알데하이드에서 관측되는 C—H 신축띠는 오직 하나이고, 상당히 이동하여 1390 cm^{-1}에서 나타난다.

ortho 위치에 전기음성도가 큰 기가 치환된 방향족 알데하이드는 2900 cm^{-1}처럼 높은 진동수에서 흡수가 있다.

카보닐 흡수띠에 동반하는 2720 cm^{-1} 근처에서 중간 정도 세기의 흡수는 알데하이드기가 존재한다는 좋은 증거이다.

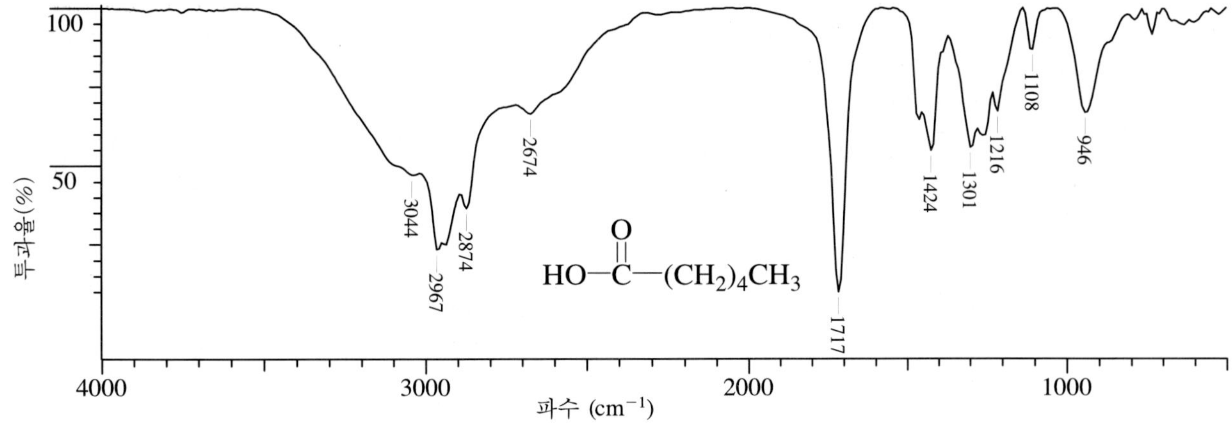

그림 2.23 헥세인산(hexanoic acid). 넓은 O—H 신축, 3300−2500 cm^{-1}. C—H 신축(그림 2.8 참조), 2967, 2874, 2855 cm^{-1}. O—H 신축 위에 중첩. 보통, 이합체 카복실 C=O 신축, 1717 cm^{-1}. C—O—H 평면내 굽힘, 1424 cm^{-1}. C—O 신축, 이합체, 1301 cm^{-1}. O—H 평면외 굽힘, 946 cm^{-1}.

2.6.12 카복실산

2.6.12.1 O—H 신축 진동 액체, 고체 상태 또는 0.01 *M* 보다 더 진한 CCl_4 용액에서 카복실산은 강한 수소 결합 때문에 이합체로 존재한다.

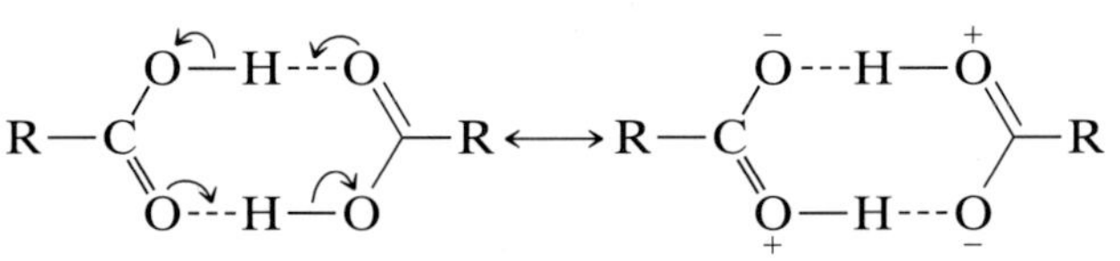

예외적으로 강한 수소 결합은 이온성 공명 구조의 기여가 크기 때문이다. 강한 수소 결합성 때문에, 자유 하이드록실 신축 진동(3520 cm^{-1} 근처)은 기체상이나 비극성 용매의 아주 희석된 경우에만 관측할 수 있다.

카복실산의 이합체는 3300 − 2500 cm^{-1} 범위에서 아주 넓고 강한 O—H 신축 흡수가 나타난다. 띠의 중심은 일반적으로 3000 cm^{-1} 근처이다. 더 약한 C—H 신축띠는 일반적으로 넓은 O—H띠에 중첩된 채로 나타난다. 넓은 O—H띠의 긴 파장 부분에서 관측되는 미세 구조는 긴 파장에서 나타나는 기본적인 띠의 배음과 조합음 띠를 나타내는 것이다. 그림 2.23은 전형적인 지방족 카복실산의 스펙트럼이다.

β-다이케톤 같이 강한 수소 결합을 가진 다른 구조도 역시 3300 − 2500 cm^{-1} 범위에서 흡수가 일어나지만, 흡수의 세기는 대개 덜 강하다. 또한, β-다이케톤 같은 구조에서 C=O 신축 진동은 카복실산에서 관측되는 진동수보다 더 낮은 진동수로 이동한다.

카복실산은 다이옥세인(dioxane), 테트라하이드로퓨란(tetrahydrofuran)과 같은 에테르 또는 양성자 받개로 작용할 수 있는 다른 용매와 분자간 결합을 할 수 있다. 그러한 용매에서 찍은 스펙트럼은 3100 cm^{-1} 근처에서 나타나는 결합된 O—H 흡수를 관측할 수 있다.

2.6.12.2 C=O 신축 진동 산의 C=O 신축띠는 케톤의 C=O 신축띠보다 세기가 훨씬 강하다. 포화된 지방족 산의 단량체(monomer)는 거의 1760 cm^{-1}에서 흡수가 있다.

카복실산의 이합체는 대칭 중심을 갖고 있다; 오직 비대칭 C=O 신축 방식이 IR 영역에서 흡수가 일어난다. 수소 결합과 공명은 C=O 결합을 약화시켜, 단량체보다 더 낮은 진동수에서 흡수가 일어나게 한다. 포화 지방산의 이합체에서 C=O기의 흡수는 1720 − 1706 cm^{-1} 범위에서 일어난다.

분자내 수소 결합은 분자간 수소 결합에 의한 것보다 더 크게 카보닐 신축 흡수의 진동수를 줄인다. 예를 들면, 살리실산(salicylic acid)은 1665 cm^{-1}에서 흡수가 일어나는 반면에, *p*-하이드록시벤조산(*p*-hydroxybenzoic acid)은 1680 cm^{-1}에서 흡수가 일어난다.

카복실의 카보닐기와 연결된 콘쥬게이션된 불포화는 단량체와 이합체 형태 모두에서 흡수 진동수를 아주 약간 감소시킨다(파장의 증가). 일반적으로 α,β-불포화 산과 아릴 콘쥬게이션된 산은 이합체로써 1710 − 1680 cm^{-1} 범위에서 흡수를 보여 준다. α,β-위치보다 더 너머로 콘쥬게이션이 확장된 경우에는 C=O 흡수의 부가적인 이동은 거의 일어나지 않는다.

할로젠과 같은 전기음성도가 큰 기가 α-위치에 치환되면 C=O 흡수 진동수를 약간(10 − 20 cm^{-1}) 증가시킨다. α-위치에 할로젠을 가진 산의 스펙트럼은 대개 액체 상태나 용액 상태에서 얻게 되는데, 회전 이성질체에 기인한(장효

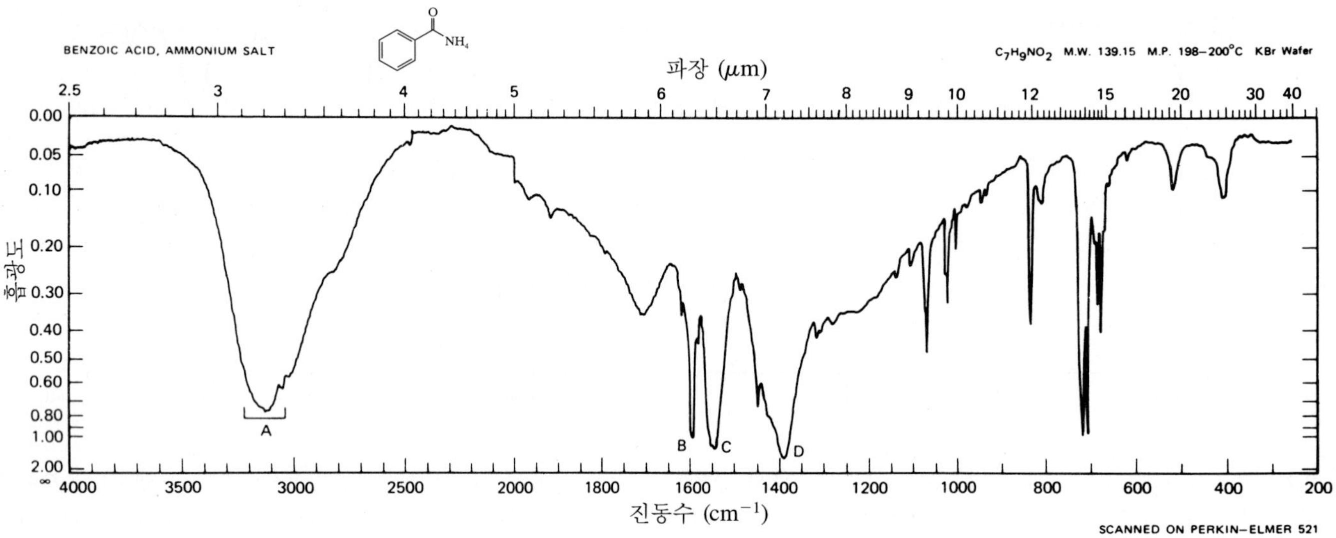

그림 2.24 벤조산, 암모늄염. A. N—H와 C—H 신축, 3600 − 2500 cm^{-1}. B. 고리 C⩵O 신축, 1600 cm^{-1}. C. 비대칭 카복실산 음이온 C(⩵O)$_2^-$ 신축, 1550 cm^{-1}. D. 대칭 카복실산염 C(⩵O)$_2^-$ 신축, 1385 cm^{-1}.

과 (field effect)) 두 개의 카보닐띠를 보여 준다. 더 높은 진동수 띠가 할로젠이 카보닐기에 가까이 있는 형태에 대응한다.

2.6.12.3 C—O 신축과 O—H 굽힘 진동

C—O 신축과 O—H 굽힘에 기인한 두 개의 띠가 카복실산 스펙트럼에서 1320 − 1210과 1440 − 1395 cm^{-1} 근처에서 각각 나타난다. 두 띠 모두 C—O 신축과 평면내 C—O—H 굽힘 진동 사이의 상호작용과 관계있다. 이합체의 경우 1315 − 1280 cm^{-1} 근처에서 강한 세기의 띠가 있는데, 일반적으로 C—O 신축띠로 알려져 있고, 대개 긴 사슬 지방산의 스펙트럼에서는 이중선으로 나타난다. C—O—H 굽힘띠는 1440 − 1395 cm^{-1} 근처에서 나타나고, 세기는 보통이고 카보닐에 인접한 CH_2기의 가위질 진동과 같은 영역이다.

이합체 카복실산의 스펙트럼에서 특징적인 띠 중 하나는 결합되어 있는 O—H의 평면외 굽힘에 기인한 것이다. 띠는 920 cm^{-1} 근처에서 나타나고, 특징적으로 중간 정도의 세기에 넓은 띠로 나타난다.

2.6.13 카복실산 음이온

카복실산 (carboxylate) 음이온은 결합의 세기가 C═O와 C—O의 중간 정도인 두 개의 강하게 짝지어진 C⩵O 결

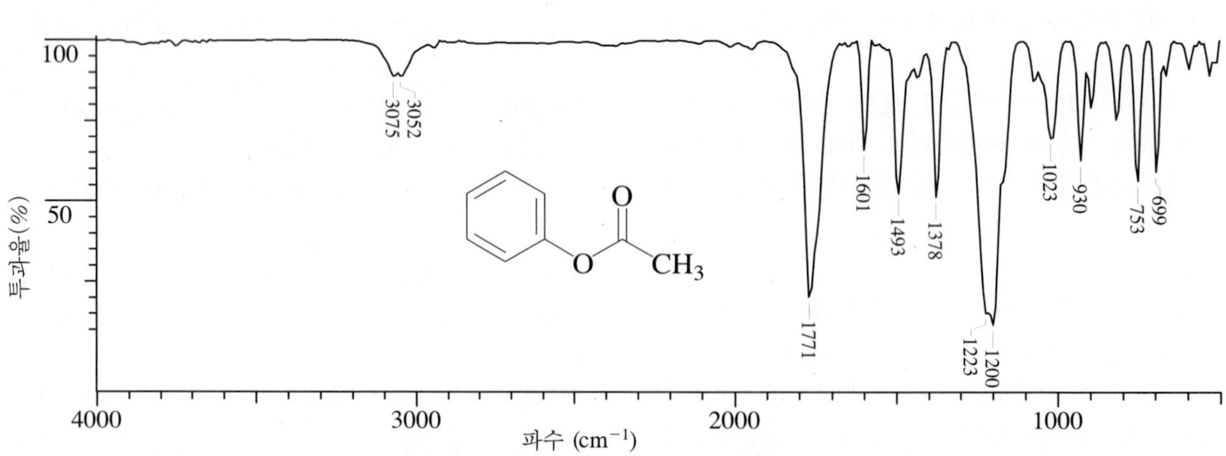

그림 2.25 아세트산 페닐. 방향족 C—H 신축, 3075, 3052 cm^{-1}. C═O 신축, 1771 cm^{-1}: 이것은 보통의 에스터 C═O 신축 (1740 cm^{-1}: 표 2.6 참조) 보다 알코올 산소와 페닐이 콘쥬게이션을 하기 때문에 더 높은 진동수이다; 아릴기의 콘쥬게이션이나 카보닐기를 가진 다른 불포화 화합물은 C═O 신축이 정상적인 진동수보다 더 낮게 한다 (즉, 벤조산염은 대략 1724 cm^{-1}에서 흡수가 일어남). 고리 C⩵C 신축, 1601 cm^{-1}. $\delta_{as}CH_3$, 1493 cm^{-1}, δ_sCH_3, 1378 cm^{-1}. 아세트산염 C(═O)—O 신축, 1223 cm^{-1}. O—C⩵C 비대칭 신축, 1200 cm^{-1}.

합을 가지고 있다.

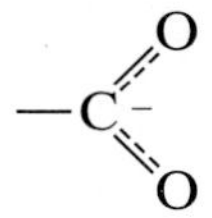

카복실산 이온은 두 개의 띠를 생성시킨다: 1650 − 1550 cm^{-1} 근처의 강한 비대칭 신축띠와 1400 cm^{-1} 근처의 약한 대칭 신축띠.

카복실산의 카복실염으로의 변환은 카복실산의 구조를 확인하는데 이용할 수 있다. 이것은 카복실산을 클로로폼(chloroform) 용액(CCl_4에서는 반응이 일어나지 않음)에 녹인 후에 트라이에틸아민(triethylamine) 같은 삼차 지방족 아민을 첨가하여 편리하게 만들 수 있다. 이렇게 하여 생긴 카복실산 이온은 2700 − 2200 cm^{-1} 영역의 "암모늄" 띠와 더불어 특징적인 두 개의 카보닐 흡수를 보여 준다. 물론 O—H 신축띠는 사라진다. 그림 2.24에 벤조산 암모늄(ammonium benzoate)의 스펙트럼으로 이러한 특성들을 잘 보여 준다.

2.6.14 에스터와 락톤

에스터와 락톤(lactone)은 C=O와 C—O 신축에 기인한 두 개의 특징적인 강한 흡수띠를 가지고 있다. C=O 신축 진동의 세기는 정상적인 케톤에서보다 더 높은 진동수(더 짧은 파장)에서 나타난다. 카보닐 결합의 힘상수는 인접한 산소 원자(유도 효과)의 전자 끌기 특성 때문에 증가한다. 카보닐 진동수가 낮아진 에스터와 보통 케톤의 진동수가 증가한 케톤 사이에 중첩이 생긴다. 그러나 에스터와 락톤을 구별할 수 있는 두드러진 특징은, 케톤에서는 약하게 띠가 나타나는 영역에서 강한 C—O 신축띠가 나타나는 것이다. 에스터 또는 락톤과 카복실산은 C=O 진동수가 중첩되지만, OH 신축과 굽힘 진동, 그리고 염을 형성시킬 수 있다는 것으로 카복실산과 구별될 수 있다.

에스터 카보닐(ester carbonyl)의 진동수는 카보닐기 근처의 케톤에서와 같은 방식으로 환경의 변화에 반응한다. 그림 2.25는 아세트산 페닐(phenyl acetate)의 스펙트럼으로 에스터의 가장 특징적이고 중요한 흡수를 나타내고 있다.

2.6.14.1 C=O 신축 진동 포화 지방족 에스터(폼산염(formate)은 예외)의 C=O 흡수띠는 1750 − 1735 cm^{-1} 범위에서 나타난다. 폼산염, α,β-불포화, 벤조산 에스터(benzoate ester)의 C=O 흡수띠는 1730 − 1715 cm^{-1}에 나타난다. 콘쥬게이션이 더 되더라도 카보닐 흡수의 진동수에 부가적인 효과는 거의 없다.

C—O—기에 인접해서 불포화 탄소를 가진 바이닐 또는 페닐 에스터(phenyl ester)의 스펙트럼에서는 C—O 진동수가 낮아지는 것과 함께 카보닐 진동수가 괄목하게 증가되는 것을 관측할 수 있다. 아세트산 바이닐(vinyl acetate)의 카보닐띠는 1776 cm^{-1}에 나타나고, 아세트산 페닐(phenyl acetate)의 카보닐띠는 1771 cm^{-1}에 나타난다.

α-할로젠으로 치환되면 C=O 신축 진동수가 증가한다. 트라이클로로아세트산 에틸(ethyl trichloroacetate)은 1770 cm^{-1}에서 흡수가 일어난다.

α-다이케톤처럼 옥살산염(oxalate)과 α-케토 에스터에서는 두 카보닐기 사이에 상호작용이 거의 없어서 보통의 흡수가 1755 − 1740 cm^{-1} 범위에서 일어난다. 그러나 β-케토 에스터의 스펙트럼에서는 엔올 반응이 일어나서, 에스터 C=O와 엔올의 하이드록실기 사이에 수소 결합이 일어나서 1650 cm^{-1} 근처에서 띠가 관측된다.

포화 δ-락톤(육원자 고리)의 카보닐 흡수는 선형 사슬, 즉 콘쥬게이션이 없는 에스터와 같은 영역에서 일어난다. C=O기의 α 위치에 불포화 탄소가 있으면 C=O 흡수 진동수를 감소시킨다. 반면에 —O—기의 α 위치에 불포화 탄소가 있으면 C=O 흡수 진동수를 증가시킨다

1720 cm^{-1} 1760 cm^{-1}

α-파이론(α-pyrone)은 종종 Fermi 공명 때문에 1775 − 1715 cm^{-1} 범위에서 두 개의 카보닐 흡수띠를 보인다.

포화 γ-락톤(오원자 고리)은 에스터나 δ-락톤보다 더 짧은 파장에서 흡수가 일어난다: 1795 − 1760 cm^{-1}, δ-발레로락톤(δ-valerolactone)은 1770 cm^{-1}에서 흡수가 일어난다. γ-락톤 분자에 불포화 탄소가 있는 경우도 카보닐 흡수에 영향을 주는데, 그 방식은 δ-락톤의 불포화 탄소의 영향과 거의 같다.

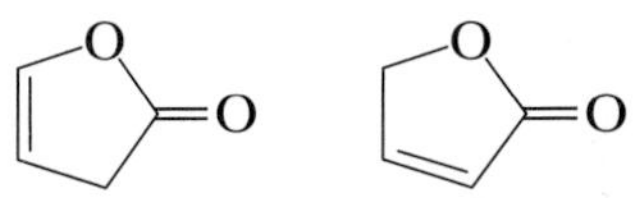

1800 cm^{-1} 1750 cm^{-1}

불포화 락톤에서 이중 결합이 —O—기에 인접해 있을 때, 강한 C=C 흡수가 1685 − 1660 cm^{-1} 범위에서 관측된다.

2.6.14.2 C—O 신축 진동 에스터의 "C—O 신축 진동"은 사실 두 개의 비대칭 짝지음 진동으로 구성되어 있다: C—C(=O)—O와 O—C—C, 전자가 더 중요하다. 이 띠들은 1300 − 1000 cm^{-1} 범위에서 나타난다. 상응하는 대칭 진동은 전혀 중요하지 않다. C—O 신축 상관관계

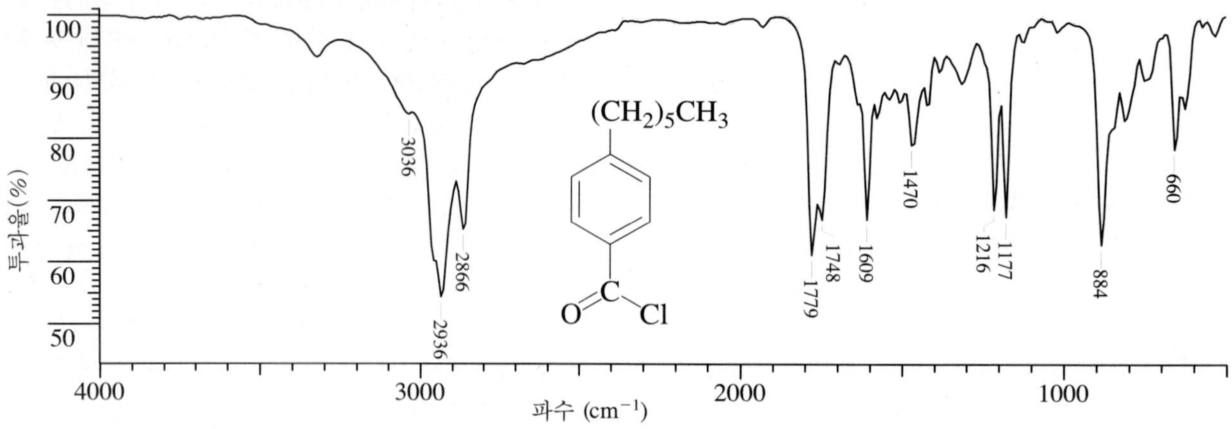

그림 2.26 4-헥실염화벤조일. 방향족 C—H 신축, 3036 cm^{-1}. C—H 신축 2936, 2866 cm^{-1} C=O 신축, 1779 cm^{-1} (표 2.6 참조). (산염화물 C=O 신축 위치는 콘쥬게이션에 아주 약하게 의존한다; 염화 아로일의 띠는 1748 cm^{-1}에서 나타남).
C=O 신축과 884 cm^{-1} 띠의 배음 사이의 Fermi 공명 띠, 1748 cm^{-1}.

는 C=O 신축 상관관계보다 신뢰도가 떨어진다.

아세트산염을 제외한 포화 에스터의 C—C(=O)—O 띠는 1210 – 1163 cm^{-1} 범위에서 강하게 나타난다. 그 띠는 종종 더 넓은 형태로 나타나고 C=O 신축 흡수보다 더 세기가 강하다. 포화된 알코올의 아세트산염은 1240 cm^{-1}에서 이러한 띠가 나타난다. 아세트산 바이닐과 아세트산 페닐은 다소 낮은 진동수인 1190 – 1140 cm^{-1}에서 흡수가 일어난다; 예를 들면, 그림 2.25를 참조하라. α,β-불포화 산의 에스터의 경우 C—C(=O)—O 신축은 1300 – 1160 cm^{-1} 범위에서 다중띠로 나타난다. 방향족 산의 에스터는 1310 – 1250 cm^{-1} 범위에서 강한 흡수가 나타난다. 락톤 신축과 비슷한 형태의 흡수는 1250 – 1111 cm^{-1} 범위에서 관측된다.

일차 알코올의 에스터에서 O—C—C띠 ("알코올" 탄소–산소 신축) 는 대략 1164 – 1031 cm^{-1}에서 나타나고, 이차 알코올의 에스터에서는 대략 1100 cm^{-1} 부근에서 나타난다. 일차 알코올의 방향족 에스터는 이 흡수가 1111 cm^{-1} 근처에서 나타난다.

긴 사슬 지방산의 메틸 에스터 (methyl ester) 는 1250, 1205, 1175 cm^{-1} 근처에 세 개의 띠가 나타나는 패턴이다. 1175 cm^{-1} 근처의 띠가 가장 세기가 크다.

2.6.15 산할로젠화물

2.6.15.1 C=O 신축 진동 산할로젠화물 (acid halide) 은 C=O 신축 범위에서 강한 흡수를 보인다. 콘쥬게이션 안된 산염화물 (acid chloride) 은 1815 – 1785 cm^{-1} 범위에서 흡수가 일어난다. 기체상에서 플루오린화 아세틸 (acetyl fluoride) 은 1869 cm^{-1} 근처에서 흡수가 일어난다. 콘쥬게이션된 산할로젠화물은 공명에 의해 C=O 결합의 힘상수가 감소되므로, 약간 낮은 진동수에서 흡수가 일어난다; 방

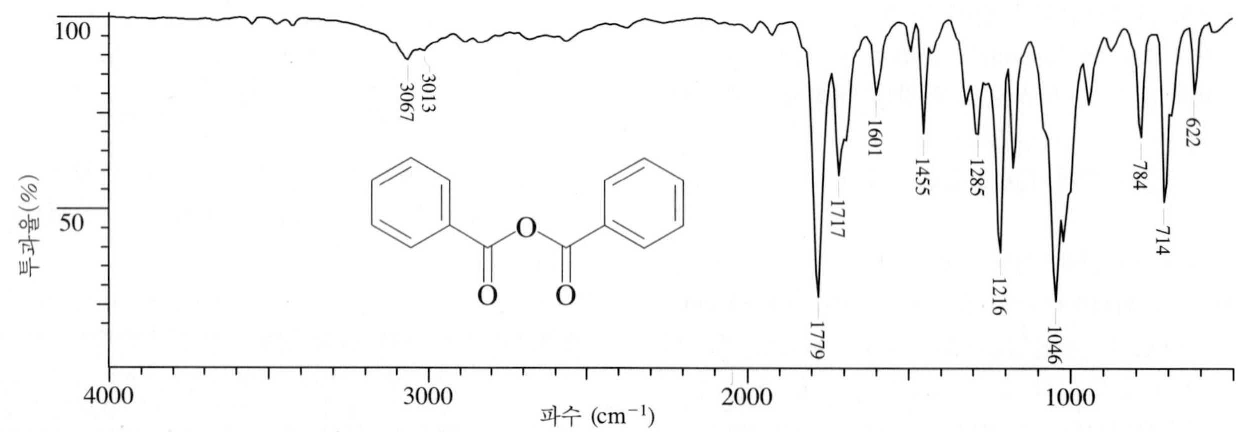

그림 2.27 벤조산 무수물. 방향족 C—H 신축, 3067, 3013 cm^{-1}. 비대칭과 대칭 C=O 짝지음 신축, 각각 1779, 1717 cm^{-1}. 표 2.6 참조. C—CO—O—CO—C 신축, 1046 cm^{-1}.

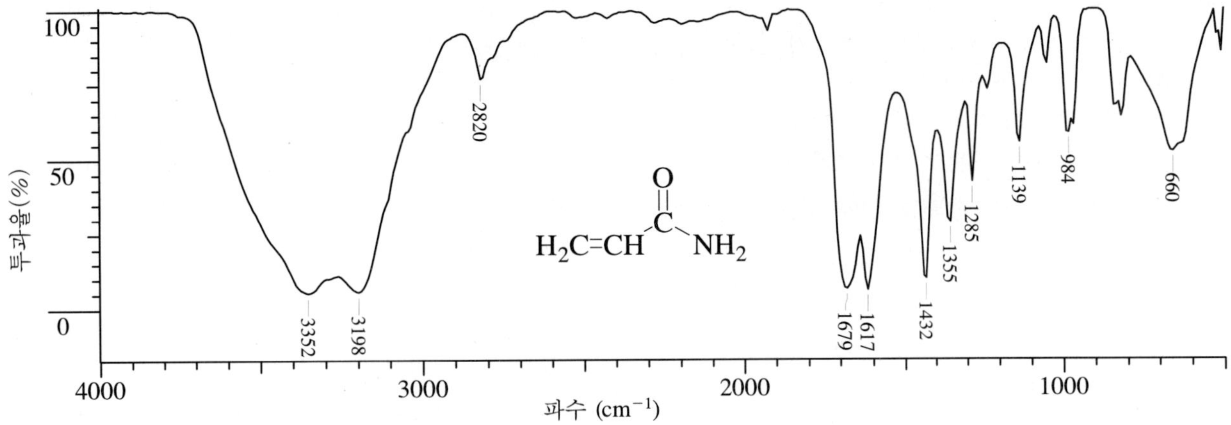

그림 2.28 아크릴아마이드. N—H 신축, 짝지어짐, 일차 아마이드, 수소 결합함; 비대칭, 3352 cm^{-1}; 대칭, 3198 cm^{-1}. 중첩 C=O 신축, 아마이드 I 띠, 1679 cm^{-1}; 표 2.6 참조. N—H 굽힘, 아마이드 II 띠, 1617 cm^{-1}. C—N 신축, 1432 cm^{-1}. 넓은 N—H 평면외 굽힘 700−600 cm^{-1}.

향족 산염화물은 1800 − 1770 cm^{-1}에서 강한 흡수가 있다. 염화 아로일(aroyl chloride)의 스펙트럼에서 나타나는 1750 − 1735 cm^{-1} 근처의 약한 띠는 아마도 C=O띠와 875 cm^{-1} 근처의 더 낮은 파수 띠의 배음 사이의 Fermi 공명에 기인한 것이다. 그림 2.26에 전형적인 방향족 산염화물의 스펙트럼을 나타내었다.

2.6.16 카복실산 무수물

2.6.16.1 C=O 신축 진동 무수물(anhydride)은 카보닐 영역에서 두 개의 신축띠가 나타난다. 이 두 띠는 비대칭과 대칭 C=O 신축 방식에 기인한 것이다. 포화된 비고리 무수물은 1818과 1750 cm^{-1} 근처에서 흡수가 일어난다. 콘쥬게이션된 비고리 무수물은 1775와 1720 cm^{-1} 근처에서 흡수가 일어난다; 공명에 의해서 흡수 진동수가 감소한 것이다. 더 높은 진동수 띠가 더 강한 세기의 띠로 나타난다.

오원자 고리 무수물은 고리 스트레인 때문에 비고리 무수물보다 더 높은 진동수(더 낮은 파장)에서 흡수가 나타난다; 석신산 무수물(succinic anhydride)은 1865와 1782 cm^{-1}에서 흡수가 나타난다. 오원자 고리 무수물에서 더 낮은(더 긴 파장) 진동수 C=O띠는 더 강한 두 개의 카보닐 띠를 갖는다.

2.6.16.2 C—O 신축 진동 무수물의 스펙트럼에서

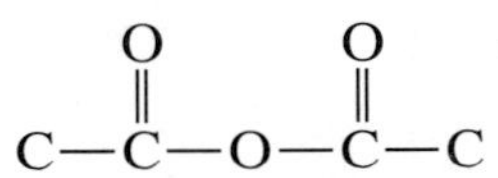

의 신축 진동은 강한 띠로 나타난다. 콘쥬게이션이 없는 선형 사슬 무수물은 1047 cm^{-1} 근처에서 흡수가 나타난다. 고리 무수물은 952 − 909와 1299 − 1176 cm^{-1} 근처에서 띠가 나타난다. 아세트산 무수물(acetic anhydride)의 C—O 신축띠는 1125 cm^{-1}에 나타난다.

그림 2.27은 벤조산 무수물(benzoic anhydride)의 스펙트럼으로 전형적인 방향족 무수물의 스펙트럼이다.

2.6.17 아마이드와 락탐

모든 아마이드는 아마이드 I 띠로 알려져 있는 카보닐 흡수띠를 보여 준다. 그 띠의 위치는 수소 결합의 정도에 달려 있어서, 그 화합물의 물리적 상태에 따라 달라진다.

일차 아마이드는 대칭과 비대칭 N—H 신축에 기인한 두 개의 N—H 신축띠가 나타난다. 이차 아마이드와 락탐은 오직 하나의 N—H 신축띠가 나타난다. O—H 신축의 경우와 같이 N—H 신축의 진동수 정도는 좀 더 약하지만 수소 결합에 의해 감소한다. 관측되는 N—H와 O—H 신축 진동수의 위치가 겹치기 때문에 구조에 대한 확실한 구별이 종종 불가능하다.

일차 아마이드와 이차 아마이드, 소수의 락탐은 일차적으로 NH_2 또는 NH 굽힘, 아마이드 II 띠에 기인한 1650 − 1515 cm^{-1} 범위에서 띠가 나타난다. 이 흡수는 N—H 굽힘과 다른 기본적인 진동 사이의 짝지음과 관련 있고, *trans* 기하구조를 요구한다.

평면외 N—H 앞뒤흔듦 띠는 넓고 중간 세기로 800 − 666 cm^{-1} 범위에서 나타난다.

그림 2.28에 아크릴아마이드(acrylamide)의 스펙트럼으로 전형적인 불포화 산의 일차 아마이드 스펙트럼이다.

2.6.17.1 N—H 신축 진동 묽은 비극성 용매의 용액에서 일차 아마이드는 비대칭과 대칭 N—H 신축 진동에 해당하는 두 개의 보통 세기 N—H 신축 진동수가 나타난다. 이 띠들은 3520과 3400 cm^{-1} 근처에서 각각 나타난다. 이 띠들은 고체 시료 스펙트럼에서 수소 결합 때문에 3350과 3180 cm^{-1} 근처에서 관측된다.

대개 *trans* 형태로 존재하는 이차 아마이드의 IR 스펙트럼에서는 묽은 용액에서 관찰되는 자유 N—H 신축 진동이 3500 – 3400 cm^{-1} 근처에서 나타난다. 고체 시료와 더 진한 용액에서는 자유 N—H띠가 3330 – 3060 cm^{-1} 범위의 다중띠로 대체된다. 다중 띠는 아마이드기가 서로 결합하여 *s-cis* 형태인 경우에 이합체를, *s-trans* 형태의 경우에는 고분자를 형성하기 때문이다.

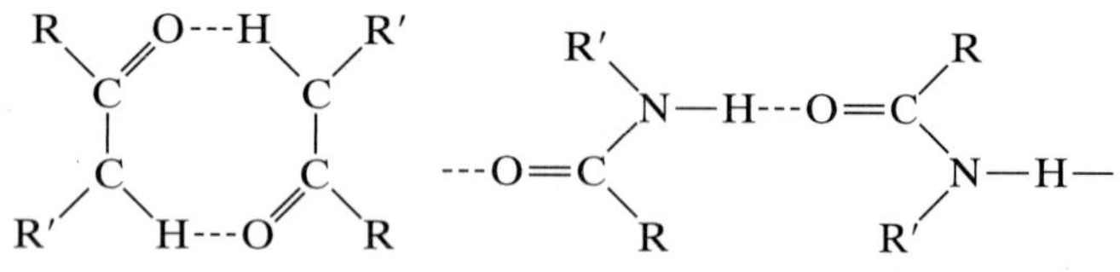

s-cis *s-trans*

2.6.17.2 C=O 신축 진동(아마이드 I 띠) 아마이드의 C=O 흡수는 공명 효과(2.6.10.1절 참조) 때문에 "정상적인" 카보닐 흡수보다 더 낮은 진동수에서 일어난다. 흡수의 위치는 다른 화합물의 카보닐 흡수처럼 같은 환경적 요소에 의존한다.

아세트아마이드(acetamide)를 제외한(아세트아마이드의 C=O 결합은 1694 cm^{-1}에서 흡수) 일차 아마이드는 고체 상에서 측정했을 때, 1650 cm^{-1} 지역에서 강한 아마이드 I 띠를 가지고 있다. 묽은 용액에서 아마이드를 측정하면, 흡수는 1690 cm^{-1} 근처의 더 높은 진동수에서 관측된다. 더 진한 용액에서 C=O 진동수는 수소 결합의 정도에 따라서 중간 정도의 값으로 관측된다.

단순한 열린 사슬의 이차 아마이드는 고체 상태에서 측정했을 때 1640 cm^{-1} 근처에서 흡수가 일어난다. 묽은 용액에서 아마이드 I 띠의 진동수는 1680 cm^{-1}까지 올라갈 수도 있고, 아닐라이드(anilide)의 경우 1700 cm^{-1}까지 진동수가 올라간다. 아닐라이드 구조에서는 질소의 비공유 전자쌍에 대해서 고리와 C=O 사이의 경쟁이 존재한다.

삼차 아마이드의 카보닐 진동수는 다른 삼차 아마이드기와 수소 결합이 불가능하기 때문에 물리적 상태에 무관하다. C=O 흡수는 1680 – 1630 cm^{-1} 범위에서 일어난다. 용액에서 삼차 아마이드의 흡수 범위는 용매와의 수소 결합에 영향을 받는다: *N,N*-다이에틸아세트아마이드(*N,N*-diethylacetamide)의 경우 다이옥세인에서는 1647 cm^{-1}에서, 메탄올에서는 1615 cm^{-1}에서 흡수가 일어난다.

질소에 결합된 전자를 끄는기는 흡수 진동수를 증가시키는데, 그 기가 질소에 있는 비공유 전자쌍에 대해 카보닐 산소와 효과적으로 경쟁하기 때문이고, 이는 C=O 결합의 힘상수를 증가시키게 된다.

2.6.17.3 N—H 굽힘 진동(아마이드 II 띠) 모든 일차 아마이드는 C=O띠보다 다소 낮은 진동수에서 N—H 굽힘에 기인한(묽은 용액(아마이드 II 띠)) 뾰족한 흡수띠가 나타난다. 이 띠의 C=O 흡수띠의 1/2에서 1/3 정도의 세기를 갖고 있다. 반죽과 펠렛에서는 이 띠가 1655 – 1620 cm^{-1} 근처에서 나타나고, 대개 아마이드 I 띠의 범위 아래에 있다. 묽은 용액에서 그 띠는 1620 – 1590 cm^{-1}의 더 낮은 진동수에서 나타나고, 대개 아마이드 I 띠로부터 분리된다. 진한 용액의 스펙트럼에서는 자유로운 상태와 서로 엉킨 상태에 기인해서 다중띠로 나타날 수도 있다. R—C(=O)—NH_2에서 R기의 성질은 아마이드 II 띠에 영향을 거의 주지 않는다.

고체 상태에서 이차 비고리 아마이드는 1570 – 1515 cm^{-1} 범위에서 아마이드 II 띠를 보여 준다. 이 띠는 묽은 용액에서 1550 – 1510 cm^{-1} 범위에서 나타난다. 이 띠는

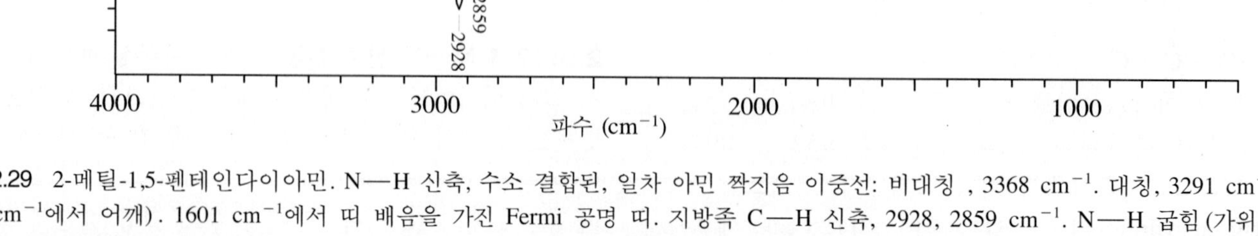

그림 2.29 2-메틸-1,5-펜테인다이아민. N—H 신축, 수소 결합된, 일차 아민 짝지음 이중선: 비대칭 , 3368 cm^{-1}. 대칭, 3291 cm^{-1}. (대략 3200 cm^{-1}에서 어깨). 1601 cm^{-1}에서 띠 배음을 가진 Fermi 공명 띠. 지방족 C—H 신축, 2928, 2859 cm^{-1}. N—H 굽힘(가위질) 1601 cm^{-1}. $\delta_s CH_2$(가위질), 1470 cm^{-1}. C—N 신축, 1069 cm^{-1}. N—H 앞뒤흔들(원액 시료), ~900 – 700 cm^{-1}.

N—H 굽힘과 C—N—H기의 C—N 신축 사이의 상호작용에 기인한 것이다. 1250 cm^{-1} 근처에서 N—H 굽힘과 C—N 신축 사이의 상호작용에 기인한 더 약한 두 번째 띠가 나타난다.

2.6.17.4 다른 진동띠 일차 아마이드의 C—N 신축띠는 1400 cm^{-1} 근처에서 나타난다. 일차와 이차 아마이드의 스펙트럼에서 800 – 666 cm^{-1} 영역에서 나타나는 넓고 중간 크기의 띠는 평면외 N—H 앞뒤흔듦에 기인한 것이다.

중간 고리 크기의 락탐에서는 아마이드기가 *s-cis* 형태로 고정된다. 고체 락탐은 N—H 신축 진동 때문에 3200 cm^{-1} 근처에서 강하게 흡수가 나타닌다. 이 띠는 희석을 해도 인지할 만큼 이동이 없는 데, 이는 *s-cis* 형태가 상대적으로 낮은 농도에서도 남아 있기 때문이다.

2.6.17.5 락탐의 C=O 신축 진동 육원자 고리 또는 더 큰 고리의 락탐에서 C=O 흡수는 1650 cm^{-1} 근처에서 일어난다. 오원자 고리 (γ) 락탐은 1750 – 1700 cm^{-1}의 영역에서 흡수가 일어난다. 다른 고리와 연결되지 않은 사원자 고리 (β) 락탐은 1760 – 1730 cm^{-1}에서 흡수가 나타난다. 락탐 고리가 다른 고리와 융합된 경우에는 대개 20 – 50 cm^{-1} 정도 진동수가 증가하게 된다.

대부분의 락탐은 비고리성 *s-trans* 이차 아마이드의 특징인 1550 cm^{-1} 근처에서 띠가 나타나지 않는다. 락탐에서는 N—H 평면외 앞뒤흔듦에 의해 800 – 700 cm^{-1} 부근에서 넓은 흡수가 나타난다.

2.6.18 아민

그림 2.29에 전형적인 일차 지방족 다이아민 (diamine) 의 스펙트럼을 나타내었다.

2.6.18.1 N—H 신축 진동 묽은 용액에서 이차 아민은 두 개의 약한 흡수띠를 보인다: 3500 cm^{-1} 근처에서 하나와 3400 cm^{-1} 근처에서 다른 하나가 나타난다. 이 띠들은 각각 "자유" 비대칭과 대칭 N—H 신축 방식을 대표한다. 이차 아민은 3350 – 3310 cm^{-1} 범위에서 하나의 약한 띠로 나타난다. 이 띠들은 수소 결합에 의해 더 긴 파장으로 이동한다. 결합된 N—H띠는 대응하는 O—H띠보다 더 약하고 종종 더 뾰족하게 나타난다. 원액의 지방족 일차 아민은 3400 – 3300과 3330 – 3250 cm^{-1}에서 흡수가 일어난다. 방향족 일차 아민은 약간 더 높은 진동수(더 짧은 파장) 에서 흡수가 나타난다. 액체 상태의 일차와 이차 아민의 스펙트럼에서는 N—H 신축띠의 낮은 진동수 쪽에 어깨선이 나타난다. 이것은 Fermi 공명에 의해 강화된 NH 굽힘띠의 배음에 기인한 것이다. 삼차 아민은 이 범위에서 흡수가 없다.

표 2.7 방향족 아민의 C—N 신축

방향족 아민	흡수 범위 (cm^{-1})
일차	1340 – 1250
이차	1350 – 1280
삼차	1360 – 1310

2.6.18.2 N—H 굽힘 진동 일차 아민의 N—H 굽힘 진동 (가위질) 은 스펙트럼에서 1650 – 1580 cm^{-1} 영역에서 관측된다. 띠의 세기는 중간에서 강한 정도이고, 화합물이 수소 결합을 하면 약간 더 높은 진동수로 이동한다. 지방족 이차 아민의 N—H 굽힘 진동은 스펙트럼에서 검출하기 힘들지만, 이차 방향족 아민은 1515 cm^{-1} 근처에서 흡수가 있다.

일차와 이차 아민의 액체 시료는 N—H 앞뒤흔듦에 의해 스펙트럼의 909 – 666 cm^{-1} 범위에서, 중간 정도에서 강하고 넓은 흡수가 나타난다. 이 띠의 위치는 수소 결합의 정도에 의존한다.

2.6.18.3 C—N 신축 진동 일차, 이차와 삼차 지방족 아민에서 콘쥬게이션 안된 C—N 연결자 (linkage) 는 중간 정도의 약한 흡수띠가 1250 – 1020 cm^{-1} 범위에서 나타난다. 이 띠의 진동은 분자에서 인접한 결합의 신축과 짝지음을 하고 있는 C—N 신축과 관련있다. 이 범위에서 흡수 위치는 아민의 종류와 α-탄소에 치환된 패턴에 달려있다.

방향족 아민은 1342 – 1266 cm^{-1} 범위에서 강한 C—N 신축 흡수를 나타낸다. 그 흡수는 상응하는 지방족 아민의 흡수보다 더 높은 진동수 (더 짧은 파장) 에서 나타나는데, 이는 C—N 결합의 힘상수가 고리와 공명에 의해 증가되기 때문이다.

표 2.7에 방향족 아민의 스펙트럼에서 특징적인 강한 C—N 신축띠를 나타내었다.

2.6.19 아민염

2.6.19.1 N—H 신축 진동 암모늄 이온은 N—H 신축 진동 (그림 2.24 참조) 때문에 3300 – 3030 cm^{-1} 범위에서 강하고 넓은 흡수로 나타난다. 또한 2000 – 1709 cm^{-1} 범위에서 조합띠가 있다.

일차 아민의 염은 NH_3^+기에 있는 비대칭과 대칭 신축에 기인하는 3000에서 2800 cm^{-1} 사이에 강하고 넓은 흡수가 나타난다. 게다가 중간 정도의 세기를 갖는 다중 조합띠가

2800 − 2000 cm^{-1} 범위에 나타나는데, 가장 확실한 띠는 2000 cm^{-1} 근처에서 나타난다. 이차 아민의 염은 3000 − 2700 cm^{-1} 범위에서 강하게 흡수가 일어나는데, 다중띠일 경우 2273 cm^{-1}까지 범위가 확장된다. 2000 cm^{-1} 근처에서 중간 정도 세기의 띠가 관측될 수도 있다. 삼차 아민염은 일차와 이차 아민 (2700 − 2250 cm^{-1}) 의 염보다 더 긴 파장에서 흡수가 일어난다. 사차 암모늄염은 N—H 신축 진동을 갖지 않는다.

2.6.19.2 N—H 굽힘 진동 암모늄 이온은 1429 cm^{-1} 근처에서 하나의 강하고 넓게 퍼진 NH_4^+ 굽힘띠를 보여준다. 이차 아민염의 NH_3^+기는 1600 − 1575 cm^{-1}과 1550−1504 cm^{-1} 근처에서 흡수가 일어난다. 이러한 띠는 상응하는 CH_3기의 띠와 유사하게 비대칭과 대칭 NH_3^+ 굽힘에 기인한 것이다. 이차 아민염은 1620 − 1560 cm^{-1} 근처에서 흡수가 일어난다. 삼차 아민염의 N—H 굽힘띠는 약하고 실용적인 값이 아니다.

2.6.20 아미노산과 아미노산염

아미노산 (amino acid) 은 세 가지 형태로 나타낼 수 있다:

1. 자유 아미노산 (쯔비터이온 (zwitterion)).*

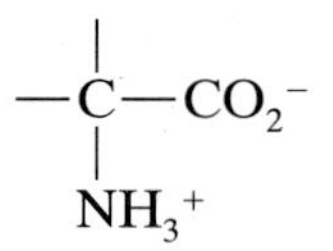

2. 염산염 (hydrochloride) (또는 다른 염).

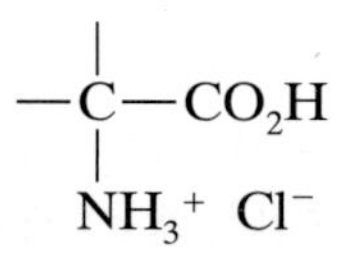

3. 소듐 (sodium) 염 (또는 다른 양이온염).

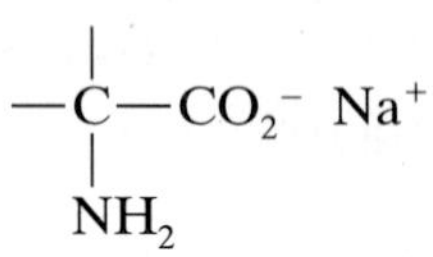

자유 일차 아미노산은 다음과 같은 흡수로 특징지어질 수 있다 (대부분의 일은 α-아미노산으로 시행하였고, 아미노기와 카복시기의 상대적인 위치는 별 영향이 없다.):

1. 3100 − 2600 cm^{-1} 범위에서 넓고 강한 NH_3^+ 신축띠. 다중 조합과 배음띠로 인해 흡수가 약 2000 cm^{-1}까지 확장될 수도 있다. 이 배음 범위는 대개 비대칭 NH_3^+ 굽힘 진동과 NH_3^+기의 뒤틀림 (torsional) 진동의 조합에 기인한 2222 − 2000 cm^{-1} 근처에서 확실한 띠를 가지고 있다. 뒤틀림 진동은 500 cm^{-1} 근처에서 일어난다. 만약 아미노산의 질소 원자가 치환된다면 2000 cm^{-1} 띠는 사라지게 된다.

2. 1660 − 1610 cm^{-1} 근처의 약한 비대칭 NH_3^+ 굽힘띠, 1550 − 1485 cm^{-1} 근처의 확실히 강한 대칭 굽힘띠.

3. 카복실산 이온 기 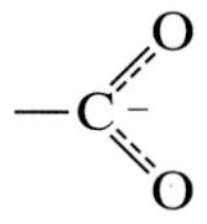 은 1600 − 1590 cm^{-1} 근처에서 강한 흡수가 있고, 약하지만 1400 cm^{-1} 근처에서 흡수가 있다. 이 띠들은 각각 비대칭과 대칭 C(═O)$_2$ 신축에 기인한 것이다.

그림 2.30은 아미노산인 류신 (leucine) 의 스펙트럼으로 앞에서 설명한 세 개의 카테고리에 대응하는 띠를 명시하였다.

아미노산의 염산염은 다음과 같은 형태를 보여 준다:

1. O—H와 NH_3^+ 신축띠의 중첩으로 생긴 3333 − 2380 cm^{-1} 범위에서 넓고 강한 흡수. 이 범위에서의 흡수는 이 띠의 낮은 파수 위에 나타나는 다중 미세 구조로 결정할 수 있다.

2. 1610 − 1590 cm^{-1} 근처의 약한 비대칭 NH_3^+ 굽힘띠; 1550 − 1481 cm^{-1}에서 나타나는 상대적으로 강한 대칭 NH_3^+ 굽힘띠.

3. C—C(═O)—O 신축에 기인한 1220 − 1190 cm^{-1}에 나타나는 강한 띠.

4. α-아미노산 염산염 (α-amino acid hydrochloride) 의 경우 1775 − 1730 cm^{-1}에 나타나는 강한 카보닐 흡수와 다른 아미노산 염산염에 대한 1730 − 1700 cm^{-1} 흡수.

아미노산의 소듐염은 다른 아민에 흔하게 나타나듯이 3400 − 3200 cm^{-1}에서 정상적인 N—H 신축 진동을 보여 준다. 특징적인 카복실산 이온 띠는 1600 − 1590 cm^{-1}와 1400 cm^{-1} 근처에서 나타난다.

2.6.21 나이트릴

나이트릴 (nitrile, R—C≡N) 스펙트럼의 특징은 스펙트럼의 삼중 결합 신축 범위에서 나타나는 중간에서 약한 세기

*방향족 아미노산은 쯔비터이온이 아니다. 그래서 *p*-아미노벤조산 (*p*-aminobenzoic acid) 은 아래와 같다.

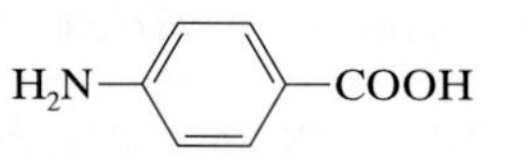

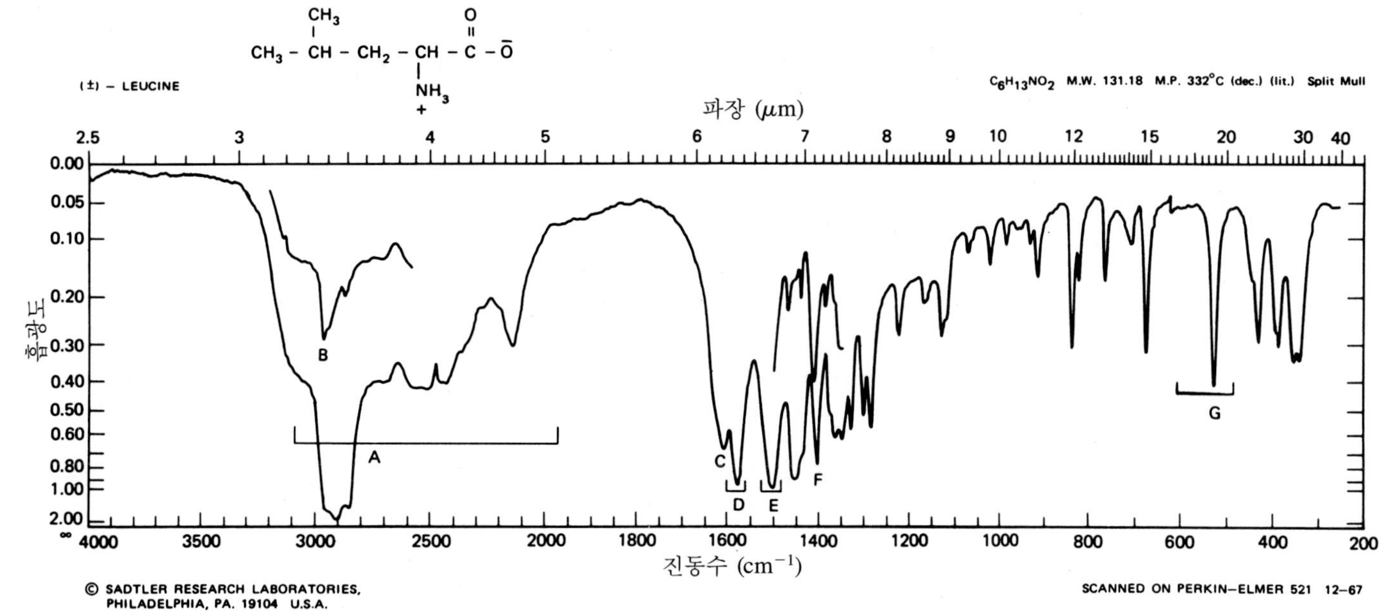

그림 2.30 (±)-류신. A. 넓은 (—NH_3^+) N—H 신축, 3100 – 2000 cm^{-1}, 2140 cm^{-1}에 나타나는 조합띠까지 확장, 다른 조합–배음 띠. B. 지방족 C—H 신축(N—H 신축에 중첩됨), 2967 cm^{-1}. C. 비대칭 (—NH_3^+) N—H 굽힘, 1610 cm^{-1}. D. 비대칭 카복실산염 $(C{=}O)_2$ 신축, 1580 cm^{-1}. E. 대칭 (—NH_3^+) N—H 굽힘, 1505 cm^{-1}. F. 대칭 카복실산염 $(C{=}O)_2$ 신축, 1405 cm^{-1}. G. 뒤틀림 (—NH_3^+) N—H 진동, 525 cm^{-1}.

의 흡수이다. 지방족 나이트릴은 2260 – 2240 cm^{-1} 근처에서 흡수가 나타난다. 산소나 염소 같이 전자를 끄는 원자가 C≡N기의 α 탄소 원자에 결합되었을 경우에, 흡수의 세기는 감소한다. 방향족 나이트릴에서 일어나는 콘쥬게이션은 흡수 진동수를 2240 – 2222 cm^{-1}로 감소시키고 세기는 증가시킨다. 그림 2.31에 전형적인 나이트릴의 스펙트럼을 나타내었다.

2.6.22 아이소나이트릴 (R—$\overset{+}{N}$≡$\bar{C}$), 사이안산염 (R—O—C≡N), 아이소사이안산염 (R—N=C=O), 싸이오사이안산염 (R—S—C≡N) 그리고 아이소싸이오사이안산염 (R—N=C=S)

이 그룹들은 2280 – 2000 cm^{-1} 범위에서 삼중 결합 또는 연속된 이중 결합의 신축이 나타난다.

2.6.23 —N=N기를 포함하는 화합물

대칭 *trans* 아조(azo) 화합물의 N=N 신축 진동은 IR에서 나타나지 않지만, 1576 cm^{-1} 범위에서 라만 스펙트럼에서

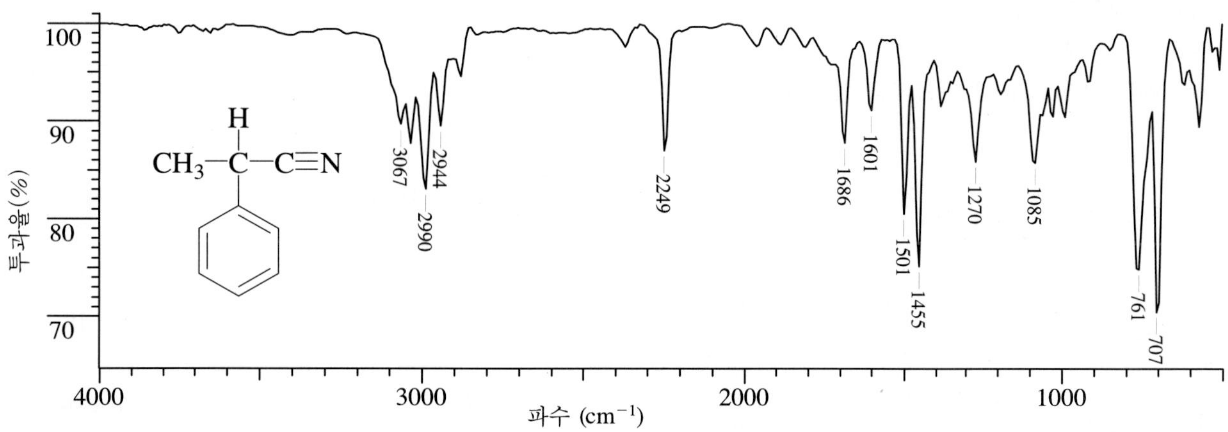

그림 2.31 사이안화 α-메틸벤질. 방향족 C—H 신축, 3067, 3030 cm^{-1}. 지방족 C—H 신축, 2990, 2944 cm^{-1}. C≡N 신축, 2249 cm^{-1}. 평면외 C—H 굽힘(방향족 고리), 761 cm^{-1}.

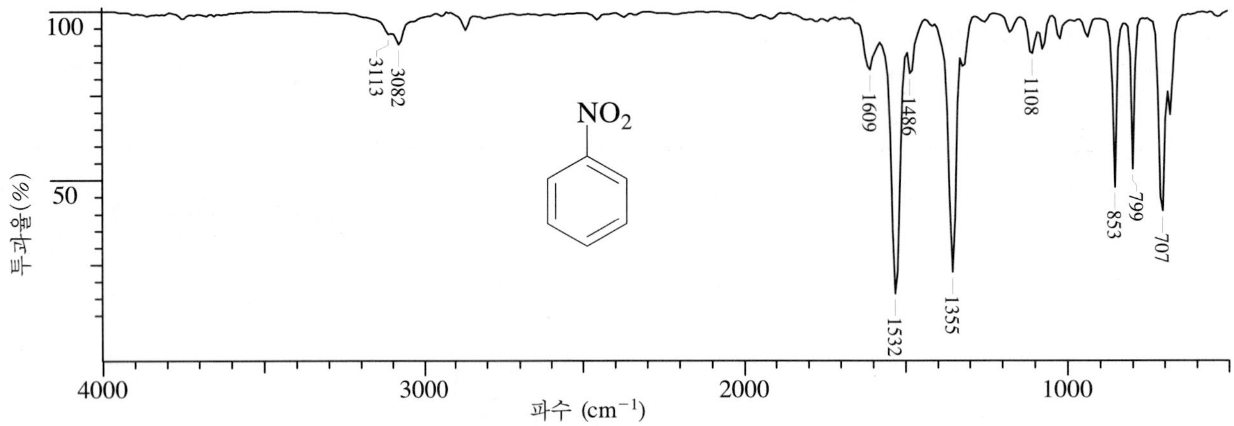

그림 2.32 나이트로벤젠. 방향족 C—H 신축, 3113, 3082 cm^{-1}. 비대칭 $(ArNO_2)(N{=}O)_2$ 신축, 1532 cm^{-1}. 대칭 $(ArNO_2)(N{=}O)_2$ 신축 1355 cm^{-1}. $ArNO_2$의 C—N 신축, 853 cm^{-1}. 낮은 진동수 띠는 고리 치환의 특성을 조사하는데 별 쓸모가 없다. 왜냐하면 이 흡수 형태가 NO_2와 C—H 평면외 굽힘 진동수 사이의 상호작용에 기인하기 때문이다. 구조적 정보를 알아내기 위해서 "oop" 범위를 사용할 수 없는 것은 큰 극성 치환기를 가진 방향족 화합물의 전형적인 특징이다.

흡수가 있다. 전자 주개기가 *para* 위치에 치환된 비대칭 아조벤젠 (azobenzene) 은 1429 cm^{-1} 근처에서 흡수가 일어난다. 그 띠는 결합이 비극성 특성을 갖고 있기에 세기는 약하다.

2.6.24 질소–산소 결합을 가진 공유 화합물

나이트로 화합물인 질산염 (nitrate) 과 나이트라민 (nitramine) 은 NO_2기를 가지고 있다. 이런 종류의 화합물은 NO_2기의 비대칭과 대칭 신축에 기인한 흡수를 보여 준다. 비대칭 흡수는 1661 – 1499 cm^{-1} 범위에서 강한 띠가 나타난다; 대칭 흡수는 1389 – 1259 cm^{-1} 사이의 범위에서 나타난다. 띠의 정확한 위치는 치환기와 NO_2기에 인접해 있는 불포화에 달려있다.

2.6.24.1 나이트로 화합물의 N$\overset{\dots}{=}$O 신축 진동 나이트로알케인 (nitroalkane) 의 띠는 1550과 1372 cm^{-1} 근처에서 나타난다. 콘쥬게이션은 두 띠 모두의 진동수를 낮추어서, 1550 – 1500과 1360 – 1290 cm^{-1} 근처에서 흡수가 일어나게 한다. 나이트로화합물의 α-탄소에 전기음성도가 큰 기가 결합하면, 비대칭 NO_2띠의 진동수를 증가시키고, 대칭 띠의 진동수를 감소시키게 된다; 클로로피크린 (chloropicrin, Cl_3CNO_2) 은 1610과 1307 cm^{-1}에서 흡수가 일어난다.

방향족 나이트로기는 콘쥬게이션된 지방족 나이트로화합물에서 관측되는 진동수 근처에서 흡수가 나타난다. NO_2의 평면외 굽힘과 고리 C—H 평면외 굽힘 진동수 사이의 상호작용 때문에 스펙트럼의 긴 파장 범위에서 관측할 수 있는 나이트로방향족의 치환기 형태에 대해서 알 수 없다. 나이트로방향족 화합물은 870 cm^{-1} 근처에서 C—N 신축 진동이 나타난다. 그림 2.32는 나이트로벤젠 (nitrobenzene) 의 스펙트럼으로 앞선 설명을 명시하였다.

NO_2기와 아미노기 같은 전자 주개기가 서로 *ortho* 또는 *para* 위치에 있는 방향족 시스템에서는 강한 공명 효과 때문에, 대칭 NO_2 진동이 더 낮은 진동수로 이동하고 세기는 증가하게 된다. *p*-나이트로아닐린 (*p*-nitroaniline) 은 1475와 1310 cm^{-1}에서 흡수가 일어난다.

나이트라민 $\rangle N{-}NO_2$ 의 비대칭과 대칭 NO_2 신축띠의 위치와 나이트로소아민 (nitrosoamine) 의 NO 신축띠의 위치를 부록 B에 나타내었다.

질산염 유기 질산염은 NO_2기의 N—O 신축 진동에 대한 흡수와 O—N 연결자에 대한 흡수를 보여 준다. NO_2기의 비대칭 신축은 1660 – 1625 cm^{-1} 범위에서 강한 흡수로 나타나고, 대칭 진동은 1300 – 1255 cm^{-1} 근처에서 강한 흡수가 일어난다. N—O 연결자의 π 결합 신축은 870 – 833 cm^{-1} 근처에서 흡수를 유발시킨다. 763 – 690 cm^{-1} 근처의 더 긴 파장에서 관측되는 흡수는 아마도 NO_2 굽힘 진동에 기인한 것이다.

아질산염 아질산염은 두 개의 강한 N=O 신축띠를 보여 준다. 1680 – 1650 cm^{-1} 근처의 띠는 *trans* 이성질체에 기인한 것이다; *cis* 이성질체는 1625 – 1610 cm^{-1} 범위에서 흡수가 나타난다. N—O 신축띠는 850과 750 cm^{-1} 사이의 범위에서 나타난다. 아질산염 흡수띠는 IR 스펙트럼에서 관측되는 가장 강한 띠 중 하나이다.

나이트로소 화합물 일차와 이차 지방족 *C*-나이트로소 (*C*-nitroso) 화합물은 대개 불안정하고, 옥심 (oxime) 으로 재배열되거나 이합체화된다. 삼차와 방향족 나이트로소 화합

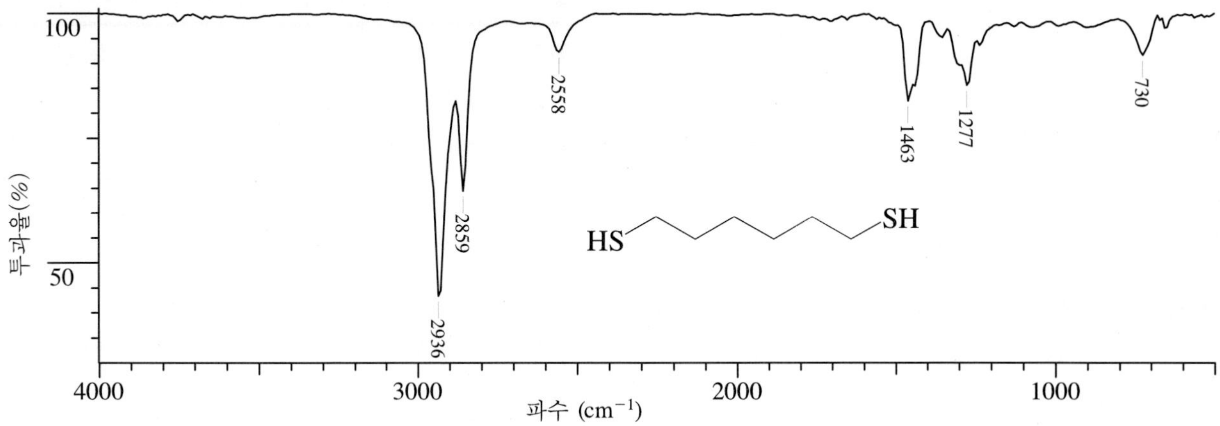

그림 2.33 1,6-헥세인다이싸이올. 지방족 C—H 신축, 2936, 259 cm^{-1}. 조금 약한 S—H 신축, 2558 cm^{-1}. C—S 신축, 730 cm^{-1}.

물은 대개 안정하고, 기체상이나 묽은 용액에서는 단량체로 존재하고, 원액 시료에서는 이합체로 존재한다. 단량체인 삼차 지방족 나이트로소 화합물은 1585 – 1539 cm^{-1} 범위에서 N＝O 흡수가 나타난다; 방향족 단량체는 1511과 1495 cm^{-1} 사이에 흡수가 나타난다.

이합체 나이트로소 화합물의 N→O 신축 흡수를 *trans*에 대한 *cis*와 방향족에 대한 지방족에 따라서 부록 B에 분류해 놓았다. 부록 B에 나이트로소아민의 흡수에 대해서도 나타내었다.

2.6.25 유기 황 화합물

2.6.25.1 S—H 신축 진동 머캡탄 액체 또는 용액에서 지방족 머캡탄 (mercaptan) 과 싸이오페놀 (thiophenol) 은 2600 – 2550 cm^{-1}의 범위에서 S—H 신축 흡수를 보여 준다. S—H 신축띠는 특징적으로 약한 띠이고, 묽은 용액이나 얇은 필름에서 얻은 스펙트럼에서는 검출하기가 어렵다. 그러나 어떤 다른 작용기도 이 범위에서 흡수가 없기 때문에 S—H기를 검출하는 데는 유용한다. 그림 2.33은 1,6-헥세인다이싸이올 (1,6-hexanedithiol) 의 스펙트럼으로 검출 가능한 S—H 신축띠를 가진 머캡탄이다. 그 띠는 같은 범위에서 강한 카보닐 흡수가 있기 때문에 모호할 수도 있다. S—H의 수소 결합이 O—H와 N—H기의 수소 결합보다 훨씬 약하다.

싸이올산 (thiol acid) 의 S—H기는 머캡탄과 싸이올페놀처럼 같은 범위에서 흡수가 나타난다.

2.6.25.2 C—S와 C＝S 신축 진동 황화물 C—S 연결자의 신축 진동은 700 – 600 cm^{-1}의 지역에서 일어난다. 흡수가 약하고 위치가 변동이 심해서 이 띠를 구조 결정에 이용하기에는 별 가치가 없다.

이황화물 S—S 신축 진동은 매우 약하고 500과 400 cm^{-1} 사이에서 일어난다.

싸이오카보닐 화합물 지방족 싸이알 (thial) 또는 싸이온 (thione) 은 삼합체 (trimer) 의 고리 이황화물 (sulfide) 형태로 존재한다. 아랄킬 싸이온 (aralkyl thione) 은 단량체 또는 삼합체 중에 하나로 존재한다. 반면에 싸이오벤조페논 (thiobenzophenone) 같은 다이아릴 싸이온 (diaryl thione) 은 오직 단량체로 존재한다. C＝S기는 C＝O기보다 극성도가 떨어지고 상당히 더 약한 결합이다. 그 결과로 띠의 세기는 강하지 않고 더 낮은 진동수에서 나타나며, 훨씬 더 짝지음 효과의 여지가 많다. 그러므로 검증이 어렵고 불확실하다.

싸이오카보닐 (thiocarbonyl) 기를 가진 화합물은 1250 – 1020 cm^{-1} 지역에서 흡수가 나타난다. 싸이오벤조페논과 그 유도체는 1224 – 1207 cm^{-1} 지역에서 적당히 흡수가 일어난다. 흡수가 C—O와 C—N 신축과 같은 일반적인 범위에서 일어나기 때문에, 한 분자내에서 이 진동수 사이에 상당한 상호작용이 일어난다.

질소 원자에 결합된 C＝S기 화합물의 스펙트럼은 일반적인 C＝S 신축 지역에서 하나의 흡수띠를 보여 준다. 게다가, 1563 – 700 cm^{-1}의 넓은 범위에서 나타나는 여러 다른 띠들은 C＝S 신축과 C–N 신축 사이의 상호작용과 관련된 진동에 기인한 것이다.

엔올화 반응을 하는 싸이오케토 화합물은 싸이오케토-싸이오엔올 (thioketo-thioenol) 토토머 시스템으로 존재한다; 이런 시스템은 S—H 신축 흡수를 보여 준다. 싸이오벤조일아세트산 에틸 (ethyl thiobenzoylacetate) 의 싸이오엔올 토토머는 수소 결합된 S—H 신축 흡수 때문에 2415 cm^{-1}에서 넓게 흡수가 일어난다.

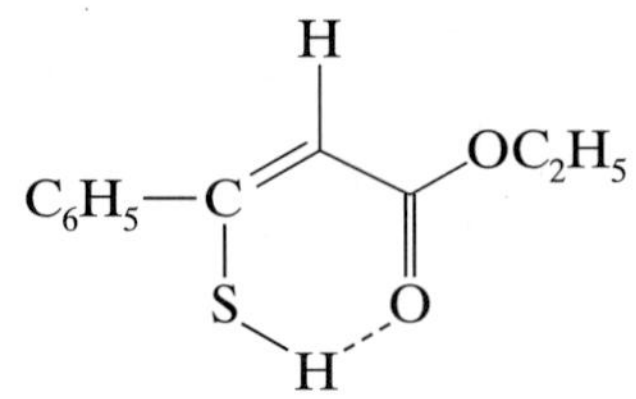

2.6.26 황-산소 결합을 가진 화합물

2.6.26.1 S=O 신축 진동 설폭사이드 액체 또는 용액에서 설폭시화 알킬(alkyl sulfoxide)과 설폭시화 아릴(aryl sulfoxide)은 1070 − 1030 cm^{-1} 범위에서 강한 흡수를 갖는다. 설폭시화 다이메틸(dimethyl sulfoxide, DMSO, 설폭시화 메틸(methyl sulfoxide))의 경우에 1050 cm^{-1}에서 흡수가 일어난다. 콘쥬게이션이 수반된 C=O 결합의 진동수는 현저하게 감소하는 데 반해, 설폭사이드(sulfoxide)에서 콘쥬게이션은 관찰되는 진동수에 약간의 변화만을 유발시킨다. 설폭시화 다이알릴(diallyl sulfoxide)은 1047 cm^{-1}에서 흡수가 일어난다. 설폭시화 페닐 메틸(phenyl methyl sulfoxide)과 설폭시화 사이클로헥실 메틸(cyclohexyl methyl sulfoxide)은 사염화 탄소의 묽은 용액에서 1055 cm^{-1}에서 흡수가 나타난다. 설폭사이드기는 수소 결합을 하기가 쉽고, 묽은 용액에서 액체상으로 가면서 흡수가 약간 더 낮은 진동수로 이동한다. 전기음성도가 큰 치환기는 S=O 흡수 진동수를 증가시킨다.

설폰 설폰(sulfone)의 스펙트럼은 1350 − 1300과 1160 − 1120 cm^{-1}에서 강한 흡수띠를 보여 준다. 이 띠는 비대칭과 대칭 SO_2 신축에 각각 기인한 것이다. 수소 결합에 의해서 1300과 1125 cm^{-1} 근처에서 흡수가 있다. CCl_4 용액 또는 고체 상태에서 종종 높은 진동수 띠의 갈라짐이 나타난다.

표 2.8 설폰산염, 황산염, 설폰산과와 설폰산 염의 신축 진동수

종류	신축 진동(cm^{-1})
설폰산염(공유결합의)	1372 − 1335, 1195 − 1168
황산염(유기물의)	1415 − 1380, 1200 − 1185
설폰산	1350 − 1342, 1165 − 1150
설폰산 염	~1175, ~1055

염화 설포닐 염화 설포닐(sulfonyl chloride)은 1410 − 1380과 1204 − 1177 cm^{-1} 영역에서 강하게 흡수가 일어난다. 설폰과 비교하여 진동수가 증가한 것은 염소 원자의 전기음성도 때문이다.

설폰아마이드 설폰아마이드(sulfonamide) 용액은 1370 − 1335와 1170 − 1155 cm^{-1}에서 강하게 흡수가 일어난다. 고체상에서 이 진동수는 10 − 20 cm^{-1} 정도 더 낮아진다. 고체 시료에서 높은 진동수 띠는 넓어지고 대개 여러 개의 부최고점(submaxima)이 나타난다.

일차 설폰아마이드는 고체 상태에서 3390 − 3330과 3300 − 3247 cm^{-1}에서 강한 N—H 신축띠가 나타난다; 이차 설폰아마이드는 3265 cm^{-1} 근처에서 흡수가 일어난다.

설폰산염, 황산염과 설폰산 이러한 화합물의 비대칭(더 높은 진동수, 더 짧은 파장)과 대칭 S=O 신축 진동수의 범위를 표 2.8에 나타내었다.

그림 2.34에 전형적인 아렌설폰산 알킬(alkyl arenesulfonate)의 스펙트럼을 나타내었다. 사실 모든 설폰산염(sulfonate)에서 비대칭 신축은 이중선으로 나타난다. 설폰산 알킬(alkyl sulfonate)과 설폰산 아릴(aryl sulfonate)의 차이는 무시할 만하다; 아렌설폰산염(arenesulfonate)의

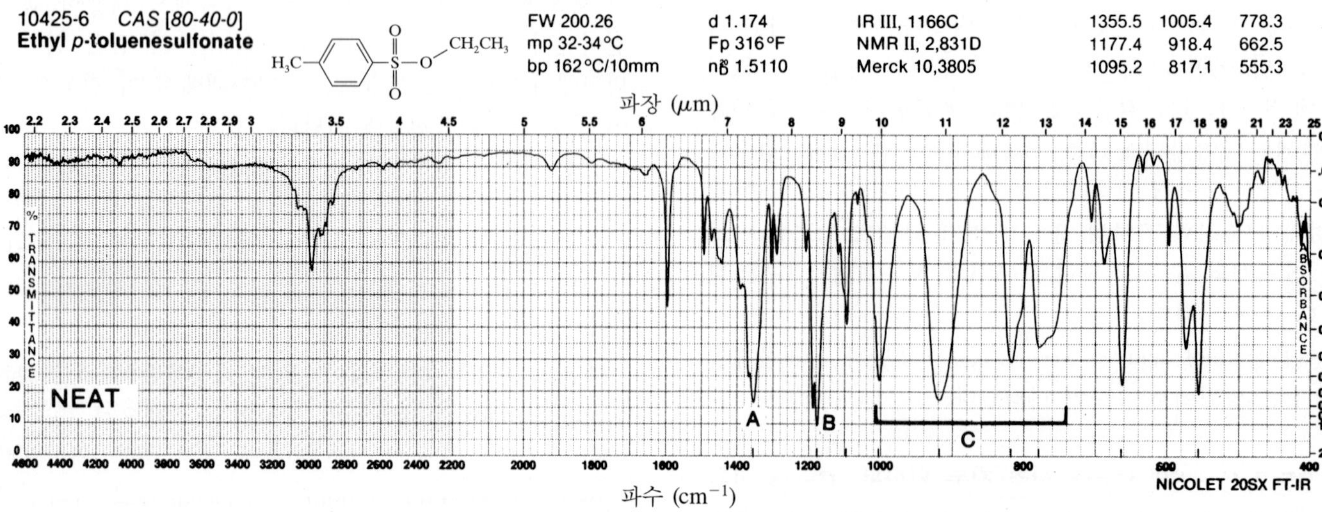

그림 2.34 에틸 *p*-톨루엔설폰산염. A. 비대칭 $S(=O)_2$ 신축, 1355 cm^{-1}. B. 대칭 $S(=O)_2$ 신축, 1177 cm^{-1}. C. 여러 가지 강한 S—O—C 신축, 1000−769 cm^{-1}.

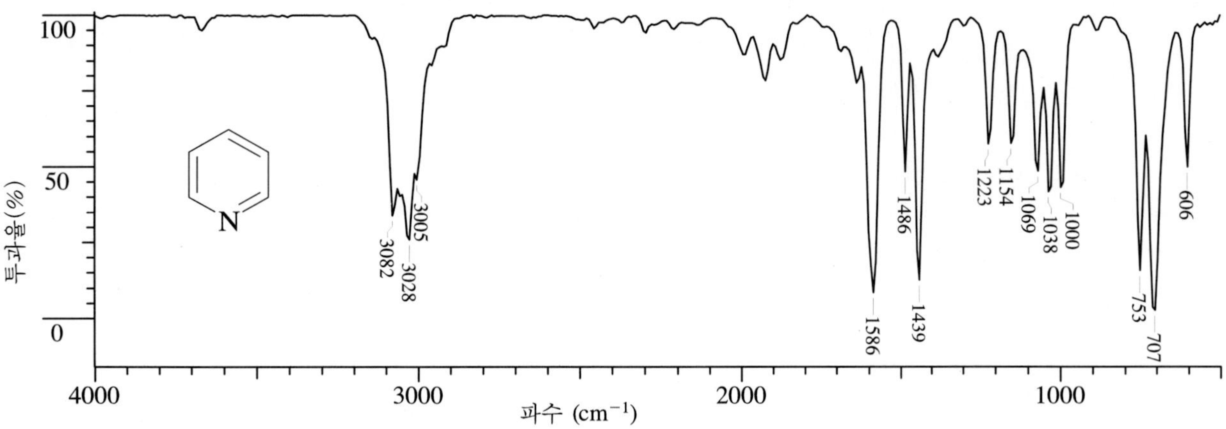

그림 2.35 피리딘. 방향족 C—H 신축, 3090 – 3000 cm^{-1}. C⩵C, C⩵N 고리 신축(골격띠), 1600 – 1430 cm^{-1}. C—H 평면외 굽힘, 753, 707 cm^{-1}. 치환된 피리딘을 위한 영역 C에서 형태는 부록 E, 표 E-1을 참조.

para 위치에 전자를 주는 기가 결합되면 높은 진동수로 흡수가 이동한다.

표 2.8을 보면 설폰산(sulfonic acid)의 흡수는 좁은 범위로 나타나 있다; 이것은 오직 무수 형태에만 적용된다. 그러한 설폰산은 즉각적으로 수화되어 설폰산 하이드로늄(hydronium sulfonate) 염을 형성하게 되고, 그 결과 아마 1230 – 1120 cm^{-1} 범위에서 띠가 나타날 것이다.

2.6.27 유기 할로젠 화합물

할로젠화 탄화수소의 강한 흡수는 탄소–할로젠 결합의 신축 진동 때문이다.

지방족 C—Cl 흡수는 850과 550 cm^{-1} 사이의 넓은 영역에서 관찰된다. 하나의 탄소에 여러 개의 염소 원자가 결합되었을 때 이 띠는 대개 더 강해지고, 관측되는 영역의 높은 진동수 한계에서 나타난다. 사염화 탄소는 797 cm^{-1}에서 강한 띠로 나타난다. 강한 기본 띠의 첫 번째 배음이 종종 관측된다. 브로민이 결합된 화합물의 흡수는 690 – 515 cm^{-1} 영역에서 나타나고, 아이오드(iodo) 화합물은 600 – 500 cm^{-1} 영역에서 흡수가 나타난다. CH_2X (X = Cl, Br, I)기의 강한 CH_2 앞뒤흔듦 띠는 1300 – 1150 cm^{-1} 영역에서 관찰된다.

플루오린(fluorine)을 함유한 화합물은 C—F 신축 방식 때문에 1400에서 1000 cm^{-1} 사이의 넓은 범위에 대해 강한 흡수가 일어난다. 모노플루오로알케인(monofluoroalkane)은 1100 – 1000 cm^{-1} 영역에서 강한 띠가 나타난다. 지방족 분자에서 결합된 플루오린의 개수가 증가함에 따라서, 띠의 형태는 C—F 흡수가 일어나는 넓은 영역에서 강하게 다중 띠로 나타나면서 더 복잡해 진다. CF_3와 CF_2기는 1350 – 1120 cm^{-1} 영역에서 강하게 흡수가 일어난다.

클로로벤젠(chlorobenzene)은 1096 – 1089 cm^{-1} 영역에서 흡수가 나타난다. 이 영역 안에서의 위치는 치환 형태에 달려있다. 플루오린화 아릴(aryl fluoride)은 스펙트럼에서 1250 – 1100 cm^{-1} 영역에서 흡수가 나타난다. 모노플루오린(monofluorine)이 결합된 벤젠 고리는 1230 cm^{-1} 근처에서 강하고 가느다란 흡수띠를 보여 준다.

2.6.28 규소 화합물

2.6.28.1 Si—H 진동 Si—H 결합의 진동은 Si—H 신축(~2200 cm^{-1})과 Si—H 굽힘(800 – 950 cm^{-1})이 포함된다. 전기음성도가 큰 기가 규소(silicon)에 결합되면 Si—H 신축 진동수는 증가하게 된다.

2.6.28.2 SiO—H와 Si—O 진동 SiOH기의 OH 신축 진동은 알코올과 같은 영역인 3700 – 3200 cm^{-1}에서 흡수가 나타나고, 830 – 1110 cm^{-1}에서 강한 Si—O띠가 나타난다. 흡수의 특성은 알코올처럼 수소 결합의 정도에 달려있다.

2.6.28.3 규소–할로젠 신축 진동 Si—F 신축에 의한 흡수는 800 – 1000 cm^{-1} 영역에서 일어난다.

Si—Cl 신축의 띠는 666 cm^{-1}보다 더 아래 진동수에서 나타난다.

2.6.29 인 화합물

2.6.29.1 P=O와 P—O 신축 진동 이 흡수 진동수는 부록 D, 표 D-1에 요약해 놓았다.

2.6.30 헤테로방향족 화합물

헤테로방향족 화합물의 스펙트럼은 일차적으로 방향족 화합물에서 관측되는 같은 진동 방식을 갖는다.

2.6.30.1 C—H 신축 진동 피리딘 (pyridine), 피라진 (pyrazine), 피롤 (pyrrole), 퓨란 (furan)과 싸이오펜 (thiophene) 같은 헤테로방향족 화합물은 3077 – 3003 cm^{-1} 영역에서 C—H 신축띠가 나타난다.

2.6.30.2 N—H 신축 진동수 N—H기를 가진 헤테로방향족은 3500 – 3220 cm^{-1} 영역 안에서 N—H 신축 흡수를 보여 준다. 이 일반적인 영역에서 흡수의 위치는 수소결합의 정도에 달려있고, 그래서 시료의 물리적 상태 또는 용매의 극성에 따라서 흡수의 위치가 결정된다. 비극성의 묽은 용액에서 피롤과 인돌 (indole)은 3495 cm^{-1} 근처에서 뾰족한 띠로 나타난다; 농축된 용액에서는 3400 cm^{-1} 근처에서 넓어진 띠로 나타난다. 중간 정도의 농도에서는 두 띠가 모두 나타날 것이다.

2.6.30.3 고리 신축 진동 (골격띠) 고리 신축 진동은 1600과 1300 cm^{-1} 사이의 일반적인 영역에서 일어난다. 이 흡수는 고리에 있는 모든 결합의 신축 및 수축과 관련있고, 또한 이 신축 방식 사이의 상호작용과도 관련되어 있다. 띠 형태와 상대적인 세기는 치환 형태와 치환기의 본질에 달려 있다.

그림 2.35는 피리딘의 스펙트럼으로 이 영역에서 네 개의 띠를 보여 준다. 이런 관점에서 보면 단일치환된 벤젠과 아주 가깝게 닮았다. 퓨란, 피롤과 싸이오펜은 이 영역에서 두 개에서 네 개의 띠로 나타난다.

2.6.30.4 C—H 평면외 굽힘 헤테로방향족에서 C—H 평면외 굽힘 (γ-CH) 흡수 형태는 같은 위상에서 굽힘을 하는 인접한 수소 원자의 개수에 의해 결정된다. 부록 E의 표 E-1에 알킬피리딘 (alkylpyridine)에 대한 C—H 평면외 흡수와 고리 굽힘 (β 고리) 흡수 진동수를 요약하였다.

부록 E의 표 E-2에 세 개의 흔한 다섯 개 원자 헤테로방향족 고리에 대한 위상벗어남 C—H 굽힘 (γ-CH)과 고리 굽힘 (β 고리) 방식에 대한 흡수 데이터를 요약하였다. 표 E-2에서는 고리 위에 비극성 치환기 뿐만 아니라 극성 치환기에 대한 흡수 범위도 포함시켰다.

참고 문헌

개론과 이론

Bellamy, L.J. (1975). *The Infrared Spectra of Complex Molecules*, 3rd ed. London: Chapman and Hall: New York: Halsted-Wiley.

Bellamy, L.J. (1968). *Advances in Infrared Group Frequencies*. London: Methuen.

Coleman, P.A. (1991). *Practical Sampling Techniques for Infrared Analysis*. Boca Raton, FL: CRC Press.

Colthup, N.B., Daly, L.H., and Wiberley, S.E. (1990). *Introduction to Infrared and Raman Spectroscopy*, 3rd ed. New York and London: Academic Press.

Conley, R.T. (1972). *Infrared Spectroscopy*, 2nd ed. Boston: Allyn and Bacon.

Durig, J.R. (1985). *Chemical, Biological, and Industrial Applications of Infrared Spectra*. New York:Wiley.

Ferraro, J.R., and Basile, L.J., Eds. (1985). *Fourier Transform Infrared Spectroscopy*, 4 vols. New York: Academic Press. Applications.

George,W.O., and McIntire, P. (1986). *Infrared Spectroscopy*. New York:Wiley.

Griffiths, P.R., and DeHaseth, J.A. (1986). *FTIR*, New York: Wiley, 1986.

Herres, W. (1987). *HRGC-FTIR, Capillary GC and FTIR Spectroscopy: Theory and Applications*. New York: Huthig.

Mattson, J.S., Ed. (1977). *Infrared, Correlation and Fourier Transform Spectroscopy*. New York: Marcel Dekker.

Nakanishi, K., and Solomon, P.H. (1977). *Infrared Absorption Spectroscopy-Practical*, 2nd ed. San Francisco: Holden-Day.

Roeges, N.P.G. (1984). *Guide to Interpretation of Infrared Spectra of Organic Structures*. New York:Wiley.

Smith, B.C. (1995). *Fundamentals of Fourier Transform Infrared Spectroscopy*. Boca Raton, FL: CRC Press.

Szymanski, H.A. Ed. (1969, 1970). *Raman Spectroscopy: Theory and Practice*, Vols. 1, 2. New York: Plenum Press.

Szymanski, H.A. (1989). *Correlation of Infrared and Raman Spectra of Organic Compounds*. Hertillon Press.

Szymanski, H.A. (1964). IR Theory and Practice of *Infrared Spectroscopy*. New York: Plenum Press.

Szymanski, H.A. (1964 – 1967). *Interpreted Infrared Spectra*, Vols. I – III. New York: Plenum Press.

Szymanski, H.A. (1963). *Infrared Band Handbook*. New York: Plenum Press.

스펙트럼 또는 데이터에 관한 편찬물; 규준서 (workbook), 특별한 주제

Aldrich Library of FTIR Spectra (1989), 3 Vols. Milwaukee, WI: Includes vapor-phase spectrum Vol. 3

ASTM-Wyandotte Index, Molecular Formula List of Compounds, Names and References to Published Infrared Spectra. Philadelphia, PA: ASTM Special Technical Publications 131 (1962) and 131-A

(1963). Lists about 57,000 compounds. Covers IR, near-IR, and far-IR spectra.

Bentley, F.F., Smithson, L.D., and Rozek, A.L. (1988). *Infrared Spectra and Characteristic Frequencies — 700 to 300 cm^{-1}, A Collection of Spectra, Interpretation and Bibliography*. New York:Wiley-Interscience.

Brown, C.R., Ayton, M.W., Goodwin, T.C., and Derby, T.J. (1954). *Infrared-A Bibliography*. Washington, DC: Library of Congress, Technical Information Division.

Catalog of Infrared Spectrograms, American Petroleum Institute Research Project 44. Pittsburgh, PA: Carnegie Institute of Technology.

Catalog of Infrared Spectrograms. Philadelphia: Sadder Research Laboratories, PA. 19104. Spectra are indexed by name and by the Spec-Finder. The latter is an index that tabulates major bands by wavelength intervals. This allows quick identification of unknown compounds.

Catalog of Infrared Spectral Data, Manufacturing Chemists Association Research Project, Chemical and Petroleum Research Laboratories. Pittsburgh, PA: Carnegie Institute of Technology, to June 30, 1960; College Station, TX: Chemical Thermodynamics Properties Center, Agriculture and Mechanical College of Texas, from July 1, 1960.

Craver, C., Ed. (1982). *Desk Book of Infrared Spectra*, 2nd ed. Kirkwood MO: Coblenz Society. 900 dispersive spectra.

Dobriner, K., Katzenellenbogen, E.R., and Jones, R.N. (1953). *Infrared Absorption Spectra of Steriods-An Atlas*, Vol. 1. New York:Wiley-Interscience.

Documentation of Molecular Spectroscopy (DMS), London: Butterworths Scientific Publications, and Weinheim/Bergstrasse. West Germany: Verlag Chemie GMBH, in cooperation with the Infrared Absorption Data Joint Committee, London, and the Institut für Spectrochemie and Angewandte Spectroskopie, Dortmund. Spectra are presented on coded cards. Coded cards containing abstracts of articles relating to IR spectrometry are also issued.

Dolphin, D., and Wick, A.E. (1977). *Tabulation of Infrared Spectral Data*. New York:Wiley.

Finch, A., Gates, P.N., Radcliffe, K., Dickson, F.N., and Bentley, F.F. (1970). *Chemical Applications of Far Infrared Spectroscopy*. New York:Academic Press.

Flett, M. St. C. (1969). *Characteristic Frequencies of Chemical Groups in the Infrared*. New York: American Elsevier.

Hershenson, H.H. (1959, 1964). *Infrared Absorption Spectra Index*. New York and London: Academic Press. Two volumes cover 1945 – 1962.

Infrared Band Handbook. Supplements 1 and 2. (1964). New York: Plenum Press, 259 pp.

Infrared Band Handbook. Supplements 3 and 4. (1965). New York: Plenum Press.

Infrared Band Handbook. 2nd rev. ed. (1970). New York: IFI/Plenum Press.Two volumes.

IRDC Cards: Infrared Data Committee of Japan (S. Mizushima). Haruki-cho,Tokyo: Handled by Nankodo Co.

Katritzky, A.R., Ed. (1963). Physical Methods in Heterocyclic Chemistry, Vol. II. New York and London: Academic Press.

Lin-Vien, D., Colthup, N.B. Fately, W.G., and Grasselli, J.G. (1991). *Handbook of Infrared and Raman Characteristic Frequencies of Organic Molecules*. New York: Academic Press.

Loader, E.J. (1970). *Basic Laser Raman Spectroscopy*. London, New York: Heyden-Sadtler.

Maslowsky, E. (1977). *Vibrational Spectra of Organometallic Compounds*. New York:Wiley-Interscience.

Ministry of Aviation Technical Information and Library Services, Ed. (1960). An Index of Published Infra-Red Spectra, Vols. 1 and 2. London: Her Majesty's Stationery Office.

NRC-NBS (Creitz) File of Spectrograms. Issued by National Research Council-National Bureau of Standards Committee on Spectral Absorption Data, National Bureau of Standards, Washington 25, DC. Spectra presented on edge punched cards.

Nyquist, R.A. (1984). *Interpretation of Vapor-Phase Infrared Spectra*. Philadelphia: Sadtler-Heyden.

Porro, T.J., and Pattacini, S.C. (1993). *Spectroscopy* 8(7), 40 – 47. Sample handling.

Sadtler Standard Infrared Grating Spectra. (1972). Philadelphia: Sadtler Research Laboratories, Inc. 26,000 spectra in 26 volumes.

Sadtler Standard Infrared Prism Spectra. (1972). Philadelphia: Sadtler Research Laboratories, Inc. 43,000 spectra in 43 volumes.

Sadtler Reference Spectra-Commonly Abused Drugs IR & UV Spectra. (1972). Philadelphia: Sadtler Research Laboratories, Inc. 600 IR Spectra, 300 UV.

Sadtler Reference Spectra — Gases & Vapors High Resolution Infrared. (1972). Philadelphia: Sadtler Research Laboratories, Inc. 150 Spectra.

Sadtler Reference Spectra- Inorganics IR Grating. (1967). Philadelphia: Sadtler Research Laboratories, Inc. 1300 spectra.

Sadtler Reference Spectra — Organometallics IR Grating. (1966). Philadelphia: Sadtler Research Laboratories, Inc. 400 spectra.

Sadtler Digital FTIR Libraries. (1994). Philadelphia: Sadtler Research Labs. 100,000 digitized spectra.

Socrates, G. (1994). IR Characteristic Group Frequencies. New York:Wiley.

Stewart, J.E. (1965). Far infrared spectroscopy. In S.K. Freeman (Ed.), *Interpretive Spectroscopy*. New York: Reinhold, p. 131.

Tichy, M. (1964). The determination of intramolecular hydrogen bonding by infrared spectroscopy and its applications in stereochemistry. In R.R. Raphael (Ed.), *Advances in Organic Chemistry: Methods and Results*, Vol. 5. New York: Wiley-Interscience.

연습 문제

2.1 벤조나이트릴 (benzonitrile) 또는 페닐아세토나이트릴 (phenylacetonitrile) 은 중간 세기로 2940 cm^{-1}에서 띠가 나타난다; 다른 화합물은 3000 − 2500 cm^{-1} 범위에서 띠가 나타나지 않는다. 그 이유를 설명하시오.

2.2 다음의 IR 띠 (cm^{-1}) 에 가장 잘 맞은 화합물을 선택하시오. 각 IR 띠는 각 화합물에 대한 몇몇 중요한 띠에만 해당하는 목록이다.

benzamide	diphenyl sulfone
benzoic acid	formic acid
benzonitrile	isobutylamine
biphenyl	1-nitropropane dioxane

a. 3080(w), 3000−2800 없음, 2230(s), 1450(s), 760(s), 688(s)

b. 3380(m), 3300(m), 3200−3000 없음, 2980(s), 2870(m), 1610(m), ~900−700(b)

c. 3080(w), 3000−2800 없음, 1315(s), 1300(s), 1155(s)

d. 2955(s), 2850(5), 1120(s)

e. 2946(s), 2930(m), 1550(s), 1386(m)

f. 2900(b,s), 1720(b,s)

g. 3030(m), 730(s), 690(s)

h. 3200−2400(5), 1685(b,s), 705(s)

i. 3350(s), 3060(m), 1635(s)

s = 강한, m = 중간, w = 약한, b = 넓은

연습 문제 2.3−2.6에서 각 IR 스펙트럼에 잘 맞는 화합물을 아래 목록에서 고르시오. 각 스펙트럼에서 그 화합물에 부합하는 특징적인 띠를 명시하시오.

연습 문제 2.3−2.8의 스펙트럼은 Wiley 웹사이트에 PDF 파일로 올려놓았다. 웹 주소는 *http://www.wiley.com./college/silvestein*와 같다.

2.3 스펙트럼 A−D
1,3-cyclohexadiene
diphenylacetylene
1-octene
2-pentene

2.4 스펙트럼 E−I
butyl acetate
butyramide
isobutylamine
lauric acid
sodium propionate

2.5 스펙트럼 J−M
allyl phenyl 에테르
benzaldehyde
o-cresol
m-toluic acid

2.6 스펙트럼 N—R
aniline
azobenzene
benzophenone oxime
benzylamine
dimethylamine hydrochloride

2.7 다음 스펙트럼을 보고 분자식이 C_2H_3NS인 화합물 (S) 의 구조를 추론하시오.

2.8 2,4-펜테인다이온 (2,4-pentanedione, 화합물 T) 의 엔올 형성의 증거를 제시하시오. 1700 − 1750 cm^{-1} 범위의 두 띠, 1650 cm^{-1}, 3400 − 2600 cm^{-1} (C—H 신축에 기인한 3000 − 2900 cm^{-1}에 나타나는 띠만) 범위의 여러 최대점을 가진 아주 넓은 띠에 대해서도 각각 설명하시오.

2.9 다음의 각 IR 스펙트럼 (A−W) 에서 a) 존재하는, b) 존재하지 않는 작용기에 대해 목록을 쓰시오. 이 화합물의 질량 스펙트럼은 제 1장에 있다 (연습 문제 1.6) .

연습 문제 2.9 스펙트럼 A

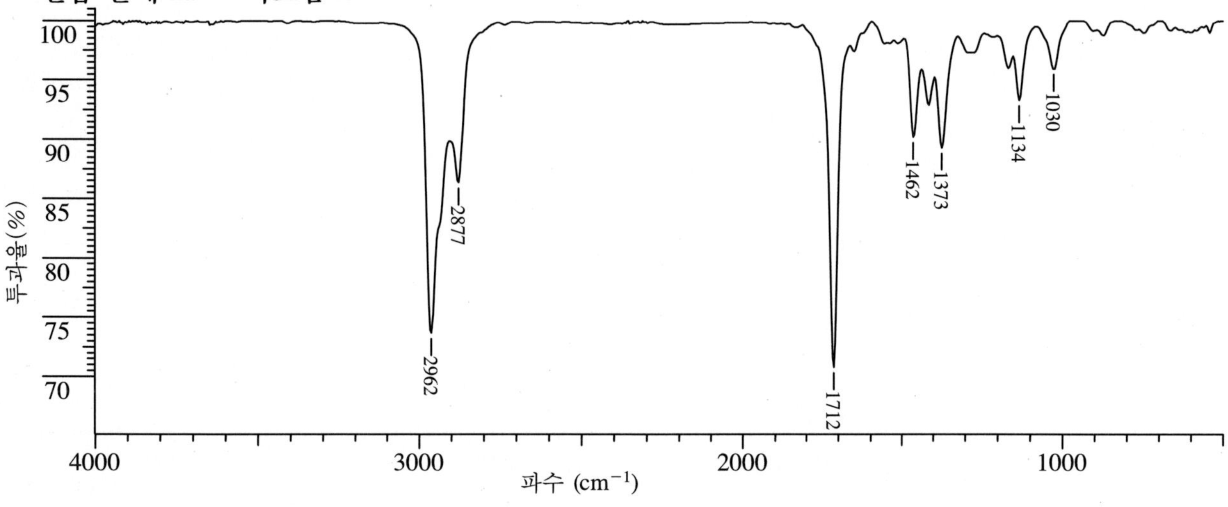

연습 문제 2.9 스펙트럼 B

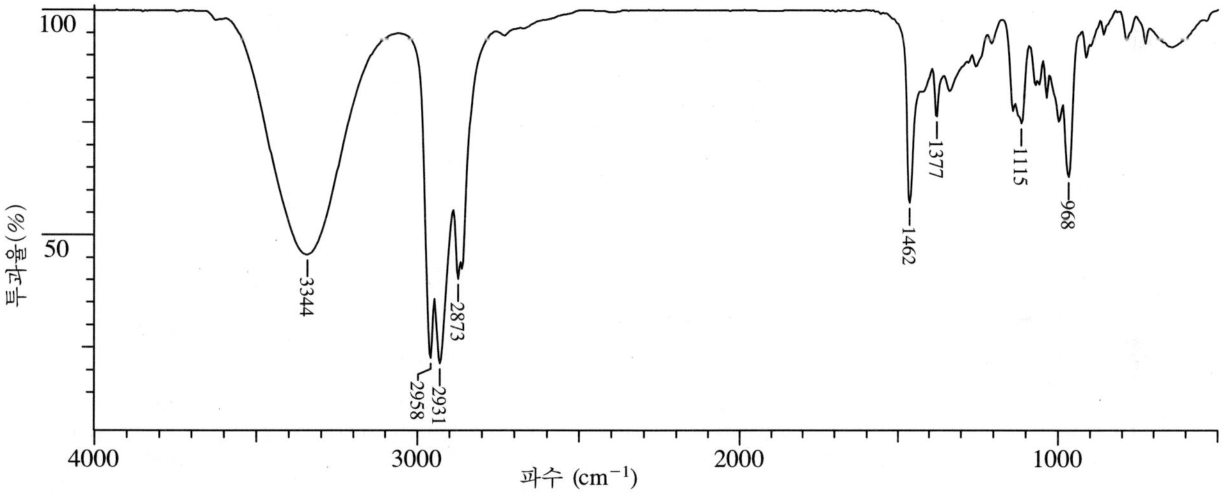

연습 문제 2.9 스펙트럼 C

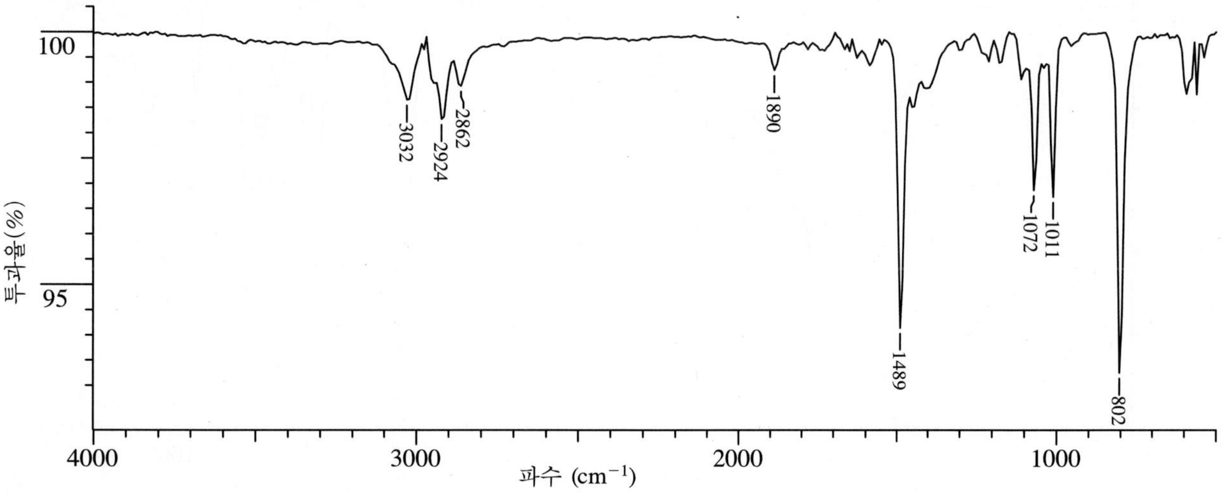

연습 문제 2.9 스펙트럼 D

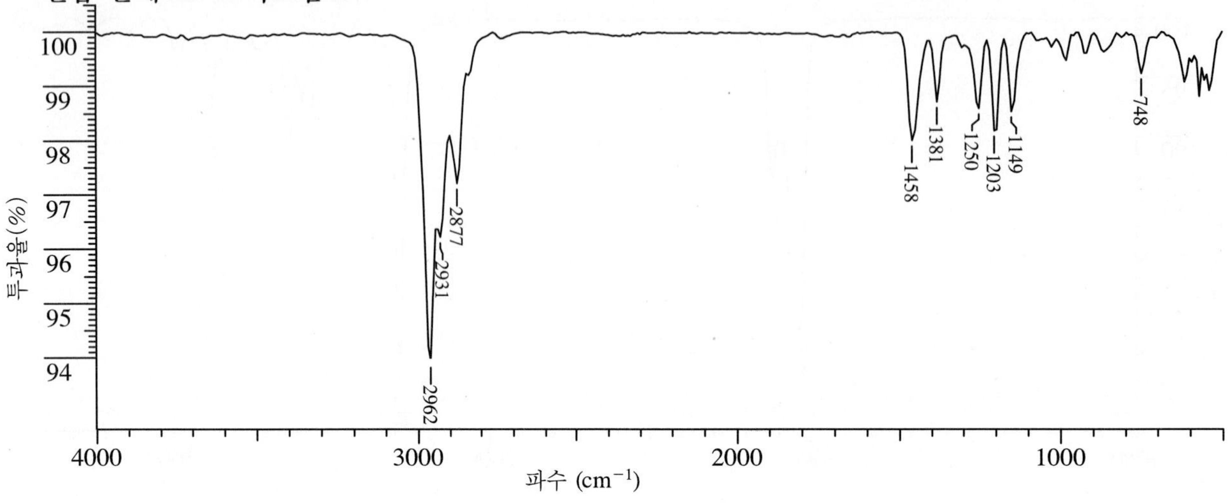

연습 문제 2.9 스펙트럼 E

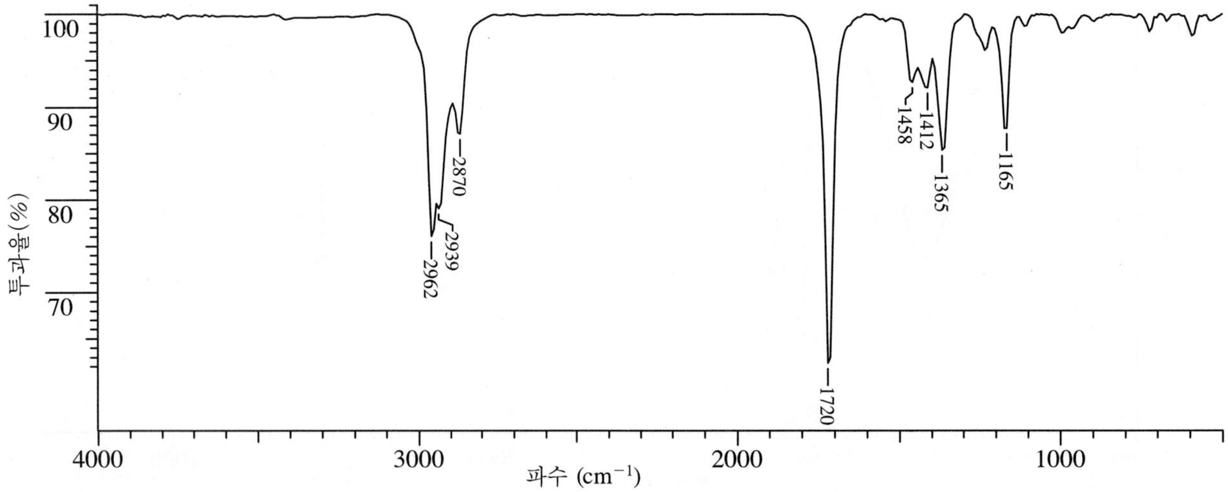

연습 문제 2.9 스펙트럼 F

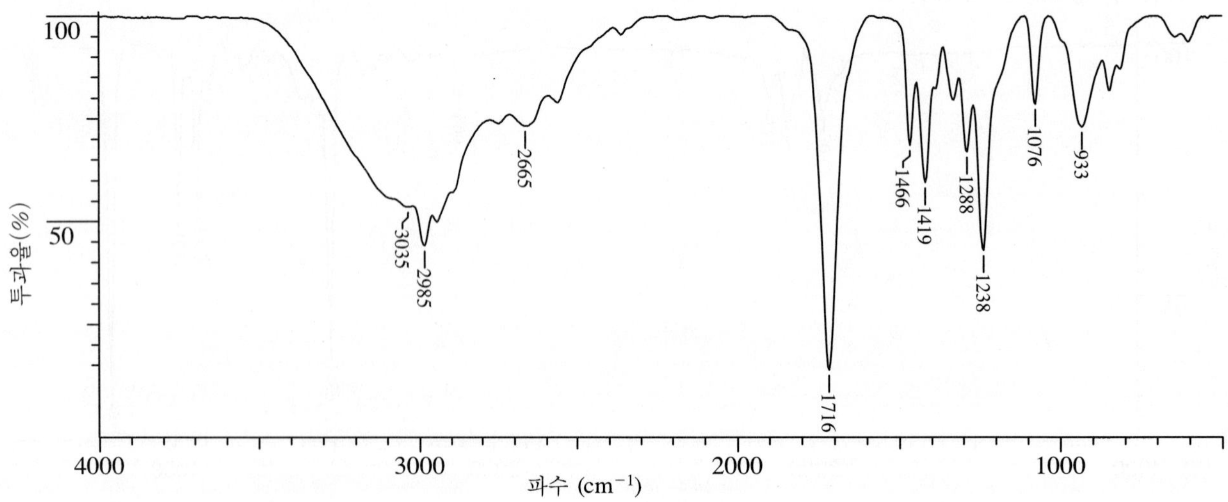

연습 문제 2.9 스펙트럼 G

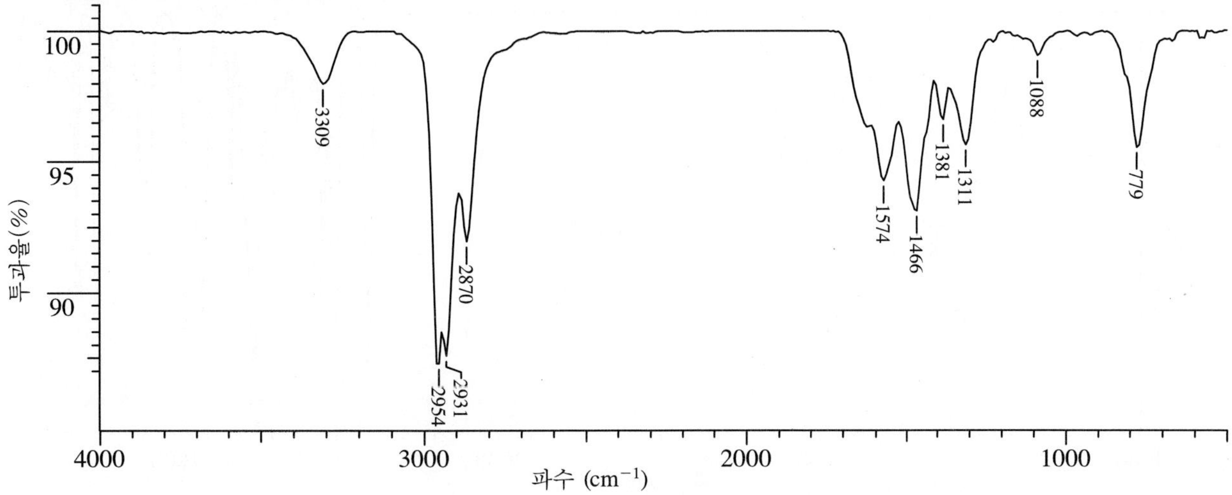

연습 문제 2.9 스펙트럼 H

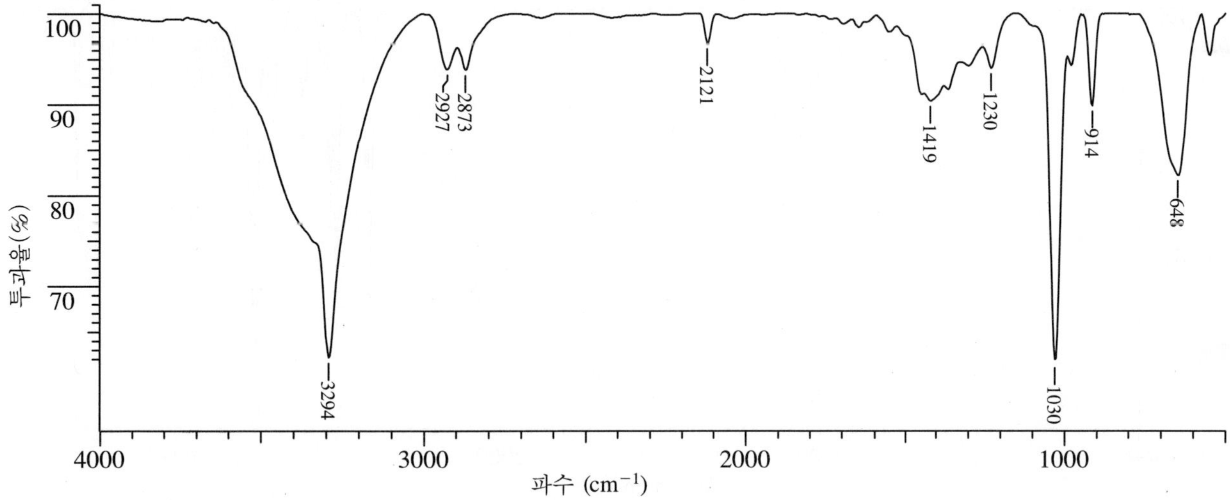

연습 문제 2.9 스펙트럼 I

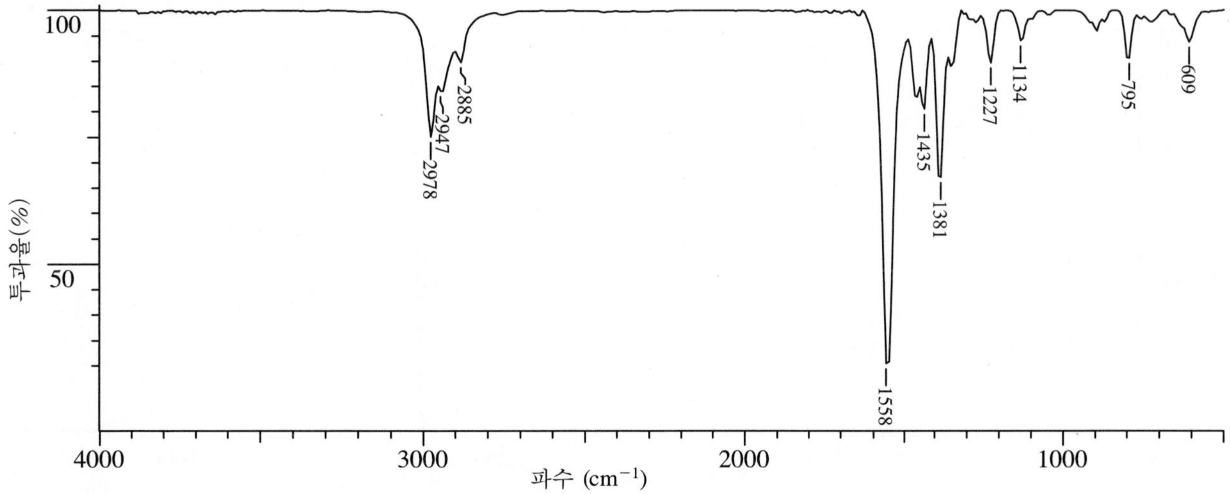

연습 문제 2.9 스펙트럼 J

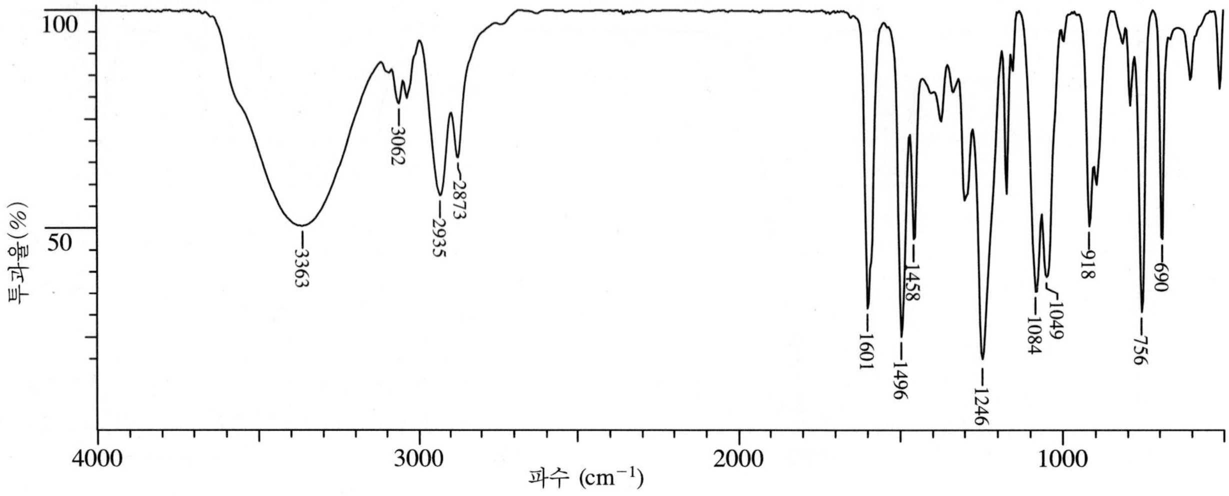

연습 문제 2.9 스펙트럼 K

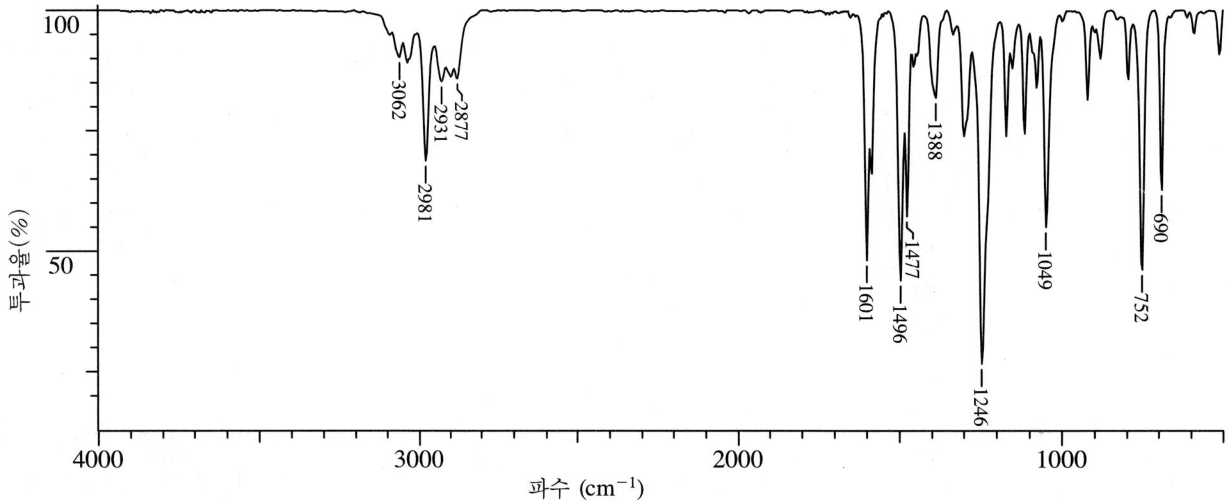

연습 문제 2.9 스펙트럼 L

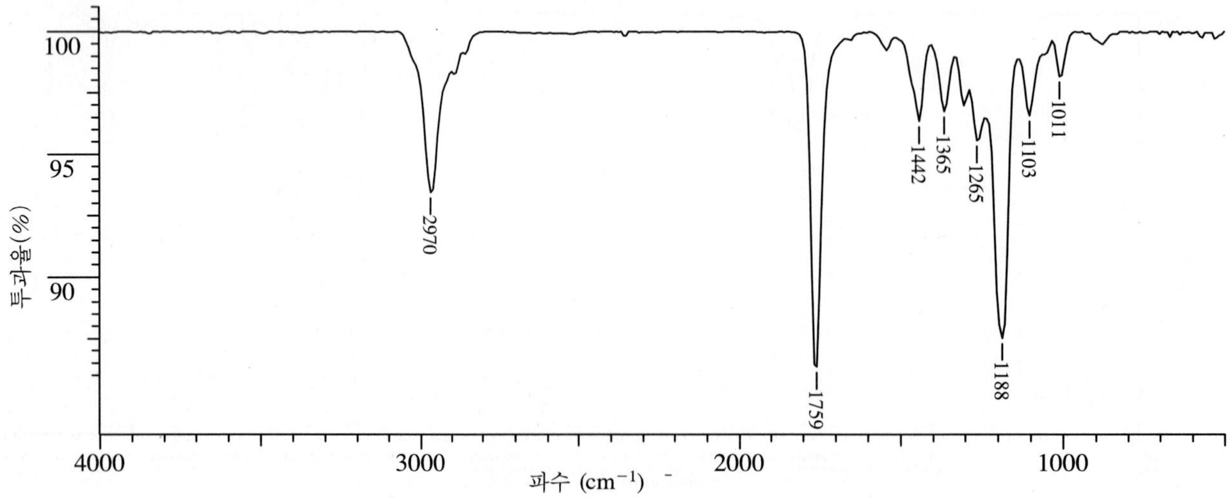

연습 문제 2.9 스펙트럼 M

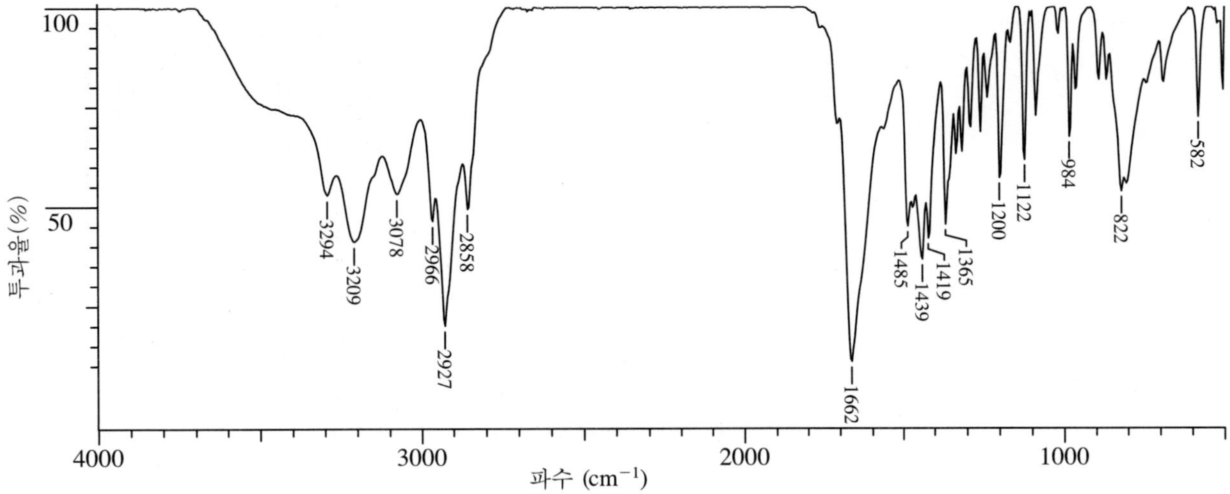

연습 문제 2.9 스펙트럼 N

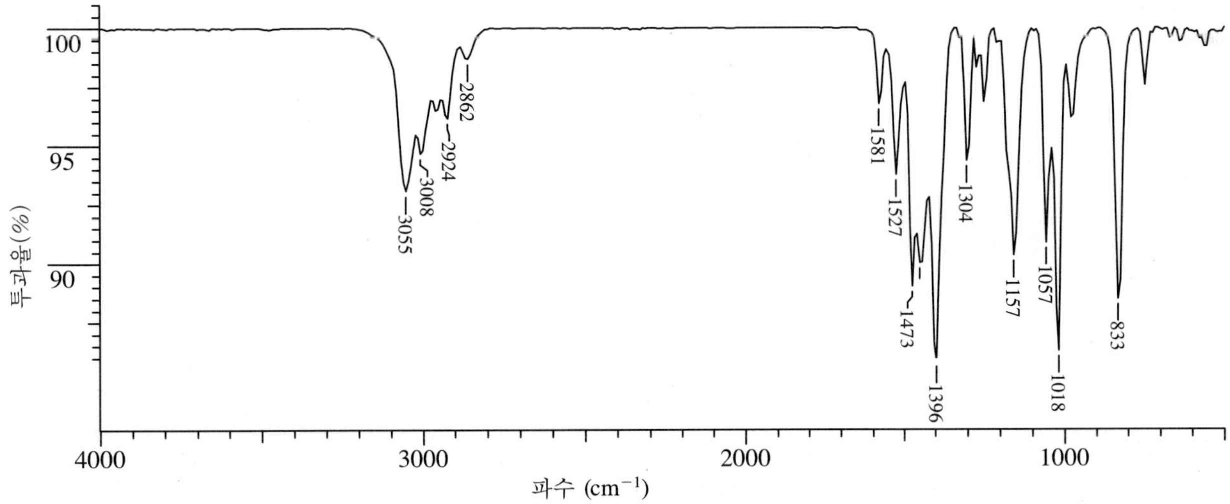

연습 문제 2.9 스펙트럼 O

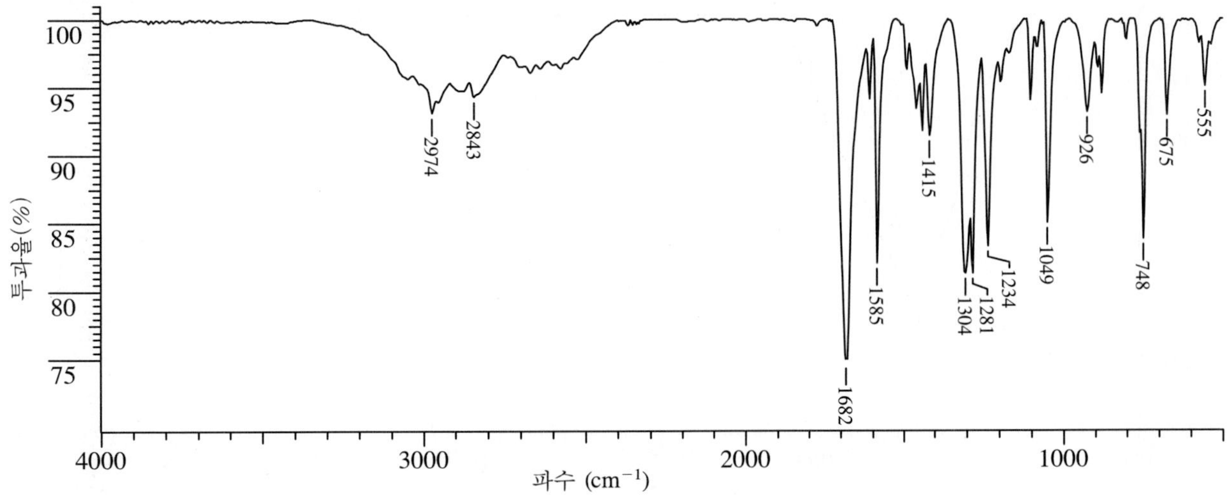

연습 문제 2.9 스펙트럼 P

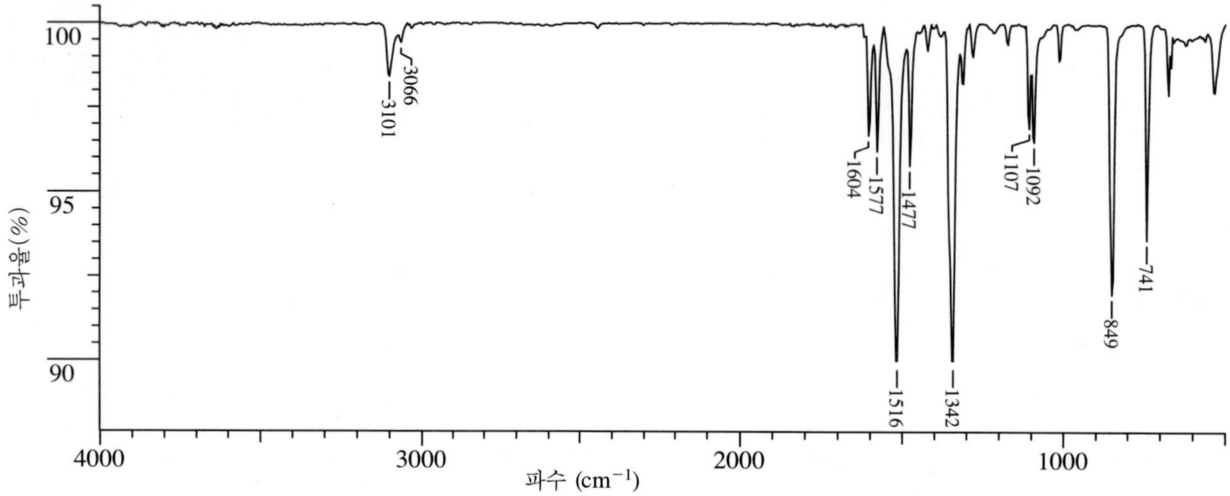

연습 문제 2.9 스펙트럼 Q

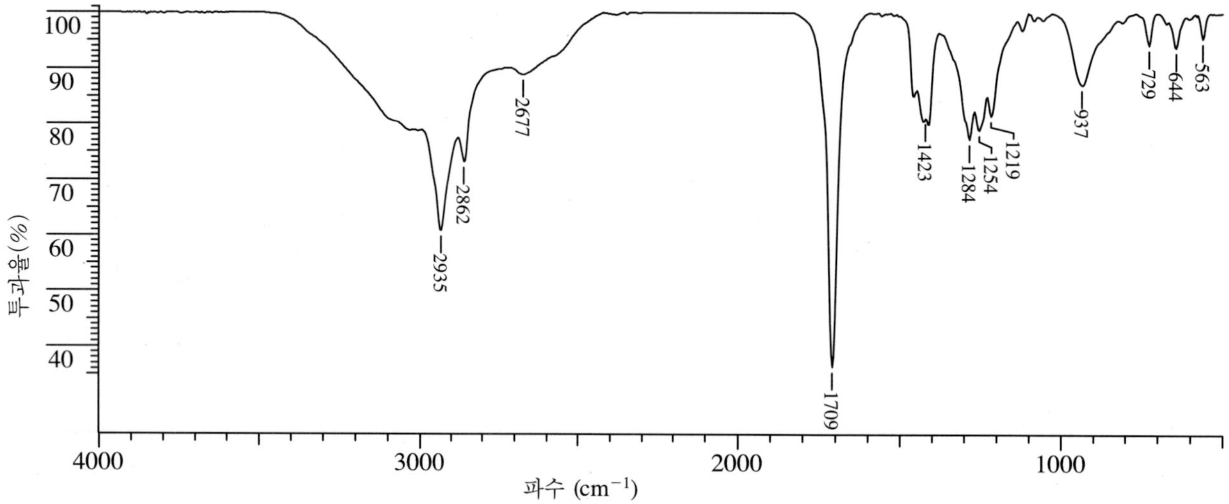

연습 문제 2.9 스펙트럼 R

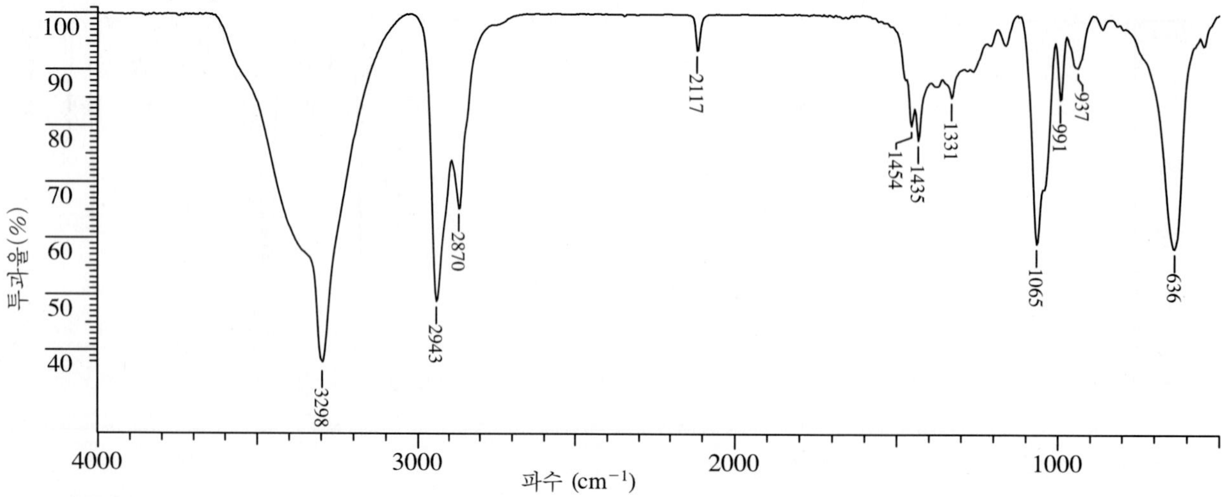

연습 문제 2.9 스펙트럼 S

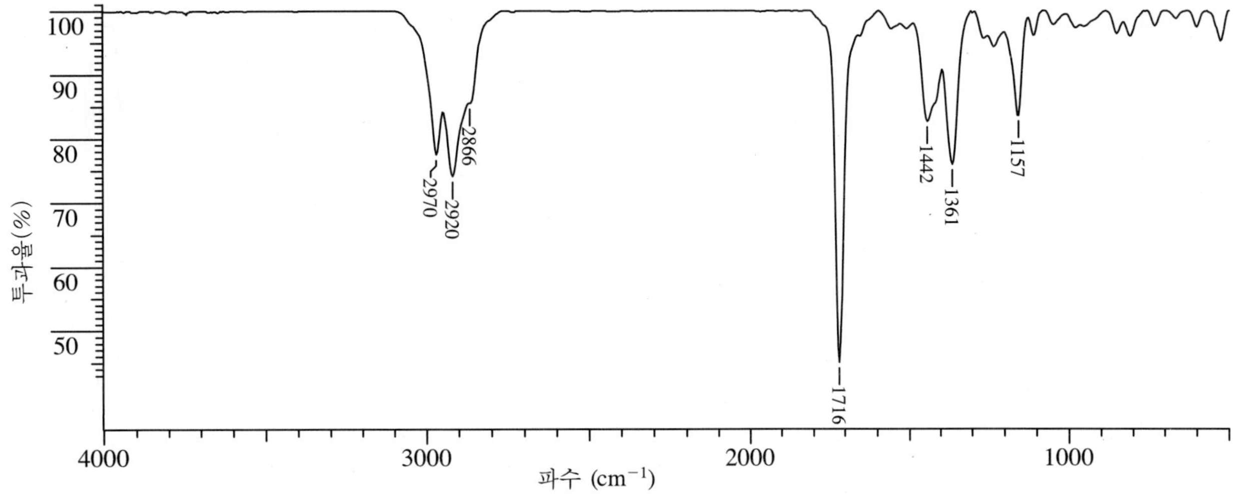

연습 문제 2.9 스펙트럼 T

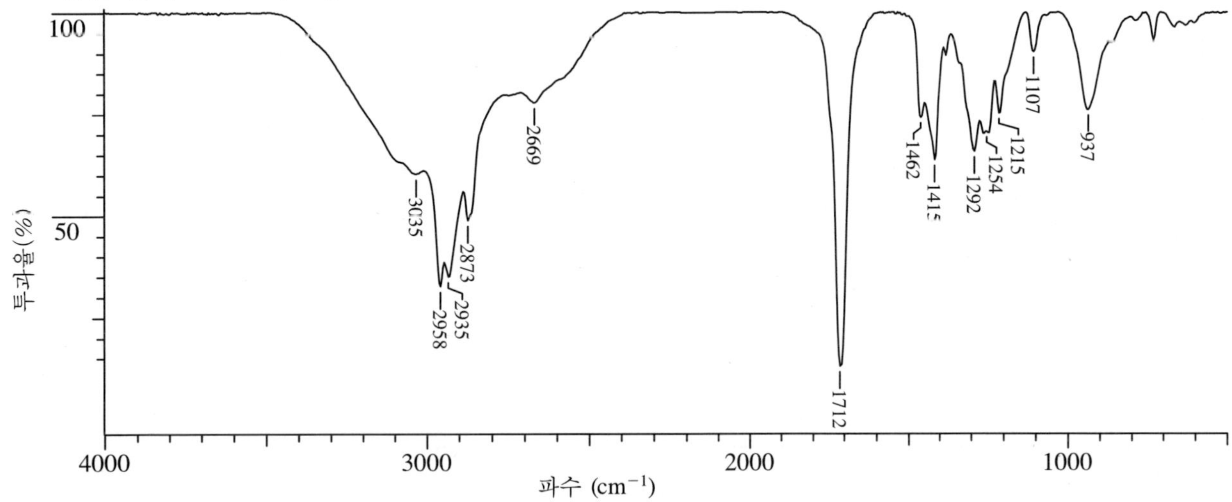

연습 문제 2.9 스펙트럼 U

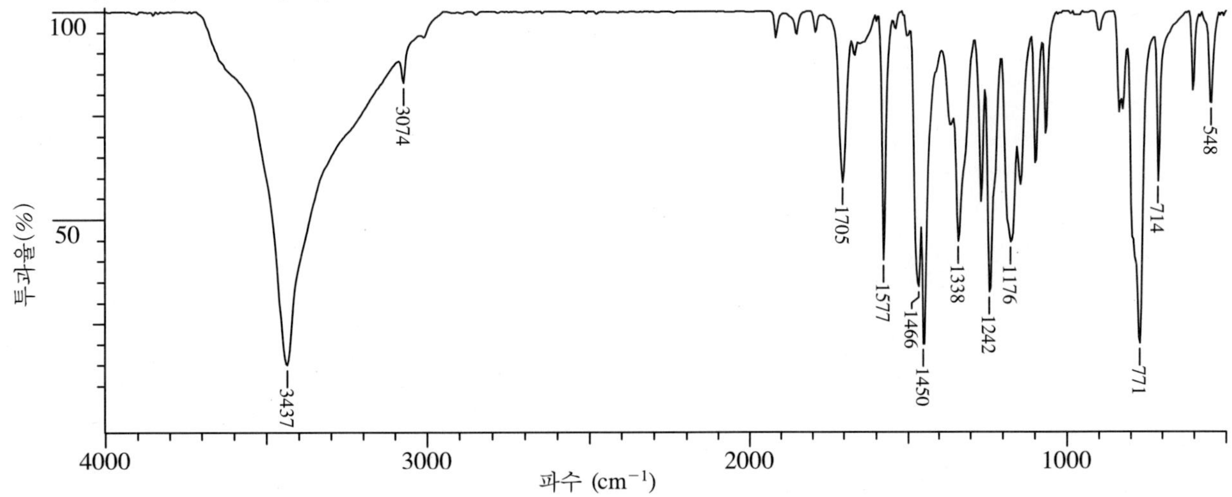

연습 문제 2.9 스펙트럼 V

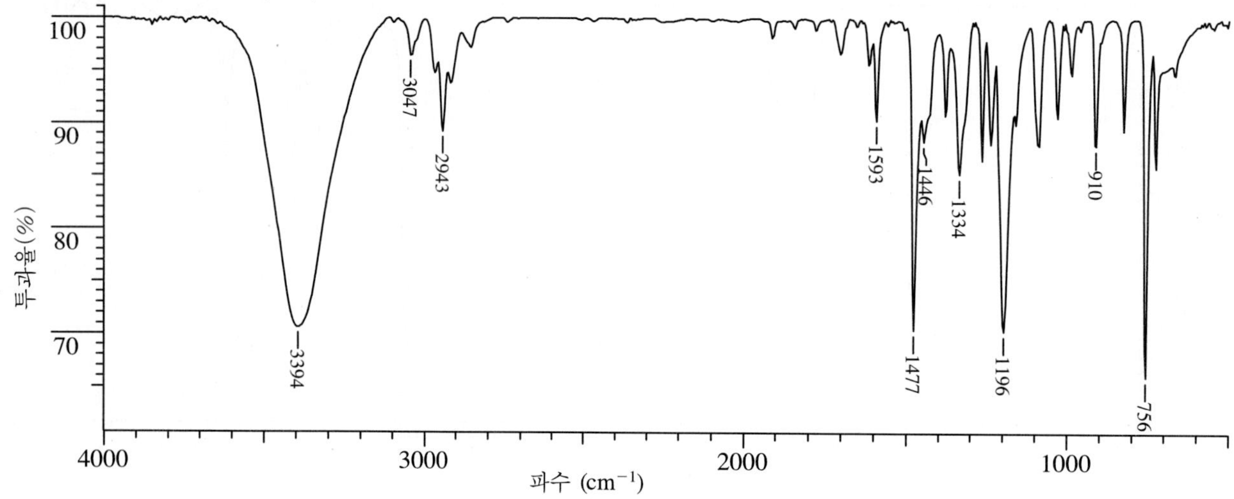

연습 문제 2.9 스펙트럼 W

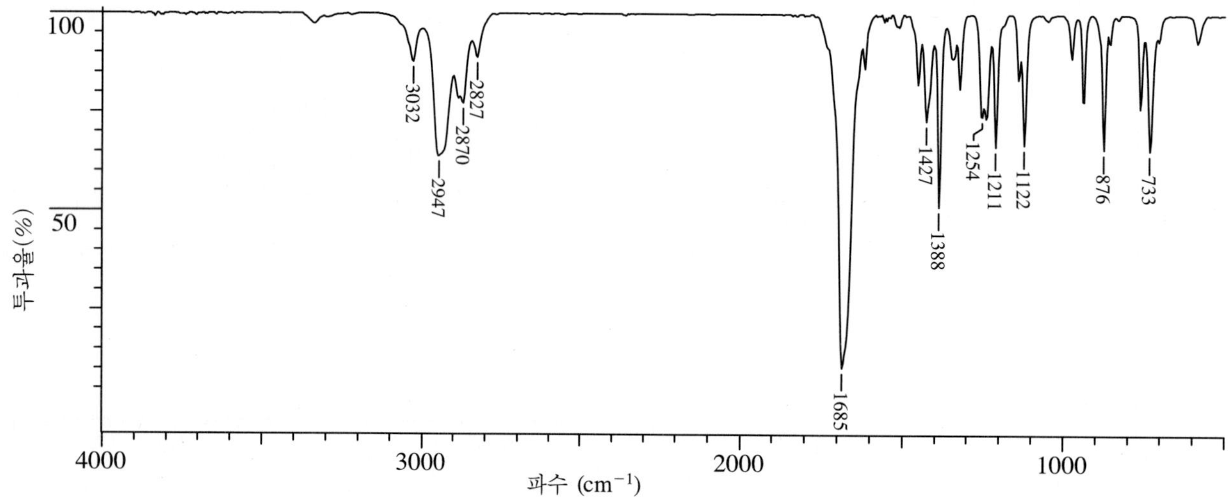

유기 용매, 반죽 오일과 흔한 실험실 물질에 대한 스펙트럼 차트

부록 A 용매와 반죽 오일에서 투명한 지역

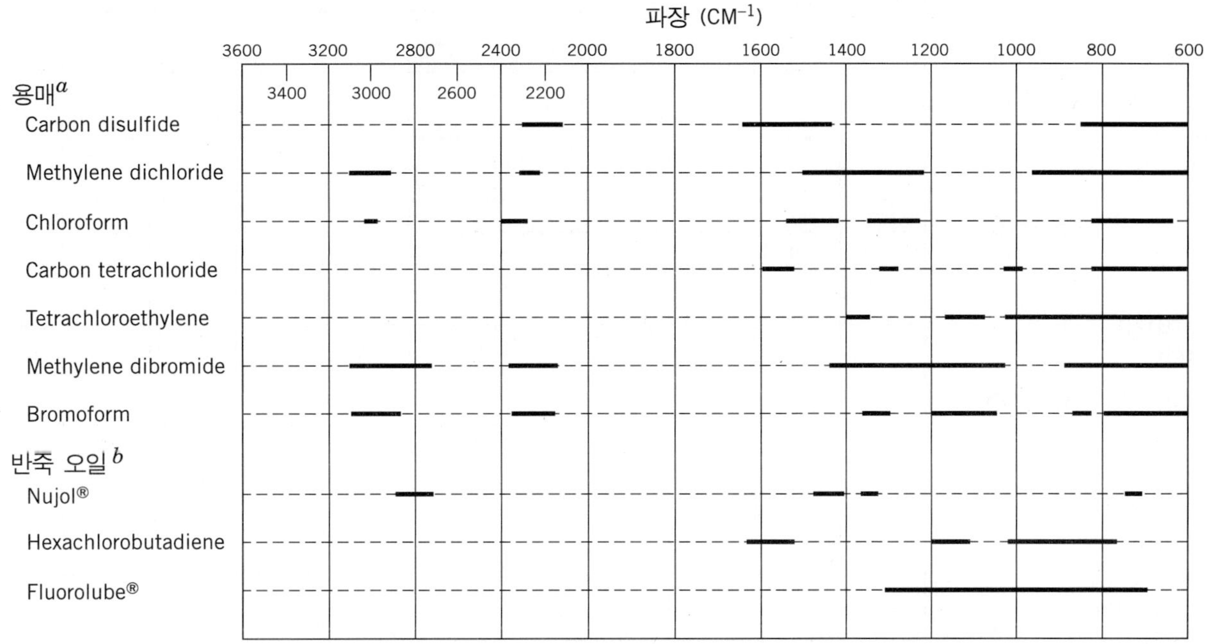

[a] 1 mm 두께에 대해서 용매가 주사된 빔을 25% 이상 통과시키는 지역이 줄이 없는 지역이다.

[b] 반죽 오일에서 줄이 없는 지역은 얇은 필름의 투명도를 나타낸다.

부록 B 특징적인 그룹의 흡수 진동수[a]

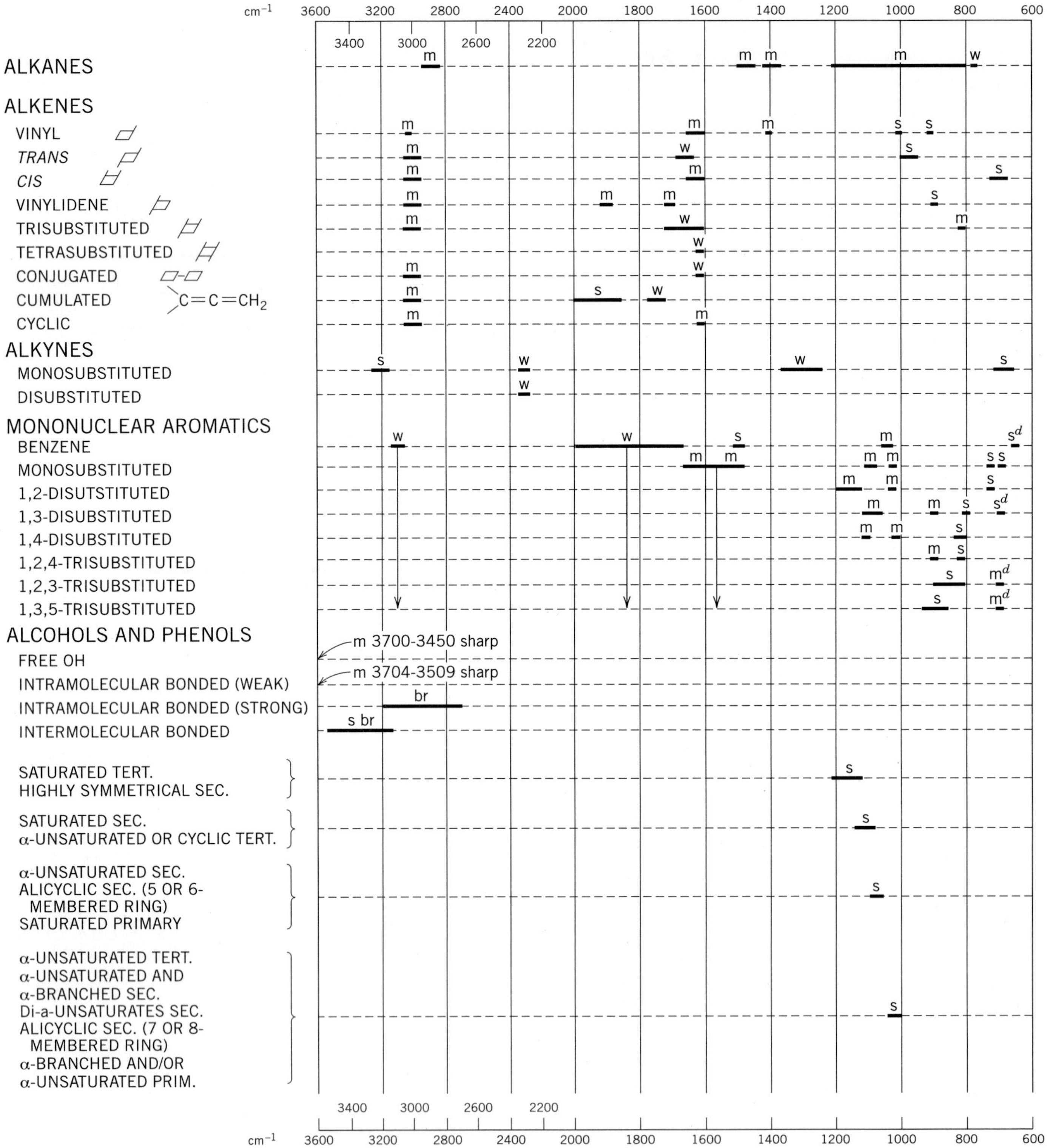

[a] 흡수는 굵은 선으로 나타내었다. s = 강한, m = 중간, w = 약한 세기의 띠, sh = 뾰족한, br = 넓은 띠. 하나의 선에 대해서 두 개의 세기 표시는 두 개의 피크가 존재한다는 의미이다.

[b] 없을 수도 있다.

[c] 종종 이중선.

[d] 고리 굽힘띠.

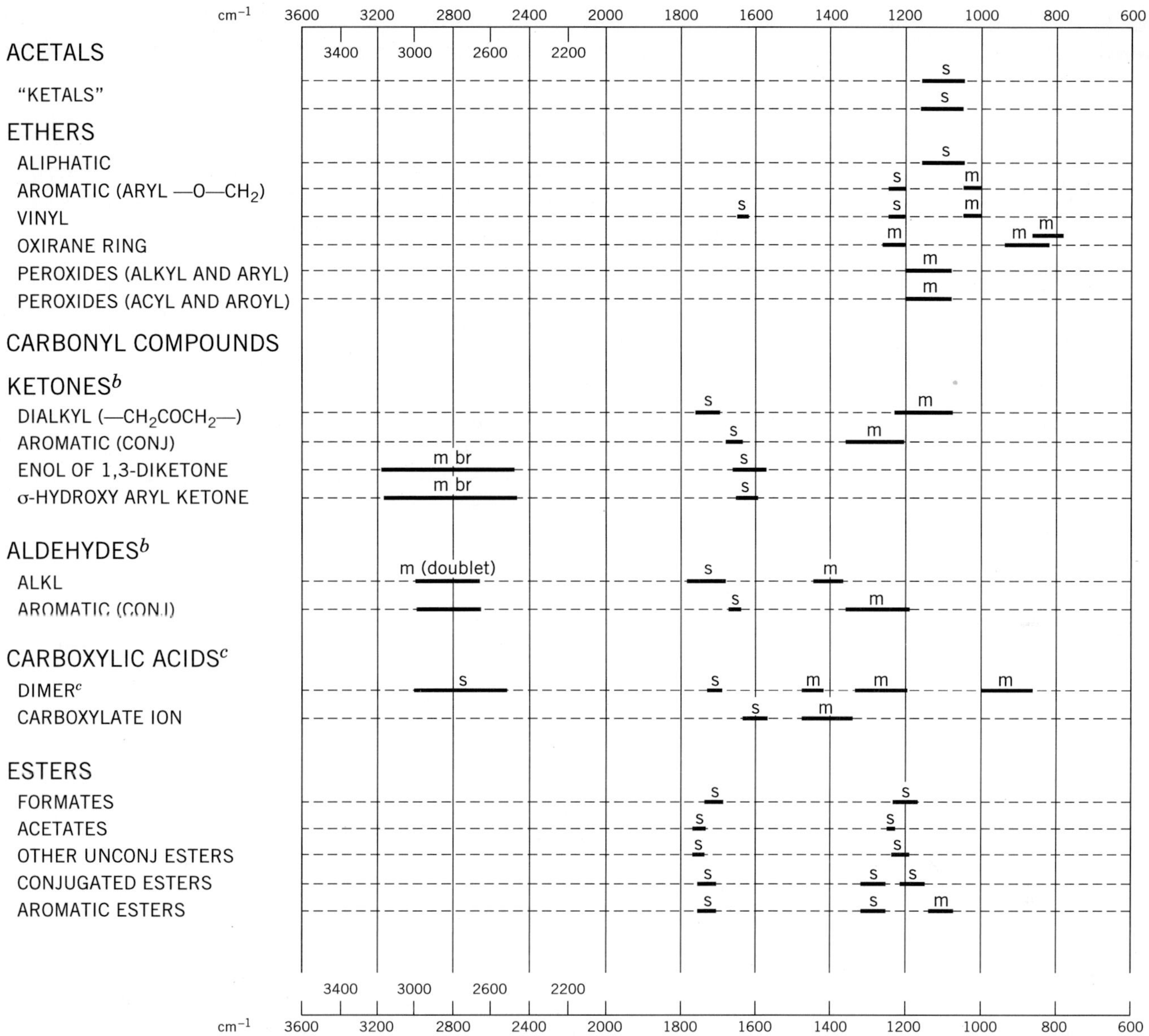

[a] 세 개의 띠, 때때로 케탈은 네 번째, 아세탈은 다섯 번째 띠.

[b] 콘쥬게이션된 지방족 시료의 C=O 신축은 사실 방향족 구조에서와 같은 위치에서 보임.

[c] 콘쥬게이션된 시료에서 더 낮은 파수(1710−1680 cm^{-1})에서 C=O 신축이 일어난다. O—H 신축(3300−2600 cm^{-1})은 아주 넓은 띠로 나타난다.

부록 B (계속)

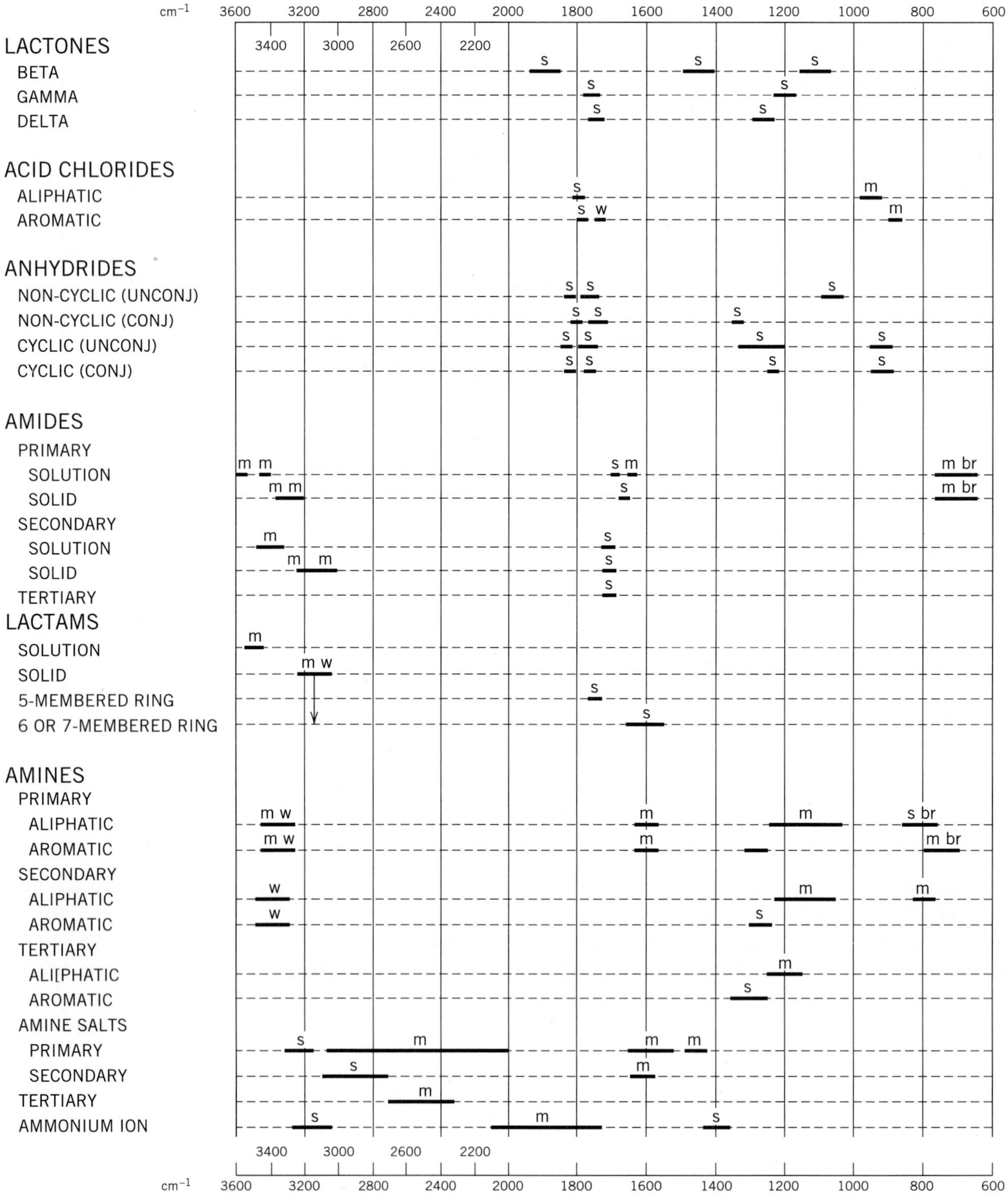
cm⁻¹ 3600 3200 2800 2400 2000 1800 1600 1400 1200 1000 800 600
3400 3000 2600 2200
LACTONES
BETA
GAMMA
DELTA
ACID CHLORIDES
ALIPHATIC
AROMATIC
ANHYDRIDES
NON-CYCLIC (UNCONJ)
NON-CYCLIC (CONJ)
CYCLIC (UNCONJ)
CYCLIC (CONJ)
AMIDES
PRIMARY
SOLUTION
SOLID
SECONDARY
SOLUTION
SOLID
TERTIARY
LACTAMS
SOLUTION
SOLID
5-MEMBERED RING
6 OR 7-MEMBERED RING
AMINES
PRIMARY
ALIPHATIC
AROMATIC
SECONDARY
ALIPHATIC
AROMATIC
TERTIARY
ALI[PHATIC
AROMATIC
AMINE SALTS
PRIMARY
SECONDARY
TERTIARY
AMMONIUM ION
3400 3000 2600 2200
cm⁻¹ 3600 3200 2800 2400 2000 1800 1600 1400 1200 1000 800 600

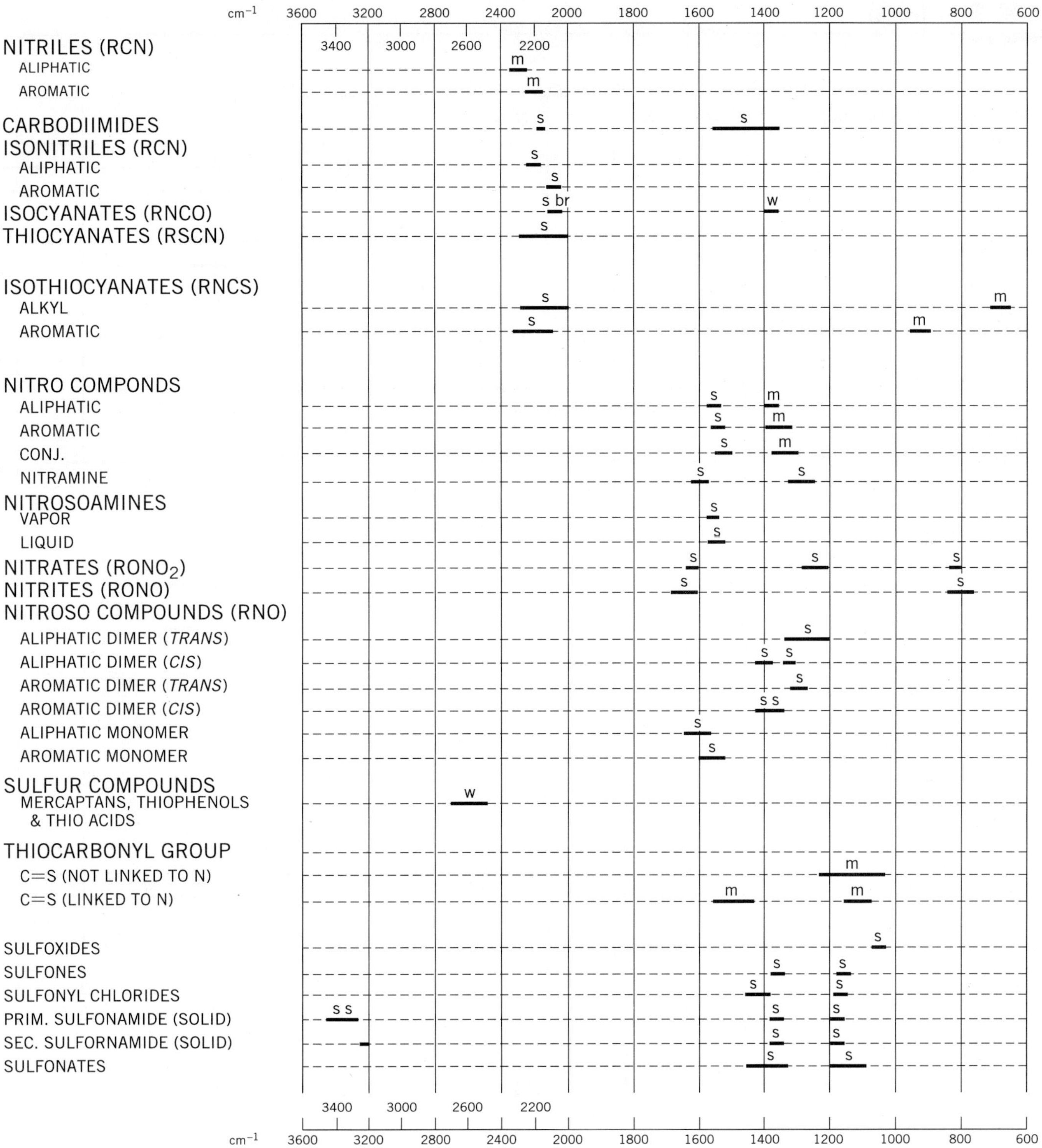
cm⁻¹ 3600 3200 2800 2400 2000 1800 1600 1400 1200 1000 800 600
3400 3000 2600 2200
NITRILES (RCN)
ALIPHATIC
AROMATIC
CARBODIIMIDES
ISONITRILES (RCN)
ALIPHATIC
AROMATIC
ISOCYANATES (RNCO)
THIOCYANATES (RSCN)
ISOTHIOCYANATES (RNCS)
ALKYL
AROMATIC
NITRO COMPONDS
ALIPHATIC
AROMATIC
CONJ.
NITRAMINE
NITROSOAMINES
VAPOR
LIQUID
NITRATES (RONO2)
NITRITES (RONO)
NITROSO COMPOUNDS (RNO)
ALIPHATIC DIMER (TRANS)
ALIPHATIC DIMER (CIS)
AROMATIC DIMER (TRANS)
AROMATIC DIMER (CIS)
ALIPHATIC MONOMER
AROMATIC MONOMER
SULFUR COMPOUNDS
MERCAPTANS, THIOPHENOLS
& THIO ACIDS
THIOCARBONYL GROUP
C=S (NOT LINKED TO N)
C=S (LINKED TO N)
SULFOXIDES
SULFONES
SULFONYL CHLORIDES
PRIM. SULFONAMIDE (SOLID)
SEC. SULFORNAMIDE (SOLID)
SULFONATES
3400 3000 2600 2200
cm⁻¹ 3600 3200 2800 2400 2000 1800 1600 1400 1200 1000 800 600

부록 B (계속)

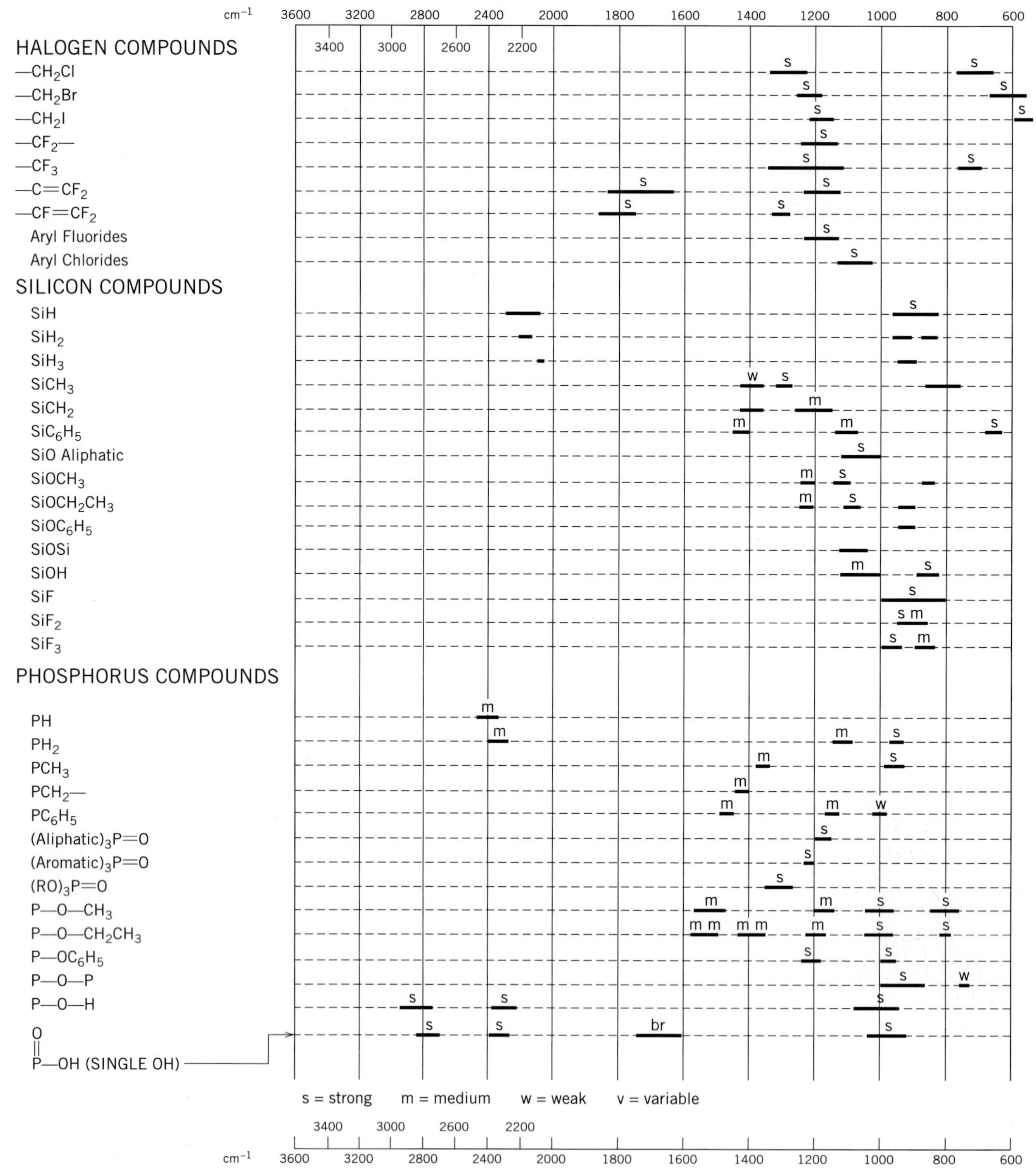
cm⁻¹ 3600 3200 2800 2400 2000 1800 1600 1400 1200 1000 800 600
3400 3000 2600 2200
HALOGEN COMPOUNDS
—CH2Cl
—CH2Br
—CH2I
—CF2—
—CF3
—C=CF2
—CF=CF2
Aryl Fluorides
Aryl Chlorides
SILICON COMPOUNDS
SiH
SiH2
SiH3
SiCH3
SiCH2
SiC6H5
SiO Aliphatic
SiOCH3
SiOCH2CH3
SiOC6H5
SiOSi
SiOH
SiF
SiF2
SiF3
PHOSPHORUS COMPOUNDS
PH
PH2
PCH3
PCH2—
PC6H5
(Aliphatic)3P=O
(Aromatic)3P=O
(RO)3P=O
P—O—CH3
P—O—CH2CH3
P—OC6H5
P—O—P
P—O—H
O
||
P—OH (SINGLE OH)
s = strong m = medium w = weak v = variable

부록 C 알켄의 흡수

표 C-1 알켄의 흡수[a]

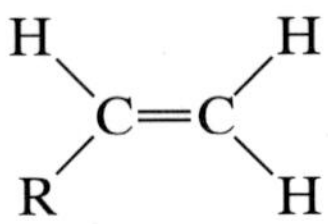 Vinyl 1648–1638 cm^{-1} 995–985 cm^{-1} (s)[b] 915–905 cm^{-1} (s)	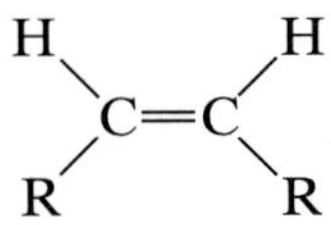 *cis* 1662–1626 cm^{-1} (v) 730–665 cm^{-1} (s)	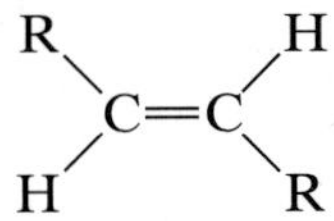 *trans* 1678–1668 cm^{-1} (v) 980–960 cm^{-1} (s)[c]
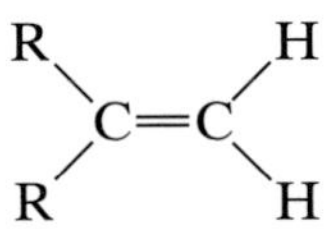 Vinylidine 1658–1648 cm^{-1} (m) 895–885 cm^{-1} (s)	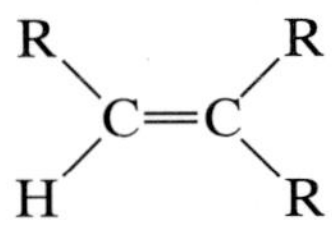 세 치환된 1675–1665 cm^{-1} (w) 840–790 cm^{-1} (m)	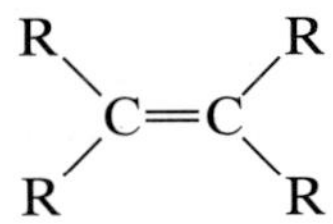 네 치환된 1675–1665 cm^{-1} 아주 약함 또는 없음.

[a] s = 강한, m = 중간, w = 약한, v = 다양한 세기

[b] 이 띠는 또한 강한 배음 띠가 나타난다.

[c] 이 띠는 소르브산(sorbic acid)의 에스터에서처럼 콘쥬게이션된 *trans*–*trans* 시스템에서 1000 cm^{-1} 근처에서 일어난다.

표 C-2 고리와 비고리 시스템에서 C=C 신축 진동수 (cm^{-1})

고리[a] 또는 사슬	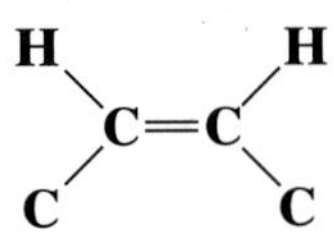	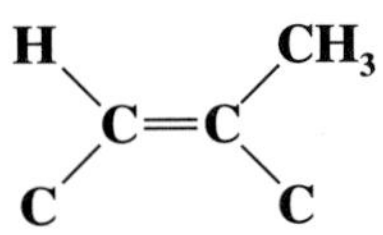	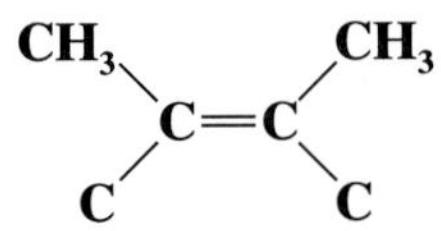	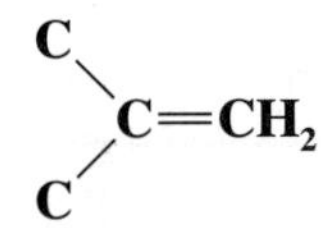
Chain *cis* Chain *trans*	1661 1676	1681	1672	1661
Three-membered ring	1641		1890	1780
Four-membered ring	1566		1685	1678
Five-membered ring	1611	1658	1686	1657
Six-membered ring	1649	1678	1685	1651
Seven-membered ring	1651	1673		
Eight-membered ring	1653			

[a] 모든 고리는 *cis* 이중 결합을 갖고 있다.

부록 D 인 화합물의 흡수

표 D-1 P═O와 P—O의 신축 진동

그룹	위치 cm^{-1} 세기[a]	ν_{P-O} 띠[a] (cm^{-1})
P═O 신축		
Phosphine oxides		
지방족	~1150	
방향족	~1190	
Phosphate esters[b]	1299–1250	
P—OH	1040–910 (s)	
P—O—P	1000–870 (s)	~700 w
P—O—C (지방족)	1050–970 (s)[c]	830–740 (s)[d]
P—O—C (방향족)	1260–1160 (s)	994–855 (s)

[a] s = 강한; w = 약한 세기 띠

[b] 산화물에 비해 상대적으로 에스터의 P═O 신축 진동수가 증가한 것은 전기음성도를 가진 알콕시기가 결합되었기 때문이다.

[c] 이중선으로 나타날 수도 있다.

[d] 없을 수도 있다.

부록 E 헤테로방향족의 흡수

표 E-1 피리딘의 γ-CH와 고리 굽힘 (β-고리) 띠[a]

치환	인접한 H 원자 개수	γ-CH (cm^{-1})	β-고리
2-	4	781–740	752–746
3-	3	810–789	715–712
4-	2	820–794	775–709

[a] 3.6.30.4절의 본문과 Katritzky의 책 (1963) 에 γ와 β 표기 방법이 설명되어 있다.

표 E-2 퓨란, 싸이오펜, 피롤의 특징적인 γ-CH 또는 β-고리 띠

고리	치환 위치	상태	γ-CH 또는 β-고리 방식[a]			
			cm^{-1}	cm^{-1}	cm^{-1}	cm^{-1}
Furan	2-	$CHCl_3$	~925	~884	835–780	
	2-	액체	960–915	890–875		780–725
	2-	고체	955–906	887–860	821–793	750–723
	3-	액체		885–870	741	
Thiophene	2-	$CHCl_3$	~925	~853	843–803	
	3-	액체				755
Pyrrole	2-Acyl	고체			774–740	~755

[a] 3.6.30.4절의 본문과 Katritzky의 책 (1963) 에 γ와 β 표기 방법이 설명되어 있다.

3장

양성자 핵자기 공명 분광법

3.1 서론

핵자기 공명 분광법 (Nuclear Magnetic Resonance (NMR) spectrometry) 은 기본적으로 IR이나 UV분광법과 같은 계열로서, 또 다른 한 형태의 흡수 분광법 (absorption spectrometry) 이다. 적당한 조건의 **자기장** (*magnetic field*) 에서, 시료는 그 특성에 맞는 주파수의 라디오 주파수 (radio frequency, rf) 영역의 전자기 복사 (electromagnetic radiation) 를 흡수할 수 있다. 이런 흡수는 분자내의 특정 핵 (nuclei) 의 성질에 의존적이다. 흡수 피크 (absorption peak) 의 주파수 (frequency) 와 피크 강도 (peak intensity) 를 그림으로 나타내는 것이 NMR 스펙트럼 (spectrum) 의 구성요소이다. 이 장에서는 양성자 자기 공명 분광법 (proton magnetic resonance (^{1}H NMR) spectrometry) 을 다루려고 한다.

기본 이론을 조금만 알면, NMR 스펙트럼은 보통 그냥 들여다 보기만 해도 IR이나 질량 스펙트럼보다 훨씬 더 상세히 해석할 수 있다. 여기서 다루는 내용은 다른 스펙트럼 정보와 관련지어 유기 화합물의 구조를 규명하고자 하는 제한적인 당면 목표를 이루기에는 충분할 것이다. 참고 문헌은 이 장의 끝에 주어져 있다.

3.2 이론

3.2.1 핵의 자기적 성질

핵의 몇 가지 자기적 성질을 살펴보면서 시작해 보자. 모든 핵은 전하를 가지고 있다. 어떤 핵에서 이 전하는 핵의 축 위에서 회전하고 있으며, 이 전하의 회전으로 자기 쌍극자 (magnetic dipole) 가 그 축을 따라 생긴다 (그림 3.1). 회전하는 전하 (spinning charge) 의 각운동 모멘트 (angular momentum) 는 양자 스핀수 (quantum spin number) I [이 수는 0, 1/2, 1, 3/2, 등의 값을 가진다 ($I = 0$은 스핀이 없는 것을 의미한다)] 로 기술될 수 있다. 생성된 쌍극자의 내재적 크기는 핵자기 모멘트 (nuclear magnetic moment) μ로 표현될 수 있다.

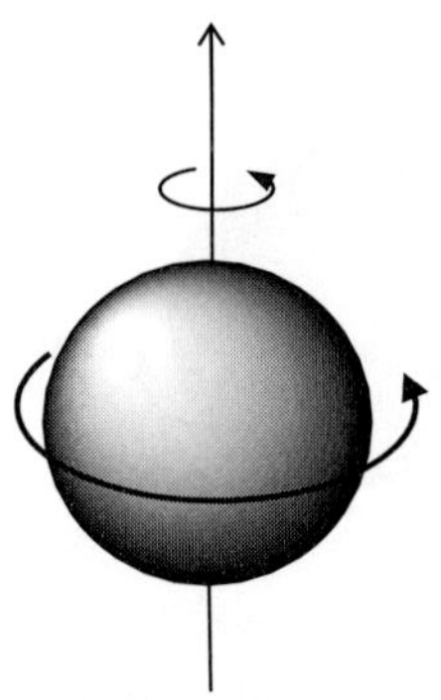

그림 3.1 양성자처럼 회전하는 전하는 자기 쌍극자가 생기게 한다.

여러 가지 핵의 스핀수 I와 함께 상대적 성질들은 6장의 부록 A에 주어져 있다. 표 3.1에서 보듯이, 스핀수 I는 원자량 (atomic mass) 과 원자 번호 (atomic number) 로부터 구해질 수 있다.

표 3.1 원자량과 원자 번호의 다양한 조합과 함께 나타낸 핵의 스핀 수 I의 형태

I	원자량	원자번호	핵의 예
반쪽 정수 (half integer)	홀수	홀수	$^{1}_{1}H(\frac{1}{2})$, $^{3}_{1}H(\frac{1}{2})$, $^{15}_{7}N(\frac{1}{2})$, $^{19}_{9}F(\frac{1}{2})$, $^{31}_{15}P(\frac{1}{2})$
반쪽 정수 (half integer)	홀수	짝수	$^{13}_{6}C(\frac{1}{2})$, $^{17}_{8}O(\frac{1}{2})$, $^{29}_{14}Si(\frac{1}{2})$
정수 (integer)	짝수	홀수	$^{2}_{1}H(1)$, $^{14}_{7}N(1)$, $^{10}_{5}B(3)$
영 (zero)	짝수	짝수	$^{12}_{6}C(0)$, $^{16}_{8}O(0)$, $^{34}_{16}S(0)$

여러 가지 핵 (예, $^{1}_{1}H$, $^{3}_{1}H$, $^{13}_{6}C$, $^{15}_{7}N$, $^{19}_{9}F$, $^{31}_{15}P$) 은 스핀수 $I =$ 1/2를 갖고 있으며, 균일하게 구형으로 (spherical) 전하가 분포되어 있으므로 (그림 3.1), 이들의 스펙트럼은 손쉽게 얻어질 수 있다. 이들 중에서 NMR 분광법에서 가장 널리 사용되는 것은 ^{1}H (이 장에서) 과 ^{13}C (4장에서)이다.

1 또는 그보다 더 큰 스핀수 I를 가진 핵은 비구형 (nonspherical) 전하 분포를 띠고 있다. 이 비대칭성은 전기적 사극자 모멘트 (quadrupole momentum) 로 기술되며, 나중에 알게 되겠지만, 이는 이완 시간에 영향을 주며, 결과적으로 신호의 선너비 (linewidth) 와 이웃 핵과의 짝지음 (coupling) 에 영향을 주게 된다. 양자 역학에서, 핵이 균일한 외부 자기장에 놓여있을 때, 스핀수 I는 식 $2I + 1$을 따르는 배향수 (number of orientations) 를 결정지어 준다. 여기서 우리는 스핀수 I가 1/2인 양성자를 다루고 있다.

3.2.2 스핀 1/2인 핵의 들뜸

외부 자기장에 놓여 있는 스핀 1/2인 핵에는, 2개의 에너지 준위 (energy level) 가 있으며, Boltzman 분포 (distribution) 법칙에 따라, 양성자 개체수 (proton population) 는 에너지가 낮은 상태에 좀 더 많다 ($N_\alpha > N_\beta$, 그림 3.2). 에너지 상태는 α와 β 또는 1/2과 $-1/2$로 표시하며, ΔE는 다음과 같이 주어진다.

$$\Delta E = (h\gamma/2\pi)\boldsymbol{B}_0$$

여기서 h는 Plank 상수이며 $\boldsymbol{B}_0$는 자기장의 세기를 나타낸다*. h, γ, π가 상수이기 때문에, 이 식은 ΔE가 단순히 $\boldsymbol{B}_0$에 비례한다는 것을 의미한다.

수소 양성자의 두 에너지 준위가 일단 확립되면, 주어진 $\boldsymbol{B}_0$값의 정지 (서 있는) 자기장 (stationary magnetic field) 에서, 에너지 준위 사이의 전이가 가능하도록 라디오 주파수 방사 (radiofrequency radiation, ν_1) 의 형태로 에너지를 넣어 주는 것이 가능할 것이다. **적용된 라디오주파수 $\boldsymbol{\nu}$를 자기장의 세기와 연결시켜 주는 기본적인 NMR 수식은 다음과 같다.**

$$\nu_1 = (\gamma/2\pi)\boldsymbol{B}_0$$

여기서 다음을 이용하였다.

$$\Delta E = h\nu$$

넣어준 라디오주파수 ν_1는 메가헤르츠 (MHz) 로 표현된다. 양성자에 대하여, 2.35 테슬라 (T) 의 자기장 세기에서

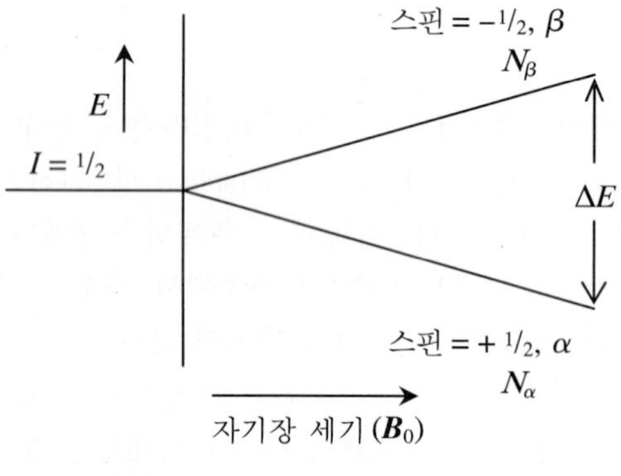

그림 3.2 $\boldsymbol{B}_0$ 크기의 자기장에서 두 가지 양성자의 에너지 준위. N은 높은 에너지 상태 (N_β) 와 낮은 에너지 상태 (N_α) 에서의 스핀의 개체수 (population) 이다. 자기장 ($\boldsymbol{B}_0$) 의 방향은 위쪽이며, 세로 좌표와 평행하고, 크기는 오른쪽으로 갈수록 증가한다. 자기장 ($\boldsymbol{B}_0$) 이 더 커질수록 ΔE도 증가한다.

* 용어 $\boldsymbol{B}$ (magnetic induction, flux density) 는 $\boldsymbol{H}$ (magnetic intensity) 를 대체하여 쓰인다. $\boldsymbol{B}$의 SI 측정 단위인 SI 테슬라 (T) 는 용어 가우스 (G) 를 대치하여 쓰인다 ($T = 10^4$ G) 주파수 용어 헤르츠 (Hz) 는 초당 회전수 (cps) 를 대체하여 쓰인다. MHz는 메가헤르츠 (10^6 Hz) 이다.

100 MHz의 주파수가 필요하다 (같은 비율에서 다른 ν와 $\boldsymbol{B}_0$의 조합을 보려면 6장 부록 A를 참조). 이 비율에서 시스템은 **공명상태** (*resonance*) 에 있으며; 에너지는 양성자에 의해서 흡수되고, 양성자는 더 높은 에너지 상태로 올라가게 되며, 스펙트럼이 기록될 수 있다. 그래서 이름 **핵자기 공명 분광법**(*nuclear magnetic resonance spectrometry*) 이 붙여진 것이다. 상수 γ는 기본적인 핵상수인 자기회전 비율 (magnetogyric ratio) 이라 불린다. 이것은 자기 모멘트 μ와 스핀수 I 사이의 비례 상수이다.

$$\gamma = 2\pi\mu/hI$$

라디오주파수 에너지 ν_1는 주파수를 연속파나 (continuous-wave, CW) 나 전영역의 라디오주파수 에너지를 한꺼번에 펄스 (pulse) 로 내보냄으로써 넣어줄 수 있다. 이 두 가지 방법은 뚜렷한 두 종류의 NMR 분광기의 형태에 적용되었다.

CW 분광기에서, 자기장에 놓여진 시료에 요구되는 주파수 범위 내에서 천천히 훑으면서 주파수가 쪼여진다. 흡수 에너지를 주파수의 함수로 기록함으로써 결과 스펙트럼은 얻어진다. 펄스 분광기에서는 시료가 자기장에 놓여지면, 모든 영역을 덮을 수 있도록 충분히 큰 주파수 영역을 가진 고출력 라디오주파수 에너지 펄스 (pulse) 로 쪼여진다. 이 펄스는 시료의 모든 핵들을 동시에 들뜨게 할 수 있다. 펄스 후에, 들뜬 핵들은 바로 바닥 상태 (ground state) 로 돌아오기 시작하고 흡수된 에너지를 방사한다. 기록기 (recorder) 는 자유 유도 감쇠 (free induction decay, FID) 하고 있는 에너지를 모은다. 이것은 시간에 따라 방사하는 모든 핵들의 총합이다. 시간 함수 (time domain) 인 FID의 정보는 읽을 수 있는 주파수 함수(frequency domain) 인 스펙트럼으로 바뀌어 진다 (Fourier transform, FT) .

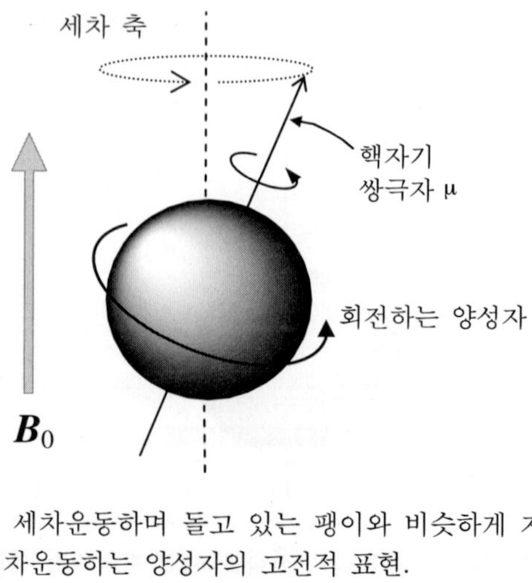

그림 3.3 세차운동하며 돌고 있는 팽이와 비슷하게 자기장 크기 $\boldsymbol{B}_0$에서 세차운동하는 양성자의 고전적 표현.

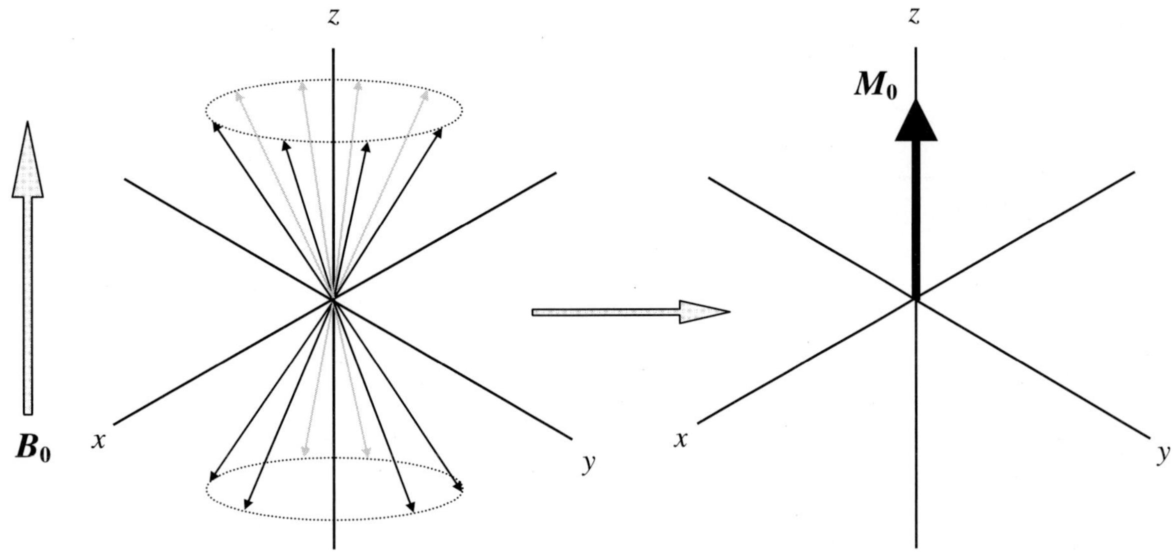

그림 3.4 정지(서 있는) 자기장 B_0의 방향으로 알짜 거시적 자기화 모멘트 M_0를 가진 세차운동하는 핵들의 집합체.

문제는, 정지(서 있는) 자기장에 나란히 맞추어진 양성자에 라디오주파수(rf) 전자기 에너지를 어떻게 적용하느냐 하는 것과 양성자들이 더 높은 스핀 상태로 올라감에 따라 흡수된 에너지를 어떻게 측정하느냐 하는 것이다. 이것은 고전역학으로 설명될 수 있다. 외부 자기장 안에서 돌고 있는 양성자가 있다고 해보자. 양성자의 자기축(magnetic axis)은, 마치 수직을 벗어나 돌고 있는 팽이(또는 gyroscope)가 중력의 영향으로 세차운동하는 것처럼, 정지(서 있는) 자기장 B_0의 z축을 세차운동하게 된다(그림 3.3).

z축(즉, 정지(서 있는) 자기장 B_0의 방향) 둘레에 무작위 위상(random phase)으로 세차운동하는 동등한 양성자들의 집합체는 z축을 따라 알짜 거시적 자기화 모멘트(net macroscopic magnetization) M_0를 가진다, 그러나 xy 평면에는 하나도 없다(그림 3.4).

적용된 rf(ν_1)가 동등한 양성자들의 세차 주파수(precessional frequency, Larmor 주파수 ν_L, MHz)와 같아질 때, 핵자기 공명상태가 이루어지며 기본 NMR 관계식은 다음과 같이 쓸 수 있다.

$$\nu_L = \nu_1 = (\gamma/2\pi)B_0$$

이 식은 고립된(홀로 있는) 양성자 집합체에 적용된다(3.5절 참조).

다음 목적은 정지(서 있는) 직교 좌표(stationary Cartesian frame)의 xy 수평 평면 쪽으로 알짜 자기화 모멘트 M_0를 기울이는 것이고, 그 결과로 생기는 그 평면에서의 자기화(magnetization) 성분을 측정하는 것이다. rf 전자기 에너지 ν_1는 자기 성분 B_1이 주 자기장 B_0에 직각이 되도록 도입되고, 세차운동하는 양성자 집합체와 함께 돌고 있도록 적용된다. 이것은 주 자기장 B_0에 수직이 되는 축(관례로 x좌표의 방향으로)을 가진 rf 진동자(rf oscillator)를 사용하면 실현될 수 있다. 그런 진동자(oscillator)는 x축 방향에 따라 연속적으로 진동하는 자기장 B_1를 만들어낼 수 있다. 진동하는 자기장(oscillating magnetic field)은 서

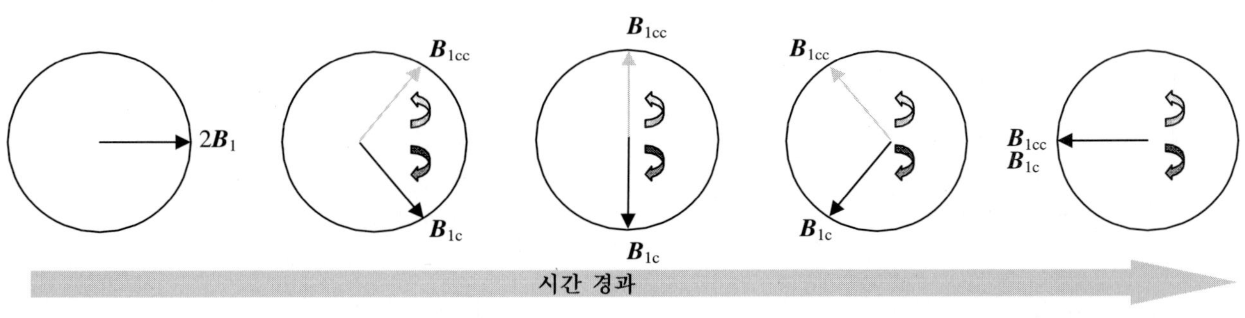

그림 3.5 진동하는 자기장은 두 개의 회전하는 대응 성분으로 분리할 수 있다. B_{1c}와 B_{1cc}는 시계방향 B_1과 시계반대방향 B_1을 각각 나타낸다.

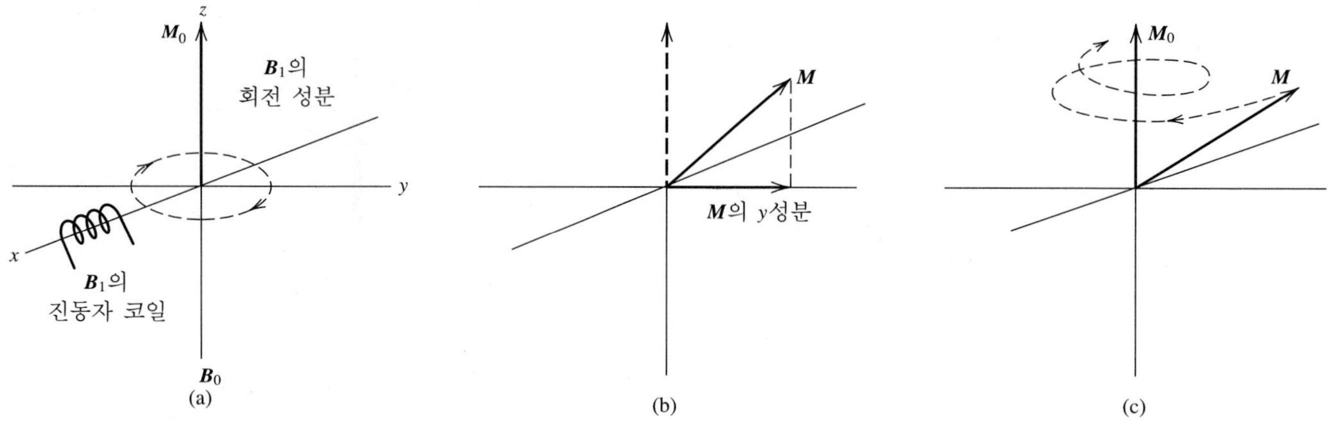

그림 3.6 (a와 b) 진동자(oscillator)에 의해 돌고 있는 성분 B_1이 적용 자기장에 수직으로 생긴다. 알짜 자기화 모멘트 M_0는 M으로 기울어진다. M은 z축 주위를 세차운동하므로 수평평면에 자기화 성분이 생긴다. (c) M은 세로이완(longitudinal relaxation)하여 나선형의 형태로 M_0로 감소한다. 가로 이완(transverse relaxation) T_2 (M의 위상 사라짐)은 생략되어 있다. 직교 좌표는 서 있다.

로 반대방향으로 돌고 있는 두 성분으로 분리될 수 있다(그림 3.5). 이 성분들 중의 하나는 양성자의 세차운동 궤도와 같은 방향으로 돌고 있고; 반대방향으로 돌고 있는 성분은 효력이 없다.

진동자 주파수(oscillator frequency) ν가 바뀔 때(즉, 주파수 스캔, frequency scan), 돌고 있는 자기장(rotating magnetic field)의 주파수는 양성자들의 세차운동하는 Larmor 주파수 ν_L와 **공명**(*resonance*)하게 될 것이며, 위상 일치(phase coherence)를 유도하게 되며, 수평 평면 쪽으로 알짜 자기화 모멘트 M_0를 기울어지게 할 것이다(그림 3.6. a와 b). *xy* 평면에 발생된 자기화 성분은 *xy* 평면에 설치된 수신 코일(receiver coil)에 감지될 수 있다. 이렇게 하여, 최대 신호 강도(maximum signal intensity)는 세차운동 주파수와 일치하는 진동자 주파수에서 얻어진다.

CW 스펙트럼에서, 가끔 작은 "회전 곁띠(spinning side band)"(그림 3.7)가 강한 흡수 피크의 양쪽 가에 대칭으로 보인다. 이것은 자기장 및 회전하는 NMR 튜브의 불균질성(inhomogeniety)으로 말미암은 결과이다. 이들은 대칭적으로 나타나는 것과 흡수 피크로부터 떨어진 정도가 회전 속도(spinning rate), 보통 10–20 Hz와 같기 때문에 쉽게 알아차릴 수 있다.

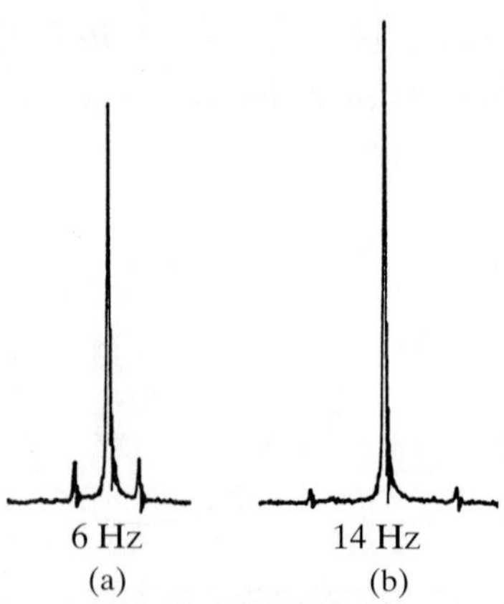

그림 3.7 6 Hz (a)와 14 Hz (b)의 회전 속도로 생긴 회전 곁띠를 가진 순수 클로로폼의 신호(signal) (출전: F.A. (1969). *NMR Spectroscopy*. New York: Academic Press. 인용허가)

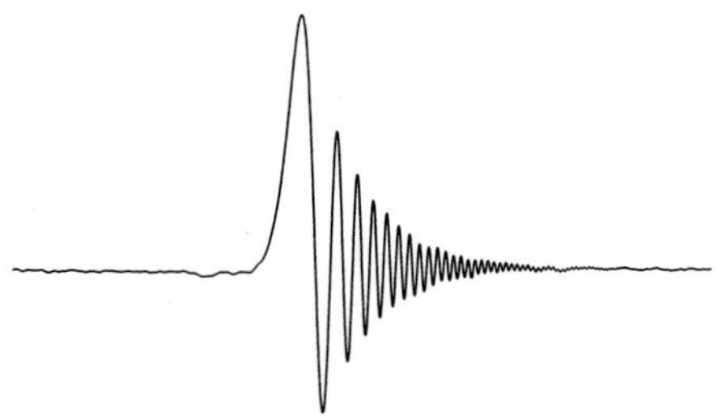

그림 3.8 CW 스펙트럼에서 공명을 지난 후에 나타난 울림(ringing, wiggle) 현상. 스캔 방향은 왼쪽으로부터 오른쪽이다.

또 CW스펙트럼에서만 보이는, 강한 날카로운 피크의 낮은 주파수 쪽에 나타나는 진동들은 "울림(ringing)"이라 불린다(그림 3.8). 이것들은 흡수 피크를 통과하여 나오면서 생긴 맥놀이(beat) 주파수이며, 옛 문헌에 자주 보인다.

CW 기기의 가장 큰 단점은 스펙트럼을 얻기까지 몇 분이 걸린다는 것(0 – 14 ppm)과 제한된 시료양이나 덜 민감한 핵에는 감도(sensitivity)가 낮다는 것이다. 반복 스캔을 해도 신호/잡음 비율(signal/noise ratio)이 개선되지 않는다. 전형적으로 이런 형태의 기기는 시료를 그냥 원액(neat)으로 쓰거나 매우 높은 농도로 사용할 때 활용될 수 있다. ^{13}C (^{1}H보다 약 6000배 덜 민감)와 같은 다른 핵은 거의 CW로 분석되지 않는다.

지금까지 우리는 정지(서 있는) 균일한 자기장 B_0에서 동등한 양성자들 집합체의 알짜 자기 모멘트 M_0와 진동하는

rf 장 ν_1 (실제로, rf로 생긴 자기장 $\boldsymbol{B}_1$의 원형 성분 중의 하나) 사이의 상호작용을 기술하였다 (그림 3.5). 스펙트럼을 얻기 위해서, 진동자 주파수 ν_1를 양성자 주파수 범위 내에서 스캔할 수 있다. 각각 다른 종류의 양성자는 하나씩 차례로 공명에 도달하게 되어야 한다. 이 방식은 CW 분광법이며 초기 기기에 적용되었다. CW는 아직도 저분해능 기기에 사용되고 있으나, CW는 거의 모두 펄스 FT로 대치되었다. 그러나 CW 방식을 좀 더 쉽게 이해할 수 있기 때문에, 익숙한 서 있는 *xyz* 직교 기준좌표 (stationary Cartesian frame of reference) 를 이용하여 이것을 먼저 다루었다. 지금부터 우리는 진동자 주파수를 일정하게 두고 자기장 $\boldsymbol{B}_0$를 스캔할 수 있는 펄스 FT 분광법과 회전 (돌고 있는) 직교 기준좌표 (rotating Cartesian frame of reference) 를 도입하고자 한다.

펄스 기법은 주로 ^{13}C 분광법에서 훨씬 더 높은 감도를 실현하기 위한 요구에 부응하기 위하여 개발되었다 (4장). 관심거리인 모든 핵(이 장에서 양성자) 을 한꺼번에 들뜨게 하고 모든 신호 (signal) 를 한꺼번에 수집함으로써, 너 높은 감도를 얻을 수 있다 (그림 3.9a). 어떤 의미에서, 펄스는 순간적 스캔으로 표현될 수 있다. *x*축을 따라 적용되는 중앙 주파수 (center frequency) ν_1는 짧고 강한 rf 펄스로 요구되는 모든 영역의 주파수를 발생할 수 있으며, 본질적으로 CW기기에서 스캔하는 진동자와 같은 효과를 낼 수 있다. 이것은 알짜 자기 모멘트 $\boldsymbol{M}_0$를 *xy*평면으로 기울게 할 수 있으며 (보통 90°기울기), 모든 양성자들을 동시에 그렇게 할 수 있다 (그림 3.9b). *xy* 펄스를 준 후에, *xy* 평면에 생기는 자기화 신호 (magnetization signal) 는 거의 순간적으로 감지되며, 아날로그를 디지털로 바꾼 후에 획득 시간 (acquisition period, t_2) 이라 불리는 시간 동안에 컴퓨터에 의해 수집된다 (그림 3.9c). 이 시간 동안에, *z*축을 세차운동하고 있는 신호 ($\boldsymbol{M}$) 은 *y*축에 투영 (projection) 되어 감지된다. 예를 들어, 펄스 후에 바로, $\boldsymbol{M}$은 *y*축에 위치하며 신호는 최대값에 이른다. 일정 시간 후에 신호는 *x*축 쪽으로 회전하여, *y*축에 투영되는 값은 0이며, 계속 회전하여 신호는 −*y*축으로 간다 (이때 최소값). *z*축 주위의 이와 같은 회전은 자기화 모멘트 ($\boldsymbol{M}$) 가 평형 상태로 되돌아 이완 (relaxation) 될 때까지 계속된다 (3.2.3절 참조).

결과는 감쇠하는 인터페로그램 (interferogram, 예로 3.2.3 참조) 으로 기술될 수 있는 이른바 FID이다. 모아진 신호는 적용된 주파수 ν_1과 각 양성자의 Larmor 주파수 ν_L와의 차이를 나타낸다. 그 FID는 컴퓨터 셈법에 의해 보통의 NMR 스펙트럼으로 푸리에 변환 (Fourier-transform) 된다. 양성자의 이완 시간 (relaxation time) 이 보통 몇 초 또는 몇 분의 일 초의 크기이기 때문에, 신호를 모으면서 빠른 펄스를 반복적으로 줄 수 있다. 어떤 ^{13}C핵은 이완 (relaxation) 되도록 하기 위하여 펄스들 사이에 훨씬 더 긴 간격을 필요로 한다. 적당한 간격이 없으면 신호가 약하고 부정확한 피크면적을 나타내는 결과를 초래한다 (4.3.1절 참조).

3.2.3 이완

고전 역학적으로 알짜 자기화 모멘트 ($\boldsymbol{M}_0$) 를 *xy* 평면에 기울게 하려면, 어떻게 $\boldsymbol{M}_0$가 *z*축으로 되돌아오는지 논의해 볼 필요가 있다.

두 종류의 "이완 (relaxation)" 과정이 있다. 스핀 격자 (spin lattice) 또는 세로 이완 (longitudinal relaxation) 과정(시간 T_1으로 정의됨)은 들뜬 양성자들로부터 적당한 주파수에서 뒹굴고 있는 주변의 양성자들에게 에너지가 이동되는 과정을 포함한다. 그림 3.6c는 알짜 자기화 모멘트가 나선형 모양 (decreasing spiral) 으로 감소하며 *z*축으로 되돌아감에 따라, T_1 과정에 의해 *xy* 성분이 소실되는 것을 보여주고 있다.

스핀–스핀 (spin-spin) 또는 가로 이완 (transverse relaxation) 과정 (시간 T_2로 정의됨) 은 세차운동하고 있는 양성자들 사이에서 에너지가 이동되는 과정을 포함하며, 이로 인하여 위상 사람짐 (dephasing, fanning out), 선 퍼짐 (line broadening), 신호 소실 (signal loss) 등의 결과를 초래한다 (그림 3.10). T_2*는 가로 신호 소실 (transverse signal loss) 에 기여하는 모든 요인들에 대한 시간을 정의하기 위하여 사용된다. 이 용어는 T_2 (실제 스핀의 역학적 시간) 및 보통 두드러지게 작용하는 자기장의 비균질성(inhomogeneity) 효과를 포함하고 있다.

전형적으로 작은 분자의 경우에, T_1과 T_2는 크기에서 비슷하며, 그들 사이의 관계는 다음과 같이 설명된다.

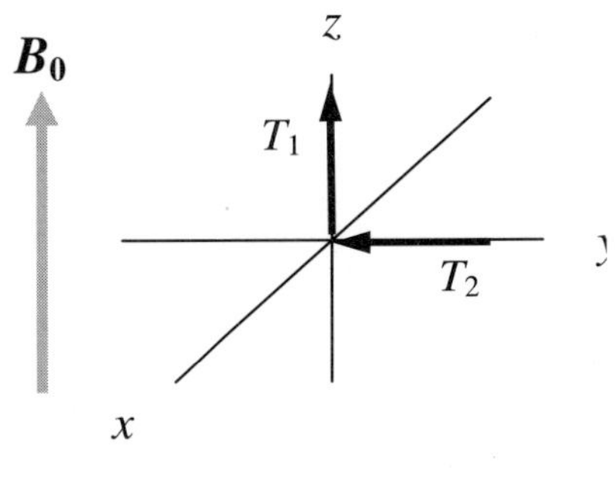

T_2 이완이 일어나게 되면, 이는 *z*축에 에너지를 전달하게 함으로써 *xy* 평면에서 $\boldsymbol{M}$이 감소되게 한다. 좀 더 큰 분자의 경우, T_1 이완 시간은 전형적으로 T_2보다 훨씬 더 길다.

보통 점성이 없는 용액에서 양성자의 경우, T_2 이완 시간은 뾰족한 피크를 얻을 수 있을 정도로 충분히 길고, T_1 이완 시간은 피크의 강도가 관련된 양성자의 수에 비례할 수

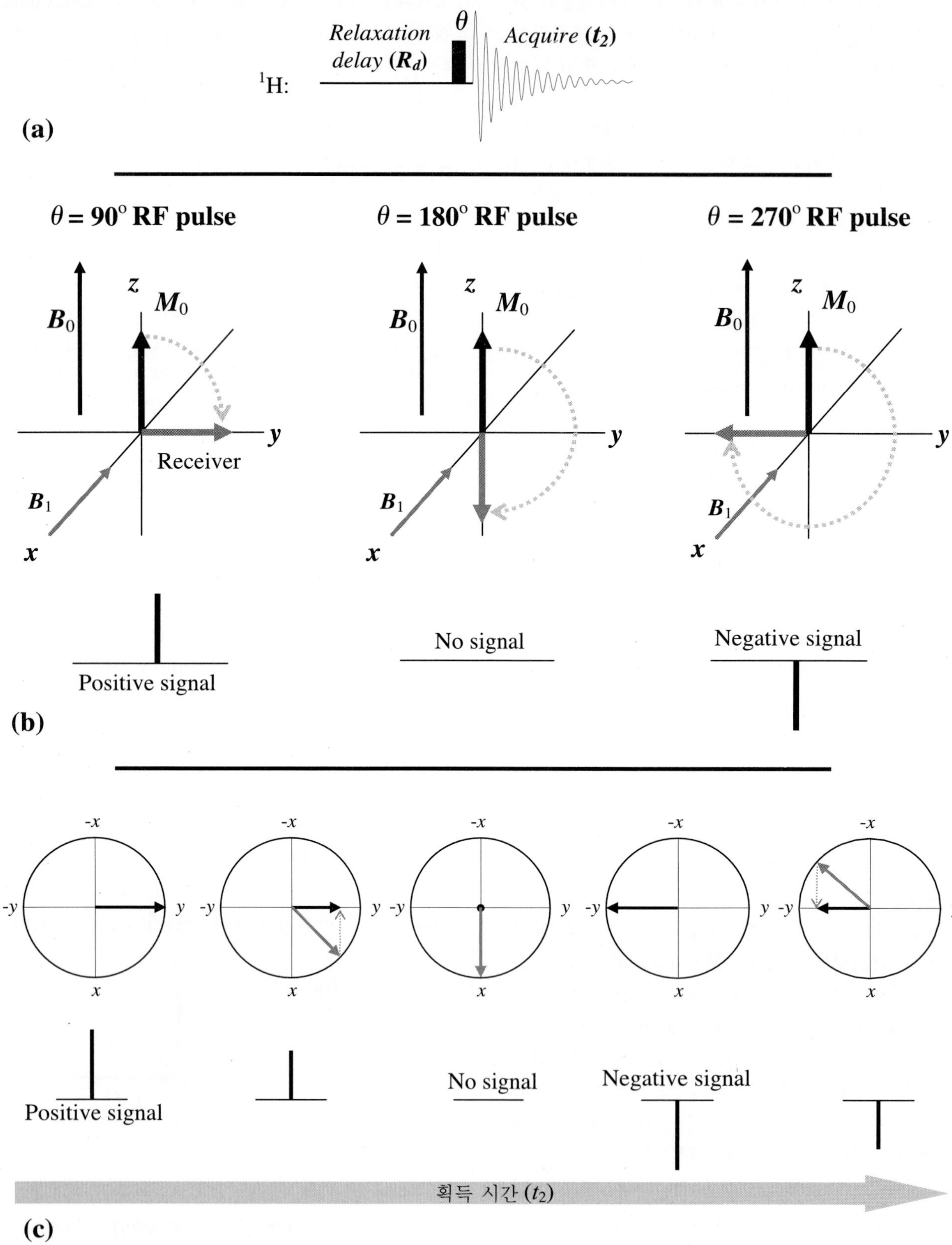

그림 3.9 (a) 표준 NMR 실험의 펄스 순서 (a) 가변 라디오 주파수 펄스이다. (b) 여러 가지 펄스 각도(θ)와 이에 따라 기대되는 신호의 효과를 보여 주고 있다. (c) 90° 펄스 후에, *xy* 평면에서 신호의 회전을 보여 주고 있다.

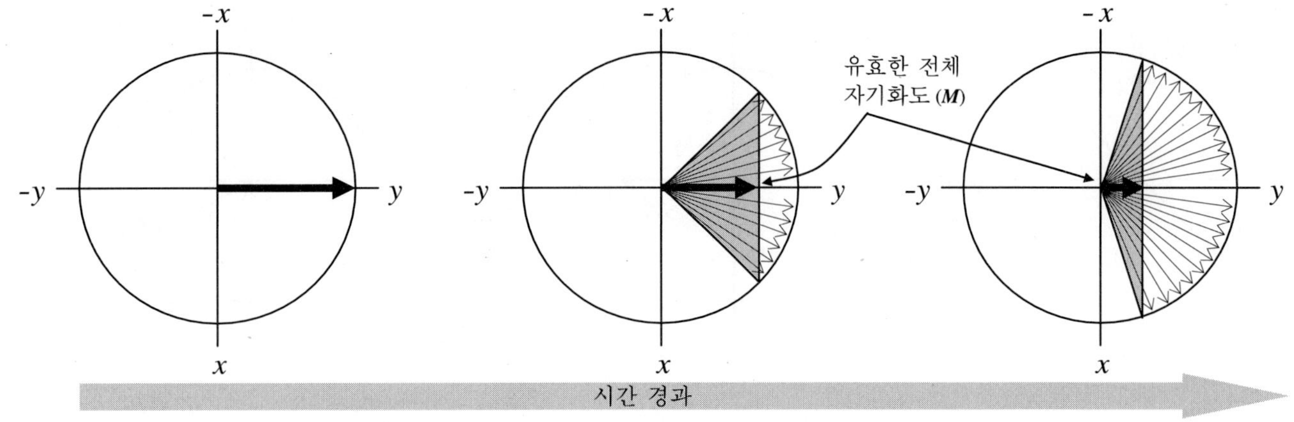

그림 3.10 *xy* 평면에서, 회전(돌고 있는) 기준 좌표 (rotating frame of reference) 와 같은 주파수로 돌고 있는 T_2 이완의 스핀. T_2 이완으로 *xy* 평면에서 자기화 모멘트는 위상이 사라지거나 (dephase) 퍼지게 될 것이다. 이것 때문에 선 넓어짐 (line broadening) 및 신호 감쇠 (signal decay) 가 나타난다. T_2 효과는 부분적으로 비균일성 자기장 (inhomogeneous magnetic field) 에 기인한다.

있도록 충분히 짧다. 이런 경우, 서로 다른 종류의 양성자들의 상대적 수는 스펙트럼에서 피크 아래의 면적을 측정함으로써 결정될 수 있다.

그러나 ^{13}C나 ^{15}N 핵의 경우에, T_1 이완 시간은 양성자보다는 더 길며 폭넓게 변하기 때문에, 이것은 고려되어야 한다. 여러 가지 예비적, 일반적인 서술은 다음과 같이 할 수 있으며, 좀 더 구체적인 것은 4장과 6장에서 더 찾을 수 있다.

^{13}C나 ^{15}N 핵은 핵에 붙어있는 양성자들과 적은 양이지만 인접한 다른 양성자들과도 그런 작용을 할 수 있다. T_1 쌍극자–쌍극자 상호작용 (diplole-diploe interaction) 을 할 수 있다. ^{15}N 핵은 양상이 좀 더 복잡해진다. 통상적인 ^{13}C나 ^{15}N 스펙트럼에서, 이 큰 T_1 때문에 신호는 부분적으로만 회복되므로, 펄스와 펄스 사이에 지연 간격 (delay interval) 을 두어야 한다 (그림 4.2a 참조). T_1 이완은 피크 강도와 깊이 관련되어 있다는 것을 알 수 있다.

이와는 달리, 주파수 영역의 불확실성과 시간 간격의 불확실성의 곱은 일정하다는 Heisenberg의 불확실성 원리에 따라, T_2는 피크 너비와 관련 있다.

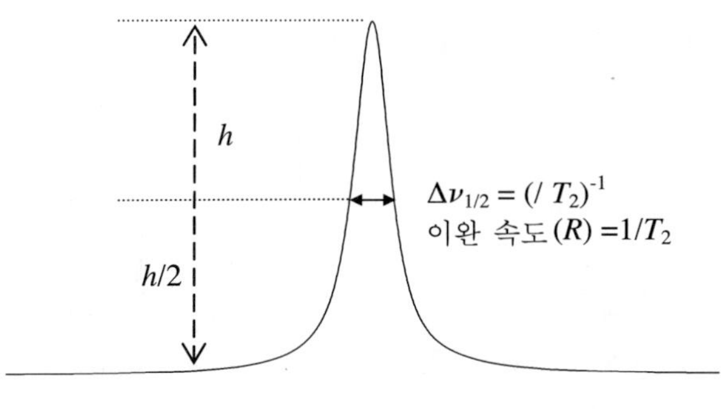

그림 3.11 높이의 반 (half height) 에서 피크 너비.

$$\Delta\nu \cdot \Delta t \geq 1$$

Δt (즉, T_2^*)가 작으면, $\Delta\nu$는 커지며, 그 피크는 그래서 넓어진다. T_2^*는 T_1나 T_2보다는 언제나 작기 때문에, 자기장 비균일성 (field inhomogeneity) 이 주요 성분인 T_2^*는 피크 너비 (peak width) 에 대한 주요 결정 요소가 된다. T_2는 피크의 1/2인 지점의 너비를 잼으로써 측정할 수 있다 (그림 3.11).

그림 3.16에, T_2 선 넓어짐 (line broading) 효과는 소량의 철분을 넣은 시료로 설명되고 있다. 이 철분 넣는 것이 주파수 영역 스펙트럼 (frequency domain spectrum) 에서 피크의 선너비 (linewidth) 에 어떤 영향을 주었는지 매우 명백하다. 이 철분 첨가가 시간 영역 자료 (time domain data, FID) 에 어떤 영향을 주었는가 하는 것은 잘 감지되고 있지 않다. 앞에서 언급했듯이, T_2는 $\boldsymbol{M}$이 *xy* 평면에 머무르는 시간의 양을 결정해 준다. 그렇기 때문에, 만약 T_2 이완이 짧다면 (넓은 신호), FID는 T_2가 길 때 (뾰족한 신호) 보다 훨씬 더 빨리 0으로 감쇠 (decay) 할 것이다.

어떤 화합물에서, *z*축에 나란히 맞추어진 총 알짜 자기 모멘트 $\boldsymbol{M}_0$ (그림 3.12에서 굵은 벡터) 가 세 개의 서로 다른 양성자들을 대표하는 세 개의 개개 알짜 자기화 모멘트 (가는 벡터) 로 구성되어 있다고 가정해 보자. 90° 펄스를 쬐어 줄 때, 각 구성 알짜 자기 모멘트는 서로 다른 주파수에서 공명하게 될 것이며, 모두 동시에 *y*축 위에서 돌게 된다. 성분 알짜 자기 모멘트 (가는 벡터) 는 T_1 및 T_2 메커니즘에 의해 이완되면서, 각각은 각각의 고유한 Larmour 주파수에서 세차운동을 시작한다. 여기에 두 가지 실질적인 문제가 있다. 첫째는, 가령 300,000,000 Hz (ν_1) 의 가운데 주파수 (운반 진동수라고 불림) 펄스 주위에서 5,000 Hz 정도가 다른

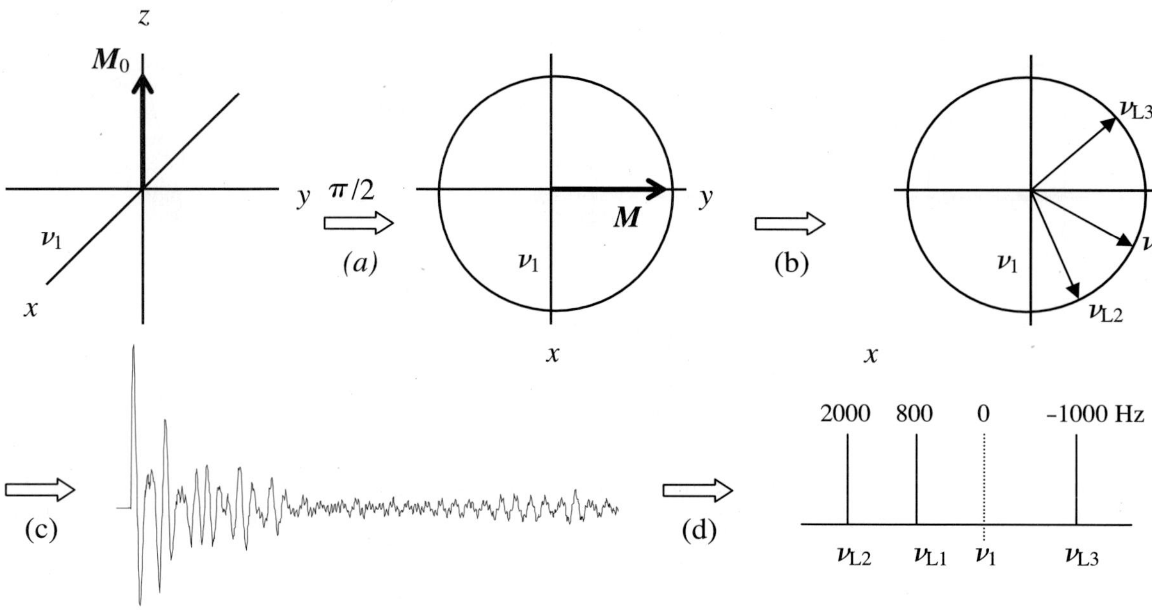

그림 3.12 회전(돌고 있는) 기준 좌표(rotating frame of reference). 알짜 자기화 모멘트 $\boldsymbol{M}$은 3개의 다른 양성자들의 Larmour 주파수(ν_{1L}, ν_{2L}, ν_{3L}) 성분으로 구성되어 있다(이어서 90° 펄스가 적용된다). 좌표는 ν_1(적용 펄스)로 돌고 있다. 펄스 후에 곧바로, 그 성분들은 ν_1에 상대인 세차운동을 한다. ν_{1L} 및 ν_{2L}는 적용 펄스 ν_1보다 더 높은 주파수이나, ν_{3L}는 ν_1보다 낮은 주파수이다.

주파수의 절대값을 정확히 잰다는 것이 어렵다는 것이다. 예를 들면, 세 개의 다른 종류의 양성자들은 300,002,000 Hz, 300,000,800 Hz, 299,999,000 Hz의 Larmour 주파수(ν_L)를 가질 수 있다. 이 문제는 각 Larmour 주파수와 스펙트럼의 가운데에 적용된 운반 주파수와의 차이를 잼으로써 해결될 수 있다. 이렇게 하면 주파수 차이는 2,000 Hz, 800 Hz, −1,000 Hz가 된다. 즉, 두 개는 운반 주파수보다 높고 하나는 낮다.

이 문제를 간단히 들여다보기 위하여, 정지(서 있는) 직교 좌표가 z축 주위를 운반 주파수(ν_1)로 돌고 있는 그런 좌표로 바꾸어 볼 수 있다. 이것은 마치 회전목마를 타고 있는 것처럼, 그 틀(frame)와 함께 돌고 있는 관찰자의 상

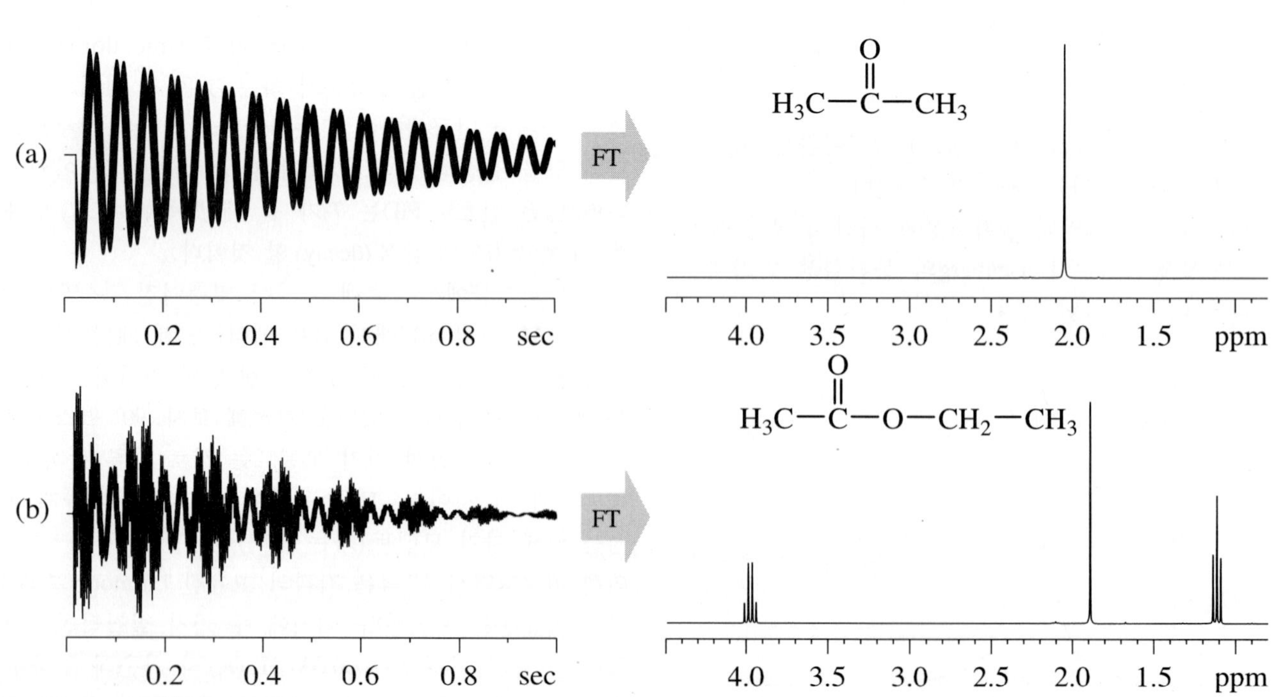

그림 3.13 (a) 아세톤의 FID와 FT 양성자 스펙트럼. (b) 아세트산에틸의 FID와 FT 양성자 스펙트럼. 둘 다 $CDCl_3$에서 측정.

황과 유사하다.

앞에서 언급했듯이, 이 주파수 차이는 세차운동하고 이완하는 벡터의 신호 강도가 감소하게 되는 그런 FID를 구성하고 있다.

FID와 펄스 FT 스펙트럼은 3.2.2절에서 서술되었다. 이 시점에서, 아직 화학 이동(chemical shift)이나 스핀 짝지음(spin coupling) 등이 논의되지는 않았지만, 두 스펙트럼을 들여다 보는 것은 유익할 것이다. FID, 시간 영역 스펙트럼(time-domain spectrum)은 푸리에 변환이라는 수학적 과정을 통하여 주파수 영역 스펙트럼(frequency-domain spectrum)으로 변할 수 있어야 하지만, FID나 FT 둘 다 진짜 스펙트럼이다.

아세톤, CH_3—(C=O)—CH_3에서의 양성자들은 화학적으로 동등하다. 이들이 펄스 후에 이완하게 됨에 따라, 감지되는 신호는 적용 수파수(ν_1)와 Larmour 주파수 ν_L 사이의 차이 만큼에 해당하는 주파수를 가진, 지수적으로 감쇠하는 단일 sine 파(시간 영역 FID)이다. 주파수 영역 스펙트럼으로 컴퓨터 푸리에 변환한 결과로, δ 0.00의 임의의 기준점(3.4절)으로부터 상대적인 δ 2.05의 화학 이동(chemical shift) 값에서 단일 피크를 보여 준다(그림 3.13a). 이 단일 피크는 아세톤 양성자들에 대한 전형적인 스펙트럼을 나타내고 있다.

아세톤의 동등한 메틸기와는 달리, 아세트산 에틸(CH_3—(C=O)—OCH_2CH_3)의 CH_3와 CH_2기는 화학적으로 서로 다르다. 따라서 FID (그림 3.13b)는 겹쳐진 세 개의 다른 사인(sine) 파로 이루어져 있으며, 맥놀이 (간섭) 패턴을 보여 주고 있다. FT 스펙트럼은 세 개의 서로 분리된 피크로 이루어져 있다. 왼쪽에서 오른쪽으로, 화학 이동(chemical shift)과 짝지음(coupling)의 결과로 사중선(quartet), 단일선(singlet), 삼중선(triplet)이 보이고 있다(3.4 및 3.5절 참조).

3.3 기기장치와 시료 준비

3.3.1 기기장치

1953년에 첫 번째의 상업용 NMR 분광기로 시작하여, 초기 기기들에는 양성자 공명 60, 80, 90, 100 MHz(보통 기기를 지칭하는 유용한 방법)에 각각 해당하는 1.41, 1.87, 2.20, 2.35 T의 자기장을 가진 영구자석 또는 전기자석이 사용되었다.

더 높은 분해능(resolution)과 감도(sensitivity)에 대한 필요성에 힘입어, 이른바 "마력경쟁(horsepower race)"의 결과로 300 − 600 MHz 기기가 보편적으로 사용되게 되었다.

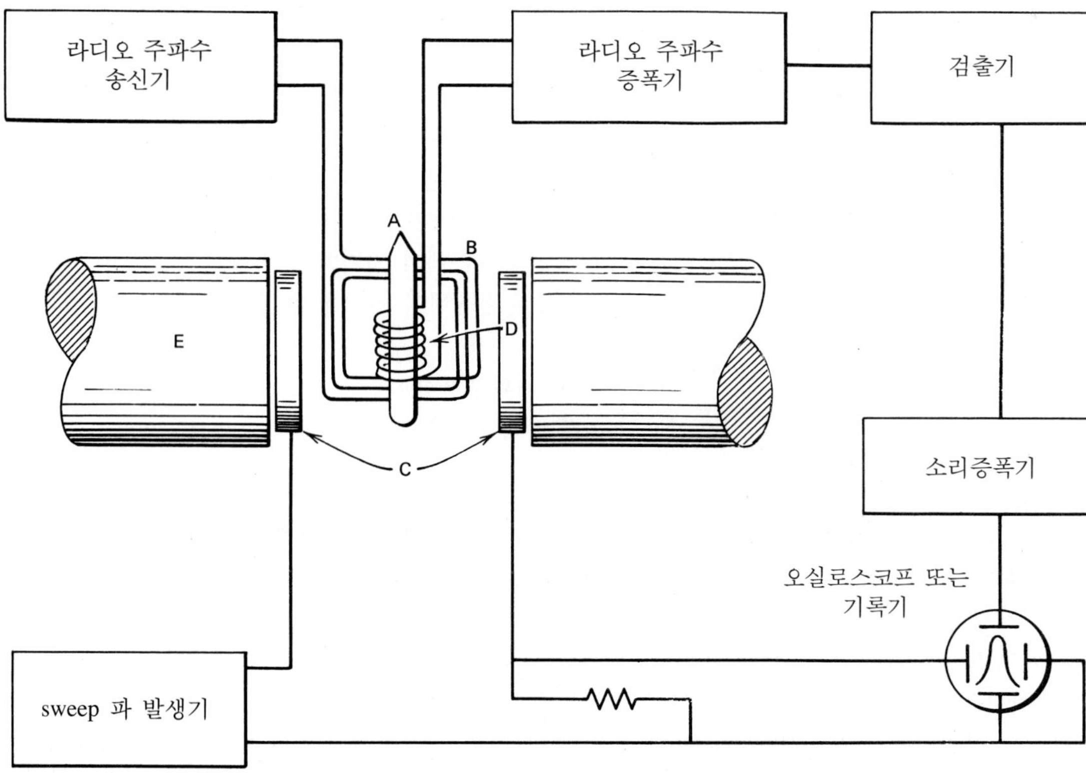

그림 3.14 CW NMR 분광기의 개요 그림. NMR 튜브는 자석의 *z*축에 수직이다. A = 시료 튜브, B = 송신기 코일, C = sweep 코일, D = 수신기 코일, E = 자석.

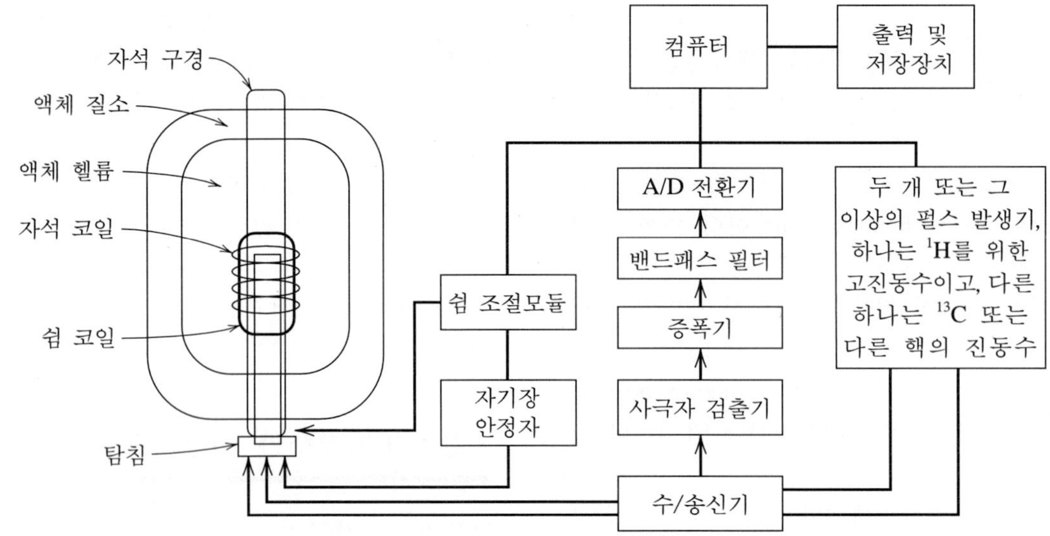

그림 3.15 초전도 자석을 가린 푸리에 변환 NMR 분광기의 도식도. 탐침은 액체 질소로 둘러싸인 액체 헬륨으로 냉각되어 있는 초전도 자석이 z축에 평행하다.

100 MHz 위의 모든 기기들은 헬륨으로 식히는 초전도 자석(solenoid)에 기반을 두고 있으며, 펄스 FT 방식으로 작동되고 있다. 고자장 이외에 따로 요구되는 것들로는 주파수–자장 안정성, 자기장 균질성(magnetic field homogeneity), 컴퓨터 주변 장비 등이 있다.

시료(보통 외경 5 mm 유리관에 중수소 용매에서 용액)는 탐침(probe)에 올려진다. 이 탐침(probe)은 송신기(transmitter) 및 수신기 코일(receiver coil), 자기장의 비균질성을 평균하여 제거할 목적으로 수직축 주위로 NMR 튜브를 돌리기 위한 회전자로 구성되어 있다.

CW NMR 분광기(그림 3.14)는 제어 콘솔(control console), 자석(전자석 또는 영구자석), rf 방사에 대한 안테나 역할을 하는 두 개의 직각 코일(송신 및 sweep 코일) 선으로 이루어져 있다. 한 코일은 rf 송신기(transmitter)에 붙어 있으며, 다른 코일은 rf 증폭기(amplifier) 코일이며, 검출용 전자장치에 붙어 있다.

그림 3.15에 초전도성 자석의 배치가 나와 있다. 전자석에서 NMR 튜브는 수평으로 놓여 있는 z축에 직각으로 돌고 있다. 반면에 초전도성 자석에서 튜브는 솔레노이드의 구멍 안에 들어맞게 되어 있고, 수직으로 놓여있는 z축 주위를 돌고 있다. 송신기와 수신기는 시료 핵(이 장에서는 양성자)을 감싸며 짝이루고 있다.

일정한 자기장에서 CW 스캔이나 펄스 FT로 얻어진 양성자 스펙트럼은 일련의 피크로 표현되며, 이것들의 면적은 각 양성자들의 수에 비례한다. 피크 면적은 피크 면적에 비례하는 일련의 계단(step)를 따라가는 전자 적분기(electronic integrator)에 의하여 측정된다(그림 3.26 참조).* 적분으로부터 얻은 양성자 수는 분자식을 결정하고 확인하거나, 숨겨진 피크를 알아내고, 시료의 순도를 결정하며 정량 분석하는데 유용하다. 피크 위치(화학 이동, chemical shift, 3.4절)는 기준 피크로부터 주파수 단위로 측정된다.

3.3.2 NMR 실험의 감도

펄스 FT NMR 실험의 감도는 신호대 잡음비(signal to noise ratio)로 다음과 같이 주어진다.

$$S/N = NT_2\ \gamma_{exc}\left(\frac{\sqrt[3]{B_0\gamma_{det}}\sqrt{ns}}{T}\right)$$

S/N = 신호대 잡음비
N = 시스템에서 스핀의 수(시료의 농도)
T_2 = 가로 이완 시간(선너비를 결정함)
γ_{exc} = 들뜬핵의 자기회전 비율
γ_{det} = 검출핵의 자기회전 비율
ns = 스캔수
B_0 = 외부자장
T = 시료 온도

(주 : ^{1}H 실험에서 γ_{exc}와 γ_{det}는 같은 핵이다. 덜 민감한 핵에 대하여 S/N비를 개선하기 위하여, 한 종류의 핵을 들뜨게 하여 더 좋은 자기회전 비율을 가진 다른 종류의 핵

* "화학적으로 다른 양성자들"은 매우 조금 다른 주파수에서 rf 에너지를 흡수한다. 이 차이는 300 MHz 주파수에서 약 5000 Hz 정도가 된다(4.7절 참조). 유기 화학자를 위한 NMR 분광법은 CH_3CH_2OH에 대해서 화학적으로 서로 다른 양성자들으로부터 세 개의 피크(피크 면적은 3:2:1이었다)를 얻은 Varian Associates의 실험으로부터 유래한다 [J.T. Arnold, S.S. Dharmanti, and M.E. Packard, *J. Chem. Phys*. 19, 507 (1951)].

을 감지하는 것이 유용할 수 있다. 이것은 5장과 6장에서 기술될 거꾸로 실험(inverse experiment)에서 사용된다).

300 MHz 기기에서, 양성자 NMR의 통상적인 시료 양은 바깥지름 5 mm 유리 튜브에 약 0.5 ml의 용매에 화합물 약 10 mg 정도이다. 바깥지름 1.0, 2.5, 3 mm 등을 사용할 수 있는 마이크로 탐침(microprobe)이 시중에 이용가능하며, 더 좋은 감도를 제공한다. 좋은 조건에서, 600 MHz 기기로 1.0 mm 마이크로튜브(microtube, 부피 5 μL)에서 보통 분자량의 화합물 100 ng으로 스펙트럼을 얻을 수 있다.

극저온 냉각 탐침의 개발로 ^{1}H NMR의 시료 요구량이 현저히 감소하게 되고 있다. 탐침의 열 잡음(thermal noise) 및 첫 번째 수신기의 전자공학(first-stage receiver electronics)이 NMR 기기에서의 잡음(noise)에 지배적 역할을 한다. 극저온(~ 20°K)으로 냉각된 탐침이 첫 번째 수신기와 rf 코일에 장착되면, 보통 탐침에 비해 S/N가 ~ 4배 개선된다. 최고 자기장 기기가 최고의 감도를 사용자에게 제공한다는 것은 명백하다. 고정된 농도(N)에서, 같은 S/N(아래식 참조)을 얻기 위해서는 600 MHz 기기에서보다 300 MHz에서 2.8배 더 많은 시료양이 필요하다.

$$S/N = \frac{N_{600}}{N_{300}} = \sqrt[3]{\frac{600}{300}} \approx 2.8$$

제한된 시료양으로는, 가장 작은 지름의 극저온 탐침을 장착하고 가능한 높은 자기장 기기로 가는 것이 최상이다. 양이 적은 시료에 대해서, 1 μl 용매에서 몇 나노그램의 물질을 넣을 수 있는 극저온 모세관 흐름 마이크로 탐침(cryo-capillary flow microprobe)은 최고의 감도를 제공한다.

3.3.3 용매 선택

이상적인 용매는 양성자를 가지고 있지 않아야 하며, 불활성이고 끓는점이 낮고, 비싸지 않아야 한다. 현대식 기기들은 자석의 자기장을 잠그거나(lock) 안정화시키기 위해서 중수소의 신호에 의존하기 때문에, 중수소화 용매가 필수적이다. 중수소 용매의 주파수에 자기장 $\boldsymbol{B}_0$를 일정하게 조절하거나 조정할 수 있는 중수소 "채널"이 장치되어 있다. 일반적으로, ^{1}H NMR 신호는 300,000,000 Hz(300 MHz 기

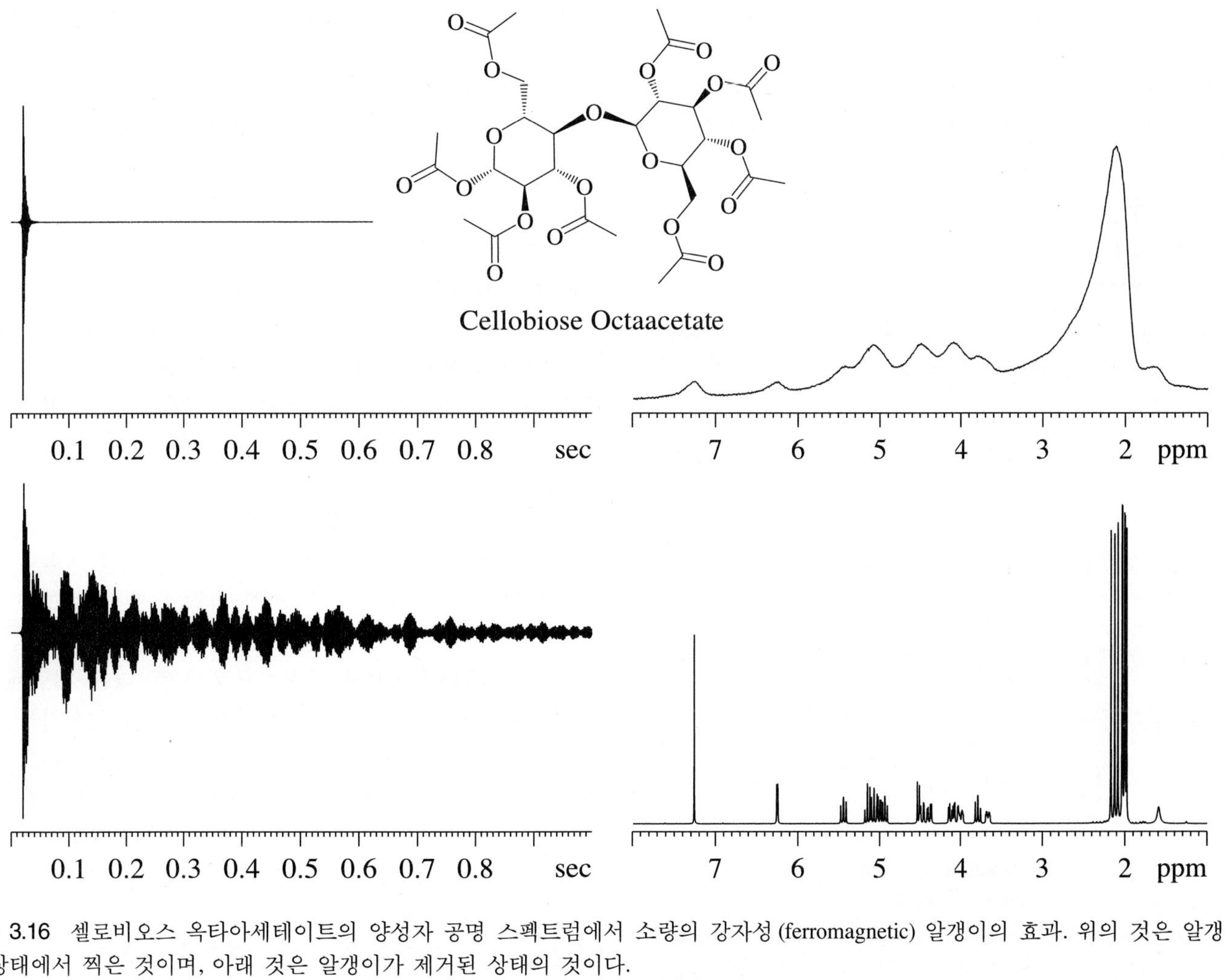

그림 3.16 셀로비오스 옥타아세테이트의 양성자 공명 스펙트럼에서 소량의 강자성(ferromagnetic) 알갱이의 효과. 위의 것은 알갱이가 있는 상태에서 찍은 것이며, 아래 것은 알갱이가 제거된 상태의 것이다.

기) 로부터 0.1에서부터 몇 Hz 너비의 크기이기 때문에, 자기장 $\boldsymbol{B}_0$는 매우 안정되고 균일하여야 할 필요가 있다.

중수소 신호는 $\boldsymbol{B}_0$를 쉼 (shim) 하기 위하여 사용된다. 기기는 주 자기장 ($\boldsymbol{B}_0$) 을 보완하는 작은 전자석 (쉼, shim이라 부름) 을 가지고 있어서 자기장의 균일성이 시료의 중앙에서 정확하게 확보된다. 대부분의 현대식 기기는 대략 20–30 개의 전자석 쉼 (shim) 을 가지고 있다. 이들은 컴퓨터로 조절되며 자동방식 (auto mode) 에서 조정될 수 있다.

중수소화된 클로로폼 ($CDCl_3$) 은 자주 사용되는 용매이다. 사실 대부분의 실험에서 자주 사용된다. 미량의 $CHCl_3$로부터 나타나는 δ 7.26의 뾰족한 피크는 거의 심각하게 문제되지 않는다. 매우 묽은 시료 용액을 만들기 위해서, 동위원소 순도 100% $CDCl_3$도 구입할 수 있다. 보통 상업적으로 구입할 수 있는 NMR 용매 목록과 양성자 "불순물" ($CDCl_3$에서 $CHCl_3$)의 위치가 부록 G에 나와 있다.

소량의 강자성 불순물은 T_2 이완 시간을 감소시키기 때문에 흡수 피크가 심각하게 넓어지게 한다. 보통의 원인은 수돗물의 녹찌꺼기, 강철 솔, 레이니 니켈 (Raney nickel), 금속수저 부스러기 등이다 (그림 3.16). 이런 불순물은 거름 (filtration) 으로써 제거할 수 있다.

소량의 실험실 용매도 성가실 수 있다. 보통 용매 불순물 목록이 부록 H에 나와 있다. 다른 짓궂은 것들은 그리스 (grease) 와 가소제 (plasticizer, 특히 phthalate) 이다. NMR 용매는 건조기 (desiccator) 에 보관해야 한다.

3.4 화학 이동

기본 NMR 식 (아래) 에 따라, rf 에너지와 강한 자기장으로부터 모든 양성자들에 있어서 오직 하나의 피크를 얻을 것으로 기대된다.

$$\nu_1 = (\gamma/2\pi)\boldsymbol{B}_0$$

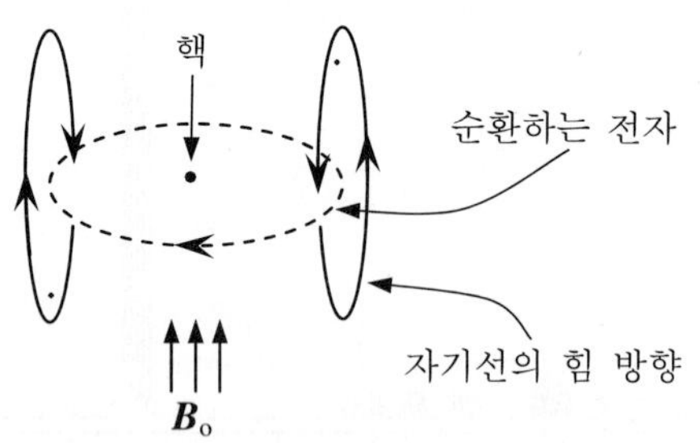

그림 3.17 순환하는 전자 (circulating electron) 들에 의한 핵의 반자기성 가림 (diamagnetic shielding). 화살표 (↑↑↑) 는 정지 (서 있는) 자기장의 세기 $\boldsymbol{B}_0$를 나타낸다. 순환하는 전자들이 전류를 형성하지만, 전류방향은 관례적으로 양전하의 흐름으로 표현된다.

이 식에서 ν_1는 적용된 주파수이며, $\boldsymbol{B}_0$는 정지 (서 있는) 자기장 (stationary magnetic field) 의 선속 (flux) 밀도이며, $\gamma/2\pi$는 상수이다. 다행히도, 상황이 그렇게 단순하지 않다. 분자속의 양성자는 매우 작은 정도로 그것의 전자 구름에 의해 **가리며** (*shielded*), 그 구름의 밀도는 화학적 환경에 따라 변한다. 이런 변화의 차이가 **화학 이동 위치** (*chemical shift position*) 에 차이를 준다. 각 흡수에서 이런 구별되는 효과는 높은 분해능 (high resolution) NMR 분광기에서 잘 구현된다.

모든 양성자에 대한 기본 NMR 식은 분자에서 동등한 양성자들의 집합체에 대해서 다음과 같이 수정한다.

$$\nu_{\text{eff}} = (\gamma/2\pi)\boldsymbol{B}_0(1 - \sigma)$$

기호 σ는 가림 상수 (shielding constant) 이며, 값은 전자 구름에 의한 가림의 정도에 비례한다. 주어진 $\boldsymbol{B}_0$에서 공명하고 있는 **유효 주파수** (*effective frequency*) 는 적용된 주파수 ν_1보다 적다. 자기장의 영향아래 있는 전자들은 순환하고 있으며 (circulating), 이로 인하여 적용 자기장에 반대되는 그들 자신의 자기장이 생긴다. 따라서 가림 효과 (shielding effect) 가 생긴다 (그림 3.17). 이런 효과는 모든 유기물질에 의해 나타나는 반자기성 (diamagnetism) 에 대한 설명이 된다. 짝짓지 않은 전자를 가진 물질의 경우에, 알짜전자 회전으로 생기는 상자기성 (paramagnetism) 은 순환하고 있는 짝지은 전자들의 반자기성 (diamagnetism) 보다 훨씬 압도적이다.

가림 (shielding) 의 정도는 순환하고 있는 전자들의 밀도에 따라 달라지며, 탄소 원자 위에 있는 양성자의 가림의 정도는 탄소 원자에 붙어 있는 다른 그룹의 유도 효과 (inductive effect) 에 따라 개략적으로 달라진다. **기준 양성자** (*reference* proton) 의 흡수 위치로부터 특정 양성자의 흡수 위치의 차이를 특정 양성자의 **화학 이동** (*chemical shift*) 이라 부른다.

이제 "다른" 화학적 환경에 있는 양성자들은 다른 화학 이동을 가진다는 개념을 알았다. 역으로, "같은" 화학적 환경에 있는 양성자들은 같은 화학 이동을 가진다. 그러나 여기서 "다른", "같은" 것은 무엇을 의미하는가? 직관적으로, 명백히 $ClCH_2CH_2OH$의 화학적으로 서로 다른 메틸렌기는 다른 화학 이동을 가지며, 메틸렌기 안의 각 양성자들은 같은 화학 이동을 갖는다. 그러나 그렇게 간단하지 않을 수도 있다. 예를 들면, $C_6H_5CH_2CHBrCl$에서 메틸렌기의 각 양성자들은 같은 화학 이동을 갖지 않는다. 지금 당장은 단순한 경우만 다루고, 화학 이동의 동등성을 좀 더 철저히 논의하는 것은 3.8절로 미루자.

일반적으로 가장 유용한 기준 화합물 (reference compound)

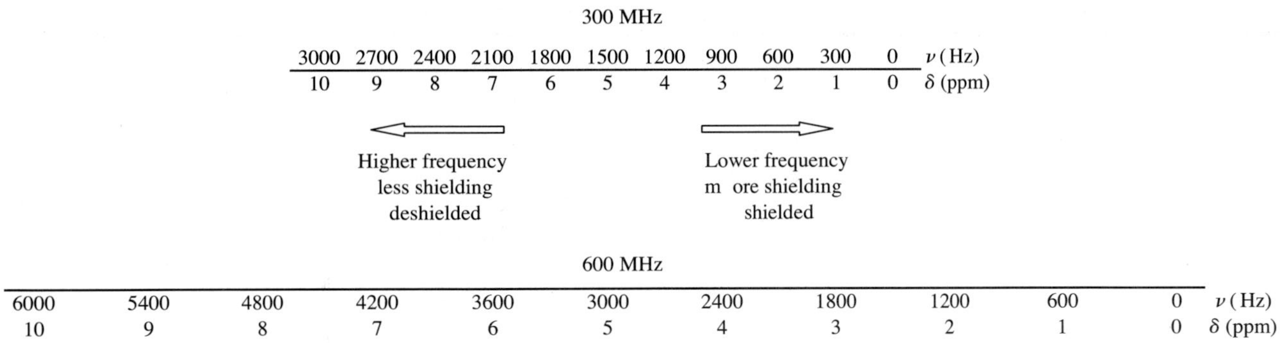

그림 3.18 300 MHz와 600 MHz에서 NMR 눈금. 상대적으로 극히 적은 수의 유기 화합물이 TMS 피크의 오른쪽에서 흡수 피크를 보인다. 이런 더 낮은 신호는 오른쪽에 음수로 표시된다(그림에는 나타나 있지 않음).

은 테트라메틸실레인 (TMS) 이다.

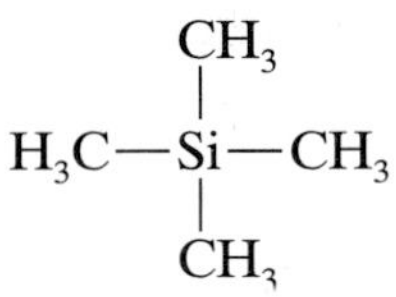

이 물질은 여러 가지 이점을 갖고 있다. 화학적으로 불활성이며, 대칭이고, 휘발성 (bp 27°C) 이며, 대다수의 유기용매에 녹는다. 또한 강하고 뾰족한 단일 흡수 피크를 나타내며, 그 양성자들은 거의 모든 유기 양성자들보다 더 "가려(shielded) 있다". 중수소물 (D_2O) 이 용매일 때, TMS는 모세관에 넣어 외부 기준 (external reference) 으로 사용될 수 있으며, 물에 녹는 2,2-다이메틸-2-실라펜테인-5-설폰산 소듐염 (DSS), $(CH_3)_3SiCH_2CH_2CH_2SO_3Na$의 메틸 양성자들은 내부 기준 (internal reference, 0.015 ppm) 으로 사용될 수 있다.

역사적으로나 지금이나 관례적으로, TMS 기준 피크는 스펙트럼의 오른쪽 끝에 위치하며 Hz나 δ 눈금에서 0으로 매겨진다. 양수의 Hz나 δ 수는 TMS로부터 왼쪽으로 갈수록 증가하며, 음수는 오른쪽으로 갈수록 증가한다.* 용어 "가림 (shielded)"은 오른쪽 방향을 의미하며, "벗김 (deshielding)"은 왼쪽 방향을 의미한다. 강하게 벗긴 다이메틸 에테르의 양성자들은, 예를 들면, TMS의 것들보다 적용된 자기장에 더 노출된 것이다. 그래서 공명은 더 높은 주파수에서 일어난다. 즉, 상대적으로 TMS 피크의 왼쪽에 나타난다. 따라서 Hz나 δ 눈금은 **일정한 자기장에서** TMS 공명 주파수의 왼쪽 방향으로는 적용된 주파수의 증가를 반영하고 있으며, 오른쪽 방향으로는 주파수의 감소를 반영한다.

관례적으로 오른쪽 끝에 TMS의 피크가 0으로 설정된 그림 3.18의 NMR 눈금을 들여다 보자. 화학 이동 (chemical shift) 은 단위없이 (δ 또는 ppm으로 표시) 보고되고, TMS의 화학 이동값 0으로부터 시작하며, 사용하고 있는 기기의 지정 주파수 (designated frequency) 에 무관하다. 이것은 한 피크의 화학 이동 (Hz) 을 기기의 지정 주파수 (MHz) 로 나눔으로써 구해진다. 그림 3.18에서, 예를 들면, 가령 300 MHz 눈금에서 1200 Hz의 피크를 보자.

$$\frac{1200\ \text{Hz}}{300\ \text{MHz}} = \delta\ 4 \text{ 또는 } 4\ \text{ppm}$$

또는 600 MHz 기기로 가면, 그 피크는 600 MHz 눈금에서 2400 Hz에 있을 것이다. 그러나 δ (또는 ppm) 은 같게 된다.

$$\frac{2400\ \text{Hz}}{600\ \text{MHz}} = \delta\ 4 \text{ 또는 } 4\ \text{ppm}$$

화학 이동을 넓게 펼쳐놓기 위해서 매우 강한 자기장이 사용되어야 한다. 이것은 그림 3.18과 3.19에서 분명하게 드러나 있으며, 아크릴로나이트릴 (acrylonitrile) 의 NMR 스펙트럼에서 증가된 자기장은 증가된 신호의 분리를 의미한다.

문제의 양성자 근처에 있는 치환체들의 전기음성도 (electronegativity) (표 3.2) 의 개념은 화학 이동에 어느 정도

* 그러나, 실제적 측면에서 이 관례는 초기 NMR 시대에 일정한 주파수에서 자기장을 왼쪽에서부터 오른쪽으로 증가 (자기장 스캔, field scan) 시키고, **공명주파수 단위로 자기장의 세기**를 보고하는 상충하는 측면을 보였다. 이런 높은장으로 스캔은, 관례적인 δ 눈금과는 달리, 공명 주파수 단위가 왼쪽으로부터 오른쪽으로 증가한다는 것을 의미했다.

이런 점을 해결하기 위하여, τ 눈금이 도입되었으며 ($\tau = 10 - \delta$), 1950년 말부터 1970년 대까지 문헌이 등장하기 시작했다 (특히 영국 문헌에서). 이 시기에 발간된 화학 이동은 사용된 관례를 주의깊게 살펴보아야 한다. 예로, Bovey (1967) 참고.

τ 눈금은 주파수 스캔이나 순간적인 주파수 스캔인 펄스 FT 방식 기기의 개발을 계기로 사라졌다. 용어 "높은장" 및 "낮은장"는 지금 사용되지 않으며, 각각 가려짐 (shielded) (더 낮은 δ, 또는 오른쪽으로) 과 벗김 (deshielded) (더 높은 δ, 또는 왼쪽으로) 로 대치되었다.

표 3.2 Pauling에 따른 몇 가지 원소들의 전기음성도

H (2.1)						
Li (1.0)	Be (1.5)	B (2.0)	C (2.5)	N (3.0)	O (3.5)	F (4.0)
Na (0.9)	Mg (1.2)	Al (1.5)	Si (1.8)	P (2.1)	S (2.5)	Cl (3.0)
						Br (2.8)
						I (2.5)

믿을 수 있는 길잡이가 된다. TMS의 양성자들 주위의 전자 밀도는 높으며 [규소는 탄소에 비해 상대적으로 전기양성적이다 (electropositive)], 그래서 이들 양성자들은 매우 가리게 된다 (표 3.3). C는 H보다 더 전기음성적이기 때문에, 알킬 시리즈 CH_4, RCH_3, R_2CH_2, R_3CH에서 양성자 흡수 순서는 스펙트럼에서 오른쪽에서부터 왼쪽이다 (부록 A, 차트 A.1).

우리는 전기음성도와 양성자 산성도 (acidity) 의 개념을 이용하여, 많은 화학 이동에 좋은 짐작값을 내놓을 수 있을 것이다. 예를 들어, 전기음성도에 전적으로 기초하여 표 3.3에서 볼 수 있는 값은 큰 무리가 없다.

그러나 에틸렌 양성자들 (δ 5.25) 보다 더 가린 δ 1.80의 아세틸렌의 양성자를 보면 혼란에 빠지게 되며, δ 9.97에 있는 아세트알데하이드의 알데하이드 양성자를 보면 분명히 전기음성도 개념의 확장이 필요하다는 것을 알 수 있다. 위와 같은 것들과 벤젠 고리 양성자 (δ 7.27) 에서 예측되지

표 3.3 전기음성도를 참고로 한 화학 이동 경향.

화합물	δ	화합물	δ
$(CH_3)_4Si$	0.00	CH_3F	4.30
$(CH_3)_2O$	3.27	RCO_2H	~10.80

않는 큰 벗김 효과 (deshielding effect) 와 같은 외견상 예외적인 것들을 설명하기 위해서 반자기성적 비등방성 (diamagnetic anisotropy) 개념을 도입하여 사용하고자 한다.

아세틸렌부터 시작해 보자. 분자는 직선형이며, 삼중 결합은 그 축에 관하여 대칭이다. 적용된 자기장과 이 축이 나란히 맞추어지면, 그 결합의 전자들이 그 자기장에 직각으로 돌 수 있다. 그러면 적용된 자기장과 반대되는 자신의 자기장이 만들어 지게 된다. 양성자들이 자기장 축을 따라 놓여있기 때문에, 돌고 있는 전자들에 의해 유도된 자력선은 그 양성자들이 가려지게 작용하며 (그림 3.20), NMR 피크는 전기음성도로부터 예측한 값보다 더 오른쪽에서 찾을 수 있다. 물론, 빠르게 뒹굴고 있는 분자들의 일부만이 자기장과 나란히 맞추어지지만, 전체적인 평균 이동은 그 나란히 맞추어진 분자들의 영향을 받는다.

이런 효과는 반자기성적 비등방성 (diamagnetic anisotropy) 에 따라 달라진다. 이것은 가림 (shielding) 이나 벗김 (deshielding) 은 적용된 자기장에 대한 분자의 배향 (orientation) 에 따라 달라진다는 것을 의미한다. 비슷한 논

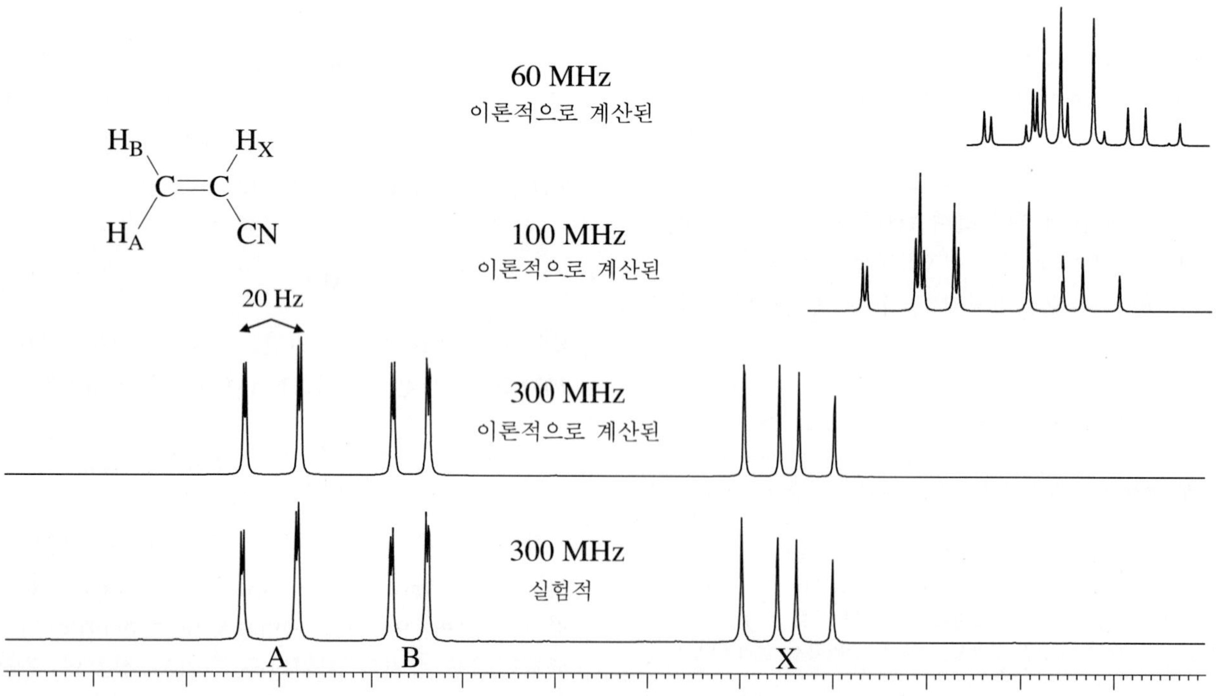

그림 3.19 아크릴로나이트릴의 60, 100, 300 MHz에서 이론적으로 계산된 스펙트럼; 비교를 위해서 $CDCl_3$에서 실험적으로 얻은 300 MHz 스펙트럼.

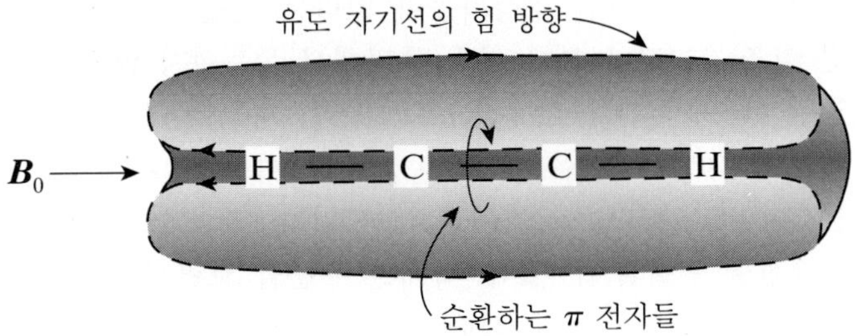

그림 3.20 알카인 양성자의 가려짐.

의는 알데하이드 양성자의 예기치 않은 벗김을 합리화하기 위하여 활용될 수 있다. 이 경우에, 적용된 자기장의 효과는 C=O 결합을 가로지르는 축을 따라 가장 크다(즉, 그림 3.21의 종이 쪽의 평면). 기하구조(geometry)는 알데하이드 양성자가 종이면의 앞쪽으로 나와 있어 유도자기장의 벗김 부분에 머무르는 그런 구조이다. 같은 논의가 알켄 양성자가 꽤 크게 벗겨진 것에 대하여 최소한 일부분이라도 설명하기 위해서 이용될 수 있다.

소위 "고리 전류 효과(ring current effect)"는 반자기성적 비등방성(diamagnetic anisotropy)의 또 다른 예이며, 벤젠 고리 양성자가 크게 벗겨지는 것에 설명이 된다. 그림 3.22는 이 효과를 나타내 주고 있다. 이와 더불어 방향족 고리의 아래 또는 위에 직접 붙어 있는 양성자는 가려지게 된다. 이것은 몇몇 1,4-폴리메틸렌벤젠(1,4-polymethylenebenzene)들에 있어서 메틸렌 양성자들의 경우에 알려져 있다.

아세토페논의 모든 고리 양성자들은 고리 전류 효과 때문에 벗겨져 있다. 더구나, *ortho* 양성자들은 카보닐기의 추가적인 벗김 효과 때문에 더 벗겨져 있다(*meta*, *para* δ ~7.40; *ortho* δ ~7.85). 그림 3.23에 카보닐 결합과 벤젠 고리가 같은 평면에 있다. 만약 적용된 자기장과 분자 평면이 수직이 되도록 분자가 자리잡는다면, C=O 결합의 돌고 있는 전자들은 아래와 위의 고깔 지역(conical zone)을 가

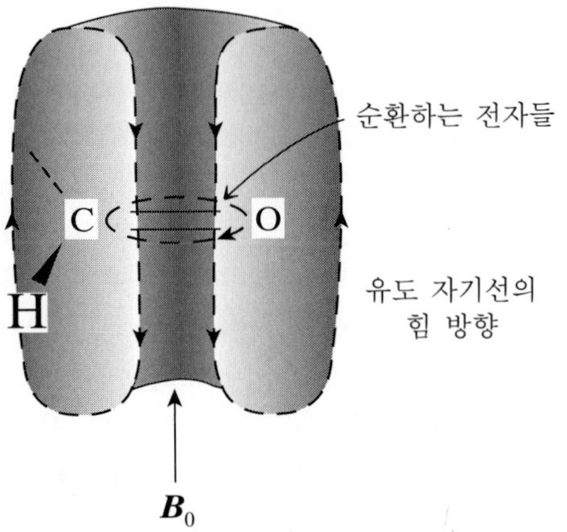

그림 3.21 알데하이드의 양성자 벗김.

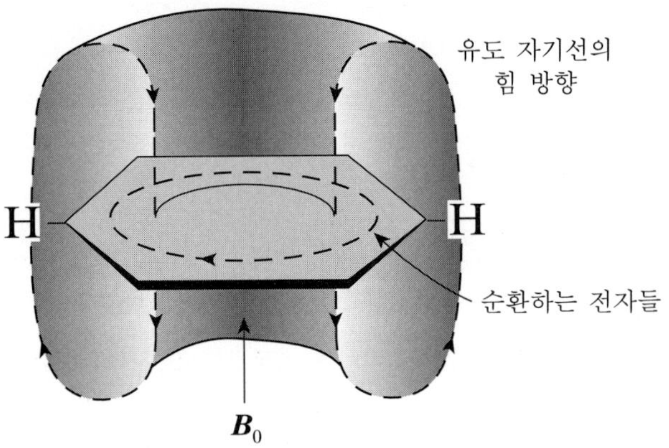

그림 3.22 벤젠에서 고리 전류 효과.

리게 할 것이며, *ortho* 양성자가 놓여 있는 고깔 바깥쪽 지역은 벗겨지게 할 것이다. 다른 쪽의 *ortho* 양성자도 비등방성 고깔(anisotropy cone)에 의해 벗겨지는 모양의 형태(conformation)로 기술될 수 있기 때문에, 양쪽 *ortho* 양성자들은 같은 정도로 벗겨질 것이다. 나이트로벤젠은 더 강한 효과를 보여 준다.

고리전류에 의한 가려짐과 벗김을 나타내는 볼만한 예는 에뉼렌(annulene)을 들 수 있다. 약 −60°C에서 [18]-에뉼렌의 고리 바깥의 양성자들은 매우 벗겨져 있고(δ 9.3), 안쪽의 것들은 매우 가려져 있다(δ −3.0, 즉 TMS보다 더 가려진 상태).

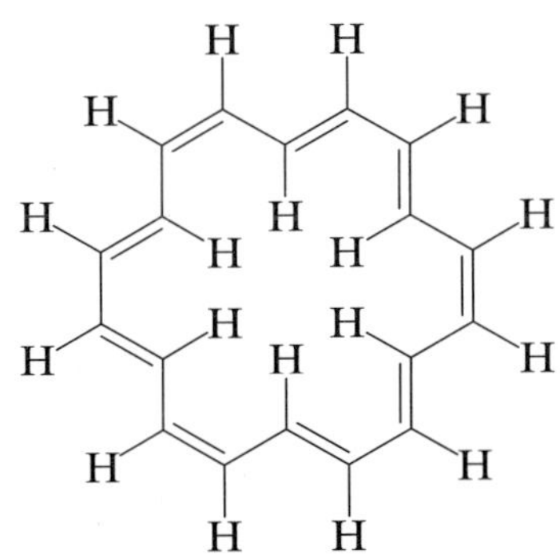

[18]-에뉼렌

이런 고리 전류의 존재가 나타나는 것은, 최소한 저온에서, 평면성(planarity)과 aromaticity에 대한 좋은 증거이다.

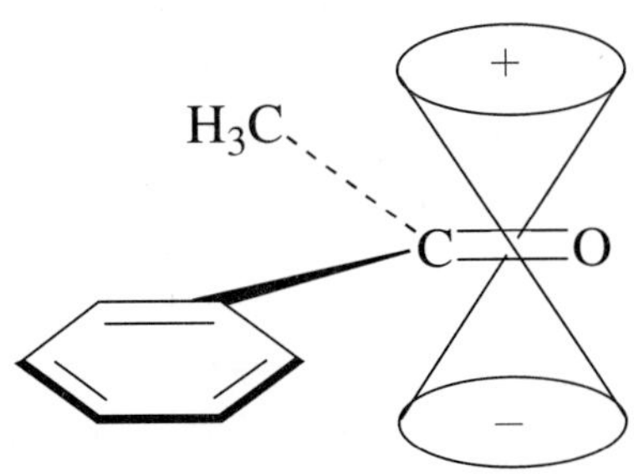

그림 3.23 아세토페논의 가림(+)과 벗김(−) 지역.

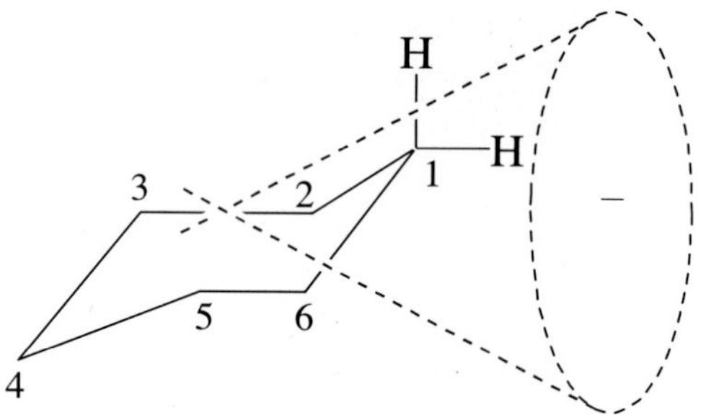

그림 3.24 단단한 육각형 고리의 적도방향 양성자의 벗김.

온도가 올라감에 따라, 고리 형태 (conformations) 에서의 느린 상호변환 (slow interchange) 때문에, 신호는 넓게 펴진다. 110°C에서, 고리 배향의 빠른 상호변환 (rapid interchange) 때문에, 화학 이동이 평균되어서 단일 평균 피크가 약 δ 5.3에서 나타난다.

순환하는 π 전자들의 두드러진 비등방성 효과와는 대조적으로, C—C 결합의 σ 전자들은 작은 효과를 보여 준다. 예를 들어, 사이클로헥세인 (cyclohexane) 에서 C—C 결합의 축은 벗김 고깔의 축이 된다 (그림 3.24). 단단한 육각형 고리에서, 적도방향 (equatorial) 양성자는 같은 탄소에 붙은 축방향 (axial) 양성자보다 일정하게 0.1−0.7 ppm 정도 더 왼쪽에 나타나는 것은 무리 없이 이해될 수 있다. C_1의 축방향과 적도방향의 양성자는 C_1—C_2과 C_1—C_6 결합에 대하여 비슷하게 자리하고 있으나, 그 적도방향 양성자는 C_2—C_3와 C_5—C_6 결합의 벗김 고깔 지역 안에 들어 있다.

부록에 광범위하게 나와 있는 화학 이동의 표와 도표는 유기 화합물에서 양성자의 화학 이동이 그림 3.25에서처럼 개략적으로 여덟 개 영역으로 구분될 수 있다는 쓸모있는 느낌을 줄 것이다.

부록물의 용도 몇 가지를 설명하기 위하여, 벤질 아세테이트 (benzyl acetate) 의 양성자들의 화학 이동값을 예측해 보자. 부록 A에서, 도표 A.1을 보면, CH_3기의 화학 이동은 ~δ 2.0이라는 것을 볼 수 있다. 표 B.1에서, CH_2기는 ~δ 5.07이라는 것을 볼 수 있다. 부록 D, 도표 D.1에서, 방향족 양성자는 ~δ 7.2에 있다는 것을 안다. 벤질 아세테이트 (그림 3.26) 의 스펙트럼에서, 오른쪽에서 왼쪽으로 δ 1.96, δ 5.00, δ 7.22에서 나타나며, 적분 계단 (integration step) 에서 3:2:5의 비율인 CH_3, CH_2 및 다섯 개의 고리 양성자들에 해당하는 세 개의 뾰족한 피크들을 볼 수 있다.* 피크들은 모두 단일선이다. 이것은 그룹들이 고립되어 있으며, 즉, 짝지음할 수 있는 인접 양성자들이 없다는 것을 의미한다 (3.5절 참조). 그러나 화학 이동 측면에서 동등하지 않은 고리 양성자들이 외관상 단일선으로 보이는 피크로 나타나는 것에는 문제점이 있다 (3.8.1 참조). 이들은 서로 짝지음 (coupling) 한다. 더 높은 분해능 기기에서, 단일선보다는 다중선을 관찰할 수 있다. 확대한 부분을 보면 부분적으로 분리된 피크들을 볼 수 있다.

* 적분 계단 (integration step), 즉, 적분선의 수평선 사이의 수직 거리는 특정 흡수 피크 또는 다중선으로 표현되는 양성자의 수에 비례한다. 이 계단 (step) 은 비율로 나타나며, 양성자들의 절대수는 아니다. 비율들은 실제로 피크 아래의 넓이를 나타낸다.

반자기성적 비등방성 (diamagnetic anisotropy) 과 함께 전기음성도 (inductive effect) 와 전자 지역분산 (delocalization) 의 개념을 잘 앎으로써, 화학 이동을 논리적으로 추론하고 예측할 수 있다는 것을 다시 한 번 강조하고자 한다. 여러 가지 예는 다음과 같다.

1. α,β-불포화 케톤에서 공명은 β-양성자가 벗겨지게 한다.

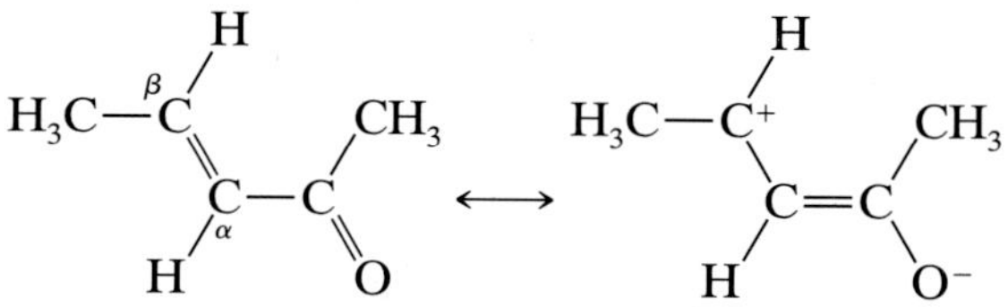

2. 치환된 바이닐 에테르 (vinyl ether) 에서 산소 원자의 유도 효과 (inductive effect) 로 인해서 α-양성자는 벗겨지며, β-양성자는 공명 효과로 가려지게 된다.

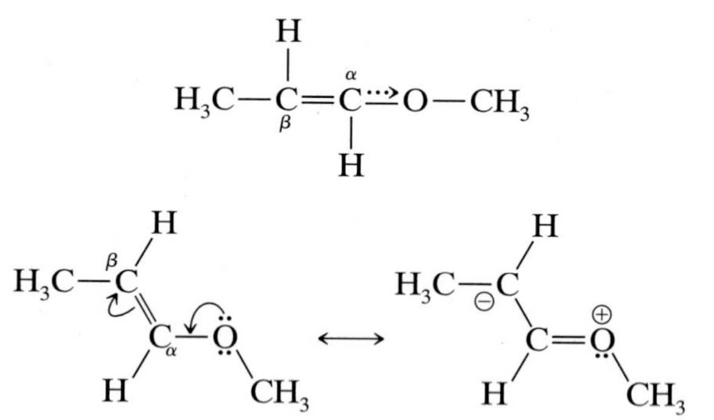

위의 대략적인 값은 부록 D로부터 계산되었다. 비교로, *trans*-3-헥세인 (*trans*-3-hexane) 의 올레핀 양성자는 δ 5.40에서 보인다.

3. 방향족 고리의 치환체에 *ortho*, *meta*, *para*인 양성자들의 값은 전자 밀도와 친전자성 시약 (부록 도표 D.1) 의 효과와 상관이 있다. 예로, 페놀의 *ortho*, *para* 양성자들은 더 많은 전자 밀도 때문에 가려지고, 또한 이 전자 밀도 때문에 친전자성 시약에 의한 우세한 *ortho*, *para* 치환반응도 설명된다. 역으로 나이트로벤젠의 *ortho*, *para* 양성자들은 벗겨지게 된다. *ortho* 양성자들이 더 그러하다 (3.23

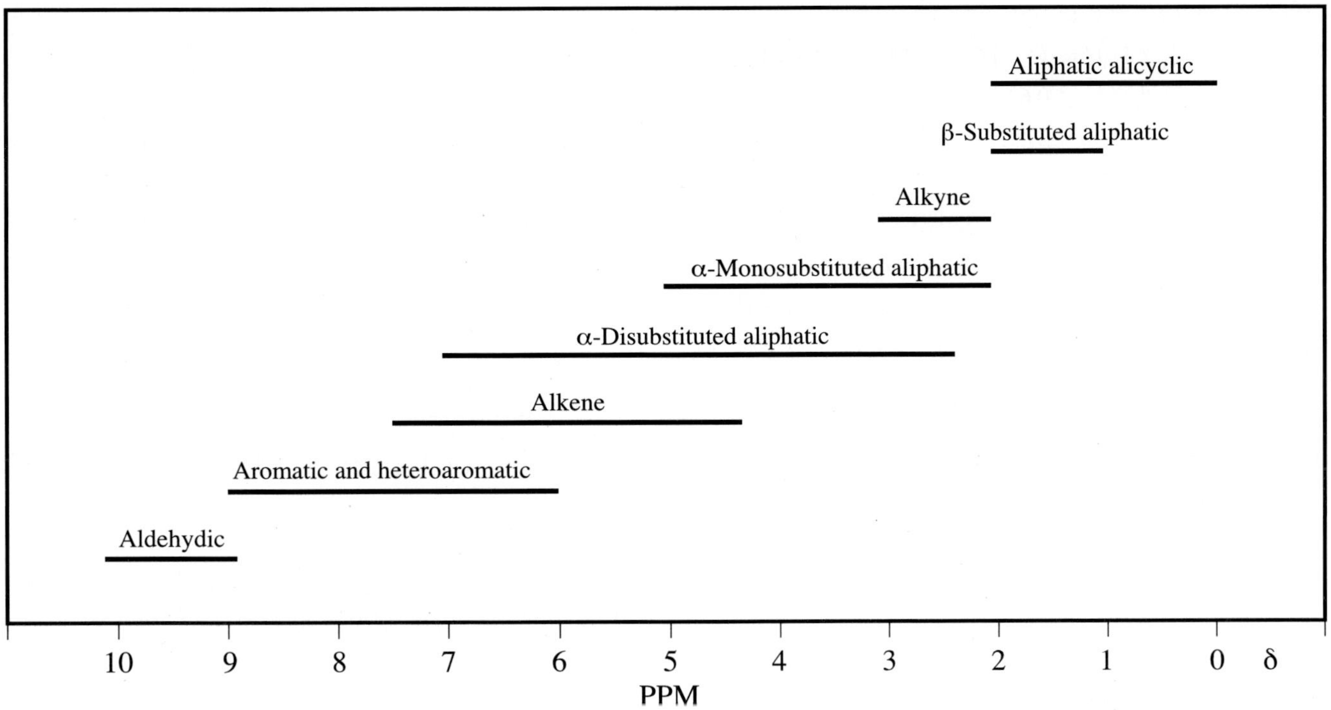

그림 3.25 화학 이동의 일반적 영역. 여러 가지 알데하이드, 엔올, 대다수의 카복실산들은 δ 10보다 높은 주파수에서 흡수한다.

절 참조).

화학 이동은 대략 누적적이기 때문에, 부록 도표 D.1에 있는 단일 치환값으로 다중 치환 벤젠에서 고리 양성자들의 이동을 계산하는 것이 가능하다. 예를 들어, *m*-다이아세틸벤젠 (*m*-diacetylbenzene) 의 고리 양성자들의 화학 이동의 증가는 다음과 같이 계산될 수 있다.

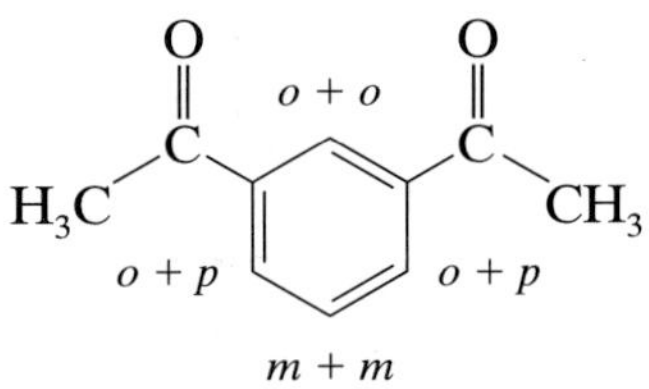

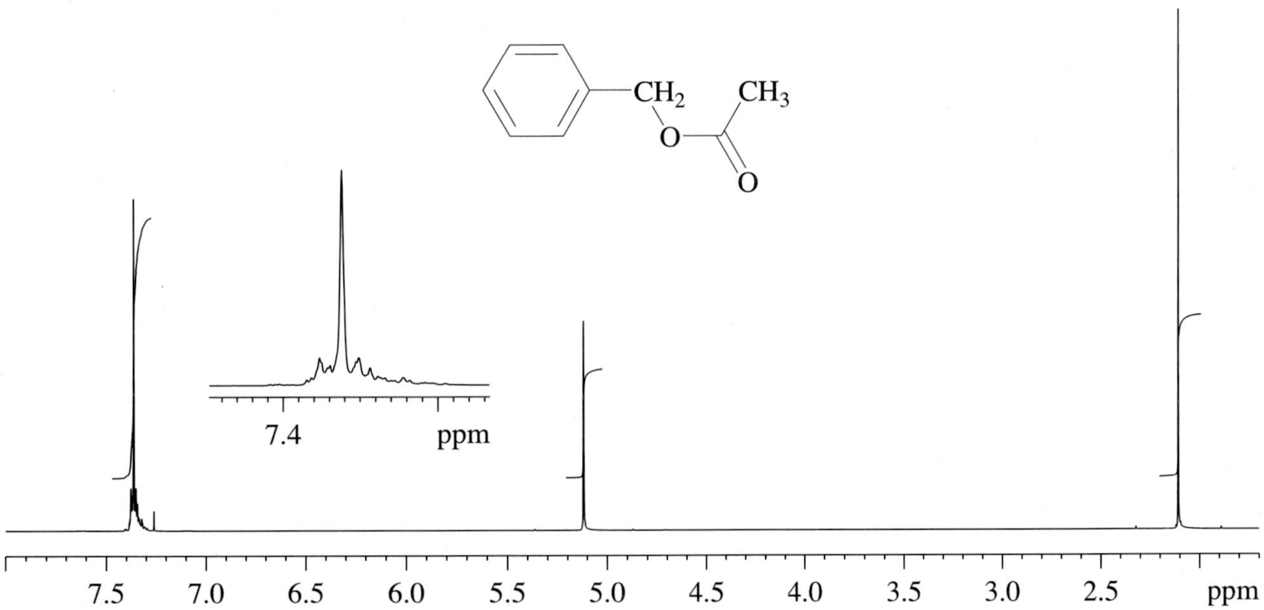

그림 3.26 300 MHz, $CDCl_3$에서 벤질 아세테이트의 스펙트럼.

화학 이동의 증가는 벤젠(δ 7.27)의 양성자들의 값으로부터 이동된 값이다. $CH_3C=O$ 치환체(부록 도표 D.1의 26 줄)에서, *ortho* 증가분은 +0.63이며, *meta*, *para* 증가분은 둘 다 +0.28이다 (+는 δ 7.27보다 증가를 의미). C-2 양성자는 두 개의 *ortho* 치환체; C-4와 C-6 양성자들은 동등하며 *ortho*와 *para* 치환체를 갖고 있으며; C-5 양성자는 두 개의 *meta* 치환체를 갖고 있다. 따라서 C-2의 계산값은 +1.26, C-4와 C-6은 +0.91, C-5는 +0.56이다. 실제 스펙트럼은 각각 +1.13, +0.81, +0.20을 보여주고 있다. 이 정도면 잘 맞는 편이다.*

명백히, 양성자 NMR 분광법은, ^{13}C NMR(4장 참조)도 그러하듯이, 방향족 치환 양상을 규명함에 있어서 강력한 도구이다, 2D-NMR 분광법은 또 다른 강력한 도구이다(5장 참조).

3.5 스핀 짝지음, 다중선, 스핀 시스템

3.5.1 단순 및 복합적인 일차수 다중선

각각의 흡수면적(적분으로부터)이 양성자들의 수에 비례하는 다른 화학적 환경에 있는 양성자들을 나타내는 일련의 흡수 피크를 보았다. 지금부터는 더 나아가서, 스핀 짝지음(spin coupling) 현상을 살펴보자. 이것은 결합 사이에 끼어들어 있는 전자들을 통하여 일어나는 양성자 스핀의 짝지음으로 설명될 수 있다. 파울리의 원리에 따라, 두 핵 사이의 결합전자들은 그들의 스핀들이 역평행하도록 짝지어 있다. 자기장 속에서, 각 핵의 스핀은 대부분 결합전자들 중의 하나와 역평행하게 짝짓는 경향이 있다. 이러면 안정한 상태가 된다. 작은 고리나 다리지은(bridged) 시스템에서 존재하는 당김(strain), 방향족 또는 불포화 시스템에서 지역분산(delocalization), 또는 W 형태(configuration, 3.14절)에서 보이는 연결된 네 결합에서가 아니면, 짝지음(coupling)은 세 결합을 넘어서는 보통 중요하지 않다. 두 결합 짝지음(two-bond coupling)은 용어 같은자리 짝지음(geminal coupling)으로, 세 결합 짝지음(three-bond coupling)은 이웃자리 짝지음(vicinal coupling)으로 부른다

H—C—H	H—C—C—H
같은자리 짝지음	이웃자리 짝지음
2 결합 (^2J)	3 결합 (^3J)

두 이웃자리 양성자들이 서로 매우 다른 화학적 환경에 놓여있다고 보자. 각 양성자는 흡수를 할 것이며, 그 흡수

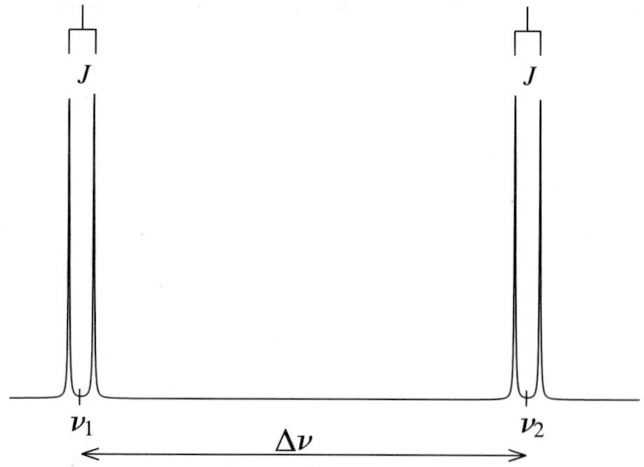

그림 3.27 서로 매우 다른 화학 이동을 지닌 두 양성자들 사이의 스핀 짝지음.

는 매우 넓게 떨어져 있을 것이다. 그러나 각 양성자의 스핀은 사이에 끼어있는 전자들을 통한 다른 양성자의 두 가지 배향(orientation)에 의해서 약간 영향을 받는다. 그래서

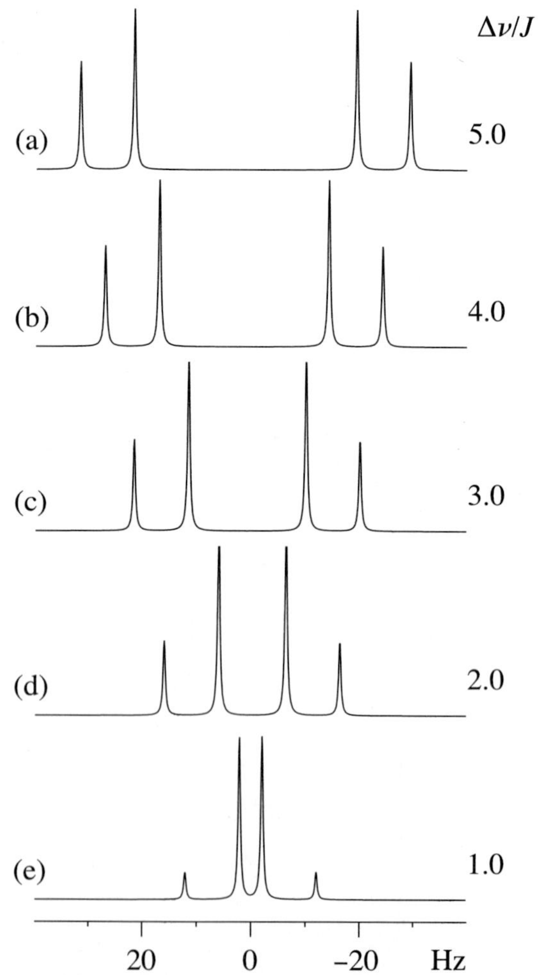

그림 3.28 두 양성자 시스템, 감소하는 화학 이동의 차이와 큰 J 값(10 Hz)을 가진 스핀 짝지음. AB와 AX 표시법의 차이는 본문에서 설명된다.

* *ortho* 이중 치환 화합물의 경우에, *ortho* 치환체 사이의 입체 과밀 효과(steric effect) 또는 다른 효과들 때문에 계산값은 덜 만족스런 결과가 된다.

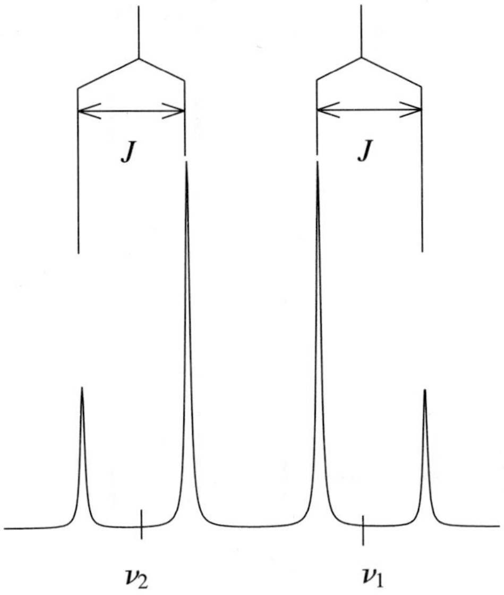

그림 3.29 단순 가운데가 아닌 화학 이동에 대한 무게 중심($\Delta\nu/J$ 비가 작은 경우).

각 흡수는 이중선(doublet)으로 나타난다(그림 3.27). 이중선 사이의 주파수(Hz) 차이는 짝지음의 효율성에 비례하며, 적용 자기장($\boldsymbol{B}_0$)에 무관한 짝지음 상수(coupling constant), J로 정의된다.* 화학 이동은 300 MHz에서 보통 3600 Hz의 범위에 펴져 있으며, 짝지음 상수는 거의 20 Hz를 넘지 않는다(부록 참조).

헤르쯔 단위에서, 화학 이동($\Delta\nu$)의 차이 짝지음 상수보다 훨씬 크다면(임의로 $\Delta\nu/J$가 약 8보다 크다), 두 이중선들은 단순한 패턴으로 나타날 것이다. $\Delta\nu/J$가 작아짐에 따라, 이중선들은 서로 가까워질 것이며, 가운데 두 피크들은 강도가 커지며, 바깥 두 피크들은 작아진다(그림 3.28). 각 양성자들의 위치는 그림 3.27에서처럼 더 이상 두 피크들 사이의 가운데가 되지 못하며, 무게 중심(center of gravity)에 있게 된다(그림 3.29). 이것은 그냥 봐서 어지간히 정확히 짐작할 수 있다.

두 개의 찌그러진 이중선으로 구성된 그림 3.28의 (d) 스펙트럼(그림 3.29에 다시 있음)은 사중선으로 쉽게 오인될 수 있다(그림 3.34 참조). 적용주파수를 증가시키더라도, 진짜 사중선은 두 쌍의 이중선들로 분리되지 않는다. 스펙트럼 (e)의 바깥 피크의 강도가 계속 작아짐에 따라, 작은 바깥 피크를 알아차리지 못하고, 가운데 피크들을 이중선으로 오인할 수도 있다. 바깥 피크가 사라지면, 결국 가운데 피크는 합쳐지고 두 양성자들은 외관상 단일선으로 보

* 짝지어진 핵들(이 장의 양성자들) 사이의 결합의 수는 J의 왼쪽 첨자로 표현된다. 예로, H—C—H는 ^2J, H—C—C—H는 ^3J, H—C=C—C—H는 ^4J이다. 이중 결합이나 삼중 결합은 단일결합으로 계산된다.

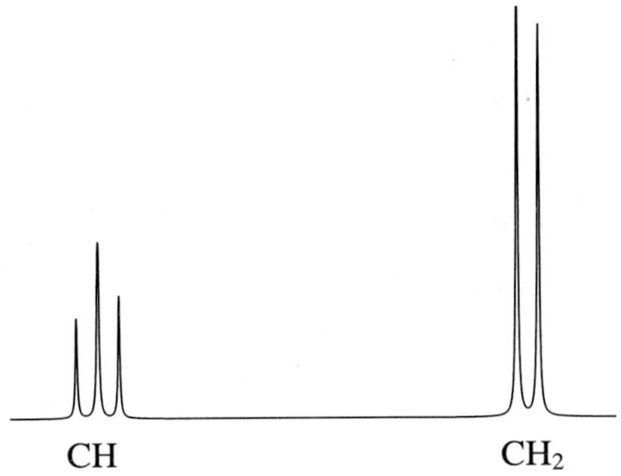

그림 3.30 다른 화학 이동을 가진 CH와 CH_2 사이의 스핀 짝지음.

이게 될 것이다.

이 시점에서, 단순한 화합물의 스펙트럼을 예상해보자. 다음 화합물에서 메틸렌과 메타인기를 살펴보자, 이 경우, 메타인 양성자는 두 메틸렌 양성자들과는 매우 다른 화학석 환경에 놓여 있다:

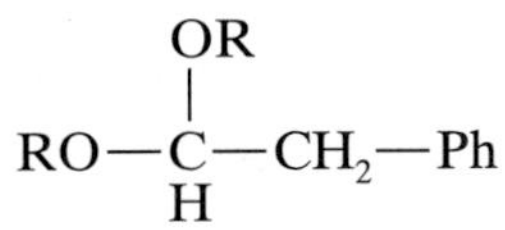

CH_2 양성자들 모두 동등하게 메타인 양성자와 짝지음한다. 그림 3.30에서처럼, 적분값이 1:2로 분리된 삼중선과 이중선을 볼 수 있다. 이 이중선은 CH_2 흡수가 CH 양성자

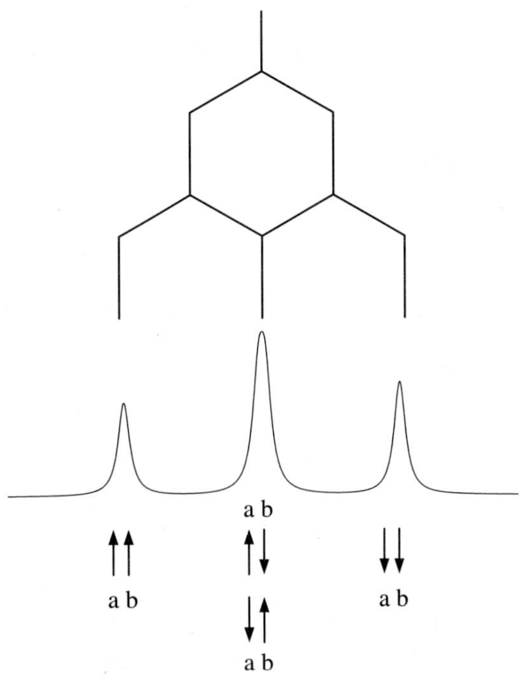

그림 3.31 삼중선 갈라짐.

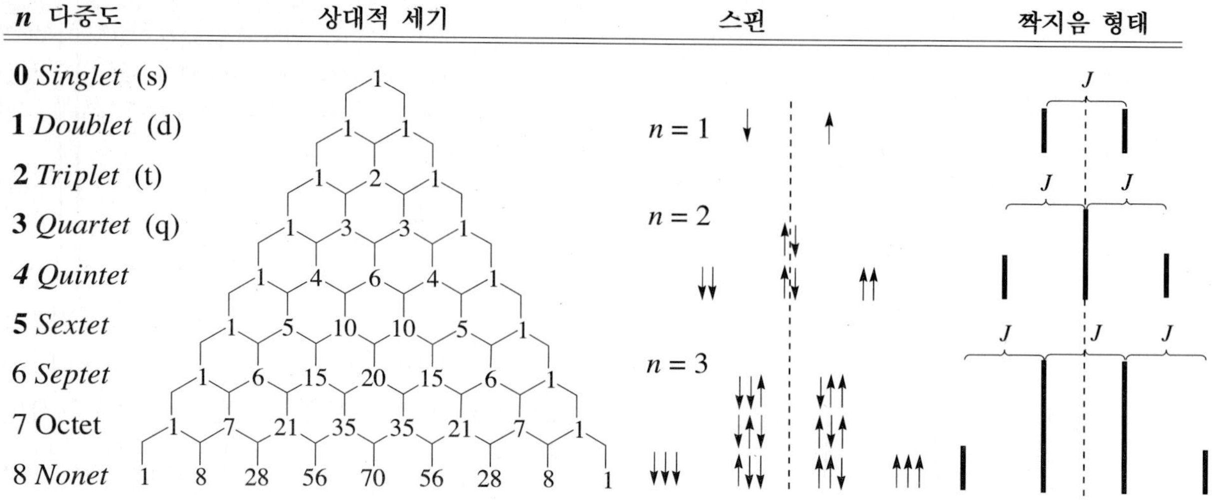

그림 3.32 파스칼의 삼각형. 일차수 다중선의 상대적 강도; n = 스핀 1/2의 동등한 짝지음 핵의 수(예, 양성자).

에 의해서 갈라진 결과이다. 삼중선은 CH 흡수가 CH_2에 의해 이어서 갈라진 결과이다; 짝지음 상수가 같기 때문에 가운데 피크는 겹쳐진 것이다(그림 3.31).

단순 일차수 다중선(first-order multiplet)에서, 피크의 수는 짝이루고 있는 같은 짝지음 상수(또는 매우 약간 다른)의 이웃 양성자들의 수에 의해서 정해진다. 이웃 양성자들은 두 결합 또는 세 결합과 연관된 같은자리 또는 이웃자리 양성자들이다. 장거리(long range) 짝지음 상수는 보통 훨씬 작다(3.14 참조). 지금까지 살펴본 것처럼, 하나의 이웃 양성자는 이중선을 유도하고 동등하게 짝이루는 두 개의 이웃 양성자들은 삼중선을 유도한다. 다중선은 $n + 1$이 된다. 여기서 n은 동등하게 짝짓는 이웃 양성자들의 수이다. 모든 핵을 포괄하는 일반식은 $2nI + 1$이다. 여기서 I는 양자 스핀수이다(3.2.1절 참조). 단순 일차수 다중선에서 피크의 상대적 강도는 n에 의존적이다. 이중선 피크(n = 1)는 1 : 1의 비율로, 삼중선(n = 2)는 1:2:1의 비율로, 사중선(n = 3)은 1 : 3 : 3 : 1의 비율로 나타나는 것을 보았다.

단순 일차수 다중선에 대한 필요조건은 다음과 같이 정

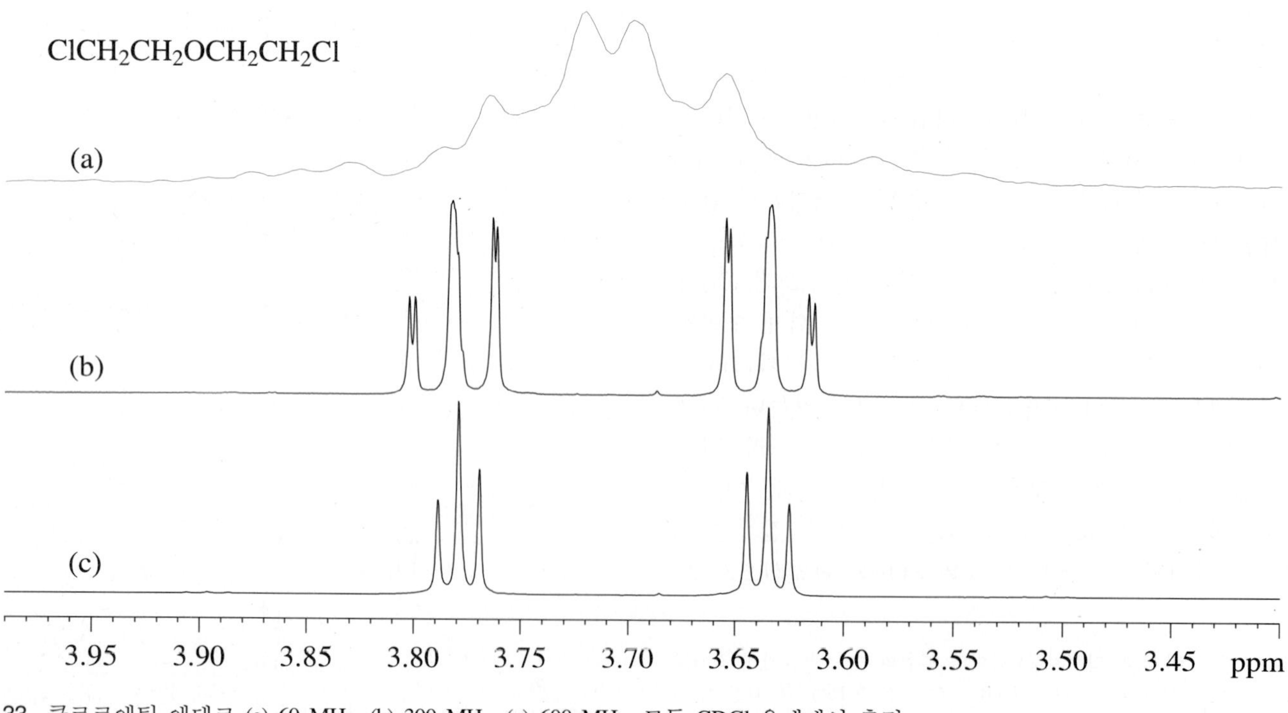

그림 3.33 클로로에틸 에테르 (a) 60 MHz, (b) 300 MHz, (c) 600 MHz, 모두 $CDCl_3$용매에서 측정.

리할 수 있다.

- $\Delta\nu/J$ 비가 약 8보다 커야 된다; $\Delta\nu$는 짝지음 다중선들의 가운데 지점들 사이의 거리 (Hz), J는 짝지음 상수이다.
- 다중선의 피크의 수는 $n+1$이다; n은 같은 짝지음 상수를 가진 이웃하는 양성자들의 수이다.
- 단순 일차수 다중선의 각 피크들 사이의 거리는 짝지음 상수를 나타낸다.
- 단순 일차수 다중선은 가장 큰 피크가 가운데를 차지하는 가운데 대칭형 (centro symmetric) 이다 (파스칼의 삼각형, 그림 3.32) .

복합 일차수 다중선은 여러 개의 짝지음 상수가 복합 다중선에 관여되어 있다는 점에서 단순 일차수 다중선과는 다르다. $\Delta\nu/J$ 비가 약 8보다 커야 된다는 필요조건을 만족하고 있지만, Pascal의 삼각형은 복합 다중선에는 적용되지 않는다. 예는 뒤에 그림 3.37에 나와 있다. 갈라짐 패턴 (splitting pattern) 이 확대되어 표현되며, 다중선은 삼중선의 삼중선이다. 막대기 (stick) 패턴은 본문에 나와 있고, 일련의 두 단순 다중선으로 구성되어 있다. 막대기 도식 (stick diagram) 을 잘 활용하는 것은 줄곧 필요할 것이다. 3.5.5절에서 좀 더 복합적인 문제를 다룰 것이다.

경험적으로, $\Delta\nu/J - 8$은 엄격한 기준이 아니라는 것은 명백하지만, 비율이 줄어들수록 해석은 더 어려워진다. 3.3절에서 언급한 바와 같이, 마력경쟁 (horsepower race) 은 이 비율을 증가시키는데 지대하게 공헌했다. 이는 결과적으로 스펙트럼을 단순화시키며, 이어서 더 어려운 분자를 규명하게끔 하고 있다. 이런 느낌을 그림 3.33의 60 MHz, 300 MHz, 600 MHz에서 이런 느낌을 가져보는 것이 좋을 것이다. 화합물은 다음과 같다.

$$Cl—CH_2—CH_2—O—CH_2—CH_2—Cl$$

600 MHz에서, 스펙트럼은 두 개의 단순 일차수 삼중선으로 구성되어 있다. 300 MHz에서, 스펙트럼은 약간 찌그러져 있으며 몇 개의 더 작은 피크가 덤으로 있다. 60 MHz에서, 명백하게 겹쳐진 덤 피크들이 있다 (모든 스펙트럼에서 확대 부분의 다중선은 같은 δ 눈금를 사용하였다) . $\Delta\nu/J$ 비율이 600 MHz에서 12이며(확실히 일차수), 300 MHz에서는 6 (추가 갈라짐을 무시한다면 그래도 쉽게 알아볼 수 있다). 덤의 피크들이 있는 60 MHz의 겹친 다중선은 높은 차수로 분류된다. 부록 A를 참고하면 치환체 Cl은 OR과 거의 같은 정도로 벗겨지게 한다. 이것은 60 MHz에서는 위험할 것이라는 것을 제시하는 것이다. 좀 더 복합적인 예를 보고자 하면, 그림 3.19로 돌아가 보라.

3.5.2 일차수 스핀 시스템

하나의 스핀 시스템은 서로 짝지어진 다중선으로 구성되어 있다. 스핀 시스템 밖의 것들과는 짝이루지 않는다. 모든 다중선들이 그 스핀 시스템 내에서 다른 모든 다중선들과 짝이루어야 하는 것은 아니다. 어떤 스핀 시스템은 이핵원자 또는 사차 탄소(수소 원자를 갖고 있지 않는) 로 고립되어 있다. 다중선은 단순일차수, 복합일차수, 높은 차수로 짝이룬다. 한 스핀 시스템 내에서 고립된 원자를 거친 장거리 짝지음 (long-range coupling) 도 가능하다. 그러나 이것은 보통 작은 짝지음 상수를 나타내며, 피크 넓어짐 (peak broadening) 의 결과로 나타난다.

그림 3.3의 600 MHz 스펙트럼은 단순 일차수 스핀 시스템으로 이루어져 있다. 300 MHz에서도 그러하나, 약간의 찌그러짐이 있다. 60 MHz 스펙트럼은 높은 차수 스핀 시스템으로 이루어져 있다. 스핀 시스템은 일차 또는 높은 차수의 다중선으로 이루어질 수 있으며, 여기서 δ값, 짝지음 상수, 다중선들을 모두 그냥 봐서 알아내는 것은 어렵다. 그림 3.50은 600 MHz에서조차 일어나는 예이다.*

화학 이동은 보통 소수점 2자리까지 보고된다. 그러나 이런 수는 언제나 가치가 있을까? 이들은 그림 3.33의 600 MHz에서의 일차수 삼중선에 대해서는 분명히 그러하다. 그러나 60 MHz에서는 겹친 다중선의 화학 이동은 정확히 측정해낼 수 없다. 300 MHz와 60 MHz 사이의 어떤 기기에서, 비슷한 화합물의 화학 이동을 측정하려고 시도하여도 오직 대략적인 값을 얻게 될 것이며, 소수점 2자리까지 정확한 값을 얻지는 못할 것이다.

3.5.3 Pople 표시법

Pople 표시법은 다중선, 스핀, 스펙트럼을 기술하기 위한 수단을 제공한다.† 다중선 (multiplet) 은 이제 "세트 (set)"라는 용어로 정의된다. 각각은 대문자로 지정된다. 만약 $\Delta\nu/J$ 비율이 약 8보다 크다면, 짝지어진 세트 (set) 는 많이 떨어져 있고 (즉, 약하게 짝지음) , 결과적인 스핀 시스템은 알파벳 AX같은 많이 떨어진 글자로 지정된다. 만약 8보다 적다면, AB와 같은 글자가 사용된다. 세 개의 약한 짝지음 세트들이 있다면, 이들은 AMX로 지정될 것이다. 처음 두 조들은 강하게 짝짓고, 마지막이 약하게 한다면, ABX가 사용된다. 한 세트의 양성자의 수는 아래첨자로 지정된다. 하나

* 짝지음 상수는 음과 양의 값을 가진다. 그러나 일차 스펙트럼에서는 관련이 없으며, J값을 측정할 수 있으나, 부호는 결정할 수 없다. 그래서 우리는 부호를 무시한다.

† Pople, J.A., Schneider, W.G., and Bernstein, H.J.(1959). *High Resolution NMR*, New York; McGraw-Hill.

의 양성자만 있다면 아무 첨자도 적지 않는다.

다른 모든 세트들로부터 고립된 세트들의 집합이 스핀 시스템(spin system)이다. 다음이 일차수 스핀 시스템의 예이다: AX(두 개의 이중선들), A_2X(이중선, 삼중선), A_2X_2(두 개의 삼중선들), A_3X_2(삼중선, 사중선). A_2X 시스템에서 A_2 조는 $n+1$의 이웃 양성자(X)에 의해 이중선으로 갈라진다. 이 경우 X 조에는 양성자가 하나이다. A_2 조의 두 개의 양성자들은 X의 삼중선에 대한 설명이 된다.

두 개 또는 그 이상의 세트들이 있는 경우에, 여러 가지 짝지음 상수가 있을 수 있어 복잡할 수 있다. 나이트로프로페인은 NO_2기가 세 세트들을 넓게 퍼지게 할 수 있기 때문에, 다음과 같이 설명될 수 있다.

$$\underset{A_3}{CH_3}-\underset{M_2}{CH_2}-\underset{X_2}{CH_2}-NO_2$$

A와 X 그룹은 M 그룹과 짝지으며, A 그룹은 X와는 그러지 아니한다. 분석결과는 조금 더 관련 있는 부분을 설명한 후에 3.8.11절에 다룰 것이다. 이 시점에서, 나이트로프로페인의 스펙트럼은 약간 다른 짝지음 상수를 지닌 두 삼중선과 약간 넓어진 피크의 육중선으로 이루어져 있다.

다음 스타이렌 분자에서,

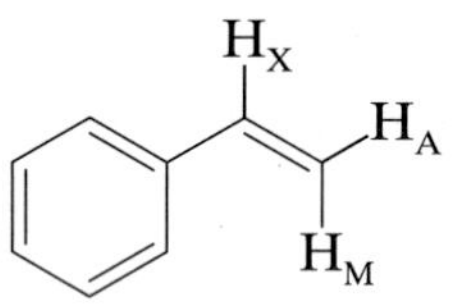

모든 바이닐 양성자는 600 MHz에서 (3.10절 참조) 약하게 서로 짝짓고 있다. 앞서 언급한대로, 알파벳에서 AB, A_2B, ABC, $A_3B_2C_2$ 등과 같은 서로 가까운 글자들은 일차수가 아닌 스핀 시스템을 설명하기 위하여 사용된다. 이 스핀 시스템들은 높은 차수로 지정되며 해석할 수 없다.

이런 스핀 시스템을 넘어서, 자기적으로 동등하지 않은 양성자들을 포함하는 것들이 있다. 이것들은 매우 흔하며 기분나쁜 측면을 지니고 있다. 이들은 자기장을 높이더라도 일차수 시스템이 될 수 없다. 이 스핀 시스템은 3.12절에서 다룬다.

복합 일차수 갈라짐 패턴을 맞춰보기 위하여 사용할 수 있는 계산된 스펙트럼 모음집이 있다(Wiberg 1962, Bovey 1988의 참고 문헌 참조). 대안으로, 이런 스핀 시스템은 최신 NMR 분광기의 컴퓨터에서 시뮬레이션해볼 수 있다. 예로, Bruker BioSpin에서 구할 수 있는 NMRSIM 컴퓨터 프로그램을 참조하기 바란다.

3.5.4 단순 일차수 스핀 시스템의 추가 예들

단순 일차 스핀 시스템과 Pople의 표시법을 이해한다면, 우리는 다음의 예를 생각해 보자.

그림 3.34의 스펙트럼은 양성자가 붙어있지 않은 탄소 원자에 의해 서로 고립된 두 스핀 시스템으로 이루어져 있다. CH_3-CH_2 스핀 시스템은 많이 떨어진 삼중선과 사중선으로 이루어져 있다. 즉, A_3X_2 시스템은 피크 다중선과 적분비 5 : 2 : 3(왼쪽에서 오른쪽으로)으로부터 시사된다.

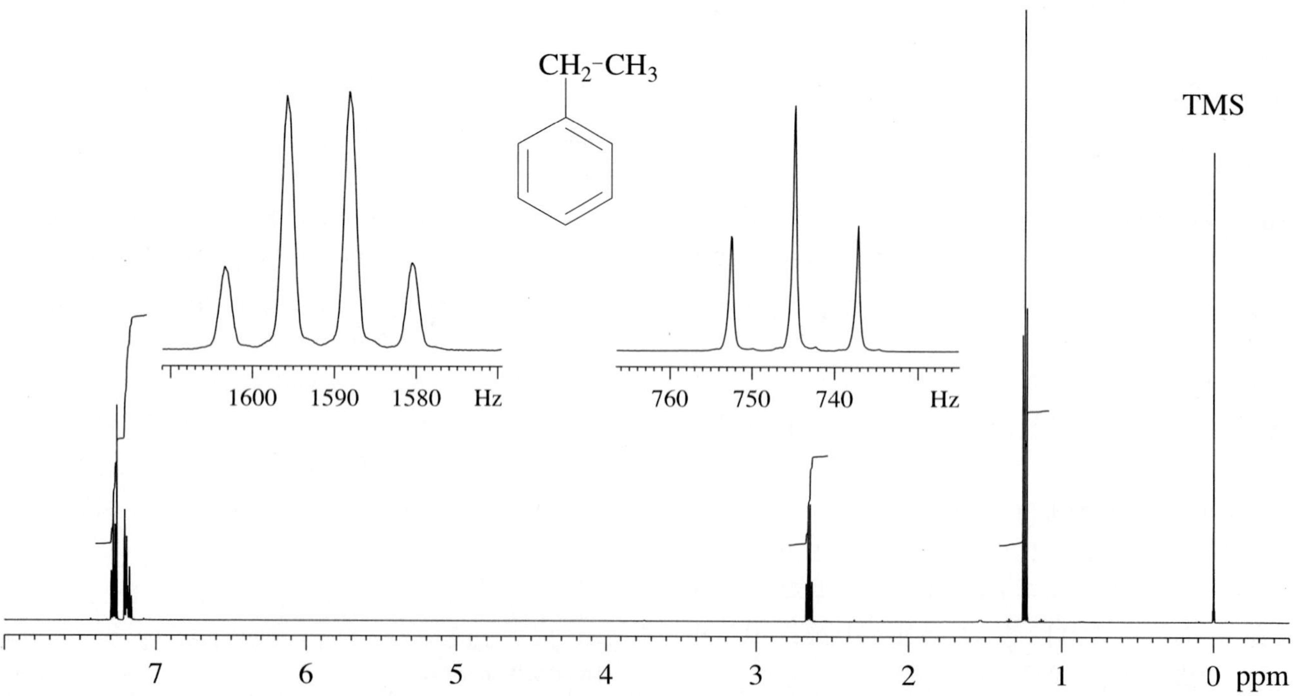

그림 3.34 600 MHz에서 에틸벤젠($CDCl_3$). 에틸 부분은 CH_3 삼중선과 CH_2 사중선에 으로 알아볼 수 있다.

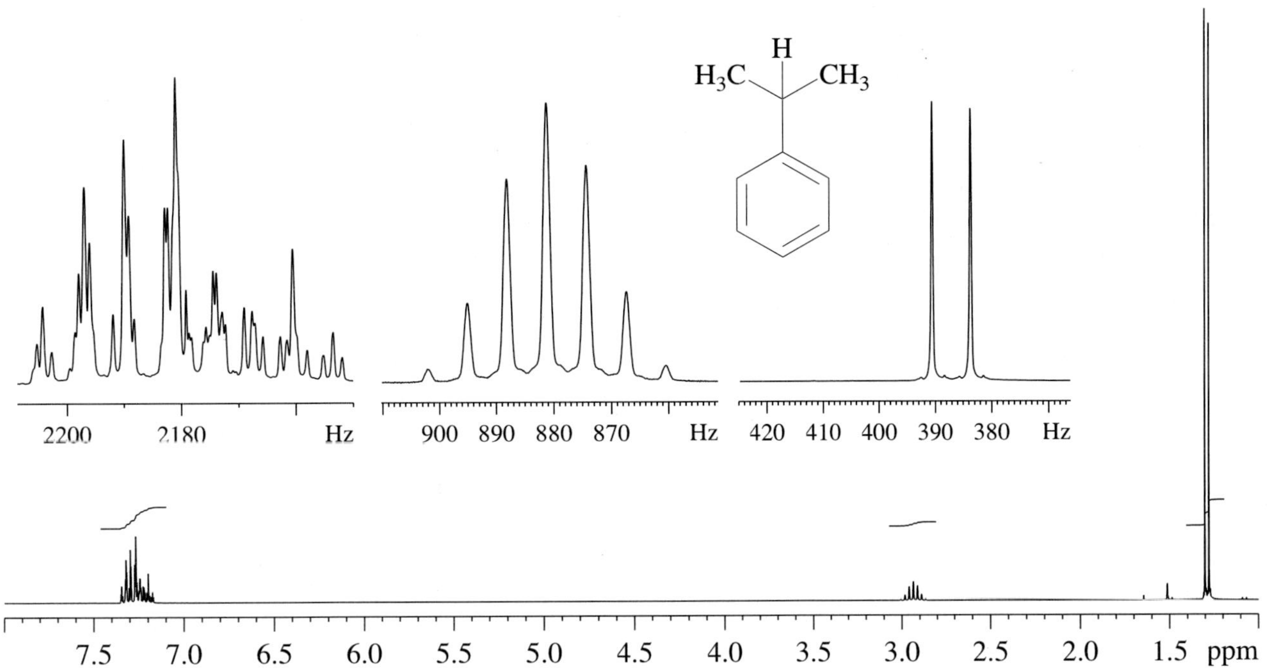

그림 3.35 300 MHz에서 큐민(아이소프로필벤젠, $CDCl_3$). 아이소프로필 부분은 특징적인 여섯 개의 양성자들의 이중선과 한 개 양성자의 칠중선으로 알아볼 수 있다.

우호적인 $\Delta\nu/J$ 비율은 벤젠 고리에 의한 벗김의 결과이다.

대칭축을 가진 고리 시스템은 서로 바뀔 수 있는 두 *ortho* 양성자들, 서로 바뀔 수 있는 두 *meta* 양성자들 및 하나의 *para* 양성자로 이루어져 있다. 이들은 모두 고리 양성자의 특징적인 영역에 있다. 화학 이동의 동등성의 개념과 Pople 표시법을 받아들인 사람이라면, 아마 A_2B_2C를 쓸 수 있을 것이다. 좀 더 나아가, 더 큰 자기장 속에서 일차수 고리 시스템 A_2M_2X를 예상할 수 있을 것이다. 그러나 더 큰 자석이 고리 시스템의 화학 이동을 더 멀리 떨어지게 할 수는 있지만, 일차수 시스템은 될 수 없을 수도 있다는 것은 3.9절에서 설명될 것이다. 간단히, 문제는 *ortho* 양성자들도 *meta* 양성자들도 자기적으로 동등하지 않다는 것이다.

작지만 흔한 하나의 현상을 지적하고자 한다. CH_2 사중선이 약간 넓어진 것을 잘 보아라. 이것은 고립된 탄소를 통하여 스핀 정보가 약간 샌(leakage) 결과이며, 아주 작은 장거리 짝지음(long range coupling)이 존재한다. 높은 분해능(high resolution) 기기에서 감지될 수 있다.

그림 3.35의 아이소프로필벤젠의 스펙트럼은 단순 일차수 스핀 스펙트럼을 표현하고 있다. 메타인 양성자는 이웃 CH_3기의 여섯 개의 동등한 양성자들 때문에 모두 같은 짝지음 상수를 지닌 칠중선을 보인다. 두 화학적으로 동등한 두 CH_3기는 메타인과의 짝지음 때문에 여섯 개의 양성자에 해당하는 이중선을 나타낸다. 고리 양성자들은 에틸벤젠(그림 3.34)에서처럼 같은 어려움을 보여 주고 있다.

3.5.5 일차수 패턴의 분석

보통의 막대기 도식(stick diagram)은 편리하게 패턴을 설명할 수 있다. 그러나 예를 들어, 짝지음의 사전 정보없이, 한 양성자의 CH_3기 (J = 7 Hz) 및 두 다른 양성자들 (J = 4 Hz, J = 12 Hz)과의 짝지음으로 생긴 일차수 패턴의 막대기 도식을 그려내는 것은 어려울 것이다(그림 3.36). B.E. Mann은 그런 막대기 도식을 그려내는 일정한 절차를 제안했다.* 단일 양성자와 이웃 양성자들과 짝지음으로부터 생기는 패턴을 분석하기 위한 절차를 간단하게 약간 수정하여 기술하면 다음과 같다. 수평 눈금은 10 mm = 5 Hz이다.

1. 가장 바깥 피크에 정수 1을 부여하는 것을 시작으로, 각 피크의 가운데 바로 아래에 정수를 부여한다. 일차수 패턴의 강도는 가운데대칭형(cetrosymmetric)이어야 한다. 그렇지 않다면 높은 차수이다.
2. a 단계에 있는 수의 합은 2^n이어야 한다. n은 짝짓는 양성자들의 수이다. 예로, n = 5이면, 앞서 언급한 동등한 세 개의 이웃 양성자들 및 두 개의 동등하지 않은 양성자들의 짝지음에 해당한다.

* Mann, B.E. (1995). *J. Chem. Chem.*, **72**, 614.

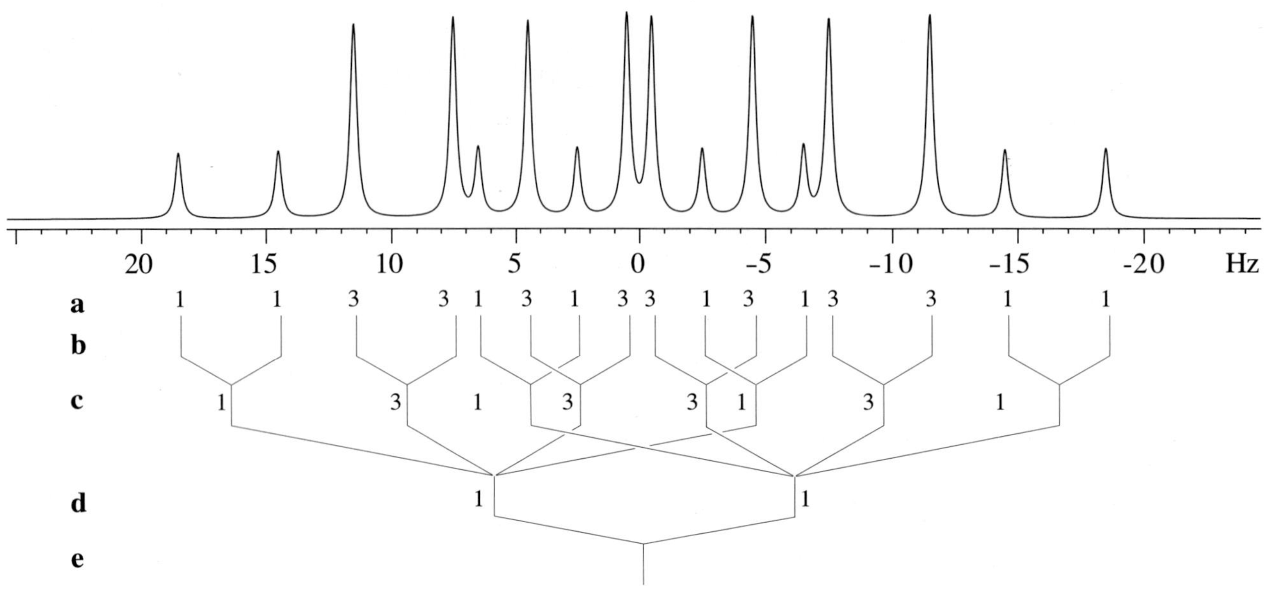

그림 3.36 일차수 다중선에 대한 짝지음 상수는 이중선들의 4와 12 Hz, 두 개의 사중선들의 7 Hz이다. 수평 눈금은 10 mm = 5 Hz이다.

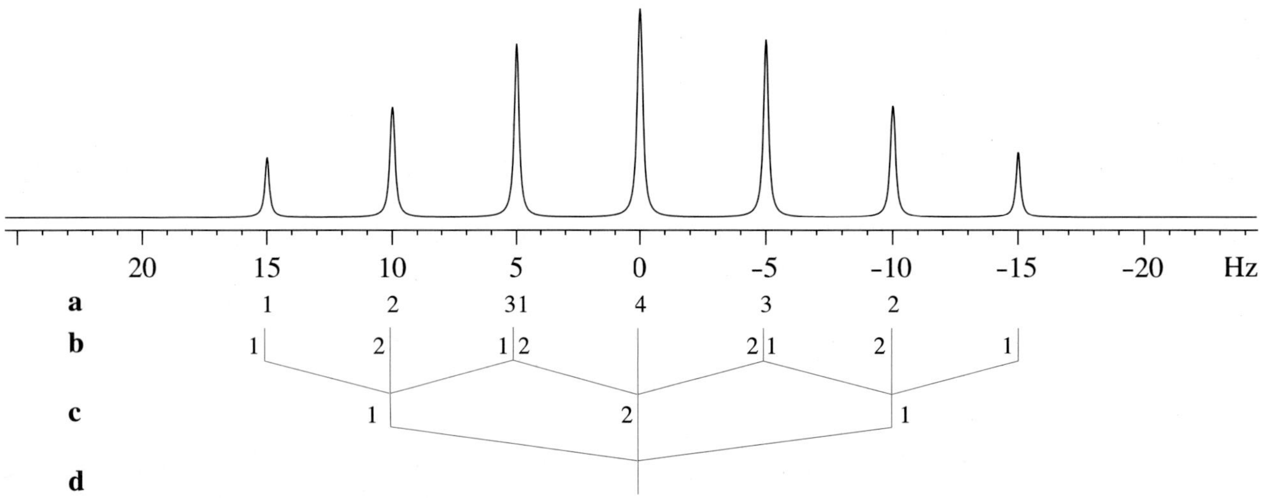

그림 3.37 짝지음 상수 5 Hz와 10 Hz를 가진 삼중선의 삼중선들로부터 야기되는 피크의 우연한 겹침.

3. 각 피크의 바로 가운데 아래, 즉, 각 강도 수 아래에 수직선(막대기)을 그린다. 모든 선은 같은 높이로 그린다 (b 단계).

4. 끝쪽 어디에서든 바깥쪽 두 선들의 강도 수는 b 단계에 있는 다중선을 결정한다. 이 예에서, 1 : 1의 강도는 일련의 이중선을 암시한다. 강도 1 : 2는 일련의 1 : 2 : 1 삼중선을 암시할 것이다. 강도 1 : 3은 일련의 1 : 3 : 3 : 1 사중선을 암시할 것이며, Pascal의 삼각형을 활용할 수 있을 것이다(그림 3.32). 이중선의 어떤 것들은 3:3의 강도를 가지지만, 비율은 1 : 1이다.

5. b 단계에서 처음 두 선 사이의 Hz 눈금에서의 거리는 b 단계에 있는 이중선에 대한 짝지음 상수가 된다. 물론 모든 이중선들이 끝쪽 쌍처럼 같은 짝지음 상수를 갖고 있다. 이중선의 겹침이 있지만, 같은 짝지음 정도와 짝지은 선들의 1 : 1 비율에 근거하여, 이중선을 분류하는 것은 어렵지 않다. Hz 눈금은 이것들이 4-Hz 이중선이라는 것을 보여 준다.

6. b 단계에서의 각 쌍의 선들의 "뿌리"인 c 단계에, b 단계에 있는 각 쌍의 첫 줄의 강도 수가 강도 수로 할당된다. 이 뿌리는 c 단계에서 다중선(이 예에서, 첫 두 줄의 1:3 비에 부합하는 겹친 두 사중선들)의 선들이 된다. 차례로, 이들 사중선의 "뿌리"에 각 사중선들의 첫 줄의 강도 수가 할당된다. 이 뿌리는 d 단계의 다중선(이 예에서, J = 12 Hz인 이중선)이 된다. 각 단계에서 선들은 강

도의 가운데대칭성 (centrosymmetry) 과 짝지음에 대해서 확인돼야 한다.

7. 요약하면, d 단계에서 출발하여, CH 양성자에 짝이루어 이중선이 생긴다는 것을 확인할 수 있다 ($J = 12$ Hz). 이 이중선의 각각은 c 단계에서 이웃자리 CH_3 양성자들에 의해 사중선 ($J = 7$ Hz) 으로 갈라진다. 사중선들의 각 선은 다른 CH기에 의해 b 단계에서 일련의 이중선 ($J = 4$ Hz) 으로 갈라진다. 모든 도식은 첫 두 줄의 강도 수와 이들 사이의 Hz에서의 거리에 기초를 두고 있다. 이 강도 수는 각 단계의 선에 다중선의 형태를 정해준다. Hz에서의 거리는 각 단계에서의 짝지음 상수를 제시해 준다.

피크가 우연히 일치 (전부 또는 부분적인 일치) 하는 것은 강도 수를 정하는데 문제를 유발한다. 여러 가지 예가 아래 문헌에 주어져 있다.* 겹친 것 (overlapping) 과 우연히 겹친 (coincident) 피크들을 구별하여야 한다. 그림 3.36에서 이중선은 겹치지만, 큰 문제를 주지는 않는다. 그림 3.37에서 세 삼중선들의 끝 피크는 우연히 일치하고 있다. a 단계에서의 외견상 강도는 바르지 않으며, b 단계에 바르게 표시되어 있다. 바깥 두 피크는 어느 쪽에서나 1 : 2 비율에 있고 1 : 2 : 1 삼중선의 일부분이어야 하기 때문에, 할당이 잘못되었다는 것을 알아차릴 수 있다. 중간 삼중선은 2 : 4 : 2의 강도를 나타내고 있다.

3.6 산소, 질소, 황 원소에 있는 양성자들, 서로 바뀔 수 있는 양성자들

산소, 질소, 황 원소에 직접 붙어 있는 양성자들은 다음과 같은 이유에서 탄소 원소에 붙어 있는 것들과는 다르다.

1. 이들은 서로 바뀔 (exchangeable) 수 있다
2. 이들은 수소 결합 (hydrogen bonding) 을 할 수 있다.
3. 질소 (^{14}N) 원소의 것들은, 스핀이 1인 ^{14}N핵의 전기적 사중극자 (electrical quardrupole) 모멘트에 의해서 부분적이거나 완전한 짝풀림 (decoupling) 을 할 수 있다.

이런 양성자들의 화학 이동의 범위는 부록 E에 나와 있다. 이동의 변화의 정도는 농도, 온도, 용매 효과에 따라 다르다.

3.6.1 산소 원소의 양성자들

3.6.1.1 알코올 농도에 따라 다르지만, 알코올에서 하이드록시 피크는 ~δ 0.5와 ~δ 4.0 사이에서 나타난다. 온도나 용매가 변하면 피크 위치는 이동할 것이다.

분자 사이의 수소 결합은 이동이 왜 농도, 온도, 용매의 극성도에 따라 달라지는가에 대한 이유가 된다. 수소 결합은 하이드록시기 주위의 전자 밀도가 줄어들게 한다. 따라서 양성자 피크는 높은 주파수로 이동한다. 비극성 용매에서 농도가 줄어들면, 그런 수소 결합이 방해받으며, 피크는 더 낮은 주파수에서 나타난다. 즉, 알코올 분자가 덜 고분자화된다. 온도의 증가도 비슷한 효과를 나타낸다.

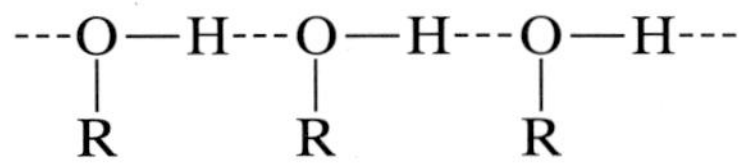

분자내의 수소 결합은 분자간의 수소 결합에서보다 환경의 영향을 덜 받는다. 사실, 예를 들어, 따뜻하게 하면 약간 낮은 주파수로 이동하지만, β-다이케톤의 엔올 하이드록시기의 흡수는 농도 또는 용매의 변화에 거의 영향 받지 않는다. 핵자기 분광법은 수소 결합을 연구하는데 매우 강력한 도구이다.

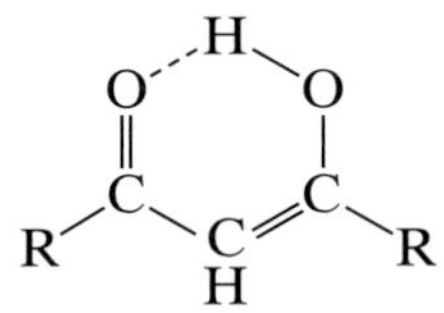

빠르게 서로 바뀌는 성질 (rapid exchageability) 이 에탄올의 하이드록시 피크가 왜 보통 단일선으로 보이게 되는 이유가 된다 (그림 3.38). 보통의 조건 (공기, 빛, 수증기에 노출)에서 $CDCl_3$ 용액에서 산성 불순물이 생기며, 이것은 하이드록시 양성자가 빠르게 서로 바뀌게 촉매로 작용한다.* 양성자가 메틸렌 양성자에 의해서 영향 받을 만큼 충분히 오래 분자의 산소 원자 위에 머무르지 않는다. 따라서 짝지음이 없다. OH 양성자는 단일선, CH_2는 사중선, CH_3는 삼중선이다.

온도를 낮추거나, 묽게 사용하거나, 용매를 무수 탄산 소듐 또는 무수 알루미나로 처리하고 바로 작은 피펫에 유리솜을 채우고 거른 후에 사용하거나 하면, 양성자의 서로 바뀌는 속도는 느려진다. 이런 조건에서, OH 양성자는 CH_2 양성자들과 짝이루며, 유용한 정보를 얻을 수 있다. OH 단일선은 삼차 알코올, 이중선은 이차 알코올, 삼중선은 일차 알코올임을 가리킨다.

무수 중수소화된 다이메틸 설폭사이드 (DMSO-d_6) 또는

** Mann, B.E. (1995). *J. Chem. Chem.*, **72**, 614.

** Aldrich의 저용량. $CDCl_3$는 몇 시간 이내에 찍은 CH_3CH_2OH의 스펙트럼의 OH 피크가 삼중선으로 보일 수 있을 만큼 충분히 순수하다. 공기 중에 약 24시간 방치하면, 시료의 OH 피크는 단일선으로 나오게 된다 (그림 3.38). 최신 기기에서는 매우 묽게 사용하기 때문에, OH 양성자의 이웃자리 짝지음이 곧잘 나타난다.

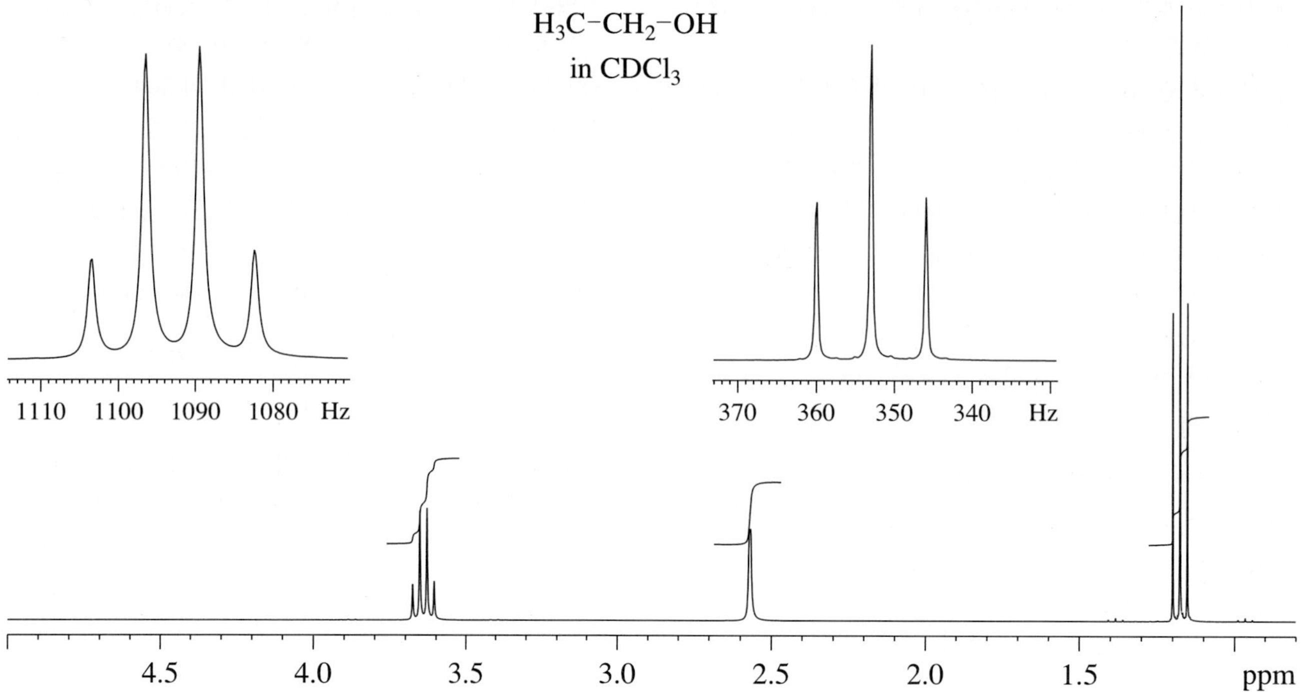

그림 3.38 300 MHZ, $CDCl_3$에서, 실온에서 밤새 공기 중에 노출시킨 후의 CH_3CH_2OH, CH_2 피크는 잔존하는 OH와의 짝지음에 의해 넓어졌으며, OH 피크도 약간 넓어졌다. 흡수된 습기가 OH 신호의 강도를 증가시켰다.

중수소화된 아세톤은 위와 같은 처리를 하면 같은 효과를 낸다. 추가하여, OH 양성자 피크는 용질과 용매 사이의 수소 결합에 의해서 높은 주파수로 움직인다, 이렇게 하면, 다른 양성자들과 겹치는 것을 피할 수 있다. (그림 3.39 참조).

그림 3.39와 아래 막대기 도식에서, 에탄올의 CH_2 양성자들은 하이드록시 양성자와 CH_3 양성자들과 짝이루고 있다. 도식은 약간 겹친 사중선의 이중선을 보이고 있다. OH와의

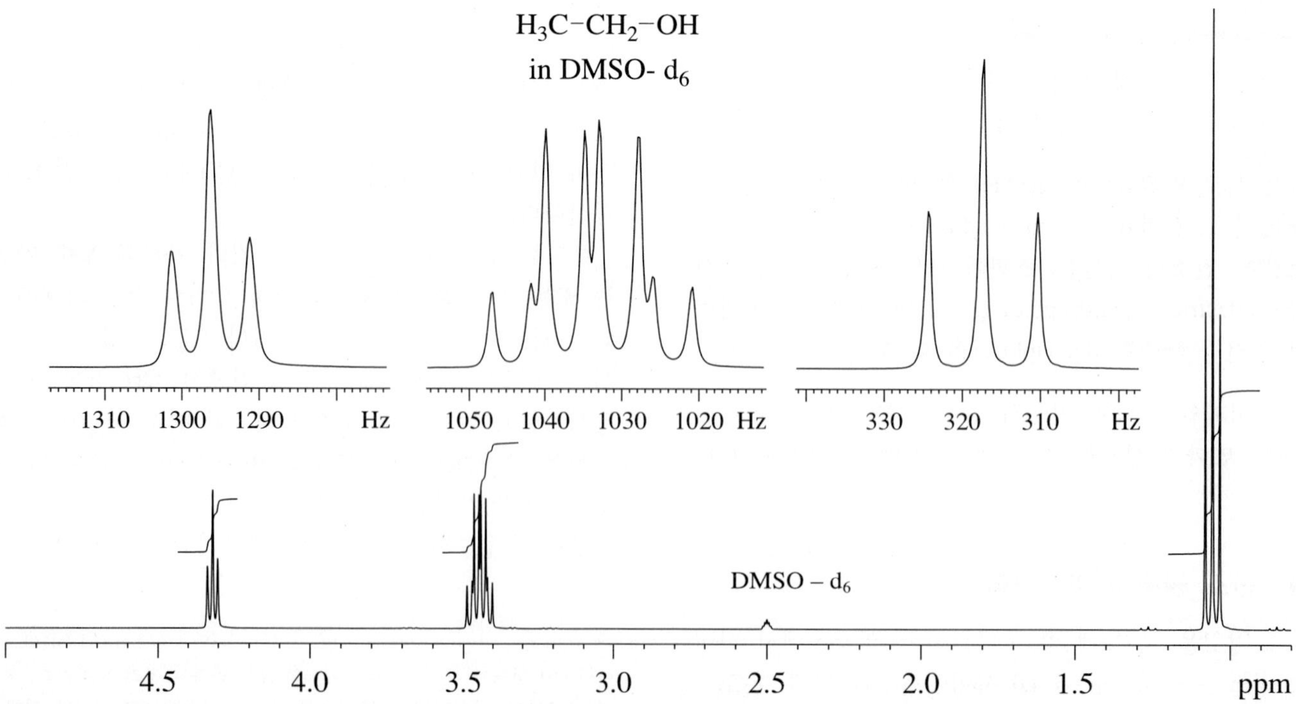

그림 3.39 300 MHZ, 무수 중수소화된 DMSO에서 찍은 CH_3CH_2OH. 왼쪽으로부터 오른쪽으로 피크는 OH, CH_2, CH_3를 나타낸다. δ 2.5의 작은 피크는 DMSO-d_6의 ^1H 불순물을 나타낸다 (부록 G 참조).

짝지음은 5 Hz이며, CH_3와의 짝지음은 7 Hz이다. 보통 가장 큰 짝지음 상수로 시작하는 것이 좋다.

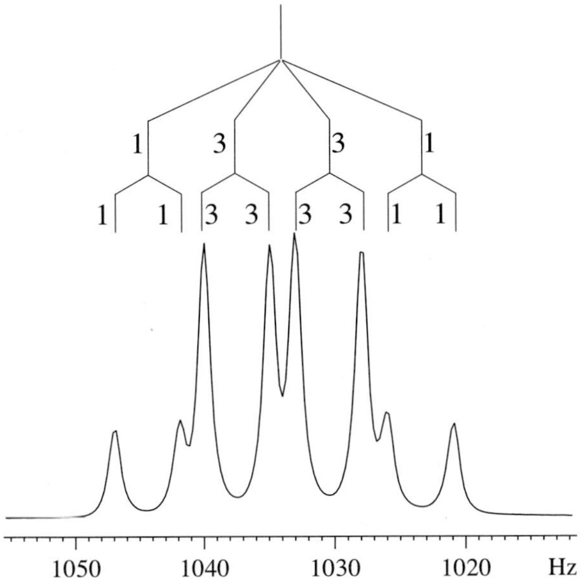

서로 바뀌는 속도(exchange rate)가 중간 정도인 경우에, OH 다중선은 넓게 합쳐지며, 더 빠른 속도에서는 단일선으로 진행한다(그림 3.38).*

다이올에서 각 하이드록시기는 서로 떨어져 나타난다. 이 경우에, Hz에서, 서로 바뀌는 속도(exchange rate)는 떨어진 흡수들 사이에서의 차이보다 훨씬 작다. 속도가 증가함에 따라(소량의 산촉매), 두 흡수들은 넓어지며 넓은 단일선으로 합쳐진다. Hz에서, 바뀌는 속도(k)는 원래의 신호 차이의 약 두 배이다. 속도가 증가함에 따라서, 단일선은 더욱 뾰족해 진다. 각 피크의 상대적 위치는 각 양성자의 수소 결합의 정도에 따라 달라진다. 수소 결합에서 입체장애 (steric hindrance)는 피크가 오른쪽으로 움직이게 한다.

서로 빠르게 바뀌는 양성자들을 가진 화합물의 스펙트럼은 단순화될 수 있다. 그냥 용액을 과량의 중수소로 섞어 흔들거나 화합물이 녹는다면 중수소에서 찍음으로써, 서로 바뀔 수 있는 양성자들의 흡수는 간단히 제거될 수 있다. HOD로부터 오는 피크가 보통 비극성 용매에서는 δ 5.0과 4.5 사이에서, DMSO에서는 거의 δ 3.3에서 나타날 것이다(부록 E). $CDCl_3$와 CCl_4 용액에서는 한두 방울의 D_2O을 넣고 뚜껑을 막고 세게 흔든 후, 혼합물의 층이 맑게 나누어질 때까지 방치(또는 원심분리)하여 이용할 수 있다.

하이드록시기의 아세틸화 또는 벤질화 반응으로 일차 알코올의 CH_2OH 양성자의 흡수를 약 0.5 ppm, 이차 알코올의 CHOH를 약 1.0−1.2 ppm 정도로 왼쪽으로 이동시킬 수 있다. 이런 이동은 일차 또는 이차 알코올의 존재를 증명해 준다.

* 불순물로서 H_2O는 서로 바뀔 수 있는 다른 양성자들과 양성자들을 서로 바꿀 수 있어서, 피크들의 평균 위치에서 단일선을 띤다.

3.6.1.2 물 방금 논의한 서로 바뀌는 성질과는 달리, 물은 매우 중요한 피크를 방해하여 Murphy의 법칙을 충실하게 따르는 흔한 불순물이다. $CDCl_3$ 위에 떠있는 물방울은 ~δ 4.7에서 피크가 나타난다(3.6.1.1절에서 언급한 D_2O의 서로 바뀜 실험에서처럼 HOD가 생긴다).

$CDCl_3$에 녹은 물은 ~ δ 1.55에서 흡수하며, 묽은 용액에서 중대한 방해 피크가 될 수 있다.* C_6D_6를 사용하면 이런 문제를 피할 수 있다(녹은 물은 δ 0.4에서 나타남). 보통 중수소화된 용매에서의 물 피크는 부록 H에 나와 있다.

3.6.1.3 페놀 페놀의 하이드록시 양성자는 알코올 양성자와 비슷하다. 페놀 양성자 피크는 보통 뾰족한 단일선(빠르게 서로 바뀜, 짝지음 없음)으로 나타나며, 농도, 용매 및 온도에 따라 보통 알코올에 비해서 왼쪽에 나타난다(δ ~ 7.5에서 δ ~4.0). *ortho* 위치에 카보닐기가 있으면, 분자내의 수소 결합 때문에 페놀 양성자의 위치가 약 δ 12.0 − δ 10.0의 범위에서 나타난다. 그래서 o-하이드록시아세토페논(o-hydroxyacetophenone)은 농도에 거의 완전히 변화가 없이 약 δ 12.05에서 피크를 보인다. o-클로로페놀(o-chlorophenol)에서는 분자내의 수소 결합이 훨씬 약한 것이 이것의 이동 범위(1 M 농도에서 δ ~6.3, 무한히 묽은 농도에서 δ ~5.6)에 대한 설명이 된다. 이 피크는 o-하이드록시아세토페논(o-hydroxyacetophenone)에 비해서는 넓어졌지만, 보통의 페놀보다는 뾰족한 편이다.

3.6.1.4 엔올 아세틸아세톤의 케토와 엔올형에서 익숙한 토토머 평형은 3.8.3.1절에서 설명된다(그림 3.45 참조). 기술된 조건아래에서 엔올형이 케토형보다는 우세하게 차지한다.

보통 우리는, 평형 상태에서 보잘 것 없이 존재하기는 하지만, 엔올형의 아세톤 또는 케토형의 페놀을 적지는 않는다. 그러나 아세틸 아세톤의 경우에, NMR 측정 동안에 평형은 충분히 느리며 분자 사이의 수소 결합에 의해서 엔올형이 안정화되기 때문에, 두 가지 형이 NMR 스펙트럼에서 보인다. 엔올형의 아세톤 또는 케토형의 페놀은 그렇게 안정화되지 않는다. 나아가 페놀은 방향족 공명 안정화 때문에 강하게 엔올형이 선호된다.

2,3-뷰테인다이온(2,3-butanedione)에서처럼, α-다이케톤에서는 보통 오직 케토형만이 NMR 스펙트럼에서 보인다. 그러나 다음의 α-다이케톤(α-diketone)에서 보듯이, α-다이

* Webster, F.X., Silverstein, R.M. (1985). *Aldrichimica Acta* 18 (No. 3), 58.

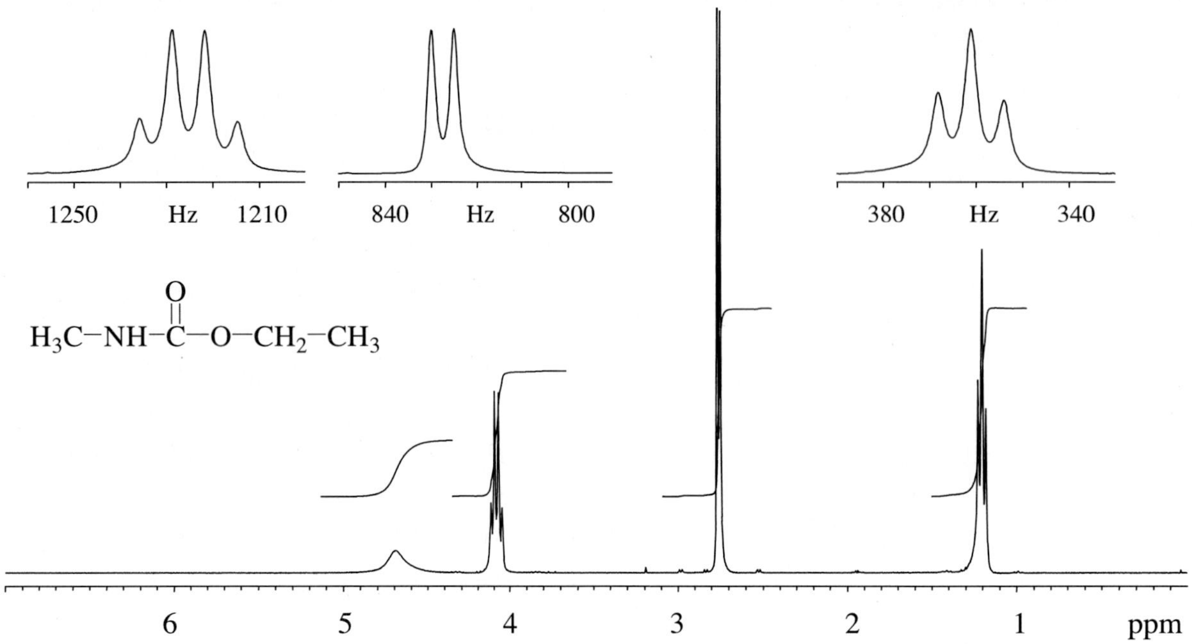

그림 3.40 $CDCl_3$, 300 MHz에서 에틸 *N*-메틸카바메이트.

케톤이 수소 결합에 의해서 안정화된다면, 안정화된 엔올 형만이 NMR 스펙트럼에서 보일 것이다.

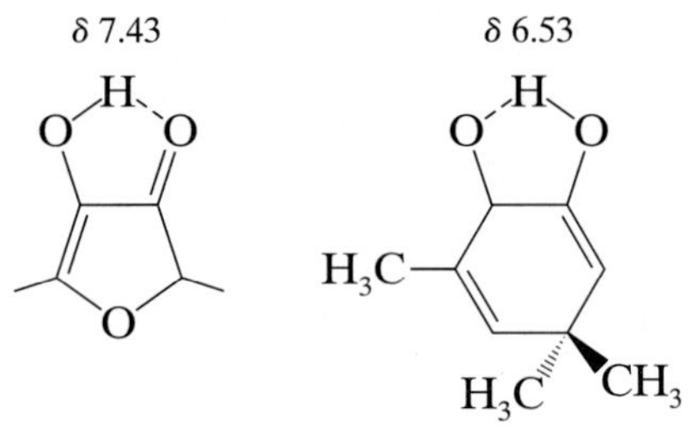

3.6.1.5 카복실산 카복실산은 높은 농도에서조차도 비극성 용매에서 안정한 수소 결합 이합체로 존재한다. 카복실 양성자는 그래서 특징적인 범위 $\delta \sim 13.2 - \delta \sim 10.0$에서 흡수하며, 농도의 양향을 아주 조금 받는다. 극성 용매에서 부분적으로 이런 이합체는 깨지기 때문에 그에 따라 피크는 이동한다.

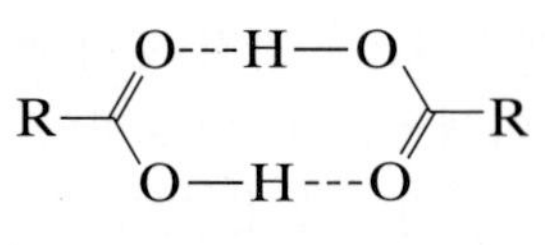

실온에서 피크 너비는 특정 산의 서로 바뀌는 속도(exchange rate)에 따라 뾰족하거나 넓어질 수 있다. 카복실 양성자는 물 및 알코올(또는 하이드록시산의 하이드록시기)의 양성자들과 매우 빨리 서로 바뀌게 되므로, 단일선으로 나타난다. 평균 위치는 농도에 따라 달라진다. 설프하이드릴 또는 엔올 양성자들은 카복실 양성자들과 빠르게 바뀌지 않으며, 각각의 피크가 관찰된다.

3.6.2 질소 위에 붙어있는 양성자

보통의 ^{14}N핵은 스핀수 $I = 1$을 갖고 있다. $2I + 1$ 식에 따라 질소는 그것에 붙어 있는 양성자에 영향을 주며, 인접한 탄소 위의 양성자가 같은 강도의 세 개 피크가 나오도록 한다. 그러나 상황을 복잡하게 만드는 두 가지 요인들이 있다. 즉, 질소 원소위의 양성자의 서로 바뀜 속도(exchange rate)와 ^{14}N핵의 전기적 사중 쌍극자 모멘트(electrical quadrupole moment)가 그것이다(3.2.1절 참조).

질소위의 양성자들은 느리거나, 빠르거나 또는 중간 정도로 서로 바뀔 수 있다. 그 바뀜 속도가 빠르다면, NH 양성자는 질소원소와 인접한 탄소위의 양성자로부터 짝지음을 하지 못한다. NH 양성자 피크는 그래서 뾰족한 단일선이 되며, 인접 CH 양성자는 NH에 의해 갈라지지 않는다. 이 현상은 대다수 지방족 아민에 그러하다.*

바뀜 속도가 중간 정도이면, NH 양성자는 부분적으로 짝지음하며, NH 피크는 넓어진 모습이 된다. 인접 CH 양성자는 NH에 의해 갈라지지 않는다. 이런 현상은 *N*-메틸-*p*-나이트로아닐린(*N*-methyl-*p*-nitroaniline)의 경우에 나타난다.

* H—C—N—H의 짝지음은 Na-K 합금 같은 것으로 미량의 물을 제거하면 여러 아민에서 관찰된다. 이것은 NMR 시간 범위 내에서 효과적으로 양성자 바뀜을 멈추게 한다[K.L. Henold, *Chem. Comm.*, 1340 (1970)].

NH 바뀜 속도가 느리다면, 질소 핵의 전기적 사중 쌍극자가 어느 정도 효과적인 스핀 이완을 유도하여 질소 핵의 스핀 상태가 중간 정도의 수명을 유도하기 때문에, NH 피크는 그래도 넓어지게 된다. 따라서 양성자는 중간 정도로 느리게 바뀌는 질소(스핀 수 = 1)의 세 가지 스핀 상태를 느끼게 되며, 양성자는 넓어진 피크로 나타나며, 아마 바닥선(baseline)에 깔려서 보이지 않을 수도 있다. 이 경우에, NH와 인접 양성자의 짝지음은 관찰된다. 페놀, 인돌, 일차 또는 이차 아민 및 카바메이트의 경우가 이러하다(그림 3.40).

H—N—C—H의 짝지음은 C—H, C—N, N—H 결합을 통하여 일어나며, 질소와 인접 탄소위의 양성자 사이의 짝지음은 무시할 수 있다. 탄소 위의 수소에 의한 양성자–양성자 짝지음이 관찰된다. 즉, N—H 양성자 신호는 사중 쌍극자 작용 때문에 매우 넓어진다.

에틸-N-메틸카바메이트(Ethyl *N*-methylcarbamate, 그림 3.40)의 스펙트럼에서 NH 양성자는 δ 4.70에 중심을 둔 넓어진 흡수를 보이며, δ 2.78에서의 N—CH_3 흡수는 NH 양성자에 의해서 이중선(J ~5 Hz)으로 갈라진다. 에폭시 양성자들은 δ 1.23의 삼중선, δ 4.14의 사중선으로 표현된다.

지방족 고리 아민 양성자들은 ~δ 3.0에서 0.5 사이에서 흡수하며, 방향족 아민은 $CDCl_3$에서 ~δ 5.0에서 3.0 사이에서 흡수한다(부록 E 참조). 아민은 수소 결합을 할 수 있기 때문에, 이동은 농도, 용매, 온도에 따라 달라진다. 아마이드, 피롤, 인돌의 NH는 ~δ 8.5에서 5.0 사이에서 흡수하며, 흡수위치에 농도, 용매, 온도 효과는 일반적으로 아민의 경우보다 적다. C(=O)—N 사이의 회전이 공명구조 $C{=}N^+$ (O^-)의 기여도 때문에 느려서, 일차 아민의 질소위 양성자들과 *N*, *N*-다이메틸아마이드의 메틸기들의 양성자들이 비동등하게 나타난다(3.8.3.2절, 표 3.4 참조).

아민염의 질소 원소위의 양성자들은 중간 정도의 바뀜 속도를 나타낸다. 이들은 넓어져 나타나며(δ ~8.5에서 δ ~6.0), 인접 탄소 원소위의 양성자들과 짝짓는다(J ~7Hz).

표 3.4 트라이플루우오로 아세트산에서 암모늄염의 NMR에 의한 아민의 분류

아민 분류	암모늄염 구조	메틸렌 단위의 다중선
일차	$C_6H_5CH_2NH_3^+$	사중선(그림 3.41)
이차	$C_6H_5CH_2NH_2R^+$	삼중선
삼차	$C_6H_5CH_2NHR_2^+$	이중선

출처: Anderson, W.R. Jr., and Silverstein R.M. *Anal. Chem.*, **37**, 1417 (1965).

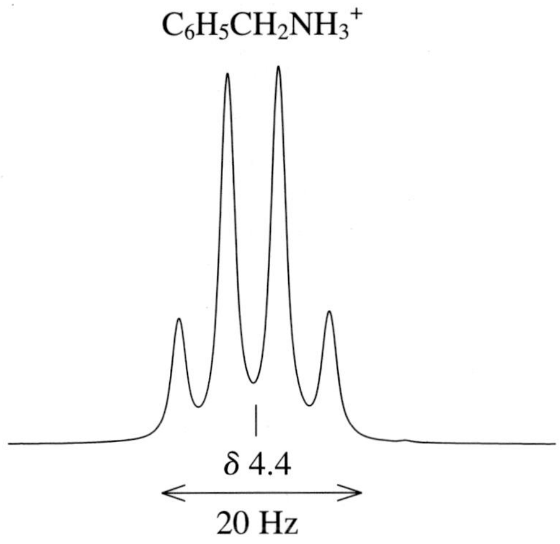

그림 3.41 100 MHz, CF_3COOH에서 일차 amine의 α-methylene의 NMR 스펙트럼; 표 3.4의 첫째 줄에 해당한다.

양성자화 시약으로서 동시에 용매로 트라이플루우오로아세트산를 사용하면, 일차, 이차, 삼차 아민을 분류할 수 있다. 표 3.4에 설명되어 있으며, 질소위의 양성자의 수에 따라 염에서 메틸렌의 다중선이 정해진다(그림 3.41). 가끔 넓어진 ^+NH, $^+NH_2$, $^+NH_3$ 흡수는 세 개의 넓은 혹으로 구성되어 있을 수 있다. 이 혹들은 질소 핵(J ~50 Hz)에 의한 갈라짐을 나타낸다. 잘 분리되면, 인접 탄소위의 양성자들에 의한 각 혹들의 갈라짐(J ~7 Hz)을 관찰할 수 있으나, 더 뾰족한 α-CH 신호의 갈라짐을 관찰하는 것이 더 쉽다. H—C—N—H의 양성자들의 성질은 표 3.5에 정리되어 있다*

여러 가지 부류의 ^{14}N에 붙어 있는 양성자들의 화학 이동은 부록 E에서 볼 수 있다.

3.6.3 황 위에 붙어있는 양성자

설프하이드릴 양성자들은 보통 실온에서 인접 탄소에 붙어 있는 양성자들에 짝지음(J ~8 Hz)할 정도로 느리게 바뀐다. 이들은 같은 분자나 다른 분자들의 하이드록시, 카복실

표 3.5 짝지음에서 NH 바뀜의 효과

	N—H 바뀜 속도		
	빠름	중간	느림
N—H에 효과	단일선, 뾰족	단일선, 넓어짐	단일선, 넓어짐
C—H에 효과	짝지음 없음	짝지음 없음	짝지음 있음

* Dr. Donald C. Ditter (Syracuse University) 제공.(1970)].

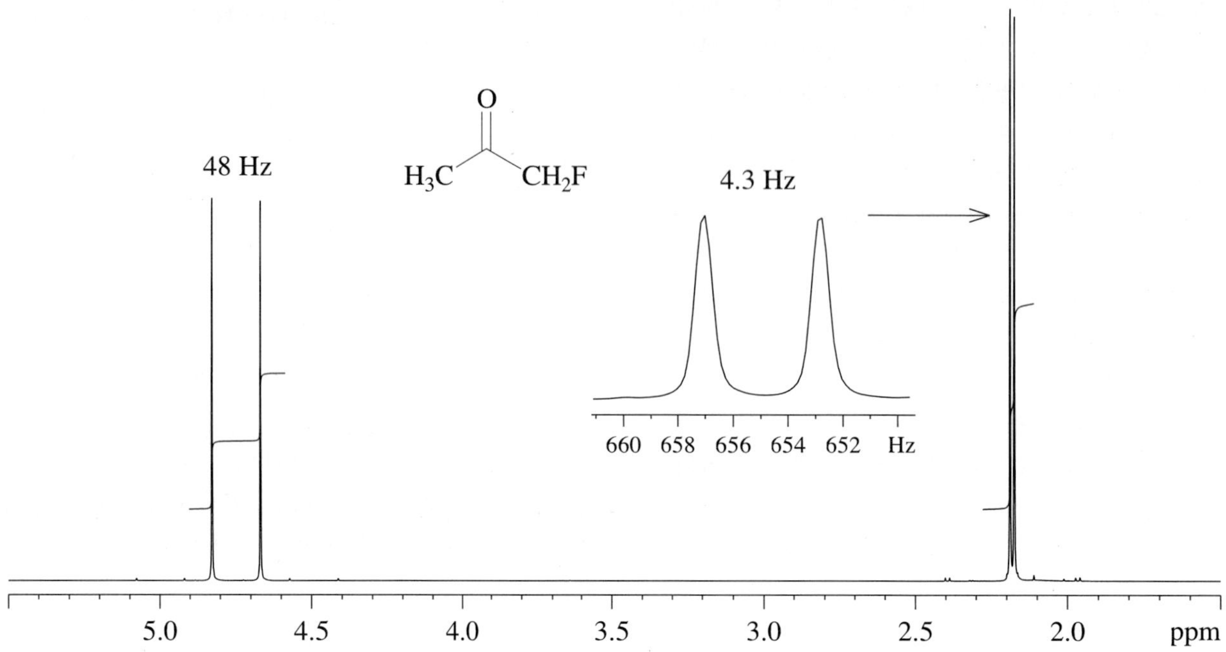

그림 3.42 300 MHz, $CDCl_3$에서 플루오로아세톤의 ^1H 스펙트럼.

및 엔올 양성자들과는 서로 바꾸지 않는다. 그래서 피크가 따로따로 나온다. 그러나 용액을 D_2O와 몇 분간 흔들면 설프하이드릴 양성자는 중수소로 대체될 정도로 빠르게 서로 바뀐다. 지방족 설프하이드릴 양성자들에 대한 흡수 범위는 δ 2.5에서 δ 0.9 사이; 방향족 설프하이드릴 양성자들에 대해서는 δ 3.6에서 δ 2.8이다. 농도, 용매 및 온도는 위의 범위 내에서 영향을 준다.

3.6.4 클로린, 브로민, 아이오딘 핵에 붙어있거나 근처에 있는 양성자들

할로젠 핵의 전기적 사중쌍극자 모멘트 때문에, 양성자들은 클로린, 브로민, 아이오딘과 짝이루지 않는다. 예를 들어, CH_3CH_2Cl에서 양성자-양성자 짝지음은 클로린의 존재에 영향을 받지 않는다, 그래서 삼중선과 사중선은 뾰족하다.

3.7 다른 주요한 핵들(^{19}F, D, ^{31}P, ^{29}Si, ^{13}C)에 양성자들의 짝지음

3.7.1 ^{19}F와 양성자의 짝지음

^{19}F는 스핀수 1/2를 갖고 있기 때문에, H—F와 H—H 짝지음은 같은 다중선 원칙을 따른다. 보통, H—F에 대한 짝지음 상수는 H—H의 것들보다는 약간 좀 더 넓은 영역에 걸쳐있다(부록 F). H—F에 대한 더 장거리 짝지음(long-range coupling)도 있다.

300 MHz, $CDCl_3$에서 플루오르아세톤 CH_3—(C═O)—CH_2F의 스펙트럼(그림 3.42)에서 CH_3기가 δ 2.2에서 이중선(J = 4.3 Hz)으로 나타나는 것은 F 핵에 의한 장거리 짝지음에 의한 것임을 보여 주고 있다. δ 4.75에서의 이중선(J = 48 Hz)은 F와 같은자리 짝지음하고 있는 CH_2기를 나타내고 있다. ^{19}F핵은 양성자의 약 80% 정도로 민감하며, 적절한 주파수와 자기장에서 쉽게 측정될 수 있다(6.3절 참조).

3.7.2 D와 양성자의 짝지음

중수소(D 또는 ^2H)는 보통 특정 그룹을 감지하거나 스펙트럼을 단순화시키기 위해서 도입된다. 중수소는 스핀수 1을 갖고 있으며, 양성자와의 짝지음 상수가 작으며, 사중쌍극자 모멘트가 작다. H—D에 대한 H—H의 J값의 비는 약 6.5이다.

케톤(X, Y는 양성자가 없다)의 α-탄소 원자의 양성자들이 중수소로 바뀌어 다음과 같이 되었다고 해보자.

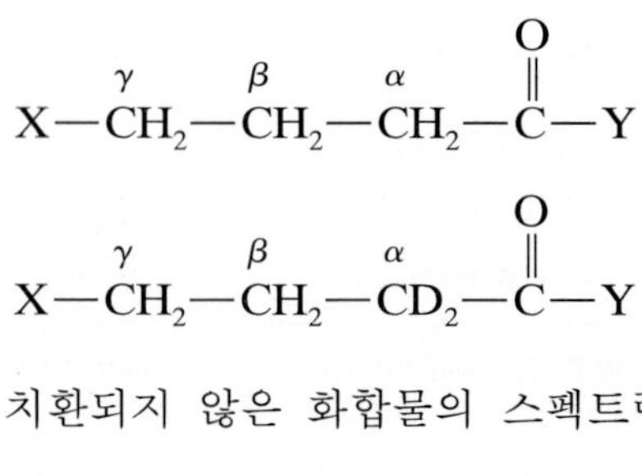

중수소로 치환되지 않은 화합물의 스펙트럼에서, 모두

같은 짝지음을 보인다면 α 양성자에 대해서는 삼중선, β 양성자에 대해서는 사중선, γ 양성자에 대해서는 삼중선이 보일 것이다. 중수소 치환 화합물에서, α 양성자는 흡수가 없을 것이며, β 양성자 흡수는 보통의 분리 환경 (modest resolution) 에서 약간 넓어진 삼중선으로 나타날 것이며, γ 양성자 흡수는 영향 받지 않을 것이다. 실제로, 매우 높은 분해능 (high resolution) 에서, $2nI + 1 = 2 \times 2 \times 1 + 1 = 5$ (여기서 n은 β 양성자와 짝이루는 D 핵의 수) 이기 때문에, β 양성자의 삼중선은 매우 가깝게 자리한 오중선 (quintet) ($J_{H-C-C-D}$ ~1 Hz)으로 나타날 것이다.

대부분의 중수소화된 용매는 잔여 양성자 불순물을 갖고 있다. 중수소화된 다이메틸 설폭사이드, $(CD_3)_2S=O$는 몇 분자의 $CD_2H-(S=O)-CD_3$를 갖고 있다. 이것은 $2nI + 1$에 따라, 가깝게 자리한 오중선 (J ~ 2 Hz, 강도 1:2:3:2:1) 으로 나타난다 (부록 G 참조).

D의 전기적 사중쌍극자 때문에, 중수소핵의 스펙트럼에서 넓어진 흡수 피크를 볼 수 있다.

3.7.3 ^{31}P와 양성자의 짝지음

^{31}P핵은 자연 존재비 (natural abundance) 100%와 스핀수 1/2를 갖고 있다 (따라서 전기적 사중쌍극자 모멘트가 없다). 양성자-인의 갈라짐에 대한 다중선 법칙은 양성자-양성자의 것과 같다. 짝지음 상수는 크며 (J_{H-P} ~200-700 Hz, J_{HC-P}는 0.5-20 Hz이다) (부록 F), 네 개까지의 결합에서도 관찰된다. ^{31}P핵은 적절한 주파수와 자기장에서 측정될 수 있다 (6장).

3.7.4 ^{29}Si와 양성자의 짝지음

NMR에 관찰되는 ^{29}Si 동위원소는 자연 존재비 4.70% (^{28}Si = 92.28%) 를 갖고 있으며 스핀수 1/2이다. $^{29}Si-CH$의 J 값은 약 6 Hz이다. $^{29}Si-CH_3$의 짝지음에 의한 낮은 세기의 이중선 (±3 Hz) 은 자주 TMS 피크를 확대했을 때 관찰될 수 있다. 낮은 세기의 $^{13}C-H_3$ 위성 피크도 ±59 Hz에서 관찰될 수 있다 (3.7.5절). ^{29}Si 스펙트럼은 적절한 주파수와 자기장에서 얻어질 수 있다 (6장).

3.7.5 ^{13}C와 양성자의 짝지음

동위원소 ^{13}C은 ^{12}C에 비하여 자연 존재비가 1.1%이며 스핀수 1/2를 갖고 있다. ^{13}C에 바로 붙은 양성자들은 $^{13}C-H$의 짝지음 상수가 크며, 약 115-270 Hz를 가진 이중선으로 갈라진다. 예를 들어, CH_3-CH_2기는 압도적으로 $^{12}CH_3-^{12}CH_2$일 것이나, 적은 양의 $^{13}CH_3-^{12}CH_2$와 $^{12}CH_3-^{13}CH_2$가 있을 수 있다. 따라서 아래에서 보는 바와 같이, $^{13}CH_3$ 양성자는 ^{13}C에 의해 이중선 (J~120 Hz) 으로 갈라지며, 이중선의 각 피크는 $^{12}CH_2$ 양성자들에 의해 삼중선 (J~7 Hz) 으로 갈라질 것이다. $^{13}CH_3$기를 포함하는 분자의 수가 적기 때문에, 이 "^{13}C 위성 (satellite)" 피크는 작으며, 보통 큰 $^{12}CH_3$ 피크의 양옆에 위치하여 나타날 수 있다 (큰 $^{12}CH_3$ 삼중선도 제시되어 있음).

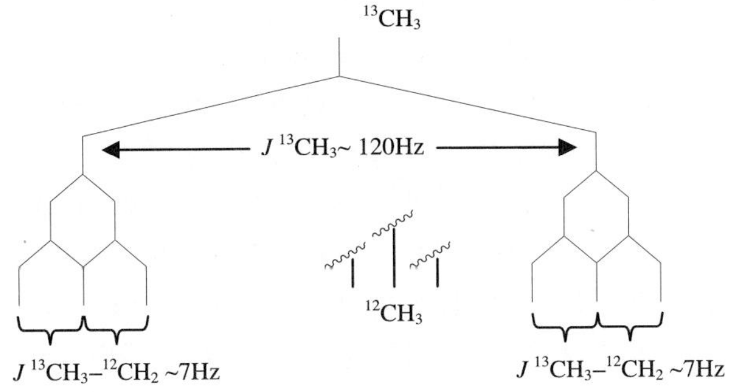

3.8 화학 이동의 동등성

화학 이동의 동등성 (chemical shift equivalence) 의 개념은 NMR 분광학의 핵심적인 것이다. 화학 이동이 동등한 (chemical shift equivalent, isochronous) 핵은 **스핀 시스템** (*pople* 표시법, 3.5절) 내에서 한 조를 이룬다.

즉각적인 의문은 선택한 핵들의 화학 이동이 동등한가 또는 아닌가 하는 것이다. 이들이 그러하다면, 이들은 같은 조에 배치된다. 핵들은 이들이 **대칭 조작 (symmetry operation) 이나 빠른 과정 (rapid process) 에 의해서 서로 바뀔 (interchangeable) 수 있다면, 이들은 화학 이동이 동등 (chemical shift equivalent) 하다**고 할 수 있다. 이 넓은 정의는 NMR 실험에서 비카이랄 (achiral) 환경 (용매, 시약) 을 가정한다. 보통의 NMR 용매는 비카이랄 (achiral) 이다 (3.17절).

우선 대칭조작을 다루고 나중에 빠른 과정을 다루고자 한다 (3.8.3절).

3.8.1 대칭조작으로 서로 바뀜에 의한 화학 이동의 동등성의 결정

세 가지의 대칭조작 (symmetry operation) 이 있으며, 이들 각각은 대칭 요소 (symmetry element), 즉 단순 대칭축 (simple axis of symmetry) 에 의한 회전 (C_n), 대칭면 (plane of symmetry) 에 의한 반사 (reflection) (σ), 대칭점 (center of symmetry) 을 통한 반전 (inversion) (i) 을 포함하고 있다.*

* 대칭 조작 (symmetry operation) 은 전체 분자와 관련하여 이루어져야 한다.

더 엄격하게 대칭조작은 두 가지 용어, C_n과 S_n으로 기술될 수 있다. 후자는 **회전반사 대칭축**(*alternating axis of symmetry*)**을 도는 회전**이다. S_1은 σ와 같고, S_2는 i와 같으며, 더 높은 수 n의 S_n은 드물다. 그래서 C_n, σ, i를 사용할 것이다. 아래첨자는 360° 돌아오는데 필요한 회전수로 정의한다. 그래서 C_1은 360° 회전이며, C_2는 180° 회전이다. 용어 S_1은 360° 회전 후에 축에, 직각인 평면을 통한 반사(reflection)이다. S_2는 180° 회전 후에 반사(reflection)이다.

분자 안에서 핵의 서로 바뀜(interchange)에 영향을 주는 대칭조작을 기술하기 전에, 또 다른 의문점을 제시해 보고자 한다. 대칭조작이 정말로 서로 바뀜(interchange)의 결과에 다다를 것인지 아닌지 어떻게 알 수 있는가? 단순히, 두 모델을 만들어 보자. 하나는 조작 전의 것이며, 다른 하나는 조작 후의 것이다. 이들을 서로 다르게 구별하지 못한다면, 문제의 핵들은 서로 바뀔 수 있는 것이며, 또 다른 용어로, 이들은 **겹쳐놓을**(*superposable*) 수 있다고 할 수 있다. 자, 다음으로 삼차원 그림을 그려보고, 더 나아가 마음 속으로 삼차원 영상을 만들어 보자.

물론, "동일(identity)" 조작(대칭축 주위로 360° 회전)은 가치가 없다. 대칭 요소(element)는 축(axis), 면(plane), 중심점(center)이다.

3.8.1.1 단순 대칭축(C_n) 주위 회전에 의한 서로 바뀜 다이클로로메테인(dichloromethane)의 양성자들(그림 3.43, 구조 a)는 종이 평면에 있는 단순대칭축을 중심으로 180° 회전에 의해 서로 바뀔 수 있다. C_2 서로 바뀜은 그 양성자들이 동등체(homotopic)라는 것을 보여 주고 있다. 즉, 종이에 직각인 수직평면을 통한 σ 조작(다음 절)에 의해서도 이들은 서로 바뀔 수 있다. 동등체 양성자들은 용매에서나 시약과의 접촉에 의한 비카이랄 또는 카이랄 환경 모두에서 화학 이동이 동등하다. 조작 전후에 그 분자의 그림이나 모델은 서로 구별해 낼 수 없다. C_n 조작 동안에, 그 분자는 단단한 물체로 간주한다. 즉, 결합각의 변화는 허용되지 않는다. 반쪽의 분자는 다른 쪽과 서로 바뀔 수 있다.

3.8.1.2 대칭면(σ)을 통한 반사(reflection)에 의한 서로 바뀜 대칭면 분자의 반쪽이 다른 쪽의 거울상이면, 대칭면이 존재한다. 클로로플루오르메테인(chlorofluoromethane)의 양성자들(그림 3.43, 구조 b)은 종이와 직각인 수직 대칭면을 통한 반사에 의해서만 서로 바뀔 수 있다, 더 이상의 다른 대칭 요소는 없다. 양성자들은 서로 거울상이며(enantiotope), 비카이랄 용매나 비카이랄 시약과의 접촉에서만 화학 이동이 동등하다. 카이랄 용매나 카이랄 시약은 NMR 실험에서 이 한 쌍의 거울상이성질성 양성자들을 구별해낼 수 있다(3.17절).

프로판산(propanoic acid)의 양성자들(그림 3.43, 구조 c)은 종이 평면에 있는 대칭면을 통한 반사에 의해서 서로 바뀔 수 있다. 다른 대칭요소는 없다. 양성자들은 서로의 거울상이성질체이며, 비카이랄 환경에서만 같은 화학 이동을 가진다. 그 분자의 그림이나 모델은 조작 전후에 서로 구별해 낼 수 없다.

3.8.1.3 대칭점(i)을 통한 반전에 의한 서로 바뀜 선택한 중심점을 통하여 각 핵으로부터 그은 선이 중심의 다른 쪽에 같은 거리에 같은 핵이나 그룹을 만날 수 있으면, 대칭점(center of symmetry)이 존재한다(그림 3.43, 구조 d).

반전은 S_2와 같다. 대칭축의 교차축 주위로 180° 회전 후에 그 축에 직각인 대칭면을 통한 반사로 구성되어 있다. 따라서, 반전에 의한 서로 바뀜은, 엄격히 말하면, 서로 바뀔 수 있는 핵이나 그룹은 다른 쪽의 거울상이 되도록 반사를 포함한다. 이 구별법은 핵이나 비카이랄 그룹에 대해서는 필요하지 않다. 그러나 카이랄기의 서로 바뀜에 대해서는 필요하다. 따라서, *R* 그룹과 *S* 그룹은 서로 바뀔 수 있다. 그러나 두 개의 *R* 그룹(또는 두 개의 *S* 그룹)은 그렇지 않다. 물론, 같은 제한 요소가 대칭면을 통한 서로 바뀜에서도 적용된다(3.8.1.2절). 두 조작에서, 서로 바뀔 수 있는 핵이나 그룹은 서로에게 거울상이성질이며 비카이랄 환경에서만 화학 이동이 동등하다.

3.8.1.4 대칭조작에 의해서 서로 바뀌지 못함 분자내의 같은자리 양성자들이 대칭조작에 의해서 서로 바뀔 수 없다면, 이들 양성자들은 서로에게 부분입체이성질성이다. 각각은 우연히 겹치는 경우를 제외하고는 다른 이동값을 갖는다. 부분입체이성질성 같은자리 양성자들은 서로 짝을 짓는다(두 결합을 통하여). 원리상으로, 각 같은자리 양성자들은 다른 이웃 양성자들과 짝지음 상수를 다르게 나타내야 하는데, 차이가 언제나 감지되는 것은 아니다. 한 쌍의 부분입체이성질성 양성자들로 구성된 CH_2기는 그림 3.43, 구조 e에 나와 있다. 카이랄 중심은 별(*)표로 표시되어 있다. 그러나 카이랄 중심이 부분입체이성질성 양성자들에서 필수적이지는 않다(그림 3.43, 구조 f–j). 비카이랄 분자인 3-하이드록시글루탐산(3-hydroxyglutaric acid)은 가운데 탄소를 통과하여 종이에 수직인 대칭면을 가지고 있다. 이것을 통하여, 거울상이성질체에서 처럼, 두 H_a 양성자들은 서로 바뀔 수 있으며 두 H_b도 서로 바뀔 수 있다. 각 CH_2기의 양성자들 사이를 통과하는 대칭면이 없기 때문에, 각 CH_2기의 양성자 a와 b는 부분입체이성질성이다. 3-하이드록시글루탐산의 부분입체이성질성 양성자들의 이

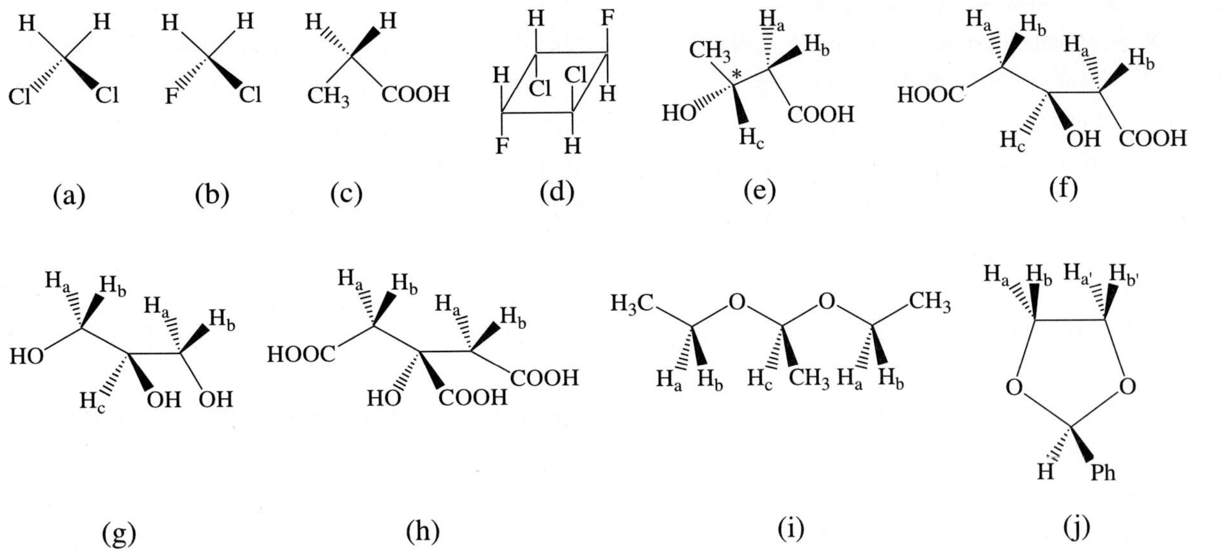

그림 3.43 대칭조작에 의해 서로 바뀔 수 있는 양성자들의 예:
a. C_2에 의한 동등체 (Homotopic) 양성자
b, c에 의한 거울상이성질 양성자
d. i에 의한 거울상이성질 양성자
e. 카이랄 분자에서 부분입체이성질성 양성자 (*는 카이랄 중심을 표시) (3.12.1절 참조)
f, g, h, i, j 비카이랄 분자에서 부분입체이성질성 양성자 (f는 3-하이드록시글루탐산; g는 글리세롤; h는 시트르산; i는 다이에틸아세탈; j는 벤즈알데하이드의 고리아세탈, 2-페닐-1,3-다이옥솔레인).
"프라임" 표시는 3.9절에서 설명한다.

상적인 일차수 스펙트럼은 다음과 같이 도식화될 수 있다. 그러나 실제로, 이런 종류의 대부분의 화합물에서 이들 양성자들의 $\Delta\nu/J$가 보통 작기 때문에, 고자장에서조차도 부분적으로 분리된 피크가 보일 것이다.

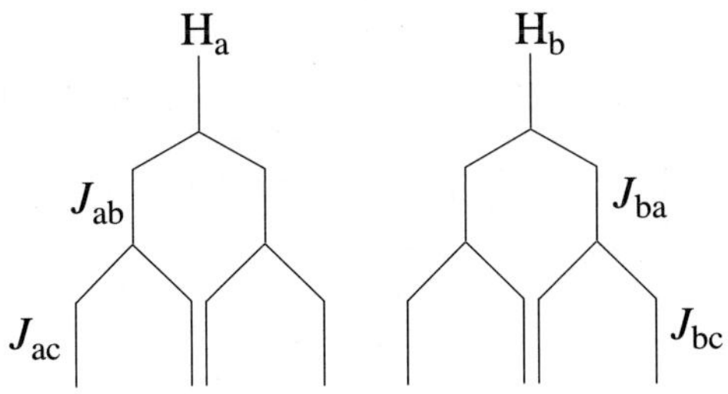

비슷한 부분입체이성질성 메틸렌 양성자들을 갖고 있는 비카이랄 분자들은 다음과 같다: 3-하이드록시글루탐산, 글리세롤, 시트르산, 다이에틸 아세탈, 고리형 아세탈 (각각 그림 3.43, 구조 f, g, h, i, j). 구조 j는 자기적 동등성 개념도 갖고 있다 (3.9절).

위의 토의로부터, 부분입체이성질성 양성자들은 화학 이동이 동등하지 않기 때문에, 같은 세트로 배치될 수 없다. 그러나, 부분입체이성질성 양성자들이 특정 용매에서 주어진 자기장에서 화학 이동이 동등하게 나타나는 경우가 흔하지 않은 것은 아니다. 이런 우연한 화학 이동의 동등성은 보통 고자기장에서나 용매를 바꿈으로써 감지될 수 있다.

부분입체이성질성 메틸기의 예로서 그림 3.55를 참고하라.

부분입체이성질성 양성자 (또는 다른 리간드)는 구조적으로 동등한 위치에 있어야 한다. 즉, 연결 고리 (connectivity)에서는 다를 수 없다. 예로, 그림 3.43의 구조 e에서 같은자리 양성자들은 같은 연결 고리를 가지고 있으나 그들이 서로 바뀔 수 없다는 뜻에서 다르다. 즉, 이들이 부분입체이성질성이다. C-3위의 양성자는 C-2의 것과는 다른 연결고리를 갖고 있으며, 용어 부분입체이성질성은 적용되지 않는다.

학생들은 동등체 분자 (겹쳐질 수 있는 분자), 거울상이성질 분자 (겹칠 수 없는 거울상), 부분입체이성질성 분자 (서로 거울상이 될 수 없는 입체이성질체)와 같은 입체이성질 분자에 적용되는 용어와는 익숙할 것이다. 이 친숙한 용어들은 우리가 위에서 소개한 동등체, 거울상이성질, 부분입체이성질성과 같은 용어와 서로 상통하는 것들이다. 이것들은 분자내의 핵 또는 그룹에 적용된다.

3.8.2 표지달기 또는 치환에 의한 화학 이동의 동등성의 결정

3.8.1절에서 언급했듯이, 화학 이동의 동등성 개념과 그것의 대칭요소와 대칭조작과의 관계를 분명하게 이해하는 것은 NMR 스펙트럼을 해석함에 있어서 매우 본질적인 요소

이다. 특정 핵의 화학 이동의 동등성 문제는 표지달기(tagging)나 치환 조작(substitution operation)*으로써 다루어볼 수 있다. 이 조작에서, 같은 분자의 동일한 두 그림을 그려 놓고, 첫째 그림에서 한 수소에 꼬리를 달고(또는 다른 원소로 치환), 같은 방법으로 두 번째 그림에서 다른 수소에 꼬리를 단다. 결과로 얻은 그림들을 서로 동등체, 거울상이성질체, 부분입체이성질체로 관계지을 수 있다. 이 경우에 H 원소들은 각각 동등체, 거울상이성질, 또는 부분입체이성질성이라 한다. 그림 3.44에서의 예는 이 과정을 설명해 주고 있다.

첫째 예에서, 모델은 겹쳐지며(즉, homomers). 두 번째는 겹치지 않는 거울상(즉, enantiomers), 셋째는 거울상이 아니다(즉, diastereomers). 꼬리는 변하지 않는 것이다, 즉, H와 Ⓗ는 다른 원소이다. 다른 방법으로, 각 구조에서 한 양성자를 그 분자에 존재하지 않는 다른 원소 Z로 바꾸어 볼 수도 있다.

3.8.3 구조의 빠른 상호변환에 의한 화학 이동의 동등성

화학 구조가 서로 변환될 수 있다면, 결과는 온도, 촉매, 용매, 농도에 의존적일 것이다. 우리는 농도가 정해져 있고, 촉매가 없다고 하고 네 가지 시스템을 살펴보자.

3.8.3.1 케토-엔올 상호변환(interconversion) 실온에서 아세틸아세톤의 토토머 상호변환(그림 3.45)은 느려서 두 가지 형의 흡수 피크가 관찰될 수 있다. 즉, 두 개의 스펙트럼이 관찰된다. 그림 3.45에서 보듯이, 케토/엔올의 평형 비율은 케토와 엔올 CH_3 피크의 상대적 비율을 구함으로써 구할 수 있다. 높은 온도에서 상호변환 속도는 증가할 것이고, 단일 평균 스펙트럼이 얻어질 것이다. 상호변환하는 양성자들에 대한 화학 이동의 동등성이 이루어 진다. NMR 시간 눈금(scale)은 헤르츠 단위에서 서로 변하는 신호의 화학 이동 차이, 즉 약 $10^1 - 10^3$ Hz의 크기와 같은 정도의 크기라는 것을 상기하자. 과정이 이것보다 빠르면, 평균 신호가 나타나게 될 것이다. 엔올형은 분자 안에서의 수소 결합에 의해 강하게 안정화되기 때문에, 엔올 OH 양성자 피크는 알코올의 OH 양성자 피크에 비해 벗겨져 있다

3.8.3.2 "부분 이중 결합"(제한된 회전) 주위의 상호변환 실온에서 다이메틸폼아마이드 시료는 "부분 이중 결합"의 둘레에서의 회전이 느리기 때문에, 두 CH_3 피크가 보일 것이다. ~123°C에서, 두 CH_3기 사이의 서로 바뀜 속도는 두 피크가 합쳐질 수 있을 정도로 빠르다.

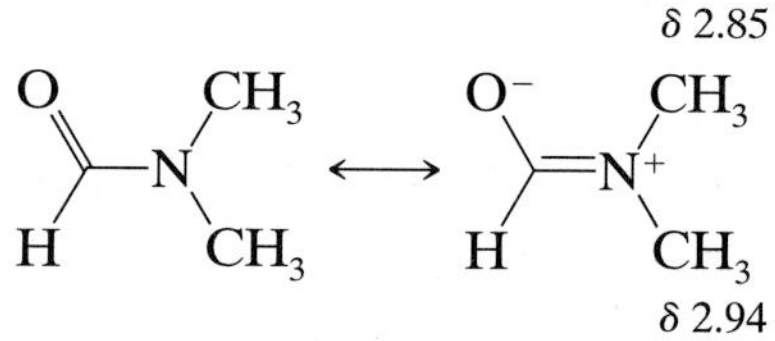

3.8.3.3 고리의 단일결합 주위의 상호변환 실온에서 사이클로헥세인은 빠르게 서로 변환하여 서로 겹칠 수 있는 의자 모양(chair form)으로 존재한다.

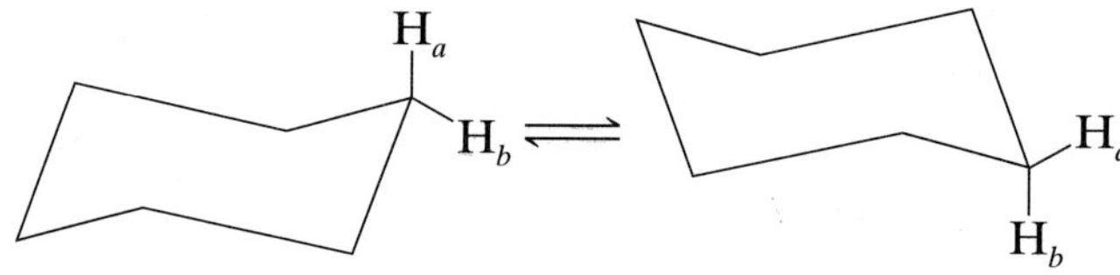

상호변환하는 구조에서 축방향 양성자는 적도방향 양성

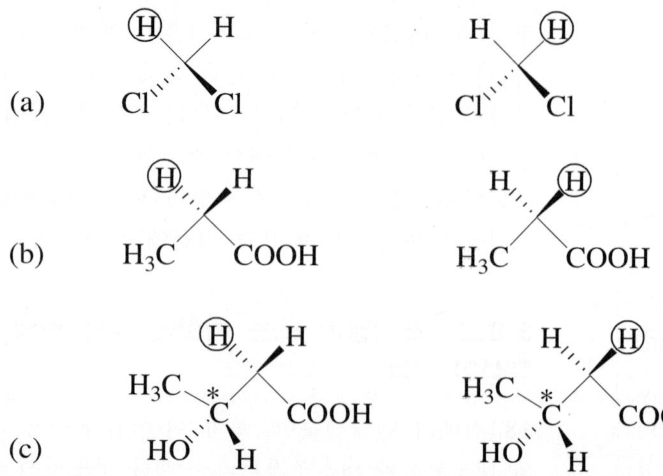

동등 모델
동등체 원자

거울상이성질체 모델
거울상이성질 원자

부분입체이성질체 모델
부분입체이성질성 원자

그림 3.44 표지달린 분자: (a) 동등한(equivalent) 분자, (b) 거울상이성질체, (c) 부분입체이성질체.

* Ault, A. (1974). *J. Chem. Educ.*, **51**, 729.

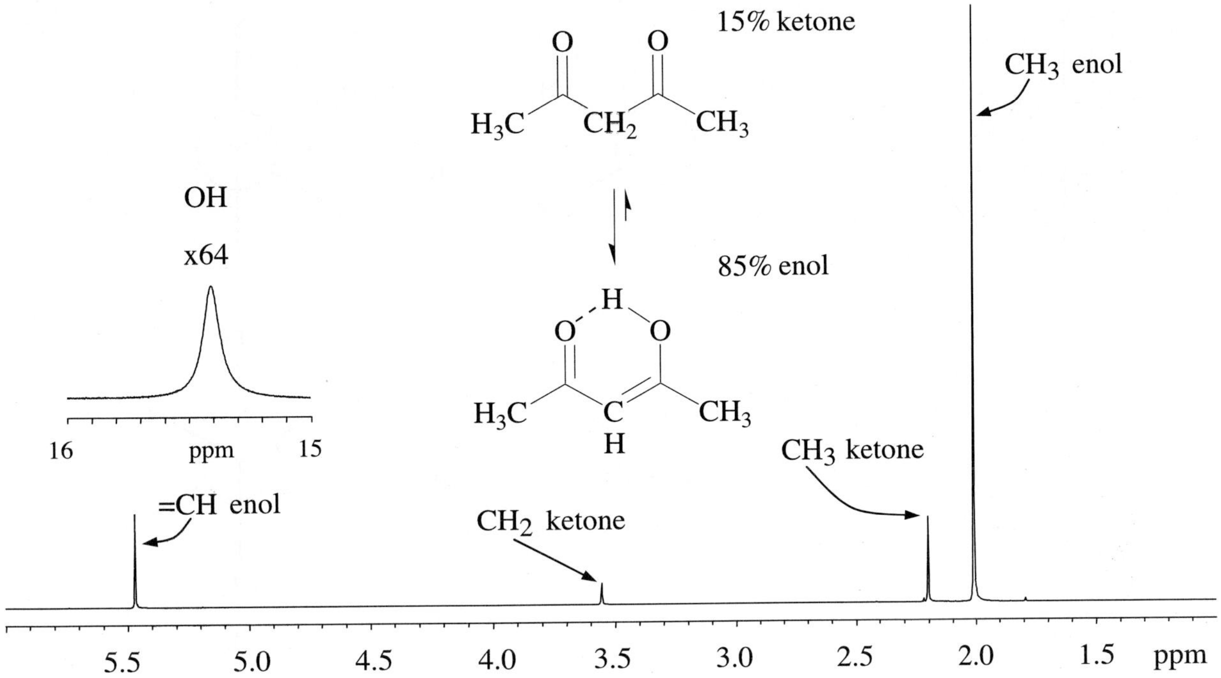

그림 3.45 32°C, 300 MHz, $CDCl_3$에서 아세틸아세톤. 엔올–케토 비율은 CH_3 피크의 적분에 의해서 정해진다.

자가 되며, 반대로도 되어서 스펙트럼은 단일 평균 피크가 된다. 온도가 낮아지자, 피크는 넓어진 모습이 되며, 충분히 더 낮은 온도에서 두 개의 피크가 나타난다 – 축방향 양성자들의 것 하나 및 적도방향 양성자들의 것 하나. 다른 말로, 실온에서 축방향과 적도방향들은 빠른 상호변환에 의해서 화학 이동이 동등하다고 할 수 있다. 매우 낮은 온도에서 그들은 화학 이동이 동등하지 않다, 사실 각각의 "얼어버린 (frozen)" 의자 모양에서, 각 CH_2기의 양성자들은 부분입체이성질성의 쌍이나, 실온에서 의자 모양의 상호변환의 속도가 충분히 높아서, 이 같은자리 양성자들의 화학 이동값은 평균된다.

메틸사이클로헥세인 (methylcyclohexane) 은 실온에서 빠르게 상호변환하는 축방향과 적도방향 형태들의 혼합물로 존재한다. 이 형태들은 겹쳐질 수 없으며, 낮은 온도에서 각 형태들 각각의 스펙트럼이 존재한다.

스테로이드와 같은 연결된 사이클로헥세인 고리에서, 고리는 실온에서도 "얼어있으며" 축방향과 적도방향의 각 CH_2기의 양성자들은 화학 이동이 동등하지 않다.

3.8.3.4 사슬의 단일결합 주위의 상호변환 CH_3기의 양성자들은 대칭요소가 없음에도 불구하고, 화학 이동의 동등성은 탄소–탄소 단일결합 주위의 빠른 회전의 결과이다. 그림 3.46a에서, 네 가지 서로 다른 치환체를 가진 또 다른 sp^3 탄소, 즉 카이랄 중심에 붙어 있는 메틸기를 가진 분자의 세 가지의 엇갈린 회전이성질체 (staggered rotamer) 의 Newman 투영 (projection) 들이 나와 있다. 어떤 회전이성질체에서도, CH_3기 양성자들은 대칭조작에 의해서 서로 바뀌어질 수 없다. 그러나 양성자들이 빠르게 위치를 바꾸고 있다. C—C 단일 결합 주위의 회전에 대한 에너지 장벽 (barrier) 은 작기 때문에, 어떤 회전이성질체에서 소요된 시간은 짧다 ($\sim 10^{-6}$ s). 따라서 메틸기의 화학 이동은 세 양성자들의 이동의 평균이 된다. 다른 말로, 각 양성자는 빠른 회전 조작에 의해서 다른 것들과 서로 바뀔 수 있다. 그래서, 그 양성자들을 표지하지 않으면, 그 회전이성질체들은 구별할 수 없다.

같은 방법으로 *t*-뷰틸기의 회전하는 세 가지의 메틸기들은, 극히 드문 회전 장애가 있는 경우를 제외하고, 화학 이동이 동등하다. 메틸기와 *t*-뷰틸기는 "대칭팽이 (symmetry top)"로 기술된다.

1-브르모-2-클로로에테인 (1-bromo-2-chloroethane) 의 엇갈린 회전이성질체들은 구별될 수 있다 (그림 3.46b). 그러나 *anti* 회전이성질체에서 H_a와 H_b는 대칭 조작에 의한 상호교환에 의해서 화학 이동이 동등하다 (거울상이성질), H_c와 H_d의 경우에도 그러하다. 따라서 두 종류의 거울상이성질 양성자들이 있다. 고우시 (gauche) 회전이성질체들의 어떤 것에서도 대칭요소가 없으나, H_a와 H_b, H_c와 H_d는 두 거울상이성질 회전이성질체들 사이의 빠른 회전에 의한 상호교환 때문에 화학 이동이 동등하다. 자, 여기서, *anti* 회전이성질체에서 H_a와 H_b에 대한 한 개의 화학 이동, 고우시 회전이성질체에서 H_a와 H_b에서는 다른 이동이 있다는 것을

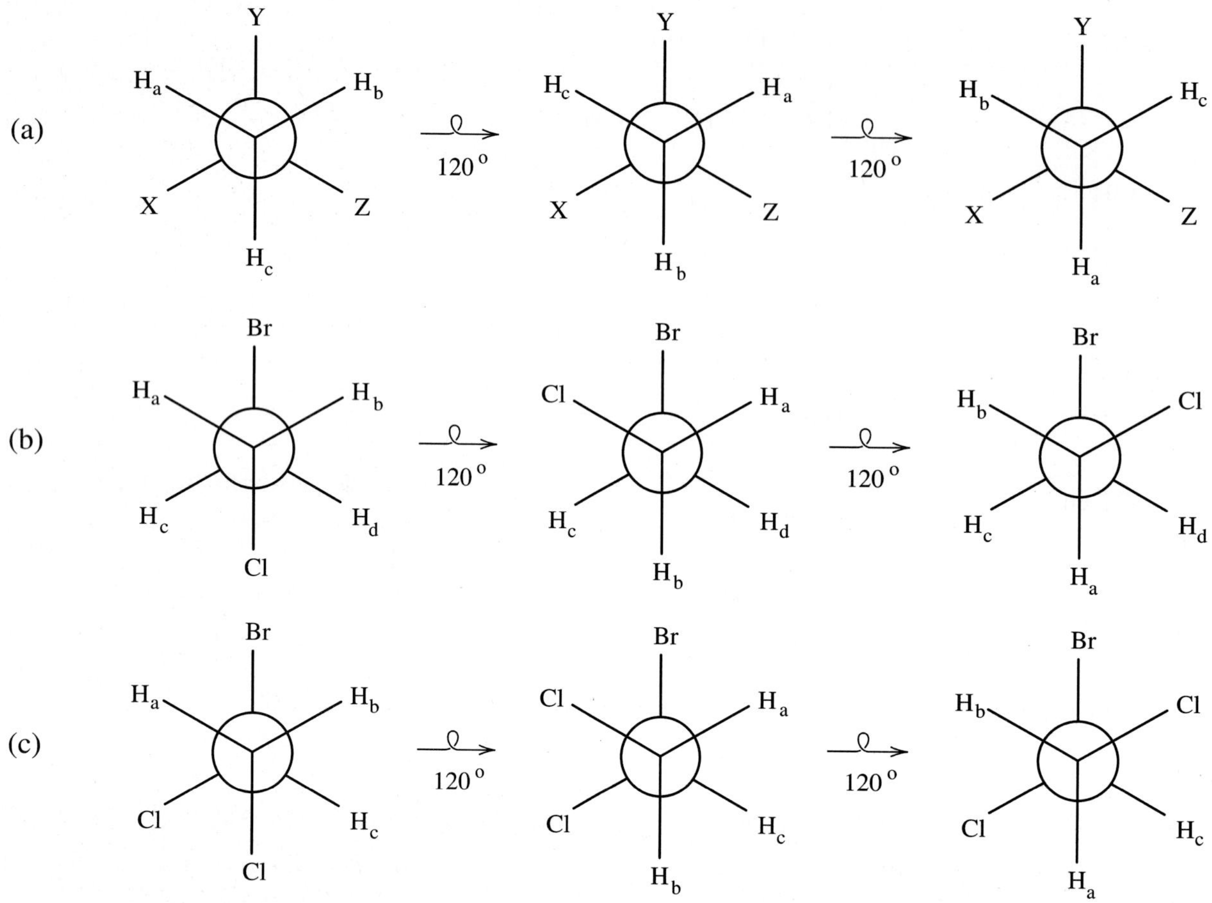

그림 3.46 (a) 카이랄 sp^3 탄소에 붙어 있는 메틸기를 가진 분자의 엇갈린 회전이성질체들의 Newman 투영. (b) 1-브로모-1,2-다이클로로에테인. (c) 1-브로모-2-클로로에테인.

알 수 있다. 그러나 이 두 이동이 빠르게 평균되기 때문에, 우리는 H_a와 H_b, 물론, H_c와 H_d에 대해서 각각 단일 화학 이동을 보게 된다(즉 화학적 동등성). 엄밀히 말하면, 그 스핀 시스템은 AA′XX′이다. 그러나 3.9절에서 설명한 바와 같이, 이것은 A_2X_2로 취급된다. 일반적으로 양성자들이 대칭조작(대칭면을 통한)에 의해서 서로 바뀔 수 있다면, 그들은 빠른 회전 상호교환에 의해서 화학 이동이 동등하다(거울상이성질)고 할 수 있다.*

1-브로모-1,2-다이클로로에테인 (1-bromo-1,2-dichloroethane, 그림 3.46c)에서처럼, 카이랄 중심 옆에 있는 메틸렌기를 살펴보자. 양성자 H_a와 H_b는 어떤 배치(conformation)에서도 대칭조작에 의해서 서로 바뀔 수 없기 때문에, 이들은 화학 이동이 동등하지 않다. 그 분자에는 대칭축, 대칭면, 대칭점 또는 교차 대칭축이 없다. 탄소–탄소 단일 결합 주위의 빠른 회전이 있지만, CH_2 양성자들은 회전 조작에 의해서 서로 바뀔 수 없다. 따라서 H_a와 H_b의 평균 이동은 같지 않다. 메틸렌기를 회전시키기 전과 후의 차이를 감지할 수 있을 것이다. 각 회전이성질체의 양성자들은 부분입체이성질성이다. 그 스핀 시스템은 ABX이다.

* 회전이성질체의 논의는 Silverstein, R.M., and Lalonde, R.T. (1980). *J. Chem. Educ.*, **57**, 343으로부터 가져온 것이다.

3.9 자기적 동등성 또는 스핀 짝지음 등등성†

그러면 1차수 스핀 시스템에 대한 필요조건에 더하여, 화학 이동의 동등성과 비교하면서, “자기적 동등성” (magnetic equivalence) 또는 스핀 짝지음 등등성 (spin-coupling equivalence)의 개념을 알아보자.

같은 세트에 있는 두 양성자들(즉, 같은 다중선의 화학 이동이 동등한 양성자들)이 같은 값으로 스핀 시스템 내의

† 분자에서 그룹들의 입체이성질체들의 관계를 잘 소개한 것으로는, Mislow, M., and Raban, M. (1967). *Topics in Stereochemistry*, Vol. I. page 1; Jennings, W.B. (1975) *Chem Rev*., **75**, 307. 여기 저자들은 용어 스핀 짝지음 동등성(spin-coupling equivalence)을 선호한다.

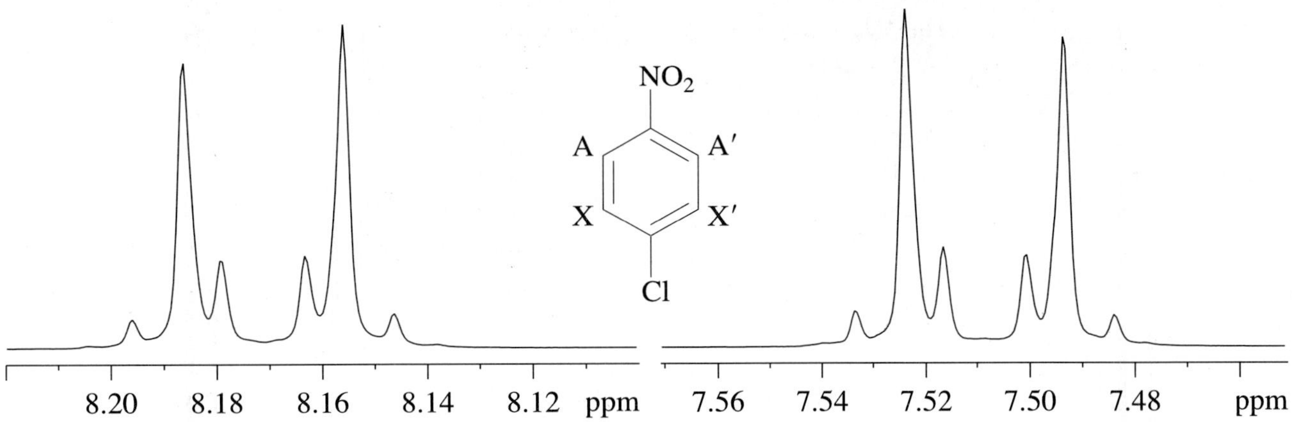

그림 3.47 300 MHz, $CDCl_3$에서 *p*-클로로나이트로벤젠.

다른 모든 양성자와 짝이룬다면, 그들은 또 자기적으로 동등하다고 할 수 있으며, 보통의 Pople 표시법을 적용하면, A_2, B_2, X_2 등처럼 표현될 것이다. 그러나 한 조에 있는 두 양성자들이 자기적으로 동등하지 않다면, 다음 표시법이 적용된다: AA′, BB′, XX′, 등등. 다시 말하면, 두 화학 이동이 동등한 양성자들이 스핀 시스템 내에서 각 양성자에 관하여 대칭적으로 위치해 있다면, 이들은 자기적으로 동등하다고 할 수 있다. 명백히, 자기적 동등성은 화학 이동의 동등성을 전제로 한다. 다른 말로, 두 양성자들이 화학 이동이 동등하지 않다면, 자기적 동등성 검사를 할 필요가 없다.

고리에서 주로 나타나는 자기적 동등성은 치환체의 수, 종류, 분포에 따라 달라진다.

p-나이트로벤젠 (*p*-nitrobenzene, 그림 3.47 참조) 의 양성자들을 살펴보자. 치환체를 통하는 대칭축이 있어서, 아마도 A_2와 X_2인 두 조의 화학 이동이 동등한 양성자들이 있다. 그러나, 두 A 양성자들이나 X 양성자들 어느 것들도 자기적으로 동등하지 않다. 바른 이름표는 AA′과 XX″이다. 이것은 일차수 스펙트럼이 아니며, Pople 표시법으로 AA′XX″으로 기술된다. 이 다중선 패턴은 Pascal 삼각형 (그림 3.32) 에서의 일차수 강도 패턴을 따르지 않으며, 피크들 사이의 거리 (Hz 단위) 도 짝지음 상수에 해당되지 않는다. 이와 같은 스펙트럼은 자기장의 세기에 무관하여 일차수 스펙트럼이 될 수 없다. 스펙트럼을 선택적으로

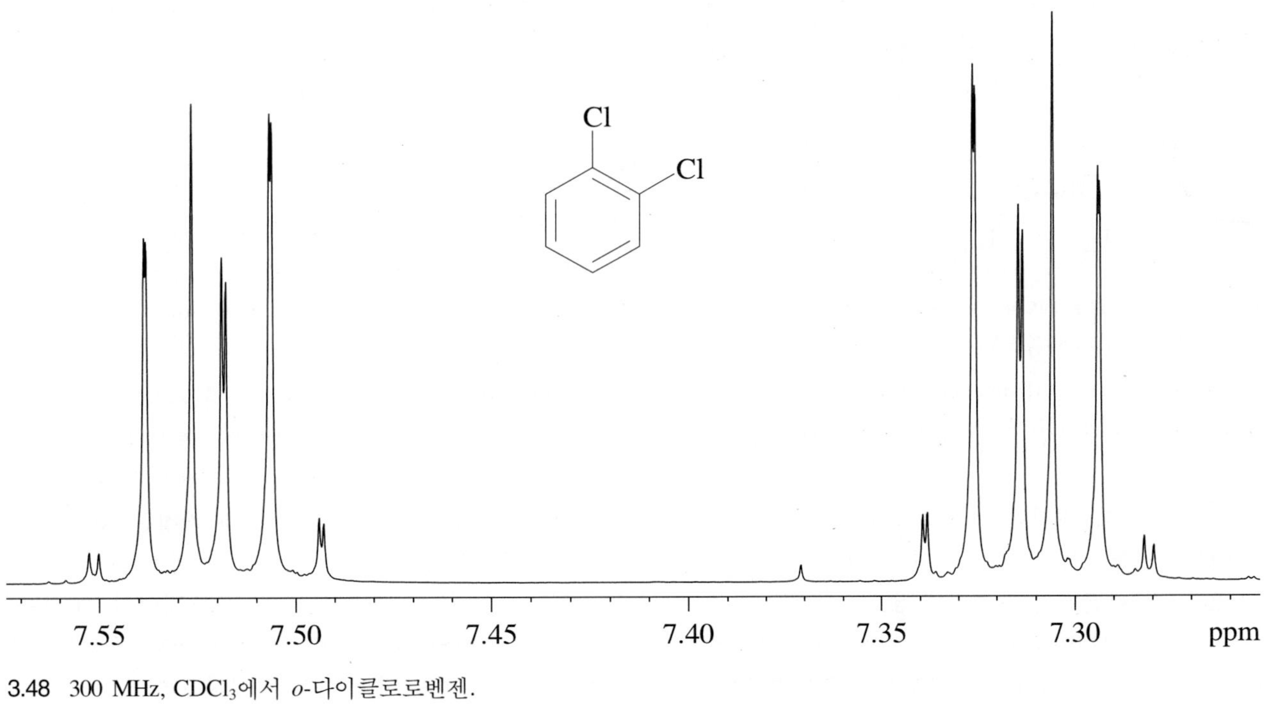

그림 3.48 300 MHz, $CDCl_3$에서 *o*-다이클로로벤젠.

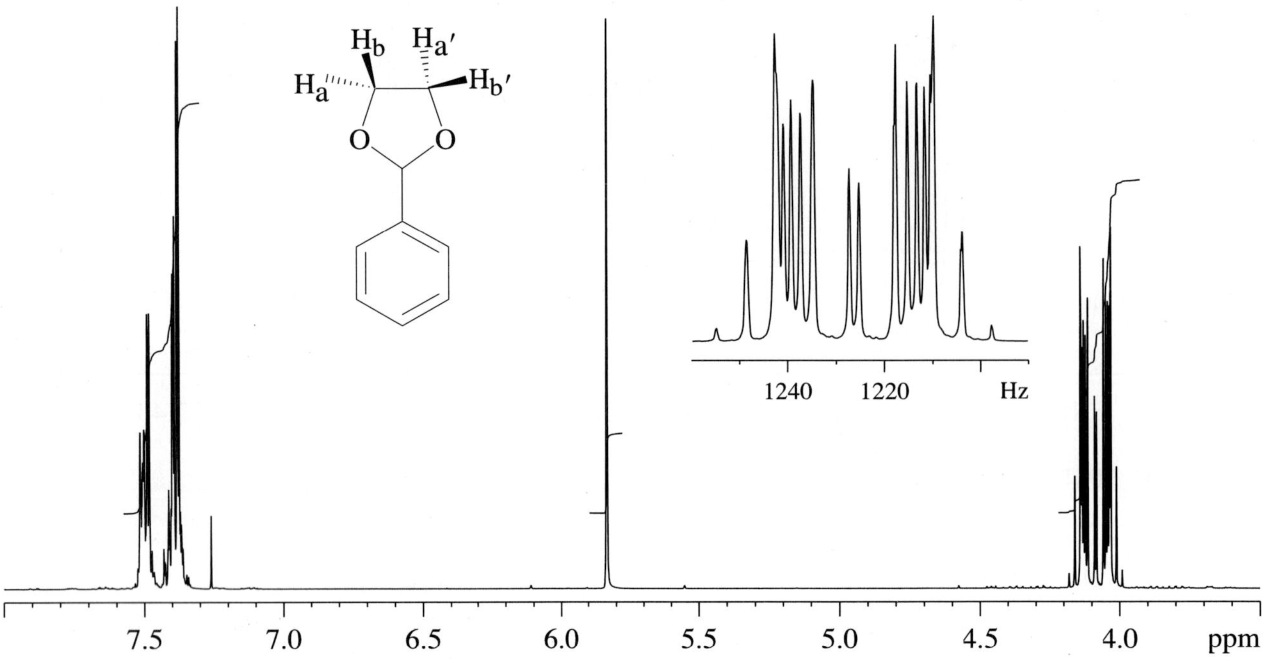

그림 3.49 300 MHz, $CDCl_3$에서 2-페닐-1,3-다이옥솔레인 (2-phenyl-1,3-dioxolane).

AA′XX″나 AA′BB′로 이름 짓는 것은 다분히 화학 이동에 미치는 치환체의 효과에 따라 달라진다. 낮은 자기장에서 이런 스펙트럼은 믿을 수 없을 정도로 단순하다. 60 MHz 시대에, 학생들은 방향족 영역에서 두 꽉찬 뭉치 피크들로 *para* 이중치환 패턴을 인식하도록 배웠다. *o*-다이클로로벤젠의 스펙트럼 패턴은 *p*-클로로나이트로벤젠의 것과 얼마간 닮은 모양을 보여 준다(그림 3.48 참조). 헤테로방향족 고리도 비슷하게 나타난다.

화학 이동이 동등하나 자기적으로 동등하지 않은 핵의 추가적 예로, 세 가지 이성질체 다이플루오로에틸렌(difluoroethlene)를 보자. 시스템은 AA′XX′이다.

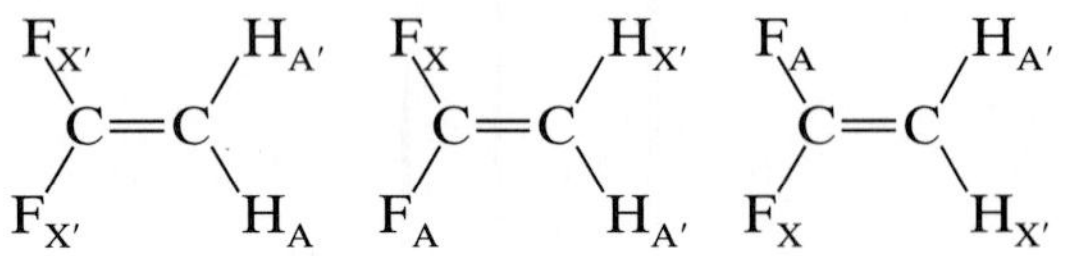

각 시스템에서, 양성자와 플루오린 핵들은 각각 화학 이동이 동등한 한 세트를 이루고 있으나, 각 세트에서의 핵들은 자기적으로 동등하지 않기 때문에, 스펙트럼은 일차수가 아니다. 양성자와 플루오린 스펙트럼 모두 쉽게 얻을 수 있다(6장 참조).

화학 이동의 동등성과 자기적 동등성을 어느 정도 알았으면 그림 3.43의 구조 j로 돌아가 보자. 스펙트럼은 그림 3.49에 나와 있다. 종이면에서 대칭면이 없기 때문에, 구조 j는 각 CH_2기가 부분입체이성질성이다는 점에서 구조 f–i와 닮았다. 그러나 구조 j는 CH_2기가 제한된 유연성을 가진 고리에 있으며 서로 짝짓는다는 점에서 다르다. 자기적 동등성은 어떠할까? 명백히 화학 이동이 동등한 "a" 세트의 양성자들은 "b" 조의 양성자들 중의 하나와 같은 값으로 짝지음할까? 답은 "a"와 "b" 양성자들 중의 하나에 찍혀있는 a′, b′의 "′"으로 대신한다. 스핀 시스템은 AA′BB′이며, 그 스펙트럼은 꼭 *o*-다이클로로벤젠(*o*-dichlorobenzene)의 것(그림 3.48 참조)처럼 복잡하다.

열린 사슬, 형태적 유동적인 다음과 같은 화합물형은 서로 짝이루는 양성자의 다른 두 조로 이루어져 있다.

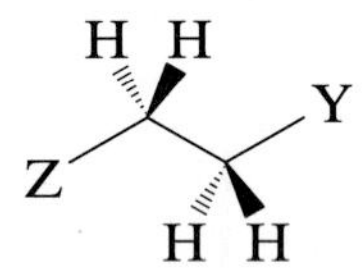

여기서 그룹 Z와 Y는 카이랄 원소도, 언급한 두 조의 양성자들과 짝이루는 양성자도 갖고 있지 않다. Z와 Y의 극성의 정도가 각 세트의 이동의 차이($\Delta\nu$)를 정해준다. 분자가 단단하다면(rigid), 이것은 $\Delta\nu/J$의 크기에 따라 AA′XX′ 또는 AA′BB″ 시스템으로 간주될 것이다. 충분히 낮은 온도에서 이런 서술이 잘 맞을 것이다. 그러나 실온에서 J 값은 매우 비슷할 것이며, 실제로 스펙트럼은 A_2X_2 또는 A_2B_2와 닮은 모습일 것이다. 약하게 짝짓는 A_2X_2 시스템에서 두 삼중선은 강하게 짝짓는 A_2B_2 시스템에서는 복잡하고 높은 차수의 스펙트럼으로 나타날 것이다. 우리는 이런 형태적 유동적인 시스템은 AA′XX′이나 AA′BB′보다는 A_2X_2나 A_2B_2로 이름지어 다룰 것이다.

3.10 AMX, ABX 및 ABC, 세 가지 짝지음 상수를 가진 단단한 시스템

3.5절에서 단순한 일차수 시스템 AX를 다루었다. $\Delta\nu/J$가 줄어듦에 따라, AB 시스템을 표현하는 전형적인 피크 찌그러짐을 수반하며, 두 이중선은 추가로 피크가 생겨나지 않고 서로 접근할 것이다. 그러나 A_2X 시스템(삼중선, 이중선)이 A_2B로 변하면, 피크가 추가로 생겨나며, 시스템은 높은 차수가 된다. *J*값은 더 이상 피크 사이를 잰 차이와 같아지지 않는다[Bovey (1988)와 Wiberg 및 Nist (1962)의 simulated 스펙트럼 참조].

이런 시스템을 생각하면서, AMX, ABX, ABC 시스템을 단단한 시스템(rigid system)으로부터 시작해 보자. 스타이렌의 단단한 바이닐기는 600 MHz에서 AMX 일차수 스펙트럼을 나타내므로 스타이렌은 좋은 출발점이 된다(그림 3.50 참조).

이 스펙트럼을 화합물의 구조와 관련시키는 것은, 미지 시료의 복잡한 것을 해석하는 것과 비교하여 정말 쉬운 것이지만, 매우 교훈적이다.

스타이렌에서 치환 결합 주위로 자유 회전이 가능하기 때문에, 분자내에 두 가지 대칭면이 존재한다. 바이닐기와 고리가 같은 종이 평면에 존재하는 그런 구조에서, 모든 양성자들은 대칭면에 존재하기 때문에 서로 바뀔 수 있는 것들이 없다. 바이닐기와 벤젠 고리가 수직인 그런 구조에서, 대칭면은 종이면에 수직이다. 바이닐 양성자들이 대칭면 속에 있다. 다음은 바이닐기 관련 자료이다.

화학 이동: X = δ 6.73, M = δ 5.75, A = δ 5.25.
$\Delta\nu_{XM}$ = 588 Hz, $\Delta\nu_{XA}$ = 888 Hz, $\Delta\nu_{AM}$ = 300 Hz.
J_{XM} = 17 Hz, J_{XA} = 11 Hz, J_{AM} = 1.0 Hz.
$\Delta\nu/J$ 비: XM = 35, XA = 88, MA = 300.

각 세트는 이중선의 이중선이다(그림 3.50의 막대 도식 참조). X 양성자가 벤젠 고리에 의해 가장 강하게 벗겨져 있고, A 양성자가 가장 적게 벗겨져 있다. X 양성자는 가장 큰 짝지음 상수로 M 양성자와 이중 결합을 통한 *trans* 짝지음을 하며, 약간 작은 짝지음 상수로 A와 이중 결합을

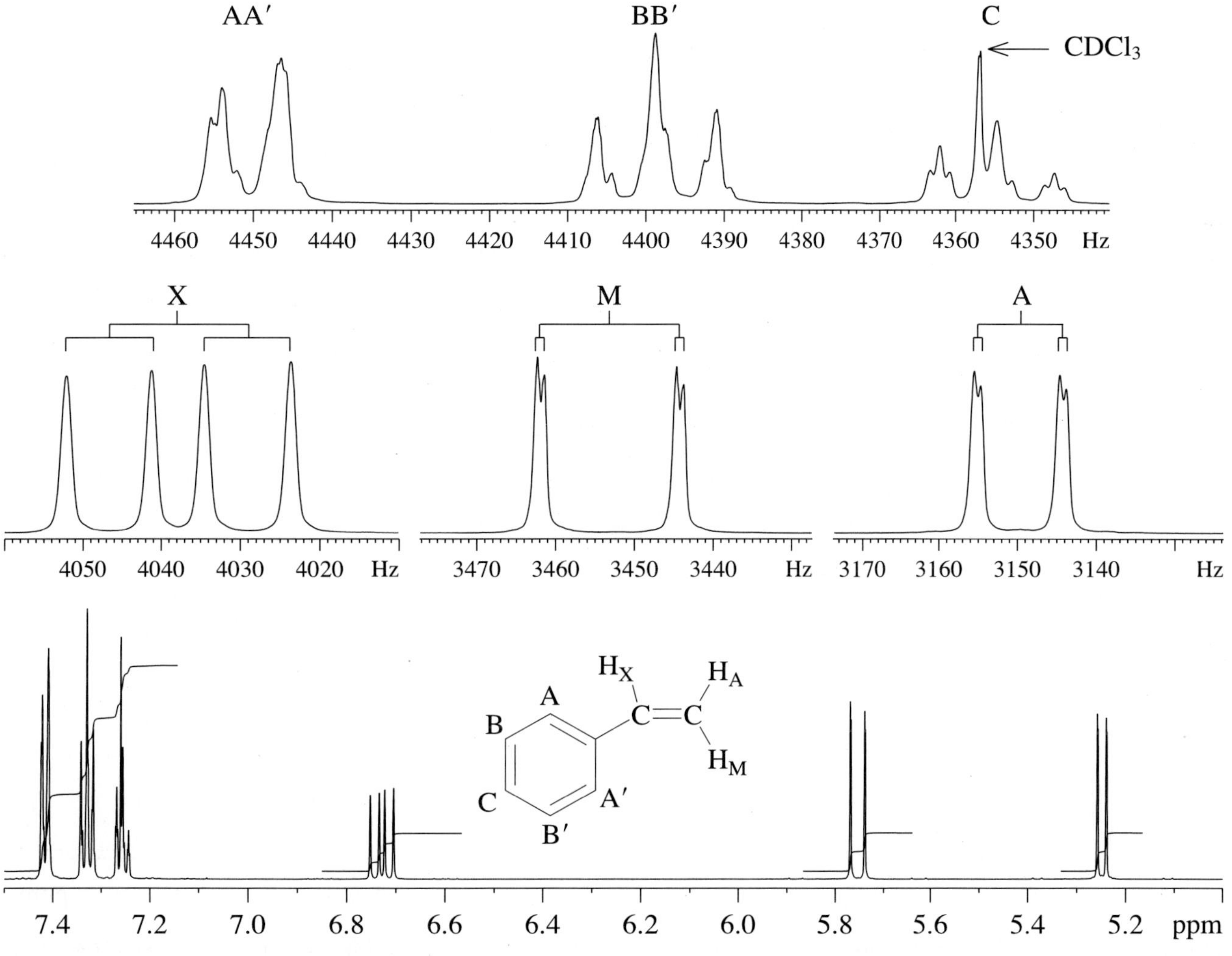

그림 3.50 600 MHz, $CDCl_3$에서의 스타이렌.

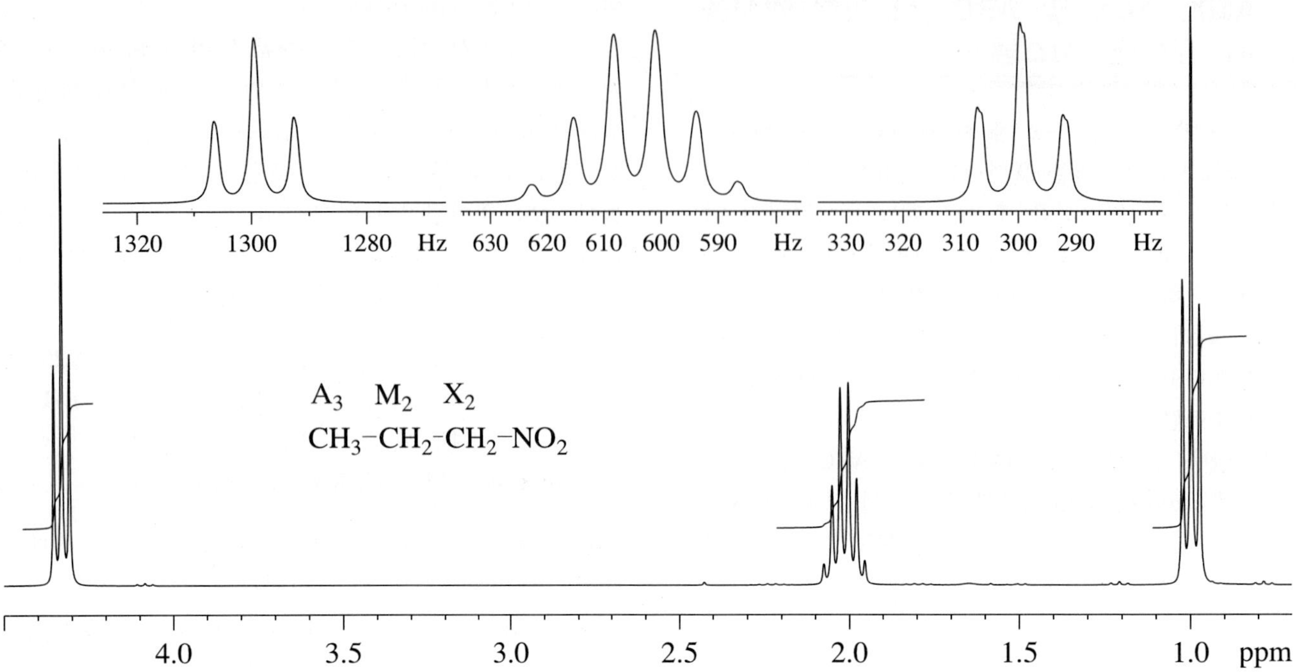

그림 3.51 300 MHz, $CDCl_3$에서 1-나이트로프로페인.

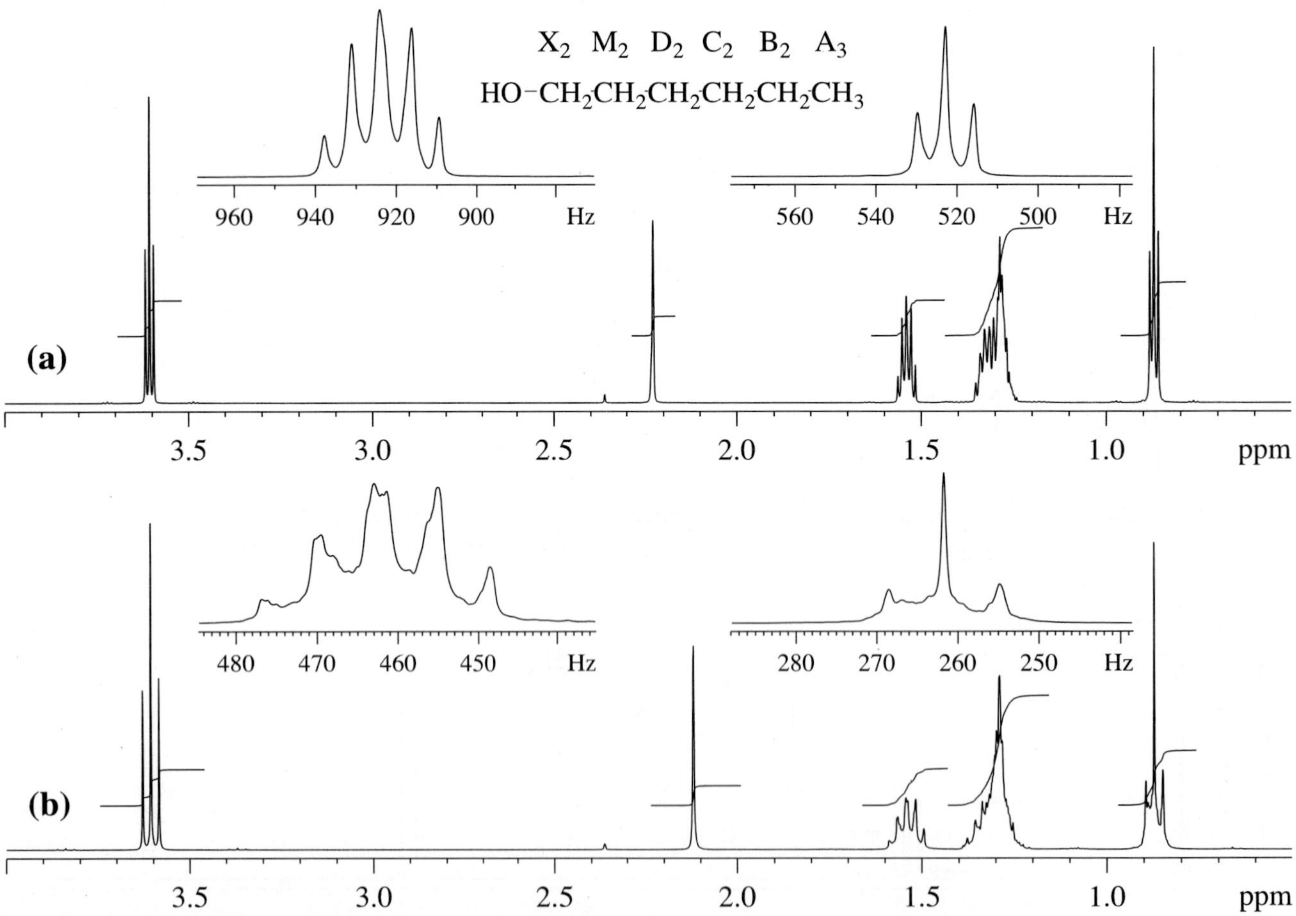

그림 3.52 $CDCl_3$에서 1-헵탄올. (a) 600 MHz, (b) 300 MHz. 위의 삽입부분은 같은 ppm 눈금이다. 600 MHz에서는 300 MHz에 비해서 ppm 당 두 배 더 많은 수의 Hz를 갖고 있다.

통한 *cis* 짝지음을 한다. 결과는 두 개의 큰 짝지음 상수로 δ 6.73에 중심을 둔 이중선의 이중선이다.

물론 M 양성자는 X 양성자와 짝지음하며 매우 작은 값의 짝지음 상수로, A 양성자와 같은자리 짝지음한다. 결과는 하나의 큰 짝지음 상수와 매우 작은 짝지음 상수로 δ 5.75에 중심을 둔 이중선의 이중선이다.

A 양성자는 약간 작은 짝지음 상수(*trans* 짝지음과 비교해 볼 것)로 X 양성자와 이중 결합을 통한 *cis* 짝지음을 한다. 위에서 언급한 바와 같이, A 양성자는 매우 작은 짝지음 상수로 M 양성자와 같은자리 짝지음한다. 결과는 큰 짝지음 상수(*trans* 짝지음보다는 작다)와 매우 작은 같은자리 짝지음 상수로 δ 5.25에 중심을 둔 이중선의 이중선이다.

수직 대칭면을 가진 구조의 분자에서, 고리의 *ortho* 양성자들은 *meta* 양성자들도 그러하지만, 서로 서로 바뀔 수 있다. 그러나 어느 조에서도 양성자들이 자기적으로 동등하지 않기 때문에, 스핀 시스템은 AA′BB′C이다. 이것은 높은 차수 시스템이다. 600 MHz에서 화학 이동을 할당하는 것이 가능하다(왼쪽으로부터 오른쪽으로): δ 7.42, δ 7.33, δ 7.26.

적분값의 비율(2 : 2 : 1 : 1 : 1 : 1, 왼쪽으로부터 오른쪽으로)로 보면 δ 7.26 양성자는 *para*이다는 것을 알 수 있다. 바이닐 양성자(C=O 결합과 비슷하지만 더 강한 효과를 알려면, 그림 3.21 참조)의 반자기성 효과 때문에, *ortho* 양성자는 가장 벗겨져 있다.

3.11 형태적으로 유동적인 열린 사슬 시스템. 가상 짝지음

이 절은 보통의 시스템이지만, 학생들을 현혹시키는 함정이 있는 몇 가지 예를 제공한다.

3.11.1 비대칭 사슬

3.11.1.1 1-나이트로프로페인 3.9절에서 언급했듯이, 대다수의 열린 사슬 화합물은 실온에서 형태적으로 유동적이고, 각 조에서의 짝지음 상수는 평균화되어 근본적으로 화학 이동이 동등하게 된다. 그래서 300 MHz에서 실온의 1-나이트로프로페인의 스펙트럼은 $A_3MM'XX'$보다는 $A_3M_2X_2$로 기술되며 일차수 규칙이 적용된다(그림 3.51 참조).

X_2 양성자들은 NO_2기에 의해서 강하게 벗겨지나, M_2 양성자들은 덜 그러하며, A_3 양성자들은 아주 조금 그렇다. 매우 비슷하지만, 정확히 같지는 않는 두 개의 짝지음 상수 J_{AM}와 J_{MX}가 존재한다. 사실, 300 MHz에서, M_2 흡수는 믿을 수 없을 정도로 단순하며 약간 넓어진 육중선($n_A + n_X + 1 = 6$)이다. 충분히 분리된다면, 12개 피크가 가능하다 $((n_A + 1)(n_X + 1) = 12)$.

A_3와 X_2 흡수는 약간 다른 짝지음 상수를 가진 삼중선이다. 시스템은 약하게 짝짓는 것으로 기술된다.

3.11.1.2 1-헥산올 반대로, 1-헥산올의 300 MHz와 600 MHz 스펙트럼을 살펴보자(그림 3.52). 300 MHz 스펙트럼을 그냥 훑어보면, CH_3기의 δ 0.87의 세 양성자들의 삼중선은 피크 강도가 1 : 2 : 1의 일차수 비율로부터 벗어나 있기 때문에 이상하게 보인다. 더욱, $CH_2—CH_3$기의 $\Delta\nu/J$값 13이 적당해 보임에도 불구하고, 확대부분에 명백하게 불룩한 모습이 있다.

B_2, C_2, D_2 메틸렌기들이 서로 강하게 짝짓다는 것이 문제이다. 이들은 스펙트럼에서 부분적으로 분리되어서 나타나며, 메틸기와 짝지음하면서 뭉치어 덩이진 것처럼 작용한다. 이런 현상을 가상 짝지음(virtual coupling)이라 한다.

600 MHz에서 $CH_2—CH_3$ 그룹의 $\Delta\nu/J$ 값은 26이며 CH_3 다중선은 이제 일차수 삼중선이나. B, C, D 다중선들은 300 MHz에서 단단히 덩어리져 있으나 M 다중선은 OH기에 의해서 충분히 벗겨져서 약간 찌그러진 오중선(D와 X 양성자들에 의해 갈라짐)이 뚜렷이 보인다. 600 MHz에서 우리는 일차수 오중선을 분명히 볼 수 있다. 양 스페트럼에서, 강하게 벗겨진 삼중선은 M 메틸렌 양성자에 의해 갈라진 X 메틸렌을 나타낸다. 한 개의 양성자 단일선은 OH를 나타낸다. X 양성자에 OH의 수소 결합을 방지하기 위하여 소량의 *p*-톨루엔 설폰산을 $CDCl_3$ 용액에 넣었다. 높은 자기장에서 실험할 때, 고순도의 $CDCl_3$(3.6.1.1절 참조)와 낮은 시료 농도 때문에 산을 넣는 것이 필요하다.

3.11.2 대칭 사슬

3.11.2.1 다이메틸 석신산 대칭이며 형태적으로 유동적인 열린 사슬 다이에스터는 살펴볼 만하다. 석신산 다이메틸은 명백히 네 개의 양성자 단일선을 보인다.

$$\underset{}{\text{MeOOC}}-\underset{A_2}{CH_2}-\underset{A_2}{CH_2}-\text{COOMe}$$

3.11.2.2 글루탐산 다이메틸 300 MHz에서 글루탐산 다이메틸은 $X_2A_2X_2$ 시스템이며, 오중선 삼중선을 보이는 A_2X_4로 쓸 수 있다. COOMe 대신에 전기음성도가 더 적은 그룹으로 치환되면, 복잡한 A_2B_4 시스템이 된다.

$$\text{MeOOC}-\underset{X_2}{CH_2}-\underset{A_2}{CH_2}-\underset{X_2}{CH_2}-\text{COOMe}$$

3.11.2.3 아디프산 다이메틸 아디프산 다이메틸로 옮겨 가서 자신있게 분자의 중앙을 자르면, 두 개의 같은 A_2X_2 시스템이 된다. 그래서 우리는 벗겨진 삼중선과 덜 벗겨진 삼중선을 예상하게 된다.

600 MHz 스펙트럼은 충격적으로 다가온다(그림 3.53 참조). 명백하게 일차수 스펙트럼은 결코 아니다, J 값이 약 7 Hz라고 가정하면, 비록 A_2X_2 짝지음에 대한 $\Delta\nu/J$가 약 21이라고 하더라도, 구조를 다시 그려본다면(그림 3.53), 화학 이동이 동등하고 서로 강하게 짝이루고 있는 가운데 두 CH_2기들(3과 4로 표시)에 어려운 점이 있다는 것을 알 수 있을 것이다. $\Delta\nu$는 영이며, J 값이 약 7 Hz이다($\Delta\nu/J = 0/7 = 0$, 확실히 일차수가 아니다). 일이 더 어려워지려니, 그룹 3의 양성자들은 그룹 4의 양성자들과 자기적으로 동등하지 않다. 그래서 그룹 3의 양성자들은 둘 다 H_A로 표시하고 그룹 4의 것들은 둘 다 $H_{A'}$로 표시한다.

그룹 3의 H_A와 그룹 4의 $H_{A'}$ 사이의 자기적 동등성을 시험하기 위하여, 이 양성자들이 그룹 2의 양성자 H_X와 같은 짝지음을 하는가라고 물어볼 수 있다. H_AH_X 짝지음은 세 결합들, $H_{A'}H_X$ 짝지음은 네 결합들을 통하여 이루어지고 있기 때문에, 답은 "아니오"이다. 짝지음에서 차이는 크다. 같은 의미로, H_A와 $H_{A'}$는 그룹 5의 $H_{X'}$와 같은 짝지음을 하지 않는다. 이 시스템의 Pople 표시법은 XXAAA′A′X′X′ 또는 더 압축하여 $X_2A_2A_2'X_2'$이다. 이것은 높은 차수 시스템이며 적용 자기장의 세기에도 무관할 것이다.

혼란되는 점 하나를 분명히 해야겠다. 화학 이동이 동등한 양성자들은 서로 짝지음을 하나, 피크 갈라짐이 스펙트럼에서 관찰되지 않는다고 자주 말한다. 이 말은 불충분하며 오직 일차수 시스템에만 맞는 말이다. 자기적 비동등성이 관련되면, 시스템은 더 이상 일차수가 아니며, 갈라짐이 관찰될 것이다.

3.11.2.4 피멜산 다이메틸 다음으로 유사체 피멜산 다이메틸(dimethyl pimelate)은 메틸렌기의 수가 홀수이며, 일차수 스펙트럼이다(3.11.2.2절의 세 개 메틸렌기를 가진 글루탐산 다이에틸 참조).

3.11.3 덜 대칭인 사슬

3.11.3.1 3-메틸글루탐산 어느 정도 덜 대칭인 일련의 열린 사슬 화합물은 사슬의 가운데 탄소에 치환체를 둠으로써 얻어질 수 있다(그림 3.43, 구조 f, g, h, i 참조). 예를 들어, 3-메틸글루탐산을 생각해 보자. 3-치환체 때문에, 종이면에서 사슬을 통한 대칭면은 없다. 3.8.1절에서 논의한 바와 같이, 각 메틸렌기의 양성자들은 서로 바뀔 수 없으며 그래서 부분입체이성질체이다.

이 분자는 또 다른 가상 짝지음의 예가 된다. 다시 한 번 우리는 일차수 스펙트럼으로 기대되는 구조에 현혹될 뻔했다-최소한 300 MHz에서(그림 3.54a 참조).

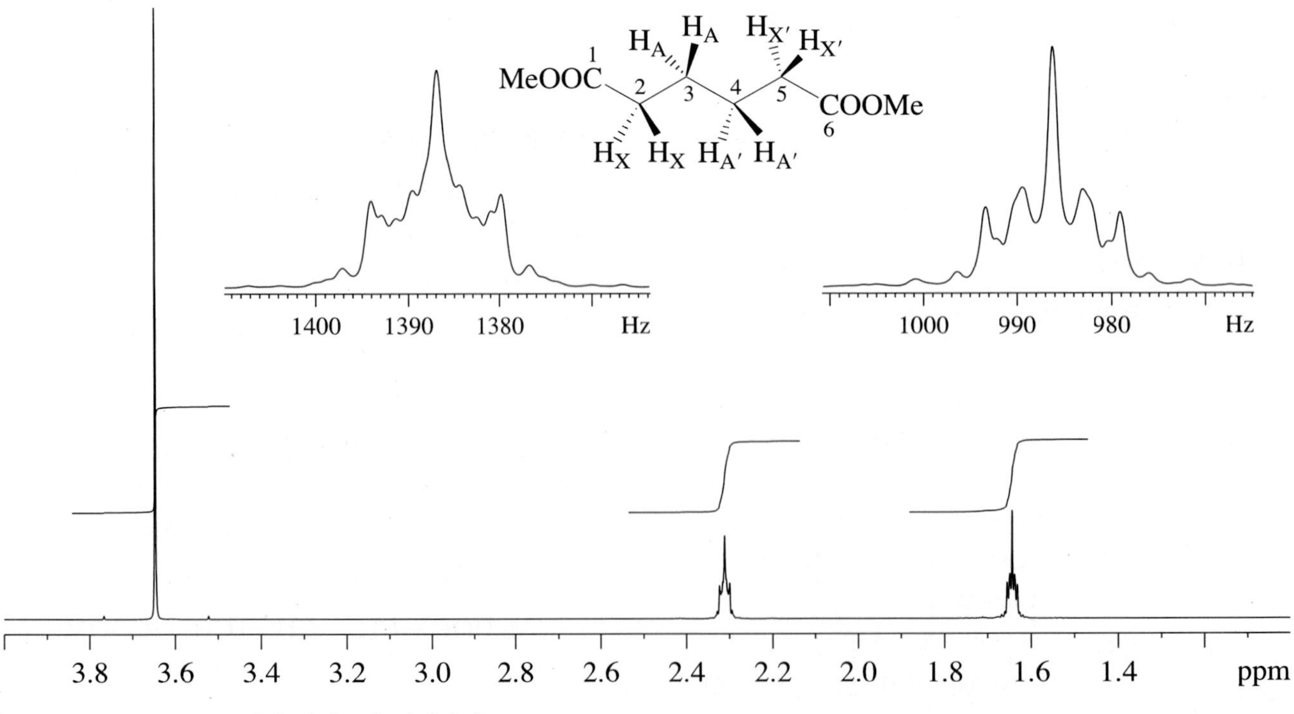

그림 3.53 600 MHz, $CDCl_3$에서 아디프산 다이메틸.

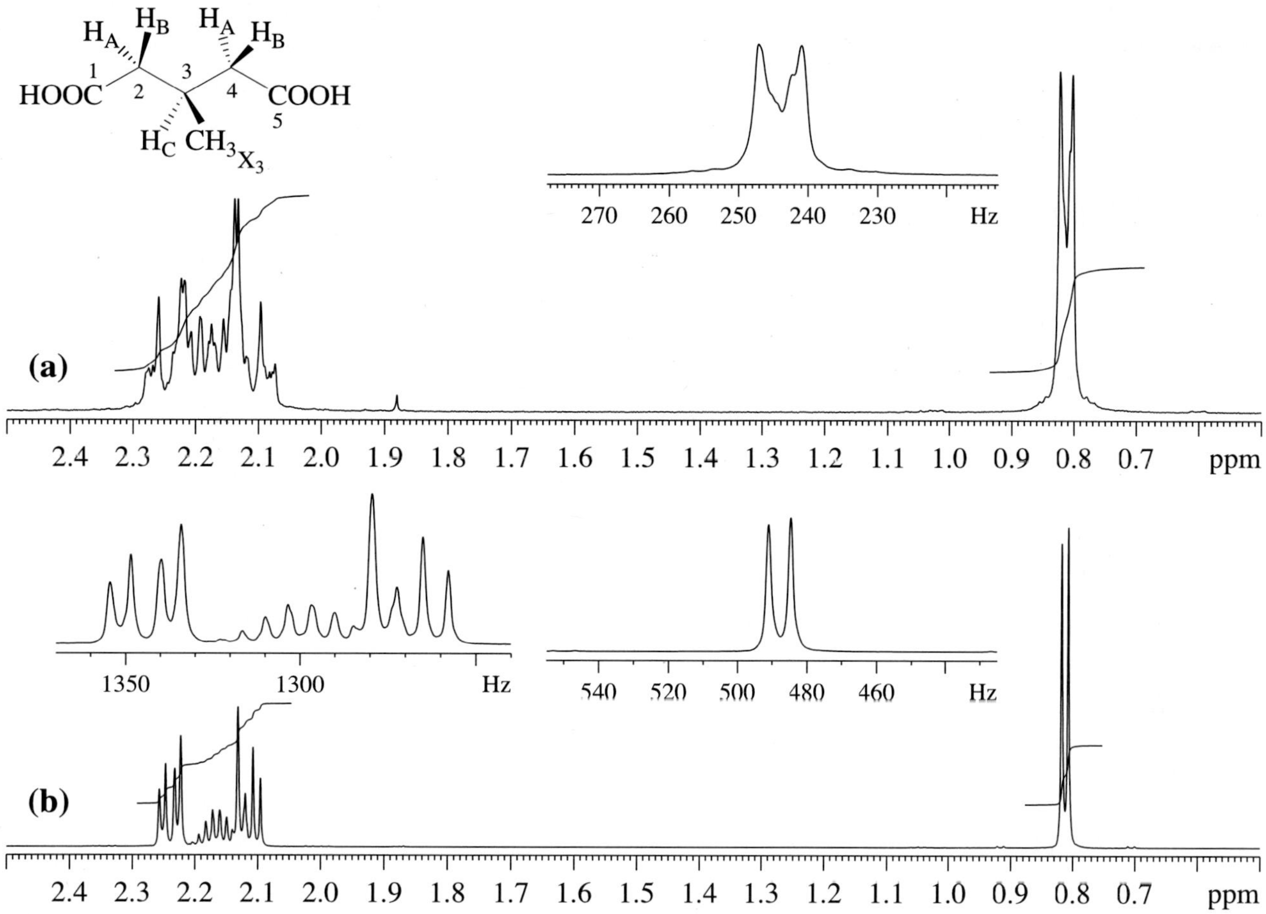

그림 3.54 D_2O에서 3-메틸글루탐산. (a) 300 MHz, (b) 600 MHz. COOH 피크는 D_2O와 서로 바뀐다. 그래서 나타나 있지 않다.

다른 말로, 다음 구조에 대한 $\Delta\nu/J$ 비가 적당한 것처럼 보이며, CH_3기에 대한 깨끗한 이중선을 기대하는 것이 타당한 것처럼 보인다.

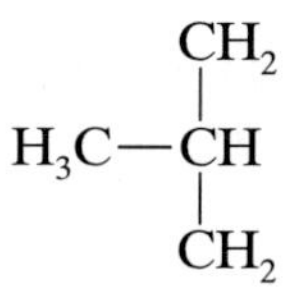

어려운 점은 COOH기가 CH_2기를 벗겨지게 하여 $\Delta\nu/J$ 비가 감소하게 되며, 가상 짝지음은 300 MHz에서 CH_3기가 넓어지고 찌그러진 이중선이 되는 것을 초래한다는 것이다. 비슷하게, 찌그러진 삼중선이 그림 3.52에 나와 있다. 어느 정도의 경험으로, 이런 찌그러짐은 감수할만하다. 그러나 CH_2—CH—CH_2 부분의 겹친 피크들은 아직도 300 MHz에서 해석할 수 있는 범위를 넘어서고 있다.

600 MHz에서 (그림 3.54b 참조), CH_3기는 CH 양성자와의 짝지음으로 말미암아 깨끗한 이중선이다. CH기는 더 이상 CH_2 다중선과 겹치지 않는다. 이 CH기는 이웃 일곱 개의 양성자들과 매우 같은 정도로 짝짓는다. 이것은 CH 다중선이 여덟 개의 피크로 나와야 된다는 것을 의미한다. 사실 그렇게 나온다. 그러나 여덟 번째 피크는 약간 찌그러진 이중선의 이중선인 CH_2 다중선 중의 하나의 끝 쪽 아래에 묻혀버렸다. 위에서 언급한 것처럼, 각 CH_2기의 양성자들은 부분입체이성질체이다—두 개의 다른 화학 이동을 의미. 각 CH_2기의 양성자들은 서로 짝이루며 (같은자리 짝지음), CH 양성자와도 짝짓는다 (이웃자리 짝지음). 같은자리 짝지음이 더 크다. 그래서 이중선의 이중선의 두 다중선이 나온다.

요약하면, 300 MHz에서, 스펙트럼은 두 CH_3기와 CH기가 심하게 겹쳐져 있고, 분석할 수 없기 때문에 일차수가 아니다. 600 MHz에서 이들은 상당히 잘 분리되었으며, 약간의 겹침과 찌그러짐에도 불구하고 분석할 수 있다. 300 MHz에서 Pople 표시법은 $A_2B_2CX_3$이며, 600 MHz에서는 $A_2G_2MX_3$가 된다. 가깝게 있는 문자나 더 멀리 떨어진 문자들을 유연하게 선택할 수 있을 것이다.

3.12 카이랄성

유기 화학자(특별히 천연물화학자)는 언제나 NMR을 해석할 때 카이랄성에 유의하여야 한다. 주제는 3.6절에서 언급되었다. 형식적인 정의와 간단한 설명으로 충분할 것이다: **카이랄성은 거울상이성질체가 존재하기 위한 필요 충분 조건의 표현이다.***

나무랄 데 없이 엄격하나 어쩌면 조금 신비스럽다. 다음 설명이 도움이 될 것이다. 거울상이성질체는 겹치지 않는 거울상이다. 카이랄 분자의 궁극적 시험은 이 거울상이 겹칠 수 없음이다. 거울상이 겹친다면, 분자는 비카이랄이다. 카이랄 분자의 가장 보통의 특징은 입체중심이라고 불리기도 하는 카이랄 중심이다. 카이랄 분자는 아마 단순 축을 제외하고 대칭 원소를 갖고 있지 않다. 예를 들어, 그림 3.43, 구조 e와 풀이된 문제 7.6을 참고하라(7장 참조). 다시 확실히 하기 위해서, 대칭요소를 갖고 있지 않은 사람 손을 생각해 보자. 왼손과 오른손은 겹칠 수 없는 거울상이다(즉, 거울상이성질체). 용어 카이랄성는 그리스어 "손잡이성(handedness)"의 번역이다.

3.12.1 하나의 카이랄 중심, 입세놀 (Ipsenol)

3-하이드록시뷰탄산(그림 3.43, 화합물 e)에서 보여진 것처럼, 익숙한 탄소 카이랄 중심은 네 개의 다른 치환체를 갖고 있다. 이 카이랄 중심은 잘 알려진 우선순위 규칙에 따라 *R*로 표시된다. 거울상이성질 화합물은 카이랄 중심이 *S*로 표시된다. 비카이랄 용매에서 거울상이성질체들은 같은 NMR 스펙트럼을 보인다. 라세메이트도 그러하다. 카이랄 중심 때문에, 대칭요소가 없으며 메틸렌 양성자들은 부분입체이성질체이다.

카이랄 중심 근처의 아이소프로필 부분의 메틸기의 화학이동의 비동등성은 자주 관찰된다. 이 효과는 카이랄 중심과 메틸기 양성자들 사이에 여섯 개 결합만큼이나 많은 결합을 통하여 발휘된다. 터펜 알코올, 2-메틸-6-메틸렌-7-옥텐-4-올(입세놀)에서 메틸기는 화학 이동이 동등하지 않다(그림 3.55 참조). 그들은 부분입체이성질성이므로, 겹침을 방지하기 위해서 강한 자기장이 보통 필요하다.

동등하지 않은 메틸기들은 각각 이웃한 CH 양성자에 의해서 갈라진다. 두 이중선이 떨어져서 나타날 것으로 기대된다. 불행히도, 300 MHz에서, 구조식과 일치시켜서 해석하기가 불가능한 $CH_3—CH_2$를 암시하는 고전적인 삼중선의 패턴으로 나타났다. 더 높은 분해능(higher resolution) 기기에서는 두 이중선이 보이도록 가운데 피크가 떨어져 갈라지게 될 수 있을 것이다.

외관상 삼중선을 야기한 안쪽 피크들의 겹침을 풀기 위하여, 우리는 중수소 벤젠으로 "적정"(titration) 하는 효과적인 기법을 사용했다.* 이 방법으로 20% C_6D_6/80% $CDCl_3$ 혼합용매에서 두 이중선의 존재를 확신시켜 주는 증거를 얻었다. 약 50 : 50 혼합물에서 최적 결과를 얻었다(그림 3.55). 600 MHz에서 두 개의 개별 이중선들이 관찰되었다.

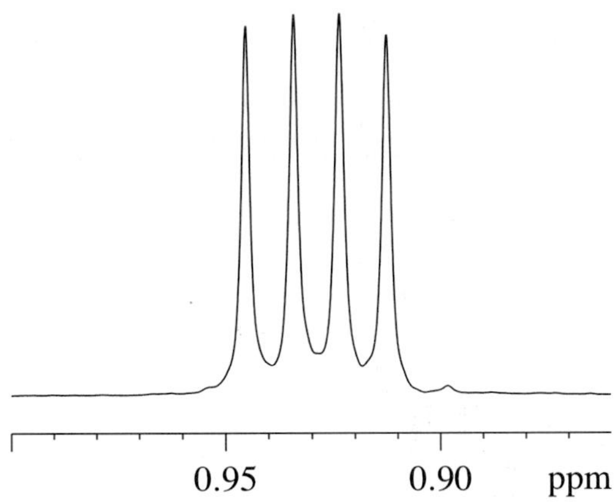

카이랄 중심은 두 지방족 메틸렌기들의 각 양성자들은 또 부분입체이성질성이다는 것에 대한 이유가 된다. 결과적으로, 오히려 단순하게 보이는 구조가 스펙트럼을 구조에 할당(assignment)하는데 어려움을 던져주고 있다.

왼쪽에서부터 오른쪽으로 양성자 적분비는 1 : 4 : 1 : 1 : 1; 2 : 1 ; 1 ; 6이며, 이것은 분자식과 일치하는 18개의 양성자들에 해당되나, 어리둥절하게 하는 모순점이 있다. 적분에서 δ 0.92의 여섯 개 양성자 계단(step)은 위에서 다룬 부분입체이성질성 메틸 양성자들을 의미하며, 여러 값의 다른 짝지음 상수를 가진 δ 3.82의 한 개 양성자 계단은 **CH**OH로 잡으면 잘 택한 것일 것이다(부록 A, 도표 A.1 참조). 지금까지는 좋다. 그러나 네 개의 CH_2기가 구조에 있으나, 외관상 적분비에서 오직 한 개만 보인다. 이것도 현혹시키는 것이다.

이 점에서 분자가 C-6에서 끊어진 세 개의 스핀 시스템으로 구성되어 있다는 것을 아는 것이 도움이 될 것이다(3.5.2 절 참조). 알킬 시스템은 H-1, H-2, H-3, H-4, H-5 및 H-9; 알켄 시스템은 H-7과 H-8; 남은 알켄 시스템은 H-10으로 구성되어 있다. 알킬 시스템은 스펙트럼의 오른쪽 다중선에 해당되고, 알켄은 왼쪽의 다중선에 해당된다. 알킬 CH_2기는 카이랄 중심 때문에 부분입체이성질성일 것이라는 것을 상기하는 것도 도움이 될 것이다.

* Cahn, R.S., Ingold, C. and Prelog, V. (1966), Angew. *Chem., Int* Ed. *EngL.*, **5**, 385.

* Sanders, J.K.M., and Hunter, B.K. (1993). *Modern NMR Spectroscopy*. 2nd ed. Oxford: Oxford University Press, p. 289.

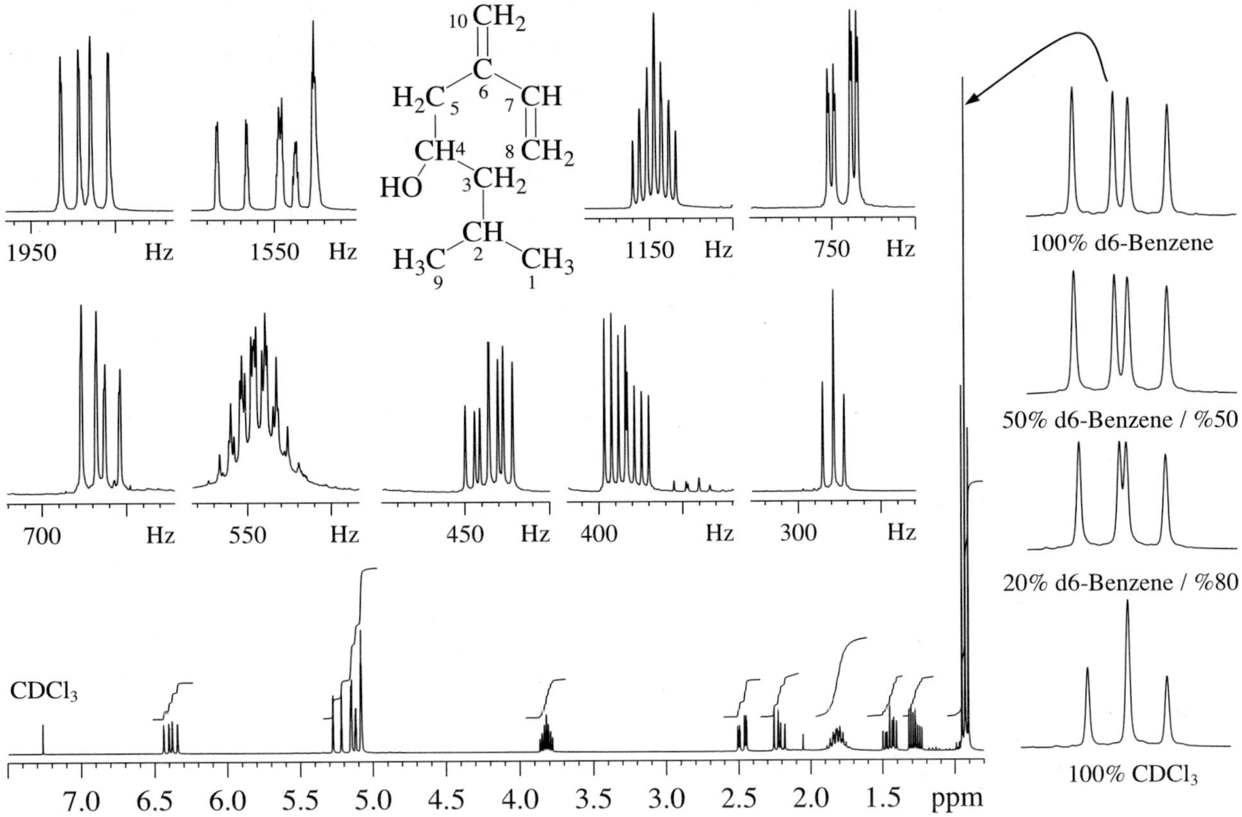

그림 3.55 300 MHz, $CDCl_3$에서 2-메틸-6-메틸렌-7-옥텐-4-올(입세놀). C_6D_6로 "적정(titration)." 시료는 Phero Tech Inc(Vancouver, BC, Canada)로부터 얻었다.

이 시점에서, 각 알킬 CH_2기의 부분입체이성질성 양성자들은 쌍으로 나타나야 한다는 것이 분명하다. 한 쌍(H-3)은 δ 1.28과 δ 1.42에 있으며; 다른 쌍(H-5)은 δ 2.21과 δ 2.48에 있다. δ 1.80의 두 양성자 다중선은 나중에 토의할 것이다.

더더욱, H-3 양성자들은 OH에 의해서만 벗겨지는 반면에, H-5 양성자들은 OH와 C=CH_2기에 의해서 벗겨지기 때문에, H-5 양성자들은 더 높은 주파수에 있다. H-5 양성자들은 같은자리 짝지음하며 각 양성자는 한 번 이웃자리 짝지음한다. 그래서 C-5 양성자는 각각 이중선의 이중선(일차수)으로 나온다. H-3 양성자들은 같은자리 짝지음하며 두 양성자들과 이웃자리 짝지음한다. H-3 양성자들은 300 MHz에서 두 개의 복잡한 다중선으로 나온다. 또, H-5가 H-3보다 일차수에 가까운 이유는 두 H-5 다중선 사이의 $\Delta\nu$가 더 크다는 것이다.

δ 1.80의 알 수 없는 다중선은 OH 피크 아래 겹쳐버린 짝지음이 매우 많은 H-2 양성자인 것으로 자동으로 확인될 수 있다. 겹친 OH 피크는 온도를 높이거나, 용매를 바꾸거나, D_2O로 흔들어 없애거나 함으로써 확인될 수 있으며(3.6.1.1 참조), 묽히면 낮은 주파수로 움직인다. 약 δ 2.05의 매우 작은 피크는 불순물이다.

H-7은 스펙트럼의 높은 주파수 끝에 있을 것으로 예상된다. 이것은 이중 결합을 건너 H-8 양성자들과 *trans* (J = 18 Hz) 및 *cis* (J = 10.5 Hz) 짝지음을 하여 이중선의 이중선으로 나타난다(부록 F 참조).

1585 Hz와 1525 Hz 사이의 흡수들은 H-8과 H-10 양성자들의 피크를 포함하고 있다. 왼쪽에 있는 18 Hz 이중선은 H-8 양성자들 중의 하나에 해당되며, 이중 결합을 건너 H-7과 *trans* 짝지음을 하고 있다. 이 이중선 피크는 1585 Hz와 1567 Hz에 있다.

1546 Hz와 1525 Hz에서 독립된 두 피크들(이중선이 아닌)은 H-10 양성자들이다. 매우 작은 같은자리 짝지음 때문에 약간 넓어져 나왔다. 톱니 같은 끝머리는 약한 먼거리 짝지음의 증거이다. 오른쪽 피크의 높이가 수상하다는 점을 주시하자.

H-8 양성자들 중에서 *trans* 짝지음하는 한 개 양성자를 정하고 나서, 우리는 *cis* 짝지음하는 이중선의 양성자를 찾아 보자. 불행하게도, 약 1538 Hz의 단일선만 남아 있는 것 같다. 그러나 잃어버린 피크가 오른쪽 끝의 큰 수상한 피크 아래에 묻혀버렸다고 빨리 가정해 보자. 600 MHz에서 이 다이엔 스핀 시스템을 살펴보니, 분명하게 *cis* 짝지음 상수

에 적합한 H-8의 이중선(10.5 Hz)이 보였다. 이로서 위의 생각들이 맞았다는 것을 알 수 있다. 이런 문제들이 카이랄 중심 때문에 생긴 것들임을 알 필요가 있다.

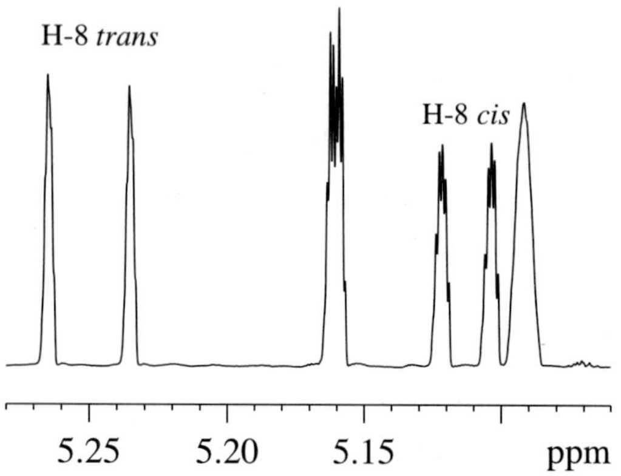

3.12.2 두 개의 카이랄 중심

1,3-다이브로모-1,3-다이페닐프로페인 (1,3-dibromo-1,3-diphenylpropane) 에는 두 개의 같은 카이랄 중심 사이에 메틸렌기가 들어 있다(그림 3.56). (1*R*,3*R*) 화합물(라세메이트 쌍 중에서 하나)에서, C_2축 때문에, H_a와 H_b는 동등하며 H_c와 H_d도 그러하다(1*S*,3*R*). 화합물(*meso* 화합물)에서, C_2 회전하면 다른 구조가 나온다. 그러나 H_a와 H_b는 종이면에 수직인 대칭면(그림에 점선으로 표시된)을 통하여 서로 바뀔 수 있기 때문에 거울상이성질체이다. 그러나 H_c와 H_d는 대칭면에 있기 때문에 부분입체이성질체이다.

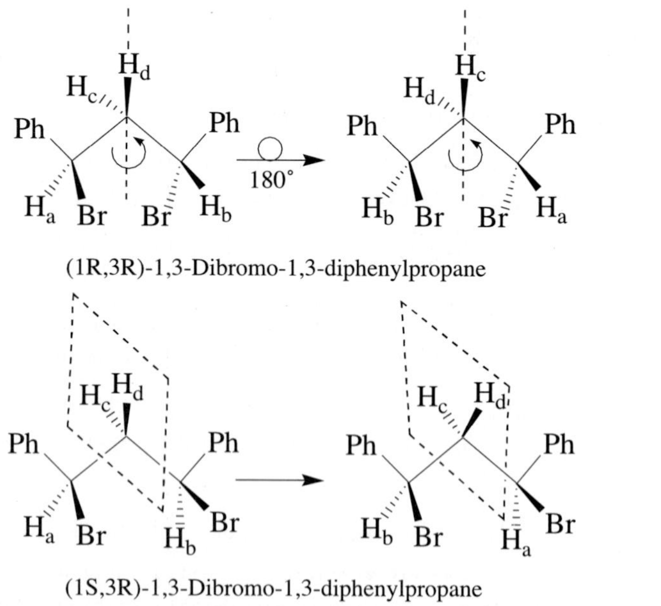

그림 3.56 1,3-다이브로모-1,3-다이페닐프로페인(1,3-dibromo-1,3-diphenylpropane)의 두 이성질체. (1*R*,3*R*) 이성질체에서, H_a와 H_b는 화학 이동이 동등하다. H_c와 H_d도 그러하다. (1*S*,3*R*) 이성질체에서, H_a와 H_b는 화학 이동이 동등하다. 그러나 H_c와 H_d는 그렇지 않다.

(1*R*,3*R*) 화합물에서, H_a와 H_b는 H_c나 H_d와 같게 짝지음하지 않기 때문에 자기적으로 동등하지 않다. H_c와 H_d도 H_a나 H_b와 같게 짝지음하지 않기 때문에 자기적으로 동등하지 않다. 그러나 *J* 값이 대체로 자유회전에 의해서 평균화되기 때문에 스핀 시스템은 A_2X_2로 취급되며, 스펙트럼은 두 조의 삼중선을 나타낼 것이다. (1*S*,3*R*) 화합물에서, $J_{ad} = J_{bd}$, $J_{ac} = J_{bc}$이다. 따라서 이 분자에서 H_a와 H_b는 자기적으로 동등하다. H_c와 H_d가 자기적으로 동등하냐 하는 것은 관련이 없는 질문이다. 이유는 이들은 화학 이동이 동등하지 않기 때문이다. 스핀 시스템은 ABX_2이다.

위의 두 화합물에서, 양 카이랄 중심은 같은 치환체를 갖고 있다. 그러나 치환체가 같지 않은 두 카이랄 중심을 가진 화합물에서, 대칭요소는 없으며, 어떤 양성자들도 서로 바뀔 수는 없을 것이다.

3.13 이웃자리 및 같은자리 짝지음

이웃자리 탄소위의 양성자들 사이의 짝지음은 H—C—C′과 C—C′—H 사이의 이면각(dihedral angle, ϕ)에 따라 달라진다. 이 각은 이웃자리 탄소들 사이의 결합의 뉴만 투영도(Newman projection)나 그림 3.57에 있는 원근화법에 의해서 쉽게 볼 수 있다. 이 그림에는 이면각도(dihedral angle)와 이웃자리 짝지음 상수의 관계가 그래프로 나와 있다.

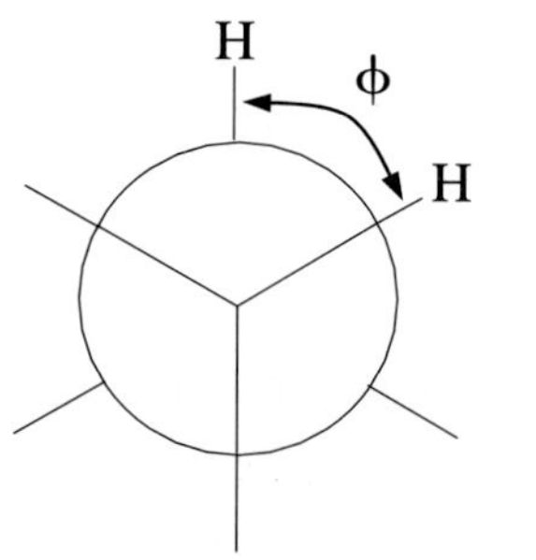

Karplus*는 그의 계산이 대략적인 것이며 전기음성도, 결합각도(bond angle, θ) (<H—C—C′ 및 <C—C′—H′), 결합길이와 같은 요소들을 고려하지 않았다는 점을 강조했다. 측정한 짝지음 상수로부터 이면각(dihedral angle)은 매우 유사한 화합물과 비교함으로써만 안전하게 추론될 수 있다. 상호관계는 사이클로펜테인류, 사이클로헥세인류, 카보하이드레이트류, 다고리 시스템에서 매우 유용하다. 사이클로펜테인류에서, 이웃자리 *cis* 양성자들에서 약 8 Hz, 이웃자리 *trans* 양성자들에서 약 0 Hz의 측정값은 각각 해당하는 각도 약 0°와 90°와 일치한다. 치환된 사이클로헥세인

* Karplus, M. (1959). *J. Chem. Phys*. **30**. 11.

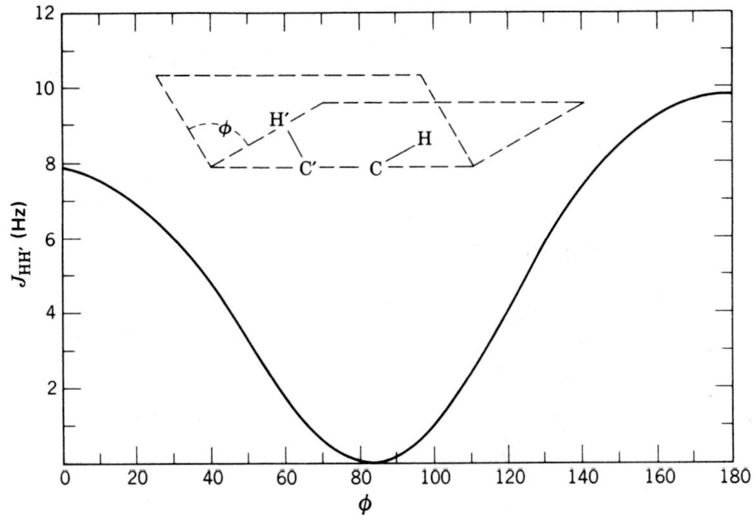

그림 3.57 이웃자리 Karplus 상관관계. 이웃자리 양성자에 대한 이면각 (ϕ) 과 짝지음 상수 사이의 관계

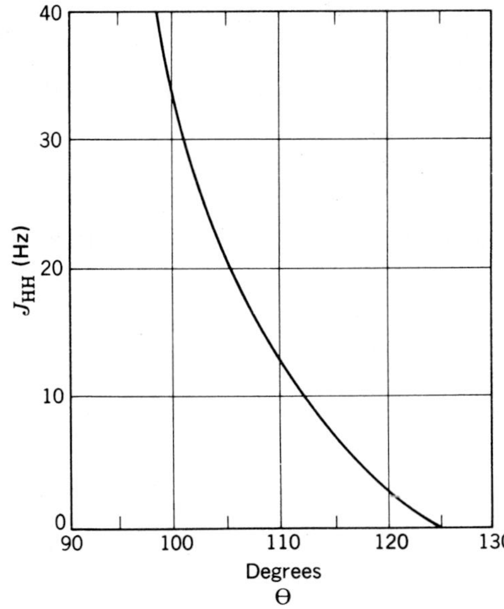

그림 3.58 같은자리 Karplus 상관관계. >H—C—H 각도에 따른 CH_2기의 J_{HH}. 약 125°에서 짝지음이 0임을 주목하라.

또는 피라노즈(pyranose) 고리에서, 의자 모양은 선호되는 배치(conformation)이나. 표 3.6의 관계는 잘 맞으며, 치환체의 이면각은 이 ^3J 짝지음 상수로 추정할 수 있다.

이면각도 90°에서 짝지음이 거의 0이 된다는 점에 유의하라. 이것은 NMR 스펙트럼에 제안된 구조를 끼워 맞출 때 좌절감에 빠지는 원인이 되고 있다.

개선된 Karplus 상호관계는 알켄의 이웃자리 짝지음에 적용될 수 있다. *cis* 짝지음($\phi = 0°$) 보다 *trans* 짝지음($\phi = 180°$)이 더 크다고 예측할 수 있다. 불포화 고리에서 *cis* 짝지음은 고리 크기가 작아지면(결합각이 증가) 다음과 같이 줄어든다: 사이클로헥센류 $^3J = 8.8 - 10.5$, 사이클로펜텐류 $^3J = 5.1 - 7.0$, 사이클로뷰텐류 $^3J = 2.5 - 4.0$, 사이클로프로펜류 $^3J = 0.5 - 2.0$.

두 결합 같은자리 CH_2 짝지음은 그림 3.58에 보여진 대로 H—C—H 결합각도에 따라 달라진다. 이 관계는 다른 영향에 매우 민감하며 조심스레 적용하여야 한다. 그러나 이것은 연결된 사이클로헥세인 고리에서 메틸렌기(대략 정사면체, $^2J \sim 12–18$), 사이클로프로페인 고리의 메틸렌기($^2J \sim 5$), 또는 끝에 있는 메틸렌기(즉, $=CH_2$) ($^2J \sim 0–3$)를 알아내는데 유용하다. 전기음성적인 치환체는 같은자리 짝지음이 줄어들게 하는 반면, sp^2 또는 sp 혼성 탄소원소는 늘어나게 한다.

표 3.6 사이클로헥세인류에서, 결합각도에 근거를 둔 짝지음 상수 J의 계산값과 측정값.

	이면각 각도	계산값 J (Hz)	측정값 J (Hz)
축방향-축방향	180°	9	8–14 (보통 8–10)
축방향-적도방향	60°	1.8	1–7 (보통 2–3)
적도방향-적도방향	60°	1.8	1–7 (보통 2–3)

같은자리 짝지음 상수는 보통 음수이다. 그러나 계산할 때를 제외하고, 이것은 무시된다. 같은자리 짝지음은 메틸렌 양성자들이 부분입체이성질성일 때만 통상적으로 관찰된다는 점을 유의하라.

짝지음 상수에 영향을 주는 각도 의존성을 제외한 많은 요인들의 관점에서, Karplus 상호관계가 남용되고 있다는 것은 놀라운 일이 아니다. ^2J 값으로부터 바로 각도를 읽어내는 것은 위험하다.

3.14 장거리 짝지음

세 결합(^3J)을 넘어선 양성자–양성자 짝지음은 보통 1 Hz보다 적다, 그러나 검출할 만한 장거리 짝지음은 알켄류, 알카인류, 방향족류, 헤테로방향족류와 같은 단단한(rigid) 구조 및 당겨진(strained) 고리 시스템(작거나, 다리지은 bridged 구조)에서 일어날 수 있다. 알릴(H—C—C=C—H) 짝지음은 전형적으로 약 1.6 Hz이다. 뷰타다이엔의 콘쥬게이션된 시스템에서 다섯 결합을 통한 짝지음이 1.3 Hz이다. 콘쥬게이션된 폴리알카인 사슬을 통한 짝지음은 아홉 결합 만큼이나 많은 결합을 통하여 일어날 수 있다. 벤젠에서 *meta* 짝지음은 1–3 Hz이며, *para*는 0–1 Hz이다. 오각형 헤테로고리에서 2-와 4-양성자들 사이의 짝지음은 0–2 Hz이다. 바이사이클로[2.1.1]헥세인, 시스템에서 $^4J_{AB}$는 약 7 Hz이다.

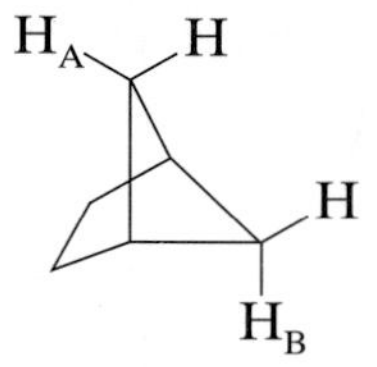

이런 보통의 매우 장거리 짝지음 상수는 H_A와 H_B 사이의 네 개의 σ 결합의 "W 배치 (W-conformation)"에 기인한다.

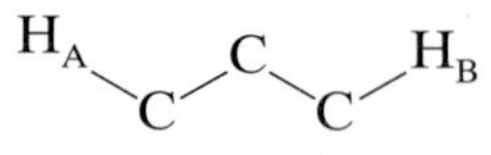

장거리-W 짝지음

NMR 장비의 분해능 (resolution)이 증가함에 따라, 세 결합을 넘어서는 작은 짝지음은 그림 3.34와 문제 7.2의 벤질 CH_2와 CH_3 피크의 선 넓어짐에서처럼 자주 알아차릴 수 있게 되었다.

3.15 선택적 스핀 짝풀림

스핀이 짝지어진 시스템에서, 한 양성자에 맞는 주파수를 강력하게 쪼여주면 (irradiation), 이웃 양성자에서 그 양성자의 짝지음 효과를 제거할 수 있다. 그래서, 예를 들어, 1-프로판올의 양성자에 차례로 쪼여주면, 다음 결과를 얻을 수 있다.

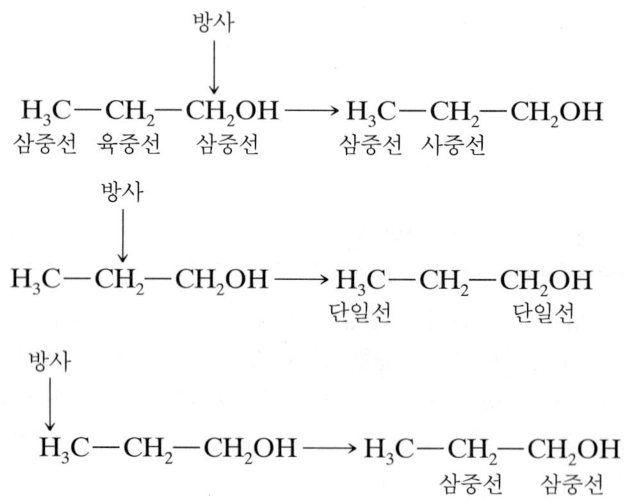

이로써, 우리는 결합을 통한 양성자들의 연결고리를 결정할 수 있고, 양성자 피크를 할당할 수 있는 강력한 도구를 갖게 된다. 더더욱, 겹친 피크들은 짝지음 하나를 제거함으로써 단순화될 수 있다.

그림 3.59는 3-뷰타인-1-올 (3-butyne-1-ol)의 이웃 양성자에 선택적인 짝풀림의 효과를 보여주고 있다. 그림 3.59a에서 왼쪽에서부터 오른쪽으로, H-1 다중선은 삼중선 ($J = 6$ Hz), H-2 다중선은 삼중선의 이중선 ($J = 6$ Hz, 3 Hz), H-4 다중선은 삼중선 ($J = 3$ Hz)이다. OH 단일선은 δ 2.03에 있다. 다시 왼쪽에서부터 오른쪽으로, 다중선들의 적분비는 2 : 2 : 1 : 1이다 (제시되어 있지 않음).

스펙트럼 (b)에서 H-1 양성자에 쪼여질 때, H-2 삼중선의 이중선은 이중선으로 바뀌게 된다 ($J = 3$). 이 이중선은 H-4와 장거리 짝지음의 결과이다. 스펙트럼 (c)에서 H-2 삼중선의 이중선이 쪼여질 때, H-1 삼중선은 단일선으로 바뀌게 되며, H-4도 단일선으로 바뀌게 된다.

스펙트럼 (d)에서, H-4 삼중선이 쪼여질 때, H-2 삼중선의 이중선은 삼중선으로 붕괴된다 ($J = 6$).

선택적인 짝풀림의 전체적인 정보는 "연결고리"이다. 이웃 양성자를 선택적으로 쪼여줌으로써 두 겹친 다중선을 단순화하는 것도 가능하다. 이로써, 남아 있는 다중선의 성질과 짝지음 상수를 알 수 있게 된다.

관계를 확립하는 다른 방법들은 5장에서 기술되며, 분명한 이점을 갖고 있지만, 선택적 스핀 짝풀림은 여전히 유용하게 남을 것이다.

3.16 핵 오버하우저 효과, 차이 분광법, 공간을 통한 $^1H—^1H$ 근접성

스핀 짝풀림 (3.15절)에서 기술되었지만, 특정 핵을 강하게 쪼이면 이것과 짝지음하던 모든 핵에서 짝지음을 없애는 것 (짝풀림)이 가능하다. 짝풀린 핵을 찾아내는 것은 보통의 탐침 (probe)에서 실행된다. 추가된 짝풀림기 (decoupler)에서 쪼여질 핵의 주파수에 맞는 강하고 선택적인 방사가 일어난다.

결합들을 통한 ^1H ^1H 스핀 짝풀림을 3.15절에서 기술했다. 광범위한 $^1H—^{13}C$ 스핀 짝풀림은 4.2.1절에서 간단히 언급되어 있으며, 강력한 짝풀림 방사 (irradiation)로 생기는 이로운 부산물로서 ^{13}C 신호 증대를 유발하는 핵 오버하우저 효과 (Nuclear Overhauser Effect, NOE)도 4.2.4절에 나와 있다. 이 NOE는 ^1H ^1H 스핀 짝풀림에서도 일어나나, 그 효과는 작으며 거의 알아차릴 수 없다.

스핀 짝풀림이나 NOE 모두 ν_2로 하나의 핵을 조사하여 ν_1 펄스를 가진 다른 핵에서의 효과를 감지하기 위한 추가 채널을 이용하는 이중 공명의 한 예이다. 이 점에서, **공간을 통한** (*through space*) NOE를 이용하여 분자내의 ^1H ^1H 근접성 (proximity)을 결정하는 것은 흥미로울 것이다. 이것은 짝풀림에서 사용되는 것보다 훨씬 약한 ν_2를 쪼이면 이루어질 수 있다. **쪼여진 양성자와 짝지음을 하든 안하든**, 쪼여진 양성자에 공간적으로 가까운 양성자는 NOE에 의해 영향을 받는다. 짝풀림 실험에서 사용되는 것과 비교하여 방사 (irradiation)이 약하기 때문에, 짝지음하던 것들

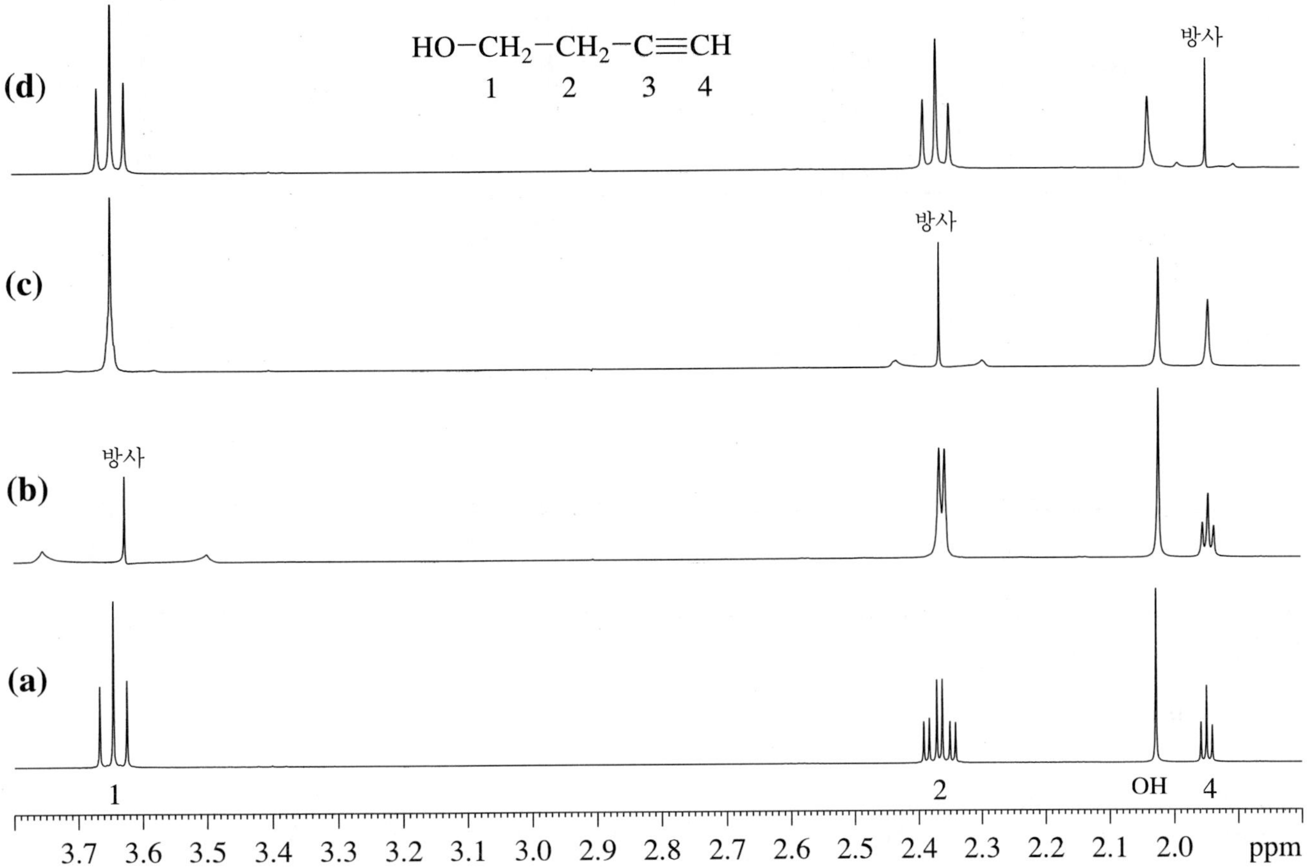

그림 3.59 (a) 3-뷰틴-1-올의 300 MHz 스펙트럼. (b) C-1에 있는 양성자들이 쪼여짐. (c) C-2에 있는 양성자들이 쪼여짐. (d) C-4에 있는 양성자들이 쪼여짐. 쪼여주면, 인근 피크의 화학 이동에 감지할 만한 변화가 생길 수도 있다.

은 최소한 부분적으로 짝지음할 것이다. 약한 ν_2 방사(irradia-tion)에 의한 양극화(polarization, 즉, 에너지 높이에서의 개체수의 변화)는 "공간을 통하여" 근처에 쪼여지지 않은 양성자의 높은 에너지 높이에 더 많은 개체수가 생기게 하는 결과가 된다. 이 여분의 개체수는 더 낮은 에너지 높이로 T_1 이완을 겪게될 때, 근처의 양성자(*s*)에서 신호 강도의 증가가 나타난다. 매우 큰 분자에서, 다른 요인들이 간섭하면, 결과는 신호감소로 나타날 수도 있다.

^1H ^1H 근접성 결정과 연관된 공간적 거리는 매우 작고, 그 효과는 공간을 통한 양성자 사이의 거리의 6제곱에 반비례한다. 보통 관찰할 수 있는 증가는 20% 미만이다. 감도를 증가시키기 위해서, NOE **차이**(NOE *difference*) 실험을 사용한다. 여기서 특정 양성자를 쪼여준 스펙트럼에서 전통적인 ^1H 스펙트럼*을 뺀다. 이렇게 빼면 증가된 흡수만 남게 된다. 이런 조건하에서, 측정할 만한 효과는 약 4 Å(0.4 nm) 이하의 거리에 있는 양성자 ^1H 핵들 사이에서 기대된다.† 예로, 의자 모양의 사이클로헥세인에서 1,3-다이액셜(1,3-diaxial) 양성자들 사이의 거리는 ~2.6 Å이다. 이 실험 절차는 이성질체를 구별해내는데 아주 강력한 도구이다(그림 3.60, NOE 차이 스펙트럼 참조).

이 ^1H ^1H 근접성 실험을 할 때, 많은 주의 조치를 취해야 한다 [Derome (1987); Saunders and Hunter (1993); Claridge (1999)]. 짝풀림 효과로부터 가능한 간섭을 피하기 위하여, 신호를 얻는 동안에 방사 송신기 (irradiation transmitter)는 꺼둔다. 짝풀림 효과는 즉각적인 반면에, NOE는 쬐는 동안에 천천히 쌓아지며, 신호를 얻는 동안에 유지되기 때문에, 위 방법은 효과적이다. 더욱, 이완 속도는 상자성(paramagnetic) 물질의 존재에 매우 민감하기 때문에, 얼렸다가 녹였다 또는 용액에 아르곤이나 질소를 불어넣는 등의 방법으로, 녹아있는 산소(다이라디칼)는 제거하여야 한다. 그런 다음 NMR 튜브는 봉한다.

NOE 차이 분광법으로, 다음 천연물의 구조가 I인지 또는 II인지 치환 패턴을 결정할 수 있다. 쉽게 얻을 수 있는 메틸 유사체로 NOE 차이 분광법을 실시했다(그림 3.60).

* 방사(irradiation)은 피크가 없는 스펙트럼 영역에서 이루어졌다.

† 익숙한 Dreiding 모델에서, 1 cm = 0.4 Å (0.04 nm)

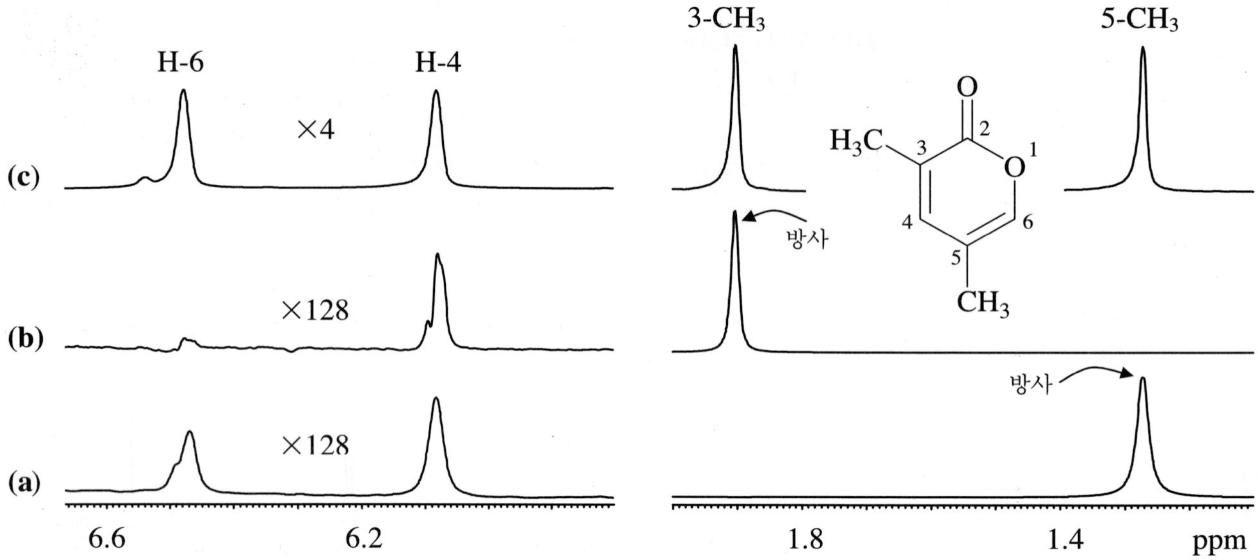

그림 3.60 화합물 III의 NOE 차이 분광학. (a) ^{1}H NMR 스펙트럼, (b) 3-메틸기을 쪼여서 H-4가 증가됨, (c) 5-메틸기를 쪼여서 양쪽 양성자들이 증가됨. $CDCl_3$, 300 MHz에서.

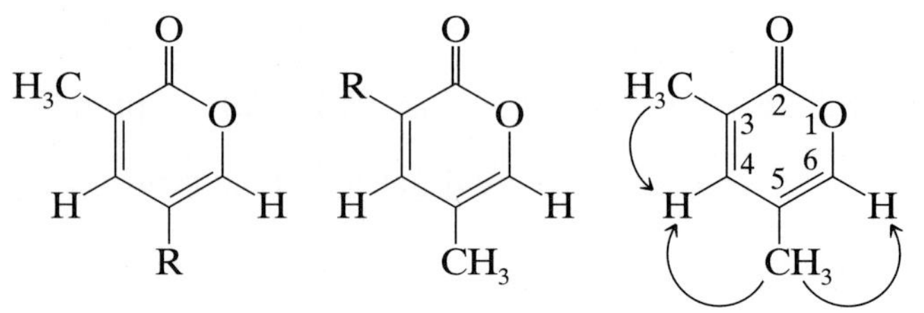

I II III

5-메틸기를 쪼여서 H-4와 H-6 양쪽 모두 증가하였으나, 3-메틸기를 쪼여주었을 때 H-4만이 증가하였다. 천연물의 3-메틸기의 흡수 피크의 화학 이동이 구조 III의 경우와 거의 같았기 때문에, 천연물의 구조는 I이다.

그림 3.60에서, 전통적인 스펙트럼은 a로 표시되어 있다. 스펙트럼 b는 3-메틸기를 쪼여준 결과이며, H-4만이 증가하였다. 스펙트럼 c는 5-메틸기를 쪼여준 결과이며, H-4와 H-6 모두 증가하였다. 증가는 근접성에 따라 이루어지기 때문에 이 모두는 예측 가능한 것들이다. 구체적인 몇 가지들이 어리둥절하게 할지 모르나, 이것은 차이 실험이라는 점을 상기하라. 전통적인 스펙트럼을 쪼여진 스펙트럼으로부터 뺀다. 이 빼는 과정 동안에, 쪼여진 피크는 위로 향한 위치가 되며, 안 쪼여진 피크는 증가가 안되었기 때문에 감지되지 않는다. 감도 ×4, ×128, ×128은 각 스펙트럼에서 오른쪽에 상대적인 왼쪽의 감도를 나타낸다. 오른쪽은 ×1이다. 감도 비율(왼쪽: 오른쪽)은 스펙트럼 a에서 4 : 1 스펙트럼 b, c에 대해서는 128 : 1이다. 이렇게 조정한 이유는 단지 모든 피크를 편리하게 보이게 하기 위한 것이다. 선행연구를 알려면 각주를 참고하라*

OH기를 쪼여줄 때도 핵 오버하우저 효과가 인접한 양성자에 나타난다. 그러나 이런 효과를 보기 위해서는, 물이 없는 중수소화된 아세톤이나 다이메틸 설폭사이드를 사용하거나 $CDCl_3$ 용액을 그냥 차게 식혀서 사용함으로써 보통의 빠른 바뀜 속도(exchange rate)가 느려지게 해야 한다. 이 과정의 어느 것이나 OH 피크를 왼쪽으로 움직이게 한다. 이런 움직임은 흡수 피크들이 겹치는 것을 방지하기 위하여 조절될 수 있다. 물론, 이것이 OH 피크를 확인하는 데 공헌하기도 한다(3.6.1.1절).

삼중 결합이나 이중 결합을 구별하는 것은 쉬운 일이 아니다. 이런 이유로 NOE 차이 분광법을 사용하는 것이 문제 7.4에 나와 있다.

3.17 결론

^{1}H NMR 분광법은 중요한 고급 상호관계 실험에 이르게 하는 ^{13}C을 비롯한 다른 핵종의 자기공명을 이해하는 기본이다. 스핀 1/2 핵의 중요성을 강조하면서, 핵의 자기적 성질을 기술하면서 출발했다. 실제적 이유로, ^{1}H핵의 높은 분해능(high resolution) NMR과 상업기기의 제조에 이르게 되었다. 역사적으로 보면 초기의 CW 기기는 더 강력하고 용도가 우수한 FT 분광기로 거의 모두 대체되었다.

* R.E. Charlton, F.X.. Webster, A. Zhang, C. Schal, D. Liang. 1. Sreng, W.L. Roelofs (1993). *Proc. Natl. Acad. Sci.*, **90**, 10202.

^{1}H NMR 스펙트럼의 해석은 세 개의 관련된 정보, 즉, 피크의 적분, 화학 이동, 스핀–스핀 짝지음을 고려하는 것에 근거를 두고 있다. 신호 피크의 적분은 화합물에서의 수소의 비율를 제공한다. 화학 이동의 개념은 스펙트럼에서의 신호의 위치를 화학적 환경과 관련시켜 준다. 화학 이동으로부터 나오는 결정적인 중대한 개념은 화학 이동의 동등성이다. 스핀–스핀 짝지음은 한 세트1의 핵들 속에서 자기적 핵종들의 상호작용을 설명한다. 다른 것들 중에서, 스핀-스핀 짝지음은 이웃 핵종들의 정보를 공급하여 중대한 구조적 통찰력을 주게 된다. 남은 장 모두, NMR을 전적으로(4, 5, 6장) 또는 주요부분으로(7, 8장) 다룰 것이다.

참고 문헌

일반

Abraham, R.J., Fisher, J., and Loftus, P. (1989). *Introduction to NMR Spectroscopy*, 2nd ed. London-New York: Wiley.

Akitt, J.W. (1992). *NMR and Chemistry: An Introduction to Modern NMR Spectroscopy*, 3rd ed. London: Chapman and Hall.

Asahi. (1997). *Handbook of Proton-NMR Spectra and Data*. New York: Academic Press.

Atta-ur-Rahman. (1986). *Nuclear Magnetic Resonance*. New York: Springer-Verlag.

Atta-ur Rahman, and Choudhary, M. (1995) *Solving Problems with NMR Spectroscopy*. New York: Academic Press.

Ault, A., and Dudek, G.O. (1976). NMR, *An Introduction to proton Nuclear Magnetic Resonance Spectrometry*. San Francisco: Holden-Day.

Becker, E.D. (1999). *High Resolution NMR: Theory and Chemical Applications*, 3rd ed. New York: Academic Press.

Berger, S., and Braun, S. (2004). *200 and More NMR Experiments: A Practical Course*. New York: Wiley; (July 9, 2004)

Bovey, F.A. (1988). *Nuclear Magnetic Resonance Spectroscopy*. 2nd ed. New York: Academic Press.

Braun, S., Kalinowski, H., and Berger, S. (1999). *150 and More Basic NMR Experiments: A Practical Course*. 2nd ed., New York: Wiley.

Breitmaier, E. (2002). *Structure Elucidation by NMR in Organic Chemistry: A Practical Guide*. 3rd Revision ed., New York: Wiley.

Cavanagh, J., Fairbrother, W., Palmer III, A., and Skelton, N. (1995). *Protein NMR Spectroscopy: Principles and Practice* New York: Academic Press.

Claridge, T.D.W. (1999). *High-Resolution NMR Techniques in Organic Chemistry*. Elsevier Science. Oxford, UK.

Croasmun, W.R., and Carlson, R.M.K. (1994). *Two-Dimensional NMR Spectroscopy: Applications for Chemists and Biochemists*, 2nd Ed., *Fully Updated and Expanded to Include Multidimensional Work*. New York: Wiley.

Derome, A.E. (1987). *Modern NMR Techniques for Chemistry Research*. Oxford: Pergamon.

Farrar, T., and Becker, E. (1971). *Pulse and Fourier Transform NMR: Introduction to Theory and Methods*. New York: Academic Press.

Farrar, T.C. (1987). *An Introduction to Pulse NMR Spectroscopy*. Chicago: Farragut Press.

Freeman, R. (1998). *Spin Choreography: Basic Steps in High Resolution NMR*. Oxford University Press on Demand.

Friebolin, H. (1993). *Basic One- and Two-Dimensional Spectroscopy*, 2nd ed. New York: VCH.

Friebolin, H. (1998). *Basic One- and Two-Dimensional NMR Spectroscpoy*, 3rd Revised Ed., New York: Wiley.

Fukushima, E., and Roeder, S.B.W. (1986). *Experimental Pulse NMR a Nuts and Bolts Approach*. Perseus Publishing. Boulder, CO.

Grant, D.M., and Harris, R.K. (2002). *Encyclopedia of Nuclear Magnetic Resonance, Advances in NMR*. New York: Wiley.

Güther, H. (1995). NMR Spectroscopy: *Basic Principles, Concepts, and Applications in Chemistry*, 2nd Ed. New York: Wiley.

Gunther, li. (1995). *NMR Spectroscopy*, 2nd ed. New York: Wiley.

Homans, S. W. (1992). *A Dictionary of Concepts in NMR*. Clarendon Press.

Hore, P.J., Wimperis, S., and Jones, J. (2000). *NMR: The Toolkit*. Oxford University Press.

Jackman, L.M., and Sternhell. S. (1969). *Applications of NMR Spectroscopy in Organic Chemistry*, 2nd ed. New York: Pergamon Press.

Macomber, R.S. (1988). *NMR Spectroscopy—Essential Theory and Practice*. New York: Harcourt.

Macomber, R.S. (1995). *A Complete Introduction to Modern NMR Spectroscopy* New York: Wiley-Interscience.

Martin, G.E., and Zektzer, A.S. (1988). *Two-Dimensional NMR Methods for Establishing Molecular Connectivity: A Chemist's Guide to Experiment Selection, Performance, and Interpretation*. New York: Wiley.

Munowitz, M. (1988). *Coherence and NMR*. New York: Wiley-Interscience.

Nakanishi, K. (1990). *One-Dimensional and Two-Dimensional NMR Spectra by Modern Pulse Techniques*. University Science Books. Herndon, VA.

Neuhaus, D.N., and Williamson, M.P. (1992). *The Nuclear*

Overhauser Effect in Structural and Conformational Analy-sis. New York: VCH.

Paudler, W.W. (1987). *Nuclear Magnetic Resonance*. New York: Wiley.

Pihlaja, K., and Kleinpeter, E. (1994). *Carbon-13 NMR Chemical Shifts in Structural and Stereochemical Analysis*. VCH Publishing.

Roberts, J.D. (2000). *ABCs of FT-NMR*. University Science Books. Herndon, VA.

Sanders, J.K., and Hunter, B.K. (1993). *Modern NMR Spectroscopy*, 2nd ed. Oxford: Oxford University Press.

Schwartz, L.J. (1988). *A Step-by-Step Picture of Pulsed (Time-Domain) NMR*. *J. Chem. Ed.* 65, 752–756.

Shaw, D. (1987). *Fourier Transform NMR Spectroscopy*. Amsterdam: Elsevier.

Shoolery, J .N. (1972). *A Basic Guide to NMR*. Palo Alto, CA: Varian Associates.

Williams, K.R., and King, R.W. (1990). *J. Chem. Educ*., **67**, A125. Sec References therein for previous papers. The Fourier Transform in Chemistry — NMR.

Yoder, C-H., and Schaeffer, C.D., Jr. (1987). *Introduction to Multinuclear NMR*. Menlo Park, CA: BenjamiñCummings.

Van de Ven, F. J. M. (1995). *Multidimensional NMR in Liquids: Basic Principles and Experimental Methods*. Wiley: New York.

Weber, U., and Thiele, H. (1998). *NMR-Spectroscopy: Modern Spectral Analysis* Wiley: New York; Book and Cassette edition.

스펙트럼, 데이터, 특별주제

Bovey, F.A. (1967). *NMR Data Tables for Organic Compounds*, Vol. 1. New York: Wileỹ Interscience.

Brugel, W. (1979). *Handbook of NMR Spectral Parameters*, Vols. 1–3. Philadelphia: Hoyden.

Chamberlain, N.E. (1974). *The Practice of NMR Spectroscopy with Spectra — Structure Correlation for 'H*. New York: Plenum Press.

Kiemle, D.J., and Winter, W.T. (1995) Magnetic Spin Resonance. In *Kirk-Othmer Encyclopedia of Chemical Technology*, 4th ed. Vol. 15., New York, Wiley.

Morrill, T.C., Ed. (1988) *Lanthanide Shift Reagents in Stereo-chemical Analysis*. New York: VCH.

Pouchert, C.J., and Behnke, J. (1993). *Aldrich Library of 13C and 1H FT-NMR Spectra, 300 MHz*. Milwaukee, WI: Aldrich Chemical Co.

Pretsch, E.. Clerc, T., Seihl, J., and Simon, W. (1989). *Spectra Data for Structure Determination of Organic Compounds*, 2nd ed. Berlin: Springer̃ Verlag.

Sadder Collection of High Resolution Spectra. Philadelphia: Sadder Research Laboratories.

Sasaki, S. (1985). *Handbook of Proton-NMR Spectra and Data, Vols.* 1̃5. New York: Academic Press. (4000 spectra)

Varian Associates. (1962, 1963). *High Resolution NMR Spectra Catalogue*, Vol. 1, Vol. 2. Palo Alto, CA: Varian.

Wiberg, K.B, and Nist, B.J. (1962). *The Interpretation of NMR Spectra*. New York: Benjamin.

연습 문제

3.1 아래 주어진 화합물들(a–o)에 대해서, 스핀 시스템 (Pople 표시법을 적용할 수 있는 곳에서는 이를 사용하여), 화학 이동이 동등한 양성자들, 자기적 동등 양성자들, 거울상이성질 양성자들, 부분입체이성질성 양성자들을 기술하시오.

3.2 위의 화합물에 대해서, 각 양성자의 화학 이동값을 예상하시오. 예상값에 대한 자료(표, 부록)를 제시하시오.

3.3 연습 문제 3.1에 있는 화합물의 ^{1}H NMR 스펙트럼을 스케치하시오. 가능하면 일차수 다중선을 가정하시오.

3.4 주어진 ^{1}H NMR 스펙트럼(A–W)에 대한 화합물의 구조식을 결정하시오. 이들은 모두 300 MHz, $CDCl_3$에서 찍었다. 질량 스펙트럼은 1장(연습 문제 1.6)에, IR 스펙트럼은 2장(연습 문제 2.9)에 주어져 있다.

3.5 연습 문제 3.4에서 구조를 결정한 다음에, 다음 스펙트럼 A, E, F, G, H, I, K, L, Q, U에서 적절히 짝지음한 다중선들에 대한 $\Delta\nu/J$를 계산하시오.

3.6 연습 문제 3.4에서 구조를 결정한 각 구조들에 대해서, 모든 스핀 시스템(Pople 표시법을 적용할 수 있는 곳에서는 이를 사용하여), 화학 이동이 동등한 양성자들, 자기적 동등 양성자들, 거울상이성질 양성자들, 부분입체이성질성 양성자들을 기술하시오.

3.7 다음 스핀 시스템을 스케치하시오(막대기 도식이면 충분하다): AX, A_2X, A_3X, A_2X_2, A_3X_2.

3.8 다음 스핀 시스템을 스케치하시오(막대기 도식이면 충분하다): AMX, A_2MX, A_3MX, A_2MX_2, A_2MX_3, A_3MX_3. A는 X와 짝지음하지 않으며, $J_{AM} = J_{MX}$라고 가정하시오.

3.9 다음 스핀 시스템을 스케치하시오(막대기 도식이면 충분하다): AMX, A_2MX, A_3MX, A_2MX_2, A_2MX_3, A_3MX_3. A는 X와 짝지음하지 않으며, $J_{AM} = 10$ Hz, $J_{MX} = 5$ Hz라고 가정하시오.

3.10 세 개의 시뮬레이션된 스핀 시스템들(3.10A, 3.10B, 3.10C)에 대하여, 각 스핀 시스템에서 다중선들의 일차수 막대기 도식을 스케치하시오. 각 스핀 시스템에서 하나의 다중선을 결정하고 나면, 다른 두 다중선들은 유용한 점검점이 될 것이다.

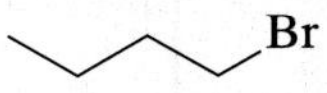

a

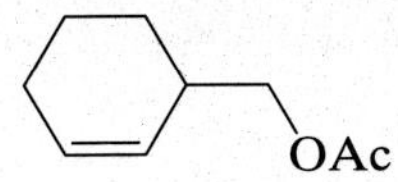

b

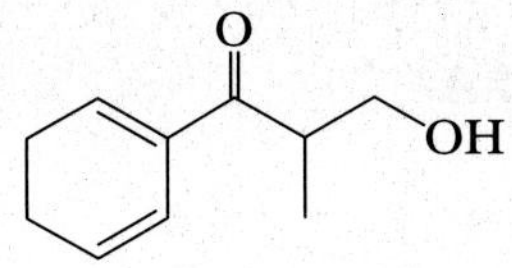

c

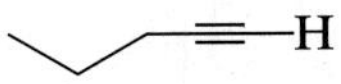

d

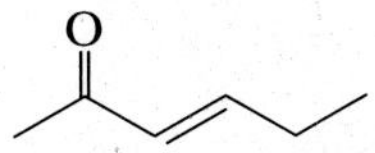

e

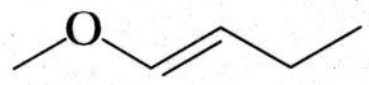

f

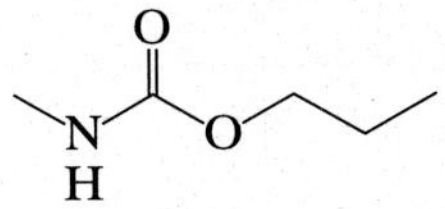

g

h

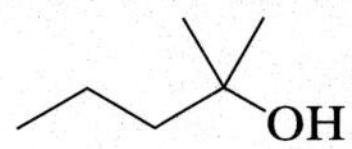

i

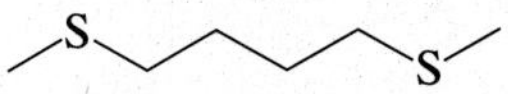

j

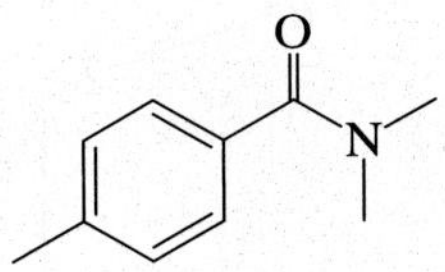

k

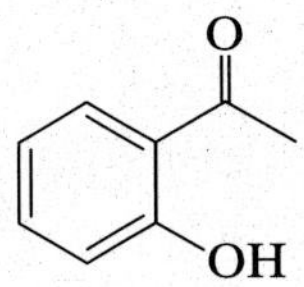

l

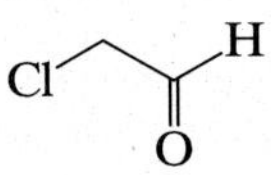

m

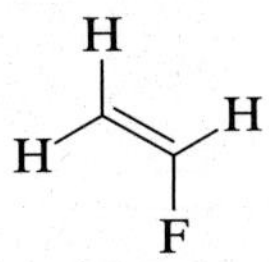

n

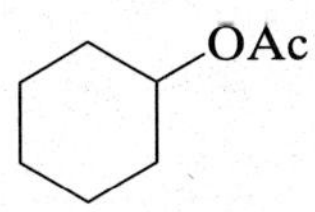

o

연습 문제 3.4 A

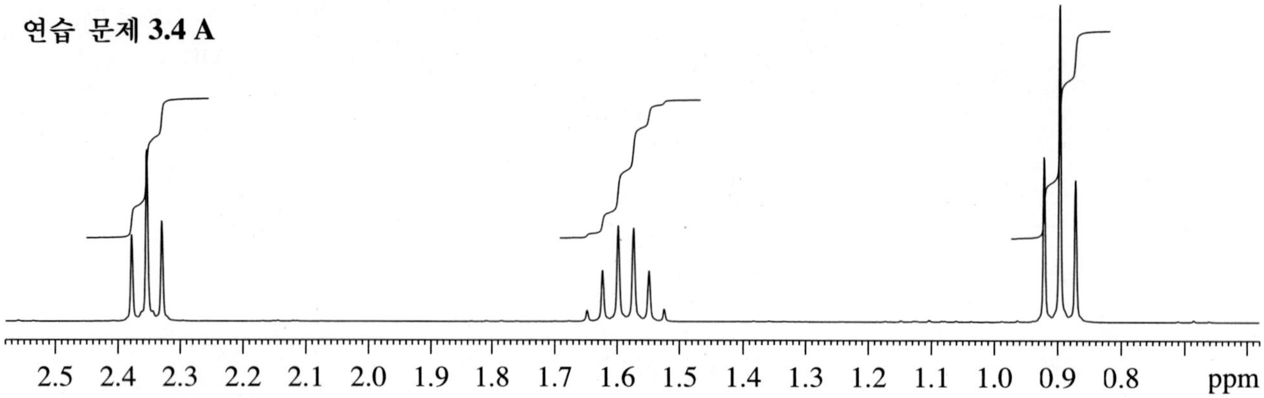

연습 문제 3.4 B

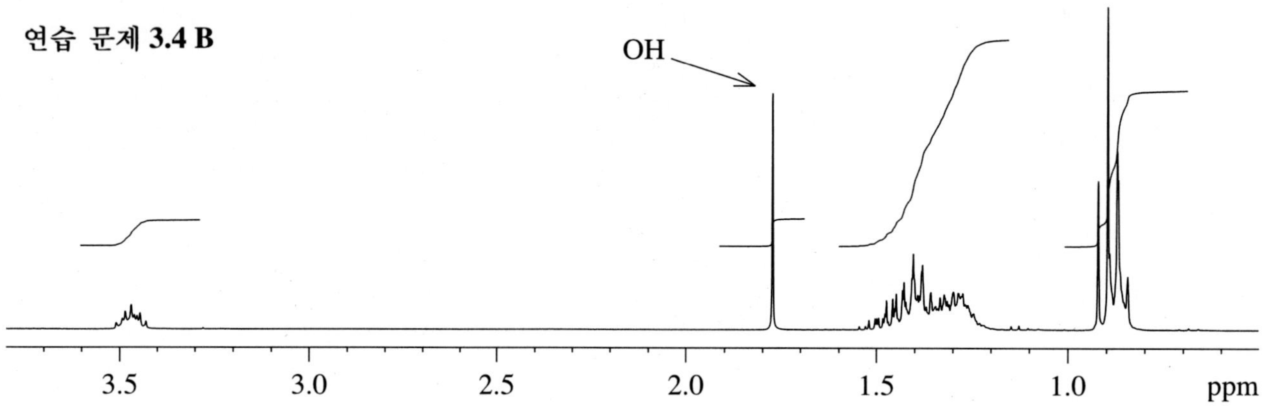

연습 문제 3.4 C

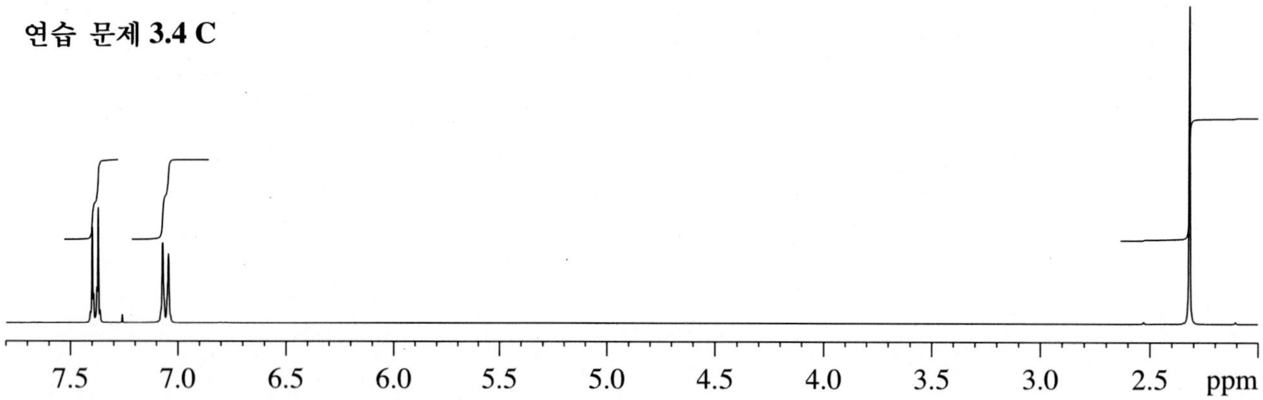

연습 문제 3.4 D

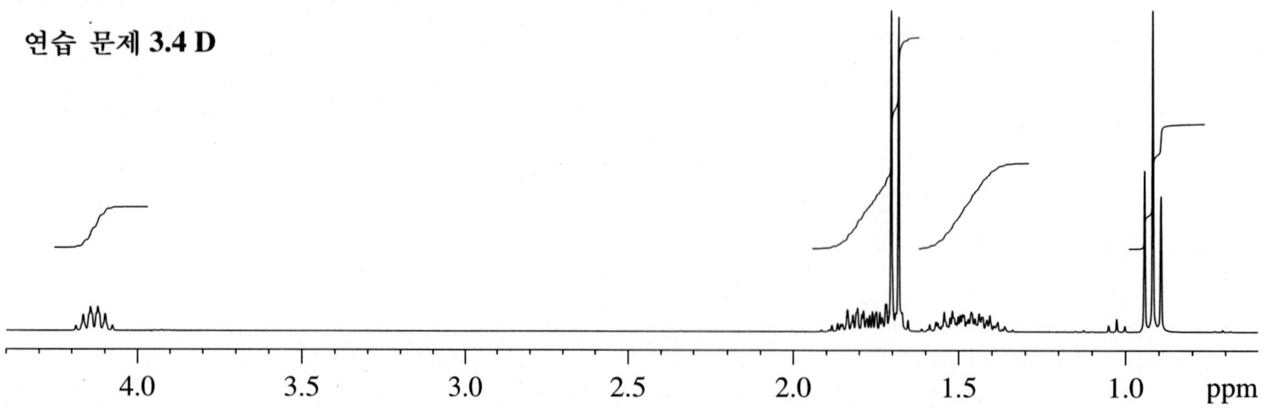

연습 문제 3.4 E

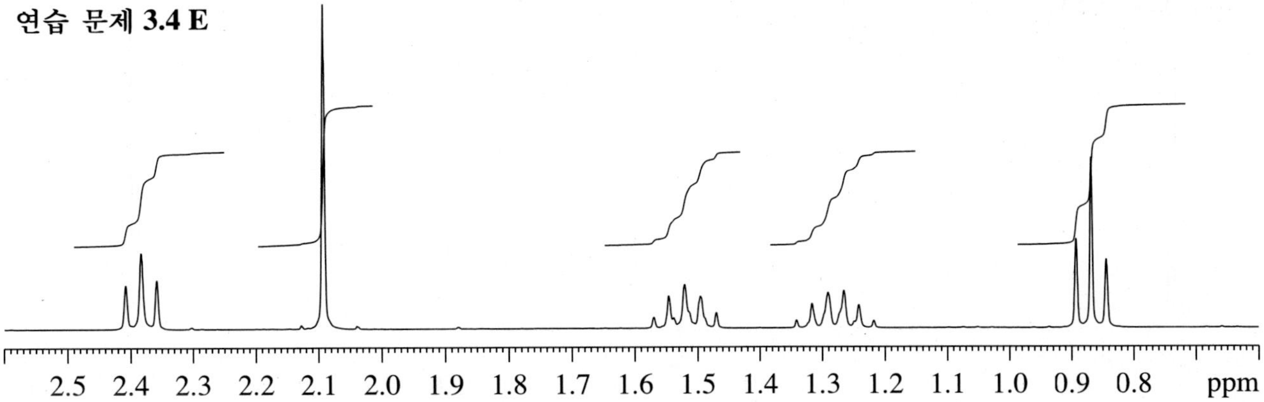

연습 문제 3.4 F

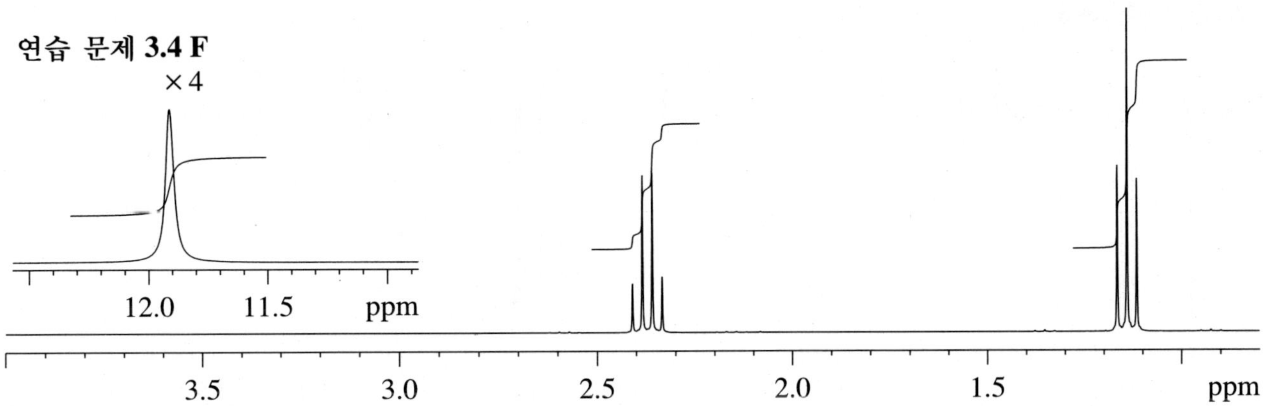

연습 문제 3.4 G

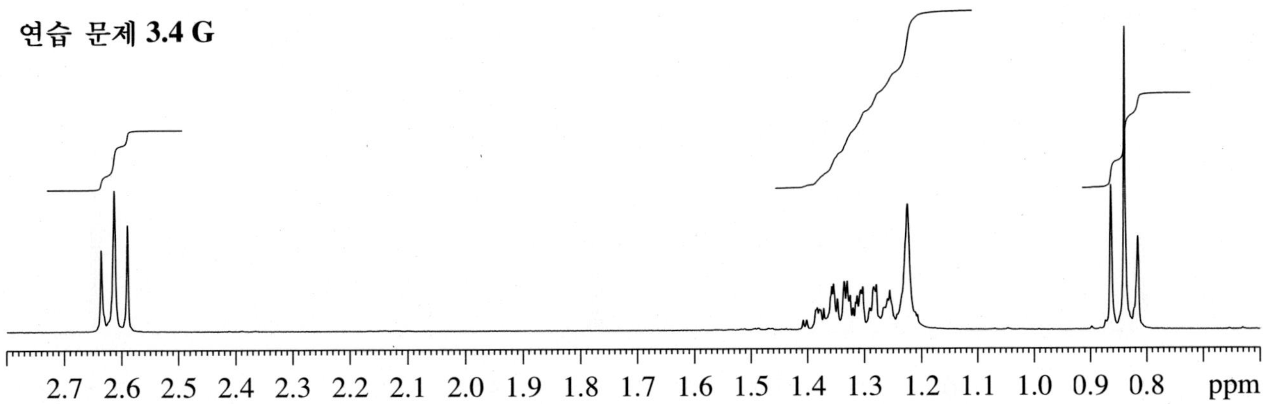

연습 문제 3.4 H

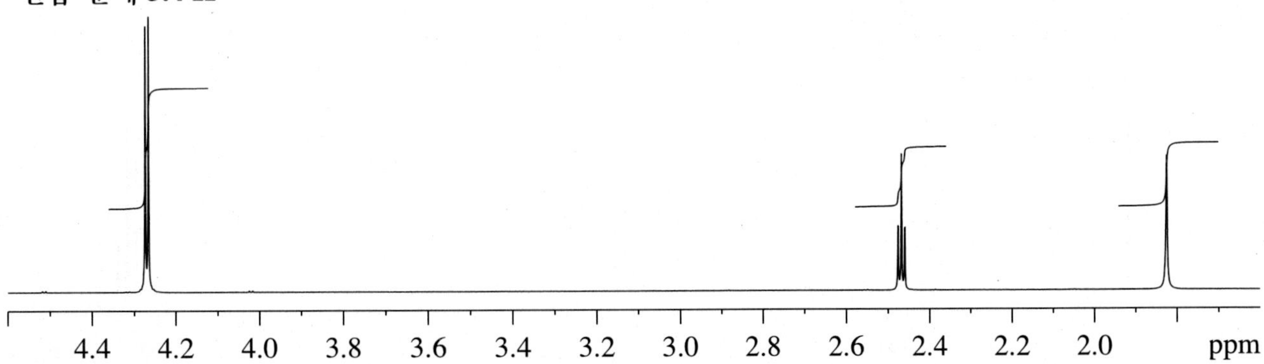

연습 문제 3.4 I

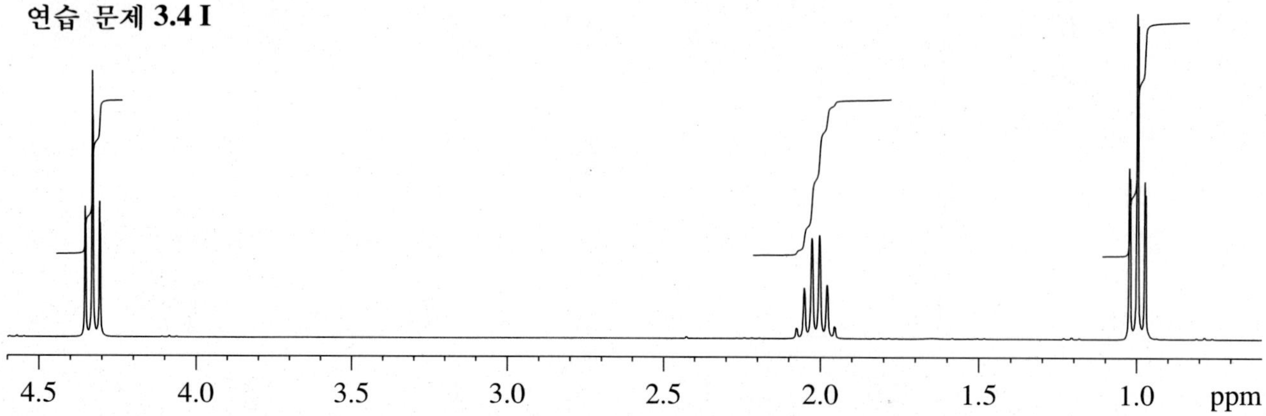

연습 문제 3.4 J

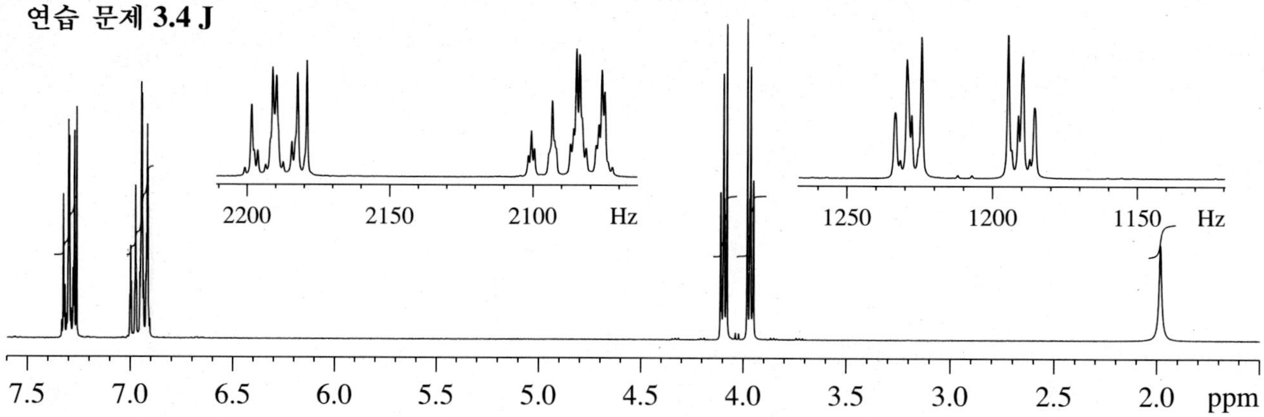

연습 문제 3.4 K

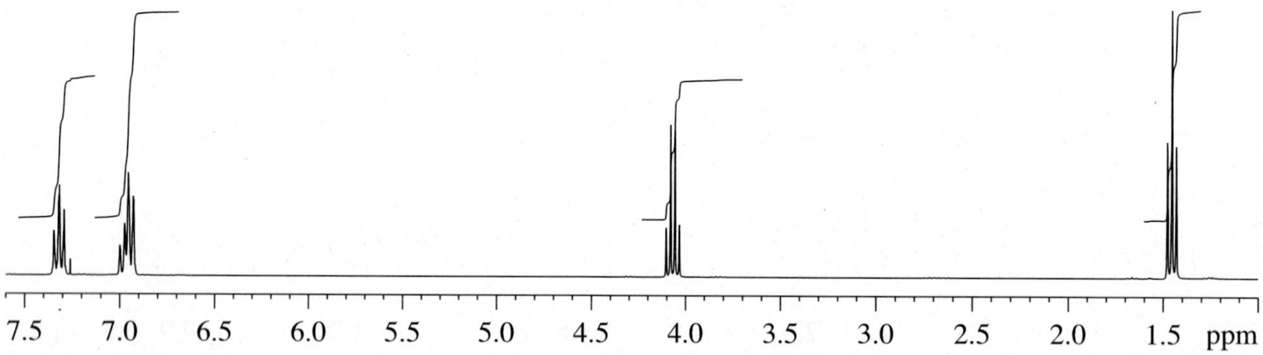

연습 문제 3.4 L

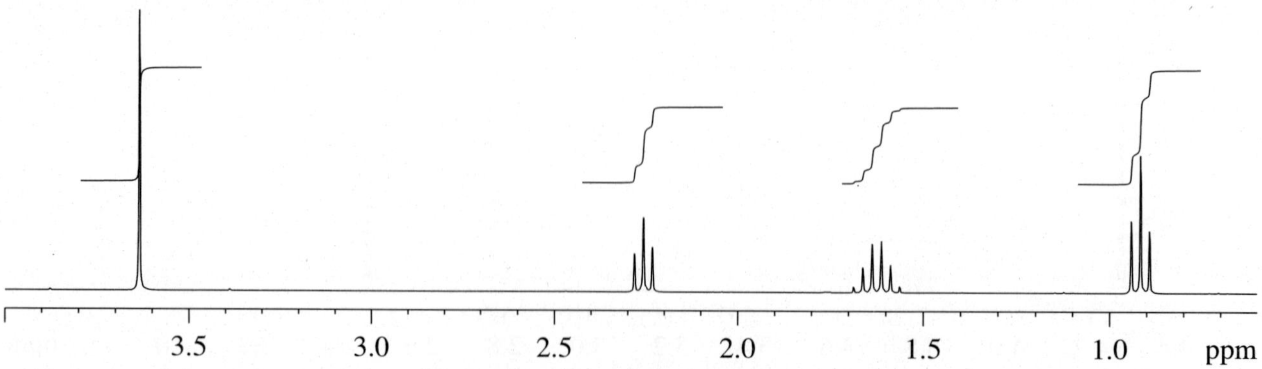

연습 문제 3.4 M

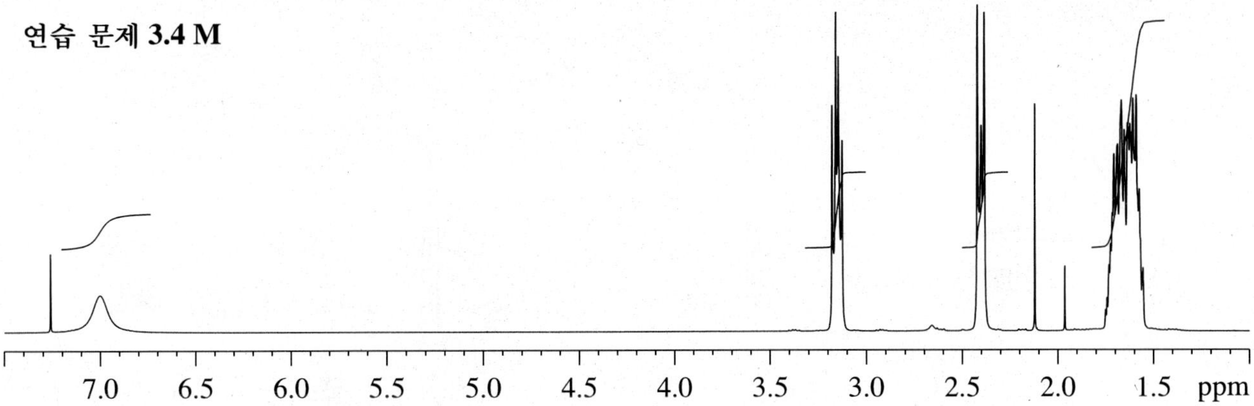

연습 문제 3.4 N a pyrazine

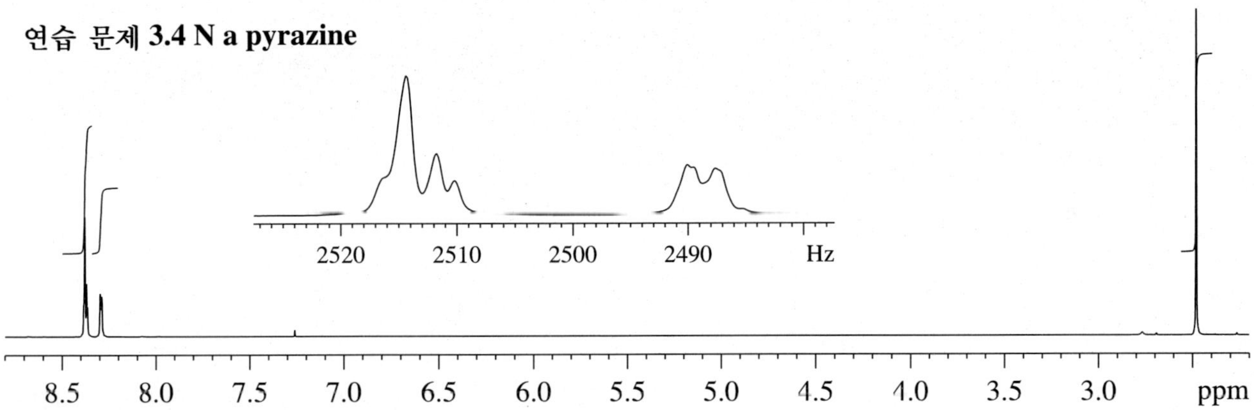

연습 문제 3.4 O

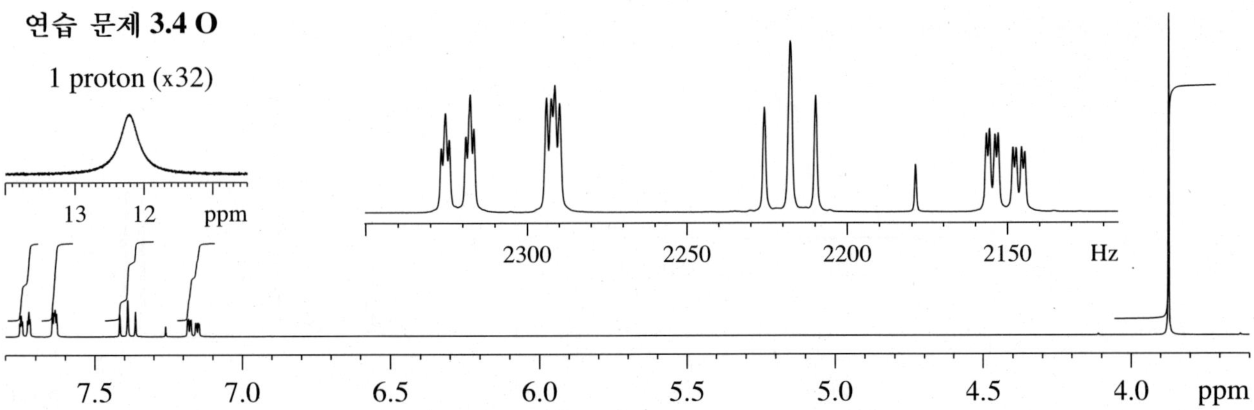

연습 문제 3.4 P

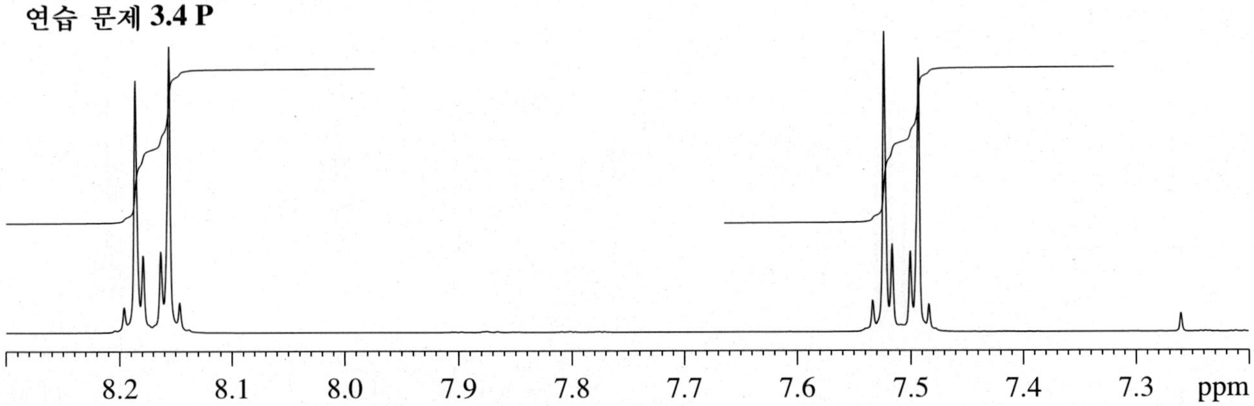

연습 문제 3.4 Q

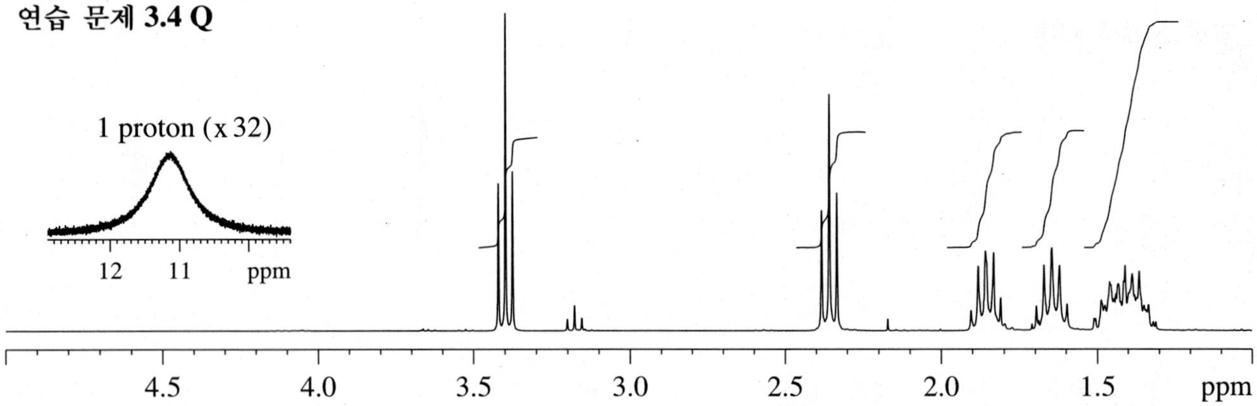

연습 문제 3.4 R

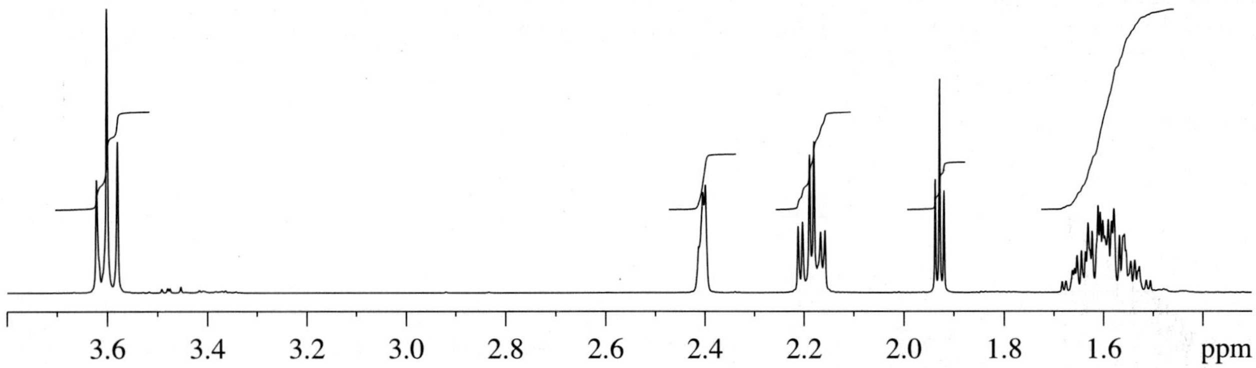

연습 문제 3.4 S Unsaturated ketone

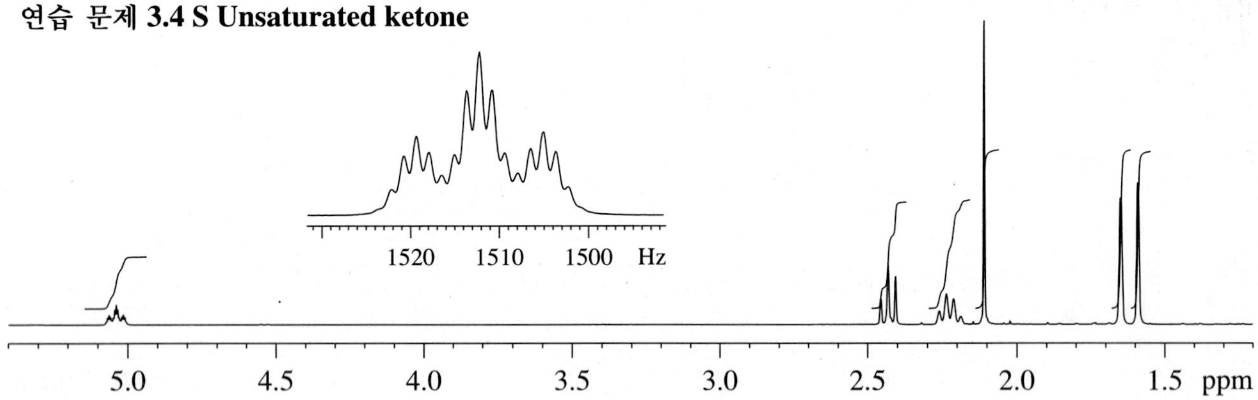

연습 문제 3.4 T

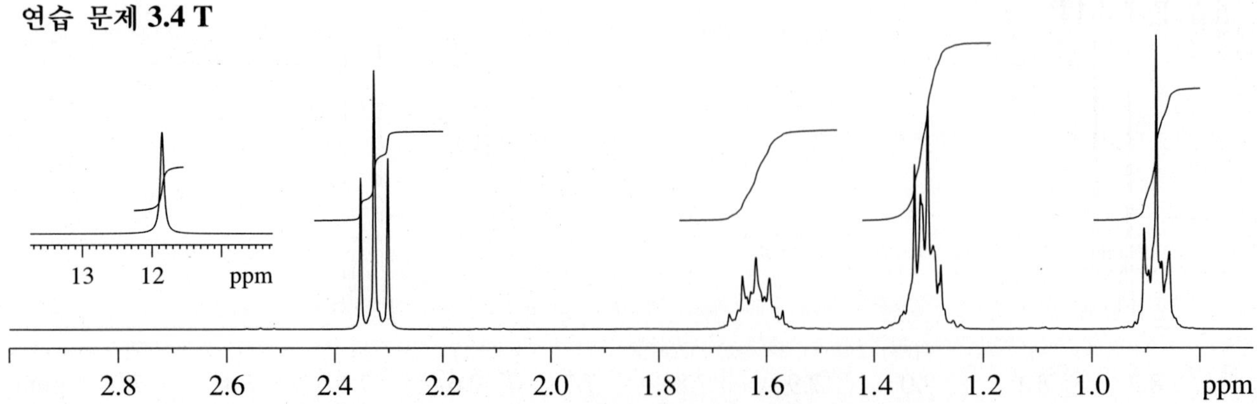

연습 문제 3.4 U

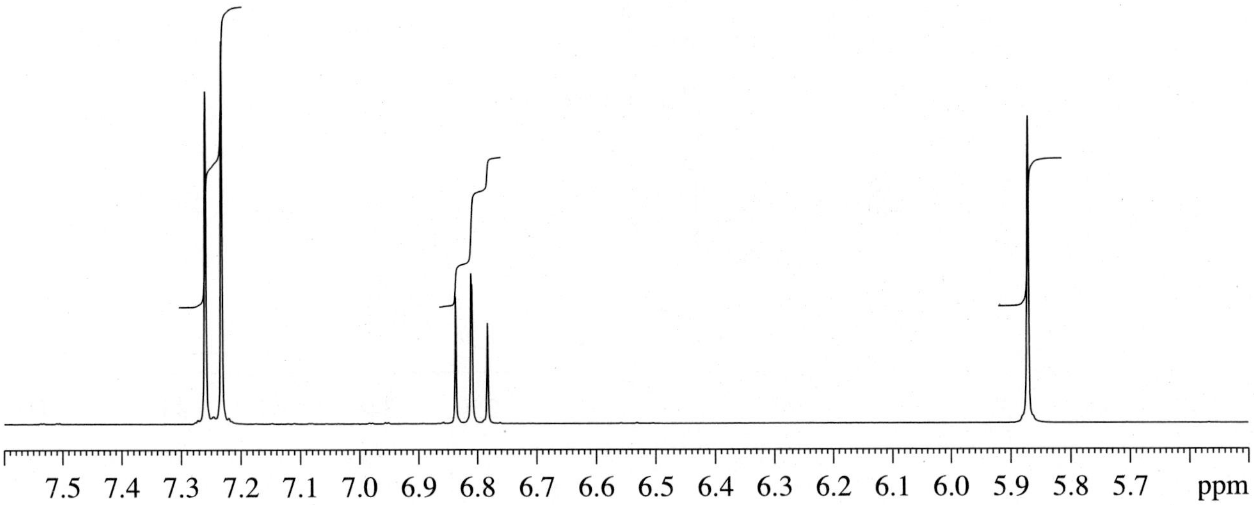

연습 문제 3.4 V

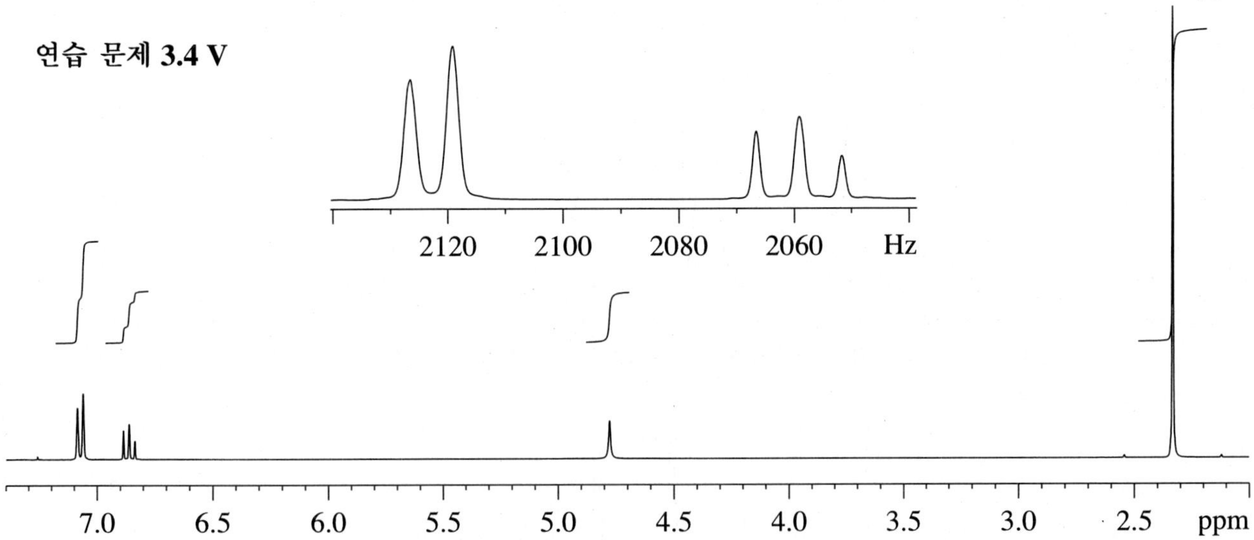

연습 문제 3.4 W Unsaturated ketone

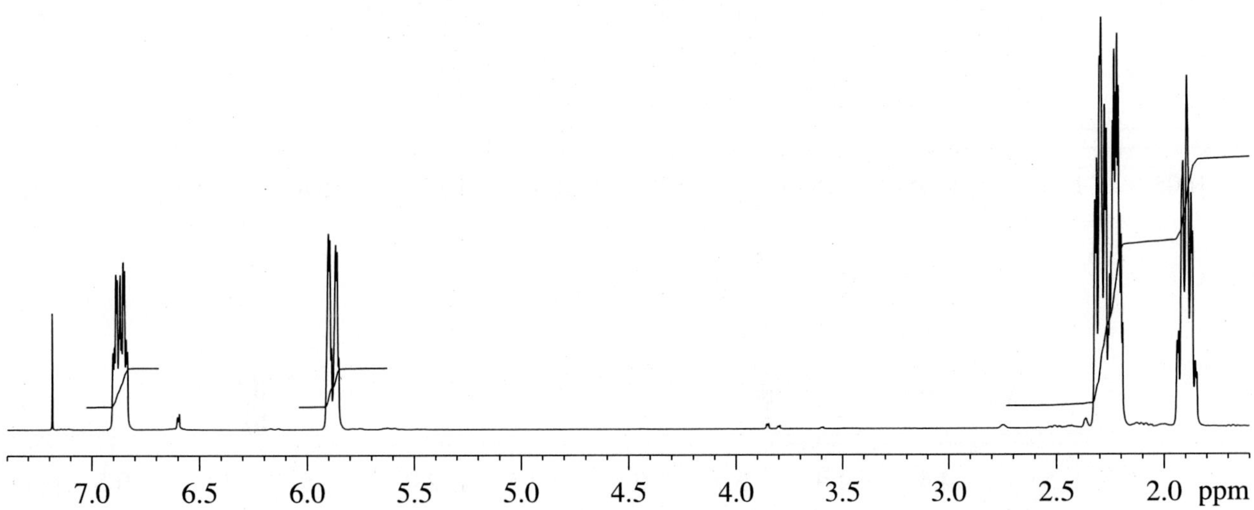

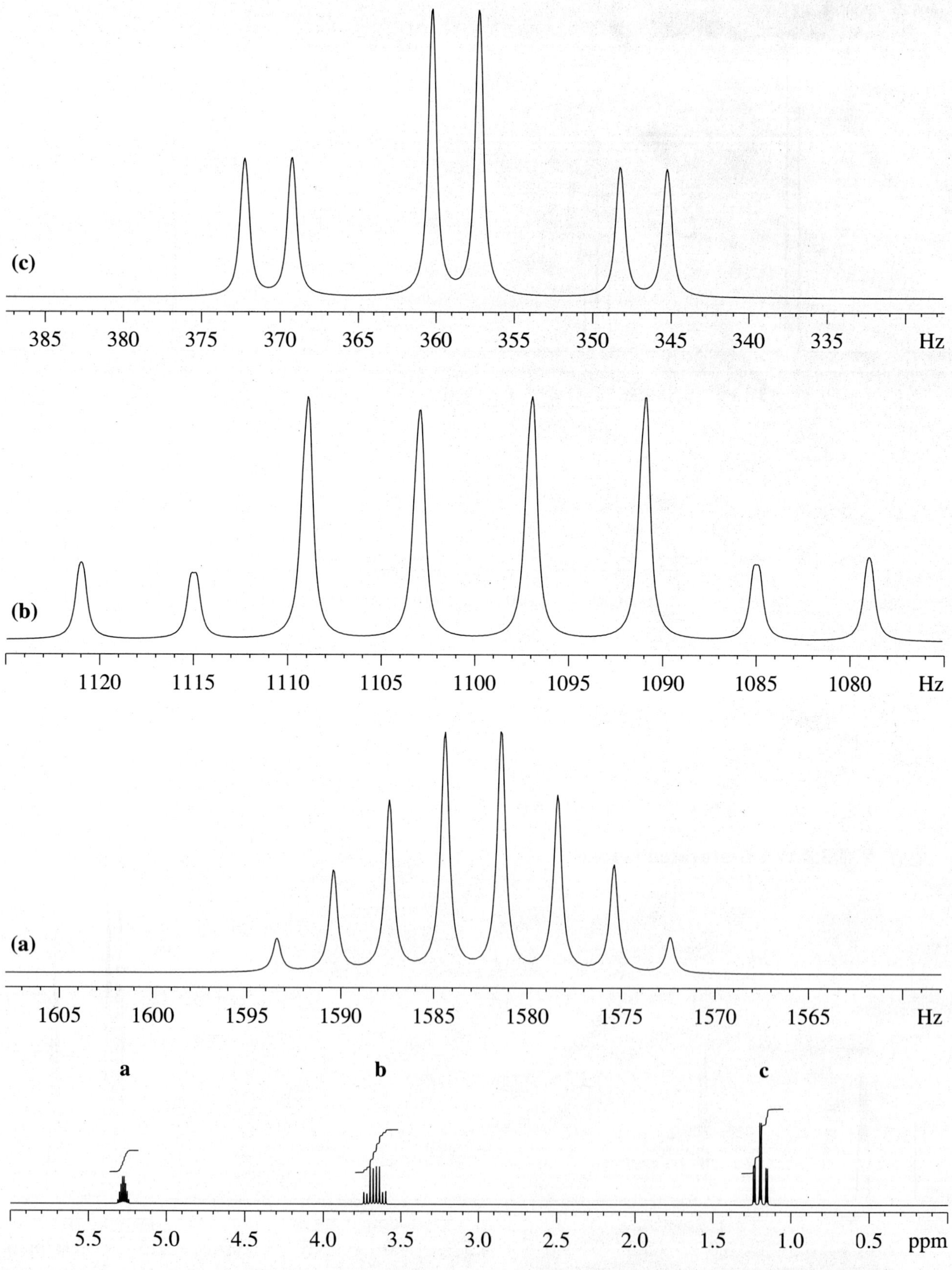
(c)
385 380 375 370 365 360 355 350 345 340 335 Hz
(b)
1120 1115 1110 1105 1100 1095 1090 1085 1080 Hz
(a)
1605 1600 1595 1590 1585 1580 1575 1570 1565 Hz
a
b
c
5.5 5.0 4.5 4.0 3.5 3.0 2.5 2.0 1.5 1.0 0.5 ppm

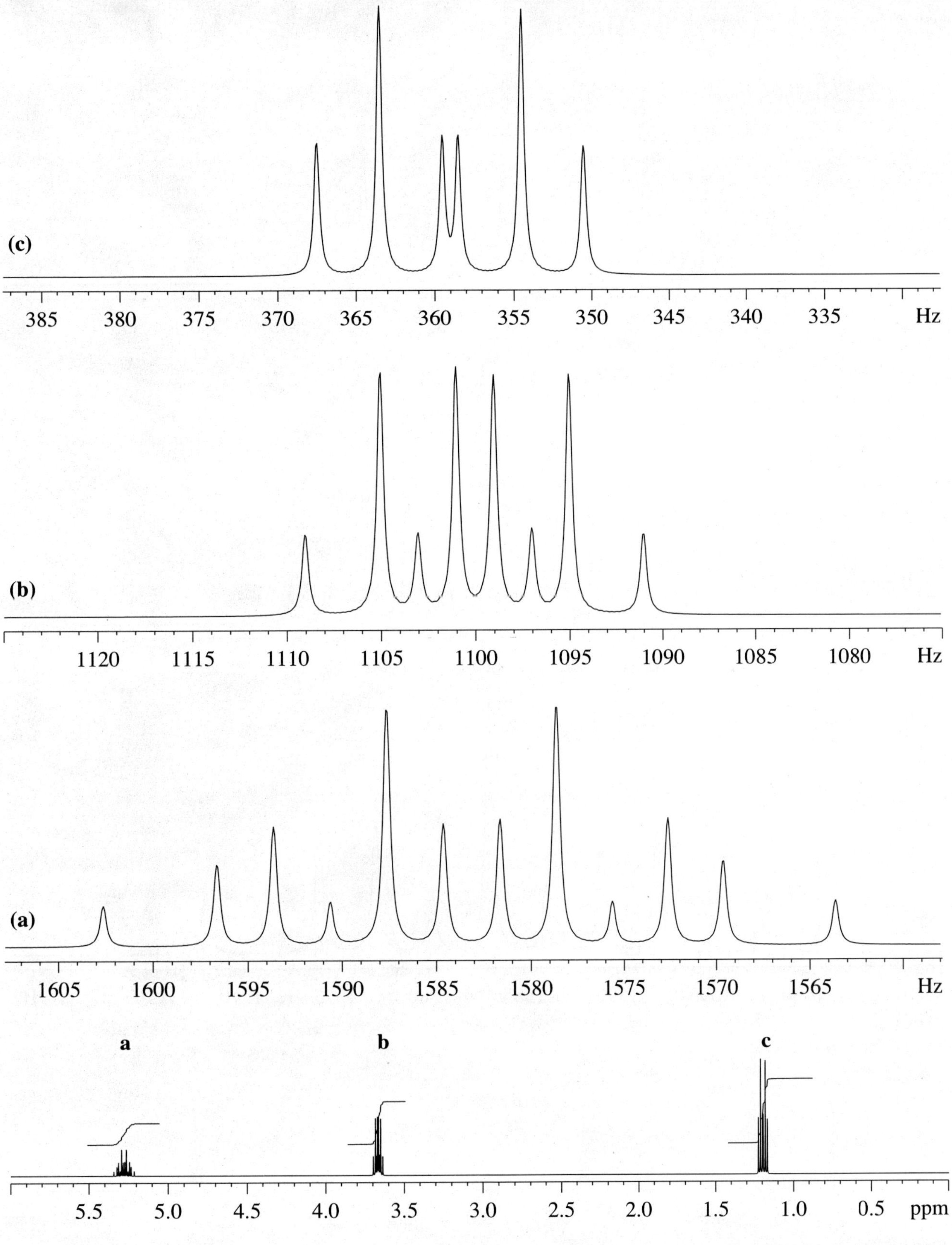
(c)
385 380 375 370 365 360 355 350 345 340 335 Hz
(b)
1120 1115 1110 1105 1100 1095 1090 1085 1080 Hz
(a)
1605 1600 1595 1590 1585 1580 1575 1570 1565 Hz
a
b
c
5.5 5.0 4.5 4.0 3.5 3.0 2.5 2.0 1.5 1.0 0.5 ppm

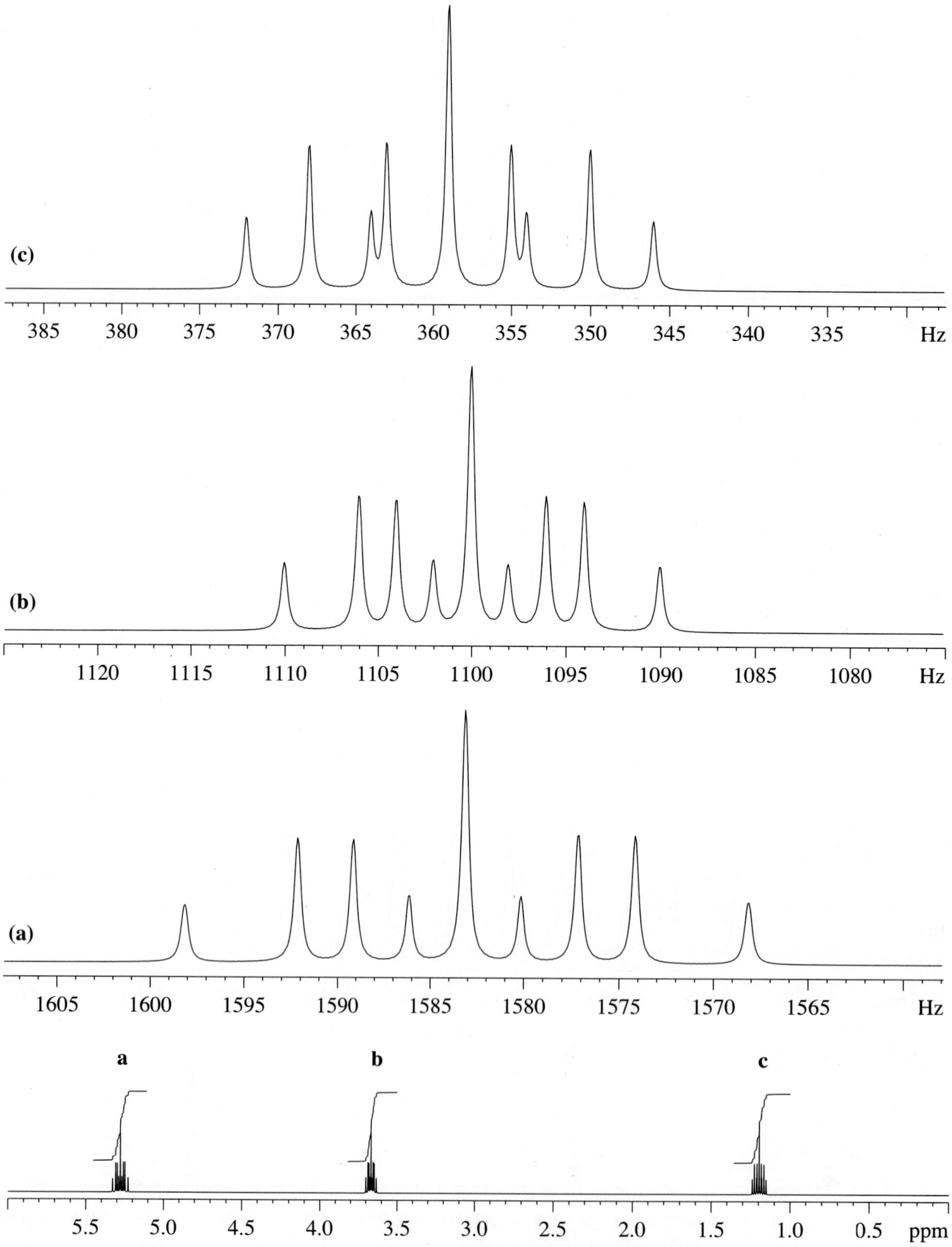
(c)
385 380 375 370 365 360 355 350 345 340 335 Hz
(b)
1120 1115 1110 1105 1100 1095 1090 1085 1080 Hz
(a)
1605 1600 1595 1590 1585 1580 1575 1570 1565 Hz
a
b
c
5.5 5.0 4.5 4.0 3.5 3.0 2.5 2.0 1.5 1.0 0.5 ppm

부록 A

도표 A.1 지방족 화합물에서 기능그룹에 인접한 탄소 원소에 있는 양성자들(α 위치)의 화학 이동(M—Y)

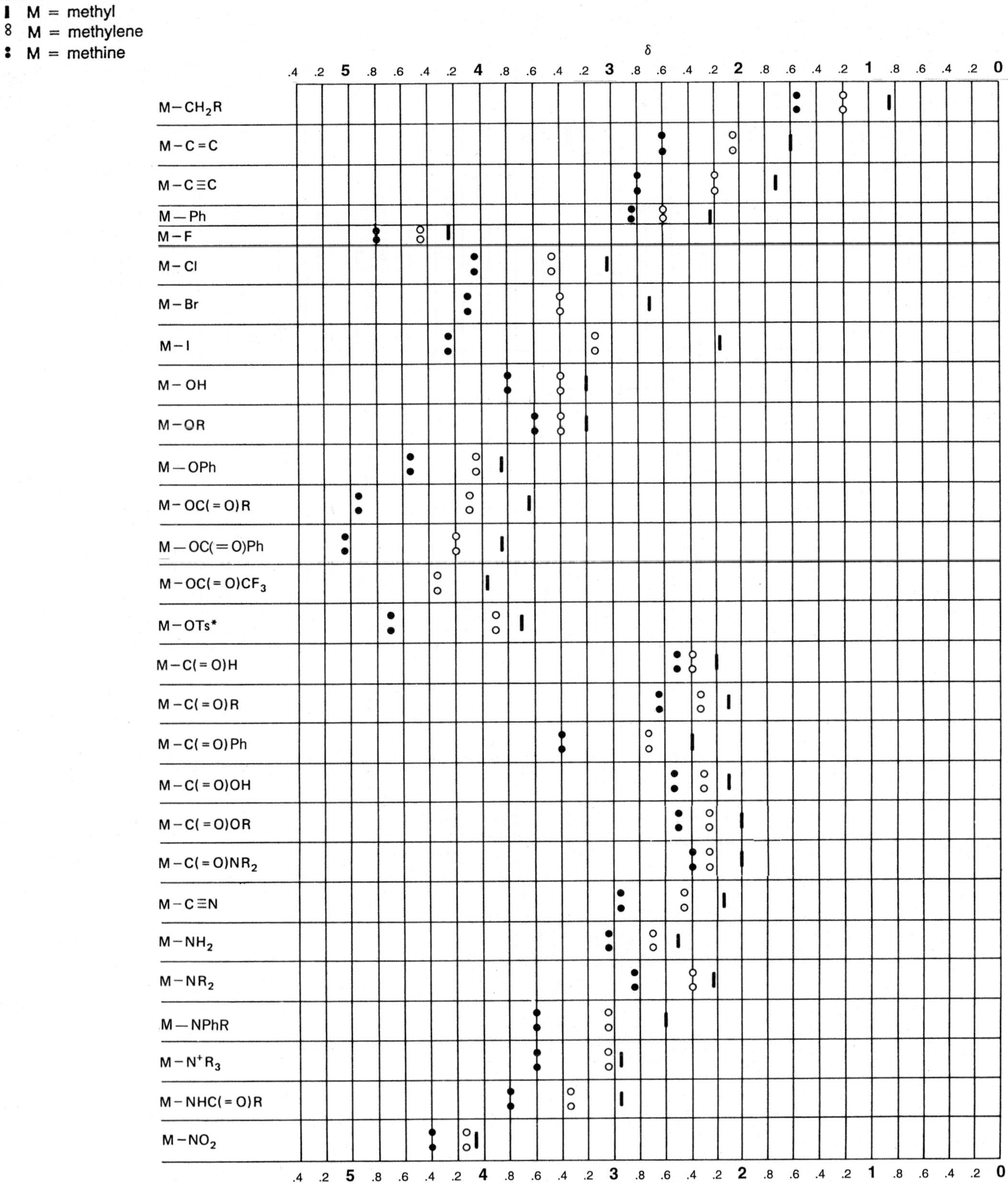

부록 A (계속)

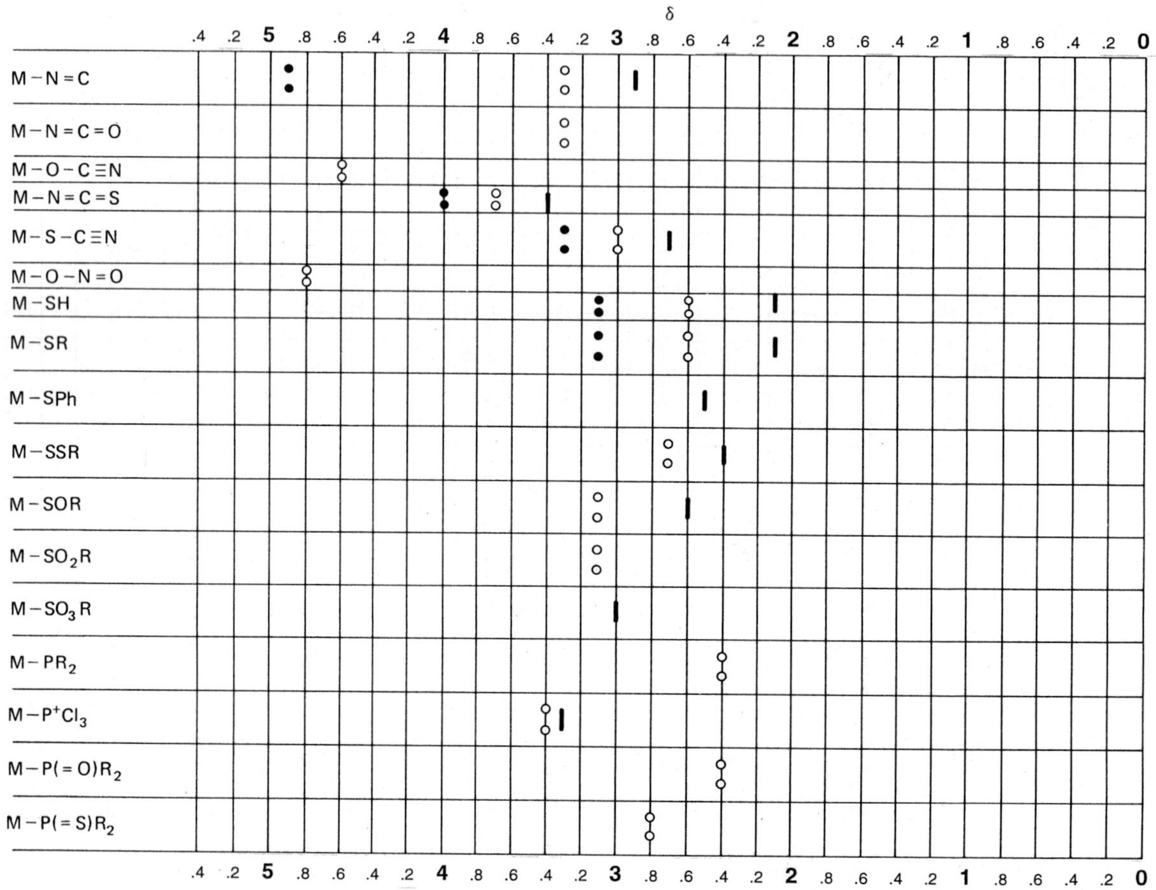
δ
.4 .2 5 .8 .6 .4 .2 4 .8 .6 .4 .2 3 .8 .6 .4 .2 2 .8 .6 .4 .2 1 .8 .6 .4 .2 0
M−N=C
M−N=C=O
M−O−C≡N
M−N=C=S
M−S−C≡N
M−O−N=O
M−SH
M−SR
M−SPh
M−SSR
M−SOR
M−SO2R
M−SO3R
M−PR2
M−P+Cl3
M−P(=O)R2
M−P(=S)R2

*OTS is 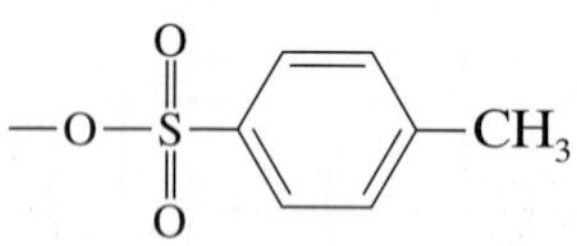

부록 A

도표 A.2 지방족 화합물(M — Y)에서 기능그룹으로부터 제거된 탄소 원소에 있는 양성자들(β 위치)의 화학 이동(M — C — Y)

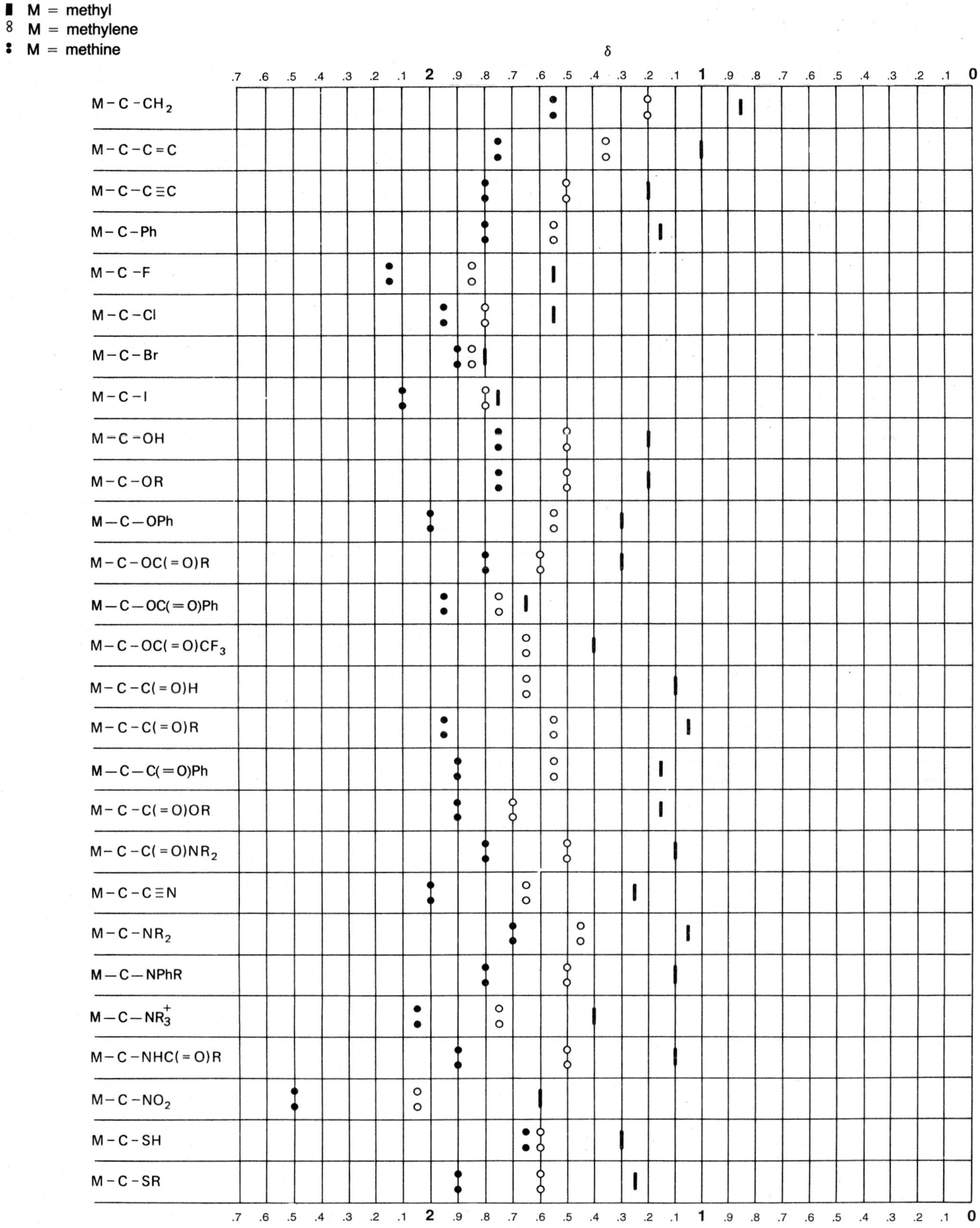

부록 B 둘 또는 세 개의 기능 그룹이 직접 붙어 있을 때의 화학 이동

$$Y—CH_2—Z \text{ and } Y—\underset{\displaystyle W}{\underset{|}{CH}}—Z$$

두 기능 그룹에 붙은 메틸렌기의 화학 이동은 표 B.1에 있는 치환체 상수 (σ 값) 를 사용하여 계산할 수 있다. Shoolery 규칙*은 붙어 있는 기능 그룹들의 상수들의 합은 CH_4의 화학 이동인 δ 0.23에 더해진다는 것이다.

$$\delta(Y—CH_2—Z) = 0.23 + \sigma_Y + \sigma_Z$$

예를 들어, $C_6H_5Ch_2Br$의 양성자들에 대한 화학 이동은 표 B.1에 있는 σ 값을 사용하여 다음과 같이 계산할 수 있다.

$$\begin{aligned} & 0.23 \\ \sigma_{Ph} &= 1.85 \\ \sigma_{Br} &= 2.33 \\ \hline \delta &= 4.41 \quad \text{실험값, } \delta\ 4.43 \end{aligned}$$

Shoolery의 원래 상수는 표 B.1에 수정되고 확장되었다. 측정값과 계산값은 시험한 시료 중에서 62%는 ±0.2 ppm 이내에, 92%는 ±0.3 ppm, 96%는 0.4 ppm, 99%는 ±0.5 ppm 이내에 있었다.† 표 B.1에는 보통의 가능 그룹들에 대한 치환체 상수(Friedrich and Runkle, 1984)가 있다. 메틸 양성자들은 H (0.34)에 대한 상수를 사용하여 계산할 수 있다. 예로, $H—CH_2—Br$은 CH_3Br과 같다.

* Shoolery, J.N. (1959). *Varian Technical Information Bulletin*, Vol 2, No. 3. Palo Alto, CA: Varian Associates.

† Data from Friedrich, E.C., and Runkle, K.G. (1984). *J. Chem. Educ.* **61**, 830; (1986)**63**, 127.

표 B.1 알킬 메틸렌이 메틸 양성자들의 치환기 상수

Y or Z	치환기 상수 (σ)	Y or Z	치환기 상수 (σ)
—H	0.34	—OC(=O)R	3.01
—CH_3	0.68	—OC(=O)Ph	3.27
—C—C	1.32	—C(=O)R	1.50
—C≡C	1.44	—C(=O)Ph	1.90
—Ph	1.83	—C(=O)OR	1.46
—CF_2	1.12	—C(=O)$NR_2(H_2)$	1.47
—CF_3	1.14	—C≡N	1.59
—F	3.30	—$NR_2(H_2)$	1.57
—Cl	2.53	—NHPh	2.04
—Br	2.33	—NHC(=O)R	2.27
—I	2.19	—N_3	1.97
—OH	2.56	—NO_2	3.36
—OR	2.36	—SR(H)	1.64
—OPh	2.94	—OSO_2R	3.13

표 B.2a, B.2b, B.2c: 메타인 양성자들에 대한 화학 이동 상호관계

표 B.2a에 식과 함께 사용할 치환체 상수*가 제시되어 있다.

$$\delta\ CHXYZ = 2.50 + \sigma_X + \sigma_Y + \sigma_Z$$

이 식은 두 개의 치환체가 전자-끄는 그룹이라면 잘 들어맞는다. 다른 말로, 오직 하나의 치환체만이 알킬기 (R) 일 수 있다. 이런 제약조건하에서, 예측한 표준 편차는 0.20 ppm이다. 예로, 다음 화합물에 있는 메타인 양성자의 화학 이동은 다음과 같이 표 B.2a로부터 계산할 수 있다.

$$CH_3—\overset{\displaystyle OEt}{\overset{|}{CH}}—OEt$$

$$\delta = 2.50 + 1.14 + 1.14 + 0.00 = 4.78$$

* Bell, H.M., Bowles, D.B. and Senese, F. (1981). *Org. Magn. Reson.*, **16**, 285.With permission.

표 B.2a 메타인 양성자들의 치환기 상수

치환	(σ)
—F	1.59
—Cl	1.56
—Br	1.53
—NO_2	1.84
—NH_2	0.64
—NH_3^+	1.34
—NHCOR	1.80
—OH, 9 OR	1.14
—OAr	1.79
—OCOR	2.07
—Ar	0.99
—C=C	0.46
—C≡C	0.79
—C≡N	0.66
—COR, —COOR, —COOH	0.47
—CONH2	0.60
—COAr	1.22
—SH, —SR	0.61
—SO_2R	0.94
—R	0

표 B.2b 아이소프로필 유도체의 메타인 양성자의 측정 화학 이동

$(CH_3)_2CHZ$		$(CH_3)_2CHZ$	
	δ(ppm)		δ(ppm)
Z	obs	Z	obs
H	1.33	HO	3.94
H_3C	1.56	RO	3.55
R	1.50	C6H5O	4.51
XCH_2	1.85	R(H)C(=O)O	4.94
R(H)C(=O)	2.54	$C_6H_5C(=O)O$	5.22
$C_6H_5C(=O)$	3.58	$F_3CC(=O)O$	5.20
R(H)OC(=O)	2.52	$ArSO_2O$	4.70
$R_2(H_2)NC(=O)$	2.44		
C_6H_5	2.89	R(H)S	3.16
$R_2(H_2)C=CR(H)$	2.62	RSS	2.63
R(H)C≡C	2.59		
N≡C	2.67	F	4.50
		Cl	4.14
$R_2(H_2)N$	3.07	Br	4.21
R(H)C(=O)NH	4.01	I	4.24
O_2N	4.67		

측정값은 4.72이다.

표 B.2b와 B.2c는 최소한 두 알킬기(또는 극성이 낮은 치환체)으로 치환된 메타인 양성자에 함께 사용된다. Friedrich와 Runkle은 다음과 같은 관계식을 제안했다.

$$\delta_{CHXYZ} = \delta_{(CH_3)_2CHZ} = \Delta xy$$

여기서, X와 Y 치환체는 알킬기 또는 극성이 낮은 기이다. Z 치환체는 다양한 극성일 수 있다. Δxy는 보정 상수이다. 관계식에서, 최소한 낮은 극성의 두 치환체를 가진 메타인 양성자의 화학 이동은 아이소프로필 메타인 양성자의 값에 보정값을 더한 것과 같다는 것이 제시되어 있다.

아이소프로필 메타인 양성자에 Z 치환체의 치환상수는 표 B.2b에 나와 있으며, 보정값 Δxy는 표 B.2c에 나와 있다.

$$\delta\ X-\overset{Z}{\overset{|}{C\underline{H}}}-Y = \delta\ CH_3-\overset{Z}{\overset{|}{C\underline{H}}}-CH=CH_2 = \delta\ CH_3-\overset{C_6H_5}{\overset{|}{C\underline{H}}}-CH_3 + \Delta xy$$

표 B.2c 낮은 극성의 메타인 치환체에 대한 보정 상수

열린-사슬 메타인 양성자 시스템	Δxy	고리형 메타인 양성자 시스템	Δxy
$CH_3-\overset{Z}{\overset{|}{C\underline{H}}}-CH_3$	0.00		−1.0
$CH_3-\overset{Z}{\overset{|}{C\underline{H}}}-R$	−0.20	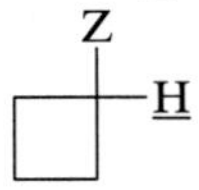	+0.40
$R-\overset{Z}{\overset{|}{C\underline{H}}}-R$	−0.40		+0.20
$CH_3-\overset{Z}{\overset{|}{C\underline{H}}}-CH_2X$	+0.20		단일치환 −0.20
			축방향 H −0.45
$CH_3-\overset{Z}{\overset{|}{C\underline{H}}}-CH=CH_2$	+0.40		적도방향 H +0.25
$CH_3-\overset{Z}{\overset{|}{C\underline{H}}}-C_6H_5$	+1.15		0.00
$R-\overset{Z}{\overset{|}{C\underline{H}}}-C_6H_5$	+0.90	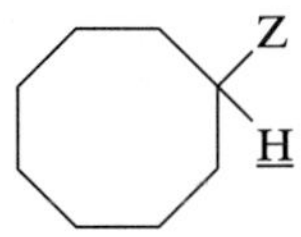	0.00

다음 예에서, 표 B.2b와 B.2c를 함께 사용하여, 치환체로서 CH_3, $CH=CH_2$, C_6H_5를 사용하여 설명해 보자. 가장 극성인 치환체는 Z로 표시된다.

표 B.2b에서, $\delta = 2.89$ for $CH_3-\overset{C_6H_5}{\overset{|}{C\underline{H}}}-CH_3$

표 B.2c에서, $\Delta xy = 0.00$ for CH_3. $\Delta xy = 0.40$ for $CH=CH_2$.

그러므로, $\delta\ CH_3-\overset{C_6H_5}{\overset{|}{C\underline{H}}}-CH=CH_2 = 2.89 + 0.00 + 0.40 = 3.29$ (실험값: $\delta = 3.44$).

부록 C 지방족고리, 헤테로고리에서 화학 이동

표 C.1 지방족고리의 화학 이동

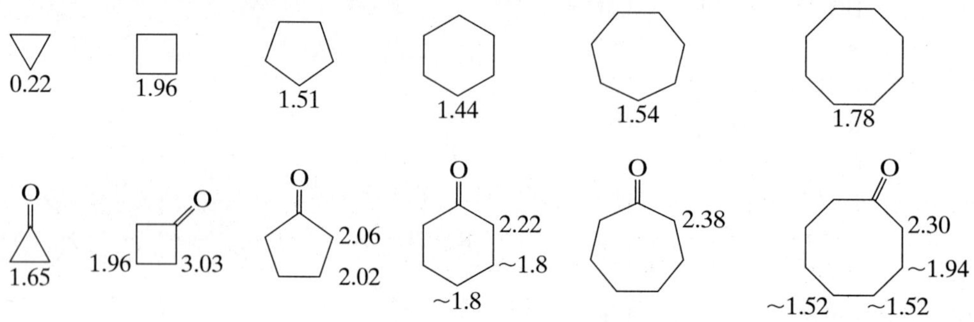

표 C.2 헤테로고리의 화학 이동

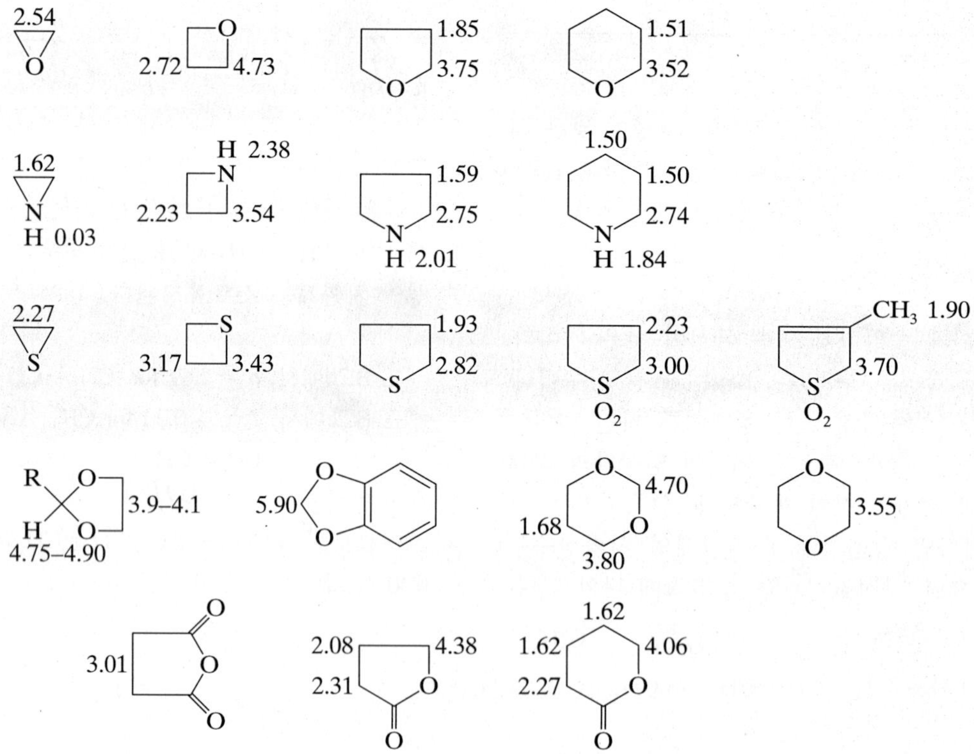

부록 D 불포화 및 방향족 시스템의 화학 이동

(표 D.1 참조)

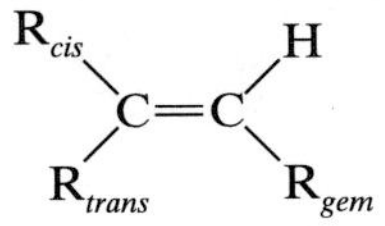

$\delta_H = 5.25 + Z_{gem} + Z_{cis} + Z_{trans}$

예를 들면,

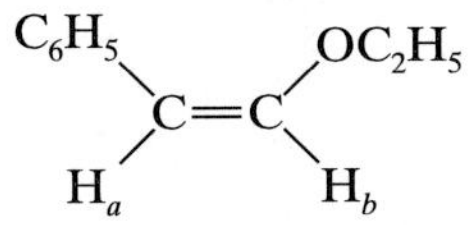

알켄 양성자의 화학 이동은 다음과 같이 계산할 수 있다.

are calculated:

H_a	C_6H_5 *gem*	1.35	5.25
	OR_{trans}	−1.28	0.07
		0.07	δ 5.32
H_b	OR_{gem}	1.18	5.25
	C_6H_5 *trans*	−0.10	1.08
		1.08	δ 6.33

표 D.1 치환된 에틸렌류의 화학 이동에 대한 치환체 상수

	Z				Z		
치환기 R	*gem*	*cis*	*trans*	**치환기 R**	*gem*	*cis*	*trans*
—H	0	0	0	—C(H)=O	1.03	0.97	1.21
—Alkyl	0.44	−0.26	−0.29				
—Alkyl-ring[a]	0.71	−0.33	−0.30				
—CH_2O, —CH_2I	0.67	−0.02	−0.07	—C(N)=O	1.37	0.93	0.35
—CH_2S	0.53	−0.15	−0.15				
—CH_2Cl, —CH_2Br	0.72	0.12	0.07				
—CH_2N	0.66	−0.05	−0.23	—C(Cl)=O	1.10	1.41	0.99
—C≡C	0.50	0.35	0.10				
—C≡N	0.23	0.78	0.58	—OR, R: aliph	1.18	−1.06	−1.28
—C=C	0.98	−0.04	−0.21	—OR, R: conj[b]	1.14	−0.65	−1.05
—C=C conj[b]	1.26	0.08	−0.01	—OCOR	2.09	−0.40	−0.67
—C=O	1.10	1.13	0.81	—Aromatic	1.35	0.37	−0.10
—C=O conj[b]	1.06	1.01	0.95	—Cl	1.00	0.19	0.03
—COOH	1.00	1.35	0.74	—Br	1.04	0.40	0.55
—COOH conj[b]	0.69	0.97	0.39	—NR_2 R:aliph	0.69	−1.19	−1.31
—COOR	0.84	1.15	0.56	—NR_2 R:conj[b]	2.30	−0.73	−0.81
—COOR conj[b]	0.68	1.02	0.33	—SR	1.00	−0.24	−0.04
				—SO_2	1.58	1.15	0.95

[a] 알킬 고리는 이중 결합이 고리 R(C=C).의 한 부분이다.

[b] 콘쥬게이션된 치환기에서 z요소는 치환기 또는 이중 결합이 다른 그룹과 더 콘쥬게이션되었을 때 사용된다.

출처: Pascual C., Meier, J., and Simon, W. (1966) *Helv. Chim. Acta*, **49**, 164.

표 D.2 기타 알켄류의 화학 이동

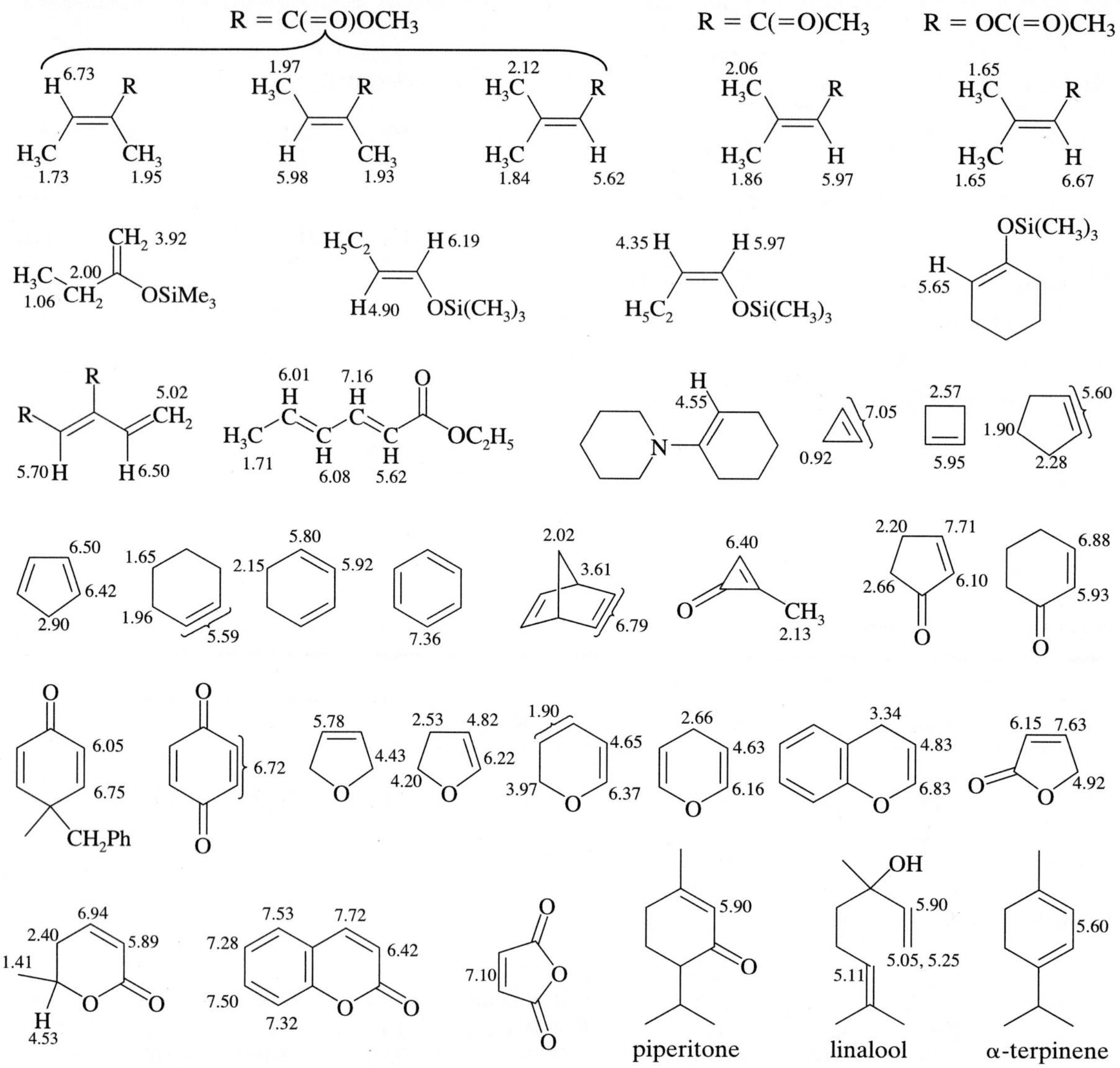

표 D.3 알카인류 양성자의 화학 이동

HC≡CR	1.73–1.88	HC≡C—COH	2.23
HC≡C—C≡CR	1.95	HC≡CH	1.80
HC≡C—Ph	2.71–3.37	HC≡C—CH=CR_2	2.60–3.10

표 D.4 접합된 방향족 고리의 화학 이동

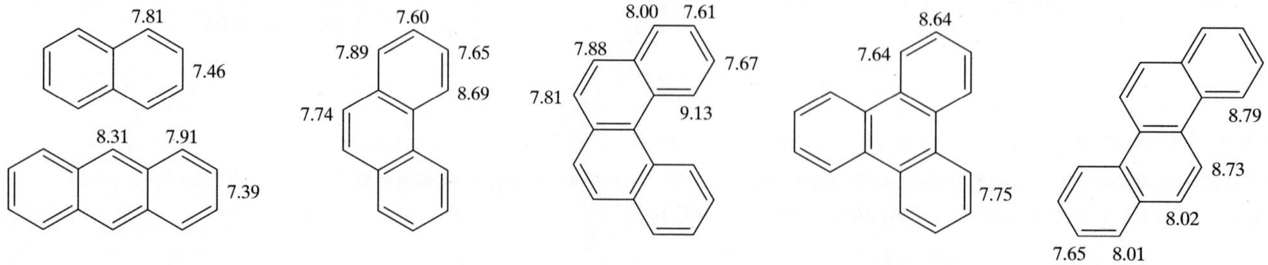

부록 D.1 단일 치환 벤젠 고리 양성자의 화학 이동

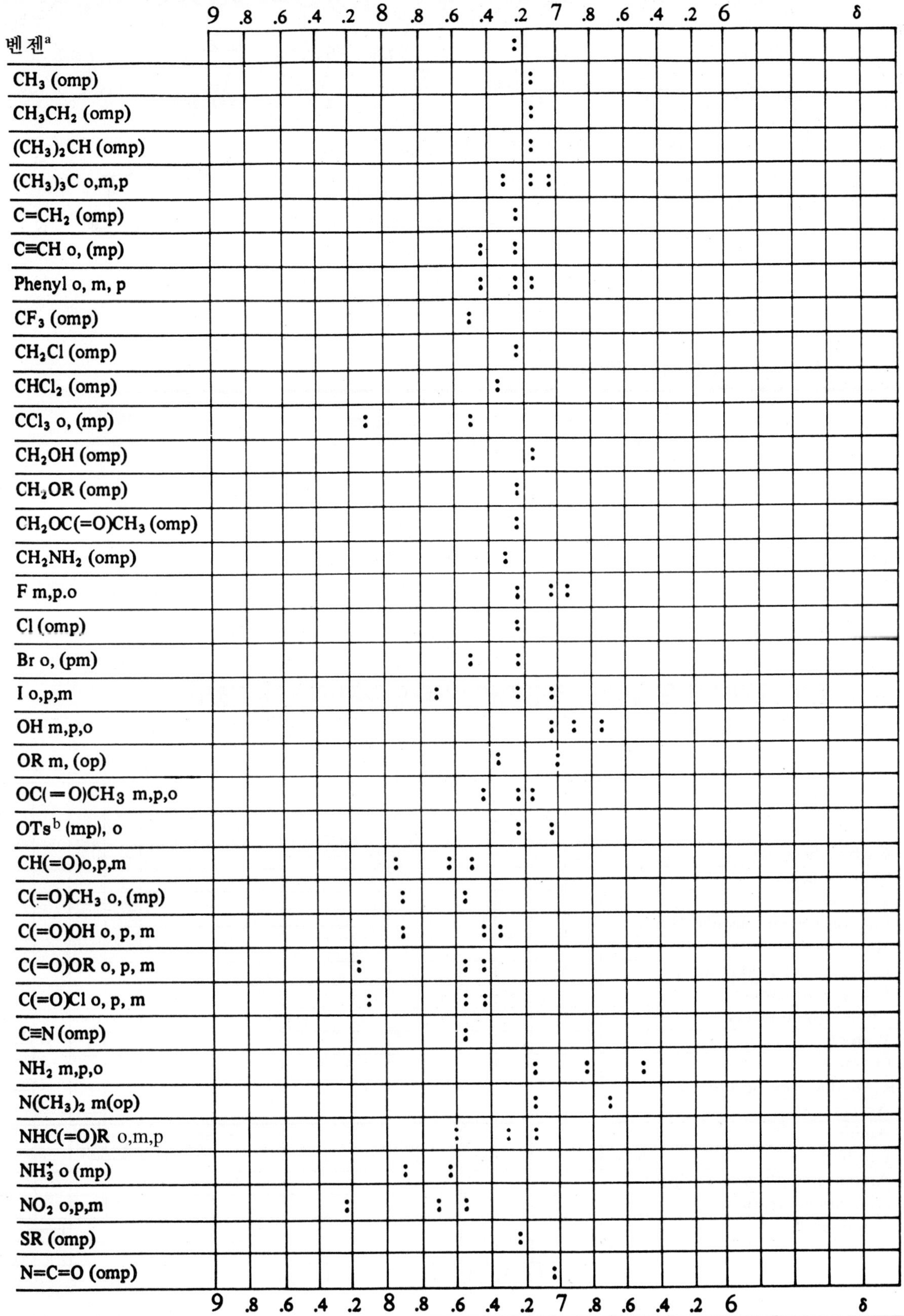

[a] 벤젠 고리 양성자의 화학 이동은 δ 7.27이다. 화학 이동값 증가는 3.4절 끝부분에 나타난 것처럼 계산된다.

[b] OTS = *p*-톨루엔설폰옥시기.

표 D.5 헤테로방향족 고리 양성자들의 화학 이동

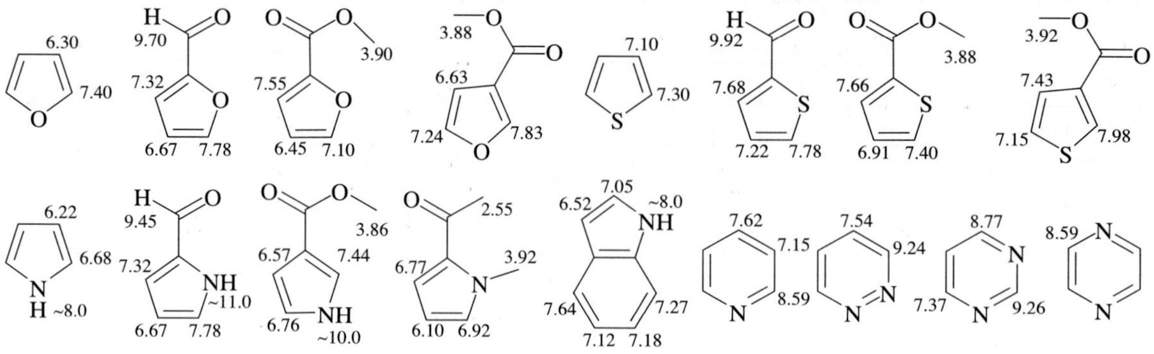

표 D.6 HC＝O, HC＝N, HC(O)$_3$ 양성자들의 화학 이동

RCH＝O	9.70	HC(＝O)OR	8.05	RC<u>H</u>＝NOH *cis*	7.25
PhCH＝O	9.98	HC(＝O)NR$_2$	8.05	RC<u>H</u>＝NOH *trans*	6.65
RCH＝CHCH＝O	9.78	HC(OR)$_3$	5.00	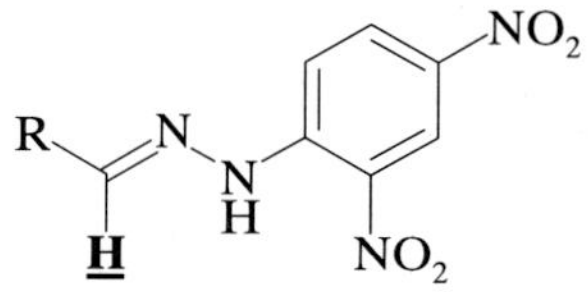	6.05

부록 E 수소 결합 효과에 영향을 받는 양성자들 (헤테로원자 위 양성자들)[a]

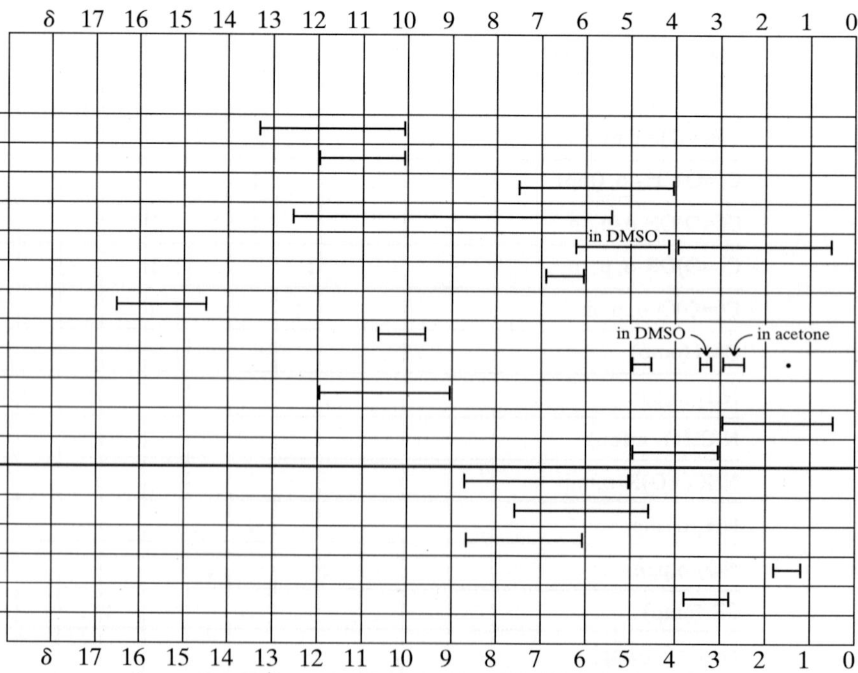

[a] 용매 CDCl$_3$. 범위 안의 화학 이동은 농도의 함수이다.
[b] 3.6.1.2절 참조.

부록 F 양성자 짝지음 상수

Type	J_{ab} (Hz)	J_{ab} Typical
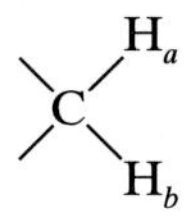	0–30	12–15
CH_a—CH_b (free rotation)	6–8	7
CH_a—C—CH_b	0–1	0
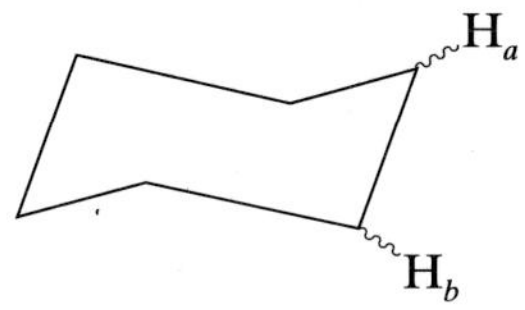		
ax–ax	6–14	8–10
ax–eq	0–5	2–3
eq–eq	0–5	2–3
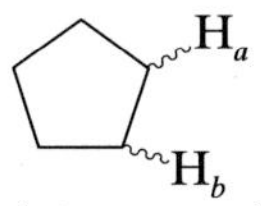 (*cis* or *trans*)	*cis* 5–10 *trans* 5–10	
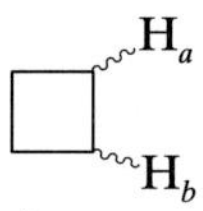 (*cis* or *trans*)	*cis* 4–12 *trans* 2–10	
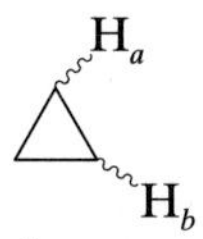 (*cis* or *trans*)	*cis* 7–13 *trans* 4–9	
CH_a—OH_b (no exchange)	4–10	5
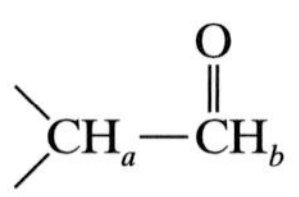	1–3	2–3
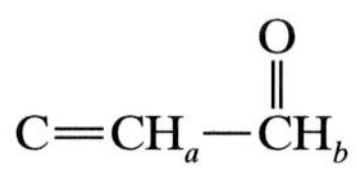	5–8	6
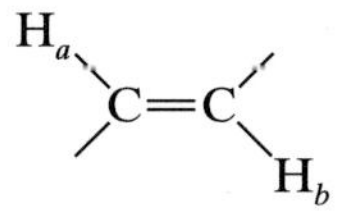	12–18	17
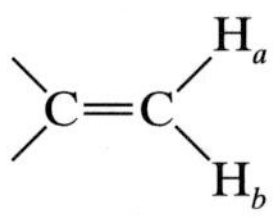	0–3	0–2

Type		J_{ab} (Hz)	J_{ab} Typical
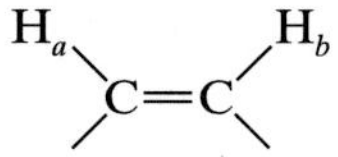		6–12	10
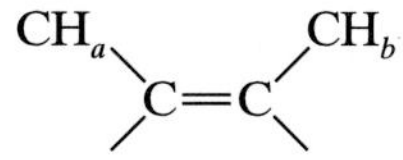		0–3	1–2
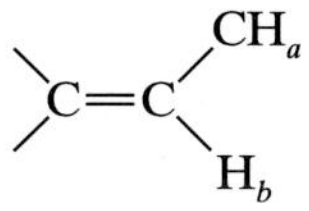		4–10	7
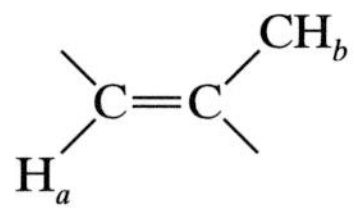		0–3	1.5
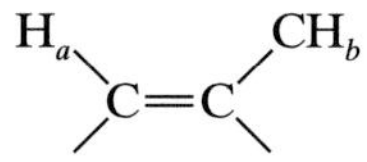		0–3	2
C=CH_a—CH_b=C		9–13	10
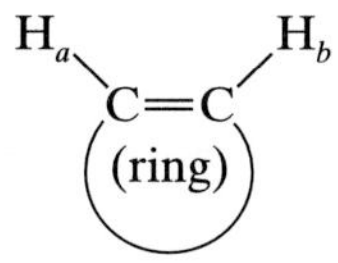		3 member 4 member 5 member 6 member 7 member 8 member	0.5–2.0 2.5–4.0 5.1–7.0 8.8–11.0 9–13 10–13
CH_a—C≡CH_b		2–3	
—CH_a—C≡C—CH_b—		2–3	
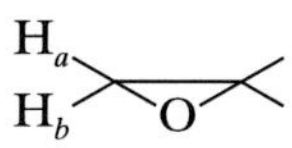			6
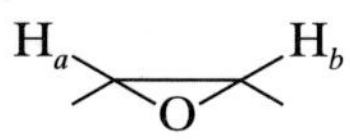			4
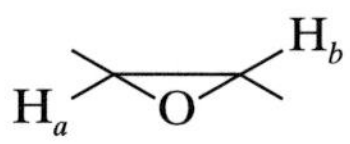			2.5
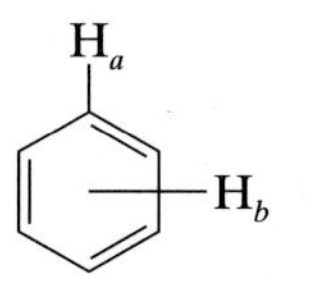	*J (ortho)* *J (meta)* *J (para)*	6–10 1–3 0–1	9 3 ~0
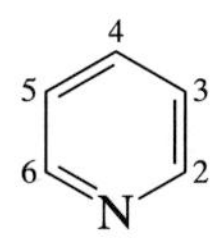	*J* (2–3) *J* (3–4) *J* (2–4) *J* (3–5) *J* (2–5) *J* (2–6)	5–6 7–9 1–2 1–2 0–1 0–1	5 8 1.5 1.5 1 ~0
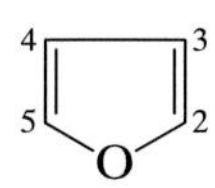	*J* (2–3) *J* (3–4) *J* (2–4) *J* (2–5)	1.3–2.0 3.1–3.8 0–1 1–2	1.8 3.6 ~0 1.5

부록 F (계속)

Type		J_{ab} (Hz)	J_{ab} Typical
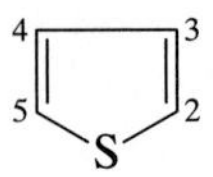	J (2–3)	4.9–6.2	5.4
	J (3–4)	3.4–5.0	4.0
	J (2–4)	1.2–1.7	1.5
	J (2–5)	3.2–3.7	3.4
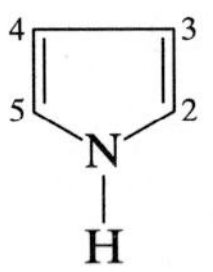	J (1–3)	2–3	
	J (2–3)	2–3	
	J (3–4)	3–4	
	J (2–4)	1–2	
	J (2–5)	1.5–2.5	
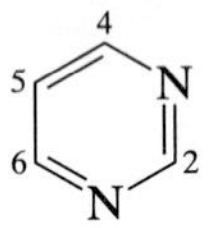	J (4–5)	4–6	
	J (2–5)	1–2	
	J (2–4)	0–1	
	J (4–6)	2–3	
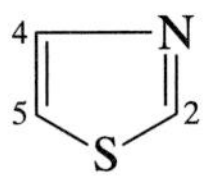	J (4–5)	3–4	
	J (2–4)	~0	
	J (2–5)	1–2	

Type	J_{ab} (Hz)	J_{ab} Typical
Proton–Carbon-13 (See Tables 5.17, 5.18)		
Proton–Fluorine		
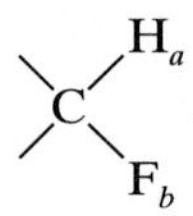	44–81	
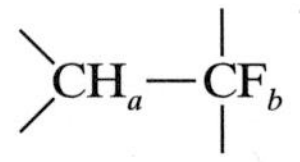	3–25	
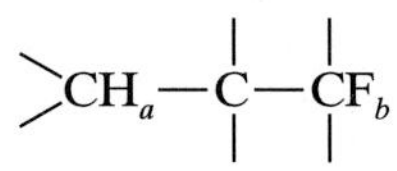	0–4	
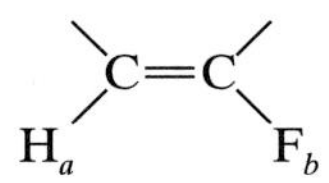	1–8	
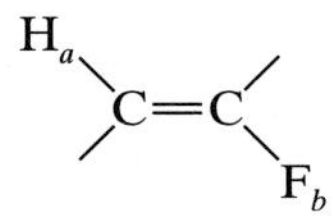	12–40	
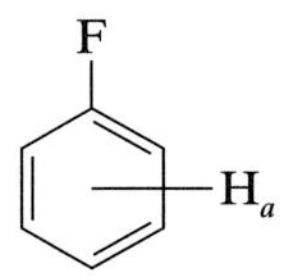	*o* 6–10 *m* 5–6 *p* 2	
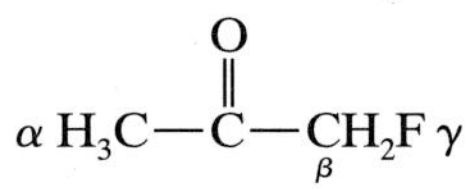	αγ 4.3 βγ 48	

Proton–Phosphorus

Type	J_{ab} (Hz)
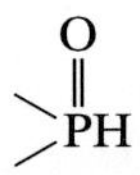	630–707
$(CH_3)_3P$	2.7
$(CH_3)_3P{=}0$	13.4
$(CH_3CH_2)_3P$	0.5 (HCCP) 13.7 (HCP)
$(CH_3CH_2)_3P{=}0$	11.9 (HCCP) 16.3 (HCP)
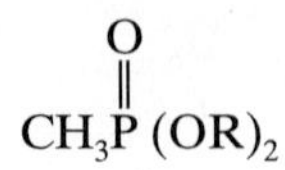	10–13
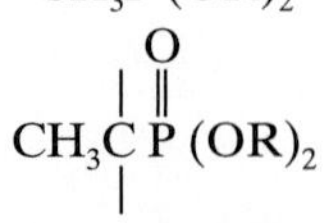	15–20
$CH_3OP(OR)_2$	10.5–12
$P[N(CH_3)_2]_3$	8.8
$O{=}P[N(CH_3)_2]_3$	9.5

출처: Varian Associates에 포함됨. 절대값. 출판허용.

부록 G 상업적으로 이용가능한 중수소화된 용매들의 잔존 양성자들의 화학 이동과 다중선

Compound[a] Molecular Weight	δ_H (multiplet)	Compound[a] Molecular Weight	δ_H (multiplet)
Acetic acid-d_4	11.53 (1)	Nitromethane-d_3	4.33 (5)
64.078	2.03 (5)	64.059	
Acetone-d_6	2.04 (5)	Isopropyl alcohol-d_8	5.12 (1)
64.117		68.146	3.89 (br)
Acetonitrile-d_3	1.93 (5)		1.10 (br)
44.071			8.71 (br)
Benzene-d_6	7.15 (br)	Pyridine-d_5	7.55 (br)
84.152		84.133	7.19 (br)
Chloroform-d	7.26 (1)	Tetrahydrofuran-d_8	3.58 (br)
120.384		80.157	1.73 (br)
Cyclohexane-d_{12}	1.38 (br)	Toluene-d_8	7.09 (m)
96.236		100.191	7.00 (br)
Deuterium oxide	4.63 (ref. DSS)[c]		6.98 (m)
20.028	4.67 (ref. TSP)[c]		2.09 (5)
1,2-Dichloroethane-d_4	3.72 (br)	Trifluoroacetic acid-d	11.50 (1)
102.985		115.030	
Diethyl-d_{10} ether	3.34 (m)	2,2,2-Trifluoroethyl alcohol-d_3	5.02 (1)
84.185	1.07 (m)	103.059	3.88 (4 × 3)
Diglyme-d_{14}	3.49 (br)		
148.263	3.40 (br)		
	3.22 (5)		
N, N-Dimethylformamide-d_7	8.01 (br)		
80.138	2.91 (5)		
	2.74 (5)		
Dimethyl-d_6 sulphoxide	2.49 (5)		
84.170			
p-Dioxane-d_8	3.53 (m)		
96.156			
Ethyl alcohol-d_6 (anh)	5.19 (1)		
52.106	3.55 (br)		
	1.11 (m)		
Glyme-d_{10}	3.40 (m)		
100.184	3.22 (5)		
Hexafluroacetone deuterate	5.26 (1)		
198.067			
HMPT-d_{18}	2.53 (2 × 5)		
197.314			
Methyl alcohol-d_4	4.78 (1)		
36.067	3.30 (5)		
Methylene chloride-d_2	5.32 (3)		
86.945			
Nitrobenzene-d_5	8.11 (br)		
128.143	7.67 (br)		
	7.50 (br)		

[a] 원자 % D의 순도가 여러 용매에 대해서 99.96% 이상 ("100%")

[b] 잔존 양성자는 완전히 중수소화된 분자에서 각 종류에 대해서 하나의 양성자로 구성된다. 예를 들면, 중수소 아세트산은 두 가지 다른 종류의 잔존 양성자들을 갖고 있다. 즉, $CD_2H-COOD$와 CD_3-COOH. CD_2H 양성자는 두 개의 D핵과 짝지음하여 오중선 (수, $2nI+1=2\times2+1+1=5$) 으로 δ 2.03에 나타난다. 카복실 양성자는 δ 11.53에서 단일선이다.

[c] DSS는 3-트라이메틸실릴-1-프로페인 설폰산, 소듐염 TSP는 소듐-3-트라이메틸프로피오네이트-2,2,3,3-d_4. 둘 다 수용액에서 기준 물질로 사용된다.

부록 H 보통 실험실에서 사용하는 용매에 포함된 미량 불순물들의 화학 이동값

	proton	mult	$CDCl_3$	$(CD_3)_2CO$	$(CD_3)_2SO$	C_6D_6	CD_3CN	CD_3OD	D_2O
solvent residual peak			7.26	2.05	2.50	7.16	1.94	3.31	4.79
H_2O	s		1.56	2.84[a]	3.33[a]	0.40	2.13	4.87	
acetic acid	CH_3	s	2.10	1.96	1.91	1.55	1.96	1.99	2.08
acetone	CH_3	s	2.17	2.09	2.09	1.55	2.08	2.15	2.22
acetonitrile	CH_3	s	2.10	2.05	2.07	1.55	1.96	2.03	2.06
benzene	CH	s	7.36	7.36	7.37	7.15	7.37	7.33	
tert-butyl alcohol	CH_3	s	1.28	1.18	1.11	1.05	1.16	1.40	1.24
	OH[c]	s			4.19	1.55	2.18		
tert-butyl methyl ether	CCH_3	s	1.19	1.13	1.11	1.07	1.14	1.15	1.21
	OCH_3	s	3.22	3.13	3.08	3.04	3.13	3.20	3.22
BHT[b]	ArH	s	6.98	6.96	6.87	7.05	6.97	6.92	
	OH[c]	s	5.01		6.65	4.79	5.20		
	$ArCH_3$	s	2.27	2.22	2.18	2.24	2.22	2.21	
	$ArC(CH_3)_3$	s	1.43	1.41	1.36	1.38	1.39	1.40	
chloroform	CH	s	7.26	8.02	8.32	6.15	7.58	7.90	
cyclohexane	CH_2	s	1.43	1.43	1.40	1.40	1.44	1.45	
1,2-dichloroethane	CH_2	s	3.73	3.87	3.90	2.90	3.81	3.78	
dichloromethane	CH_2	s	5.30	5.63	5.76	4.27	5.44	5.49	
diethyl ether	CH_3	t, 7	1.21	1.11	1.09	1.11	1.12	1.18	1.17
	CH_2	q, 7	3.48	3.41	3.38	3.26	3.42	3.49	3.56
diglyme	CH_2	m	3.65	3.56	3.51	3.46	3.53	3.61	3.67
	CH_2	m	3.57	3.47	3.38	3.34	3.45	3.58	3.61
	OCH_3	s	3.39	3.28	3.24	3.11	3.29	3.35	3.37
1,2-dimethoxyethane	CH_3	s	3.40	3.28	3.24	3.12	3.28	3.35	3.37
	CH_2	s	3.55	3.46	3.43	3.33	3.45	3.52	3.60
dimethylacetamide	CH_3CO	s	2.09	1.97	1.96	1.60	1.97	2.07	2.08
	NCH_3	s	3.02	3.00	2.94	2.57	2.96	3.31	3.06
	NCH_3	s	2.94	2.83	2.78	2.05	2.83	2.92	2.90
dimethylformamide	CH	s	8.02	7.96	7.95	7.63	7.92	7.97	7.92
	CH_3	s	2.96	2.94	2.89	2.36	2.89	2.99	3.01
	CH_3	s	2.88	2.78	2.73	1.86	2.77	2.86	2.85
dimethyl sulfoxide	CH_3	s	2.62	2.52	2.54	1.68	2.50	2.65	2.71
dioxane	CH_2	s	3.71	3.59	3.57	3.35	3.60	3.66	3.75
ethanol	CH_3	t, 7	1.25	1.12	1.06	0.96	1.12	1.19	1.17
	CH_2	q, 7[d]	3.72	3.57	3.44	3.34	3.54	3.60	3.65
	OH	s[cd]	1.32	3.39	4.63		2.47		
ethyl acetate	CH_3CO	s	2.05	1.97	1.99	1.65	1.97	2.01	2.07
	CH_2CH_3 (*CH*₂)	q, 7	4.12	4.05	4.03	3.89	4.06	4.09	4.14
	CH_2CH_3 (*CH*₃)	t, 7	1.26	1.20	1.17	0.92	1.20	1.24	1.24
ethyl methyl ketone	CH_3CO	s	2.14	2.07	2.07	1.58	2.06	2.12	2.19
	CH_2CH_3	q, 7	2.46	2.45	2.43	1.81	2.43	2.50	3.18
	CH_2CH_3	t, 7	1.06	0.96	0.91	0.85	0.96	1.01	1.26
ethylene glycol	CH	s[e]	3.76	3.28	3.34	3.41	3.51	3.59	3.65
"grease"[f]	CH_3	m	0.86	0.87		0.92	0.86	0.88	
	CH_2	br s	1.26	1.29		1.36	1.27	1.29	
n-hexane	CH_3	t	0.88	0.88	0.86	0.89	0.89	0.90	
	CH_2	m	1.26	1.28	1.25	1.24	1.28	1.29	
HMPA[g]	CH_3	d, 9.5	2.85	2.59	2.53	2.40	2.57	2.64	2.61
methanol	CH_3	s[h]	3.49	3.31	3.16	3.07	3.28	3.34	3.34
	OH	s[gh]	1.09	3.12	4.01		2.16		
nitromethane	CH_3	s	4.33	4.43	4.42	2.94	4.31	4.34	4.40
n-pentane	CH_3	t, 7	0.88	0.88	0.86	0.87	0.89	0.90	
	CH_2	m	1.27	1.27	1.27	1.23	1.29	1.29	
2-propanol	CH_3	d, 6	1.22	1.10	1.04	0.95	1.09	1.50	1.17
	CH	sep, 6	4.04	3.90	3.78	3.67	3.87	3.92	4.02

부록 H (계속)

	proton	mult	$CDCl_3$	$(CD_3)_2CO$	$(CD_3)_2SO$	C_6D_6	CD_3CN	CD_3OD	D_2O
pyridine	CH(2)	m	8.62	8.58	8.58	8.53	8.57	8.53	8.52
	CH(3)	m	7.29	7.35	7.39	6.66	7.33	7.44	7.45
	CH(4)	m	7.68	7.76	7.79	6.98	7.73	7.85	7.87
silicone grease[i]	CH_3	s	0.07	0.13		0.29	0.08	0.10	
tetrahydrofuran	CH_2	m	1.85	1.79	1.76	1.40	1.80	1.87	1.88
	CH_2O	m	3.76	3.63	3.60	3.57	3.64	3.71	3.74
toluene	CH_3	s	2.36	2.32	2.30	2.11	2.33	2.32	
	CH(*o*/*p*)	m	7.17	7.1–7.2	7.18	7.02	7.1–7.3	7.16	
	CH(*m*)	m	7.25	7.1–7.2	7.25	7.13	7.1–7.3	7.16	
triethylamine	CH_3	t, 7	1.03	0.96	0.93	0.96	0.96	1.05	0.99
	CH_2	q, 7	2.53	2.45	2.43	2.40	2.45	2.58	2.57

[a] 이런 용매에서 분자 사이의 바뀜 속도는 보통 충분히 느려서 HDO가 관찰된다. 즉, 아세톤과 DMSO에서 각각 2.81과 3.30 ppm에서 나타난다. 아세톤의 경우에 $^2J_{H,D} = 1$ Hz를 가진 삼중선 (1:1:1) 이 자주 보인다.

[b] 2,6-Dimethyl-4-*tert*-butylphenol.

[c] 서로 바뀔 수 있는 양성자들의 신호가 언제나 확인되지는 않는다.

[d] 어떤 경우에 (주 *a* 참조), CH_2와 OH 사이에 짝지음 현상이 관찰될 수 있다 ($J = 5$ Hz).

[e] CD_3CN의 경우에, OH 양성자은 2.69 ppm에 다중선으로 보이며, 짝지음이 추가로 메틸렌 피크에도 나타난다.

[f] 긴 사슬 직선 aliphatic hydrocarbons. 이들은 DMSO에 용해도가 너무 낮아서 볼 수 있는 피크나 생기지 않는다.

[g] Hexamethylphosphoramide.

[h] 어떤 경우에 (주 *a*, *d* 참조), CH_3와 OH의 짝지음 작용은 관찰될 수 있다 ($J = 5.5$ Hz).

[i] Poly(dimethylsiloxane). DMSO에 용해도가 너무 낮아서 잘 관찰 안된다.

부록 I D$_2$O에서 아미노산들의 양성자 NMR 화학 이동

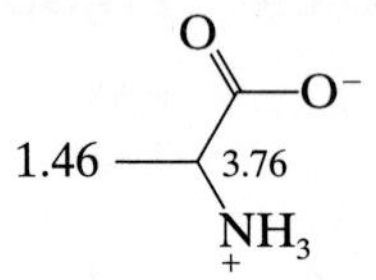

Alanine (Ala) (A)

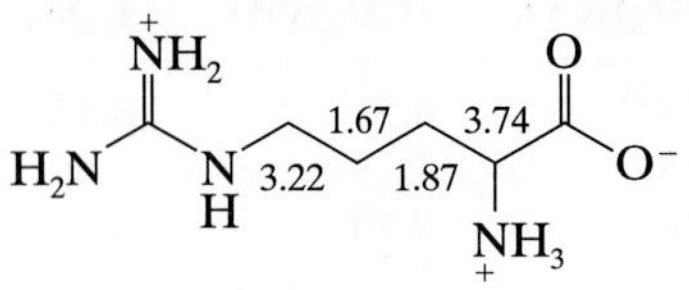

Arginine (Arg) (R)

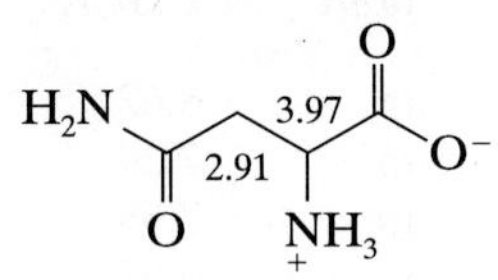

Asparagine (Asn) (N)

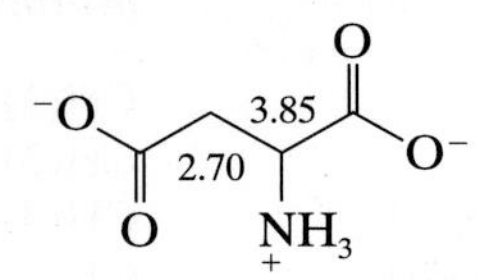

Aspartic Acid (Asp) (D)

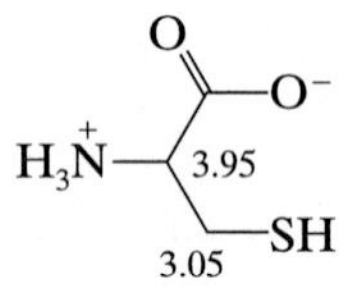

Cysteine (Cys) (C)

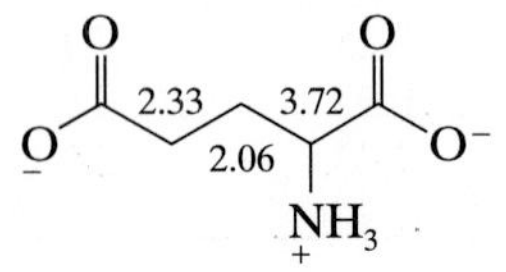

Glutamic Acid (Glu) (E)

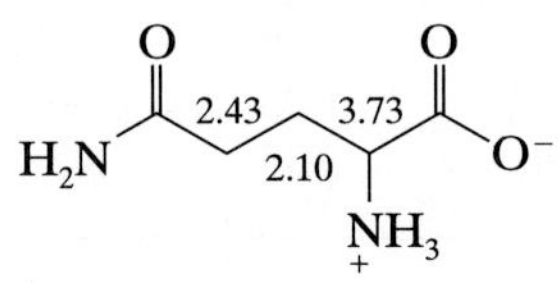

Glutamine (Gln) (Q)

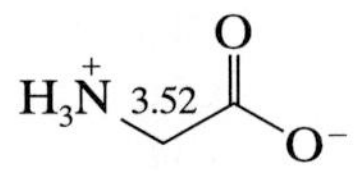

Glycine (Gly) (G)

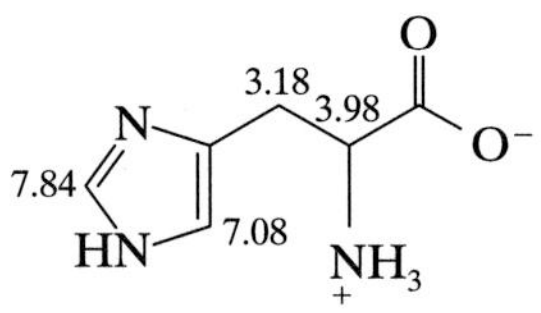

Histidine (His) (H)

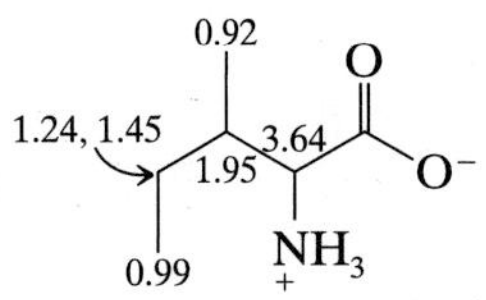

Isoleucine (Ilue) (I)

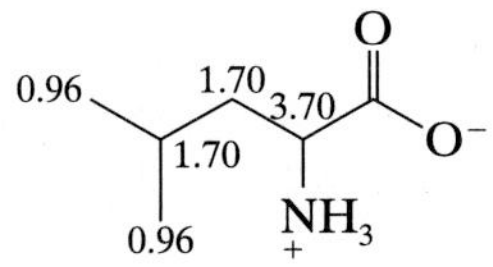

Leucine (Leu) (L)

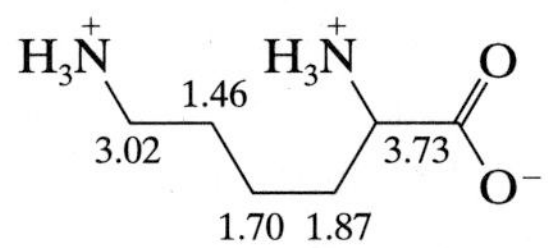

Lysine (Lys) (K)

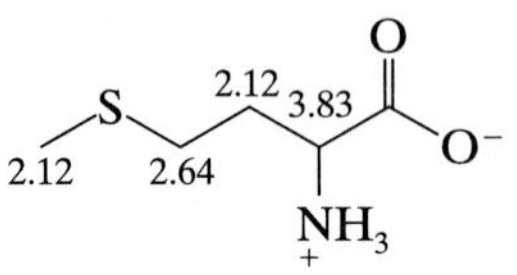

Methionine (Met) (M)

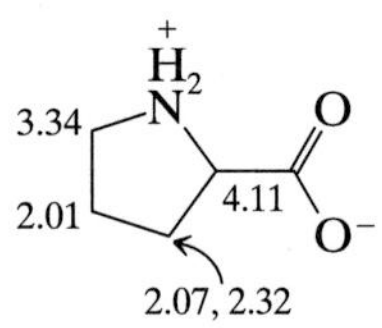

Proline (Pro) (P)

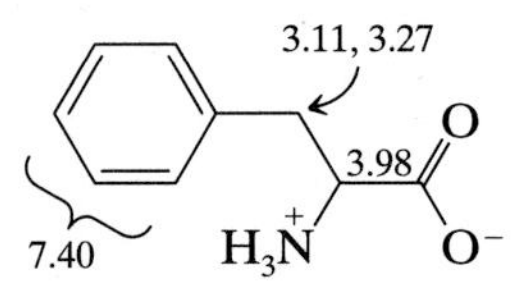

Phenylalanine (Phe) (F)

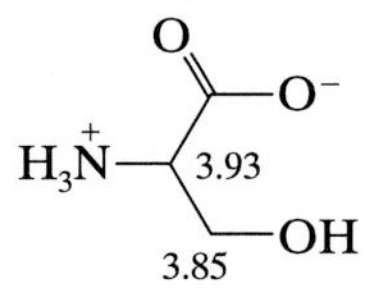

Serine (Ser) (S)

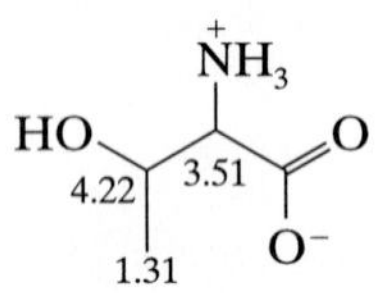

Threonine (Thr) (T)

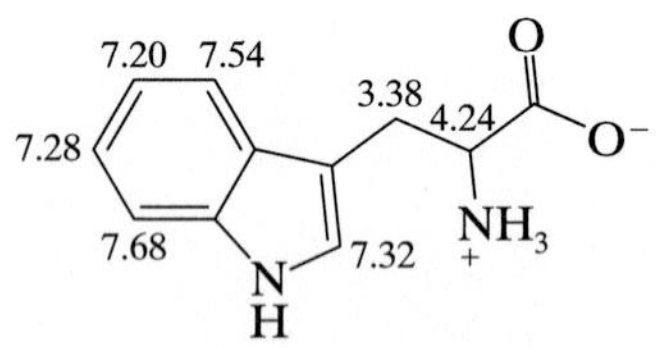

Tryptophan (Trp) (W)

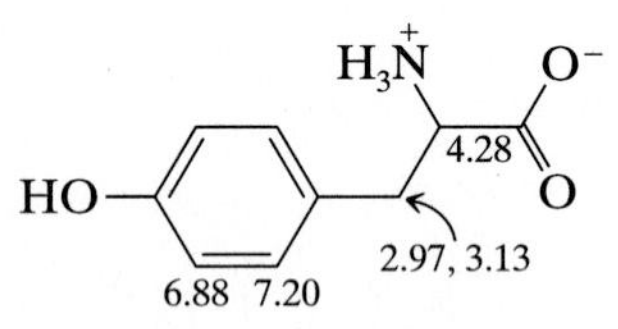

Tyrosine (Tyr) (Y)

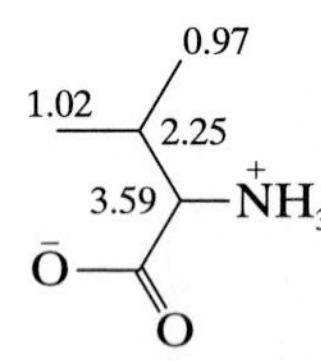

Valine (Val) (V)

4장
탄소-13 NMR 분광법*

4.1 서론

핵자기 공명 분광법의 초기 개발단계에서 하나의 선택을 직면하였을 때 대부분의 유기 화학자는 즉각적인 조사를 위하여 수소핵보다는 탄소핵을 확실히 선택하였을 것이다. 궁극적으로 고리나 사슬의 탄소 골격은 유기화학의 중심이다. 문제는 탄소 골격이 거의 대부분 당연히 NMR 분광법에서 사용할 수 없는 ^{12}C로 구성되어 있다는 것이다. 분광학자들은 매우 작은 양의 ^{13}C핵과 씨름하는 과업에 전념할 수 밖에 없다.

^{13}C와 ^{1}H NMR 분광법의 교습에 있어 따로 장을 만들어야 하는 데, 정당성을 부여할 만한 충분한 차이점이 있다. 3장에서 NMR 분광법의 기본 개념을 이해한다면 ^{13}C 분광법의 숙달이 빠를 것이다.

^{12}C핵은 자기적으로 활성이 아니고 (스핀수, I가 영 (0)) ^{13}C가 ^{1}H핵과 같이 1/2의 스핀수를 가신다 그러나 ^{13}C의 자연 존재비가 ^{12}C의 단지 1.1%이며, 감도가 ^{1}H의 1.6%이기 때문에 전체 감도는 ^{1}H에 비하여 1/5700 정도이다.†

초기의 연속파, 저속 주사 과정은 ^{13}C 스펙트럼을 얻기에 많은 양의 시료와 아주 지나치게 긴 시간을 요구하지만, 모든 ^{13}C핵을 동시에 조사하는 펄스 FT 기기장치의 이용은 1970년대 초기부터 시작하여 1950년 후반의 ^{1}H 분광법의 폭발적인 활동에 비교할 만큼 ^{13}C 분광법의 증대된 활동을 초래하였다.

4.2 이론

NMR의 이론적인 배경은 3장에 이미 서술하였다. ^{13}C 분광법에 대하여 ^{1}H NMR과 다르게 고려하여야 하는 기본적인 관점은 다음과 같다.

- 흔히 사용하는 CPD 또는 광역 양성자 짝풀림 ^{13}C 분광법 (4.2.1절 참조) 에 있어서, 분자가 ^{2}H, ^{31}P 또는 ^{19}F 같은 다른 자기적 활성 핵을 가지지 않는 분자에서 피크들은 단일선이다.
- 양성자의 범위와 비교하여 ^{13}C 피크는 보다 넓은 화학 이동 범위에 분포하고 있다.
- 평상시 스펙트럼에서 ^{13}C 피크 세기는 긴 T_1값과 NOE 때문에 주어진 탄소 원자의 개수와 상관하지 않는다.
- ^{13}C핵은 양성자보다 존재율이 낮으며 감도도 떨어진다. 보다 많은 시료와 보다 긴 시간이 필요하다.
- 주어진 중수소화된 용매에 대하여 ^{13}C과 ^{1}H 용매 피크는 다중도에 있어서 다르다.

일견하여 위의 요약 중 몇 개는 ^{13}C 스펙트럼 사용을 좌절시키는 것 같아 보인다. 그러나 이러한 난관에 대하여 천재적인 해결책은 이 장에서 확인해 주는 바와 같이, ^{13}C NMR 분광법을 매우 강력한 도구로 만든다. 실제로 ^{13}C와 ^{1}H 스펙트럼을 나란히 놓고 해석하면 상보적인 정보를 얻는다.

4.2.1 ^{1}H 짝풀림 기법

3.7.5절에서 언급한 바와 같이 ^{13}C핵은 ^{13}C의 낮은 자연 존재비 (1.1%) 로 인하여 ^{1}H NMR 스펙트럼에서 짝지음을 보여 주지 않는다 (^{13}C 위성은 예외) . 그러나 반대가 똑같지는 않다. ^{1}H핵은 자연 존재비가 >99%가 되어 ^{13}C핵과 효율적으로 짝진다. ^{13}C—^{1}H에 관한 $^{1}J_{CH}$값 (~110–320 Hz) 이 크고, ^{13}C—C—^{1}H와 ^{13}C—C—C—^{1}H 짝지음에 대한 $^{2}J_{CH}$ 및 $^{3}J_{CH}$의 값 (~0–60 Hz) 이 상당하기 때문에 양성자–짝지음 ^{13}C 스펙트럼은 보통 겹친 다중선을 보여 주어 해석하기가 어렵다 (그림 4.1a) . 콜레스테롤의 양성자–짝지음 스펙트럼은 절망적으로 겹쳐져서 해석하기가 어렵다.

이러한 문제를 완화하기 위한 중요한 개발은 양성자 광역 짝풀림을 동시에 사용하여, 즉 부착된 양성자를 조사하여 포화시켜 ^{13}C 신호를 검출하는 것이다. 광역 발생기 혹은 **복합 펄스 짝풀림‡ (Composite Pulse Decoupling, CPD)** 으로 광역의 주파수 범위에 거쳐 양성자를 조사함으로 이러한 짝지음을 제거한다. 그림 4.1b에서 콜레스테롤의 양성자 짝풀림 ^{13}C 스펙트럼은 보통 겹친 다중선을 보여 주어 해석하기가 어렵다 (그림 4.1a) . 콜레스테롤의 양성

* 3장에 대한 친숙함을 가정함.

† ^{13}C의 낮은 자연 존재비로 인하여 인접한 ^{13}C의 발생률이 낮은 확률을 가져 ^{13}C—^{13}C 짝지음의 문제로부터 해방된다.

†† 복합 펄스 짝풀림은 복합 펄스의 연속 서열로 기술된다. 상세한 것은 참고 문헌의 Claridge를 참조할 것.

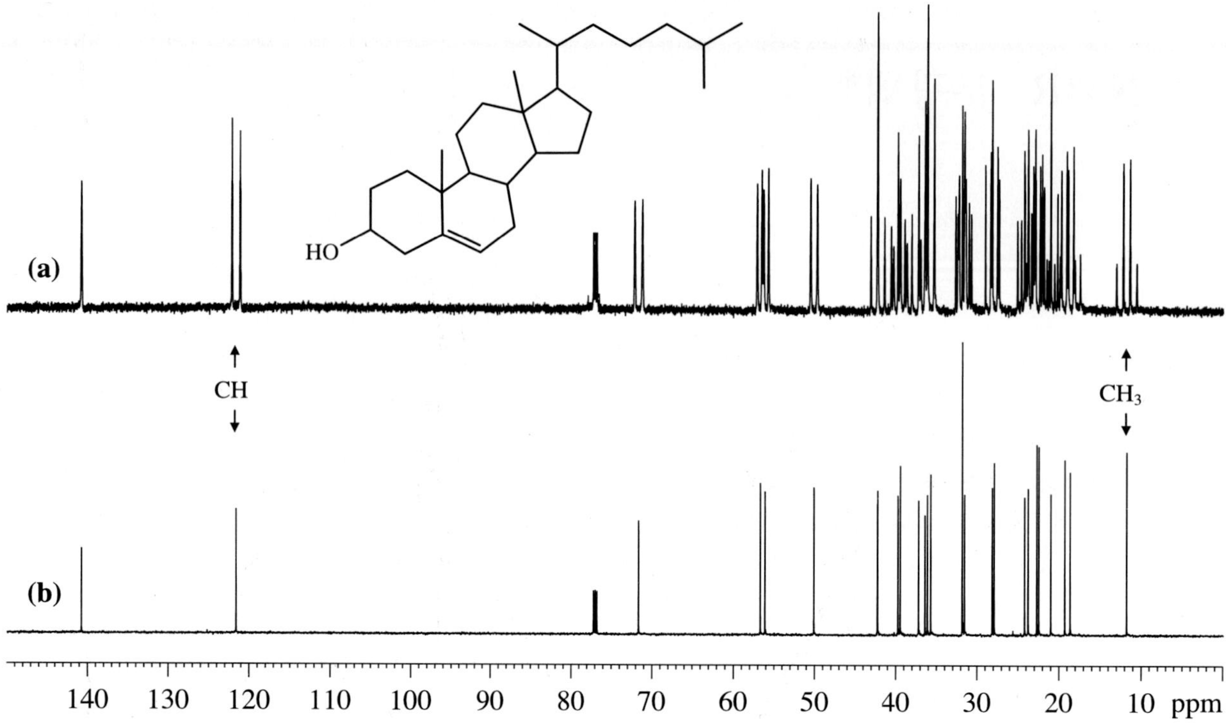

그림 4.1 (a) 콜레스테롤의 양성자 짝지음 ^{13}C 스펙트럼. (b) 콜레스테롤의 양성자 짝풀림 ^{13}C 스펙트럼. 모두 다 $CDCl_3$ 용매에서 150.9 MHz 자기장 세기임.

자-짝지음 ^{13}C 스펙트럼은 각 단일 피크가 탄소 원자 한 개를 대표한다. 보다 너무 앞질러 가기 전에 실제적인 ^{13}C 스펙트럼의 해석은 4.3절과 4.7절까지는 유보하자.

양성자 짝풀림 ^{13}C 스펙트럼에 대한 표준화된 펄스 프로그램은 그림 4.2a에 보여 준다. 그 서열은 이완 지연 (R_d, 4.2.3절 참조), rf (라디오 주파수) 펄스 (θ) 및 신호 취득 (수집) 시간 (t_2) 으로 되어 있다. 양성자 채널은 짝풀림기를 작동하여 짧고 강력한 rf 펄스 (수마이크로초 대역으로) ^1H—^{13}C 짝지음을 제거하여 ^{13}C핵 모두를 들뜨게 한다. 반송파 주파수가 공명 FID (자유 유도 감쇠, free induction decay) 로부터 약간 벗어났기 때문에, 모든 ^{13}C 주파수에 대하여 각 ^{13}C핵이 지수적으로 붕괴하는 사인파 (sine wave) 인 FID를 보여 준다.

그림 4.2b는 콜레스테롤의 짝풀림 ^{13}C NMR 스펙트럼의 FID를 보여 준다. 그림 4.2c는 그림 4.2b의 FID의 작은 부분의 확대이다. 복잡한 FID는 몇 개의 사인파가 겹치고 간섭한 (맥놀이) 양식의 결과이다. 되풀이되는 펄스, 신호 취득 및 이완 지연은 신호를 구축한다. 컴퓨터에 의한 푸리에 변환은 누적된 FID (시간 영역 스펙트럼)에서 콜레스테롤의 짝풀림 주파수 영역 스펙트럼 ($CDCl_3$ 150.9 MHz에서) 으로 변환하여 준다. 그림 4.1b를 참조하라.

^2H, ^{31}P, ^{19}F 등의 다른 핵이 없는 경우에 아주 드문 ^{13}C 화학 이동의 우연한 겹침을 예외로 하고, 각 화학적으로 동등하지 않은 탄소에 대한 뾰족한 피크가 얻어진다. 콜레스테롤의 ^1H 짝풀림 ^{13}C 스펙트럼에 대한 그림 4.1b를 참조하고, 그 단순성을 a에서의 ^1H 짝지음 스펙트럼과 비교하시오. ^{13}C가 ^1H로부터 짝풀린 경우 유용한 정보인 탄소의 다중성 ($n + 1$ 규칙) 이 손실됨을 유의하시오. 예를 들면, 그림 4.1a에서 메틸기는 사중선 (3 + 1) 이고, 메타인기는 이중선 (1 + 1) 이다. 다중선에 대한 보다 완전한 논의는 4.2.5절과 4.3절에서 찾을 수 있다. 하여튼 보다 간단한 방법으로 이러한 정보를 제공하는 DEPT 서열 (4.6절) 같은 기법들이 있다.

4.2.2 화학 이동 척도와 범위

^1H NMR과 마찬가지로 ^{13}C NMR 주파수 축은 단위없는 척도로 전환된다. 이러한 척도는 δ 단위 (ppm) 로 표시된다. 일상적인 ^{13}C 스펙트럼의 화학 이동은 TMS로부터 220 ppm 범위 — 일상적인 ^1H 스펙트럼 (~10 ppm) 의 20배 정도에 걸쳐있다. 짝풀린 피크의 넓은 범위와 날카로운 모짐성 (shapness) 으로 인하여 ^{13}C 화학 이동의 우연한 겹침은 흔하지 않으며, 불순물도 쉽게 검출한다. 혼합물조차도 자주 유용한 정보를 제공한다 (흔한 불순물에 대한 광범위한 목록에 대하여 부록 B를 참조하시오). 예를 들어, ^1H 분광법에 의하여 분석하기 어려운 입체이성질체는 보통 뚜렷이 분리된 ^{13}C 피크를 보여 준다.

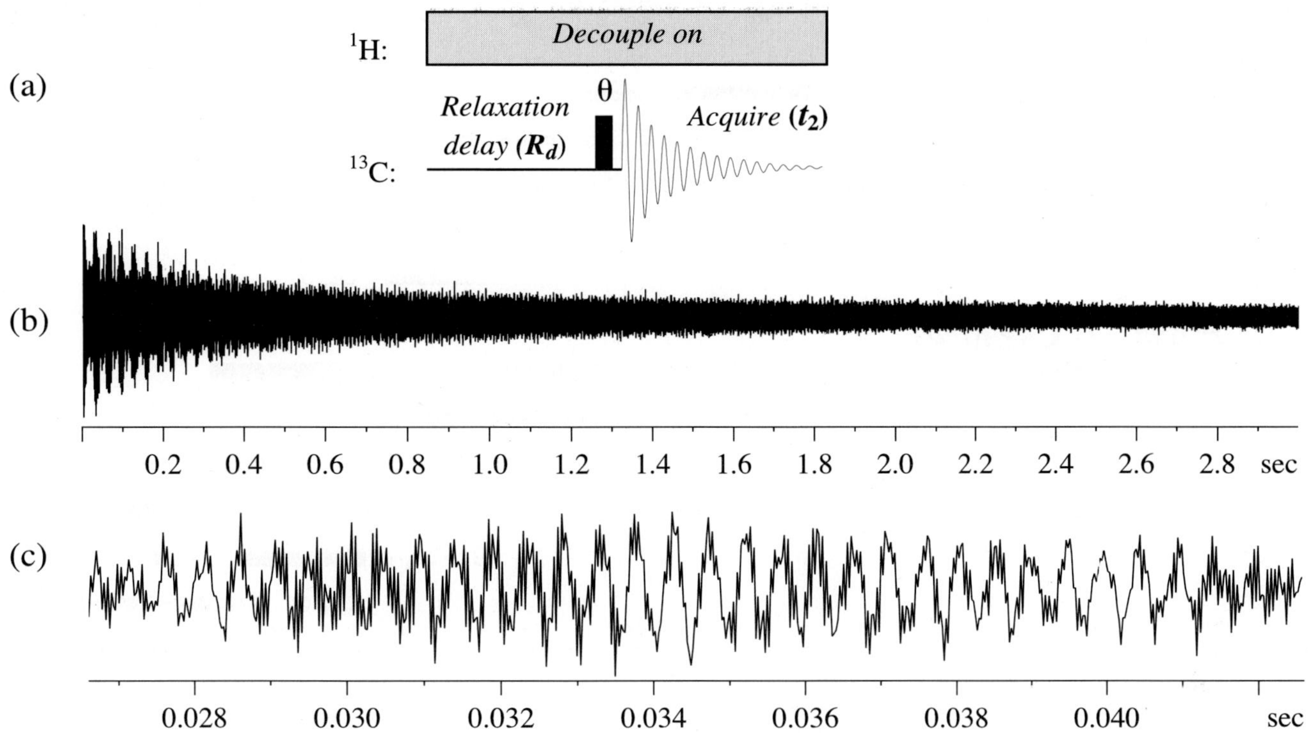

그림 4.2 (a) 양성자 짝풀림을 가지는 표준 ^{13}C 펄스 서열. $\boldsymbol{R_d}$은 이완 지연, θ는 가변 펄스각, t_2는 신호 취득시간이다. (b) $CDCl_3$ 용매에서 150.9 MHz에서의 FID 사인 곡선 화면출력. (c) FID 작은 부분의 확대.

기초적인 NMR 공식 [$\nu = (\gamma/2\pi)\boldsymbol{B}_0$] 을 주어진 자기장의 세기에서의 ^{13}C의 핵에 대한 공명 주파수를 계산하는 데 사용한다. 예를 들면, 600 Mhz 기기 (^{1}H에 대한) 를 ^{13}C 스펙트럼을 얻는데 150.9 MHz에서 사용한다 — 즉, 비율은 약 4 : 1이다. 주파수의 비율은 직접적으로 ^{1}H와 ^{13}C 각각에 대한 γ, 자기회전 비율 (magnetogyric ratio) 의 즉, 26,753과 6,728 (10^7 radT^{-1} s^{-1} 단위) 비율에 직접적으로 관련되어 있다. 역사의 변덕으로 기기는 흔히 연구 대상의 핵과 관계없이 양성자 공명 주파수로 불린다.

그림 4.3은 ^{13}C 화학 이동이 ^{1}H 화학 이동값들과 어느 정도 평행하다고 기술하는 것에 신뢰를 주고 있지만, 몇몇의 괴리는 쉽게 설명할 수 없으며, 다른 해석 기술 (4.7절 참조) 을 개발할 필요로 한다는 점에 주목하여야 한다. 일반적으로 ^{1}H에 비하여 ^{13}C 화학 이동을 치환체 전기음성도와 상호 연관하기가 더 어렵게 보인다.

4.2.3 T_1 이완

신호의 적분이 양성자의 비율을 대표하는 ^{1}H NMR 스펙트럼과 달리 ^{13}C 피크의 적분은 일상적 스펙트럼에서는 탄소 원자의 비율과 상관하지 않는다. ^{13}C 스펙트럼의 피크 세기의 문제를 설명하는 데 두 개의 요인이 있다.

- T_1으로 표시되는 스핀–격자 이완 과정 (세로방향 이완이라고도 함) 은 탄소 원자의 각 유형에 따라 광범위하게 다르다.
- 부착된 양성자에 따라 탄소에 NOE (4.2.4절) 가 생성된다.

3.2.3절에서 논의한 바와 같이 양성자에 대하여 짧은 T_1과 T_2 이완 시간은 포함된 양성자수에 비례하는 세기와 예리한 피크를 초래한다. 양성자 짝풀림 ^{13}C 스펙트럼에서는 직접 부착된 양성자와 이웃 양성자의 쌍극자–쌍극자 상호작용에 의한 큰 T_1값을 가져서, 가능한 신호 중 단지 일부만 검출하는 결과를 가진다. 그러나 이러한 점은 각 개별적 펄스 사이에 지연 간격 R_d를 삽입함으로 해결할 수 있다 (그림 4.2a 참조). ^{13}C 데이터를 취득할 때 이완 지연은 조심스럽게 고려할 필요가 있다. 만일 R_d값이 너무 짧은 경우 신호를 완전히 놓치는 수가 있다. 대부분의 시료에 관하여 기기 시간과 감도 사이에 타협을 한다. Ernst 각도를 반복 시간 (T_r) 과 펄스 각도를 S/N값을 최적화하기 위하여 사용한다. 전형적으로 45° 펄스 각도 (θ) 과 3–4초의 짧은 지연 시간 (최적값 $1.27T_1$) 을 작은 분자에 대하여 사용한다. 보통 보다 짧은 T_1값을 가지는 큰 분자에 대하여서는 보다 짧은 R_d값을 사용한다.

때로는 약한 신호가 잡음에 유실되지 않게 하거나 정량

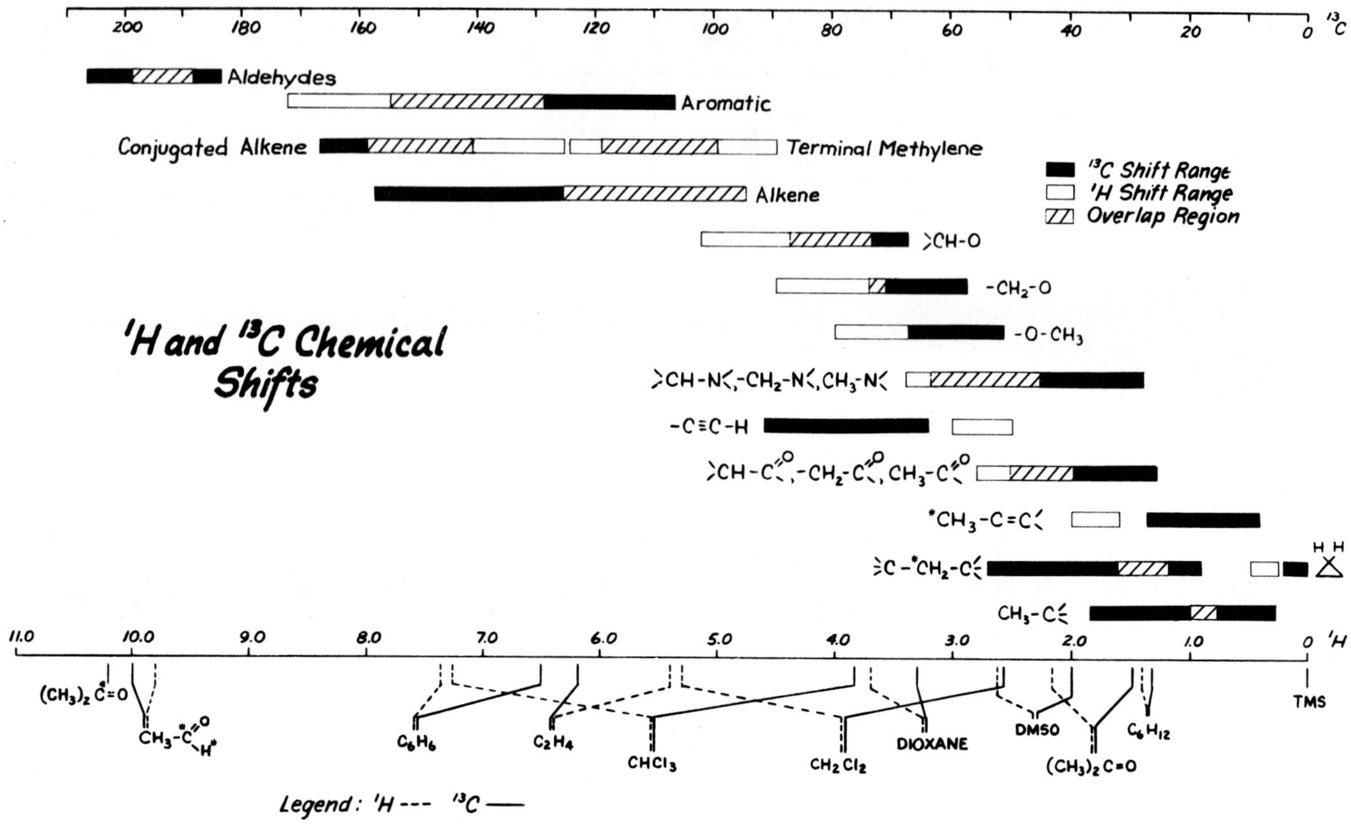

그림 4.3 ¹H와 ¹³C 화학 이동의 비교.

적인 결과를 얻기 위하여서는 T_1을 측정할 필요가 있다. T_1을 측정하기 위한 반전-회복 방법에 대하여 그림 4.4에 시범을 보여 주고 있다. 일반적으로 ^{13}C핵에 부착한 양성자의 수가 증가하면 T_1이 감소한다. 다른 말로 하면, 사차 ^{13}C핵은 그림 4.4a서 보듯이 가장 낮은 세기의 피크를 준다. 이것은 또한 반전-회복 방법에서 가장 느린 회복을 준다. 그러나 흔히 CH_3, CH_2 및 CH 차이를 T_1값에 의하여 분간한다는 점은 다른 요인들이 포함되어 어렵다. T_1값은 하나의 CH_3기에 대한 몇 초로부터 몇몇 사차 ^{13}C핵에 대한 일 분 정도로 넓게 분포되어 있다. 펄스 간의 지연은 약 5 T_1값이 부착된 양성자가 없는 ^{13}C핵에 대하여 권장된다. 이 상당한 지연은 감수하여야 한다(정량적인 목적을 위하여).

그림 4.4a에서 전체 펄스 서열은 다음과 같다: 이완—180° 펄스-가변 시간 간격—90° 펄스-짝풀림 중 데이터 취득.

그림 4.4b에서 순 자기 모멘트 M_0는 수직 굵은 획의 벡터로 표지된다. 첫 번째 펄스는 벡터를 시계방향으로 $-z$축으로 180° 도치한다. 짧은 시간($\Delta\tau$) 동안 화살표는 원래 수직방향을 향하여 약간 회복된다. 그 다음 90° 펄스는 벡터를 시계방향으로 회전시켜 벡터가 $-y$축상에 놓이게 하여 270° 각도로 왼편을 향하고 있다. 이 지점에서 y축상에 있는 수신기가 약간 크기가 줄었으며, 음의 값을 가지고 있는, 즉 스펙트럼의 아래를 향하고 있는 신호를 읽는다. 수신기는 보통 90° 신호를 양의 값으로 받아들여 위상 스펙트럼에서 위쪽을 향하게 한다.

그림 4.4c에서 $\Delta\tau$를 증가함으로써 도치된 벡터가 회복을 향하여— 사실 영점을 지나 진행하게 허용한다. 벡터는 다시 약간 축소하였으며 위를 향하고 있다. 90° 펄스는 시계방향으로 회전하여 양의 신호로 기록이 된다.

그림 4.4d에서는 다이에틸 프탈레이트에 대하여 도치-회복 순서를 점차 $\Delta\tau$를 증가함으로써 여덟 번 반복하였다(완전한 다이에틸 프탈레이트의 구조확인은 4.4절 참조). 대부분의 신호는 다른 T_1값을 의미하는 다른 영점을 가진다는 것이 확실하다. 위에서 의미하는 바와 같이 ~δ 167에서의 C=O 신호는 도치-회복 실험에서 가장 느린 회복을 가진다. 그것의 신호는 일곱 번째와 여덟 번째 스펙트럼 사이에서 도치된다. 반면에 ~δ 13에서의 메틸 신호는 네 번과 다섯 번째 스펙트럼 사이에서 도치된다. T_1값은 다음 공식에 의하여 계산할 수 있다. $T_1 = t_{null}/\ln(2)$ 공식은 대부분의 목적에서는 충분한 근사값을 준다.

4.2.4 핵 오버하우저 증강 (NEO)

3.16절에서 양성자 간에서의 핵 오버하우저 효과(nuclear

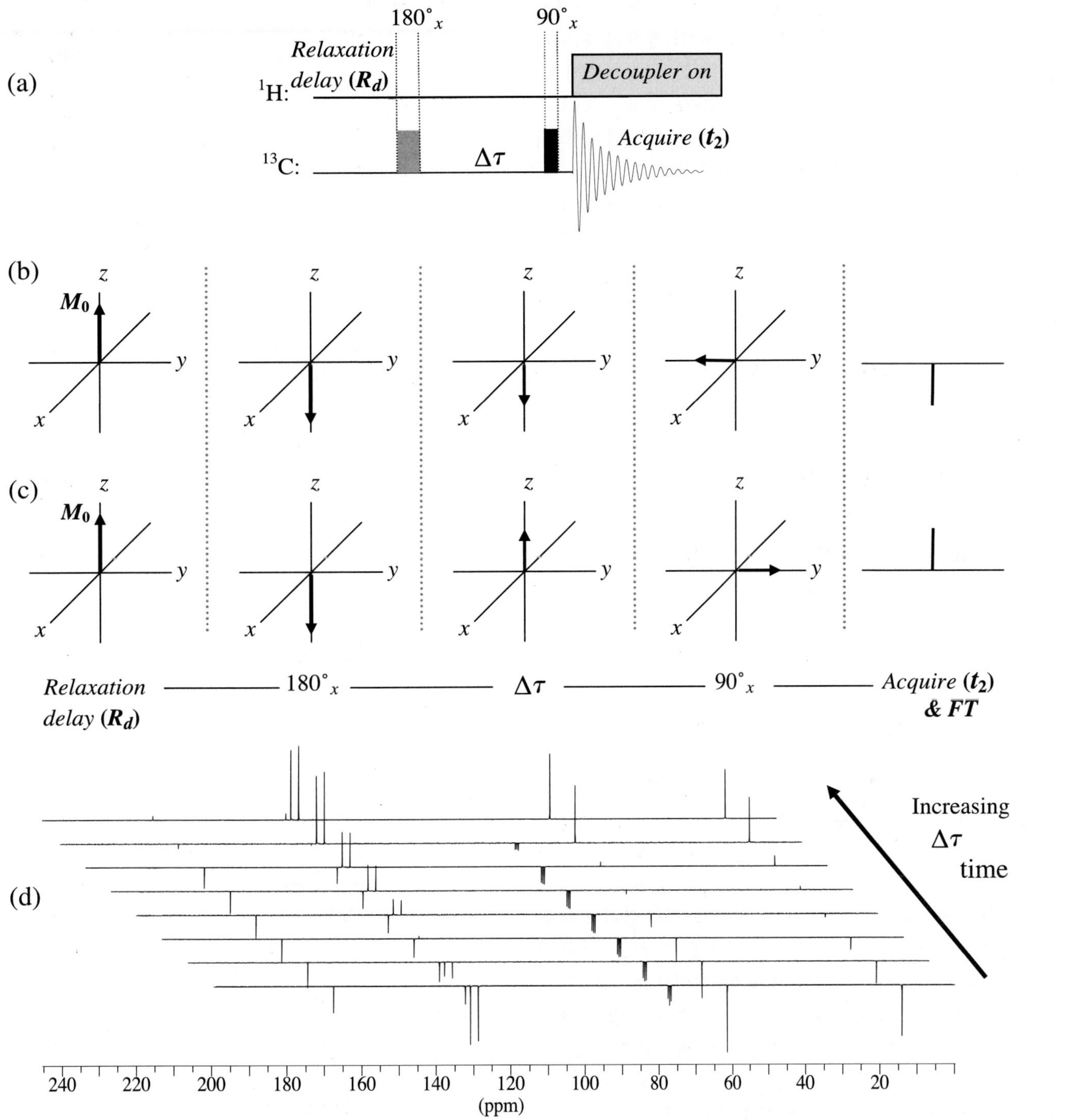

그림 4.4 (a) T_1값을 측정하기 위한 도치 게이트 양성자 짝풀림에 대한 도치 회복 펄스 순서. (b) 짧은 $\Delta\tau$ 시간. (c) 긴 $\Delta\tau$ 시간. (d) 75.5 MHz에서의 다이에틸 프탈레이트의 ^{13}C T_1 자료 집단 예. 완전한 다이에틸 프탈레이트의 구조 확인은 4.3절을 참조.

Overhauser Effect, NOE)를 논의하였다. 이제 ^{13}C 스펙트럼(그림 4.1b 참조)에서 광역 양성자 짝풀림에서 초래되는 헤테로핵(이종핵)의 NOE를 논의하자. ^{13}C 스펙트럼에서의 순수한 NOE 효과는 양성자가 부착된 탄소 원자의 피크의 증강이다. 이러한 증강은 예측된 볼츠만(Boltzmann) 분포로부터 스핀 입자수 반전에 기인한 것이다. 증강의 전체적인 양은 이론적인 최대값과 이완 형태에 따라서 좌우된다. 최대 가능한 증강은 핵 자기회전 비율(γ)의 비율의 반값과 동등하다. 반면에 실제적인 증강은 ^{13}C—^{1}H 쌍극자 이완의 정도에 비례한다. 양성자 짝풀림 ^{13}C 실험에 대하여 최대 NOE 증강은 $\gamma_H/(2)\gamma_C$, 즉 26,753/(2)6,728로 1.98이 된다. 전체적인 감도 증가는 원래의 세기에 NOE 증강이 합해져 거의 3배로 증가한다.

실제적인 ^{13}C—^{1}H의 증강은 각 개별 핵의 이완 메커니즘에 따라 0에서 1.98 사이가 될 수 있다. 실제로 부착된 양성자가 없는 탄소에 대하여서는 $^{13}C—^{1}H$ 쌍극자 이완이 없기 때문에 증강은 본질적으로 영이다. 작은 크기에서 중간 크기의 유기 분자에 대하여서 양성자가 부착된 탄소에 대한 $^{13}C—^{1}H$ 쌍극자 이완이 매우 효율적이기 때문에 거의 200%에 달하는 신호의 증가를 가져온다.

짝풀림 스펙트럼을 짝지음 스펙트럼과 비교하면 순수한 효과는 시간에 있어서의 감소다. 더구나 이러한 세기 증가의 기여는 특정 ^{13}C핵에 직접적으로 부착된 양성자 개수에 대하여 비선형 함수이다. 부착된 양성자가 없는 ^{13}C는 확연히 낮은 세기를 가지는 피크로 특징지어 진다(그림 4.1b 참조). 이러한 변덕스러운 기여는 피크 세기가 나타나야 할 ^{13}C핵의 개수와 상관없게 해 준다.

4.2.5 $^{13}C—^{1}H$ 스핀 짝지음(*J* 값)

스핀 짝지음 *J*값은 적어도 처음 고려 대상으로는 ^{13}C NMR에서는 ^{1}H NMR에서보다 중요성이 떨어진다. 일상적인 ^{13}C 스펙트럼은 보통 짝풀림이기 때문에, 짧은 시간에 스펙트럼을 얻는 것, 혹은 작은 양의 시료로부터 복잡한 겹치는 흡수 피크가 없는 스펙트럼을 얻는 이익에서 $^{13}C—^{1}H$ 짝지음 값은 버린다.

그림 4.1a에서의 콜레스테롤의 스펙트럼에 관하여 *J* 짝지음이 유지되었다. 보통 연속적인 광역 짝풀림보다는 "게이트 양성자 짝풀림" 기법을 이용하여 상당한 시간을 절약하였다. 게이트 양성자 짝풀림 기법은 다음과 같이 설명된다. NOE의 적어도 마지막 부분을 유지하고 (4.2.3절)과 여전히 C—H 짝지음을 유지하기 위하여 게이트 짝풀림 기법을 사용하여야 한다(그림 4.5). 광역 양성자 짝풀림기(decoupler)를 이완 지연 주기 동안 작동 게이트로 하고 (스위치 온)난 다음 짧은 자료 수집 주기 동안 게이트를 끄는 것이다. 그래서 NOE(느린 과정)가 긴 지연 주기에 쌓여 짧은 자료수집 주기 동안에만 일부 붕괴한다. 짝지음은 빠른 과정이어서 즉시 이루어지며, 자료 취득 주기 동안 유지된다. 그 결과 일부 NOE가 유지된 짝지음 스펙트럼이 되며 시간이 절약되는 것이다.

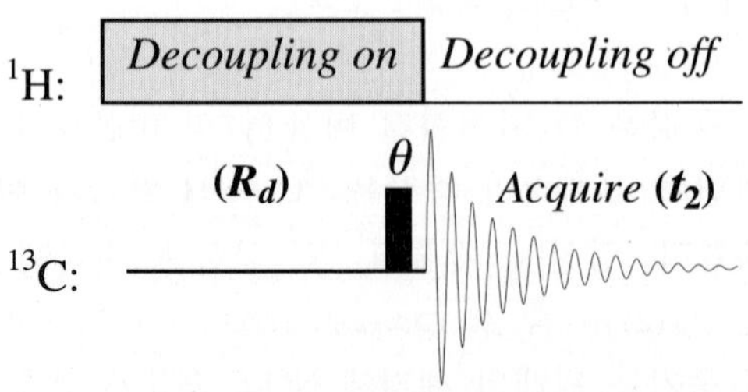

그림 4.5 게이트 양성자 짝풀림 펄스 서열. R_d는 이완 지연, θ는 가변성 펄스각, t_2는 취득시간이다.

표 4.1 몇 개의 $^{1}J_{CH}$ 값

화합물	*J*(Hz)
sp^3	
CH_4	125.0
CH_3CH_3	124.9
$CH_3\underline{C}H_2CH_3$	119.2
$(CH_3)_3CH$	114.2
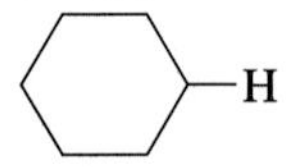	123.0
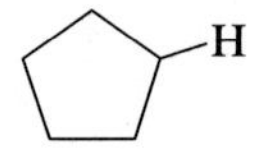	128.0
$PhCH_3$	129.0
CH_3NH_2	133.0
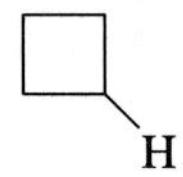	134.0
$ROCH_3$	140.0
CH_3OH	141.0
CH_3Cl	150.0
CH_3Br	151.0
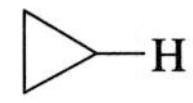	161.0
$(CH_3O)_2C\underline{H}_2$	162.0
CH_2Cl_2	178.0
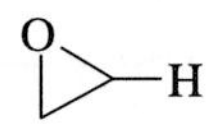	180.0
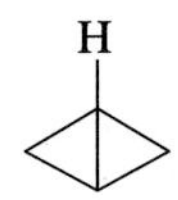	205.0
$CHCl_3$	209.0
sp^2	
$CH_3\underline{C}H{=}C(CH_3)_2$	148.4
$CH_2{=}CH_2$	156.2
C_6H_6	159.0
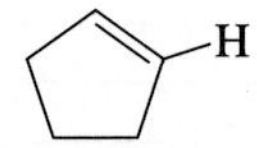	160.0
C=C=C−H	168.0
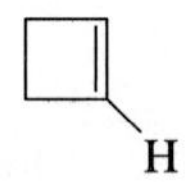	170.0
$CH_3\underline{C}H{=}O$	172.4
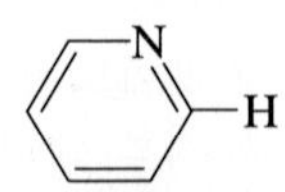	178.0
$NH_2\underline{C}H{=}O$	188.3
=COH(OR)	195.0
$CH_3\underline{C}HX$, X=halogen	198.0
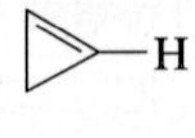	238.0
sp	
CH≡CH	249.0
$C_6H_5C{\equiv}CH$	251.0
HC≡N	269.0

표 4.2 몇 개의 $^2J_{CH}$ 값

화합물	J(Hz)
sp^3	
$C\underline{H}_3CH_3$	−4.5
$C\underline{H}_3\underline{C}Cl_3$	5.9
$R\underline{C}(=O)C\underline{H}_3$	6.0
$\underline{C}H_3C\underline{H}=O$	26.7
sp^2	
$^*C_6H_6$	1.0
$C\underline{H}_2=\underline{C}H_2$	2.4
$C=C(\underline{C}H_3)\underline{H}$	5.0
$(C\underline{H}_3)_2\underline{C}=O$	5.5
$CH_2=\underline{C}HC\underline{H}=O$	26.9
sp	
$C\underline{H}\equiv\underline{C}H$	49.3
$C_6H_5O\underline{C}\equiv C\underline{H}$	61.0

* $^3J = 7.6$ Hz ($>^2J$).

$^1J_{CH}$ 짝지음 값이 관심이 되는 그림 4.1a에서 스핀 짝지음의 유용성에 대하여 시범을 보여 주었다. 표 4.1은 대표적인 $^1J_{CH}$값을 보여 준다.

한 결합 $^{13}C—^1H$ 짝지음($^1J_{CH}$)은 110에서 320 Hz 범위이며, $^{13}C—^1H$ 결합의 증가한 s 특성과 탄소 원자의 전자 끄는기의 치환과 각 뒤틀림에 따라서 증가한다. 상당한 $^{13}C—^1H$ 짝지음($^nJ_{CH}$)은 두 개 이상의 결합(n)에 걸치기도 한다. 표 4.2는 몇몇 약 5–60 Hz의 대표적인 $^2J_{CH}$값을 보여 준다.

$^3J_{CH}$값들은 sp^3 탄소 원자에 대하여 $^2J_{CH}$값과 대충 비교할 만하다. 그러나 방향족 고리에서는 $^3J_{CH}$값은 $^2J_{CH}$값보다 훨씬 크다. 벤젠 자체에서는 $^3J_{CH} = 7.6$ Hz이고, $^2J_{CH} = 1.0$ Hz이다(표 4.2 참조).

^{13}C가 ^{31}P, ^{19}F 및 ^2D 같은 몇 가지 다른 핵과 짝지음이 양성자-짝풀림 스펙트럼에서 관찰될 수도 있다. 대표적인 짝지음 상수는 표 4.3에 주어졌다.

표 4.3 ^{13}C와 짝진 ^{31}P, ^{19}F 및 2D에 대한 짝지음 상수

화합물	^1J(Hz)	^2J(Hz)	^3J(Hz)	^4J(Hz)
CH_3CF_3	271			
CF_2H_2	235			
CF_3CO_2H	284	43.7		
C_6H_5F	245	21.0	7.7	3.3
$(C_4H_9)_3P$	10.9	11.7	12.5	
$(CH_3CH_2)_4P^+\ Br^-$	49.0	4.3		
$(C_6H_5)_3P^+\ CH_3I^-$	88.0	10.9		
	^1J(Hz) of $CH_3 = 52$			
$C_2H_5(P=O)(OC_2H_5)_2$	143	7.1 (J_{COP})	6.9 (J_{CCOP})	
$(C_6H_5)_3P$	12.4	19.6	6.7	
$CDCl_3$	31.5			
$CD_3(C=O)CD_3$	19.5			
$(CD_3)_2SO$	22.0			
C_6D_6	25.5			

4.2.6 감도

^{13}C핵은 자연 존재비가 훨씬 낮아서 양성자보다 훨씬 낮은 감도를 가진다. 충분한 신호 강도를 얻기 위하여서는 많은 양의 시료와 긴 시각이 필요하다. 신호대 잡음비(S/N)가 다음 방정식으로 주어진 펄스 FT NMR 실험의 감도에 대하여 다시 한 번 주목하자(3.3.2절).

$$S/N = NT_2\gamma_{exe}\left(\frac{\sqrt[3]{B_0\gamma_{det}}\sqrt{ns}}{T}\right)$$

S/N은 $\sqrt{ns}$에 비례하여 커진다는 점을 알고 있다. ns는 펄스 프로그램에서 스캔 횟수 혹은 되풀이되는 횟수이다. 이러한 관계는 몇 μg에서 mg의 물질이면 몇 번의 스캔에서 좋은 S/N을 얻는데, 충분한 ^1H 실험에서는 전형적인 문제가 되지를 않는다. 이전에 언급한 바와 같이 ^{13}C는 ^1H보다 ~6000배 감도가 떨어지기 때문에 많은 시료양(N), 높은 자기장 세기 $\boldsymbol{B}_0$를 (또는 좋은 탐침의 기술, 즉 저온-탐침(probe)) 혹은 스캔 횟수(ns)의 증가 중 하나를 필요로 한다.

대부분의 실험실에서는 단 한 가지의 대안인 ns를 증가시킨다. 그러나 S/N값을 두배로 하려면 스캔 횟수를 네배로 하여야 하며, 1, 4, 16, 64, 256, 1024(1k), 2k, 4k, 16k, 64k, ... 스캔수에 따라 금새 긴 실험시간으로 급등한다. 다른 해결책은 한 핵(^1H)의 높은 감도를 이용하여 감도가 떨어지는 다른 하나의 핵(^{13}C)으로 에너지를 전달하는 실험을 기술한 5.4.2절에 나타나 있다.

일상적인 75.5 MHz에서의 ^{13}C 스펙트럼은 정상적으로 5 mm 외경 유리관에 넣은 0.5 ml의 중수소화된 용매에 녹인 10 mg의 시료를 필요로 한다. 100 μg 단위의 시료는 높은 감도를 주는 외경 2.5 mm 유리관을 사용하는 탐침에서 취급한다(3.3절 참조).

4.2.7 용매

^{13}C NMR 분광법을 위한 시료는 보통 $CDCl_3$에 녹이고 테트라메틸실레인(TMS)의 ^{13}C 피크를 내부 기준으로 사용한다.* 부록 A에 흔히 사용하는 중수소화한 용매의 목록이 있다.

주어진 중수소화 용매에 대하여 ^{13}C와 ^1H 용매 피크는 다중도에 있어 다르다. 양성자 스펙트럼과 ^{13}C 스펙트럼에서의 용매 피크의 형태의 다름에 유의할 가치가 있다. 예를 들면, 양성자 스펙트럼에서 익숙하게 보는 δ 7.26에서의 단

* 최근의 기기장치에서는 보통 TMS를 가하지 않는 대신에 중수소화 용매의 ^{13}C 피크를 기준으로 사용한다. 그러나 스펙트럼은 TMS의 ^{13}C 피크를 척도의 오른쪽 끝에서 δ 0.00으로 표시한다.

일선은 용매 $CDCl_3$에 존재하는 소량의 $CHCl_3$의 결과이다. ^{12}C가 자기적으로 불활성이며, Cl핵은 강한 전기적 사중극자 모멘트(3.7절 참조)를 가지기 때문에, ^1H 피크는 분할이 되어 있지 않다. 존재하는 ^{13}C의 작은 양은 눈에 보이는 이중선을 생성하기에는 불충분하다. 다른 유용한 용매 다이메틸-d_6 설폭사이드의 양성자 스펙트럼에서 δ 2.49에서의 오중선은 불순물 $\mathbf{H}CD_2—S(=O)—CD_3$에 있는 D_2에 의한 양성자 분할의 결과이다.

스핀 양자수(I) 1인 중수소핵 두 개에 의하여 양성자 피크가 분할된다. 다중도는 잘 알려진 공식 $2nI + 1$에 의하여 계산될 수 있다: 따라서 $2 \times 2 \times 1 + 1 = 5$. $—CD_3$기는 간섭하지 않는다.

전형적인 ^{13}C 스펙트럼에서 용매 $CDCl_3$은 δ 77.0을 중심으로 하는 삼중선을 준다. 그러나 통상의 광역 짝풀림에 의하여 모든 양성자들이 짝풀림이 되어 존재하는 적은 양의 $CHCl_3$는 관계가 없다. 삼중선은 D핵에 의하여 분할된 ^{13}C 피크로부터 생긴 것이다. 공식 $2nI + 1$에 의하여 $2 \times 1 \times 1 + 1 = 3$이 된다. 세기의 비율은 1 : 1 : 1이다. $CD_3S(=O)CD_3$의 경우 이 공식은 $2 \times 3 \times 1 + 1 = 7$ 값을 준다. δ 39.7에서의 다중선(multiplet)은 21 Hz의 짝지음 상수를 가지는 칠중선(septet)이다. 세기의 비율은 1 : 3 : 6 : 7 : 6 : 3 : 1이다(부록 A 참조). 다음 도식은 양성자에 대한 파스칼 삼각형의 중수소 유사물이다(^1H에 해당되는 것은 그림 3.32 참조).

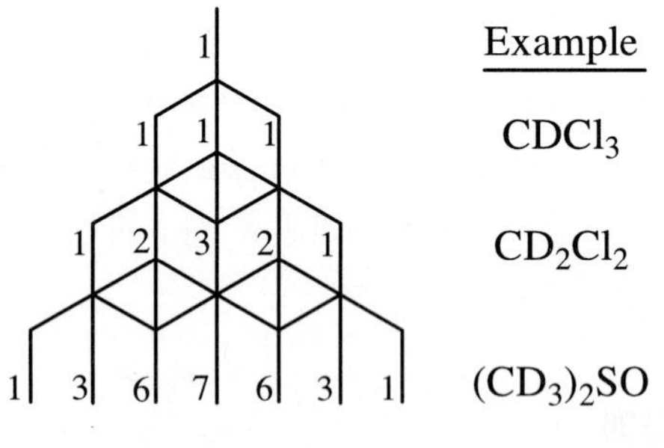

탄소의 H를 D로 치환하면 다음 이유와 같이 광역 짝풀림 스펙트럼에서 ^{13}C 신호의 높이의 극적인 감소가 초래된다. 중수소는 스핀 번호가 1이며, 자기 모멘트가 ^1H의 30%이기 때문에, ^{13}C 흡수를 J값이 $0.30 \times J_{CH}$가 되는 세 개의 선으로 분할(1 : 1 : 1비)한다. 더구나 감소한 쌍극자-쌍극자 이완으로 인하여 $^{13}C—D$에 대한 T_1값이 $^{13}C—{}^1H$에 대한 값보다 길어진다. 마지막으로 중수소에 대한 조사(irradiation)가 없기 때문에 NOE가 손실된다.* 동위원소 효과로 보통 $^{13}C—D$ 흡수(D원자당 ~0.2 ppm)가 약간 낮은 쪽으로 이동하기 때문에 조금이라도 남아있는 $^{13}C—{}^1H$에 대하여 분리된 피크를 역시 볼 수 있다. 동위원소 효과는 중수소화된 탄소로부터 한 번 제거된 탄소 원자의 흡수를 역시 약간 이동시킨다. 예를 들면, 흔한 NMR 용매인 순수한 중수소화 벤젠은 짝풀림 스펙트럼에서 δ 128.0을 중심으로 한 J값이 25 Hz인 1 : 1 : 1 삼중선을 주지만, 같은 조건에서 순수한 벤젠(C_6H_6)은 δ 128.5에서 단일선을 준다(표 4.12 및 부록 A 참조).

4.3 단순한 ^{13}C 스펙트럼의 해석: 다이에틸 프탈레이트

화학 이동 종류에 대하여 충분히 논의하지는 않았지만(4.7절) 우리가 아는 것, 즉 피크 세기 $^{13}C—{}^1H$ 짝지음과 양성자에 관한 장에서 배운 것에 대한, 상대적 화학 이동 예상으로부터 다이에틸 프탈레이트의 피크 배정을 논의할 수 있다. T_1과 NOE는 피크 세기에 영향을 준다. 따라서 탄소의 개수를 대표하지 못한다. 그러나 이것은 이점도 있다. 통상적으로 ^{13}C 스펙트럼을 검토하여 낮은 세기를 가지는 양성자가 없는 핵을 인식할 수 있다(그림 4.6a C=O와 1로 표지된 피크). 흔한 ^{13}C의 스핀-격자 이완 메커니즘은 직접 부착된 양성자 간의 쌍극자-쌍극자 상호작용에서 기인한 것이다. 따라서 양성자가 없는 탄소 원자는 긴 T_1 이완 시간을 가지게 되어 작거나 전혀 NOE를 가지지 못하게 되어 작은 피크를 초래한다. 그래서 카보닐기는(포밀(formyl)기를 예외로), 나이트릴, 양성자가 부착되지 않은 알켄 및 알카인 탄소 원자 및 다른 사차 탄소 원자를 쉽게 인식할 수 있게 된다.

다이에틸 프탈레이트($C_{12}H_{14}O_4$)는 대칭축(더불어 대칭면)을 가지고 있어, 그림 4.6a에서의 짝풀림 ^{13}C 스펙트럼은 여섯 피크로 구성되어 있다. 짝지음이 없기 때문에 피크들은 단일선이며 겹침도 없다. 우리는 화학 이동을 검토하고 ^1H 화학 이동의 분포에서 유사함을 관찰한다(그림 4.3 및 부록 C 참조). 예를 들면, 우리는 CH_3기의 왼편에 드러낸(벗김) CH_2기를 위치하여 알킬기를 ^{13}C 스펙트럼이 오른편에 위치할 수 있다. 강하게 드러낸 세 개의 피크 뭉치는 방향족이라고 지정하는 것이 안전한 것 같다. 부착된 양성자가 없는 ^{13}C 방향족핵(1이라 표지됨)은 높이가 현저하게 감소한 피크를 준다는 것을 알 수 있다. 마찬가지로 C=O기에 대하여서도 적용이 된다.

* 중수소화 용매에 의한 상대적으로 약한 신호에 대해서도 같은 방법으로 설명한다. 게다가 작은 용매 분자는 재빨리 굴러다녀 다닌다. 이러한 빠른 운동은 T_1을 길게 만들어서 작은 피크를 준다. 중수소화 클로로폼, $CDCl_3$는 1 : 1 : 1 삼중선, 중수소화 p-다이옥세인은 1 : 2 : 3 : 2 : 1 오중선, 중수소화 DMSO $(CD_3)_2SO$는 1 : 3 : 6 : 7 : 6 : 3 : 1의 칠중선을 $2nI + 1$ 규칙(3장)에 따라 보여 준다. 부록 A에 일상적 NMR 용매의 ^{13}C 원자의 화학 이동, 짝지음 상수 및 다중도를 실었다.

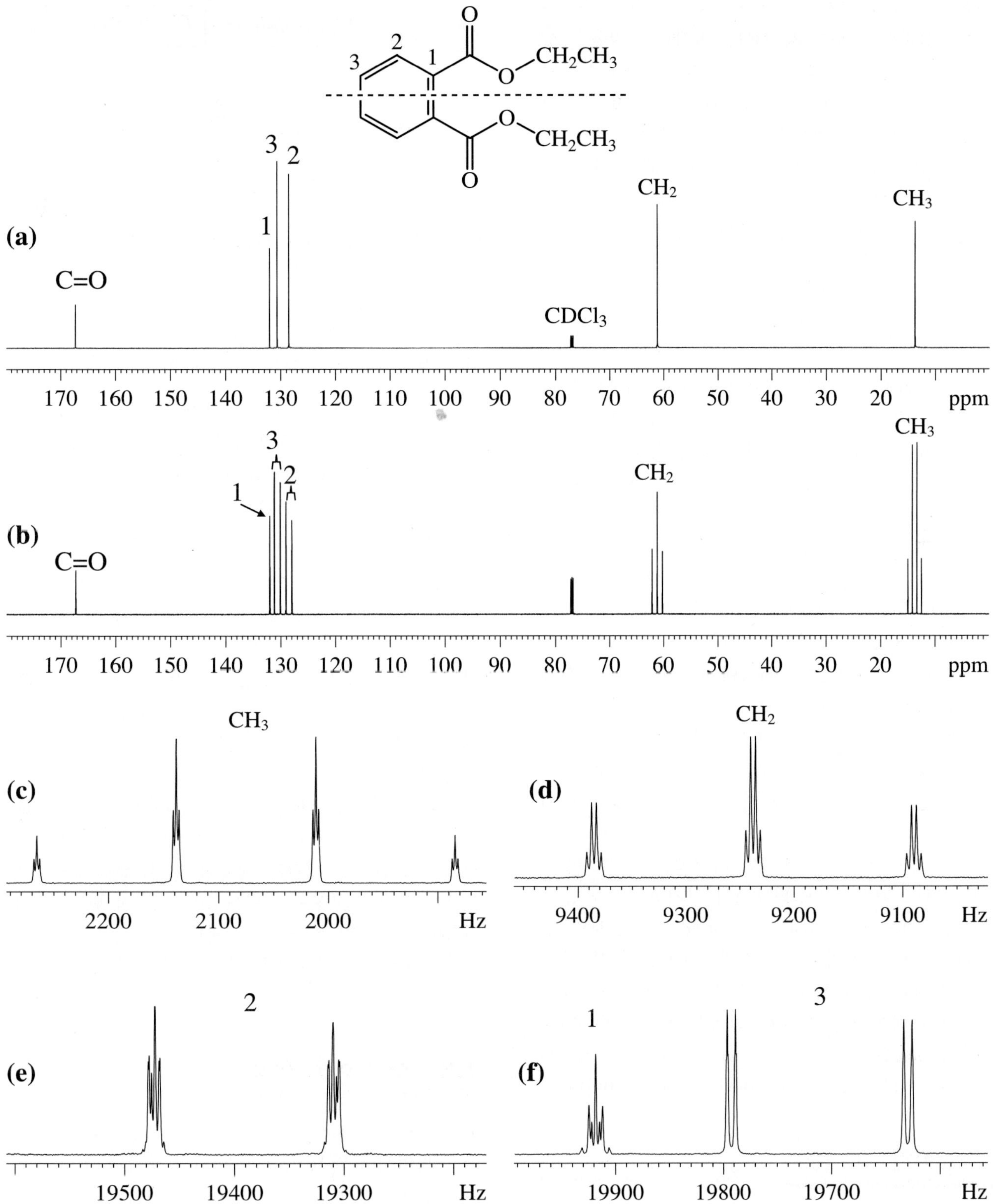

그림 4.6 (a) 다이에틸 프탈레이트의 $CDCl_3$, 150.9 MHz에서의 짝풀림 ^{13}C 스펙트럼. (b) 짝지음 ^{13}C 스펙트럼. (c–f) 짝지음 ^{13}C 스펙트럼의 확대.

그림 4.6b에서의 ^1J 짝지음은 다중도를 제공한다. 즉, 직접 부착한 양성자의 숫자를 제공한다. 이러한 짝지음은 화학 이동 배정에 대한 확신을 준다. 따라서 오른편에서 왼편으로 CH_3의 사중선($n + 1$ 규칙)과 CH_2의 삼중선이 보인다. 다음 두 개 방향족 CH_2기의 이중선의 뭉치가 있으며, 양성자가 부착되지 않은 탄소의 단일선(1로 표지)이 있다. 마지막으로 높은 주파수에서 C=O 단일선이 존재한다.

그림 4.6c에서 시작하여 우리는 4.6b에서의 사중선에 대한 확대를 볼 수 있다. 이것의 각각의 피크는 메틸 ^{13}C의 핵과 인접한 CH_2기의 양성자 간의 ^2J 짝지음에서 기인한 삼중선이다. 이러한 ^2J 짝지음들은 ^1J 짝지음보다 훨씬 작다.

d에서 그림 4.6b에 보인 CH_2 삼중선의 확대를 보면 각 피크는 CH_3 양성자들과의 ^2J 짝지음에 의하여 사중선이 된다. e에서 그림 4.6b에서의 2로 표지된 방향족 뭉치의 오른쪽 이중선의 확대를 볼 수 있다. 이 이중선의 각 피크는 이웃한 양성자들에 의하여 ^2J와 ^3J 짝지음에 의하여 분열된다.

f에 보이는 그림 4.6b의 3으로 표지된 다른 방향족 뭉치의 이중선의 확대이다. 각 이중선의 피크는 ^2J 혹은 ^3J 짝지음에 의하여 분열되었다. 역시 동일한 구획 안에 그림 4.6b의 남아있는 단일선의 확대가 있다. 이 단일선은 부착된 양성자가 없기 때문에 큰 짝지음에 의하여 분열된 것이 아니다. 이것은 단지 작은 ^2J와 ^3J 짝지음에 의하여 분열되었으며, 쉽게 1로 표지된 탄소로 확인된다.

탄소 원자 2는 치환체에 대하여 *ortho* 더하기 *meta*이며 탄소 원자 3은 *meta* 더하기 *para*가 된다. 표 4.12(4.7.4절)를 사용하면 피크 2는 δ 129.6이고, 피크 3은 δ 133.2 값이 된다. 그림 4.6에서 피크를 측정하면 피크 2는 δ 128.5이고, 피크 3은 δ 131.2 값이 된다. 타당성이 있지만 3장을 돌이켜 보면 카보닐기는 *para* 위치보다는 *ortho* 위치를 보다 많이 벗긴(deshield)다고 기억하는 사람들에게는 예상 외일 수도 있다. 3장의 차트(Chart) D.1은 적어도 한 개의 카보닐 치환기에 대하여서는 이러한 인상을 확신시켜 준다. *ortho* 더하기 *meta*를 *ortho* 더하기 *para*와 비교한 결과, 기대 결과치를 얻는다: 피크 2는 δ 8.0 피크 3은 δ 7.60이다.

4.4 정량적인 ^{13}C 분석

정량적인 ^{13}C NMR은 두 가지 상황에 있어서 바람직하다. 첫 번째 구조를 결정하는데 있어 두 개 이상의 동일 이동의 탄소로부터 하나의 신호가 유래되었는가를 알아내는 데 확실히 유용하다. 두 번째는 두 개 이상의 성분을 가지는 혼합물의 정량적인 분석은 신호를 주는 탄소 원자의 개수에 피크의 면적이 비례하는 것을 필요로 한다.

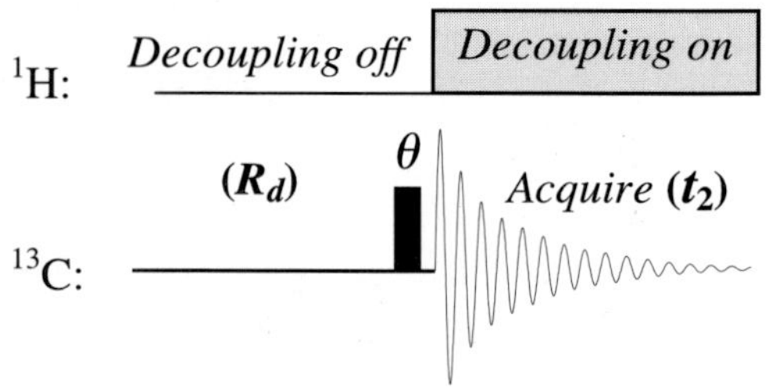

그림 4.7 도치 게이트 양성자 짝풀림 펄스 서열. R_d는 이완 지연, θ는 가변 펄스 각도, t_2는 자료 수집시간.

광역 짝풀림 ^{13}C 스펙트럼이 통상적으로 정량적인 분석에 유용하지 않은 데에는 두 가지 이유가 있다.

- 긴 T_1 이완 시간을 가지는 ^{13}C핵은 펄스 사이에 평형 볼쯔만 분포에 도달하지 못한다. 그 결과 신호는 전체의 진폭에 도달하지 못한다(4.2.3절 참조).
- 핵 오버하우저 증강(NOE, 4.2.4절 참조)은 ^{13}C핵 사이에서 변하며 이에 따라 신호 세기는 변한다.

4.2.5절에서 게이트 양성자-풀림 기법을 논의하였다. 그 목적은 최소한의 시간에 짝지음 스펙트럼이 성취할 수 있는 높은 수준의 핵 오버하우저 효과를 전개하는 데 있다. 이 절에서는 도치-게이트 양성자 짝풀림 기법을 다룬다. 양성자 짝풀림기(decoupler)에서 이완 지체의 시작에서 게이트를 꺼주었다. 자료 수집 기간의 초기에 게이트를 켜준다(그림 4.7 참조). 이 목적은 낮고 일정한 수준의 NOE를 유지하는 것이다. NOE는 자료수집기간의 상당히 짧은 시간 동안 천천히 구축되기 때문에, 이러한 것이 가능하다. 전체적인 결과는 세기가 대표하는 ^{13}C핵의 개수에 비례하는 단일선으로 구성된 스펙트럼이다. 잊지 말고 T_1 이완 시간(R_d)를 여전히 허용하여야 한다.

그림 4.8은 피크 세기에 대한 T_1과 NOE 영향에 대한 시범을 보여 준다.

4.5 화학 이동 동등성

양성자에 대한 화학 이동 동등성에 대한 정의는 탄소 원자에 대하여서도 역시 적용한다: 대칭 조작에 혹은 빠른 메커니즘에 의한 상호교환성. 한 분자 내에서의 동등한 탄소 원자의 존재(혹은 우연한 이동의 겹침)는 외양적인 피크의 개수와 실제 분자 내의 탄소 원자 개수 간의 불일치가 생긴다.

따라서 *t*-뷰틸 알코올(그림 4.9)의 메틸기의 ^{13}C핵들은 메틸기의 양성자들이 동등하다는 같은 맥락으로 보아 빠른 회전으로 인하여 동동하다. *t*-뷰틸 알코올의 메틸기의 ^{13}C

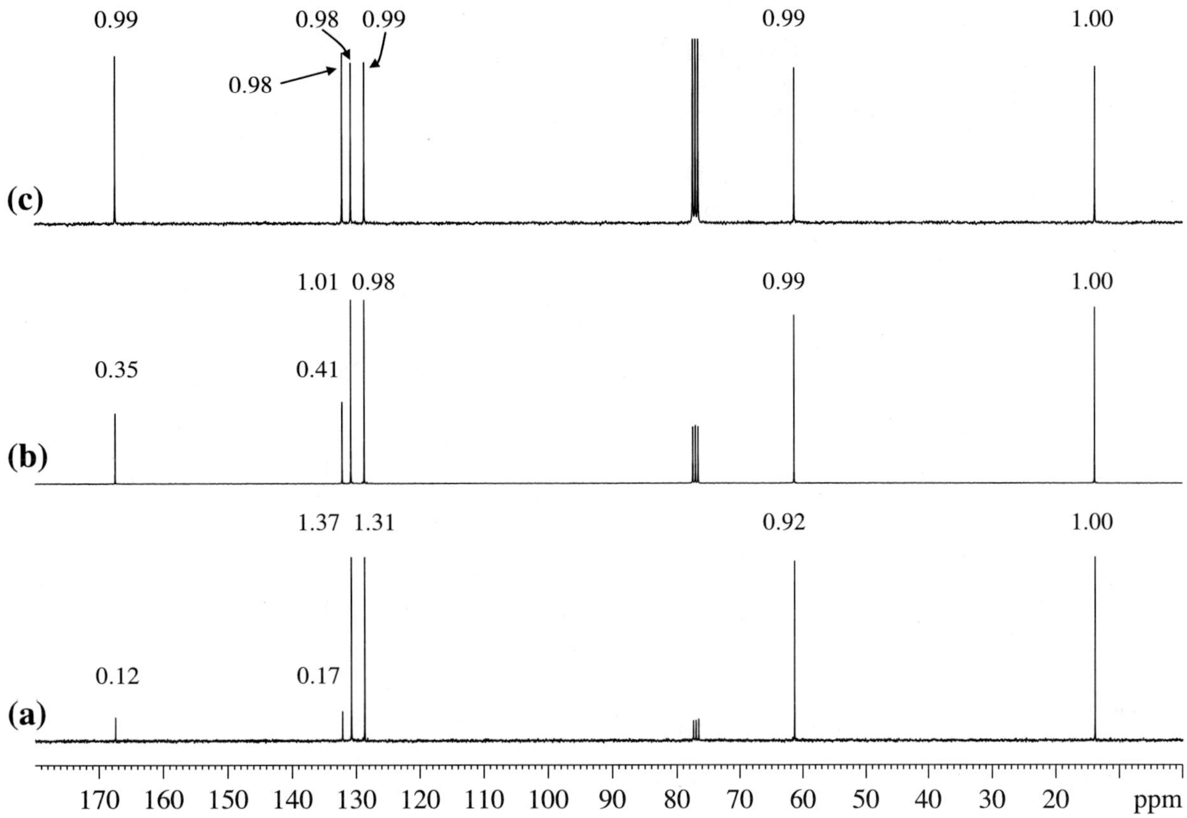

그림 4.8 (a) 이완 지체 (R_d) < T_1인 다이에틸 프탈레이트의 표준 ^1H 짝풀림 ^{13}C 스펙트럼, (b) R_d < T_1인 도치 게이트 양성자 짝풀림 기법, (c) NOE를 보상하는 R_d > $5T_1$ 및 도치 게이트 양성자 짝풀림. 각 피크 위의 숫자는 적분값을 표시한다. 스펙트럼은 $CDCl_3$, 150.9 MHz에서 기록하였다.

스펙트럼은 하나는 다른 하나보다 훨씬 큰 두 개의 피크를 보여 준다: 카빈일 (carbinyl) 탄소 (사차 탄소) 피크는 메틸기의 탄소 원자를 대표하는 피크의 세기보다 훨씬 작다.

75.5 MHz에서의 카이랄 분자 2,2,4-트라이메틸-1,3-펜테인다이올 (그림 4.10) 에서 CH_3(a)와 CH_3(b)가 동등하지 않으며, 두 개의 피크를 볼 수 있다. *c*와 *c′*으로 표지한 두 개의 메틸기가 동등하지 않을 지라도 우연히 같이 겹쳐 하나만의 피크를 보여 준다. 두 개의 피크는 고자장력 (150.9 MHz) 에서 본 것이다.

3.8.3.2절에서 $(CH_3)_2NCH=O$에서의 CH_3 양성자는 실온에서 분리된 피크들을 보여 주지만, 약 123°에서는 화학 이동이 동등해 진다. 물론 ^{13}C 피크도 유사한 양태를 보여 준다.

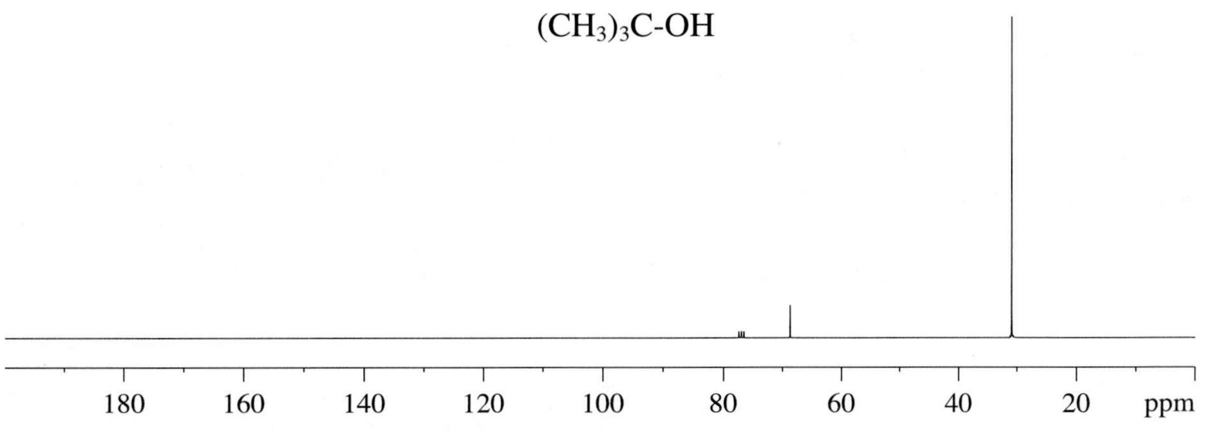

그림 4.9 75.5 MHz, $CDCl_3$에서의 *t*-뷰탄올의 ^1H 짝풀림 ^{13}C 스펙트럼.

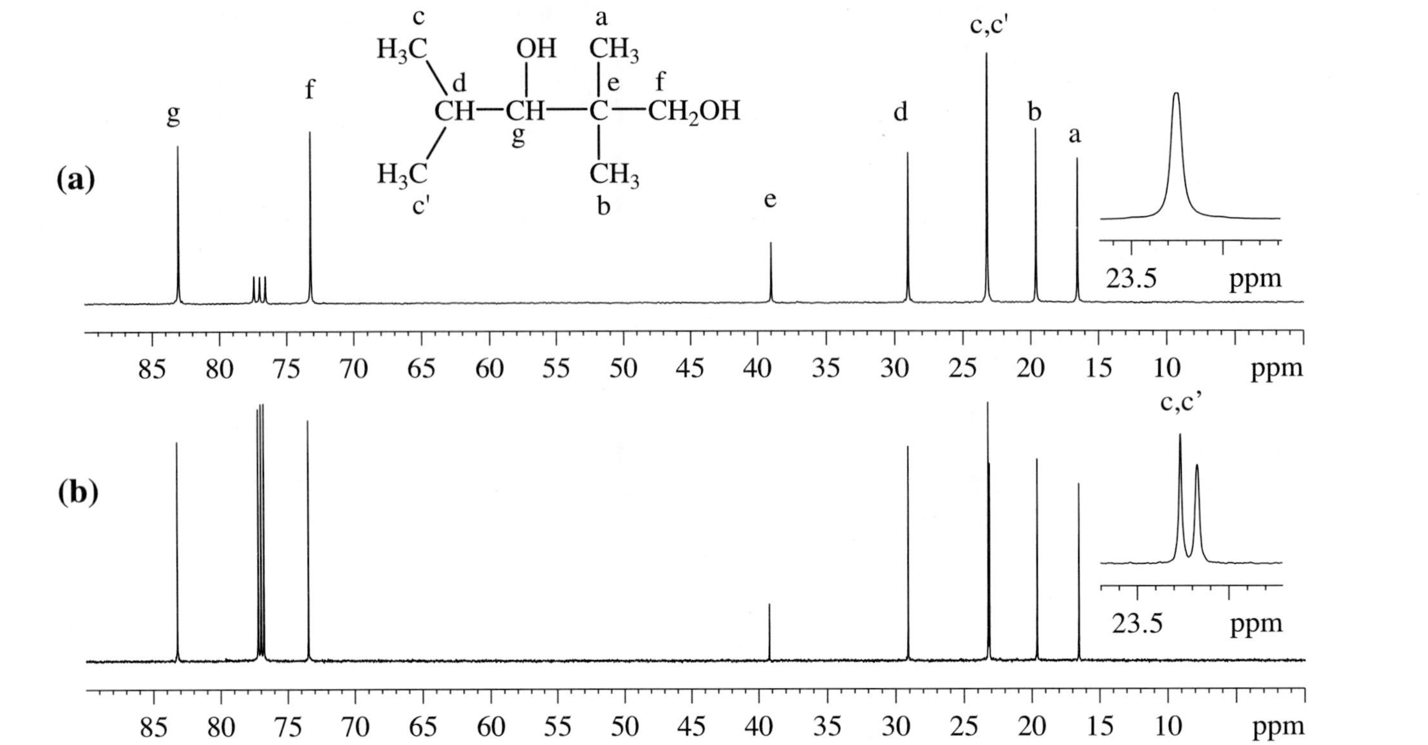

그림 4.10 (a) 75.5 MHz, 용매 $CDCl_3$에서의 2,2,4-트라이메틸-1,3-펜테인다이올의 ^1H 짝풀림 ^{13}C 스펙트럼. (b) 150.9 MHz에서의 동일한 스펙트럼.

4.6 DEPT

모든 양성자 화학 이동 범위를 조사하므로 $^1H—^{13}C$ 짝지음을 제거하는 결정을, ^{13}C NMR 분광법의 역사 초기에 이룬 것은 항상 혼란한 축복으로 간주되어 왔다. 한편으로 분자 내의 각개의 고유 탄소 원자에 대하여 한 개의 피크로 이루어진 스펙트럼은 과거 및 현재에도 극도로 매력적이다. 그러나 $^1H—^{13}C$ 짝지음 정보는 구조 결정에 있어서 값지고 확실히 유용하다. 수년에 걸쳐서 이러한 정보를 유용하게 개발하면서도, 여전히 완전한 짝풀림 스펙트럼을 유지하기 위한 시도로 많은 실험이 개발되어 왔었다. 두 실험이 모두 다 한 때 인기가 있었으며, 오래된 문헌에서 둘 다 모두 흔하기 때문에 언급할 가치가 있다.

현재는 구식이 되어버린 이 둘 중의 첫째는 공명비킴 ^1H 짝풀림 스펙트럼 (off-resonance ^1H decoupled spectrum) 이라고 불리는 실험이다. 이 실험에서는 광역 짝풀림기를 공명에서 비켜나가 이동함으로써 $^1H—^{13}C$ 짝지음이 한 결합(즉, 각 탄소가 자체에 부착된 양성자와의 짝지음만 보여 줌) 에만 한정된다. 따라서 각 탄소 공명은 단일선 (부착된 양성자가 없음), 이중선 (한 개의 부착된 양성자), 삼중선 (두 개의 부착된 양성자), 혹은 사중선 (세 개의 부착된 양성자) 을 준다. 이러한 양식은 일차 짝지음 규칙 및 $n + 1$ 규칙이 적용된다는 점을 명심하시오. 역시 이러한 실험은 탄소의 공명을 그것의 다중도 (s, d, t, q) 에 따라 부르는 통상적인 관례 (아직도 오늘날 사용하고 있는) 가 되었다. 우리는 이러한 실험을 하건 안하건에 관계없이 우리는 이러한 다중도에 대한 기술을 사용한다.

언급할 가치가 있는 다른 실험은 역시 시대에 뒤떨어진 것으로 부착된 양성자 시험법 (attached proton test), 즉 APT이다. 이러한 실험법은 메타인, 메틸렌 및 메틸기의 $^1H—^{13}C$의 짝지음의 서로 다른 크기에 기초한 것이다. 펄스 서열 (주어지지 않음) 의 어떤 지체를 조정함으로써 사차

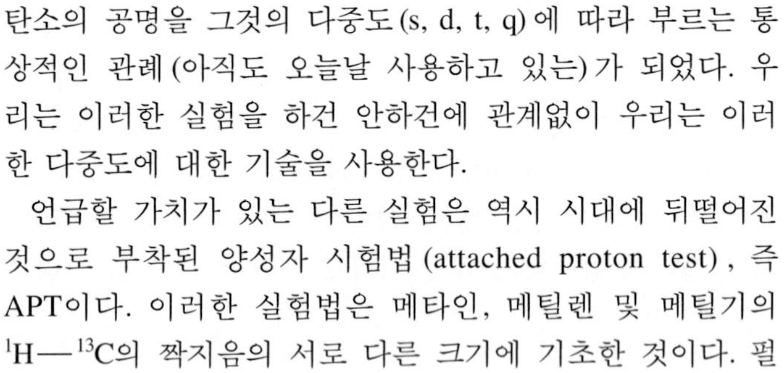

그림 4.11 DEPT 펄스 서열. 전형적인 CH 짝지음 상수 145 Hz에 관한 1/2 J는 가변 펄스각이 된다. R_d는 이완 지연, θ는 가변 펄스, t_2는 취득시간이다.

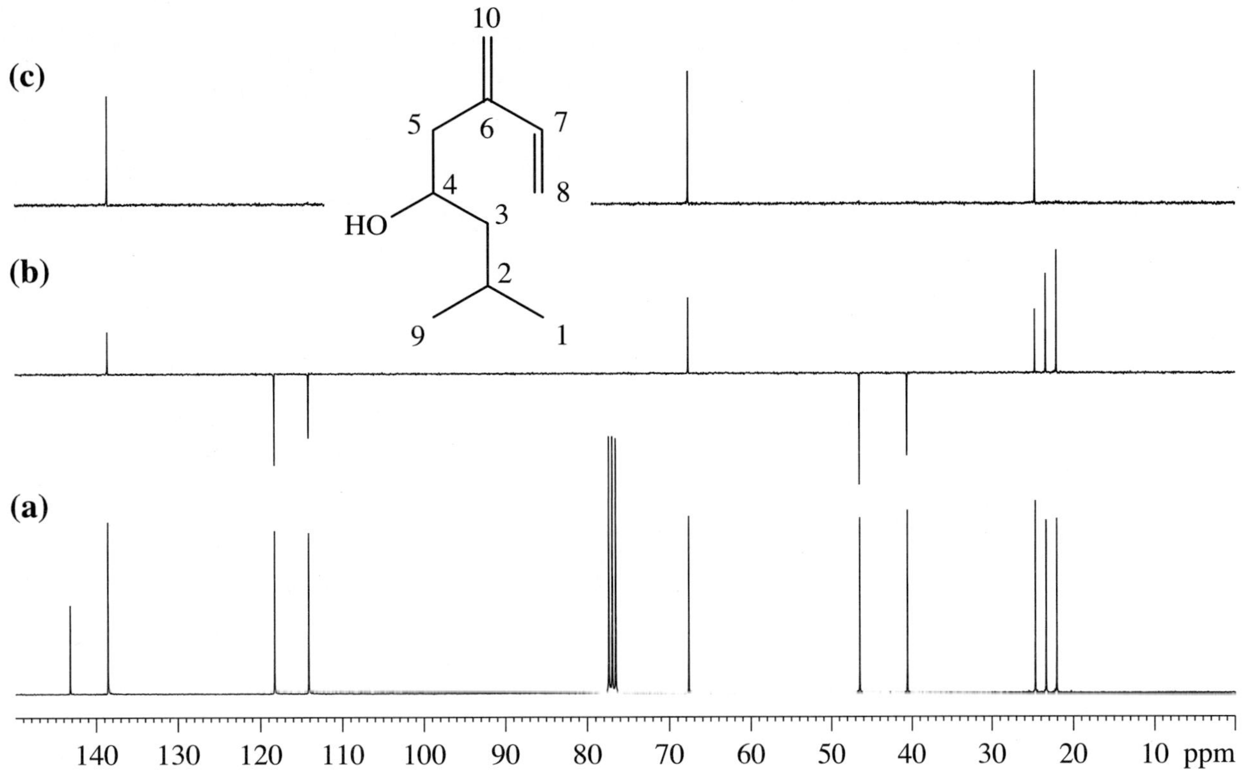

그림 4.12 (a) $CDCl_3$ 75.5 MH에서의 표준 ^{13}C 짝풀림 스펙트럼. (b) DEPT 부속스펙트럼: DEPT 135° CH와 CH_3는 위쪽, CH_2는 아래쪽. (c) DEPT 90° 오로지 CH만.

와 메틸렌 탄소는 위 방향으로 위상을 가지며, 메타인과 메틸 탄소는 아래 방향으로 위상을 가진다. 위상은 임의적이기 때문에 이러한 순서는 뒤바꿀 수도 있다. 탄소 각각의 짝지음 상수의 크기에 따라 이러한 탄소를 구별하는 능력은 현재 인기있는 DEPT를 초래하였다.

DEPT 서열(편극화 이전에 의한 왜곡없는 증대)은 개별적인 ^{13}C핵에 직접적으로 부착된 양성자의 개수를 결정하는데 선별적인 방법으로 개발되었다. DEPT 실험은 작은 양의 시료에 대하여 적절한 시간 내로 수행할 수 있다: 실제 통상의 ^{13}C 실험법보다 몇 배 좋은 감도를 가진다. 많은 실험실에서 DEPT는 통상적인 것이며, 본 교과서 연습 문제에서도 널리 사용하고 있다. DEPT 서열에서의 새로운 특성은 가변적인 양성자 펄스각 θ(그림 4.11 참조)를 한 부속스텍트럼(subspectrum)에서는 90°로 다른 분리된 실험에서는 135°로 고정한 것이다.

입세놀의 DEPT 스펙트럼은 그림 4.12에 표시하였다. 이것은 표준 ^{1}H-짝풀림 ^{13}C 스펙트럼인 주스펙트럼 (a)와 DEPT 135로 CH_3 및 CH가 위인 위상인 반면에, CH_2는 아래의 위상이 되는 중간 스펙트럼 (b)로 구성되어 있다. 상위 스펙트럼 (c)는 DEPT 90으로 오로지 CH 탄소들만 감지된다. 부속스펙트럼에서는 사차 ^{13}C는 감지되지 않는다. 주스펙트럼에서 ^{13}C 피크들은 두 개의 부속스펙트럼에서의 피크들을 주스펙트럼과 비교 검토하여 CH_3, CH_2, CH 혹은 C로 해석한다. ^{13}C/DEPT 스펙트럼을 가장 쉽게 해석하는 접근법은, 다른 두 개의 DEPT 스펙트럼 중 어느 것에도 있지 않은 ^{1}H-짝풀림 ^{13}C 스펙트럼의 피크를 먼저 찾아보는 것이다. 이러한 피크들은 사차(양성자가 부착되지 않은)로 확인이 된다. 다음에 DEPT 135를 보아 모든 CH_2를 표지한다. 이것들은 아래로 위상을 가지기 때문에 쉽게 확인이 된다. 마지막으로 CH에 대하여 CH_3를 DEPT 90에 대하여, DEPT 135를 검토하여 확인한다. DEPT 90은 CH 탄소만을 가지기 때문에 DEPT 135에서 위쪽으로 위상을 가지는 것들 중 차이가 나는 나머지들은 CH_3들이다.

^{13}C/DEPT 스펙트럼을 해석하는데 간단성을 도해하기 위하여 그림 4.12의 입세놀로 다시 돌아가서 주스펙트럼의 왼쪽 끝의 고주파수 피크로부터 시작하면, 부속스펙트럼에서 어떠한 피크도 일직선상에 놓여 있지 않음을 알 수 있다. 따라서 주스펙트럼의 이 피크는 C 피크이다. 즉, 부착된 양성자 원자가 없는 C 피크이다. 주스펙트럼에서 오른쪽으로 다음 피크는 CH 피크이다. 왜냐하면 아래쪽 부속스펙트럼과의 일직선 연장선상에 있는 피크가 위쪽 부속스펙트럼과 일직선상에서 위를 향하고 있기 때문이다. 용

매 ($CDCl_3$) 삼중선의 오른편 다음 피크는 확실히 다른 하나의 CH 피크이다. 다음의 두 피크는 CH_2 피크이다. 다음 피크는 다시 CH 피크이다. 다음 두 개는 아래쪽 부속스펙트럼에서 일직선상의 피크가 위쪽을 향하고 있으나 위쪽 부속스펙트럼에서는 일직선상의 피크가 없기 때문에 CH_3 피크가 된다. 요약하면 (주파수 순서로) 다음과 같이 된다.

$$\overset{6}{C}, \overset{7}{CH}, \overset{8}{CH_2}, \overset{10}{CH_2}, \text{용매}, \overset{4}{CH}, \overset{5}{CH_2}, \overset{3}{CH_2}, \overset{2}{CH}, \overset{1}{CH_3}, \overset{9}{CH_3}$$

물론 DEPT 스펙트럼을 해석하는 것은 약간의 연습을 필요로 하지만 결과는 매우 유익하다. 우리는 탄소와 수소 원자의 개수를 가질 뿐만 아니라, 각 탄소에 부착된 수소의 개수와 더불어 탄소 원자의 주파수 분표를 가지는 것이다. DEPT 스펙트럼에서는 OH만 아니고, ^{15}N, ^{33}S, ^{29}Si, ^{31}P 같은 원자에 부착된 양성자가 기록되지 않기 때문에, 양성자 스펙트럼과 DEPT 스펙트럼 간의 양성자 개수 계수에 있어서 차이가 있다. ^1H 스펙트럼과 DEPT 스펙트럼을 상관시키는 것은 어렵지 않다. 사실 양 두 개의 스펙트럼 모두에서 올레핀 및 알킬계가 얼마나 멀리 분리되는가를 관찰하는 것은 인상적이다.

4.7 화합물 부류와 화학 이동

이 절에서는 화학 이동을 유기 화합물의 통상적인 화학 부류의 제목하에서 논의할 것이다. 이미 알다시피 일상적 ^{13}C 연구에서 일반적으로 조우하는 화학 이동의 범위는 약 220 ppm이다.

첫 번째로 다시 강조하여 말하자면 우리는 ^{13}C의 화학 이동은 어느 정도 ^1H와 평행하기 때문에, ^1H 스펙트럼에 대한 어느 정도의 느낌을 ^{13}C에 대하여서도 가질 수 있다. 게다가 치환 효과의 가산성 (additivity) 의 개념 (4.7.1 및 4.7.6 절 참조) 이 두 스펙트럼 모두에게 유용하다. ^{13}C 이동은 주로 혼성화, 치환체 전기음성도 및 반자기성 비등방성 (약간) 과 주로 관련되어 있다. 용매 효과는 양 스펙트럼에서도 중요하다. ^{13}C에 대한 화학 이동은 δ 위치 같이 멀리 떨어진 치환에 의하여서도 영향을 입는다. 벤젠 고리에서 ^{13}C에 대한 유별난 이동은 부착점에의 치환체와 *ortho*, *meta*, *para* 위치에서의 치환체에 의하여 초래된다. ^{13}C의 이동은 역시 **γ-고우시** 효과 (4.7.1절 참조) 에 의하여 오른쪽으로 상당히 이동한다. 몇 ppm 정도의 오른쪽으로의 이동은 희석시에 일어날 수 있다. 극성 용매에 의한 수소 결합 효과는 왼쪽으로 이동을 초래한다.

분광법의 다른 유형과 마찬가지로 피크 해석은 기준 화합물을 기초하여 얻어진다. 많은 화합물 부류에 대한 기준 화합물은 문헌에 축적되어 있다. 출발점은 주요 화학적 부류에 있어서의 ^{13}C 원자의 화학 이동 지역에 대한 일반적 상관 차트 (그림 4.3과 부록 C 참조) 이다. 다음 이러한 지역 내의 약간의 변화는 특별한 화학 부류의 구조적 변화와 같이 상관된다. 다음 표에 있는 화학 이동값들은 다양한 용매와 농도를 사용하기 때문에 글자 그대로 받아 들이면 안된다. 예를 들면, $CDCl_3$에서 아세토페논의 C=O 흡수는 CCl_4에서보다 2.4 ppm 왼쪽에서 나다난다. 다른 아세토페논의 탄소 원자에 대한 효과는 0.0에서 1.1 ppm의 범위가 된다. 더구나 이전의 많은 연구가 다양한 기준 물질을 사용하였으며, 값들은 TMS로부터의 ppm으로 보정되었다.

^{13}C 스펙트럼은 방향족 고리에 대한 치환 형태가 흔히 구별된다. 예로, 만일 두 개의 동일한 (비카이랄) 치환체가 존재한다면, 고리 탄소의 화학 이동이 충분히 차이가 진다면 대칭 요소만 가지고 *para*, *ortho* 및 *meta* 이성질체를 구별할 수 있다. *para* 이성질체는 두 개의 단순축과 두 개의 평면을 가진다. *ortho* 및 *meta* 이성질체는 한 개의 단순축과 한 개의 평면을 가진다. 그러나 *meta* 이성질체는 두 개의 원자를 관통하는 요소들을 가지고 있다. 각 화합물에서 고리 평면내에 대칭면이 존재하나 고리 탄소 원자에 영향을 주지 않는다.

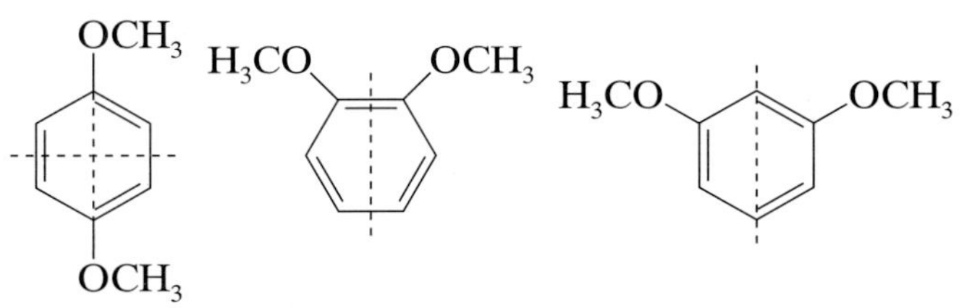

para 이성질체의 ^{13}C 스펙트럼의 방향족 지역은 두 개의 피크를 보여 준다: *ortho* 이성질체에 대하여서는 세 개의 피크: *meta* 이성질체에 대하여서는 네 개의 피크. 사차 탄소 피크는 치환되지 않은 탄소 피크보다 훨씬 낮은 세기를 가진다.

이동 증가에 대한 가산성은 4.7.6절에 시범을 보였다.

4.7.1 알케인

4.7.1.1. 직선형과 가지달린 알케인 일반적 상관 차트 (부록 C) 로부터 헤테로원자에 의하여 치환되지 않은 알케인 원자단은 약 60 ppm에서 흡수함을 알 수 있다 (메테인은 −2.5 ppm) . 이러한 범위 안에서 곧은 사슬 혹은 가지달린 사슬의 탄화수소에 대한 개별적인 ^{13}C 원자의 화학 이동을 표 4.4의 자료 및 다음에 주어진 공식으로부터 예측할 수 있다.

이러한 표는 탄화수소에서의 가산성의 이동 매개변수

(A)를 보여 준다: α-효과는 +9.1, β-효과는 +9.4 ppm, γ-효과는 −2.5, δ-효과는 +0.3, ϵ-효과는 +0.1이며, 가지달린 효과에 대한 보정값이 매개변수이다. 3-메틸펜테인의 탄소 원자들에 대한 계산값(및 관찰값)은 다음과 같다:

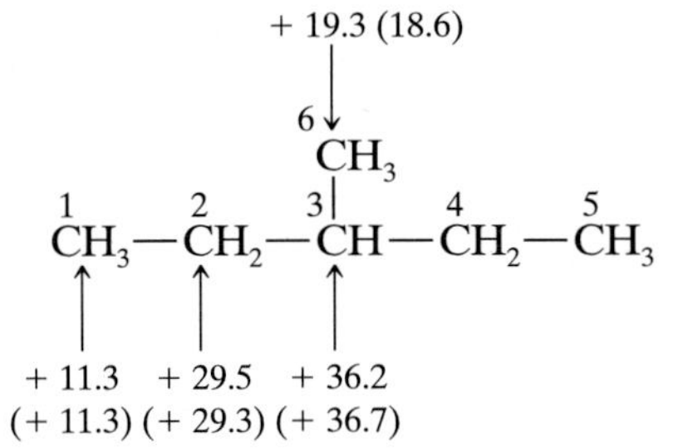

다음 공식에 의하여 이동에 대한 계산이 만들어 진다. $\delta = -2.5 + \Sigma nA$, 여기서 δ는 탄소 원자에 대한 예상 이동값: A는 가산성 이동 매개변수이며, n은 각 이동 매개변수에 대한 탄소 원자의 개수(−2.5는 메테인의 ^{13}C에 대한 이동값이다). 따라서 탄소 원자 1에 대하여 1 α-, 1 β-, 2 γ- 및 1 δ-탄소 원자를 가진다.

$$\delta_1 = -2.5 + (9.1 \times 1) + (9.4 \times 1) + (-2.5 \times 2) + (0.3 \times 1) = 11.3$$

탄소 원자 2는 2 α-, 2 β- 및 1 γ-탄소 원자를 가진다. 탄소 원자 2는 3° 탄소가 부착된 2° 탄소이다[2°(3°) = −2.5].

$$\delta_2 = -2.5 + (9.1 \times 2) + (9.4 \times 2) + (-2.5 \times 1) + (-2.5 \times 1) = 29.5$$

표 4.4 몇 개의 직선 및 가지달린 탄화수소에 대한 ^{13}C 이동 매개변수

^{13}C 원자	이동 (ppm) (A)
α	9.1
β	9.4
γ	−2.5
δ	0.3
ϵ	0.1
1°(3°)[a]	−1.1
1°(4°)[a]	−3.4
2°(3°)[a]	−2.5
2°(4°)	−7.2
3°(2°)	−3.7
3°(3°)	−9.5
4°(1°)	−1.5
4°(2°)	−8.4

* 1° (3°) 및 1° (4°)는 R_2CH기 및 R_3C에 결합한 CH_3기를 각각 표시한다. 2° (3°)는 RCH_2기가 R_2CH기에 결합한 것 등등을 표시한 것이다.

탄소 원자 3은 3 α-와 2 β-탄소 원자를 가진다. 그것은 2° 원자가 부착된 3° 원자이다 [3°(2°) = −3.7]. 따라서

$$\delta_3 = -2.5 + (9.1 \times 3) + (9.4 \times 2) + (-3.7 \times 2) = 36.2$$

탄소 원자 6은 1 α-, 2 β- 및 2 γ-탄소 원자를 가진다. 그것은 3° 원자가 부착된 1° 원자이다[1°(3°) = −1.1]. 따라서

$$\delta_6 = -2.5 + (9.1 \times 1) + (9.4 \times 2) + (-2.5 \times 2) + (-1.1 \times 1) = 19.3$$

이러한 계산과 결정된 값과의 일치는 매우 좋다. 다른 하나의 유용한 계산이 주어졌다.* 낮은 주파수로의 ^{13}C γ 이동은 γ **고우시** 상호작용에 의한 입체 압착에 기인한 γ 탄소에 기인한 결과이며, ^1H 스펙트럼에서는 이러한 것의 대응은 볼 수 없다. 예를 들면, 회전 형태적으로 견고한 사이클로헥세인 고리의 수직 방향 메틸 치환기가 수평 방향 메틸기보다 오른쪽으로 이동함과 고리의 γ 탄소 원자가 오른쪽으로 이동함을 설명해 준다. 표 4.5는 몇 가지의 직선형과 가지달린 알케인의 이동을 열거한다.

4.7.1.2 알케인에 대한 치환체의 효과 표 4.6은 직선형과 가지달린 알케인에 대한 치환체의 효과를 보여 준다. α-탄소에 대한 효과는 브로민과 아이오딘을 예외로 한 치환체의 전기음성도와 평행인 것을 보여 준다.† β-탄소에서의 효과는 카보닐, 사이아노 및 나이트로기를 예외로 모든 치환체에 대하여 상당히 상수인 것으로 보인다. γ-탄소에서 오른쪽으로의 이동은 (위와 같이) **고우시** 상호작용이 입체 압축으로부터 기인한다. Y = N, O 및 F인 경우 Y가 *anti* 형태인 경우 하이퍼콘쥬게이션 때문에 오른쪽으로 이동한다.

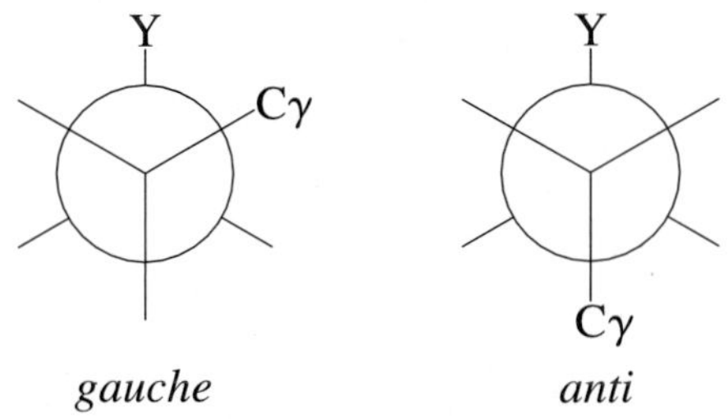

gauche *anti*

표 4.6은 표 4.5에 주어진 알케인의 적절한 이동값에 더하여만 하는 작용기 증가값을 제공하고 있다. 예를 들면, 3-펜탄올에 대한 ^{13}C 이동값을 계산할 수 있다.

*Lindeman, L.P. and Admams, J.Q. (1971). *Anal. Chem*., 43, 1245.

†3.4절, 표 3.2 (Pauling이 전기음성표) 참조.

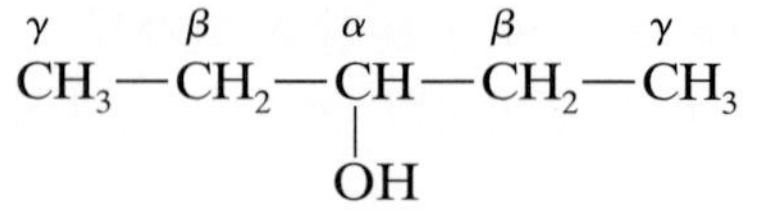

OH 치환체는 펜테인 직선형 알케인 사슬에 내부적으로 (말단에 부착된 것이 아닌) 부착되어 있다. 부착 지점을 펜테인의 C-3에 해당되는 α로 표지하면 이에 대한 이동값은 표 4.6에 의하여 34.7로 주어진다. 3-펜탄올의 α-탄소에 내부적으로 하나의 OH기가 부착되었기 때문에 이 값에 증가값 +41을 더하여 준다(12번째 줄 2번째 칸 참조). 부착점(α-탄소)에 대한 이 이동은 따라서 75.7로 계산된다. β와 γ 이동값은 다음과 같이 계산한다. 모든 계산값들은 실험값들과 상당히 잘 맞는다(표 4.14).

	계산값	실험값 (표 4.14 참조)
C_α	34.7 + 41 = 75.7	73.8
C_β	22.8 + 8 = 30.8	29.7
C_γ	13.9 − 5 = 8.9	9.8

1-펜탄올은 유사하게 그러나 말단 알코올로 취급하며, OH가 붙은 탄소 원자를 다시 α로 표시한다.

4.7.1.3 사이클로알케인 및 이종원자고리 알케인에서의 CH_2기에 대한 화학 이동값이 표 4.7에 주어졌다. 여기서 특이한 점은 양성자 흡수에 대한 이동값과 유사하게 사이클로프로페인이 오른쪽으로 강한 이동을 준다는 점이다.

표 4.5 몇 개의 직선형 및 가지달린 사슬 알케인에 대한 ^{13}C 이동값(TMS로부터의 ppm)

화합물	C-1	C-2	C-3	C-4	C-5
Methane	−2.3				
Ethane	5.7				
Propane	15.8	16.3			
Butane	13.4	25.2			
Pentane	13.9	22.8	34.7		
Hexane	14.1	23.1	32.2		
Heptane	14.1	23.2	32.6	29.7	
Octane	14.2	23.2	32.6	29.9	
Nonane	14.2	23.3	32.6	30.0	30.3
Decane	14.2	23.2	32.6	31.1	30.5
Isobutane	24.5	25.4			
Isopentane	22.2	31.1	32.0	11.7	
Isohexane	22.7	28.0	42.0	20.9	14.3
Neopentane	31.7	28.1			
2,2-Dimethylbutane	29.1	30.6	36.9	8.9	
3-Methylpentane	11.5	29.5	36.9	(18.8, 3-CH_3)	
2,3-Dimethylbutane	19.5	34.3			
2,2,3-Trimethylbutane	27.4	33.1	38.3	16.1	
2,3-Dimethylpentane	7.0	25.3	36.3	(14.6, 3-CH_3)	

표 4.6 알케인에서 H를 Y로 치환하였을 때의 증대 치환 효과(ppm). Y는 말단이거나 골격 내부이다.

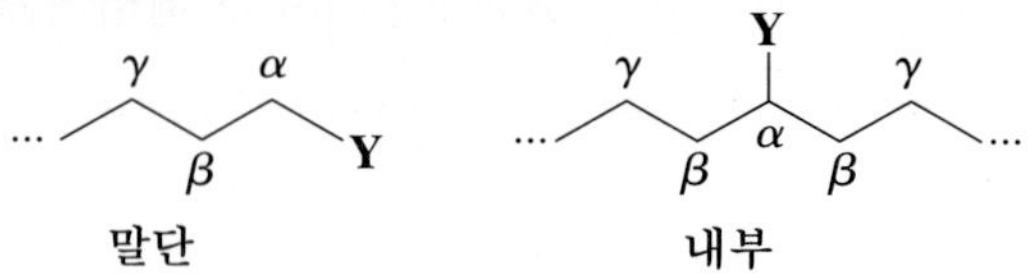

	α		β		γ
Y	말단	내부	말단	내부	
CH_3	9	6	10	8	−2
$CH{=}CH_2$	20		6		−0.5
$C{\equiv}CH$	4.5		5.5		−3.5
COOH	21	16	3	2	−2
COO^-	25	20	5	3	−2
COOR	20	17	3	2	−2
COCl	33	28		2	
$CONH_2$	22		2.5		−0.5
COR	30	24	1	1	−2
CHO	31				−2
Phenyl	23	17	9	7	−2
OH	48	41	10	8	−5
OR	58	51	8	5	−4
OCOR	51	45	6	5	−3
NH_2	29	24	11	10	
NH_3^+	26	24	8	6	−5
NHR	37	31	8	6	−4
NR_2	42		6		−3
NR_3^+	31		5		−7
NO_2	63	57	4	4	
CN	4	1	3	3	−3
SH	11	11	12	11	−4
SR	20		7		−3
F	68	63	9	6	−4
Cl	31	32	11	10	−4
Br	20	25	11	10	−3
I	−6	4	11	12	−1

* 이러한 증가값을 표 4.5에서의 적절한 탄소 원자의 이동값 혹은 표 4.4에서 계산된 증가값에 가산한다.

출처: Wehrli, f.W., Marchand, A.P., and Wehrli, S (1983) *Interpretation of Carbon-13 NMR Spectr,* 2nd ed. London: Heyden.

각 고리 골격은 자체의 이동 매개변수를 가진다. 그러나 이러한 것을 자세히 열거하는 것은 이 교과서의 범위 밖이다. 대강의 치환된 고리에 대한 추정값은 표 4.6의 치환 증대값을 가지고 만들 수 있다. 견고한 사이클로헥세인에서

표 4.7 사이클로알케인의 화학 이동값(TMS로부터 ppm)

C_3H_6	−2.9	C_7H_{14}	28.4
C_4H_8	22.4	C_8H_{16}	26.9
C_5H_{10}	25.6	C_9H_{18}	26.1
C_6H_{12}	26.9	$C_{10}H_{20}$	25.3

표 4.8 포화 이터자고리에 관한 화학 이동값 (TMS로부터 ppm, 순액체)

Unsubstituted

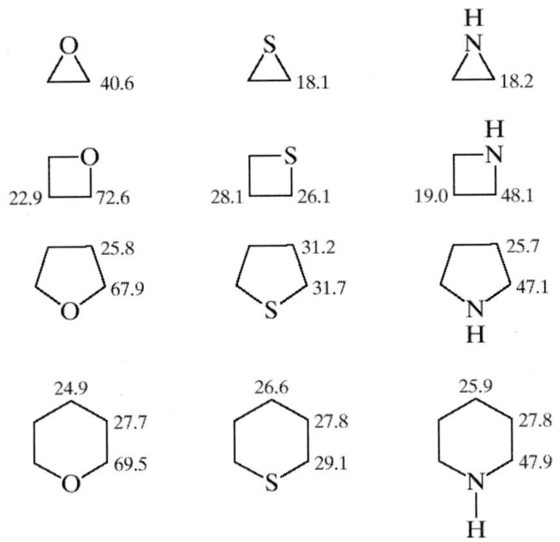

Substituted

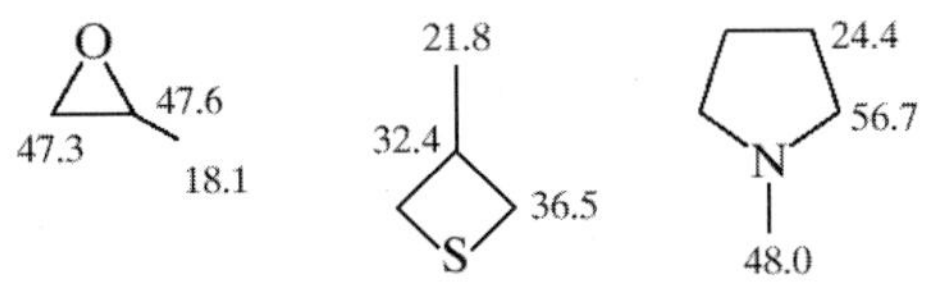

특이한 효과 중 하나는 입체 압축에 의한 γ-**고우시** 효과에 의한 오른쪽으로의 이동이다. 따라서 C-1의 수직방향 메틸기에 의하여 C-3 및 C-5에서 몇 ppm 오른쪽으로 이동이 일어난다.

표 4.8은 몇 개의 포화 이종원자고리에 대한 화학 이동을 보여 주고 있다.

4.7.2 알켄

알킬기가 치환한 알켄의 sp^2 탄소 원자는 약 110−150 ppm의 범위에서 흡수한다. 다음 비교의 시범에서와 같이 분자 내의 sp^3 탄소에 대한 이동값에 이중 결합은 다소 작은 효과를 가진다.

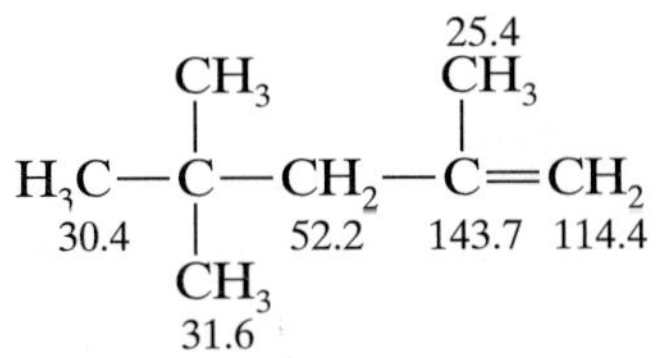

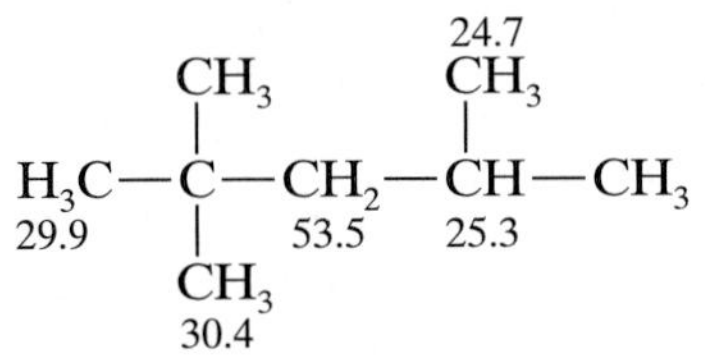

프로펜의 메틸 신호는 18.7 ppm에 있으며, 프로페인은 15.8 ppm에 있다. (*Z*)-2-뷰텐에서 메틸기는 12.1 ppm에 있으며, (*E*)-2-뷰텐에서 γ 효과로 17.6 ppm에서 나타난다 (비교로 뷰테인의 메틸 신호는 13.4 ppm에 있다). 2-메틸-2-뷰텐의 같은자리 (geminal) 메틸기 중 하나에 대한 γ 효과를 유의하시오 (표 4.9).

일반적으로 말단 $=CH_2$기는 내부 $=CH-$기보다 상대적으로 오른쪽에서 흡수하고, (Z)$-CH=CH-$ 신호는 해당 *E* 원자단의 오른쪽에 존재한다. 대강의 이동값의 계산은 다음의 매개변수로부터 만들 수 있다. α, β 및 γ값은 관심 대상의 알켄 탄소와 같은 이중 결합의 동일한 말단의 치환체를 대표하고, α', β' 및 γ'값은 다른 먼 쪽의 치환체를 대표한다.

α	10.6
β	7.2
γ	−1.5
α'	−7.9
β'	−1.8
γ'	−1.5
Z(*cis*) correction	−1.1

이러한 매개변수는 에틸렌의 이동값 123.3 ppm에 가산한다. 다음과 같이 (*Z*)-3-메틸-2-펜텐에 대하여 C-3 및 C-2 값에 대하여 계산할 수 있다.

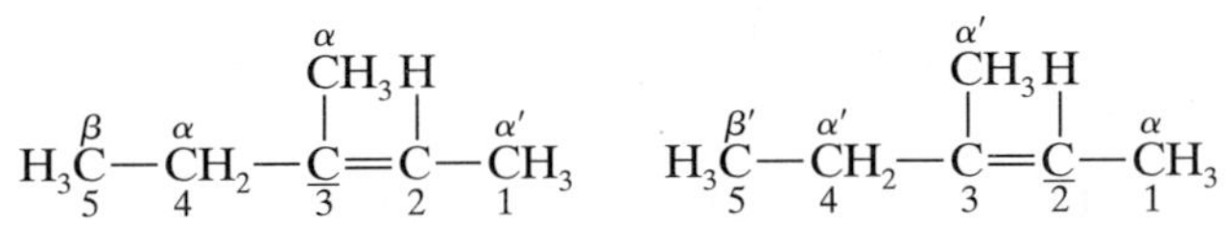

$$\delta_1 = 123.3 + (2 \times 10.6) + (1 \times 7.2) + (1 \times -7.9) - 1.1 = 142.7\ \text{ppm}$$

$$\delta_2 = 123.3 + (1 \times 10.6) + (2 \times -7.9) + (1 \times 1.8) - 1.1 = 115.2\ \text{ppm}$$

측정값은 C-3 = 137.2 및 C-2 = 116.8이다. 잘 일치하고 있다.

(*Z*) C=C기에 직접적으로 부착하고 있는 탄소 원자는 입체이성질체 (*E*) 원자단보다 4−6 ppm 정도 더 차폐되어 있다 (표 4.9). 폴리엔에서의 알켄 탄소 원자들은 마치 이중 결합들 중 하나에 치환된 알케인 탄소 치환체 같이 취급한다. 따라서 1,4-펜타다이엔에서 C-2의 이동값을 계산함에 있어 C-4는 β-sp^2 탄소 원자 같이 취급한다.

대표적인 알켄은 표 4.9에 표시하였다. 알켄 탄소에 대한 극성 치환체를 취급하는 간단한 법칙은 없다. 바이닐 에테르에 대한 이동값은 $\alpha\beta$-불포화 케톤의 이동값과 마찬가지

표 4.9 알켄과 사이클로알켄의 화학 이동값 (TMS로부터 ppm)

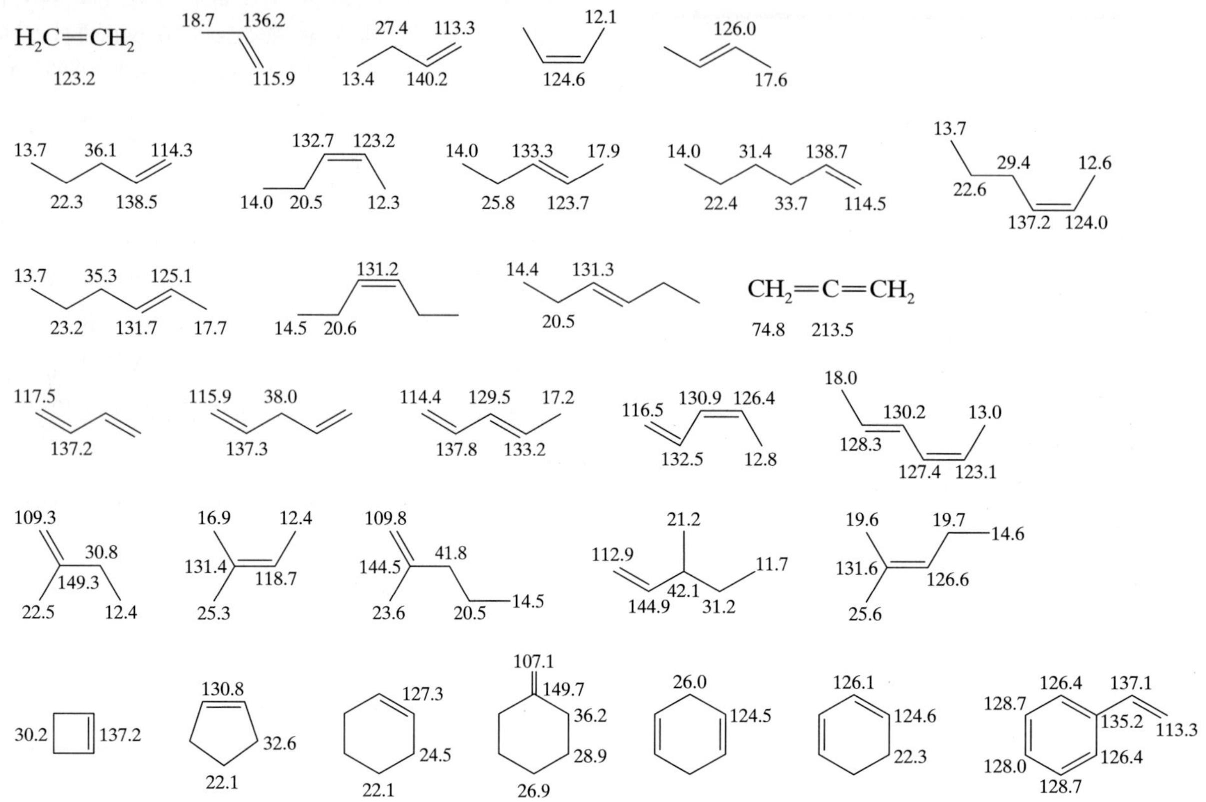

로 기여 구조의 전자 밀도를 기초하여 합리화 할 수 있다.

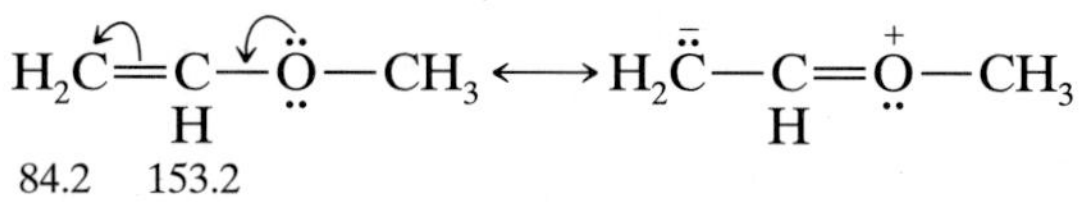

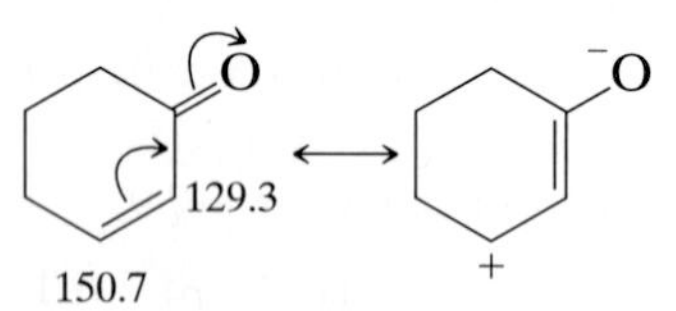

같은 합리화를 이러한 화합물의 양성자 이동에도 응용할 수 있다. 몇 개의 치환 알켄에 대한 이동값은 표 4.10에 표시하였다.

알킬 치환 알렌의 중심 탄소 원자(=C=)는 약 200-215 ppm의 범위에서 흡수한다. 반면에 말단 원자(C=C=C) 는 약 75-97 ppm에서 흡수한다.

4.7.3 알카인

단지 알킬기로 치환된 알카인의 *sp* 탄소 원자는 약 65-90 ppm의 범위에서 흡수한다(표 4.11). 삼중 결합은 직접적으로 부착한 sp^3 탄소 원자를 해당 알케인에 대하여 상대적으로 오른쪽으로 약 5-15 ppm 정도 이동한다. 말단 ≡CH는 내부 ≡CR보다 더 오른쪽에서 흡수한다. 극성 원자단이 직접적으로 부착하고 있는 알카인 탄소 원자는 약 20-95 ppm 범위에서 흡수한다.

극성 공명 구조는 바이닐 에테르의 이동값(3.34절 참조)과 유사한 알카닐(alkynyl) 에테르의 이동값을 설명한다.

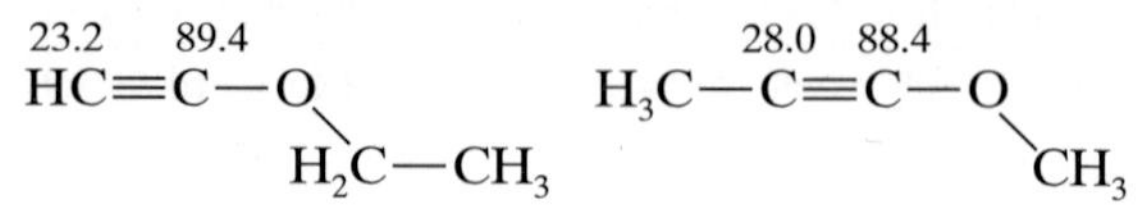

4.7.4 방향족 화합물

벤젠 탄소 원자는 순수한 그대로 또는 $CDCl_3$에서 약 128.5 ppm에서 흡수한다. 치환체는 부착한 방향족 탄소 원자를 약 ±35 ppm 이동한다. 접합 고리의 흡수는 다음과 같다.

나프탈렌: C-1, 128.1; C-2, 125.9; C-4a, 133.7.
안트라센: C-1, 130.1; C-2, 125.4; C-4a, 132.2; C-9, 132.6.
페난트렌: C-1, 128.3; C-2, 126.3; C-3, 126.3; C-4, 122.2, C-4a,

표 4.10 치환된 알켄의 화학 이동 (TMS로부터 ppm)

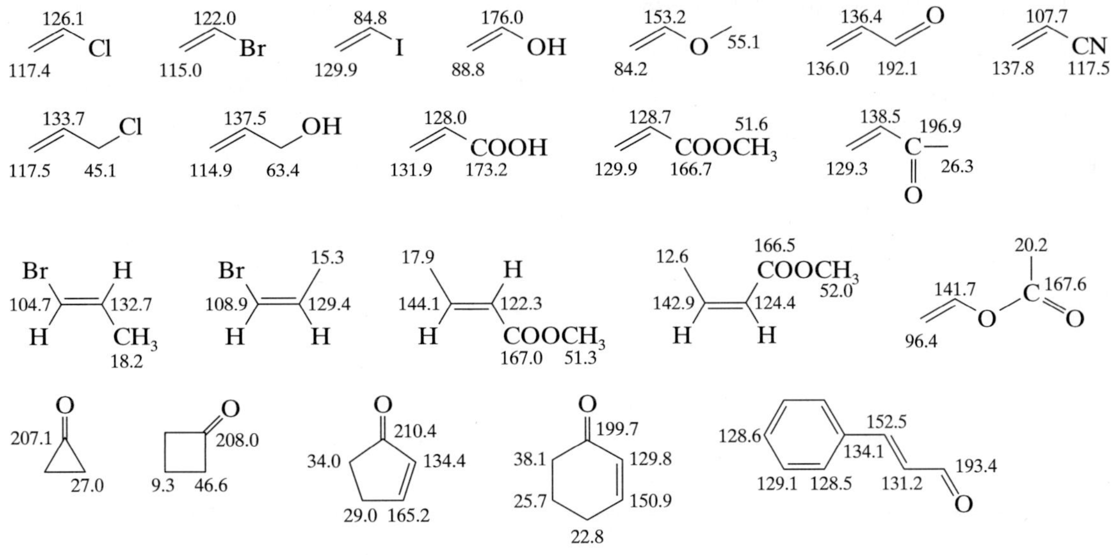

131.9*; C-9, 126.6; C-10a, 130.1.*

치환체가 직접적으로 부착한 방향족 탄소 원자의 이동은 자기적 비등방성 효과를 보정한 후의 치환체 전기음성도와 상관관계를 가지고 있다. *para* 방향족 탄소의 이동은 Hammett σ 상수와 상관이 된다. *ortho* 이동은 쉽게 예측할 수 없으며, 일반적으로 작아서 한 개의 치환체에 대해서는 15 ppm이 된다.

치환된 방향족 탄소 원자는 치환되지 않는 방향족 탄소 원자와 감소된 피크 높이로 구별이 된다. 즉, 양성자가 부족함으로써 보다 긴 T_1값을 가져 감소된 NOE를 가지게 된다.

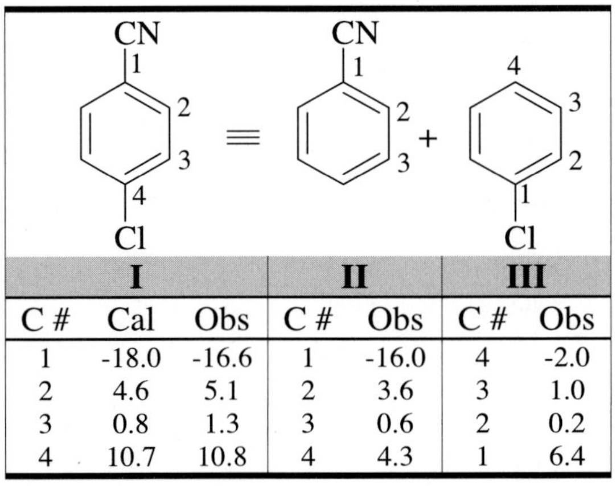

I			II		III	
C #	Cal	Obs	C #	Obs	C #	Obs
1	-18.0	-16.6	1	-16.0	4	-2.0
2	4.6	5.1	2	3.6	3	1.0
3	0.8	1.3	3	0.6	2	0.2
4	10.7	10.8	4	4.3	1	6.4

*확실하지 않음.

대표적인 단일치환 벤젠 고리의 방향족 탄소 원자에 대한 증대된 이동값(TMS로부터 탄소를 포함하는 치환체의 이동)은 표 4.12에 주어졌다. 벤젠으로부터 다치환 벤젠 고리 탄소 원자의 이동은 대략적으로 증대값 가산성 원리를 적용하여 구할 수 있다. 예를 들면, 이치환체 화합물 4-클로로벤조나이트릴의 C-2에 대한 벤젠 고리로부터의 이동값은 *ortho* CN기 효과(+3.6)와 *meta* Cl기 효과(+1.0)를 가산함으로 계산한다: 128.5 + 3.6 + 1 = 133.1 ppm.

4.7.5 헤테로방향족 화합물

헤테로방향족 화합물의 탄소 원자에 대한 복잡한 합리화가 제공되어 왔었다. 일반적인 법칙으로 산소- 와 질소– 포함 고리의 C-2는 C-3보다 왼쪽으로 이동한다. 큰 용매와 pH 효과가 기록되어 왔다. 표 4.13은 몇 개의 오원자 고리 및 육원자 고리 헤테로고리 화합물의 희석하지 않은 순수 시료의 값들을 보여 준다.

표 4.11 알카인 화학 이동 (ppm)

화합물	C-1	C-2	C-3	C-4	C-5	C-6
1-Butyne	67.0	84.7				
2-Butyne		73.6				
1-Hexyne	68.1	84.5	18.1	30.7	21.9	13.5
2-Hexyne	2.7	73.7	76.9	19.6	21.6	12.1
3-Hexyne	15.4	13.0	80.9			

4.7.6 알코올

알케인에서의 H를 OH기로 치환하면 신호는 C-1에 대하여서는 35–52 ppm 왼쪽으로, C-2에 대하여서는 5–12 ppm 왼쪽으로, C-3에 대하여서는 0–6 ppm 왼쪽으로 이동한다. 몇 가지 비고리성 및 지방족 고리성 알코올에 대한 이동값들이 표 4.14에 주어졌다.

아세틸화는 알코올에 대한 유용한 진단 검사를 제공한다. C-1 흡수는 2.5–4.5 ppm 정도 왼쪽으로 이동하며, C-2 흡수는 비슷한 양만큼 오른쪽으로 이동한다. 1,3-이수직방향 상호작용은 C-3를 약간 (~1 ppm) 왼쪽으로 이동시킨다.

표 4.14는 앞서 기술한 알코올의 이동을 계산하는 데 사용할 수 있다.

4.7.7 에테르, 아세탈 및 에폭사이드

알콕시 치환체는 하이드록시 치환체보다 C-1의 이동을 보다 크게 (~11 ppm 이상) 왼쪽으로 옮겨 준다. 이러한 것은 C-1에 상대적으로 β-C로서 같은 효과를 가지는 알콕시기의 C-1′에 기인한다. O 원자는 C-1에 대하여 α-C로 여기서 간주한다.

표 4.12 단일치환 벤젠의 방향족 탄소 원자에 대한 증대 이동값(128.5 ppm에서의 벤젠으로부터 ppm). 치환체의 탄소 원자는 TMS로부터 ppm*

치환체	C-1 (부착)	C-2	C-3	C-4	치환체의 C (TMS로부터 ppm)
H	0.0	0.0	0.0	0.0	
CH_3	9.3	0.7	−0.1	−2.9	21.3
CH_2CH_3	15.6	−0.5	0.0	−2.6	29.2 (CH_2), 15.8 (CH_3)
$CH(CH_3)_2$	20.1	−2.0	0.0	−2.5	34.4 (CH), 24.1 (CH_3)
$C(CH_3)_3$	22.2	−3.4	−0.4	−3.1	34.5 (C), 31.4 (CH_3)
$CH{=}CH_2$	9.1	−2.4	0.2	−0.5	137.1 (CH), 113.3 (CH_2)
$C{\equiv}CH$	−5.8	6.9	0.1	0.4	84.0 (C), 77.8 (CH)
C_6H_5	12.1	−1.8	−0.1	−1.6	
CH_2OH	13.3	−0.8	−0.6	−0.4	64.5
$CH_2O(C{=}O)CH_3$	7.7	~0.0	~0.0	~0.0	20.7 (CH_3), 66.1 (CH_2), 170.5 (C=O)
OH	26.6	−12.7	1.6	−7.3	
OCH_3	31.4	−14.4	1.0	−7.7	54.1
OC_6H_5	29.0	−9.4	1.6	−5.3	
$O(C{=}O)CH_3$	22.4	−7.1	−0.4	−3.2	23.9 (CH_3), 169.7 (C=O)
(C=O)H	8.2	1.2	0.6	5.8	192
$(C{=}O)CH_3$	7.8	−0.4	−0.4	2.8	24.6 (CH_3), 195.7 (C=O)
$(C{=}O)C_6H_5$	9.1	1.5	−0.2	3.8	196.4 (C=O)
$(C{=}O)F_3$	−5.6	1.8	0.7	6.7	
(C=O)OH	2.9	1.3	0.4	4.3	168
$(C{=}O)OCH_3$	2.0	1.2	−0.1	4.8	51.0 (CH_3), 166.8 (C=O)
(C=O)Cl	4.6	2.9	0.6	7.0	168.5
$(C{=}O)NH_2$	5.0	−1.2	0.0	3.4	
$C{\equiv}N$	−16	3.6	0.6	4.3	119.5
NH_2	19.2	−12.4	1.3	−9.5	
$N(CH_3)_2$	22.4	−15.7	0.8	−11.8	40.3
$NH(C{=}O)CH_3$	11.1	−9.9	0.2	−5.6	
NO_2	19.6	−5.3	0.9	6.0	
N=C=O	5.7	−3.6	1.2	−2.8	129.5
F	35.1	−14.3	0.9	−4.5	
Cl	6.4	0.2	1.0	−2.0	
Br	−5.4	3.4	2.2	−1.0	
I	−32.2	9.9	2.6	−7.3	
CF_3	2.6	−3.1	0.4	3.4	
SH	2.3	0.6	0.2	−3.3	
SCH_3	10.2	−1.8	0.4	−3.6	15.9
SO_2NH_2	15.3	−2.9	0.4	3.3	
$Si(CH_3)_3$	13.4	4.4	−1.1	−1.1	

* 709개 단일치환 벤젠의 화학 이동에 대하여 Ewing, D. E. (1979) *Org. Magn Reson.*, **12**, 499 참조.

표 4.13 헤테로방향족의 탄소 원자에 대한 이동 (순수한 TMS로부터의 ppm)

화합물	C-2	C-3	C-4	C-5	C-6	치환체
Furan	142.7	109.6				
2-Methylfuran	152.2	106.2	110.9	141.2		13.4
Furan-2-carboxaldehyde	153.3	121.7	112.9	148.5		178.2
Methyl 2-furoate	144.8	117.9	111.9	146.4		159.1 (C=O), 51.8 (CH_3)
Pyrrole	118.4	108.0				
2-Methylpyrrole	127.2	105.9	108.1	116.7		12.4
Pyrrole-2-carboxaldehyde	134.0	123.0	112.0	129.0		178.9
Thiophrene	124.4	126.2				
2-Methylthiophene	139.0	124.7	126.4	122.6		14.8
Thiophene-2-carboxaldehyde	143.3	136.4	128.1	134.6		182.8
Thiazole	152.2		142.4	118.5		
Imidazole	136.2		122.3	122.3		
Pyridine	150.2	123.9	135.9			
Pyrimidine	159.5		157.4	122.1	157.4	
Pyrazine	145.6					
2-Methylpyrazine	154.0	141.8[a]	143.8[a]	144.7[a]		21.6

[a] 확인이 불확실

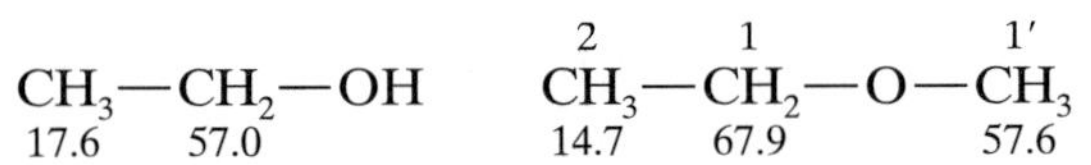

마찬가지로 C-2에 대한 γ-효과(오른쪽으로 이동)도 비슷한 이유로 설명할 수 있음을 유의하시오. 역으로 에톡시기는 OCH_3기에 영향을 준다(CH_3OH를 비교할 것). 표 4.15

표 4.14 알코올의 화학 이동 (TMS로부터 ppm)

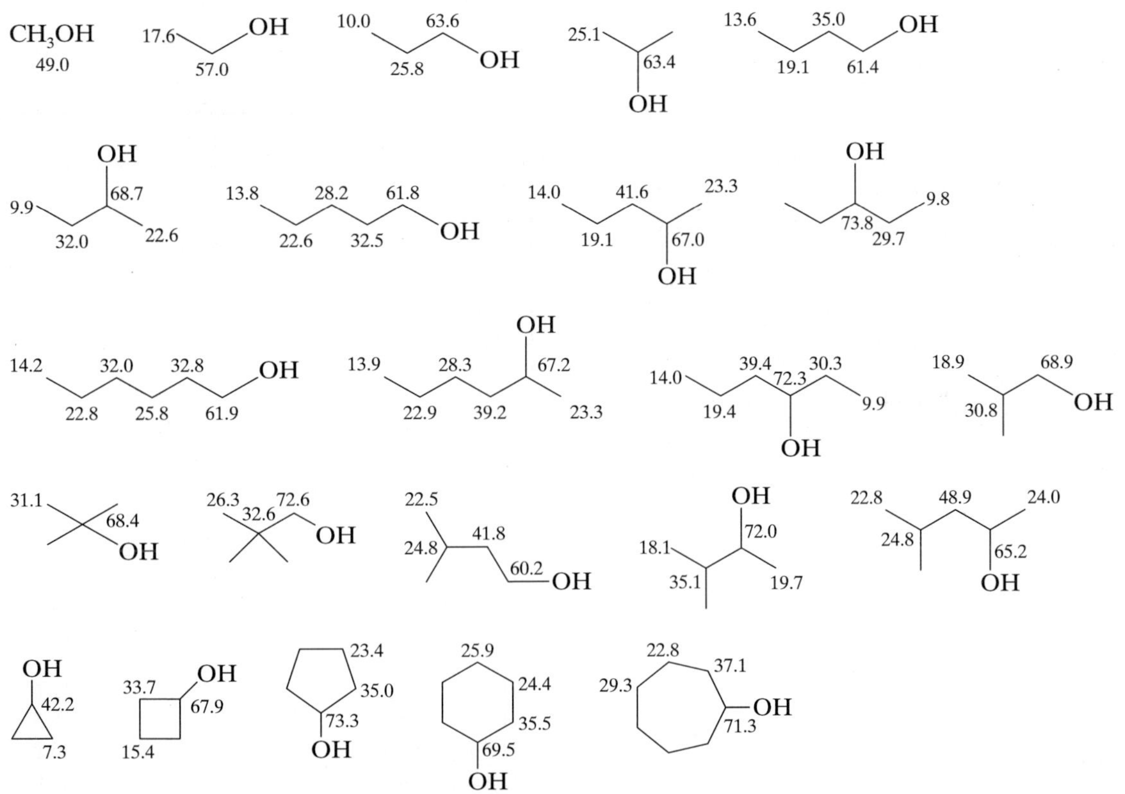

표 4.15 에테르, 아세탈 및 에폭사이드의 화학 이동 (TMS로부터의 ppm)

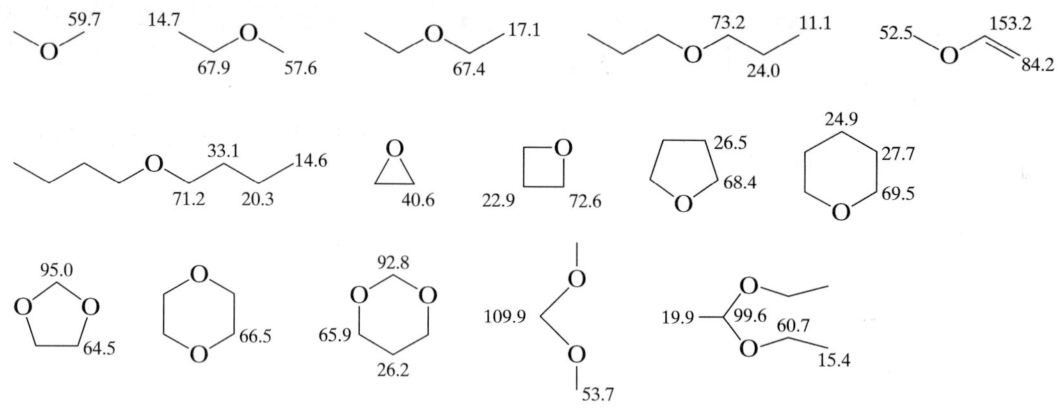

는 몇 에테르에 대한 이동값을 준다.

아세탈의 이산소화된 탄소는 88−112 ppm에서 흡수한다. 바이닐 에테르에서와 같이 전자 비편재에 의한 고리 *ortho* 탄소가 많이 오른쪽으로 이동함에 유의하시오.

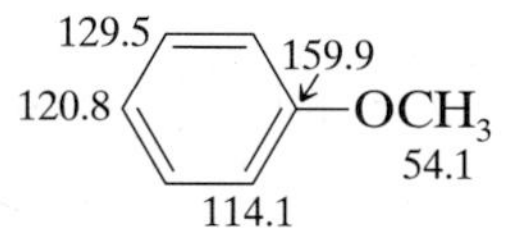

4.7.8 할로젠화물

할로젠화물 치환의 효과는 복잡하다. 전기음성도를 고려해 보면 하나의 플루오린 원자 (CH_3F에서) CH_4로부터 왼편으로 많이 이동한다. Cl의 연속적인 같은자리 치환 (CH_3Cl, CH_2Cl_2, $CHCl_3$, CCl_4) 은 전기음성도를 기초로 하여, 예상한바로 왼편으로 다시 이동하게 된다. 그러나 Br과 I와는 중원자 효과가 일어난다. CH_3Br 및 CH_2Br_2의 탄소 이동은 점차 오른쪽으로 이동한다. I에 대한 오른쪽으로의 강한 전진은 CH_4의 오른쪽으로 이동하는 CH_3I로부터 시작한다. C-2의 왼쪽으로의 점진적인 이동은 I > Br > F의 순서가 된다. Cl과 Br은 C-3에서 γ-**고우시** 가림을 보여 준다. 그러나 I는 아마도 입체장애인 고우시 회전이성질체의 낮은 입자수 때문에, 고우시 가림을 안보여 준다. 표 4.16은 이러한 경향을 보여 준다.

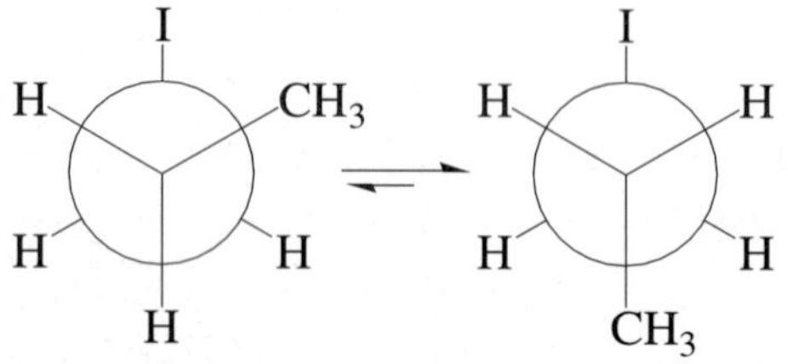

gauche *anti*

할로젠화물은 큰 용매 효과를 보여 준다. 예를 들면, 아이오도에테인에 대하여 C-1은 사이클로헥세인에서 −6.6이고, DMF에서는 −0.4 ppm이다.

4.7.9 아민

알킬 사슬에 붙은 말단 NH_2기는 C-1에서 왼쪽으로 약 30 ppm 이동하고, C-2에서는 왼쪽으로 약 11 ppm 이동하며, C-3에서는 약 4.0 ppm 오른쪽으로 이동한다. NH_3^+기는 약간 작은 영향을 보여 준다. *N*-알킬화반응은 C-1에서의 NH_2기를 왼쪽으로 이동하는 것을 증가시킨다. 선택된 비고리

표 4.16 할로젠화 알킬의 이동 위치 (순수액체, TMS로부터의 ppm)

화합물	C-1	C-2	C-3
CH_4	−2.3		
CH_3F	75.4		
CH_3Cl	24.9		
CH_2Cl_2	54.0		
$CHCl_3$	77.5		
CCl_4	96.5		
CH_3Br	10.0		
CH_2Br_2	21.4		
$CHBr_3$	12.1		
CBr_4	−28.5		
CH_3I	−20.7		
CH_2I_2	−54.0		
CHI_3	−139.9		
CI_4	−292.5		
CH_3CH_2F	79.3	14.6	
CH_3CH_2Cl	39.9	18.7	
CH_3CH_2Br	28.3	20.3	
CH_3CH_2I	−0.2	21.6	
$CH_3CH_2CH_2Cl$	46.7	26.5	11.5
$CH_3CH_2CH_2Br$	35.7	26.8	13.2
$CH_3CH_2CH_2I$	10.0	27.6	16.2

성 및 지방족고리성 아민에 대한 이동 위치는 표 4.17에 주어졌다(이종원자고리 아민에 대하여서는 표 4.8을 참조).

4.7.10 싸이올, 황화물 및 이황화물

황의 전기음성도가 산소보다 상당히 작기 때문에 황은 보다 작은 화학 이동을 초래한다. 싸이올, 황화물 및 이황화물의 예는 표 4.18에 주어졌다.

4.7.11 작용기를 포함하는 탄소

탄소-13 NMR 분광법은 탄소를 포함하는 작용기를 직접적으로 관찰할 수 있게 하여 준다. 이러한 이동의 범위는 부록 C에 주어졌다. CH＝O를 예외로 하고, 이러한 작용기의 존재는 직접적으로 ^{1}H NMR에 의하여 확인할 수 없었다.

4.7.11.1 케톤 및 알데하이드 $R_2C=O$ 및 $RCH=O$ 탄소 원자는 특징적인 지역에서 흡수한다. 아세톤은 203.3 ppm에서 흡수하며, 아세트알데하이드는 199.3 ppm에서 흡수한다. α-탄소의 알킬 치환은 C＝O 흡수를 입체 효과가 발생할 때까지 2–3 ppm 왼쪽으로 이동시킨다. (아세토페논, 195.7 ppm; 벤즈알데하이드 190.7 ppm): 유사하게 α,β-

표 4.17 비고리형 및 지방성고리형 아민의 화학 이동 ($CDCl_3$에서 TMS로부터 ppm)

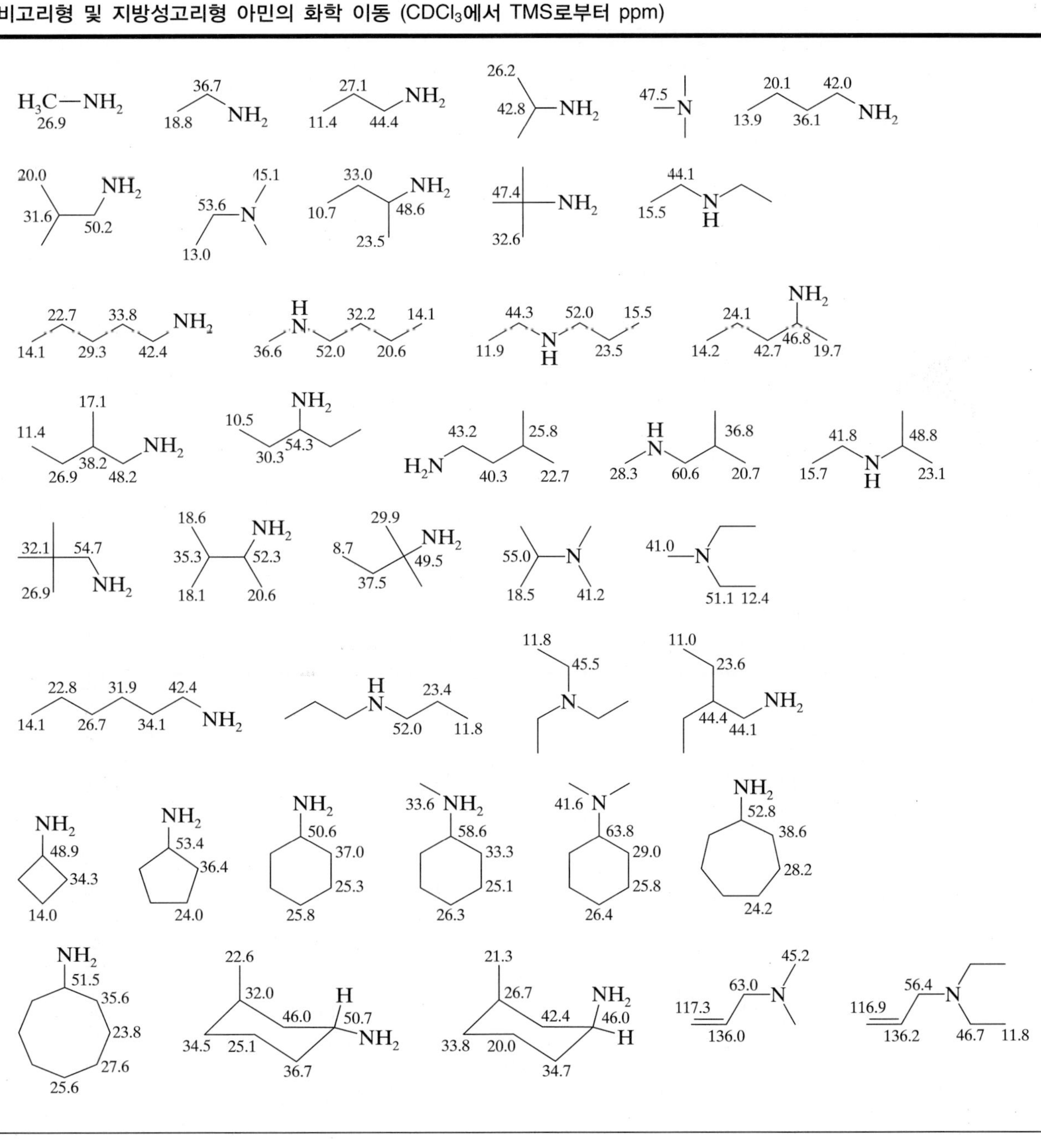

불포화는 오른쪽으로 이동하게 한다(프로피온알데하이드, 201.5 ppm에 비하여 아크롤레인(acrolein), 192.1 ppm). 아마도 벤젠 고리나 이중 결합의 전하 비편재화가 카보닐 탄소를 전자부족을 덜 만든다.

사이클로알칸온 중 사이클로펜탄온은 왼쪽으로 많이 이동한다. 표 4.19는 몇 케톤과 알데하이드의 C=O기에 대한 화학 이동을 대표한다. 다소 큰 많은 용매 효과로 인하여 다른 문헌 출처에 따라 몇 ppm의 차이가 존재한다. 알케인의 CH_2를 C=O로 치환하면 α-탄소에서 왼쪽으로 이동(~10–14 ppm)하고, β-탄소는 오른쪽으로 (비고리성 화합물에서는 몇 ppm) 이동하게 하여 준다. 짝지음 스펙트럼에서는 알데하이드 CH=O는 이중선이다.

4.7.11.2 카복실산, 에스터, 염화물, 무수물, 아마이드 및 나이트릴 카복실산과 유도체의 C=O기는 150–185 ppm 범위에 존재한다. 희석과 용매 효과는 카복실산에서는 현저하다: 음이온은 훨씬 왼쪽에서 나타난다. 치환체와 전자 비편재화는 케톤의 경우와 유사하다. 나이트릴은 115–125 ppm의 범위에서 흡수한다. 아마이드의 질소에서의 알킬 치환체는 C=O기를 오른쪽으로 이동한다(표 4.20 참조).

4.7.11.3 옥심 단순한 옥심의 사차 탄소 원자는 145–165 ppm의 범위에서 흡수한다. 입체적으로 보다 압축된 형태에서는 C=O 이동이 오른쪽이기 때문에, *E*와 *Z* 이성질체 간의 구별이 가능하며, 입체적으로 보다 큰 장애가 있는 치환체(OH에 대하여 *syn*)는 입체장애가 작은 것보다 오른쪽으로 이동한다.

표 4.18 싸이올, 황화물 및 이황화물의 이동 위치(TMS로부터 ppm)

화합물	C-1	C-2	C-3
CH_3SH	6.5		
CH_3CH_2SH	19.8	17.3	
$CH_3CH_2CH_2SH$	26.4	27.6	12.6
$CH_3CH_2CH_2CH_2SH$	23.7	35.7	21.0
$(CH_3)_2S$	19.3		
$(CH_3CH_2)_2S$	25.5	14.8	
$(CH_3CH_2CH_2)_2S$	34.3	23.2	13.7
$(CH_3CH_2CH_2CH_2)_2S$	34.1	31.4	22.0
CH_3SSCH_3	22.0		
$CH_3CH_2SSCH_2CH_3$	32.8	14.5	

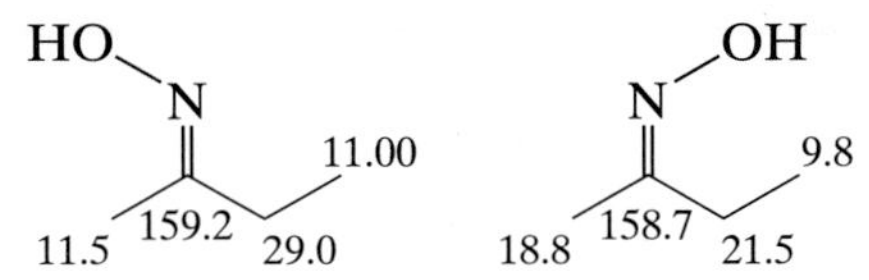

표 4.19 케톤과 알데하이드의 C=O기 및 다른 탄소 원자의 이동 위치(TMS로부터 ppm)

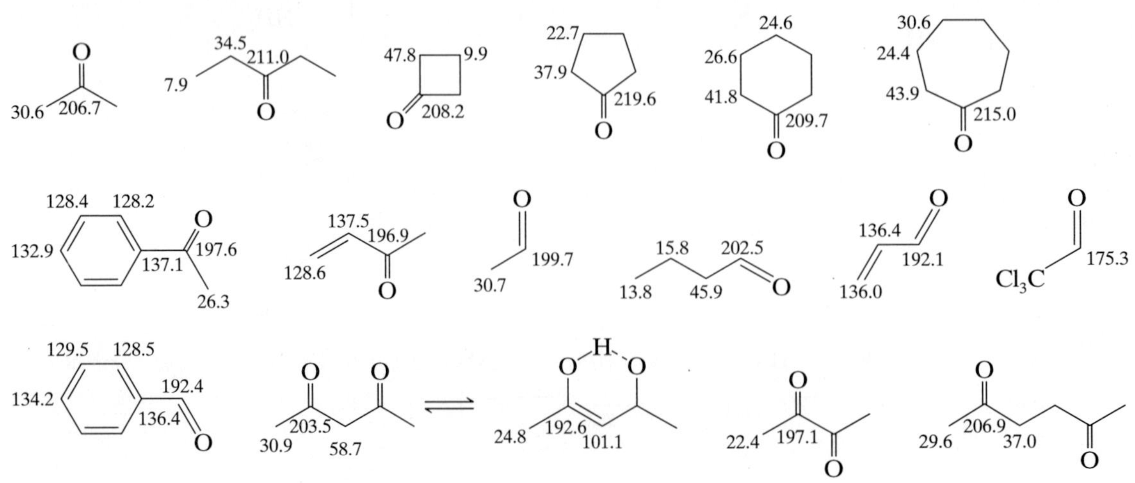

표 4.20 카복실산, 에스터, 락톤, 염화물, 무수물, 아마이드 및 나이트릴의 C=O기 및 다른 탄소 원자의 이동 위치 (TMS로부터 ppm)

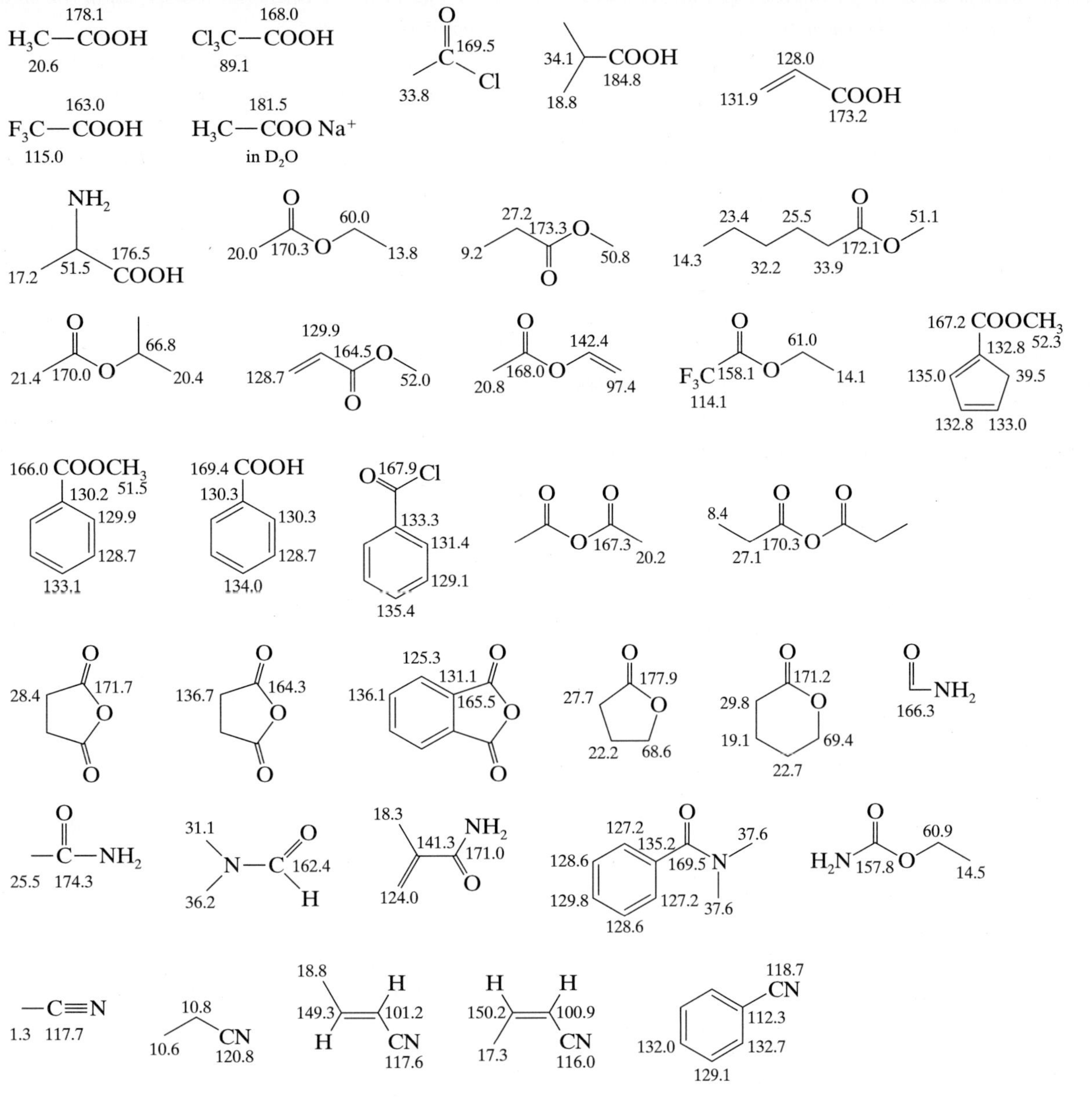

참고 문헌

일반

Abraham, R.J., Fisher, J., and Loftus, P. (1992). *Introduction to NMR Spectroscopy*. New York: Wiley.

Beckmann, N. (1995). *Carbon-13 NMR Spectroscopy of Biological Systems*. Academic Press, New York.

Breitmaier, E. (2002). *Structure Elucidation by NMR in Organic Chemistry: A Practical Guide*. John Wiley & Sons; 3rd Revision edition. New York: Wiley.

Breitmaier, E., and Voelter, W. (1987). *Carbon-13 NMR Spectroscopy*. 3rd ed, New York: VCH Publishers.

Claridge, T.D.W. (1999). *High-Resolution NMR Techniques in Organic Chemistry*. Elsevier Science.

Farrar, T.C. (1987). *An Introduction to Pulse NMR Spectroscopy*. Chicago: Farragut Press.

Kalinowski, H.O., Berger, S., and Braun, S. (1988). *Carbon-13 NMR Spectroscopy*. New York: Wiley.

Levy, G.C., Lichter, R.L., and Nelson, G.L. (1980). *Carbon-13 Nuclear Magnetic Resonance for Organic Chemists*, 2nd ed. New York: Wiley.

Muller. K., and Pregosin, P.S. (1976). *Fourier Transform NM/EA Practical Approach*. New York: Academic Press.

Paudler, W.W. (1987). *Nuclear Magnetic Resonance*. New York,

Wiley.

Pihlaja, K., and Kleinpeter, E. (1994). *Carbon-13 NMR Chemical Shifts in Structural and Stereochemical Analysis*.

Sanders, J.K. and Hunter, B.K. 1993. *Modern NMR Spectroscopy*, 2nd ed. Oxford: Wiley.

Shaw, D. (1984). *Fourier Transform NMR Spectroscopy*, 2nd ed. Amsterdam: Elsevier.

Wehrli, F.W., Marchand, A.P., and Wehrli, S. (1988). *Inter-pretation of Carbon-13 NMR Spectra*, 2nd ed. New York: Wiley.

스펙트럼, 데이터, 규준서

Bates, R.B., and Beavers, W.A. (1981). *C-l3 NMR Problems*. Clifton, NJ: Humana Press.

Breitmaier, E., Haas, G., and Voelter, W. (1979). *Atlas of C-13 NMR Data*, Vols. 1−3. Philadelphia: Heyden (3017 compounds).

Bremser, W., Ernst, L., Franke, B., Gerhards, R., and Hardt, A. (1987). *Carbon-13 NMR Spectral Data* (microfiche), 4th ed. New York: VCH Publishers (58,108 spectra of 48.357 compounds, tabular).

Fuchs, P.L., and Bunnell, C.A. (1979). *Carbon-13 NMR-Based Organic Spectral Problems*. New York: Wiley.

Johnson, L. F., and Jankowski, W. C. (1972). *Carbon-13 NMR Spectra, a Collection of Assigned, Coded, and Indexed Spectra*. New York: Wiley.

Pouched, C.J., and Behnke, J. (1993). *Aldrich Library of ^{13}C and ^{1}H FT-NMR Spectra, 300 MHz*. Milwaukee, WI: Aldrich Chemical Co.

Pretsch, E., Clem, T., Seihl, J., and Simon, W. (1981). *Spectra Data for Structure Determination of Organic Compounds*. Berlin: Springer-Verlag.

Sadtler Research Lab. ^{13}C *NMR Spectra*. Philadelphia: Sadtler Research Laboratories.

연습 문제

4.1 다음에 주어진 (a–o) 각 화합물에 대하여 모든 화학 이동의 동등한 탄소를 확인하시오.

4.2 다음의 각 화합물에 대하여 각 탄소에 대한 화학 이동을 예측하시오. 예측에 사용하는 출처(표 혹은 부록)를 제시하시오.

4.3 연습 문제 4.1에서의 각 화합물에 대한 양성자 짝풀림 ^{13}C NMR 스펙트럼과 DEPT를 스케치하시오.

4.4 연습 문제 3.4 ^{1}H NMR에서 정한 구조를 가지는 A–W 스펙트럼에서 구조와 모든 ^{13}C 공명을 확인하시오. 스펙트럼은 $CDCl_3$에서 75.5 MHz에서 얻었다. 질량 스펙트럼은 1장(연습 문제 1.6)에 IR 스펙트럼은 2장(연습 문제 2.9)에 주어졌다.

4.5 다음 화합물에 대한 ^{13}C 스펙트럼에서 선의 개수를 예측하시오.

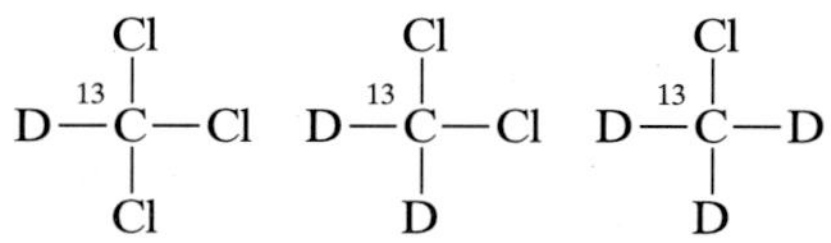

4.6 다음 ^{13}C/DEPT 스펙트럼(4.6A부터 4.6F까지)를 해석하시오. 구조를 확인하고 모든 ^{13}C 공명을 확인 배정하시오. 예측에 사용하는 출처(표 혹은 부록)를 제시하시오.

4.7 *ortho*, *meta*, *para* 다이에틸 프탈레이트의 대칭 요소는 무엇인가? 각 화합물에서 대등하지 않은 탄소 원자와 수소 원자는 몇 개인가? 각 화합물에 대한 양성자 짝풀림 ^{13}C 스펙트럼과 DEPT 스펙트럼을 그리시오.

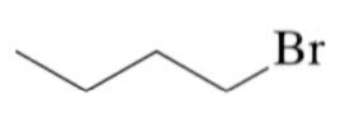
a

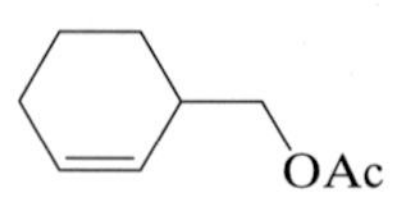
b

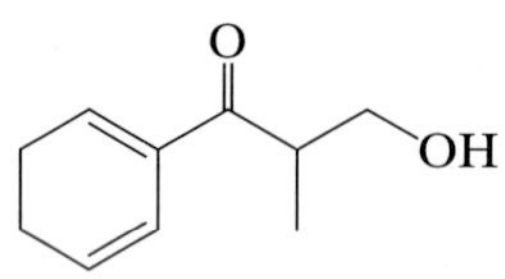
c

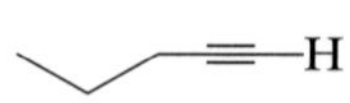
d

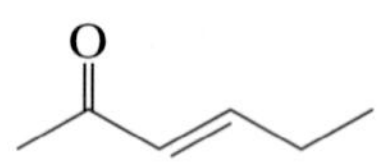
e

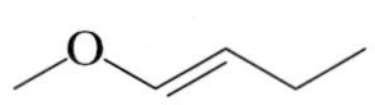
f

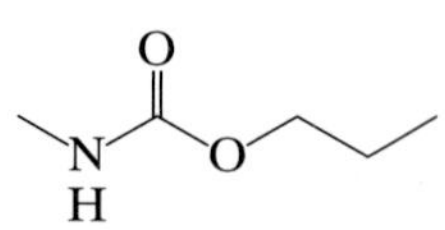
g

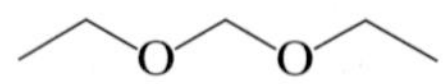
h

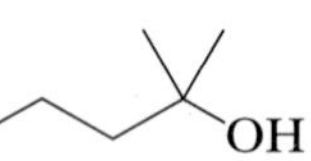
i

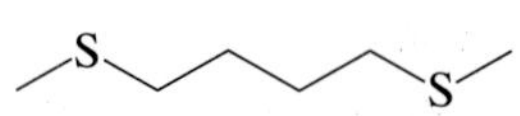
j

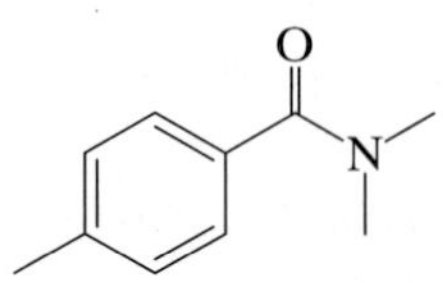
k

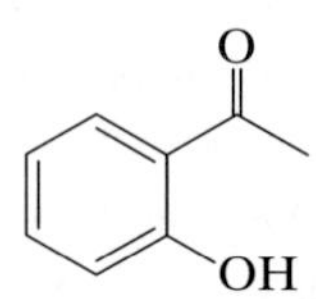
l

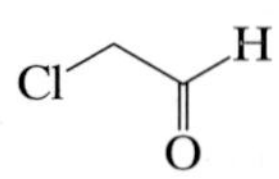
m

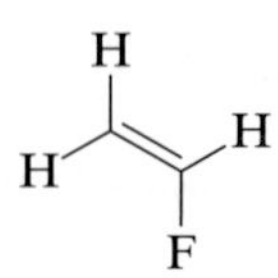
n

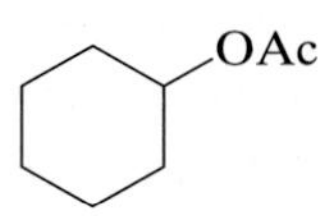
o

Problem 4.4 A

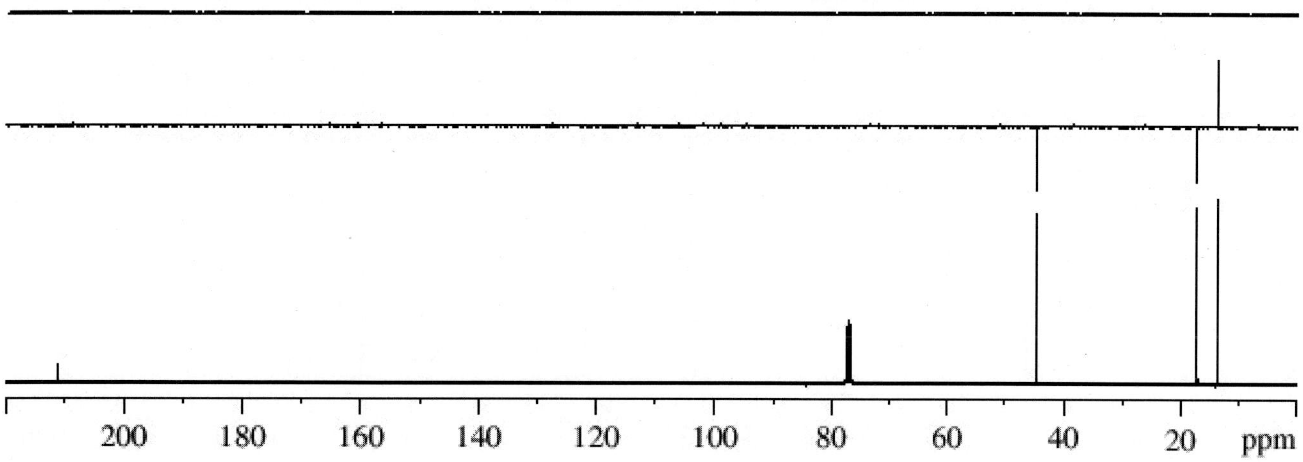

Problem 4.4 B

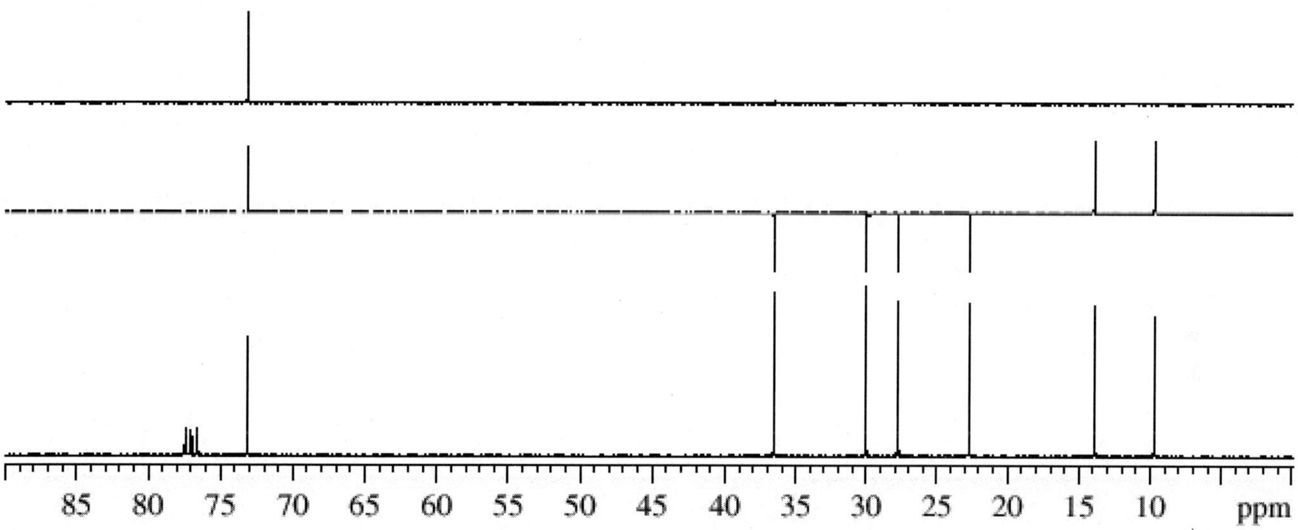

Problem 4.4 C

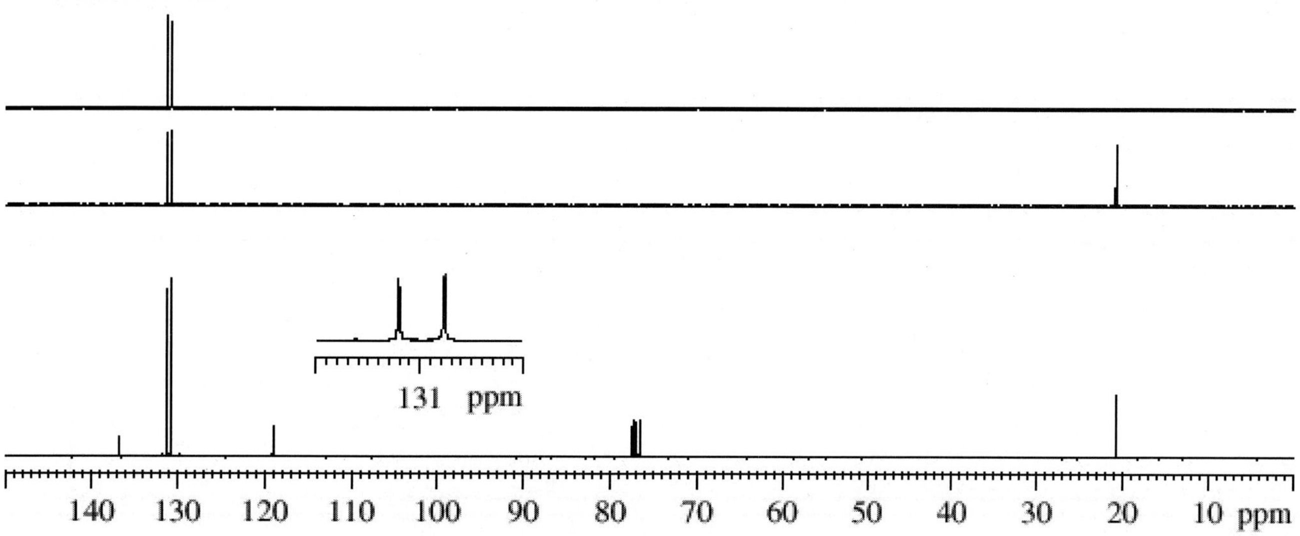

Problem 4.4 D

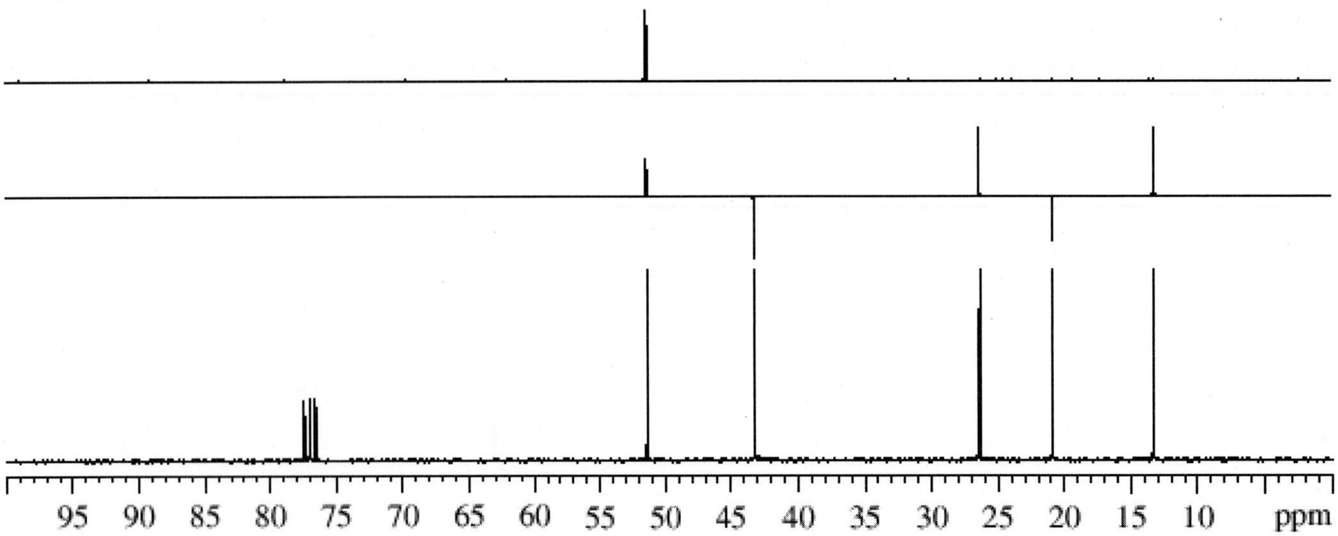

Problem 4.4 E

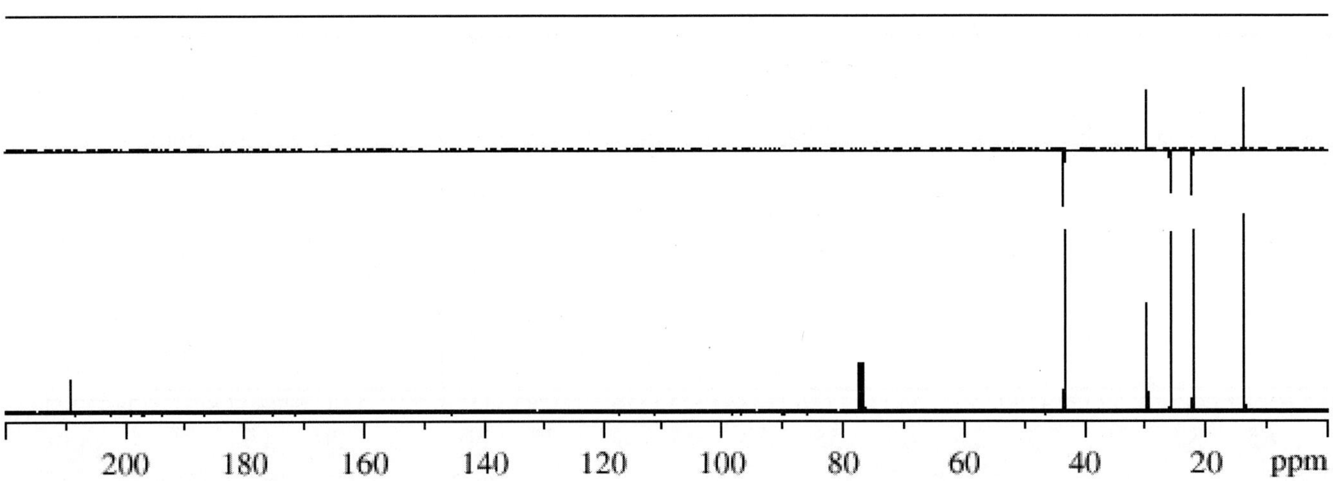

Problem 4.4 F

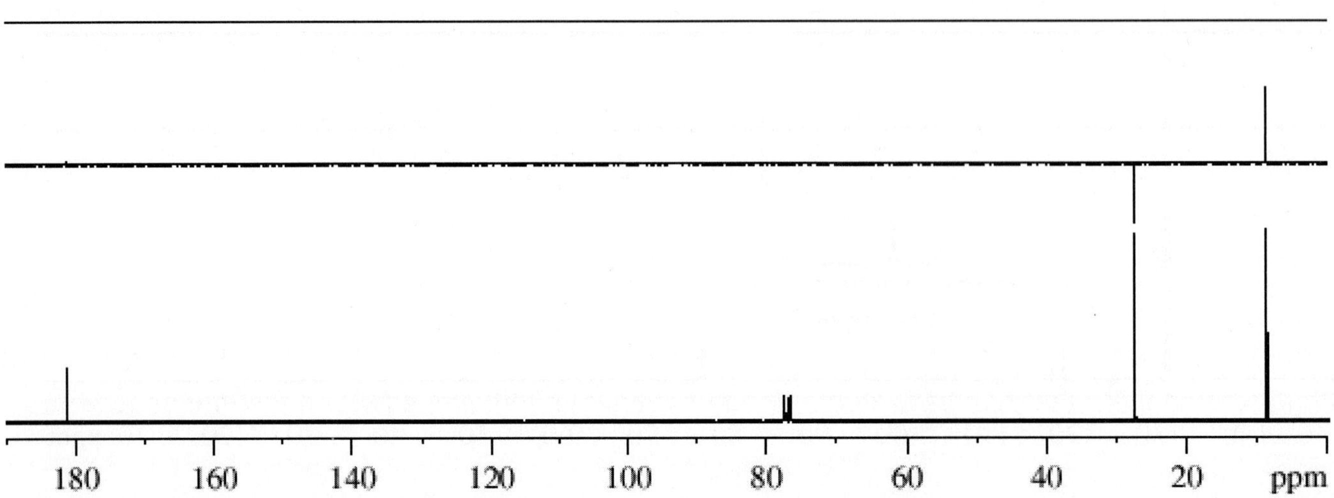

Problem 4.4 G

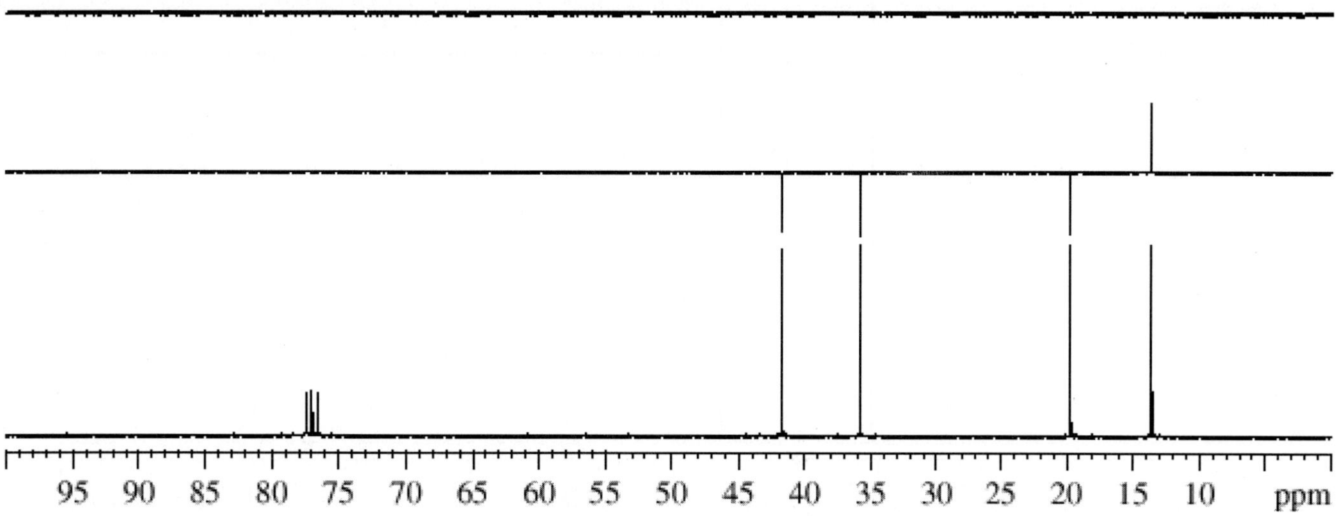

Problem 4.4 H

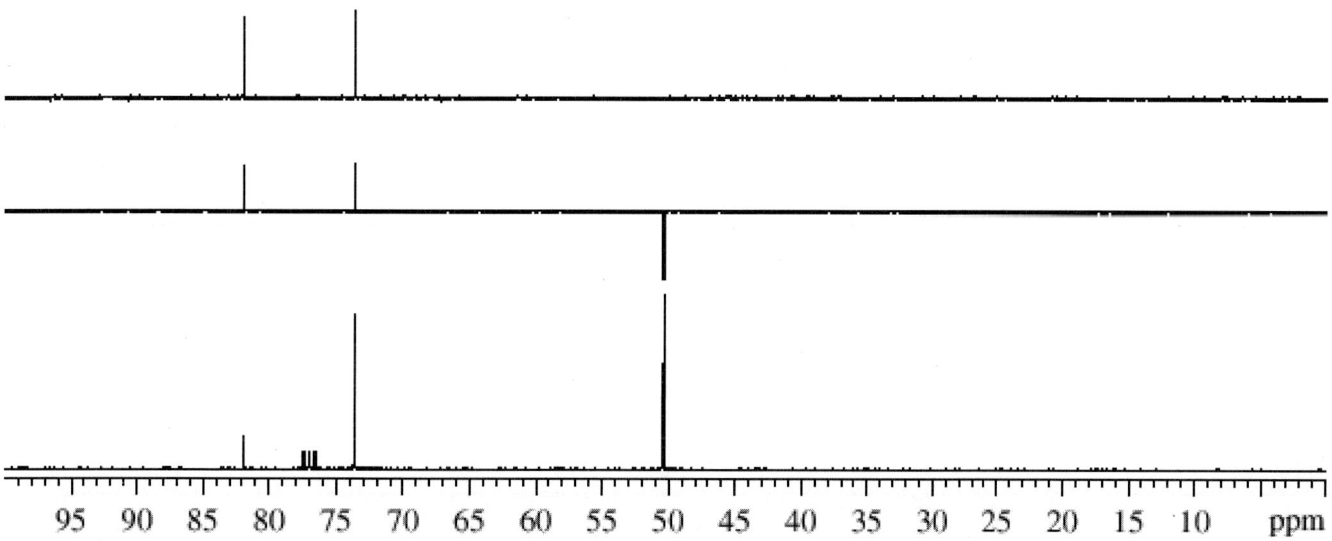

Problem 4.4 I

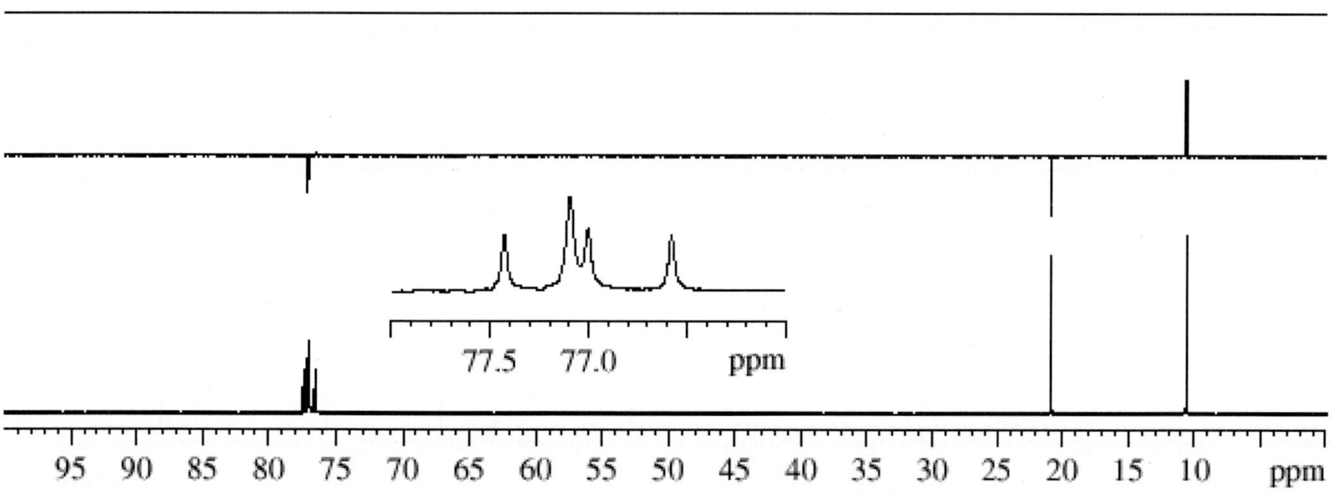

Problem 4.4 J

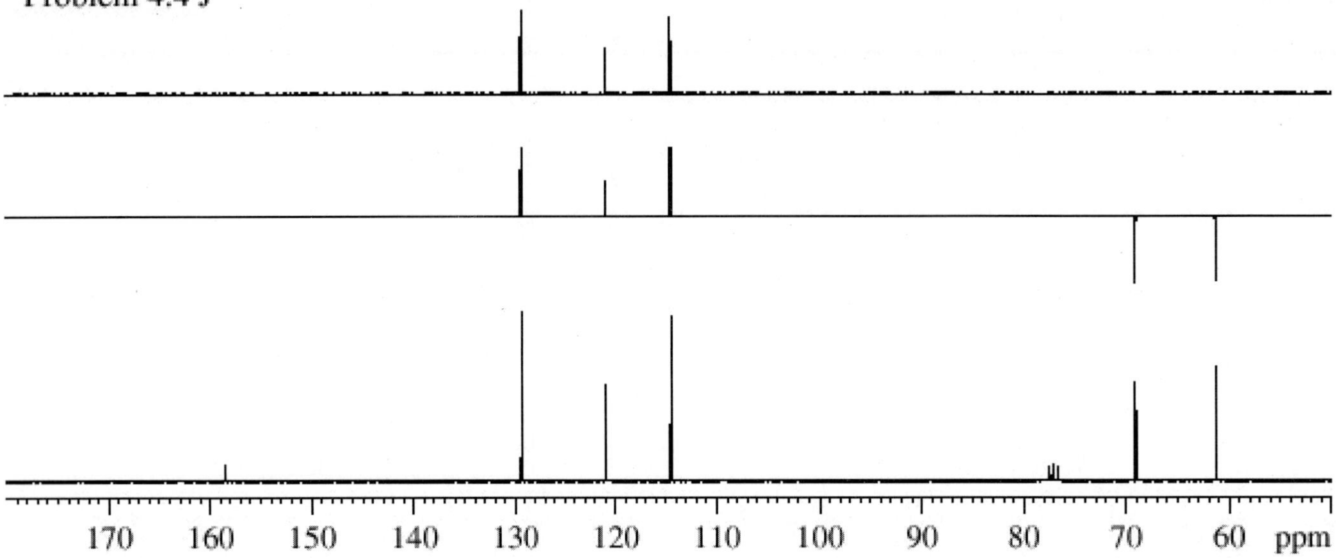

Problem 4.4 K

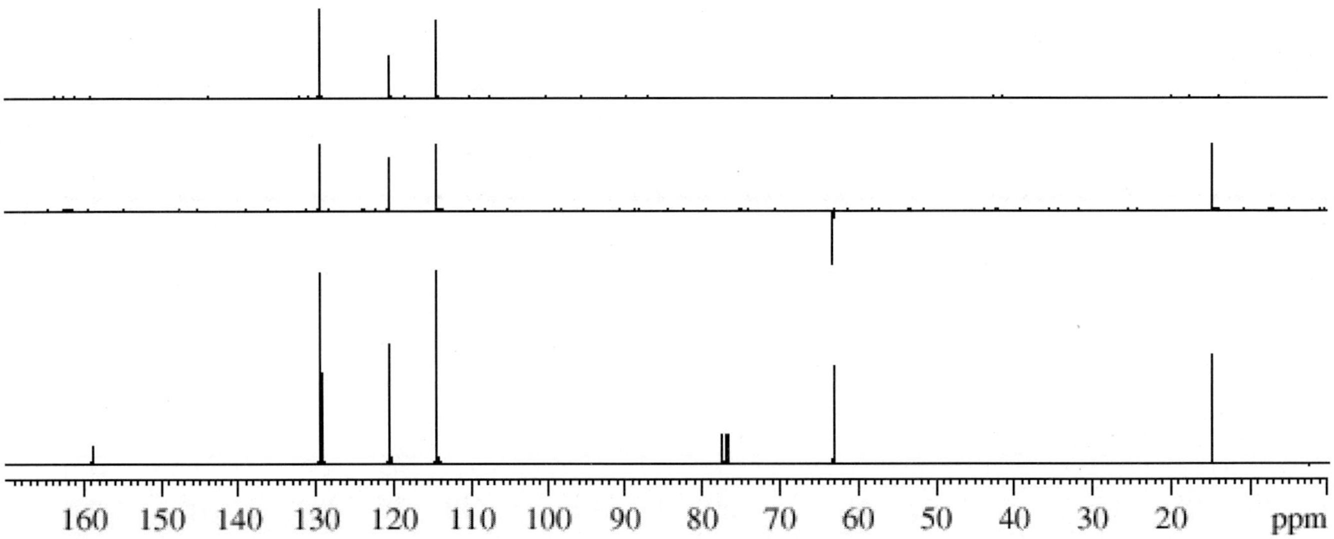

Problem 4.4 L

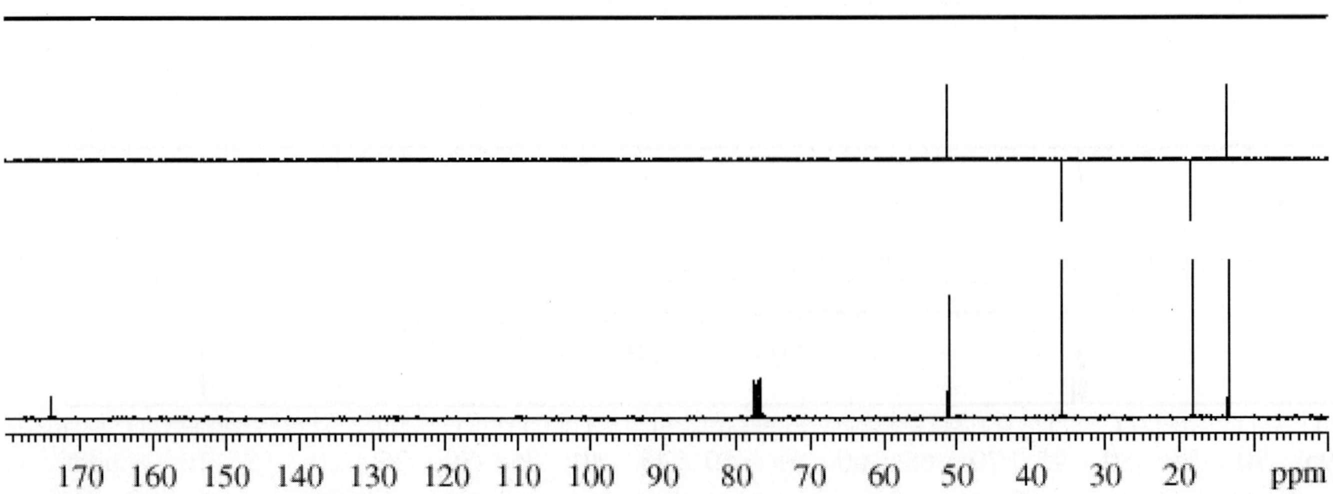

Problem 4.4 M

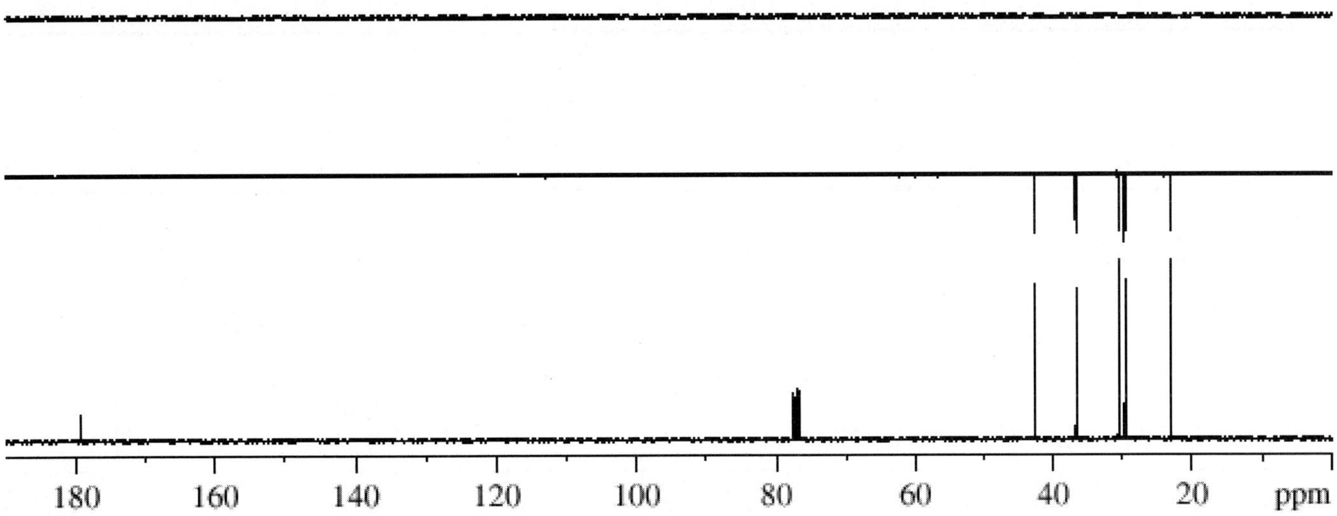

Problem 4.4 N

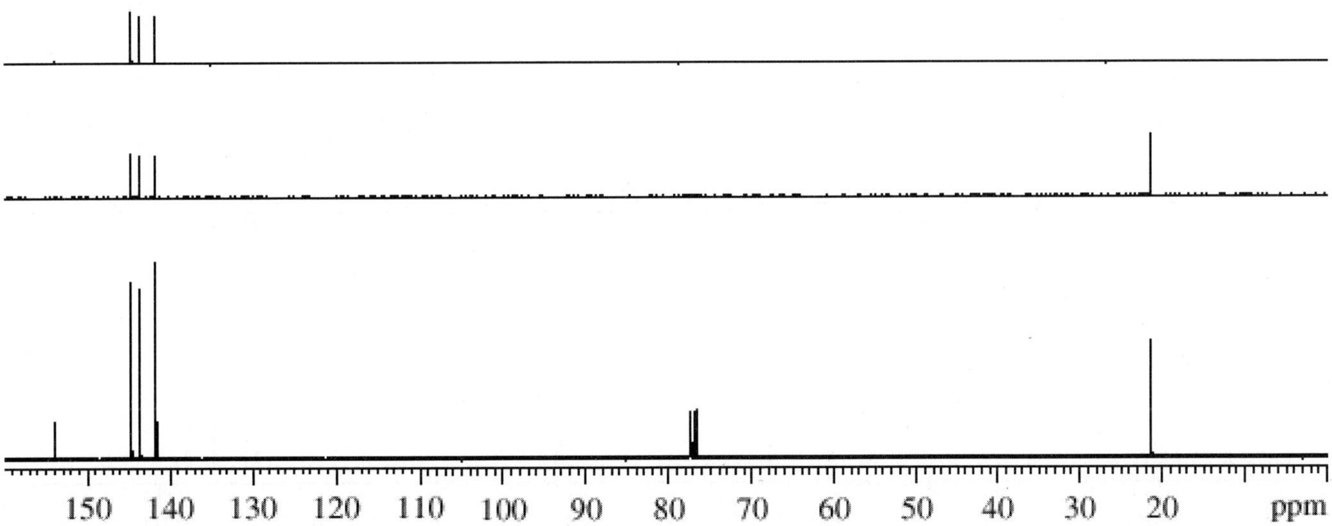

Problem 4.4 O

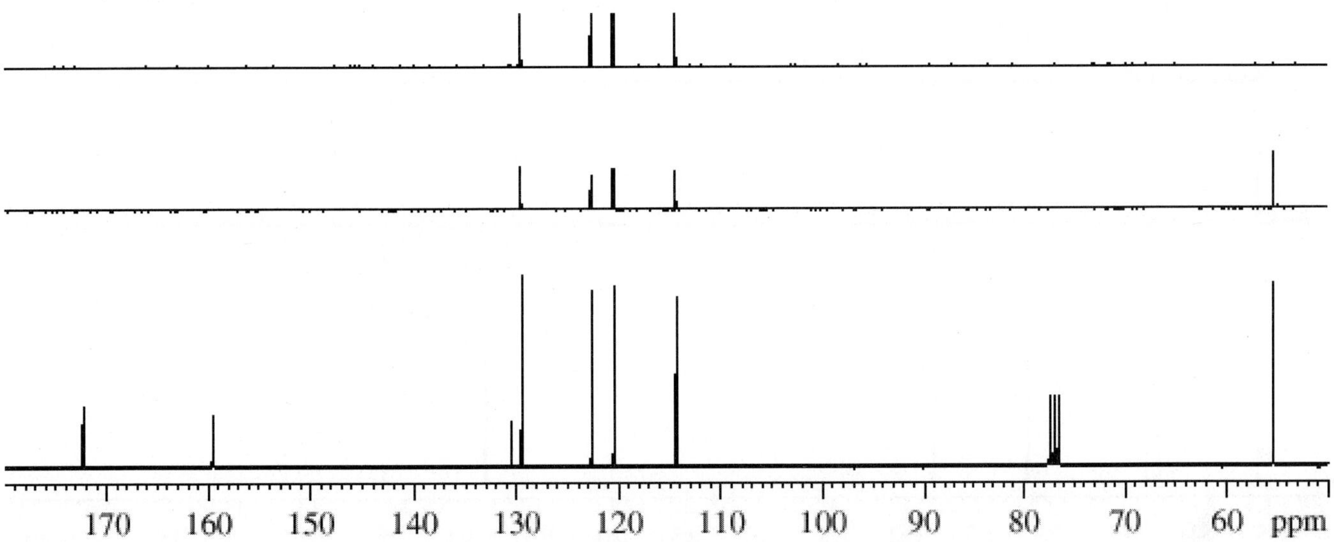

Problem 4.4 P

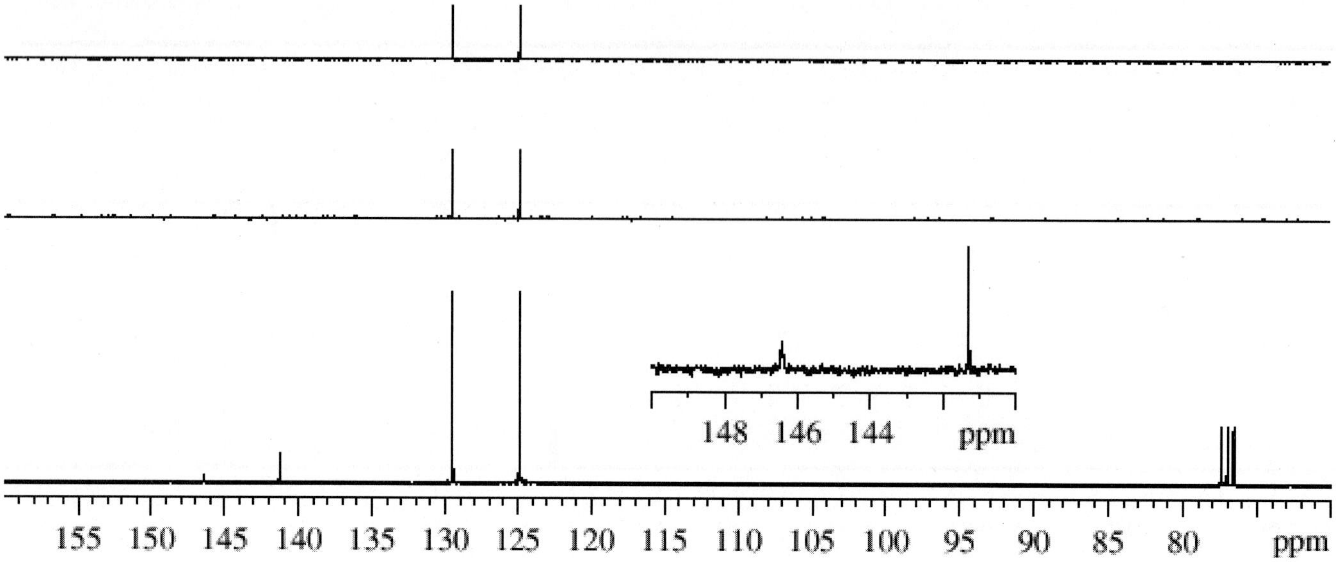

Problem 4.4 Q

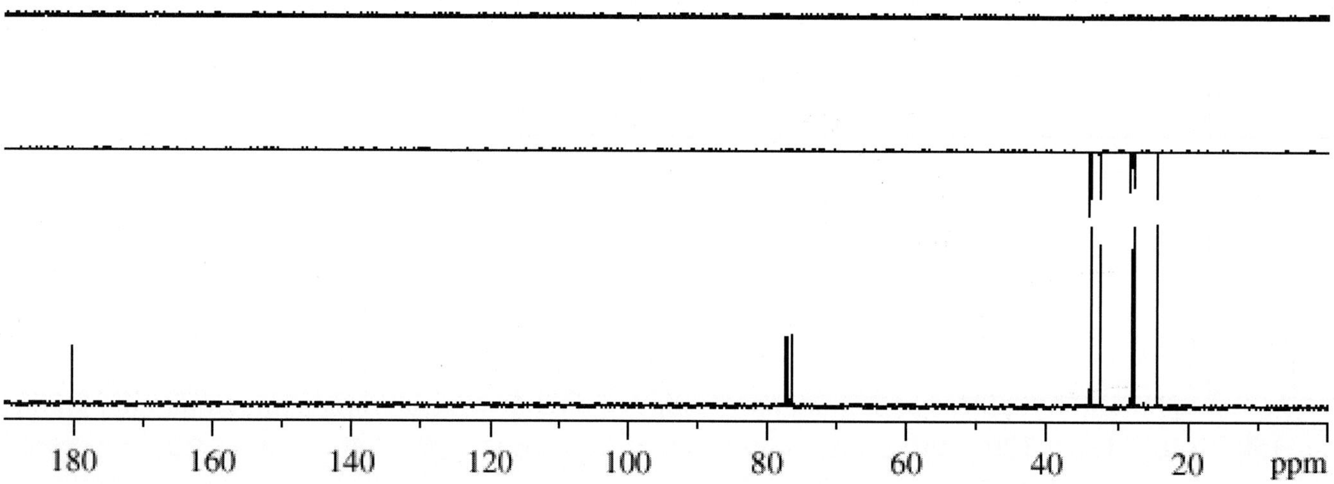

Problem 4.4 R

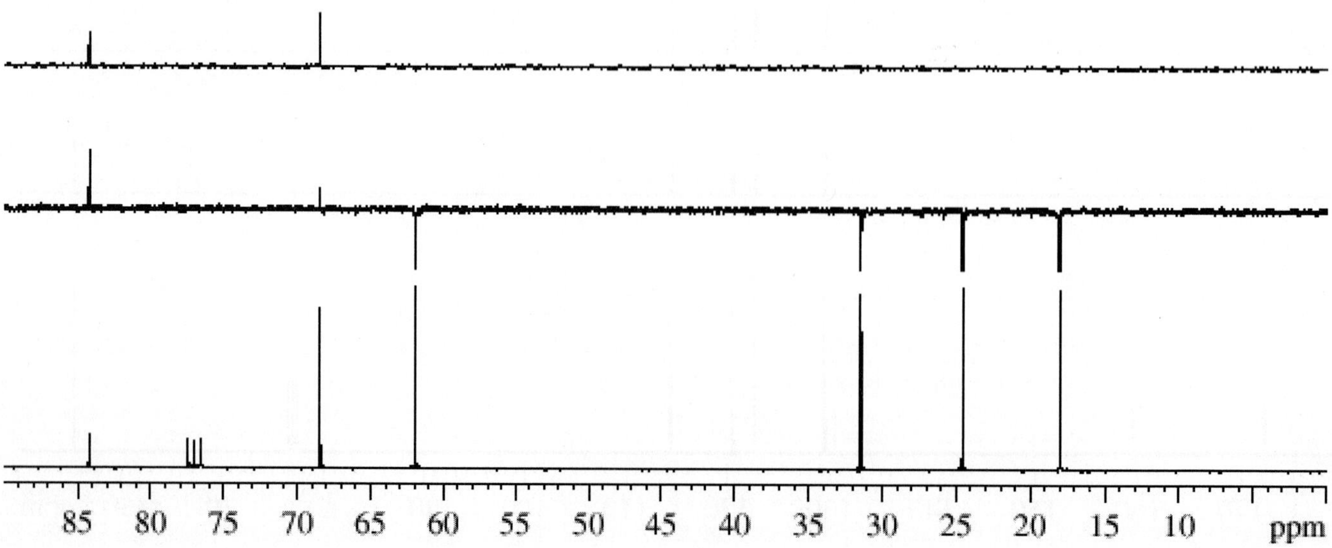

Problem 4.4 S

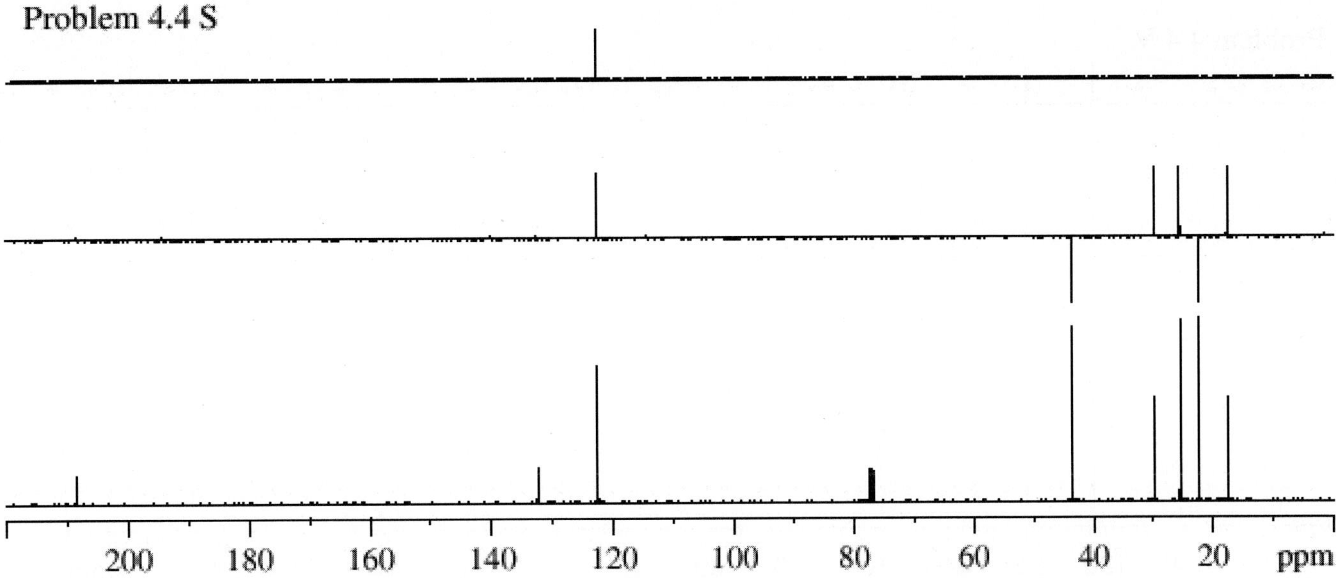

Problem 4.4 T

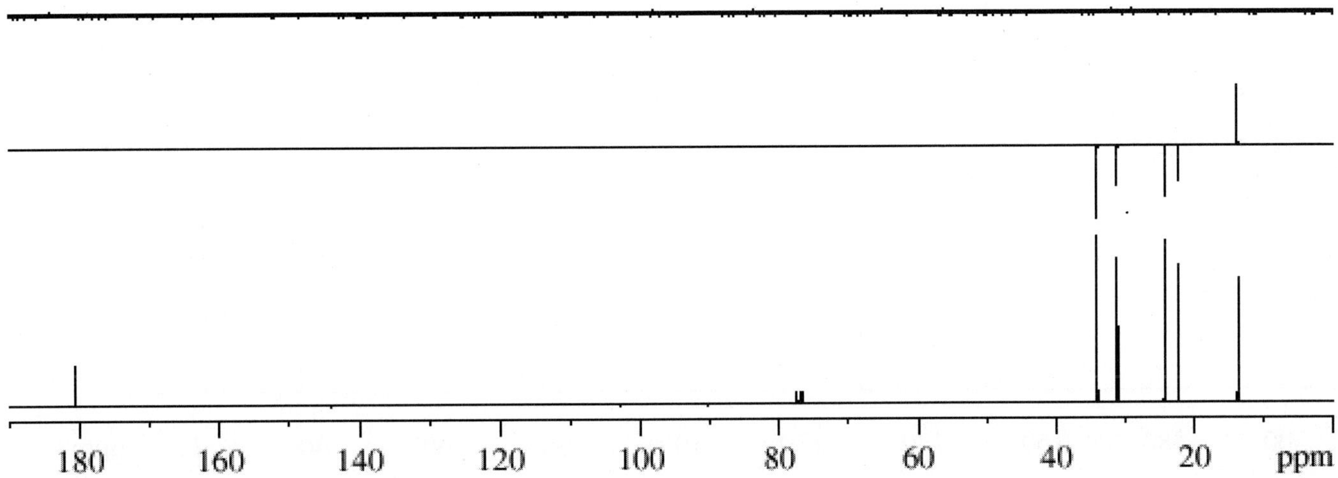

Problem 4.4 U

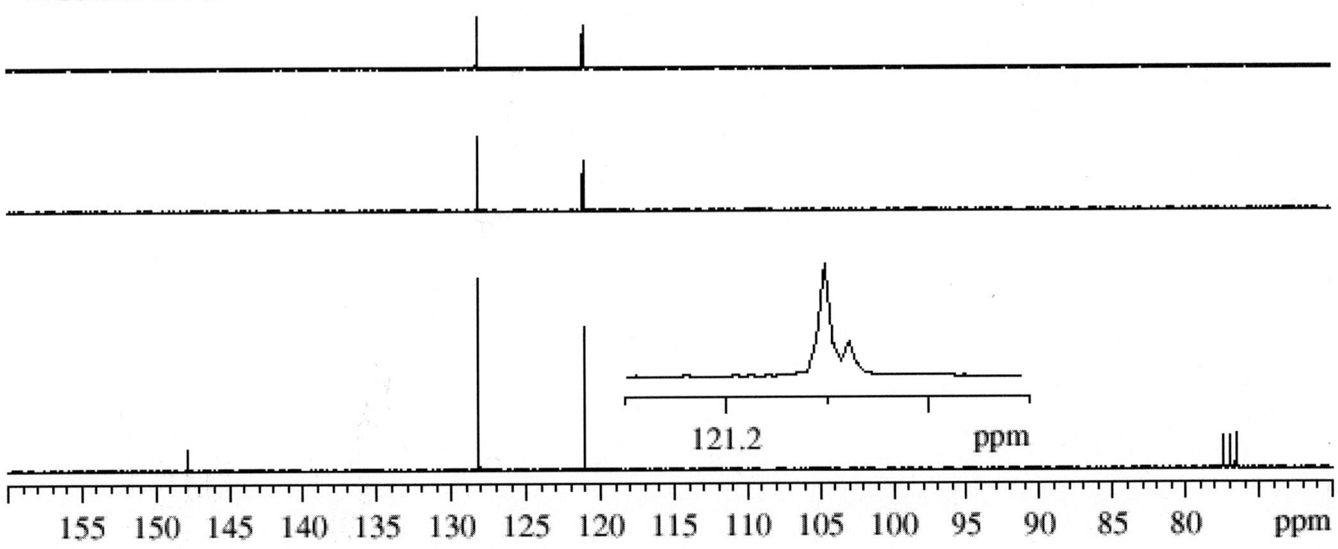

Problem 4.4 V

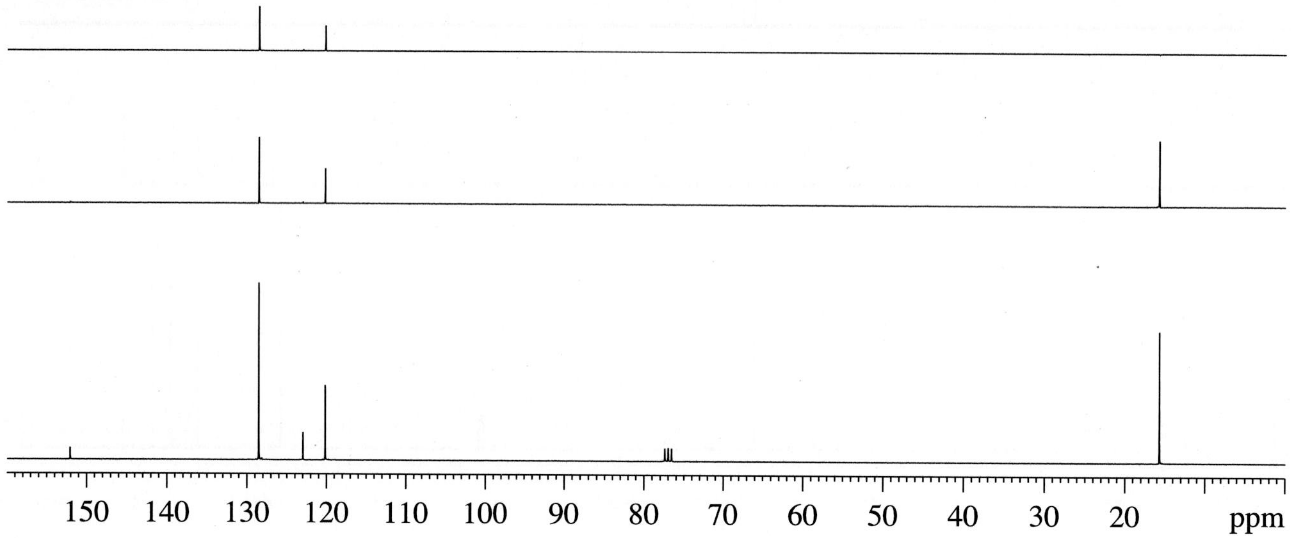

Problem 4.4 W

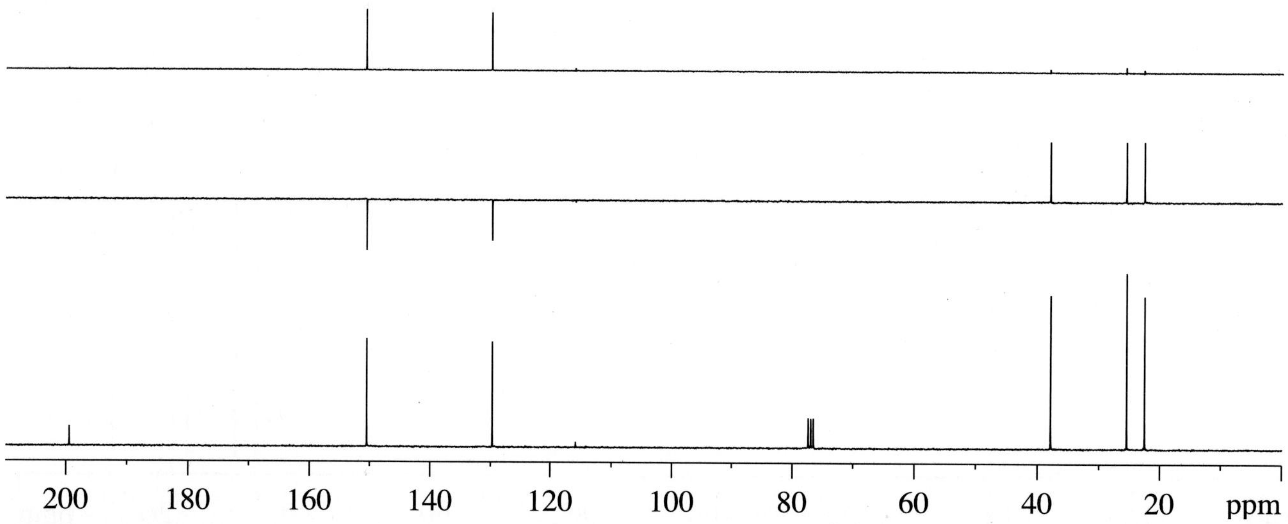

Problem 4.6A

$C_5H_{10}Br_2$

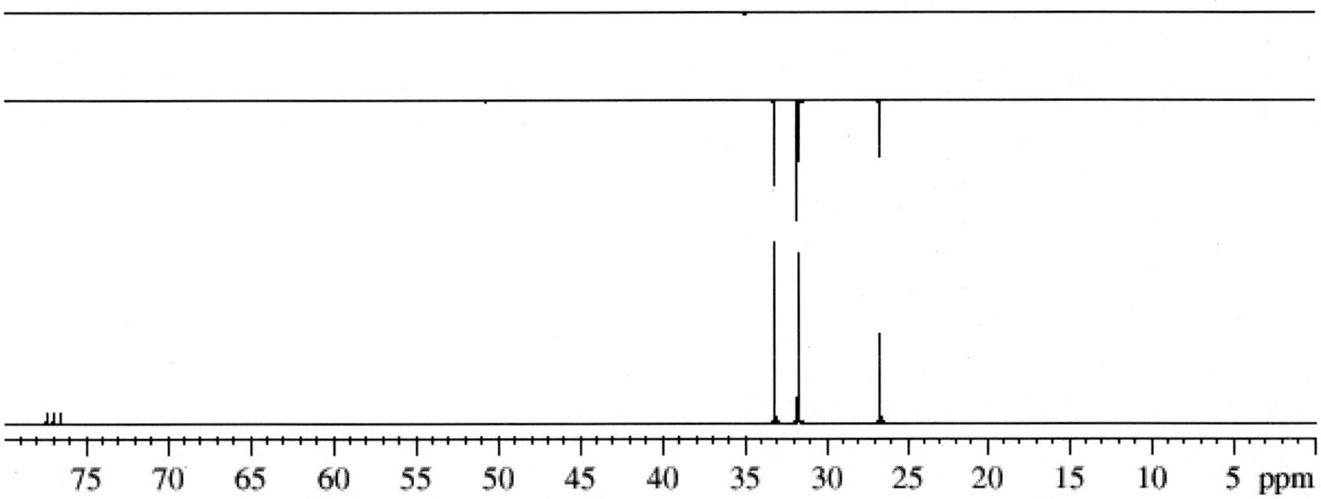

Problem 4.6B

$C_8H_8O_2$

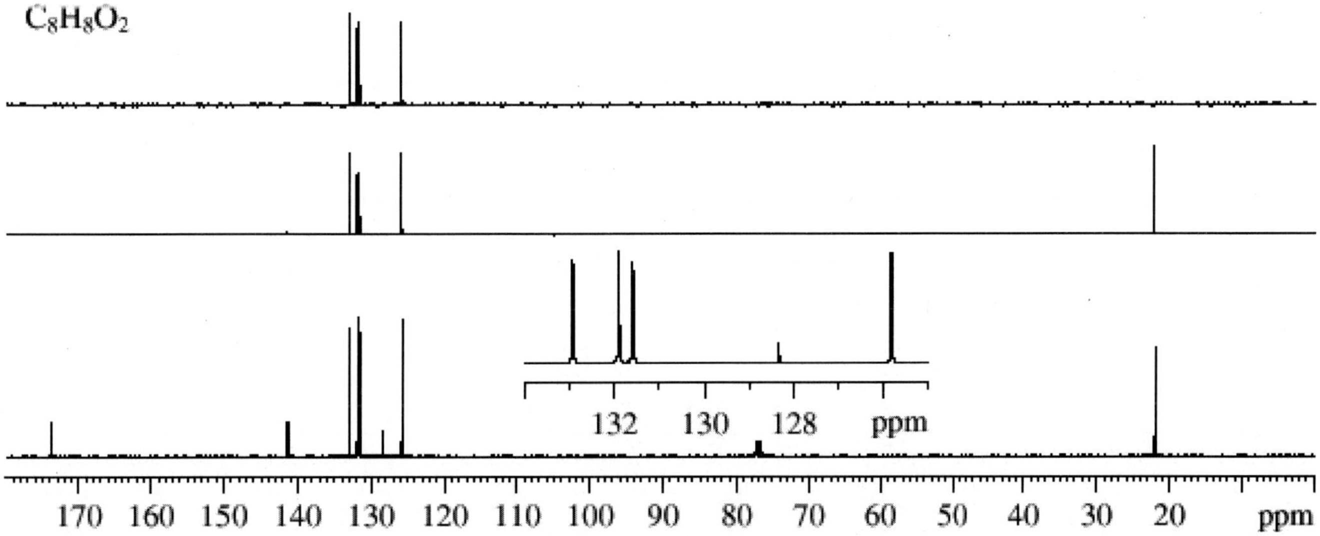

Problem 4.6C

$C_{12}H_{27}N$

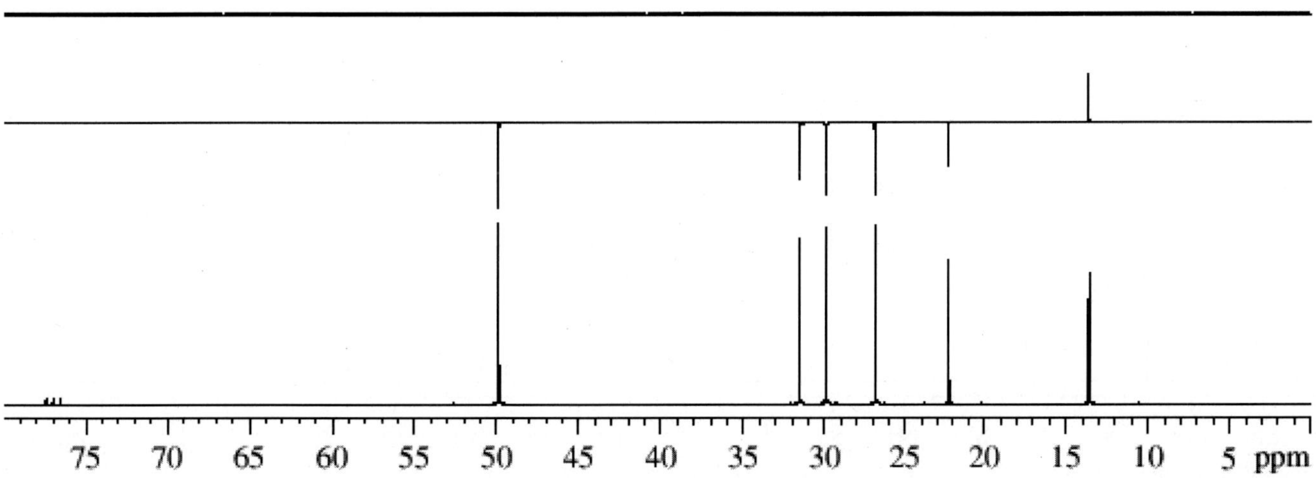

Problem 4.6 D
$C_{16}H_{22}O_4$

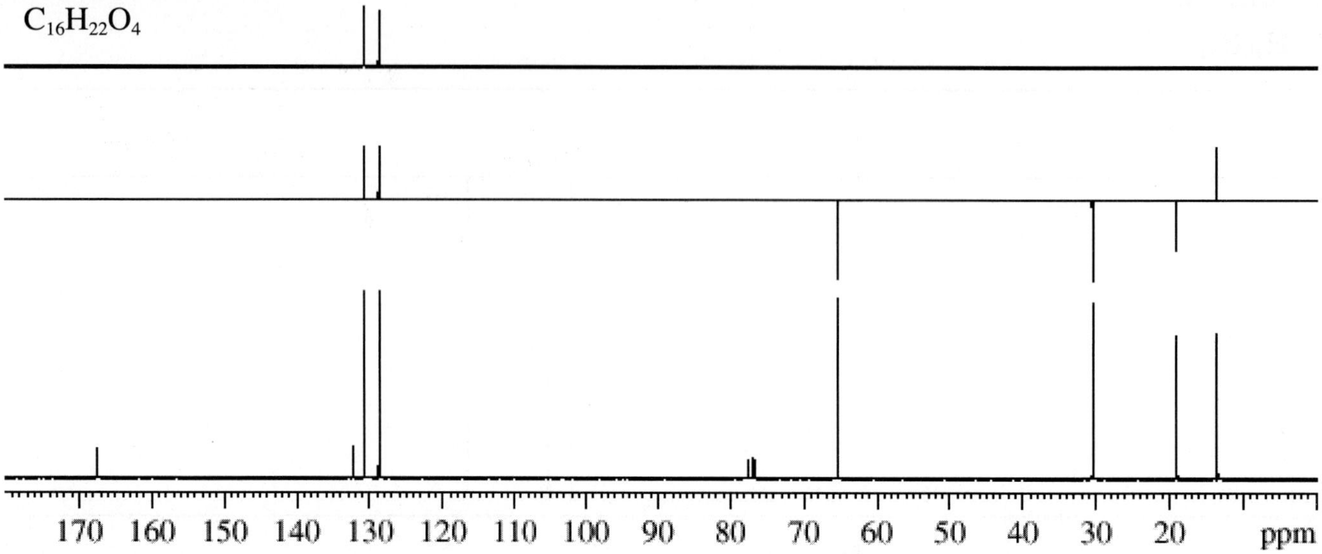

Problem 4.6 E
$C_7H_{12}O$

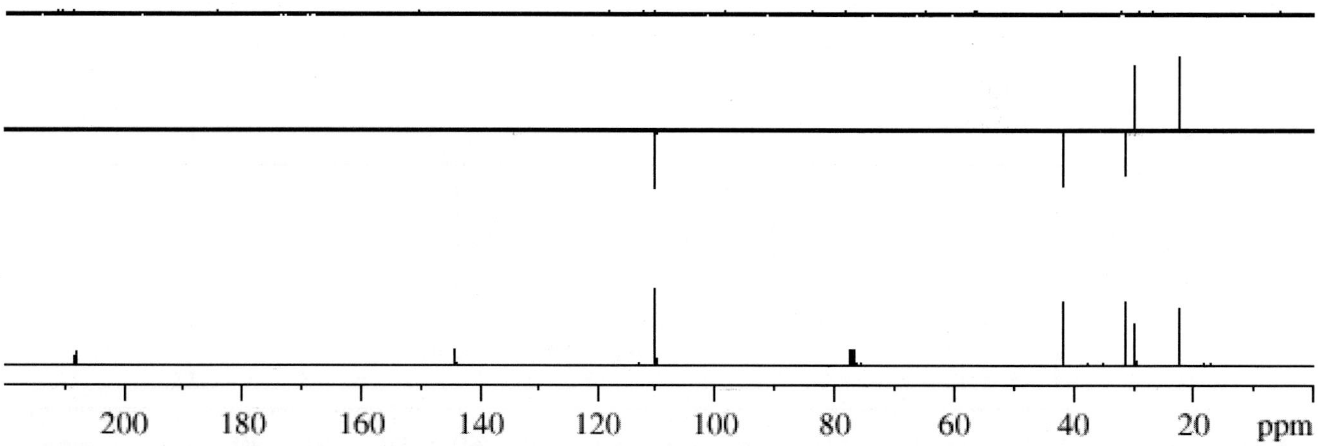

Problem 4.6 F
$C_8H_{14}O$

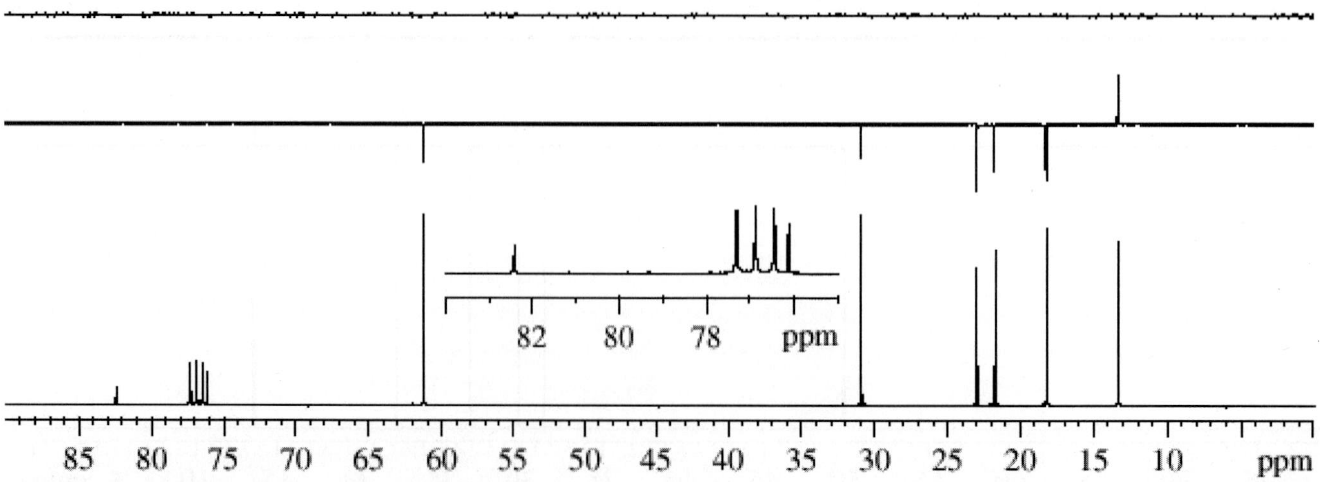

부록 A 일상적 NMR 용매의 ^{13}C 화학 이동, 짝지음 및 다중도

구조	명명	δ(ppm)	J_{C-D}(Hz)	다중도[a]
$CDCl_3$	Chloroform-d_1	77.0	32	Triplet
CD_3OD	Methanol-d_4	49.0	21.5	Septet
CD_3SOCD_3	DMSO-d_6	39.7	21	Septet
$DC(=O)N(CD_3)_2$	DMF-d_7	30.1	21	Septet
		35.2	21	Septet
		167.7	30	Triplet
C_6D_6	Benzene-d_6	128.0	24	Triplet
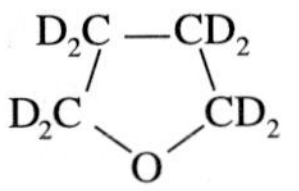	THF-d_8	25.2	20.5	Quintet
		67.4	22	Quintet
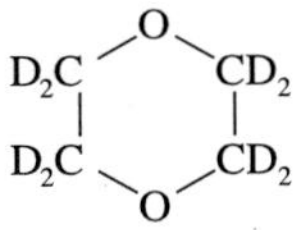	Dioxane-d_8	66.5	22	Quintet
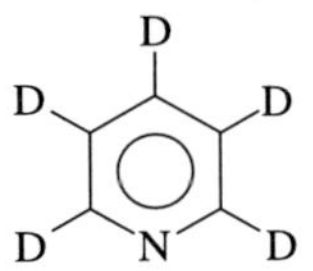	Pyridine-d_5	123.5 (C-3,5)	25	Triplet
		135.5 (C-4)	24.5	Triplet
		149.2 (C-2,6)	27.5	Triplet
$CD_3C(=O)CD_3$	Acetone-d_6	29.8 (methyl)	20	Septet
		206.5 (carbonyl)	<1	Septet[b]
CD_3CN	Acetonitrile-d_3	1.3 (methyl)	32	Septet
		118.2 (CN)	<1	Septet[b]
CD_3NO_2	Nitromethane-d_3	60.5	23.5	Septet
CD_3CD_2OD	Ethanol-d_6	15.8 (C-2)	19.5	Septet
		55.4 (C-1)	22	Quintet
$(CD_3CD_2)_2O$	Ether-d_{10}	13.4 (C-2)	19	Septet
		64.3 (C-1)	21	Quintet
$[(CD_3)_2N]_3P{=}O$	HMPA-d_{18}	35.8	21	Septet
CD_3CO_2D	Acetic acid-d_4	20.2 (C-2)	20	Septet
		178.4 (C-1)	<1	Septet[b]
CD_2Cl_2	Dichloromethane-d_2 (Methylene chloride-d_2)	53.1	29	Quintet

[a] 삼중선 세기 = 1 : 1 : 1, 사중선 = 1 : 2 : 3 : 2 : 1 칠중선 = 1 : 3 : 6 : 7 : 6 : 3 : 1

[b] 분해되지 않음. 장거리 짝지음.

출처 : Breitmaier, E., and Voelter, W.(1987). *Carbon-13 NMR Spectroscopy*, 3rd ed. New York: VCH, p. 109; with permission. Also Merck & Co., Inc.

부록 B 미량 불순물로서의 일상 실험실 용매의 ^{13}C 화학 이동

		$CDCl_3$	$(CD_3)_2CO$	$(CD_3)_2SO$	C_6D_6	CD_3CN	CD_3OD	D_2O
solvent signals		77.16 ± 0.06	29.84 ± 0.01 206.26 ± 0.13	39.52 ± 0.06	128.06 ± 0.02	1.32 ± 0.02 118.26 ± 0.02	49.00 ± 0.01	
acetic acid	CO	175.99	172.31	171.93	175.82	173.21	175.11	177.21
	CH_3	20.81	20.51	20.95	20.37	20.73	20.56	21.03
acetone	CO	207.07	205.87	206.31	204.43	207.43	209.67	215.94
	CH_3	30.92	30.60	30.56	30.14	30.91	30.67	30.89
acetonitrile	CN	116.43	117.60	117.91	116.02	118.26	118.06	119.68
	CH_3	1.89	1.12	1.03	0.20	1.79	0.85	1.47
benzene	CH	128.37	129.15	128.30	128.62	129.32	129.34	
tert-butyl alcohol	C	69.15	68.13	66.88	68.19	68.74	69.40	70.36
	CH_3	31.25	30.72	30.38	30.47	30.68	30.91	30.29
tert-butyl methyl ether	OCH_3	49.45	49.35	48.70	49.19	49.52	49.66	49.37
	C	72.87	72.81	72.04	72.40	73.17	74.32	75.62
	CCH_3	26.99	27.24	26.79	27.09	27.28	27.22	26.60
BHT	C(1)	151.55	152.51	151.47	152.05	152.42	152.85	
	C(2)	135.87	138.19	139.12	136.08	138.13	139.09	
	CH(3)	125.55	129.05	127.97	128.52	129.61	129.49	
	C(4)	128.27	126.03	124.85	125.83	126.38	126.11	
	CH_3Ar	21.20	21.31	20.97	21.40	21.23	21.38	
	CH_3C	30.33	31.61	31.25	31.34	31.50	31.15	
	C	34.25	35.00	34.33	34.35	35.05	35.36	
chloroform	CH	77.36	79.19	79.16	77.79	79.17	79.44	
cyclohexane	CH_2	26.94	27.51	26.33	27.23	27.63	27.96	
1,2-dichloroethane	CH_2	43.50	45.25	45.02	43.59	45.54	45.11	
dichloromethane	CH_2	53.52	54.95	54.84	53.46	55.32	54.78	
diethyl ether	CH_3	15.20	15.78	15.12	15.46	15.63	15.46	14.77
	CH_2	65.91	66.12	62.05	65.94	66.32	66.88	66.42
diglyme	CH_3	59.01	58.77	57.98	58.66	58.90	59.06	58.67
	CH_2	70.51	71.03	69.54	70.87	70.99	71.33	70.05
	CH_2	71.90	72.63	71.25	72.35	72.63	72.92	71.63
1,2-dimethoxyethane	CH_3	59.08	58.45	58.01	58.68	58.89	59.06	58.67
	CH_2	71.84	72.47	17.07	72.21	72.47	72.72	71.49
dimethylacetamide	CH_3	21.53	21.51	21.29	21.16	21.76	21.32	21.09
	CO	171.07	170.61	169.54	169.95	171.31	173.32	174.57
	NCH_3	35.28	34.89	37.38	34.67	35.17	35.50	35.03
	NCH_3	38.13	37.92	34.42	37.03	38.26	38.43	38.76
dimethylformamide	CH	162.62	162.79	162.29	162.13	163.31	164.73	165.53
	CH_3	36.50	36.15	35.73	35.25	36.57	36.89	37.54
	CH_3	31.45	31.03	30.73	30.72	31.32	31.61	32.03
dimethyl sulfoxide	CH_3	40.76	41.23	40.45	40.03	41.31	40.45	39.39
dioxane	CH_2	67.14	67.60	66.36	67.16	67.72	68.11	67.19
ethanol	CH_3	18.41	18.89	18.51	18.72	18.80	18.40	17.47
	CH_2	58.28	57.72	56.07	57.86	57.96	58.26	58.05
ethyl acetate	CH_3CO	21.04	20.83	20.68	20.56	21.16	20.88	21.15
	CO	171.36	170.96	170.31	170.44	171.68	172.89	175.26
	CH_2	60.49	60.56	59.74	60.21	60.98	61.50	62.32
	CH_3	14.19	14.50	14.40	14.19	14.54	14.49	13.92
ethyl methyl ketone	CH_3CO	29.49	29.30	29.26	28.56	29.60	29.39	29.49
	CO	209.56	208.30	208.72	206.55	209.88	212.16	218.43
	CH_2CH_3	36.89	36.75	35.83	36.36	37.09	37.34	37.27
	CH_2CH_3	7.86	8.03	7.61	7.91	8.14	8.09	7.87
ethylene glycol	CH_2	63.79	64.26	62.76	64.34	64.22	64.30	63.17
"grease"	CH_2	29.76	30.73	29.20	30.21	30.86	31.29	

부록 B (계속)

n-hexane	CH_3	14.14	14.34	13.88	14.32	14.43	14.45	
	$CH_2(2)$	22.70	23.28	22.05	23.04	23.40	23.68	
	$CH_2(3)$	31.64	32.30	30.95	31.96	32.36	32.73	
HMPA	CH_3	36.87	37.04	36.42	36.88	37.10	37.00	36.46
methanol	CH_3	50.41	49.77	48.59	49.97	49.90	49.86	49.50
nitromethane	CH_3	62.50	63.21	63.28	61.16	63.66	63.08	63.22
n-pentane	CH_3	14.08	14.29	13.28	14.25	14.37	14.39	
	$CH_2(2)$	22.38	22.98	21.70	22.72	23.08	23.38	
	$CH_2(3)$	34.16	34.83	33.48	34.45	34.89	35.30	
2-propanol	CH_3	25.14	25.67	25.43	25.18	25.55	25.27	24.38
	CH	64.50	63.85	64.92	64.23	64.30	64.71	64.88
pyridine	CH(2)	149.90	150.67	149.58	150.27	150.76	150.07	149.18
	CH(3)	123.75	124.57	123.84	123.58	127.76	125.53	125.12
	CH(4)	135.96	136.56	136.05	135.28	136.89	138.35	138.27
silicone grease	CH_3	1.04	1.40		1.38		2.10	
tetrahydrofuran	CH_2	25.62	26.15	25.14	25.72	26.27	26.48	25.67
	CH_2O	67.97	68.07	67.03	67.80	68.33	68.83	68.68
toluene	CH_3	21.46	21.46	20.99	21.10	21.50	21.50	
	C(*i*)	137.89	138.48	137.35	137.91	138.90	138.85	
	CH(*o*)	129.07	129.76	128.88	129.33	129.94	129.91	
	CH(*m*)	128.26	129.03	128.18	128.56	129.23	129.20	
	CH(*p*)	125.33	126.12	125.29	125.68	126.28	126.29	
triethylamine	CH_3	11.61	12.49	11.74	12.35	12.38	11.09	9.07
	CH_2	46.25	47.07	45.74	46.77	47.10	46.96	47.19

부록 C 화학부류에 관한 ^{13}C 상관 차트

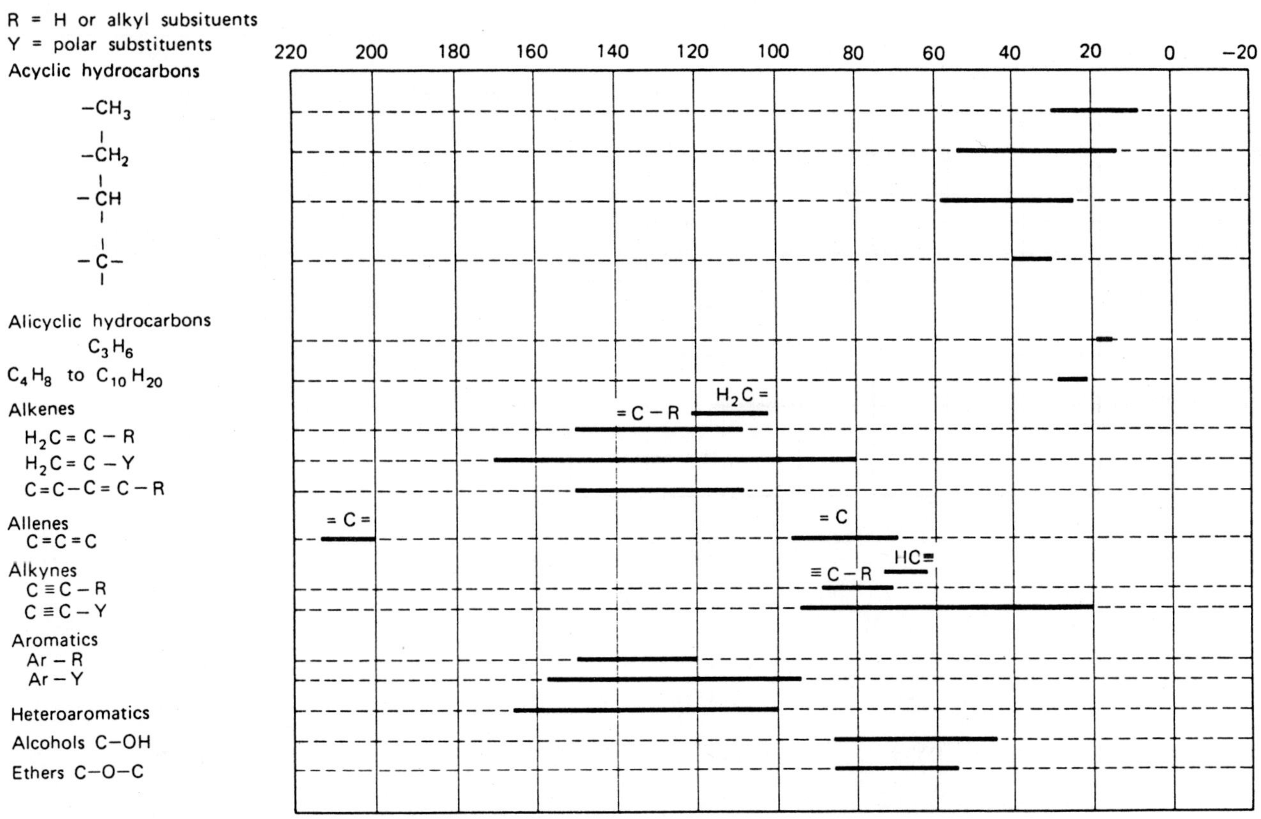

부록 C (계속)

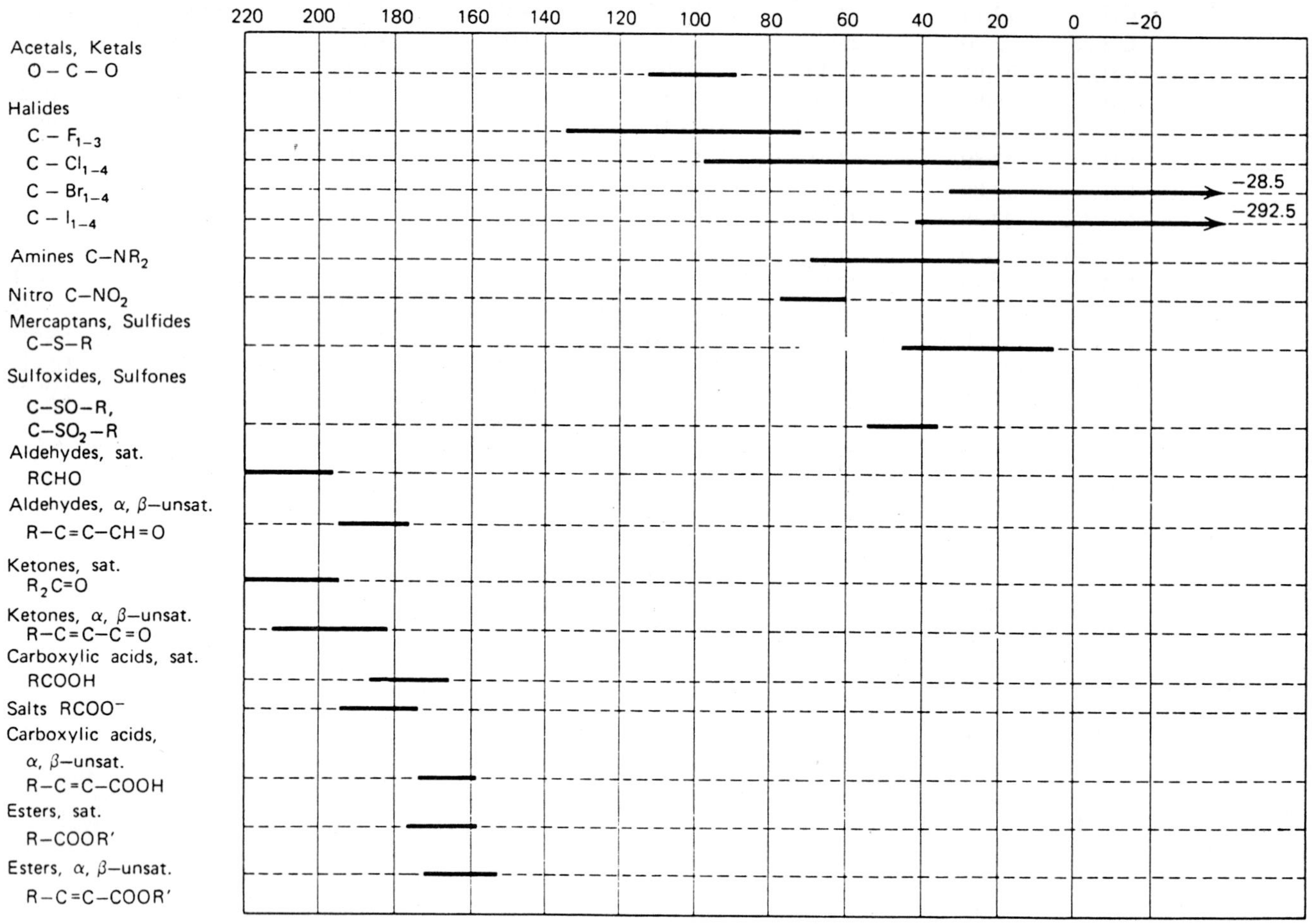
220 200 180 160 140 120 100 80 60 40 20 0 −20
Acetals, Ketals
O − C − O
Halides
C − F_{1-3}
C − Cl_{1-4}
C − Br_{1-4}
C − I_{1-4}
−28.5
−292.5
Amines C−NR_2
Nitro C−NO_2
Mercaptans, Sulfides
C−S−R
Sulfoxides, Sulfones
C−SO−R,
C−SO_2−R
Aldehydes, sat.
RCHO
Aldehydes, α, β−unsat.
R−C=C−CH=O
Ketones, sat.
R_2C=O
Ketones, α, β−unsat.
R−C=C−C=O
Carboxylic acids, sat.
RCOOH
Salts $RCOO^-$
Carboxylic acids,
α, β−unsat.
R−C=C−COOH
Esters, sat.
R−COOR′
Esters, α, β−unsat.
R−C=C−COOR′

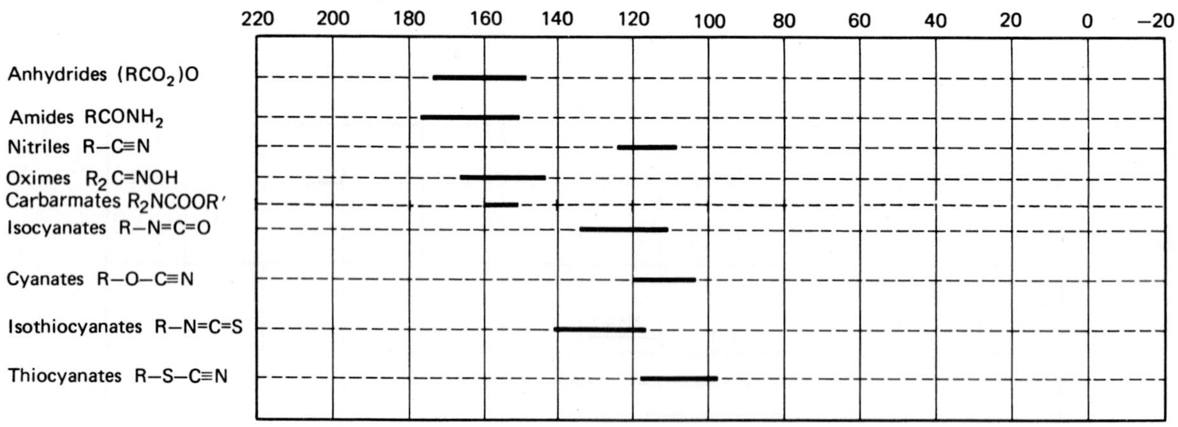
220 200 180 160 140 120 100 80 60 40 20 0 −20
Anhydrides $(RCO_2)O$
Amides $RCONH_2$
Nitriles R−C≡N
Oximes R_2C=NOH
Carbarmates R_2NCOOR'
Isocyanates R−N=C=O
Cyanates R−O−C≡N
Isothiocyanates R−N=C=S
Thiocyanates R−S−C≡N

부록 D　몇 가지 천연물에 관한 ^{13}C NMR 데이터 (δ)

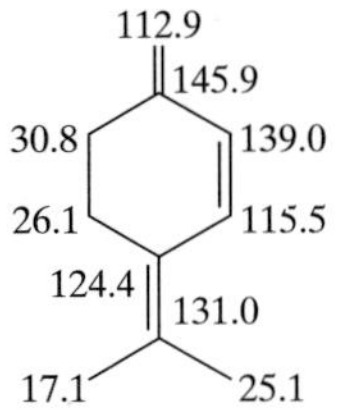

Myrcene

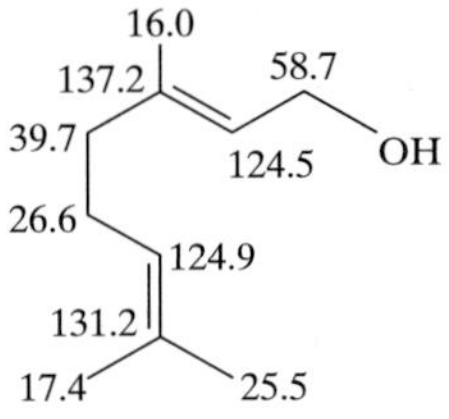

Geraniol

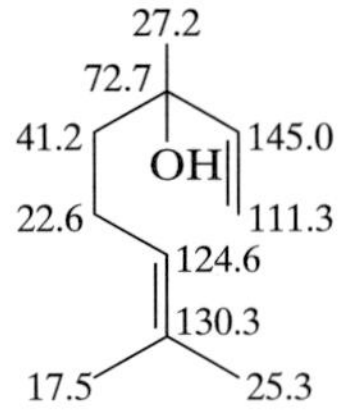

Linalool

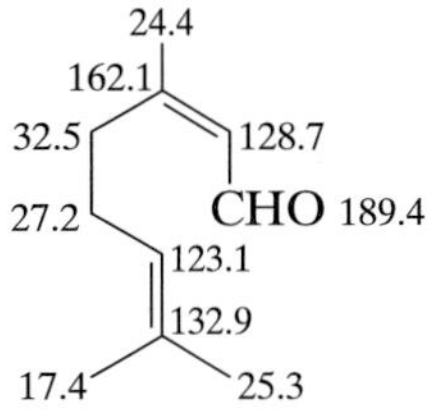

cis-Citral
(Neral, Citral b)

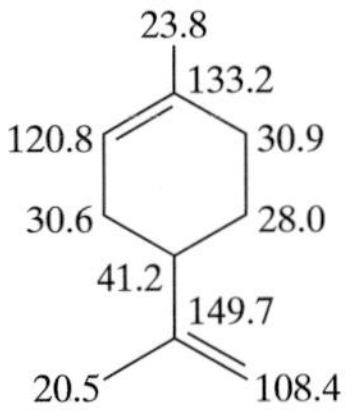

Limonene

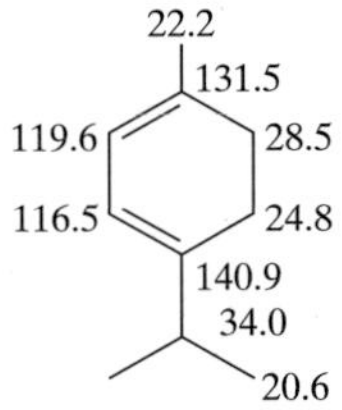

α-Terpinene

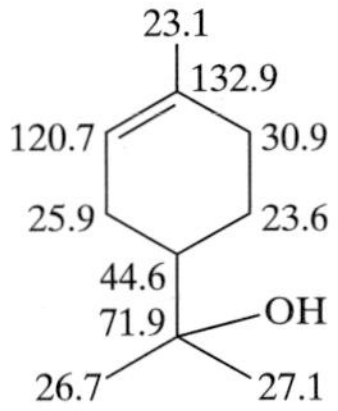

α-Terpineol

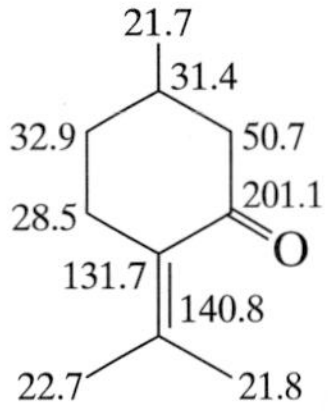

Pulegone

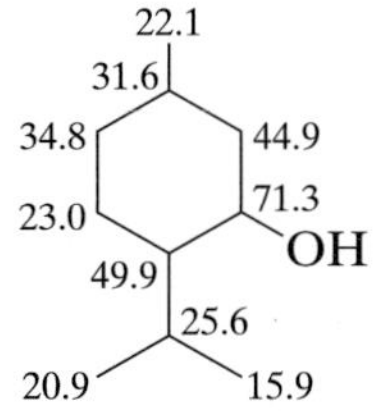

Menthol

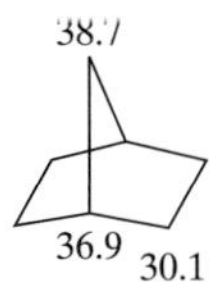

Norbornane

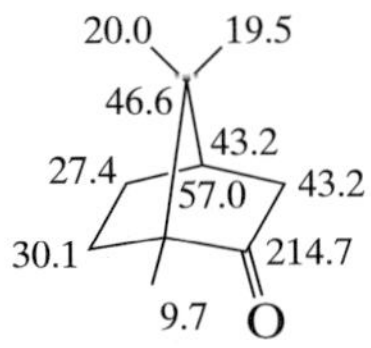

Camphor

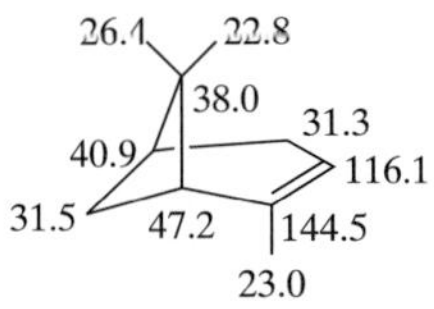

α-Pinene

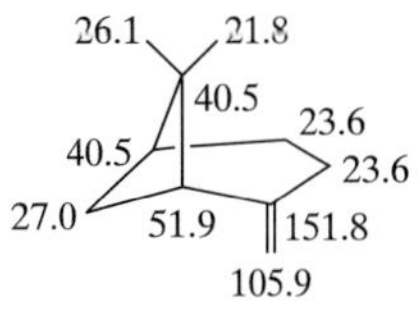

β-Pinene

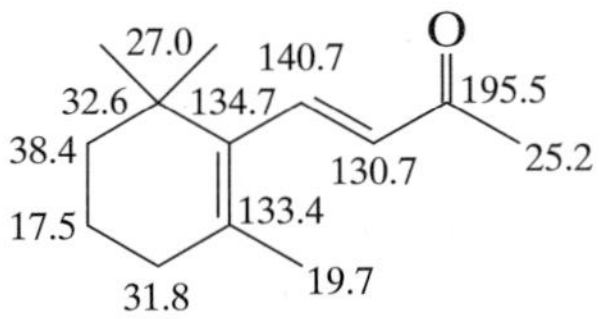

β-Ionone

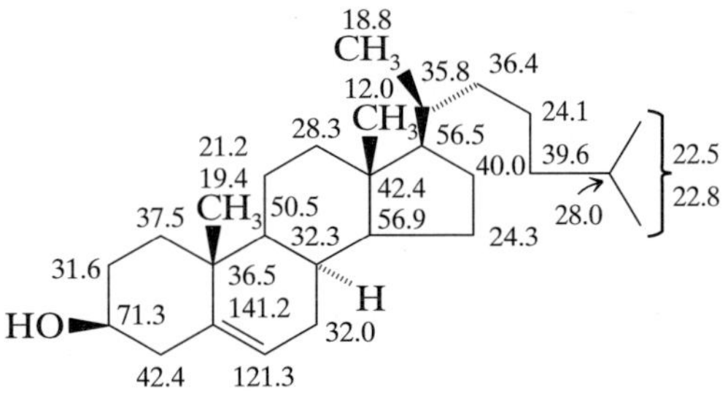

Cholesterol

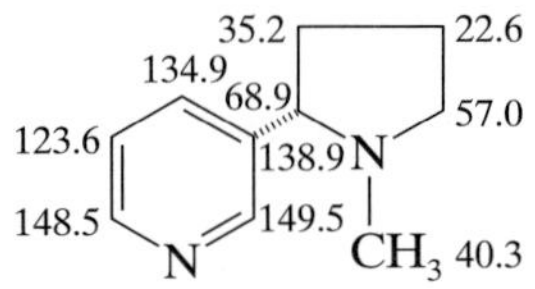

Nicotine

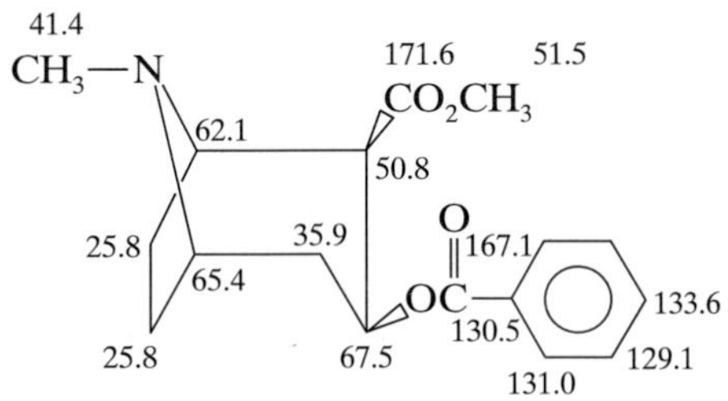

Cocaine

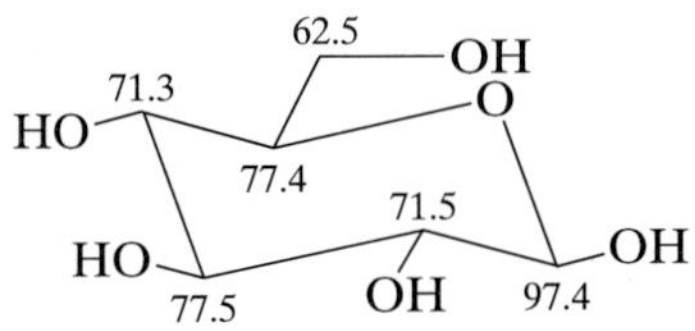

β-D-Glucose

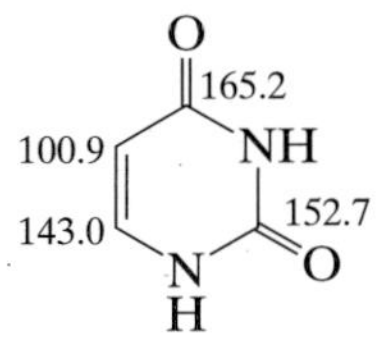

Uracil

5장

상관 NMR 분광법: 2-D NMR

5.1 서론

3장과 4장(친숙하리라 믿음)은 IR과 질량 분석법으로부터 얻은 정보와 함께 유기 화합물의 구조를 확인하는 데 있어 강력한 기법과 방법을 제공한다. 이러한 NMR 방법은 총체적으로 일차원 기법이라고 한다. 우리 능력을 확대하기 위해 다시 한 번 NMR로 돌아가자. 우리는 네 개의 화합물을 예로 사용할 것이다: 입세놀(ipsenol, 3장 참조), 카료필렌 산화물(caryophyllene oxide, 세스키터펜 에폭사이드), 락토스(β-연결 이당류)와 작은 펩타이드(발린-글리신-세린-글루타메이트, VGSE). 이러한 화합물의 구조는 그림 5.1에 표시하였다.

이러한 화합물은 매우 다양한 구조 유형과 특징을 제공한다. 두 개의 터펜류(terpenoid)는 전형적인 아이소프레노이드의 곁가지 탄소 골격을 가진다: 두 화합물 모두 부분입체이성질성(diastereotopic) 메틸렌과 메틸기를 가지고 있다. 락토스는 갈락토스와 글루코스가 β-1,4-연결한 이당류이다. 글루코스는 환원 잔기이며, 수용액에서 두 개의 아노모 간의 평형을 이룬다. 테트라펩타이드(VGSE)는 네 개의 서로 다른 아미노산 잔기를 포함하며, 단백질과 핵산의 생고분자로 사용 가능한 모사체이다. 이러한 화합물들과 관련된 NMR 신호는 단순한 일차원적인 ^{1}H와 ^{13}C NMR 스펙트럼을 사용하여 구조를 확인하기가 어렵다.

이 장에서는 이러한 네 개의 화합물을 예로 사용하여 상관 NMR 분광법에 관하여 주시한다. 대부분(모두 다는 아니지만)의 유용한 실험은 이차원 NMR의 분류에 속하게 된다. 이 장에서의 접근법은 각 화합물에 대하여 논리적인 집합으로 독립적으로 스펙트럼을 제공하는 것이다. 각 실험의 일반적 관점의 대부분은 입세놀에서 논의되며, 나머지는 보다 복잡한 화합물에 대한 입문 수준이다. 다른 화합물들은 독립적으로 취급하거나 혹은 전혀 취급하지 않는다.

NMR에서의 상관관계는 새로운 개념은 아니다. 예를 들면, 에틸벤젠의 ^{1}H NMR 스펙트럼(그림 3.34)은 각각 메틸과 메틸렌기에 해당되는 깨끗한 삼중선과 사중선을 보여준다. 이러한 두 원자단의 개별 스핀이 짝지워지기 때문에(스칼라 짝지음) 서로 상관된다. 일차(First-order) 법칙은 이러한 이웃핵 간의 상호작용을 해석하는 데 도움이 된다. 양

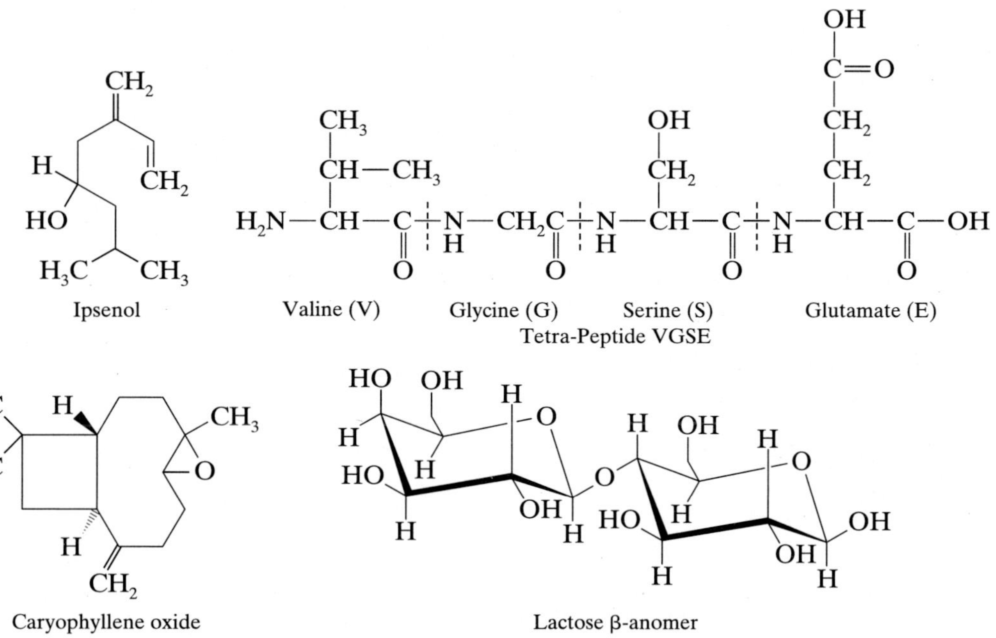

그림 5.1 이 장에서 예로 사용하는 네 개 화합물의 구조.

성자 간의 짝지음은 우리가 고려할 상관관계의 한 유형일 뿐이다.

3장에서 우리는 입세놀의 해석이 있어 신뢰성 있는 작업을 수행하였다. 그러나 상관 방법을 사용하며 보다 좋은 작업을 빠르고 보다 적은 모호성을 가지고 수행할 수 있다. 카료필렌 산화물, 락토스 및 VGSE는 일차원 ^{1}H와 ^{13}C NMR만 가지고 충분히 분석하기에는 너무 복잡하다. 특별한 실험에 관하여 기술하기 이전에 펄스 순서와 푸리에 변환을 먼저 자세히 관찰하자.

5.2 이론

일상적인 ^{1}H 혹은 ^{13}C NMR 스펙트럼을 얻기 위하여 펄스 순서(그림 5.2)는 자장, rf 펄스 및 신호 취득에서의 평형을 포함한다는 것을 상기한다. 이러한 순서는 만족스러운 신호/소음은 비율이 얻어질 때까지 반복된다. FID의 푸리에 변환은 친근한 주파수–영역 스펙트럼을 준다.

그림 5.2는 몇 가지 흥미로운 특징을 보여 준다. ^{1}H 채널과 ^{13}C 채널에 대한 각각의 분리된 선이 존재함을 안다. 이러한 채널은 실험에서 관련된 각 핵의 조사와 신호 취득에 연관된 하드웨어를 대표한다. 일차원(1-D) 양성자 스펙트럼을 얻기 위하여 평형 도달 후 $(\pi/2)_x$ 펄스(θ) 지연 신호 취득을 포함하는 초단위의 펄스 순서를 사용한다(그림 5.2a). 우리는 단순한 양성자 실험 중에는 ^{13}C 채널(표시하지 않았음)은 비활성화되었음을 알고 있다. 정상적으로 우리는 어떤 주어진 채널에 어떠한 활동이 있지 않으면 이 채널은 표시하지 않을 것이다.

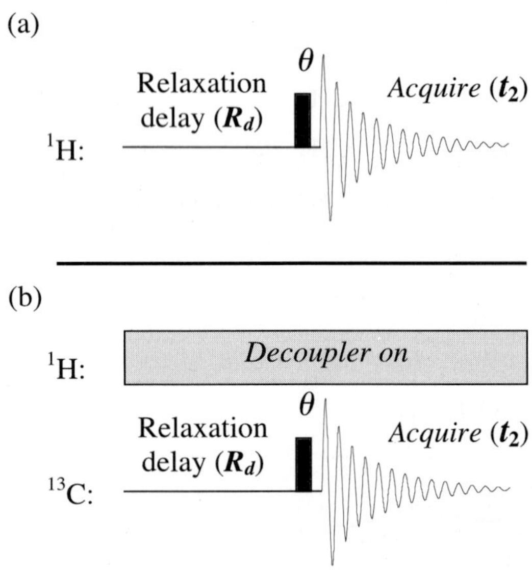

그림 5.2 (a) 표준 1-D ^{1}H 스펙트럼 펄스 순서. (b) 표준(짝풀림) ^{13}C 스펙트럼의 펄스 순서. θ는 정상적으로 x축을 따른 $(\pi/2)_x$ 혹은 90° 펄스. R_d는 펄스 이전의 자기장에서의 평형화 주기이다.

그림 5.2b는 ^{13}C 실험에 대한 펄스 순서다. ^{13}C 채널에 대한 순서는 정확히 그림 5.2a에서의 ^{1}H 채널에 대한 채널과 같다. 실험 중 양성자에 대하여 조사함으로써 양성자는 ^{13}C 핵으로부터 짝풀림이 된다. 즉, 전 실험 도중 양성자 짝풀림기를 작동한다. 다른 실험에서는 주어진 핵에 대하여 짝풀림기를 다른 하나의 채널(즉, 다른 핵)의 펄스와 지연과 동시에 켜고 끌 수 있다. 이러한 과정을 게이트 짝풀림이라 한다(4.2.5절과 4.4절 참조).

여기서 회전기준틀에서 보았을 때의 이러한 펄스 순서 동안 단 하나의 스핀에 대한 순 자기화 벡터 $\mathbf{M_0}$에 어떤 일이 생겼는가를 재고할 가치가 있다(3장과 4장 참조). Larmor 주파수로 회전하고 있는 기준 좌표에서는 $\mathbf{M_0}$는 z-축상에 정적으로 위치하고 있다(그림 5.2에서 평형 주기). $\pi/2$ (θ, 90°) 펄스는 $\mathbf{M_0}$를 y-축상 위에 위치한다. 회전틀에서 보았을 때 비록 시간에 대하여 벡터의 크기가 감소(T_1 및 T_2 이완)하고 있지만, 자기화 벡터는 정적인 것을 유지하고 있는 것으로 보인다. 잠시 정적인 실험실틀로 돌아가면 순자기화 벡터는 실제 정적이 아닌 것을 안다; 그것은 z-축을 중심으로 xy-평면상에서 Larmor 주파수로 회전하고 있다. 이러한 회전 벡터는 rf 신호를 발생시켜 NMR 실험에서 FID로 검출된다. 순자기화 벡터는 곧 z-축으로 되돌아가며, 이완이 종료되고 순서는 다시 되풀이 될 수 있다. 간단한 일-펄스 실험에서 가장 강한 신호를 생산하기 때문에 $\pi/2$ 펄스가 사용된다. $\pi/2$보다 작은 (혹은 큰) 펄스 (θ)는 z-축 (혹은 $-z$-축)상에 약간의 가능한 신호를 남긴다; y-축상의 벡터 성분만이 신호를 발생한다.

이제 다중-펄스 실험과 이차원적(2-D) NMR을 고려하자. NMR에서 차원이라는 용어는 정확히 무엇을 의미하는가? 친숙한 양성자 스펙트럼은 세기(임의의 단위)에 대한 주파수(δ 단위)의 도시이며, 당연히 "2-D"이지만 1-D NMR 실험이라고 부르며, 일차원은 주파수 축을 말한다. 우리가 편하게 사용하는 주파수 축은 푸리에 변환의 수학 과정을 통하여 FID의 시간축(획득 시간)으로부터 유도된 것이라는 점을 기억하는 것이 중요하다. 따라서 **실험적으로** 1-D 실험의 가로좌표의 변수는 시간 단위가 된다.

소위 2-D NMR 스펙트럼은 실제로는 3-D 도시이다. 모든 NMR 실험(1-D, 2-D, 3-D, 등)에서 생략된 차원은 임의 단위의 세기이다. 2-D NMR 실험에서 말하는 두 개의 차원은 모두 다 주파수 축들이다. 그것은 두 개의 직교하는 주파수 축에 도달하기 위하여 서로 두 개의 독립적인 시간축상에 직각으로 놓여 있는 두 개의 있는 푸리에 변환을 요구한다

단순한 일–펄스 실험을 다시 고려할 때 스펙트럼에 영향을 주는 단지 한 개의 시간 인자(혹은 변수), 즉 획득 시간

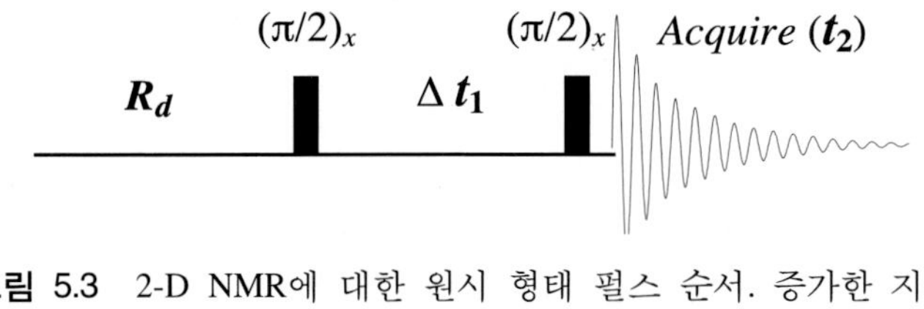

그림 5.3 2-D NMR에 대한 원시 형태 펄스 순서. 증가한 지체 Δt_1을 각각 주파수 ν_2 및 ν_1로 푸리에 변환한다. $(\pi/2)_x$는 x축을 따르는 90° 펄스를 대표한다. 간격 t_1은 마이크로초 자리수이고 t_2는 초 자리수이다.

t_2만 존재한다. 우리는 최종 펄스를 $\pi/2$ 획득 펄스이며, 평형기간 후 간섭시간 간격를 가지는 두 개의 펄스가 뒤따르는 다중-펄스 순서를 이제 고려해 보자. 따라서 우리가 펄스 사이에 전개 기간(evolution period)을 삽입한 것이 된다. 만일 우리가 이러한 전개 기간(t_1)을 많은 실험에 걸쳐서 변화를 주고 결과의 FID를 하나의 전체 실험에서 수집한다면, 우리는 2-D 실험의 기본을 가지는 것이다. 이러한 FID들의 순차적인 푸리에 변환은 피크의 세기가 사인 곡선적으로 변하는 일련의 스펙트럼을 얻는다. 푸리에 변환의 첫 번째 계열은 각각 FID의 획득시간 t_2로부터 유도한 두 번째 주파수 ν_2축을 얻게 한다. 자료는 이제 90° 회전하여 처음 계열의 변환에 대하여 직각으로 두 번째 푸리에 변환을 수행한다. 이러한 두 번째 푸리에 변환의 계열은 첫째 주파수 축 ν_1, 즉 각 연속적인 FID에 대한 펄스 순서에 있어서 변하였던(즉, 증가하였던) 전개시간 t_1의 함수로 얻어진다.

간단한 원시 형태의 2-D 실험은 다른 많은 유용한 2-D 실험에 대한 주형으로 역할하며, 몇몇의 이러한 개념을 명확하게 하여야 한다. 이러한 간단한 경우 펄스 순서(그림 5.3)는 이완 지연($\boldsymbol{R_d}$), $\pi/2$ 펄스, 가변 시간 간격 (Δt_1, 전개 시기), 두 번째 $\pi/2$ 획득 펄스 및 획득(t_2)으로 구성되어 있다. 이러한 펄스 순서(개별적 실험)는 증가한 t_1 간격을 가지고 수차례 반복된어 (각 시간은 분리된 FID로 끝남).

우리는 이러한 실험에 대하여 스핀-스핀 짝지음의 복잡성(현재로서는)을 피하기 위하여 간단한 화학물인 아세톤($CH_3—(C=O)—CH_3$)을 택한다. 그림 5.4.에서 x-축을 따르는 첫 번째 $\pi/2$ 펄스$(\pi/2)_x$ 후에 자기화 $\mathbf{M_0}$는 y-축으로 회전하여 **M**이 된다. 아세톤의 동등한 양성자의 스핀에 대한 t_1 동안의 전개는 회전틀에서 보인다. 이러한 취급에서 우리는 스핀-격자 이완을 무시하지만, 시간 상수 $\boldsymbol{T_2}$를 가지는 횡단 이완은 포함한다. 만일 Larmor 주파수(ν_2) 값이 회전틀보다 높은 주파수이면, **M**은 시간 간격 t_1 동안 $2\pi\nu t_1$ 각도로 xy평면에서 시계방향으로 세차운동을 한다. 삼각함수론에서 **M**의 y 성분은 $\mathbf{M}\cos(2\pi\nu t_1)$이고, x 성분은 $\mathbf{M}\sin(2\pi\nu t_1)$이 된다.

시간 t_1 이후 획득 펄스 $(\pi/2)_x$는 y 성분을 $-z$축으로 아래방향으로 회전시킨다. 이 성분은 따라서 FID에 대하여 어떠한 신호도 기여하지 않는다. 한편 x 성분은 변하지 않고 유지되어 (xy-평면에서) 그것의 신호는 FID로 기록된다. 이 FID를 푸리에 변환하면 그것은 주파수 ν_2값과 진폭 $\mathbf{M}\sin(2\pi\nu t_1)$을 가지는 하나의 피크를 준다. 이러한 실험을 여러 번 반복하면 (예로 1024 혹은 2^{10}) 각 시간을 규칙적으로 t_1을 증가시키면 2^{10}개의 FID를 얻는다. 이러한 FID들의 각각에 대한 연속적인 푸리에 변환은 주파수 ν_2 및 진폭 $\mathbf{M}\sin(2\pi\nu t_1)$를 가지는 각 단일 피크가 일련의 스펙트럼들을 준다. 그림 5.5A에서 1024 스펙트럼 중 22개가 도시되었다. 우리는 아세톤의 진폭이 t_1의 함수로 사인 곡선적으로 변하는 것을 본다. 우리는 이제 우리 원시 형태의 2-D 스펙트럼의 주파수 축(ν_2) 한 개를 확립하였다.

두 번째 축을 확립하기 전에 약간의 부기(book keeping)를 하자. 우리가 얻은 이러한 스펙트럼들의 각각이 실제로는 점들의 디지털화한 모음이라는 것을 기억하자. 이러한 1024개의 스펙트럼의 각각이 1024개 데이터점으로 구성되었다고 가정하자. 따라서 우리는 데이터의 정사각형 집합을 가진다. 만일 이러한 모음을 마음 속으로 회전한다면 첫 번째에 직교하는 자료에 대한 두 번째 계열의 푸리에 변환을 수행할 수 있다. 그러나 이러한 변환을 수행하기 이전에

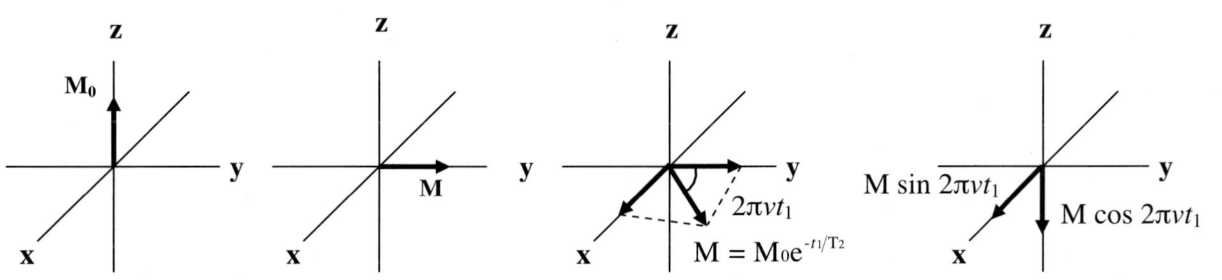

그림 5.4 첫 번째 펄스 다음 시간 간격 t_1 동안의 아세톤 양성자의 회전틀에서의 전개를 보여 준다. 두 번째 펄스와 획득은 **M**의 x성분으로부터의 신호를 준다. 신호 증폭값은 t_1에 대하여 사인 곡선으로 변한다. 간격 t_1은 마이크로초에서부터 밀리초의 범위에 있으며, t_2는 초의 자리수를 가진다. 양성자의 세차(precessional) 주파수는 회전틀의 주파수보다 높다.

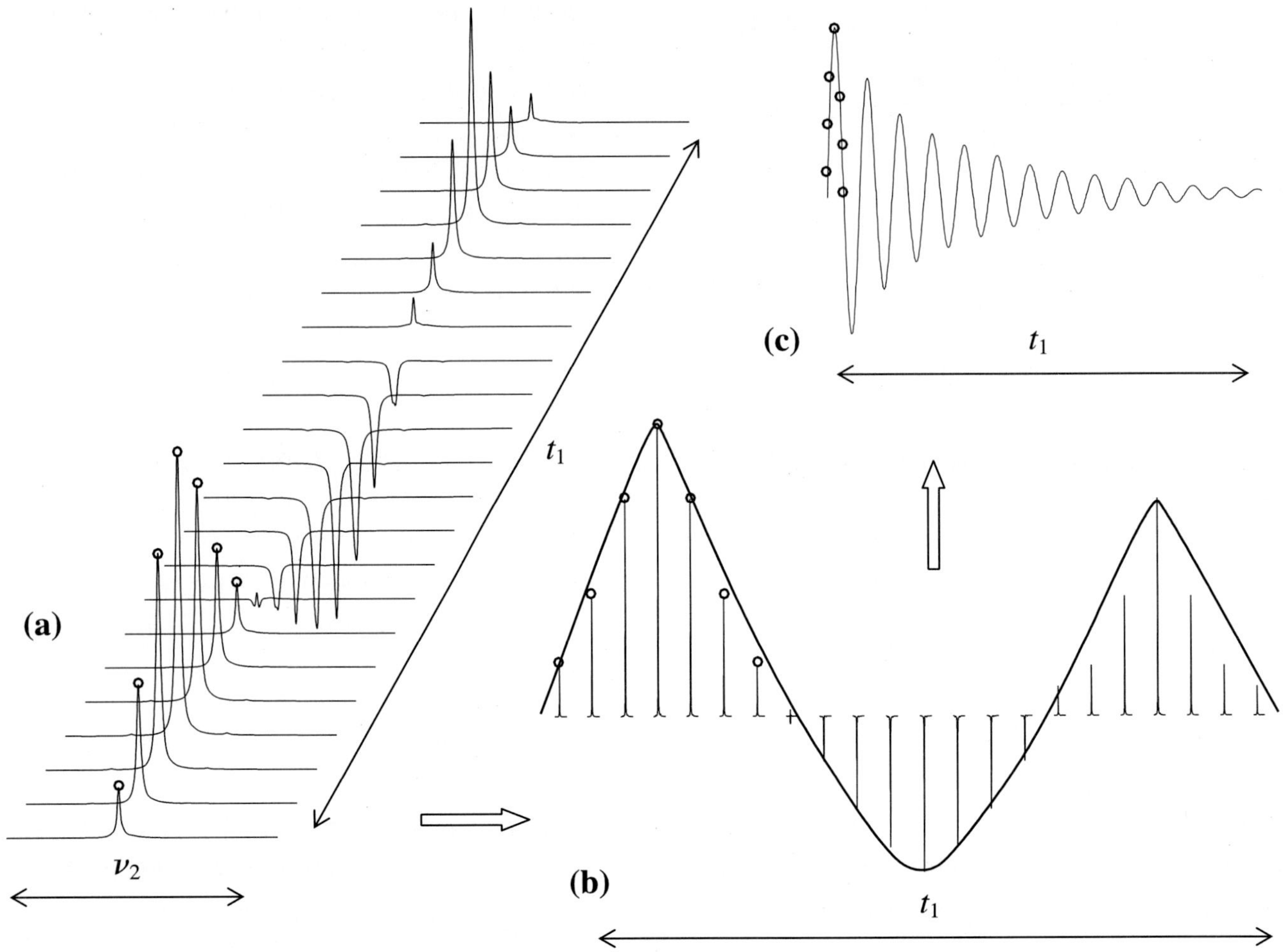

그림 5.5 (a) 증가적으로 변하는 t_1값을 가지는 아세톤으로부터 얻은 22개 스펙트럼의 적층 도시. (b) (a)를 투영하여 하나의 열을 이루는 t_1에 따른 최고 및 최저값을 보여 주는 사인 곡선. (c) (a)에서 하나의 열을 이루는 피크의 꼭짓점을 연결하는 t_1에 평형하게 베어 낸 박층을 표시하는 결과적으로 얻는 간섭그림.

그림 5.5a에 대하여 자세한 검토를 해보자.

물리적으로 그림 5.5a의 스펙트럼이 회전하여 ν_2축을 따라 쳐다 보면 데이터들은 그림 5.5b에서 보여 주는 바와 같이 투영으로 나타난다. 그림 5.5a에서 첫 일곱 개의 최고치 열에 그린 작은 원이 그려졌다. 이러한 일곱 개 최고치에 대한 원들은 그림 5.5b (더불어 그림 5.5c) 에 다시 그려져서 회전과 투영을 추적할 수 있다. 만일 그림 5.5a로부터의 한 열의 자료를 다시 도시 (아세톤 피크에 대하여 최대값 (더불어 최저값) 에 해당되는 열을 택하자), 우리가 얻는 데이터 (그림 5.5.c) 는 FID 혹은 시간 영역 (time domain) 스펙트럼 같이 보일 것이다. 사실 그것은 우리의 펄스 순서로부터 간격 t_1의 함수이기 때문에 시간 영역 스텍트럼이다. 구별하기 위하여 실시간에서 얻은 데이터 (t_2 함수) 를 FID라 하고, t_1의 함수로 점점 하나씩 구축한 데이터를 간섭그림 (interferogram) 이라 한다.

이제 우리는 글자 그대로 변환의 변환을 생성하기 위하여 1024 간섭그림에 대하여 각각을 두 번째 계열의 푸리에 변환을 수행한다. 이 결과는 최종 생성물, 하나의 2-D 스펙트럼이다. 그러나 우리는 결과를 시각화하는 도전에 직면하고 있다. 데이터를 도시하는 하나의 방법은 이미 그림 5.5a에서 본 도시와 같이 적층 도시로 도시하는 것이다. 이러한 형태의 도시는 그림 5.6의 왼쪽에 보인 바와 같이 삼차원적인 감을 준다. 두 개 축들을 이제 교재의 나머지 부분과 일치되며, 통상적으로 사용되는 F2와 F1으로 표지한 것을 유의하시오. 이 스펙트럼을 위하여 이 형태의 도시는 가림를 받는 피크가 없기 때문에 만족스럽다. 따라서 하나의 투시가 충분하다.

보다 복잡한 스펙트럼에 대하여 데이터는 보통 지세 지도에서의 언덕과 골짜기 같은 일련의 등고선으로 표시된다. 우리는 이러한 자료의 대표를 그림 5.6의 오른쪽에서 본다. 흔히 데이터의 투영에 있어 피크 위에 비추는 빛과 같이 1-D인 그림자를 보여 주는 것과 동등하게 2-D 스펙트

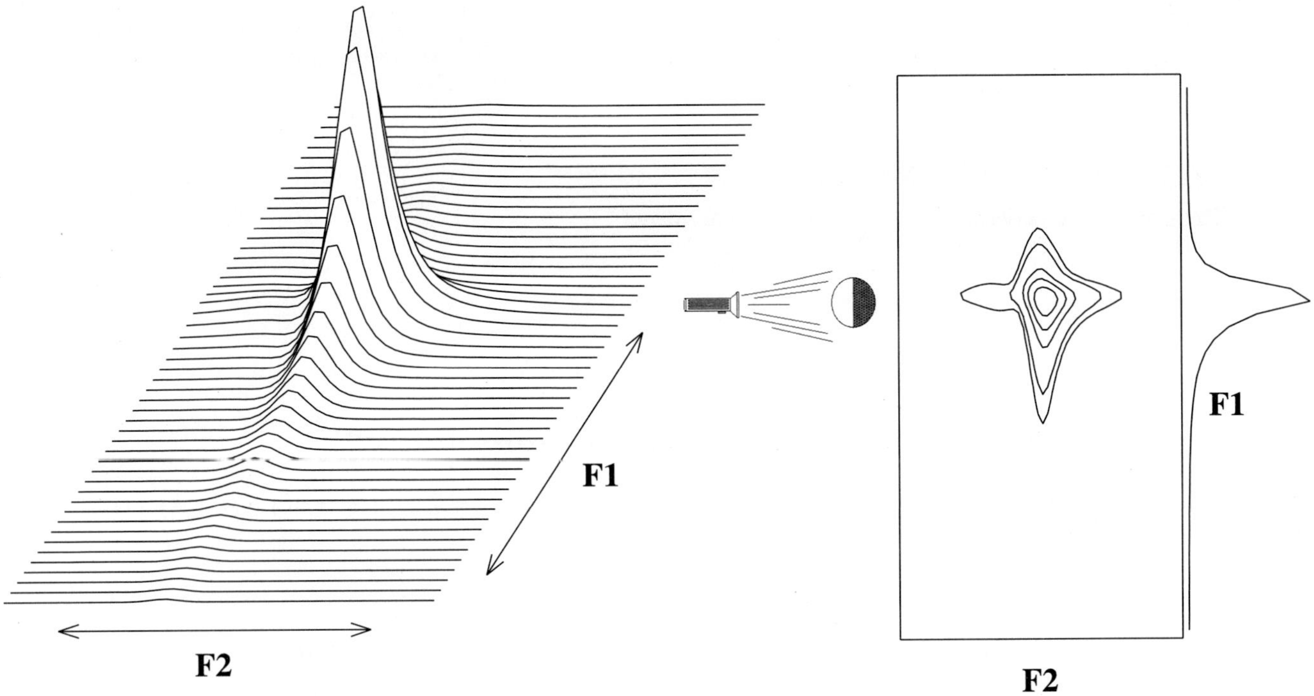

그림 5.6 그림 5.5(c)에 있는 것들과 같은 일련의 FID에 대한 푸리에 변환은 피크와 등고선 둘로서의 주파수 영역 스펙트럼을 준다. 등고선 도시는 또한 **F2**에 평행인 투영을 보여 준다.

럼에 포함되어 있다. 음의 피크(예를 들면, 이 교재에서 취급하지 않은 상감별(phase sensitive) COSY)가 없는 한 우리는 언급없이 이 방법을 사용한다.

5.3 상관 분광법

지금까지 주파수 변조의 한 형태인 상기 실험이 간단한 아세톤의 ^{1}H 스펙트럼을 넘어서 어떠한 부가 정보를 제공하지 않았음을 깨달았을 것이다. 실제로 그 실험의 아름다움이다. 그것은 2-D 상관 실험의 모든 요소를 가지고 있으며, 우리는 간단한 벡터 모델을 사용하여 아세톤의 순 자기화 벡터의 활동을 완벽히 추적할 수 있다. 이러한 원시 형태의 펄스 순서를 모든 2-D 실험의 일반적인 형식으로 바꾸자. 만일 $\pi/2$ 펄스를 한 개 이상의 펄스를 포함하는 일반화한 펄스와 동반하는 지연으로 바꾸고, 두 번째 획득 $\pi/2$ 펄스를 한 개 이상의 펄스와 동반하는 지연으로 교체하면, 그림 5.7에서 보여 주듯이 일반적인 2-D 상관 실험의 펄스 순서에 도달하게 된다. 우리는 보통 간단한 벡터 모델과 삼각함수론을 이용하여 상자 안에 벌어지는 것들의 결과를 기술하고, 자주 앞으로도 그럴 것이다. 잠시 동안은 상자 안에서 일어나는 것을 무시하고, t_1과 t_2 동안 일어나는 것에 집중하자.

모든 2-D 실험에 있어서 우리는 (획득 동안) 신호를 t_2의 함수로 검출한다: 이 신호는 하여튼 t_1의 함수로 변조(modulated) 되어 왔다. 상기 아세톤 실험은 변조되었기 때문에 간단하다. t_1과 t_2 동안 자기화가 동일하게 변조되는 실험에서 얻어지는 피크는 ν_1은 ν_2가 된다. 2-D NMR 용어에서 이 실험은 대각선 피크를 생기게 한 것이다. 유용한 2-D 정보를 위하여 t_1 동안 하나의 주파수와 더불어 t_2 동안은 다른 주파수와 더불어 자기화(magnetization)가 전개하는 실험에 관심이 있다. 이러한 경우 우리의 실험은 ν_1과 ν_2가 다른 피크들이 발생한다. 이번에는 이 피크들을 대각선 이탈 혹은 교차 피크라 부른다. 2-D NMR을 해석하기 위하여서는 우리가 알아야 할 것이 두 가지 있다. 우선 축들이 어떠한 주파수를 대표하는가? 한 축(ν_2)은 항상 획득(t_2) 동안에 검출한 핵을 대표한다. 다른 축(ν_1, t_1에 확실히 의존함)은 같은 핵(예를 들면, ^{1}H—^{1}H COSY), 다른 핵(예를 들면, ^{1}H—^{13}C COSY, HMQC 혹은 HETCOR로도 불림) 혹은 짝지음 상수(예를 들면, *J*-분해 분광학, 이 장에서는 취급하지 않음)로 대표할 수 있다. 둘째로는 우리는 t_1과 t_2 동안 어떻게 자기화가 연관되었는지를 알 필요가 있다. 이러한 방법으로 우리는 교차 피크를 설명하고 해석한다.

만일 우리가 원시 형태의 2-D 실험으로 되돌아가 이러한 펄스 순서를 AX계에 적용한다면, 우리는 증대 시간 t_1에 대한 이해를 보다 잘할 수 있는 입장에 놓이게 될 것이다.

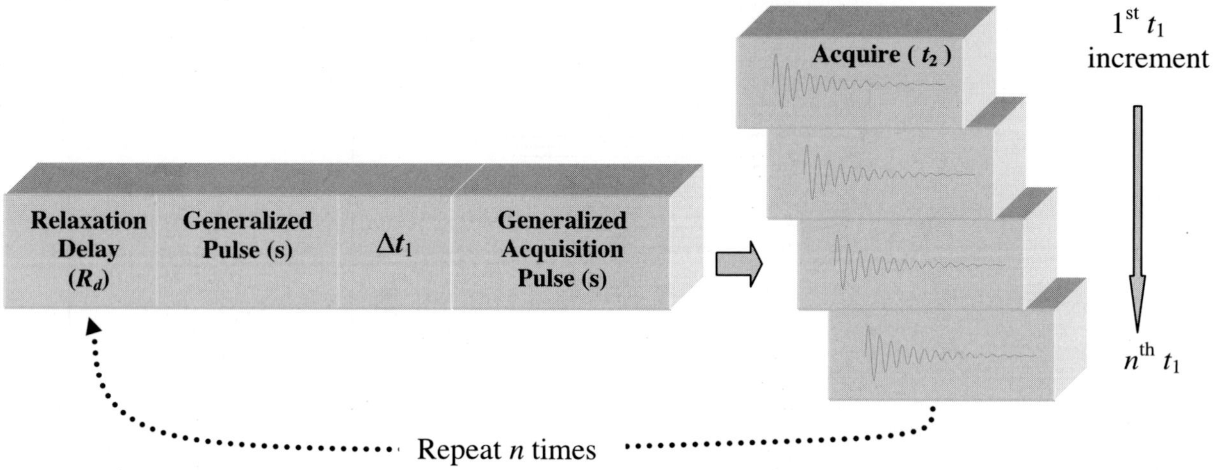

그림 5.7 2-D NMR에 대한 일반화된 펄스 순서. 획득 t_2 동안 검출된 신호는 증대 시간 t_1 동안 변조되어 2-D 스펙트럼에서 교차 피크를 발생한다.

이러한 시간 동안 스핀이 어떻게 전개될 것인가에 대하여 수학적으로 정확하게 기술할 수는 있지만, 이러한 전개를 벡터 다이어그램을 사용하여 그림을 보여 줄 수는 없다(이러한 계에 대한 수학적인 기술은 양자 역학과 밀도 행렬의 해답을 요구하나 이 교재의 범위 밖으로 많이 벗어난다). 첫 번째 $\pi/2$ 펄스 다음 계는 두 개의 항목의 합으로 기술할 수 있다. 각 항목은 두 개의 양성자 중 오직 한 개만의 스핀을 포함한다. 시간 t_1 동안 스핀은 화학 이동과 **상호 스핀 짝지음** 양자에 의한 영향하에서 세차운동(전개)을 한다. 상호 짝지음은 각 개별 스핀 항목의 약간을 두 핵들의 자기화 성분을 포함하는 생성물로 변하는 효과를 가진다. 다음 두 번째 $\pi/2$ 펄스는 화학 이동 및 짝지음의 영향하에서 스핀이 세차하게 하여 스핀이 상관되는 (짝지어진) 모든 스핀간(이 경우에는 하나의 다른 스핀만 존재한다)의 자기화를 재분포하게 영향을 준다. 자기화의 재분포는 t_2로 검출된다: 따라서 t_2에서 검출되는 주파수는 t_1 동안 다른 스핀들(다시 여기서는 단지 한 개)의 함수로 t_1 동안 결합하여 짝지어진 핵들을 연결하는 교차 피크를 주도록 진폭을 변조하였다. 자기화는 양방향으로(즉, A에서 X로 또한 X에서 A로) 동등하게 재분포되기 때문에, 교차 피크(적어도 이 실험내에서)는 대각선을 중심으로 대칭적으로 위치하게 된다. t_1 동안의 이러한 스핀 세차운동과 혼합 및 획득 펄스 동안(및 t_2 동안의 검출)에 대한 서술은 그림 없이 이해한다는 것이 확실히 어렵다. 이러한 어려움 때문에 펄스 순서에 대하여 상세하게 설명하지 않을 것이다.

5.3.1 ^{1}H—^{1}H 상관: COSY

우리의 단순한 2-D 실험은 실제로 매우 중요한 실험으로서, 때로는 간단히 **COSY** (**CO**rrelation **S**pectroscop**Y**, 상관 분광학)라고 부르며, 무엇이 상관되었는가를 확실히 표시하기 위하여 ^{1}H—^{1}H COSY라 부를 것이다.* ^{1}H—^{1}H COSY에 대한 펄스 순서는 우리가 앞서의 그림 5.3에서 이미 기술한 것과 다른 점이 없다. 즉, 두 개의 $\pi/2$ 양성자 펄스가 계통적으로 증대된 전개시간 t_1에 의하여 분리된 것이다.

모든 현대 분광기에서 사용하고 있는 실제 펄스 순서는 이 교재에서 이상화한 것들보다는 보다 복잡하다. 많은 분광기는 상 순환시키기(phase cycling)라는 기법을 이용하여 각 t_1 증대에 대하여 규칙적인 방법으로 (순환을 통하여) rf 펄스의 상을 변하게 한다. 이러한 상 순환은 인공물(artifact)과 구적 검출(quadrature detection)에서 발생하는 이상한 것들을 제거하는데, 도움이 되는 매우 중요한 **실험적 인자**이다. 우리는 이러한 실험을 이해하고 해석하는 데 영향을 주지 않기 때문에 우리의 펄스 순서 및 논의에서 상 순환시키기를 무시할 것이다. 관심있는 독자는 2-D 실험에 중요한 다른 매개변수에 대하여서는 Claridge 책(문헌 참조)을 참조하기 바란다. 우리가 무시한 또 다른 인자는 자기장 기울기(gradient)이다. 자기장 기울기에 대한 간단한 설명과 그 목적에 대하여서는 이 장의 끝에 주어졌다.

상기 AX 스핀계에 대한 2-D 실험에 대한 기술에서 t_1 동

* 많은 독자들은 많은 실험과 더불어 2-D NMR 실험에 대한 약자를 이미 인식하고 있을 것이다. 이번 장은 이러한 약자에 대한 백과사전적인 접근법이나 실험적인 대상에 대하여 시도하지 않을 것이다. 그러나 이 장에서는 독자가 흔히 접하는 거의 어느 2-D 실험에 대하여 해석할 수 있도록 충분하게 중요한 실험을 취급할 것이다.

안 상호 짝지어진 스핀이 두 핵의 화학 이동의 영향하에서 세차운동을 하여 ν_2과 다른 ν_1인 피크를 준다는 것을 알았다. 일반적으로 ^{1}H—^{1}H COSY 스펙트럼은 스핀-스핀 짝지어진 모든 양성자에 대한 대각선 이탈, 즉 교차 피크를 주는 것으로 해석한다. 간단히 말하자면 교차 피크는 짝지어진 양성자들을 상관시켜 준다. 어떤 의미에서 이 실험은 어떤 양성자들이 다른 양성자들과 짝지어졌을지를 알기 위하여 모든 타당한 짝풀림 실험을 동시에 하는 것으로 생각할 수도 있다. 물론 ^{1}H—^{1}H COSY에서 어떠한 양성자도 짝풀림된 것은 실제로 없고, 이 실험에서는 동핵 짝풀림 실험 (3.15절 참조) 을 대체한다고 생각하지 말아야 한다.

5.4 입세놀: ^{1}H—^{1}H COSY

3.12.1절과 4.6절에서 약간 상세하게 고려하였던 모노터펜 알코올인 입세놀의 ^{1}H—^{1}H COSY 스펙트럼에 대하여 2-D NMR에 대한 논의를 시작하자. 참조를 위하고 기억을 상기시키기 위하여 그림 5.8에 입세놀과 구조에 대한 300 MHz 에서의 전형적인 1-D NMR 자료를 제공하였다.

여기서의 표현은 전형적인 것이다. F2는 보통 양성자 척도로(오른쪽에서 왼쪽으로) 바닥(혹은 꼭대기)에서 볼 수 있으며, F1은 꼭대기에서 바닥으로 되어 있는 양성자 척도를 가지고 오른편(혹은 왼편)에 나타나 있다. 양성자 스펙트럼은 F1 척도의 반대편에 조잡한 분해능의 투영 대신 편의상 표시하였다. 이러한 1-D 스펙트럼은 ^{1}H—^{1}H COSY 스펙트럼의 부분이 아니고 후에 첨가한 것이다. 오른편 위부터 왼편 아래로 대각선이 되며, 일련의 ν_1이 ν_2가 되는 흡수가 된다. 이러한 대각선 피크는 단순산 1-D ^{1}H 스펙트럼이외 유용한 정보를 제공하지 않는다. 대각선의 양쪽 중 하나에 대칭적으로 위치한 (적어도 이론적으로) 것이 교차 피크이다. 이러한 유형의 스펙트럼에서의 대칭은 흔히 완벽하지 못하다.

^{1}H—^{1}H COSY와 입세놀의 구조에 대하여 자세한 논의를 취하기 전에 대각선을 따라 생기는 지저분함을 감소하는 하나의 실험적인 순화가 존재한다. 우리는 이러한 스펙트럼을 순화없이 해석을 할 수는 있지만, 이러한 개선이 커다란 차이를 가져다 주는 경우(예로, 카료필렌 산화물)가 있다.

5.4.1 입세놀: 이중 양자 여과 ^{1}H—^{1}H COSY

우리의 단순한 COSY 펄스 순서에서 단지 세 번째의 $\pi/2$ 펄스를 두 번째 $\pi/2$ 펄스 바로 다음 뒤에 첨가하고, 다른 것은 아무 것도 바꾸지 않음으로써 우리는 매우 인기있는 이중 양자 여과 ^{1}H—^{1}H COSY (**D**ouble **Q**uantum **F**iltered ^{1}H—^{1}H COSY, **DQF-COSY**) 실험에 대한 펄스 순서를 가지게 된다(그림 5.10). 세 번째 $\pi/2$ 펄스의 목적은 단일 양자 전이를 제거, 즉 여과함으로써 이중 양자 이상의 전이만 남게 하는 것이다. 실제적인 용어로 이중 양자 여과는 적어도 두 스핀을 가지는 계(최소한 AB 혹은 AX)들만 선택하는 것이다. 따라서 메틸 단일선(짝짓지 않은)이 매우 감소하게 된다. 고차원 양자 여과는 가능하지만 일반적으로 사용하지 않는다. 예를 들면, 삼중 양자 여과 COSY에서 세 개 이상의 스핀을 가지는 계만을 택함으로써, AB 및 AX 스핀계와 더불어 짝짓지 않은 계도 제거할 수 있게 된다.

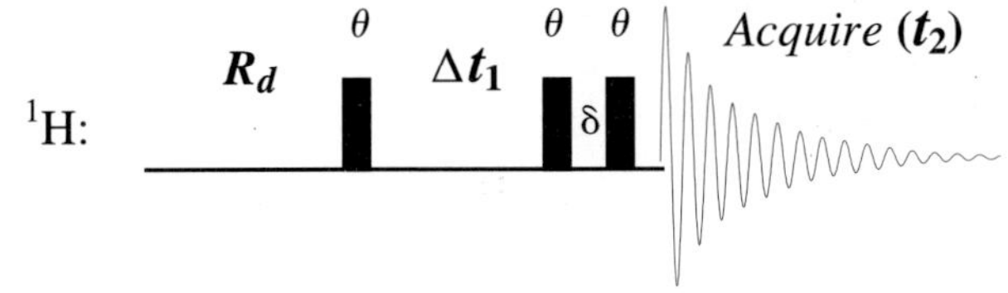

그림 5.10 이중 양자 여과 ^{1}H—^{1}H COSY에 대한 펄스 순서. θ들은 90° 펄스이며, δ는 및 마이크로초 자릿수의 고성 지연값이다.

입세놀의 이중 양자 여과 ^{1}H—^{1}H COSY 스펙트럼은 그림 5.9의 바닥에서 발견할 수 있다. 스펙트럼이 특히 대각선을 따라서 보다 정화되어 해석의 작업을 현저히 쉽게 만들어 졌음을 유의하시오. DQF-COSY의 개선된 외관으로 이 교재의 모든 COSY는 이중 양자 여과된 것이다.

그림 5.9에 있는 DQF-COSY 해석을 시작하기 전에 이 스펙트럼은 짝지어진 양성자 간의 상관관계를 보여 주고 있다는 점을 상기하자. COSY 스펙트럼(다른 상관 스펙트럼과 더불어)의 분석 시작점(즉, 확실히 구별되는 흡수)은 이로부터 성공적으로 정보를 수확하는데 중요한 하나의 관건이다. 입세놀의 구조는 두 개 이상의 유용한 시작점을 허용하여서 우리는 3.83 ppm에서의 카빈올 메타인을 선택하기로 하자. 만일 대각선에서 시작하여 직접 오른쪽 혹은 직접 위쪽을 추적하면(스펙트럼이 대칭적이기 때문에 같은 결과를 얻는다), 우리는 네 개의 대각선 이탈, 즉 교차 피크를 얻는다. 이러한 교차 피크로부터 바로 추적한 피크까지 지나는 직선에 대하여 직각으로 직선을 그음으로써, 우리는 네 개의 짝지음 공명의 화학 이동을 알 수 있다. 입세놀의 구조를 일견 검토하면 카빈올 메타인이 두쌍의 부분입체이성질성 메틸렌기에 인접하고 있다는 것,* 즉 달리 말하면 3.83 ppm에서의 양성자가 네 개의 양성자와 짝지어지고 있으며 네 개의 양성자는 두 개의 인접한 메틸렌기에 해당된다.

* ^{1}H—^{13}C COSY 혹은 HMQC를 논의하는 다음 절까지는 부분입체이성질성 메틸렌기에 대한 더 이상의 논의는 보류할 것이다.

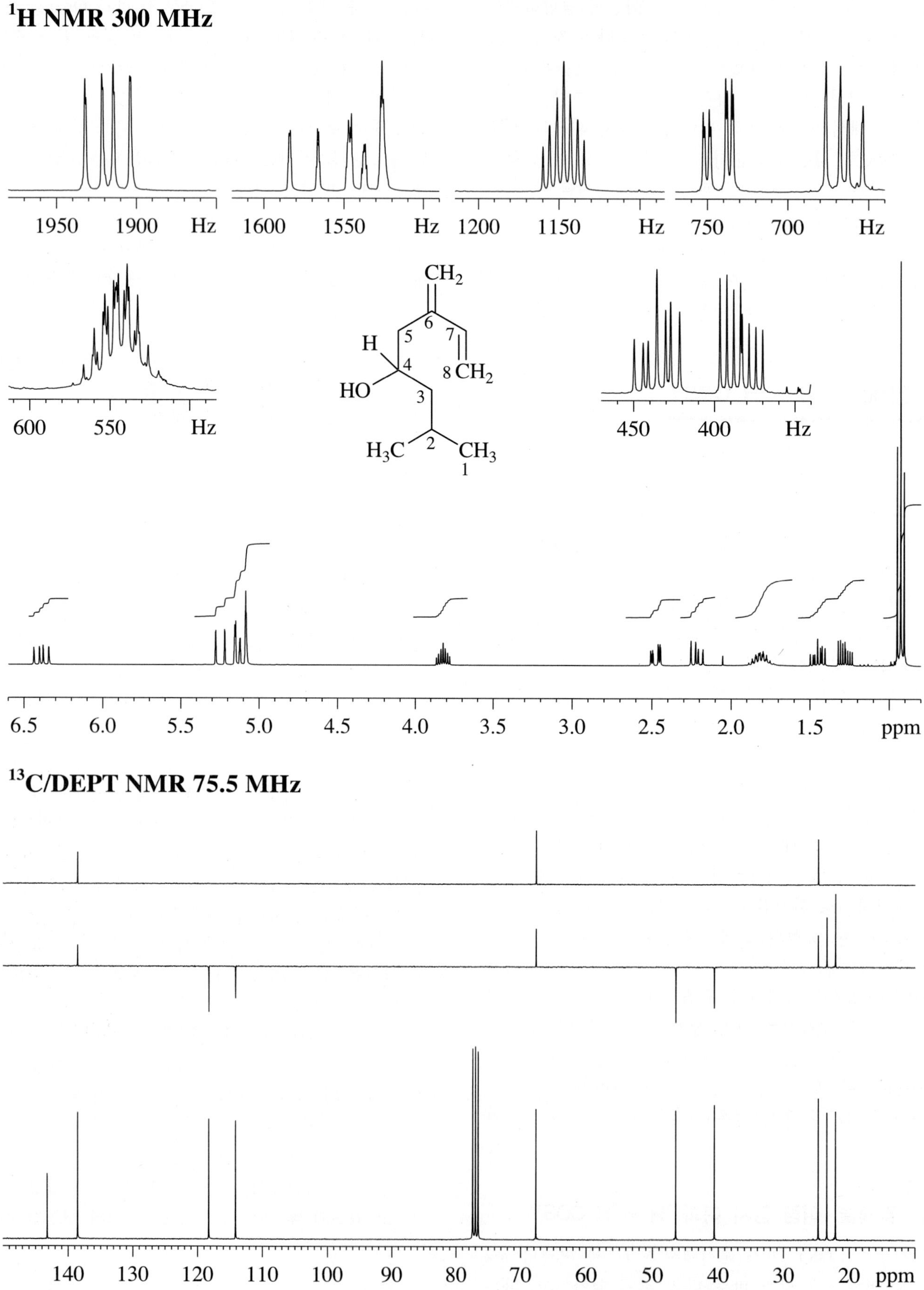

그림 5.8 입세놀의 $CDCl_3$, 300 MHz에서의 ^{1}H 및 ^{13}C과 DEPT 스펙트럼. 입세놀의 구조는 교재에서 사용한 번호매기기가 주어졌다.

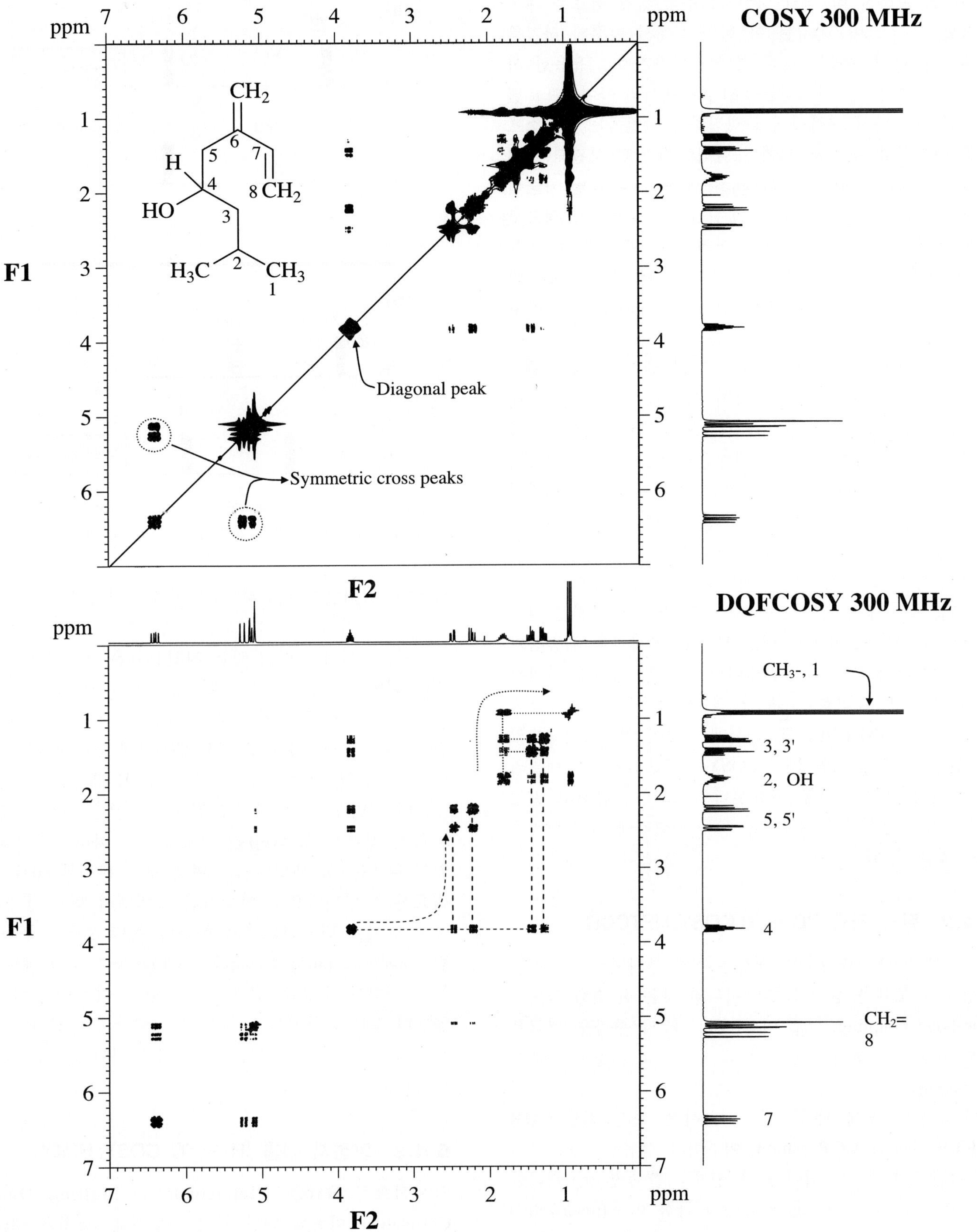

그림 5.9 윗부분은 입세놀에 대한 300 MHz 단순 COSY 스펙트럼이며, 아랫부분은 입세놀에 대한 300 MHz DQF COSY 스펙트럼이다.

우리는 이러한 네 개의 양성자로부터 상관 경로를 계속 추적할 수 있으며, 독자를 이 절의 끝에서 이렇게 하기를 초대한다. 대신 우리는 다른 하나의 마찬가지로 유용한 시작점을 택하자. 즉, 시작점은 1.81 ppm에서의 아이소프로필 메타인이다. 다시 대각선에서 시작하여 이번에는 아이소프로필 메타인이 다른 세 개의 개별적인 공명과 상관되어 있음을 알게 된다. 게다가 0.93 ppm에서 두 개의 메틸 이중선이 겹쳐 있음을 안다. 이러한 상관관계는 물론 구조적으로 완벽한 의미를 가진다. 실제로 이러한 두 개의 양성자(즉, 3.83과 1.82 ppm에서의)만을 고려함으로써 우리는 분자의 5분의 3까지의 상관관계(또한 연계성(connectivity)이라고도 부른다)를 확립하였다.

다음 2.48 및 2.22 ppm에서의 C-5 메틸렌의 두 개의 양성자를 고려해 보자. 우리는 이미 이것들이 카빈올 메테인(독자들은 메틸렌 양성자의 관점으로부터 증명할 수 있으며 마땅히 그래야 한다)과 짝지음을 알고 있으며 그것들이 상호 짝지어지고 있음을 안다.* 게다가 5.08 ppm에서 올레핀 양성자와 상관되는 두 개의 메틸렌 양성자로부터의 약한 교차 피크를 볼 수 있다. 이러한 상관관계는 인접한 이중 결합의 *cis*-양성자와의 메틸렌 양성자가 장거리 짝지음($^4J_{HH}$ 혹은 네 결합 짝지음)에 의한 것이다. 이것은 달리 고립된 다이엔 스핀계에 대한 H—H 연계성을 제공하기 때문에 찾기가 좋은 상관관계이다. 이러한 장거리 상관관계가 없다면 그러한 고립 스핀계는 다음에서 기술할 HMBC 혹은 INAEQUATE 순서에 의하여 연계시킬 수 있다. 현시점에서 독자는 DQF-COSY 스펙트럼에서 입세놀의 상관관계를 완성하기를 권유한다. 빠르게 교환하고 있는 하이드록시 양성자를 제외하고 모든 양성자에 대한 상관관계를 찾을 수 있다.

5.4.2 탄소 검출 ^{13}C—^1H COSY: HETCOR

^{13}C—^1H COSY(HETCOR) 실험은 직접 부착된(즉, 짝지음) 양성자와 ^{13}C핵을 상관시킨다. 이러한 것은 한 결합 짝지음(one-bond coupling, $^1J_{CH}$)이다. F1과 F2의 주파수 영역은 다른 핵종에 속하여 외관상의 대각선 혹은 대칭이 존재하지 않는다.

이러한 실험에 대한 펄스 순서는 보통 **HETCOR**(**HET**eronuclear **COR**relation, 이종핵간 상관관계)라 부르며, 그림 5.11a에 기록되어 있다. 전개 시간 동안(t_1) 커다란 한 결합 이종핵 *J*-짝지음(J_{CH})이 편극화 이전(polarization transfer)에 사용되어 오로지 ^1H들에 직접 결합한 ^{13}C만 검출된다. 최대한의 편극화 이전이 실현되기 위하여 t_1 다음에 고종된 지연 $\Delta_1 = 1/(2J_{CH})$을 첨가한다. 마지막 ^{13}C 펄스와 획득의 시작 사이의 짧은 지연(Δ_2)은 재초점 맞추기 기간이 되어, ^{13}C선들이 반대 위상을 가지지 않아 ^1H-짝풀림을 적용할 때 서로 상쇄하지 않는다. 최적의 재초점 시간(Δ_2)은 ^{13}C가 CH, CH_2 혹은 CH_3기에 속하는가에 좌우된다. 전형적 타협값으로 $\Delta_2 = 1/(3J_{CH})$를 택한다.

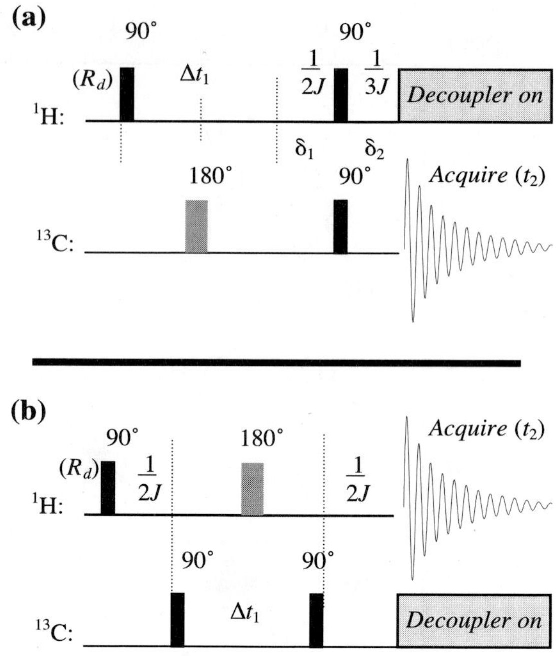

그림 5.11 (a) HETCOR에 대한 펄스 순서. (b) HMQC에 대한 펄스 순서. $^1J_{CH}$에 대한 값은 전형적으로 145 Hz이다.

증대 지연 t_1으로부터 유도된 F1축(ν_1)은 양성자 축이고, t_2 동안 얻어진 F2축(ν_2)은 탄소축이다. 따라서 우리의 $\pi/2$ 읽기 펄스는 ^{13}C 채널에 있으며 t_2 동안 획득한 FID는 ^{13}C를 대표한다. 마지막으로 이상적인 실험에서 탄소 공명은 다중선보다는† 단일선이어야 한다면 복합 펄스 (광역) 짝풀림(composite pulse decoupling, CPD)을 양성자 채널에 획득시 가하여 각 FID로부터 얻는 탄소 신호를 단일선으로 얻는다. 2-D 실험에서 t_1 동안에 상호관계가 일어나 이 시간 동안 양성자 짝풀림기를 켜놓지 말아야 한다는 것을 기억하시오.

5.4.3 양성자 검출 ^1H—^{13}C COSY: HMQC

역사적으로 **HMQC**(**H**etereonuclear **M**ultiple **Q**uantum **C**orrelation: 이종핵 다중 양자 상호관계) 실험은 HETCOR 실험 뒤에 나왔다. 실험적으로 많은 차이가 존재하지만 핵

* 같은자리 메틸렌 양성자들(sp^3 혼성)은 항상 서로 짝지음을 가지며, 짝지음 상수($^2J_{HH}$)는 항상 큰 편이다. (3장 부록 참조)

† 한 결합 짝지음으로 존재할 때, 메틸 탄소는 사중선, 삼중선의 메틸렌 등으로 나타난다.

심적인 차이는 HETCOR 실험에서는 탄소가 검출되지만, HMQC 실험에서는 양성자가 검출된다. 상대적인 자연 존재비 및 감도에 있어서 양성자와 탄소 간에 많은 차이가 있기 때문에 오늘날 HMQC가 훨씬 선호된다. 직접적인 검출 실험에 대한 역실험의 장점은 역실험에서는 높은 γ값을 가지는 핵 (보통 ^1H) 이 최고의 감도를 주며, 검출이 된다는 것이다.

3장에서 언급한 바와 같이 절대적인 감도는 다음 공식을 따른다. $S/N = (NT_2\gamma_{exc}(\gamma_{det}B_0)^{3/2}ns^{1/2})/T$, 여기서 γ_{exc}와 γ_{det}는 모두 직접적으로 검출된 실험에서는 ^{13}C이며, 역으로 검출된 실험에서는 모두 ^1H가 된다. 자기회전 비율의 대체는 $(\gamma^1{}_H/\gamma^{13}C)^{5/2}$의 감도 증가를 준다. 이것은 직접 검출한 방법에 비교하여 $^1H-^{13}C$ HMQC에 있어서 약 30배 증가한 것이다. 그러나 역검출 화학 이동 상관관계 실험에서의 문제점은 ^{13}C핵에 직접적으로 짝짓지 않은 ^1H에서의 큰 신호들을 억제하여야 한다는 점이고, 이러한 것은 동적 범위 문제를 제기한다. 또한 보통 여분의 위상 회전을 요한다. 고분해능 NMR에서의 펄스 장 기울기의 도입은 ^{12}C에 결합한 ^1H로부터의 신호 억제의 문제를 많이 개선하였다: 신호 억제는 여분의 위상 회전 없이도 거의 완벽하여 스펙트럼의 질을 상당히 개선하며, 시간도 훨씬 적게 요구한다.

HMQC 실험에 대한 펄스 순서는 그림 5.11b에 기록되어 있다. 이 펄스 순서에 세 개의 상세한 점은 논의 가치가 있다. 증대 지연 t_1으로부터 파생된 F1축 (ν_1) 은 탄소축이다. t_2 동안 얻은 F2축 (ν_2) 은 양성자 축이다. 따라서 우리의 $\pi/2$ 읽기 펄스는 ^1H 채널에 있으며, t_2 동안 얻은 FID는 ^1H를 대표한다. 마지막으로 GARP 짝풀림 — 낮은 에너지원, CPD 루틴 — 을 사용하여 광범위의 화학 이동을 가지는 핵들을 짝풀림하는 데 사용한다. 이러한 **GARP** (**G**lobally optimized **A**lternating phase, **R**ectangual **P**ulse, 전역 최적화한 교차 위상 직사각형 펄스) CPD 기법을 획득 동안 탄소 채널의 탄소에 적용을 적용함으로써, 얻어진 양성자 신호가 ^{13}C핵에 의하여 이중선으로 분열하지 않는다. HMQC는 ^1H 스펙트럼에서 ^{13}C 위성 신호(1.1% 자연 존재비, 3.7.5절 참조)로 나타나는 부착된 $^1H-^{13}C$ 짝지음을 보고 있다는 것을 기억하시오.

5.4.4 입세놀: HETCOR와 HMQC

그림 5.12의 윗 부분은 입세놀의 HETCOR 스펙트럼이며 아랫 부분은 입세놀의 HMQC 스펙트럼이다. 두 스펙트럼의 표현은 축들이 서로 바뀌었다는 점을 빼고는 동일하다. 따라서 HETCOR 스펙트럼에서는 바닥의 F2축은 탄소 척도이고, 옆쪽의 F1축은 양성자 축이다. 반면에 HMQC 스펙트럼에서는 이러한 축들이 서로 뒤바뀌었다. 이론적으로는 두 스펙트럼의 정보 내용은 동일하다. 사실 우리는 입세놀에 대하여 정확하게 동일한 상관관계를 발견한다. 단지 두 실험의 자료를 비교할 때의 실제적인 고려는 탄소축의 디지털 분해능에서의 차이다.

우리 자신은 입세놀의 HMQC 스펙트럼 (그림 5.12. 바닥 부분) 을 고려함으로써 HMQC 스펙트럼과 친근하게 하자. 대각선과 대칭이 존재하지 않는다는 사실이 즉시 확연해진다. 이것은 F1과 F2가 항상 다른 핵들을 대표할 때마다 진실인 것이다. 이러한 표시에서 F1축 (탄소) 은 왼편을 따라서 존재하고, F2축 (양성자) 은 바닥을 따라서 존재한다. 이러한 축에 대한 반대편에서 우리는 편의상 주어진 해당 1-D 스펙트럼을 발견할 수 있는 데, 이것은 실제 2-D 스펙트럼의 일부는 아니다. 이러한 스펙트럼의 해석은 간단하다. 우리는 어떠한 탄소로부터도 시작하여 마음 속에서 교차 피크가 만나도록 수평선을 그어본다.* 다른 선은 마음속에서 첫 번째에 직각이 되게 그어 상관되는 양성자 혹은 양성자들을 발견한다.

각 탄소에 대하여서는 단지 세 가지 경우만 존재한다. 만일 그은 선이 교차 피크와 만나지 않으면 탄소는 부착된 수소가 없다. 만일 그은 선이 한 개만의 교차 피크와 만난다면 탄소는 1,2 혹은 세 개의 부착된 수소를 가진다. 만일 두 개의 양성자가 부착되었다면 그것들은 화학 이동이 동등하거나 혹은 우연히 겹치거나 둘 중 하나가 된다. 만일 수평선이 두 개의 교차 피크와 만난다면 메틸렌기에 부착된 부분입체이성질성 양성자들의 특수한 경우를 가지는 것이 된다. 이러한 정보의 많은 것은 이미 DEPT 스펙트럼으로부터 얻었던 것이다 (4.6절 참조). 정말로 HMQC 스펙트럼은 가능할 때만 DEPT와 더불어 고려하여야 한다.

입세놀에 있어서 양성자의 부분입체이성질성 쌍을 가지는 모두 네 개의 메틸렌기가 존재한다. 이러한 메틸렌기의 두 개에 대한 공명이 탄소 스펙트럼에서 41 및 47 ppm에서 일어난다. 이러한 탄소들 중 어는 양성자가 상관되었는지 유의하고, 이러한 결과를 우리가 COSY에서 발견한 결과와 비교하시오. 우리가 예상하듯이 여기서의 결과는 COSY로부터의 해석을 확인하여 주고, 우리 해석에 대한 보다 강화시켜 주는 초석을 만드는데 도움을 준다. 두 개의 다른 메틸렌 탄소 원자는 올레핀 지역에서 보다 높은 주파수에서 발견되나, 이러한 탄소의 HMQC 교차 피크는 양성자 스펙트럼에서 발견하는 중첩된 양성자 공명을 명쾌하게 도움을 준다.

* 우리는 양성자 축에서부터 출발하여도 괜찮다. 이러한 경우 우리는 정확하게 동일한 결과를 얻을 것이다. 양성자 스펙트럼에서의 겹친 경우에 항상 적절한 출발점의 모든 것을 발견할 수는 없다. 겹침은 탄소축에서는 보통은 문제가 되지 않는다.

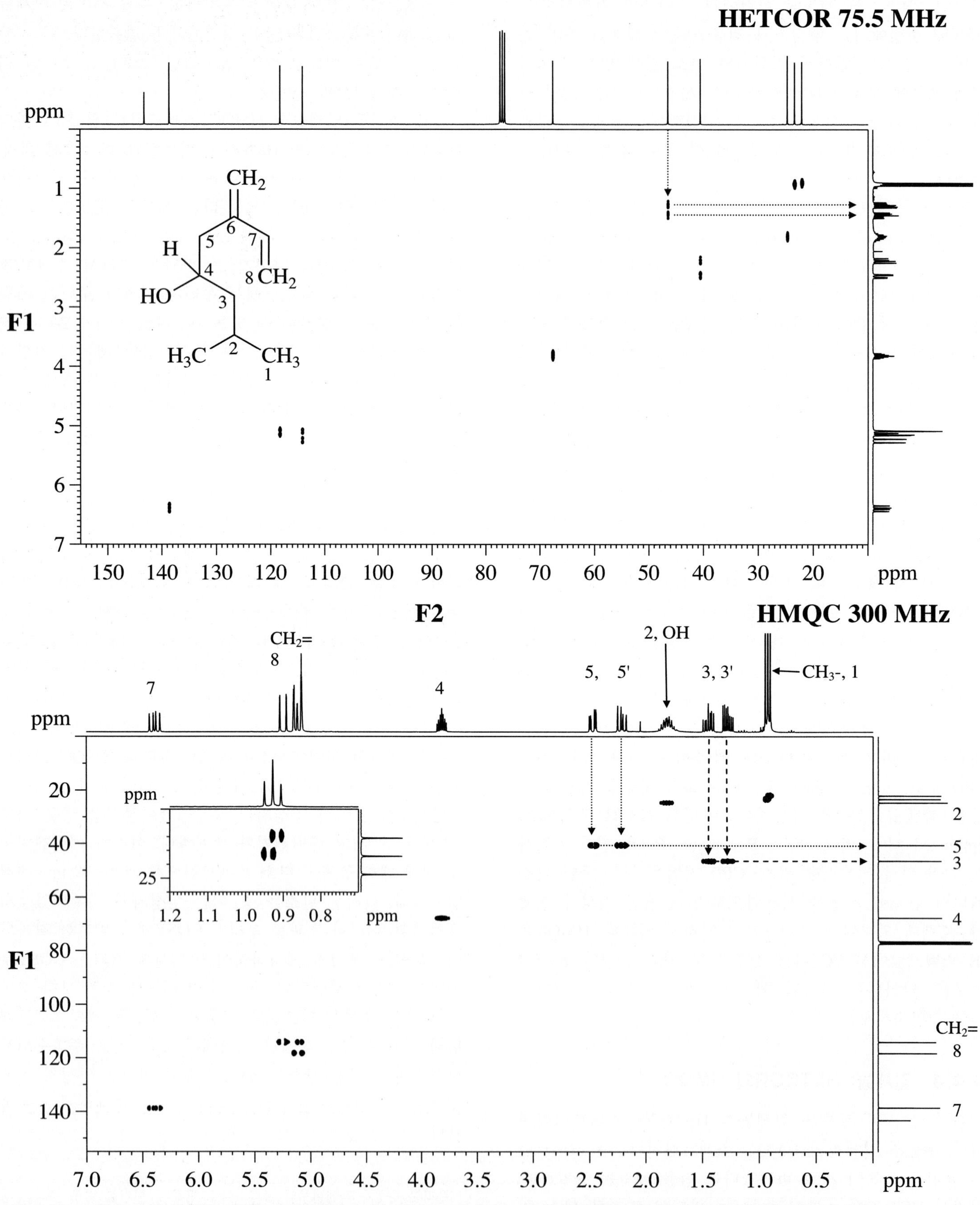

그림 5.12 그림의 바닥 부분은 입세놀의 HMQC 스펙트럼이고, 반면에 그림의 윗부분은 입세놀의 HETCOR 스펙트럼이다.

입세놀은 양성자 스펙트럼에서 0.93 ppm에서 삼중선으로 나타나는 두 개의 메틸기를 가지고 있다. 보다 자세히 보면 삽입 부분에서 우연히 겹치는 한쌍의 이중선이라는 것을 알 수 있다. 다음 절로 이동하기 전에 다음 문제를 고려해 보시오: COSY와 HMQC으로부터의 복합적 정보를 기초로 하여 메틸렌 탄소 공명을 해석할 수 있을가?

5.4.5 입세놀: 양성자 검출 장거리 $^1H—^{13}C$ 이종핵 상관관계: HMBC

위에서 기술한 HMQC에 대하여 우리는 장거리(즉, 두 결합과 세 결합 거리)의 양성자-탄소 짝지음을 제거하고 2-D 실험에서 상관시킨 직접 부착된 (즉, 한 결합) 짝지음을 보전한 실험을 원하였다. **HMBC** (**H**eteronuclear **M**ultiple **B**ond **C**oherence, 이종핵 다중 결합 결맞기) 실험은 한편 양성자를 마찬가지로 검출하며 이러한 두 결합 및 세 결합 짝지음을 이용하여 매우 강력한(때로는 혼란스럽지만) 스펙트럼을 제공한다. 본질적으로 우리는 탄소-탄소 ($^{13}C—^{13}C$는 아니지만) 상관관계를 간접적으로 얻으며, 부가적으로 사차 탄소의 이웃의 양성자와의 상관관계를 보는 것, 즉 상관시키는 것이 가능하다. $^2J_{CH}$와 $^3J_{CH}$ 짝지음 모두가 존재하기 때문에 해석은 지루할 수 있다. 우리는 접근에 있어서 방법론적이어야 하며, HMQC 상관관계를 명심하여야 한다.

HMBC를 해석함에 있어서 우리가 발견하기를 예상하는 것을 항상 발견하지는 않기 때문에, 어느 정도의 융통성이 필요하다. 특히 탄소의 혼성도와 다른 인자들에 좌우되어 두 결합 상관관계($^2J_{CH}$) 혹은 세 결합 상관관계($^3J_{CH}$)의 일부는 때로는 존재하지 않는다. 이러한 혼란함에 덧붙여 드물게는 네 결합 ($^4J_{CH}$) 상관관계도 발견한다! 우리가 발견하는 상관관계의 변동은 $^2J_{CH}$, $^3J_{CH}$, $^4J_{CH}$의 짝지음 상수의 크기 변동 때문이다.

HMBC의 펄스 순서는 관심있는 독자를 위하여 그림 5.13에 주어졌다. 시간 지연, $1/(2J)$는 다른 짝지음 상수에 대하여 최적화할 수 있다. J의 전형적인 값은 장거리 짝지음 상수의 평균인 8 Hz로 가정한다.

입세놀의 HMBC (그림 5.14)는 입세놀의 HMQC와 두 가지 확연한 차이를 제외하고는 유사하게 보인다. 상당히 많은 상관관계가 존재하고, 한 결합 상관관계 (HMQC)는 사라졌다(스펙트럼은 다섯 부분으로 나누어져 모든 상관관계들을 보기에 충분한 분해능이 존재한다). 입세놀의 해석은

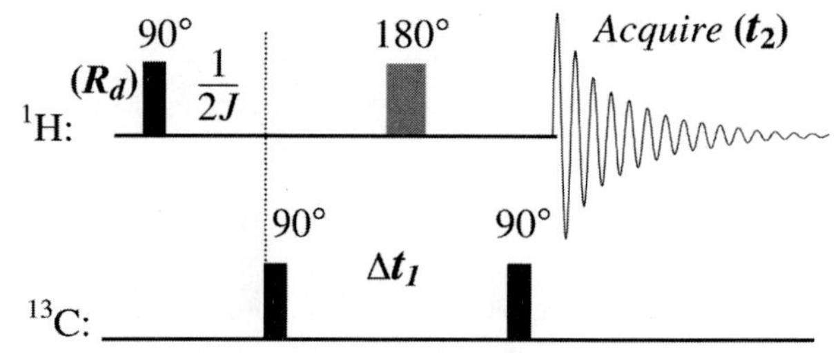

그림 5.13 HMBC에 대한 펄스 순서. J는 전형적인 값이 8 Hz인 장거리 CH 짝지음($^2J_{CH}$와 $^3J_{CH}$)에 대하여 선택하였다.

간단 명료하다. 그러나 먼저 흔한 인공물에 대하여 유의하자. 강한 양성자 피크, 특히 메틸기의 ^{13}C 위성 피크가 인공물이다. 만일 우리가 탄소축(F1)상 약 23 ppm에서 양성자 축에 평행으로 추적을 하면, 약 0.93 ppm (양성자)에서의 실수인 교차점을 발견한다. 양쪽 중 하나에서 우리는 F2에서의 어느 양성자하고도 정렬이 되지 않는 두 개의 교차점을 발견한다. 이것들은 ^{13}C 위성이며 무시하여야 한다. 다른 메틸 탄소 공명도 같은 현상을 보여 준다. 그림에서 위성 피크는 화살표로 표시하였다.

우리는 탄소 혹은 양성자 공명 중 하나로 시작할 수 있어 같은 결과를 얻는다. 통상적으로 겹침이 별로 없는 탄소축을 우리의 출발점으로 사용할 것이다. 예를 들면, 탄소축상 약 68 ppm이 되는점(카빈올 탄소)에서 양성자 축에 평행하게 그은 선은 다섯 개의 교차점과 교차한다. 다섯 개의 상관관계는 3.8 ppm에서의 부착된 양성자($^1J_{CH}$)와 해당되지 않는다. 교차 피크 중 네 개는 두쌍의 부분입체이성질성 메틸렌기(2.48, 2.22, 1.45 및 1.28 ppm)에 해당되며, 이것들은 $^2J_{CH}$, 즉 두 결합 짝지음을 대표한다. 다섯 번째 상호작용($^3J_{CH}$)은 이 탄소 원자(68 ppm)를 β-위치에 있는 탄소와 결합하고 있는 아이소프로필 메타인 양성자(1.82 ppm)와 상관한다. β-위치에 있는 다른 탄소는 부착된 양성자가 없어 카빈올 탄소 원자로부터 그것과의 상관관계를 가질 수 없다. 따라서 두 개의 α-탄소와 두 개의 β-탄소 중 한 개에 대한 간접적인 탄소 연관성을 가진다.

또 다른 유용한 예는 41 ppm의 탄소 공명으로부터 그은 선에 의하여 발견할 수 있다. 이 탄소는 C-5 메틸렌이며, 부착된 양성자와 2.48 및 2.22 ppm에서 상관관계가 없음을 우선적으로 알 수 있다. 한 개 이상의 부착된 양성자를 가지는 단지 하나의 α-탄소만 존재한다. 그것의 해당 상관관계는 3.83 ppm에서 C-4 카빈올 메타인 양성자가 됨을 알 수 있다.* 세 개의 β-탄소가 존재하며 그것들은 모두 부착

* 여기서 취급한 실험 이전에 존재하였던 **COLOC** (**CO**rrelated spectroscopy for **L**ong range **C**ouplings)이 HMBC 실험의 탄소 검출 유사물이다. COLOC은 더 이상 사용하지 않으며, 우리는 보기를 하나도 보여 주지 않을 것이다.

** 우리의 첫 번째 예에서 β-탄소였던 C-6에서의 다른 α-탄소는 HMQC에서는 상관관계를 역시 보여주지 않는다. 독자는 현재 (그림 5.14) 그림에서 이 탄소 원자에 대한 유용한 상관관계가 있음을 보여주어야 한다.

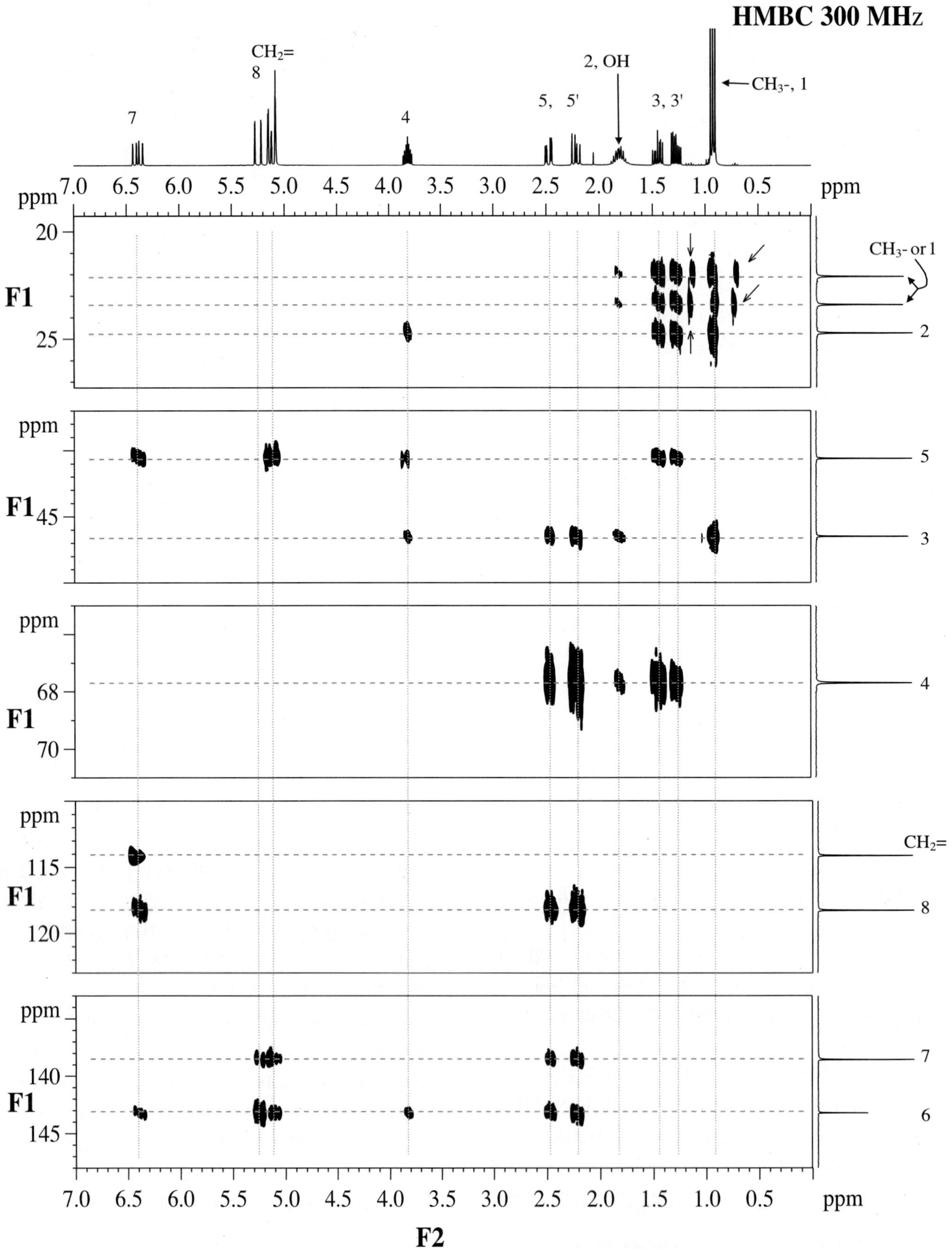

그림 5.14 입세놀 HMBC 스펙트럼. 명확하게 하기 위하여 스펙트럼을 다섯 부분으로 나누었다. 윗부분에서의 화살표들은 ^{13}C 위성을 가리킨다. 상관관계를 표시하기 위하여 선이 그어졌다.

된 양성자를 가지고 있다. C-3 메틸렌 탄소는 1.45 및 1.28 ppm에서의 그것들의 부분입체이성질성 양성자 모두를 통하여 간접적으로 상관관계를 보여 준다. 5.16 및 5.09 ppm에서 C-6에 부착된 올레핀성 메틸렌기의 양성자들과 마찬가지로, C-7 올레핀 메타인 양성자는 6.39 ppm에서 교차 피크를 준다. C-6는 사차 탄소이기 때문에 HMBC 실험은 분자 내의 정상적으로는 격리되는 점들을 투명하게 들여다보게 해 준다. 다른 피크 배정은 연습으로 독자 몫으로 남겨 두었다. 143 ppm (C-6) 에서의 사차 탄소가 시작하기 좋은 장소이다.

5.5 카료필렌 산화물

카료필렌 산화물의 구조는 상당히 복잡하고 입세놀과 더불어 소개한 방법에 대하여 도전할 가치가 있다. 여기서 사용을 위하고 장래의 참도를 위하여 ^{1}H, ^{13}C와 DEPT 스펙트럼은 그림 5.15에 주어졌다. 카료필렌 산화물의 DQF-COSY 스펙트럼을 논의함에 있어서의 하나의 도움으로 다음의 양성자 스펙트럼의 기술을 유의하시오. 0.98, 1.01, 1.19 ppm에서 세 개의 메틸 단일선이 4.86 및 4.97 ppm에서 두 개의 올레핀 이중선(작은 같은자리 올레핀 짝지음) 그리고 0.9과 3.0 ppm 사이에 다중선을 주는 13개의 다른 양성자로부터의 공명이 존재한다. 구조는 알고 있을지라도 한 개 이상의 비이성적인 가정을 하지 않는다면 이러한 양성자는 어느 것도 배정이 불가능하다.*

5.5.1 카료필렌 산화물: DQF-COSY

카료필렌 산화물의 DQF-COSY 스펙트럼은 그림 5.16에서 발견할 수 있다. 여기서의 문제점은 **어느 하나의 좋은 시작점도 없다는 것**이다. 이전의 언급은 사소한 문제가 아니다. 시작점 없이는 우리가 구조식과 우리가 보는 많은 확실한 상호관계(편의상 감춘)를 관련시키는 것이 불가능하다. 따라서 우리의 접근법은 우리가 보는 몇몇의 상관관계를 기록하고, 이러한 상관관계를 구조식으로 옮기기 전에 다른 정보(즉, HMQC)를 얻을 때까지 기다리는 것이다.

고리밖 올레핀 메틸렌 양성자는 서로 확실한 COSY 상관관계를 보여 준다. 게다가 4.86 및 4.97 ppm에서의 올레핀 양성자 간의 약한 교차 피크와 각각 뚜렷한 부분입체이성질성 메틸렌기(2.11 및 2.37 ppm)와 2.60 ppm에서의 사중선을 본다. 이러한 상호작용은 입세놀에서 보았던 장거리 알릴 짝지음을 연상시킨다. 우리는 이러한 상관관계를 부분입체이성질성 메틸렌 C-7과 C-9에서의 메타인으로 배정을 한다. 현재로서 우리는 조심스럽고 신중하며, 나중에 이 장에서 이 점으로 다시 돌아온다.

COSY 스펙트럼에서 매우 낮은 주파수 부분을 보면 예상하지 않은 상호작용을 본다. 메틸 단일선 중 하나 혹은 두 개가 1.65 및 2.09 ppm에서 짝지음 공명한 것으로 보인다. 이러한 외양상 충돌은 0.98 ppm에서의 메틸 단일선을 자세히 검토함으로써 해소할 수 있다. 우리가 초기에 지나친 메틸 단일선들에 의하여 일부 파묻힌 비정상적인 낮은 주파수의 다중선이 존재한다. 이러한 예상 외의 갈라짐은 상관 스펙트럼에서는 흔하다. 일부 혹은 완전히 모호한 공명인 보통 그 자체를 2-D 스펙트럼에서 들어낸다(아래의 HMQC 참조). 카료필렌 산화물에 대한 우리의 논의를 계속하기 전에 $^{1}H—^{13}C$ 상관관계와 $^{1}H—^{1}H$ 상관관계가 어떻게 $^{1}H—^{13}C$ 상관관계와 상호작용하는가를 고려하자.

5.5.2 카료필렌 산화물: HMQC

카료필렌 산화물의 COSY 스펙트럼은 HMQC 스펙트럼(그림 5.17)으로부터의 정보와 연관하여 해석하면 보다 명확하게 이해할 수 있다. DEPT 스펙트럼(그림 5.15 참조)으로부터 우리는 이미 카료필렌 산화물의 세 개의 메틸 탄소 공명(16.4, 22.6, 29.3 ppm), 여섯 개의 메틸렌 탄소 공명(26.6, 29.2, 29.5, 38.4, 39.1, 112.0 ppm), 세 개의 메타인 탄소 공명 (48.1, 50.1, 63.0 ppm) 및 세 개의 사차 탄소 공명(33.3, 59.1, 151.0 ppm)을 가짐을 이미 알고 있다.

올레핀 메틸렌기(양성자들 및 탄소)와 세 개의 메틸기(양성자들 및 탄소)는 쉬운 피크 배정이고, 앞서의 논의와 일치한다. 보다 관심사이고 큰 유용성이 있는 것은 우리가 세 개의 메타인 양성자를 배정하였다는 것이다: 2.86 ppm에서의 이중선의 이중선(63.0 ppm에서의 탄소 공명과 상관), 2.60 ppm에서의 뚜렷한 사중선(48.0 ppm에서의 탄소 공명과 상관)과 1.76 ppm에서의 뚜렷한 삼중선(50.1 ppm에서의 탄소 공명과 상관)이다. COSY로부터 또한 알려진 구조로부터 우리는 이제 모든 세 개의 메타인 공명을 배정할 수 있으며, 이러한 정보를 다른 상관관계를 수립하기 위하여 COSY에 재입력할 수 있게 된다.

COSY로부터 알아낸 장거리 알릴 상관관계로부터 우리는 이전에 우리의 신중한 해석을 이제 확인한다. 2.86 ppm에서의 이중선의 이중선은 에폭사이드 고리의 메타인 양성자로 배정되었으며, 그것의 화학 이동은 에폭사이드 산소에 의한 벗김 효과에 기초하여 설명할 수 있다. 다른 다리목 메타인(*gem*-다이메틸기에 인접한)은 1.76 ppm에서의

* 만일 강요당한다면 알릴 다리목 메타인이 가장 낮은장에서 존재한다고 가정하여 이러한 양성자에 대하여 2.86 ppm에서의 이중선의 이중선으로 배정한다(오류). 이 장에서의 방법은 근거없는 가정을 가지지 않고 이러한 배정을 가능하게 해줄 것이다.

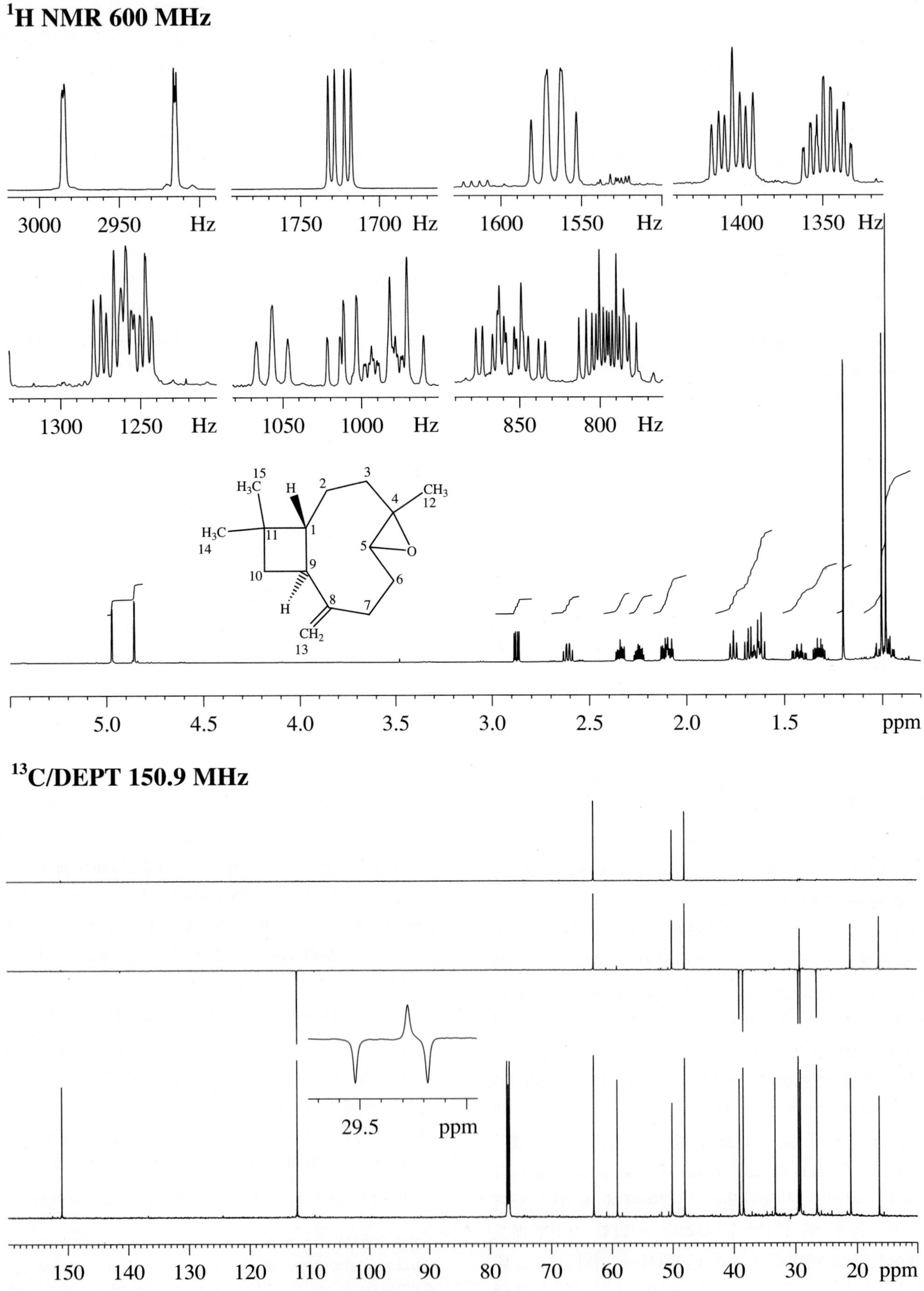

그림 5.15 카료필렌 산화물의 ¹H, ¹³C, DEPT 스펙트럼. 이 구조의 번호매기기는 교재에서 사용된다.

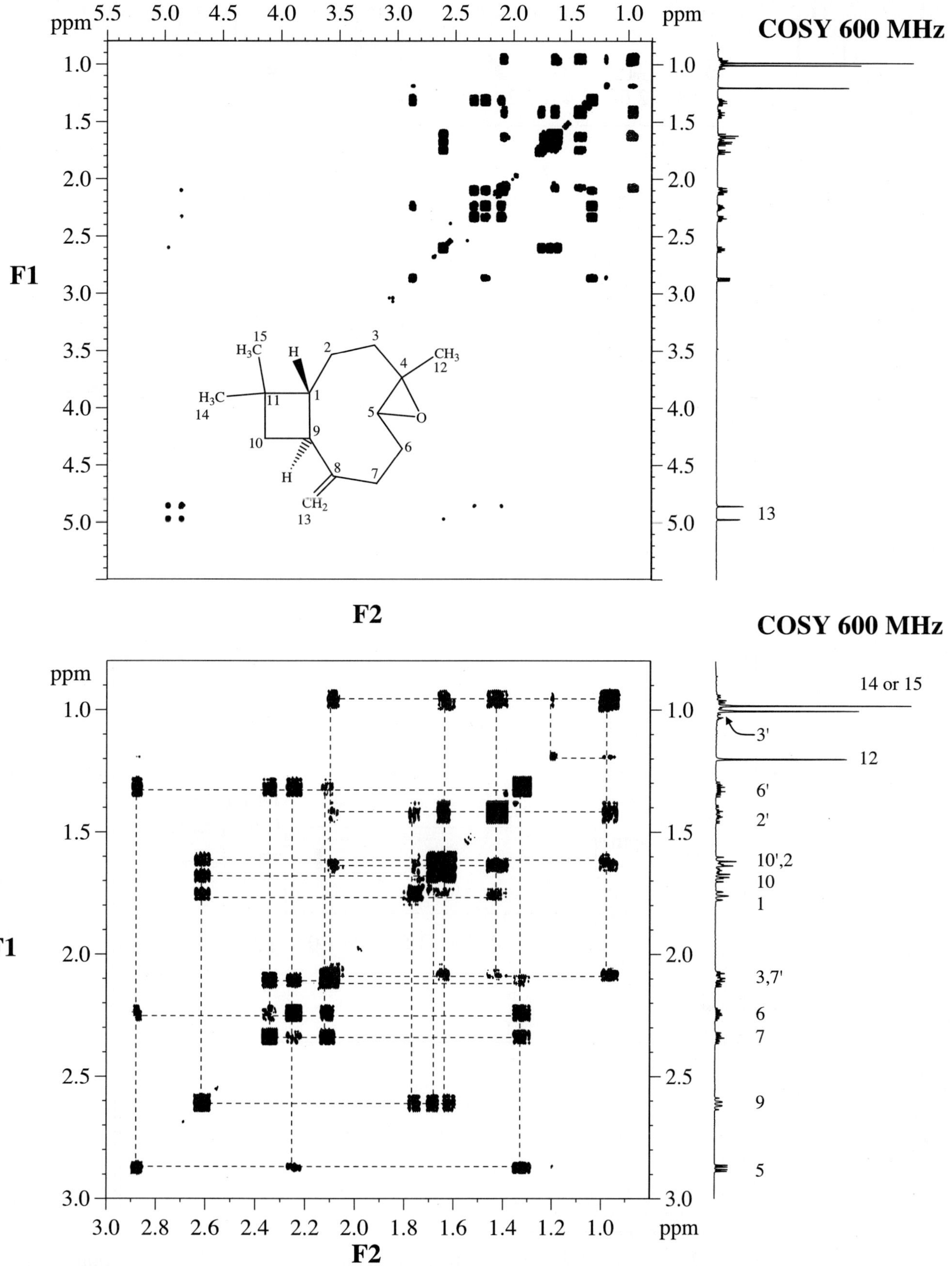

그림 5.16 카료필렌 산화물의 DQF COSY 스펙트럼. 아랫부분은 도움을 위하여 상관선을 그려놓고, 확인 배정한 확대 그림이다.

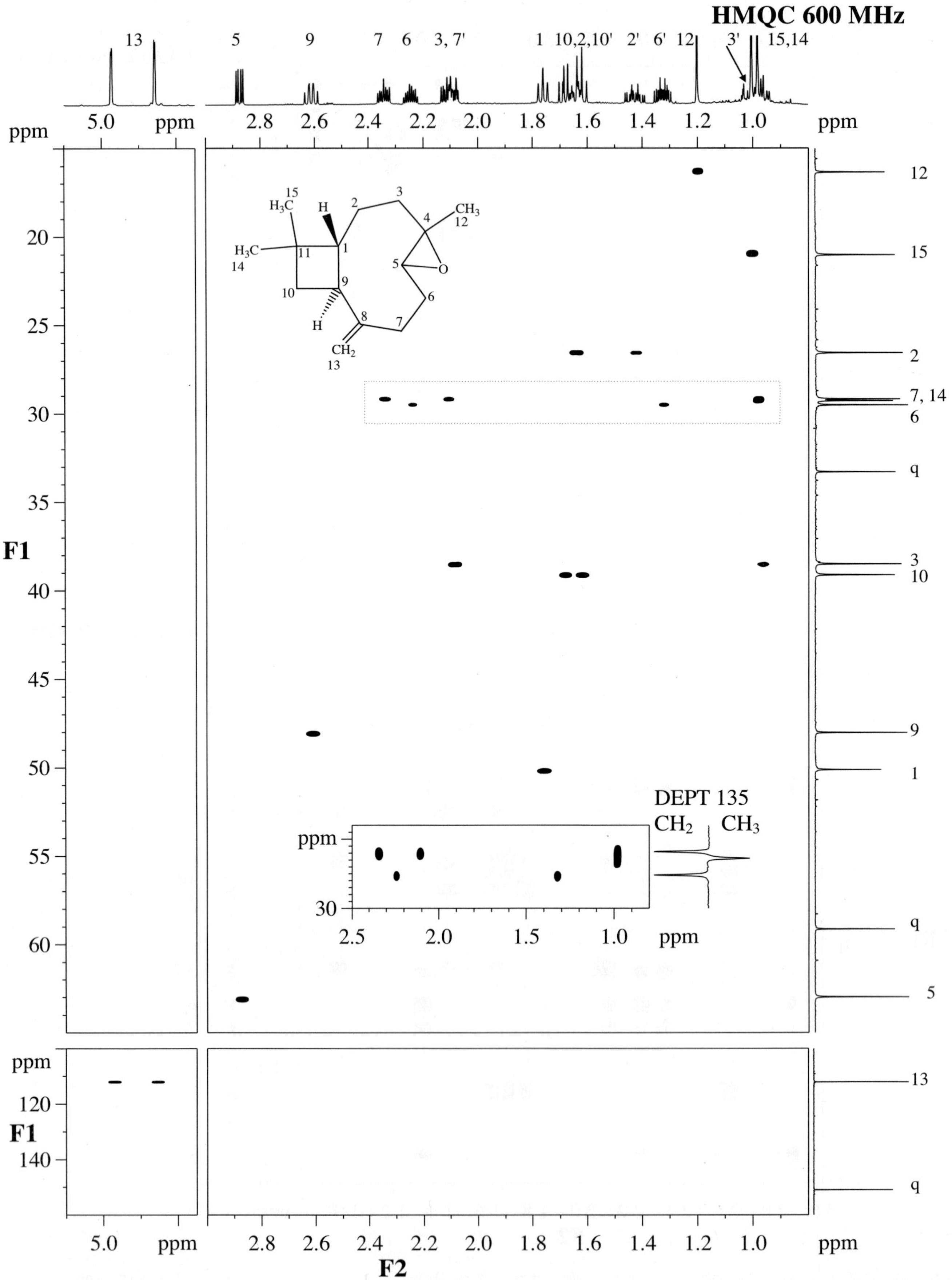

그림 5.17 카료필렌 산화물의 HMQC 스펙트럼. 통상의 ^{13}C 스펙트럼 대신 삽입화는 보다 명확하게 DEPT 135를 사용하고 있다.

다중선으로 배정된다. 이러한 배정을 가지고 우리는 COSY 스펙트럼으로 바로 재돌진할 수는 있지만, 그대신 우리는 잠시 우리의 열정을 억제하고 우선 메틸렌 양성자를 배정할 것이다. 이러한 배정을 먼저 아는 것은 COSY의 통달함에 있어 속도 촉진의 도움이 될 것이다.

^{13}C 스펙트럼의 낮은 주파수 끝머리로부터 시작하면 다음과 같은 배정을 만들 수 있다. 26.6 ppm에서의 메틸렌 탄소는 1.45 및 1.63 ppm에서의 양성자 공명과 상관이 되고, 29.2 ppm에서의 메틸렌 탄소는 2.11과 2.37 ppm에서의 양성자 공명과 상관되고, 29.5 ppm에서의 메틸렌 탄소는 1.33과 2.23 ppm에서의 양성자 공명과 상관되고, 38.4 ppm에서의 메틸렌 탄소는 0.96과 2.09 ppm에서의 양성자 공명과 상관되고, 39.1 ppm에서의 메틸렌 탄소는 1.62과 1.68 ppm에서의 양성자 공명과 상관되며, 올레핀성 메틸렌기는 앞에서 이미 배정한 바가 있다. 따라서 별다른 노력없이 우리는 카료필렌 산화물의 모든 양성자에 대한 화학 이동을 배정하였으며, ^{13}C 스펙트럼으로부터의 공명과 그것들을 상관시켰다. 메틸렌기 각각에 대하여 우리는 부분입체이성질성 양성자들을 함께 그룹으로 묶었으며, 이전에 진입점을 하나도 가지지 못하였지만, COSY 스펙트럼에 대하여 세 개의 분리된 진입점을 얻었다. 이제 카료필렌 산화물의 COSY 스펙트럼의 분석으로 되돌아가서 구조적인 면에서 상관관계를 배정할 준비가 되었다.

카료필렌 산화물의 DQF-COSY의 0.8에서 3.0 ppm까지의 확대한 부분은 그림 5.16의 바닥부분에서 찾을 수 있다. 그림의 이 부분에 우리의 논의를 돕기 위하여 양성자-양성자 상관관계를 연결하는 직선이 포함되었다. COSY의 연계성은 구조의 토막들을 조립할 수 있게 하거나, 혹은 이 경우 구조 단편을 확신시켜 준다. C-5, C-6, C-7을 상관시키기 위하여 우리는 2.87 ppm에서의 H-5로부터 시작한다. 이러한 양성자는 1.32 및 2.24 ppm에서의 두 개의 공명과 교차피크를 보여 준다. HMQC로부터 우리는 이것들이 부분입체이성질성임을 알고 있으며, H-6와 H-6′으로 배정을 한다. C-6에 부착된 양성자들은 2.11 및 2.37 ppm에서의 양성자와 상관을 준다. 우리는 이러한 마찬가지로 부분입체이성질성인 양성자들을 29.2 ppm에서의 C-7으로 배정한다. C-6 양성자들이 그러하듯이 확실하게 C-7 양성자들은 서로 짝지었다.

다른 상관관계는 역시 확실하다. C-5, C-6, C-7 스핀계는 고립되어 우리는 다른 진입점을 택하여만 한다. 우리는 2.60 ppm에서의 알릴 다리목 메타인 (H-9) 을 가지고 다시 시작할 수 있다. 우리는 이미 장거리 알릴 상호작용을 보았다. 게다가 우리는 HMQC 도움으로 배정한 세 개의 다른 상호작용을 발견한다. 이러한 상관들의 하나는 1.76 ppm에서의 메타인에 대하여 H-1으로 배정한다. 다른 두 개의 상관관계로부터 (다시금 HMQC로부터) 1.62 및 1.68 ppm에서 두 개의 부분입체이성질성의 양성자들을 찾는다. 우리는 그것들을 H-10과 H-10′이라고 배정한다. C-10 양성자는 어떻게 할 수 없으며, 그것들에 관한 어떠한 상관관계도 발견할 수 없다.

H-1은 C-2 양성자 모두와 짝지음을 1.45 및 1.63 ppm에서 보여 준다. H-1과 H-2′ 간의 상호작용은 약하다. 0.95 및 2.06 ppm에서의 C-2 양성자 모두 다 C-3 양성자들 모두와 함께 짝지어 적절한 교차 피크를 발견할 수 있다. 따라서 우리는 C-10으로부터 C-9, C-1 및 C-2를 거쳐 C-3 끝까지 간접적인 연계성을 보여 주었다. 우리의 해석에 있어서 HMQC는 매우 큰 가치가 있었다. 그러나 많은 의문점이 아직도 남아있다. 우리는 세 개의 사차 탄소뿐만 아니라 세 개의 메틸기에 대한 상관관계를 얻지 못하였다. HMQC와 COSY 함께 카료필렌 산화물의 구조를 뒷받침하여 주지만, 다른 가능한 구조들을 배제하여 주지는 않는다.

5.5.3 카료필렌 산화물: HGMBC

카료필렌 산화물의 HMBC (그림 5.18) 는 필요로 하는 간접적 탄소-탄소 연계성을 제공함으로서 우리가 카료필렌 산화물이 구조를 완벽하게 확인하게 하여 준다. 카료필렌 산화물의 분석은 87개의 교차 피크들이 존재함을 보여 준다: 이러한 숫자는 15개의 탄소 원자 각각을 고려하고 β-위치에서의 화학 이동이 차별되는 양성자의 숫자와 β-위치에서의 화학 이동이 차별되는 양성자를 헤아림에서 유도된 것이다. 그러한 상호작용의 모든 것을 추적하기 위하여는 정말로 방법적이어야 한다.

이러한 데이터를 계속적으로 추적하는 방법은 한방향에는 탄소 공명을 열거하고, 다른 방향으로는 양성자 공명을 열거하는 표를 작성하는 것이다. 표 5.1에서 탄소는 위를 가로질러 주어졌고, 양성자는 변을 따라 주어졌다. 카료필렌 산화물의 번호매기기는 모든 그림과 같이 표 5.1에서도 같다.

이 스펙트럼에 대한 우리의 접근법은 다른 어떠한 스펙트럼과도 다르지 않다. 이 경우에 있어서 양성자 축위에서 출발하여 표 5.1에서 열거한 바와 같이 필요한 교차 피크를 찾는 것이 보다 쉬운 방법이다. 만일 우리가 탄소축 위에서 출발하기를 원한다면 우리는 물론 같은 결과를 얻을 것이다. 만일 우리가 표 위 왼쪽으로부터 1.76 ppm에 있는 H-1으로부터 출발한다면 우리는 먼저 H-1이 50.1 ppm에 있는 C-1에 결합하고 있는 것을 알게 되는데, 이러한 결과는 HMQC로부터 이미 결정한 바가 있다. 가로줄을 가로질러 우리는 예상하였던 총 여덟 개의 상호작용을 발견한다. 표

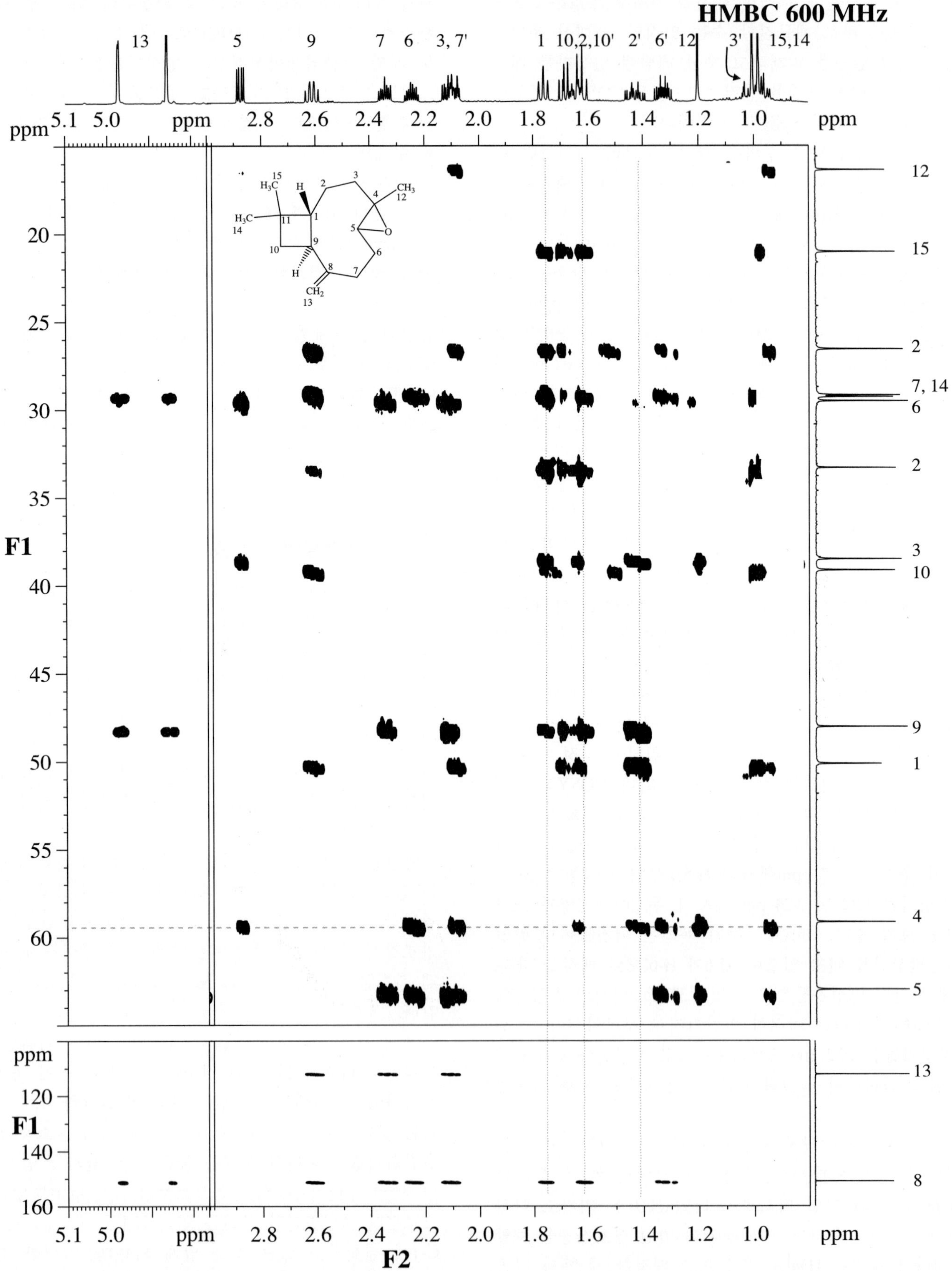

그림 5.18 카료필렌 산화물의 HMBC 스펙트럼.

표 5.1 카료필렌 산화물의 HMBC 상관관계

	탄소	C-1	C-2	C-3	C-4	C-12	C-5	C-6	C-7	C-8	C-13	C-9	C-10	C-11	C-15	C-14
양성자	**PPM**	**50.1**	**26.6**	**38.4**	**59.1**	**16.4**	**63.0**	**29.5**	**29.2**	**151**	**112**	**48.0**	**39.1**	**33.3**	**22.6**	**29.3**
H-1	1.76	DB*	α	β						β		α	β	α	β	β
H-2	1.45	α	DB	α	β	β						β		β		
H-2′	1.63	α	DB	α	β	β						β		β		
H-3	0.95	β	α	DB	α	β	β									
H-3′	2.06	β	α	DB	α	β	β									
H-12	1.19			β	α	DB	β									
H-5	2.86			β	α	β	DB	α	β							
H-6	1.28				β		α	DB	α	β						
H-6′	2.23				β		α	DB	α	β						
H-7	2.11						β		DB	α	β	β				
H-7′	2.37						β		DB	α	β	β				
H-13	4.86								β	α	DB	β				
H-13′	4.97								β	α	DB	β				
H-9	2.6	α	β						β	α	β	DB	α	β		
H-10	1.43	β								β		α	DB	α	β	β
H-10′	1.47	β								β		α	DB	α	β	β
H-15	0.98	β											β	α	DB	β
H-14	1.01	β											β	α	β	DB

*HMBC에 나타나지 않은 직접적으로 결합한 양성자-탄소

내에서 각 상호작용은 두 결합 짝지음($^2J_{CH}$) 혹은 세 결합 짝지음($^3J_{CH}$)에 따라서 α나 혹은 β 중 하나로 표지한다. 물론 스펙트럼 자체내에서는 상호작용 두 유형 간의 차이는 없지만, 우리는 부기 기록을 위하여 표지한다. 표내에서 H-1으로 표시한 각 상호작용을 스펙트럼에서 발견할 수 있다.

H-2 및 H-2′으로 표지한 C-2상의 두 개의 양성자가 존재한다. 이러한 양성자는 다른 화학 이동을 가지고 있지만, HMBC에서는 같은 방법으로 그것들이 행동할 것으로 예상한다. 따라서 우리는 카료필렌 산화물의 부분입체이성질성 양성자의 각 쌍에 대하여 HMBC 배정의 유용한 독립적인 검토를 한다. 1.45 ppm에서의 H-2에 대하여 우리는 1.63 ppm에서의 H-2′과 동일한 다섯 개의 상관관계를 가진다. 스펙트럼을 보다 자세히 검토함에 따라 우리는 방법적인 접근법에 따라 해독할 수 있는 매우 자세한 구조적인 정보를 얻음을 알게 된다.

사차 탄소에 대한 중요점은 언급할 필요가 있다. 지금까지 우리는 양성자가 없는 탄소에 대한 직접적인 상관관계를 가지지 못할 뿐만 아니라, 산소, 질소, 황 같은 헤테로원자를 들여다 볼 수가 없었다. HMBC의 두 결합 및 세 결합 짝지음 상관관계 모두 중대한 정보의 두 가지 유형을 제공한다. 예를 들면, 카료필렌 산화물의 59.1 ppm에서의 C-4는 부착된 양성자가 없으며, 화합물의 ^{13}C 스펙트럼에서 단지 나타났을 뿐이다. DEPT로부터 우리는 그것이 사차 탄소임을 안다. 만일 표 5.1에서 C-4 행을 본다면 네 개의 두 결합 상관관계와 네 개의 세 결합 상관관계를 발견한다. 이러한 예상을 HMBC는 상당히 잘 뒷받침하여 주어 분자에서의 C-4 위치에 대한 직접적인 증거를 준다.

5.6 $^{13}C-^{13}C$ 상관관계: INADEQUATE

HMBC 실험은 간접적인 탄소-탄소 연계성을 이용하여 유기 화합물의 골격을 추적하게 해주지만, 상관관계가 두 결합 혹은 세 결합 짝지음에 의한 것인지를 알지 못하기 때문에 과정은 지루하다. **INADEQUATE** (**I**ncredible **N**atural **A**bundance **D**oubl**E** **QUA**ntum **T**ransfer **E**xperiment, 믿기 어려운 자연 존재비 이중 양자 이전 실험) 2-D 실험은 우리의 기본적인 결합통과 상관관계를 집대성하여 준다. 우리는 양성자-양성자 짝지음에 대한 COSY, 한 결합에 대하여 HMQC (HETCOR), 두 결합 및 세 결합 양성자-탄소 짝지음에 대한 HMBC를 가졌으며, 이제 직접 부착한(한 결합) 탄소-탄소 짝지음에 대한 INADEQUATE를 가진다. 유기 화합물의 구조를 규명하기 위하여서는 이 실험은 의문의 여지없이 가장 강력하고 가장 모호성이 작으며, 금상첨화로 실험은 해석하기가 쉽다. 마지막 기술을 읽은 후 우리 중에 천성적으로 비관적인 사람도 종국에는 다음과 같이 물을 것이다: 대단하다는 것이 무엇인가? 정말로 그 대단함이란 평범하고 간단하다는 점과 감도이다. 한 개의 탄

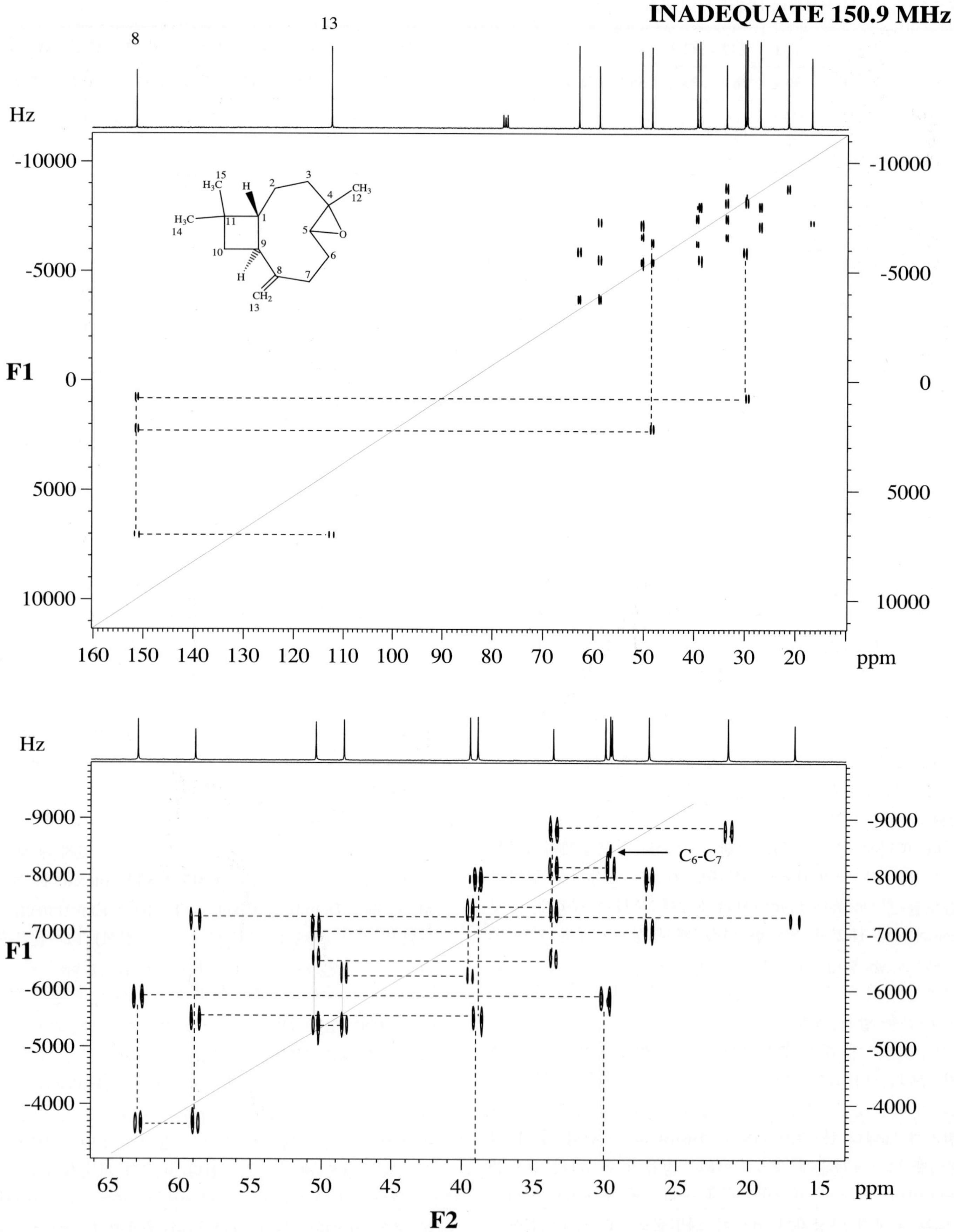

그림 5.19 카료필렌의 INADEQUATE 스펙트럼. 도움을 주기 위하여 상관 직선을 그렸다.

소 원자가 ^{13}C가 되는 확률은 약 0.01이 된다는 점에서 4장을 회상하시오. 따라서 어떠한 두 개의 인접한 탄소 원자들이 모두 ^{13}C 원자들이 되는 확률은 0.01 × 0.01 혹은 0.0001이다.

이것은 이중 양자 여과의 도움으로도 성취하기 불가능해 보인다. 우리는 DQF-COSY 실험에서 이중 양자 여과는 이 경우에 고립된 ^{13}C 원자들에 해당된 모든 단일 스핀 이전을 제거한다. 두 개의 스핀을 가지는 계(AB 및 AX계)로부터의 그러한 전이 이상들만 획득 동안 검출된다. 화합물이 적절한 신호 고정 용매에 필요한 용해도를 가지고 있다고 가정한다면, 실험적으로 우리가 당면하는 중요한 문제는 시료의 크기이다. 현대 고자장 분광기로 실험하는 낮은 분자량의 화합물(분자량 < 500)에 대하여 중수소화한 용매 0.5 mL에 대하여 약 50–100 mg 정도 녹는 것이 적절하다.

이러한 실험에 대하여 상상하는 한 가지 방법은 F1과 F2에 있어서 모두 탄소축인 DQF-COSY의 탄소 유사체로 간주하는 것이며, 이러한 실험은 이론적으로 가능하다. 완전한 이중 양자 여과를 얻는 것에 관련한 실제적인 고려에서 INADEQUATE 실험은 약간 달리 실험한다. 카료필렌 산화물의 INADEQUATE 스펙트럼의 전시에서(그림 5.19) F2축이 물론 우리가 t_2 획득으로 관련시킬 수 있는 친근한 탄소축임을 알 수 있다. F1축은 친숙하지 않게 보이며 보다 많은 설명을 필요로 한다.

t_1 동안 전개되는 주파수들은 전형적인 DQF-COSY와 같이 짝지어진 핵들의 화학 이동이 아니다. 대신 그것은 t_1 동안 전개되는 짝지어진 핵들의 송신기 주파수로부터의 그것들의 오프셋의 **합**이며, 그것들은 이중 양자 여과가 되었기 때문에 INADEQUATE 스펙트럼에서 두 스핀 AB 및 AX계들만이 교차 피크의 세기에 상당히 기여하는 것이다. 펄스 순서에서 적절한 실험 매개변수를 택함으로써 보다 큰 한 결합 짝지음($^1J_{CC}$)을 택하여 직접적으로 결합한 탄소-탄소 상관관계를 쳐다 보기만 한 것을 확실하게 하여 준다. F1축은 보통 Hz로 주어지며, ppm 단위인 F2보다 범위가 두 배가 된다.

5.6.1 INADEQUATE: 카료필렌 산화물

카료필렌 산화물의 2-D INADEQUATE 스펙트럼은 그림 5.19에 표시하였다. 주어진 AX계에 대한 (F1, F2) 좌표계에서 교차 피크 혹은 상관관계는 $(\nu_A + \nu_X, \nu_A)$ 및 $(\nu_A + \nu_X, \nu_X)$에서 발견할 수 있다. 실제적인 교차 피크 자체는 간격이 $^1J_{CC}$ 짝지음 상수인 이중선들이다(그림 5.19의 바닥에서 스펙트럼의 확대 부분을 참조). 이중선의 두 개의 세트를 연결하는 직선의 중점은 $(\nu_A + \nu_X)/2$가 된다. $(\nu_A + \nu_X)$, 즉 이중선의 모든 쌍들의 중점의 집합체는 대각선상에 놓이게 된다. 이것은 여분의 피크와 다른 인공체로부터 진짜 교차 피크를 구별하는 데 사용할 수 있기 때문에 중요한 관찰이다.

F1축과 대각선을 보다 잘 이해함으로써 우리는 스펙트럼의 해석을 진전할 수 있다. 표 5.1은 일찍이 주어진 구조에 대한 탄소 화학 이동과 탄소 번호를 열거하고 있다. 우리는 현재의 논의에서 이러한 번호를 사용한다. 그림 5.19로부터 우리는 높은 주파수 연계를 매우 쉽게 수립할 수 있다. 가장 높은 주파수에서의 탄소는 151.0 ppm에서의 C-8이다. F2축상의 이 피크로부터 수직 아래로 추적하여 우리는 세 개의 교차 피크 이중선과 교차한다. 이러한 교차 피크는 29.2 ppm에서의 C-7, 48.0 ppm에서의 C-9, 112.0 ppm에서의 C-13과 수평으로 연결이 된다. 낮은 주파수 쪽에서 112.0 ppm에서의 C-13이 다음으로 등장하며, 이것은 한 개의 교차 피크, 즉 151.0 ppm에서의 C-8에 상호연결을 가진다.

낮은 주파수 부분을 보다 명확하게 표시하기 위하여 그림 5.19의 낮은 부분은 그 영역의 확대된 조망을 보여 준다. 이러한 그림의 높은 분해능은 이중선으로부터 정밀한 구조를 더 용이하게 볼 수 있게 하여 준다. 이러한 확대 조망으로부터 한 개의 탄소의 연계성들을 추적하여 본다. 33.3 ppm에서의 C-11은 사차 탄소이며, 따라서 네 개의 교차 피크를 보여 준다. 우리는 C-11의 연계성으로부터 22.6ppm에서 C-15, 29.3 ppm에서 C-14, 39.1 ppm에서 C-10, 50.1 ppm에서 C-1으로의 연계들을 가진다.

우리의 논의를 결론짓기 전에 카료필렌 산화물의 INADEQUATE 스펙트럼이 탐구할 가치가 있는 특이한 현상을 포함하고 있는 것을 안다. 탄소 6과 7은 ^{13}C 스펙트럼에서 거의 서로 중첩이 되어 있으며, C-15 메틸기하고도 거의 중첩되어 있다. 표 5.1에서 그것들의 화학 이동을 29.5 ppm과 29.2 ppm으로 열거하고 있다. 카료필렌 산화물에서 그것들이 서로 결합하고 있기 때문에 INADEQUATE 스펙트럼에서 상관관계를 보여야 한다. 그러나 AX계 대신 우리는 $\Delta\nu/J$값이 10보다 작은 AB계를 가진다. 이러한 특수 경우에는 중점이 대각선상에 놓이는 두 개의 이중선을 더 이상 기대할 수 없다. 대신 우리는 AB 다중선(3장 참조)이 대각선상 자체에 놓이는 것을 예상할 수 있다. 이러한 예측은 그림 5.19에서 C-6와 C-7 아래 직접적인 교차 피크가 있어 대각선과 이 교차 피크가 교차하는 것을 발견하게끔 결과가 나타나 있다.

이러한 확대 스펙트럼에서 다른 연계성은 독자에게 연습으로 남겨져 있다. 우리는 이 절을 다음 두 가지로 요약한다.

* 위와 같은 이유로 농축되지 않은 시료에서의 3스핀계의 확률은 1,000,000분의 1이 된다.

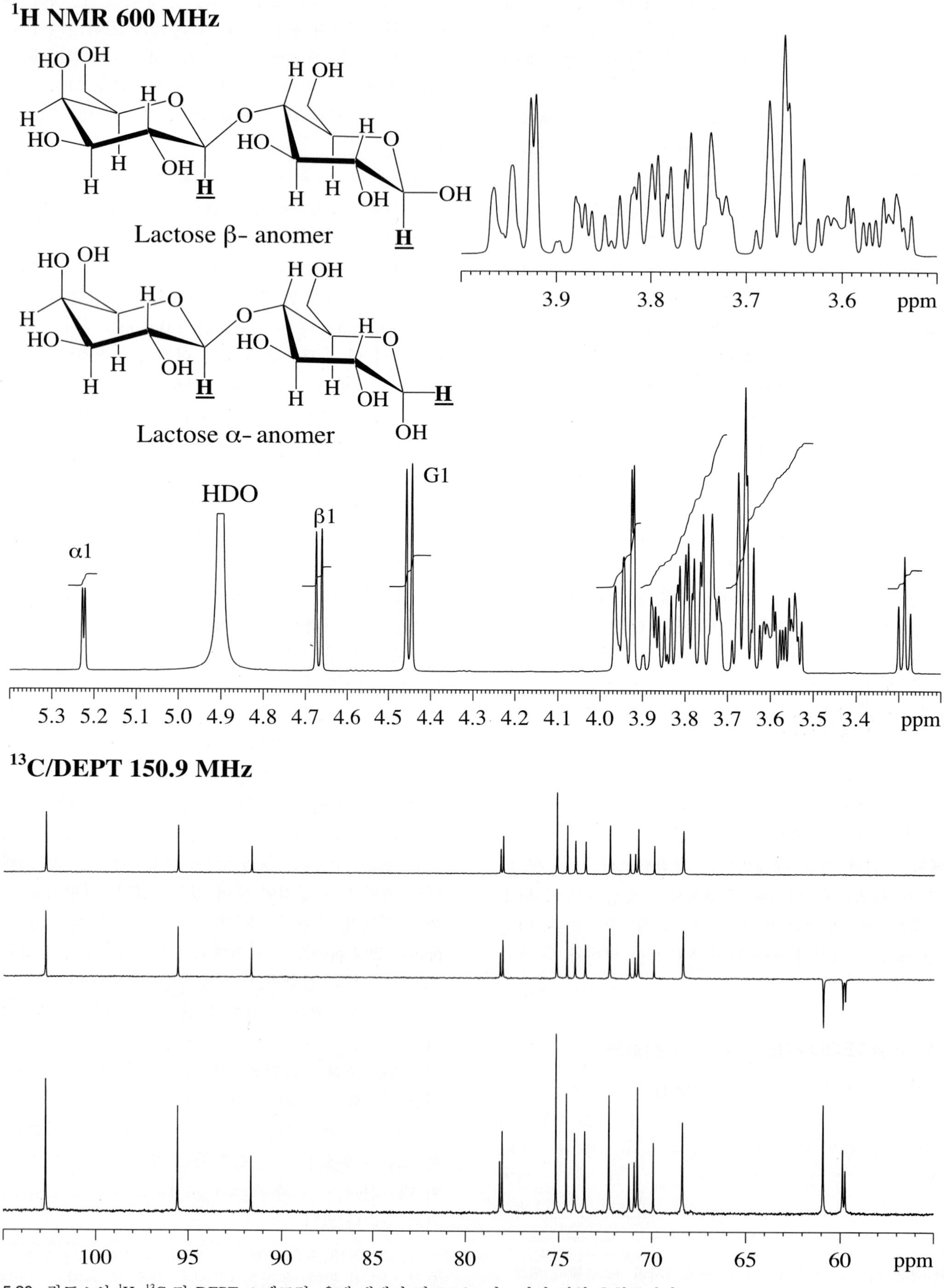

그림 5.20 락토스의 ^{1}H, ^{13}C 및 DEPT 스펙트럼. 용액 내에서 락토스는 아노머의 평형 혼합물이다.

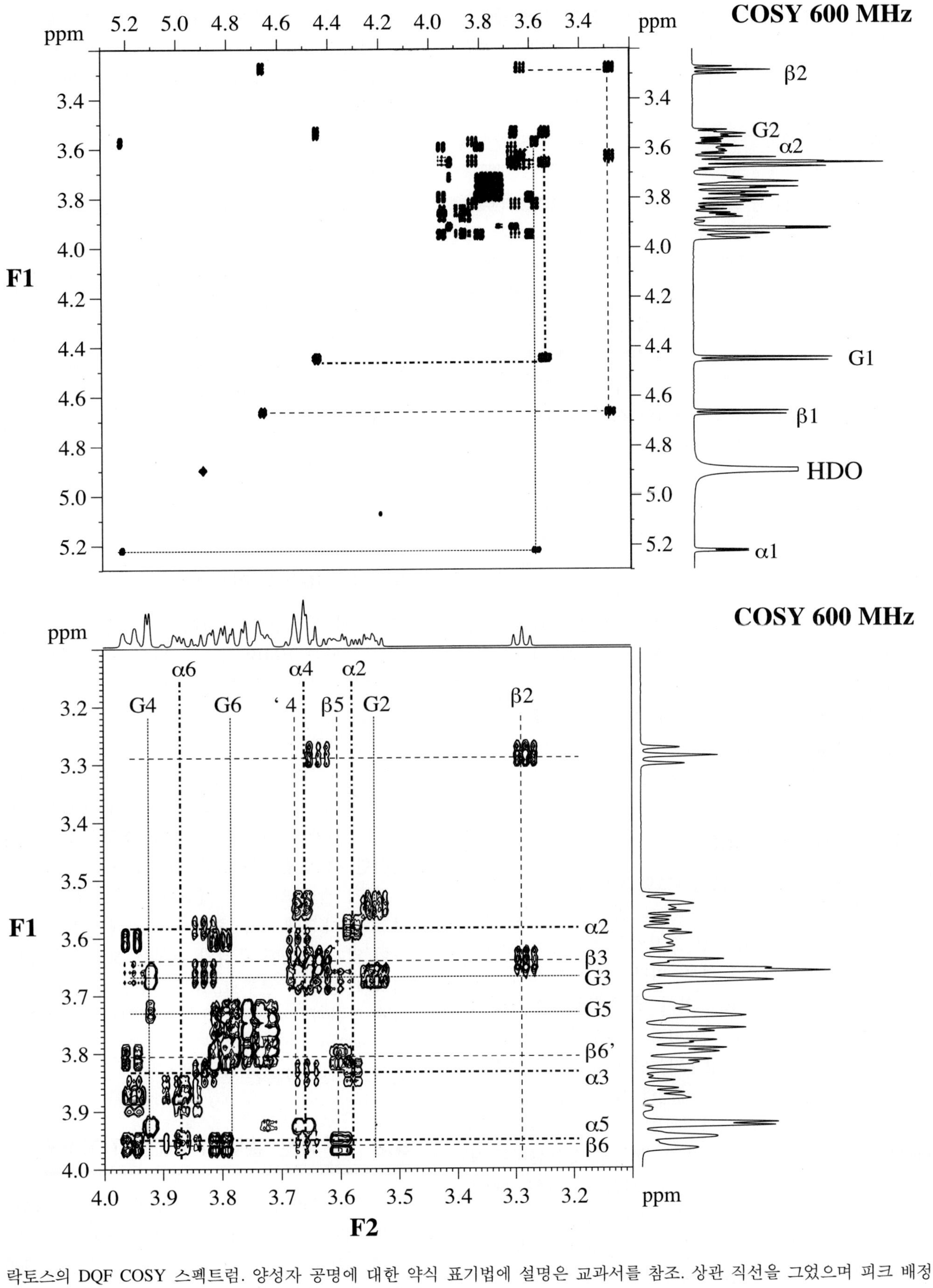

그림 5.21 락토스의 DQF COSY 스펙트럼. 양성자 공명에 대한 약식 표기법에 설명은 교과서를 참조. 상관 직선을 그었으며 피크 배정은 도움으로 주어졌다.

- 2-D INADEQUATE는 직접적인 탄소 연계성을 제공함으로써 모호함 없이 탄소 골격을 그려낼 수 있게 해 준다.
- 2-D INADEQUATE는 매우 낮은 감도로 인하여 매우 제한적인 응용성을 가진다.

5.7 락토스

락토스의 β-아노모의 구조는 그림 5.1에 주어졌다. 락토스가 그것의 ^{1}H와 ^{13}C NMR 스펙트럼의 해석에서 내거는 도전은 분명하다. 그러나 상관관계 NMR에 대한 기회는 못견디게 매력적이다. 용액내에서 락토스는 α-와 β-아노머의 평형 혼합물이다. 두 개의 부분이성질체는 열 개의 입체중심에서 단 한 개만의 입체중심에서 에피머가 된다. 더구나 각 부분이성질체에서의 두 설탕 잔기는 고립 스핀계를 형성하는 글리코사이드 산소 원자에 의하여 서로 상대로부터 격리되어 있다. 이러한 상황은 모든 올리고당 및 다당류에서 흔하다.

특별한 몇몇 특징을 보는 것을 제외하고는 1-D 스펙트럼을 논의하는 데 많은 시간을 소비하지 않을 예정이다. 아노모성 양성자 공명은 4.45, 4.67, 5.23 ppm에서 발견할 수 있으며, 아노모성 탄소 공명은 91.7, 95.6, 102.8 ppm에서 발견할 수 있다. 세 개의 아노모성 양성자와 탄소에 대한 이유는 갈락토스 잔기가 β-아노머 형태로만 존재하여 양성자 및 탄소 스펙트럼 모두에서 한 세트의 공명을 주는 반면에, 글루코스의 α-와 β-아노머는 두 세트의 공명을 주기 때문이다. 두 스펙트럼의 다른 부분은 특히 양성자 스펙트럼은 매우 복잡하고 상당한 중첩을 보여 준다.

5.7.1 DQF-COSY: 락토스

락토스의 DQF-COSY 스펙트럼 (그림 5.21) 은 상관관계가 풍부하게 존재하여 진입점들을 쉽게 발견한다. 락토스의 이 그림과 다른 것들은 간단한 표시법을 사용하여 양성자 혹은 탄소의 위치를 n이라 하고, 따라서 갈락토스 공명을 Gn이라 표지하고 α-글루코스 잔기 및 β-글루코스 잔기에서의 위치에 대하여 αn 혹은 βn이라 표지한다. 각 설탕 잔기에 대하여 C-1에 부착된 양성자들인 아노모 양성자들의 각각은 C-2 양성자와 단지 한 개만의 상관관계를 보여 준다. 예를 들면, 4.67 ppm에서의 아노모성 양성자는 3.29 ppm에서의 양성자 (확실히 C-2에 부착된) 와 상관관계를 보여 준다. 이러한 3.29 ppm에서의 C-2 양성자는 3.64 ppm에서의 C-3 양성자와 상관관계를 보여 준다.

이러한 과정의 계속은 신호의 심한 중첩으로 급속히 지겹게 복잡하게 된다. 확장된 조망에서 각기 다른 잔기에 대하여 다른 유형의 직선으로 많은 상관관계를 그려왔다. 독자는 이러한 몇 개의 상관관레를 추적함에 초대한다. 그러나 좌절감에 유의하기를 바란다. 다음에서 락토스는 중첩을 글자 그대로 제거하는 다른 실험의 면모에서 다시 분석할 것이다.

5.7.2 HMQC: 락토스

락토스의 HMQC 스펙트럼은 그림 5.23에서 중첩을 최소화하고, 탄소축상의 좋은 분해능을 보여 주기 위하여 세 부분으로 나누었다. COSY 스펙트럼과 마찬가지로 이 그림은 피크 배정으로 표지하였다. 여태까지 우리가 보아 왔던 것을 넘어서는 정보로 이러한 배정이 만들어 졌다(락토스의 논의 끝에서 이러한 배정이 올바른가에 대하여 확연해질 것이고, 어떻게 이러한 배정이 만들어졌는가에 대하여 뚜렷해질 것이다). 중첩은 심하지 않아서 몇몇 배정은 매우 쉽게 이루어질 수 있다. 이러한 스펙트럼은 유용하여 많은 것이 1-D 스펙트럼에서는 중첩이 되는 대부분의 양성자의 화학 이동을 발견하게끔 해 준다.

5.7.3 HMBC: 락토스

락토스의 복잡성을 고려해 보면 락토스에 대한 복잡하고 중첩이 되는 HMBC 스펙트럼이 예상된다. 그림 5.24에서 발견되는 스펙트럼은 이러한 예상에 부합된다. 학생들은 표지함으로써 분석하기가 용이해지는 이 스펙트럼을 분석하기를 권한다.

이 스펙트럼에서의 중요한 하나의 상관관계는 글루코스 C-4 (α-와 β-아노머 모두로부터) 와 갈락토스 C-1 양성자 간의 상관관계를 보여 주는 확장 삽입부분에서 강조되었다. 이러한 세 결합 짝지음은 갈락토스 C-1으로부터 글루코스 C-4까지 글리코사이드 결합이 정말로 존재한다는 것을 보여 주기 때문에 매우 중요하다. 스펙트럼의 이 부분에서 중첩이 없기 때문에 우리의 결론은 모호하지 않다. 갈락토스의 C-1 탄소와 글루코스(아노머 모두 다) C-4 양성자간의 상호 상관관계는 있을 것으로 생각되지만, G3 (갈락토스 C-1과 마찬가지로 상관있는), α4 및 β4 양성자 간의 중첩이 있어 우리의 결론은 모호하다.

5.8 중계된 결맞기 이전: TOCSY

이제까지 우리의 상관 실험에 있어서의 공통된 테마는 직접적으로 짝지어진 핵스핀의 영향하에서 t_1 시간 동안 스핀이 전개하게 한 것이었다. 우리는 입세놀, 카료필렌 산화물 및 락토스의 자세한 구조적인 정보를 제공하는 COSY,

HMQC, HMBC 및 INADEQUATE의 위력을 보아 왔다. 이 절에서 우리는 상관관계를 보여 주는 다른 하나의 방법을 개발하여 탄수화물, 펩타이드 및 핵산 같은 별개의 고립된 양성자 스핀계를 가지는 분자에 대하여 응용할 것이다.

우리의 목적은 직접적으로 짝지어진 스핀 너머로 자기화를 중계 혹은 이전함으로써 직접적으로 짝짓지 않지만, 같은 스핀계에 존재하는 핵들 사이의 상관을 볼 수 있게 하는 것이다. 이 실험은 **TOCSY** (**TO**tally **C**orrelated **S**pectroscop**Y**, 총체적 상관 분광법)이라 부르며, 우리는 2-D 및 1-D판 모두 고려할 것이다. 2-D TOCSY에 대한 펄스 순서는 원시 형태 2-D 실험과 유사하다. 그러나 두 번째 $\pi/2$ 펄스 대신 우리는 y-축에서 스핀 고정된 자기화가 일어나는 혼합기 (mixing period) 를 삽입한다 (그림 5.22). 이 실험의 결과를 이해하기 위하여 우리는 스핀 고정 (spin locking) 의 각론에 대하여서는 무시하고, 혼합기의 결과에 대하여 집중하자. 이러한 혼합기 동안에 자기화는 한 스핀으로부터 이웃한 스핀으로, 다시 그 다음 이웃으로 계속 중계된다. 혼합기가 길수록 자기화의 이전은 이론적으로 전체 스핀계를 통과하여 전달을 전파할 수 있다.

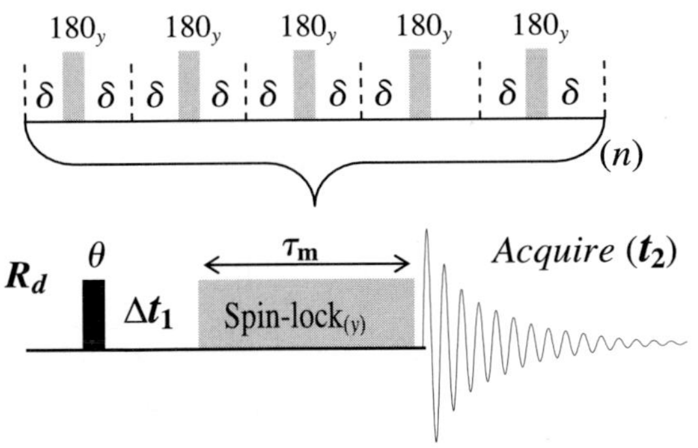

그림 5.22 2-D TOCSY에 대한 펄스 순서.

2-D TOCSY 실험의 외관은 모든 점에서 COSY와 비슷하다. F1과 F2축은 양성자를 위한 것이고, 대각선은 1-D 정보를 포함하고 교차 피크조차도 같은 외양을 가진다. 여기서의 차이점은 COSY의 교차 피크는 짝지어진 스핀에 의한 것이지만, TOCSY 스펙트럼의 교차 피크는 중계된 결맞기 이전 (relayed coherence transfer) 으로부터 생성된 것이다. TOCSY 스펙트럼에서 보다 긴 혼합 시간 동안에는 한 스핀계의 모든 스핀이 짝지어진 것으로 나타난다. TOCSY의 장점을 평가하기 위하여 우리는 세 개의 분별 (즉, 분리된) 스핀계를 가지는 이당체 락토스를 가지고 계속한다.

5.8.1 2-D TOCSY: 락토스

락토스의 2-D TOCSY 스펙트럼은 그림 5.25에 주어졌다. 이 2-D 스펙트럼의 혼합 시간은 충분히 길어 자기적 결맞기가 다소 각 설탕 잔기의 스핀계 전체를 통하여 이전되었다. 이러한 그림을 그림 5.21의 락토스의 COSY 스펙트럼과 비교하여 유사성과 차이점을 유의하시오.

예로써 우리는 5.23 ppm에서의 아노머 양성자 공명으로부터 시작하여 글루코스의 α-아노모에 대하여 양성자 공명의 모든 것을 발견할 수 (그리고 그들의 화학 이동도 측정할 수도) 있다. 이러한 상관은 그림에서 부호를 붙여 놓았다. 양성자 공명 (그림에서 표시된) 의 배정은 이 스펙트럼 홀로만 가지고 만들 수 없으나 COSY 스펙트럼과 연관하여 만들 수 있다. 같은 연습을 다른 두 개의 아노머 공명에 대하여 수행할 수 있으나 학생을 위하여 남겨놓았다.

5.8.2 1-D TOCSY: 락토스

모든 2-D 실험은 1-D 유사체를 가지고 있으며, 우리는 이러한 1-D 실험들이 별로 효율적이 아니라고 생각하는 경향이있는 데, 보통 정말로 그러하다. 만일 우리가 COSY 실험에 대하여 다시 한 번 더 생각한다면 우리는 동종핵 짝풀림이 우리에게 동일한 유형의 정보를 주었으리라 말하였을 것이다. 우리는 양성자 공명을 택하고 그것에 조사하고 결과를 원래의 1-D 양성자 스펙트럼과 비교한다. 흔히 HOHAHA (Homonuclear Hartmann-Hahn) 이라 부르는 우리의 1-D TOCSY에 대하여서도 비슷한 양식으로 우리는 양성자 공명을 택하여 쬐임을 한다. 우리는 적절한 혼합 시간을 적용하는 것을 허용함으로써 자기화가 중계되는 동안에 스핀 고정을 적용한다. 그리고 우리는 1-D 스펙트럼을 취득한다. 이러한 스펙트럼에서 기록될 신호들만은 자기화학 이전된 것들만이다. 다른 말로 하자면, 스핀계 이외의 다른 모든 신호는 나타나지 않는 것이다.

보다 좋은 시나리오는 일련의 1-D TOCSY 실험을 수행하여 조사되는 양성자는 상수로 유지하는 반면에, 혼합 시간을 체계적으로 증가시키는 것이다. 이러한 실험을 구체적으로 설명하기 위하여 우리는 락토스의 글루코스 고리의 β-아노머의 양성자를 4.67 ppm에서 조사하고, 혼합 시간을 20 ms로부터 400 ms의 범위로 혼합 시간을 가지는 실험을 수행한다. 이러한 실험들의 결과는 그림 5.26에서의 일련의 적층 도시로 보여 준다.

20 ms의 혼합 시간에서 우리는 단지 $\beta 2$ 공명만을 볼 수 있으며, 이것은 분명한 3.29 ppm에서 삼중선으로 확실히 볼 수 있다. 40 ms의 혼합 시간 다음에 $\beta 3$로의 이전이 금방 구별할 수 있으며 (다른 하나의 분명한 삼중선), $\beta 4$ 양성자는 단지 겨우 볼 수 있을 정도이다. 혼합 시간을 80 ms로 한 실험의 도시는 $\beta 4$ 공명을 약간 개선하지만, 120 ms로 바꾼 다음에는 β로부터의 신호가 바닥선으로부터 자라난

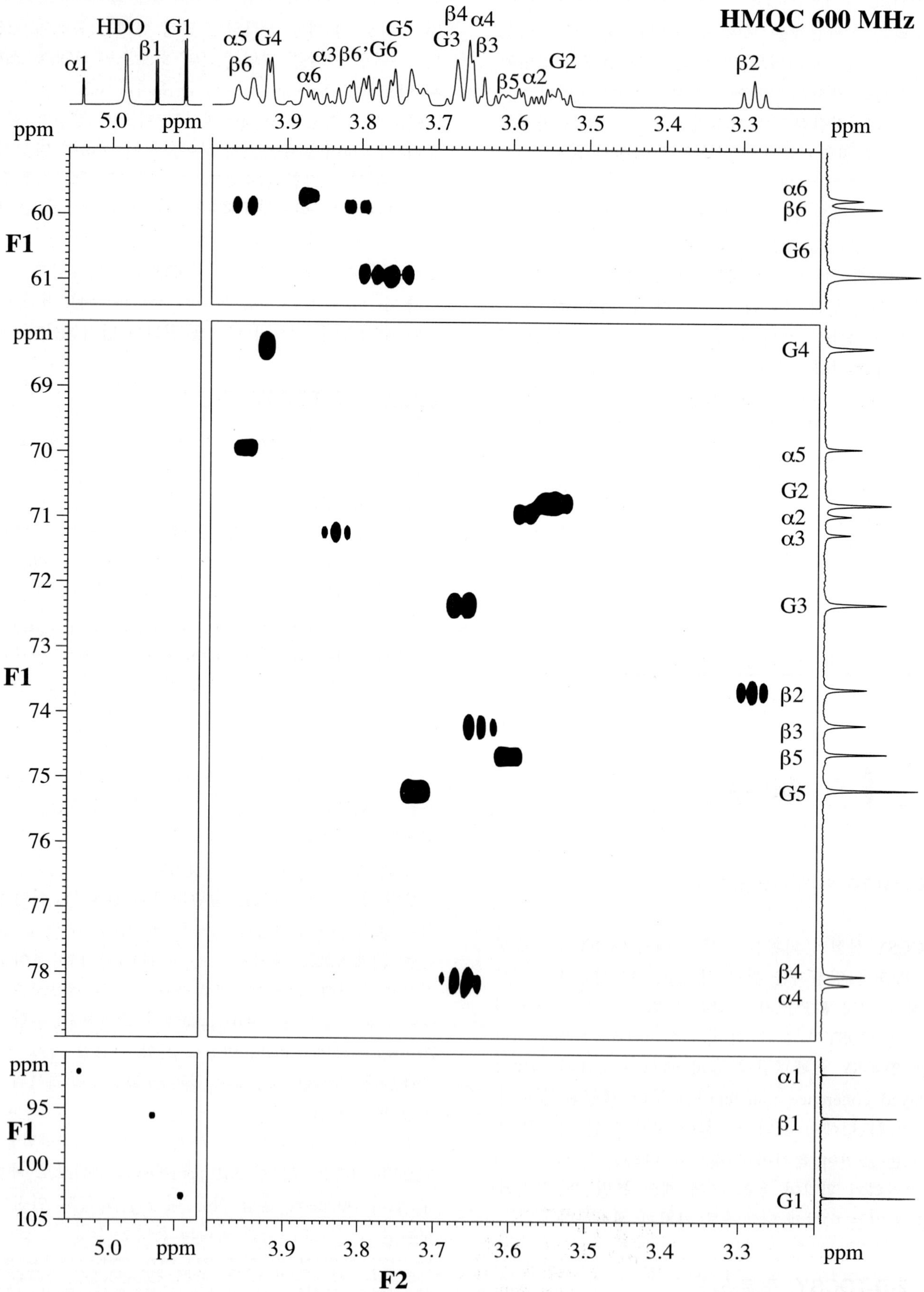

그림 5.23 락토스의 HMQC 스펙트럼. 표기에 관한 설명은 교재를 참조하시오. 도움을 주기 위하여 피크 확인을 배정하였다.

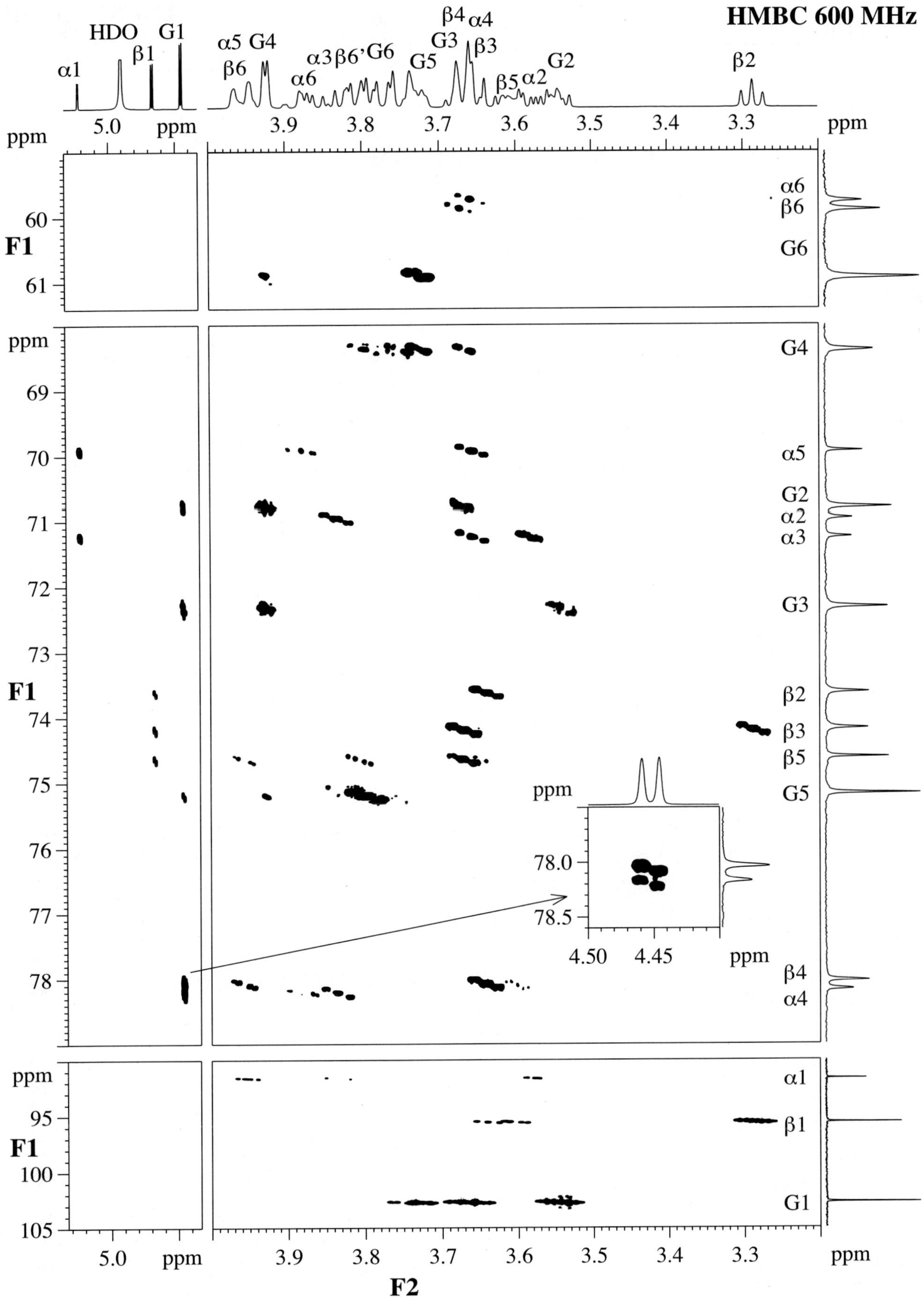

그림 5.24 락토스의 HMBC 스펙트럼. 삽입화의 설명은 교재를 참조하라.

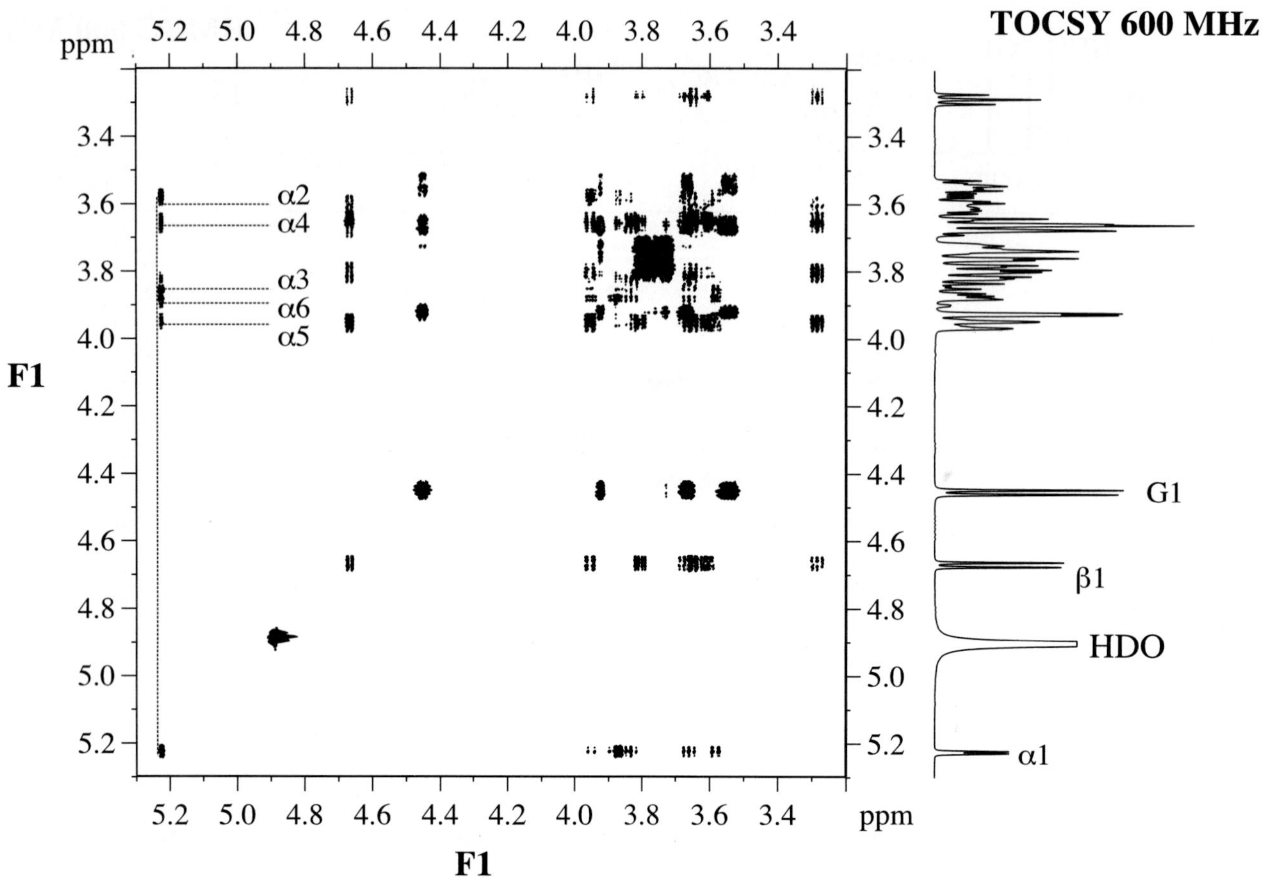

그림 5.25 β-락토스의 2-D TOCSY 스펙트럼. 상관 직선을 그렸으며 도움으로 몇 개의 피크 확인을 주었다.

다. 400 ms으로 바꾼 다음에는 전체 스핀계에 걸친 이전이 확실해 진다. H-5 신호는 부분입체이성질성 $\beta 6$ 메틸렌기 만큼 확연해 진다. 그림의 이러한 부분은 $\beta 5$에 대하여 확실히 다른 짝지음 상수를 가지는 $\beta 6$ 및 $\beta 6'$ 공명을 보여 준다. 긴 혼합 시간의 하나의 부정적인 면은 분해능과 신호 모두 다 잃어버린다는 것이다. 신호의 손실은 보통 더 많은 FID를 얻어 합함으로써 상쇄할 수 있다. 이 그림에서 역시 보여 주는 것은 갈락토스의 아노머성 양성자와 글루코스의 α-아노모성 양성자에 대한 400 ms (가장 긴 혼합 시간) 이다.

TOCSY의 1-D 및 2-D판 모두에서 다른 스핀계들로부터 생기는 중첩 신호를 해독하는데 광범위한 응용성을 발견한다. 1-D판은 계통적으로 혼합 시간을 증가시킴에 따라서 스핀계를 전체에 걸쳐 산책할 수 있게 하여 주는 점이 우리를 특히 들뜨게 만들어 준다.

5.9 HMQC-TOCSY

두 개의 보다 간단한 2-D 실험의 특징을 합친 다양한 혼성 2-D가 존재한다. 인기있으며 유용한 예는 HMQC-TOCSY 스펙트럼으로 한 결합 $^1H—^{13}C$ 짝지음 (HMQC) 을 상관하지만, 전체 스핀계틀 통한 이러한 상관관계 (TOCSY) 를 보여 준다. 이러한 실험은 복잡한 탄수화물과 펩타이드계를 단순화하여 주며, 양성자와 탄소계의 용이한 피크 배정을 허용해 준다.

5.9.1 HMQC-TOCSY: 락토스

락토스에 대한 HMQC-TOCSY 스펙트럼은 그림 5.28에 주어졌으며, 모든 양성자와 탄소 공명에 대하여 표지를 하였다. 이러한 스펙트럼의 전체적인 외양은 HMBC를 상기시켜 주지만, 상관관계는 전혀 다르드다. 양성자 축 (F2) 혹은 탄소축 (F1) 에서 출발하는 것은 흥미롭고 마찬가지로 유용하다. 만일 우리가 글루코스 5.23 ppm에서 양성자 축에서 출발하여 수직 아래 방향으로 진행하면 우리는 이러한 글루코스 잔기의 여섯 개 탄소와의 여섯 개 상관관계를 발견한다. 우리가 만일 락토스에 대한 간단한 HMQC 스펙트럼으로 다시 돌아가 보면, 우리는 이러한 양성자에 대한 한 개만의 상관관계를 발견한다. 마찬가지로 4.67 ppm에서의

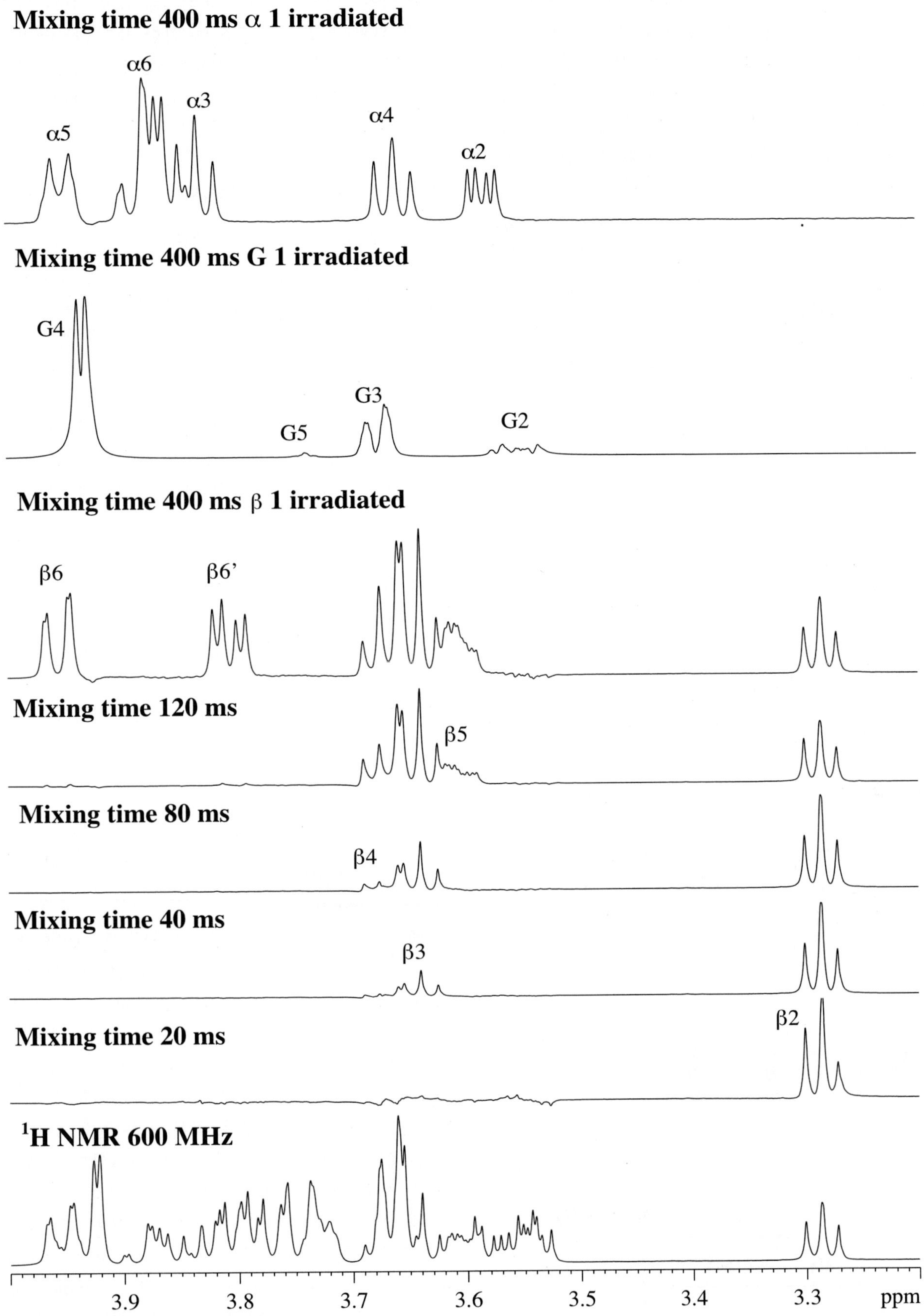

그림 5.26 "혼합 시간"을 증가시키면서 얻은 *β*-락토스의 일련의 1-D TOCSY 실험의 적층도시 설명은 교재를 참조. ^{1}H NMR 스펙트럼의 일부를 아랫쪽 도시에 참조하기 위하여 재현하였다.

글루코스의 β-아노머의 아노머성 양성자는 역시 글루코스의 잔기의 탄소와의 여섯 개의 상관관계를 보여 준다.

갈락토스의 아노머성 양성자에 대한 상관관계 (4.46 ppm)는 하여튼 탄소축을 따라서 네 개의 상호작용만 보여 준다. 이러한 결과는 그림 5.26에 있는 갈락토스 아노머성 양성자의 1-D TOCSY와 일치된다. 그림에서는 결맞기가 H-4 (G4)를 너머로는 전해지지 않음을 발견한다. 만일 H-4 (G4, 3.93 ppm)으로부터 출발한다면 여섯 개 모두의 상관관계를 발견할 수 있다. 연습으로 탄소축으로부터 출발하여 수평으로 왼쪽으로 추적하여 양성자들에 대한 HMQC-TOCSY 상관관계를 발견하기 위하여 유사한 과정을 시도하시오. 아노머성 탄소 공명은 시도하기 가장 쉽지만, 다른 것들도 마찬가지로 시도할 가치가 있다.

5.10 ROESY

3장 (3.16절)에 ^{1}H—^{1}H 공간통과 근접성에 대한 정보를 주는 실험인 핵 오버하우저 효과 차이 실험에 대한 기술이 있다. 이 절의 복습이 여기서 진전하기 전에 도움이 된다. 회전틀 오버하우저 효과 분광학 (rotating-frame Overhauser effect spectroscopy)인 ROESY는 오버하우저 효과 차이 실험의 유용한 2-D 유사체이다. NOESY (nuclear Overhauser effect spectroscopy)는 작은 분자에 대하여서는 별로 유용하지 못하다. NOESY는 주로 생물학적 거대분자에 사용한다. NOESY와 ROESY 실험 두 공간에서 서로 근접하고 있는 전형적으로 4.5 Å 이하인 양성자들을 상관한다.

ROESY는 양성자–양성자 (공간 통과) 상호작용을 상관하기 때문에 그의 외양과 표출이 COSY를 닮았다. 사실 COSY 피크 (스핀–스핀 짝지음)는 ROESY 스펙트럼 안에 존재한다. 이러한 COSY 피크는 여분의 필요 없는 것이라

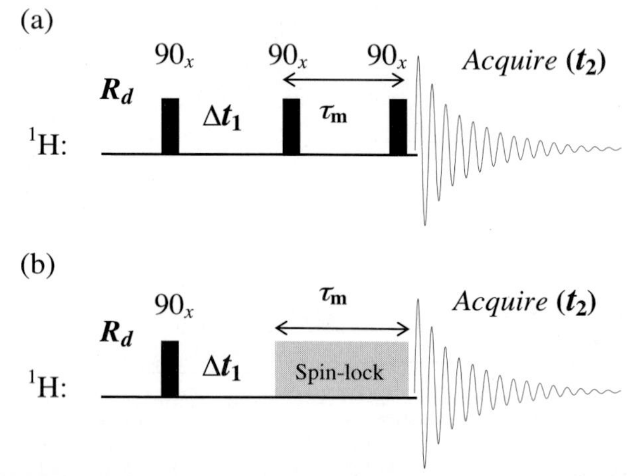

그림 5.27 (a) 2-D NOESY와 (b) 2-D ROESY에 대한 펄스 순서.

무시하여야 한다. 때로는 J-짝지음 스핀 간의 자기적 결맞기의 TOCSY-유사 이전으로 인한 또 다른 복잡화가 생긴다. 2-D NOESY와 2-D ROESY에 대한 펄스 순서는 그림 5.27에 주어졌다. 두 실험 간의 단지 차이는 ROESY는 스핀 고정을 혼합 시간 τ_m 동안에 사용한다는 점이다.

5.10.1 ROESY: 락토스

락토스에 대한 ROESY 스펙트럼이 그림 5.29에 주어졌다. 그림의 윗부분에 있는 전체적인 모습에 주목하시오. 아랫부분에서는 확대한 삽입으로 아노머 지역을 보여 준다. 두 개의 글루코스 잔기는 해석에 있어서 간단하다. α-아노머 양성자는 한 개만의 상관관계를 보여 주며, 이것은 예상되는 COSY 상호작용이다. 정의에 있어서 되돌아 생각해 보면 α-아노머는 수직방향 위치에서 C-1 하이드록시기를 가지며, 그것의 C-1 양성자 (α1)은 수평방향 위치에 있다. 수평방향 위치에서는 공간 통과 상호작용이 없기에 아무 것도 볼 수 없다.

또 다른 글루코스의 아노머는 이와 상반되게 수직방향 위치에 아노머 양성자 (β1)을 가진다. 글루코스의 선호하는 의자 형태에서 양성자는 모든 다른 수직방향 위치들을 차지하여 아마도 H-1 (β1)과 H-3 (β3) 및 H-1 (β1)과 H-5 (β5) 간의 두 수직방향 상호작용을 할 것이다. ROESY 스펙트럼은 4.67 ppm에서 아노머성 양성자, β1과 세 개의 상호작용을 보여 준다. 물론 H-2 COSY 상호작용은 존재하며, H-3 (β3)와 H-5 (β5)에 대한 두 개의 두 수직방향 NOE 상호작용도 확실히 보인다.

5.11 VGSE

단백질 혹은 폴리펩타이드는 제한된 개수(비록 보다 큰 제한된 개수 > 20)로 (대부분) α-아미노산이 아마이드, 즉 펩타이드 결합에 의하여 연결된 고분자, 혹은 올리고머들이다. 폴리펩타이드의 예는 이 시점에서 다루기에는 너무 복잡해질 것이지만, 테트라–펩타이드는 다른 한편으로 전정한 폴리펩타이드의 중요한 특징을 대부분 보여줄 수 있으면서도 쉽게 다룰 수 있다. 비록 많은 작은 올리고펩타이드들은 천연에서 발견하지만, 작은 펩타이드의 많은 것들은 이제 자동화된 합성장치를 이용한 인공적인 것이다.

이 장에서 예로 사용되는 작은 펩타이드의 구조는 그림 5.1에 주어졌다. N-말단으로부터 시작하여 펩타이드는 발린 (valine), 글리신 (glycine), 세린 (serine) 및 글루탐산 (glutamic acid)의 아미노산들 (VGSE)을 포함한다. 이러한 화합물의 1-D NMR 스펙트럼 (그림 5.30 참조)은 화합물

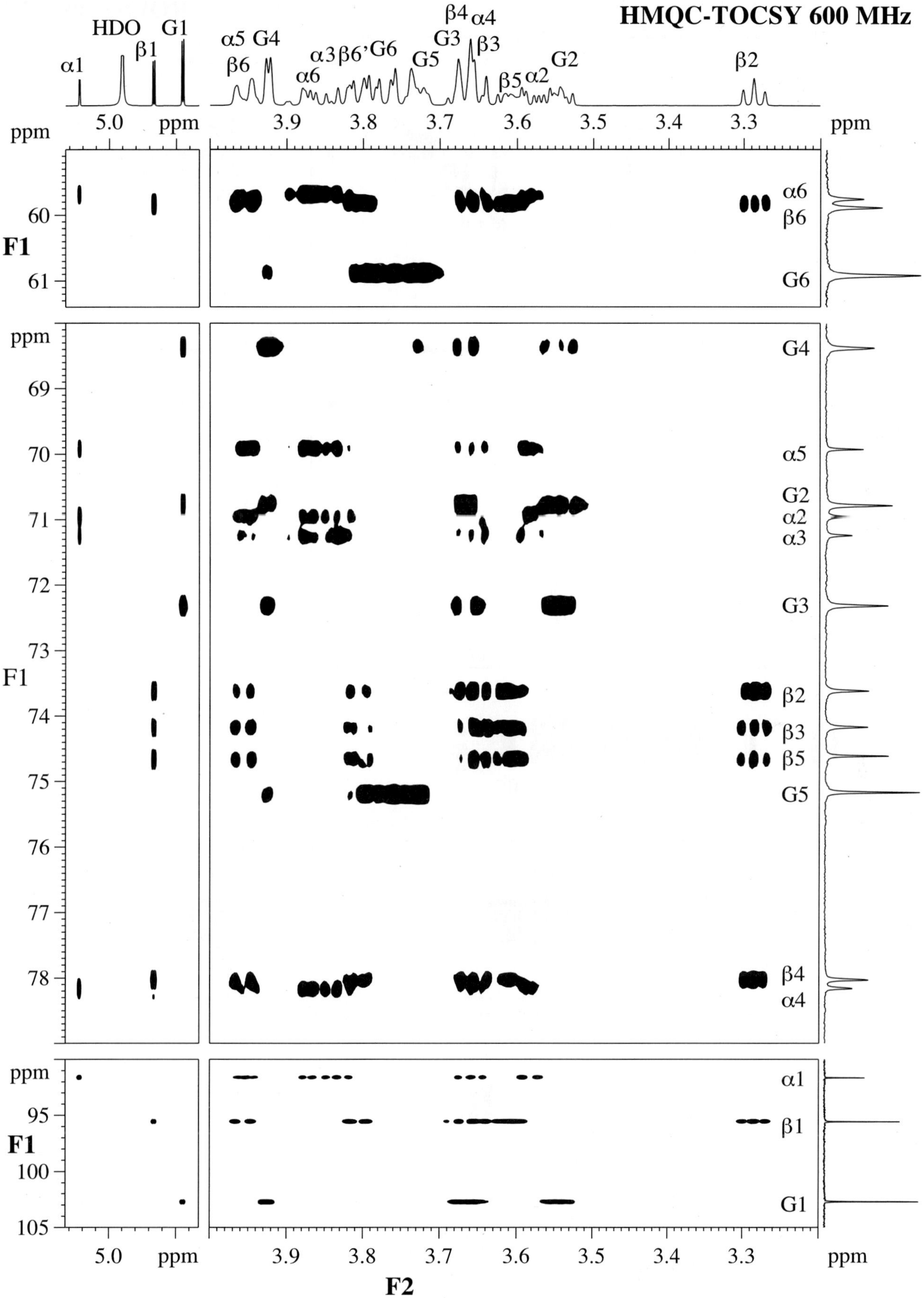

그림 5.28 락토스의 HMQC- OCSY 스펙트럼. 도움을 주기 위하여 피크 확인을 주었다.

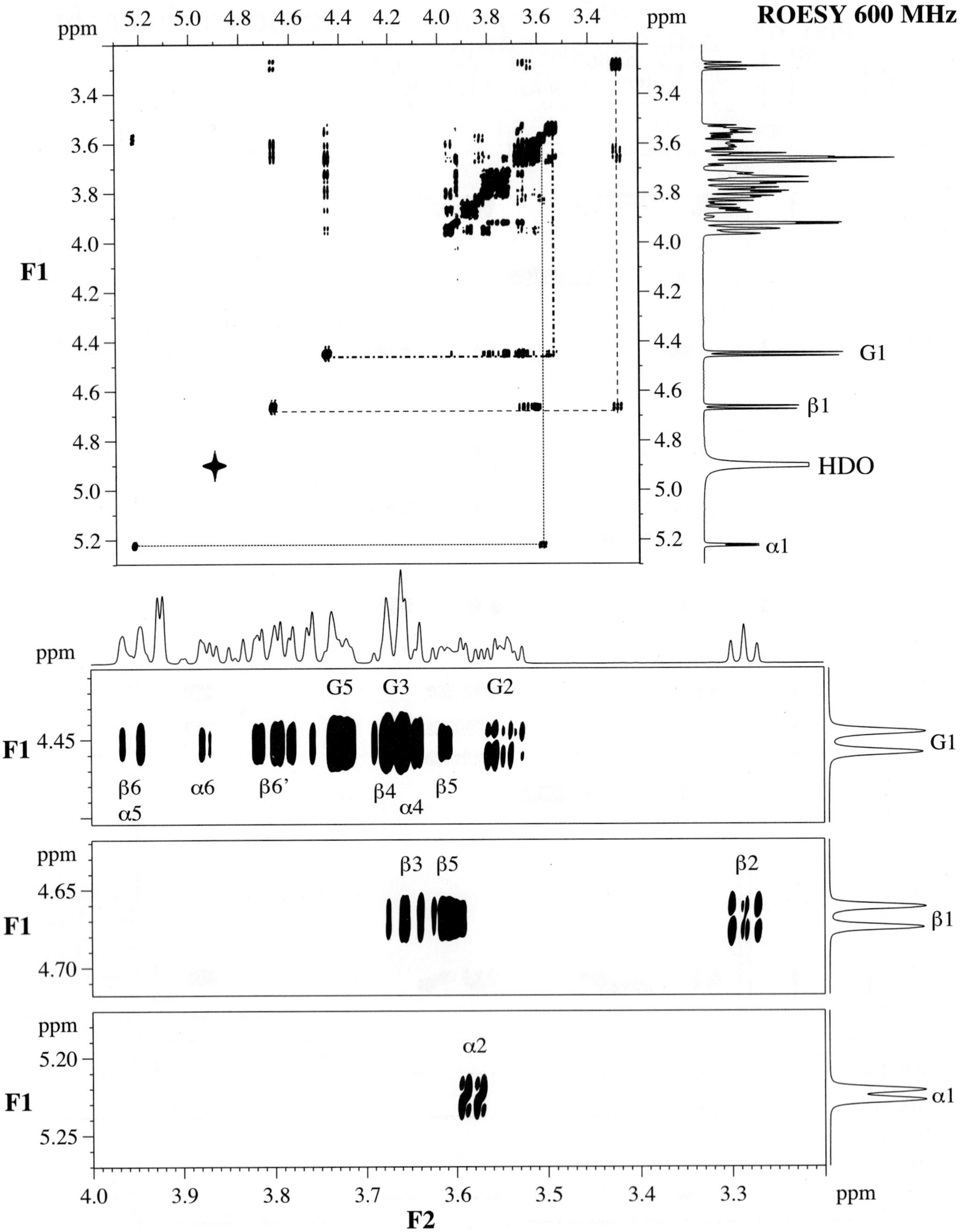

그림 5.29 위 : 락토스의 2-D ROESY 스펙트럼. 아래 : 세 개의 아노머 상관관계에 대한 확대 그림.

을 구성하는 아미노산은 상대적으로 간단하여 각개의 성분을 쉽게 발견할 수 있게 해 준다. 각 아미노산의 위치는 표지되었으며, 양성자와 탄소의 배정이 만들어 졌다. 논의하기에 용이하게 이 그림에서 배정이 주어졌다. 그러한 것들은 이러한 자료만 가지고 만들 수는 없다.

이러한 스펙트럼들을 얻는 실험적 조건 중 하나의 면모는 스펙트럼들을 논리적으로 해석할 수 있게 이해함에 중요하다. 용해도와 안정도 목적을 위하여 펩타이드는 일반적으로 완충된 물에 녹인다. NMR 실험을 위하여 사용하는 화합물들은 거의 항상 중수소화한 용매에 녹인다는 점을 3장으로부터 상기하시오. 중수소화한 용매의 필요성은 자기장/주파수 고정 방법에 의하여 실험 동안 분광기가 안정하게 유지시키기 위한 것 때문이다. 고정 신호는 용매의 중수소 NMR 신호로부터 얻는다. 그러나 펩타이드를 완충화한 D_2O에 녹인다면 아마이드 양성자를 포함하여 모든 교환가능한 양성자들이 중수소로 치환되어 보이지 않게 된다. 하나의 타협이 필요하다. 시료는 5% D_2O를 포함하는 95% 완충된 H_2O에 녹인다. 세 개의 아마이드 양성자가 8.0과 9.0 ppm 사이에서 존재함을 주목하시오. 이러한 아마이드 공명은 우리가 앞으로 보듯이 매우 중요하며, 만일 순수한 D_2O에 시료를 녹인다면 그것들은 존재하지 않을 것이다.

5.11.1 COSY: VGSE

VGSE의 DQF-COSY 스펙트럼은 그림 5.31에서 발견할 수 있다. 락토스와 마찬가지로 세 개의 아마이드 양성자 등 몇 가지 좋은 진입점들이 존재한다. 네 번째 아미노산은 1.0 ppm에 있는 메틸기(이 분자 내에서의 유일한 한 개의)로부터 시작하여 추적할 수 있다. 그림 5.31에서 그어진 상관관계를 증명하시오. 발린과 세린 간의 혼란을 주의하시오.

5.11.2 TOCSY: VGSE

VGSE에 대한 TOCSY 스펙트럼이 그림 5.32에 주어졌다. VGSE는 양성자의 몇 개의 고립된 스핀계로 구성되어 있다. 이 경우 네 개의 단위들이 존재한다. 총체적 상관관계의 예로써 글루탐산 양성자 간의 상관관계가 그림에서 그려져 있다. COSY 스펙트럼과 마찬가지로 아마이드 양성자는 과정을 시작하는 급행점이다. 아마이드 양성자가 없는 발린에 대한 적절한 진입점을 발견할 수 있을까?

어느 면에서 VGSE의 COSY 스펙트럼으로부터의 정보는 TOCSY 스펙트럼과 상보적이고, 다른 면에서 이 정보는 쓸데 없는 중복이다. 스펙트럼 둘 다 모두 VGSE의 양성자신호 모두를 다른 방식으로 개별적으로 배정하게 해 준다. 이러한 경우 어떤 스펙트럼이 보다 쉽게 혹은 보다 명확하게 정보를 제공하는가?

5.11.3 HMQC: VGSE

카료필렌 산화물과 락토스를 비교하면 테트라펩타이드는 상대적으로 단순하게 보인다(그림 5.33). 정말로 VGSE는 양성자가 부착된 열 개의 탄소 원자들만을 가지고 있으며, 스펙트럼은 아홉 개의 탄소에 대한 상관관계를 보여 준다. 실제로 스펙트럼의 가린 메틸기 부분의 삽입부에서 열 개의 상관관계가 존재함을 알 수 있다. HMQC 스펙트럼을 포함하여 상보적인 정보를 요약하자.

HMQC 스펙트럼에서 DEPT 스펙트럼으로부터 —CH_2—기인 43 ppm에서의 탄소 공명으로부터 우리의 분석을 시작하자. 4.04 ppm에 중심인 부분입체이성질성 메틸렌기와 그것이 상관함을 주목하시오. DQF-COSY 스펙트럼으로부터 4.04 ppm에서의 다중선은 8.75 ppm에서의 한 개 아마이드 양성자와 오로지 한 개만의 상관관계를 보여 준다(그림 5.31 참조). 따라서 메틸렌기는 글리신 잔기에 소속되어야 한다. 그리고 게다가 N-말단 아미노산은 유리된 아미노기를 가져야만 하기 때문에 글리신 잔기는 N-말단 아미노산이 될 수 없다.

세린 잔기는 62 ppm에서의 탄소 공명으로부터 시작할 수 있게 하여 준다. DEPT는 또 하나의 메틸렌기가 존재함을 나타내며, HMQC는 3.85 ppm에서 공명하고 있는 동시에 겹친 양성자와 상관함을 보여 준다. 이러한 양성자들은 다른 양성자와 중첩하고 있다. DQF-COSY(혹은 보다 쉽게 TOCSY 스펙트럼에서)에서 조심스럽게 직선을 그으면 4.48 ppm에서의 하나의 양성자와 상관함을 시사해 준다. 이 양성자는 HMQC 스펙트럼에서 56 ppm에서 하나의 탄소 원자와 상관함을 보여 준다. 그러한 양성자 또한 COSY에서 8.40 ppm에서 하나의 아마이드 양성자와 상관함을 보여 준다. 글리신과 마찬가지로 세린 잔기는 N-말단이 될 수 없다.

발린이 메틸기를 가지는 유일한 아미노산이기 때문에, 그리고 DEPT 스펙트럼은 17과 18 ppm에서 두 개의 메틸기를 보여 주기 때문에, 우리는 안전하게 HMQC의 그것들(메틸기)로부터 시작할 수 있다. 메틸 탄소 둘 다 모두 비록 그들은 확실하게 부분입체이성질성이 아닐지라도, 외관상 화학 이동 동질성을 보여 주며 1.01 ppm에서의 동일한 이중선과 상관한다(그림 5.30의 양성자 스펙트럼에서 이러한 이중선의 적분은 여섯 개의 양성자에 해당됨을 주목하시오). 메틸기는 2.20 ppm에서의 메타인 양성자와 짝지음을 한다(COSY). 교대로 HMQC는 31.5 ppm에서 탄소 공명으로의 메타인 양성자의 상관함을 보여 준다. 이러한

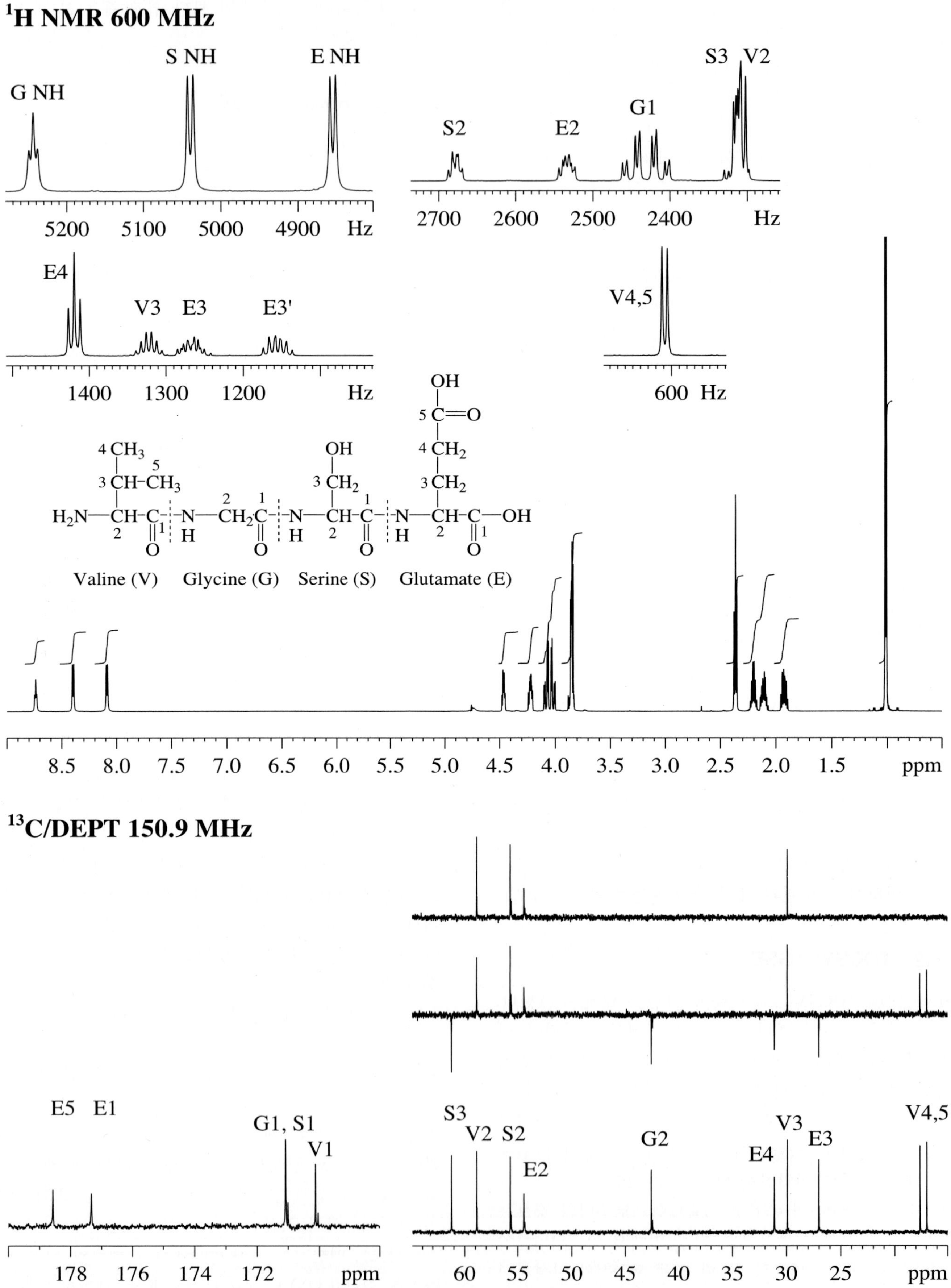

그림 5.30 95% H_2O와 5% D_2O에서의 테트라-펩타이드 VGSE의 ^1H, ^{13}C 및 DEPT 스펙트럼들.

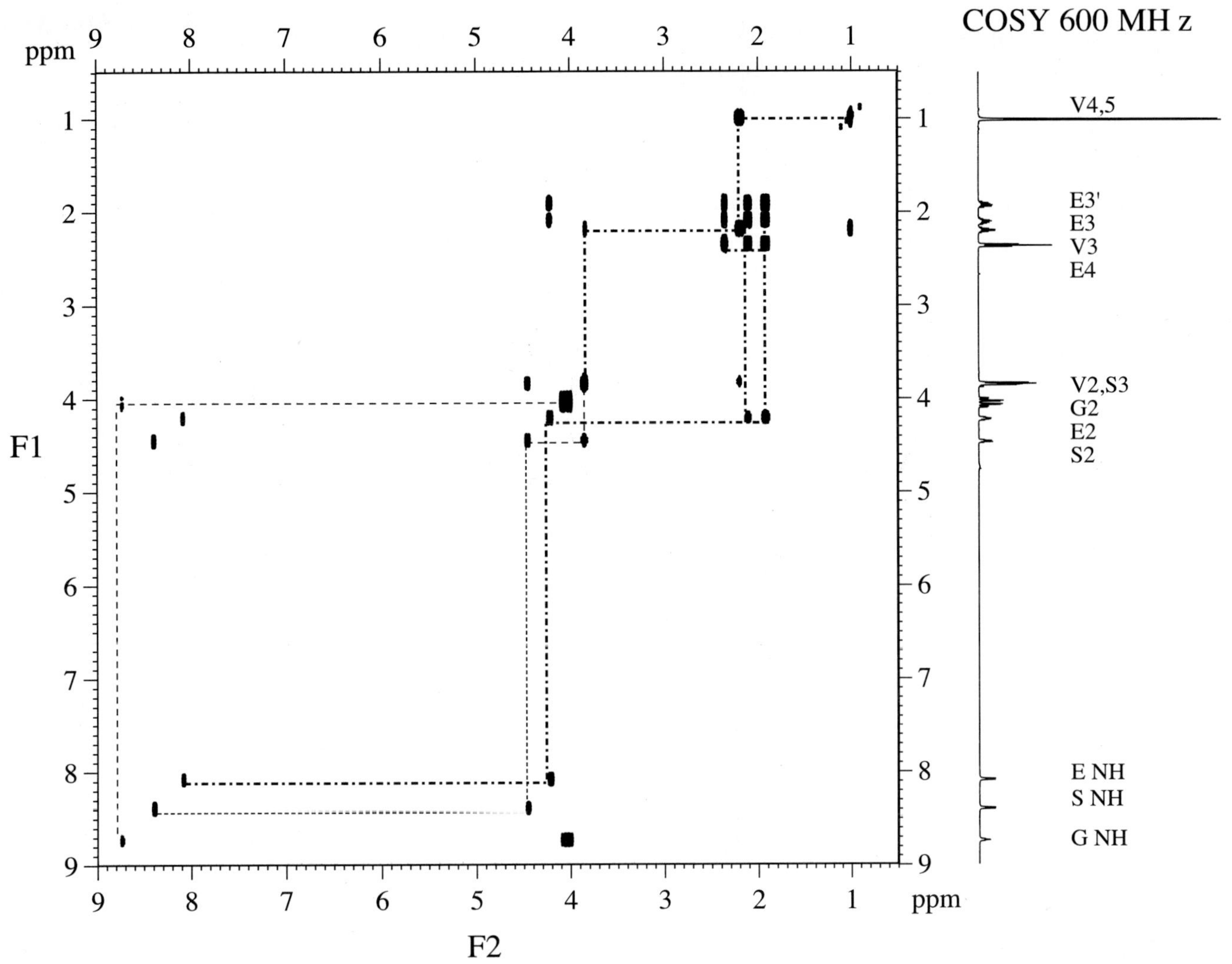

그림 5.31 VGSE의 DQF COSY 스펙트럼. 상관 직선을 그렸으며 도움을 주기 위하여 몇 개의 피크를 확인 배정하였다.

양성자는 HMQC에서 59 ppm에서의 탄소에 대한 상관관계를 보여 준다. 보기는 어렵더라도 이 메타인은 더 이상 상관하지 않기 때문에 (즉, 그것은 아마이드 양성자 어느 것 하고도 짝짓지 않기 때문에) 발린이 N-말단이 된다.

마지막 아미노산 (글루타민산) 에 대한 피크 배정은 54 ppm에 있는 배정되지 않은 탄소로부터 시작할 수 있다. HMQC는 그것의 양성자 파트너, 4.21 ppm에서의 다중선을 제공하여 준다. COSY 스펙트럼에서의 1.93 및 2.11 ppm에서의 양성자 공명에 대한 상관관계를 발견할 수 있다. 이러한 두 개의 양성자들은 그들이 HMQC 스펙트럼에서 동일한 탄소 원자와 상관하기 (27 ppm) 때문에 부분입체이성질성이라고 쉽게 볼 수 있다. 부분입체이성질성 양성자 모두 다 글루탐산의 두 번째의 메틸렌기의 양성자를 대표하는 2.37 ppm에서의 삼중선과 상관한다 (COSY). 이러한 메틸렌기의 탄소 공명은 31 ppm에서 HMQC에서 나타나 있다. COSY 스펙트럼으로부터 4.21 ppm에서의 메타인 양성자는 8.10 ppm에서 아마이드 양성자와 짝지음을 주목할 가치가 있다.

VGSE에 대하여 DQF-COSY와 TOCSY에 대하여 모든 양성자와 거의 모든 탄소 (카보닐기 예외) 피크 배정에 있어서 HMQC는 완변한 동반자이다. 이러한 스펙트럼의 집단은 그러나 긴급한 중요과제인 펩타이드에서의 아미노산의 순서를 배정하거나 확인하여 주지는 않는다.

5.11.4 HMBC: VGSE

VGSE에 대한 HMBC가 그림 5.34에 주어져 있다. 교차 피크의 분해능을 계산하기 위하여 스펙트럼은 네 부분으로 분할하였다. 카보닐 공명과 아미노산의 완벽한 서열을 배정하기 위하여, 우리는 분자의 양쪽 끝중 하나에서 출발할

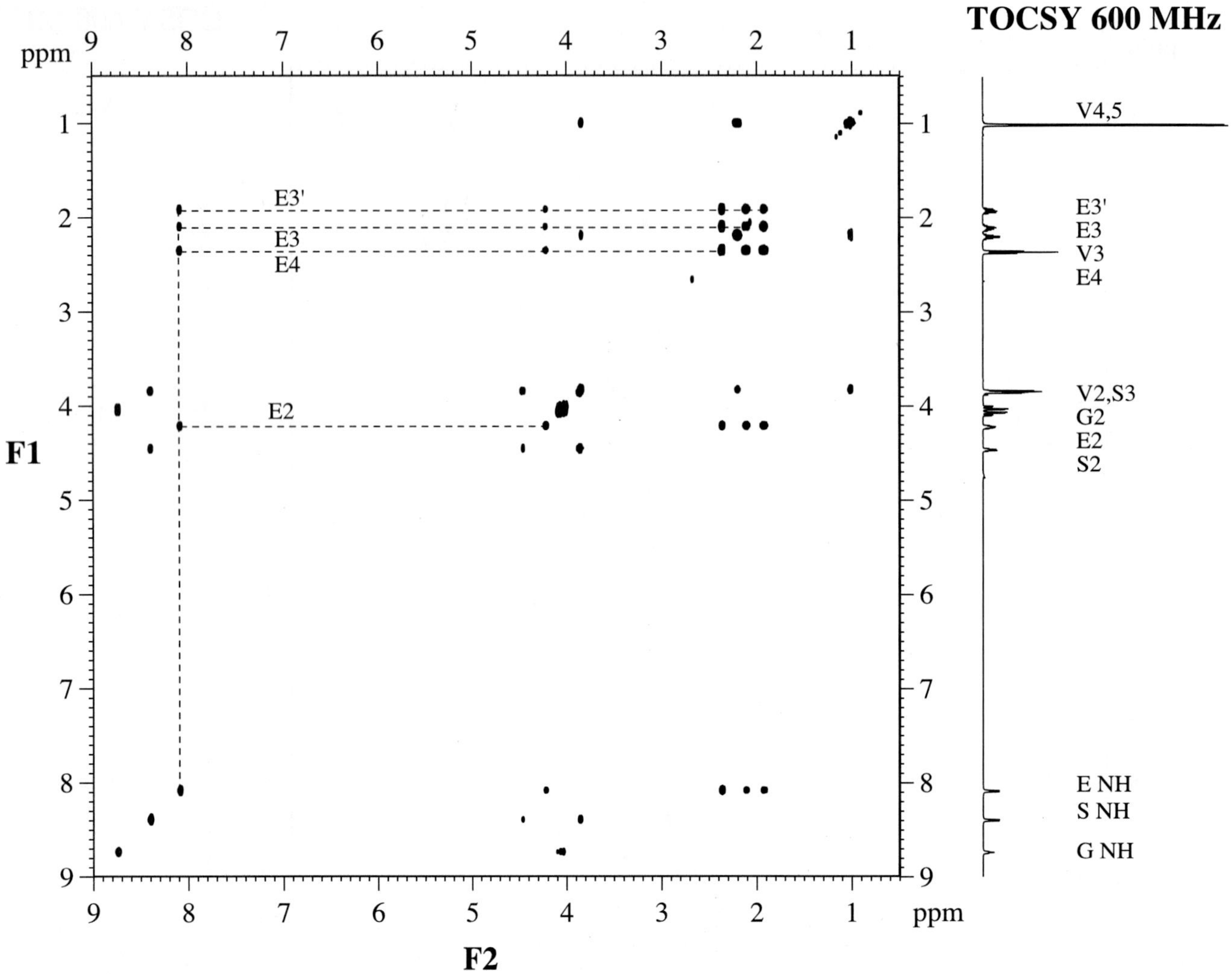

그림 5.32 VGSE의 2-D TOCSY 스펙트럼. 몇 개의 상관 직선을 그렸으며 도움이 되도록 피크 확인을 배정하였다.

수 있다. 우리는 발린이 그것의 α-아미노기가 펩타이드 결합의 일부가 아니기 때문에, N-말단 아미노산이라고 이전에 언급한 적이 있다. 발린 잔기에서 출발하는 논리적인 지점은 그것의 카보닐을 배정하는 것이다. 이러한 배정은 발린 C-2 양성자 (V2) 와 발린 C-3 양성자 (V3) 에 대한 명백한 상관관계로 인하여 170.1 ppm에서의 피크에 대하여 배정할 수 있다. 게다가 글리신 메틸렌기 (G2) 와 글리신 아마이드 양성자 (G NH) 에 대하여 상관관계가 존재한다.

이러한 두 상관관계 (그리고 일반적으로 그것들과 유사한 것) 는 아미노산 서열 결정과정에서 매우 중요하다. 현재까지는 모든 상관관계는 잔기 내에서 이루어 졌다. 그러나 HMBC는 일반적으로 잔기 간의 상관관계를 허용한다. 남아있는 두 개의 아미노산 (세린과 글루탐산) 의 배열에 대한 논거적 기본을 개발하자. 글리신과 세린의 카보닐 탄소들은 탄소 스펙트럼에서 중첩함을 주목하시오.

5.11.5 ROSEY: VGSE

우리는 VGSE에 대한 논의를 아마이드 양성자의 ROESY 상관관계를 COSY와 TOCSY에서의 해당 상관관계와 비교하여 끝낸다. 그림 5.35는 각 스펙트럼의 비교할수 있는 부분을 보여 준다. 우리는 이미 COSY와 TOCSY부분을 본 적이 있고, 이러한 스펙트럼이 HMQC와 더불어 어떻게 하여 잔기내 배정에 사용될 수 있는가를 보여 주었다. ROSEY 상관관계는 한편으로 HMBC 정보를 강화시켜 주며, 잔기간 상관관계를 가지는 아미노산의 서열을 확신하는데 도움을 준다.

상자 안의 교차 피크는 한 아미노산의 아마이드 양성자가 인접 아미노산의 C-2 양성자와 공간투과 상호작용을 하는가를 도시화한다. 따라서 글리신의 아마이드 양성자 (G NH) 는 발린 (V2) 의 C-2 양성자와 상관하며, 세린의 아마이드 양성자 (S NH) 는 글리신의 C-2 양성자 (G2) 와 상관하

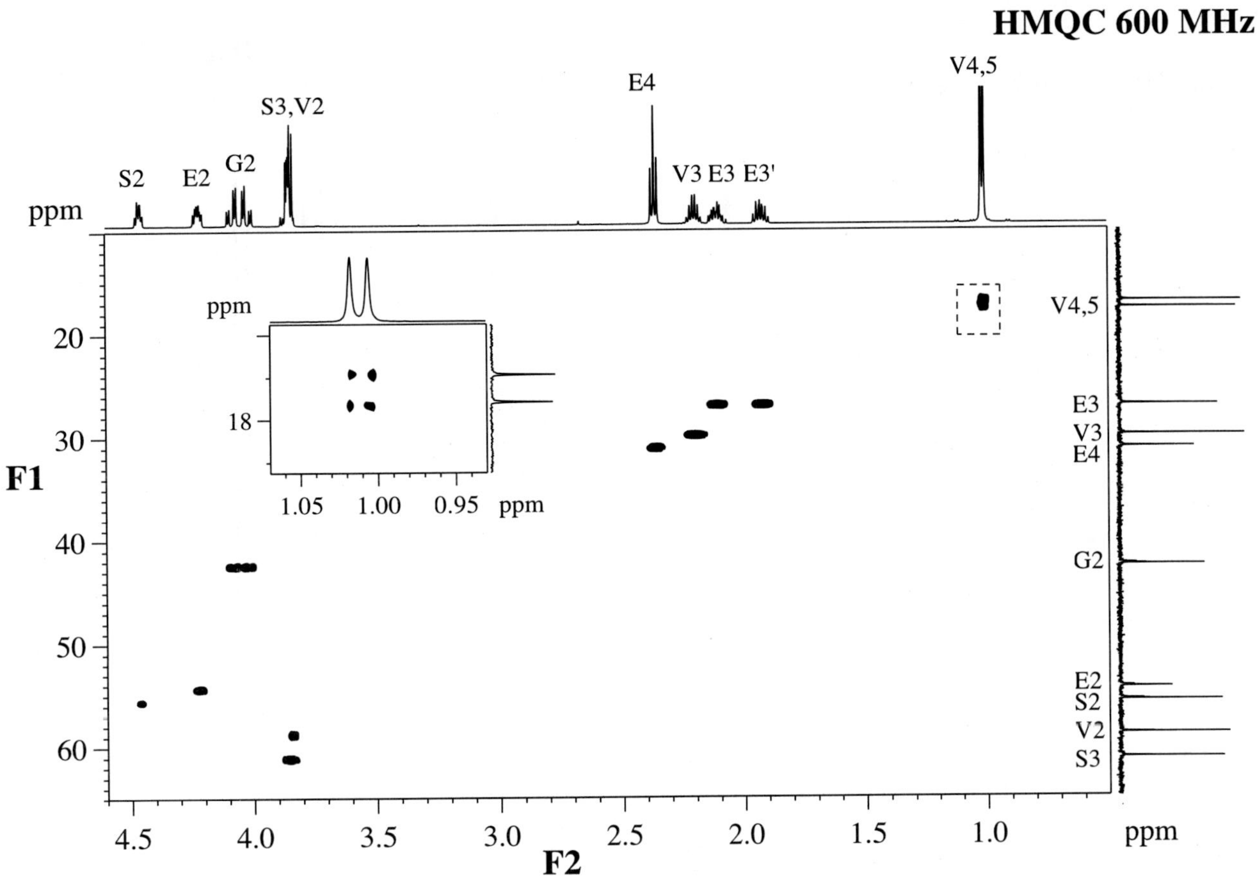

그림 5.33 VGSE의 HMQC 스펙트럼. 도움이 되도록 피크 확인을 배정하였다.

며, 글루탐산의 아마이드 양성자는 (E NH) 세린의 C-2 양성자 (및 C-3 양성자 역시) (S2 및 S3) 와 상관한다. 그림 5.35에 표시된 데이터의 양태는 우리의 해석을 대단히 간소화하고 비교를 보다 의미있게 만들어 준다.

5.12 기울기 자장 NMR

NMR의 자장에서 잘 수립된 범위는 펄스 자장 기울기 (**P**ulsed **F**ield **G**radients) NMR, 즉 **PFG** NMR의 사용이다. 수많은 해에 걸쳐서 많은 노력을 소모하여 균일한 혹은 안정된 자장을 제공하기 위하였다는 것은 아이러니하다. 오늘날 대부분의 현대 고자장 NMR 분광기는 일상적으로 세 개의 서로 교각인 축의 하나를 따른 자기장을 재빨리 경사지게 하는 하드웨어 (코일) 를 장착하고 있다. 이러한 자장의 기울기는 광범위의 응용에 있어서 펄스 순서에 합병시켰다. 이번 판본에 대한 스펙트럼을 얻는데 사용한 600 MHz 분광기에도 삼중축 기울기를 장착하고 있다.

상관 실험에 대하여 많은 응용이 있기 때문에 우리는 자장 기울기에 대한 간략한 논의를 여기에 삽입하였다. 우리는 기울기를 일반적인 방법으로 취급한다. 예를 들면, 보다 기술적인 취급과 다른 수많은 응용에 대하여서는 Price의 평론 (1996) 를 참조하시오.

5.3.1절에서 우리는 위상 회전을 하는 펄스 순서에서도 중요한 부분으로 언급하였다 (Claridge, 1999 참조). 그러나 우리는 그것들의 부정적인 면을 쉽게 알 수 있다. 상관관계 실험에 있어서 4로부터 64위상 주기 어느 곳이나 하나의 FID를 생성하기 위하여 합하여야 한다. 만일 신호대 잡음의 비가 나쁘다면 충분한 신호가 얻어질 때까지 동일한 주기가 되풀이되어야 한다. 이러한 위상 주기는 분광기 시간의 낭비이며, 2-D 실험이 왜그리 오래 걸리는가 하는 이유 중 적어도 하나라는 설명이 된다.

PFG 실험에 있어서 펄스 순서는 다시 쓰여져서 위상 회전이 매우 감호하거다 통째로 제거할 수 있다. 따라서 만일 신호대 잡음이 충분하다면 2-D 실험에서 각 펄스는 한 개의 FID로 저장할 수 있다. 기기 시간내에서의 절약은 대단하다. 이전에 수시간에서 하루종일 걸리던 실험이 몇 분으로 운영할 수 있다. 우리가 자신하는 점은 실험을 다르게 수행하더라도 결과 및 해석은 같게 된다는 것이다.

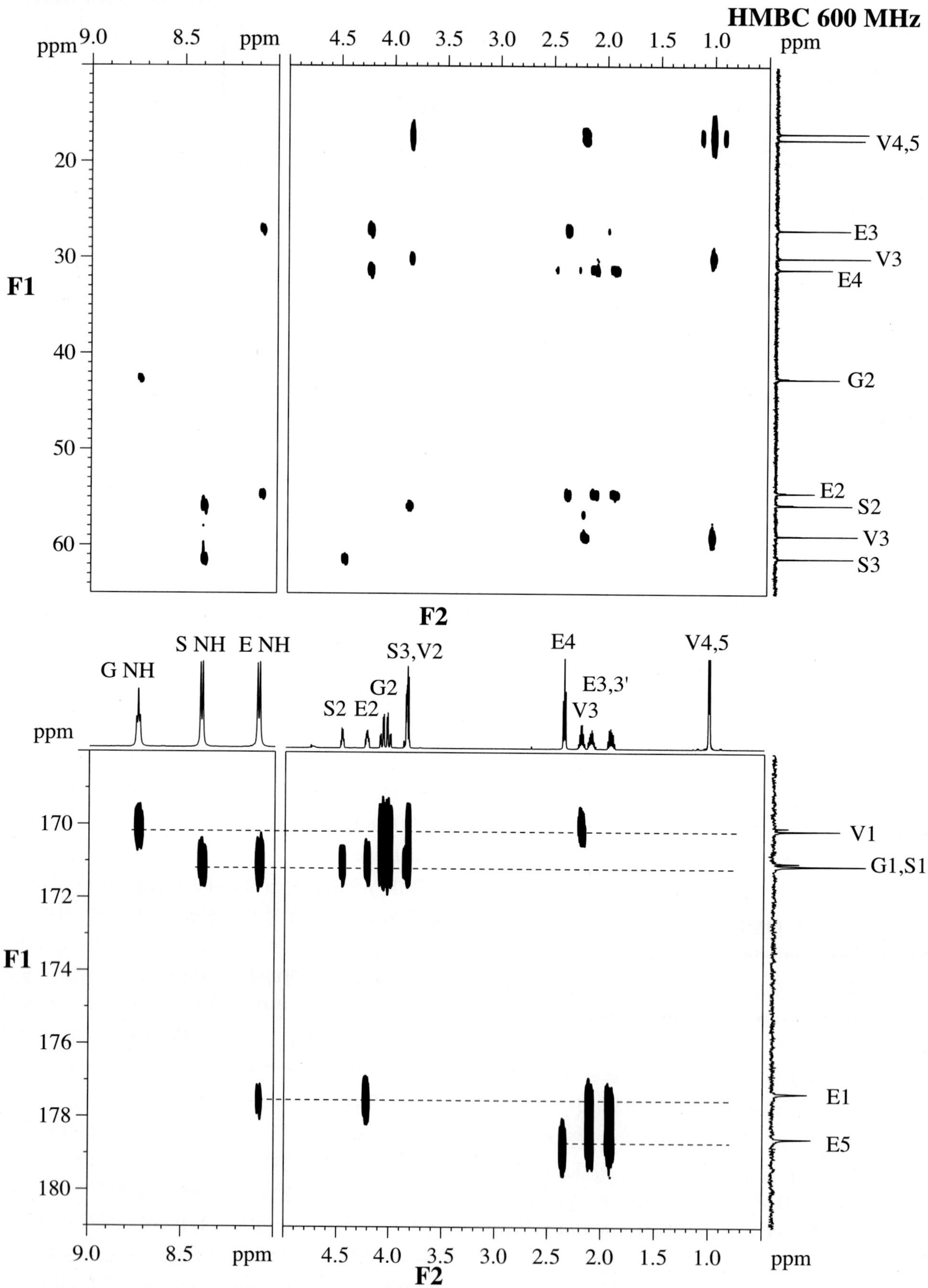

그림 5.34 VGSE의 HMBC 스펙트럼. 중요한 상관 직선을 그렸으며 도움이 되도록 피크 확인을 배정하였다.

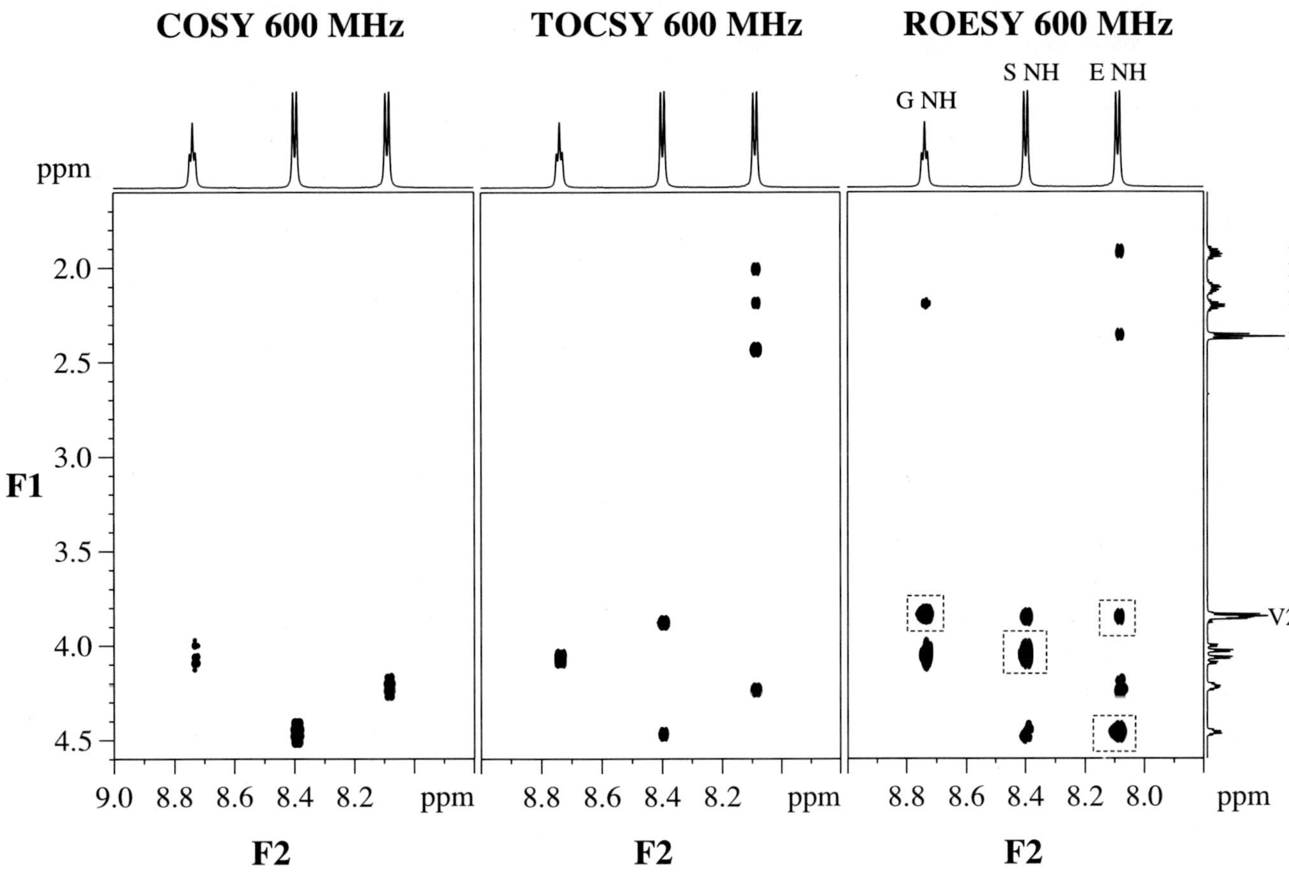

그림 5.35 아마이드 양성자들의 상호작용을 보여 주는 DQF COSY, 2-D TOCSY 및 ROESY 스펙트럼의 비교

기울기 NMR에 대한 우리의 시초의 관심이 친숙한 실험을 더 빠르고 더 효율적으로 수행할 수 있다는 사실로부터 파생되었지만, 기울기의 가장 멋있는 사용으로 그것없이는 실험을 할 수 없다는 것이다 우리는 기울기가 개선된 자기 공명 영상(MRI), 개선된 자기 공명 현미경, 보다 좋은 용매 억제(특히 물)와 확산 측정 같은 전혀 새로운 분야에 사용되는 것을 발견한다.

참고 문헌

Atta-ur, Rahman, and Choudhary, M. (1995). *Solving Problems with NMR Spectroscopy*. New York: Academic Press.

Becker, E. (1999). *High Resolution NMR: Theory and Chemical Applications*, 3rd ed. New York: Academic Press.

Berger, S., and Braun, S. (2004). *200 and More NMR Experiments: A Practical Course*. Weinheim, Germany: VCH Verlagsgesellschaft MBH.

Braun, S., Kalinowski, H., and Berger, S. (1999). *150 and More Basic NMR Experiments: A Practical Course*. 2nd ed. New York: Wiley.

Brey, W., (Ed.). (1988). *Pulse Methods in 1D and 2D Liquid-Phase NMR*. New York: Academic Press.

Cavanagh, J., Fairbrother, W., Palmer III, A., and Skelton, N. (1995). *Protein NMR Spectroscopy: Principles and Practice*. New York: Academic Press.

Chandrakumar, N., and Subramanian S. (1987). *Modern Techniques in High Resolution FT NMR*. New York: Springer-Verlag.

Claridge, T.D.W. (1999). *High-Resolution NMR Techniques in Organic Chemistry*. New York: Elsevier Science.

Croasmum, W. R., and Carlson, R. M. K. (1987). *Two Dimesional NMR Spectroscopy*. 2nd ed. New York: VCH.

Croasmun,W.R., and Carlson, R.M.K. (1994). *Two Dimesional NMR Spectroscopy: Applications for Chemists and Biochemists, Fully Updated and Expanded to Include Multidimensional Work*. 2nd ed. New York: Wiley.

Derome, A. (1987). *Modern NMR Techniques for Chemistry Research*. Oxford: Pergamon Press.

Ernst. R. R., Bodenhausen, G., and Wokaum A. (1987). *Principles of Nuclear Magnetic Resonance in One and Two Dimensions*.

Oxford: Clarendon Press.

Farrar, T.C. (1987). *An Introduction to NMR Spectroscopy*. Chicago: Farragut.

Farrar, T., and Becker, E. (1971). *Pulse and Fourier Transform NMR: Introduction to Theory and Methods*. New York: Academic Press.

Freeman, R. (1998). *Spin Choreography: Basic Steps in High Resolution NMR*. Oxford: University Press on Demand.

Friebolin, H. (1998). *Basic One- and Two-Dimensional NMR Spectroscopy. 3rd revised ed*. New York: Wiley.

Fukushima, E., and Roeder, S.B.W. (1986). *Experimental Pulse NMR a Nuts and Bolts Approach*. New York: Perseus Publishing.

Günther, H. (1995). *NMR Spectroscopy: Basic Principles, Concepts, and Applications in Chemistry*. 2nd ed. New York: Wiley.

Hoch, J.C., and Stern, A. (1996). *NMR Data Processing*. New York: Wiley.

Hore, P.J. (1995). *Nuclear Magnetic Resonance (Oxford Chemistry Primers, 32)*. Oxford: Oxford University Press.

Hore, P.J., Wimperis, S., and Jones, J. (2000). *NMR: The Toolkit*. Oxford: Oxford University Press.

Kessler, H.. Gehrke, M., and Griesinger, C. (1988). *Two-Dimensional NMR Spectroscopy*. Angew. Chem, Int Ed. Engl. 27, 490–536.

Macomber, R.S. (1995). *A Complete Introduction to Modern NMR Spectroscopy*. New York: Wiley Interscience.

Martin, G.E., and Zektzer, AS. (1988). *Two-Dimensional NMR Methods for Establishing Molecular Connectivity: A Chemist' s Guide to Experiment Selection, Performance, and Interpretation*. New York: Wiley.

Mitchell, TN., and Costisella, B. (2004). *NMR-From Spectra to Structures: An Experimental Approach*. New York: Springer Verlag.

Munowitz, M. (1988). *Coherence and NMR*. New York: Wiley-Interscience.

Nakanishi, K. (1990). *One-Dimensional and Two-Dimensional NMR Spectra by Modern Pulse Techniques*. New York: University Science Books.

Pihlaja, K., and Kleinpeter, E. (1994). *Carbon-13 NMR Chemical Shifts in Structural and Stereochemical Analysis*. Weinheim, Germany: VCH Publishing.

Price, W.S. (1996). Gradient NMR. In GA. Webb (Ed.). *Annual Reports on NMR Spectroscopy*. Vol. 32. London: Academic Press.

Sanders, J.K.M., and Hunter, BK. (1993). *Modem NMR Spectroscopy*. 2nd ed. Oxford: Oxford University Press.

Schraml, J., and Bellama, J.M. (1988). *Two-Dimensional NMR Spectrometry*. New York: Wiley.

Van de Ven, F.J.M. (1995). *Multidimensional NMR in Liquids: Basic Principles and Experimental Methods*. Weinheim, Germany: Wiley-VCH.

Williams, KR., and King, R.W. (1990). *The Fourier transform in chemistry*—NMR, J. Chem. Ed., 67, 125−138.

연습 문제

5.1 연습 문제 3.3 a-o의 화합물에 대하여 다음의 스펙트럼을 그리시오: COSY, HMQC, HMBC 및 INADEQUATE F1과 F2 축을 표지하는 것을 확실하게 하시오. 실험적인 조건은 연습 문제 3.3과 똑같다.

5.2 그림 5.9에서 발견되는 입세놀의 DQF COSY에서 모든 상관관계를 배정하시오. 짝지음의 각각의 전형적인 형태를 같은자리. 이웃자리 혹은 장거리 중 하나로 표지하시오.

5.3 그림 5.14에서 발견하는 입세놀의 HMBC에 대하여 배정을 완성하시오. 장부 기입을 돕기 위하여 표 5.1과 유사하게 구축할지도 모른다.

5.4 화합물 $C_6H_{10}O$를 ^1H, ^{13}C/DEPT, COSY, 및 HMQC 스펙트럼으로부터 확인하고 모든 상관관계를 보여 주시오.

5.5 화합물 $C_{10}H_{10}O$를 ^1H, ^{13}C/DEPT, COSY, 및 HMQC 스펙트럼으로부터 확인하고 모든 상관관계를 보여 주시오.

5.6 화합물 $C_8H_9NO_2$를 ^1H, ^{13}C/DEPT, COSY, HMQC, 및 INADEQUATE 스펙트럼으로부터 확인하시오.

5.7 그림 5.19에서의 INADEQUATE 스펙트럼을 사용하여 카료필렌 산화물의 모든 탄소의 연결성을 배정하시오.

5.8 화합물 $C_{10}H_{18}O$를 ^1H, ^{13}C/DEPT, HMQC, HMBC, 및 INADEQUATE 스펙트럼으로부터 확인하고 모든 상관관계를 보여 주시오.

5.9 그림 5.25의 2-D TOCSY로부터 락토스에 관하여 가능한 최대의 상관관계를 찾으시오. 글루코스 잔기에 관한 결과를 그림 그림 5.26의 1-D HOHAHA에서 발견하는 결과와 비교하시오.

5.10 라피노스 (Raffinose) 구조와 ^1H, ^{13}C/DEPT, COSY, 1-D TOCSY, 2-D TOCSY, HMQC, HMQC-OCSY, HMBC, 및 ROESY 스펙트럼이 주어졌다. 구조를 확인하고 모든 양성자와 탄소를 배정하고 최대한 많은 상관관계를 표시하시오.

5.11 스티그마스테롤 (Stigmasterol) 의 구조와 ^1H, ^{13}C/DEPT, COSY, HMQC, 및 HMBC 스펙트럼이 주어졌다. 구조를 확인하고 모든 양성자와 탄소를 배정하고, 최대한 많은 상관관계를 표시하시오.

5.12 아미노산 글리신, 세린, 트레오닌을 포함하는 트라이펩타이드의 ^1H, ^{13}C/DEPT, COSY, 2-D TOCSY, HMQC, HMBC, 및 ROESY 스펙트럼으로부터 펩타이드의 서열을 정하고, 모든 양성자와 탄소를 배정하고 최대한 많은 상관관계를 표시하시오.

^{1}H NMR 600 MHz

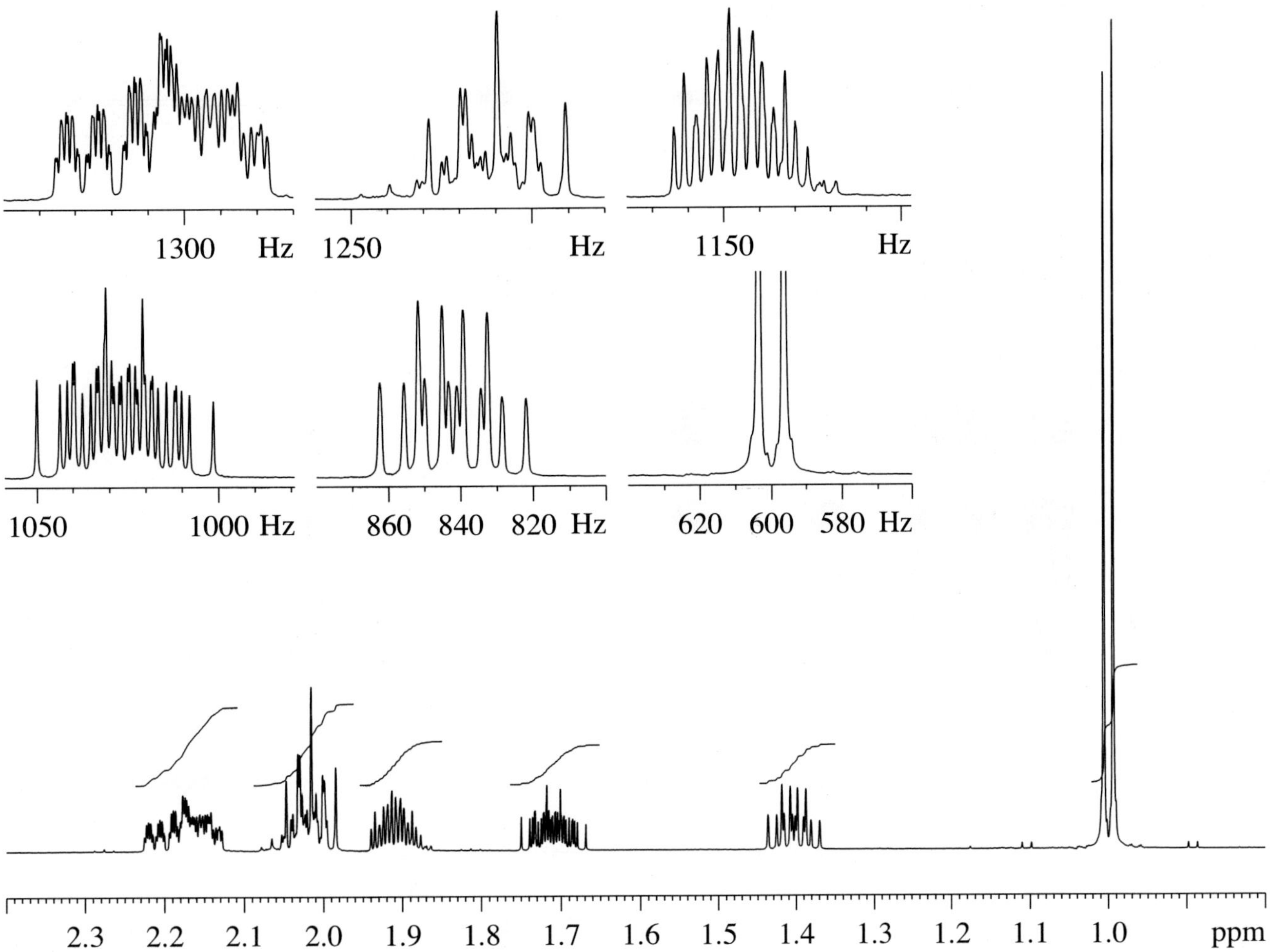

^{13}C/DEPT 150.9 MHz

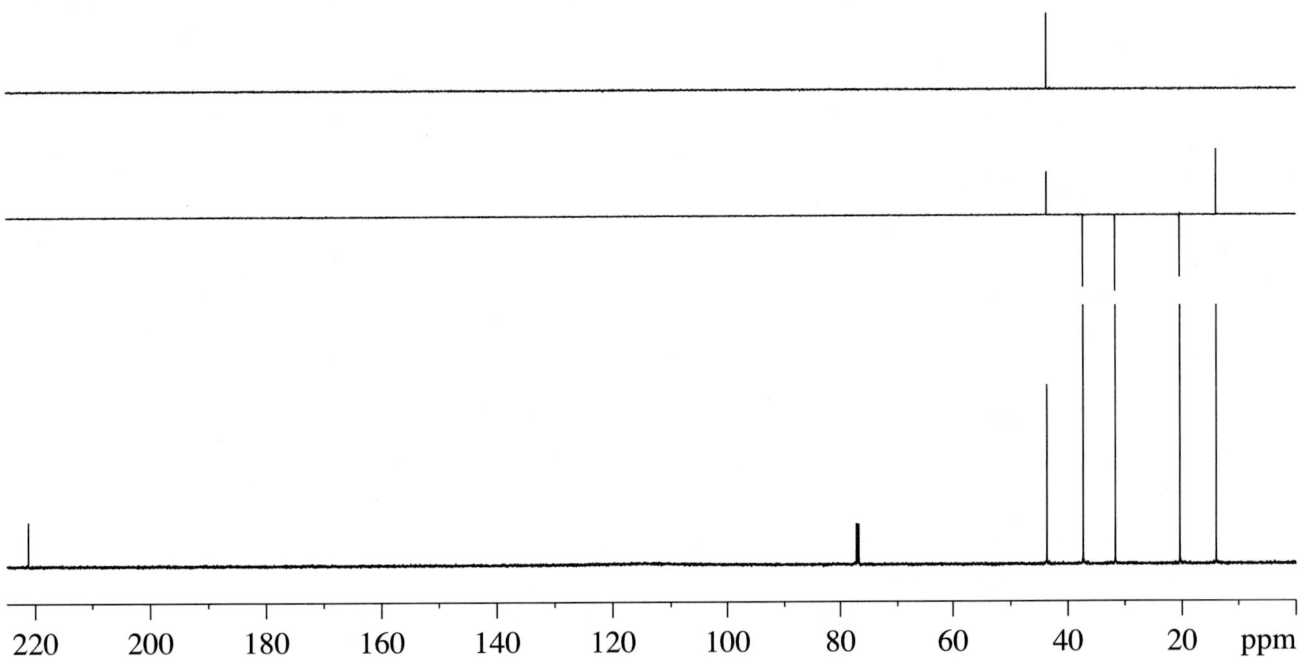

연습 문제 5.4

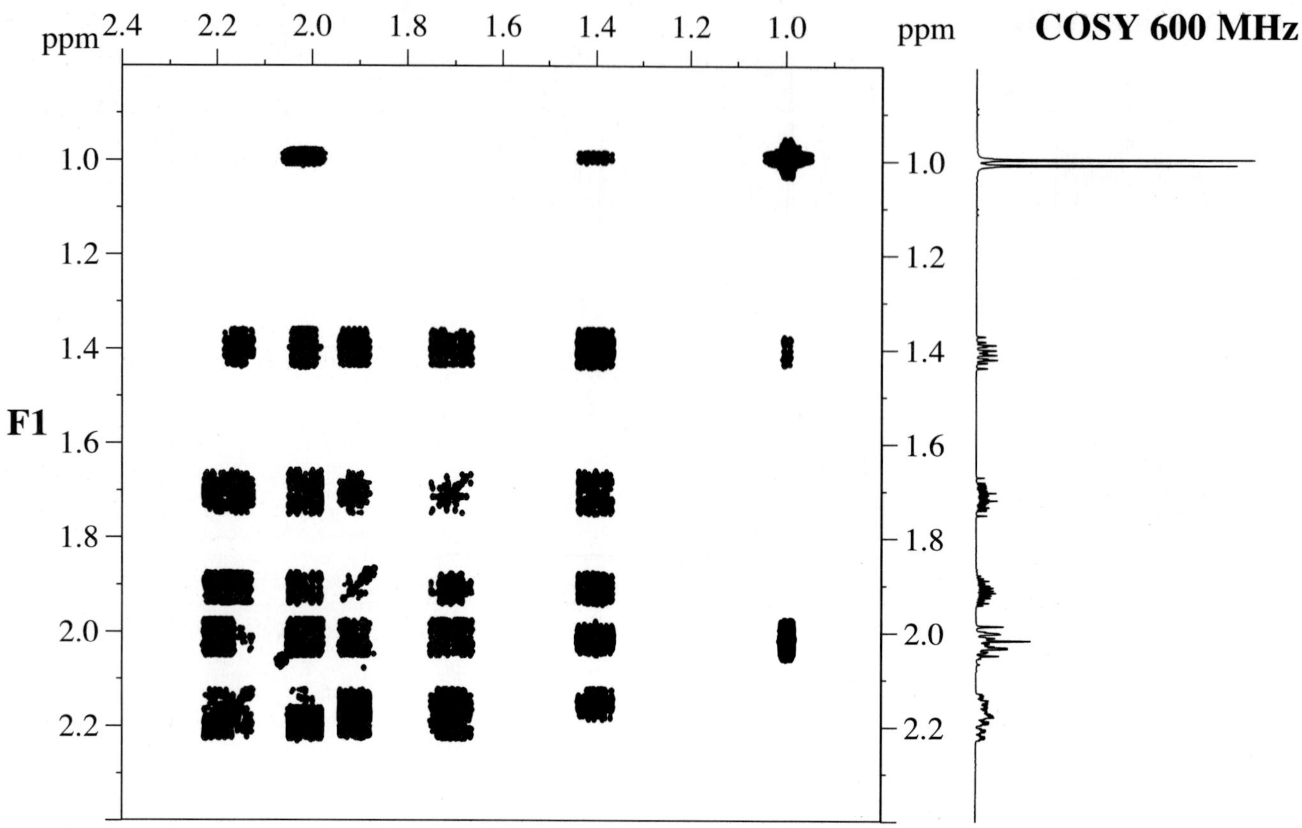
COSY 600 MHz
ppm
2.4
2.2
2.0
1.8
1.6
1.4
1.2
1.0
F1
F2

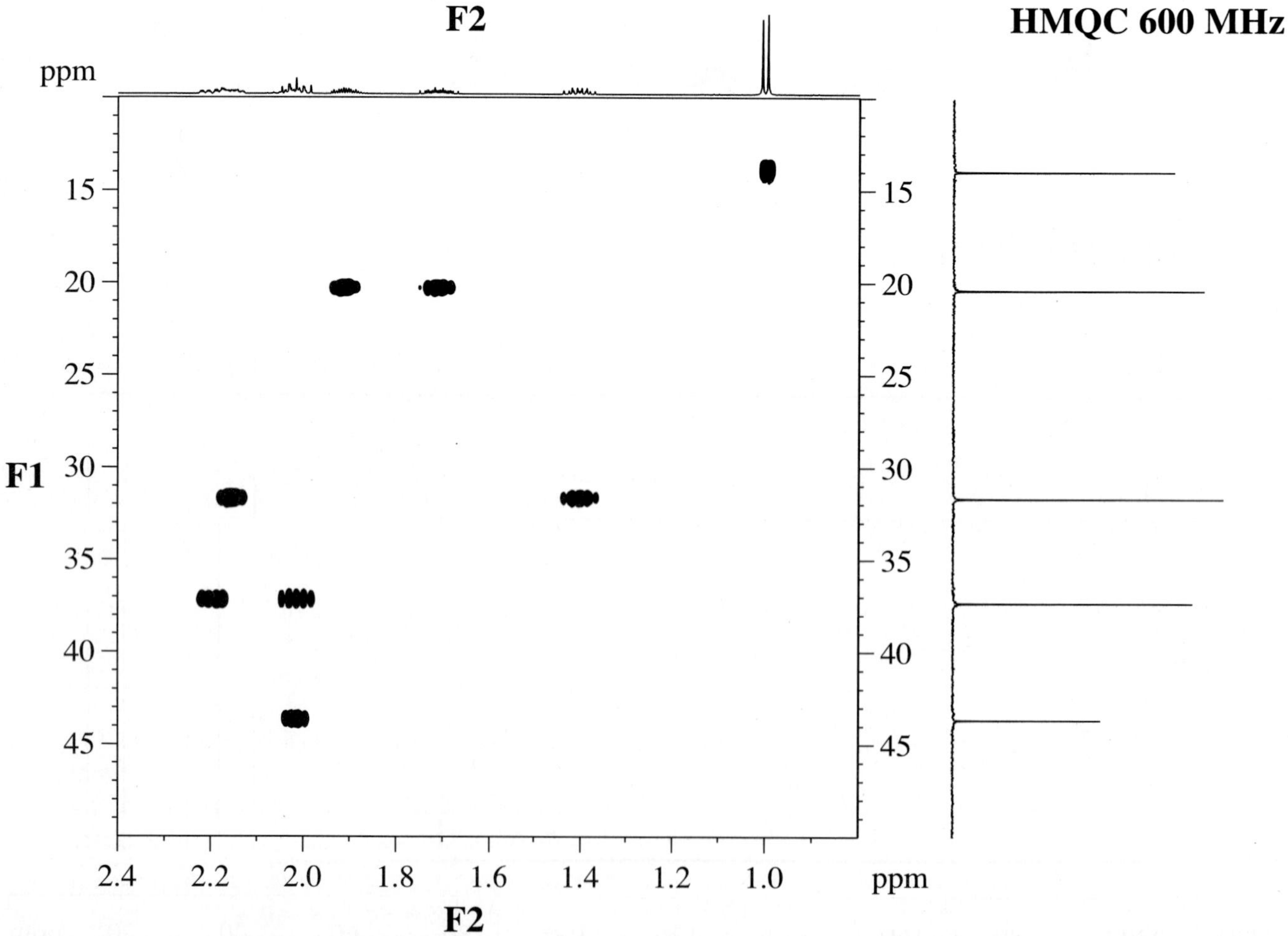
HMQC 600 MHz
ppm
15
20
25
30
35
40
45
F1
2.4
2.2
2.0
1.8
1.6
1.4
1.2
1.0
F2

^{1}H NMR 600 MHz

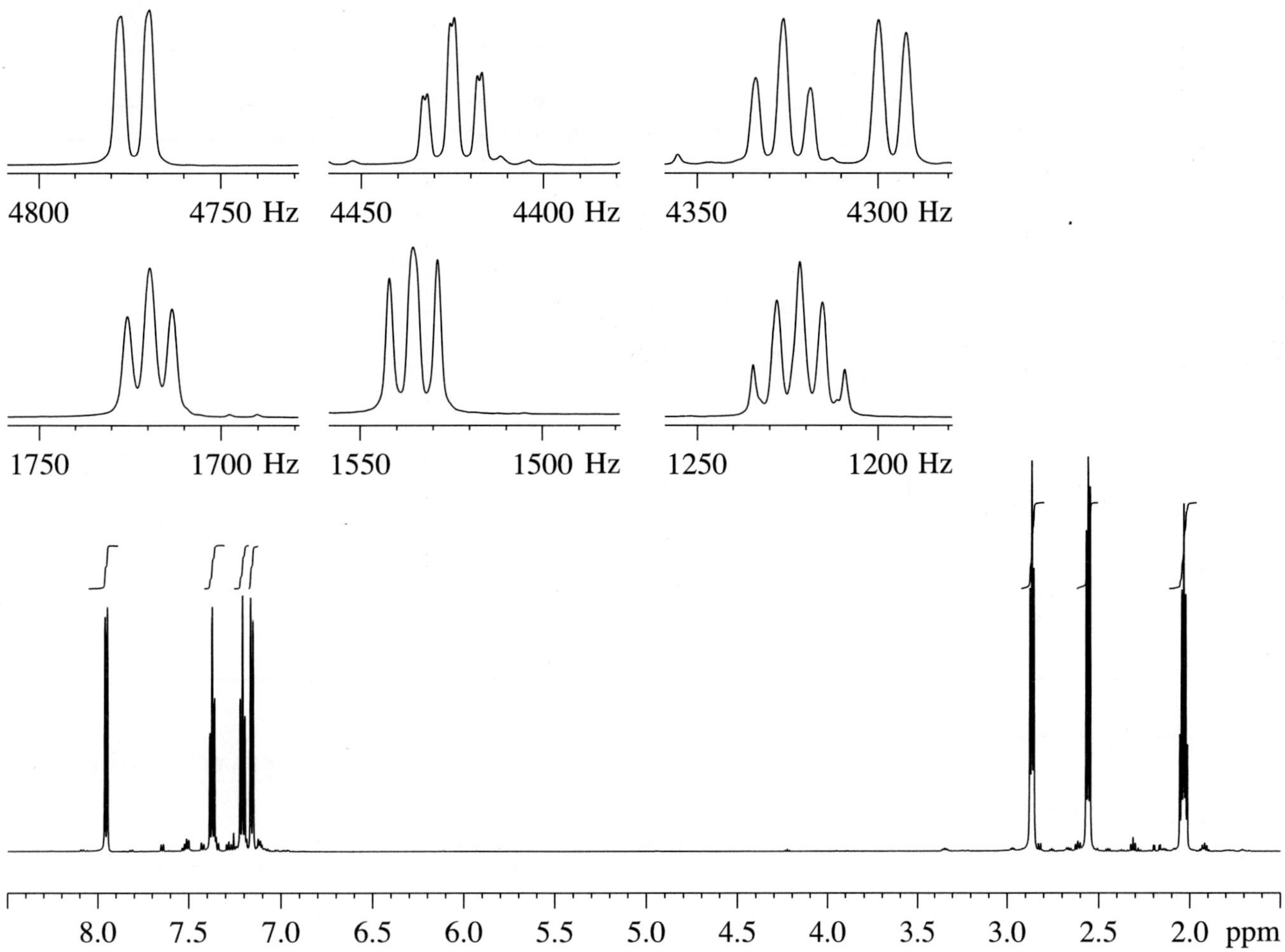

^{13}C/DEPT 150.9 MHz

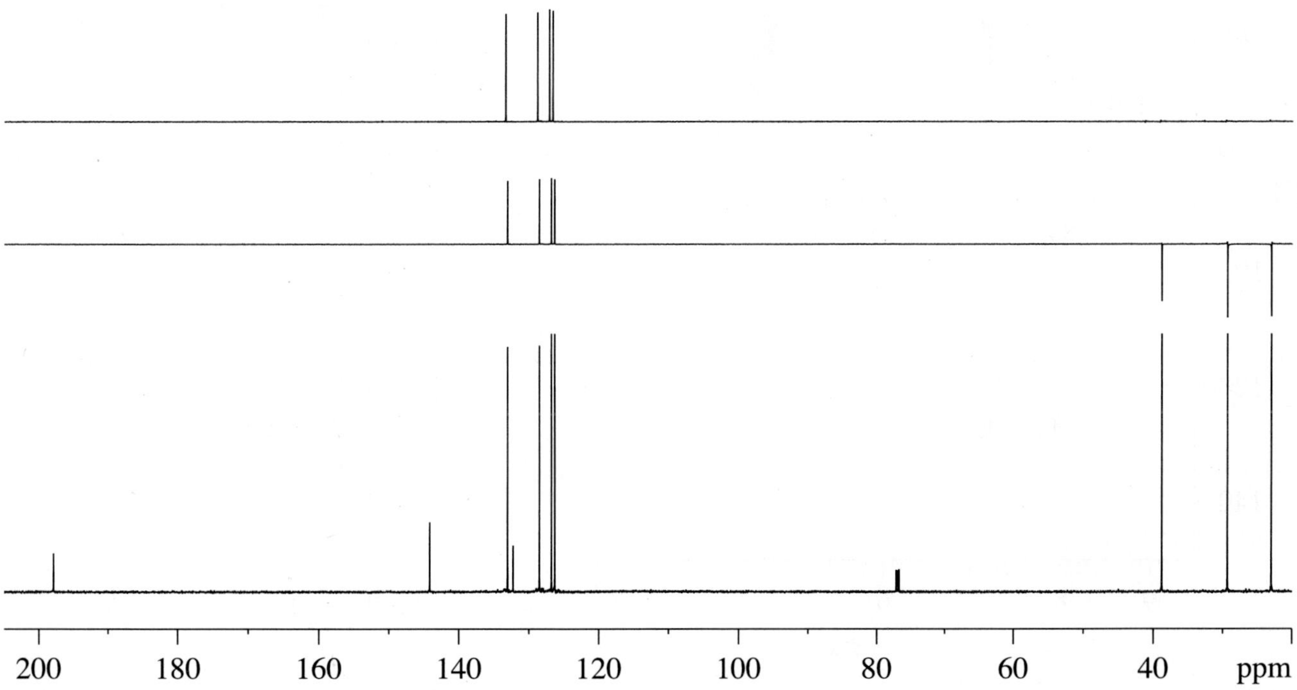

COSY 600 MHz

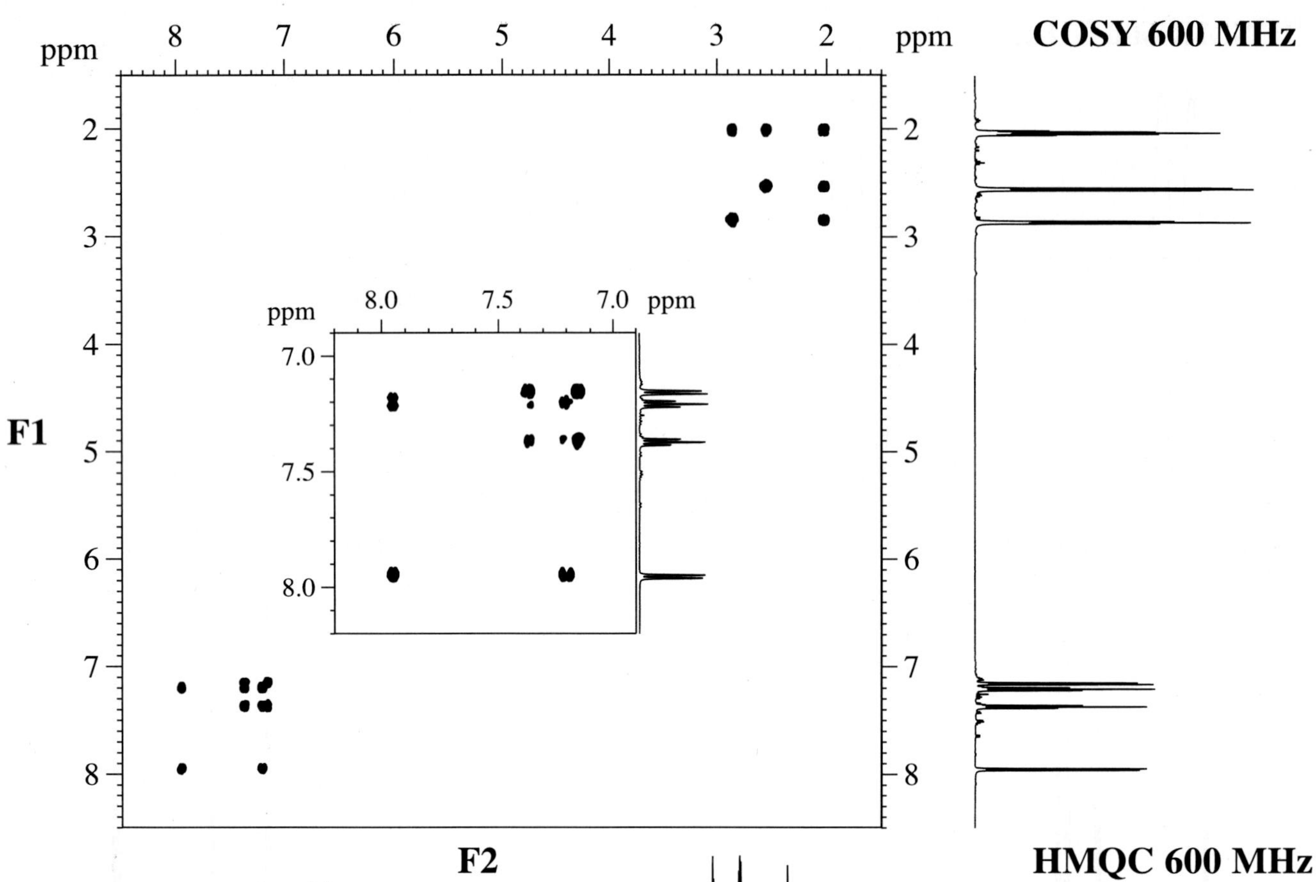

HMQC 600 MHz

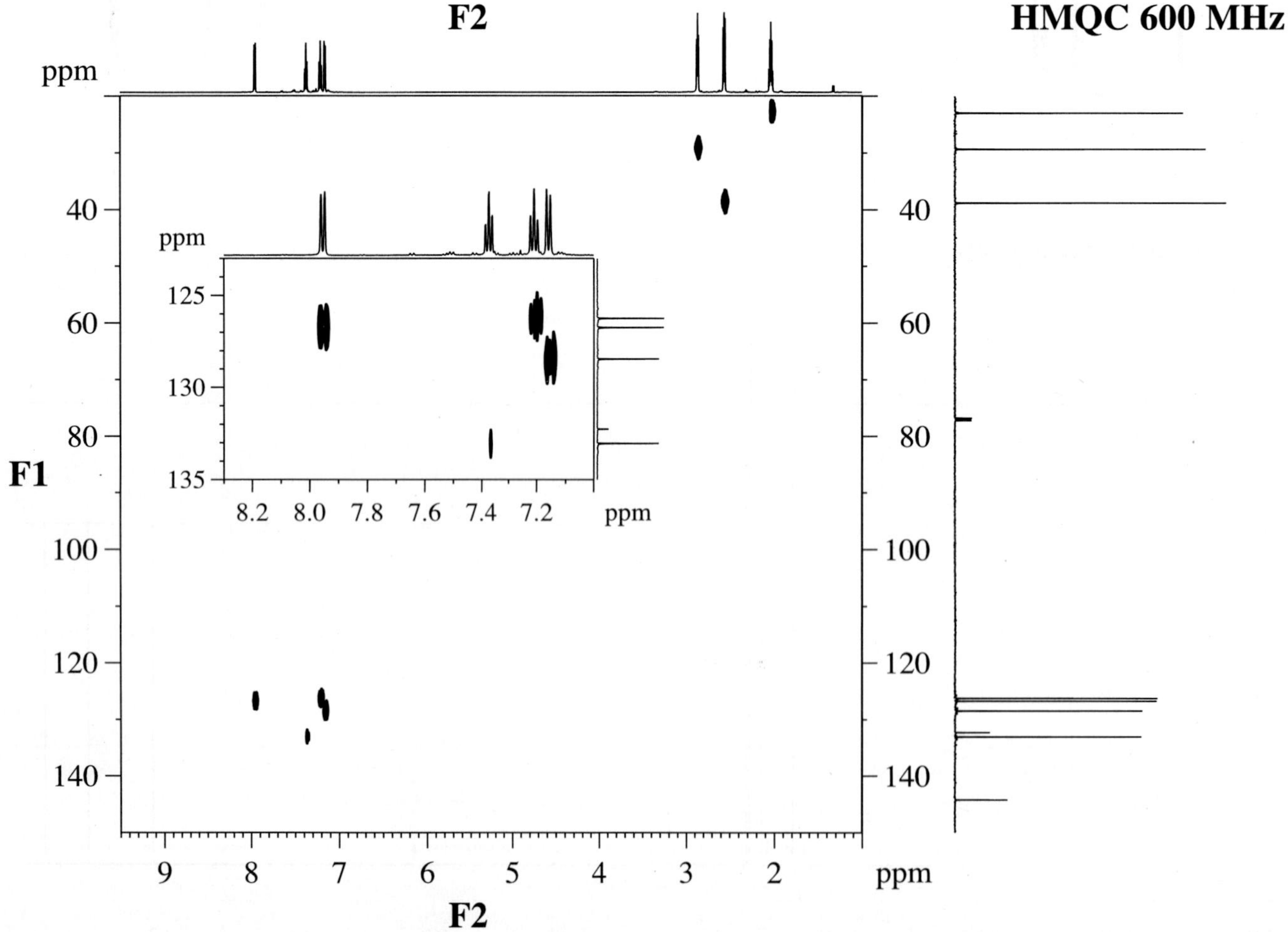

^{1}H NMR 600 MHz

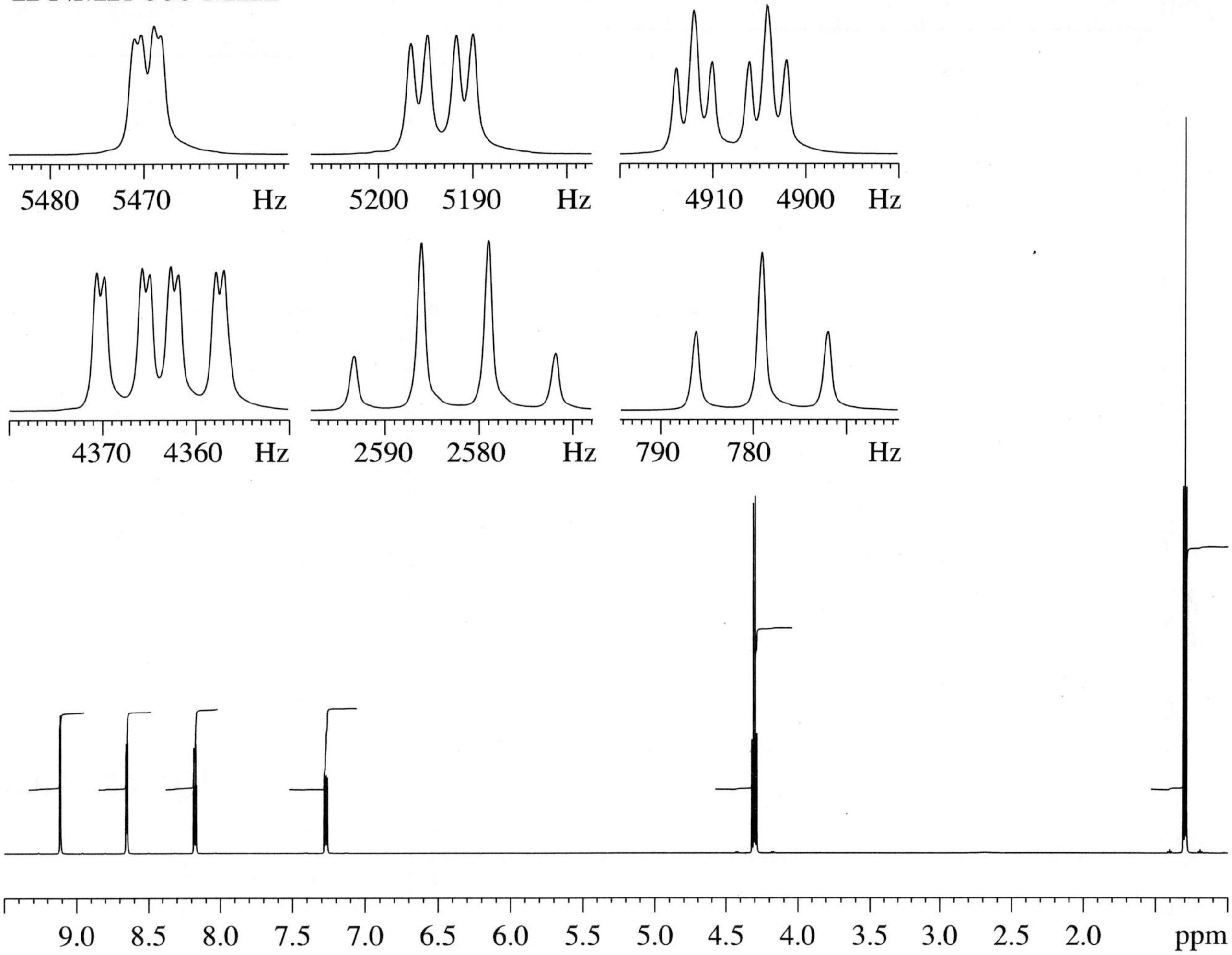

^{13}C/DEPT 150.9 MHz

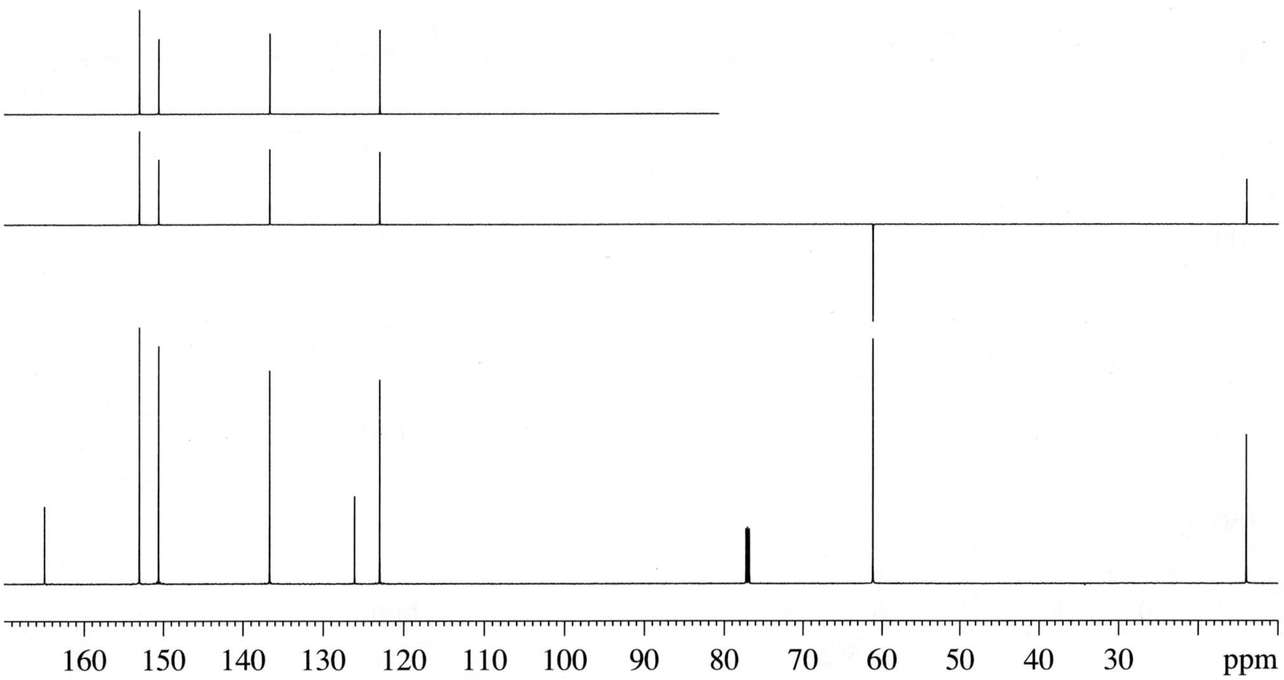

COSY 600 MHz

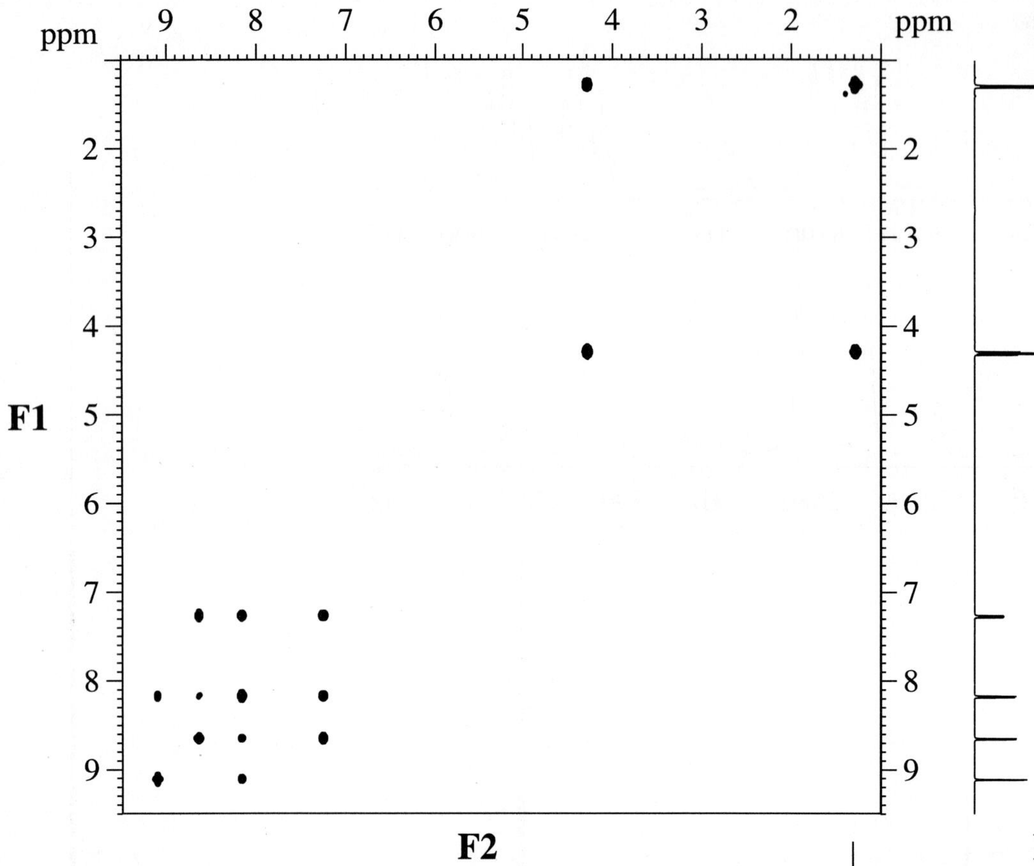

HMQC 600 MHz

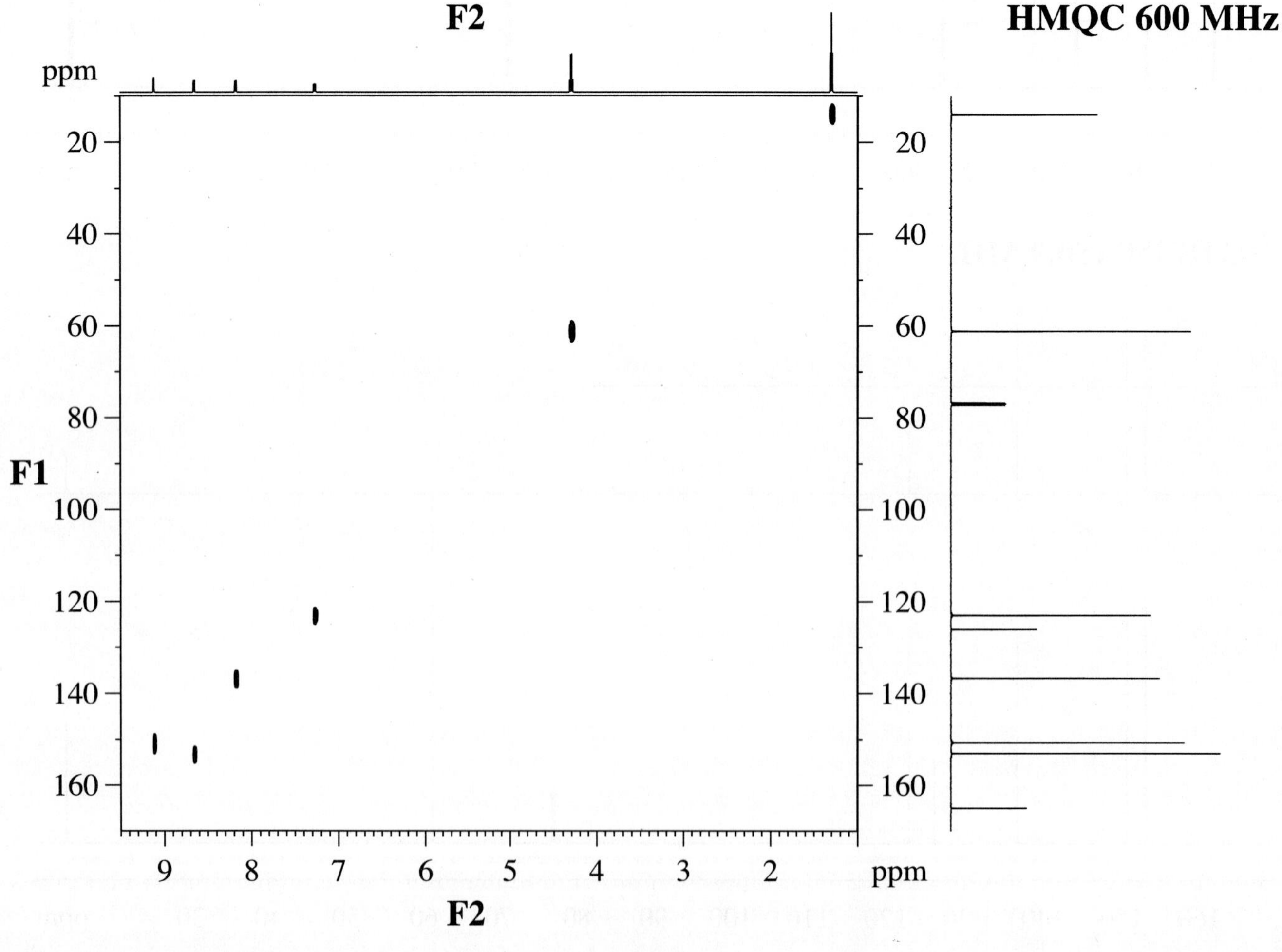

INADEQUATE 150.9 MHz

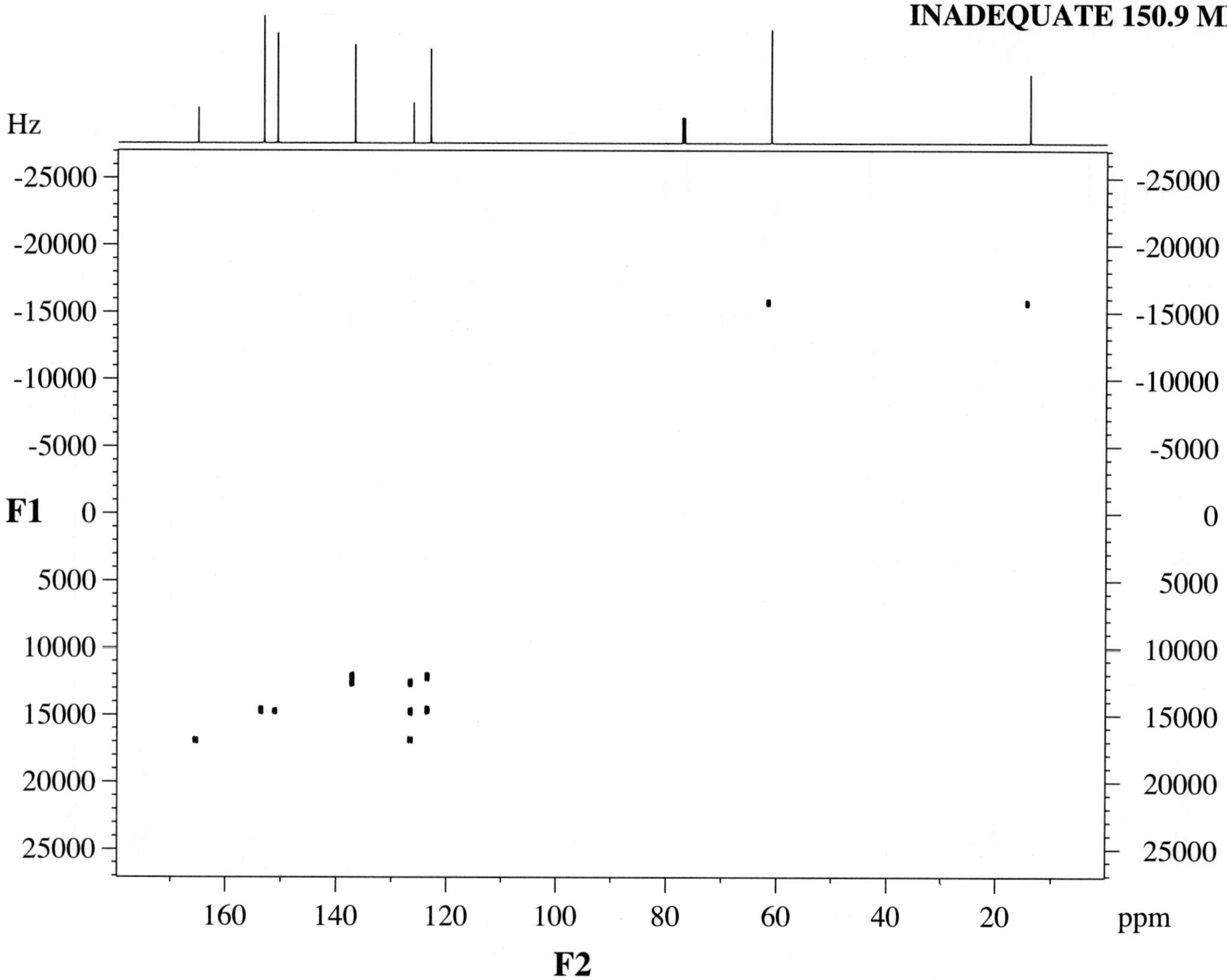

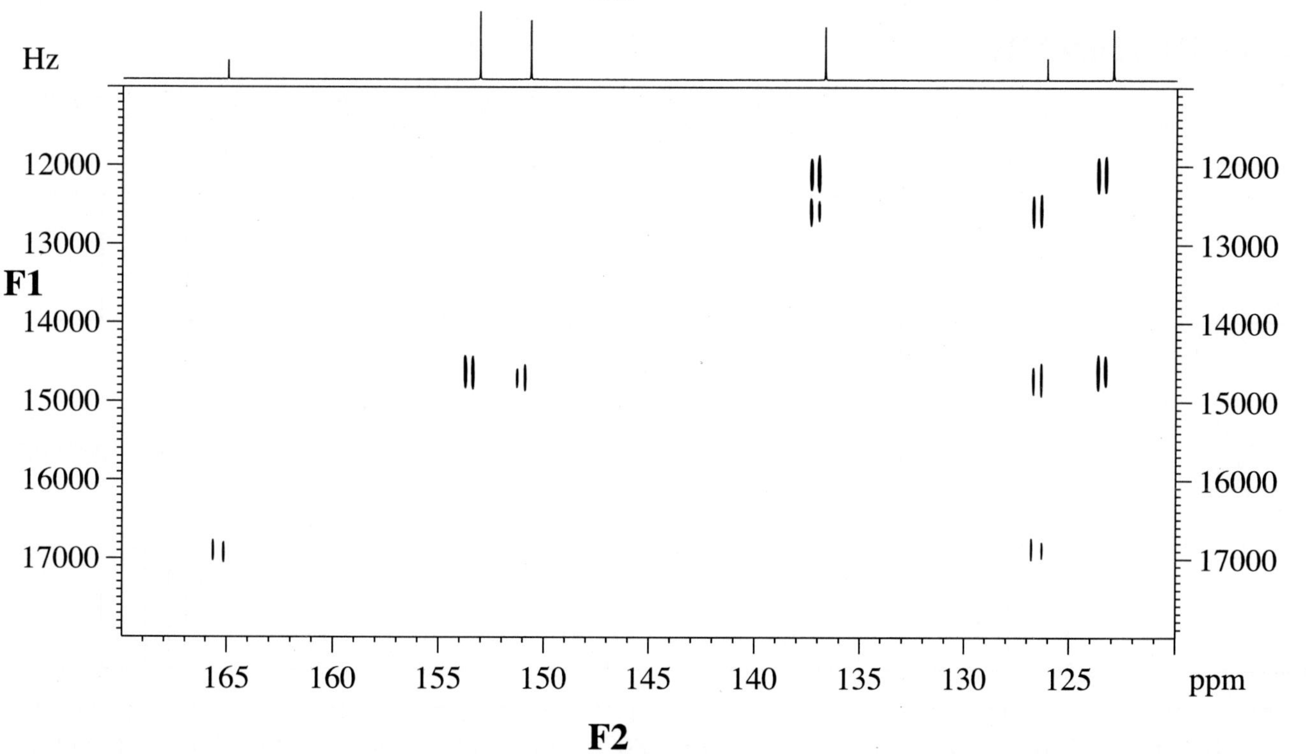

^{1}H NMR 600 MHz

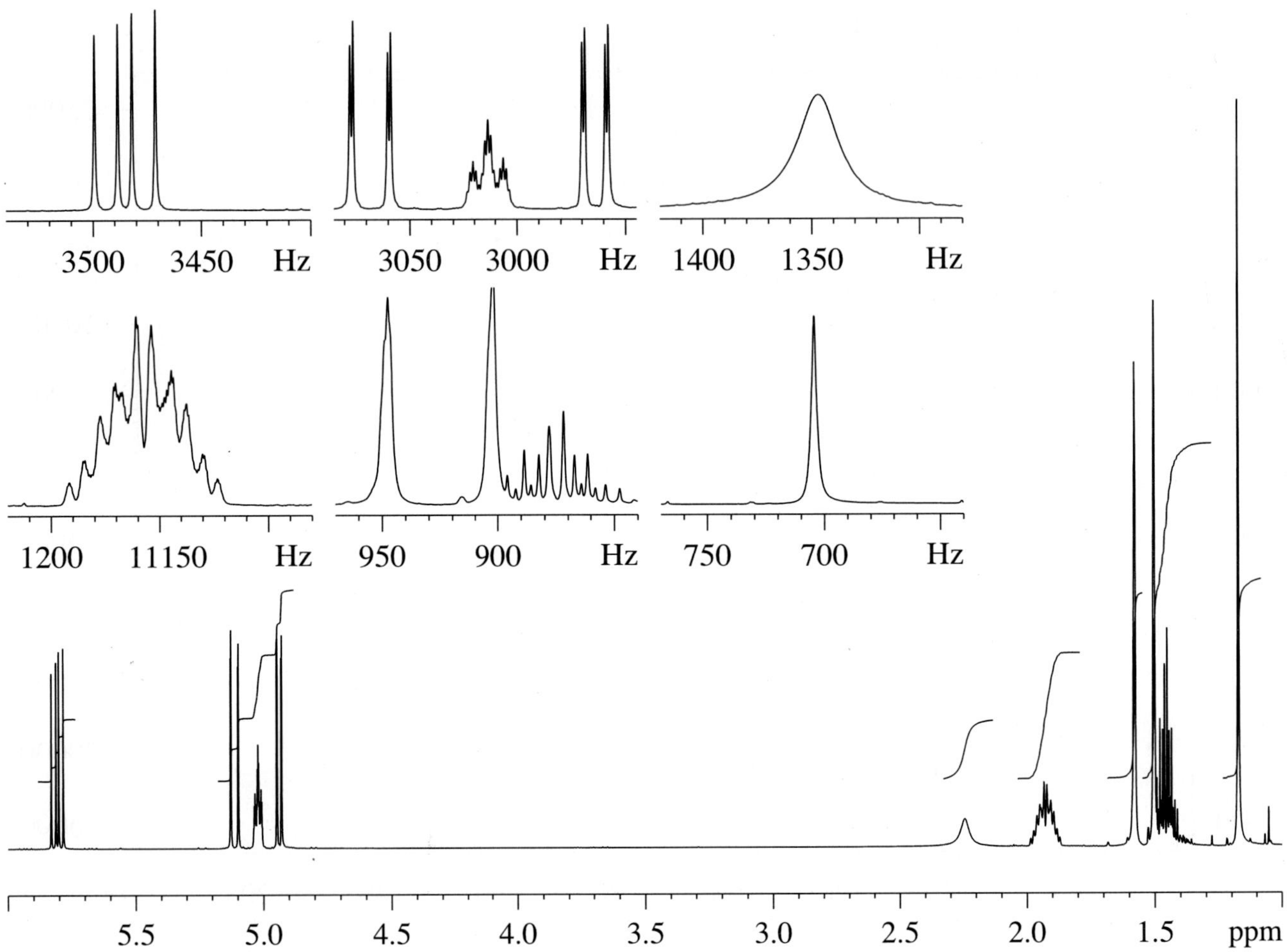

^{13}C/DEPT 150.9 MHz

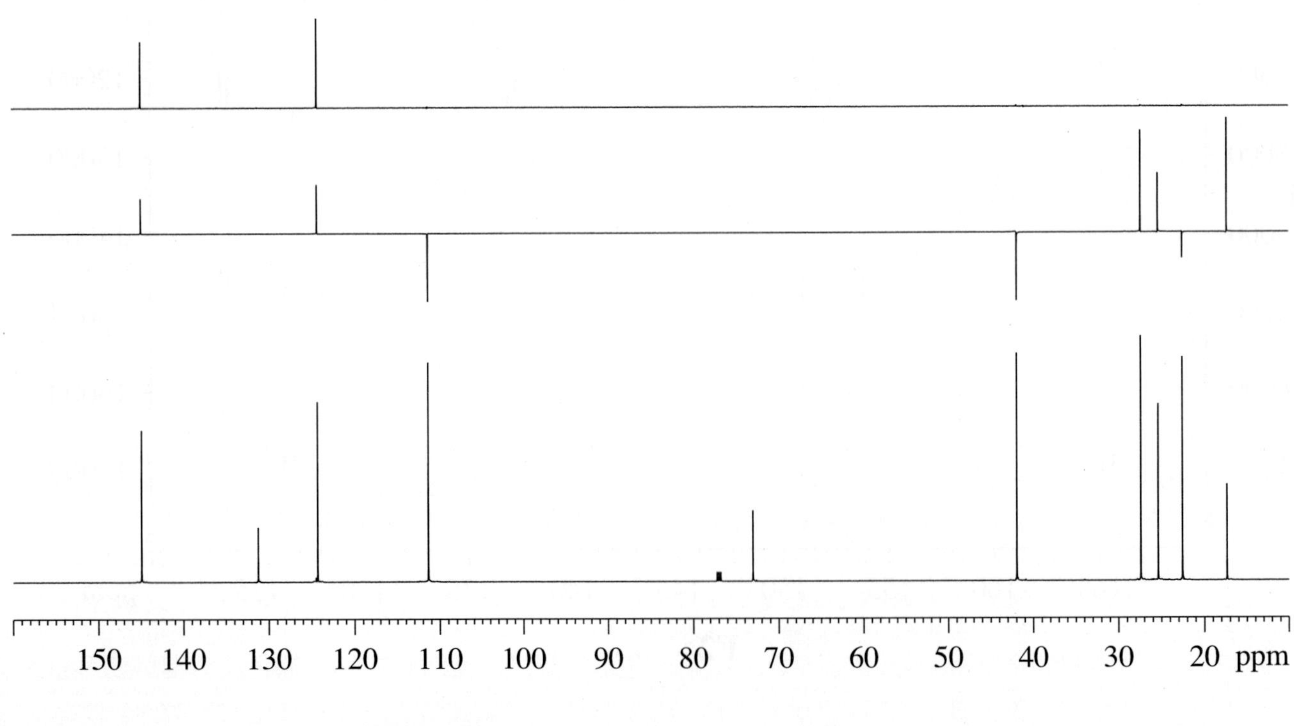

COSY 600 MHz

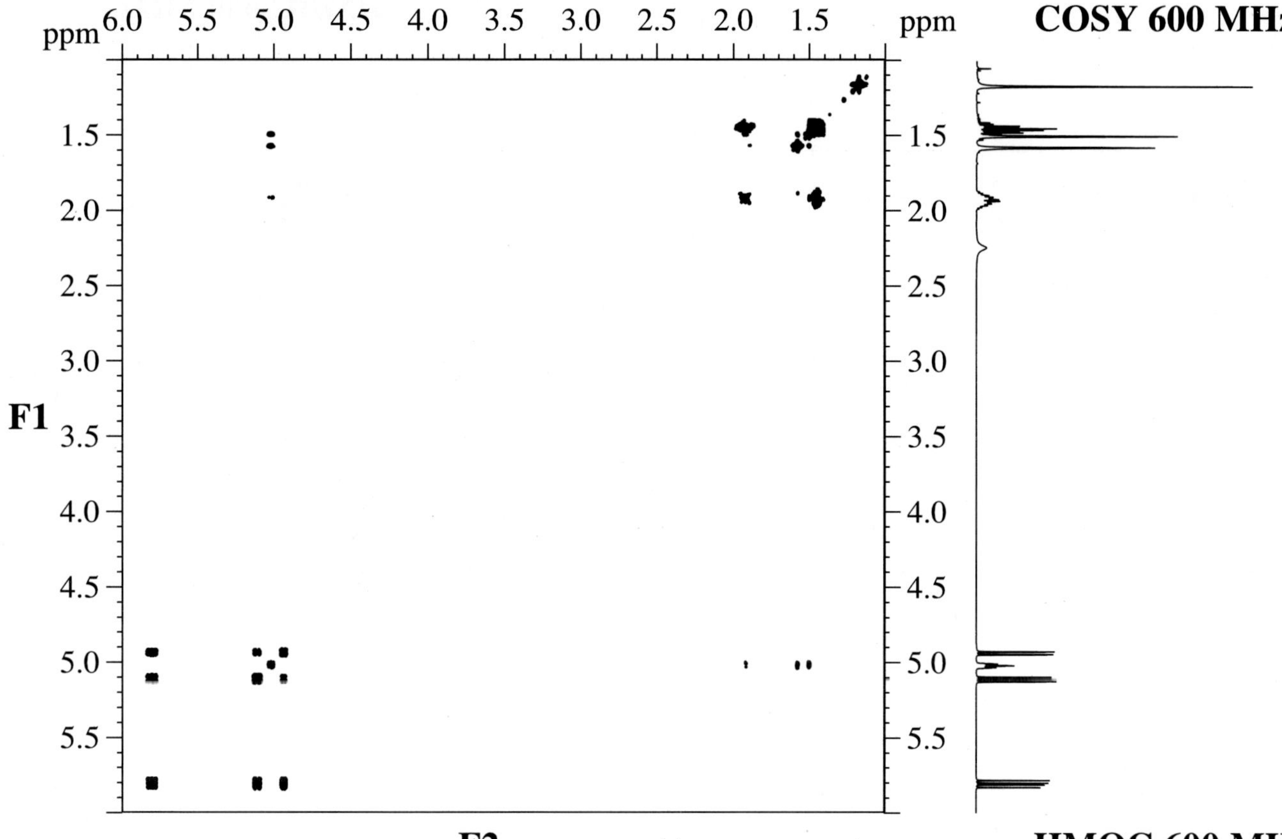

HMQC 600 MHz

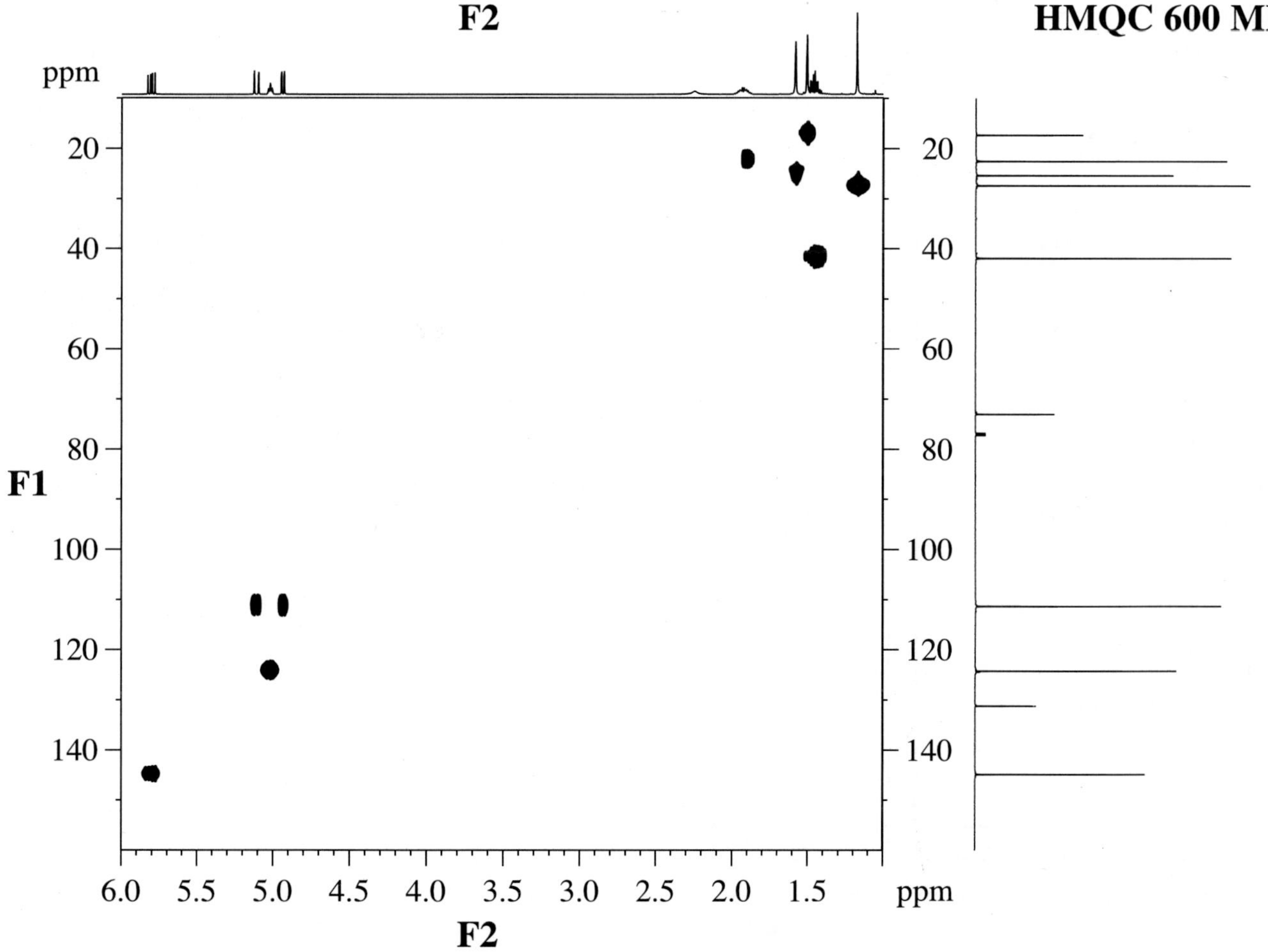

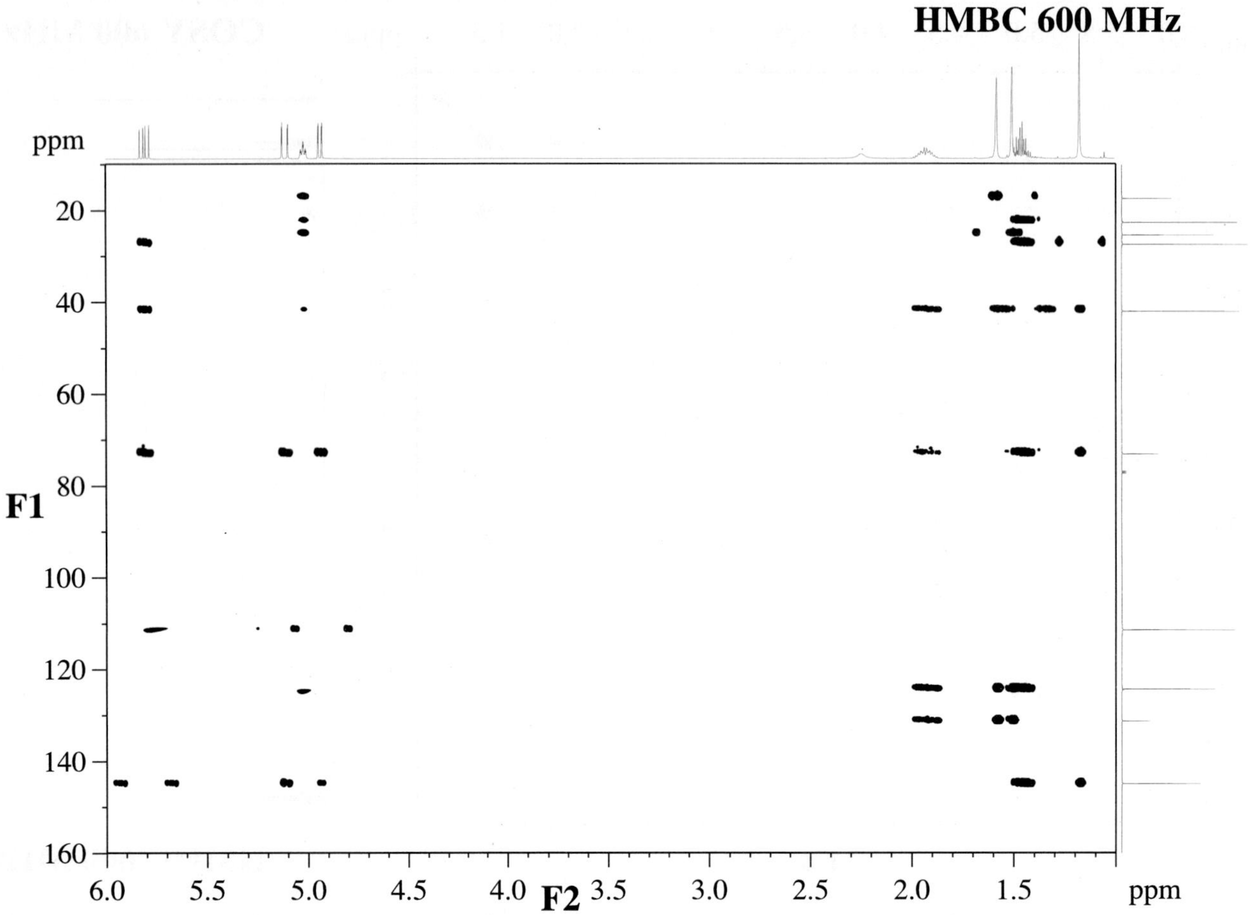
HMBC 600 MHz
ppm
20
40
60
80
F1
100
120
140
160
6.0
5.5
5.0
4.5
4.0
F2
3.5
3.0
2.5
2.0
1.5
ppm

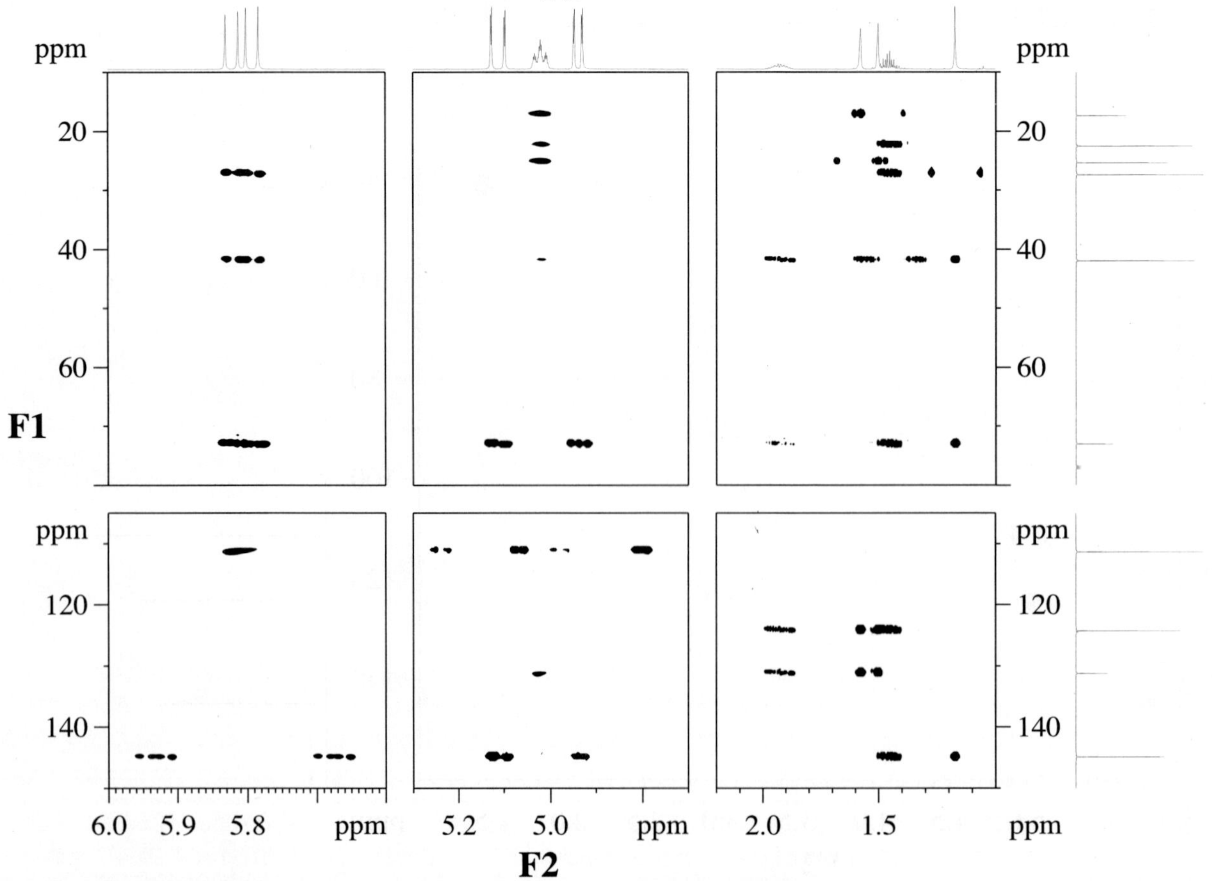
ppm
20
40
60
F1
ppm
120
140
6.0
5.9
5.8
ppm
5.2
5.0
ppm
2.0
1.5
ppm
F2

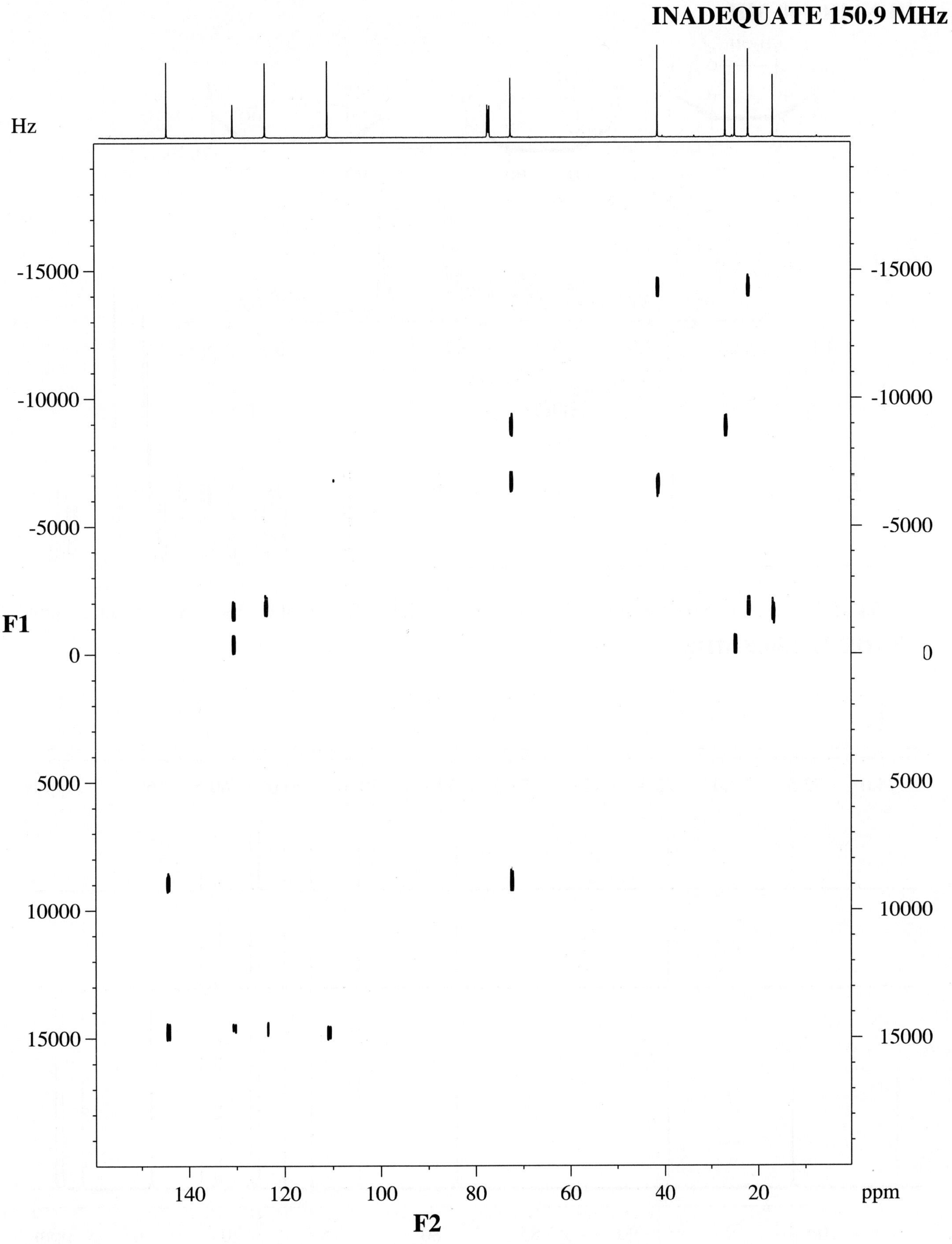
INADEQUATE 150.9 MHz
Hz
-15000
-10000
-5000
F1
0
5000
10000
15000
140
120
100
80
60
40
20
ppm
F2

^{1}H NMR 600 MHz

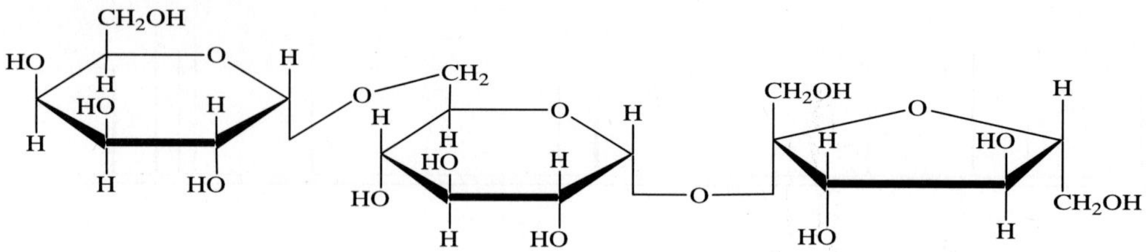

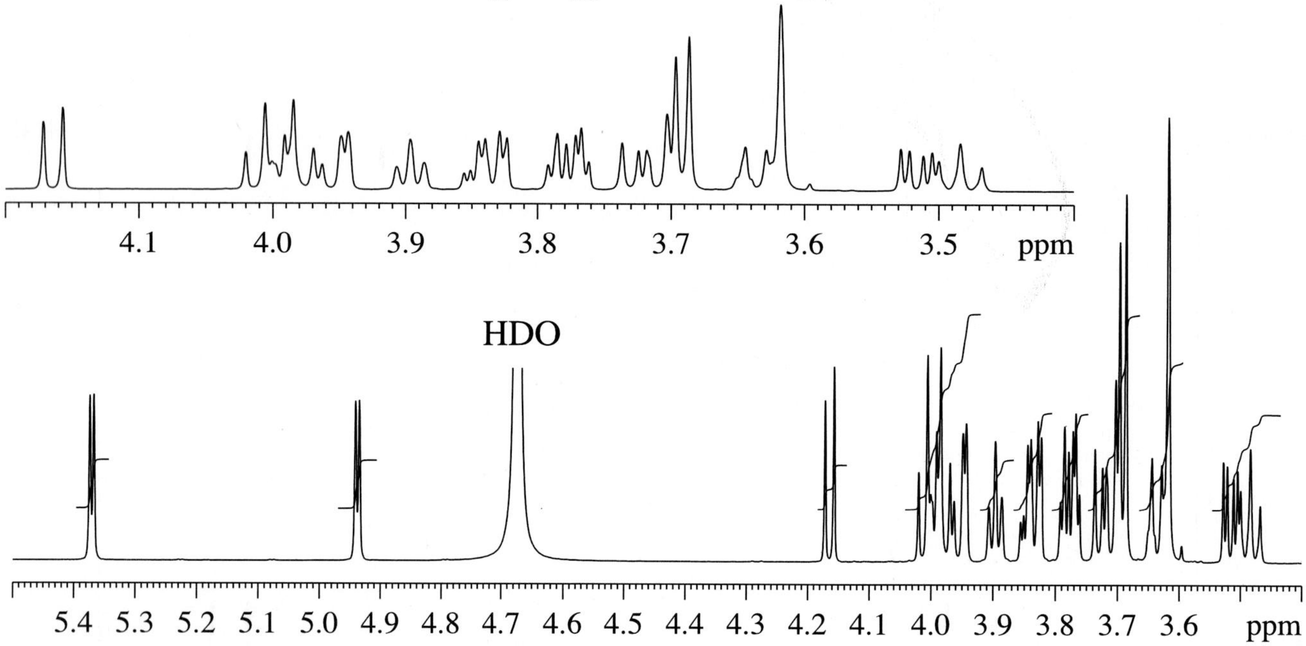

^{13}C/DEPT 150.9 MHz

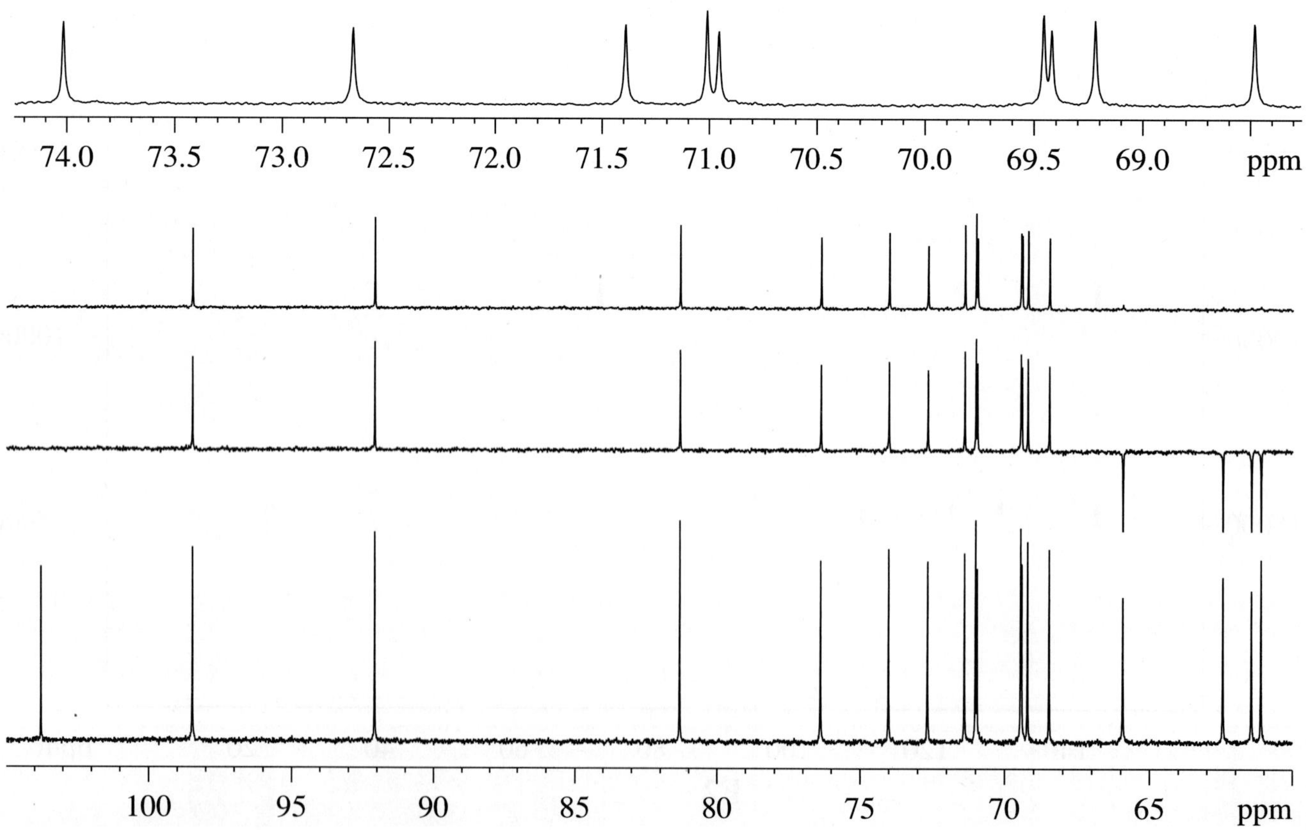

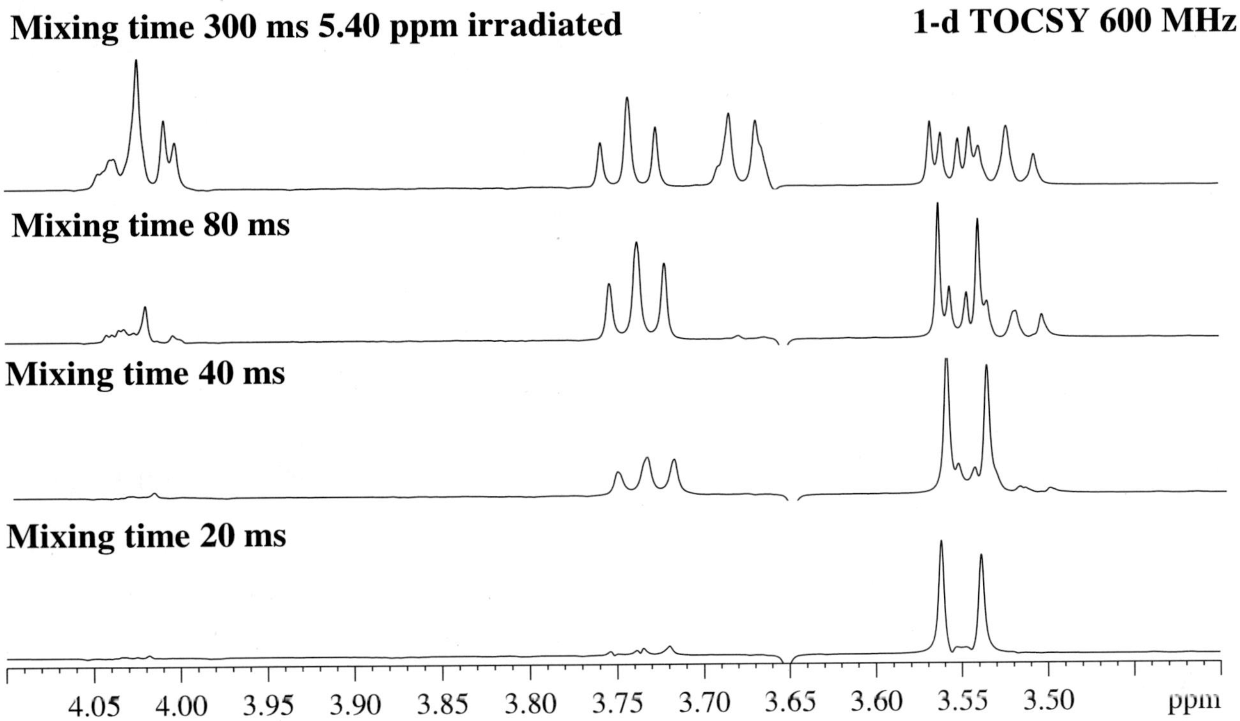
Mixing time 300 ms 5.40 ppm irradiated
1-d TOCSY 600 MHz
Mixing time 80 ms
Mixing time 40 ms
Mixing time 20 ms
4.05 4.00 3.95 3.90 3.85 3.80 3.75 3.70 3.65 3.60 3.55 3.50 ppm

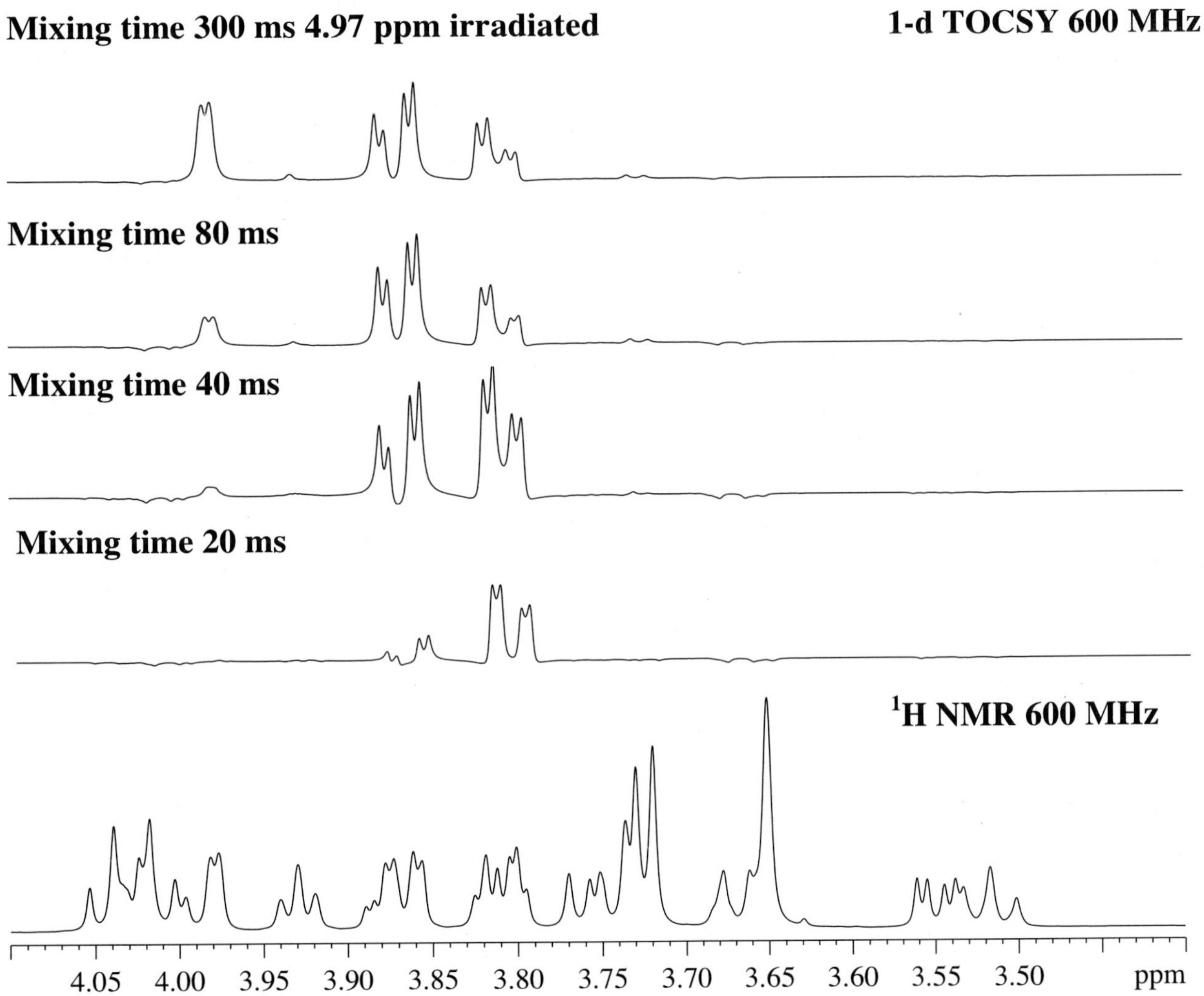
Mixing time 300 ms 4.97 ppm irradiated
1-d TOCSY 600 MHz
Mixing time 80 ms
Mixing time 40 ms
Mixing time 20 ms
1H NMR 600 MHz
4.05 4.00 3.95 3.90 3.85 3.80 3.75 3.70 3.65 3.60 3.55 3.50 ppm

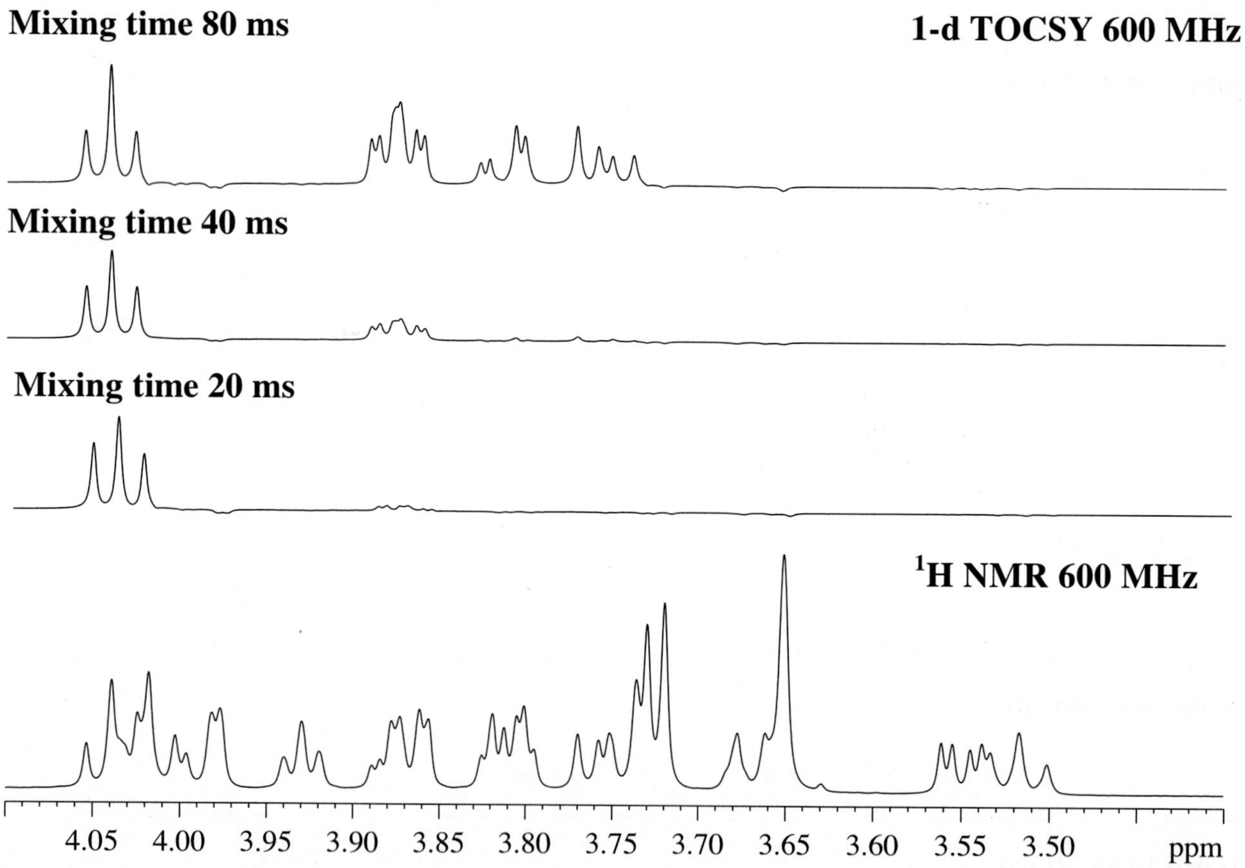
Mixing time 80 ms
1-d TOCSY 600 MHz
Mixing time 40 ms
Mixing time 20 ms
^{1}H NMR 600 MHz
4.05 4.00 3.95 3.90 3.85 3.80 3.75 3.70 3.65 3.60 3.55 3.50 ppm

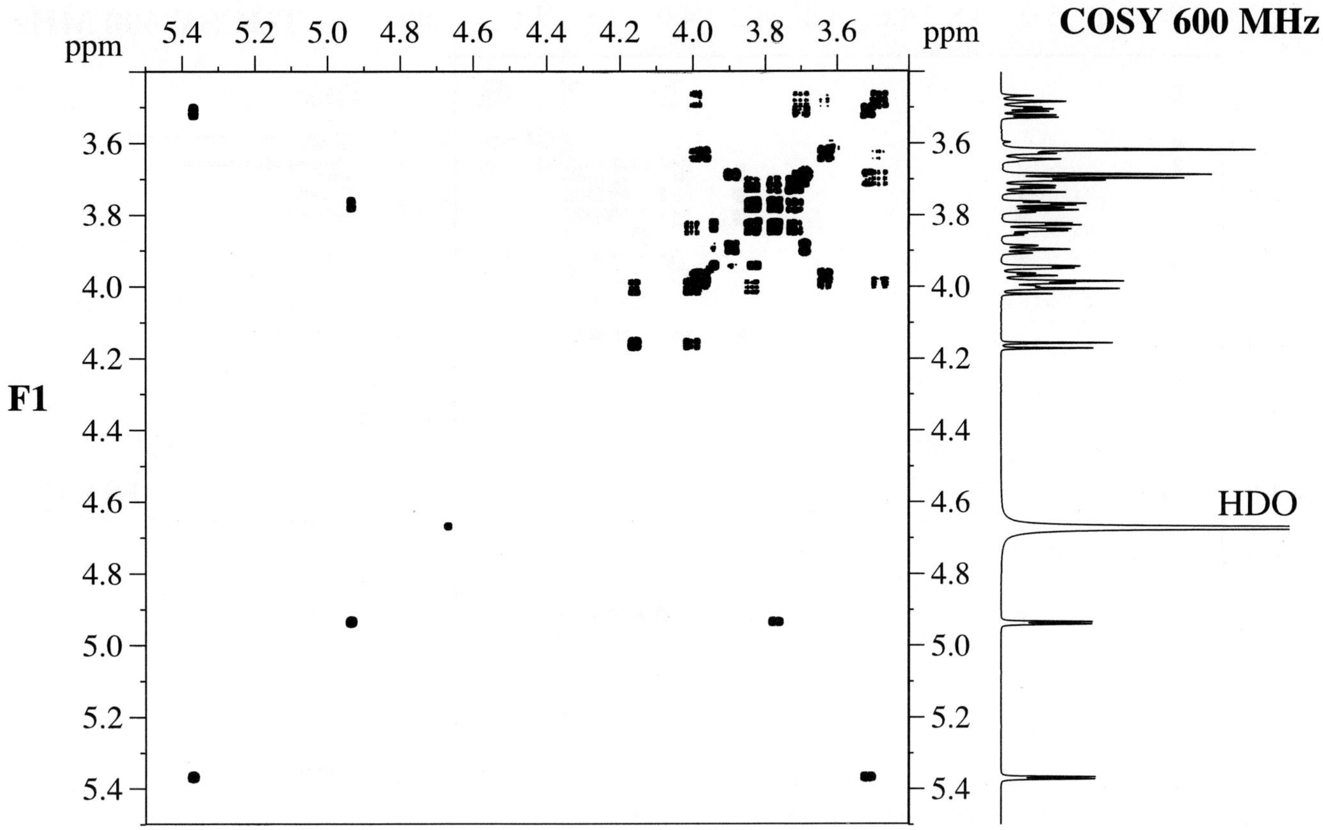
COSY 600 MHz
ppm
5.4
5.2
5.0
4.8
4.6
4.4
4.2
4.0
3.8
3.6
F1
HDO

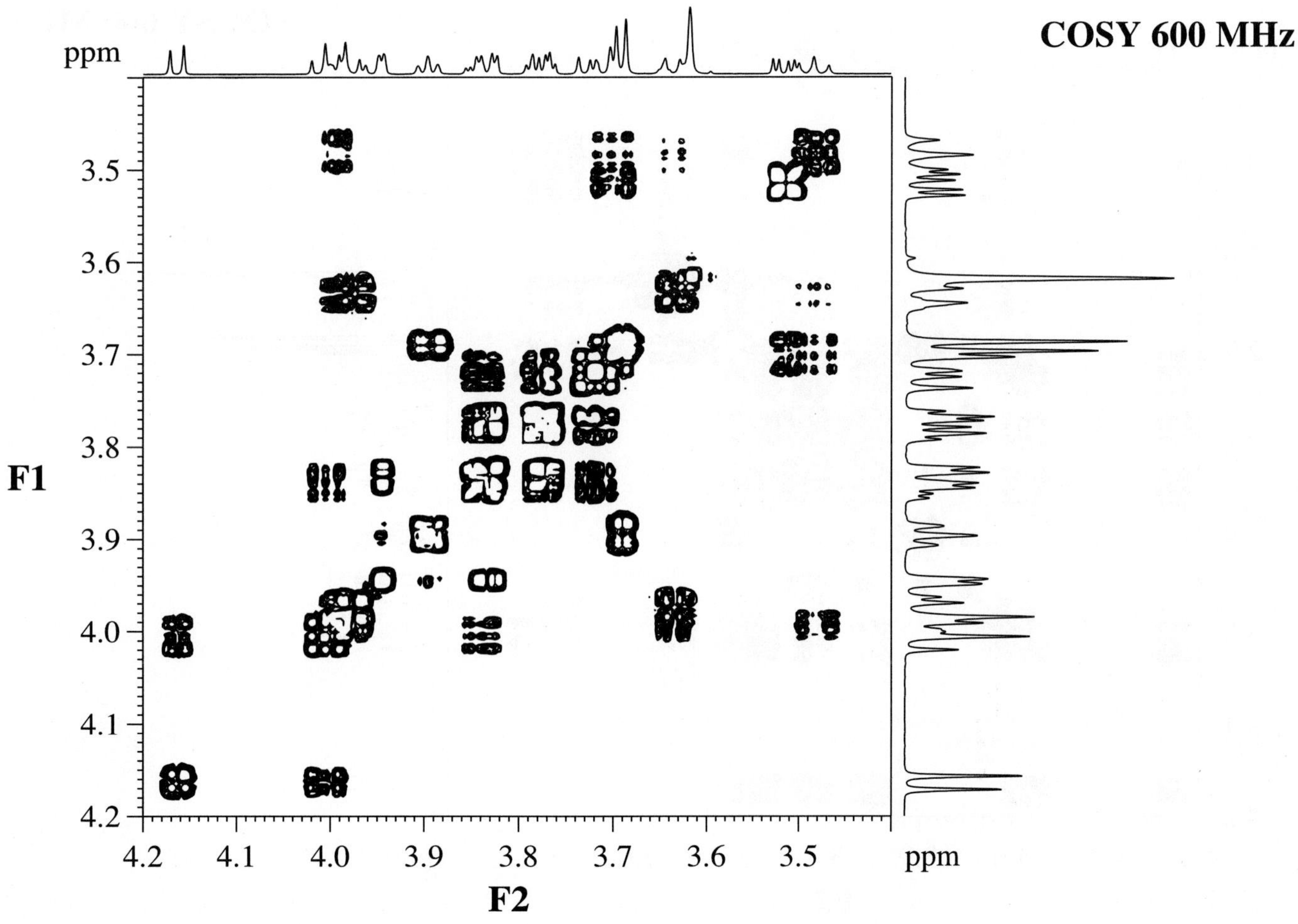
COSY 600 MHz
ppm
F1
F2
4.2
4.1
4.0
3.9
3.8
3.7
3.6
3.5

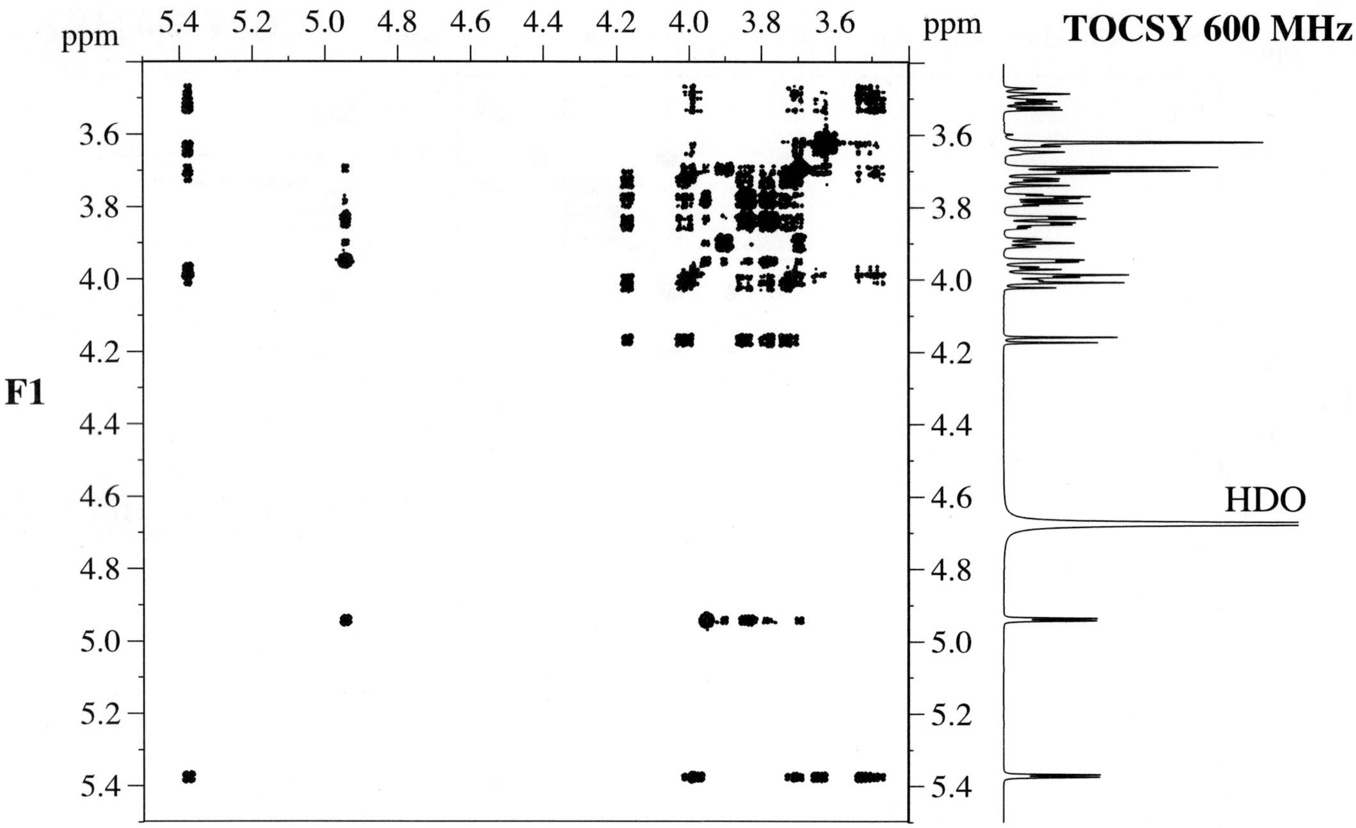
TOCSY 600 MHz
ppm
F1
HDO

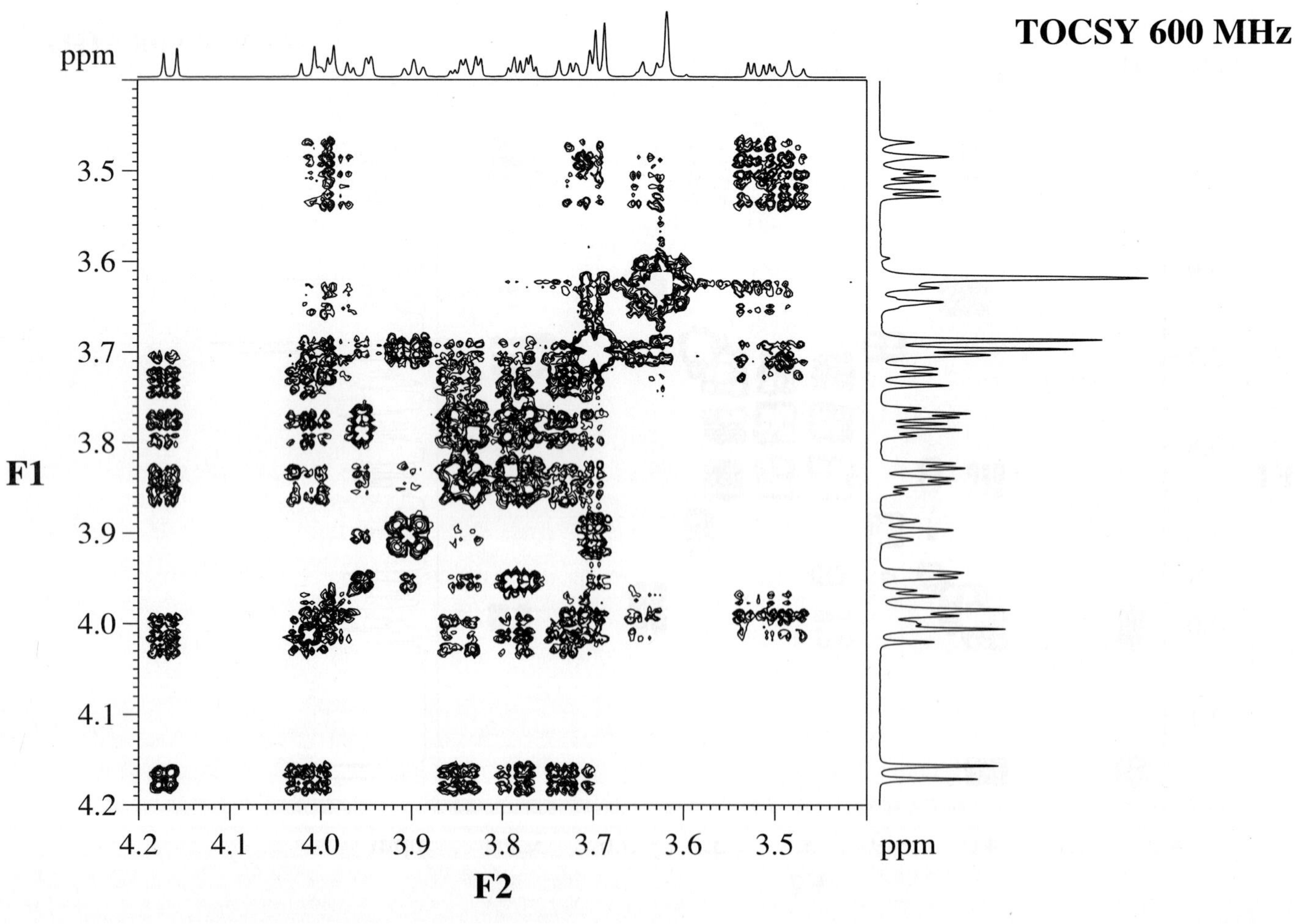
TOCSY 600 MHz
ppm
F1
F2

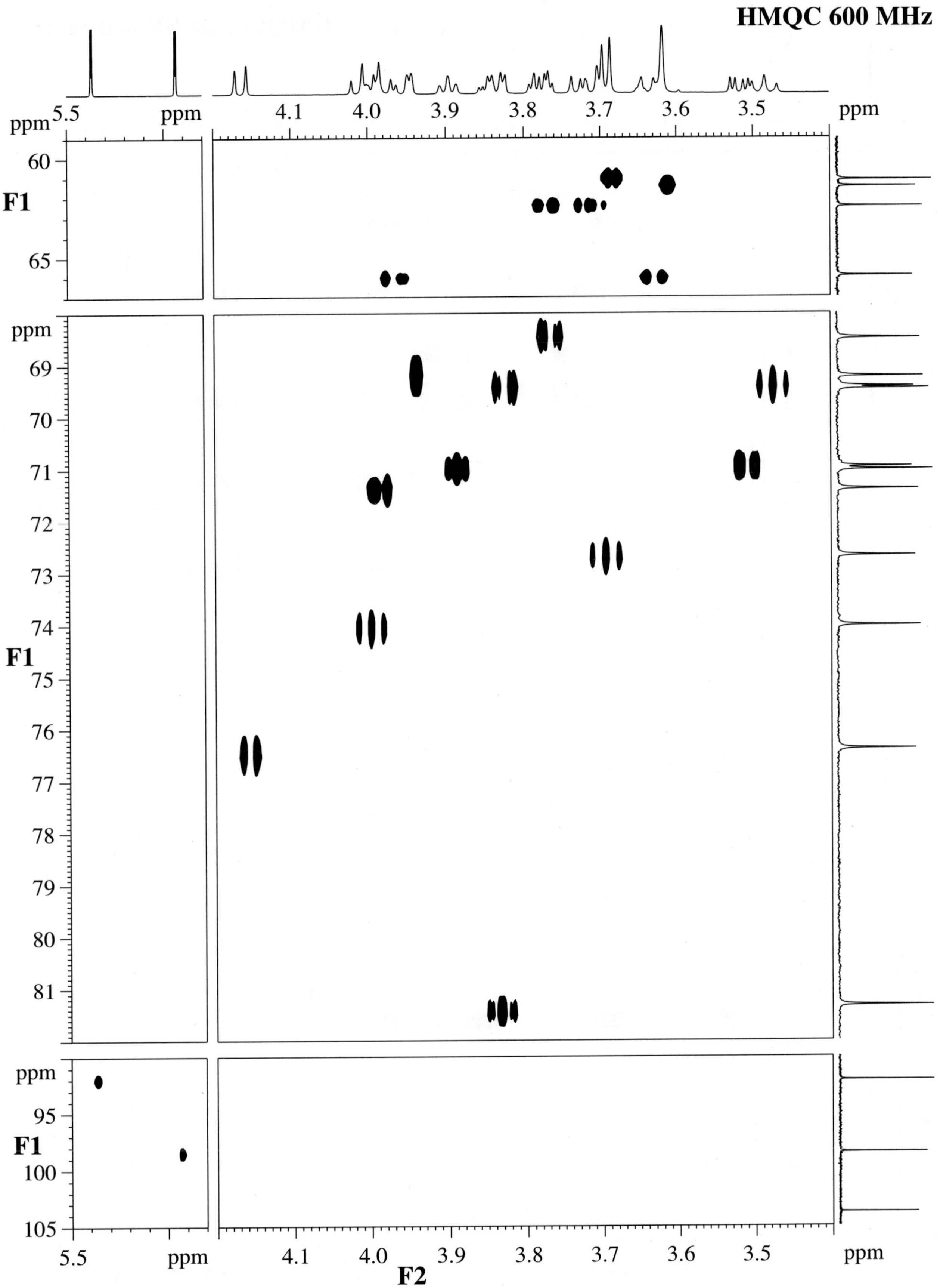
HMQC 600 MHz
F1
F2
ppm

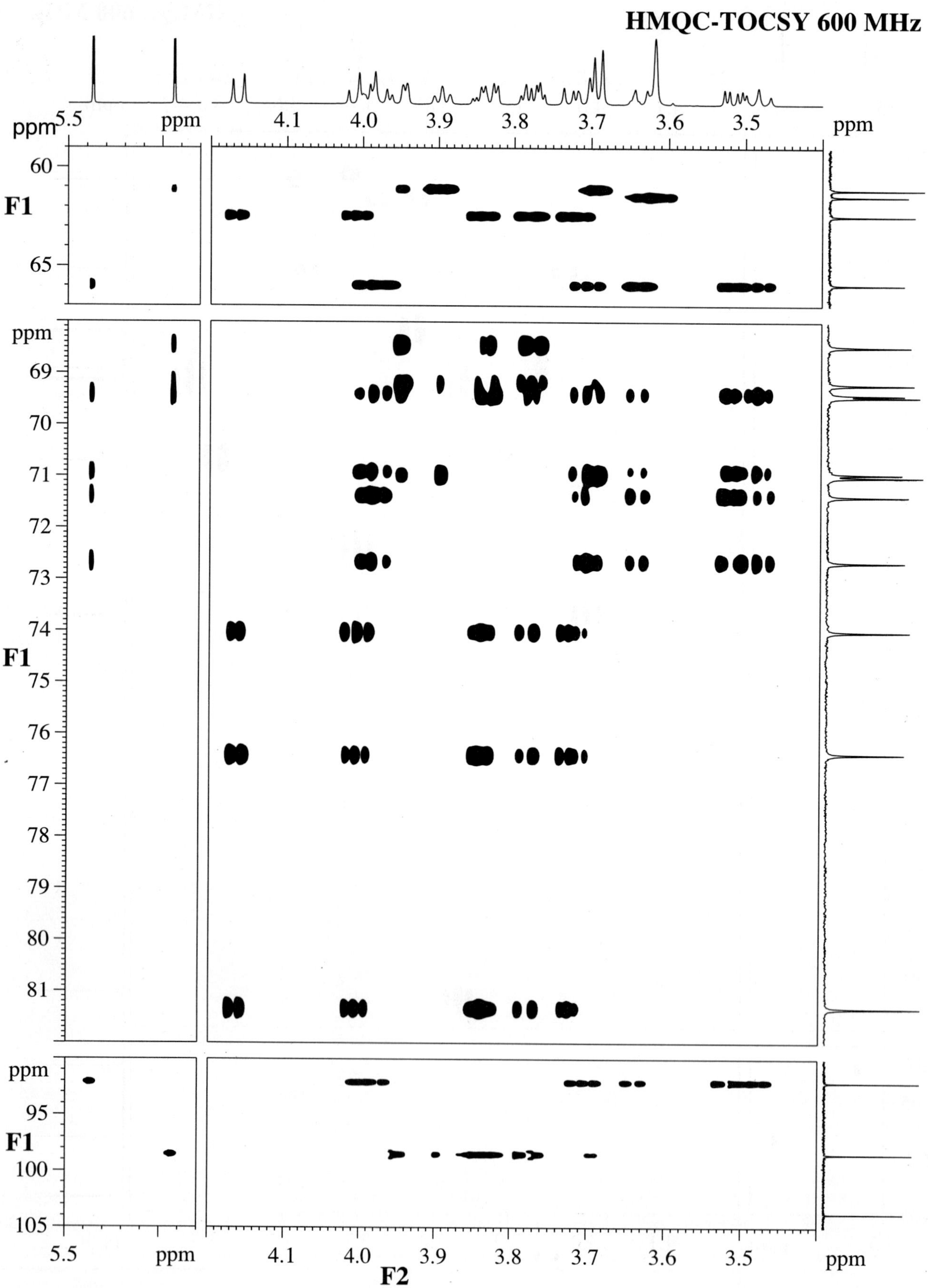
HMQC-TOCSY 600 MHz
ppm
5.5
ppm
4.1
4.0
3.9
3.8
3.7
3.6
3.5
ppm
60
F1
65
69
70
71
72
73
74
75
76
77
78
79
80
81
95
100
105
F2

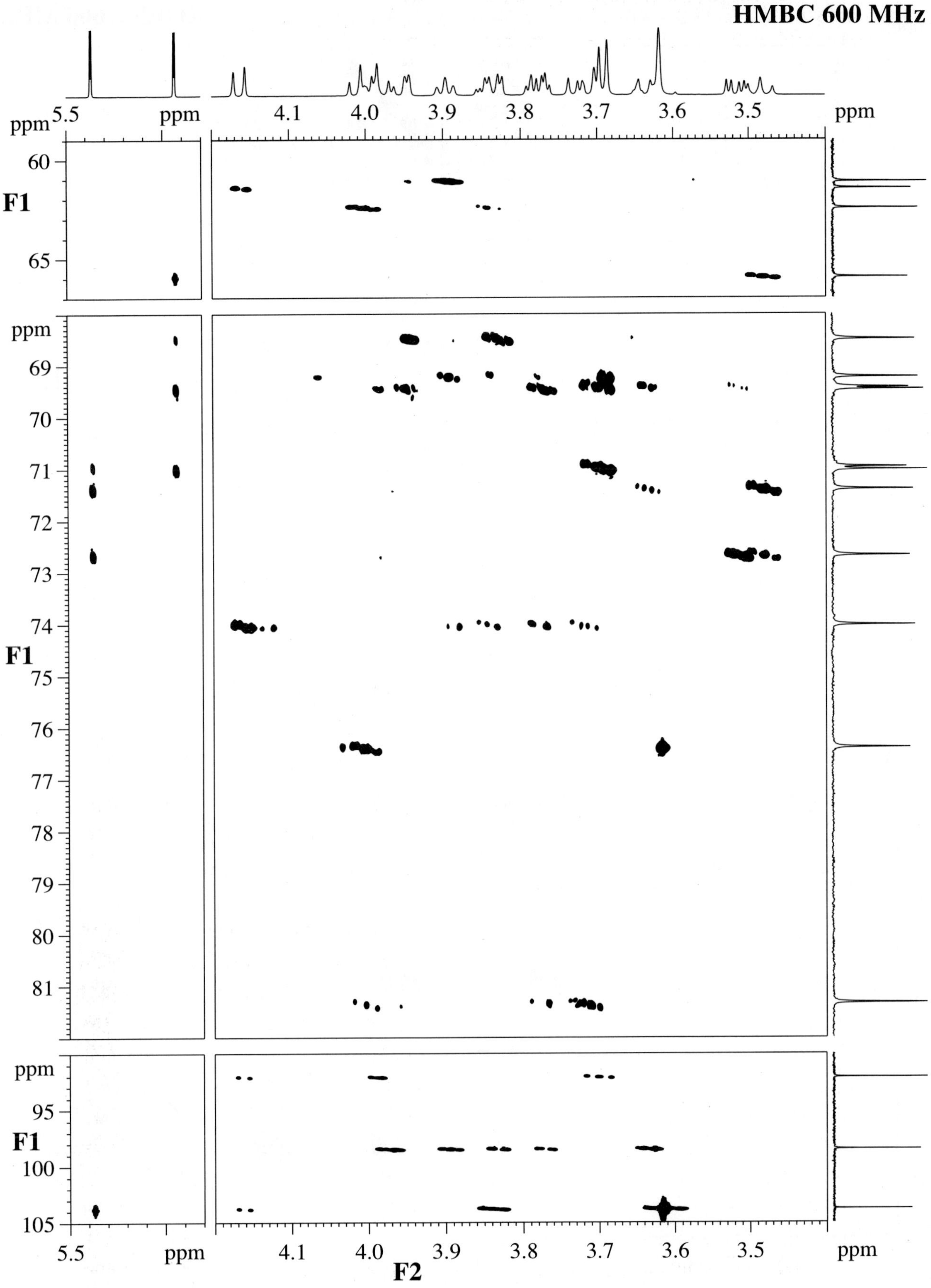
HMBC 600 MHz
ppm
5.5
4.1
4.0
3.9
3.8
3.7
3.6
3.5
F1
60
65
69
70
71
72
73
74
75
76
77
78
79
80
81
95
100
105
F2

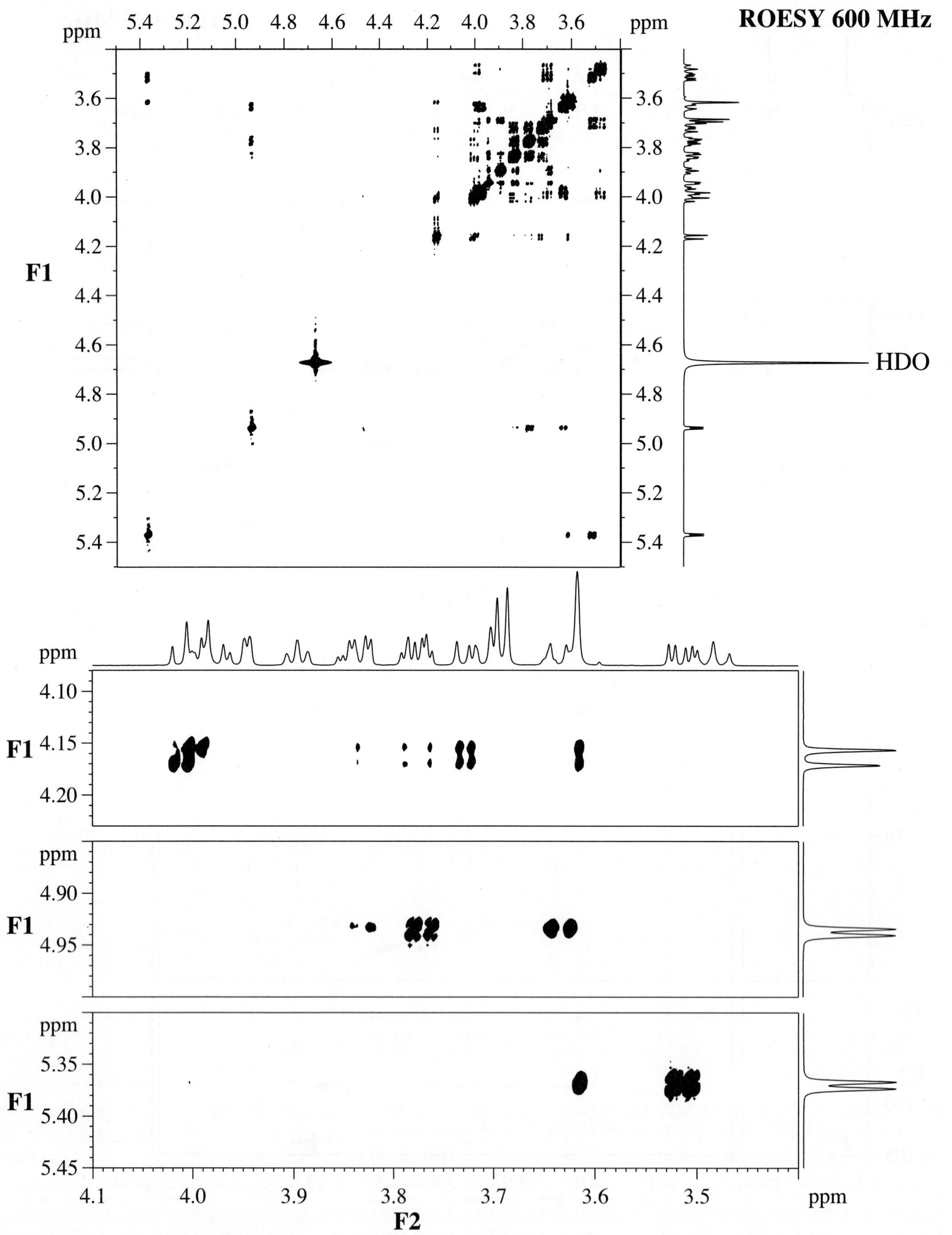
ROESY 600 MHz
HDO
F1
F2
ppm

^{1}H NMR 600 MHz

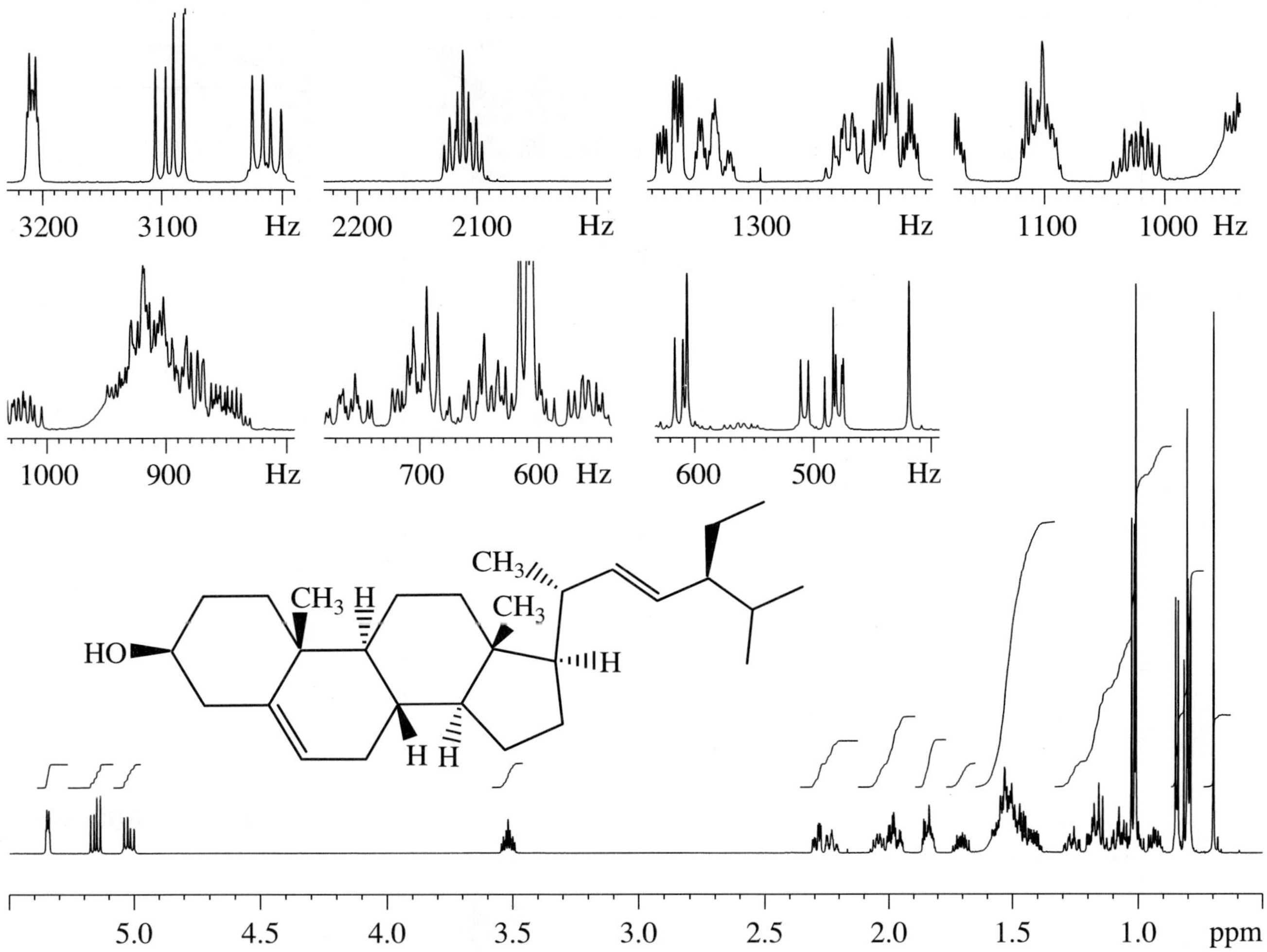

^{13}C/DEPT 600 MHz

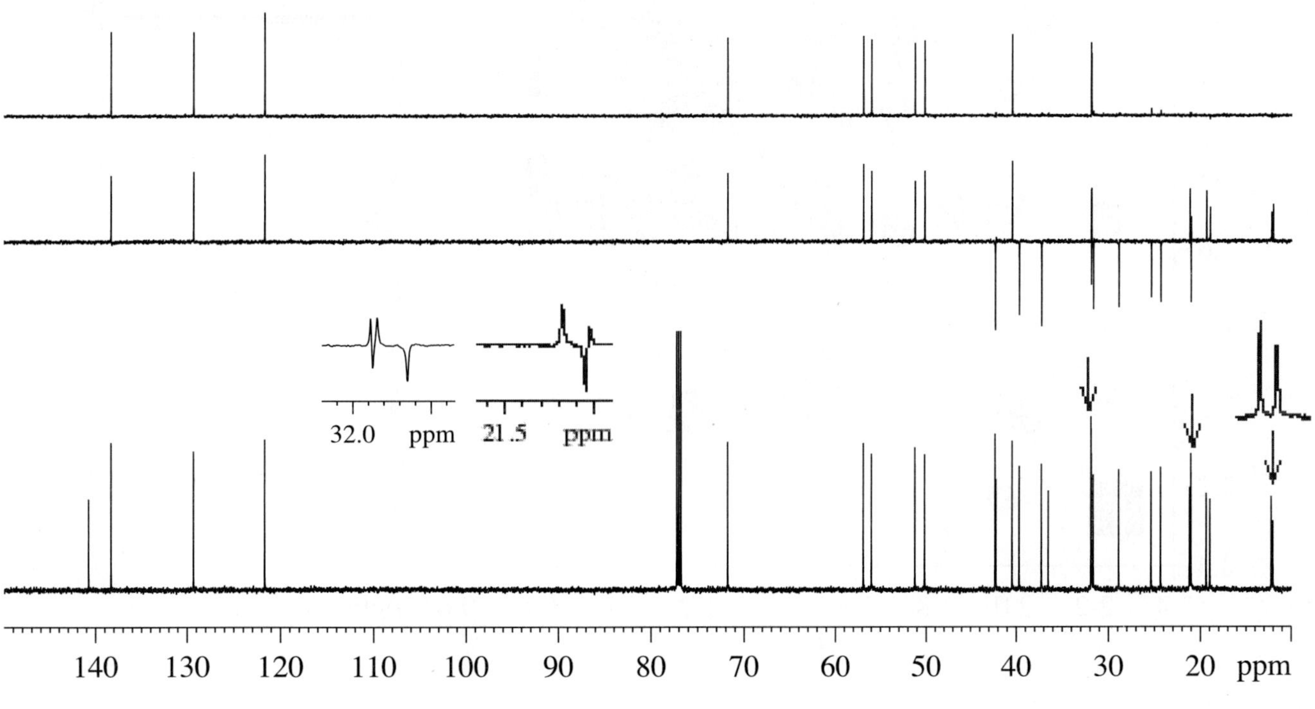

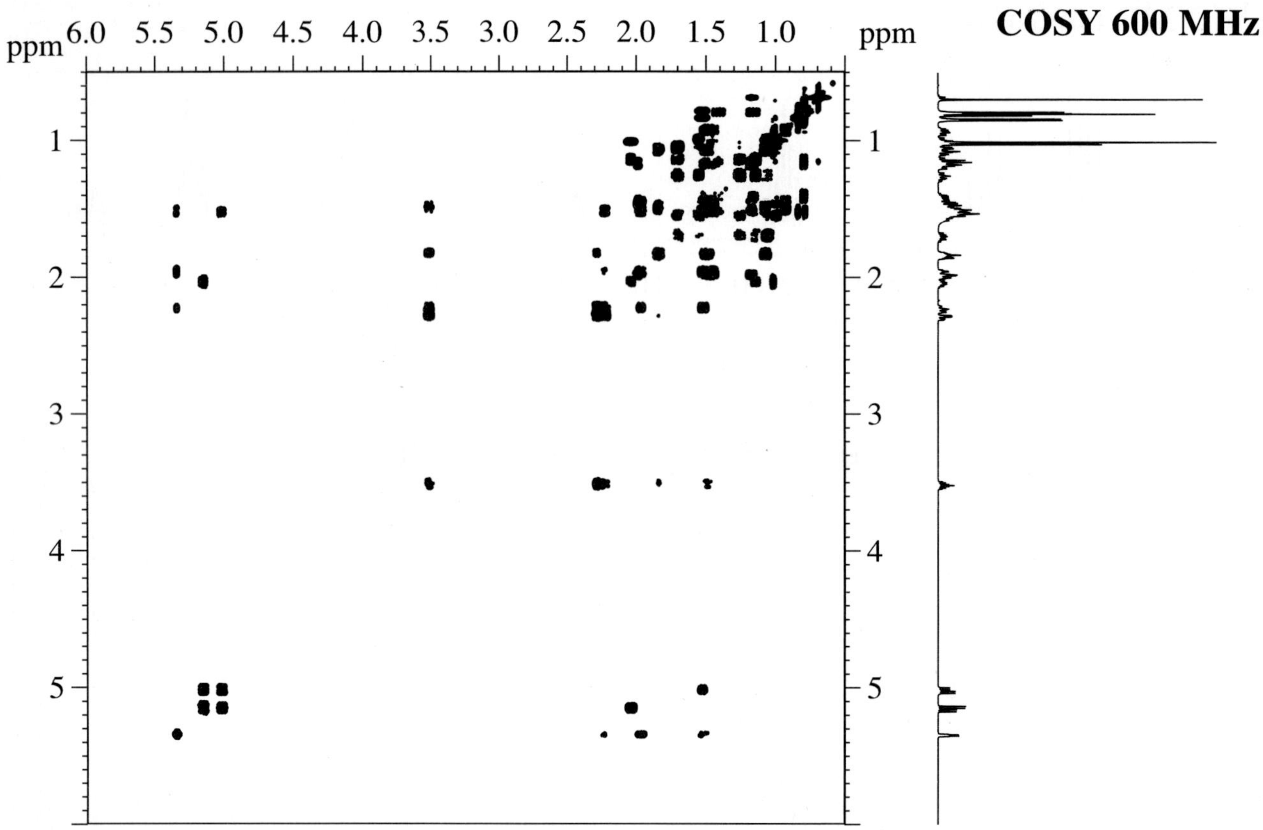
COSY 600 MHz
ppm
6.0 5.5 5.0 4.5 4.0 3.5 3.0 2.5 2.0 1.5 1.0
1
2
3
4
5

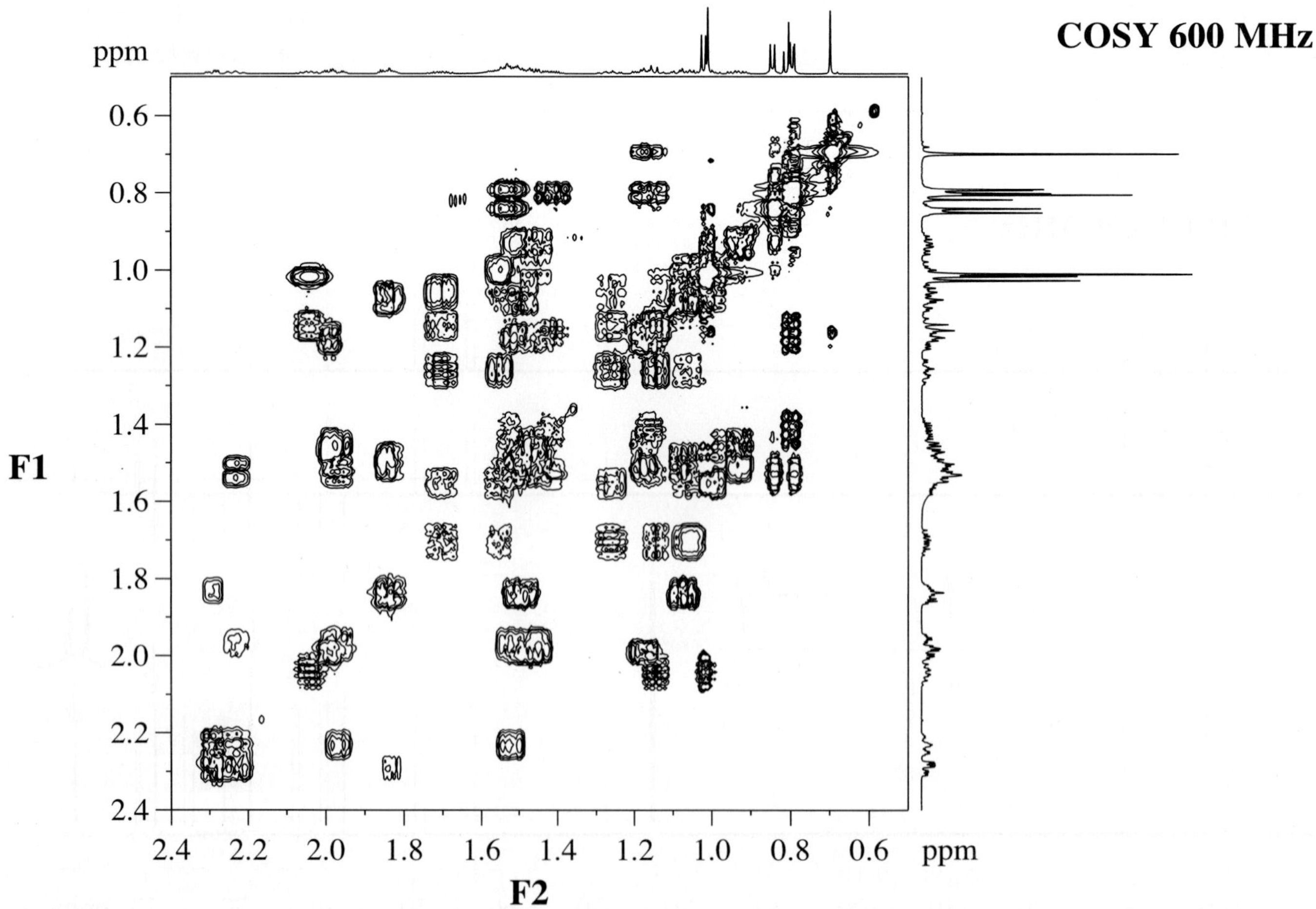
COSY 600 MHz
ppm
0.6 0.8 1.0 1.2 1.4 1.6 1.8 2.0 2.2 2.4
F1
2.4 2.2 2.0 1.8 1.6 1.4 1.2 1.0 0.8 0.6
F2

HMQC 600 MHz

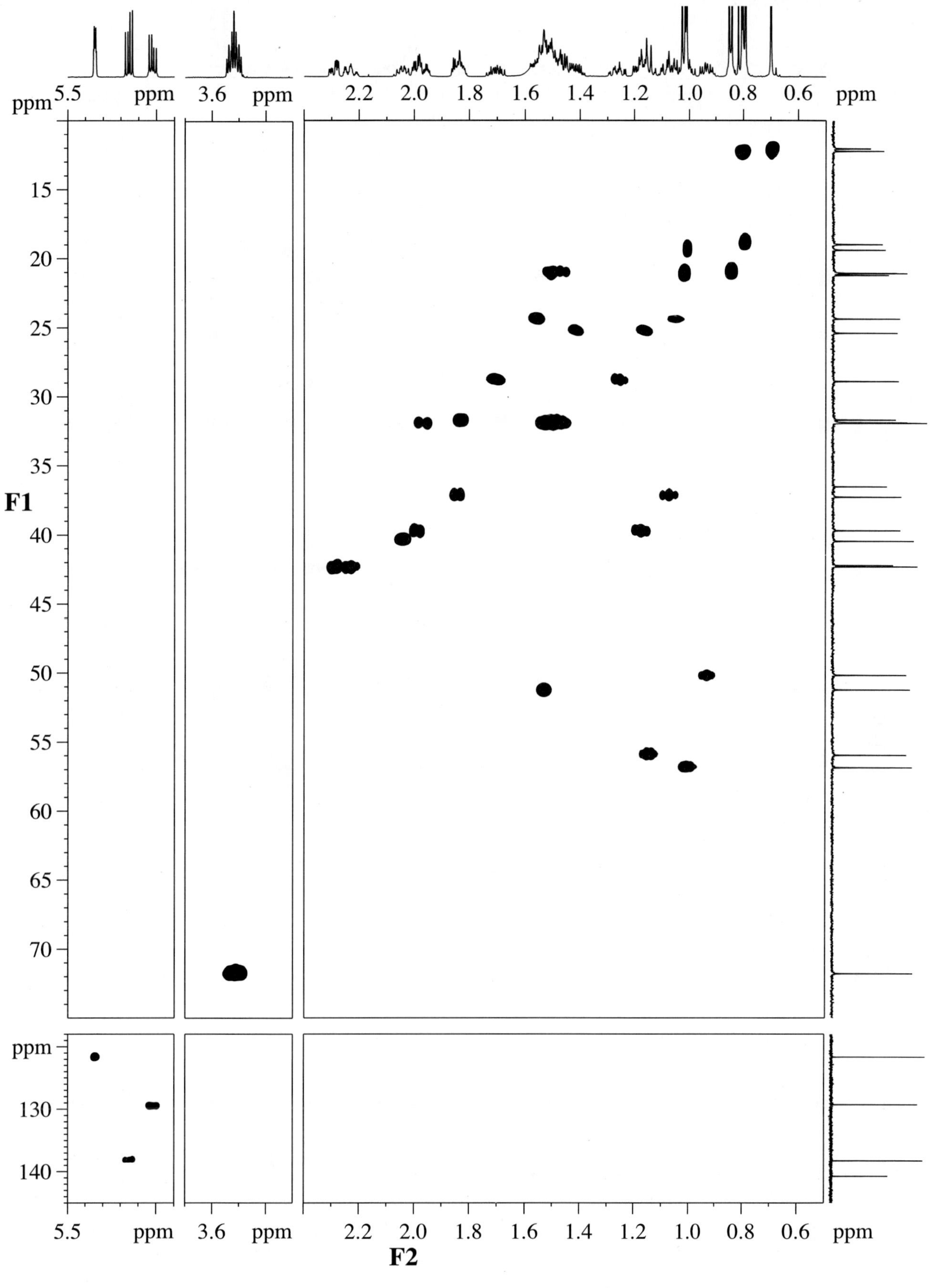

ppm
5.5
ppm
3.6
ppm
2.2
2.0
1.8
1.6
1.4
1.2
1.0
0.8
0.6
ppm
15
20
25
30
35
F1
40
45
50
55
60
65
70
ppm
130
140
5.5
ppm
3.6
ppm
2.2
2.0
1.8
1.6
1.4
1.2
1.0
0.8
0.6
ppm
F2

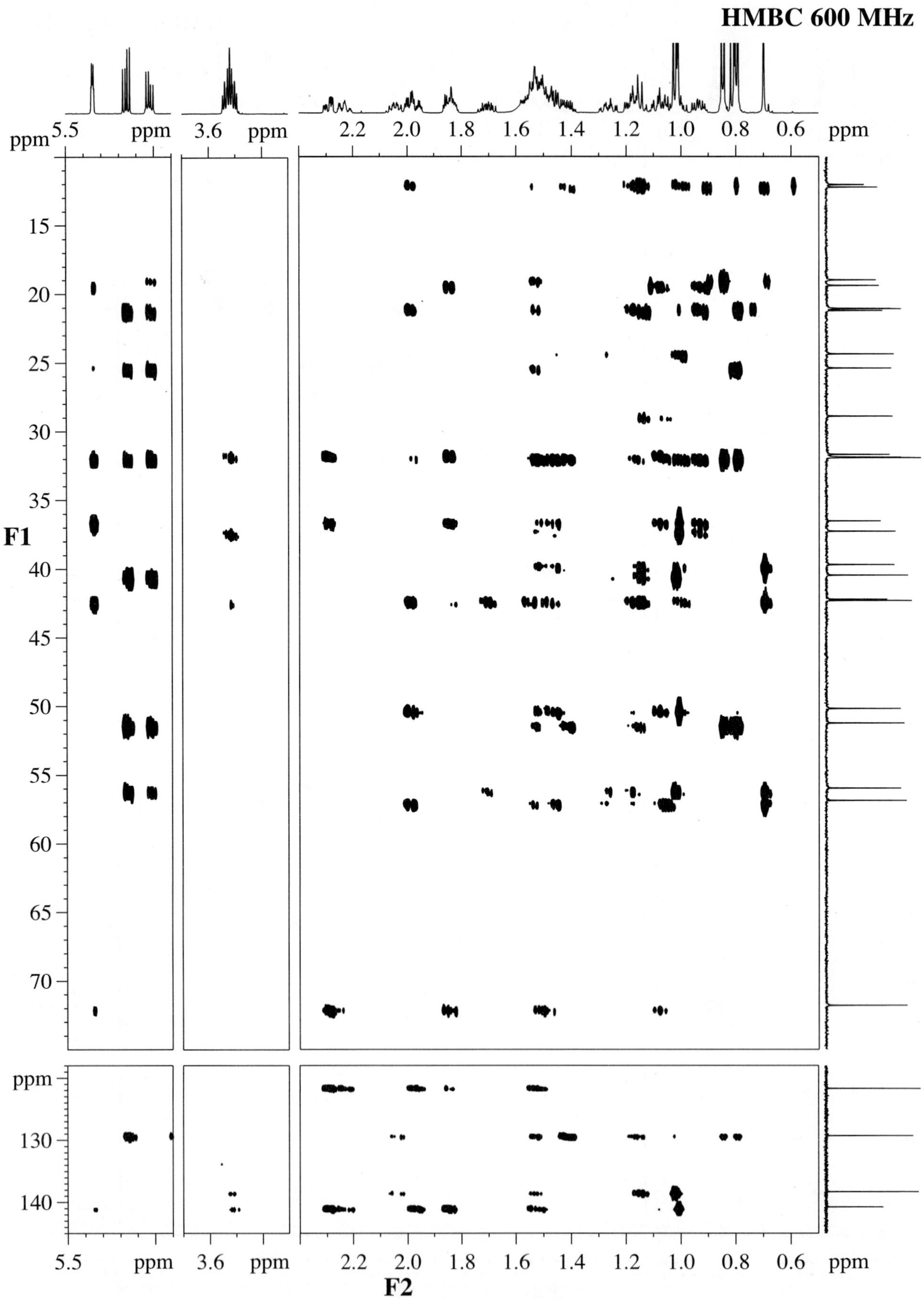
HMBC 600 MHz
F1
F2
ppm

^{1}H NMR 600 MHz
0° C in 5%/95% D_2O/H_2O

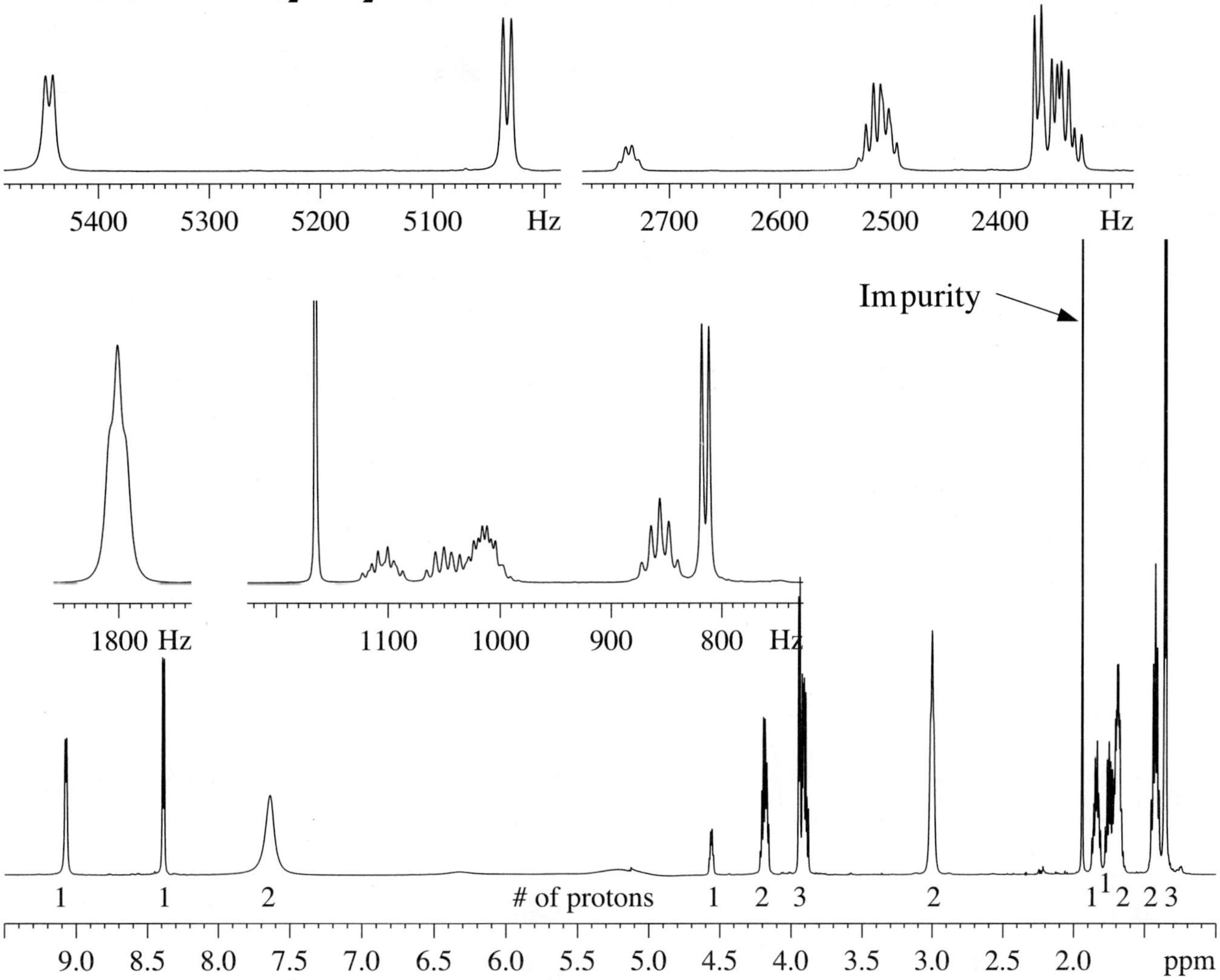

^{13}C/DEPT 150.9 MHz

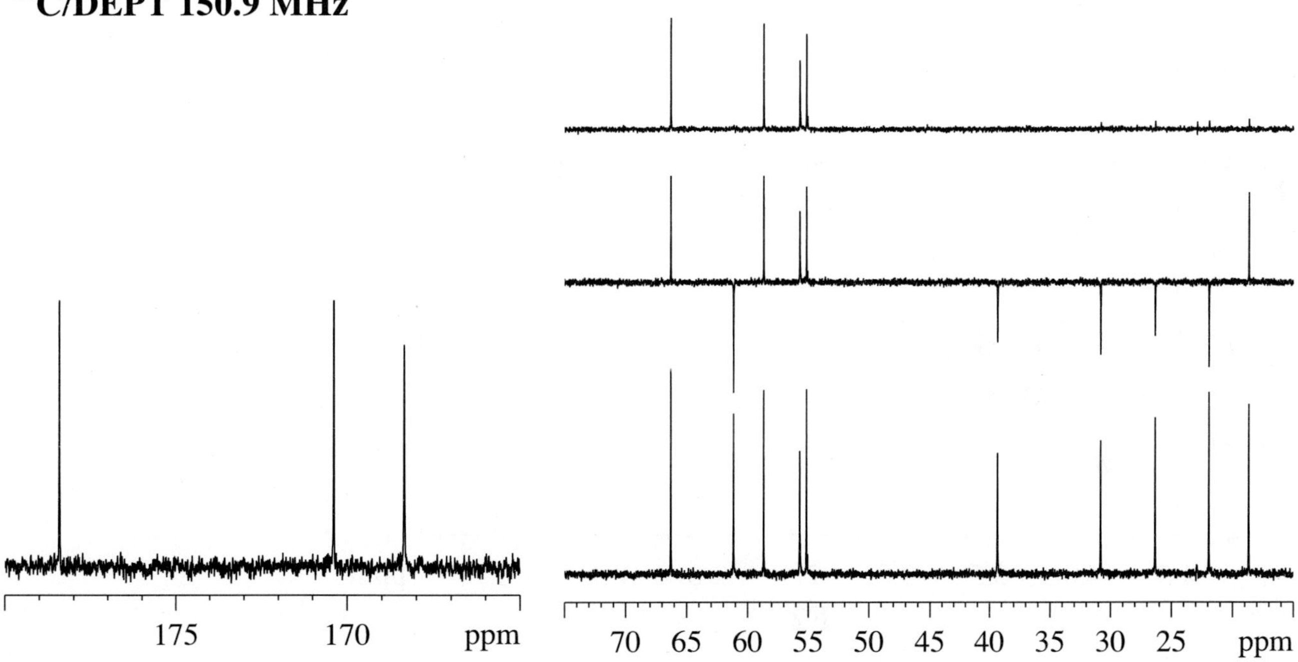

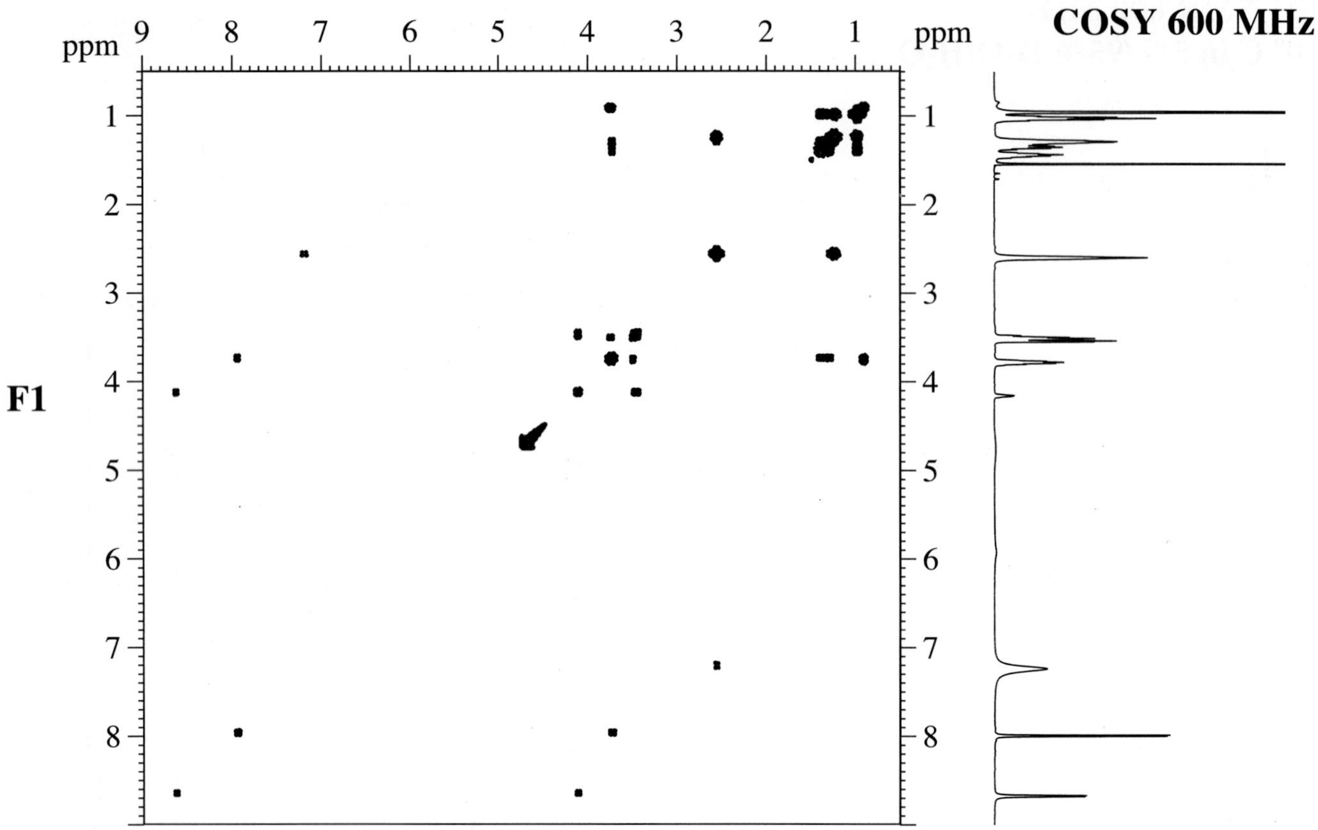
COSY 600 MHz
ppm
F1

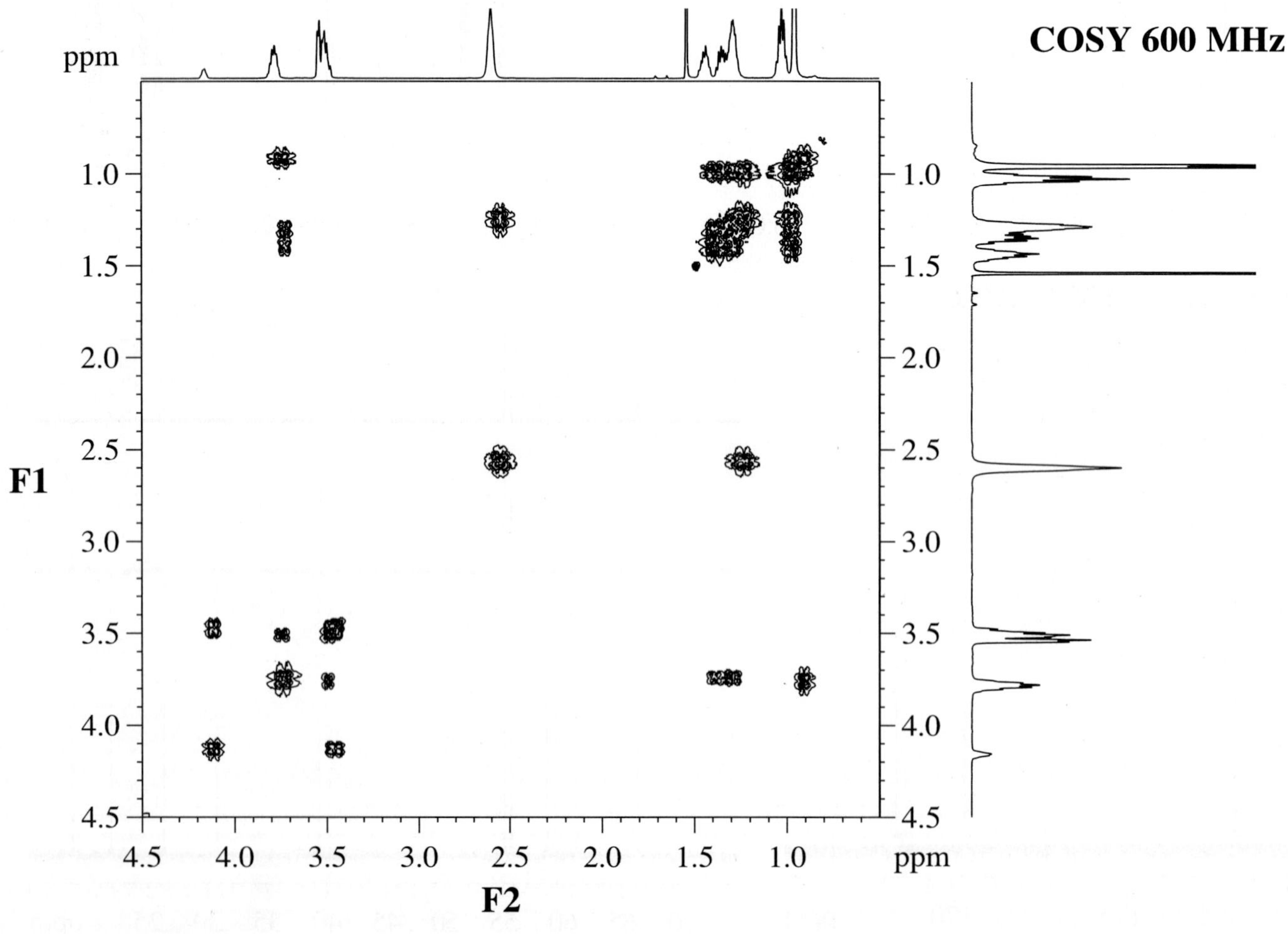
COSY 600 MHz
ppm
F1
F2

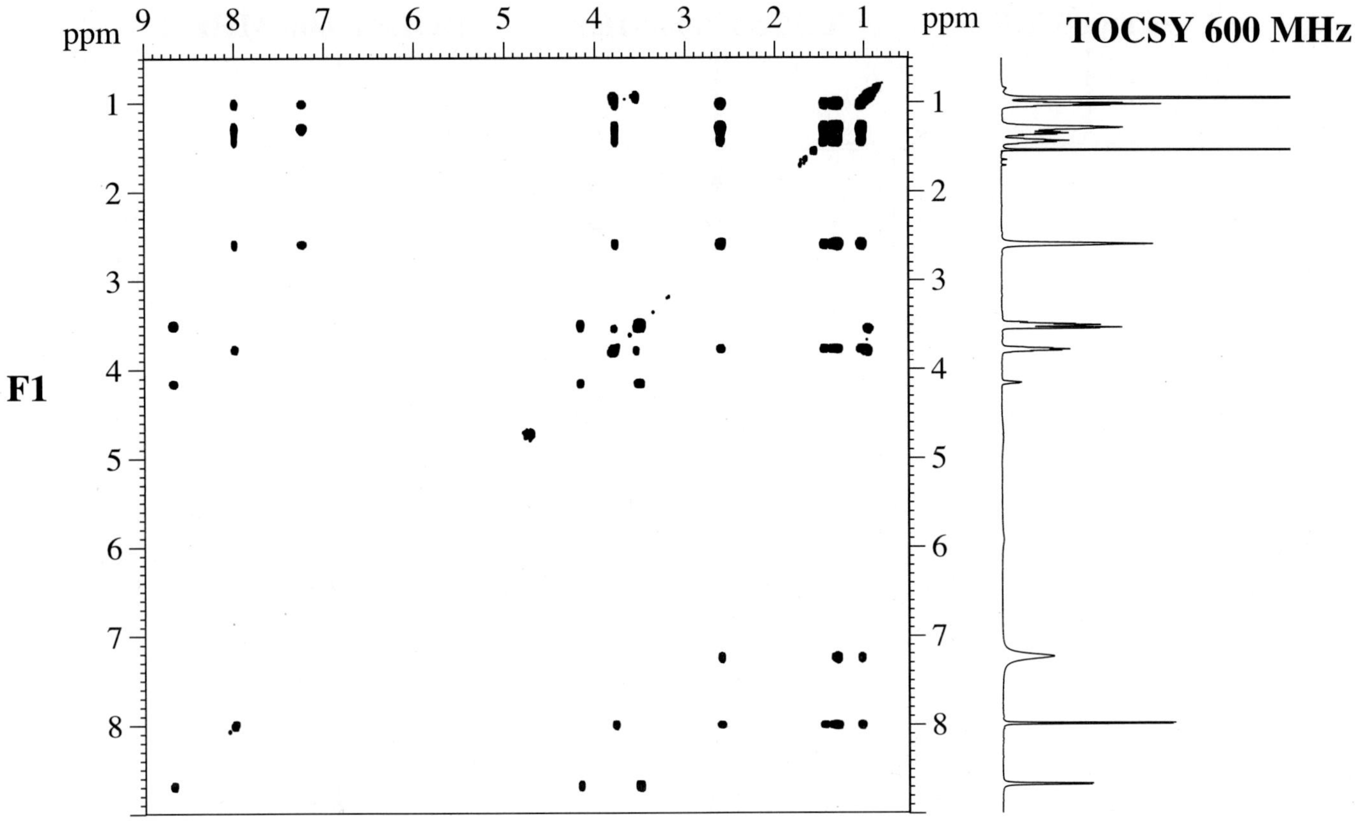
TOCSY 600 MHz
ppm
F1

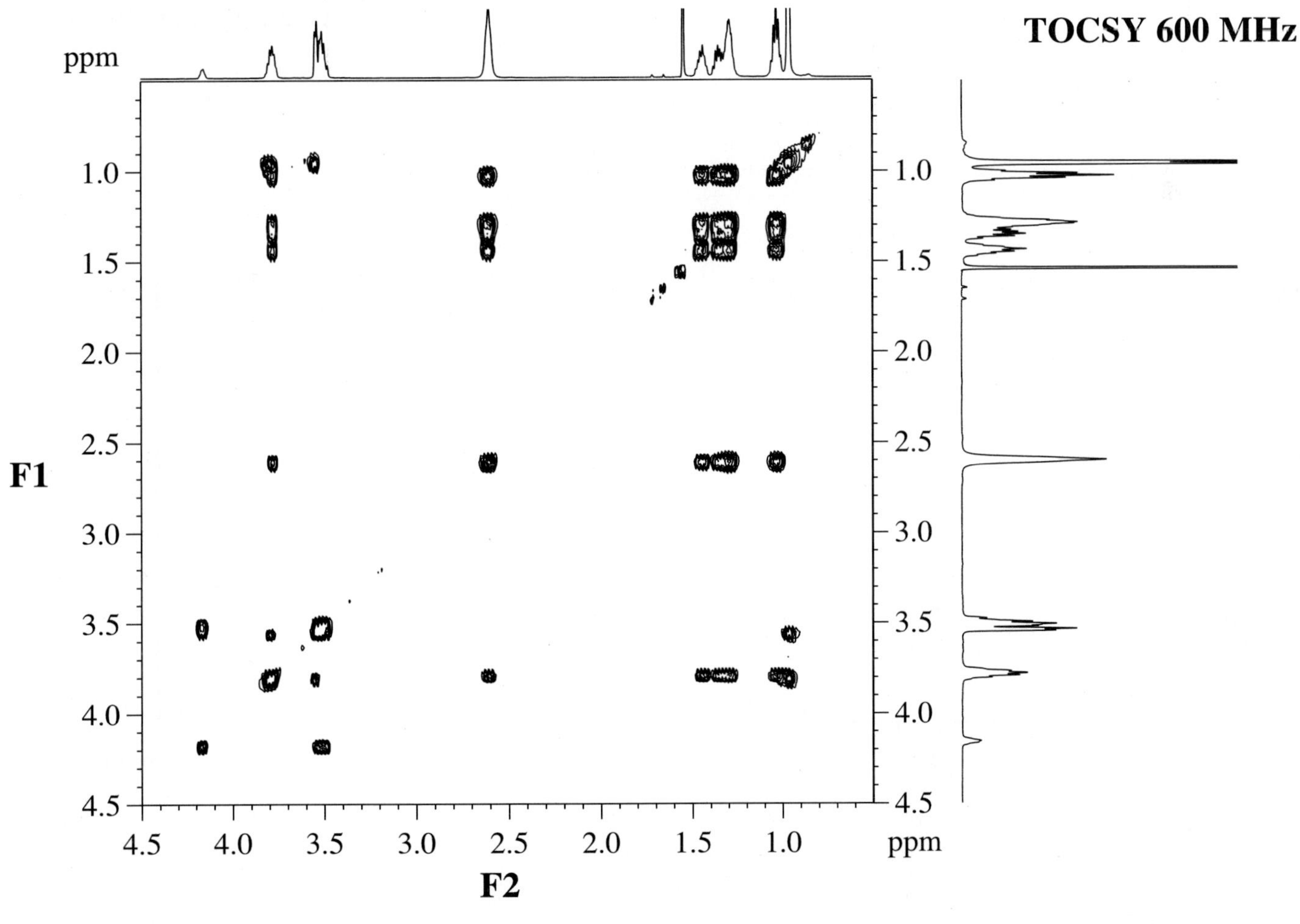
TOCSY 600 MHz
ppm
F1
F2

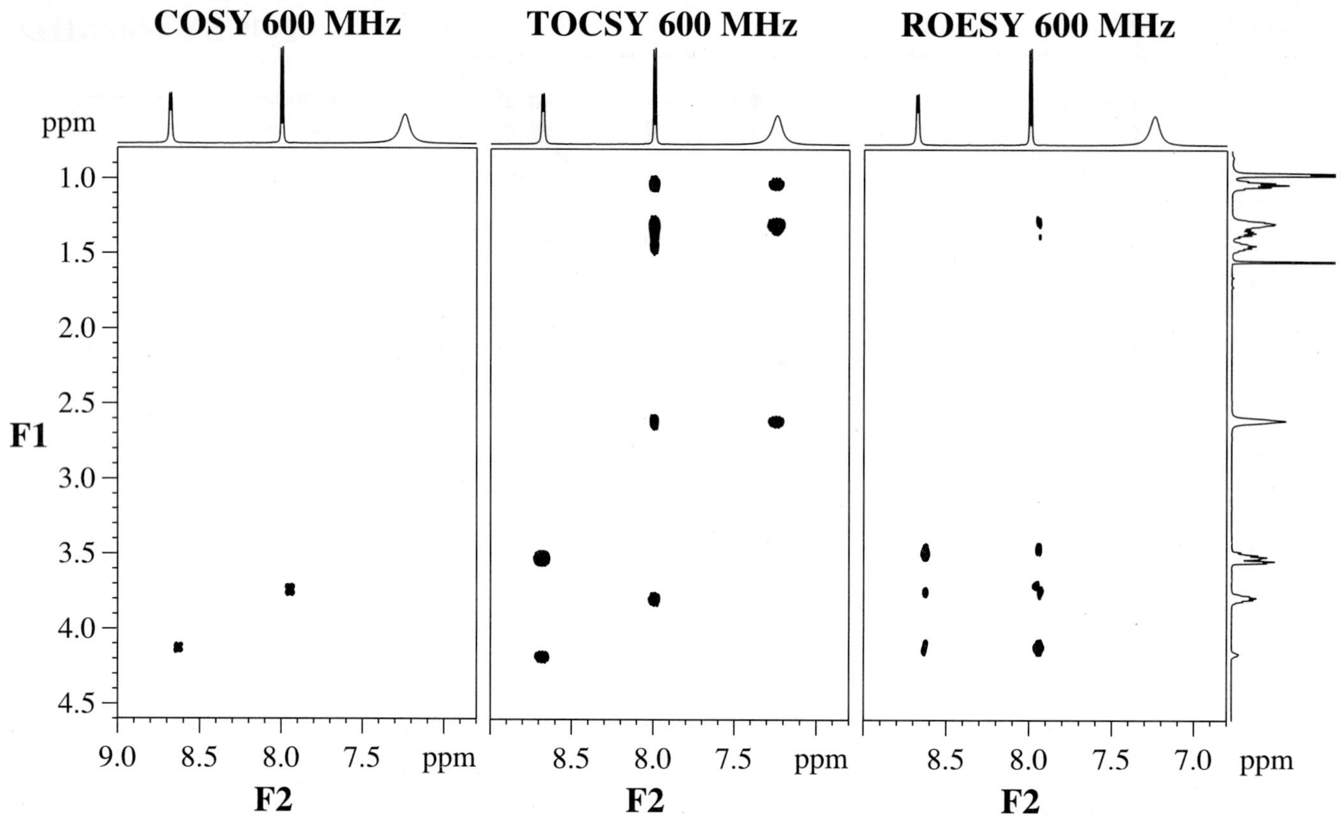

COSY 600 MHz
TOCSY 600 MHz
ROESY 600 MHz
ppm
F1
F2

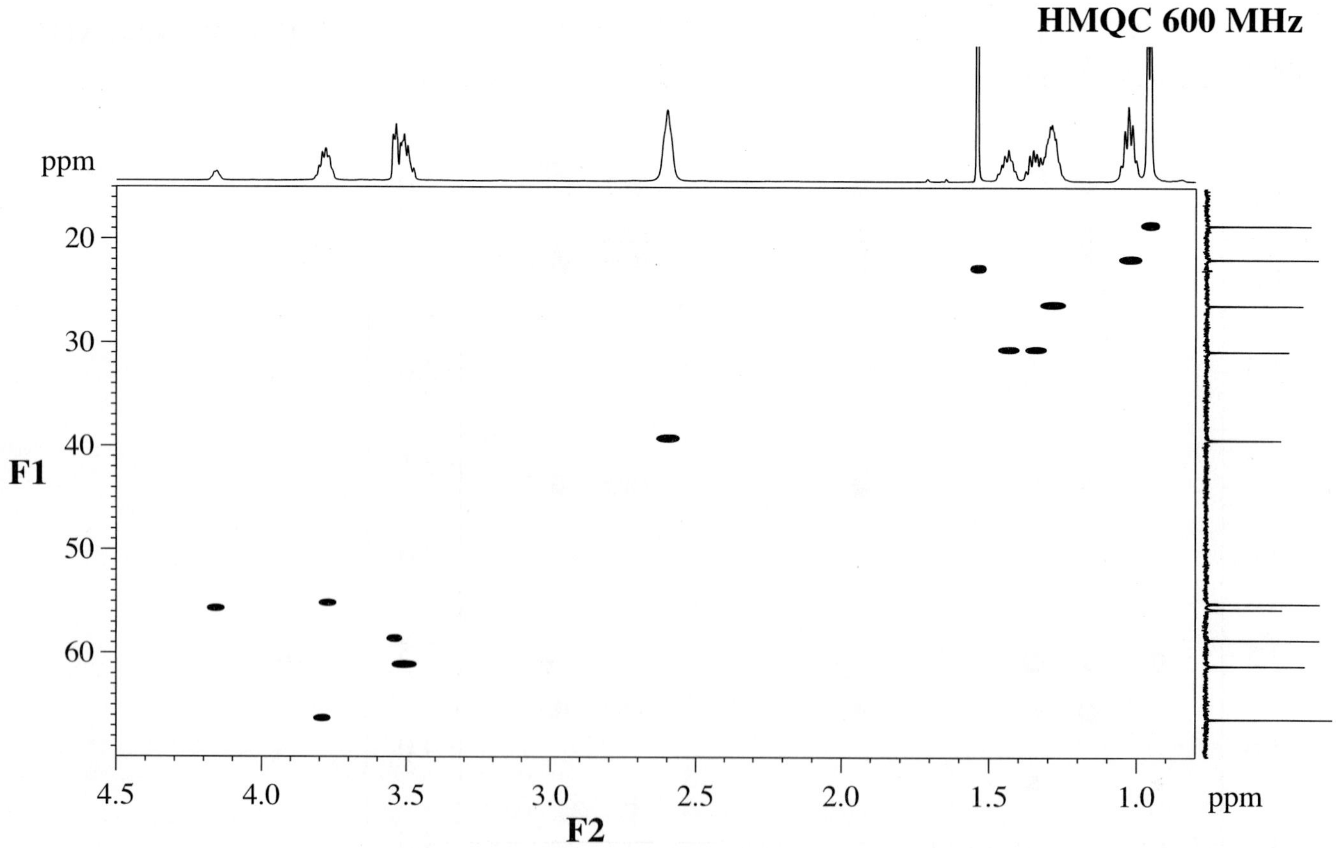

HMQC 600 MHz
ppm
F1
F2

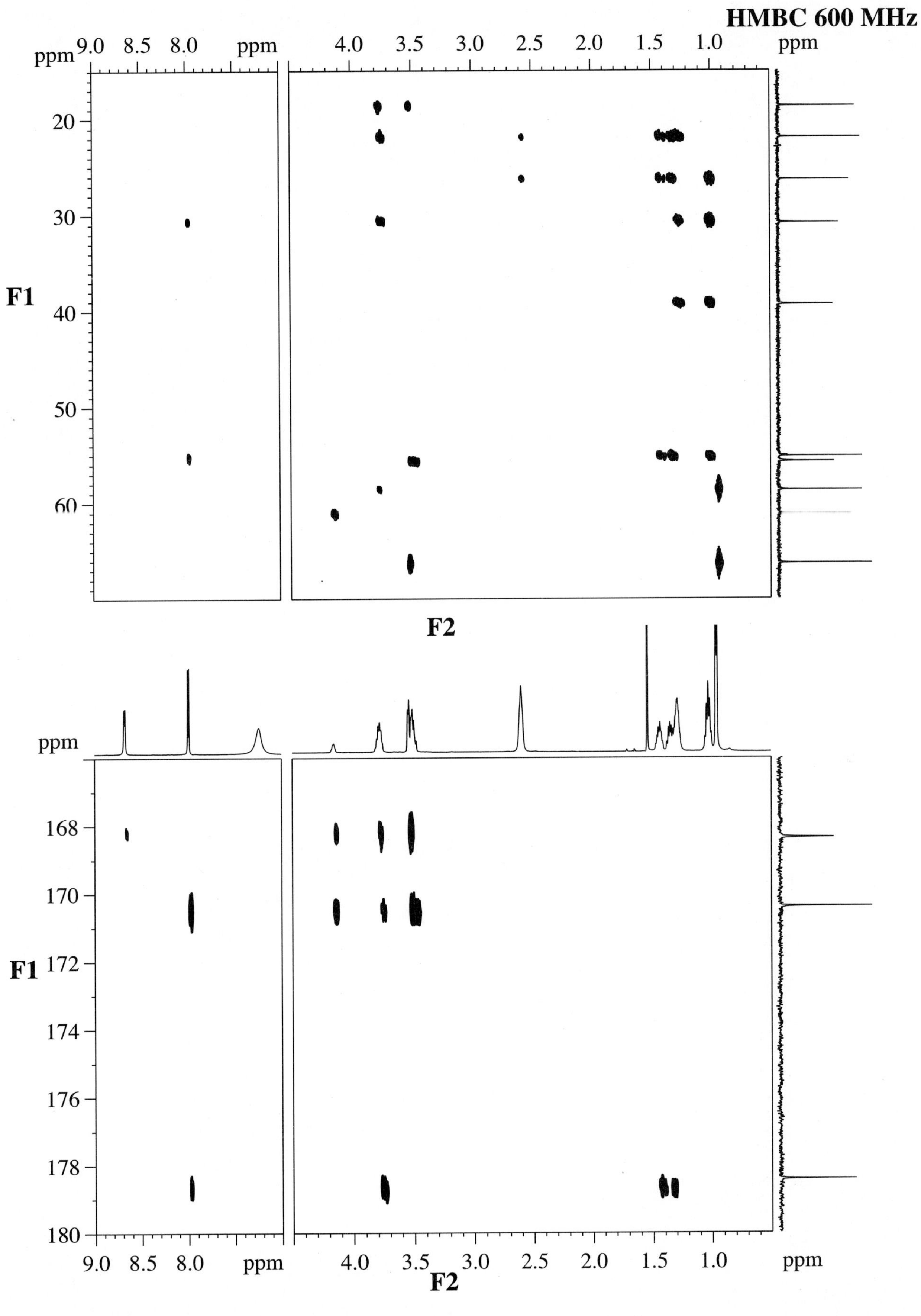
HMBC 600 MHz
F1
F2
ppm

6장

1/2 스핀을 가진 다른 중요한 핵의 NMR 분광법

6.1 서론

앞선 세 장에서, 유기 화합물을 다루는 화학자들에게 ^{1}H와 ^{13}C 핵에 대한 핵자기 공명 실험이 아주 유용하다는 것을 보았다. 그러나 우리가 핵자기 공명에서 이 중요한 두 핵에 대해서만 한정할 필요는 없다. 사실 스핀수 *I*가 영보다 큰 핵이 120개가 있으므로, 이론적으로 NMR 실험에서 그런 핵의 관측이 가능하다. 이 120개의 핵 중에서 31개가 스핀 수가 1/2인 쌍극성 (dipolar) 이다.

부록 A에 관련된 유용한 데이터와 더불어 자기적으로 활성인 모든 핵에 대해 나열해 놓았다. 때때로 부록 A의 데이터를 살펴보고, 목록에 있는 핵과 ^{1}H와 ^{13}C (또한 목록에 있음) 의 데이터를 비교해 보는 것도 가치가 있다. 첫째, 우리는 많은 원소가 하나 이상 자기적으로 활성인 동위원소를 갖고 있다는 것을 알 수 있다. 부록 A의 일부분을 표 6.1 (300 MHz ^{1}H에 참조해서) 에 부가적으로 유용한 화학 이동의 범위와 함께 나타내었다. 표 6.1은 이 장에서 다루게 될 핵의 목록이다. 먼저 예제로써 수소 원소의 가능성을 고려해 보자. 수소는 세 가지 동위원소를 갖고 있다: ^{1}H (프로튬, protium) , ^{2}H (중수소, deuterium) , ^{3}H (삼중수소, tritium) ; 각 동위원소는 NMR 연구에 사용되는데, 각각 다른 장점을 갖고 있다. ^{1}H와 ^{3}H는 모두 1/2 스핀을 갖고 있어서 둘 모두 상대적으로 큰 민감도를 갖고 있다. 그러나 ^{3}H는 자연계에 존재하지 않는 방사성 물질이다. 그래서 삼중수소는 우리가 의도적으로 합성하여 분자내에 삽입했을 때만 관측이 가능한 반면에, 프로튬은 도처에 존재하고 있어서 그 사용에 있어 이미 친숙하다.

중수소는 스핀수가 1*이고, 아주 낮은 자연계 함량을 갖고 있다. 중수소는 방사성 물질이 아니다. 중수소는 유기화학과 생화학에서 메커니즘의 연구에 아주 유용한 동위원소이다. 자연계에 낮은 함량 때문에 우리가 ^{1}H나 ^{13}C 같은 다른 핵을 관찰할 때 중수소를 무시할 수 있다. 그러나 현대의 기기를 이용하면 자연계 함량에서도 ^{2}H NMR 스펙트럼을 관찰할 수 있다.

표 6.1에 300 MHz ^{1}H의 공명 진동수에 해당하는 7.0463 T에서 각 핵의 공명 진동수를 나타내었다. 또한 자주 쓰이는 기준 화합물과 ppm 단위로 유용한 검출 범위를 나타내었다. 화학 이동 데이터는 기준 물질이 올바를 때만 유용하다. 사실, ^{1}H와 ^{13}C 데이터를 제외하곤, 대부분의 다른 핵은 하나의 기준 물질로 사용된 화합물보다 더 많이 나타나기 때문에, 다른 원천과 화학 이동을 비교할 때는 세심한 주의가 요구된다.

다핵 (multinuclear) NMR은 분야가 굉장히 넓지만 우리가 여기서 이해해야 할 목표는 사소하다는 것을 상기하면서 이 장을 시작하자. 3.7절에서 양성자 스펙트럼에서 자기 모멘트 (특히 스핀 1/2을 가진) 를 가진 다른 핵의 영향에 대해서 살펴보았다. 우리는 먼저 유기화학 (관련된 천연물, 약학 분야) , 생화학, 고분자 화학과 관련하여 역사적으로 중요한 스핀 1/2 핵을 가진 네 개의 원소에 대한 NMR 분광법을 간단하게 살펴볼 것이다. 이 네 가지 핵은 ^{15}N, ^{19}F, ^{29}Si, ^{31}P이고, 몇 가지 간단한 예제와 중요한 실험적 요소 및 한계에 대해서 설명할 것이다.

제 3장과 4장에서 이미 이 네 가지 핵의 이론적인 배경에 대해서 설명하였다. 이 핵들에 대해서도 스핀, 짝지음, NOE, 푸리에 변환 등 ^{1}H나 ^{13}C에 적용했던 것을 변경 없이 적용할 수 있다. 화학 이동의 개념도 변경 없이 사용하지만, ^{1}H와 ^{13}C 화학 이동에 대해서 적용했던 그 예측 기술을 이 핵들에 적용하는 것은 피해야 한다 (지적한 대로 몇 가지 예외와 함께) .

유기 화합물의 구조를 결정하기 위해서 ^{1}H와 ^{13}C와 다른 핵의 NMR 분광법을 사용하는 것을 지금은 흔하게 볼 수 있다. NMR 실험에서 구조를 모르는 화합물이 질소를 함유하고 있는지부터, 더 나아가 복잡한 입체화학과 반응 메커니즘에 이르기까지 다양한 범위에서 다른 핵을 사용하는 것이 응용되고 있다. 우리의 논의가 네 가지 "다른" 핵에 한정되어서 진행되지만, 다른 핵 또는 다른 실험의 가능성에 대해서 시야를 제한할 필요는 없다. 사실, 여기서 우리의 목표를 주기율표상의 다른 핵까지 NMR의 영역을 한계 없이 넓히는 것도 가능하다.

* 스핀이 1/2보다 큰 핵은 이 책에서 다루지 않는다. 우리가 실험적으로 필요한 세세한 항목을 적절히 고려하면, 중수소 시료로부터 스펙트럼을 기록할 수 있다.

표 6.1 이 장에서 논의할 핵에 대한 유용한 자기 공명 데이터

동위원소	스핀	자연 존재비 %	민감도 상대적[a]	민감도 절대적[b]	MHz (T = 7.0463)	기준 화합물	검출 범위 ppm
^{1}H	1/2	99.98	1.00	1.00	300.000	$Si(CH_3)_4$	0 − 10
^{2}H	1	1.5×10^{-2}	9.65×10^{-3}	1.45×10^{-6}	46.051	$Si(CD_3)_4$	0 − 10
^{3}H	1/2	0	1.21	0	319.990	$Si(CT_3)_4$	0 − 10
^{13}C	1/2	1.108	1.59×10^{-2}	1.76×10^{-4}	75.432	$Si(CH_3)_4$	0 − 220
^{14}N	1	99.63	1.01×10^{-3}	1.01×10^{-3}	21.671	$^{14}NH_3$ (1)[c]	0 − 990
^{15}N	1/2	0.37	1.04×10^{-3}	3.85×10^{-6}	30.398	$^{15}NH_3$ (l)[c]	0 − 990
^{17}O	5/2	3.7×10^{-2}	2.91×10^{-2}	1.08×10^{-5}	40.670	H_2O	50 − 1700
^{19}F	1/2	100	0.83	0.83	282.231	$CFCl_3$	280 − 276
^{29}Si	1/2	4.7	7.84×10^{-3}	3.69×10^{-4}	59.595	$Si(CH_3)_4$	380 − 80
^{31}P	1/2	100	6.63×10^{-2}	6.63×10^{-2}	121.442	85% H_3PO_4	480 − 270

[a] 같은 수의 핵에 대한 고정된 장(constant field)에서
[b] 상대적인 민감도와 자연 분포의 곱
[c] 25℃에서

6.2 ^{15}N 핵자기 공명

유기 화합물 중에서 탄소와 수소 다음으로 중요한 두 가지 원소가 산소와 질소이다. 유기 화학자의 입장에서 이 두 원소 중에 하나가 존재하는 것은 하나 이상의 "작용기"가 존재하고, IR 분광법을 이용할 필요가 있게 되는 것을 의미한다. 특히 질소에 대해서는 IR 분광법 방식이 가치를 떨어뜨리지 않지만, 그럼에도 불구하고 너무 제한적이다. 표 6.1을 보면, 산소의 경우 NMR이 가능한 핵은 오직 하나이다. ^{17}O는 스핀이 5/2이지만, NMR 연구에서는 많이 사용되지 않는다. 반면에 ^{16}O는 스핀이 영이다(표 6.1의 목록에 없다).

반면에 질소는 두 개의 자기적으로 활성인 동위원소 ^{14}N과 ^{15}N이 있다. 유기화학에서 질소 화합물이 아주 중요해서*, 천연물, 약학, 생화학 분야에서 두 동위원소 모두 왕성한 NMR 연구의 주제가 되고 있다.

다시 표 6.1을 참조하면, 질소의 두 동위원소 모두 NMR에 대해 이상적인 것은 아니다. 질소에 대해서 자연계에 99% 이상을 차지하는 동위원소인 ^{14}N은 스핀 1을 갖고 있어서, 전자적 사극자 모멘트(electronic quadrupole moment)를 갖고 있다. 이 핵은 본질적으로 민감도가 낮고, 사극자 이완(relaxation) 때문에 아주 넓게 퍼진 선으로 나타난다. 여기서 더 이상 이 핵에 대해 거론하지 않는다.

* 우리에게 친숙한 작용기를 가진 여러 종류의 질소는 별도로 하고, 연구의 전반적인 분야가 질소를 함유한 화합물에 기초해서 발달해 왔다. 이러한 분야는 알칼로이드, 펩타이드와/또는 단백질과 핵산을 포함한다. 핵산은 질소가 이 화합물에 도처에 있을 뿐만 아니라 인도 있기 때문에, NMR 연구 목적을 위해서는 많은 사람들이 관심 있는 주제이다(6.5절 참조).

질소의 다른 동위원소 ^{15}N 또한 본질적으로 낮은 민감도를 갖고 있을 뿐만 아니라, 자연계에 아주 낮은 함량이 곱해지면, 극도로 낮은 절대적인 민감도를 초래한다. 현대 기기는 대개 이 민감도 문제를 극복했고(표지된 시료의 사용 또는 직접적으로 검출), 우리는 ^{15}N의 스핀수가 1/2이고, 선-두께가 아주 가늘기 때문에 대부분 이 핵에 대해 초점을 맞출 것이다.

^{15}N 실험을 성공적으로 수행하려면, 두 가지 중요한 실험 요소를 고려해야 한다. ^{15}N 핵은 아주 느리게 이완하는 경향이 있다; 80초보다 더 큰 T_1이 측정되었다. 그래서 긴 펄스 지연(delay)을 펄스 순서(sequence)에 넣거나 대안으로 스핀 이완을 위한 다른 방도를 제공해야 한다. 흔하게 사용하는 방법은 "촉매" 양만큼 크로뮴(III) 아세틸아세토네이트(chromium(III) acetylacetonate)를 넣는 것이다. 이것은 상자기성(paramagnetic) 물질로 비공유 전자쌍의 스핀 전이를 효과적으로 고무시킨다. T_1이 알려져 있지 않은 경우(와 측정하려고 하지 않는 경우)에, 펄스 지연과 펄스각을 조심스럽게 고려해야 한다. 그 이유는 하나(또는 그 이상)의 ^{15}N 공명 신호가 너무 늦게 생길 수 있거나 모두를 잃어버릴 수 있기 때문이다.

다른 실험적 요소는 제 3장과 4장에서 논의한 NOE로써 지금 더 자세하게 고려할 것이다. 우리는 ^{13}C 실험에서 일상적으로 양성자의 조사(irradiation)(즉, 양성자 짝풀림)를 한다는 것을 알고 있다. 이것은 모든 탄소에 대해서 우리가 원하는 단일선을 형성하는 효과 뿐만 아니라 탄소의 신호도 증대된다. 이 증대는 NOE 때문이다; 신호 세기의 변화는 예측된 볼쯔만 분포에 벗어난 스핀 점유도의 편향에 기

인한 것이다. 증대의 정도는 두 요소에 달려있다: 핵의 자기회전 (magnetogyric) 비율의 1/2이 최대로 가능한 증대인데, 실제 증대는 ^{13}C—^{1}H 쌍극자 이완의 정도에 비례한다. 양성자-짝풀림 ^{13}C 실험에서, 최대 NOE 증대는 $\gamma_H/(2)\gamma_C$ 또는 26,753/(2)6728로 이 값은 1.98이다. 그러므로 전체 민감도 증가는 NOE 증대가 원래 세기에 더해지기 때문에 거의 **세 배**가 된다.

^{13}C—^{1}H 시스템에서 실제 증대는 각 개별적인 핵의 이완 메커니즘에 따라서 0에서 1.98값을 가질 수 있다. 연습해 보면, 결합된 양성자가 없는 탄소의 경우에, 실질적으로 ^{13}C—^{1}H 쌍극자 이완을 할 수 없기 때문에 증대는 필수적으로 영이다. 작은 것에서 중간 크기의 유기 분자의 경우에는, 결합된 양성자를 가진 탄소의 ^{13}C—^{1}H 쌍극자 이완이 매우 효율적이어서 신호가 최대인 200% 증가에 가깝게 된다.

우리가 똑같은 이유를 ^{15}N 핵에 적용하면, 아주 상이한 상황에 직면하게 된다. ^{15}N의 자기회전 비율은 작고 **음의** 값 ($\gamma = -2,712$) 이다. 간단하게 계산해 보면, ^{15}N의 경우 최대 NOE 증대는 $\gamma_H/(2)\gamma_N$ (26,753/(2)*(−2712)) 로써 그 값은 −4.93이 된다. 일반적인 경우에, 양의 자기회전 비율을 가진 스핀 1/2인 핵은 양성자 짝풀림에서 양의 NOE 증대를 일으킨다. 반면에 음의 자기회전 비율을 가진 스핀 1/2인 핵은 음의 NOE 증대를 준다.

^{15}N 핵에 대해서, 최대 증대는 −4.93 + 1, 즉 −3.93이다. ^{15}N—^{1}H 쌍극자 스핀-격자 이완이 압도적인 경우에, 신호는 역전 (음의) 되고, 신호의 세기는 ^{1}H 조사 (irradiation) 가 없을 때보다 거의 네 배가 된다. 그러나 ^{15}N 쌍극자 이완이 ^{15}N의 많은 이완 메커니즘 중에 오직 하나에 지나지 않으므로, 양성자 짝풀림에 의해 NOE 범위가 0에서 −4.93 또는 신호 범위가 +1에서 −3.93으로 나타난다. 여기에 실험적인 하향을 보태면 NOE는 0에서 −2.0 사이로 관측되는 신호의 절대적인 세기가 낮아진다. 사실, 정확하게 −1.0의 NOE는 신호를 생성하지 못한다! 일반적으로 탄소와 지금 질소에서 보듯이 양성자 짝풀림은 이핵 NMR 실험에서 일상적으로 사용하는 기법이다. 그래서 그런 실험에서는 항상 NOE 증대의 실용적인 결과를 항상 마음에 두고 있어야 한다.

이제 ^{15}N 스펙트럼으로 관심을 돌리자. 우리가 이미 언급했듯이 ^{15}N이 ^{13}C보다 대략 10배 정도 민감성이 떨어짐에도 불구하고, 자연-함량만으로 ^{15}N 스펙트럼을 일상적으로 현대 기기를 이용하여 얻을 수 있다. 오늘날, 액체 암모니아* 를 ^{15}N의 표준 기준 물질 (외부 기준 물질로 사용됨) 로 많이 사용된다. 과거에는 질산 암모늄, 질산, 나이트로메테인과 다른 많은 물질들이 사용되었다. 문헌 값을 참조할 때에는 화학 이동을 보고된 표준 물질에 대해서 보정한 후에 신뢰할 수 있는 값을 얻을 수 있다.

지금까지 우리는 ppm 척도에 친숙하므로 여기서 자세한 사항을 고려할 필요는 없다. 탄소처럼 질소는 2주기 원소이며, 여러 가지 방법으로 유사한 전자적 영향을 느끼게 된다. 근사적으로 질소를 함유한 많은 유기 화합물의 화학 이동은 탄소의 화학 이동과 가깝게 평행하다. 흔한 유기 화합물에서 질소의 화학 이동 범위는 탄소의 화학 이동의 범위의 약 두배 정도인 500 ppm이다.† 그림 6.1에 여러 가지 형태의 질소 함유 유기 화합물의 화학 이동 범위를 나타내었다. ^{15}N 공명에서 아주 가는 선과 함께 상대적으로 큰 화학 이동 범위를 갖는 것은 ^{15}N 스펙트럼에서 우연하게 피크가 중첩될 가능성이 ^{13}C 스펙트럼보다 훨씬 더 작다는 것을 의미한다. 탄소와 유사성이 더 있는데, 그것은 주어진 화합물 종류에서 우리는 탄소에서 그랬던 것처럼, 예측 가능한 치환기 매개변수를 대개 유도할 수 있다. 그리고 이 매개변수의 크기도 탄소와 유사하다.

우리는 탄소와의 유사성에 대해서 너무 집착하지 않아야 한다. 질소는 유일한 것이고, 질소만 가진 특별한 화학 이동의 특성이 있다는 것을 기억해야 한다. 가장 중요한 두 가지 특성은 모두 질소에 있는 비공유 전자쌍에 기인한 것이다.

이 전자쌍이 이러한 화합물의 화학에서 대개 큰 영향을 주는 것처럼, 어떤 환경에 있는 질소의 화학 이동에 아주 큰 영향을 주게 된다. 우리는 아주 종종 화학 이동 위치가 구조적으로 유사한 탄소의 공명보다는 용매에 더 민감하다는 것을 발견한다. 고립 전자쌍이 화학 이동에 영향을 미치는 다른 방법은 양성자화 (protonation) 를 통해서이다. 놀랍게도, 우리는 양성자화가 일어났을 때 신호의 이동 방향을 말할 수 없다; 그러나 우리는 이동의 크기와 방향 모두 특정 형태의 질소의 특징이라고 말할 수 있다.

그림 6.2의 제일 위에 나타낸 스펙트럼은 폼아마이드 (formamide) 의 양성자-짝풀림 ^{15}N 스펙트럼이다. 이 스펙트럼은 놀랍게도 하나의 공명을 가진 ^{13}C 스펙트럼처럼 보인다. 양성자-짝풀림 조건에서는 ^{1}H와는 달리 ^{13}C처럼 나

* 나이트로메테인 (nitromethane) 은 0 ppm으로 때때로 내부 기준 물질로 사용되는데, 그럴 경우 질소를 함유한 유기 화합물의 ^{15}N 화학 이동은 대개 음의 값이다. 외부 기준 물질로 액체 암모니아를 사용하면, 사실 모든 ^{15}N 원자가 암모니아와 비교해서 벗겨지므로 (deshield), 음의 수를 가지는 것을 배제할 수 있다. 다만, 액체 암모니아를 다루는데 서툴 수가 있다. 일반적인 방법은 액체 암모니아에 상대적인 화학 이동을 보고하기 위해서 나이트로메테인을 기준으로 얻은 화학 이동에 380 ppm을 더하면 된다.

† 탄소와 질소의 화학 이동의 범위는 여기서 우리가 고려하는 것보다 더 크다. 이 범위 밖의 화학 이동은 예외적인 경우이고, 우리가 관심 있는 사항이 아니다 (그림 6.1 참조).

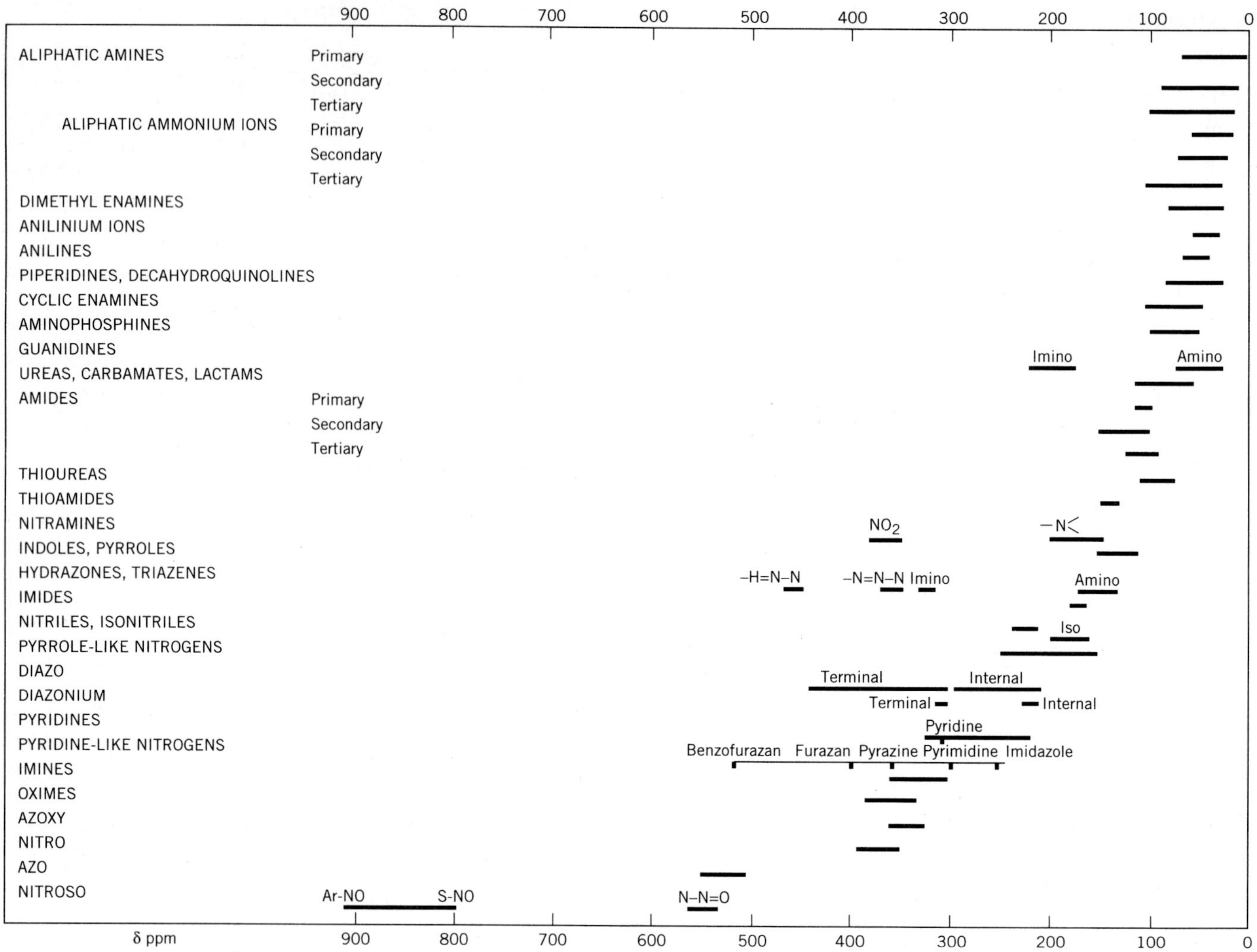

그림 6.1 여러 가지 질소를 함유한 화합물의 화학 이동 범위. Levy와 Lichter (1979) 의 데이터로부터 편집.

타나는 것이 표본이다. 언급할 가치가 있는 다른 특징은 피크의 방향이다. 양성자-짝풀림 조건에서 폼아마이드는 음의 NOE 증대를 경험하여 음의 값이 될 것이다. 그러나 FT 실험에서 FID의 처음 상이 무작위적이어서, 우리는 피크의 상이 위 또는 아래 중에 하나를 취할 수 있다; 스펙트럼에서 피크의 방향은 임의적이고 양쪽 형태가 모두 같은 스펙트럼에서 나타날 때만 의미를 갖게 된다 (예를 들어, DEPT). 폼아마이드에서 질소는 부분적으로 이중 결합 특성을 갖고 있고, 그로인해 화학 이동값이 낮은장으로 이동하게 된다(벗김 효과).

그림 6.2에서 다음 스펙트럼은 에틸렌다이아민 (ethylenediamine) 의 양성자-짝지음과 양성자-짝풀림 ^{15}N 스펙트럼이다. 우리는 먼저 폼아마이드와 비교하여 질소가 상대적으로 가려져 있어서 피크의 위치가 상당히 높은장에 나타나는 것을 지적하고 싶다. 이 스펙트럼에서 다른 지적할 만한 가치가 있는 것은 양성자 짝지음을 보여 주는 삽입된 그림이다. 이 삽입된 그림에 대해서 논의하기에 앞서, 몇 가지 일반적인 설명을 하는 것이 순서에 맞을 것이다. **한 결합, 두 결합, 세 결합** $^{15}N—^{1}H$ 짝지음이 흔한 반면에, 장거리 짝지음은 대개 끼어있는 π 결합이 필요하다. 짝지음 상수의 크기와 부호가 참고 문헌에 수록되어 있지만, 상세한 설명은 우리의 목표 범위 밖이다. $^{1}J_{NH}$는 대략 75에서 135 Hz까지 변하고, $^{2}J_{NH}$는 0에서 20 Hz, $^{3}J_{NH}$는 0에서 10 Hz 사이에 있다. 그림 6.2에 삽입된 그림을 다시 보면, 약 2–3 Hz의 상대적으로 작은 짝지음 상수를 갖는 분명한 오중선임을 알 수 있다. 빠른 교환 반응 때문에 $^{1}J_{NH}$는 볼 수가 없고, 한 결합과 두 결합 짝지음 상수는 대략 동일하다고 해석할 수 있다. 이핵 (heteronuclear) 시스템 (즉, $^{n}J_{XH}$) 에

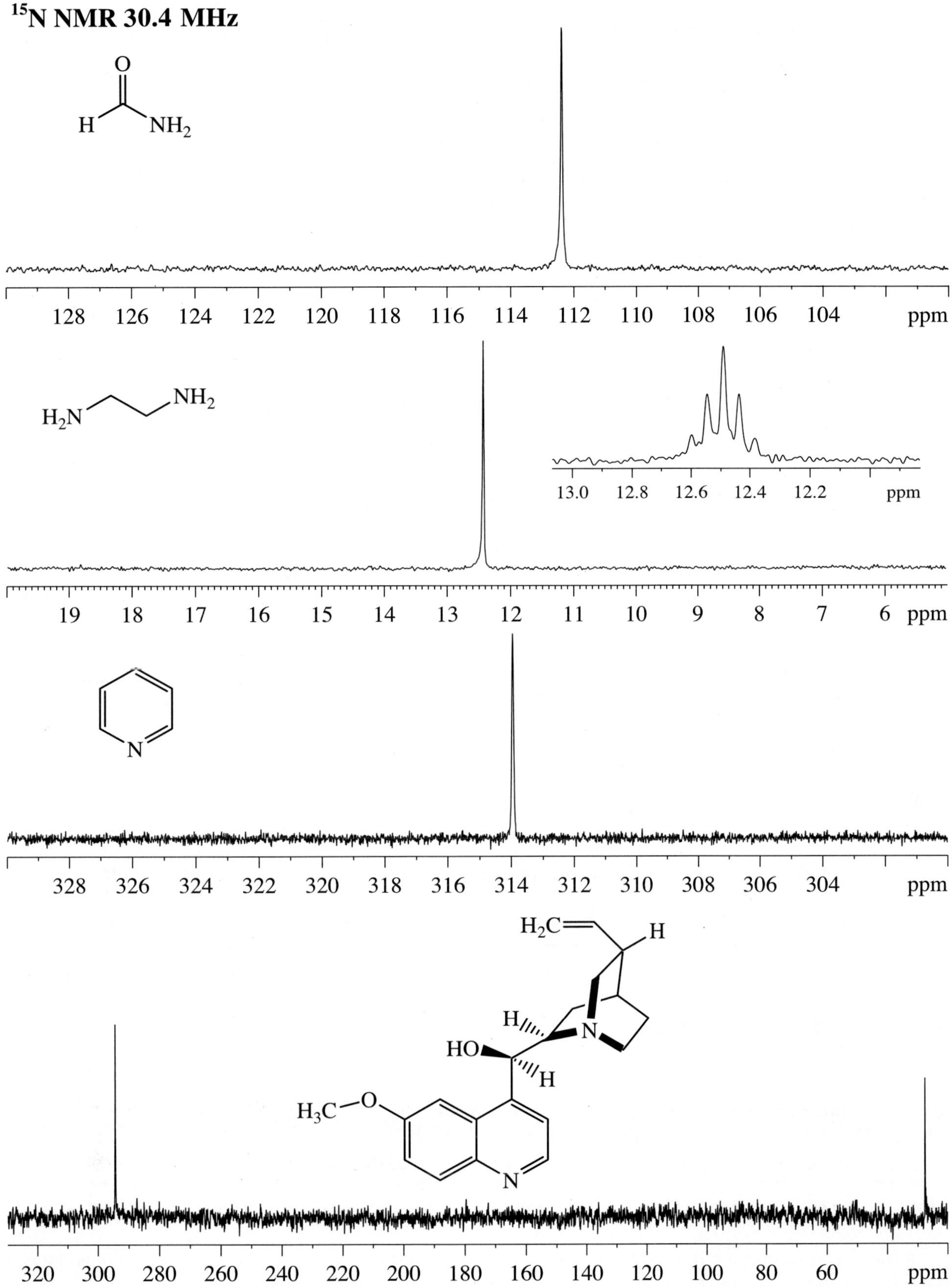

그림 6.2 제일 위, $CDCl_3$ 용매에서 기준 물질로 외부 NH_3에 대한 폼아마이드의 양성자-짝풀림 ^{15}N (30.4 MHz) 스펙트럼. 두 번째, $CDCl_3$에서 에틸렌다이아민의 양성자-짝풀림 ^{15}N NMR 스펙트럼 (30.4 MHz). 양성자-짝지음 스펙트럼이 그림 내에 삽입되어 있다. 세 번째, $CDCl_3$에서 피리딘의 양성자-짝풀림 ^{15}N 스펙트럼 (30.4 MHz). 네 번째, $CDCl_3$에서 퀴닌의 양성자-짝풀림 ^{15}N (30.4 MHz) 스펙트럼.

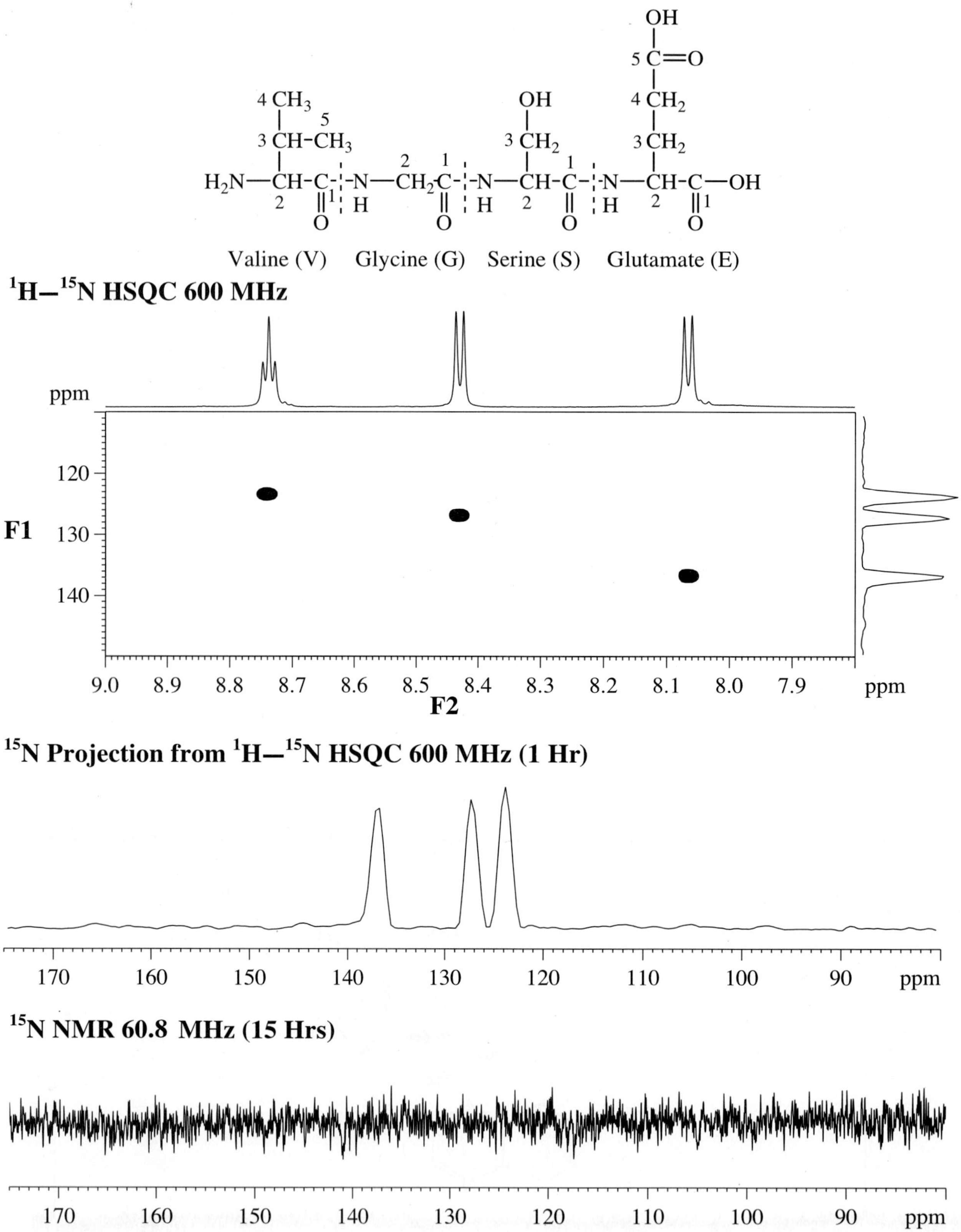

그림 6.3 묽은 용액에서 테트라-펩타이드(그림에 구조)의 $^{1}H—^{15}N$ HSQC 스펙트럼과 투사도다. 2-D 스펙트럼을 얻기 위해서는 기기를 1시간 정도 사용해야 한다. 제일 아래 부분에 있는 스펙트럼은 15시간 동안 1-D ^{15}N 스펙트럼을 얻으려고 시도한 것이다.

서 짝지음 상수가 같다면 (조심, 항상 좋은 가정은 아님), $\Delta\nu$가 Hz로 백만 단위기 때문에 1차 규칙을 항상 적용해야 한다.

그림 6.2의 세 번째에 나타낸 스펙트럼은 방향족 질소를 가지고 있는 피리딘의 양성자-짝풀림 ^{15}N 스펙트럼이다. 익숙한 패턴이 이제 나와 있고, 사실 이것은 우리가 이때까지 보아 왔던 어떤 스펙트럼과 비교해서 다른 것이 없다고 자신 있게 이야기할 수 있다. 이 장에서 우리의 목표는 탄소와 수소 외의 다른 핵에 "문을 열기" 위해서 문헌에 보고된 수 천 가지의 화학 이동의 목록을 만드는 것이 아니다. 여기서는 잘 연구된 천연 알칼로이드 (alkaloid)의 하나인 퀴닌의 양성자-짝풀림 ^{15}N 스펙트럼을 간단하게 살펴보면서 간단히 일차원 ^{15}N절을 끝내도록 하자.

퀴닌의 두 질소 원자는 명백하게 차이가 있고, 망설임 없이 배정할 수 있다. 대신에 우리가 새로운 미지의 천연 화합물로 퀴닌을 분리했다면, 이핵 NMR을 포함하여 여러 **스펙트럼을 조합**하여 화합물을 판별하는 그런 개념을 가지고 확장하는 과정을 상상해야 한다; ^{15}N NMR도 질량, IR, 다른 NMR 분광법과 더불어 한 자리를 차지할 것이다. 더 나아가 우리가 제 5장에서 단순한 ^{1}H와 ^{13}C 스펙트럼에서 상관관계 (correlation) 분광법으로 이동했듯이, 우리는 같은 질문을 던질 수 있다; ^{15}N NMR에 양성자-짝풀림 (과 양성자-짝지음) 스펙트럼보다 무엇이 더 있는가? 이 질문은 수사적인 효과를 노린 질문이다; 상관관계 실험이 가능하고 실제로 흔하게 수행하고 있다는 것이 명백하다. 좋은 예가 ^{1}H—^{15}N HSQC이다. 그림 6.3에 나타낸 것은 제 5장에서 사용한 테트라-펩타이드 (발린-글리신-세린-글루탐산)의 예이다 (HSQC는 HMQC과 같은 형태의 스펙트럼을 만든다; HSQC는 F1 차원에서 선넓어짐이 줄어들어서 F1에서 더 좋은 분해능을 제공한다). 실험은 화합물의 묽은 용액 (0.5 ml의 95% H_2O/5% D_2O에서 5 mg 정도)에서 수행한다. 이 스펙트럼은 간접적으로 세 개 아마이드의 화학 이동을 모두 보여 준다. 이 그림의 제일 아랫 부분에 스펙트럼을 얻기 위해서 기기를 1시간 작동시킨 ^{15}N 축 위의 2-D 스펙트럼의 투사도와 직접 ^{15}N 스펙트럼을 얻기 위한 시도에서 15시간 기기를 작동시켜도 신호가 나타나지 않는 것을 비교해 놓았다. 제 5장에서 논의했듯이 역검출 실험은 직접 검출하는 방법에 비해 ^{1}H—^{15}N의 민감도, $(\gamma^{1}{}_{H}/\gamma^{15}{}_{N})^{5/2}$를 310배 증가시킨다.

생화학 분야에서, ^{15}N 표지가 된 아미노산을 사용하여 단백질을 만들면 NMR 분석을 할 수 있다. ^{15}N의 자연 함량이 0.368%이기 때문에 표지를 붙이면 실험의 민감도를 270배 증가시킬 수 있다. HSQC 형태의 실험과 결합했을 때는 자연 함량을 직접 검출하는 방법에 비해 84,000배 민감도를 증가시킬 수 있다. 그래서 50 kDa까지 단백질에 대한 양질의 스펙트럼을 얻는 것이 가능하다.

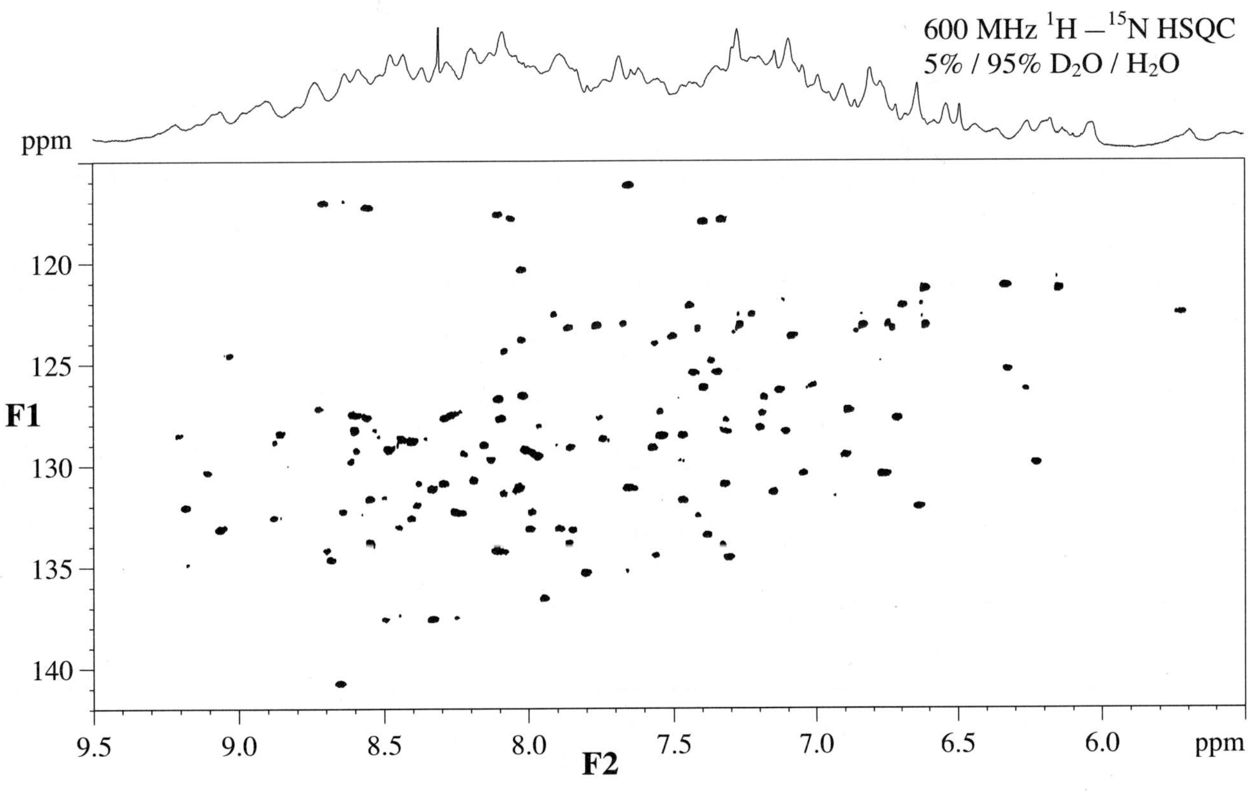

그림 6.4 ^{15}N 표지된 마이오글로빈의 ^{1}H—^{15}N HSQC 스펙트럼.

그림 6.4에 이 기술의 능력을 보여 주는 마이오글로빈 (myoglobin)의 600-MHz ^{1}H—^{15}N HSQC 스펙트럼을 나타내었다; 이 스펙트럼의 완벽한 분석은 이 책의 범위를 벗어난다. 그러나 여기서 지적하고 싶은 것은 153 아미노산 잔기를 가진 마이오글로빈이 단순한 ^{1}H NMR 스펙트럼에서는 아마이드 부분이 도저히 분별할 수 없을 정도로 중첩한다는 것이다. 그러나 ^{15}N 차원에서 이 공명들을 분리해내면 대부분의 ^{1}H—^{15}N 상관관계를 볼 수 있다. 펩타이드에서 아마이드 ^{15}N 지역은 대개 110–150 ppm 사이의 약 40 ppm 창에 근사적으로 나타난다.

6.3 ^{19}F 핵자기 공명

^{19}F의 NMR은 역사적으로 아주 중요한 배경을 갖고 있다. 플루오린 (fluorine)은 자연계에서 오직 하나의 동위원소 (^{19}F)만 존재하는 원소이다. 표 6.1을 보면 플루오린이 NMR 연구에서 이상적인 핵임을 알 수 있다. ^{19}F의 민감도는 ^{1}H에 대해서 대략 0.83 정도이다; 이 사실은 왜 ^{19}F NMR이 ^{1}H와 동시에 개발되었는지에 대한 주요한 이유이다. 화학 이동과 짝지음 상수에 대한 문헌값은 이제 낡은 것이 되었고, 많은 ^{19}F NMR에서 기준 물질로 외부의 CF_3COOH를 사용하기 때문에 오래된 화학 이동과 새로운 문헌값을 비교할 때는 각별한 주의가 요구된다. 오늘날, 표준 ^{19}F 기준 물질로 트라이클로로플루오로메테인 (trichlorofluoromethane), $CFCl_3$ (−78.5 ppm의 CF_3COOH에 대해서 0 ppm)을 쓰고, 이것은 불활성이면, 휘발성으로 ^{19}F 공명에서 하나의 피크로 나타난다.

^{19}F NMR에 대한 접근법은 ^{15}N NMR과는 아주 다르고, 이 절에서 간단하게 언급할 것이다. 플루오린은 일가의 원자이고, 유기 화합물에서 수소에 대한 치환기로 주로 생각될 수 있다. 플루오린은 천연 물질에서 존재하는지는 잘 알려져 있지 않다; 플루오린 NMR에서 우리의 관심은 합성된 화합물에 관련되어 있다. ^{19}F NMR 실험에서 양성자–짝풀림은 비판적인 입장에서 보면 NOE 증대와 관련이 없고, 일상적인 것 외의 어떤 다른 실험적인 요소가 없다. 사실, ^{19}F NMR 스펙트럼은 ^{1}H 스펙트럼과 똑같은 방식으로 CW 기기를 사용하여 평범하게 기록할 수 있었다. ^{19}F에 대한 많은 화학 이동과 짝지음 상수는 ^{1}H의 데이터와 함께 동시대의 문헌에 보고되었다. 그림 6.5에 다양한 플루오린 함유 화합물에 대한 화학 이동의 범위를 나타내었다.

^{1}H 스펙트럼에서 플루오린의 효과를 보여 주는 플루오로아세톤 (fluoroacetone)의 ^{1}H NMR 스펙트럼을 3장에서 나타내었다. 메틸렌기와 메틸기 모두 ^{19}F 원자에 다른 짝지음 상수에 의해 각각 이중선으로 갈라졌던 것을 상기해 보라. 그림 6.6에서 우리는 플루오로아세톤에서 플루오린에 대한 양성자의 역효과를 볼 수 있을 것이다. 이 그림에서 ^{19}F, ^{1}H, ^{13}C 스펙트럼을 모두 나타내었다. 물론 양성자–짝풀림 ^{19}F 스펙트럼에서, ^{13}C 스펙트럼처럼 플루오린 원자에 대해서 단일선으로만 나타나는 것을 볼 수 있다. 그러나 양성자–짝지음 스펙트럼에서는, 플루오린이 두 쌍의 수소와 짝지음을 하여 큰 짝지음 상수를 갖는 삼중선을 형성하는 것을 볼 수 있다; 삼중선은 메틸기와 네 결합 짝지음에 의해 세 개의 사중선으로 더 갈라지는 것을 볼 수 있다. 짝지음 상수는 편리를 위해서 각 스펙트럼 위에 나타내었다. 우리는 다시 하나의 스펙트럼 자체보다는 ^{1}H, ^{13}C, ^{19}F 스펙트럼의 조합을 보면 훨씬 신뢰할 수 있고, 정보가 많다는 것을 강조하고 싶다.

그림 6.7은 방향족 플루오린 함유 화합물인 플루오로벤

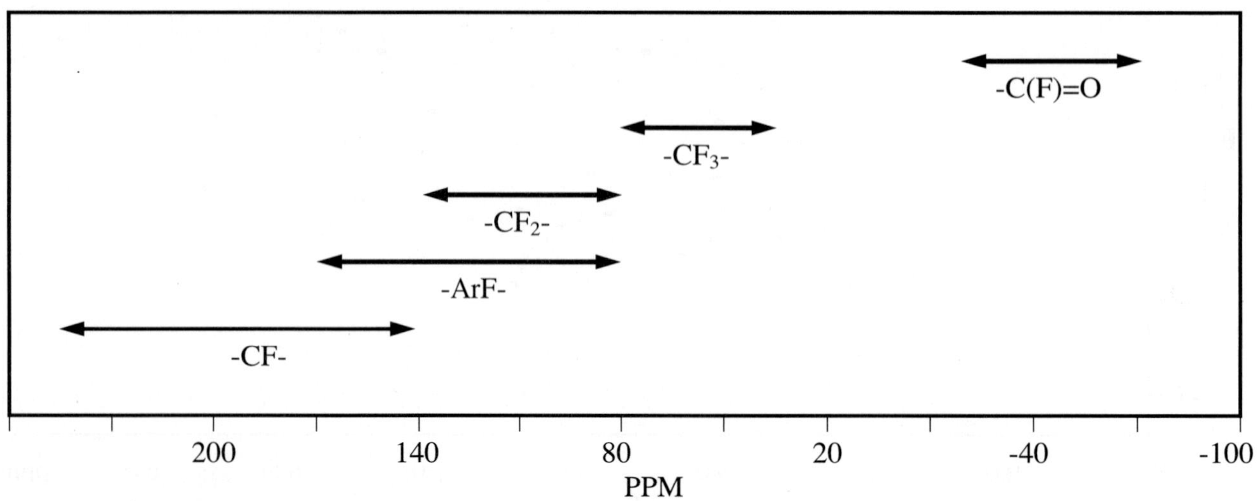

그림 6.5 다양한 fluorine 함유 화합물에 대한 화학 이동의 범위.

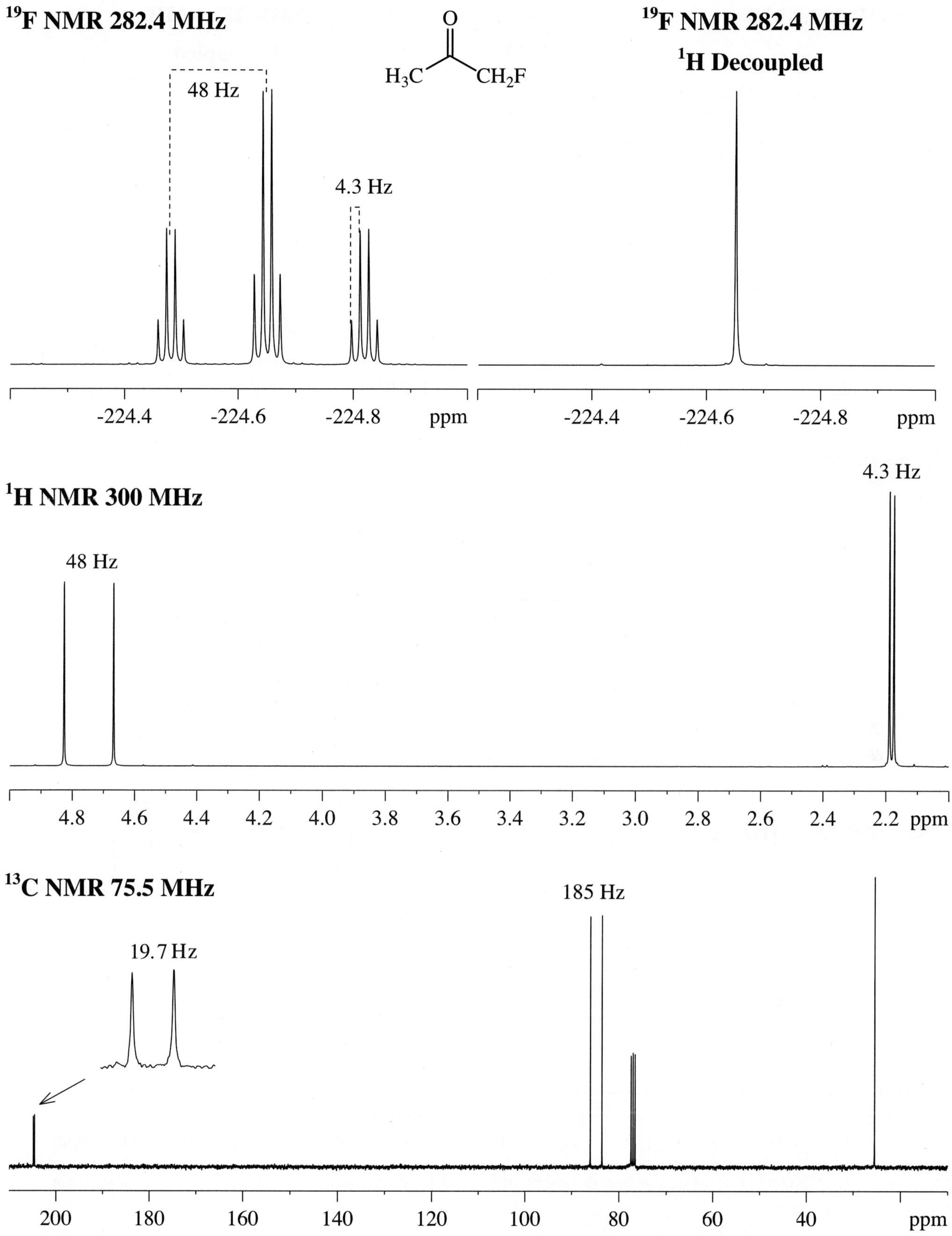

그림 6.6 $CDCl_3$에서 플루오로아세톤의 양성자-짝풀림과 양성자-짝지음 ^{19}F NMR 스펙트럼 (282.4 MHz). ^{1}H와 ^{13}C 스펙트럼에서 역 ^{19}F 짝지음을 볼 수 있다.

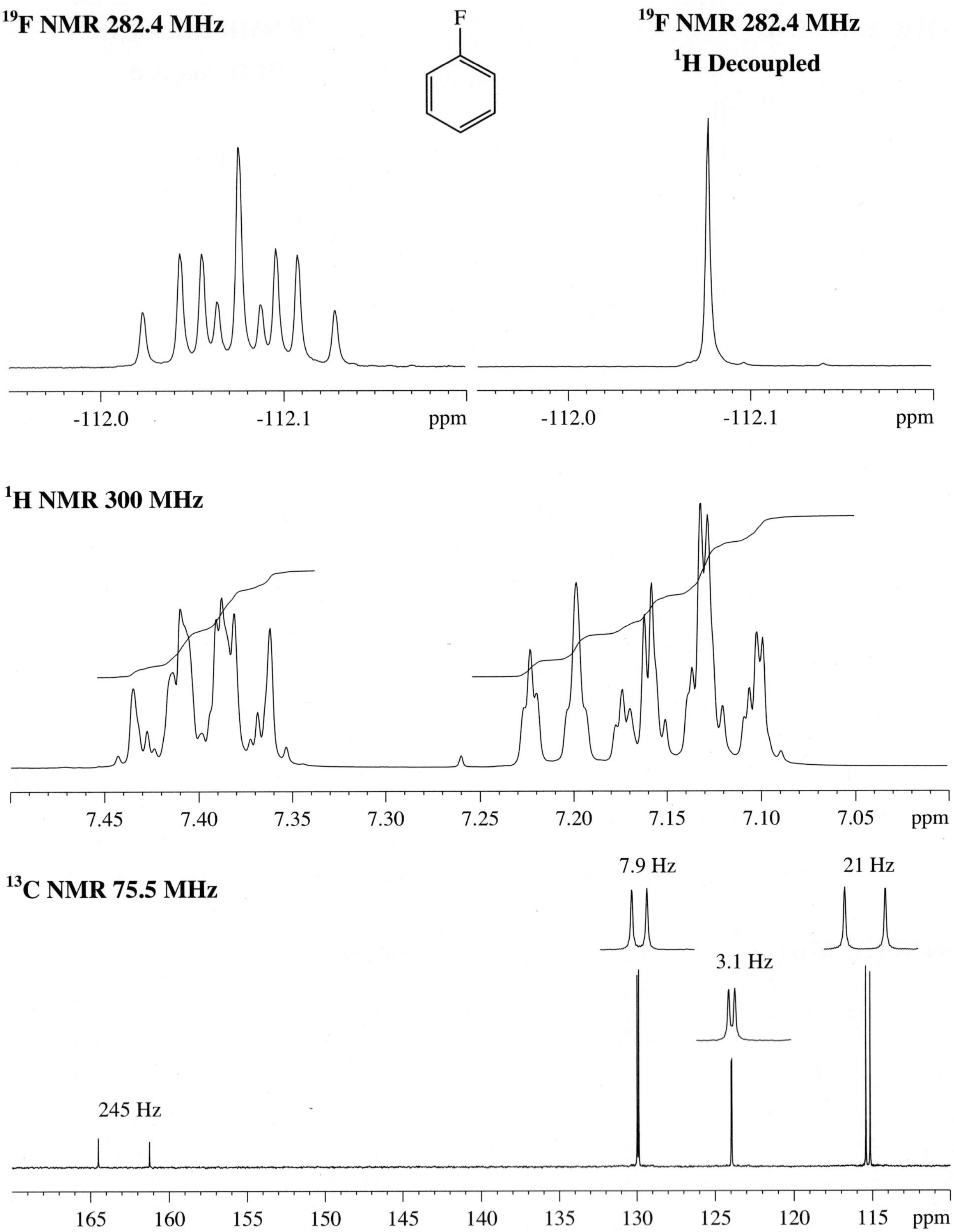

그림 6.7 $CDCl_3$에서 플루오로벤젠의 양성자-짝풀림과 양성자-짝지음 ^{19}F NMR 스펙트럼 (282.4 MHz). ^{1}H와 ^{13}C 스펙트럼에서 장거리 짝지음이 있다(설명은 교재 참조).

젠 (fluorobenzene) 의 ^{19}F NMR 스펙트럼 (양성자–짝풀림과 짝지음 모두) 으로 ^{1}H, ^{13}C 스펙트럼과 함께 나타내었다. 일단 양성자–짝풀림 스펙트럼에서 플루오린 원자에 대해서 다시 단일선을 볼 수 있고, 양성자–짝지음 스펙트럼에서 플루오린 원자에 대해서 복잡한 다중선으로 나타나는 것을 볼 수 있다. 플루오린 원자는 이 단일치환 화합물에서 *ortho-*, *meta-*, *para-*양성자와 서로 다르게 짝지음한다. 제3장의 부록 F에서 양성자–플루오린의 짝지음 상수를 찾을 수 있다.

표 6.2 다양한 플루오린 함유 화합물의 화학 이동

화합물	화학 이동 (ppm)[a]
$CFCl_3$ Reference	0.0
CF_2Cl_2	−8.0
CF_3Cl	−28.6
$CFBr_3$	7.4
CF_2Br_2	7.0
$CFBr_3$	7.0
CFH_3	−271.9
CF_2H_2	−1436.0
CF_3H	−78.6
CF_4	−62.3
C_4F_8	−135.15
C_5F_{10}	−132.9
$(CF_3)_2CO$	−84.6
$CF_3C(O)OH$	−76.5
$CF_3C(O)OCH_3$	−74.2
CF_3COOEt	−78.7
$(CF_3)_3N$	−56.0
CH_2FCN	−251.0
$FCH=CH_2$	−114.0
$F_2C=CH_2$	−81.3
$F_2C=CF_2$	−135.0
C_6F_6	−164.9
C_6H_5 F	−113.5
$p-C_6H_4F_2$	−106.0
$C_6H_5CFH_2$	−207
$C_6H_5C(O)OCF_3$	−73.9
$C_6H_5C(CF_3)_2OH$	−74.7
$C_6H_5CF_3$	−63.7
F_2 (elemental)	422.9
SF_6	57.4
SiF_4	−163.3
HF (aqueous)	−204.0
KF (aqueous F^-)	−125.3

[a] 역사적으로 대부분의 문헌에서 거꾸로 된 부호 약속을 따랐다 (즉, 음의 화학 이동은 양의 값으로 보고되었다).

플루오로아세톤을 다룰 때, 양성자 스펙트럼을 다룰 때와 유사한 방식으로 하고 싶을 것이다. 그러나 우리가 갖고 있는 스펙트럼은 더 고차 시스템인 AA′GG′MX이다. 여기서 X가 플루오린 원자이다. 플루오린의 흡수는 현혹시키듯이 대칭인 것처럼 단순하다; 반쪽이 서로 거울상이다. A와 A′ 양성자는 M 양성자 또는 M′ 양성자와 같게 짝지음하지 않기 때문에 자기적으로 동등하지 않다. M과 M′ 양성자 또한 A 부분 또는 A′ 부분과 동일하게 짝지음하지 않기 때문에 자기적으로 동등하지 않다.

플루오린 원자의 흡수가 3.9절에서 설명한 자기적으로 동등하지 않은 방향족 양성자의 흡수에 대한 대칭성과 유사하다는 것을 지적하고 싶다. 이 모든 스펙트럼에서 복잡성은 부적당한 자기장의 결과가 아니다. 사실, 더 강한 자기장은 더 복잡한 스펙트럼을 만들 수도 있다. 이것은 일차 시스템의 반응과는 아주 다르다. 일차 시스템일 경우에는 약한 자기장에서는 해상도가 떨어지지만, 충분히 큰 자기장에서는 이차 형태의 스펙트럼을 보여 준다.

^{19}F의 화학 이동은 예측하기 어렵기 때문에 우리는 예측할 수 있는 모형을 제시하는 시도를 하지 않을 것이다. 표 6.2는 다양한 플루오린 함유 화합물에 대한 ^{19}F 화학 이동의 실험적 데이터를 니티내었다. ^{19}F의 회학 이동을 예측히고 합리적으로 설명하기 어려운 한 가지 이유는, 유기 화합물에서 ^{19}F 핵의 가리움이 반자기성 (diamagnetic) 가림 (shielding) 에 의한 것이 1%보다 더 작기 때문이다. 그 보다는 상자기성 (paramagnetic) 가림이 더 우세한 요소이고, 아직 완전하게 이해되진 않았다.

6.4 ^{29}Si 핵자기 공명

플루오린처럼 규소도 천연의 유기 화합물에서 나타나지 않는다. 그러나 규소를 함유한 유기 화합물은 합성 유기 화학자와 고분자 화학자들에 의해 사용이 증가되고 있다. ^{29}Si 핵은 자기 모멘트를 가진 유일한 규소의 동위원소이고, 자연계 함유량은 4.7%이다. 우리는 이미 TMS의 양성자 NMR 스펙트럼에서 ^{29}Si 핵을 만난 적이 있다; 2–3%의 세기를 가지고 대략 6 Hz의 짝지음 상수 ($^2J_{SiH}$) 의 작은 이중선이 뾰족하고 강한 TMS 단일선을 여러 갈래로 갈라지게 한다 (3.7.4절 참조). 이 작은 이중선이 모든 규소 화합물에서 자연계에 나타나는 4.7%의 스핀 1/2의 ^{29}Si를 나타내고 있는 것이다.

표 6.1을 보면 자연계 함량에서 ^{29}Si 핵의 민감도가 ^{13}C 핵보다 대략 두 배 정도 크다는 것을 알 수 있다. ^{29}Si(γ_{Si}) 의 자기회전 비율은 음의 값 (−5,319) 이고, 일상적인 양성

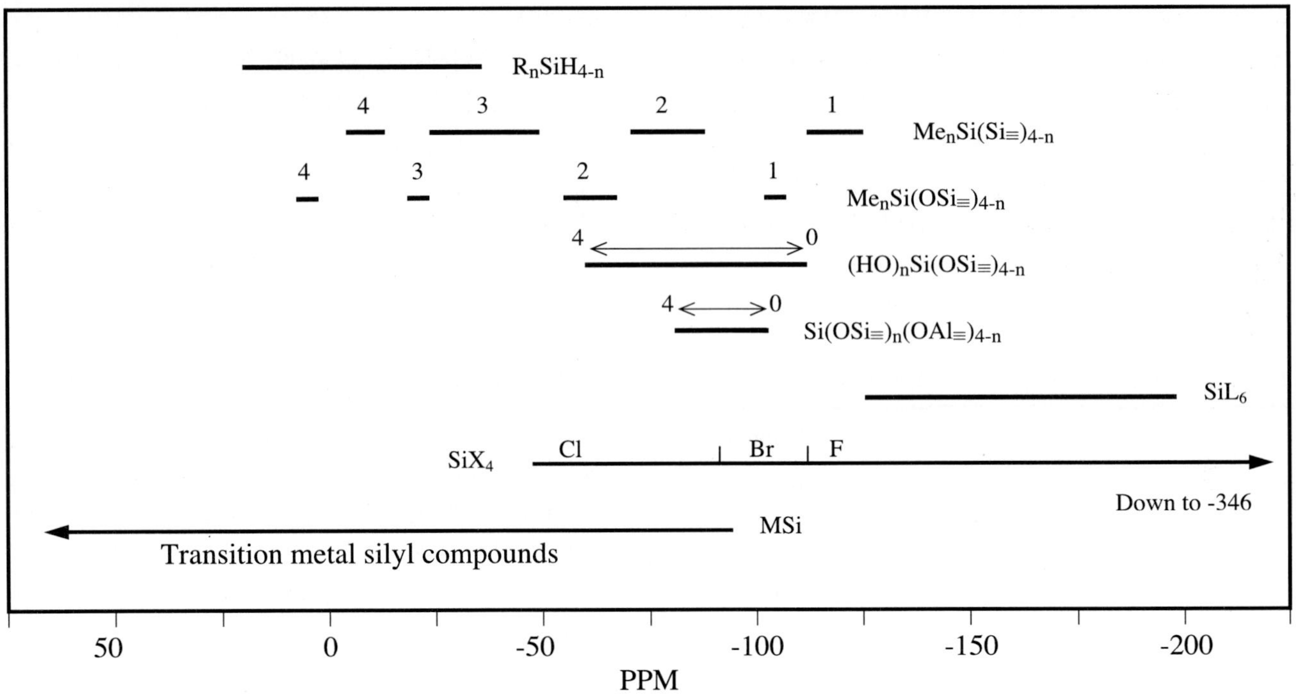

그림 6.8 다양한 규소 함유 화합물의 화학 이동 범위. Bruker Almanac (1995) 으로부터 편집.

자 짝풀림 스펙트럼에서 우리는 다시 쌍극자 스핀 이완의 상대적인 중요성에 의존하는 음의 ^{29}Si NOE 증대의 가능성을 갖고 있다. 이 경우에 최대 NOE는 −2.51이다. 오직 NOE가 −2.01에서 최대 −2.51 사이에 있기 때문에 ^{15}N NOE보다 더 상황이 나쁘다. 실제 NOE "증대"가 일어난다. 양성자 짝풀림이 없을 때와 비교해서 다른 모든 값이 전체 신호 세기를 감소하게 만든다. 그래서 특히 ^{29}Si 핵이 긴 이완 시간을 갖고 있기 때문에, 우리가 최대 신호를 검출하고자 한다면, 실험 조건을 주의 깊게 조절해야 한다.

흔한 유기 화합물에서 ^{29}Si의 화학 이동은 ^{13}C 이동보다 훨씬 더 작다. 이 작은 이동 범위는 아마도 규소에 결합된 다중 결합의 결여에 기인한 것이다. 왜냐하면 sp^2 혼성화된 원자인 ^{13}C에서 가장 벗김이 크기 때문이다. 그림 6.8에 다양한 규소 함유 화합물의 화학 이동 범위를 나타내었다.

그림 6.9의 제일 위에 나타낸 스펙트럼이 테트라메틸실레인 (tetramethylsilane, TMS) 의 양성자 짝풀림 ^{29}Si 스펙트럼이고, 비교를 위해서 양성자 짝지음 스펙트럼도 스펙트럼 내에 나타내었다. TMS는 ^{29}Si 기준 물질로써, 스펙트럼에서 0 ppm으로 놓는다. ^{29}Si 핵은 TMS에서 12개의 동등한 양성자와 짝지음하기 때문에 양성자 짝지음 스펙트럼은 아주 흥미있다. 일차 규칙에 따라서 13개의 피크를 가진 다중선으로 예측된다. 분명하게 아홉 개의 피크가 보이고, 조금 상상을 보태도 11개의 피크가 보인다; 바깥쪽의 피크가 너무 약하고, 잡음에 묻혀서 전체 13개의 피크를 모두 볼 수는 없다.

그림 6.9의 가운데 스펙트럼은 트라이에틸실레인 (triethylsilane) 의 양성자 짝풀림과 양성자 짝지음 방식의 스펙트럼을 모두 나타내었다. 양성자 짝풀림 스펙트럼은 TMS에서 약간 이동한 단일선으로 나타난다. 트라이에틸렌 (triethylene) 에는 규소에 직접 결합된 양성자가 있어서 대략 175 Hz의 큰 한 결합 짝지음 ($^{1}J_{\mathrm{SiH}}$) 이 나타난다. 또한 더 작지만 두 결합과 세 결합 짝지음이 존재해서 동일한 아주 복잡한 다중선으로 나타나게 한다.

그림 6.9에 제일 아래쪽에 나타낸 ^{29}Si NMR의 마지막 예는 양성자–짝풀림과 양성자–짝지음 조건에서 1,1,3,3,-테트라에틸다이실록세인 (1,1,3,3,-tetraethyldisiloxane) 의 ^{29}Si 스펙트럼이다. 이 화합물은 상업적으로 구입이 가능하고, 여러 규소를 함유한 고분자를 만드는데 널리 사용되고 있다. 시료를 사용하기에 앞서, 양심적인 화학자는 다양한 방법으로 그 물질을 분석할 것이다. 이 분석 방법의 하나로 ^{29}Si NMR을 포함할 수 있다. 이 경우에 시료에 두 형태의 규소가 있는 것을 발견할 수 있다. 왜냐하면 양성자–짝풀림 스펙트럼에서 주피크의 어깨 부위에 약 5–10% 정도의 피크를 볼 수 있기 때문이다. 화학 이동이 음이고, 이는 산소에 결합된 규소의 전형적인 특징이다.

양성자 짝지음 스펙트럼을 보면 215 Hz의 큰 한 결합 짝지음 상수 ($^{1}J_{\mathrm{SiH}}$) 를 볼 수 있다. 두 결합과 세 결합 짝지음으로 생긴 짝지음 패턴은 복잡하지만, 이 패턴은 반응 생성물에 대한 ^{29}Si 스펙트럼을 해석하는 출발점으로 역할을 한다.

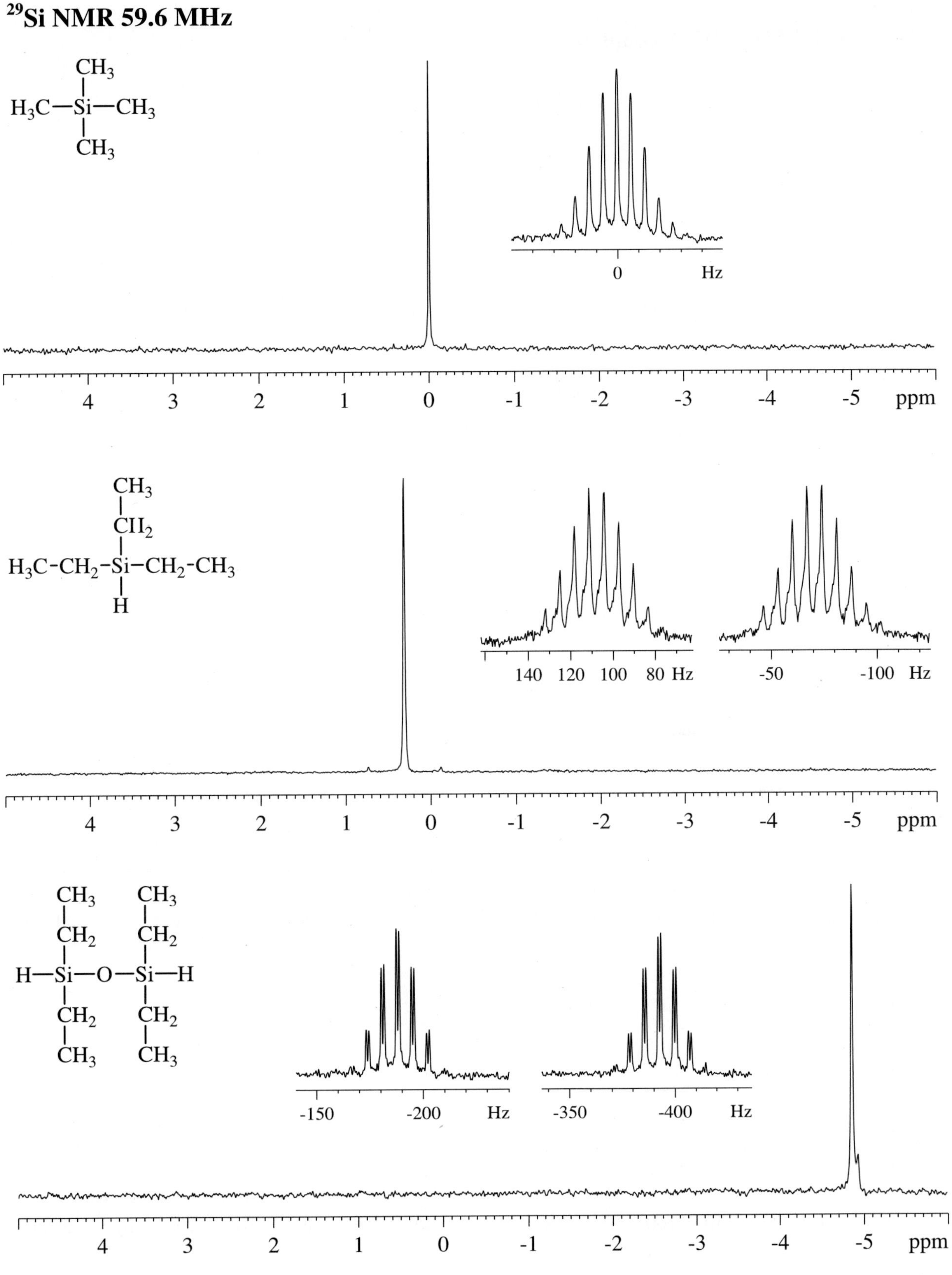

그림 6.9 제일 위, $CDCl_3$에서 테트라메틸실레인(TMS)의 양성자-짝풀림과 양성자-짝지음 ^{29}Si NMR 스펙트럼(59.6 MHz). 다중선의 바깥 피크는 불충분한 신호/잡음 때문에 구별할 수 없다. 두 번째, $CDCl_3$에서 트라이에틸실레인의 양성자-짝풀림과 양성자-짝지음 ^{29}Si NMR 스펙트럼(59.6 MHz). 아래, $CDCl_3$에서 1,1,3,3-테트라에틸다이실록세인의 양성자-짝풀림과 양성자-짝지음 ^{29}Si NMR 스펙트럼(59.6 MHz).

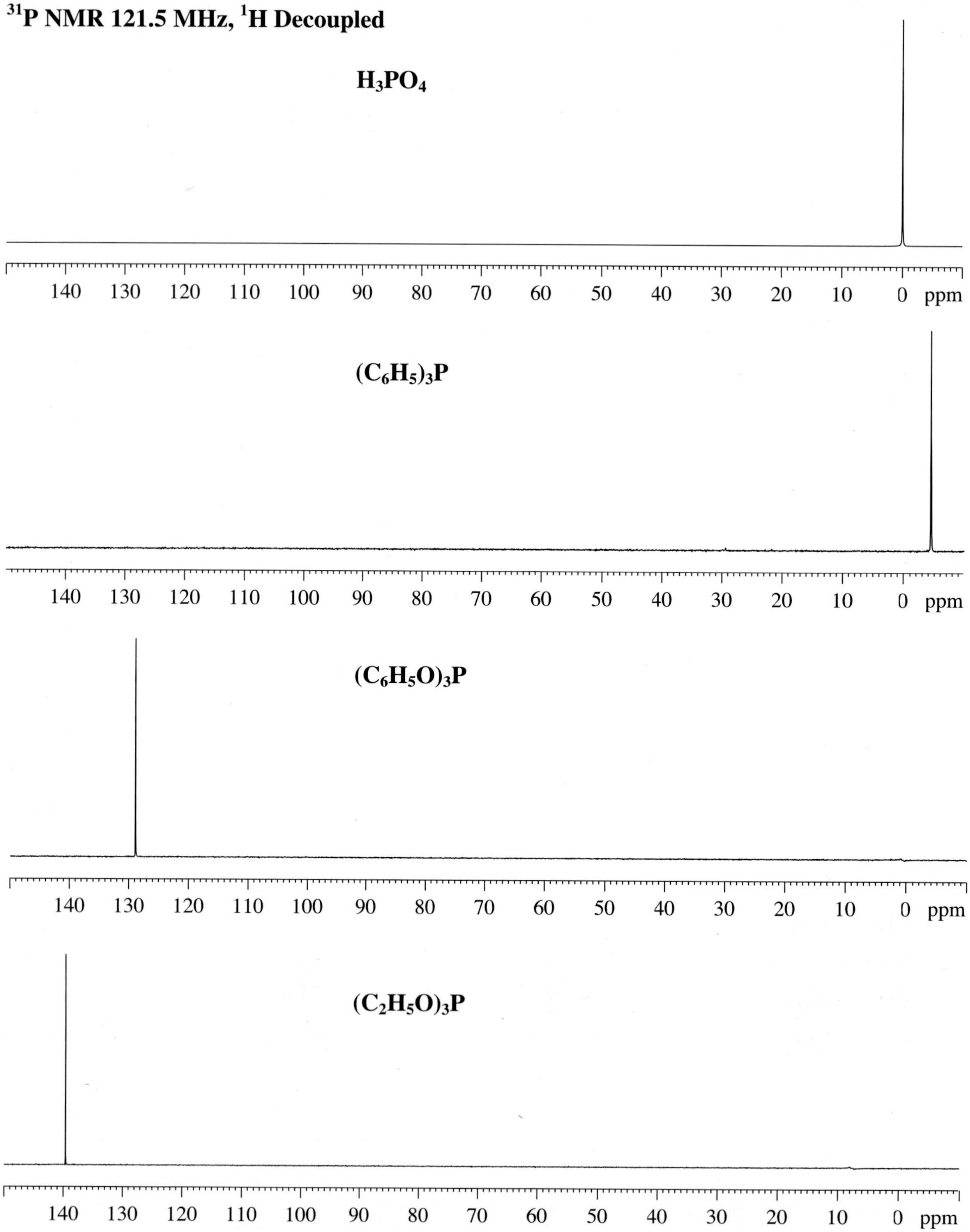

그림 6.10 위에서 아래, 약간의 D_2O를 함유한 85% 인산의 양성자–짝풀림 ^{31}P NMR 스펙트럼 (121.5 MHz). $CDCl_3$에서 트라이페닐포스핀의 스펙트럼, $CDCl_3$에서 트라이페닐포스파이트의 스펙트럼, $CDCl_3$에서 트라이에틸포스파이트의 스펙트럼.

6.5 ^{31}P 핵자기 공명

이 장에서 논의할 네 가지 핵 중에 마지막이 ^{31}P이다. 이것은 인 (phosphorus) 동위원소 중에서 자연적으로 존재하는 유일한 핵이다. 인을 포함하고 있는 시약의 범위가 인의 무기 형태에서 유기 포스핀 (phosphine), 포스파이트 (phosphite), 포스포늄염 (phosphonium salf), 포스포 일라이드 (phosphorus ylide) 등 다양하기 때문에 유기 화학자에게 인은 아주 관심이 있고, 많이 사용되어 왔다; 또한 이 핵은 생화학자들에게도 관심이 많은데, 그 이유는 대부분 포스페이트 에스터 (phosphate ester)를 가진 핵산과 ADP, ATP 등의 작은 분자들 때문이다.

^{31}P에 대한 NMR 실험은 다소 직접적이다; ^{31}P는 양의 자기회전 비율 (10,840)을 가진 스핀 1/2의 핵이다. 양성자-짝풀림 조건에서 ^{31}P NOE 증대는 최대 1.23을 갖는 양의 값이다. ^{31}P NMR은 긴 역사를 가지고 있고 풍부한 문헌 데이터가 있다. ^{31}P 화학 이동은 신뢰할 수 있는데 이는 85% H_3PO_4가 사실 문헌에 보고된 유일한 ^{31}P 기준 물질이고, 오늘날에도 선호하는 기준 물질이기 때문이다 (그림 6.10의 제일 위 스펙트럼). ^{31}P의 화학 이동의 범위는 다소 넓어서 일반화는 좀 위험하다. 사실, 인의 다른 원자가 상태도 예측 가능한 패턴을 보여 주지 않는다. 그러나 ^{31}P 화학 이동에 대한 많은 신뢰할 문헌이 있기 때문에 모든 것을 잃은 것은 아니다. 제 3장 부록 F에 대표적인 양성자-인 짝지음 상수를 나타내었다. 양성자와 인 또는 다른 핵과 인의 짝지음 상수에 대한 완전한 목록도 이용가능하다.

그림 6.10에서 위에서 두 번째 스펙트럼은 유기 합성에서 흔하게 사용되는 시약인 트라이페닐포스핀 (triphenylphosphine)의 양성자-짝풀림 ^{31}P 스펙트럼이다. 스펙트럼 자체는 우리가 트라이페닐포스핀에서 하나의 인 원자가 있어서 하나의 공명을 볼 수 있으므로 주목할 것이 없다. 주목할 만한 것은 세 화합물 (그림 6.10의 첫 두 개와 그림 6.11)에 대해서 10 ppm보다 더 작은 화학 이동의 범위가 있다는 사실이다. 인 원자는 원자가 상태, 결합된 그룹 등에 따라 아주 다르다. 우리가 이 특성을 일반화시키려는 것은 굉장히 어려운 작업으로 이러한 ^{31}P 화학 이동을 예측하려고 시도하는 것은 어리석은 일일지도 모른다. 표 6.3에 다양한 인 함유 화합물에 대한 화학 이동을 나타내었다.

그림 6.10의 아래에 있는 두 개의 스펙트럼은 두 포스파이트 (phosphite)의 양성자-짝풀림 ^{31}P NMR 스펙트럼이다; 그것은 각각 트라이페닐포스파이트 (triphenylphosphite)와 트라이에틸포스파이트 (triethylphosphite)이다. 두 화합물 모두 예상한 대로 뾰족한 하나의 피크로 나타난다. 여기서 지적할 사항은 화학 이동에 대한 예측할 규칙이 없음에도, 중첩할 가능성이 진혀 없기 때문에 유용한 정보를 기대할 수 있다는 것이다. 스펙트럼 자체로는 많은 정보를 제공할 수 없지만, 다른 스펙트럼과 함께 살펴보면 ^{31}P 스펙트럼은 화합물의 조성, 구조 그리고 입체화학에 대한 한 가지 이상의 시각을 제공할 것이다.

표 6.3 다양한 인 함유 화합물에 대한 화학 이동. Bruker Almanac (1995) 에서 편집.

인 (III) 화합물	(ppm)[a]	인 (V) 화합물	(ppm)[a]
PMe_3	−62	Me_3PO	36.2
PEt_3	−20	Et_3PO	48.3
$PPr(n)_3$	−33	$[Me_4P]^{+1}$	24.4
$PPr(i)_3$	19.4	$[PO_4]^{-3}$	6
$PBu(n)_3$	−32.5	PF_5	−80.3
$PBu(i)_3$	−45.3	PCl_5	−80
$PBu(s)_3$	7.9	$MePF_4$	−29.9
$PBu(t)_3$	63	Me_3PF_2	−158
$PMeF_2$	245	Me_3PS	59.1
$PMeH_2$	−163.5	Et_3PS	54.5
$PMeCl_2$	192	$[Et4p]^{+1}$	40.1
$PMeBr_2$	184	$[PS_4]^{-3}$	87
PMe_2F	186	$[PF_6]^{-1}$	−145
PMe_2H	−99	$[PCl_4]^{+1}$	86
PMe_2Cl	−96.5	$[PCl_6]^{-1}$	−295
PMe_2Br	−90.5	Me_2PF_3	8

[a] 85% H_3PO_4를 0 ppm으로 기준

그림 6.11에 다이에틸 클로로포스페이트 (diethyl chlorophosphate)의 양성자-짝풀림과 양성자-짝지음 ^{31}P NMR 스펙트럼을 나타내었다. 또한 이 그림에 전체 스펙트럼 세트를 위해서 ^1H와 ^{13}C NMR 스펙트럼도 나타내었다. 양성자-짝지음 ^{31}P 스펙트럼에서 인 원자가 메틸기의 메틸 양성자와 인지할 만한 짝지음이 없다는 것을 의미하는 분명한 오중선 (quintet)으로 나타난다. 그러나 상응하는 양성자 스펙트럼을 조사해 보면, 메틸기는 실질적으로 네 결합 $^{31}P—^1H$ 짝지음 상수 (1 Hz로 계산된)를 갖는 이중선의 삼중선으로 나타나는 것을 볼 수 있다. 그래서 우리는 1 Hz의 짝지음은 ^{31}P 스펙트럼에서 분해되지 않고 선이 넓어지는 것으로 그 흔적을 알 수 있게 된다. 두 개의 메틸렌기의 네 양성자가 동일하게 (근사적으로) 짝지음을 하여서 오중선으로 관측되게 하는 것이다.

^1H 스펙트럼에서 메틸렌 양성자는 첫 눈에 굉장히 복잡해 보인다. 다이에틸 클로로포스페이트에서 메틸렌 양성자가 부분입체자리 (diastereotopic)이기 때문에 복잡하게 나타난다 (그림 3.42 참조). 그러므로 그 양성자들은 화학 이동

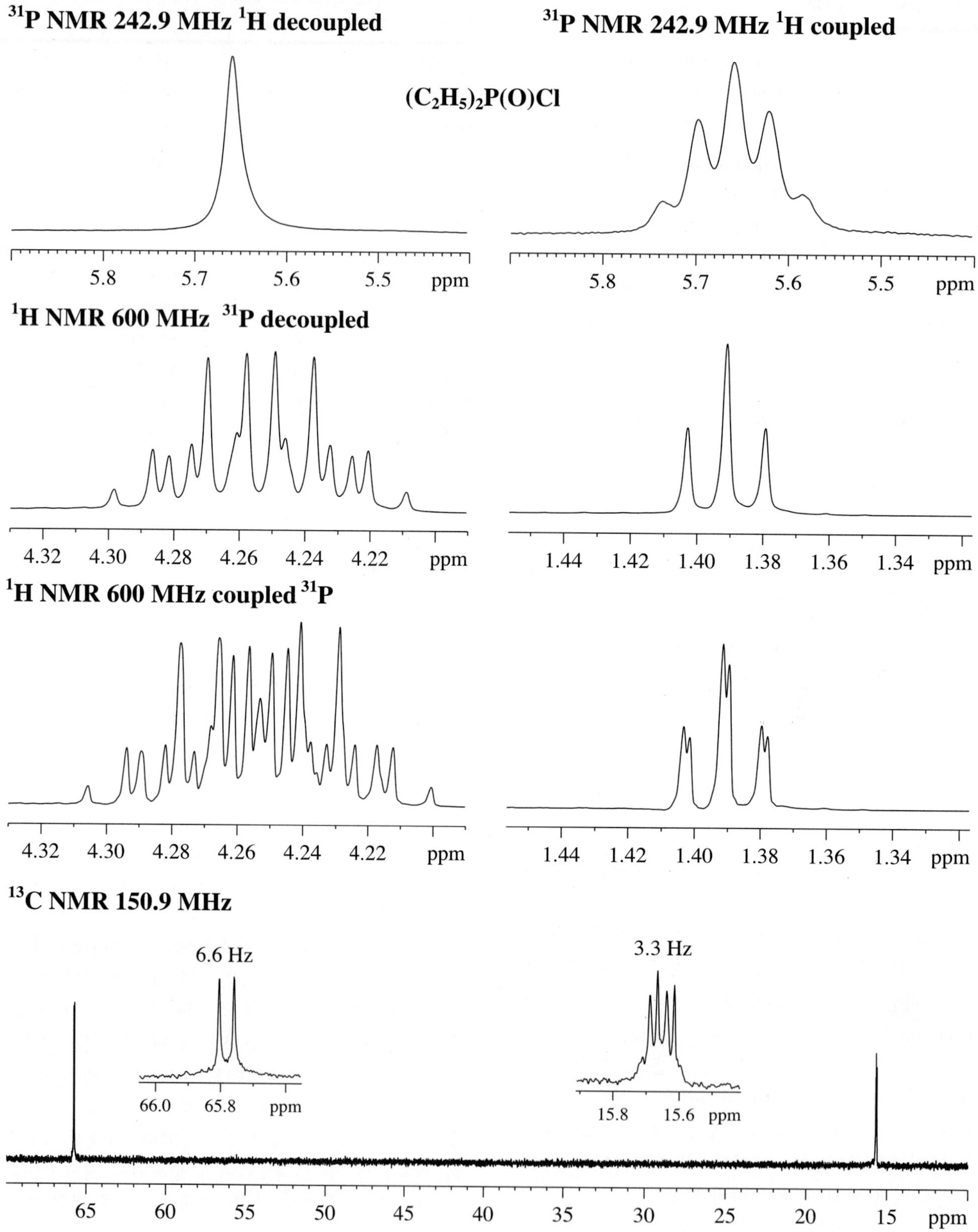

그림 6.11 위에서 아래로, $CDCl_3$에서 다이에틸 클로로포스페이트의 양성자-짝풀림과 양성자 짝지음 ^{31}P NMR 스펙트럼 (242.9 MHz), ^{31}P-짝풀림 ^{1}H NMR 스펙트럼, ^{31}P-짝지음 ^{13}C NMR 스펙트럼.

이 동등하지 않은 강한 짝지음을 나타낸다. 그러므로 일차 분석이 불가능하다.

6.6 결론

이 장에서 간단하게 몇몇 다른 유용한 핵을 소개하고 스펙트럼의 예를 들었다. 다른 형태의 NMR 스펙트럼과 **조합하여** 이 스펙트럼을 이용하라고 강조하고 싶다. 우리는 이러한 핵(또는 다른)에 대한 화학 이동이나 짝지음 상수에 대해 "숙련자"가 되는 것은 가능하지도 않고, 바람직하지도 않다는 것을 인정해야 한다. 이것을 인정하면 우리는 이 네 가지 핵에 대해서 마음이 편안해지고, 더 나아가 주기율표의 다른 원소로까지 시야를 쉽게 넓힐 수 있을 것이다.

참고 문헌

Andreis, M., and Koenig, J. L. (1995). Application of nitrogen-15 NMR to polymers. *Adv. Polym. Sci.*, **124**, 191−237.

Argyropoulos, D. S. (1995). Phosphorus-31 NMR in wood chemistry: a review of recent progress. *Res. Chem. Intermediates*, **21**, 373−395.

Berger, S., Braun, S., and Kalinowski, H. O. (1992). *NMR-Spektroskopie von Nichtmetallen*. Stuttgart: Georg Thieme Verlag.
Band 1: Grundlagen, ^{17}O-, ^{33}S- and ^{129}Xe-NMR Spektroskopie.
Band 2: ^{15}N-NMR Spektroskopie.
Band 3: ^{31}P-NMR Spektroskopie.
Band 4: ^{19}F-NMR Spektroskopie.

Brey, W., (Ed.,) (1988). *Pulse Methods in 1D and 2D Liquid-Phase NMR*. New York: Academic Press.

Buchanan, G. W. (1989). Applications of nitrogen-15 NMR spectroscopy to the study of molecular structure, stereochemistry and binding phenomena. *Tetrahedron*, **45**(3), 581−604.

Chandrakumar, N., and Subramanian, S. (1987). *Modern Techniques in High Resolution FT NMR*. New York: Springer-Verlag.

Chesnut, D. B., and Quin, L. D. (1999). The theoretical determination of phosphorus NMR chemical shielding. *Adv. Mol. Struct. Res.*, **5**, 189−222.

Coleman, B. (1983). Applications of silicon-29 NMR spectroscopy. In P. Laszlo, Ed. *NMR Newly Accessible Nuclear*, **2** 197−228. New York: Academic.

Dungan, C. Fl., and Van Wazer, J. R. (1970). *Compilation of Reported F-19 NMR Chemical Shifts*. New York: Wiley-Interscience.

Emsley, J. W., and Phillips, L. (1971). Fluorine chemical shifts. In J. W. Emsley, J. Feeney, and L. H. Sutcliffe, Eds., *Progress in Nuclear Magnetic Resonance Spectroscopy*, Vol. 7. Oxford: Pergamon Press.

Everett, T. S. (1988). The correlation of multinuclear spectral data for selectively fluorinated organic compounds. *J. Chem. Edu.*, **65**, 422−425.

Fluck, E., and Heckmann, G. (1987). Empirical methods for interpreting chemical shifts of phosphorus compounds. *Meth. Stereochemical Anal.*, **8**(Phosphorus-31 NMR Spectrosc. Stereochem. Anal.), 61−113.

Fushman, D. (2003). Determination of protein dynamics using ^{15}N relaxation measurements. *Meth. Principles Med. Chem.*, **16**, 283−308.

Gorenstein, D. G. (1983). Nonbiological aspects of phosphorus-31 NMR spectroscopy. *Prog. Nucl. Magn. Resonance Spectrosc.*, **16**(1), 1−98.

Gorenstein, D. G. (1984.) *Phosphorus-31 NMR*. London: Academic.

Gorenstein, D. G. (1992). Advances in phosphorus-31 NMR. In R. Engel, Ed. *Handbook of Organophosphorus Chemistry*. New York: Dekker.

Harris, R. K. (1983). Solution-state NMR studies of Group IV elements (other than carbon). *NATO ASI Series, Series C: Mathematical and Physical Sciences*, **103** (Multinucl. Approach NMR Spectrosc.), 343−359.

Holmes, R. R., and Prakasha, T. K. (1993). Cyclic oxyphosphoranes. Phosphorus-31 chemical shift correlations. *Phosphorus, Sulfur and Silicon and the Related Elements*, **80**, 1−22.

Horn, H. G. (1973). NMR spectra and characteristic frequencies of compounds containing nitrogen-sulfur-fluorine bonds. *Fluorine Chem. Rev.*, **6**, 135−192.

Hulst, R., Kellogg, R. M., and Feringa, B. L. (1995). New methodologies for enantiomeric excess (ee) determination based on phosphorus NMR. *Recueil des Travaux Chimiques des Pays-Bas*, **114**, 115−138.

Hutton, W. C. (1984). Two-dimensional phosphorus-31 NMR. In D. G. Gorenstein, Ed. *Phosphorus-31 [Thirty-One] NMR*. Orlando: Academic.

Karaghiosoff, K., and Schmidpeter, A. (1988). The chemical shift of two-coordinate phosphorus. II. Heterocycles. *Phosphorus and Sulfur and the Related Elements*, **36**, 217−259.

Laszlo, P., Ed. (1983). NMR of *Newly Accessible Nuclei*, Vol. 1: New York: Academic Press.

Levy, G. C., and Lichter, R. L. (1979). *Nitrogen-15 Nuclear Magnetic Resonance Spectroscopy*. New York: John Wiley & Sons.

Lichter, R. L. (1983). Nitrogen nuclear magnetic resonance spectroscopy. *NATO ASI Series, Series C: Mathematical and Physical Sciences*, **103** (Multinucl. Approach NMR Spectrosc.), 207−244.

Majoral, J. -P., Caminade, A. -M., and Igau, A. (1994). Elucidation of small ring and macrocycle structures using ^{31}P NMR. In L. D. Quin and J. G. Verkade, Eds., *Phosphorus-31 NMR Spectral

Properties in Compound Characterization and Structural Analysis. New York: VCH pp. 57—68.

Marek, R., and Lycka, A. (2002). ^{15}N NMR spectroscopy in structural analysis. *Curr. Org. Chem.*, **6**(1), 35—66.

Martin, G. J., Martin, M. L., and Gouesnard, J. P. (1981). *^{15}N-NMR Spectroscopy*, Vol. 18. Berlin: Springer-Verlag.

Mason, J. (Ed.). (1987). *Multinuclear NMR*. New York: Plenum Press.

Mason, J. (1983). Patterns and prospects in nitrogen NMR. *Chemistry in Britain*, **19**(8), 654—658.

McFarlane, W. (1987). Special experimental techniques in phosphorus NMR spectroscopy. *Methods in Stereochemical Anal.*, **8** (Phosphorus-31 NMR Spectrosc. Stereochem. Anal.), 115—150.

Mooney, E. F. (1970). *An Introduction to ^{19}F NMR Spectroscopy*. London: Hoyden.

Quin, L. D., and Verkade, J. G., (Eds.), (1994). *Phosphorus-31 NMR Spectral Properties in Compound Characterization and Structural Analysis*. New York: VCH Publishers.

Randall, E. W., and Gillies, D. G. (1971). Nitrogen nuclear magnetic resonance. In J. W. Emsley, J. Feeney, and L. H. Sutcliffe, Eds., *Progress in Nuclear Magnetic Resonance Spectroscopy*, Vol. 6. Oxford: Pergamon Press, pp. 119—174.

Rao, B. D. N. (1983). Phosphorus-31 nuclear magnetic resonance investigations of enzyme systems. *Biol. Magn. Resonance*, **5** 75—128.

Roberts, J. D. (1979). Use of nitrogen-15 nuclear magnetic resonance spectroscopy in natural-product chemistry. *Jap. J. Antibiotics*, **32**(Suppl.), S112—121.

Schilf, W., and Stefaniak, L. (2000). Application of ^{14}N and ^{15}N NMR for determination of protonation site and hydrogen bond strength in nitrogen organic compounds. In Attaur-Rahman Ed., *New Adv. Anal. Chem.*, Amsterdam: Har-wood Academic Publishers.

Schiller, J., and Arnold, K. (2002). Application of high resolution ^{31}P NMR spectroscopy to the characterization of the phospholipid composition of tissues and body fluids — a methodological review. *Med. Sci. Monitor*, **8**(11), 205—222.

Schraml, J., and Bellama, J. M. (1976). Silicon-29 nuclear magnetic resonance. In F. C. Nachod, J. J. Zuckerman, and E. W. Randall, Eds. *Determination Org. Struct. Phys. Methods*, **6**, 203—269. New York: Academic.

Tebby, J. C. (1987). General experimental techniques and compilation of chemical shift data. *Methods in Stereochemical Anal.*, **8** (Phosphorus-31 NMR Spectrosc. Stereochem. Anal.), 1—60.

Webb, G. A. (Ed.). (1981). *Annual Reports on NMR Spectroscopy, Vol. 11B: Nitrogen NMR Spectroscopy*. London: Academic Press.

Webb, G. A., and Witanowski, M. (1985). Nitrogen NMR and molecular interactions. *Proc. - Indian Acad. Sci. Chem. Sci.*, **94**(2), 241—290.

Witanowski, M., Stefaniak, L., and Webb, G. A. (1986). Nitrogen NMR spectroscopy. *Annu. Rep. NMR Spectrosc.*, **18**, 1—761.

Witanowski, M., and Webb, G. A. (1973). *Nitrogen NMR*. New York: Plenum.

Yeagle, P. L. (1990). Phosphorus NMR of membranes. *Biol. Magn. Resonance*, **9**, 1—54.

연습 문제

6.1 ^{1}H, ^{13}C, DEPT, ^{15}N NMR 스펙트럼의 정보를 조합하여 분자식 $C_5H_{12}N_2$ 화합물의 구조를 유추하시오. 양성자 짝지음 ^{15}N 스펙트럼은 유용한 정보를 얻을 수 없기 때문에 나타내지 않았다.

6.2 이 문제의 화합물은 유기 합성에서 흔하게 사용되는 시약이다; 분자식은 $C_6H_{15}SiCl$이다. ^{1}H, ^{13}C, DEPT, ^{29}Si (양성자-짝풀림) 스펙트럼을 제공하였다.

6.3 ^{1}H, ^{13}C, DEPT, ^{31}P (양성자-짝풀림과 양성자-짝지음) 스펙트럼을 이용하여 인을 함유한 분자식 $C_{19}H_{18}PBr$의 구조를 결정하시오.

6.4 질량, IR, ^{1}H NMR, ^{13}C/DEPT NMR, ^{19}F NMR 스펙트럼을 이용하여 플루오린을 함유한 화합물의 구조를 결정하시오.

^{1}H NMR 300 MHz

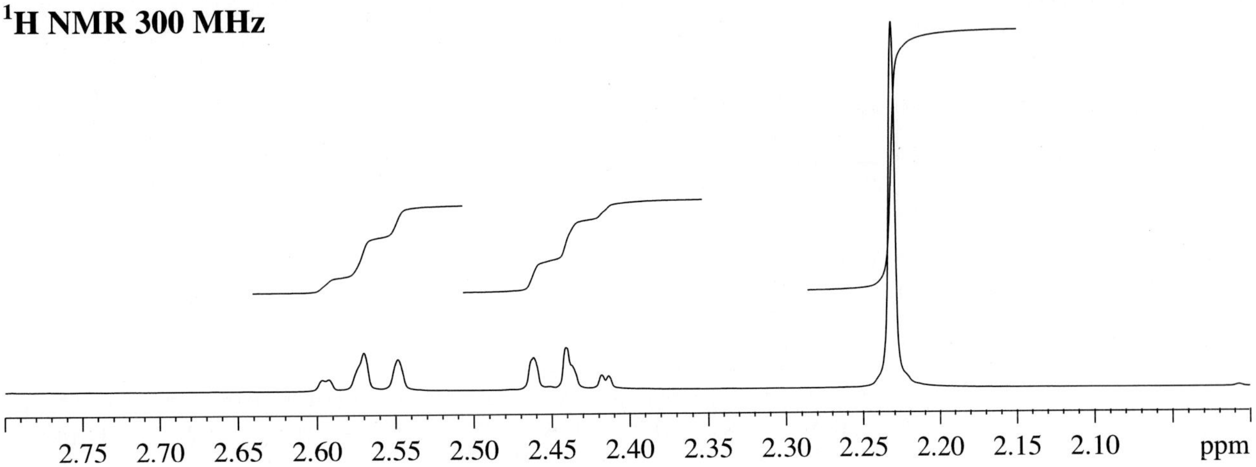

^{13}C/DEPT NMR 75.5 MHz

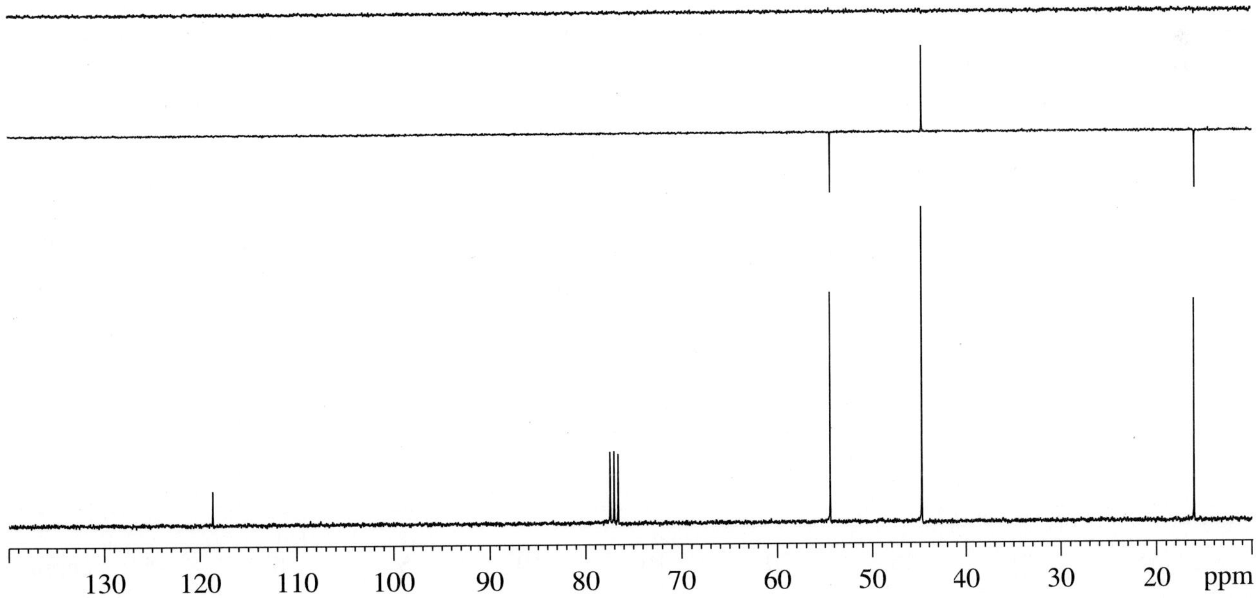

^{15}N NMR 30.4 MHz

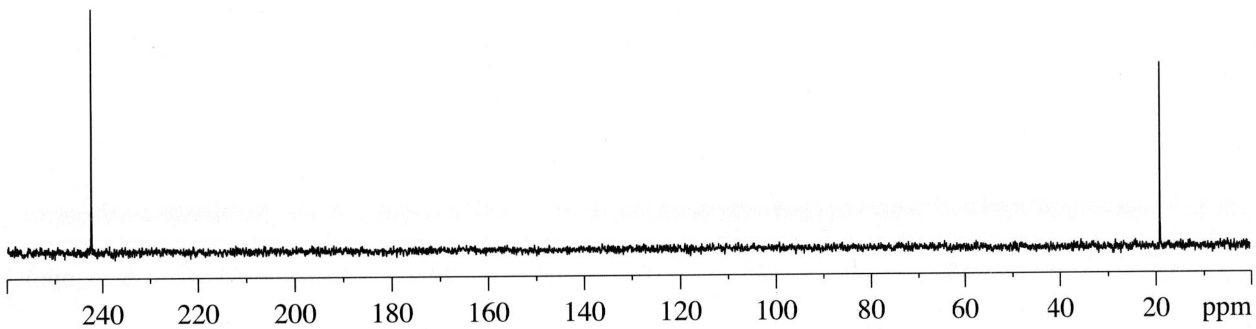

연습 문제 6.2

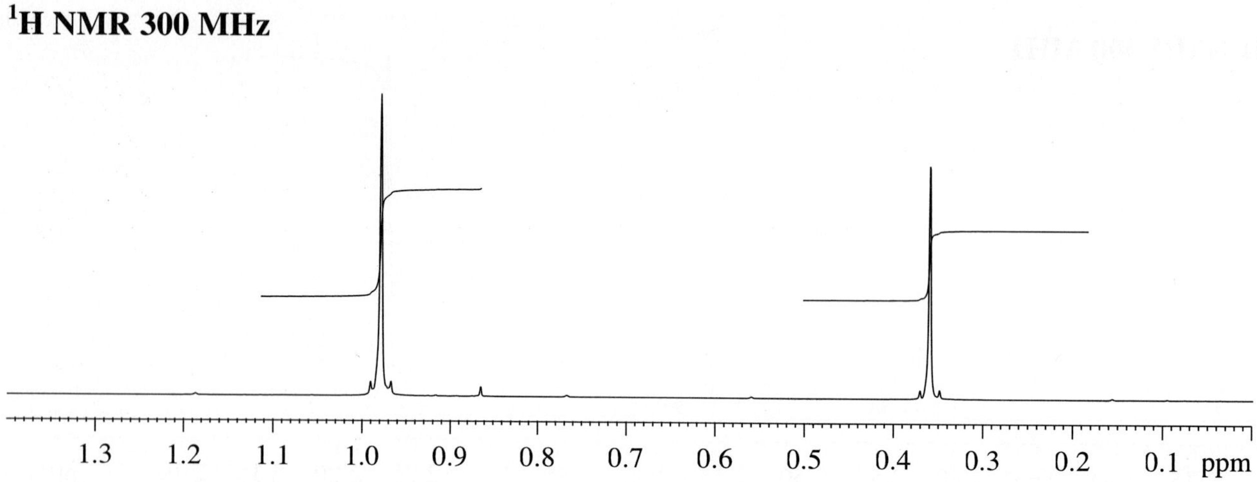

^{1}H NMR 300 MHz
1.3
1.2
1.1
1.0
0.9
0.8
0.7
0.6
0.5
0.4
0.3
0.2
0.1
ppm

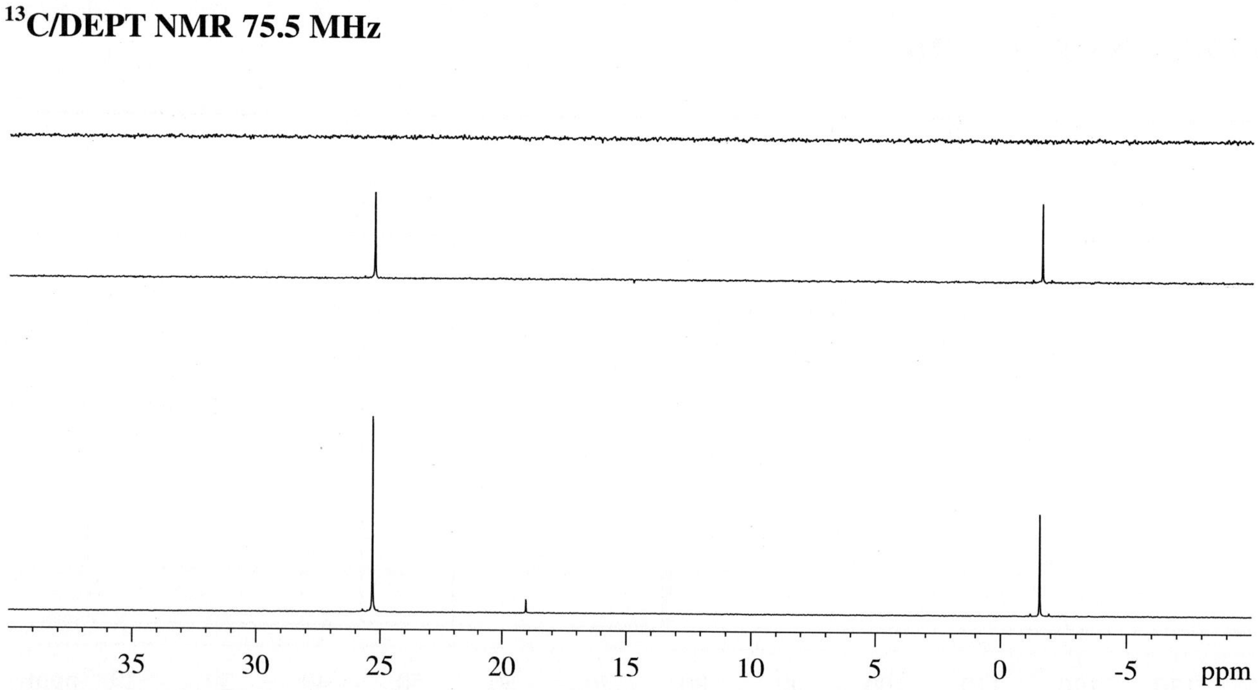

^{13}C/DEPT NMR 75.5 MHz
35
30
25
20
15
10
5
0
-5
ppm

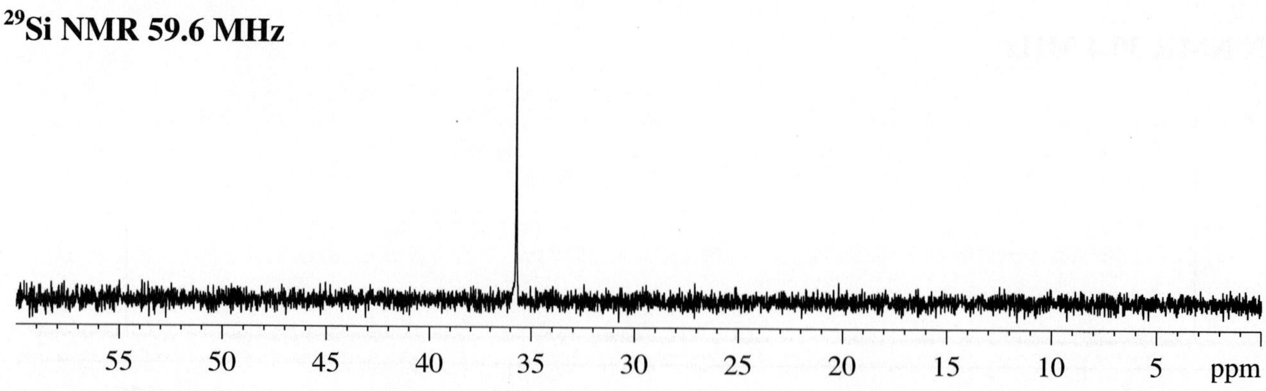

^{29}Si NMR 59.6 MHz
55
50
45
40
35
30
25
20
15
10
5
ppm

^{1}H NMR 300 MHz

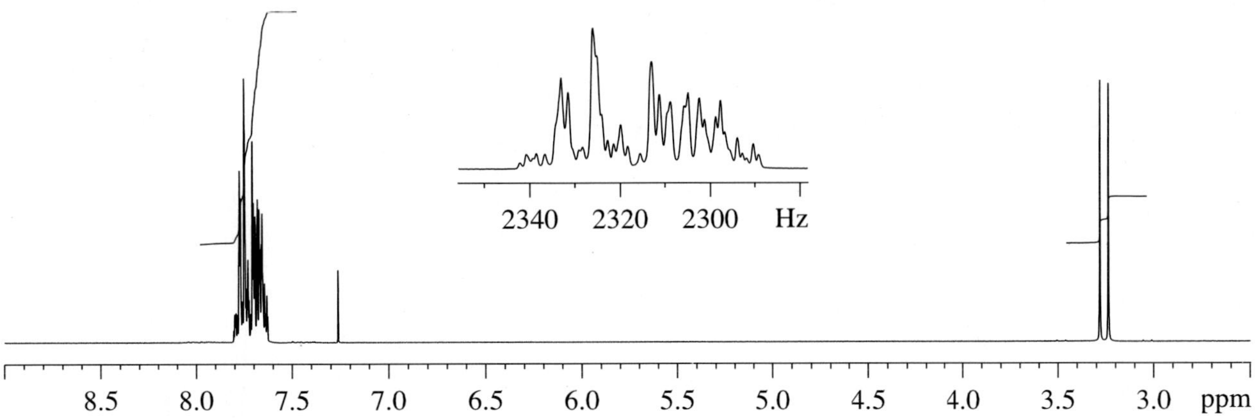

^{13}C/DEPT NMR 75.5 MHz

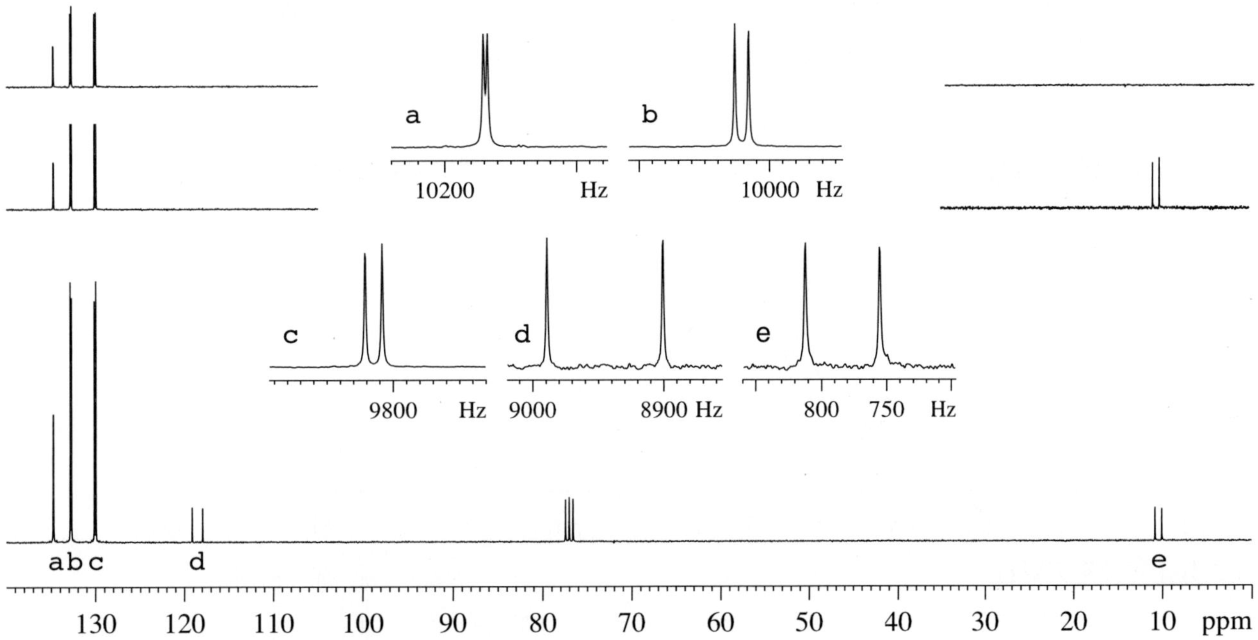

^{31}P NMR 121.5 MHz, ^{1}H Decoupled

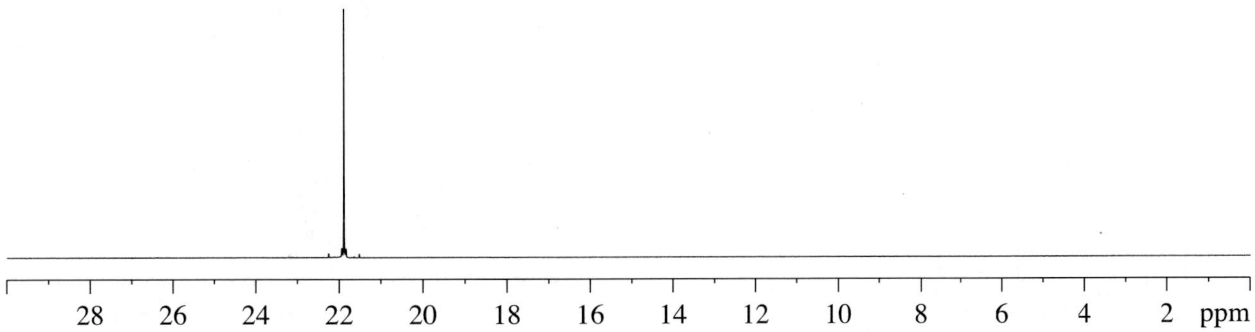

MASS

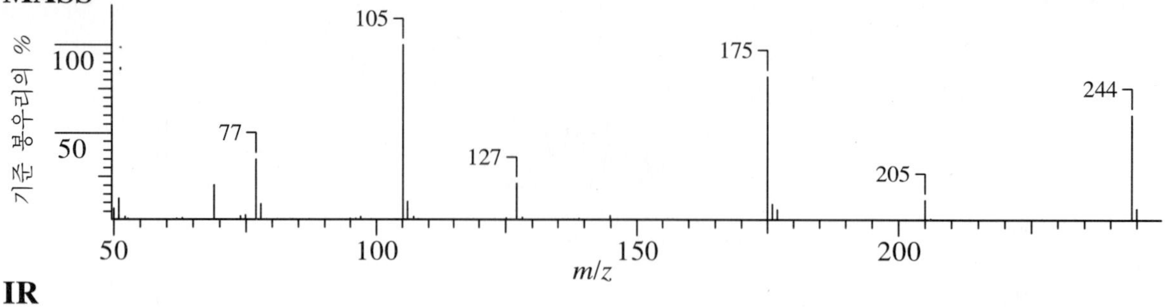

IR

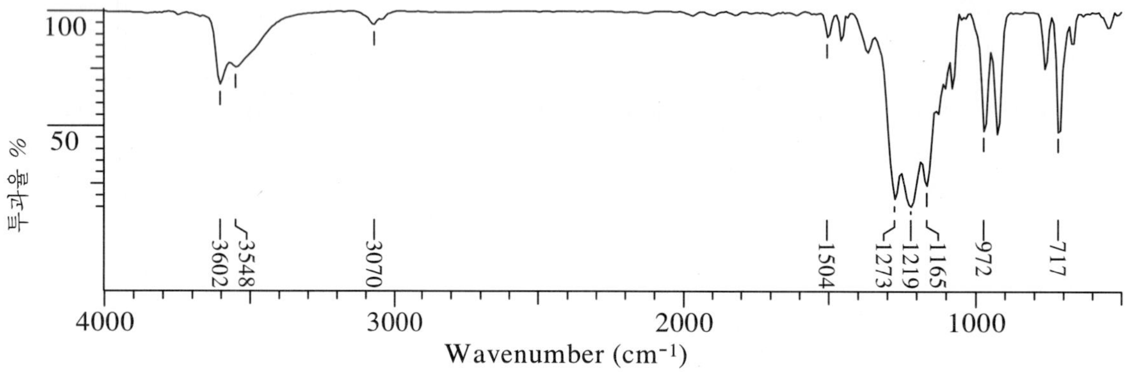

¹H NMR 300 MHz

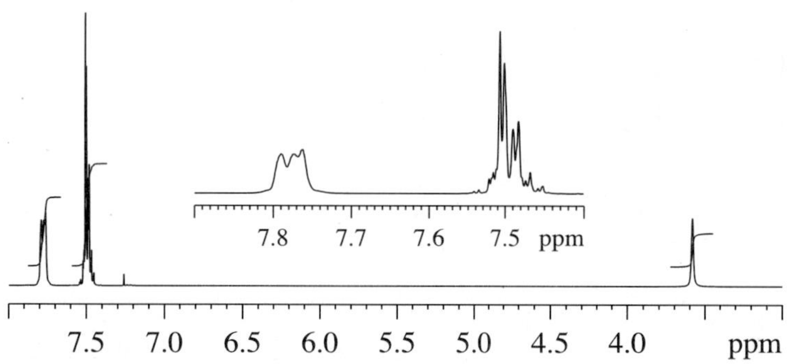

¹⁹F NMR 282.4 MHz

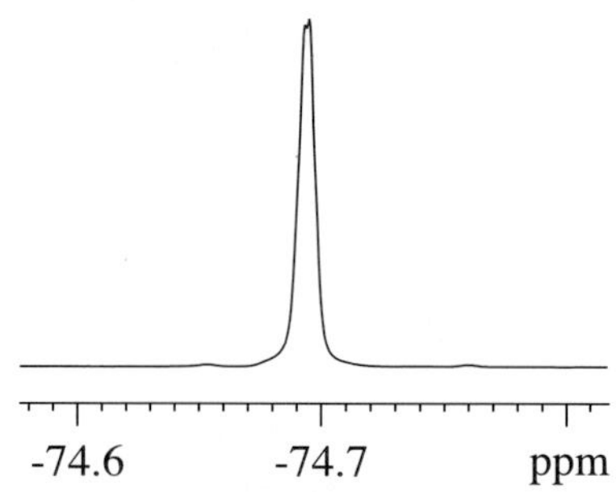

¹³C/DEPT 75.5 MHz

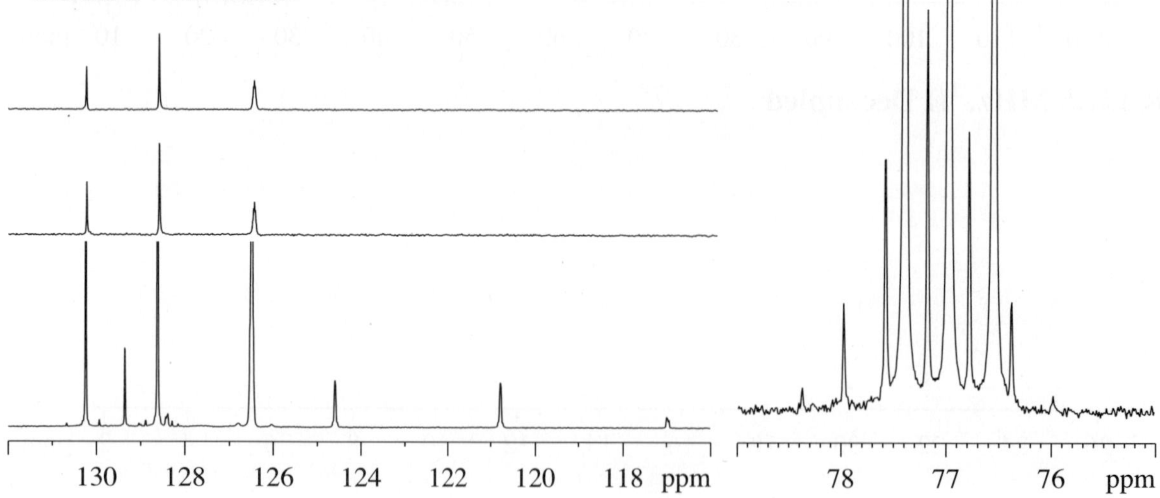

부록 A 자기적으로 활성인 핵의 특성

동위원소	스핀	자연 함량	자기 모멘트 μ/μ_N	자기회전 비율 $\gamma/10^7$ rad s^{-1} T^{-1}	사극자 모멘트 Q/fm^2	진동수 비율 @ 2.35 T	기준 화합물	상대적 감수성 $D^{양성자}$	$D^{탄소}$
^1H	1/2	99.9885	4.837353570	26.7522128	–	100.000000	Me_4Si	1	5.87×10^3
^2H	1	0.0115	1.21260077	4.106 62791	0.286	15.350609	$(CD_3)_3Si$	1.11×10^{-6}	6.52×10^{-3}
^3H	1/2	–	5.159714367	28.5349779	–	106.663974	$Me_4Si\text{-}t_1$	–	–
^3He	1/2	1.37×10^{-4}	−3.685154336	−20.3801587	–	76.179437	He(gas)	6.06×10^{-7}	3.56×10^{-3}
^6Li	1	7.59	1.1625637	3.9371709	−0.0808	14.716086	LiCl	6.45×10^{-4}	3.79
^7Li	3/2	92.41	4.20407505	10.3977013	−4.01	38.863797	LiCl	0.271	1.59×10^3
^9Be	3/2	100	−1.520136	−3.759666	5.288	14.051813	$BeSO_4$	1.39×10^{-2}	81.5
^{10}B	3	19.9	2.0792055	2.8746786	8.459	10.743658	$BF_3.Et_2O$	3.95×10^{-3}	23.2
^{11}B	3/2	80.1	3.4710308	8.5847044	4.059	32.083974	$BF_3.Et_2O$	0.132	7.77×10^2
^{13}C	1/2	1.07	1.216613	6.728284	–	25.145020	Me_4Si	1.70×10^{-4}	1
^{14}N	1	99.632	0.57100428	1.9337792	2.044	7.226317	CH_3NO_2	1.00×10^{-3}	5.9
^{15}N	1/2	0.368	−0.49049746	−2.71261804	–	10.136767	$MeNO_2$	3.84×10^{-6}	2.25×10^{-2}
^{17}O	5/2	0.038	−2.24077	−3.62808	−2.56	13.556457	D_2O	1.11×10^{-5}	6.50×10^{-2}
^{19}F	1/2	100	4.553333	25.18148	–	94.094011	CCl_3F	0.834	4.90×10^3
^{21}Ne	3/2	0.27	−0.854376	−2.11308	10.155	7.894296	Ne (gas)	6.65×10^{-6}	3.91×10^{-2}
^{23}Na	3/2	100	2.8629811	7.0808493	10.40	26.451900	NaCl	9.27×10^{-2}	5.45×10^2
^{25}Mg	5/2	10.00	−1.01220	−1.63887	19.94	6.121635	$MgCl_2$	2.68×10^{-4}	1.58
^{27}Al	5/2	100	4.3086865	6.9762715	14.66	26.056859	$Al(NO_3)_3$	0.207	1.22×10^3
^{29}Si	1/2	4.6832	−0.96179	−5.3190	–	19.867187	Me_4Si	3.68×10^{-4}	2.16
^{31}P	1/2	100	1.95999	10.8394	–	40.480742	H_3PO_4	6.65×10^{-2}	3.91×10^2
^{33}S	3/2	0.76	0.8311696	2.055685	−6.78	7.676000	$(NH_4)_2SO_4$	1.72×10^{-5}	0.101
^{35}Cl	3/2	75.78	1.061035	2.624198	−8.165	9.797909	NaCl	3.58×10^{-3}	21
^{37}Cl	3/2	24.22	0.8831998	2.184368	−6.435	8.155725	NaCl	6.59×10^{-4}	3.87
^{39}K	3/2	93.2581	0.50543376	1.2500608	5.85	4.666373	KCl	4.76×10^{-4}	2.79
(^{40}K)	4	0.0117	−1.4513203	−1.5542854	−7.30	5.802018	KCl	6.12×10^{-7}	3.59×10^{-3}
(^{41}K)	3/2	6.7302	0.2773961	0.68606808	7.11	2.561305	KCl	5.68×10^{-6}	3.33×10^{-2}
^{43}Ca	7/2	0.135	−1.494067	−1.803069	−4.08	6.730029	$CaCl_2$	8.68×10^{-6}	5.10×10^{-2}
^{45}Sc	7/2	100	5.3933489	6.5087973	−22.0	24.291747	$Sc(NO_3)_3$	0.302	1.78×10^3
^{47}Ti	5/2	7.44	−0.93294	−1.5105	30.2	5.637534	$TiCl_4$	1.56×10^{-4}	0.918
^{49}Ti	7/2	5.41	−1.25201	−1.51095	24.7	5.639037	$TiCl_4$	2.05×10^{-4}	1.2
(^{50}V)	6	0.25	3.6137570	2.6706490	21.0	9.970309	$VOCl_3$	1.39×10^{-4}	0.818
^{51}V	7/2	99.75	5.8380835	7.0455117	−5.2	26.302948	$VOCl_3$	0.383	2.25×10^3
^{53}Cr	3/2	9.501	−0.61263	−1.5152	−15.0	5.652496	K_2CrO_4	8.63×10^{-5}	0.507
^{55}Mn	5/2	100	4.1042437	6.645 2546	33.0	24.789218	$KMnO_4$	0.179	1.05×10^3
^{57}Fe	1/2	2.119	0.1569636	0.8680624	–	3.237778	$Fe(CO)_5$	7.24×10^{-7}	4.25×10^{-3}
^{59}Co	7/2	100	5.247	6.332	42.0	23.727074	$K_3[Co(CN)_6]$	0.278	1.64×10^3
^{61}Ni	3/2	1.1399	−0.96827	−2.3948	16.2	8.936051	$Ni(CO)_4$	4.09×10^{-5}	0.24
^{63}Cu	3/2	69.17	2.8754908	7.1117890	−22.0	26.515473	$[Cu(CH_3CN)_4][ClO_4]$	6.50×10^{-2}	3.82×10^2

(계속)

부록 A 자기적으로 활성인 핵의 특성(계속)

동위원소	스핀	자연 함량	자기 모멘트 μ/μ_N	자기회전 비율 $\gamma/10^7$ rad s^{-1} T^{-1}	사극자 모멘트 Q/fm^2	진동수 비율 @ 2.35 T	기준 화합물	상대적 감수성 $D^{양성자}$	$D^{탄소}$
^{65}Cu	3/2	30.83	3.07465	7.60435	−20.4	28.403693	$[Cu(CH_3CN)_4][ClO_4]$	3.54×10^{-2}	2.08×10^2
^{67}Zn	5/2	4.10	1.035556	1.676688	15.0	6.256803	$Zn(NO_3)_2$	1.18×10^{-4}	0.692
(^{69}Ga)	3/2	60.108	2.603405	6.438855	17.1	24.001354	$Ga(NO_3)_3$	4.19×10^{-2}	2.46×10^2
^{71}Ga	3/2	39.892	3.307871	8.181171	10.7	30.496704	$Ga(NO_3)_3$	5.71×10^{-2}	3.35×102
^{73}Ge	9/2	7.73	−0.9722881	−0.9360303	−19.6	3.488315	$(CH_3)_4Ge$	1.09×10^{-4}	0.642
^{75}As	3/2	100	1.858354	4.596163	31.4	17.122614	$NaAsF_6$	2.54×10^{-2}	1.49×10^2
^{77}Se	1/2	7.63	0.92677577	5.1253857	–	19.071513	Me_2Se	5.37×10^{-4}	3.15
(^{79}Br)	3/2	50.69	2.719351	6.725616	31.3	25.053980	NaBr	4.03×10^{-2}	2.37×10^2
^{81}Br	3/2	49.31	2.931283	7.249776	26.2	27.006518	NaBr	4.91×10^{-2}	2.88×10^2
^{83}Kr	9/2	11.49	−1.07311	−1.03310	25.9	3.847600	Kr(gas)	2.18×10^{-4}	1.28
(^{85}Rb)	5/2	72.17	1.6013071	2.5927050	27.6	9.654943	RbCl	7.67×10^{-3}	45
^{87}Rb	3/2	27.83	3.552582	8.786400	13.35	32.720454	RbCl	4.93×10^{-2}	2.90×10^2
^{87}Sr	9/2	7.00	−1.2090236	−1.1639376	33.5	4.333822	$SrCl_2$	1.90×10^{-4}	1.12
^{89}Y	1/2	100	−0.23801049	−1.3162791	–	4.900198	$Y(NO_3)_3$	1.19×10^{-4}	0.7
^{91}Zr	5/2	11.22	−1.54246	−2.49743	−17.6	9.296298	$Zr(C_5H_5)_2Cl_2$	1.07×10^{-3}	6.26
^{93}Nb	9/2	100	6.8217	6.5674	−32.0	24.476170	$K[NbCl_6]$	0.488	2.87×10^3
^{95}Mo	5/2	15.92	−1.0820	−1.7510	−2.2	6.516926	Na_2MoO_4	5.21×10^{-4}	3.06
(^{97}Mo)	5/2	9.55	−1.1050	−1.7880	25.5	6.653695	Na_2MoO_4	3.33×10^{-4}	1.95
^{99}Tc	9/2	-	6.2810	6.0460	−12.9	22.508326	NH_4TcO_4	–	–
^{99}Ru	5/2	12.76	−0.7588	−1.2290	7.9	4.605151	$K_4[Ru(CN)_6]$	1.44×10^{-4}	0.848
^{101}Ru	5/2	17.06	−0.8505	−1.3770	45.7	5.161369	$K_4[Ru(CN)_6]$	2.71×10^{-4}	1.59
^{103}Rh	1/2	100	−0.1531	−0.8468	–	3.186447	$Rh(acac)_3$	3.17×10^{-5}	0.186
^{105}Pd	5/2	22.33	−0.7600	−1.2300	66.0	4.576100	K_2PdCl_6	2.53×10^{-4}	1.49
(^{107}Ag)	1/2	51.839	−0.19689893	−1.0889181	–	4.047819	$AgNO_3$	3.50×10^{-5}	0.205
^{109}Ag	1/2	48.161	−0.22636279	−1.2518634	–	4.653533	$AgNO_3$	4.94×10^{-5}	0.290
(^{111}Cd)	1/2	12.80	−1.0303729	−5.6983131	–	21.215480	Me_2Cd	1.24×10^{-3}	7.27
^{113}Cd	1/2	12.22	−1.0778568	−5.9609155	–	22.193175	Me_2Cd	1.35×10^{-3}	7.94
(^{113}In)	9/2	4.29	6.1124	5.8845	79.9	21.865755	$In(NO_3)_3$	1.51×10^{-2}	88.50
^{115}In	9/2	95.71	6.1256	5.8972	81.0	21.912629	$In(NO_3)_3$	0.338	1.98×10^3
(^{115}Sn)	1/2	0.34	−1.5915	−8.8013	–	32.718749	Me_4Sn	1.21×10^{-4}	0.711
(^{117}Sn)	1/2	7.68	−1.73385	−9.58879	–	35.632259	Me_4Sn	3.54×10^{-3}	20.8
^{119}Sn	1/2	8.59	−1.81394	−10.0317	–	37.290632	Me_4Sn	4.53×10^{-3}	26.6
^{121}Sb	5/2	57.21	3.9796	6.4435	−36.0	23.930577	$KSbCl_6$	9.33×10^{-2}	5.48×10^2
(^{123}Sb)	7/2	42.79	2.8912	3.4892	−49.0	12.959217	$KSbCl_6$	1.99×10^{-2}	1.17×10^2
(^{123}Te)	1/2	0.89	−1.276431	−7.059098	–	26.169742	Me_2Te	1.64×10^{-4}	0.961
^{125}Te	1/2	7.07	−1.5389360	−8.5108404	–	31.549769	Me_2Te	2.28×10^{-3}	13.40
^{127}I	5/2	100	3.328710	5.389573	−71.0	20.007486	KI	9.54×10^{-2}	5.60×10^2
^{129}Xe	1/2	26.44	−1.347494	−7.452103	–	27.810186	$XeOF_4$	5.72×10^{-3}	33.60
^{131}Xe	3/2	21.18	0.8931899	2.209076	−11.4	8.243921	$XeOF_4$	5.96×10^{-4}	3.50

^{133}Cs	7/2	100	2.9277407	3.5332539	−0.343	13.116142	$CsNO_3$	4.84×10^{-2}	2.84×10^{2}
(^{135}Ba)	3/2	6.592	1.08178	2.67550	16.0	9.934457	$BaCl_2$	3.30×10^{-4}	1.93
^{137}Ba	3/2	11.232	1.21013	2.99295	24.5	11.112928	$BaCl_2$	7.87×10^{-4}	4.62
^{138}La	5	0.09	4.068095	3.557239	45.0	13.19430	$LaCl_3$	8.46×10^{-5}	0.497
^{139}La	7/2	99.91	3.155677	3.8083318	20.0	14.125641	$LaCl_3$	6.05×10^{-2}	3.56×10^{2}
^{141}Pr	5/2	100	5.0587	8.1907	−5.89	30.62	–	–	–
^{143}Nd	7/2	12.2	−1.208	−1.4570	−63.0	5.45	–	–	–
^{145}Nd	7/2	8.3	−0.7440	−0.8980	−33.0	3.36	–	–	–
^{147}Sm	7/2	14.99	−0.9239	−1.1150	−25.9	4.17	–	–	–
^{149}Sm	7/2	13.82	−0.7616	−0.9192	7.4	3.44	–	–	–
^{151}Eu	5/2	47.81	4.1078	6.6510	90.3	24.86	–	–	–
^{153}Eu	5/2	52.19	1.8139	2.9369	241.2	10.98	–	–	–
^{155}Gd	3/2	14.80	−0.33208	−0.82132	127.0	3.07	–	–	–
^{157}Gd	3/2	15.65	−0.4354	−1.0769	135.0	4.03	–	–	–
^{159}Tb	3/2	100	2.6000	6.4310	143.2	24.04	–	–	–
^{161}Dy	5/2	18.91	−0.5683	−0.9201	250.7	3.44	–	–	–
^{163}Dy	5/2	24.90	0.7958	1.2890	264.8	4.82	–	–	–
^{165}Ho	7/2	100	4.7320	5.7100	358.0	21.34	–	–	–
^{167}Er	7/2	22.93	−0.63935	−0.77157	356.5	2.88	–	–	–
^{169}Tm	1/2	100	−0.4011	−2.2180	–	8.29	–	–	–
^{171}Yb	1/2	14.28	0.85506	4.7288	–	17.499306	–	–	–
^{173}Yb	5/2	16.13	−0.80446	−1.3025	280.0	4.821	–	–	–
^{175}Lu	7/2	97.41	2.5316	3.0552	349.0	11.404	–	–	–
^{176}Lu	7	2.59	3.3880	2.16844	497.0	8.131	–	–	–
^{177}Hf	7/2	18.60	0.8997	1.0860	336.5	4.007	–	2.61×10^{-4}	1.54
^{179}Hf	9/2	13.62	−0.7085	−0.6821	379.3	2.517	–	7.45×10^{-5}	0.438
^{181}Ta	7/2	99.988	2.6879	3.2438	317.0	11.989600	$KTaCl_6$	3.74×10^{-2}	2.20×10^{2}
^{183}W	1/2	14.31	0.20400919	1.1282403	–	4.166387	Na_2WO_4	1.07×10^{-5}	6.31×10^{-2}
(^{185}Re)	5/2	37.4	3.7710	6.1057	218.0	22.524600	$KReO_4$	5.19×10^{-2}	3.05×10^{2}
^{187}Re	5/2	62.6	3.8096	6.1682	207.0	22.751600	$KReO_4$	8.95×10^{-2}	5.26×10^{2}
^{187}Os	1/2	1.96	0.1119804	0.6192895	–	2.282331	OsO_4	2.43×10^{-7}	1.43×10^{-3}
^{189}Os	3/2	16.15	0.851970	2.10713	85.6	7.765400	OsO_4	3.95×10^{-4}	2.32
(^{191}Ir)	3/2	37.3	0.1946	0.4812	81.6	−1.718	-	1.09×10^{-5}	6.38×10^{-2}
^{193}Ir	3/2	62.7	0.2113	0.5227	75.1	−1.871	-	2.34×10^{-5}	0.137
^{195}Pt	1/2	33.832	1.0557	5.8385	–	21.496784	Na_2PtCl_6	3.51×10^{-3}	20.7
^{199}Hg	1/2	16.87	0.87621937	4.8457916	–	17.910822	Me_2Hg	1.00×10^{-3}	5.89
^{197}Au	3/2	100	0.191271	0.473060	54.7	−1.729	-	2.77×10^{-5}	0.162
^{201}Hg	3/2	13.18	−0.7232483	−1.788769	38.6	6.611583	$(CH_3)_2Hg$	1.97×10^{-4}	1.16
(^{203}Tl)	1/2	29.524	2.80983305	15.5393338	–	57.123200	$Tl(NO_3)_3$	5.79×10^{-2}	3.40×10^{2}
^{205}Tl	1/2	70.476	2.8374709	15.6921808	–	57.683838	$Tl(NO_3)_3$	0.142	8.36×10^{2}
^{207}Pb	1/2	22.1	1.00906	5.58046	–	20.920599	Me_4Pb	2.01×10^{-3}	11.8
^{209}Bi	9/2	100	4.5444	4.3750	−51.5	16.069288	$Bi(NO_3)_2$	0.144	8.48×10^{2}
^{235}U	7/2	0.72	−0.4300	−0.5200	493.5	1.8414	–	–	–

괄호 안에 있는 핵은 NMR에서 흥미있는 원소가 아닌 것으로 생각되는 원소이다.

다음 문헌에서 편집: Harris,R.K., Becker,E.D., Cabral de Menezes,S.M., Goodfellow,R.과 Granger,P.(2001). NMR Nomenclature. Nuclear spin properties and conventions for chemical shifts. *Pure Appl. Chem.* **73**, 1795–1818.

7장

예 제

7.1 서론

학생들의 끊임없는 질문은 바로 "어디서부터 시작해야 할까?"이다. 지도교수들도 그 질문에 동감하나 정확한 해결책을 제시해 주지는 못한다. 하지만 **분자식**을 눈여겨 살펴보라는 지침이 있다. 왜 분자식일까? 이유는 간단하다. 왜냐하면 분자식이야말로 화학자에게 주어진 가장 유용한 단서이고, 분자식 연구에 노력할 만한 가치가 매우 있다. 분자식은 주어진 분자의 전체적인 모습과 수소 결핍 지수, 즉 고리, 이중 결합, 삼중 결합 개수의 총합을 나타낸다(1.5.3절).

분자식은 분자 이온 피크를 알아내는 것으로부터 시작한다(1.5절). 고분해능 MS 기계가 없는 일반적인 상황이라 가정하자. 또한 가장 높은 m/z 피크(이온의 동위원소 피크 제외)가 주어진 분자 이온 피크이며, 이 이온의 동위원소 피크의 세기가 정밀하게 결정될 수 있을 정도로 이 분자 이온의 피크가 충분히 강하며, S, Br, Cl 원자의 존재와 개수를 확인할 수 있다고 가정하자. 질량 스펙트럼에 나타난 토막내기 방식을 통하여 인식 가능한 조각들을 살펴보자. 만약 분자 이온 피크가 홀수라면 N 원자가 홀수개가 존재한다는 것을 의미한다.

분자 이온 피크를 선택할 때 불확실성으로 인해 항상 시작에 어려움이 따른다. 많은 실험실에서 EI를 보완하는 절차로 CI 방법을 사용하는데, 물론 더 어렵고 복잡한 문제에 고분해능 기기를 이용하는 것이 좋다.

비슷한 성질을 가지는 계열들의 IR 스펙트럼을 조사하는 것이 바람직하다. 특히 C—H 신축, O—H 및 N—H와 불포화된 작용기의 유무를 주목해야 한다.

이러한 정보를 손 안에 쥐었을 때 확증하고 다음 절차로 나아가기 위해서는 양성자 NMR 스펙트럼을 찾아보아야 한다. 스펙트럼이 허용한다면, 총 양성자 합과 적분값으로부터 화학 이동된 작용기와 동등한 양성자들의 비율을 결정한다. 일차 짝지음 방식과 화학 이동의 성질을 먼저 살펴본다. 그리고 ^{13}C/DEPT 스펙트럼을 관찰한다. 탄소와 양성자수, CH_3, CH_2, CH와 C기의 개수를 결정한다. 양성자 적분값과 ^{13}C/DEPT 스펙트럼에 나타나는 양성자수의 차이는 헤테로원자에 있는 양성자수를 의미한다.

고분해능 기기를 사용하였을 때, 양성자 흡수가 겹쳐지는 것은 흔한 일이나 비동등 ^{13}C 피크가 완전히 일치하는 경우는 매우 드물다. 이제 1장의 부록 A에서 비교하여 가장 적절한 분자식을 고르고, 각 분자식에서 수소 결핍 지수를 계산한다. 풀리지 않거나 겹쳐지는 피크로 인해 생기는 어려움 뿐만 아니라 대칭인 원소의 존재로 선택된 분자식과 ^{1}H와 ^{13}C 개수 사이에 차이가 있을 수 있다. 하지만 이러한 정보는 또한 분자 구조를 이해하는 데 기여한다.

학생들에게 자신의 방법으로 문제에 접근하도록 권한다. 더 새로운 기술을 사용하는 연습을 하도록 하기 위하여, 때로는 필요 이상의 정보를 제공하기도 하였다. 하지만 다른 연습 문제에서는 실제 상황을 연습하도록 어려운 것들도 있다. 다음의 전반적인 전략을 기억하라. 좀 더 눈에 보이는 특징에 주목하면서 서로에 대한 스펙트럼을 보라. 한 스펙트럼으로부터 가설을 전개하라. 다른 스펙트럼과 견주어 보며 확인하거나 모순점을 찾는다. 필요하다면 세웠던 가설을 수정한다. 그 효과는 상승작용이 있어, 이렇게 얻은 모든 정보가 각 부분을 모두 합한 것보다 더 크다.

이제 고분해능을 쉽게 사용할 수 있으므로 많은 NMR 스펙트럼이 대부분 우선이고 질량 스펙트럼과 IR 스펙트럼이 제공하는 단서들을 이용하여 해석한다. 그럼에도 불구하고 3.8절에서부터 3.12절을 다시 읽어보면 주의할 점들이 생긴다.

한 예로 비슷한 다음 두 화합물을 생각해 보자.

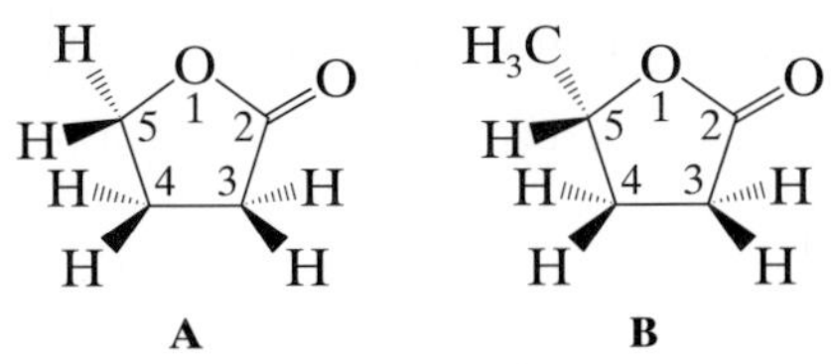

두 고리 모두 재빨리 구부러질 수 있는 고리 형태로 존재하지만 화합물 A에서만 각 CH_2기의 양성자들끼리 서로 주고받으면서 화학 이동이 동등해진다. 화합물 A만이 이 종이면에 존재하는 대칭면을 통해 양성자를 서로 주고받는다.

스펙트럼의 왼쪽에서 오른쪽으로, 다음과 같이 화합물 A를 예측할 수 있다. H-5, 두 개의 양성자 삼중선; H-3, 두 개의 양성자 삼중선; H-4, 두 개의 양성자, 사중선(짝지음 상수가 거의 같다고 가정). 적당한 분해능이 주어진 상황에서 이 스펙트럼이 우선이다.

화합물 B는 평면 형태상 대칭 원소가 없다. C-5가 카이랄 중심이며 각 CH_2기의 양성자는 부분입체이성질체성 쌍(diastereotopic pair)이다. 부분입체이성질체성 쌍의 각 양성자는 고유한 화학 이동을 가진다. 카이랄 중심에 인접한 H-4 양성자는 확연히 분리할 수 있으나 H-3 양성자는 300 MHz에서 분리할 수 없다.

카이랄 중심의 가능성은 항상 염두에 두어야 한다. **항상 입체화학을 생각하라.**

7장과 8장의 연습문제들에 대해 살펴보면 2-D 스펙트럼의 위력이 점점 뚜렷해질 것이다. 임시적으로 적절한 구조 및 조각을 설정하기 전에 대개 모든 스펙트럼을 자세히 관찰할 필요는 없다. 가정으로 세운 구조들과 토막들의 예측된 스펙트럼의 특징을 관찰된 스펙트럼과 비교하고 구조를 수정해 차이점을 줄인다.

여기서 제시된 사항들은 앞으로 난이도가 높아지는 순서대로 나온 예제에 상세히 서술될 것이다. 또한 역시 난이도에 따라 나열된 8장의 문제들로 충분한 연습이 이루어질 것이다.

대부분의 학생들은 문제풀기를 좋아하며 여기에 도전한다. 학생들은 또한 스펙트럼을 해석하면서 화학 구조의 정확함에 진가를 인정하기 시작할 것이다. 유능한 탐정이 되어보자! 카이랄성, 부분입체이성질체, 가상 짝지음(virtual coupling), 90°의 이면각, 자기적 비등가(magnetic nonequivalence)를 주의하기 바란다.

마지막으로 구조를 증명하기 위해 무엇이 필요할까? 궁극적으로 그것은 같은 조건과 같은 기기로 순수 실제 표본으로부터 얻은 모든 스펙트럼이 일치하는 것이다. 명백히 몇몇 절충안은 받아들일 수 있다. 출판된 스펙트럼이나 스펙트럼 데이터와 일치하면 발표에 적절하지만 다음 단계에서 합성되는 새로운 화합물에 대해서는 적용되지 않는다.

양성자 NMR 스펙트럼을 모의실험할 수 있는 컴퓨터 프로그램을 이용할 수 있다.* 모든 양성자에 대해서 화학 이동, 짝지음 상수의 정밀한 측정이 이루어질 수 있다면 모의실험된 스펙트럼이 실제 스펙트럼과 일치할 것이다. 많은 사례들 중 적어도 몇 개의 스핀계가 우선할 것이다. 그렇지 않다면 화학 이동과 짝지음 상수를 적절히 어림잡고 컴퓨터 프로그램이 실제 스펙트럼에 가깝도록 반복 실행을 통해서 모의실험을 조절할 것이다. 물론, 동일하다는 것이 타당하다는 가정하에서 말이다.

다음은 논리적으로나 교육적으로 완벽함을 위한 점검표로 꼭 순서대로 실행될 필요는 없다.

1. 분자식을 어떻게 이끌어냈는지 보여 준다.
2. 수소 결핍 지수를 계산한다.
3. IR 스펙트럼에 특징적인 띠를 정한다.
4. ^{1}H NMR 스펙트럼에서 모든 양성자를 **정한다**.
5. ^{13}C/DEPT NMR 스펙트럼에서 모든 탄소를 **정한다**.
6. 필요한 곳에서 $\Delta\nu/J$를 계산하거나 어림잡는다.
7. 필요한 곳에서 다중도(multiplicity)를 설명한다.
8. 2-D 스펙트럼에서 모든 상호관계를 정한다.
9. EI 질량 스펙트럼이 화학 구조를 어떻게 뒷받침하는지를 보여 준다.
10. 이성질체의 가능성을 생각하라.

이 장에 소개된 각 문제는 분자 구조와 스펙트럼이 먼저 나오고 그 뒤에 논의가 따르는 순서로 편성되어 있다. 앞뒤로 왔다갔다 오가지 않도록 분자 구조는 대부분 각 스펙트럼으로 나타내었다. 이런 배열의 의도는 학생들이 분자와 스펙트럼의 친숙한 특징들 사이에서의 관계를 자신들이 직접 시험적으로나마 연관지을 수 있도록 조장하기 위함이다. 이렇게 준비가 된 상태에서 다음 논의가 더 유용할 것이다.

* 스펙트럼은 NMR 분광계의 컴퓨터 및 PC상에서 모의실험할 수 있다. 예를 들어, Bruker BIOSPIN, Billerica, MA.에서 이용 가능한 NMR-SIM 프로그램을 참고하라. 3장(3.5.3절) 참조.

MASS EI

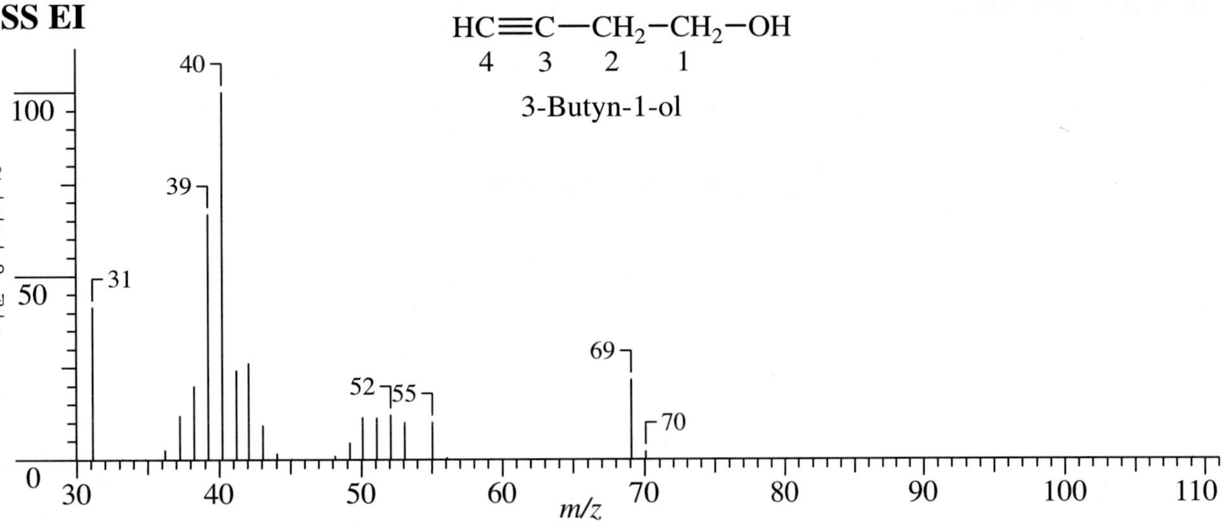

MASS CI reagent gas methane

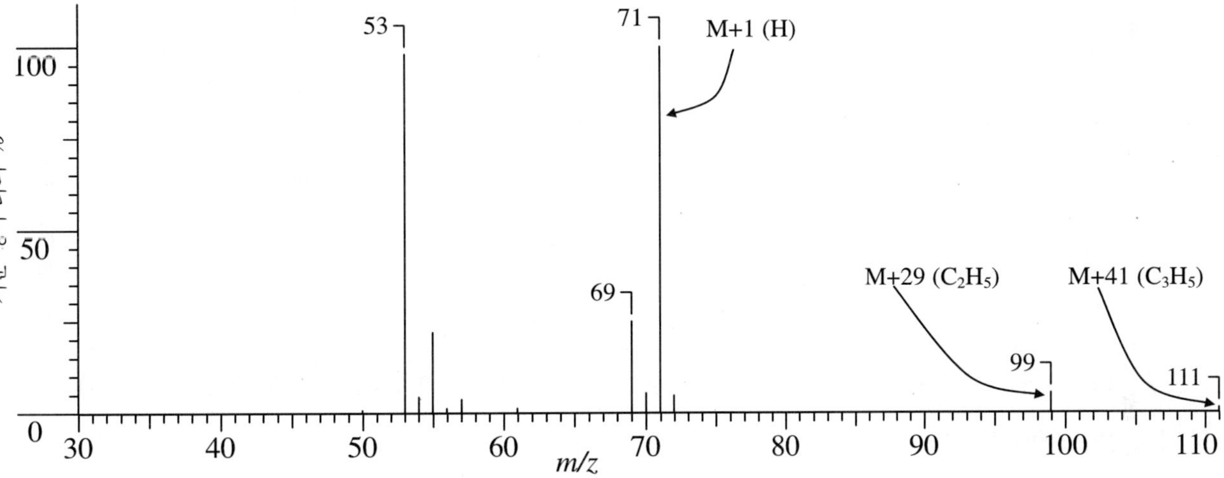

IR

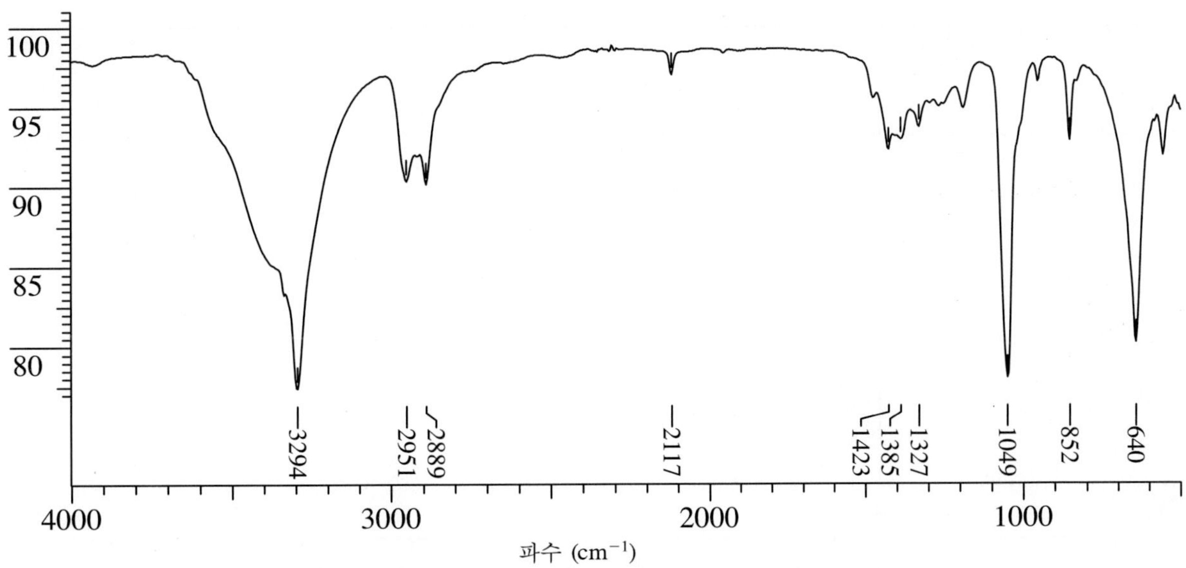

^{1}H NMR 600 MHz

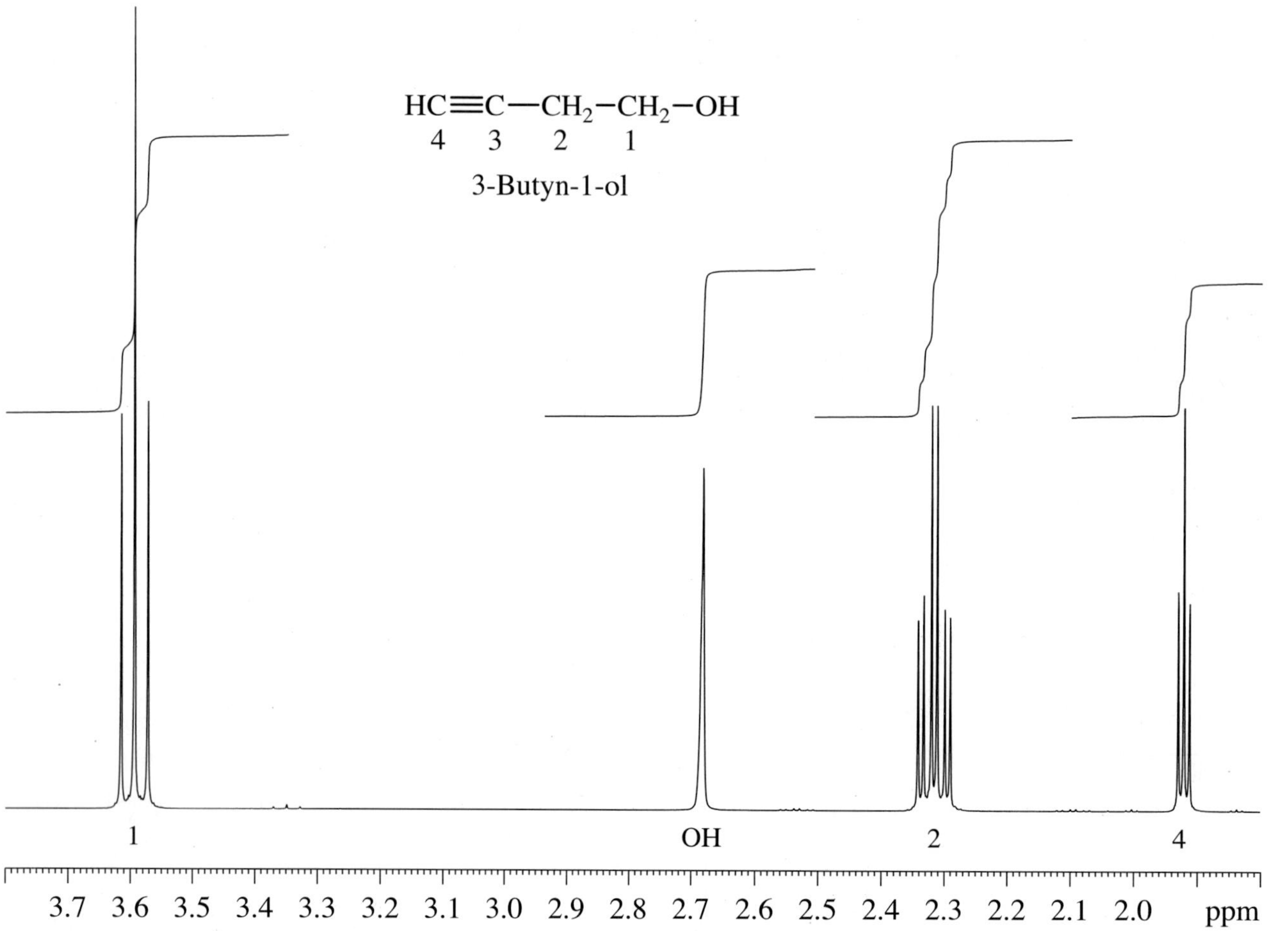

^{13}C/DEPT 600 MHz

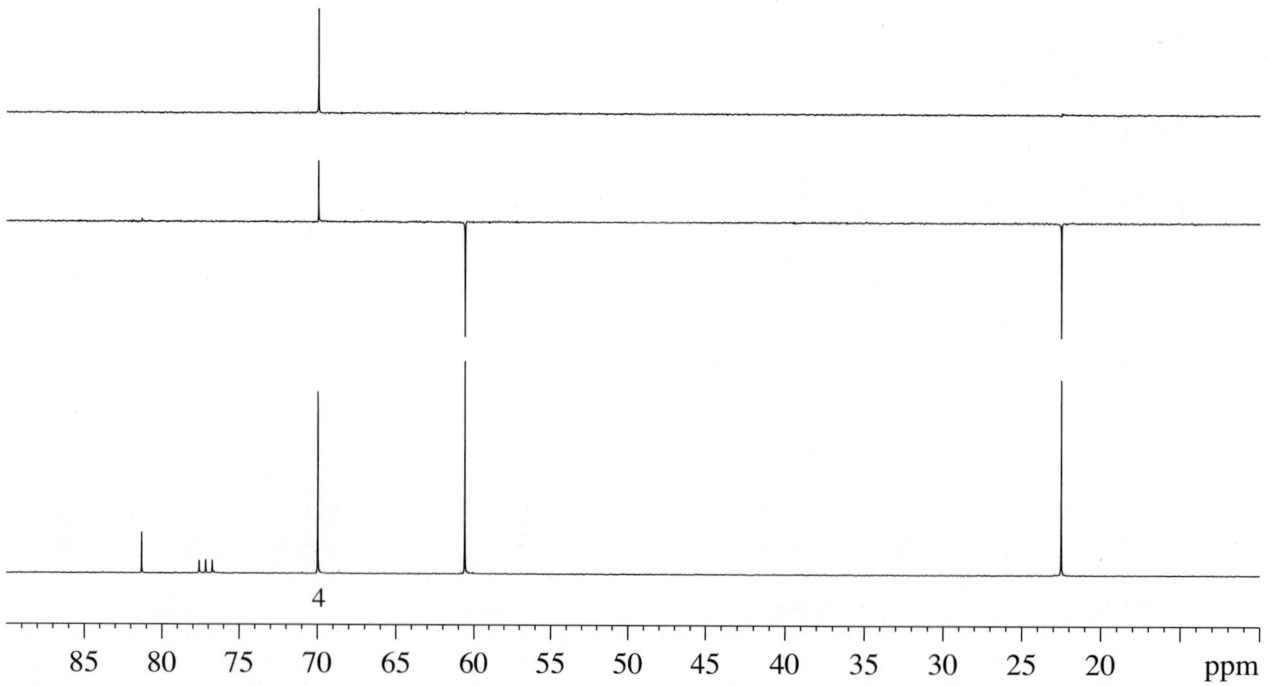

문제 7.1에 대한 논의

모든 것이 작은 분자를 향해 있다. 질량 스펙트럼에서 *m/z* 69를 넘어가는 피크는 없는 듯하다. 하지만 이 *m/z* 69 피크는 분자 이온으로서는 받아들일 수 없다. 이유는 그 다음 피크가 질량 단위 14가 감소하여 *m/z* 55에 나타나는 것으로 생각되기 때문이다. CI 질량 스펙트럼에 따라 *m/z* 71이 기준이 되는데, 이 수치는 M + 1 유사분자 이온을 나타낸다. 이 화합물의 분자량은 따라서 70 amu로 측정된다. IR 스펙트럼에 의하면 알코올은 3350 cm^{-1}에서 폭넓은 O—H 신축띠와 1049 cm^{-1}에서 강한 C—O 신축이 나타난다.

양성자 스펙트럼은 전형적인 다중선으로 구성되어 있다. 왼쪽부터 오른쪽으로 다중선과 적분값은 다음과 같다. 삼중선 (2), 단일선 (1), 삼중선의 이중선 (2), 삼중선 (1) 으로 여섯 개의 양성자를 낸다. ^{13}C/DEPT 스펙트럼에는 네 개의 탄소 원자가 보이는데, 왼쪽부터 오른쪽으로 C, CH, CH_2, CH_2이다. 이러한 차이는 여러 양성자 중 하나가 헤테로원자에 결합한 것을 의미한다. ^{1}H 스펙트럼에서 2.68 ppm에 나타나는 OH 양성자로 ^{1}H 스펙트럼과 ^{13}C/DEPT 스펙트럼의 양성자 개수가 차이나는 것을 설명할 수 있다.

m/z 70을 분자 이온이라 설정한 가정이 이제 매우 타당하다. 이것으로 분자식이 C_4H_6O이며, 수소 결핍 지수가 2라고 단정할 수 있다. 이 수소 결핍 지수를 만족할 수 있는 두 개의 이중 결합, 이중 결합 하나와 고리 하나, 고리 둘, 삼중 결합 하나 중에 선택해야 할 것이다. 위의 선택사항들은 순차적으로 살펴보자.

두 개의 이중 결합이라고 생각해 보자. 어느 양성자나 탄소 피크가 알켄의 일반적인 범주로 속하는가? 3장과 4장을 읽어보면 그 가능성을 배제시킬 수 밖에 없다. 그렇다면 고리 및 삼중 결합이란 선택권이 남게 된다.

고리는 화학 이동만을 기준으로 보았을 때 제외하기 어려우나 스핀 짝지음을 설명하기 어렵다. 마지막으로 삼중결합을 고려해 보자.

그렇다. 삼중 결합은 양성자와 탄소의 화학 이동의 기준에서 보았을 때 동시에 만족시킨다. 첫 번째 질문은 삼중결합이 분자 말단에 있는가, 내부에 있는가 하는 것이다. 즉, 알카인 양성자가 존재하는가?

$$\mathrm{H{-}C{\equiv}C{-}R} \quad \text{또는} \quad \mathrm{R{-}C{\equiv}C{-}R'}$$

^{13}C 스펙트럼을 사용하면 더이상 애매모호하지 않다. 이 스펙트럼은 알카인 탄소 범주 안의 피크 두 개를 보여 준다. 70 ppm에서 나타나는 피크는 두 CH_2 피크와 길이가 거의 같으나 81.2 ppm에서 나타난 피크는 세기가 현저히 낮으며, 이것을 통해 붙어있는 양성자가 없음을 알 수 있다. 또한 ^{13}C/DEPT 스펙트럼에서 70 ppm의 피크는 CH기를 나타낸다. 따라서 이제 두 개의 다음 조각을 쓸 수 있다.

$$\mathrm{H{-}C{\equiv}C{-}} \quad \text{및} \quad \mathrm{{-}CH_2{-}OH}$$

빠진 CH_2기를 집어넣으면 완성된 분자 구조식을 얻는다.

$$\mathrm{H{-}C{=}C \quad CH_2{-}CH_2{-}OH}$$

위 구조는 ^{1}H와 ^{13}C/DEPT 스펙트럼의 조건에 완벽하게 들어맞는다. ^{1}H 스펙트럼을 보면 삼중 결합을 통해 삼중선을 더 이중선으로 쪼개는 장거리 짝지음(long-range coupling, H-4에서 H-2)의 좋은 증거가 나타난다.

IR 스펙트럼으로 다시 돌아가 보면 O—H띠 위에 3294 cm^{-1}의 H—C≡ 신축띠를 확인할 수 있다. 또한 그 외에도 640 cm^{-1}의 강한 ≡C—H띠도 존재한다. 더욱이 비록 약하지만 뚜렷한 C≡C 신축띠가 2117 cm^{-1}에 나타난다.

질량 스펙트럼의 여러 주요 피크들은 가까운 거리에 놓여있는 두 작용기 때문에 정하기 어렵다. 하찮은 일에 불과하겠지만, 양성자와 그 양성자의 다중선을 검증하는 작업은 과제로 남겨두겠다. ^{13}C/DEPT 스펙트럼의 공명을 정하는 것도 학생들이 풀어야 할 몫이다.

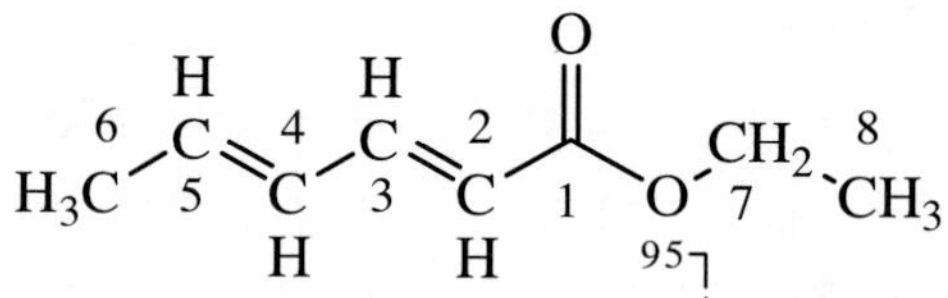

Ethyl sorbate

MASS

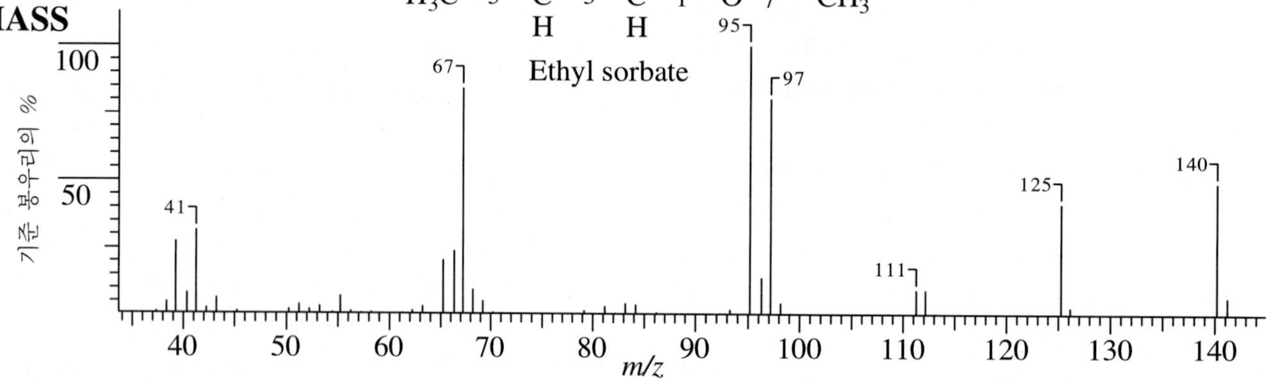

IR

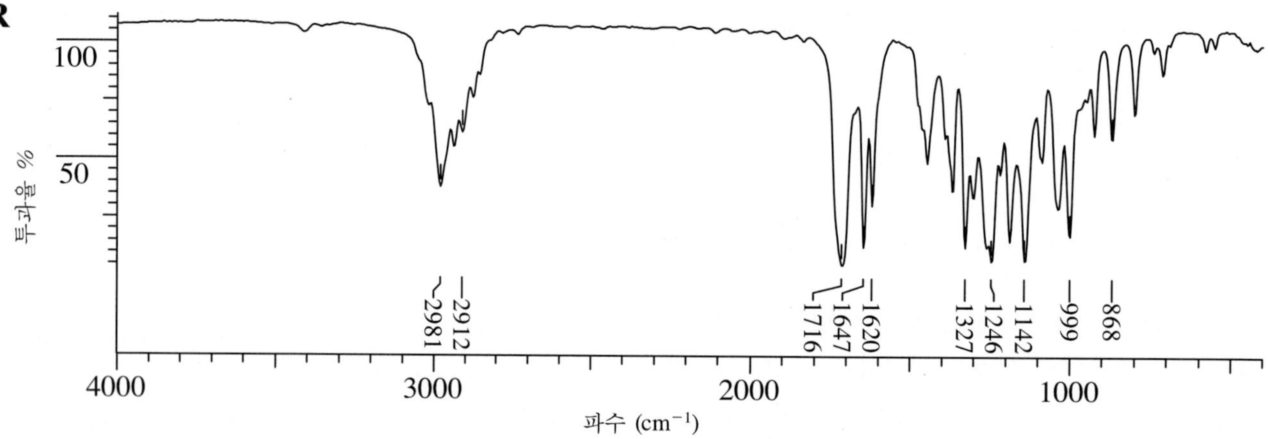

¹H NMR 600 MHz

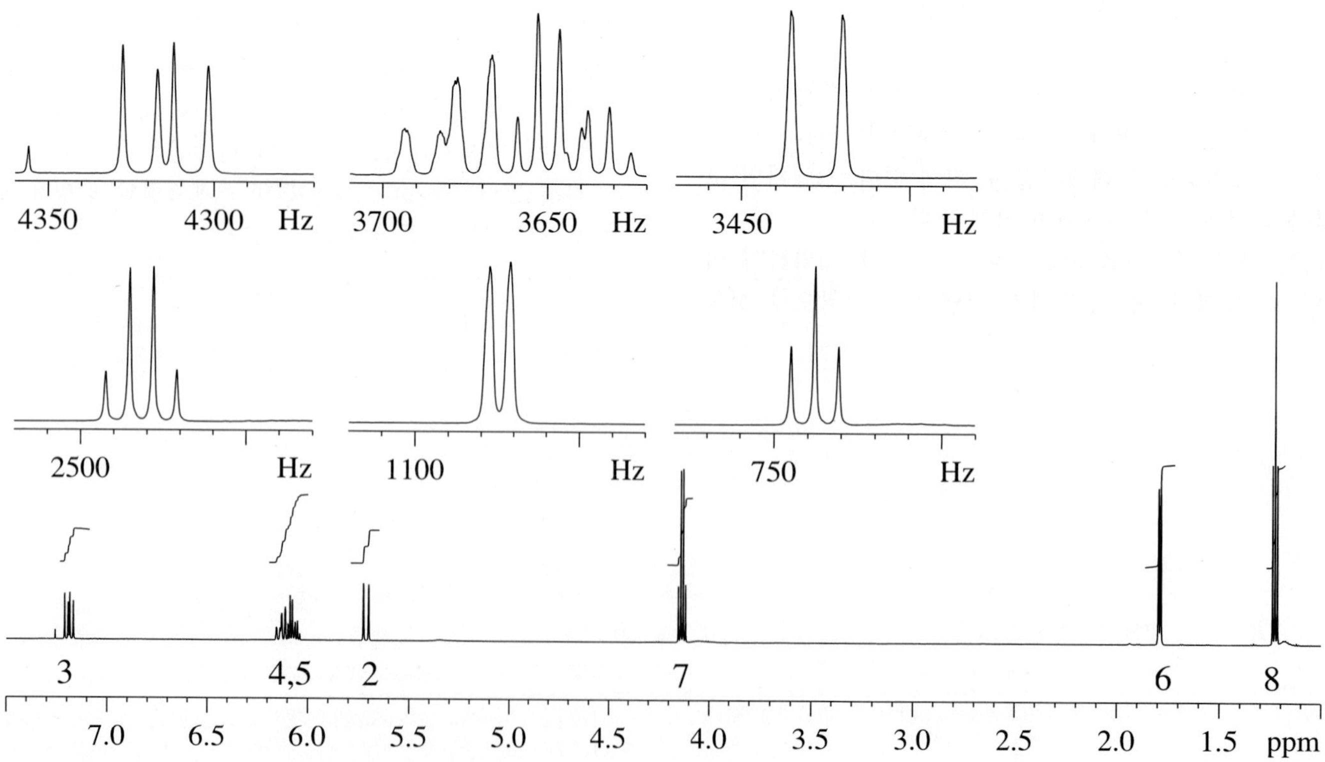

^{1}H Homodecoupled 600 MHz

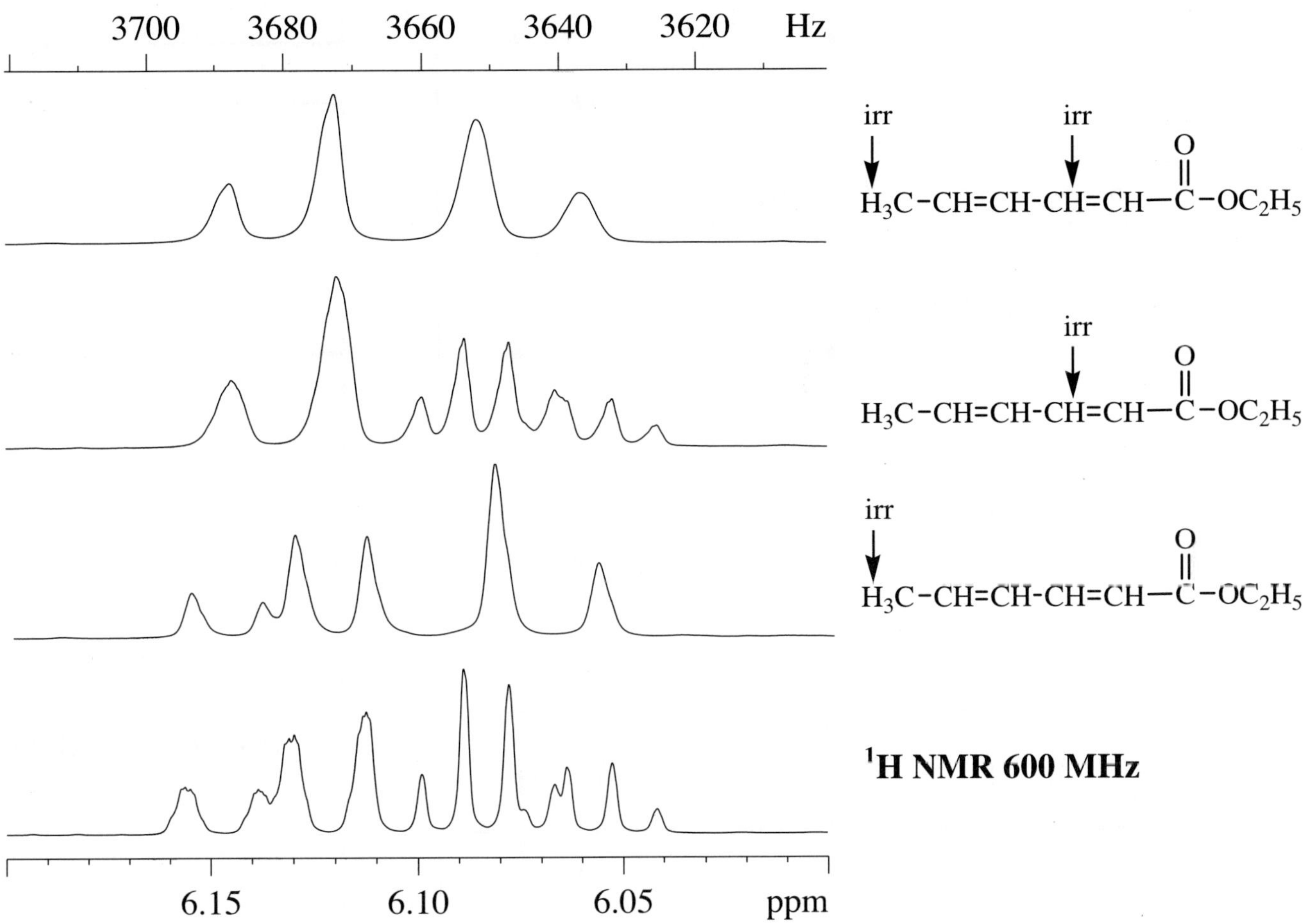

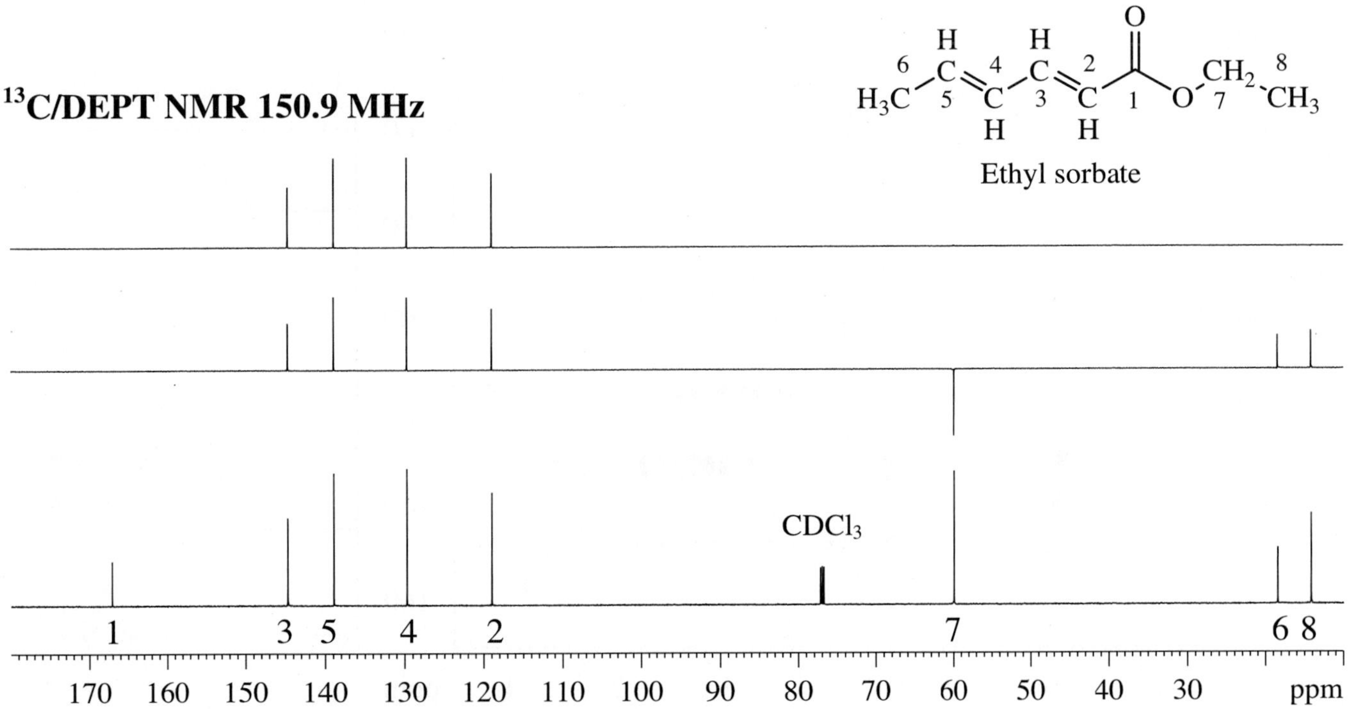

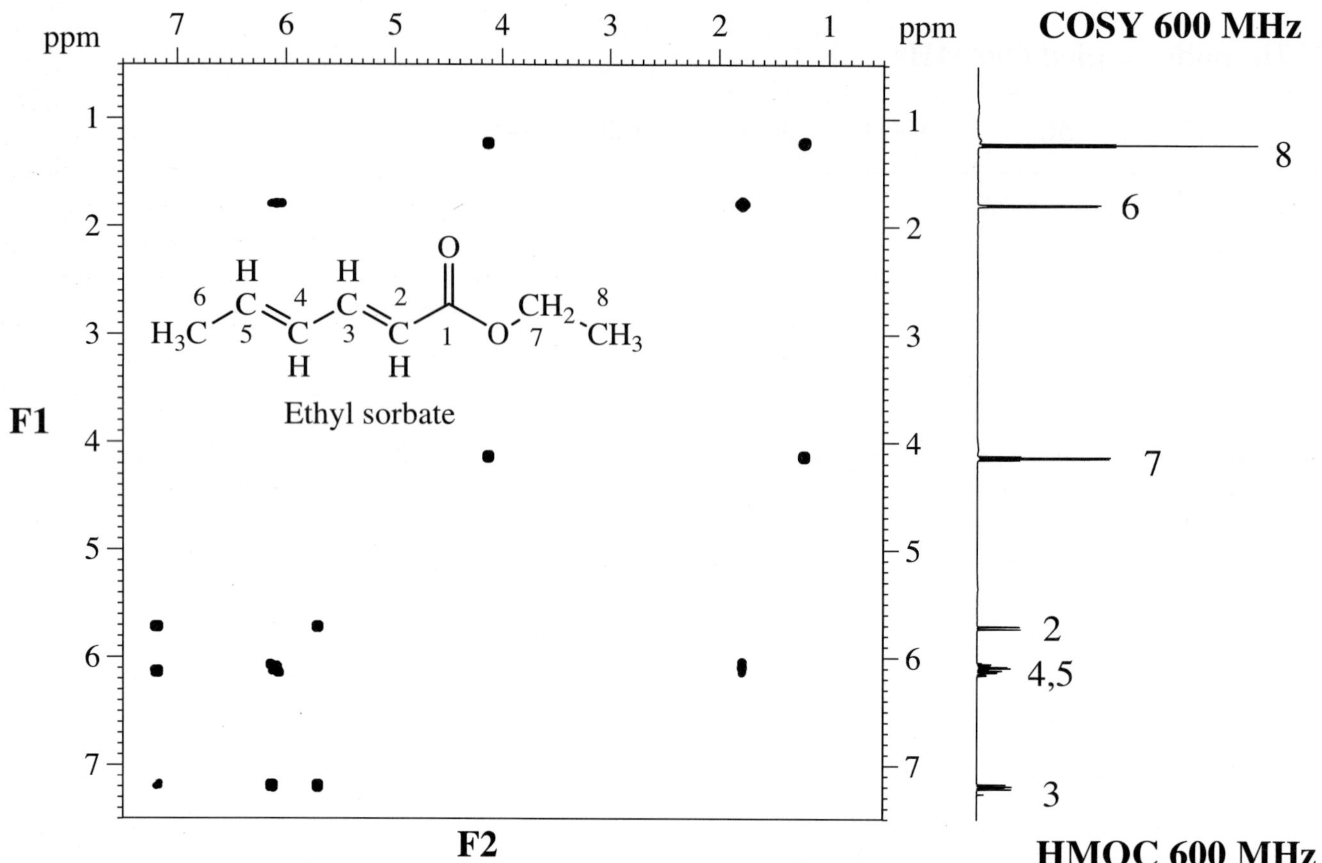
COSY 600 MHz
Ethyl sorbate
F1
F2
ppm

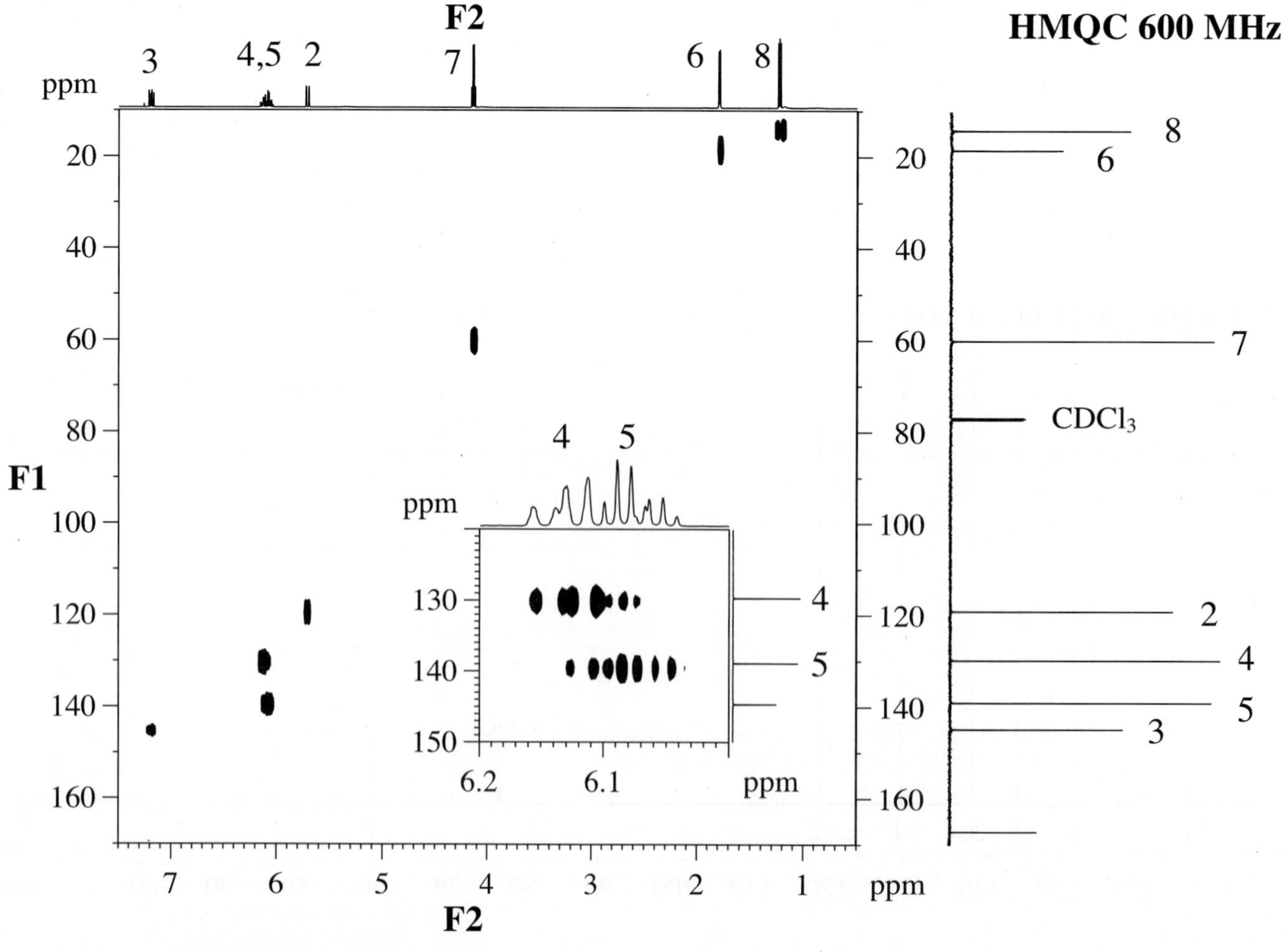
HMQC 600 MHz
F1
F2
ppm
CDCl3

문제 7.2에 대한 논의

질량 스펙트럼에서 비교적 강도가 높은 *m/z* 40에서의 피크는 분자 이온 피크로서 적절한 선택이다. 이유는 그 이후의 피크가 없을 뿐더러 *m/z* 125에서의 조각이 CH_3기를 나타내지 않기 때문이다. 140은 짝수이므로 0, 2, 4, …개의 N 원자가 있으며, 여기서 0을 출발점으로 가정한다. M + 1, M + 2의 피크가 아주 작으므로 S, Cl, Br는 제외된다.

1716 cm^{-1}에서의 강한 IR띠는 카보닐기(C=O)를 의미한다. 1647 cm^{-1}과 1620 cm^{-1}에서의 선명한 두 띠는 콘쥬게이션 될 수도 있는 C=C 결합이 한 개 이상 존재한다는 것을 의미한다(2.6.4.1절 참조).

^{1}H 스펙트럼에는 다른 여섯 종류의 양성자가 왼쪽에서 오른쪽으로 1 : 2 : 1 : 2 : 3 : 3의 비율로 총 12개 존재한다. 이제 ^{13}C 스펙트럼에서 피크 여덟 개를 세어보고(한 피크당 탄소 원자 하나가 존재한다고 가정), ^{13}C/DEPT 스펙트럼에서 왼쪽부터 다음과 같이 읽는다. C=O (IR에서), CH, CH, CH, CH, CH_2, CH_3, CH_3기. 주어진 정보로부터 *m/z* 140의 분자 이온 피크보다 분자량이 16보다 작은 124의 분자식 $C_8H_{12}O$에 도달하게 된다. 그렇다면 분자 이온에 또 다른 산소 원자가 존재하지 않을까?

당연히 존재한다. CH_2기가 60 ppm에서 화학 이동을 하는 것으로 보아 —(C=O)OCH_2— 라는 것을 알 수 있다(표 4.20 참조). ^{13}C에서 카보닐기의 화학 이동(168 ppm)을 보면 이것이 에스터와 같은 카복실산의 유도체라는 것을 나타낸다. 지금까지 세웠던 부분적인 분자식을 $C_8H_{12}O_2$로 수정하고 수소 결핍 지수가 3이라는 것을 알 수 있다.

양성자 NMR 스펙트럼이 곧바로 맨 오른쪽 끝의 CH_3 삼중선이 가려지지 않은 CH_2기에 붙어있다는 것을 나타내며, COSY 스펙트럼이 이러한 가능성을 확인시켜 준다. 분자 끝의 순서는 —(C=O)OCH_2CH_3이다.

^{13}C/DEPT 스펙트럼에서는 ~119 ppm과 ~145 ppm 사이에 CH 알켄 피크 네 개가 있다. 또한 나머지 CH_3기가 ~18.5 ppm에서 나타나는데, 양성자 스펙트럼에서는 ~1.8 ppm에서 이중선으로 나타난다. 여기서 분명히 CH_3가 CH기 네 개 중 하나에 붙어있다는 것을 알 수 있다.

이런 초기 단계에서 분자 구조를 세우는 것이 시기상조라 보일 테지만 전체 분자 구조의 끝을 이룰 CH_3가 붙어있는 CH기 네 개의 구조를 알고 있고, 여기서는 작용기들이 가지치는 것은 생각할 필요도 없다. 다만 불포화된 두 곳을 잊지 말자. 조심스럽게 다음과 같은 구조를 생각해 본다.

$$CH_3{-}CH{=}CH{-}CH{=}CH{-}\overset{\overset{\displaystyle O}{\|}}{C}{-}O{-}CH_2{-}CH_3$$

6 5 4 3 2 1 7 8

여기서 ^{13}C/DEPT 스펙트럼과 양성자 스펙트럼의 공동작용에 대해서 조사해 보자. 양성자 스펙트럼에는 두 가지 패턴이 있다. 일차 다중선은 대개 풀 수 있으나 더 차수가 높은 다중선은 그렇지 못하다. 현재 양성자 스펙트럼에는 일차 다중선 다섯 개와 일차가 아닌 겹친 다중선 두 개가 있다.

에틸 양성자는 ~1.2 ppm에서 삼중선과 ~4.1 ppm에서 가려지지 않은 사중선이 짝지은 것으로 나타난다. 다른 CH_3기는 ~1.8 ppm에서 이중선으로 나타나며, 이것은 알켄 CH기 네 개의 양성자 중 하나에 결합된 것을 의미한다. 더 높은 차수의 다중선을 해석하기보다는 2-D 스펙트럼으로 돌아가 보자.

COSY 스펙트럼에서 겹쳐진 CH기 두 개 중 하나는 ~6.1 ppm에 집중되어 있는데(H-5와 H-4로 표시), 이것이 ~1.8 ppm에서 CH_3 이중선에 결합되어 있다. 이 사실로 보아 CH_3가 맨 끝에 있다는 이미 세워놓은 가설이 맞음을 확인할 수 있다. H-5로 표시된 양성자가 또 다른 겹쳐진 CH기(H-4로 표시)와 결합되어 있으며, 이것이 이어서 ~7.2 ppm (H-3으로 표시)에 이웃한 CH기와 결합되어 있다. ~5.7 ppm (H-2로 표시)에서 이중선이 약간 넓혀져 있는데, 이것은 H-3과 장거리 짝지음의 결과이다. 따라서 다음과 같이 요약할 수 있다.

$$CH_3{-}CH{=}CH{-}CH{=}CH{-}\overset{\overset{\displaystyle O}{\|}}{C}{-}O{-}CH_2{-}CH_3$$

1.8		6.1	7.2	5.7		4.1	1.2 ppm
6	5	4	3	2	1	7	8

완전한 양성자 지정과 HMQC로부터 탄소와 결합된 양성자의 관계를 관련지으면 사차 탄소를 제외한 모든 탄소 공명 구조들을 지정할 수 있다. 이것은 이 문제에서는 그리 중요하지 않다. H-4와 H-5의 두 겹쳐진 양성자의 관계를 보여 주는 HMQC 스펙트럼을 확대한 그림에서 흥미로운 예를 찾아볼 수 있다. H-4와 H-5가 겹쳐져 있어도 HMQC 스펙트럼에서는 나누어지는데, 이는 바로 탄소 공명 구조들이 겹쳐져 있지 않기 때문이다.

그래도 아주 중요한 질문이 남게 된다. 과연 이 구조식에서 이중 결합은 *E*(*trans*) 형태일까 *Z*(*cis*) 형태일까? 이 질문에 대한 답은 올레핀족 양성자의 *J*값을 구하면 알 수 있다. 분명한 출발점은 H-3과 짝지음하여 생긴 H-2 이중선이다. 앞서 구한 *J*값은 16 Hz로 3장의 부록 F에 따라 *E* 형태의 이중 결합에 대한 짝지음 상수 범위에 속한다.

H-4와 H-5의 복잡하게 겹쳐진 다중선은 고려 대상에서 제외한다. 그러나 H-3은 두 쌍의 이중선을 나타내는데, H-2와 16 Hz (*trans*) 짝지음과 H-4와 10 Hz의 단일 결합 짝지음의 결과이다. 안타깝게도 4,5-이중 결합에 대한 짝지음

상수는 구하기 어렵다. 그러나 스핀 짝풀림(spin decoupling, homodecoupling)은 조사할 만한 가치가 있다(3.15절 참조). H-6을 투사하면 겹쳐진 H-5, H-4 복합체를 상당히 많이 단순화시킨다. 실제로 저주파 경계에서 16 Hz 이중선이 나타난다(약간 왜곡됨). 즉, H-3을 각각 투사하면 복잡한 다중선을 단순화시킬 뿐더러 고주파 경계에서 16 Hz 이중선이 나타난다. H-6과 H-3을 동시에 투사하면 16 Hz 이중선의 쌍이 생긴다. 이중선의 세기는 $\Delta\nu/J$비가 낮아 이상적으로 나타나지 않는다. 이제 이중 결합 모두가 *E* 형태임에 의심할 여지가 없다.

MASS

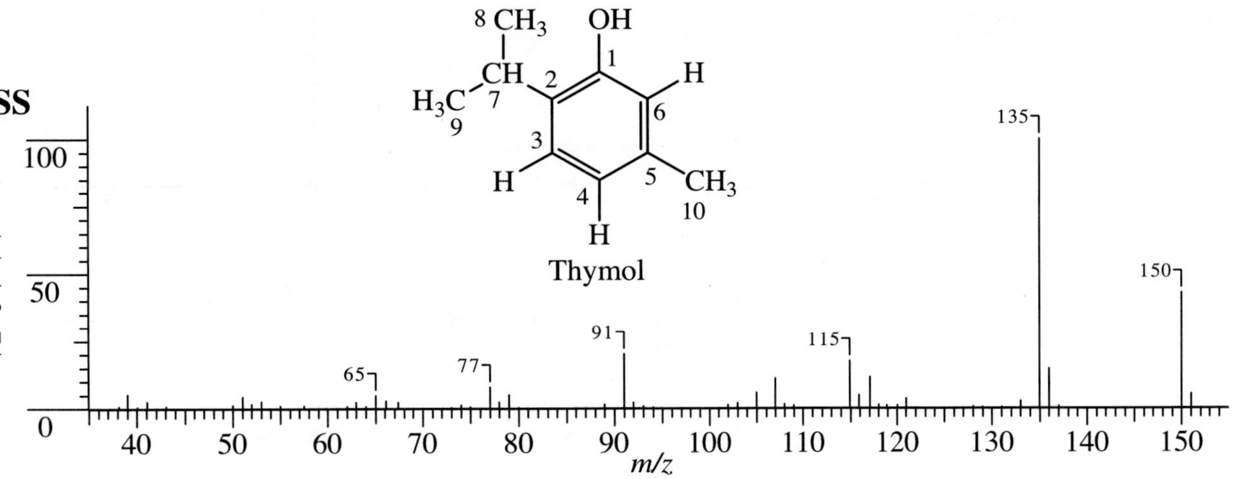

IR

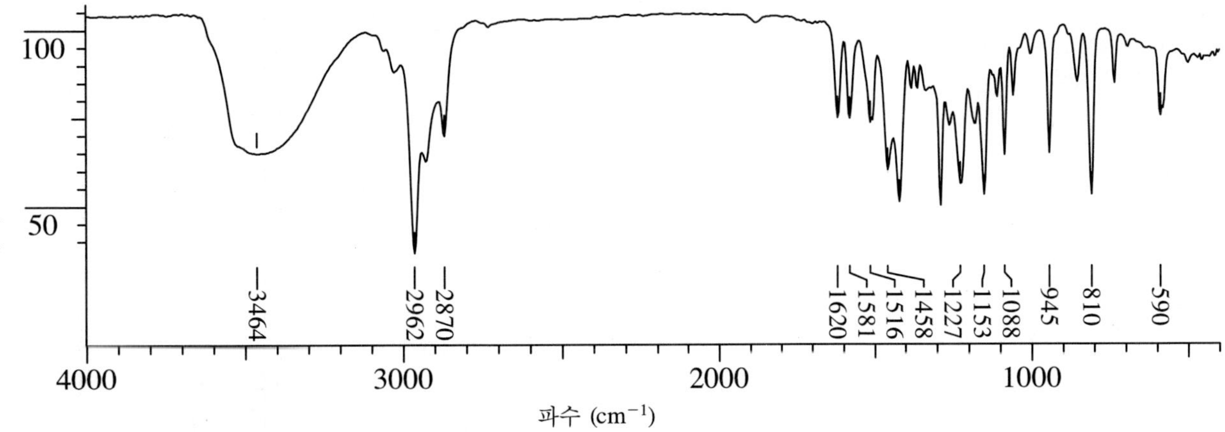

^{1}H NMR 600 MHz

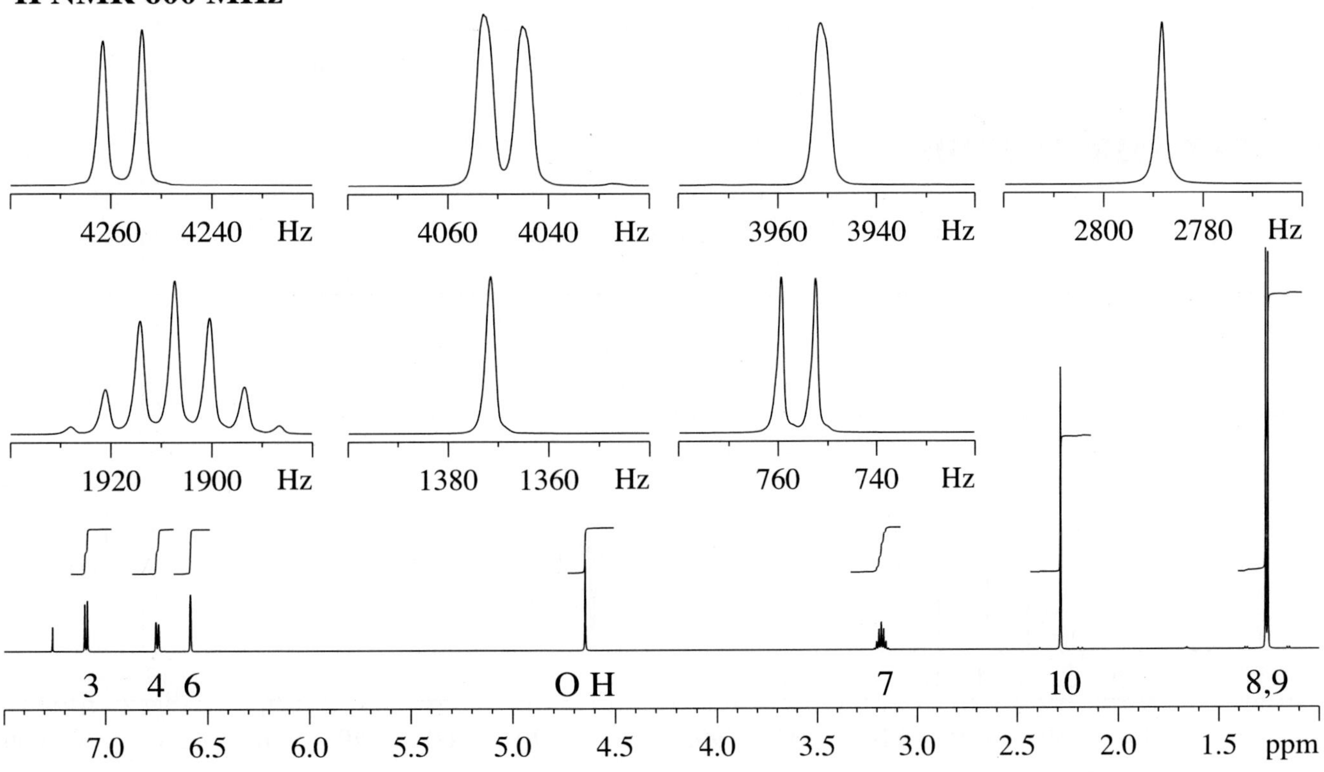

DQFCOSY 600 MHz

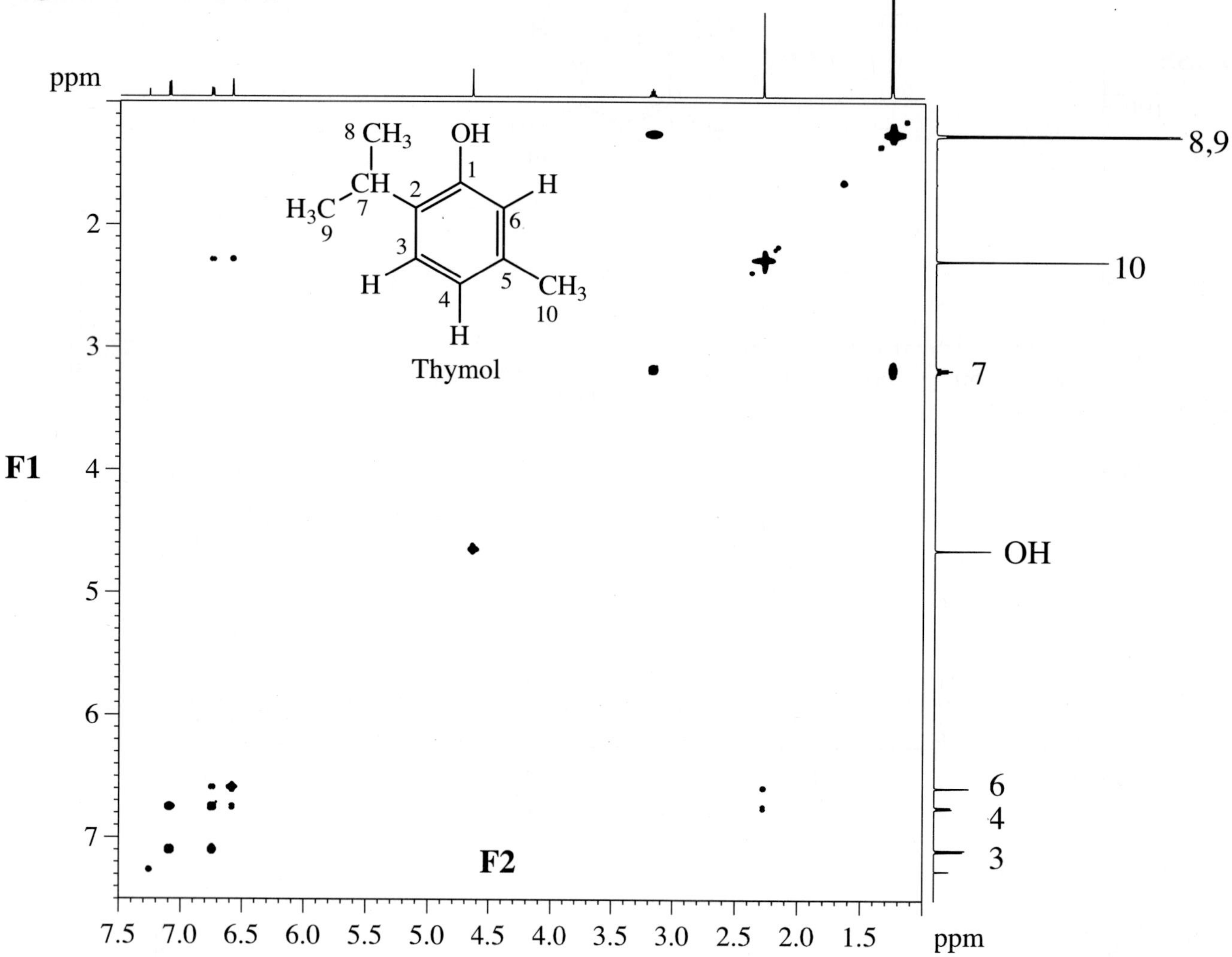

^{13}C/DEPT NMR 150.9 MHz

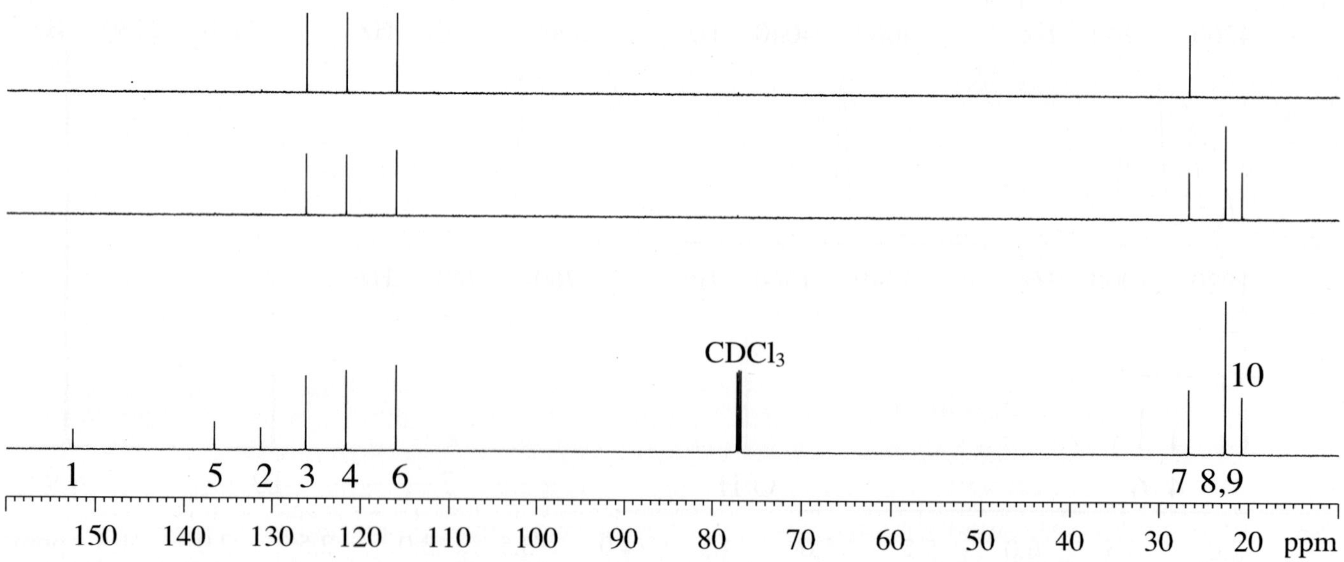

HMQC 600 MHz

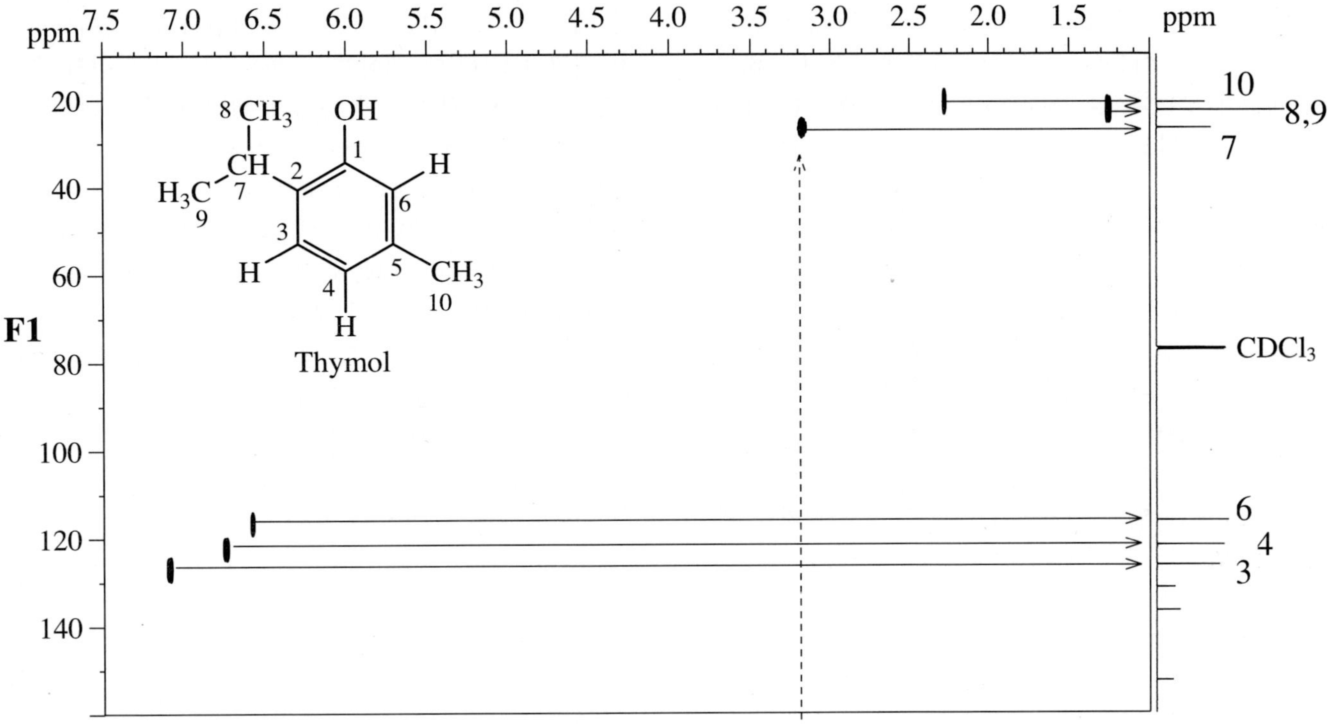

HMBC 600 MHz

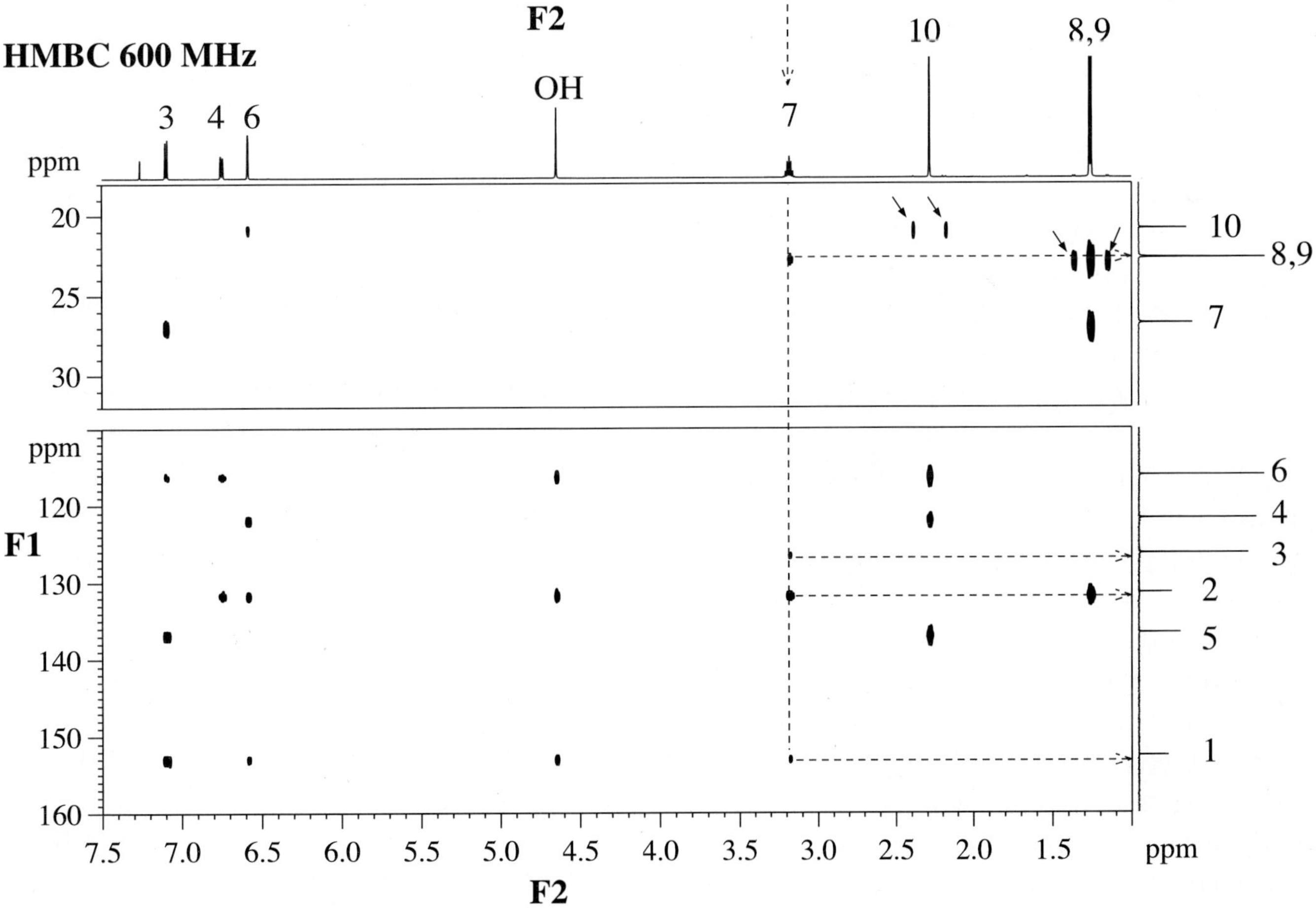

문제 7.3에 대한 논의

분자 이온은 분명히 질량 스펙트럼에서 *m/z* 150에 중간 세기의 피크이다. 여기서 CH_3기를 잃으면 *m/z* 135의 기준 봉우리가 된다. 분자 이온의 동위원소 피크에는 S, Cl, Br이 절대 존재하지 않는다. 임시로 짝수의 분자 이온 피크가 N이 없음을 나타낸다고 가정해 보자. 그러면 부록 A (1장) 의 도움으로 분자식은 $C_6H_{14}O_4$, $C_8H_6O_3$, $C_9H_{10}O_2$, $C_{10}H_{14}O$의 분자식으로 가능성이 좁아진다. IR 스펙트럼은 3464 cm^{-1}에서 강한 OH 피크를 나타내는 것으로 잘 알려져 있다. 당장 질문은 바로 이 분자가 방향족인지 아닌지이다. 만약 방향족 고리가 존재한다면 OH기에 직접 붙은 페놀인가? ^1H, ^{13}C 스펙트럼을 사용하여 방향족 영역의 피크를 알 수 있다. 파수 1600~600에서 나타나는 강한 IR 피크는 방향성을 나타내며, 77과 91 *m/z*의 이온은 이를 확증한다.

^1H 스펙트럼에는 일곱 가지의 다른 종류의 양성자가 왼쪽에서 오른쪽으로 1 : 1 : 1 : 1 : 1 : 3 : 6의 비율로 존재한다. 그러므로 총 14개의 양성자가 있다. δ 1.25에서 양성자 여섯 개의 이중선이 대개는 아이소프로필의 일부분인 두 동등한 CH_3기를 나타낸다. δ 3.2에서 양성자 한 개의 칠중선은 아이소프로필기의 메타인 (methine) 기에 해당한다.

^{13}C 스펙트럼은 아홉 개의 피크를 보여 주는데 그중 하나 (23 ppm) 는 이상하게도 강하게 나타난다. 그리고 이런 피크가 HMQC의 양성자 여섯 개의 이중선과 서로 짝지은 것이기 때문에 여기서 CH_3기 두 개가 포개져 있으며, 이것까지 합하여 탄소 원자가 총 열 개가 존재한다는 것을 알 수 있다. ^{13}C/DEPT 스펙트럼에서 왼쪽부터 오른쪽으로 C, C, C, CH, CH, CH, CH, CH_3 (×2) , CH_3로 열거할 수 있으며 여기에 OH기를 추가한다. 질량 단위 150 이하로 가장 적합한 분자식은 $C_{10}H_{14}O$로 수소 결핍 지수가 4이다. 이 불포화도로 충분히 벤젠 고리를 설명할 수 있다. 즉, 세 개의 이중 결합과 한 개의 고리로 볼 수 있다. 더욱이 ^{13}C NMR 스펙트럼이 방향족 영역과 지방족 영역 부분으로 이루어져 있다.

방향족 영역에서는 약한 피크 세 개가 사차 탄소 원자 세 개를 나타내며, 더 강한 피크 세 개는 수소 원자가 붙은 탄소 원자를 나타낸다. 153 ppm의 가장 가려있지 않은 약한 피크는 OH기가 붙은 탄소 원자를 뜻한다 (표 4.12 참조) .

지방족 영역에서 치환기는 반드시 메틸기와 아이소프로필기일 수 밖에 없다. 양성자 스펙트럼의 지방족 영역에서는 (왼쪽에서 오른쪽 순으로) 양성자 한 개의 칠중선 (CH) , 양성자 세 개의 단일선 (singlet, CH_3) 과 양성자 여섯 개의 이중선이 나타나며, 이로써 치환기의 종류를 확인할 수 있다. 여기서 이중선은 두 개의 동일한 CH_3기가 CH기에 결합되어 있기 때문에 치환기는 아이소프로필기이다.

이 시점에서 OH기에 대해 두 알킬 치환기를 배분한다. 세 개의 고리 양성자의 화학 이동과 짝지음 상수를 고려하며 배분이 다소 간접적으로 이루어진다. δ 6.6에서의 양성자 피크가 OH기에 대하여 *'ortho'* 위치라 가정할 수 있다 (3장 차트 D.1 참조) . 이 양성자 피크가 폭이 넓은 단일선이기 때문에 주위에 이웃한 수소 원자는 없으나 서술하기에는 매우 낮은 짝지음 상수를 갖는 수소 원자가 *'meta'* 위치에 존재한다. 게다가 스펙트럼이 OH기에 *ortho*인 양성자 하나만 나타내기 때문에 메틸기나 아이소프로필기에 다른 *ortho* 위치의 양성자가 붙을 것이다.

*J*값이 약 8 Hz이고 δ 7.1에서 뚜렷한 이중선은 *ortho* 짝지음이 하나인 방향족 수소 원자를 나타낸다. 피크가 뾰족하므로 *meta* 짝지음은 존재하지 않는다. 화학 이동에 의해서 OH기에 *meta* 위치로 놓게 되지만, 여기서 알킬기는 화학 이동에 아무런 영향을 끼치지 못한다 (3장 차트 D.1 참조) . δ 6.75에서 폭넓은 이중선은 OH기에 *'para'* 위치이며, 짝지음은 *ortho*와 약하게 *meta*에 이루어진다. 다음 구조식 I과 II 중 하나이다.

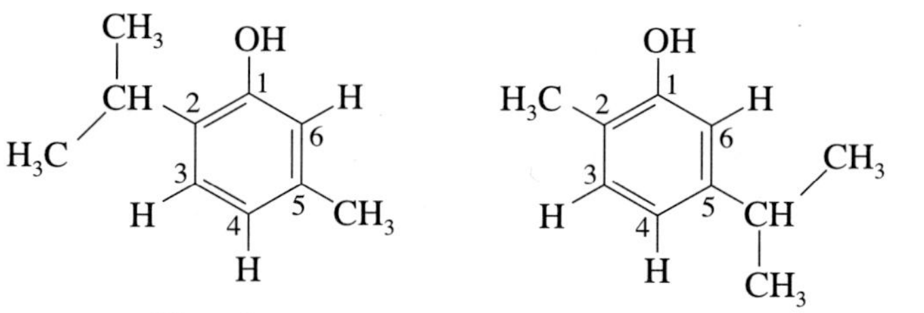

Thymol
I　　　　II

COSY 스펙트럼으로 이전에 찾았던 모든 결과들을 확인할 수 있으며, 메틸 치환기의 양성자들이 H-4 및 H-6과 장거리 짝지음하고 있음을 알 수 있다. 흥미롭게도 아이소프로필기의 CH 양성자는 장거리 짝지음이 나타나지 않는다. 이는 아마도 CH 흡수에 의한 높은 다중도 때문일 것이며, CH 흡수로 잘 보이지 않는 교차 피크가 나타날 것이다. 예상대로 방향족 양성자들은 H-6과 H-4 사이에 *meta* 짝지음 (^4J) 을 보이며, H-4와 H-3 사이에는 *ortho* 짝지음 (^2J) 을 보인다. 구조 I (thymol) 이 좀 더 설득력이 있다. ^1H 스펙트럼에서는 CH_3 치환기와 H-4, H-6 사이에 분명한 장거리 짝지음이 풀리지 않았다는 것을 유념하기 바란다.

HMQC는 $^1J_{CH}$ 짝지음을 보여 준다. 4장의 표 4.12를 통해서 치환되지 않은 방향족 탄소 C-6, C-4, C-3을 위에서 아래로 나열할 수 있다. H-6, H-4, H-3에 대해서도 같은 배열임을 HMQC 스펙트럼으로 확인할 수 있다. 치환되지 않은 방향족 탄소를 이제 확실히 지정된 지방족 양성자와 서로 관련지을 수 있다. 하지만 아직 치환된 방향성 탄소는 명확하게 정하지 못한다.

HMBC 스펙트럼은 각각 독립된 양성자의 스핀계들을 서로 연관시킨다. 즉, 사차 탄소 원자와 O, S, N과 같은 “고립” 원자들을 이어주는 다리 역할을 한다.

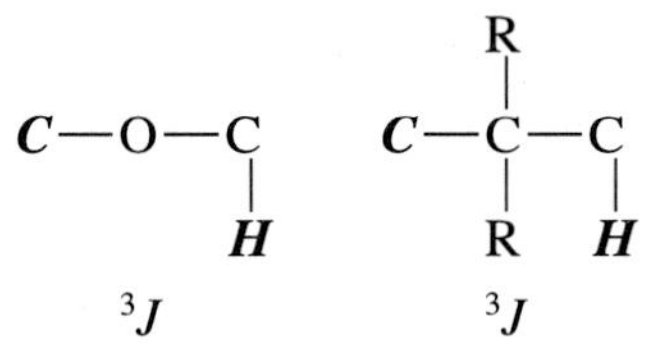

아무리 분자가 별로 크지 않더라도, $^2J_{CH}$와 $^3J_{CH}$ 짝지음의 수는 혼동할 수 있다. 어디서 시작해야 할까?

간단하게 중요한 질문을 던져보자. 알킬 치환기의 위치를 어떻게 충분히 확증할 수 있을까? COSY 스펙트럼을 통해서 메틸 치환기에 대한 장거리 짝지음을 발견할 수 있지만 아이소프로필 치환기에 대해서는 그렇지 못한다. thymol 구조의 HMBC 스펙트럼에서 CH 아이소프로필기의 칠중선으로부터 확인할 수 있다. 이 CH 양성자와 관련된 C-8,9 (^2J), C-3 (^3J), C-1 (^3J) 이 네 개의 교차 피크를 관찰해보자. 분명히 확신이 있다. 지나치지만 HMBC 스펙트럼에서 메틸 치환기의 양성자가 C-6 (^3J), C-4 (^3J), C-5 (^2J) 와 서로 연관되어 있다는 것을 유념하라. 또한 아이소프로필기의 메틸 양성자 여섯 개가 C-7 (^2J) 과 C-2 (^2J) 와 상호 연관되어 있다는 것도 유념하라. 흥미롭게도 H-8과 C-9 (^3J) 그리고 H-9와 C-8 (^3J) 의 상호 관련성도 존재한다.

C-1, C-5, C-2를 연결시키는 작업에 HMBC를 이용하여 사차 탄소 원자와 지정된 양성자를 있게 할 수 있다. C-1은 그 화학 이동에 근거하여 지정하는 것이 타당하나 C-5와 C-2를 지정할 때 화학 이동에만 근거할 수 없으며, 이에 따른 연관성으로 뒷받침되어야 한다. 이에 대한 연습은 학생들에게 남겨둔다.

사차 탄소 원자를 이어주는 것은 위에 소개된 연관 작업으로써 설명이 되었고, 마지막으로 강조하고 싶은 두 가지 점은 다음과 같다. (1) 화살표로 네 윤곽이 표시되어 있는데, 이는 완전히 포개어지지 않은 $^1J_{CH}$ 짝지음 (크다) 을 나타낸다. 이 CH 이중선은 불규칙하게 퍼진 양성자 피크로 인해 분명하며 무시할 수 있다. (2) C-6, C-2, C-1과 OH 양성자의 상호 관련성에 유념해야 한다. OH 양성자는 관찰하기에 매우 폭이 넓어서 HMBC에 제대로 보이지는 않지만 OH 양성자의 상관관계는 매우 유용하다.

MASS

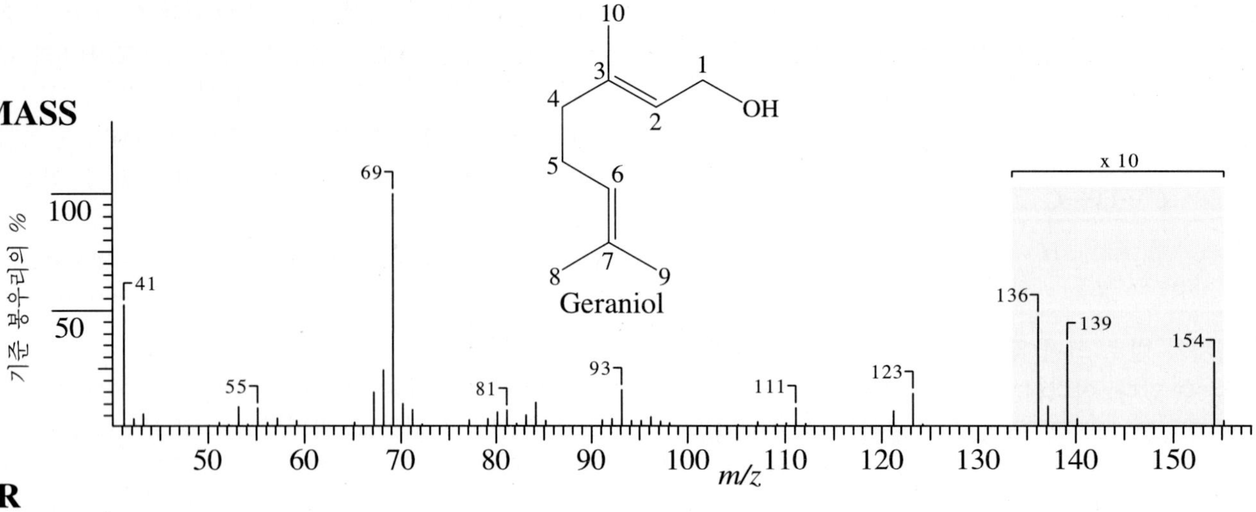

IR

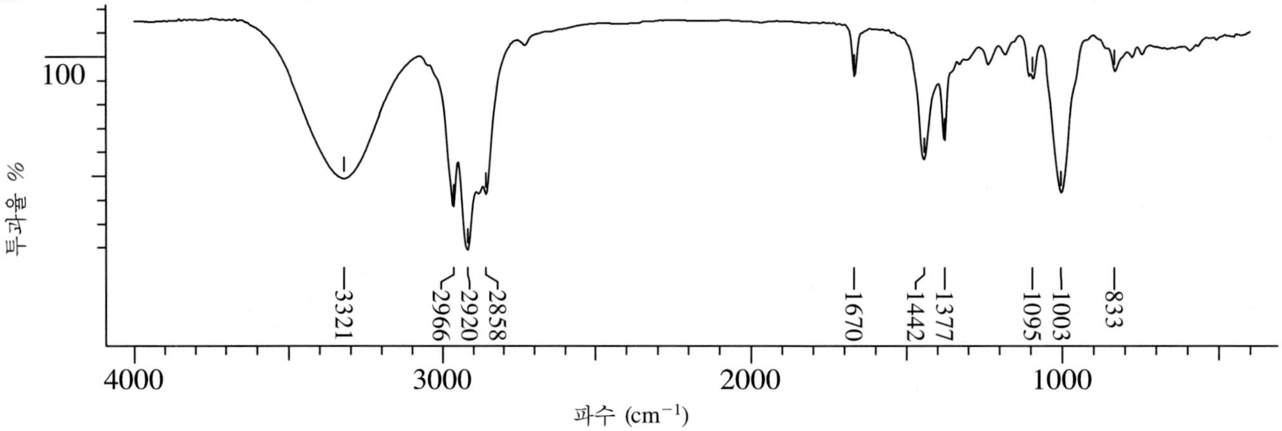

¹H NMR 600 MHz

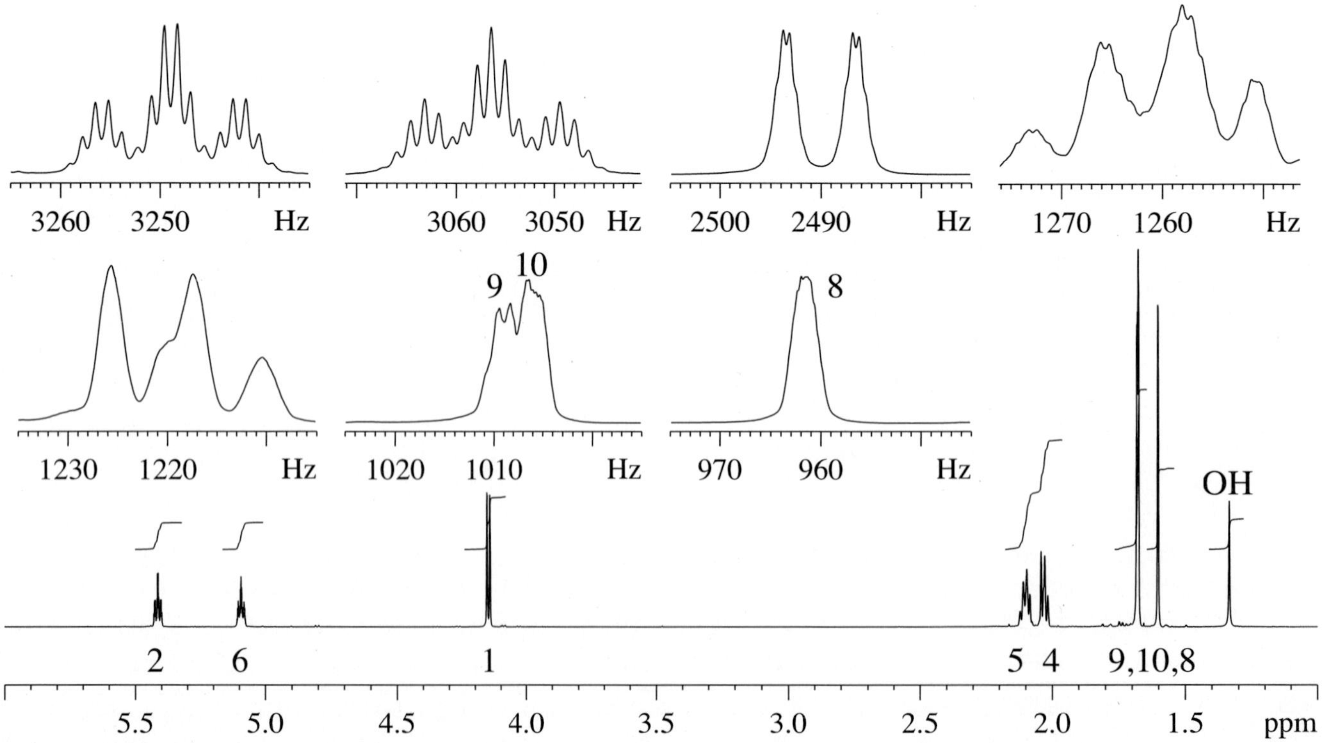

DQFCOSY 600 MHz

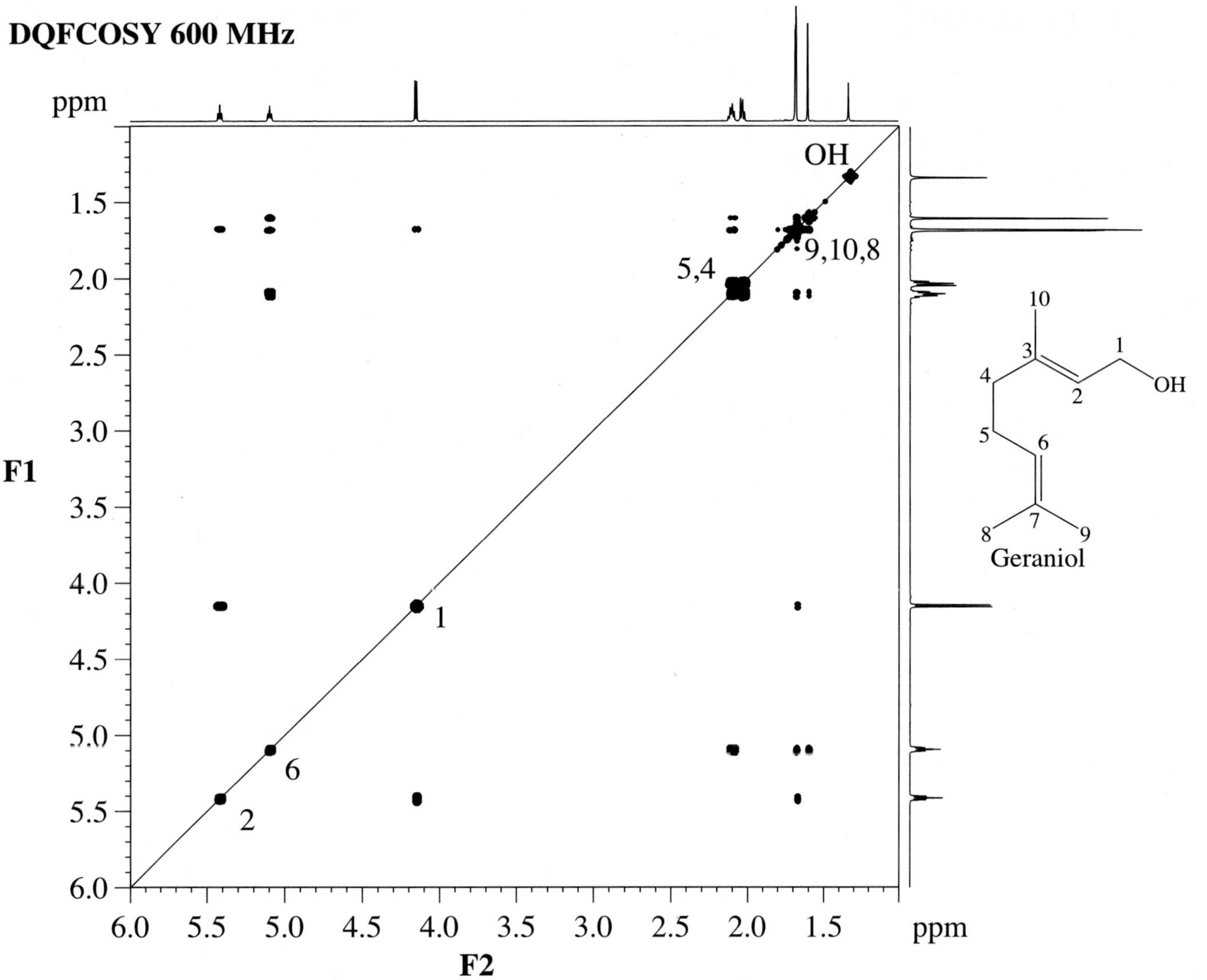

^{13}C/DEPT NMR 150.9 MHz

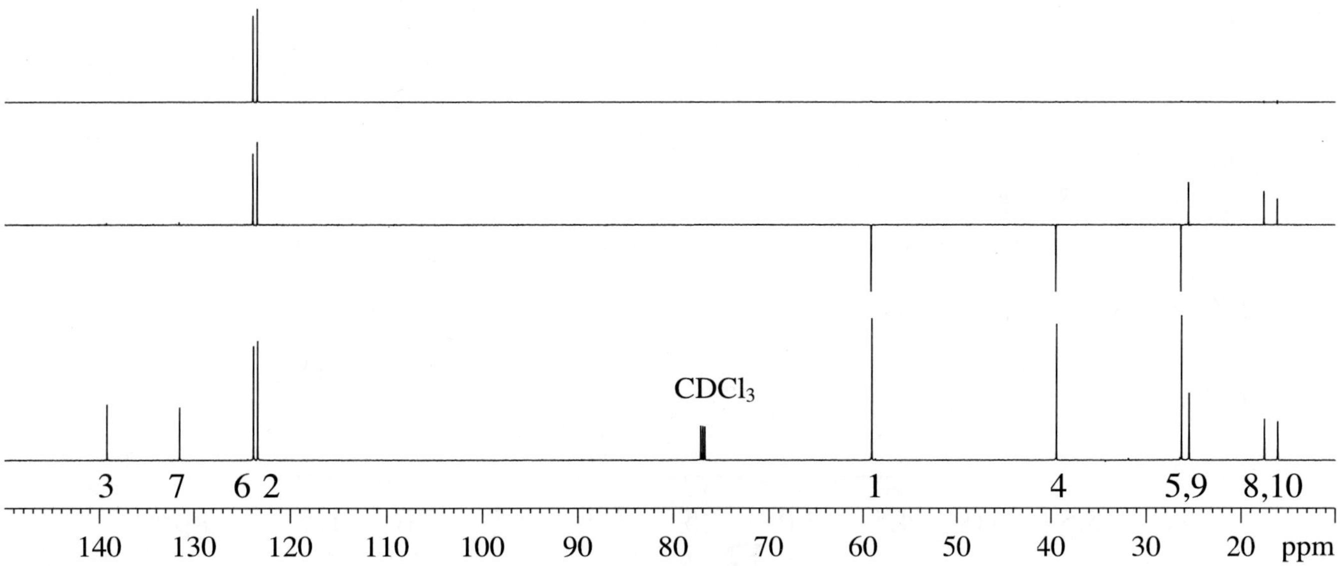

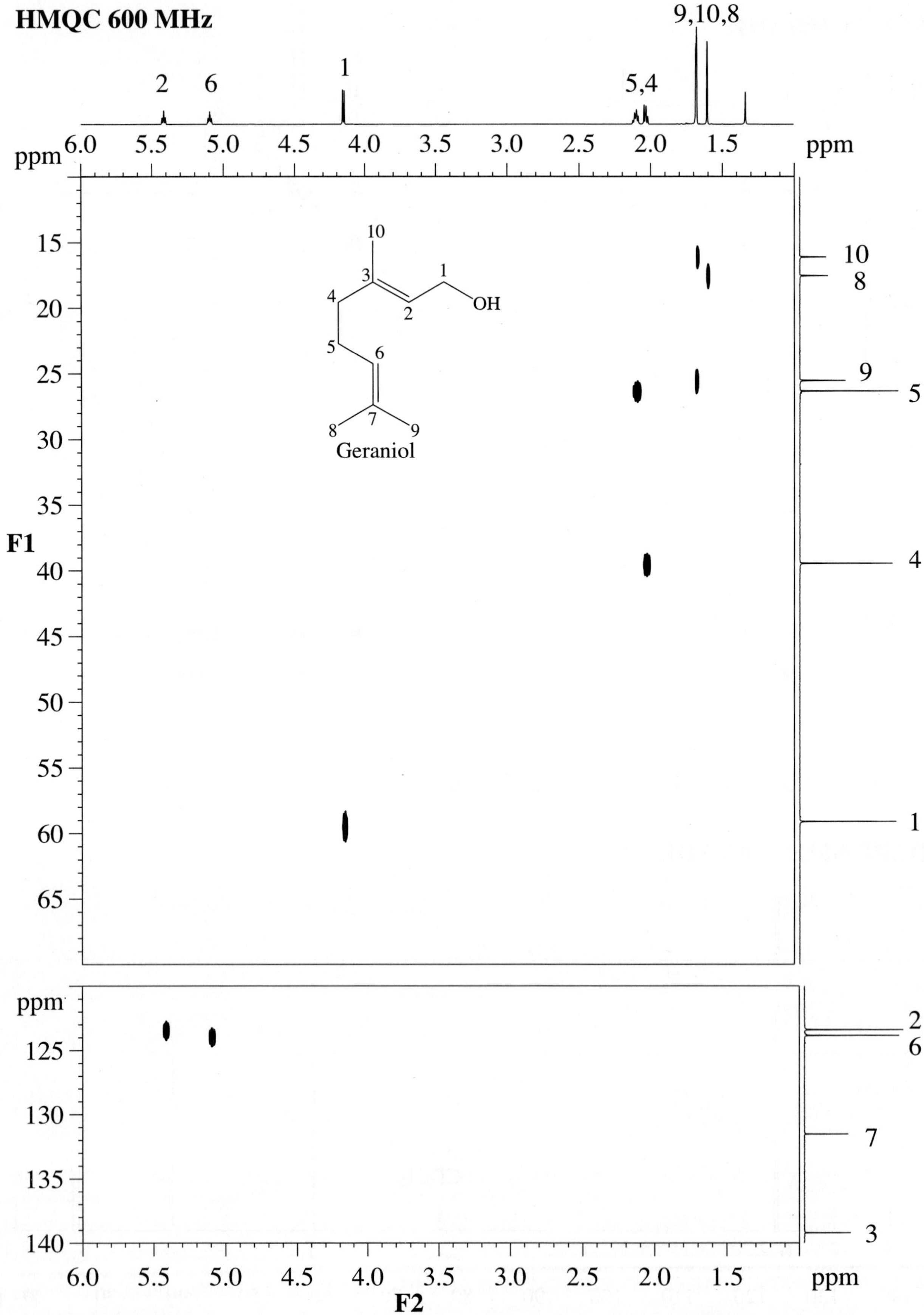
HMQC 600 MHz
9,10,8
1
2
6
5,4
ppm
6.0 5.5 5.0 4.5 4.0 3.5 3.0 2.5 2.0 1.5
F1
15
20
25
30
35
40
45
50
55
60
65
10
8
9
5
4
1
3
2
OH
4
5
6
7
8
9
Geraniol
125
130
135
140
F2

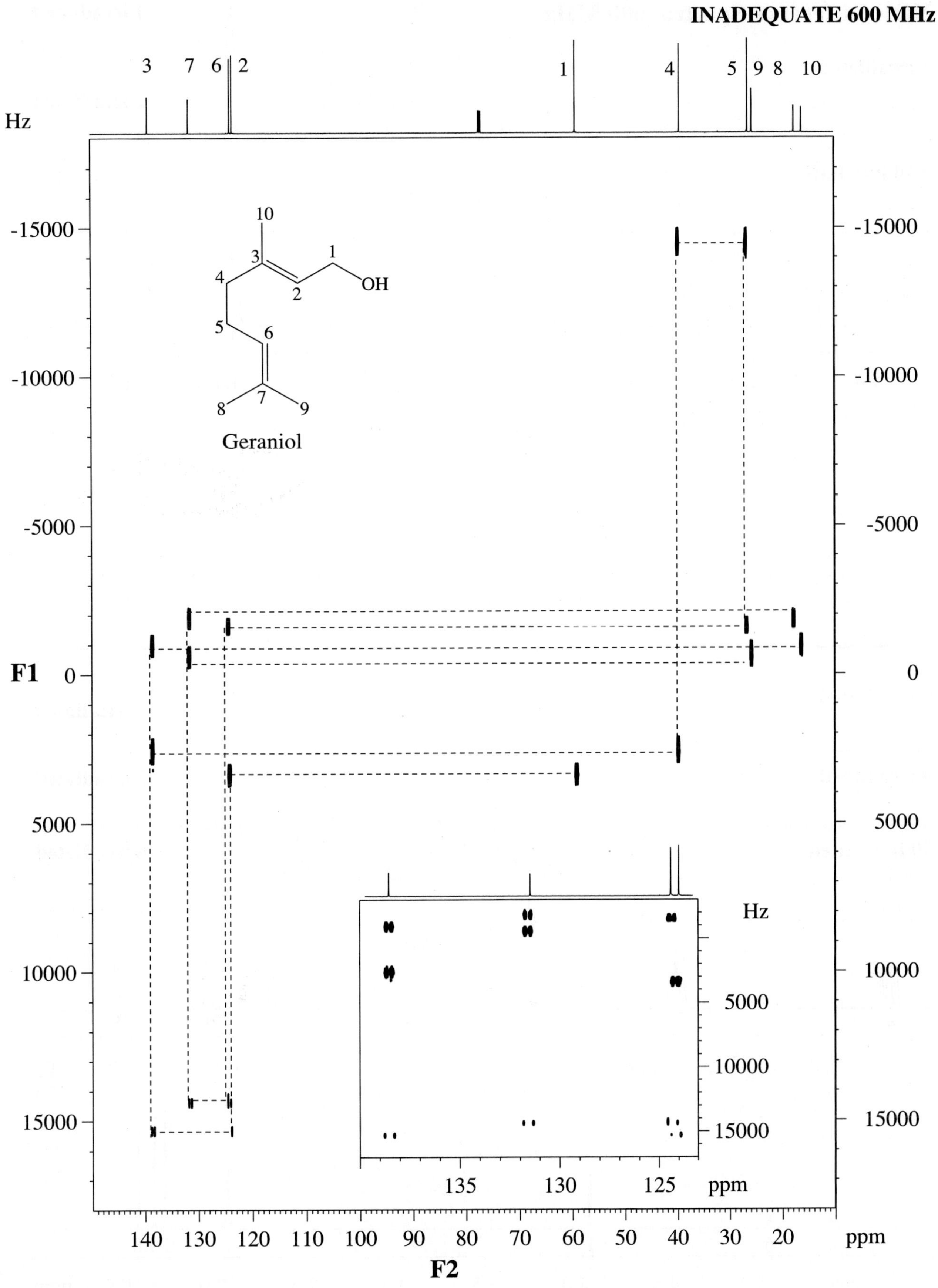

INADEQUATE 600 MHz
3 7 6 2 1 4 5 9 8 10
Hz
Geraniol
OH
F1
F2
ppm

NOE Difference Spectra, 600 MHz

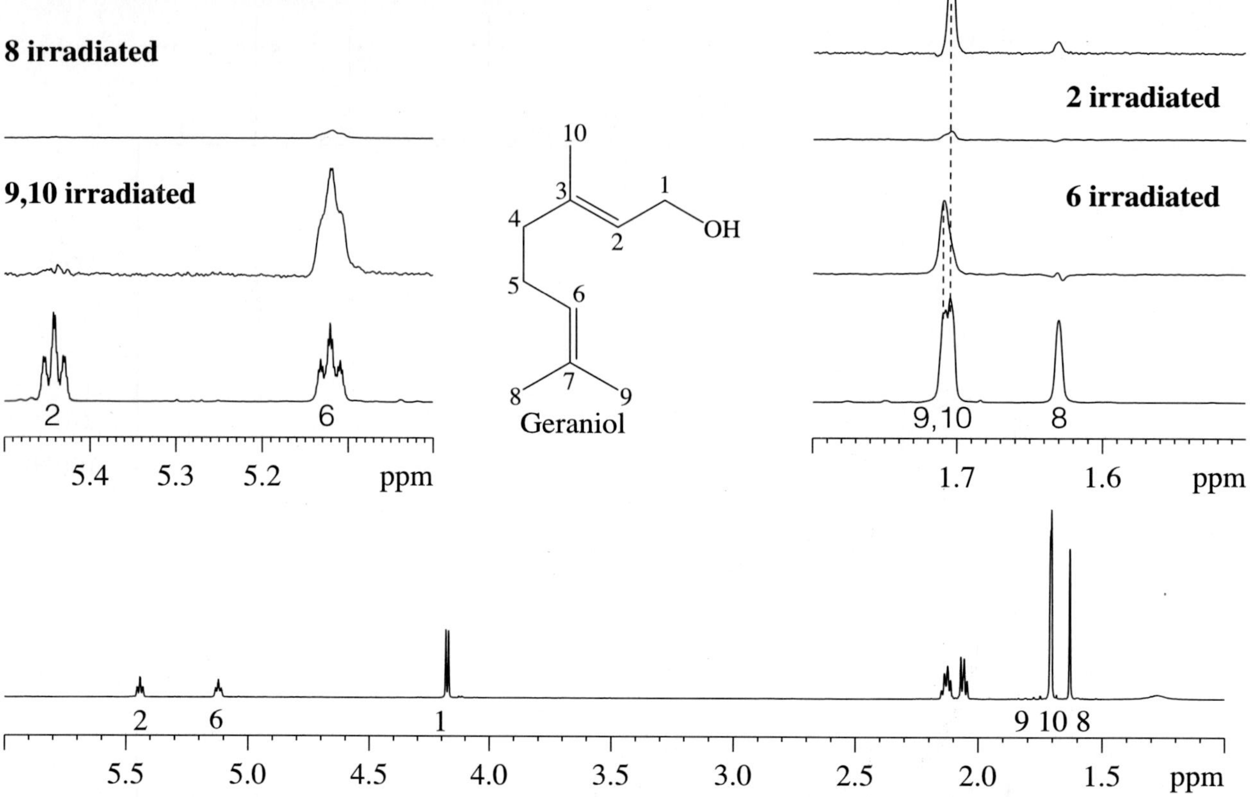

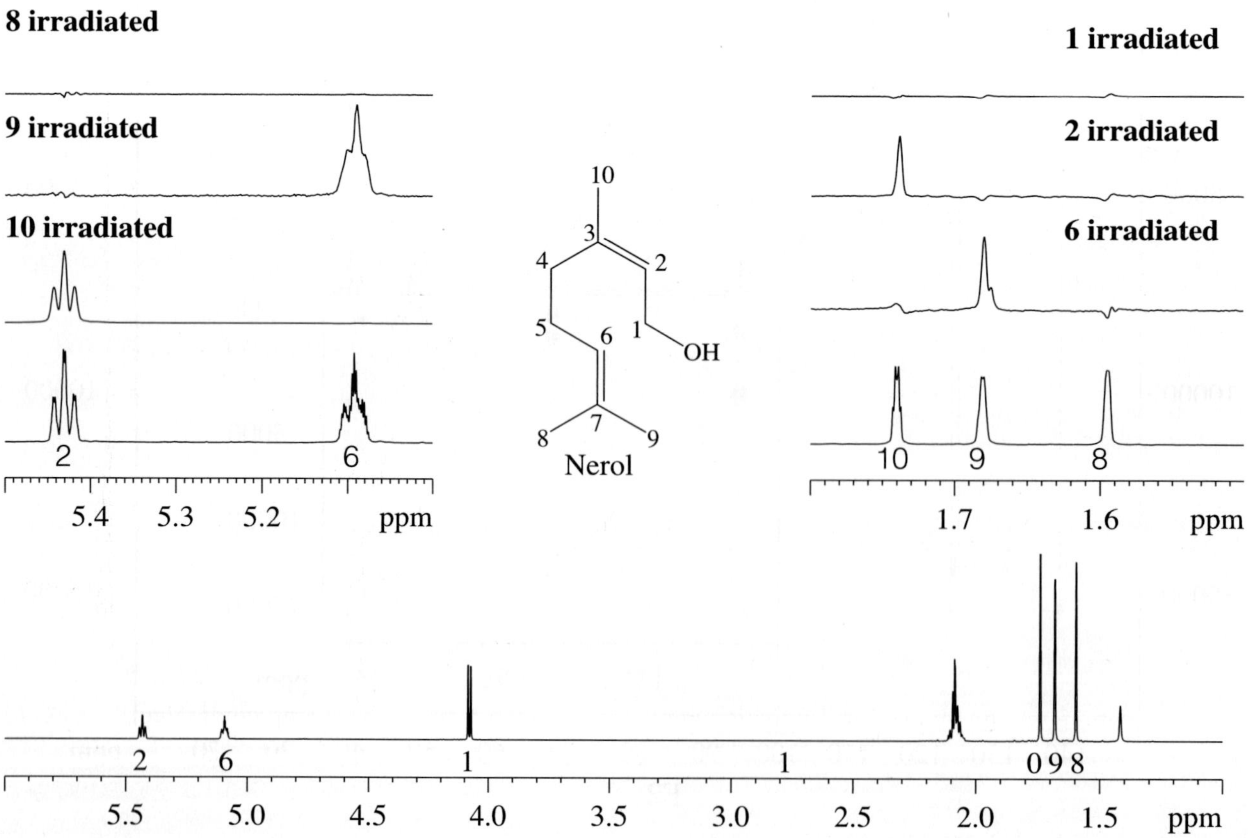

문제 7.4에 대한 논의

m/z 154 피크가 작아도 분자 이온 피크일 가능성이 크다 (회색 부분은 10배 한 것이다). 또한 작은 *m/z* 139 피크는 메틸기를 잃은 결과이다. 꼼꼼한 해석자는 *m/z* 136에서 M-18 피크를 주목하며, IR 스펙트럼에서 3321 cm^{-1}의 강하고 폭이 넓은 OH 피크를 신속하게 확인상 찾아볼 수 있을 것이다. 1003 cm^{-1}의 강한 띠는 C—O 신축일 것이다. 문제 7.3처럼 다시 한 번 이런 질문을 던지게 된다. 알코올일까 페놀일까? 방향족일까 아닐까?

문제에서 주어진 분자 이온 피크가 매우 약한 것과 H_2O를 잃는 것은 증명을 못해주지만, 이 분자가 알코올이 아닌 페놀임을 보여 준다. 이 시점에서 기준 봉우리 (*m/z* 69) 가 $C_5H_9^+$ 토막을 나타내며, 설득력이 강한 메커니즘에 의해 분자 이온 피크로부터 직접적으로 생성될 가능성을 생각해 볼만한 가치가 있다. 가능성이 맞다면 이 분자는 대개 적어도 이중 결합 하나를 포함하고 있는 것이다.

^{13}C/DEPT 스펙트럼에는 탄소 10개와 수소 원자 17개가 뚜렷하게 다음 왼쪽에서 오른쪽으로 C, C, CH, CH, CH_2, CH_2, CH_2, CH_3, CH_3, CH_3 순서로 나열되어 있다. 처음 작용기 네 개는 올레핀성일 가능성이 매우 높다. 만약 하이드록시기의 수소 원자를 더하면 분자식 $C_{10}H_{18}O$를 분자 이온 *m/z* 154에 맞춰서 임시적으로 세울 수 있다. 수소 결핍 지수는 2이며, 네 개의 올레핀족 탄소 원자의 지지로 이중 결합 두 개를 갖는다.

이런 상황에서 1-D NMR 스펙트럼의 정보를 이용하여 전체적인 분자의 구조를 풀어 나갈 수 있다. 구식 방법으로 먼저 조사하고, 다음에는 최신 방법인 2-D NMR 스펙트럼을 이용한다. 여기서 ^{1}H와 ^{13}C NMR 스펙트럼만을 단순히 사용하여 이 분자의 입체화학을 증명할 수는 없다.

^{1}H NMR 스펙트럼을 시작으로 적분값은 왼쪽에서 오른쪽으로 1 : 1 : 2 : 2 : 2 : 6 : 3 : 1 비율이며, 분자식에 존재하는 수소 원자 18개와 일치하게 된다. 스펙트럼은 또한 (CH, 올레핀성 CH), (CH_2, OH에 의해 벗겨진 CH_2), CH_2, CH_2, CH_3, CH_3 (거의 포개짐), CH_3, OH으로 읽을 수 있다. ^{13}C/DEPT 스펙트럼을 통해서 두 개의 탄소 원자에는 수소 원자가 붙어있지 않음을 상기하자. ^{13}C/DEPT 스펙트럼을 통해서 CH_3기가 뚜렷하게 세 개 존재하는 것을 알 수 있는 반면, ^{1}H NMR 스펙트럼은 600 MHz에서도 H-9와 H-10이 포개어진 것을 볼 수 있다. 그러나 H-9와 H-10 피크를 확대해 보면 정확히 포개어 있지 않다. 두 피크는 약간의 장거리 짝지음으로 부분적으로 겹쳐져있다.

카비닐 (carbinyl) 탄소는 메틸렌 (methylene) 작용기 (^{13}C/DEPT에 의해) 이며, ^{1}H NMR 스펙트럼의 δ 4.15에서 이중선으로 나타난다 (H-10으로부터 약간의 장거리 짝지음을 하고 있음). 구조식에서 메타인 (methine) 기인 것은 오직 올레핀성 (이것 또한 ^{13}C/DEPT로부터) 이며, 화합물은 반드시 알릴형 알코올 (allylic alcohol) 이어야 한다. 메틸기 세 개 모두 상대적으로 벗겨져 (deshielded) 있으며, 올레핀족 탄소 원자에 이웃 결합을 지정할 필요는 없다. 알릴형 알코올의 두 가지 가능한 구조를 생각해 볼 수 있다.

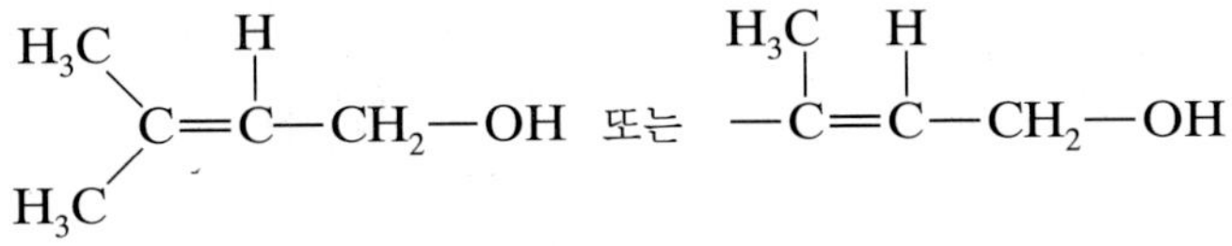

사실 왼쪽에 있는 구조는 전자 껍질이 전자로 꽉찬 완전한 분자이다. 따라서 이 분자 구조는 알코올 "토막"으로 고려 대상에서 제외된다. 그러나 오른쪽 구조는 타당성이 있다.

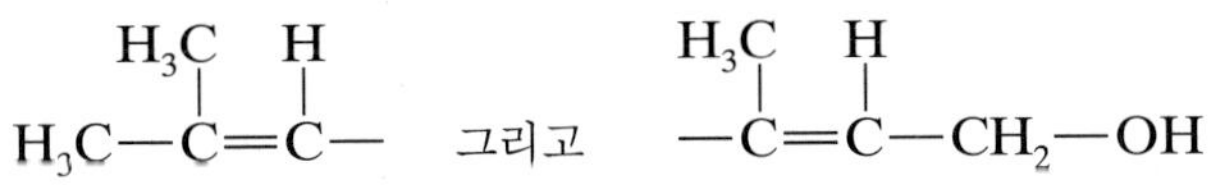

이웃자리 짝지음 (즉, 같은자리) 이 없는 두 메틸기를 가지는 또 다른 이중 결합과 왼쪽 위 그림에서 볼 수 있는 올레핀성 메타인을 고려하면 또 다른 "토막" 구조를 세울 수 있다. 지금 설정한 두 도막과 아직 사용하지 않은 작용기가 메틸렌기라는 것을 생각하면 이것은 단순히 두 토막 사이에 그 작용기를 삽입하는 작업에 불과하며, 다음 구조에 이르게 된다.

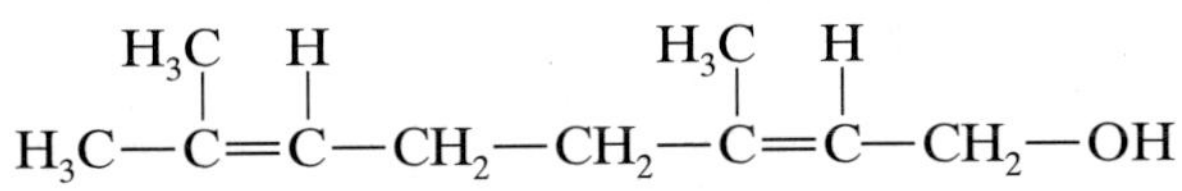

이것은 불포화가 두 군데인 터펜 알코올 (terpene alcohol) 이다. 보통 터펜의 입체 화학구조는 이보다 더 명백하며 쉽게 얻을 수 있다.

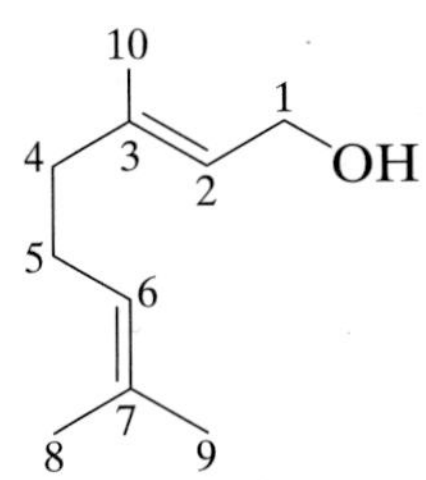

이 구조에는 카이랄 중심이 없다. 페이지의 면에 대칭면이 존재한다. 따라서 각 메틸렌기의 양성자들은 서로 호환성이 있다 (거울상이성질성). H-4 양성자는 H-5 양성자에 짝지음하여 좀 일그러진 삼중선을 나타내며, H-5 양성자는 H-4 양성자와 짝지음 상수가 약간 다른 H-6 양성자와 짝지음하여 선명하지 못한 사중선을 나타낸다. 여기서 선명치 못한 다중선이 나타나는 이유 중 하나는 H-4, H-5의 $\Delta\nu/J$ 비율이 낮기 때문이다. 메틸기인 H-8, H-9는 대칭면에 있기 때문에 호환성이 없다.

이같은 추측들은 물론 설득력이 있으나 오로지 화학 이동과 결합 상수에 근거를 두고 있다. 2-D 실험으로 좀 더 애매모호하지 않고 상세한 분석이 가능한 마당에 화학 이동과 결합 상수에만 의존하는 것은 보증되지 않는다.

구조를 풀어나가는 방식으로 1-D 스펙트럼보다는 2-D 스펙트럼을 이용하여 이로부터 더 정확하고 많은 정보를 알아낼 수 있다. 위에서 했듯이 분자식을 세우고 IR에서 ^{13}C/DEPT와 ^{1}H NMR 스펙트럼의 확인을 거쳐 알코올 작용기의 존재를 알아낸다. 그 다음, 2-D 데이터에 주목한다. HMQC로 부분입체이성질성의 양성자의 증거를 빠른 시간 내로 확인하고, 이때 될 수 있으면 HMQC를 통해 각기 다른 화학 이동을 하고 같은 ^{13}C 피크와 관련된 양성자 두 개가 존재하는지를 살펴본다. 부분입체이성질성의 상관관계는 전혀 관찰되지 않는다.

COSY 스펙트럼과 앞서 얻은 정보를 연관시키는 것이 든든하며 아주 좋은 시작이라 볼 수 있다. 대각선으로 놓인 피크는 편의를 위해 각각 숫자가 매겨진다. COSY 데이터 중 가장 먼저 살펴보기에 좋은 것은 δ 4.15 (H-1) 에서 나타나는 카비닐 메틸렌 (carbinyl methylene) 이다 (HMQC와 ^{13}C/DEPT를 통해 카비닐 메틸렌의 피크인지를 확인할 수 있다). 이웃자리 짝지음에 의한 상관관계는 δ 5.41의 올레핀성 메타인 (H-2) 에서 찾아볼 수 있으며, 장거리 짝지음으로 인한 상관관계는 δ 1.68 (H-10) 의 메틸기에서 찾아볼 수 있다. 그렇다면 어떻게 δ 5.41에서의 양성자 다중선이 메타인인지를 알아낼 수 있을까? 스펙트럼의 자연적인 상호작용 (natural interplay) 을 이용하면 δ 5.41에서의 양성자 다중선이 HMQC의 123 ppm에서 나타나는 탄소 공명과 상관관계된다. 이 정보를 ^{13}C/DEPT 스펙트럼에 되돌려 123 ppm에서 나타나는 탄소 공명이 메타인이라는 것을 알 수 있다. 같은 방식으로 δ 1.68에서 흡수되는 양성자는 HMQC의 메틸 탄소 원자와 상관관계된다.

메틸 H-10에서 메틸렌 H-4까지 δ 2.11에서 장거리 짝지음이 약하게 나타나기 때문에 COSY로 H-4의 결합 양식을 계속 알아볼 수 있다 (학생들이 δ 2.11의 다중선이 메틸렌기라는 것을 COSY에서 HMQC로, 그리고 ^{13}C/DEPT로 바꾸어가면서 확인하기 바란다). H-5에 대해 H-4는 유일하게 다른 형태의 상관관계를 갖는다. H-5와 H-4의 상관관계는 교차 피크가 거의 대각선으로 비스듬하게 있기 때문에 분별하기 어렵다. H-5 메틸렌기는 δ 2.03에서 H-6 (다른 올레핀성 메타인) 과 상관관계된다. 두 상관관계는 모두 장거리이며, 메틸기인 H-8, H-9에 각각 상관관계되어 있다. 여기서의 COSY 스펙트럼에서는 더 이상의 상관관계는 찾아볼 수 없다. OH 양성자는 재빨리 상호교환을 하기 때문에 당연히 교차 피크를 나타내지 않는다.

여기까지 모든 양성자를 지정하였으나 아직 H-8과 H-9의 메틸기를 구별하지 못하였다. 지정된 모든 ^{1}H를 알고 있는 이상 HMQC 스펙트럼을 통해서 ^{13}C 신호로 지정된 것들을 옮기는 것은 별 것 아니다. 사차 탄소인 C-3와 C-7에는 양성자가 붙어있지 않기 때문에 HMQC 스펙트럼과 상관관계될 수 없다. HMBC 스펙트럼이 사차 탄소들을 상관관계시키는 데 이용될 수 있으나, 이 문제에 대해서는 탄소 결합성이 대신 사용된다.

INADEQUATE 스펙트럼이 이웃한 ^{13}C 원자들끼리의 상관관계를 나타내기도 한다. 이 도구야말로 가장 강력하다. 어쨌든 유기화학은 주로 탄소 원자들의 사슬과 고리로 이루어 진다. 상관관계된 탄소 사이에 선을 첨가하여 결합성을 나타낸다. 첫 단계로 C-8, C-9, C-10 메틸기 탄소들을 생각해 보자. 여기서 C-8과 C-9이 동시에 올레핀성 탄소 (C-7) 에 결합된 반면, C-10이 C-3와 결합되어 있음을 유념한다. 이런 관계성으로 C-10의 배열을 확인할 수 있다. 그러나 C-8과 C-9를 구별할 수는 없다. 구별 작업은 다음 절에서 다룰 것이다. C-3으로부터 계속하면 두 가지 결합성을 더 발견하게 된다. 하나는 C-2 올레핀성 탄소에 (삽입그림 참조), 다른 하나는 C-4 지방족 탄소에 연결된다. 나머지 결합성을 찾아 그것을 토대로 탄소 골격을 만드는 것은 학생들의 과제로 남겨두고자 한다.

아직 두 가지 작업이 남아있다. 첫 번째는 C-2, C-3의 이중 결합의 입체화학을 지정하고, C-8과 C-9의 메틸기를 지정하는 일이다. 3.16절에 NOE 차이 분광법이 자세히 설명되어 있다. 이것은 핵 오버하우저 효과 (nuclear Overhauser effect) 증가로 공간을 통해 ^{1}H—^{1}H 근접을 나타내는 1-D 실험이다. NOE 스펙트럼에서 표준 ^{1}H 스펙트럼을 제거하여 둘의 차이점을 확인할 수 있다. 증가된 피크만이 남는다.

우리가 해야 할 앞으로의 과제, 즉 이중 결합 세 개가 치환된 (*E*) 형태인지 (*Z*) 형태인지 구분하는 작업은 결코 평범한 과제가 아니다. 그리고 전에 언급한 H-8과 H-9 메틸기를 구분하는 작업도 마찬가지로 평범하지 않다. 최종적인 결론을 위해, C-2 이중 결합의 (*E*) 이성질체 (제라니올, geraniol) 와 (*Z*) 이성질체 (네롤, nerol) 모두를 관찰한다.

NOE 차이 스펙트럼의 페이지 위의 반은 제라니올의 ^{1}H NMR과 주요 양성자 작용기에 빛을 투과시켜 얻은 NOE 차이 준스펙트럼이며, 나머지 밑의 반은 제라니올의 기하 이성질체인 네롤의 ^{1}H NMR 스펙트럼과 이에 상응하는 NOE 차이 준스펙트럼이다. 제라니올에서 올레핀성 메타인

H-2에 투사하여도 H-10 메틸기의 NOE 증가가 나타나지 않는다. H-10 메틸기에 역으로 투사하여도 H-2 메타인의 NOE 증가는 나타나지 않는다. 두 치환기가 이중 결합의 서로 반대쪽에 위치하고, 제라니올은 *E*-이중 결합 형태를 취한다고 결론짓는다. 확인하는 방법은 H-1 알릴자리 메틸렌기에 투사하여 H-10 메틸기에 부수적인 NOE 증가로 두 치환기의 위치가 이중 결합의 같은 쪽에 있는지를 증명하면 된다. 메틸기 H-9와 H-10이 양성자 스펙트럼에서 겹쳐지기 때문에 동시에 투사하면 올레핀성 메타인 H-6의 NOE 증가를 관찰할 수 있다. 메타인 H-6에 투사하고 그 결과를 확인하라.

특히 천연물과 관련된 실생활 문제에서는 대부분 기하 이성질체를 얻기 힘들다(그러나 이론적으로는 합성이 가능하다). 교육적 목적으로 네롤의 결과도 나타낸다. 이 경우 올레핀성 H-2에 투사하면 메틸기 H-10의 NOE 증가를 발견할 수 있고, 여기서 네롤이 *Z*-이중 결합을 가진다고 결론지을 수 있다. 메틸기인 H-8, H-9의 배정은 학생들이 스스로 하기 바란다.

이제 *m*/*z* 69(기준 봉우리)의 토막 피크를 올레핀의 알릴자리 분열로 알아볼 수 있다. 보통 이중 결합의 위치를 분열만 의존하여 알아보는 것은 다소 의심스러울 수 있으나, 제라니올의 경우 C-4와 C-5 사이의 비스 알릴자리 (bis-allylic) 결합을 끊으면 안정된 *m*/*z* 69 피크가 나온다. *m*/*z* 69와 67 조각으로 β-myrcene의 비슷한 알릴자리 분열은 1.6.1.2절 참조.

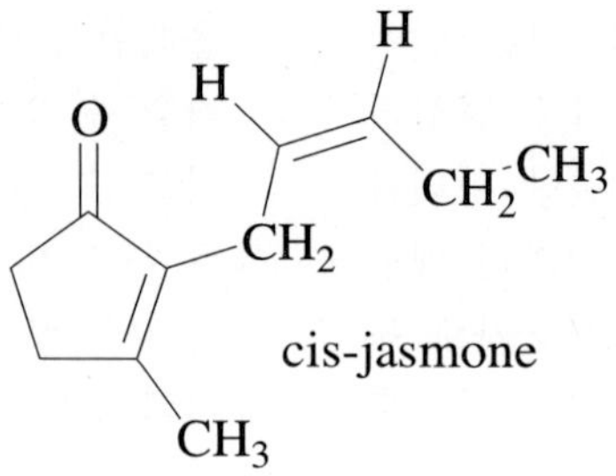

MASS

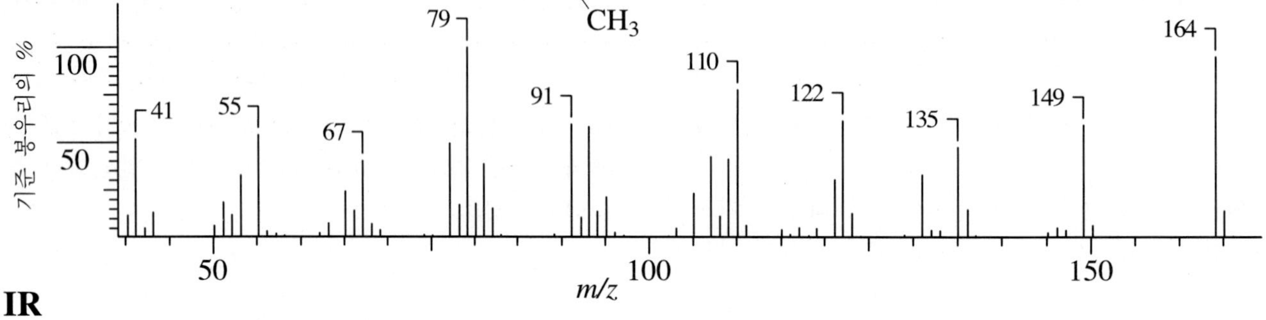

IR

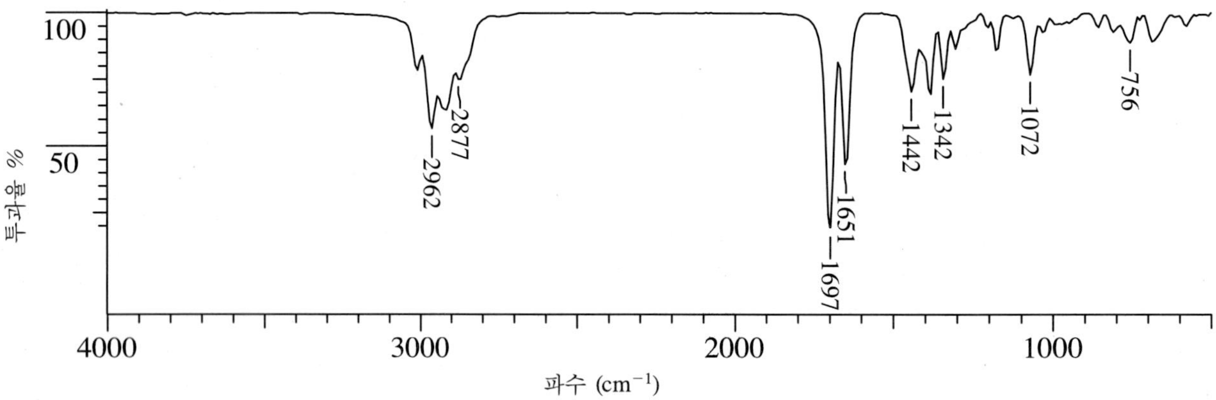

^{1}H NMR 600 MHz

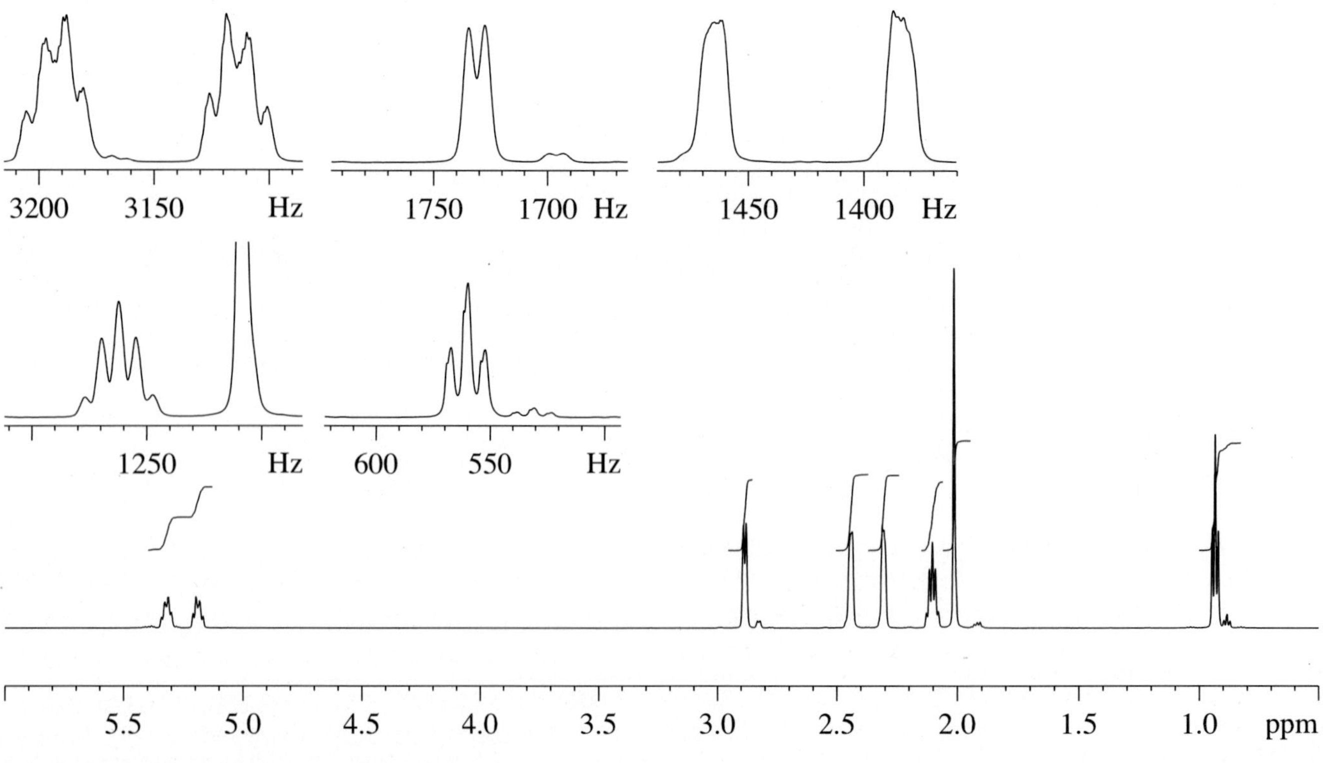

DQFCOSY 600 MHz

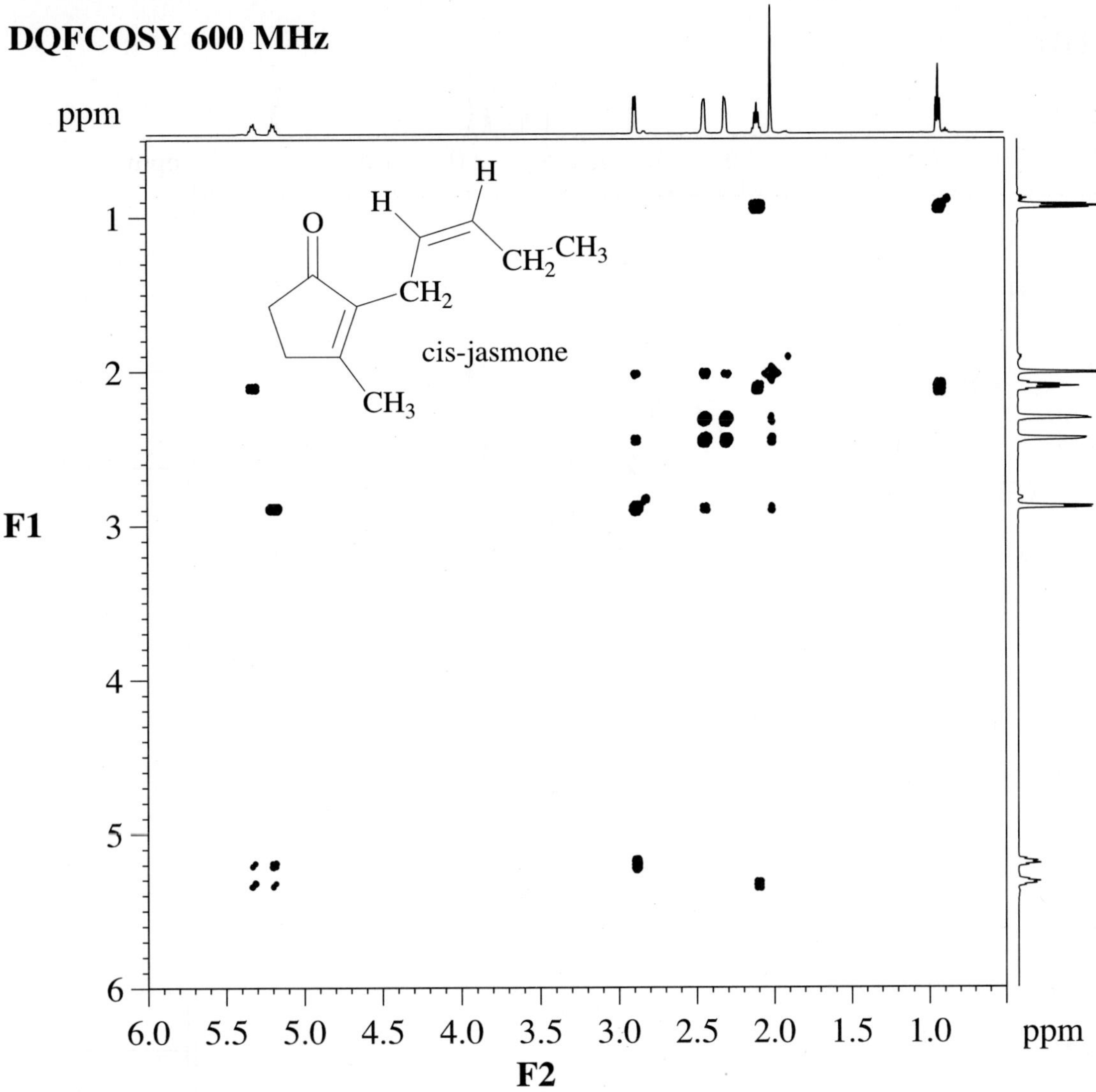

^{13}C/DEPT NMR 150.9 MHz

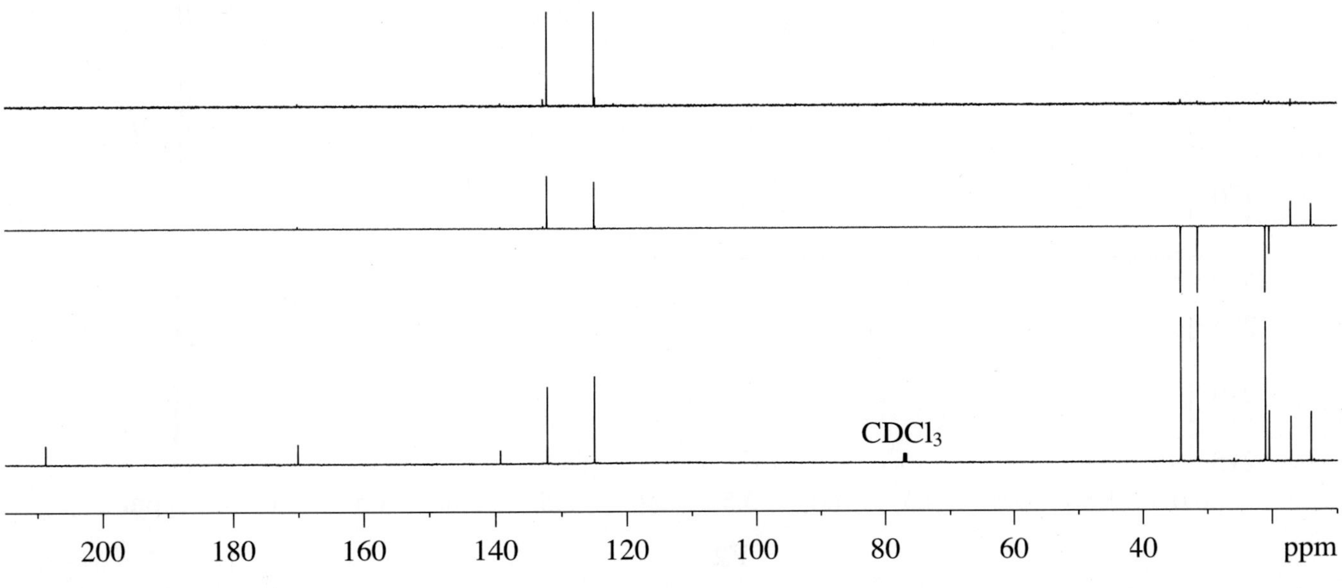

HMQC 600 MHz

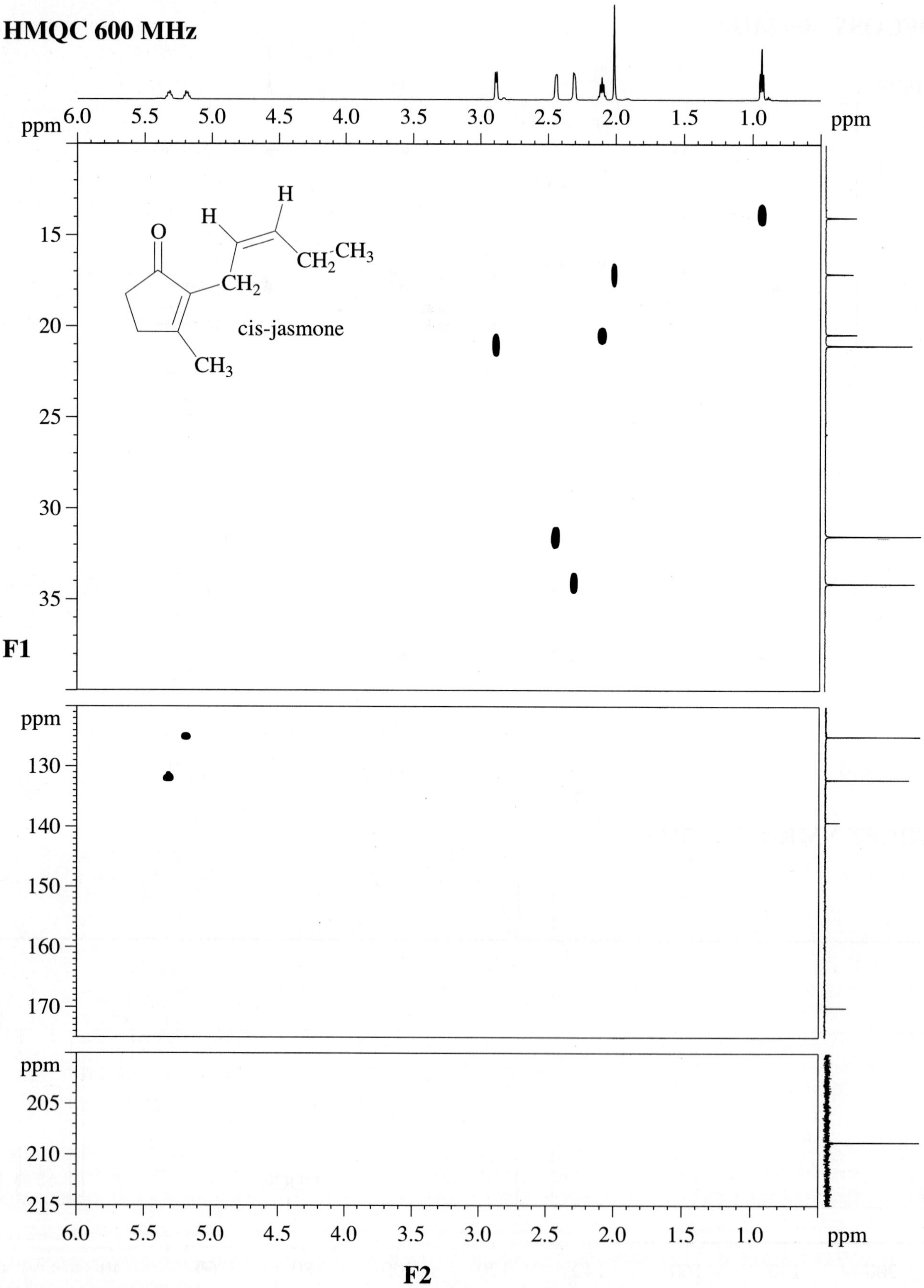
cis-jasmone
O
H
H
CH2
CH2CH3
CH3
ppm
6.0 5.5 5.0 4.5 4.0 3.5 3.0 2.5 2.0 1.5 1.0
15 20 25 30 35
F1
130 140 150 160 170
205 210 215
F2

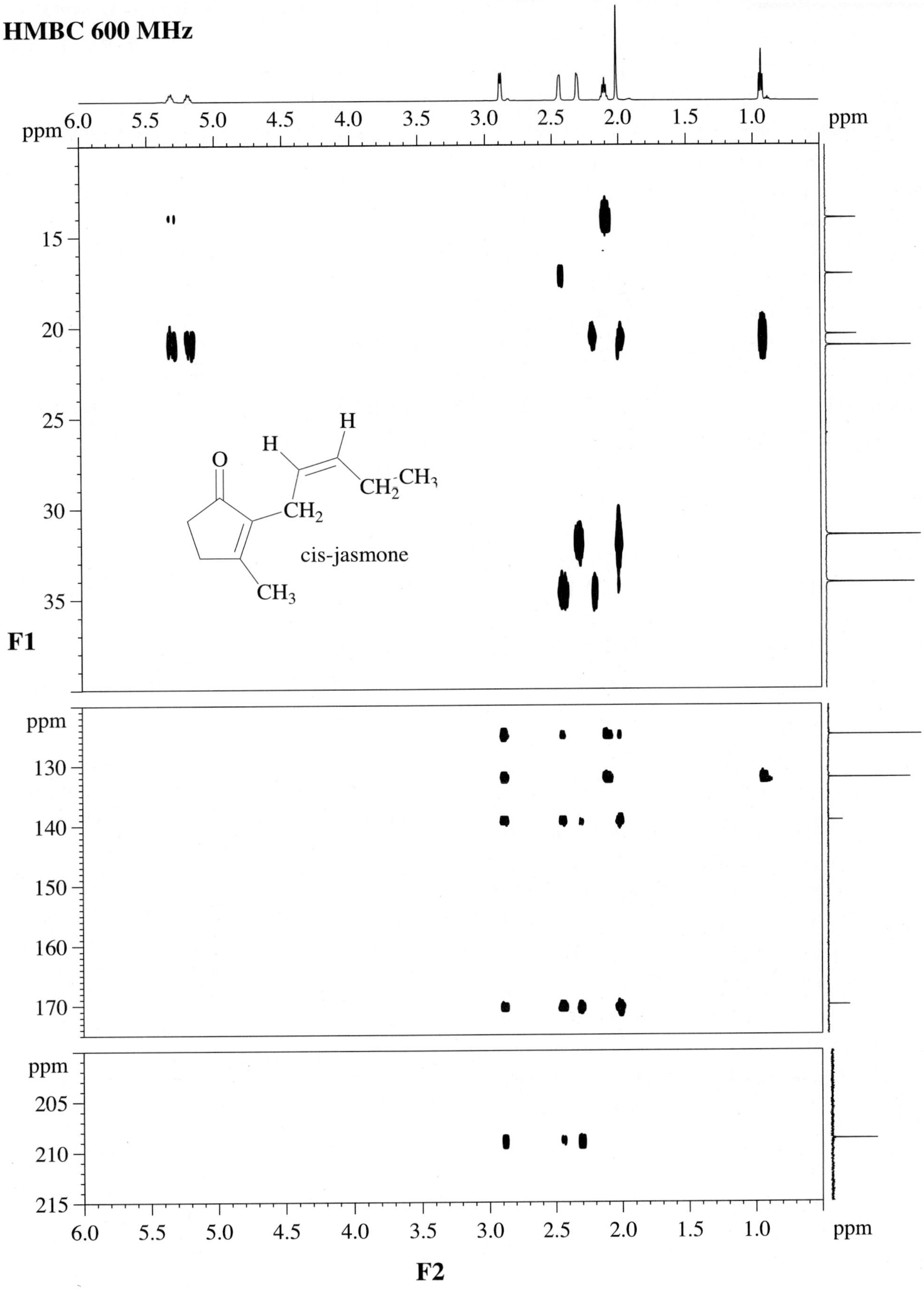
HMBC 600 MHz
ppm
6.0 5.5 5.0 4.5 4.0 3.5 3.0 2.5 2.0 1.5 1.0
15 20 25 30 35
F1
H
H
O
CH2-CH3
CH2
cis-jasmone
CH3
130 140 150 160 170
205 210 215
F2

문제 7.5에 대한 논의

질량 스펙트럼에서 m/z 149 피크는 CH_3기를 잃었음(M-15)을 의미하며, m/z 164 피크는 분자 이온 피크를 나타낸다. M + 2가 없다는 것은 Cl, Br, S가 없다는 것을 나타낸다. IR 스펙트럼은 1697 cm^{-1}에서 강한 피크를 나타내는데, 이는 C=O기가 있음을 암시하며, 이는 ^{13}C NMR 스펙트럼에서 208 ppm(케톤 범위)의 피크로 확인된다. ^1H NMR 스펙트럼에서 구성 단계들은 1 : 1 : 2 : 2 : 2 : 2 : 3 : 3 (양성자 16개)이다. ^{13}C NMR 스펙트럼은 11개의 탄소 원자를 나타낸다. 그러므로 임시로 분자식을 m/z 164의 분자 이온 피크와 일치하는 $C_{11}H_{16}O$ 이다. 수소 결핍 지수는 4이다. ^{13}C/DEPT 스펙트럼의 왼쪽에서부터 오른쪽으로 각 탄소에 붙은 양성자의 수는 C, C, C, CH, CH, CH_2, CH_2, CH_2, CH_2, CH_3, CH_3이다.

불포화도 4중 3은 ^{13}C NMR 스펙트럼에서 직접적으로 논할 수 있다. 이미 카보닐 피크를 주목했으며, 그 화학적 변화로 이 화합물을 케톤과 관련시켰다. 네 개의 올레핀성 탄소 공명 구조들이 있는데, 이것으로 불포화도 2를 더 설명한다. 추론해보면 네 번째 불포화도는 고리 때문이다.

^{13}C/DEPT 스펙트럼은 구조를 해석하는 데 크게 관여할 수 있는 분자 성분을 제공한다. 토막들을 모으기 위해 2-D 스펙트럼으로 돌아간다. 필요시에는, 한 스펙트럼에서 다른 스펙트럼으로 뛰어 넘을 것이다. HMQC의 15 ppm에서 메틸 탄소 공명 구조와 상호관계를 이루는 δ 0.93에서 더 가린 두 개의 메틸기는 시작하기 좋은 예이다. 메틸기는 δ 2.12에서의 메틸렌기와 짝지음하는데, 이는 COSY 스펙트럼에서 강한 교차 피크에 의해 증명된다. 이 작용기와 상관 관련된 탄소 공명 구조는 HMQC 스펙트럼의 21 ppm에서 발견된다. 이 메틸렌기는 역시 δ 5.33의 COSY 내, 올레핀성 메틴 중 하나와 관련된다. δ 2.12에 있는 메틸렌기는 거의 일차 오중선으로 보인다.

δ 5.18에 있는 다른 올레핀형 메틴은 COSY에서 첫 번째 메타인(δ 5.33)과 상관관련성을 보이는데, 이는 이중 결합을 강력히 시사한다. 더욱이, δ 5.18에 있는 메타인은 δ 2.88에 위치한 가려지지 않은 메틸렌기와 짝지음한다. 이 메틸렌은 폭넓은 이중선으로 다른 이웃자리 짝지음을 보이지 않는다. COSY에 따르면, 이 메틸렌기는 아직 사용되지 않은 다른 두 작용기(사용되지 않은 두 메틸렌기 중 하나와 다른 메틸기)와 장거리 짝지음을 보인다. 지금까지, 2-펜텐일(2-pentenyl)이 얻어졌는데 이는 하나의 사차 올레핀성 탄소 원자에는 반드시 붙어야 한다. δ 2.01에 있는 폭넓은 메틸 단일선도 다른 사차 올레핀성 메타인에 붙어야 한다.

만약, ^{13}C/DEPT 스펙트럼에서 남은 조각들을 모으고(케톤 카보닐, 두 개의 메틸렌기, 두 개의 사차 올레핀성 탄소) 고리에 사용하지 않은 불포화도가 있다면, 이 조각들과 함께 불포화 오원자 고리 케톤을 얻어야 한다. 더 많은 연구 결과로 이 조각들을 정리할 수 있다. 첫째로, COSY는 두 개의 메틸렌기(δ 2.30과 2.45)가 이웃자리 짝지음을 하고 있으며, 따라서 인접해 있다는 것을 알려준다. 둘째로, 사차 올레핀성 탄소 중 하나의 ^{13}C 화학 이동이 170 ppm이다. 이러한 벗김(deshielding)은 케톤 카보닐과의 콘쥬게이션으로만 설명할 수 있다. 한 가지 분명한 구조는 다음과 같다. HMBC(카보닐 탄소와 상호관계 참조)는 고리 구조를 이루고 있으며, 비대칭 탄소 원자가 없다(페이지면에 대칭면이 있음)는 것은 부분입체이성질성 메틸렌기가 없다는 것을 설명한다.

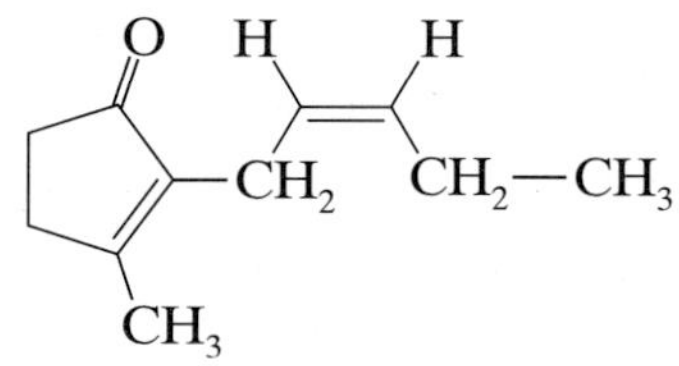

끝내기 전에, 고려해야 할 구조 이성질체가 있는지 물어보아야 할 것이다. 그렇다. 만약 두 치환기(즉, 2-펜텐일기와 메틸기)를 바꾼다면, 그 결과 구조도 역시 이 때까지의 데이터에 잘 부합할 것이다. 다시 한 번, 복잡한 HMBC 스펙트럼으로 이 문제를 해결한다. 예를 들어, 17 ppm의 고리에 치환된 메틸 공명은 δ 2.45의 메틸렌기와 단 하나의 상관관계만을 가진다. 이 메틸렌기는 카보닐기에 β-위치를 가지며, 따라서 위에 주어진 구조가 확인된다. 이 구조가 확인되는 HMBC내의 또 다른 상관관계가 있을까? 학생들이 이 과제를 끝낼 수 있다.

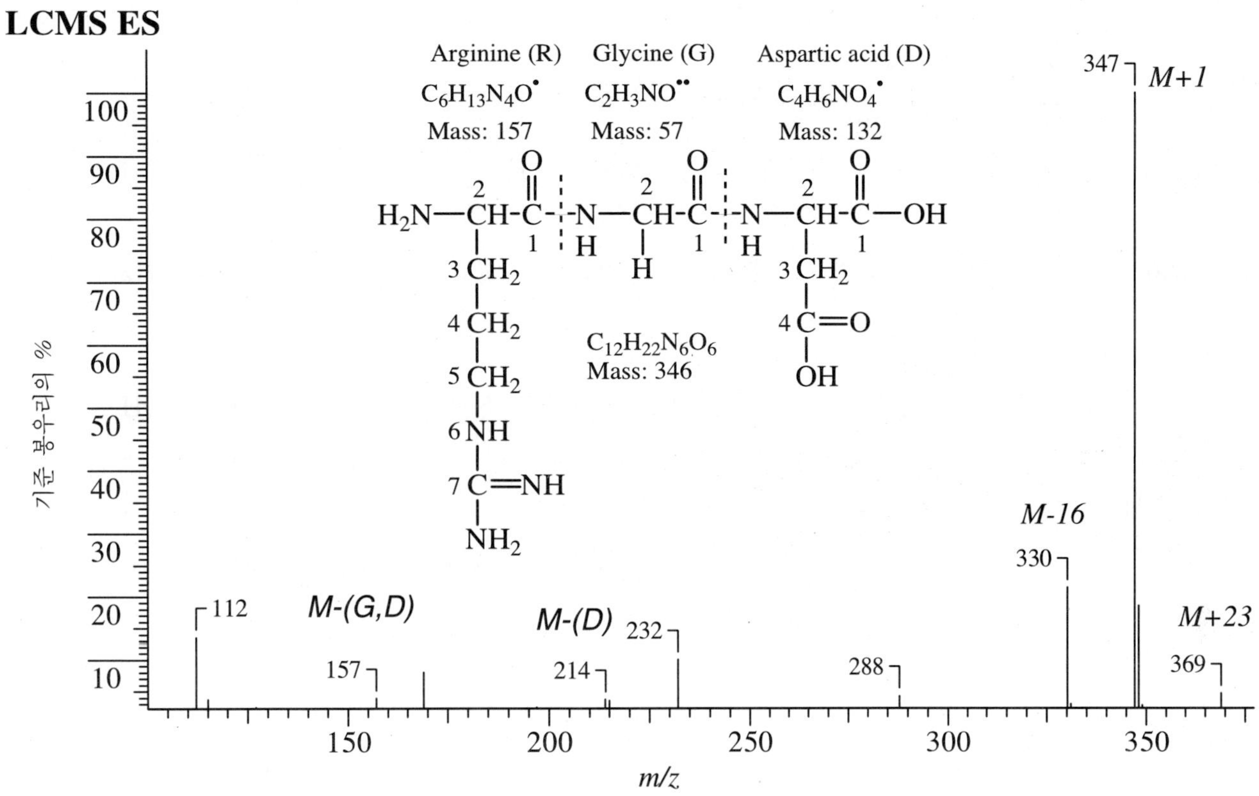
LCMS ES
Arginine (R)
C6H13N4O•
Mass: 157
Glycine (G)
C2H3NO••
Mass: 57
Aspartic acid (D)
C4H6NO4•
Mass: 132
C12H22N6O6
Mass: 346
H2N—CH-C-N—CH-C-N—CH-C—OH
CH2
CH2
CH2
NH
C=NH
NH2
C=O
OH
347 M+1
M-16
330
M+23
369
112
M-(G,D)
157
M-(D)
214
232
288
기준 봉우리의 %
m/z
150
200
250
300
350

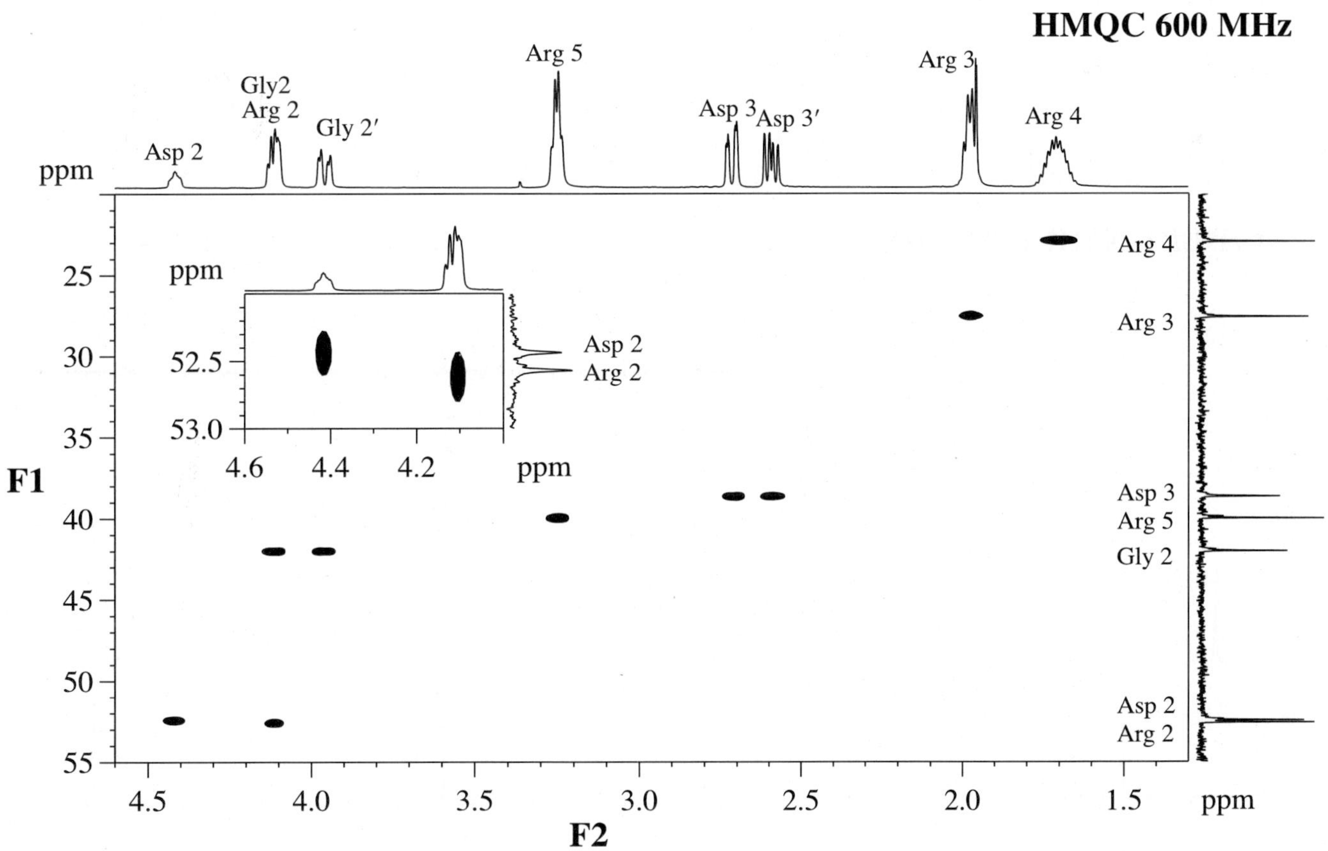
HMQC 600 MHz
Asp 2
Gly2
Arg 2
Gly 2′
Arg 5
Asp 3
Asp 3′
Arg 3
Arg 4
ppm
Asp 2
Arg 2
Asp 3
Arg 5
Gly 2
F1
F2
ppm

^{1}H NMR 600 MHz

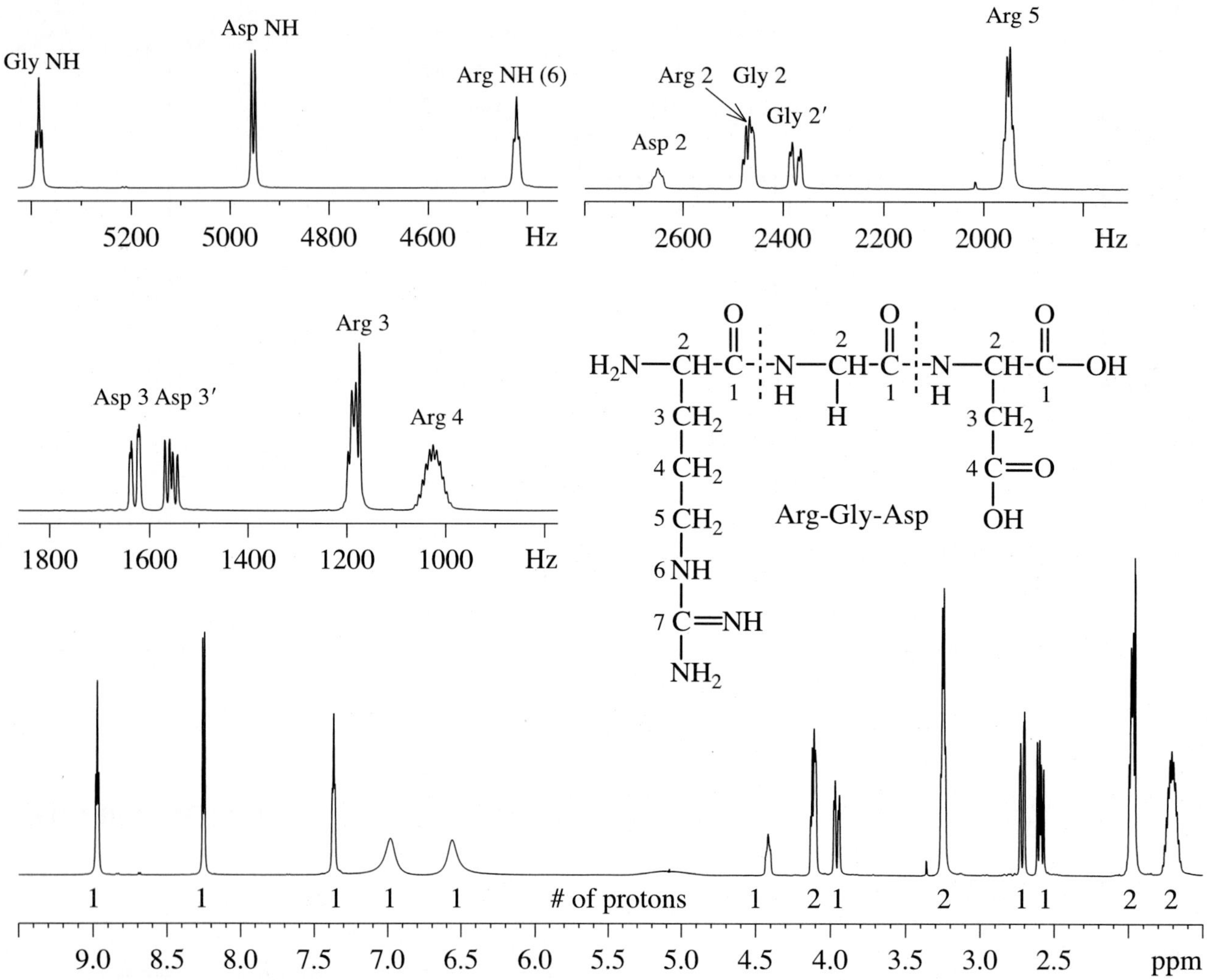

^{13}C/DEPT NMR 150.9 MHz

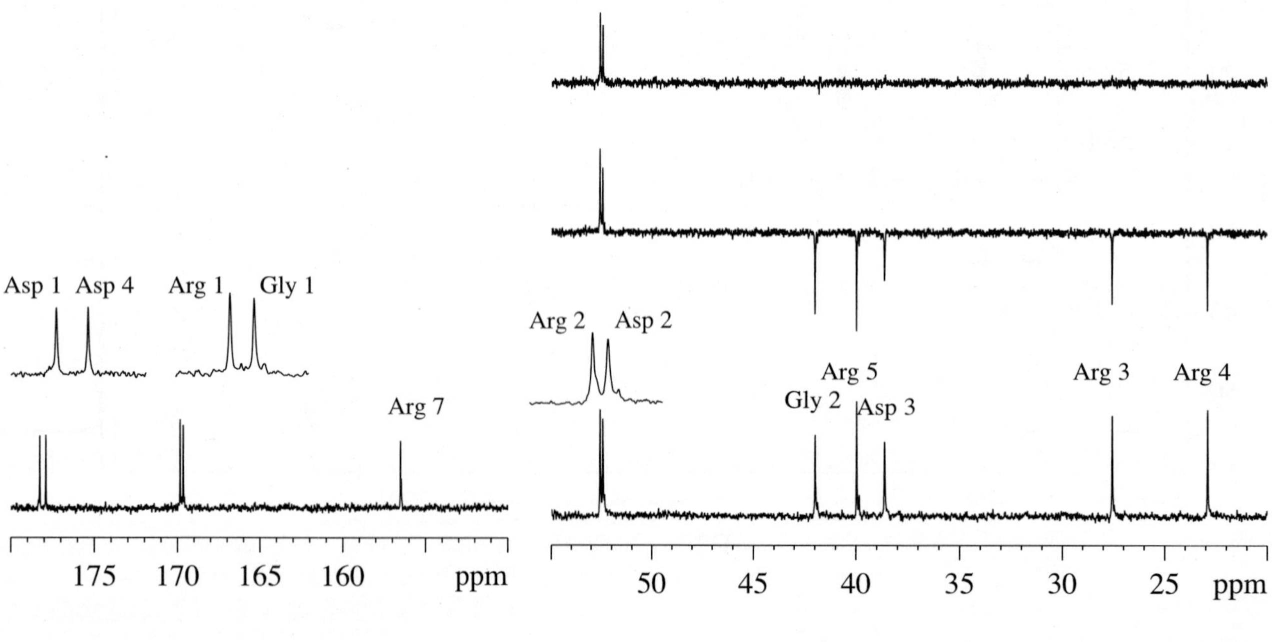

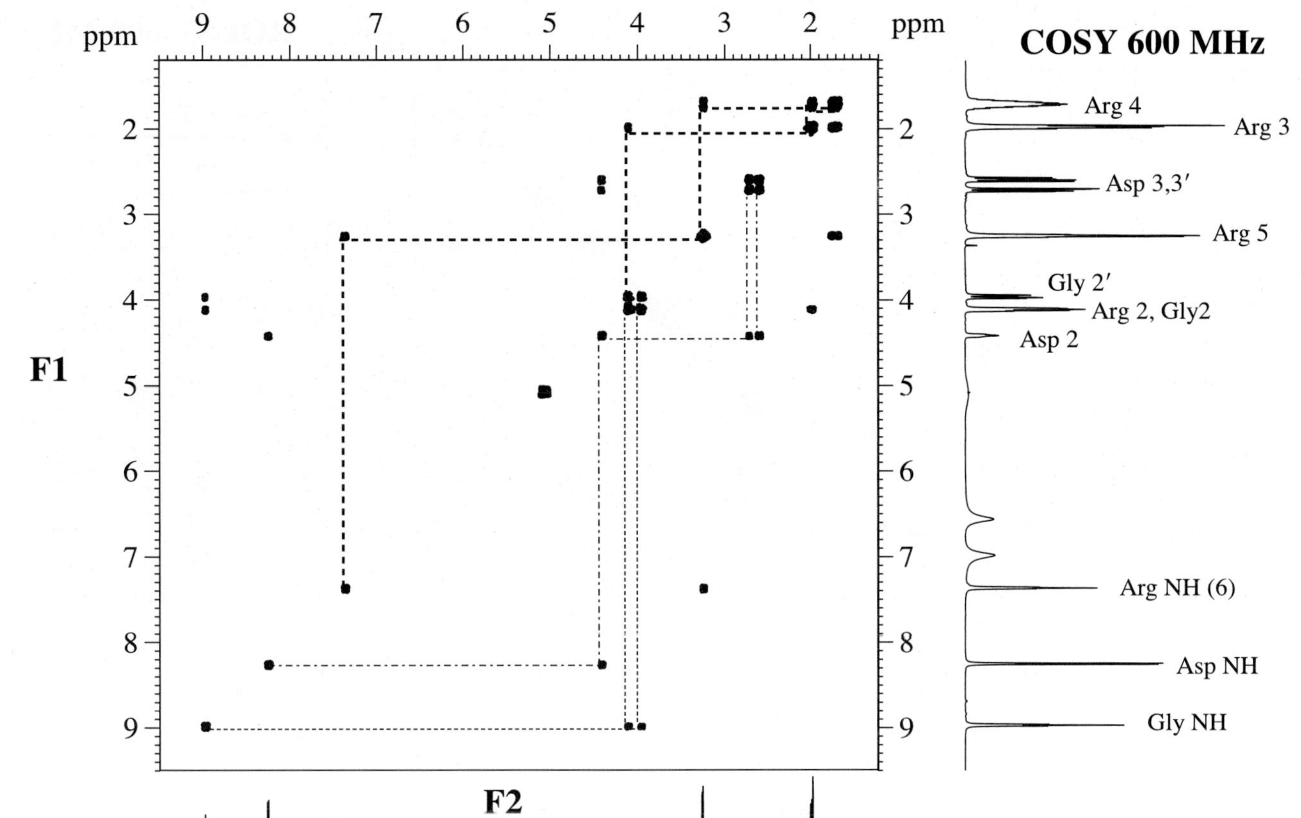
COSY 600 MHz
ppm
F1
F2
Arg 4
Arg 3
Asp 3,3′
Arg 5
Gly 2′
Arg 2, Gly2
Asp 2
Arg NH (6)
Asp NH
Gly NH

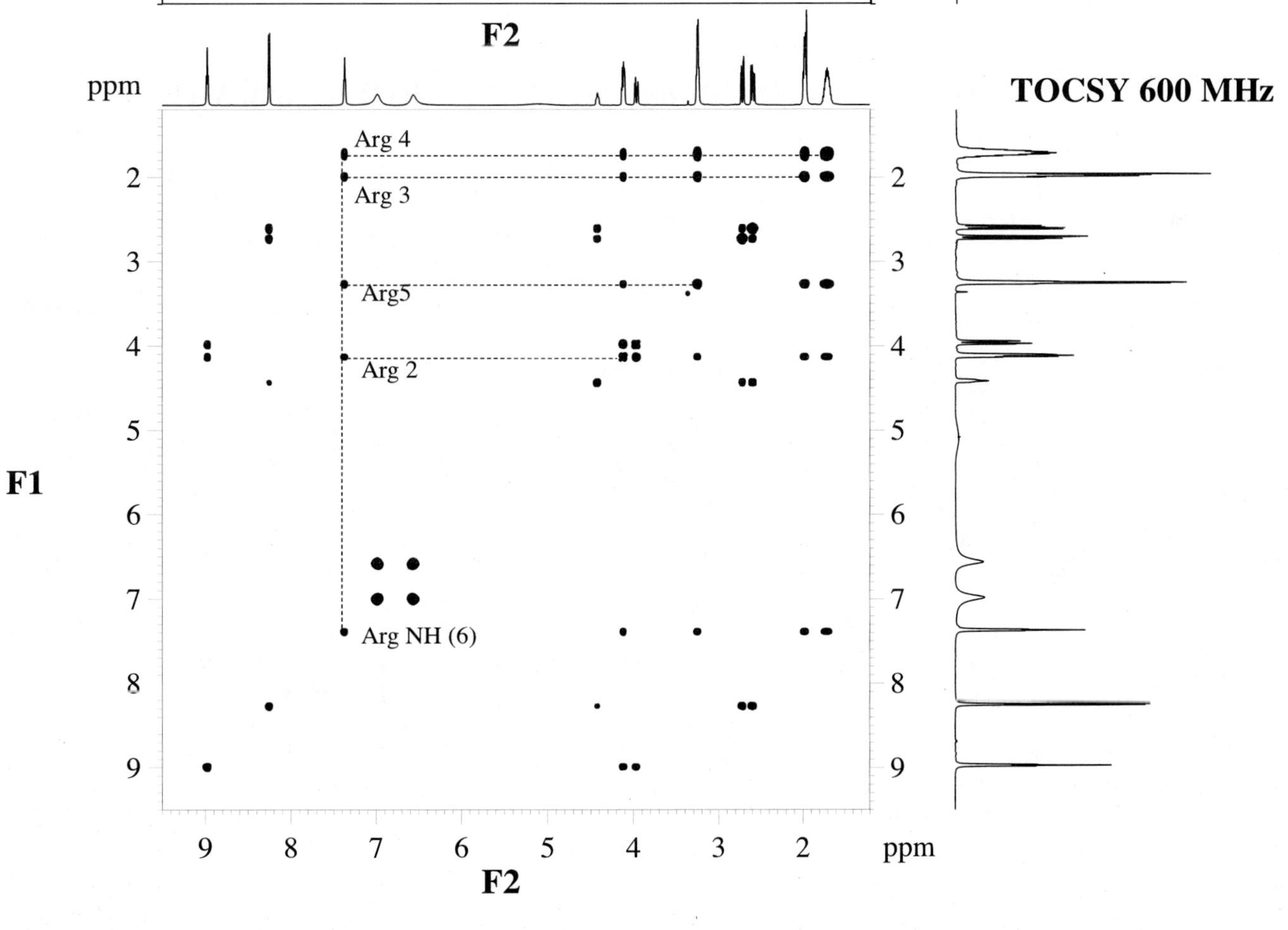
TOCSY 600 MHz
ppm
F1
F2
Arg 4
Arg 3
Arg5
Arg 2
Arg NH (6)

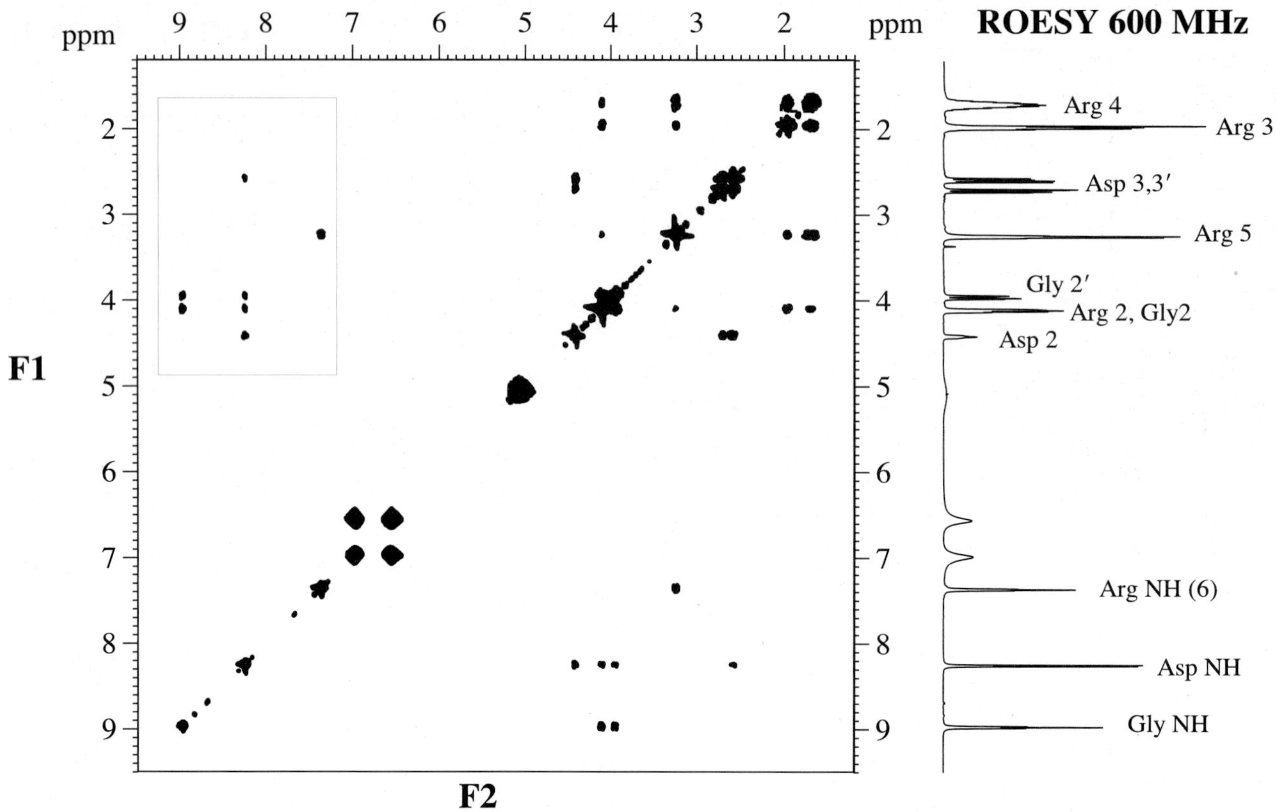
ROESY 600 MHz
ppm
F1
F2
Arg 4
Arg 3
Asp 3,3′
Arg 5
Gly 2′
Arg 2, Gly2
Asp 2
Arg NH (6)
Asp NH
Gly NH

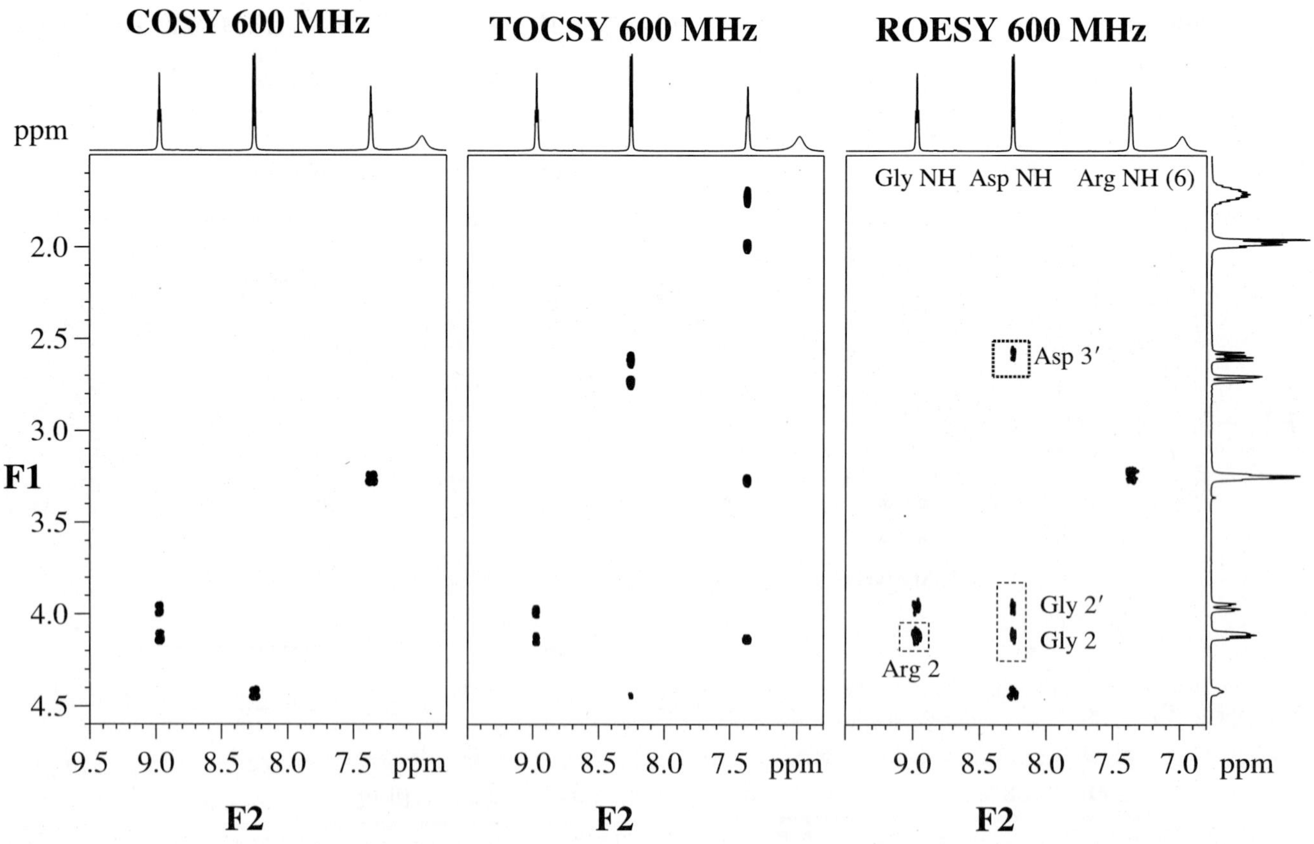
COSY 600 MHz
TOCSY 600 MHz
ROESY 600 MHz
ppm
F1
F2
Gly NH Asp NH Arg NH (6)
Asp 3′
Gly 2′
Gly 2
Arg 2

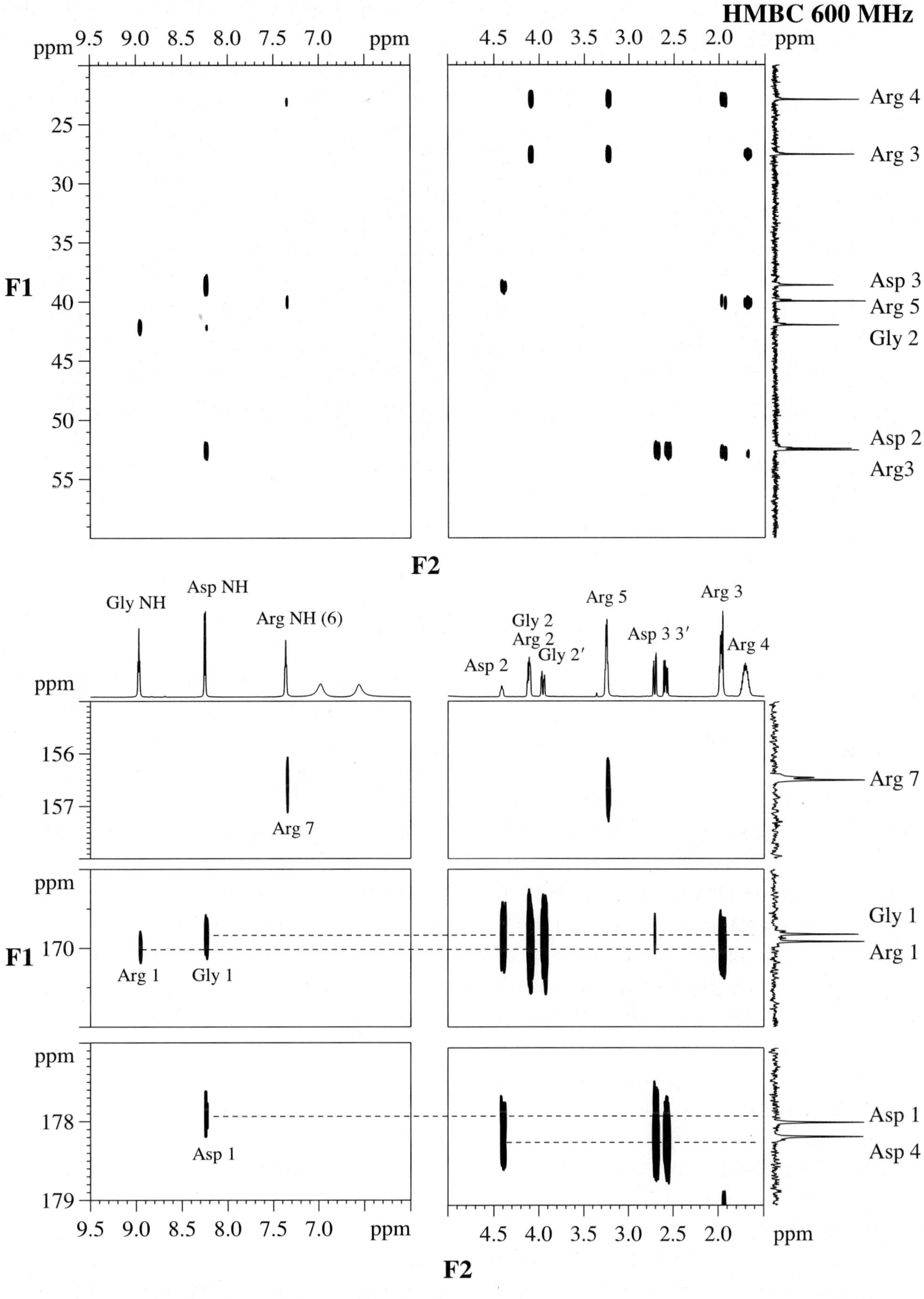

HMBC 600 MHz
ppm
F1
F2
Arg 4
Arg 3
Asp 3
Arg 5
Gly 2
Asp 2
Arg3
Gly NH
Asp NH
Arg NH (6)
Asp 2
Gly 2
Arg 2
Gly 2′
Arg 5
Asp 3 3′
Arg 3
Arg 4
Arg 7
Arg 7
Gly 1
Arg 1
Arg 1
Gly 1
Asp 1
Asp 4
Asp 1

문제 7.6에 대한 논의

이 장에서 푼 마지막 문제는 위에 소개된 문제와는 조금 다르며, 우리가 풀려고 하는 방향도 조금은 다르다. 이 화합물은 트라이펩타이드(tripeptide)이며, 펩타이드의 구조 설명을 하기 위해서는 두 가지의 다른 "풀이"가 필요하다. 첫째, 각 아미노산(그리고 그 개수)은 결정되어 있으며, 둘째로 아미노산 단위는 순서대로 배열되었다. 20개 이상의 공통 아미노산이 존재하고, 펩타이드 결합의 본성이 어떠한 순서로든 배열할 수 있다는 것을 뜻하기 때문에 이 연습 문제는 사소한 것이 아니다.

실제 데이터를 논하기 전에 몇 개의 기본 사항을 먼저 논의해 보자. 트라이펩타이드의 질량 스펙트럼은 전기분무 LCMS를 사용하여 얻을 수 있다(1장 참조). 전기분무(electrospray, ES)는 "부드러운" 이온화법(일종의 화학적 이온화)으로 토막내기를 억누르고, 준분자 이온(이온 z의 전하수에 의존)을 증가시킨다. NMR 실험은 0°C에서 95%의 H_2O와 5%의 D_2O에서 얻었다. 이같은 용매를 사용하는 이유는 5.11절에 자세히 설명하였다.

LCMS ES는 m/z 347의 M + 1을 나타내는데, 이는 분자식 $C_{12}H_{22}N_6O_6$에 해당한다. 1장의 부록 A에서 250 amu 이후로는 자세히 고려되지 않았기 때문에, 이같은 식의 유도는 자세히 고려하지 않기로 한다. m/z 369(M + 23)의 작은 피크는 수용액에서는 어디에나 있는 소듐 이온의 존재 때문이다. 제한적인 토막내기만 있을 뿐이지만, 나타나는 조각들은 숙련된 해석에 매우 유용하며, 몇 가지 쪼개짐을 문제 7.6A에 나타내었다.

세 가지 아미노산을 확인하기 위해서는 ^{1}H NMR 스펙트럼, ^{13}C/DEPT 스펙트럼, COSY 스펙트럼, TOCSY 스펙트럼, HMQC 스펙트럼에서의 자료지식을 사용한다. 아미노산 양성자의 화학 이동은 3장의 부록 I에 주어져 있다. 펩타이드들은 카이랄 분자들이므로, 글리신(glycine)까지도 모든 메틸렌기와 부분입체이성질성(diastereotopic)이다. 자유 글리신의 메틸렌기는 거울상이성질성(enantiotopic)이다. 펩타이드(그리고 올리고당이나 다당류와 같은 특정 단위로 만들어진 다른 화합물)의 시작점은 TOCSY이다. 2-D TOCSY는 스핀계에 있는 모든 스핀들의 상관관계를 보여주지만, 계 밖의 스핀의 상관관계는 보여 주지 않는다. 트라이펩타이드에서는, 세 가지 특징적인 스핀계가 있으며, 그것들은 TOCSY 스펙트럼에서는 쉽게 찾을 수 있다(문제 7.6C). 8.95 ppm에서의 N—H 공명은 3.96과 4.13 ppm에서의 두 공명의 상관관계에서 보이는 하나의 스핀계이다. 이러한 정보를 HMQC 스펙트럼에 적용시키면, 두 양성자 공명이 41.9 ppm에서 같은 탄소 원자와 상관관계에 있음을 알 수 있다(즉, 부분입체이성질성 메틸렌기). 이같은 아미노산은 글리신 잔기로 확인되며, 아마이드 N—H기가 상관관계에 있기 때문에 글리신은 N-말단이 아니라고 결론지을 수 있다(이 점은 다른 방법으로도 확인될 것이다).

또 다른 스핀계는 8.26 ppm에서 N—H 공명의 간편한 출발점을 가지는 것을 알 수 있다. 이 스핀계에서의 총 네 부분에서 이 공명과 세 가지 상관관계가 있다. 다시 이같은 정보를 HMQC 스펙트럼에 직접 적용하면, 상응하는 탄소 공명를 찾을 수 있다. 물론, N—H 공명과는 상관관계가 없다. 4.41 ppm에서의 양성자 공명은 52.4 ppm에서의 탄소 공명과 상관관계가 있으며, ^{13}C/DEPT 스펙트럼으로 이것이 메타인(methine)기라는 것을 확인할 수 있다. 이 계에서의 나머지 스핀들은 2.58과 2.72 ppm에 있는 양성자 공명이며, 이는 38.6 ppm에 있는 하나의 탄소 공명과 상관 관계를 이룬다. ^{13}C/DEPT로 이것이 메틸렌기임을 확인한다. 이 잔기는 아스파트산(aspartic acid)으로 확인되며, 다시 이것이 N-말단이 아니라고 결론지을 수 있다.

마지막 스핀계의 출발점은 7.35 ppm의 N—H 공명이다. 이같은 스핀계에는 다른 네 가지의 양성자 공명이 있는데, HMQC 스펙트럼과 ^{13}C/DEPT 스펙트럼으로, 이 공명이 메타인기 하나와 세 개의 메틸렌기라는 것을 알 수 있다. 따라서 이 아미노산 잔기는 아르지닌(arginine)이다.

COSY 스펙트럼은 이제까지 한 분석을 확인하기에 유용하지만 그렇게 필요하지는 않다. 그러나 COSY와 TOCSY는 여분적인 것이 아니라 어느 한 부분에서는 중요한 작용을 하는 상보적인 것이다. TOCSY는 스핀계에서의 모든 스핀을 보여 주지만, 어느 스핀이 다른 스핀과 짝지어지는지는 알 수 없다. 예를 들면, COSY에서 8.26 ppm(아스파트산에서)에서의 N—H 양성자는 메타인기와의 상관관계만을 나타낸다. 이 N—H기는 펩타이드 사슬과 연관이 있으며, 메타인기는 아미노산의 α 즉, 비대칭 탄소라고 결론지을 수 있다. 7.35 ppm에서의 N—H기는 아스파트산 잔기로 지정되었는데, TOCSY에서 모든 스핀들과 상관관계를 형성하지만, COSY에서는 2.24 ppm의 메틸렌기와의 짝지음만을 보인다. 이 정보로부터 TOCSY에서는 얻을 수 없는 두 가지 결론을 추론할 수 있다. 첫째로, N—H 공명은 아르지닌의 α-탄소와 짝지음하지 않으므로, α-아미노기가 아니라 구아나디노(guanadino)기로부터의 N—H를 나타내어야만 한다. 둘째로, COSY나 TOCSY 어느 것에서의 N—H 양성자와 4.13 ppm의 메타인 양성자로부터의 상관관계가 없기 때문에 아르지닌 잔기가 반드시 N-말단 잔기이어야 한다. 아미노산 서열의 논의에서 두 번째 점을 확인하게 될 것이다.

^{13}C/DEPT, COSY, TOCSY, HMQC로부터의 데이터들을

결합하면 빠르게 교환하는 양성자들(예 : 카복실산과 자유 아미노 양성자)과 모든 ^{13}C 스펙트럼에서의 모든 사차가 아닌 탄소 공명을 제외하고 ^{1}H 스펙트럼에서 모든 양성자들을 지정할 수 있다. 빠르게 교환하는 양성자들에 대해서는 설정할 필요가 없으며, 사차가 아닌 탄소는 서열 논의를 하는 동안 지정될 것이다.

두 번째로 살펴볼 주된 문제는 펩타이드의 서열 즉, 아미노산들이 올바른 순서로 되어있는지 알아보는 것이다. NMR 실험으로부터 얻을 수 있는 두 가지 방법은 HMBC와 ROESY(혹은 NOESY)이다. HMBC는 장거리 $^{1}H—^{13}C$ 짝지음(일반적으로 두 결합, $^{2}J_{CH}$, 그리고 세 결합, $^{3}J_{CH}$ 짝지음)을 나타냄을 상기하라. 서열 목적을 위해, 이 실험은 아마이드(펩타이드) 카보닐에서부터 아마이드 N—H로 보이는 것처럼, 이웃한 아미노산 사이에서의 상관관계를 나타낸다. 이러한 연습을 통해서 카보닐을 지정할 수 있게 된다.

ROESY 실험은 인접한 아미노산들 사이의 공간 상관관계를 통해 필연적인 운명을 활용하는 배열을 촉진한다. 한 아미노산의 N-H기와 다른 인접 아미노산의 α-, 즉 C-2 양성자로부터의 연관성을 찾고자 한다. 이러한 실험으로부터 데이터를 충분히 확보하여야 하는데, 함께 모으면 강하게 확증하게 하는 증거를 제공한다.

충분한 ROESY 스펙트럼이 문제 7.6D(윗부분)에 제시되어 있다. ROESY 교차 피크는 COSY 상관관계와 NOE 상관관계를 모두 나타낸다. 따라서 쉽게 비교하기 위해, 서열에서 흥미로운 부분(네모친 부분)은 상응하는 COSY와 TOCSY(문제 7.6D의 아랫부분)를 따라 나타낸다. COSY와 TOCSY 스펙트럼에서 나타나는 인접한 메틸렌기와 함께 상응하는 글리신의 N—H는 아르지닌의 H-2 ROSEY 스펙트럼에서의 부가적인 상관관계를 보여 준다. 이러한 상관관계는 글리신과 아르지닌의 결합을 나타낸다. 어떤 사람들은 이같은 상관관계는 아르지닌의 H-2와 글리신의 H-2 중 하나 사이에서의 겹쳐지는 부분 때문에 결론지을 수 없다고 생각할 것이다. 이러한 경우에는 확인하는 것이 바람직하다(아래 참조).

다른 연결은 아스파트산의 N—H와 다른 두 글리신 H-2 사이에서의 NOE 상호작용에서 찾아볼 수 있다. 이러한 상관관계에서는 겹치는 부분이나 애매모호한 부분은 없으므로, 문제 7.6A의 서열을 증명한다. 여기서 눈여겨 볼만한 재미있는 부분은 아스파트산 N—H와 아스파트산의 두 부분입체이성질성의 메틸렌 양성자 중 하나(H-3)와의 NOE 상관관계이다. 이 선택적 상호 작용은 제한적인 회전과 입체적 구분(steric differentiation)과 부분입체이성질성 양성자 사이에서의 지정을 제시한다.

이 서열의 확인과 사차 탄소의 할당은 HMBC로 할 수 있는데, 문제 7.6E에서 볼 수 있다. 이 페이지의 아래에 보면 적절하다. 이같은 순서를 확인하기 전에, 간단한 사차 탄소가 정해졌다. 아르지닌의 C-7 탄소는 아르지닌 N—H(H-6)와 156.5 ppm에서의 사차 탄소 사이에서의 상호작용에 의해서 정해졌다.

카보닐 탄소 영역에서 HMBC의 분석은 F1축을 따라 디지털 분해능이 부족해 곤란하다. HMBC 실험은 F2 차원이나 양성자의 명확하고 좋은 분해능을 제공하는 양성자 탐지임을 상기하라. F1축을 따라 분해능을 향상시키는 단 하나의 방법은 실험에서 FID의 개수를 늘리는 것인데, 심각한 실제상의 제한이 있다. 삽입그림에 있는 선은 상관관계를 명확하게 보이게 하기 위한 것이다.

아르지닌 카보닐(C-1)과 상관관계에 있는 글리신 N—H로 아르지닌–글리신 결합을 확인할 수 있다. 아르지닌 카보닐의 지정은 아르지닌 메타인 H-2와 약 170 ppm에 있는 카보닐 공명의 상관관계에 의해 확인된다. 또 다른 결합은 아스파트산 N—H와 글리신 카보닐(C-1) 사이에서의 상관관계에 의해 형성된다. 글리신 카보닐은 그 글리신 부분입체이성질성 메틸렌 양성자들의 상관관계에 의해 정확한 위치가 정해진다. 트라이펩타이드의 서열은 두 가지 독립적인 방법으로 확인할 수 있다.

연습 문제

다음 문제는 학생들이 풀도록 한 것이다. 두 화합물에 대한 구조와 스펙트럼을 다음 장에 나타내었다. 학생들은 스펙트럼으로부터 구조를 증명하고, 모든 양성자와 탄소를 지정하여야 한다.

MASS

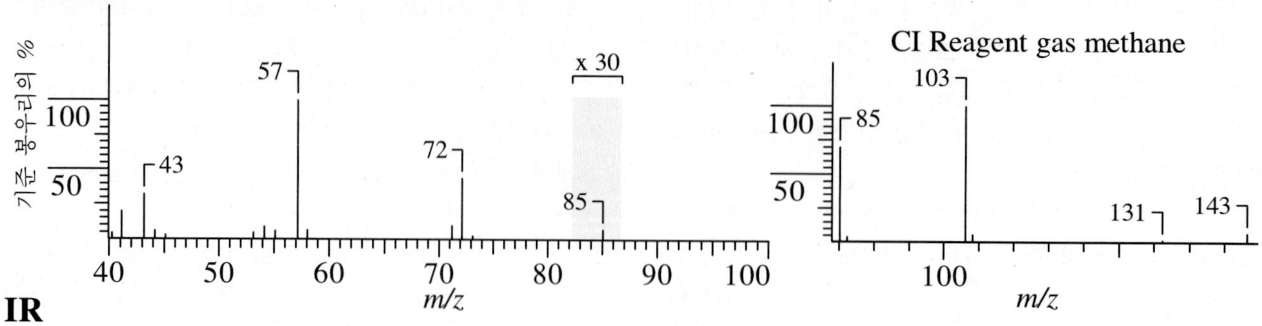

IR

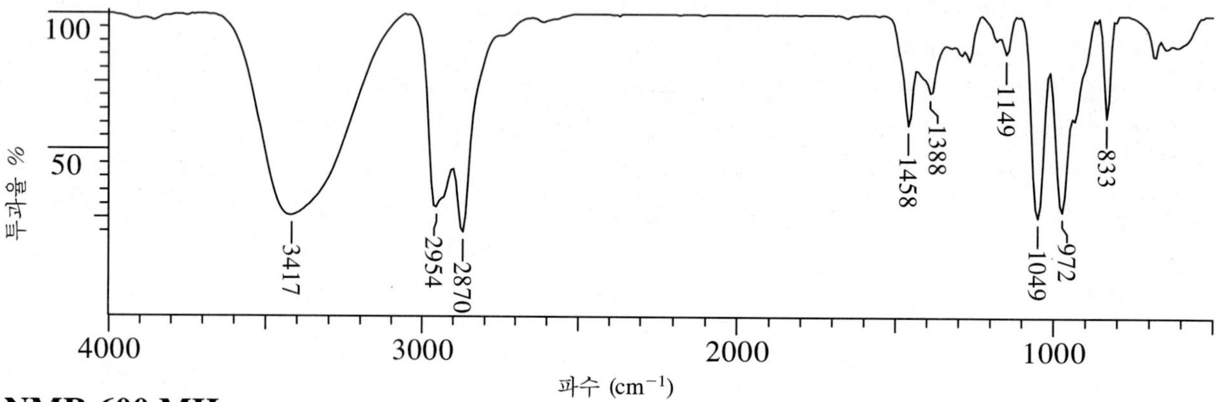

^{1}H NMR 600 MHz

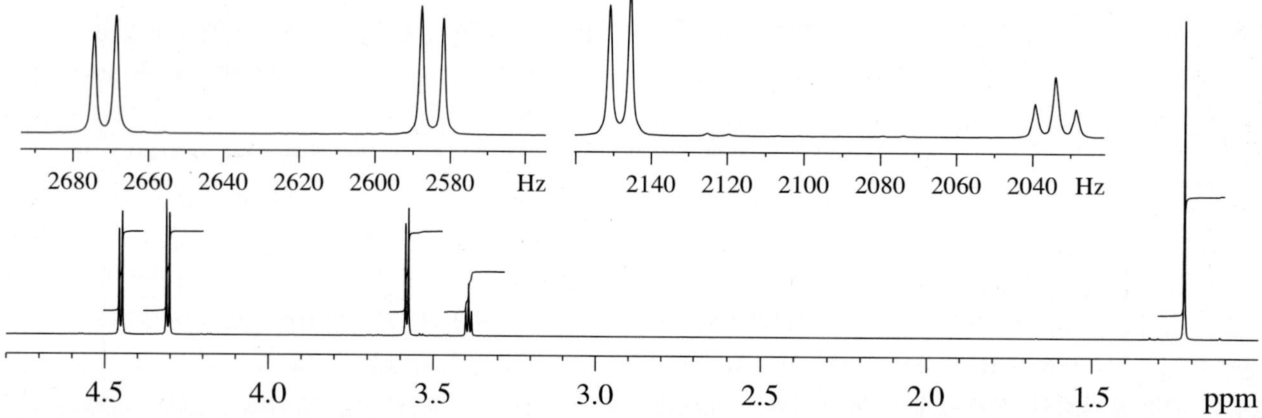

^{13}C/DEPT NMR 150.9 MHz

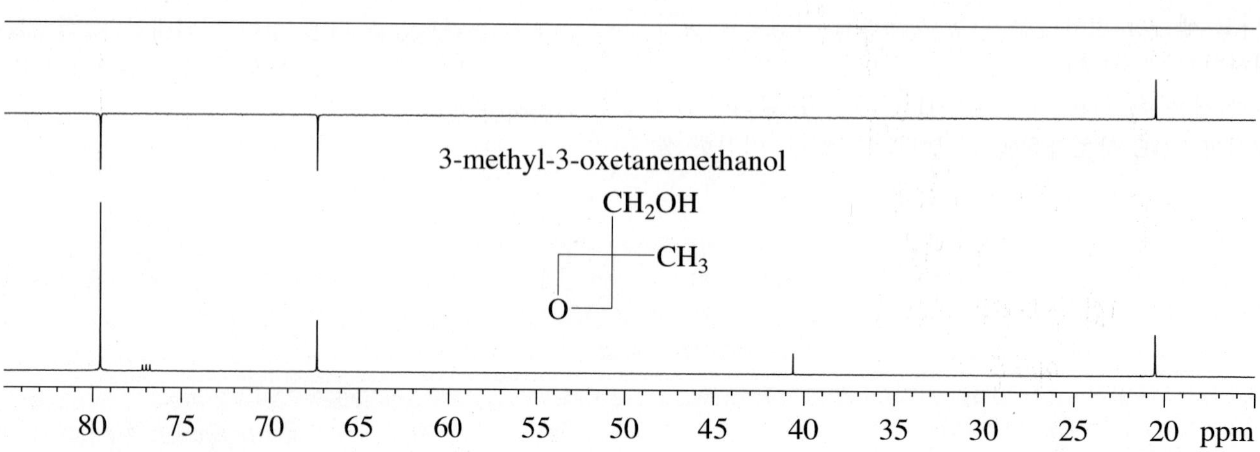

COSY 600 MHz

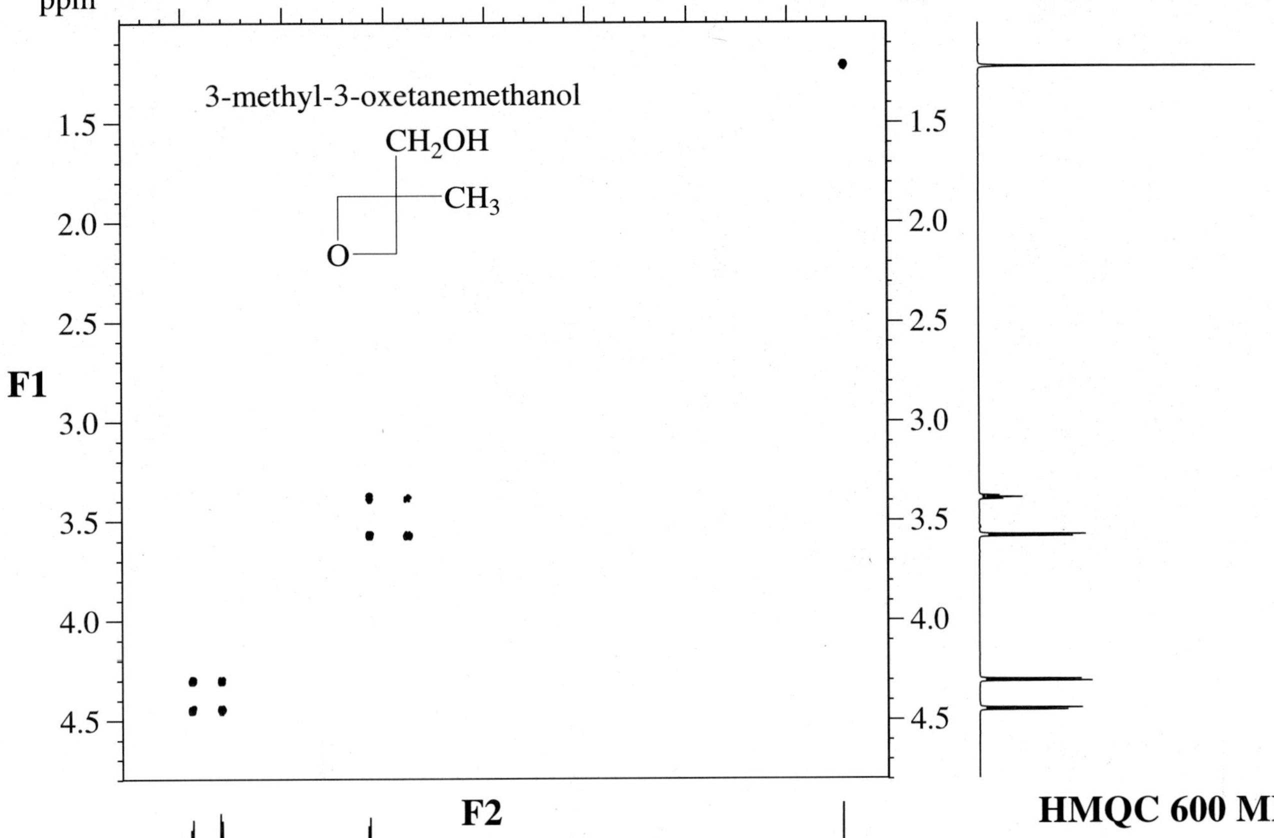

HMQC 600 MHz

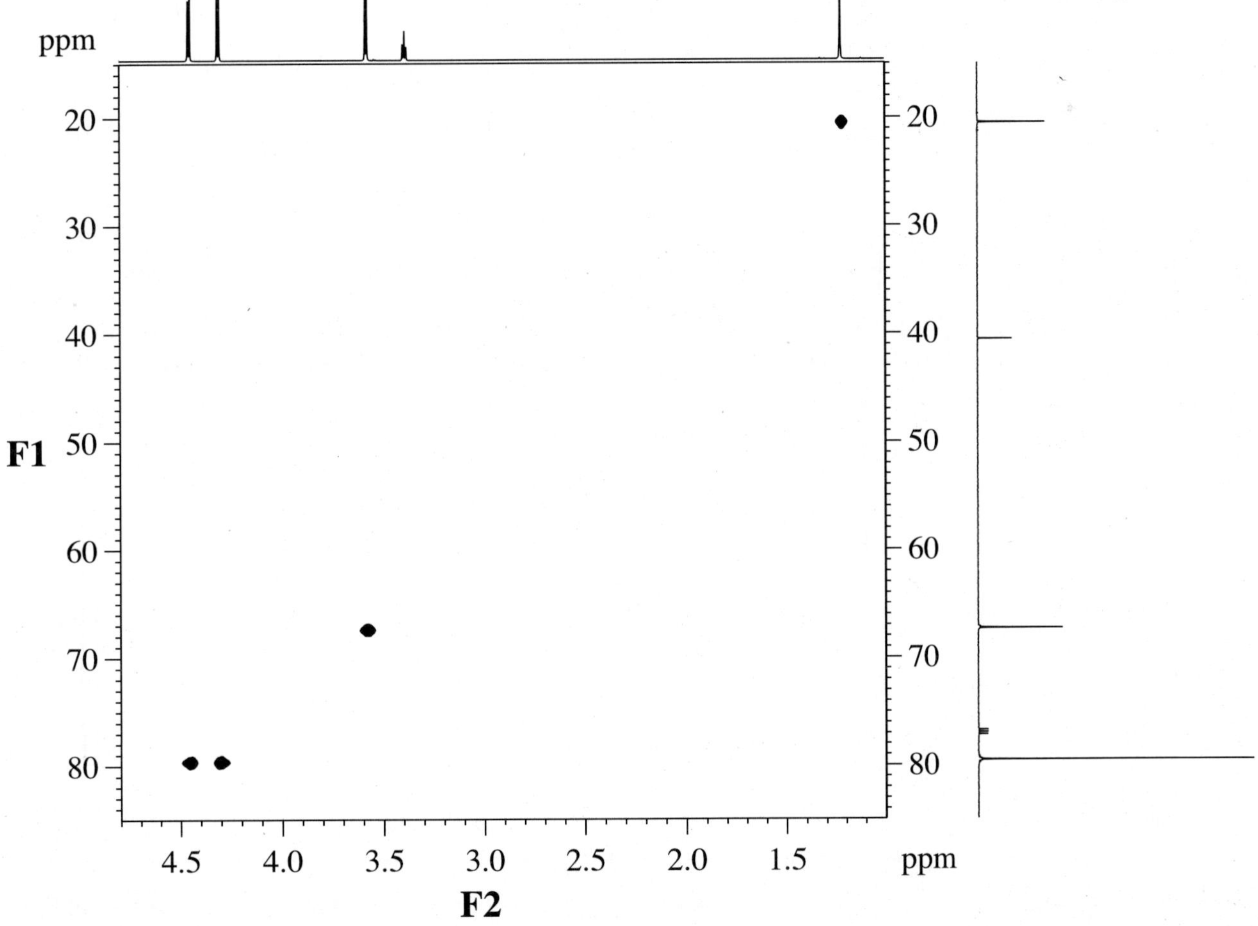

MASS

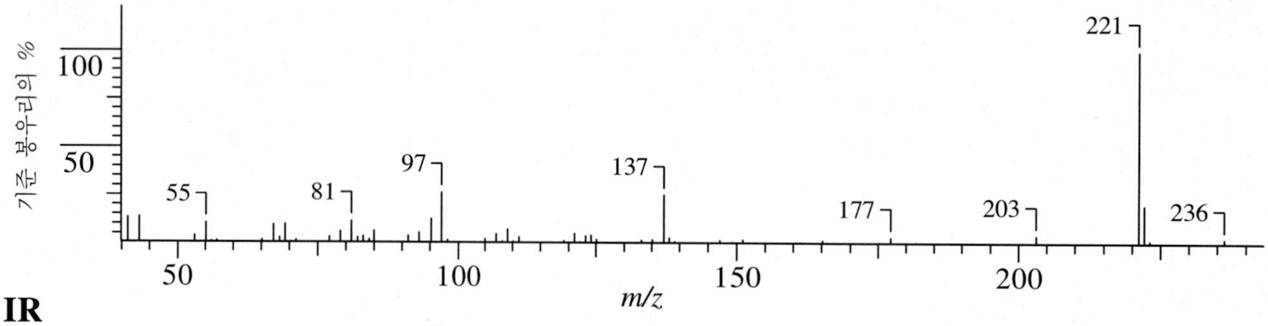

IR

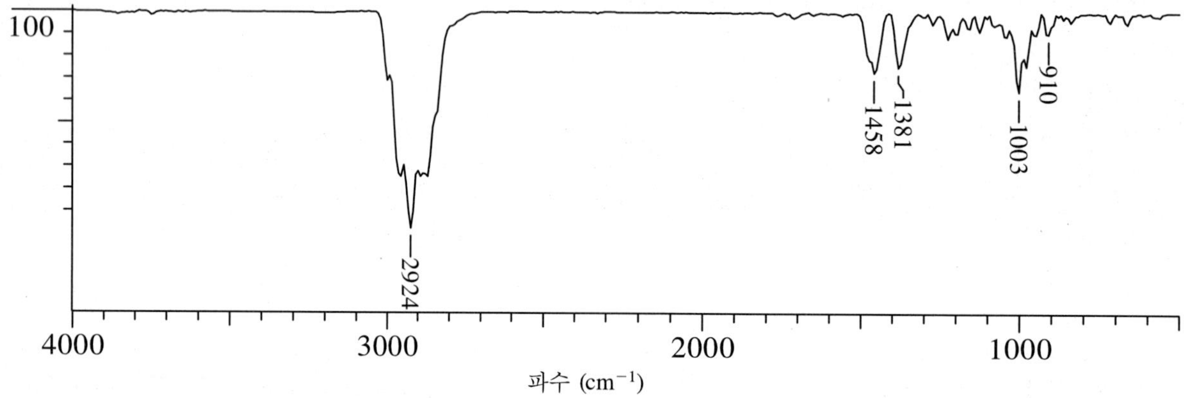

^{1}H NMR 600 MHz

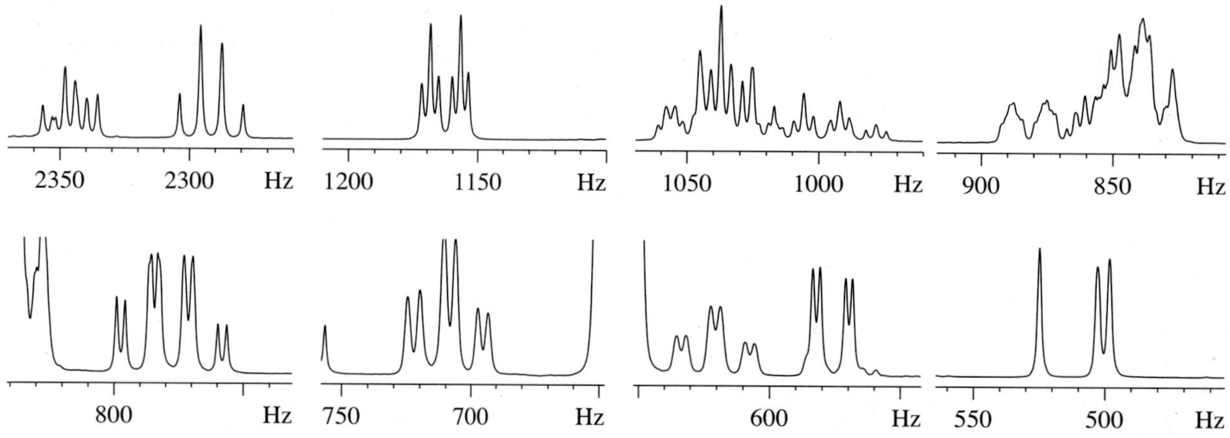

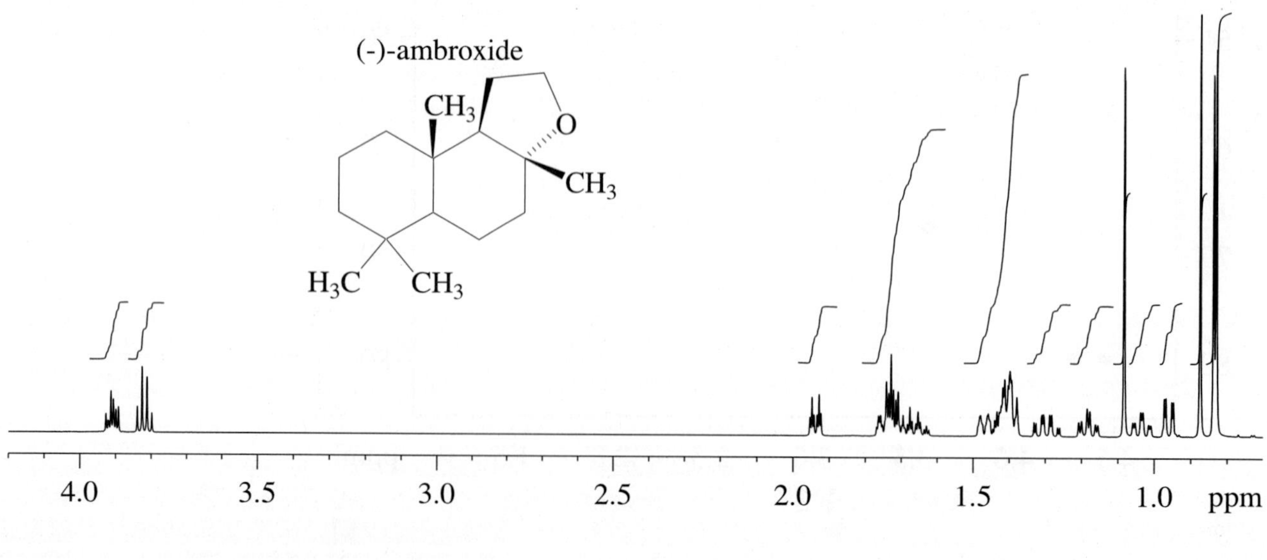

^{13}C/DEPT NMR 150.9 MHz

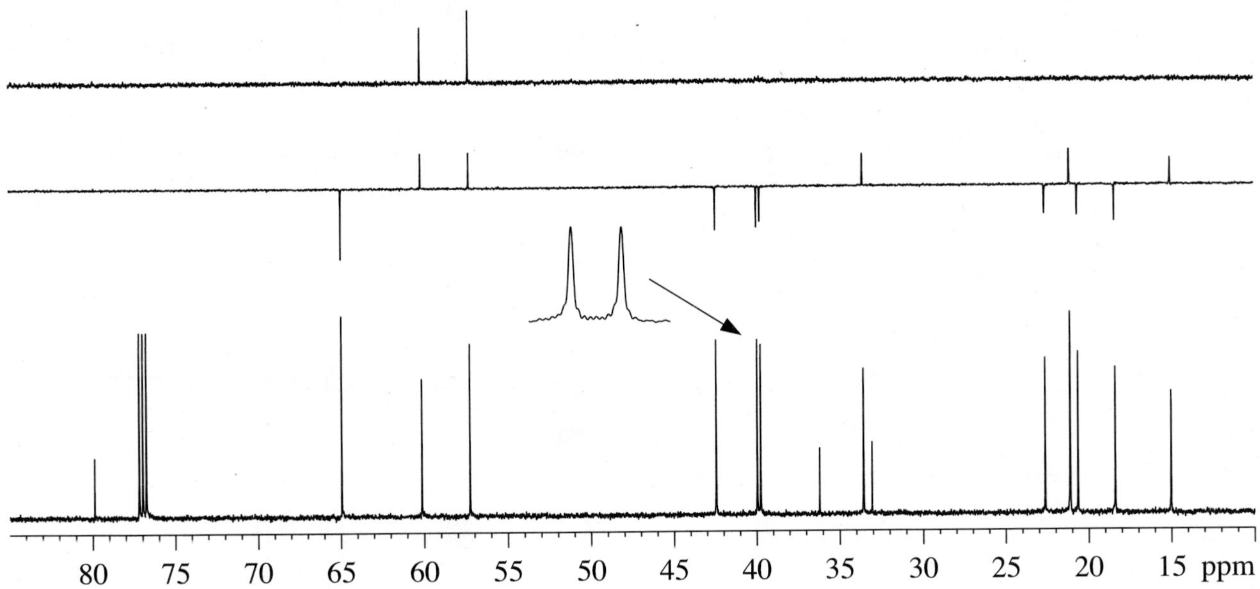

HMQC 600 MHz

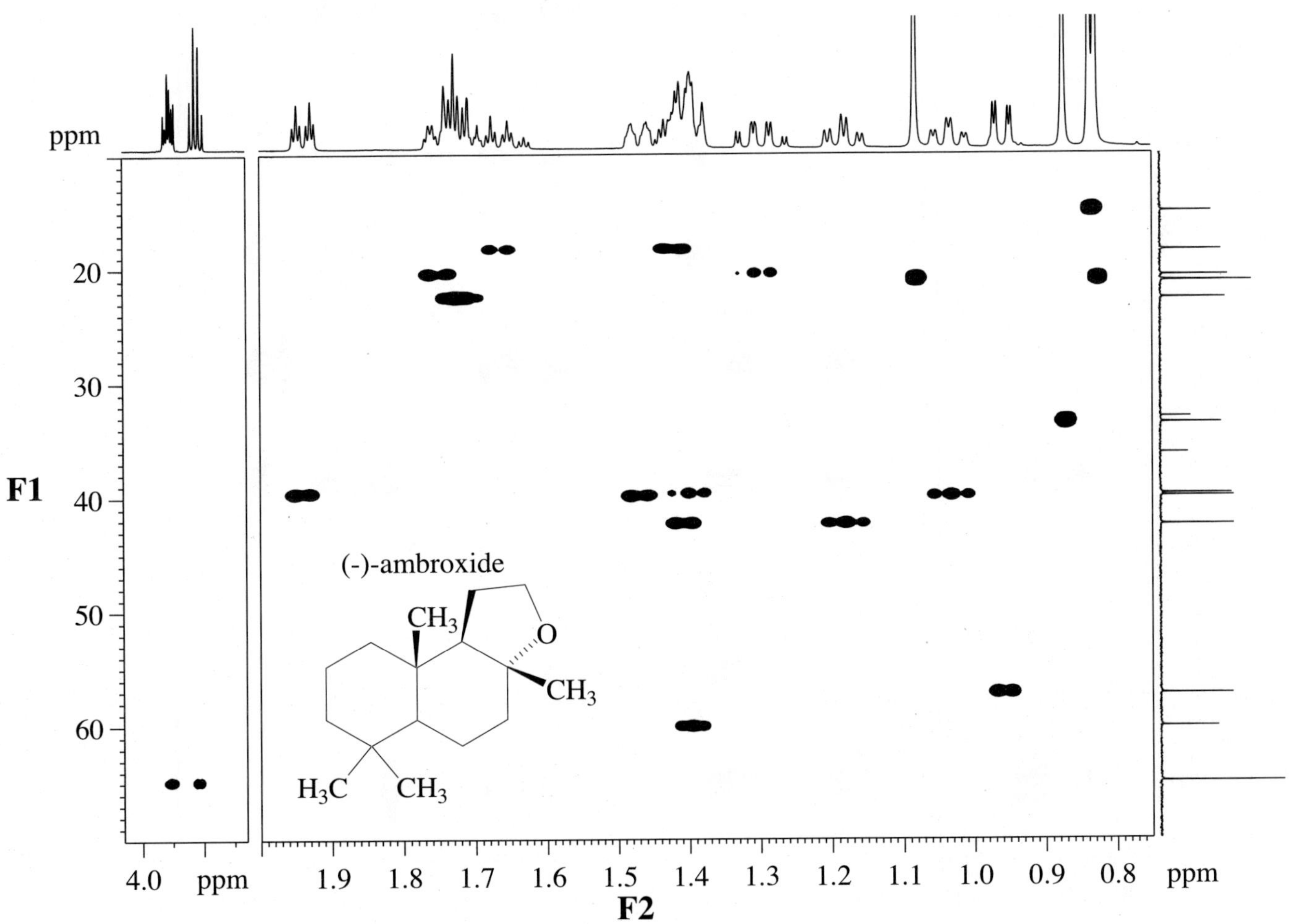

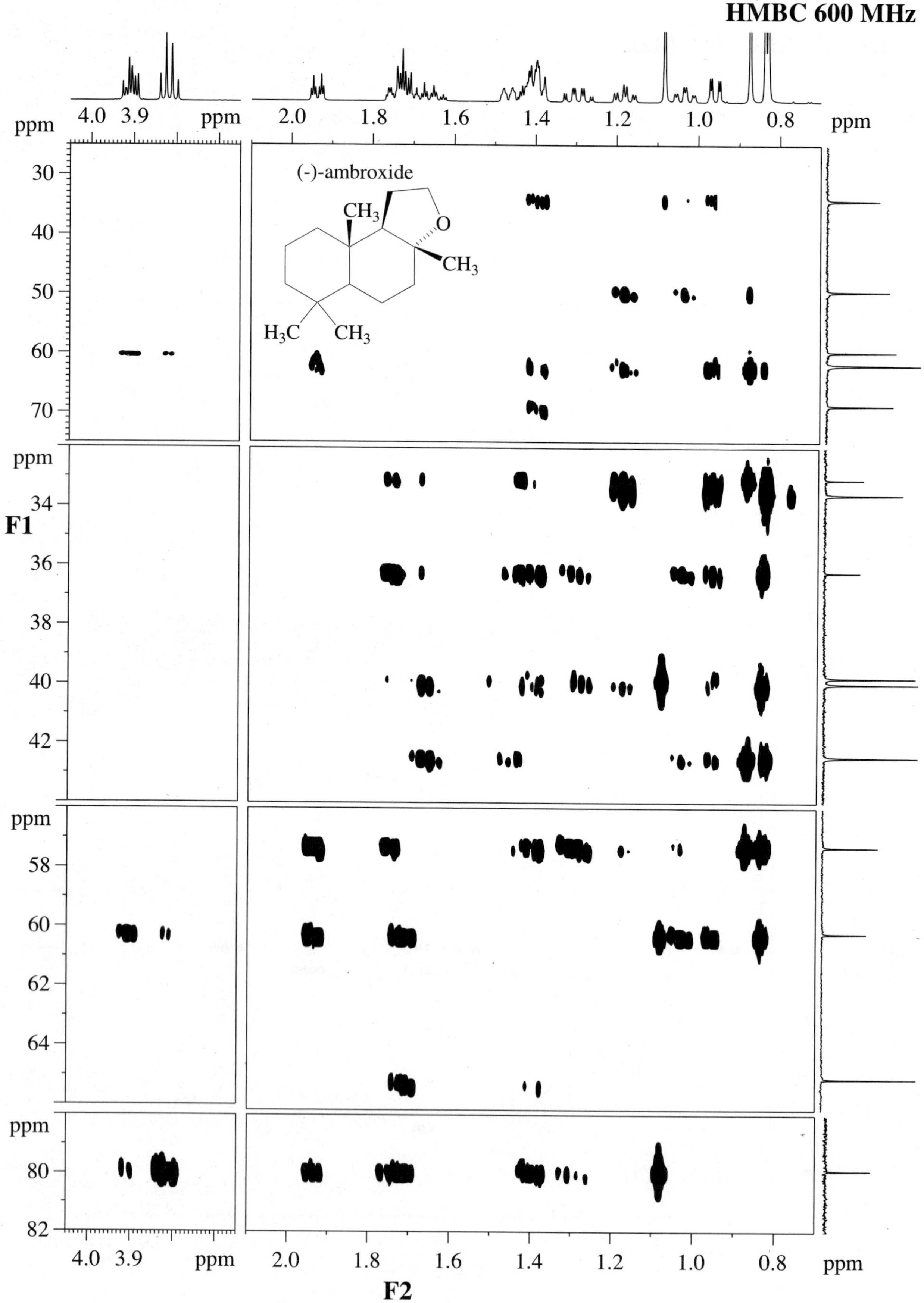
HMBC 600 MHz
(-)-ambroxide
CH3
O
CH3
H3C
CH3
ppm
F1
F2

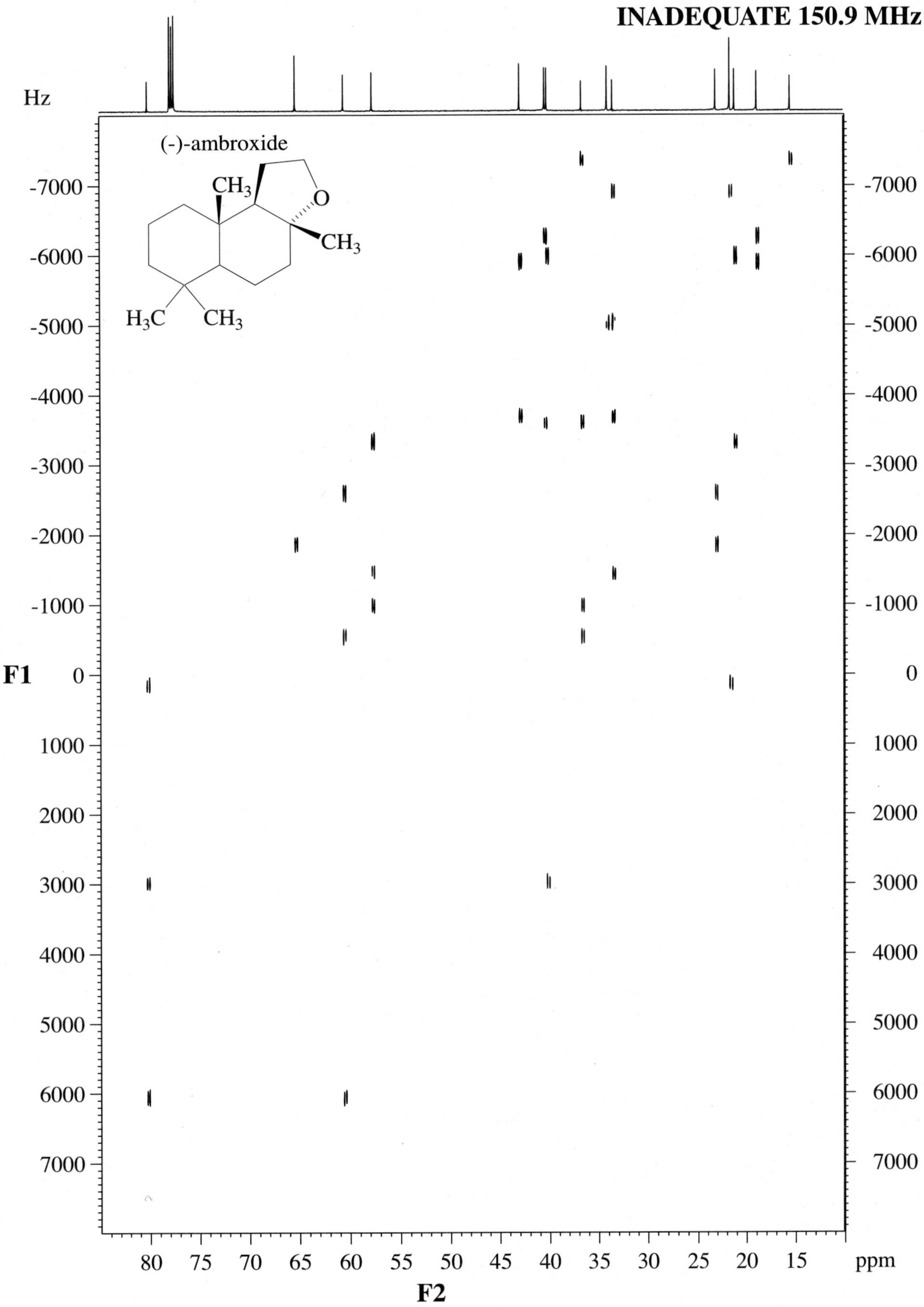
INADEQUATE 150.9 MHz
Hz
(-)-ambroxide
CH3
O
CH3
H3C
CH3
F1
F2
ppm

8장
문제 풀기

8.1 서론

7장에서는 모르는 문제들을 저자가 푼 것처럼 제출하였다. 하지만 그렇지 않다. 이는 저자가 구조를 알고 있었기에 가능한 것이었다. 학생들은 반드시 설명을 통해서 그들이 일한 것처럼 구조를 참고하였다. 따라서, 스펙트럼 분석보다는 경험이 주어진 구조를 더 합리적으로 설명할 수 있었다. 그럼에도 불구하고 경험은 그만한 보람이 있다.

8장에서는 가려진 면보다는 통찰할 수 있는 면에 대해 경험해 보고자 한다(마지막 문제 제외). 각 장 끝에 있는 문제들이 그랬던 것처럼 먼저 적당한 몇 문제를 통해 용기를 얻어야 한다. 분명, 뒤로 갈수록 어려움을 만나게 될 것이나 만족감도 느끼게 될 것이다.

NMR 스펙트럼은 양성자의 경우 300 또는 600 MHz, 탄소의 경우 75.5 또는 150.9 MHz에서 얻었다. 따로 표지하지 않으면 용매는 $CDCl_3$이다. 600 MHz에서 모든 2-D 스펙트럼은 INADEQUATE을 제외하고는 기울기 (gradient) 로 얻었다. IR 스펙트럼은 따로 표지하지 않으면 순수한 상태 (neat) 로 얻은 것이다. 질량 스펙트럼은 따로 표시하지 않는 한 EI GC-MS로 얻은 것이다. 메테인을 사용하여 CI 질량 스펙트럼을 얻었다.

앞으로 보게 될 문제들은 다양한 종류의 화합물로 이루어지며, 그 범위 또한 쉬운 것부터 적절한 것, 어려운 것까지 다양하다. 이러한 용어는 상대적이다. 처음 시작하는 학생들에는, 솔직히 쉬운 문제는 하나도 없을 것이다. 하지만 익숙해지면, 적절하게 어려운 문제들도 쉽게 보일 것이다. 특히, 2-D 스펙트럼 문제는 그러하다. 첫 번째 문제 그룹은 질량 스펙트럼, IR 스펙트럼, ^{1}H와 ^{13}C/DEPT 스펙트럼이다. 두 번째 문제의 그룹은 첫 번째에서 보았던 스펙트럼에 2-D 스펙트럼이 더해진 형태이다. 하지만 대부분의 많은 문제들은 2-D 스펙트럼 없이도 풀 수 있을 것이다. 세 번째 그룹의 문제들은 화합물의 구조들로 구성되어 있으며, 일반적으로 2-D 스펙트럼 문제가 많다.

세 번째 그룹 유형의 문제들은 학생들에게 좀 더 복잡한 구조들을 연습시키기 위한 목적이 있다. 문제들은 구조를 입증해 내는 것에 목적을 두었으며, 과제 문제들을 만들었다.

대부분의 문제들은, 문제 해결을 위해 충분한 정보가 주어졌다. 입체화학을 포함하지만, 절대 입체화학은 제외되었다. 하지만 그중 몇 문제만이 입체화학을 결정하기에 데이터가 부족하다. 이같은 경우 학생들은 가능한 입체이성질체를 표시하고, 그중에서 구분이 가능한 방법을 찾아야 한다. 학생들이 풀어야 할 부가적인 문제들은 http://www.wiley.com/college/silverstein 에서 찾을 수 있다.

* Stegner, W. (1954). *Beyond the Hundredth Meridian*. Boston: Houghton Mifflin. Reprint, Penguin Books, 1992, Chapter 3.

MASS

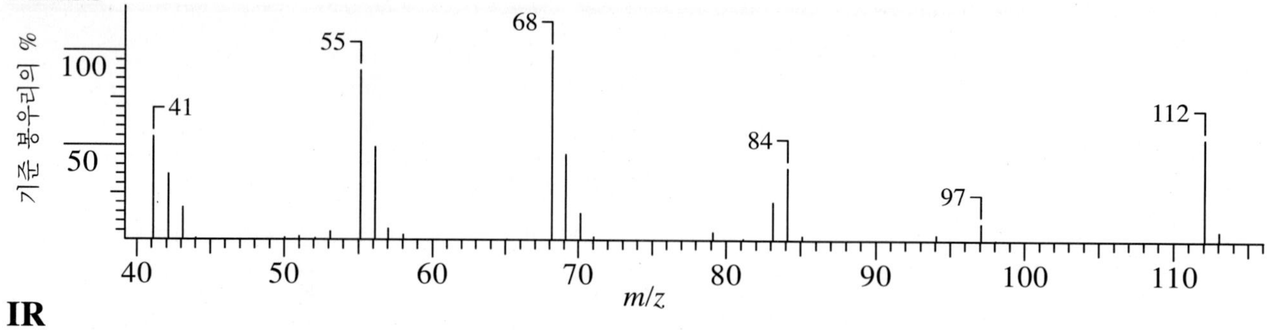

IR

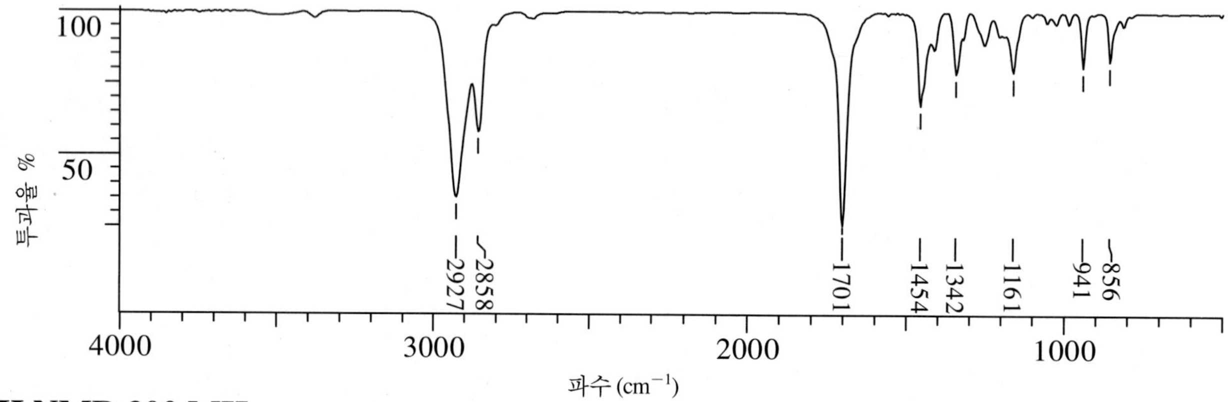

^{1}H NMR 300 MHz

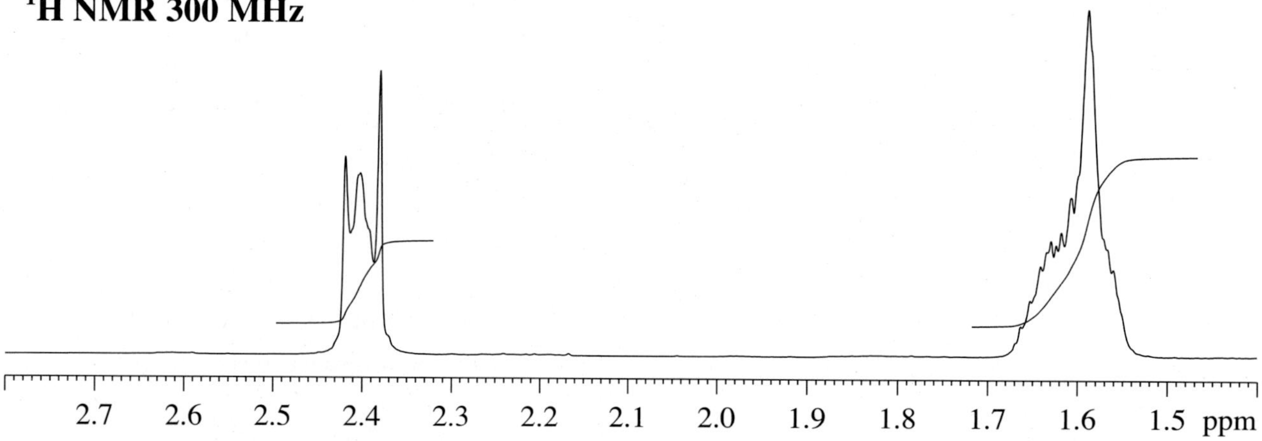

^{13}C/DEPT NMR 75.5 MHz

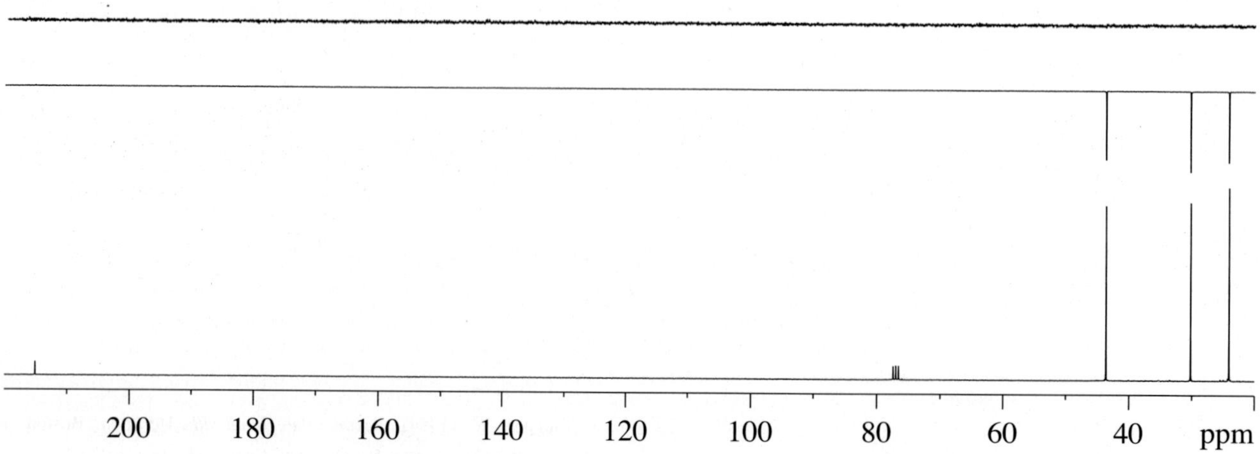

MASS

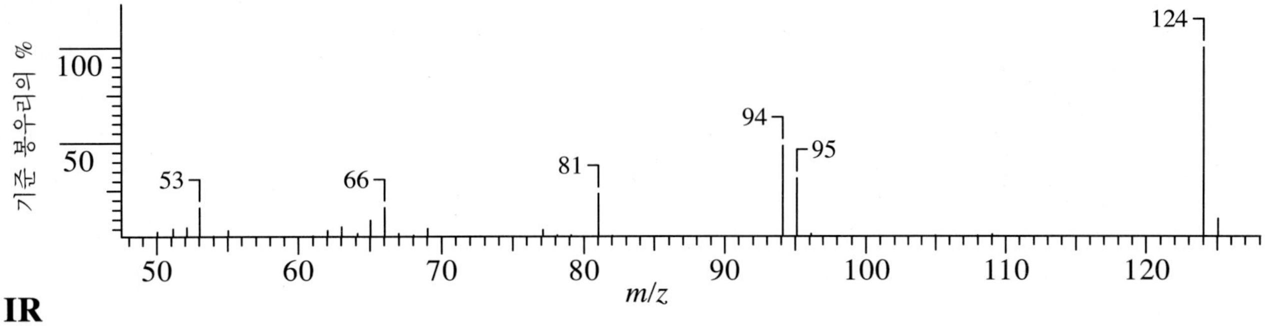

IR

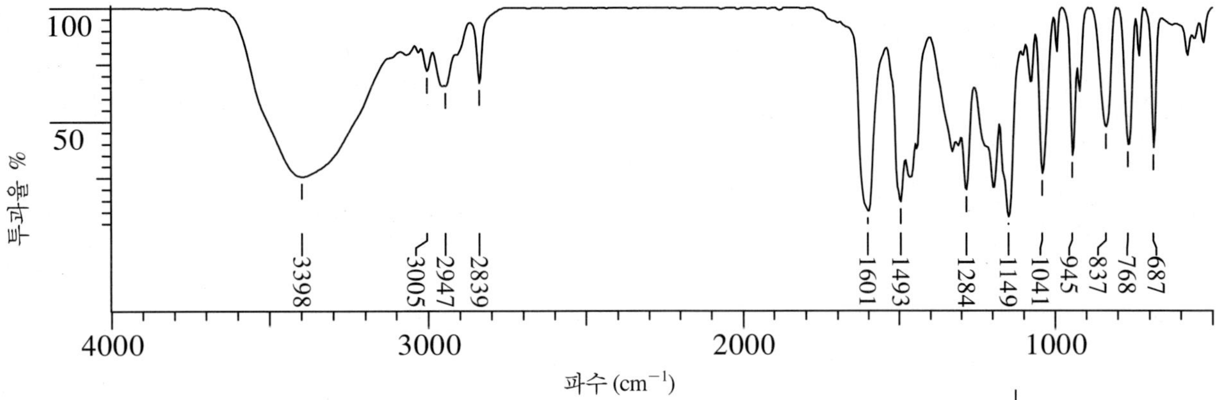

^{1}H NMR 300 MHz

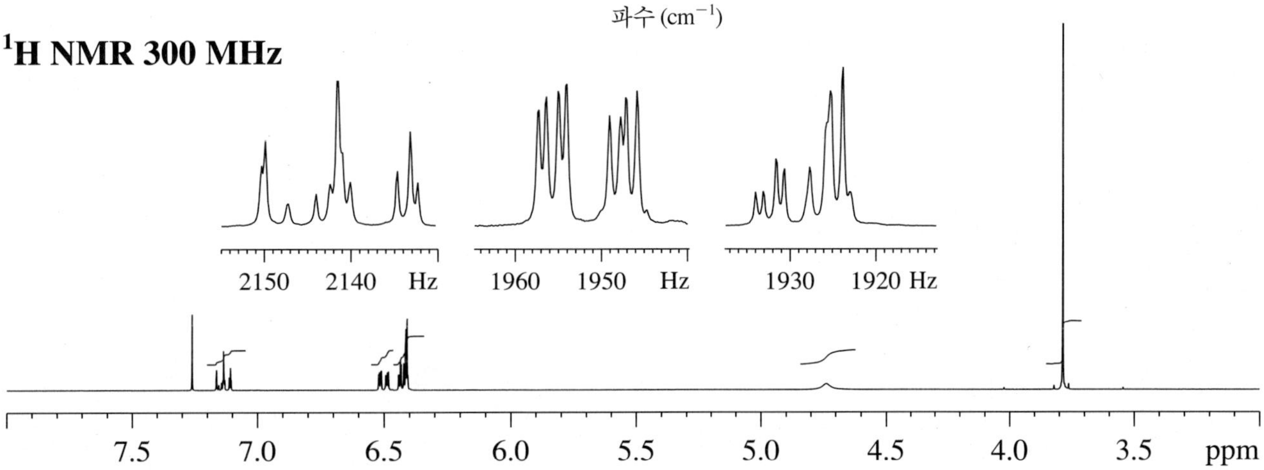

^{13}C/DEPT NMR 75.5 MHz

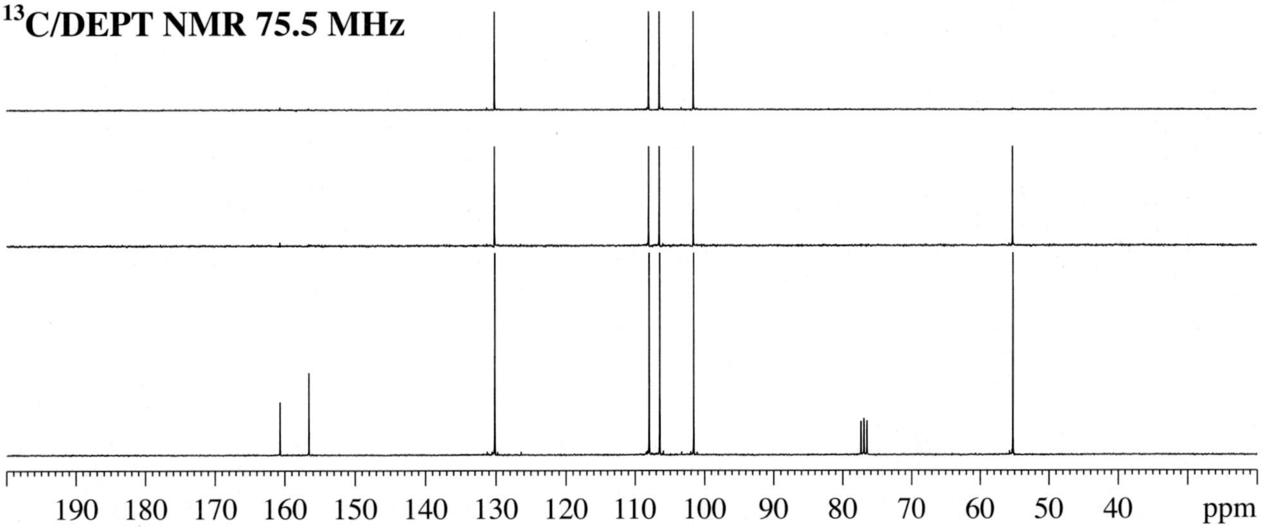

MASS

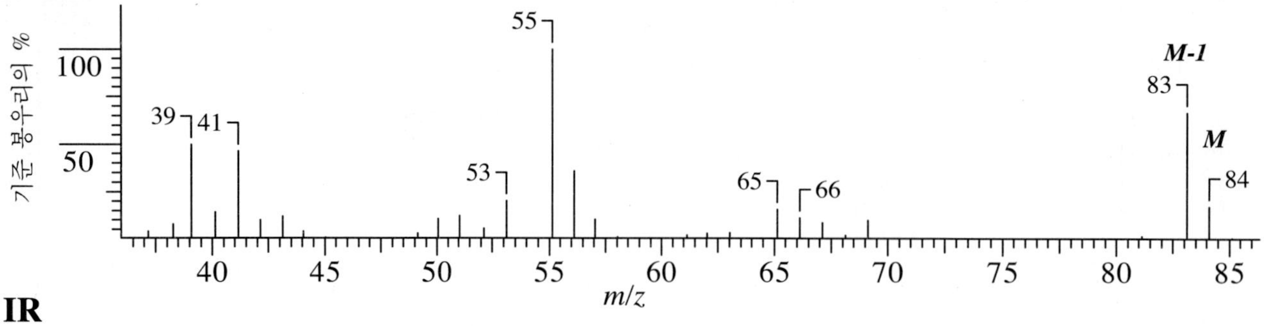

IR

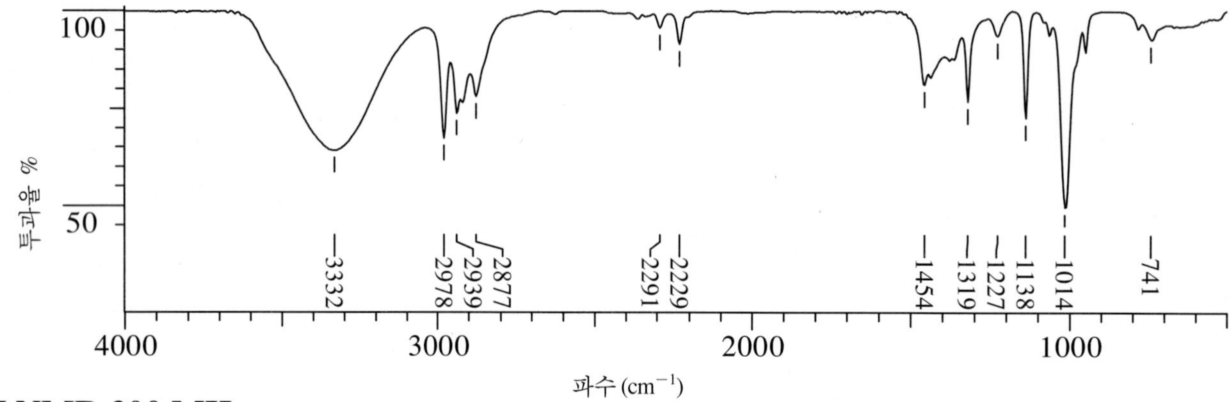

^{1}H NMR 300 MHz

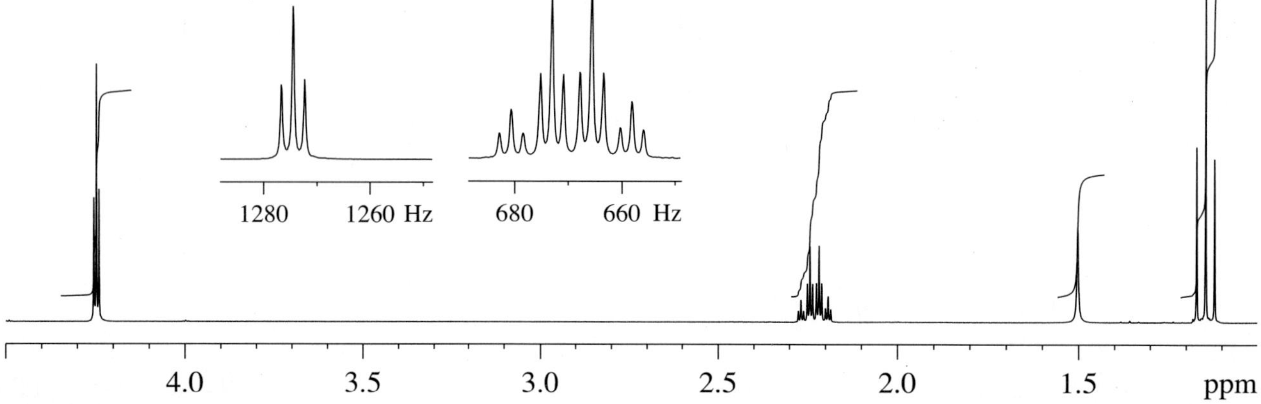

^{13}C/DEPT NMR 75.5 MHz

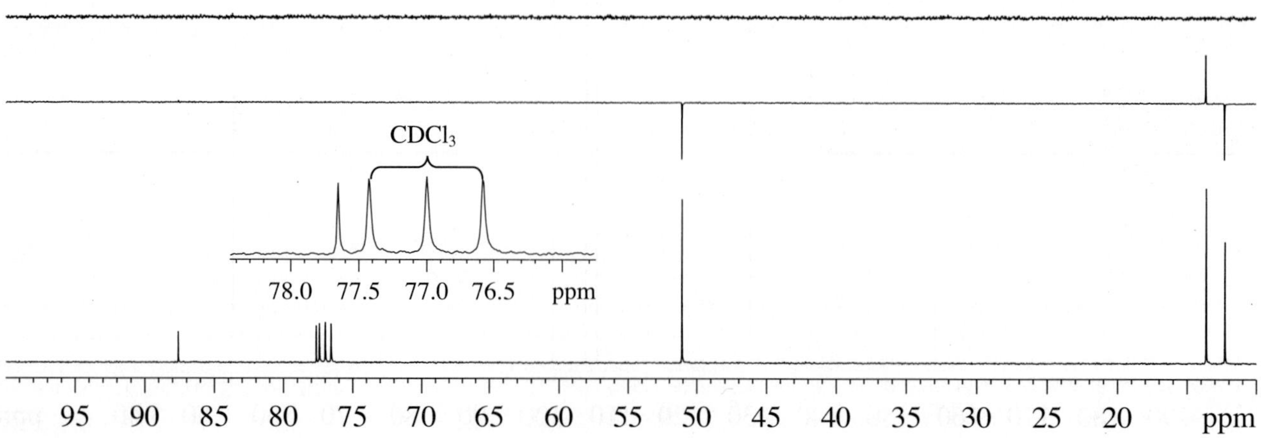

MASS

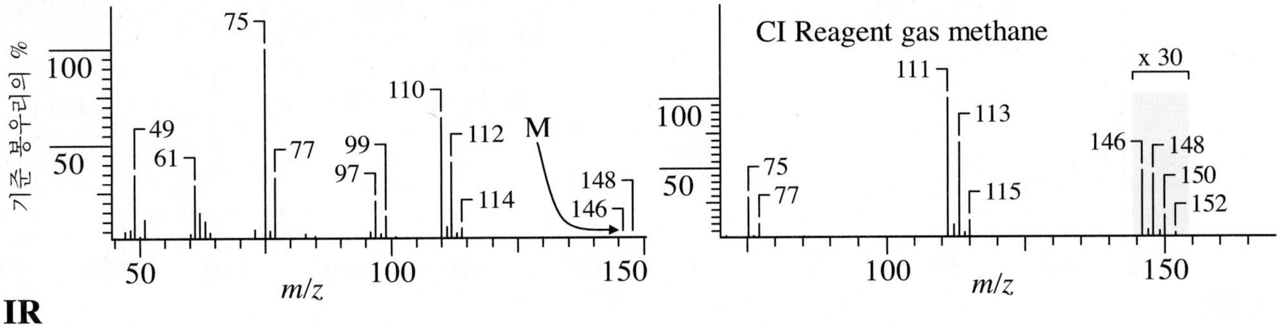

IR

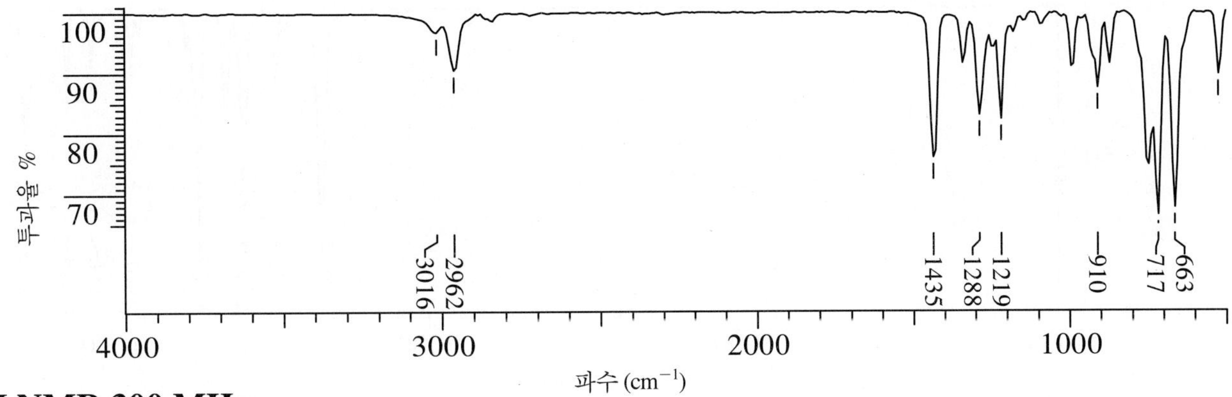

^{1}H NMR 300 MHz

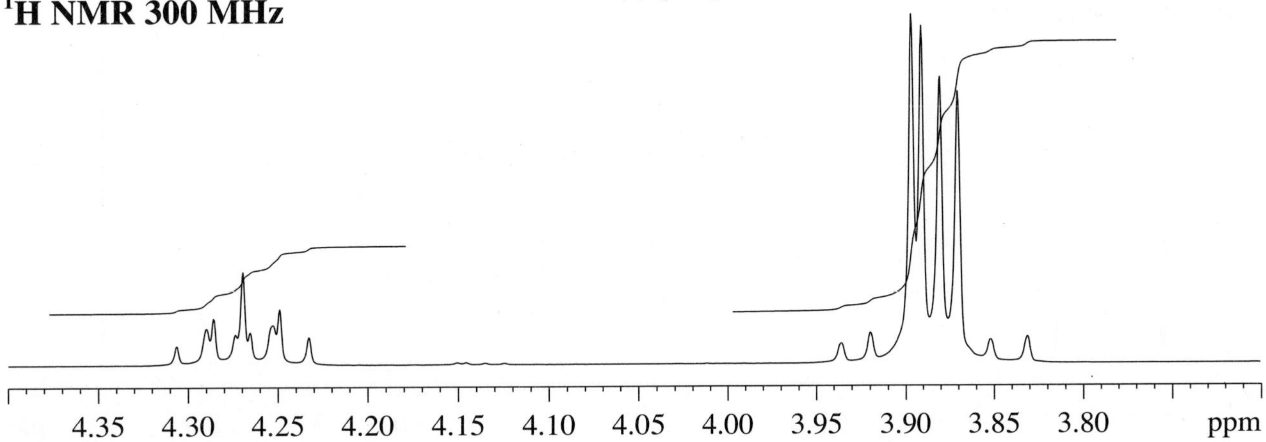

^{13}C/DEPT NMR 75.5 MHz

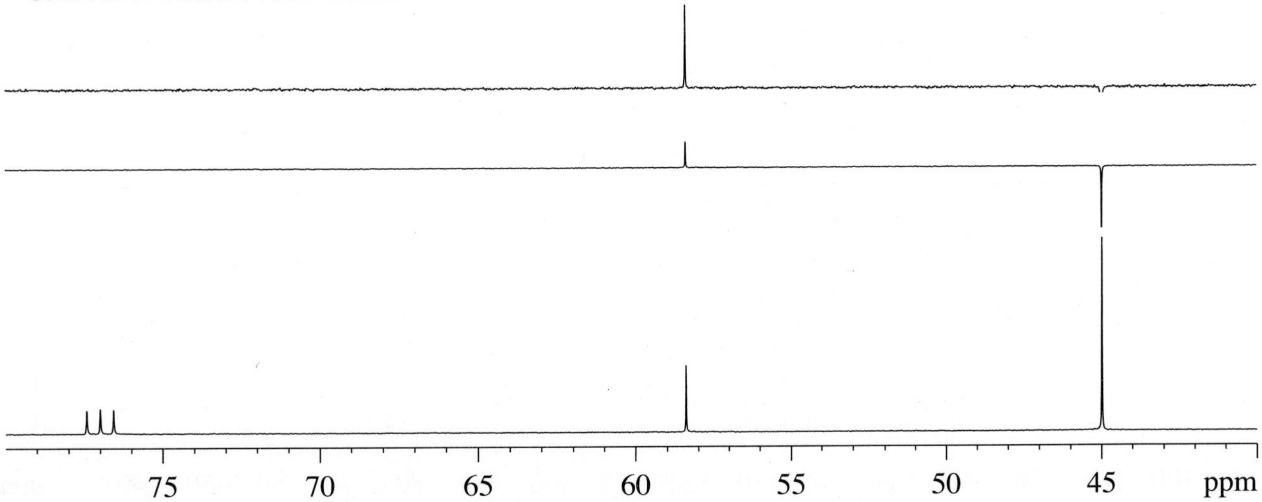

MASS

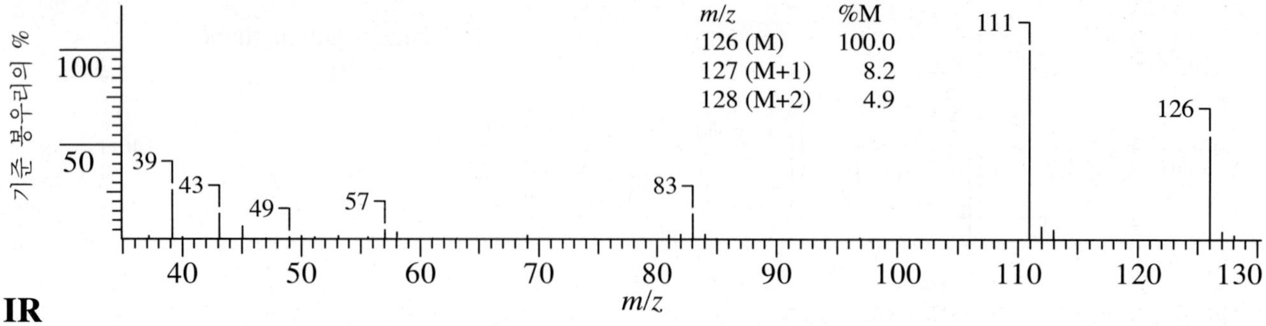

IR

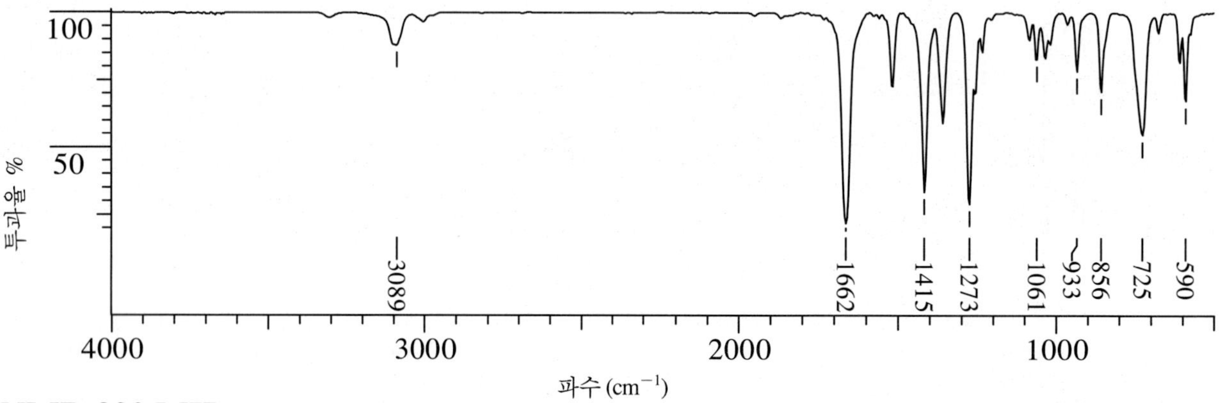

^{1}H NMR 300 MHz

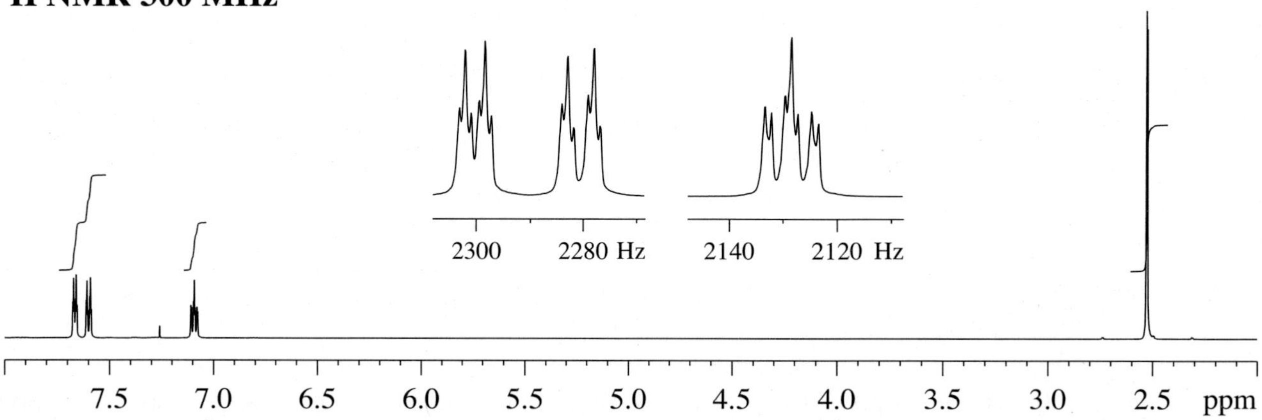

^{13}C/DEPT NMR 75.5 MHz

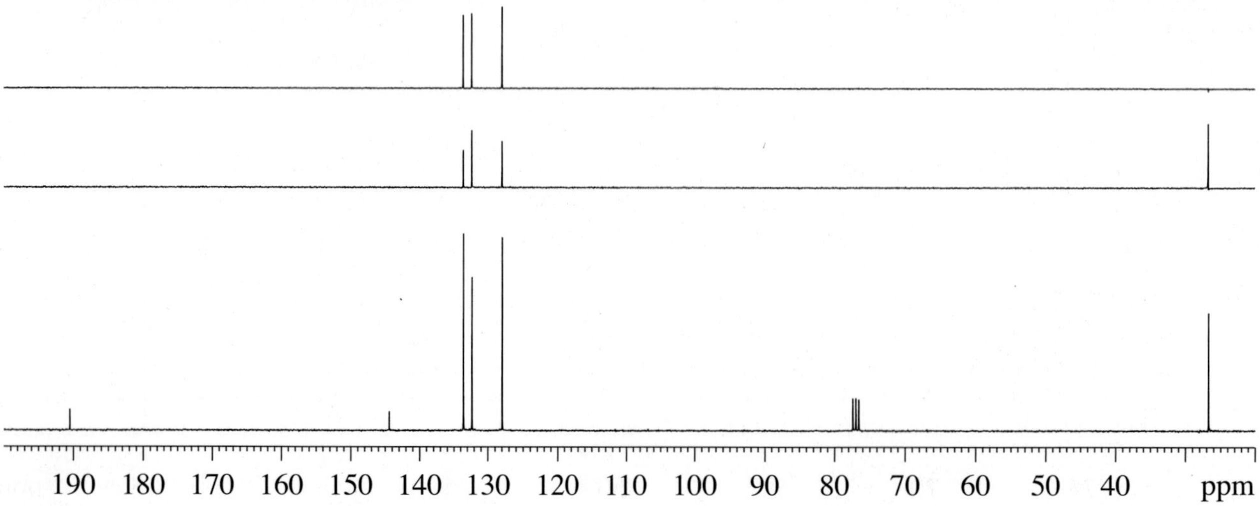

MASS

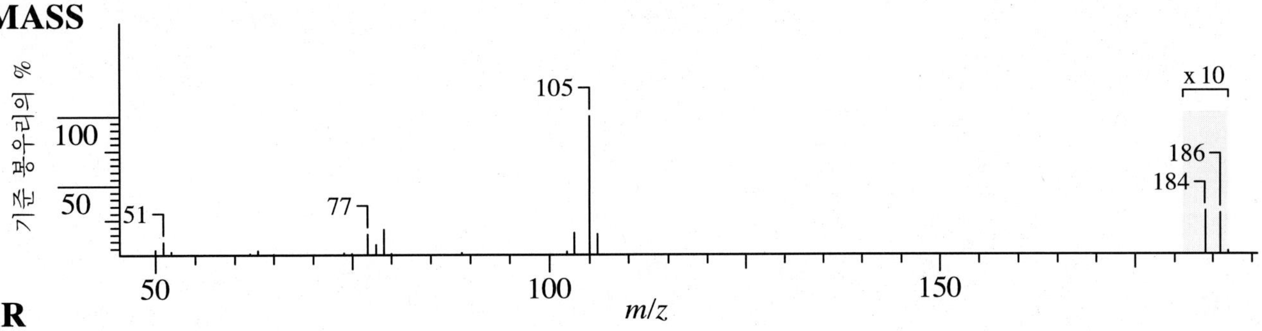

IR

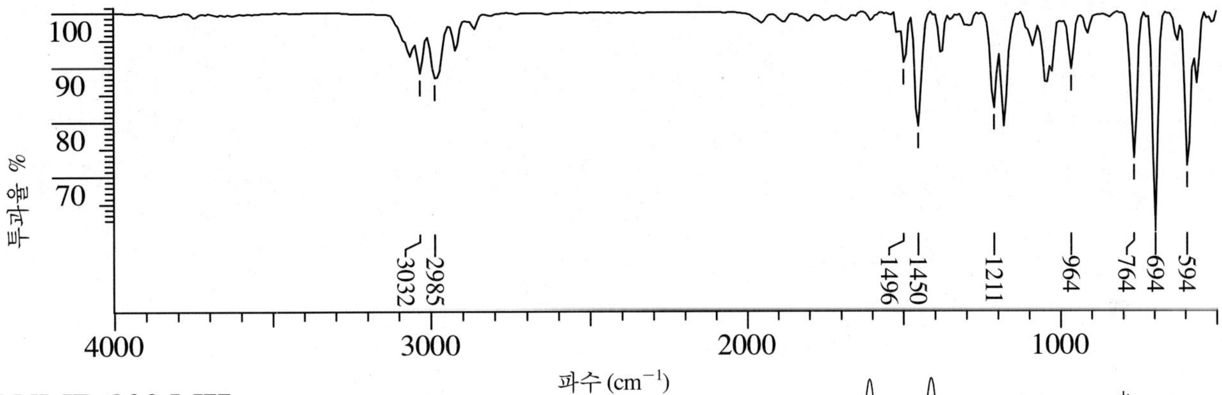

¹H NMR 300 MHz

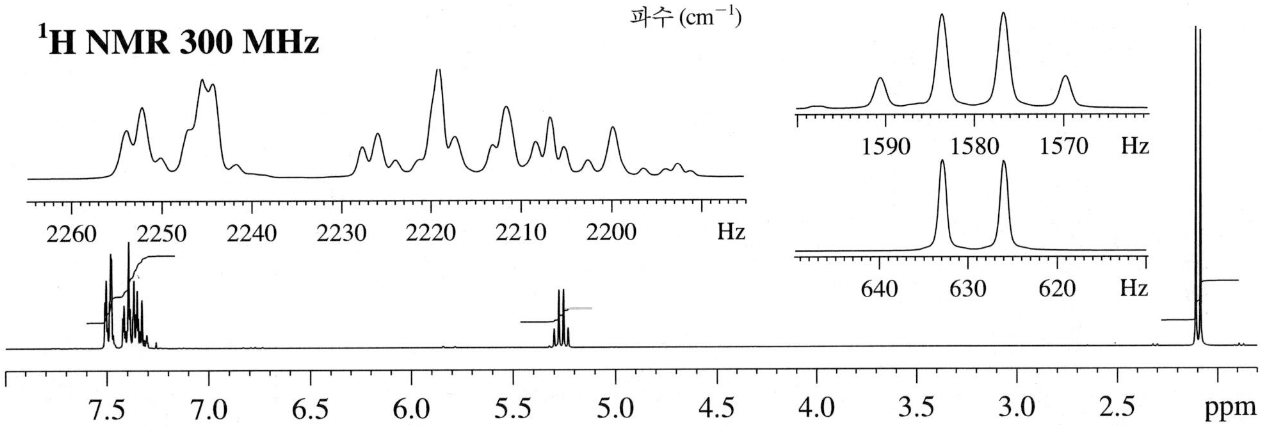

¹³C/DEPT NMR 75.5 MHz

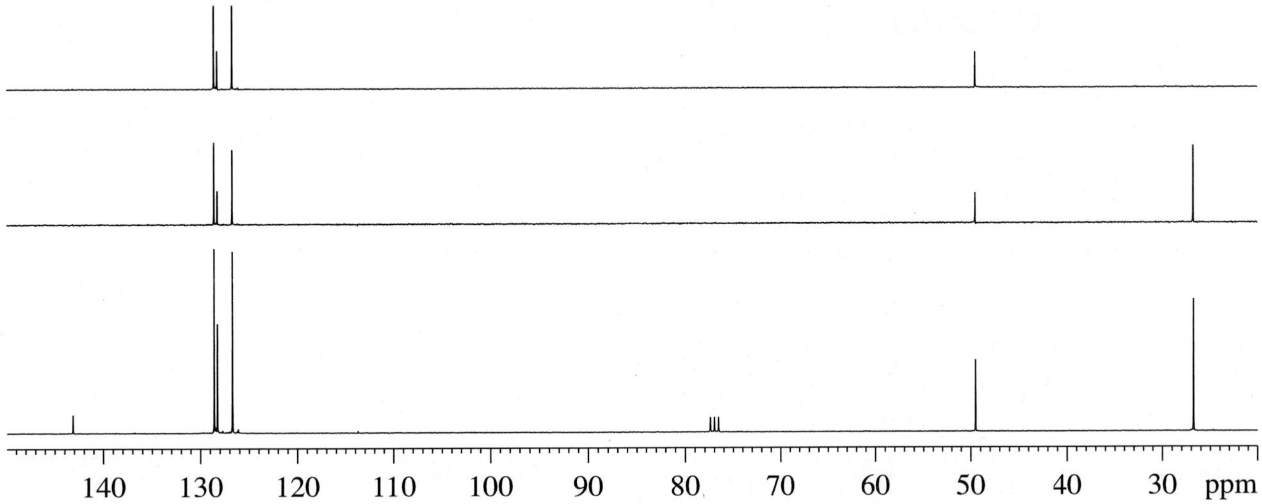

MASS

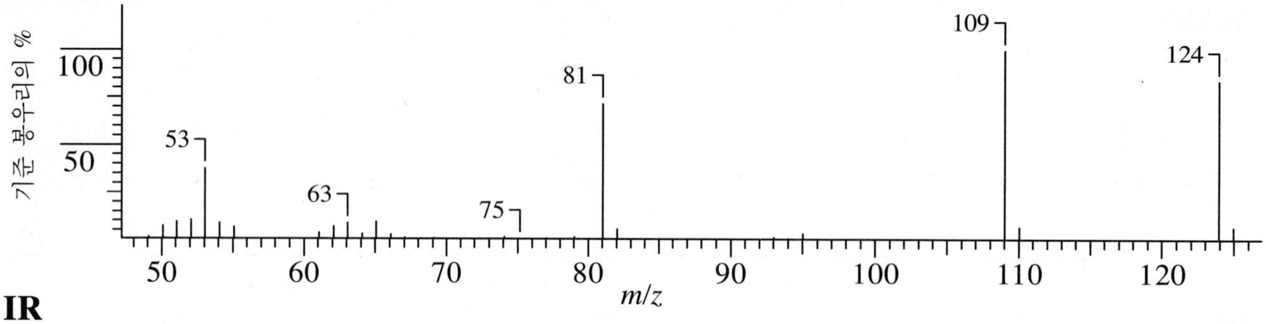

IR

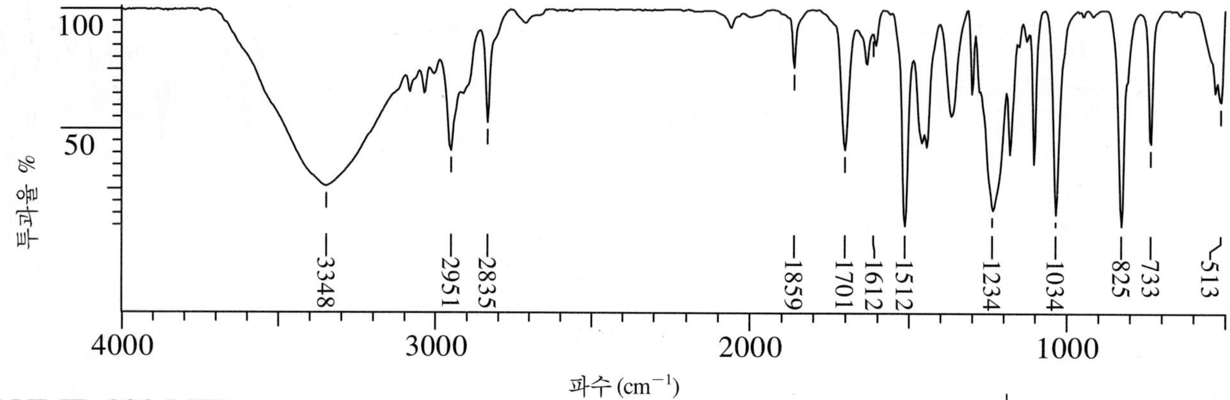

^{1}H NMR 300 MHz

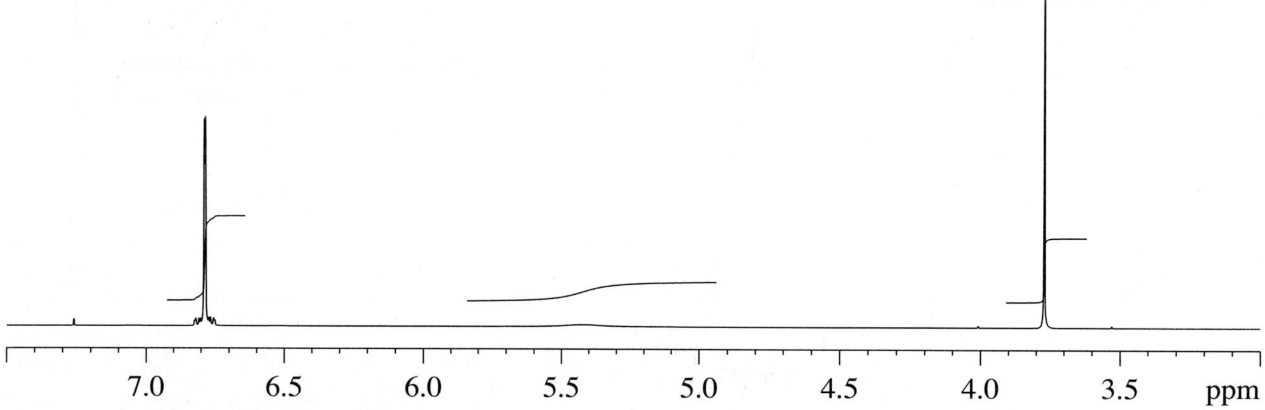

^{13}C/DEPT NMR 75.5 MHz

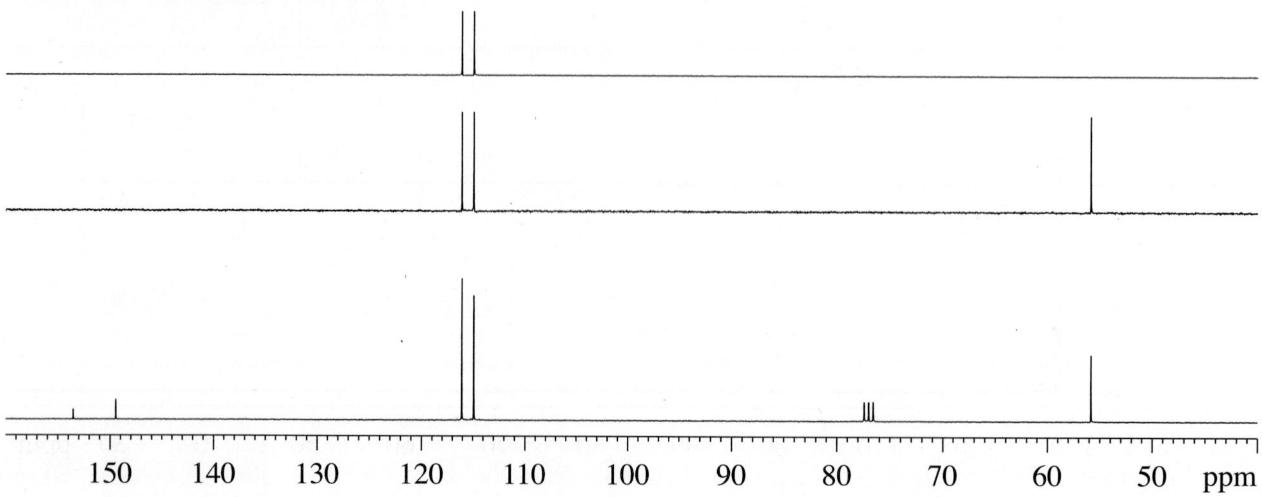

MASS

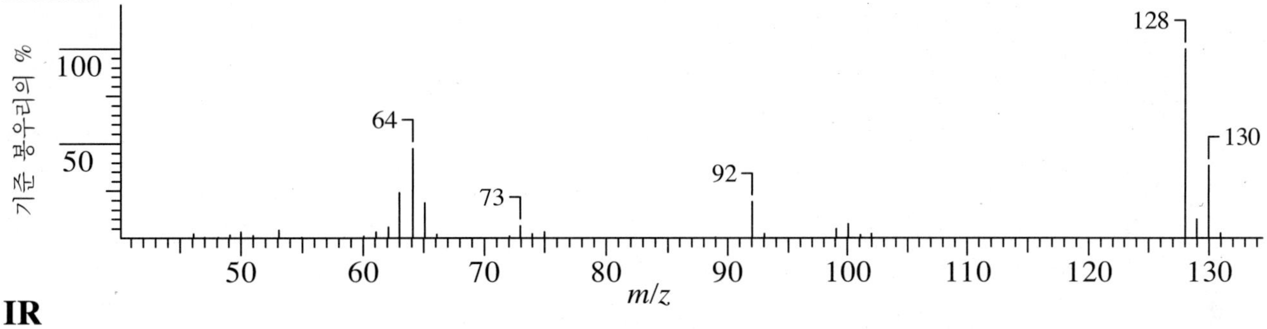

IR

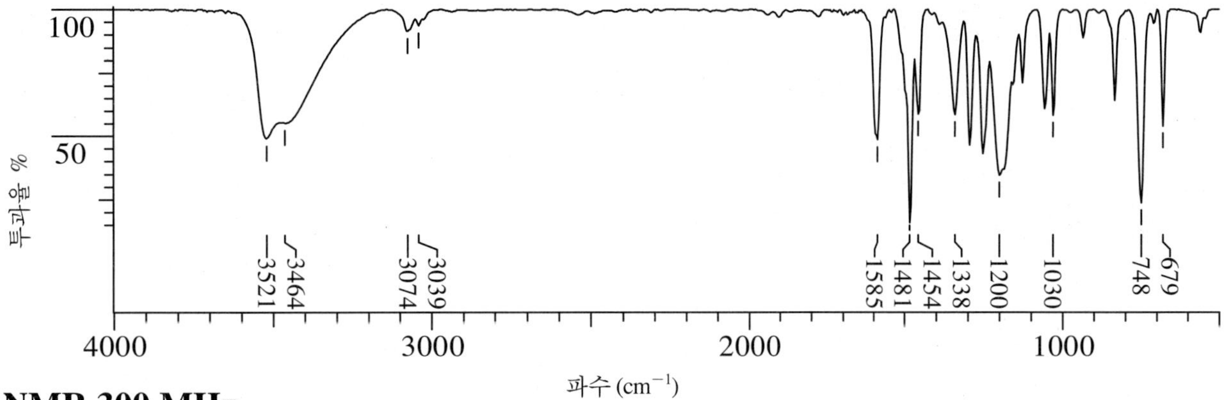

^{1}H NMR 300 MHz

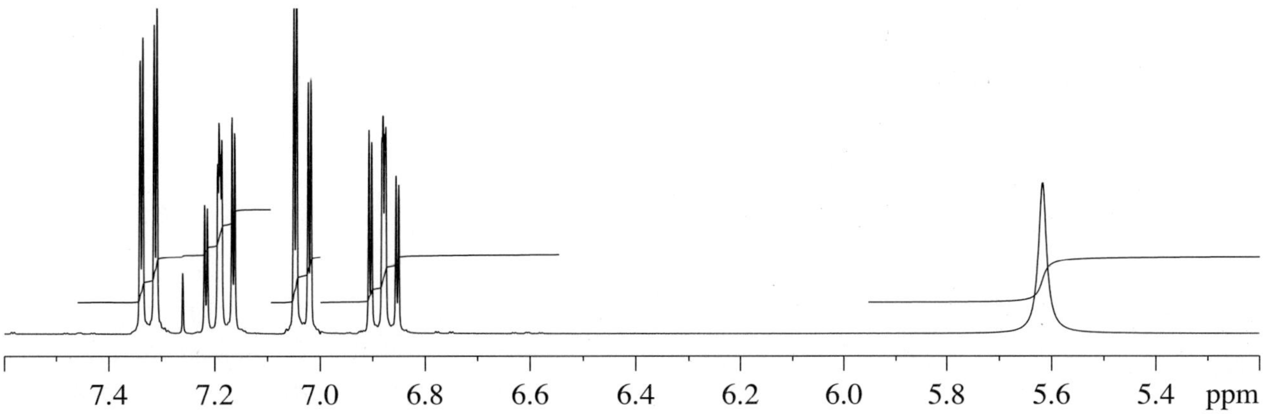

^{13}C/DEPT NMR 75.5 MHz

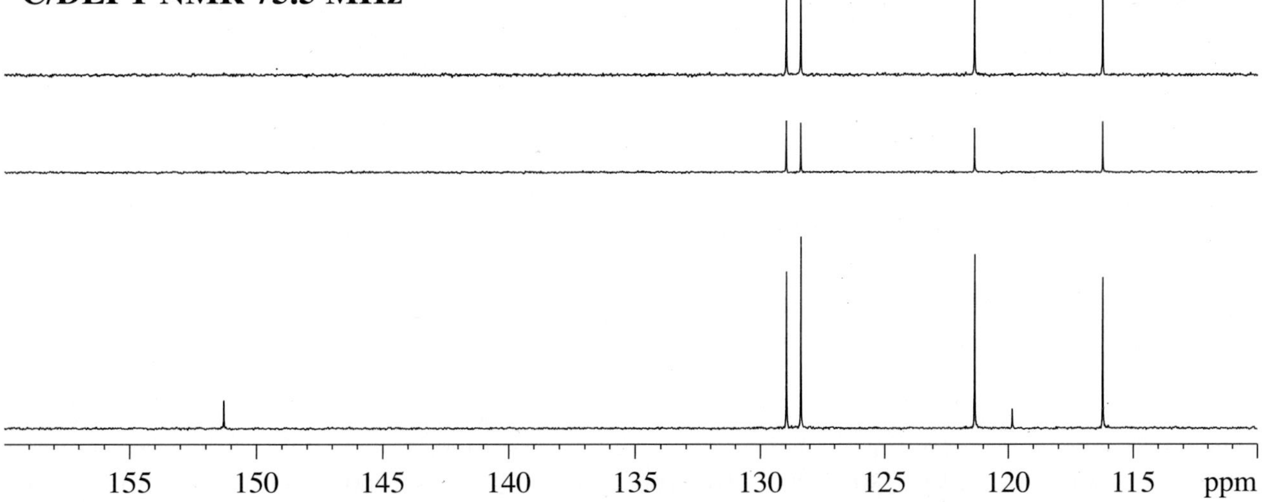

MASS

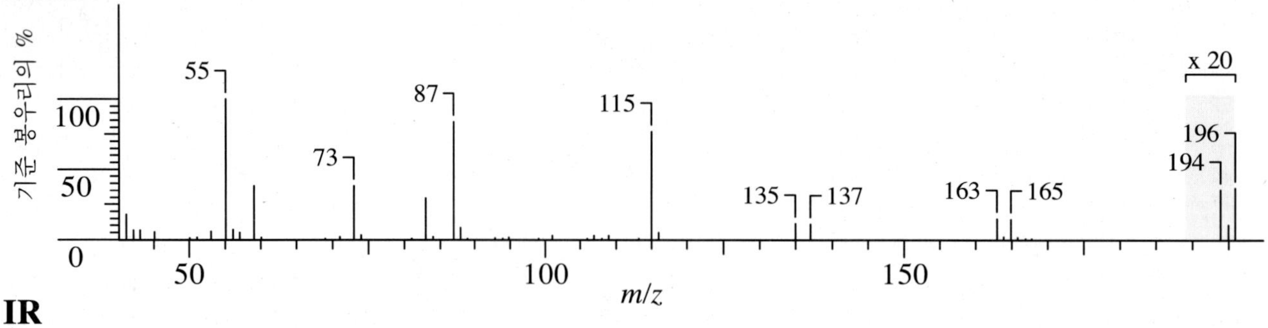

IR

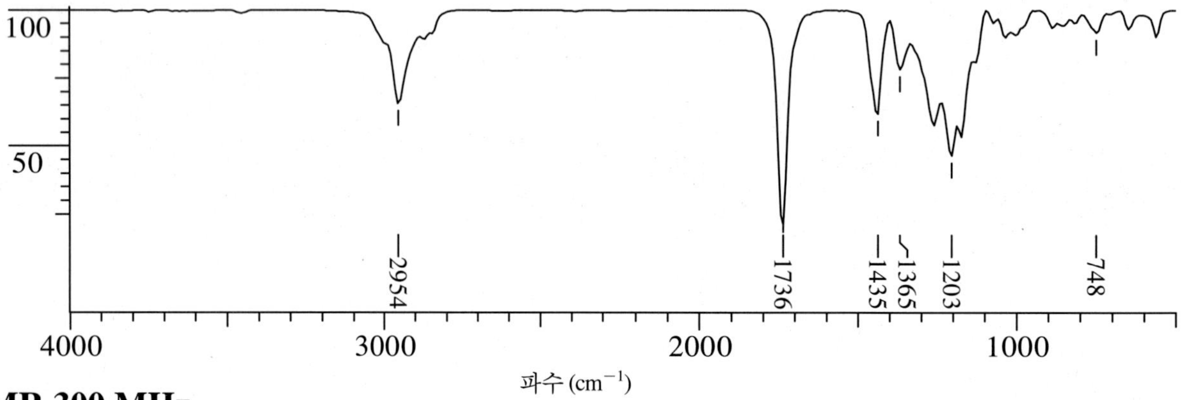

^{1}H NMR 300 MHz

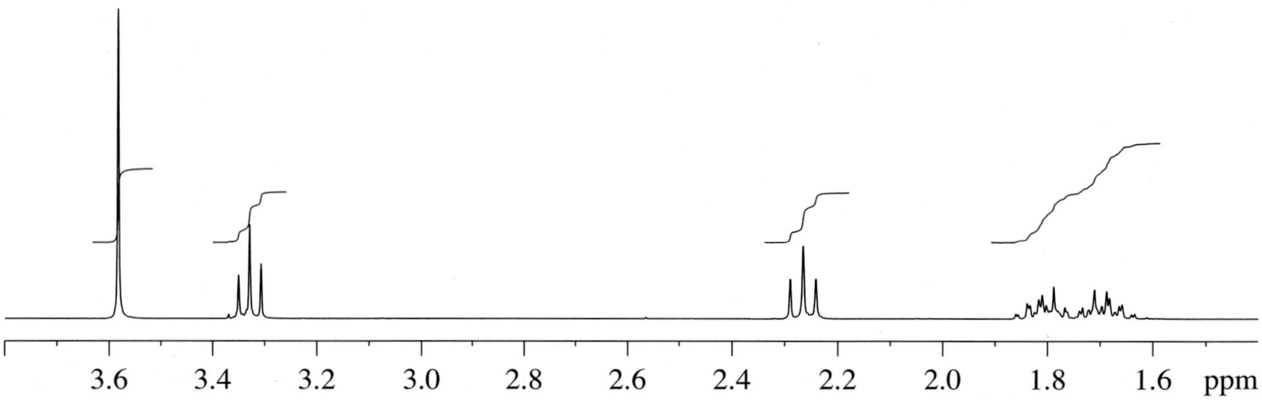

^{13}C/DEPT NMR 75.5 MHz

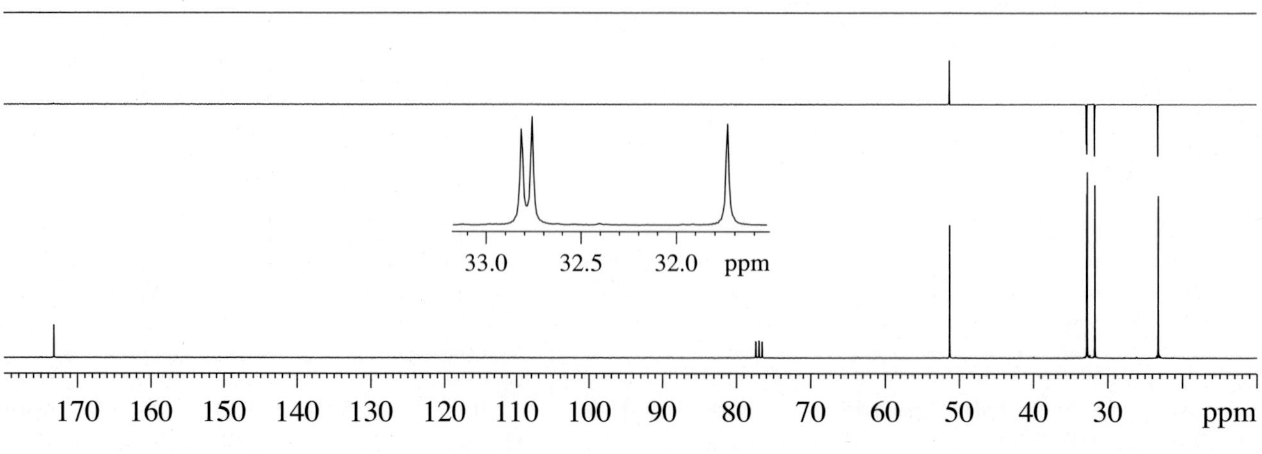

MASS

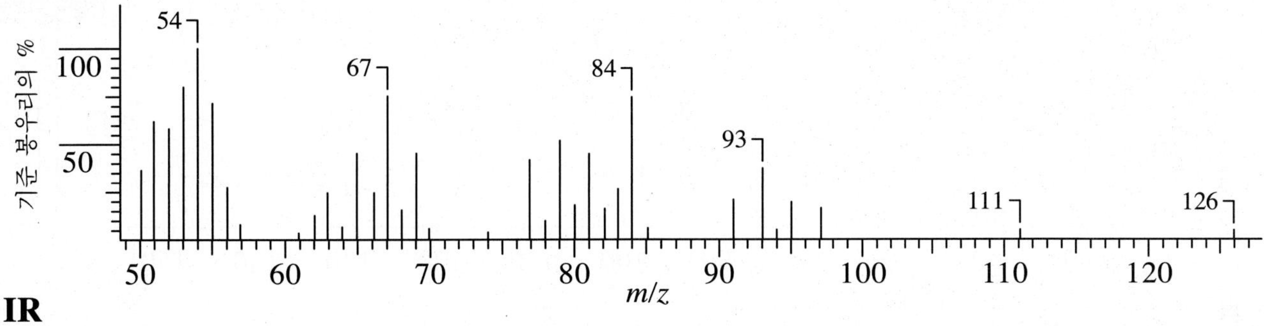

IR

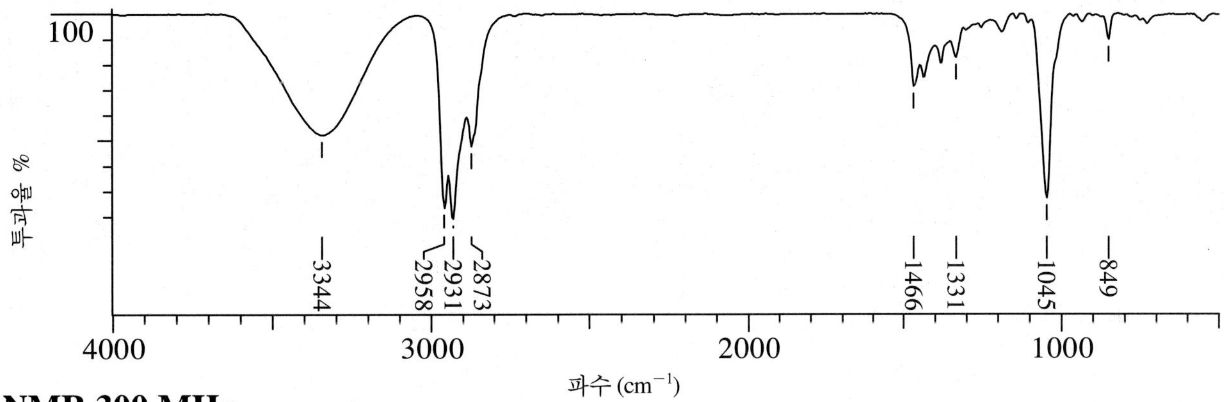

^{1}H NMR 300 MHz

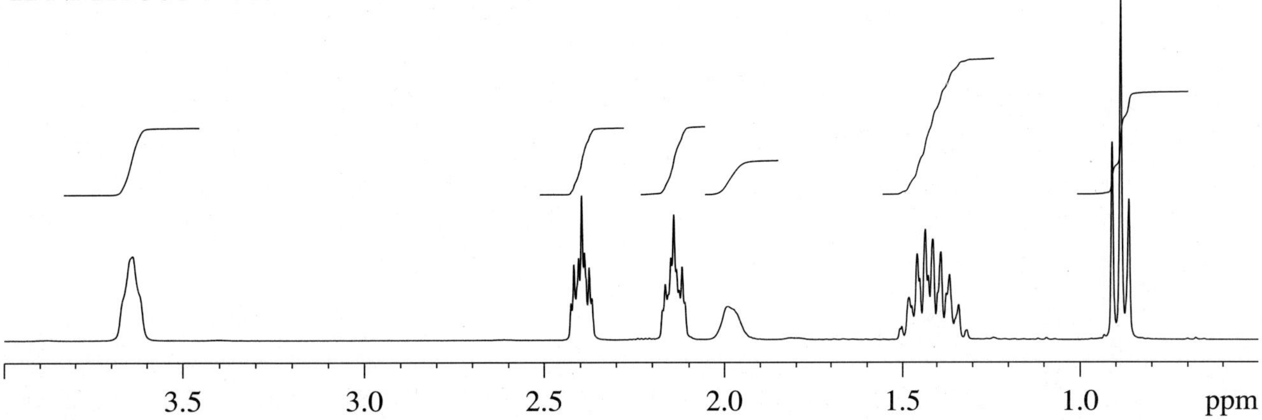

^{13}C/DEPT NMR 75.5 MHz

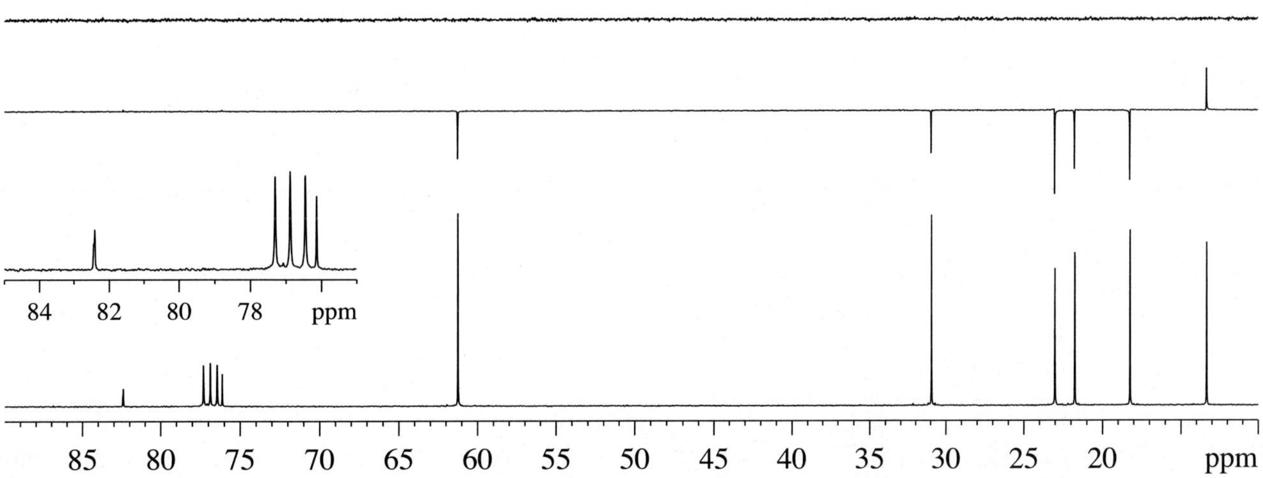

MASS

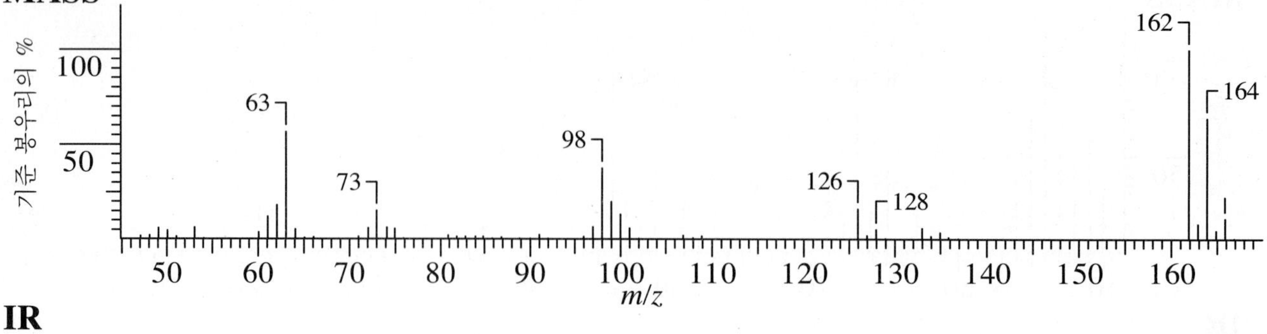

IR

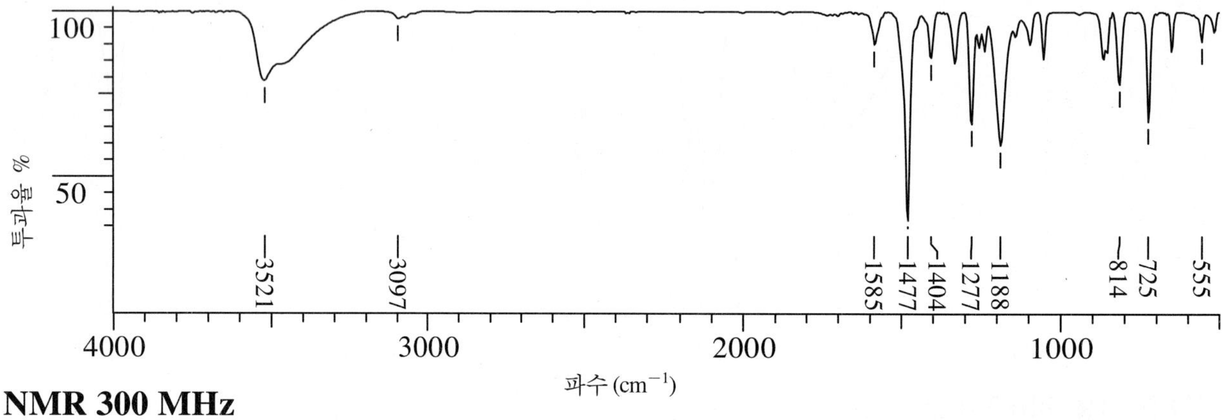

^{1}H NMR 300 MHz

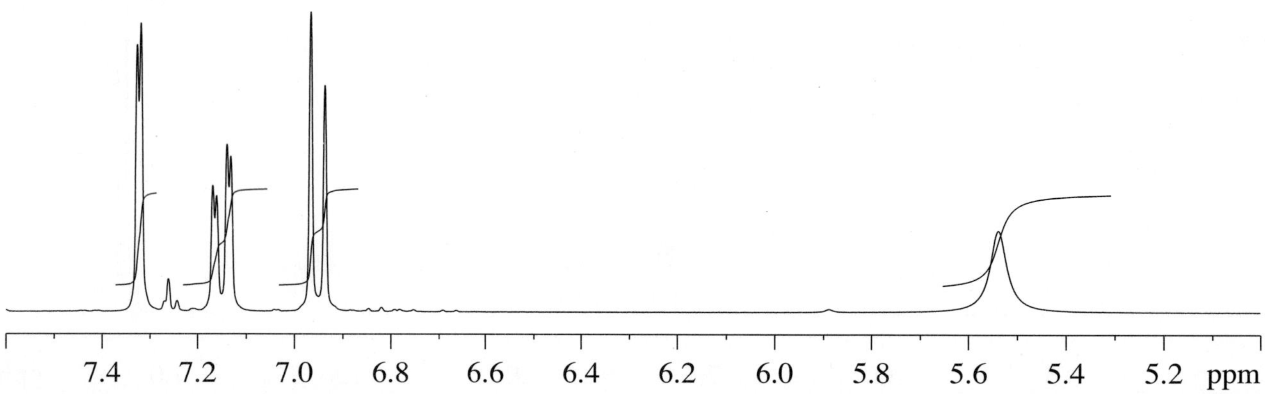

^{13}C/DEPT NMR 75.5 MHz

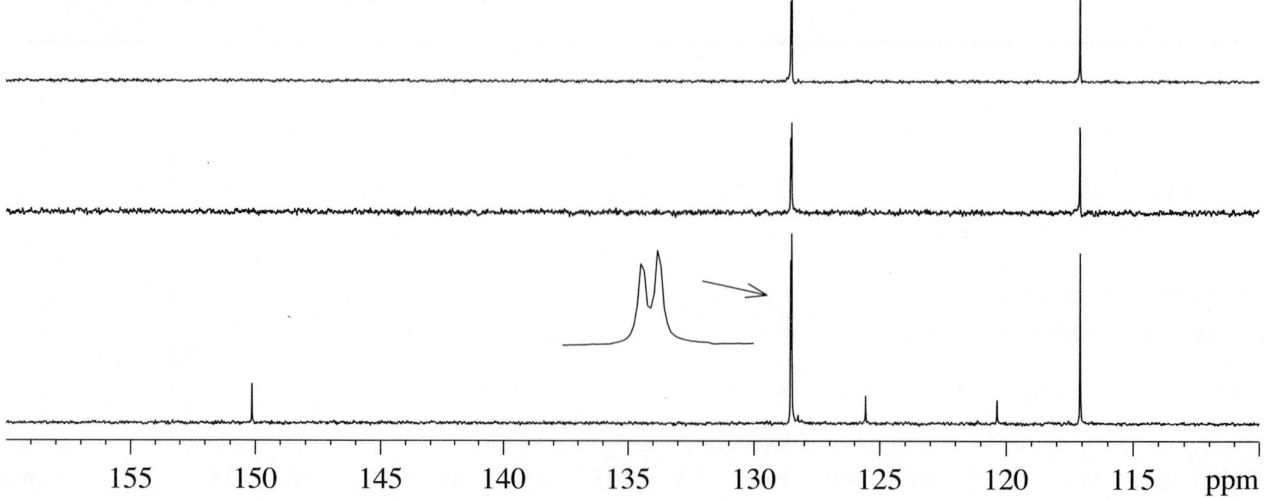

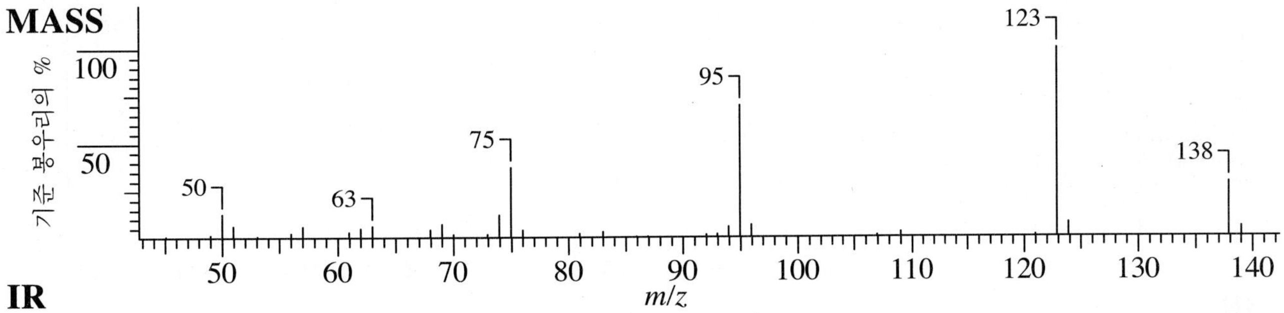
MASS
기준 봉우리의 %
100
50
50
63
75
95
123
138
m/z

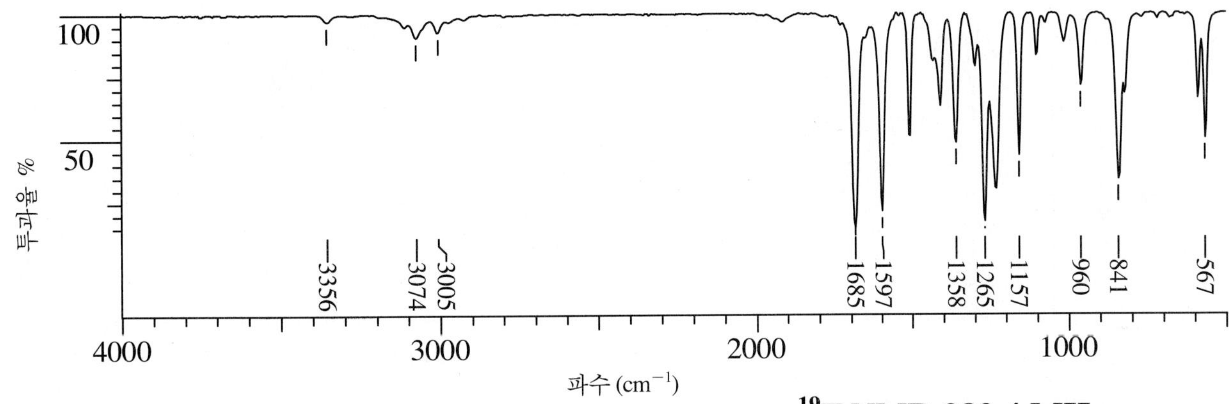
IR
투과율 %
100
50
3356
3074
3005
1685
1597
1358
1265
1157
960
841
567
4000
3000
2000
1000
파수 (cm⁻¹)

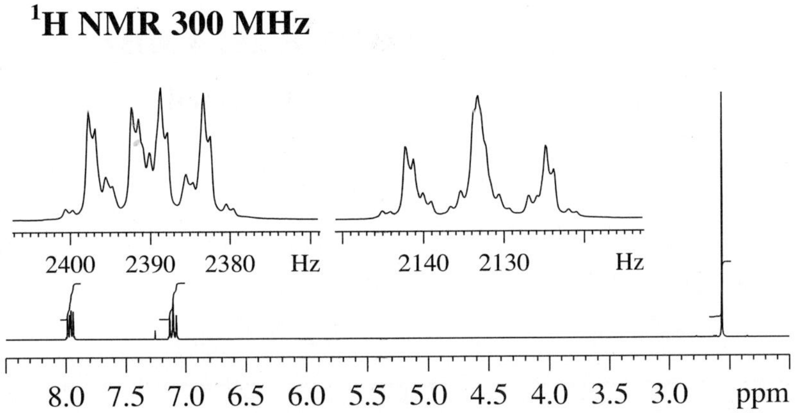
¹H NMR 300 MHz
2400
2390
2380
Hz
2140
2130
Hz
8.0
7.5
7.0
6.5
6.0
5.5
5.0
4.5
4.0
3.5
3.0
ppm

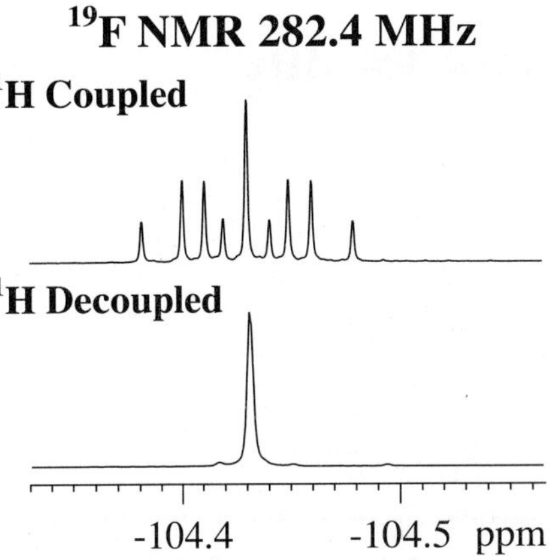
¹⁹F NMR 282.4 MHz
¹H Coupled
¹H Decoupled
-104.4
-104.5
ppm

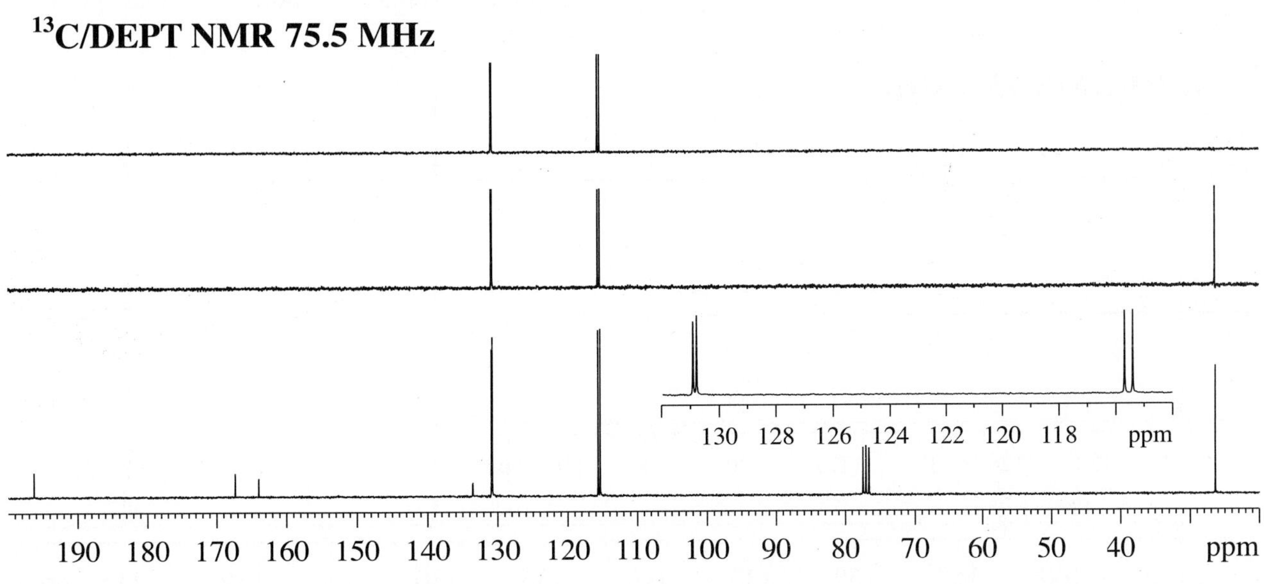
¹³C/DEPT NMR 75.5 MHz
130
128
126
124
122
120
118
ppm
190
180
170
160
150
140
130
120
110
100
90
80
70
60
50
40
ppm

MASS

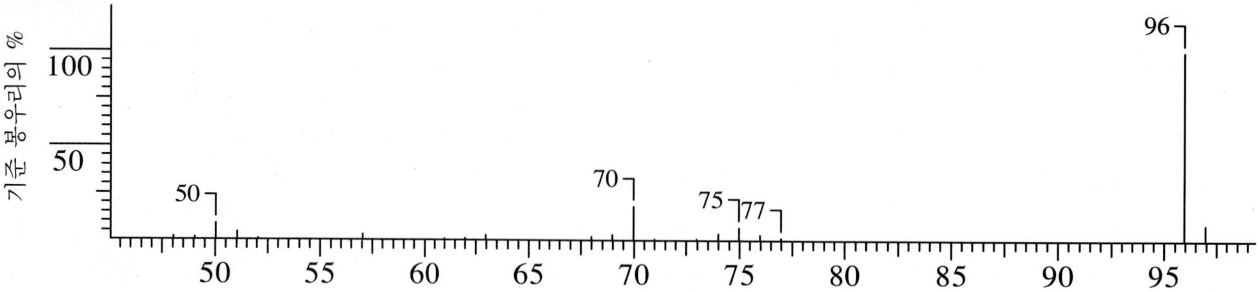

IR

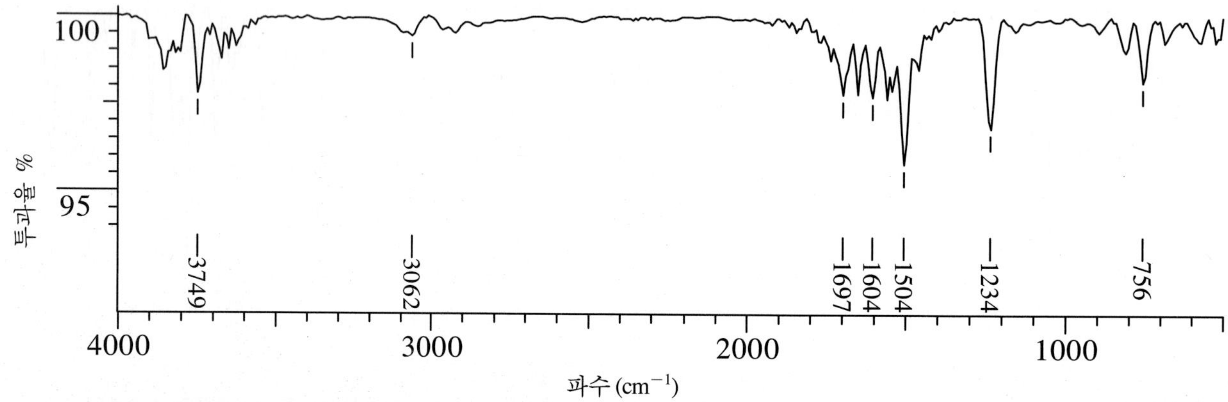

^{1}H NMR 300 MHz

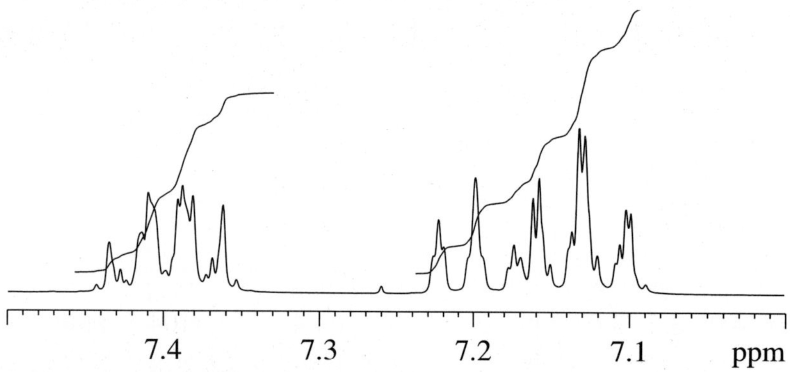

^{19}F NMR 282.4 MHz
^{1}H Coupled

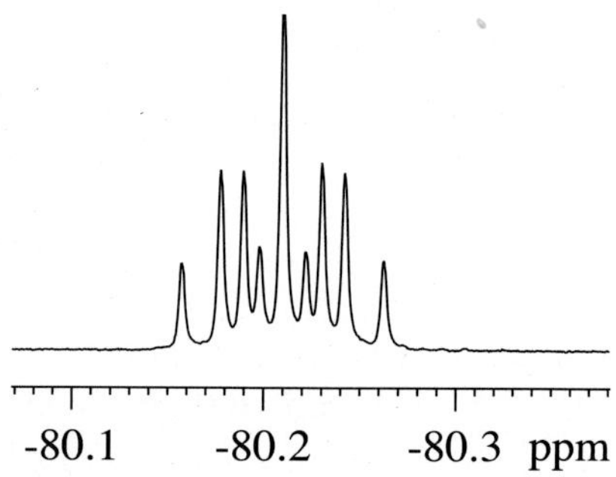

^{13}C/DEPT NMR 75.5 MHz

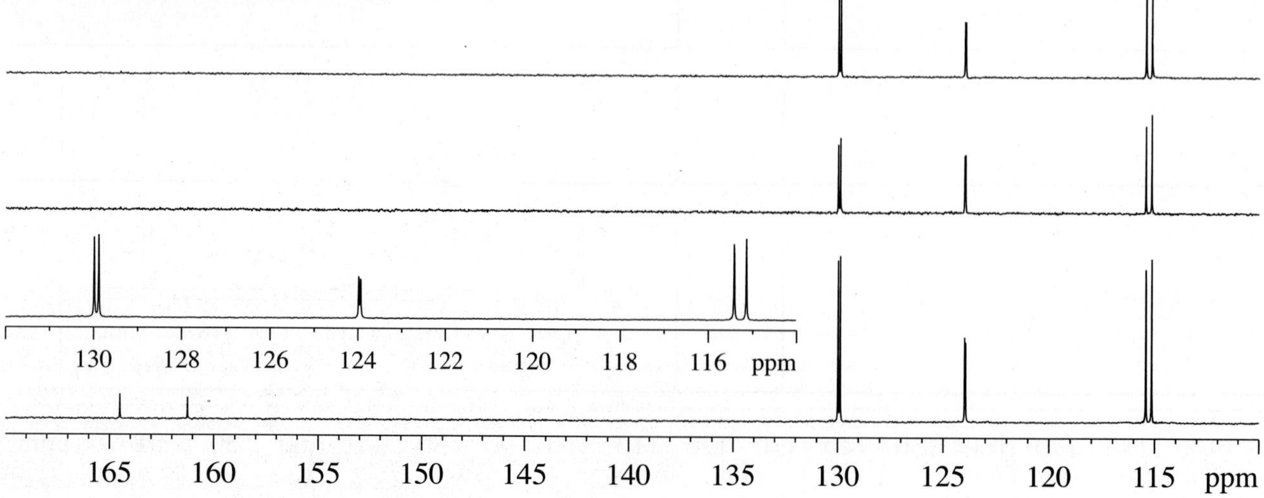

MASS

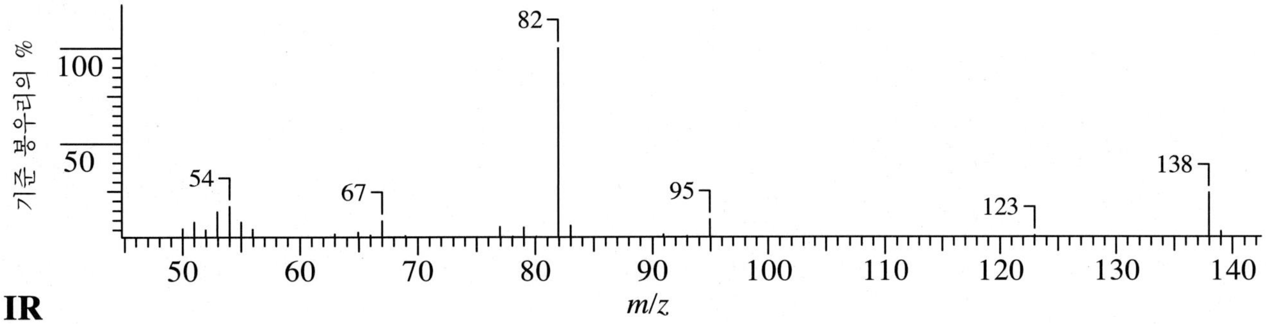

IR

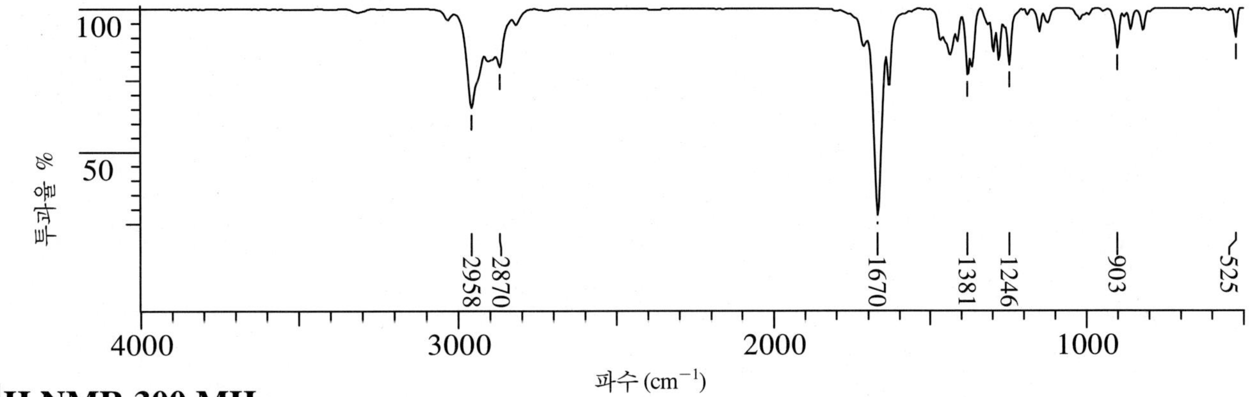

^{1}H NMR 300 MHz

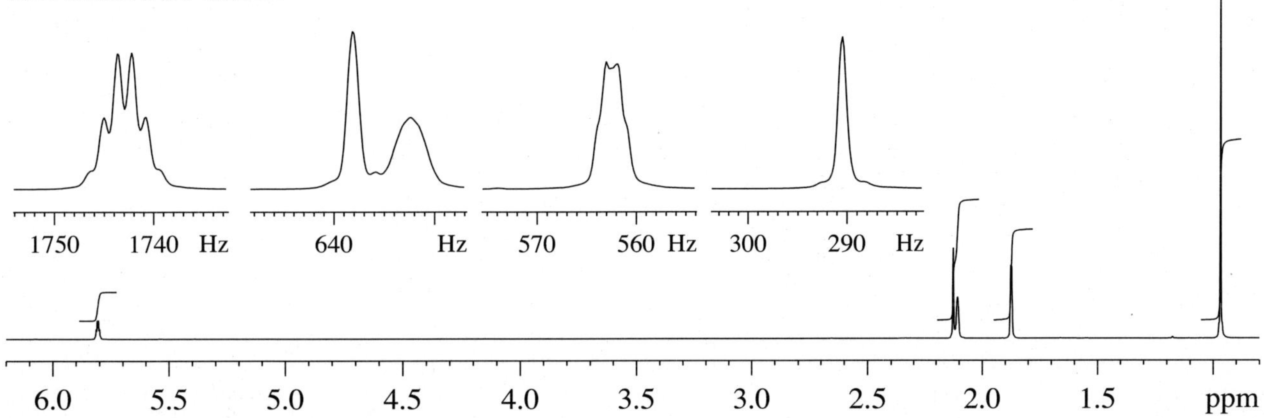

^{13}C/DEPT NMR 75.5 MHz

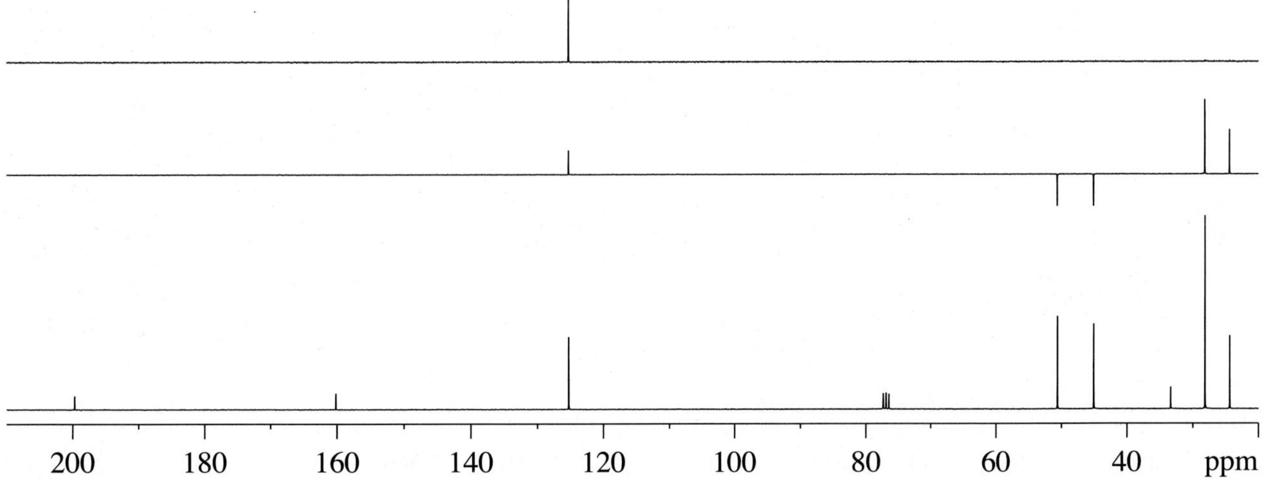

MASS

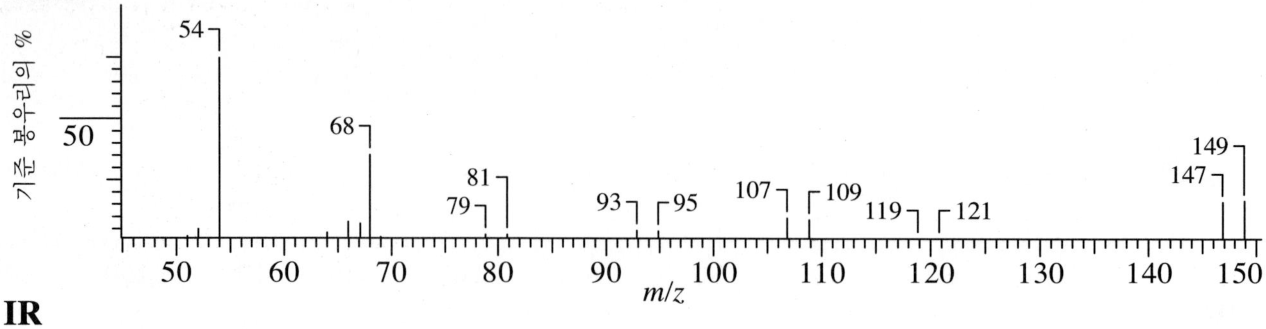

IR

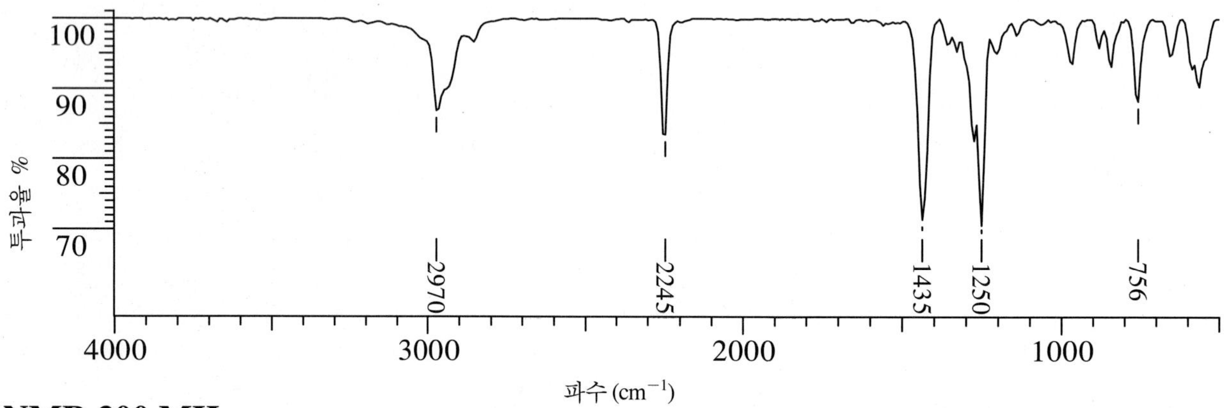

¹H NMR 300 MHz

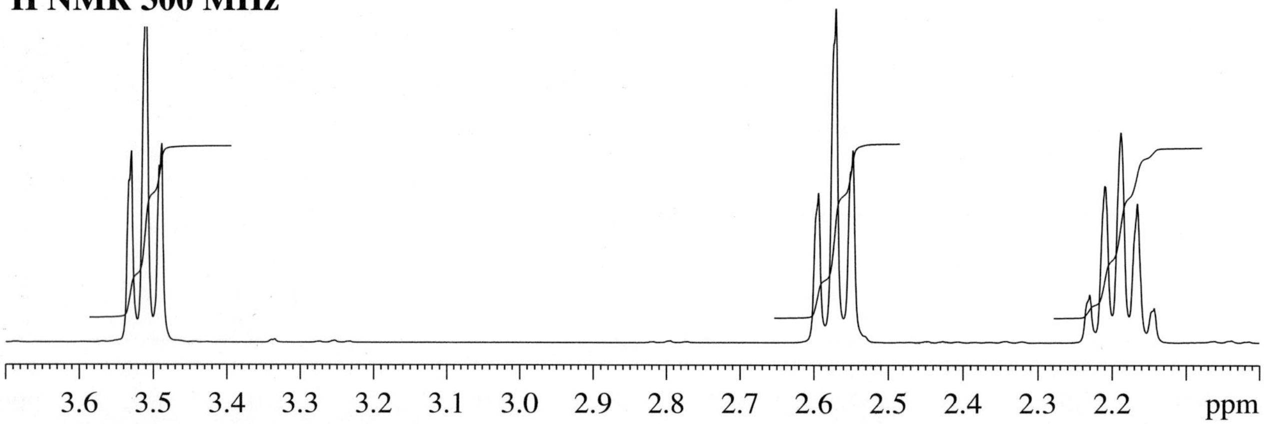

¹³C/DEPT NMR 75.5 MHz

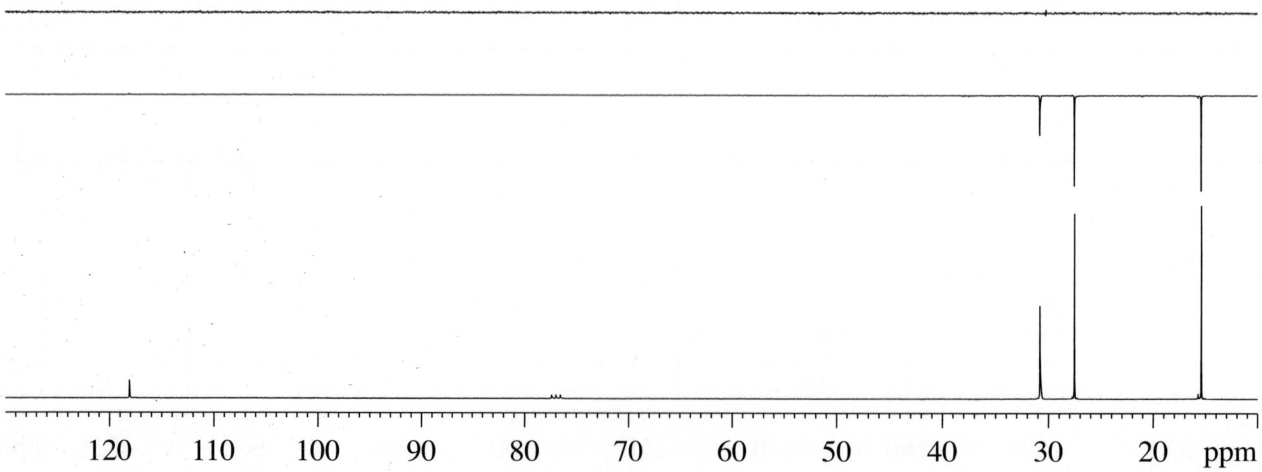

MASS

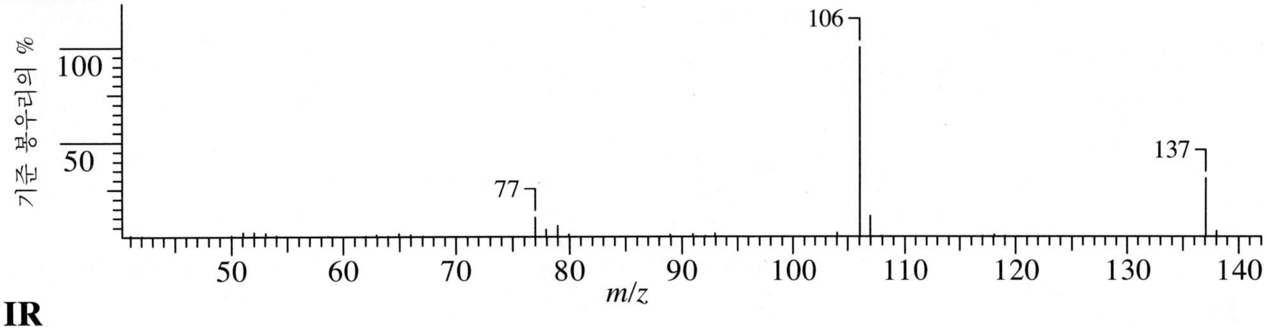

IR

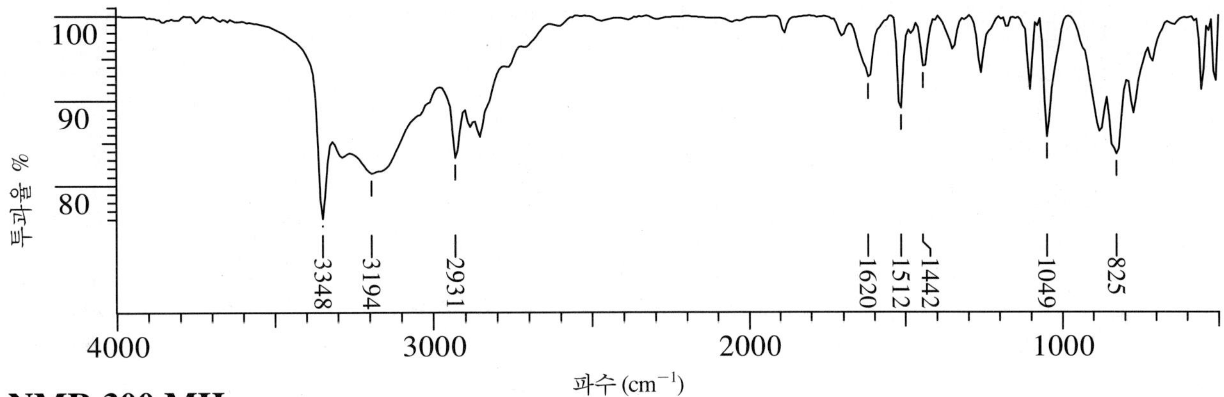

¹H NMR 300 MHz

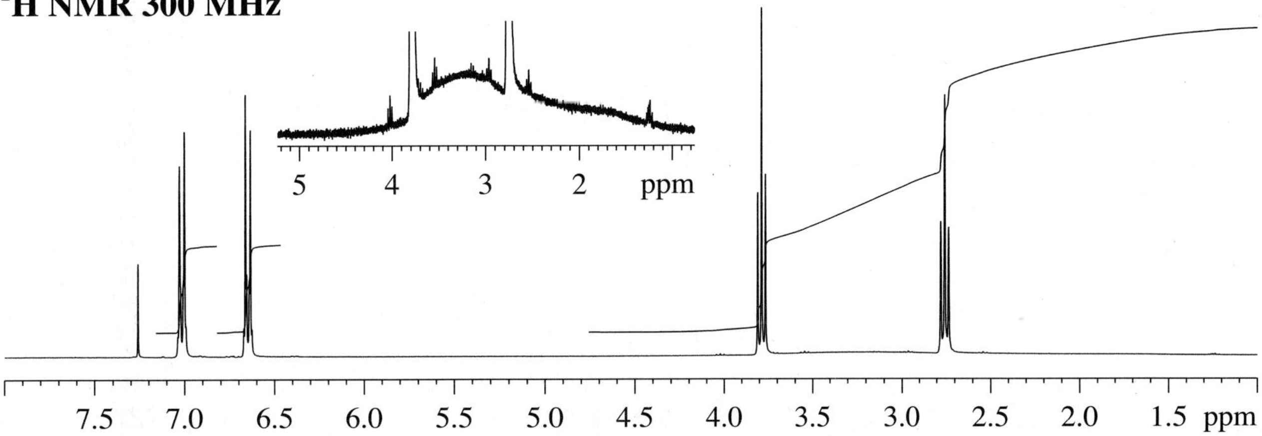

¹³C/DEPT NMR 75.5 MHz

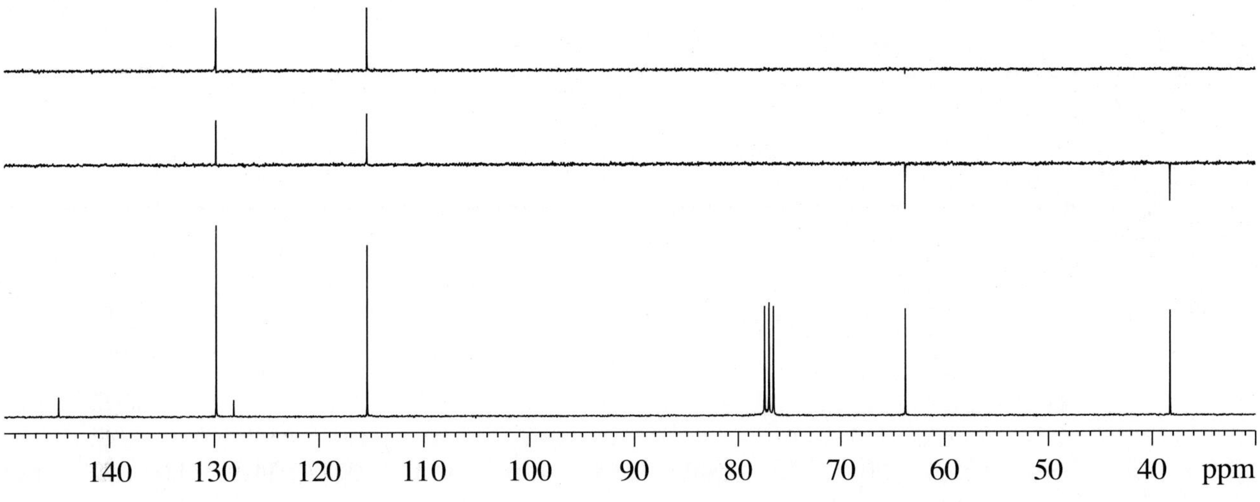

MASS

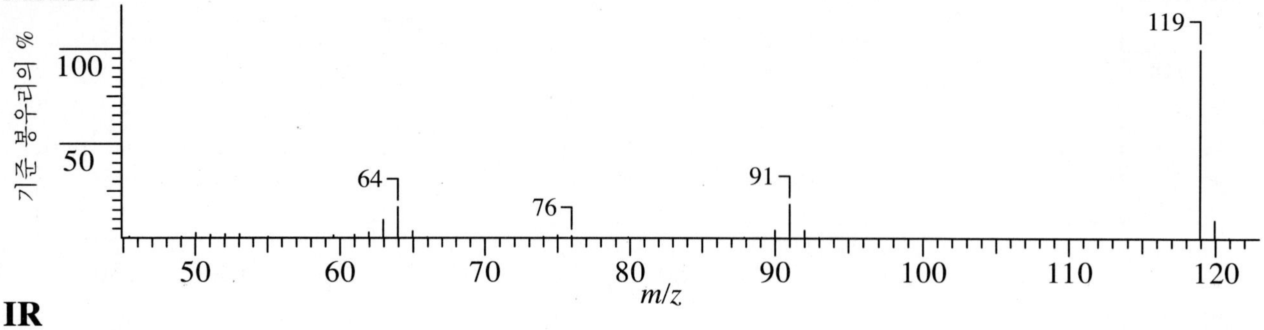

IR

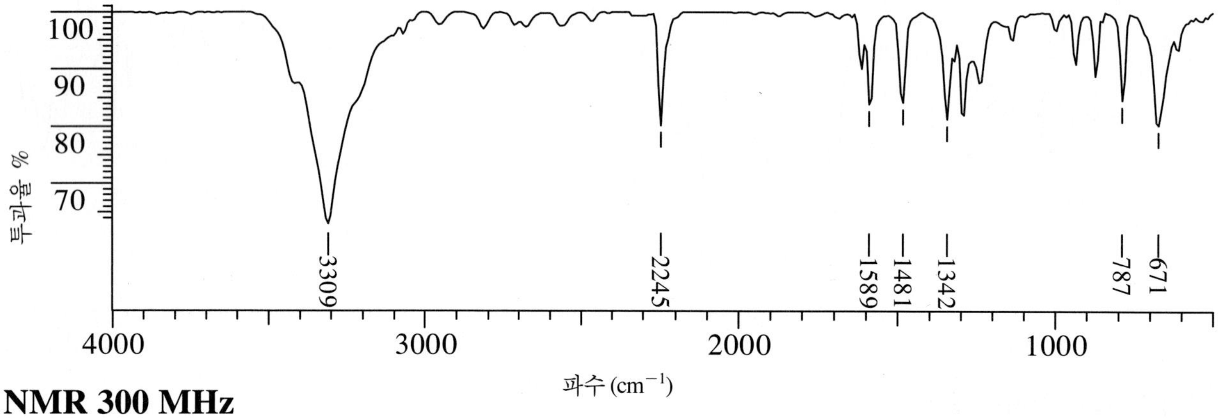

^{1}H NMR 300 MHz

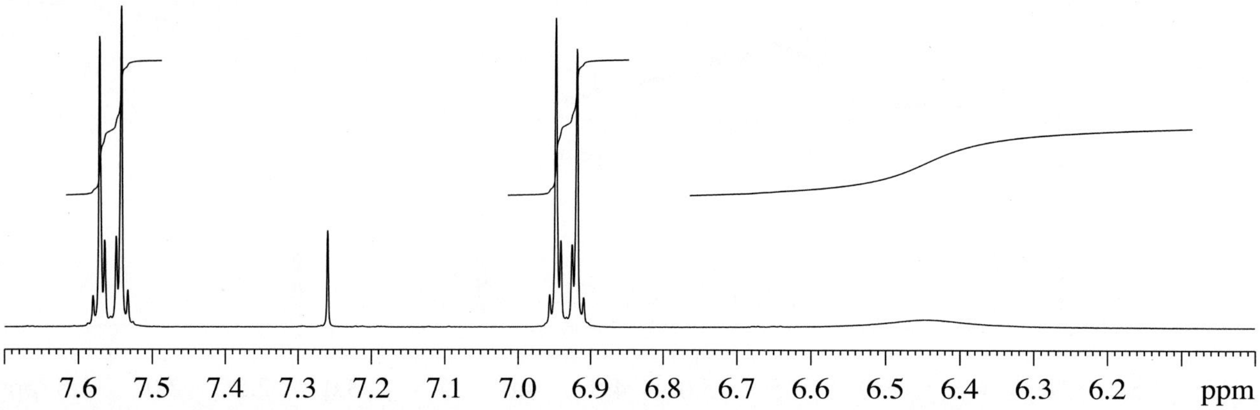

^{13}C/DEPT NMR 75.5 MHz

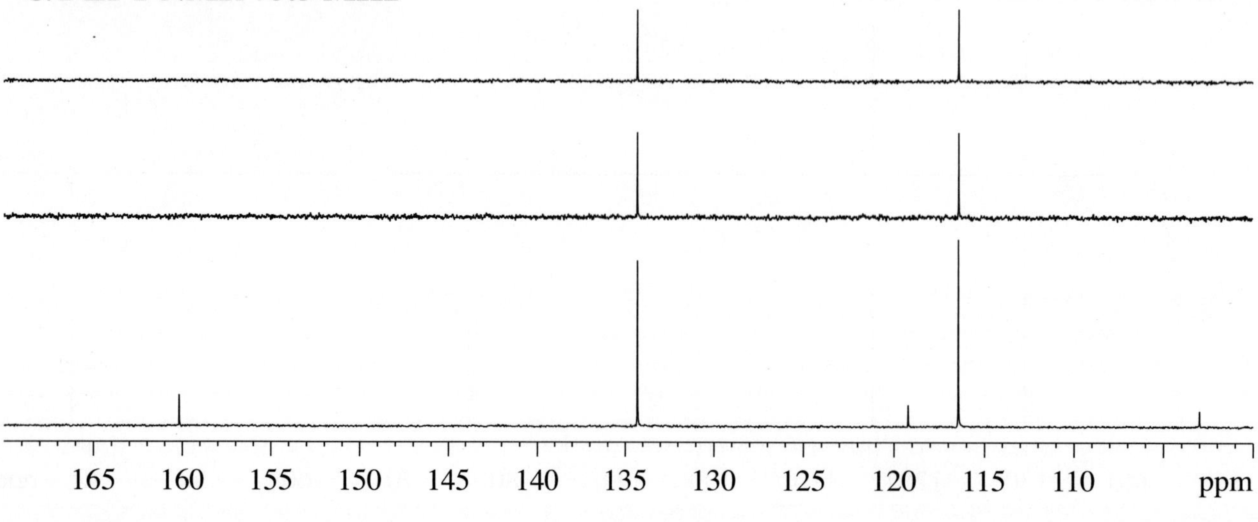

MASS

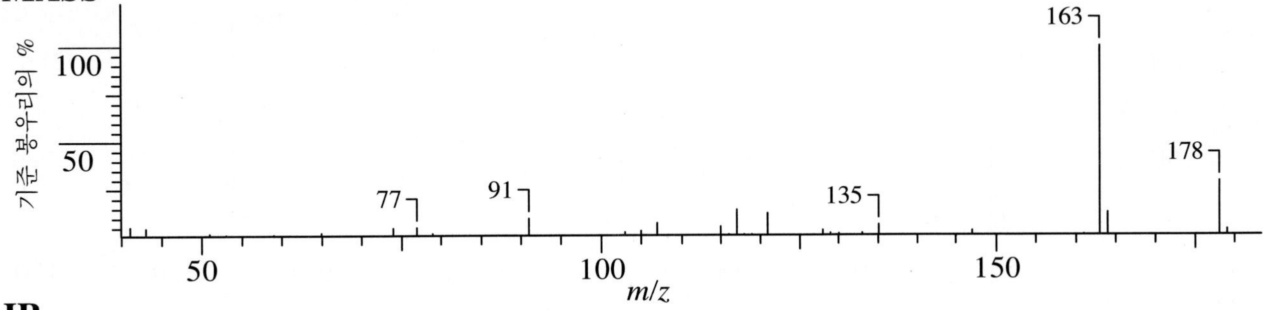

IR

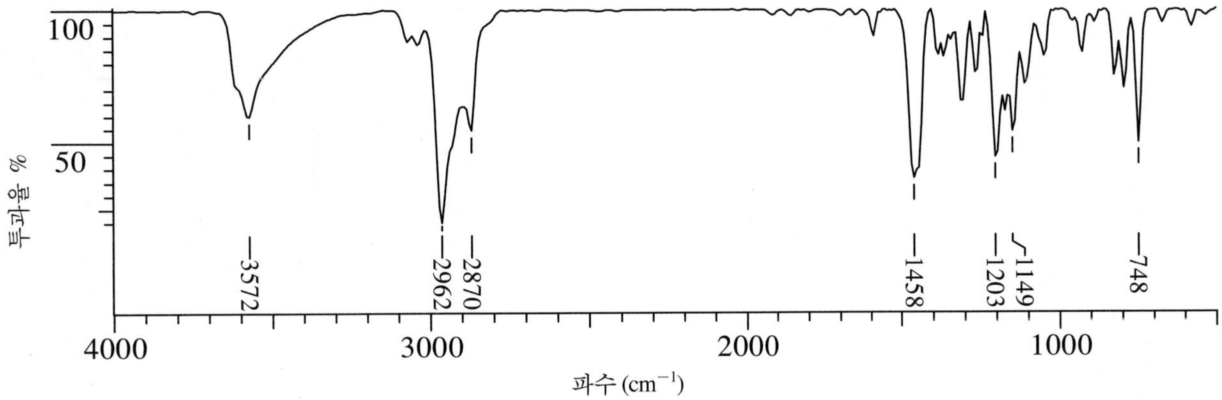

^{1}H NMR 300 MHz

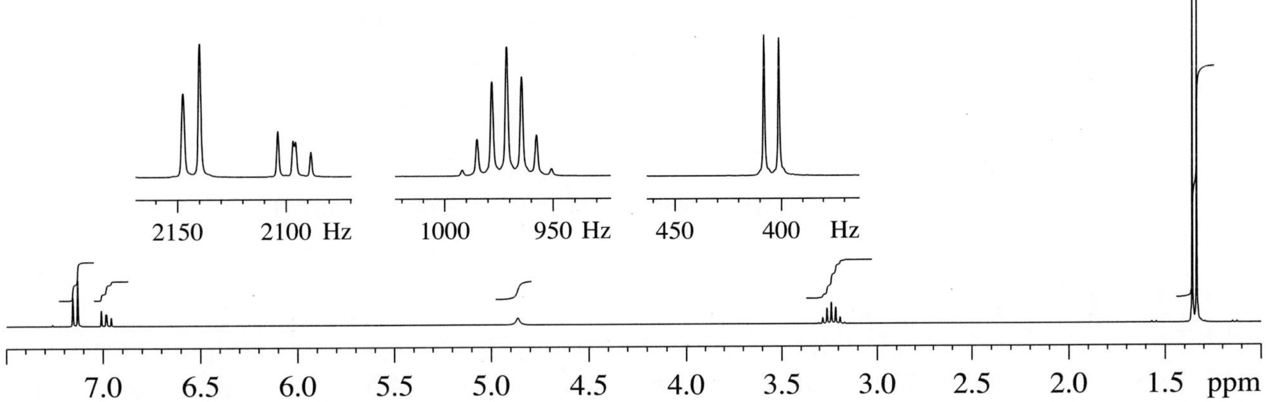

^{13}C/DEPT NMR 75.5 MHz

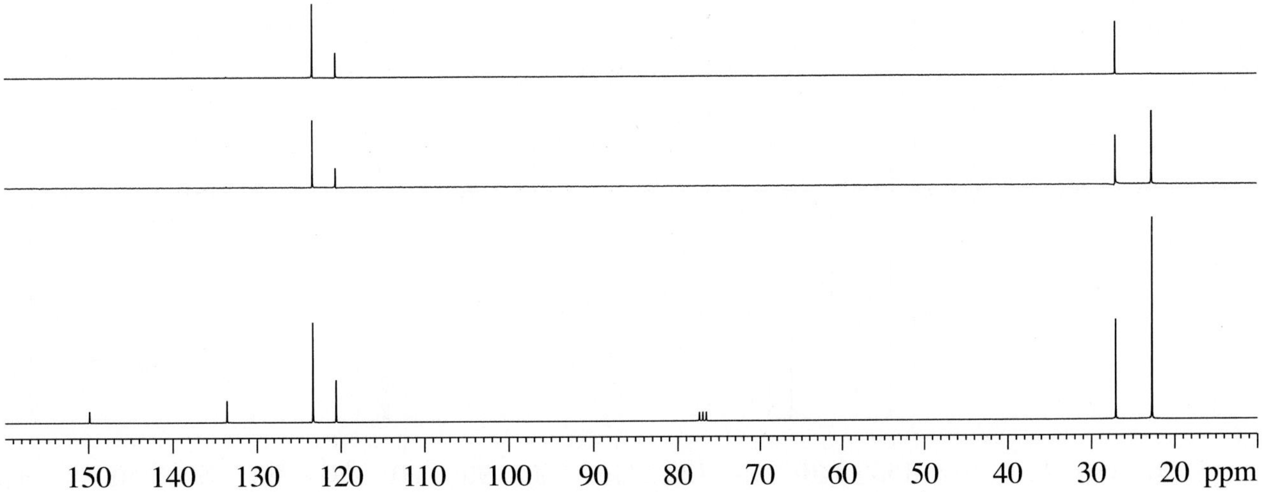

MASS

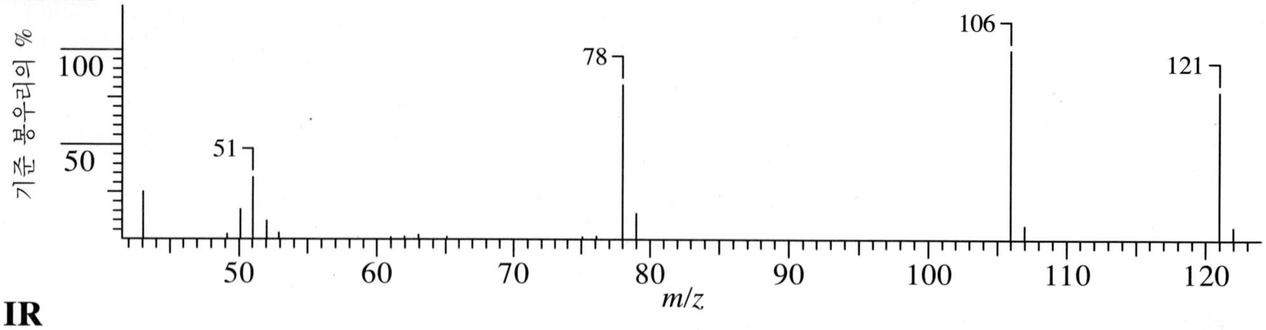

IR

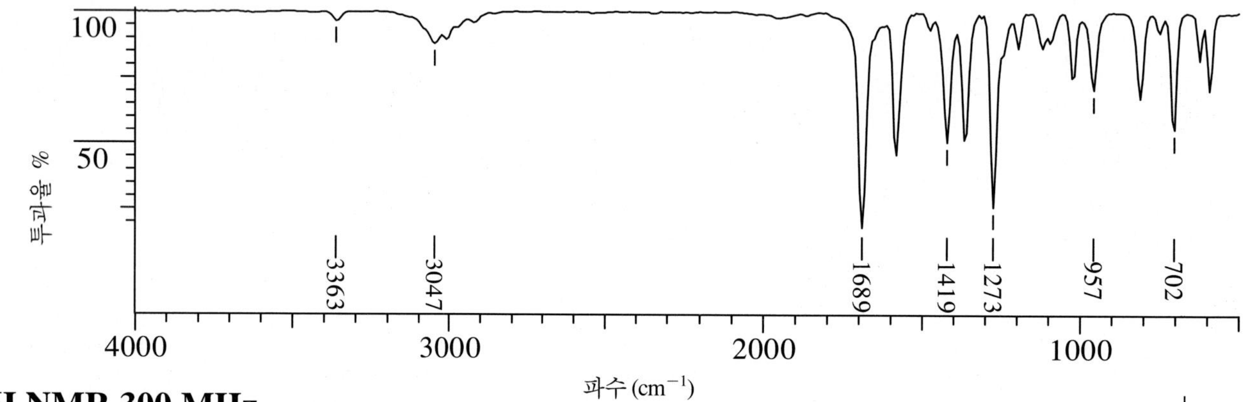

^{1}H NMR 300 MHz

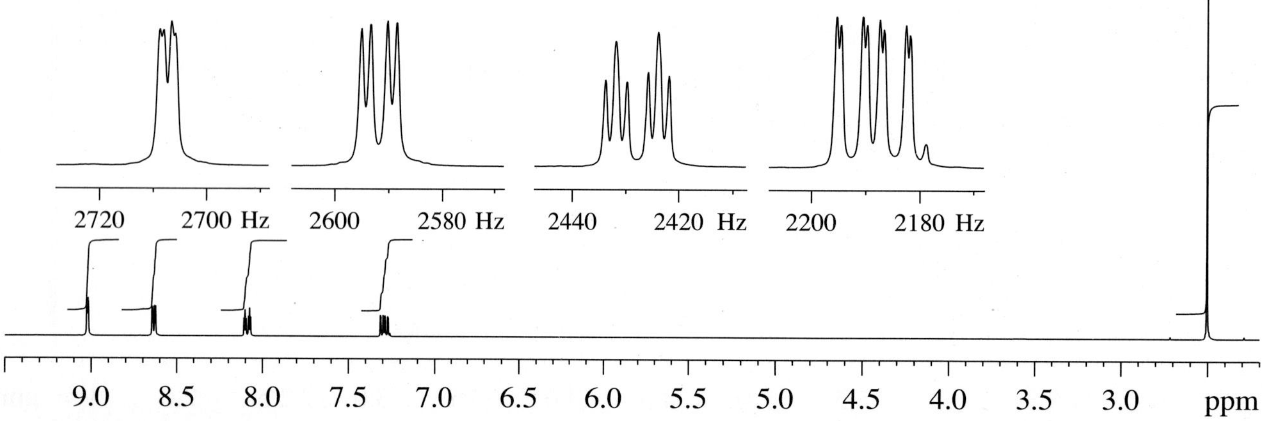

^{13}C/DEPT NMR 75.5 MHz

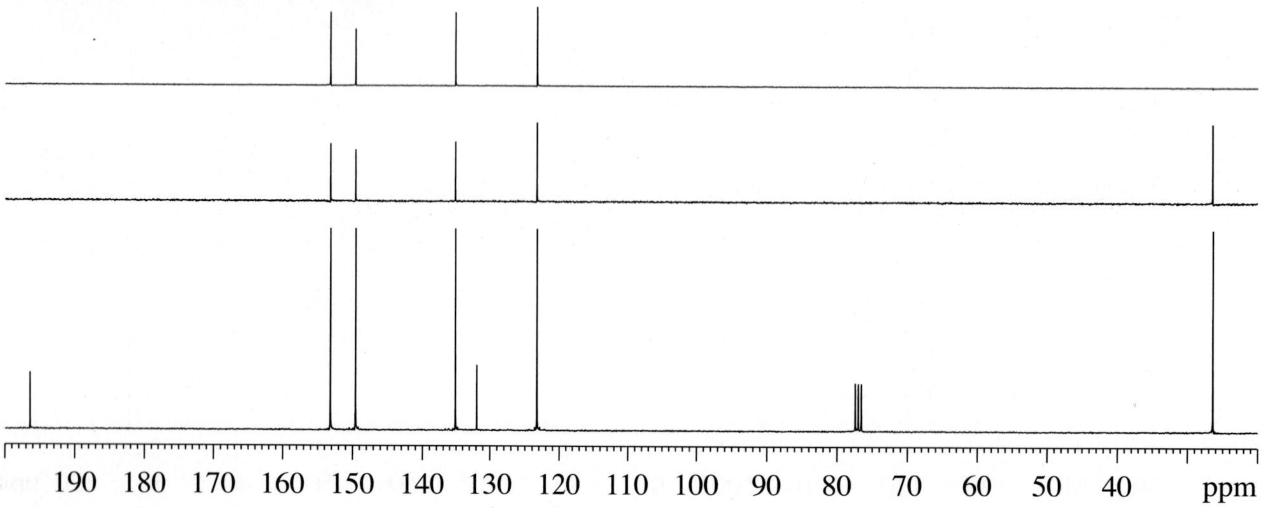

MASS

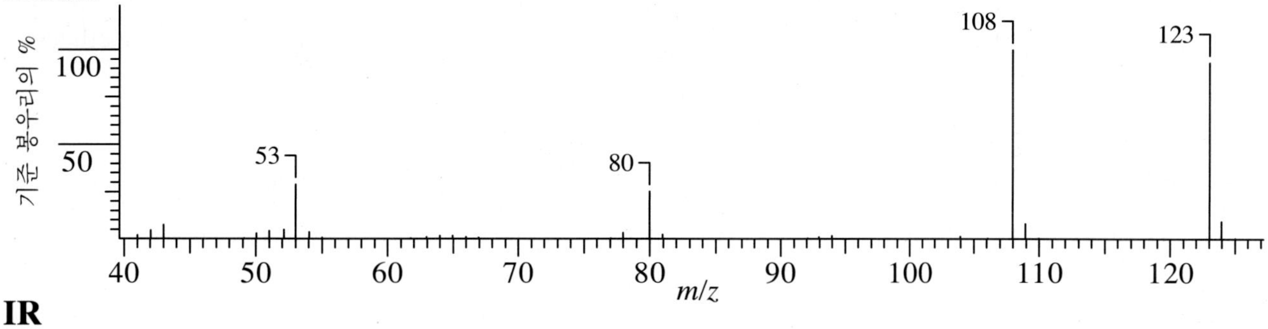

IR

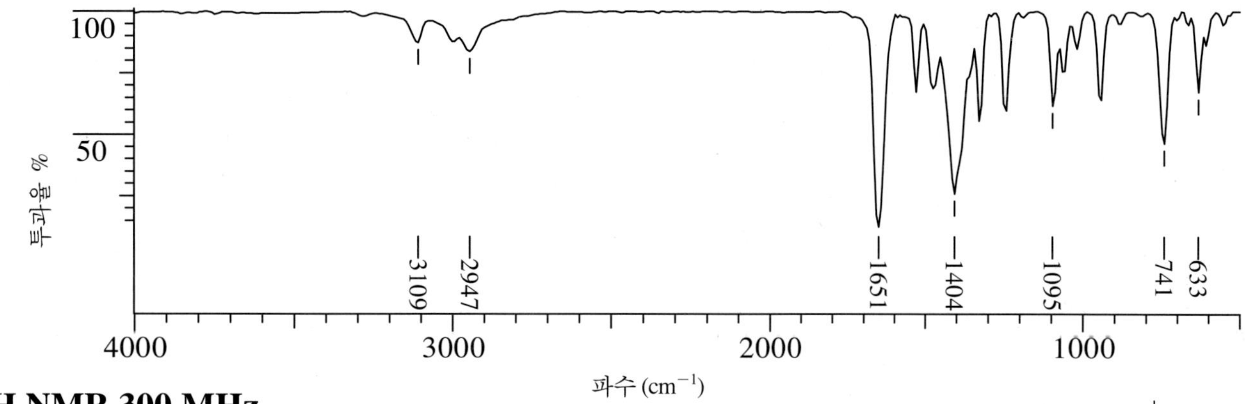

¹H NMR 300 MHz

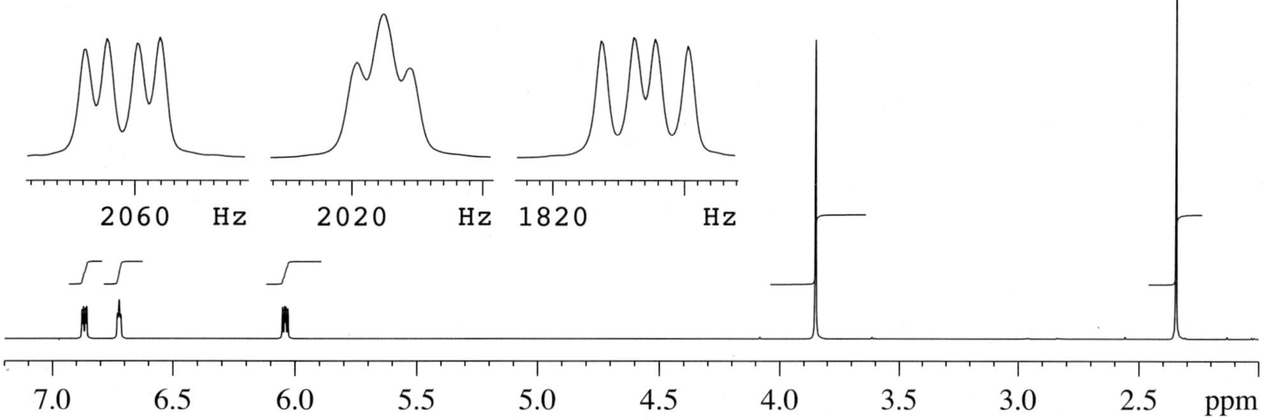

¹³C/DEPT NMR 75.5 MHz

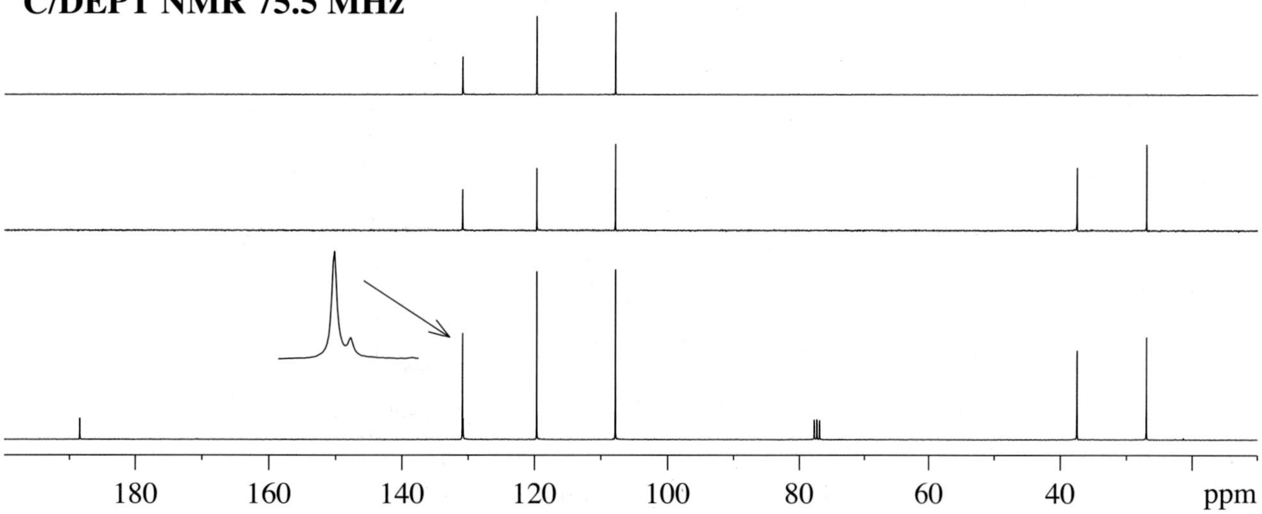

MASS

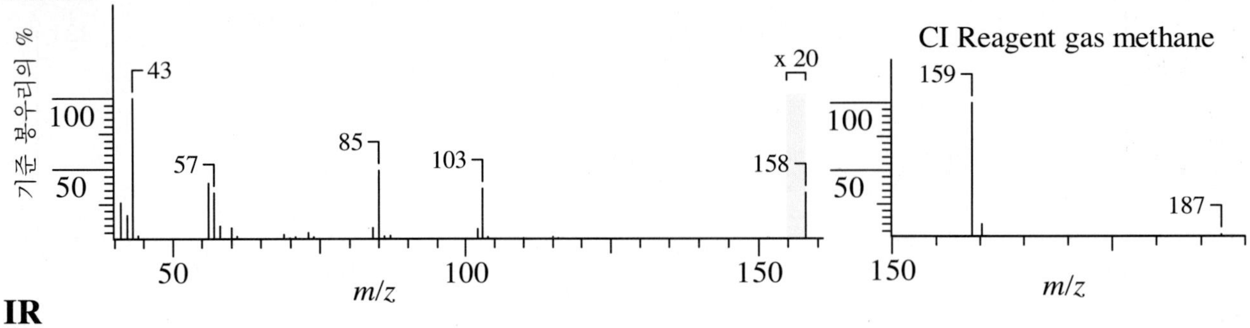

IR

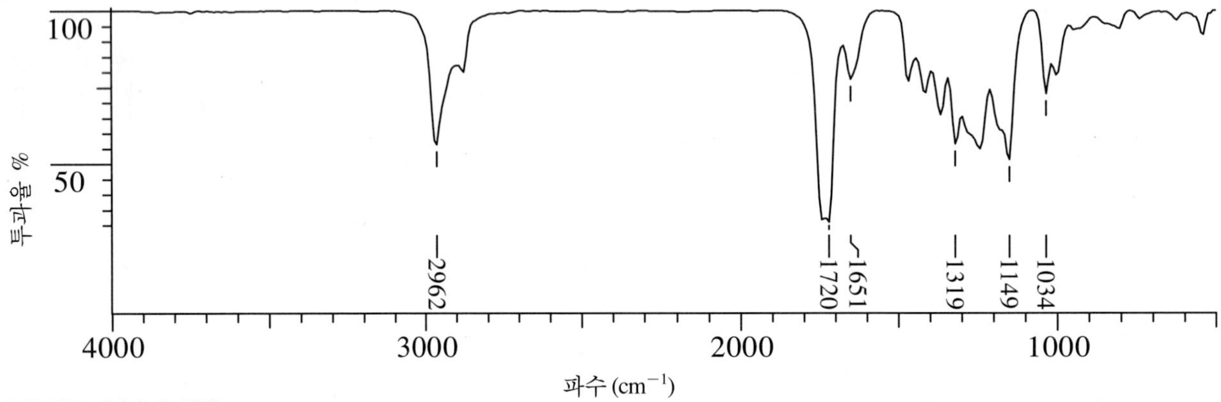

^{1}H NMR 300 MHz

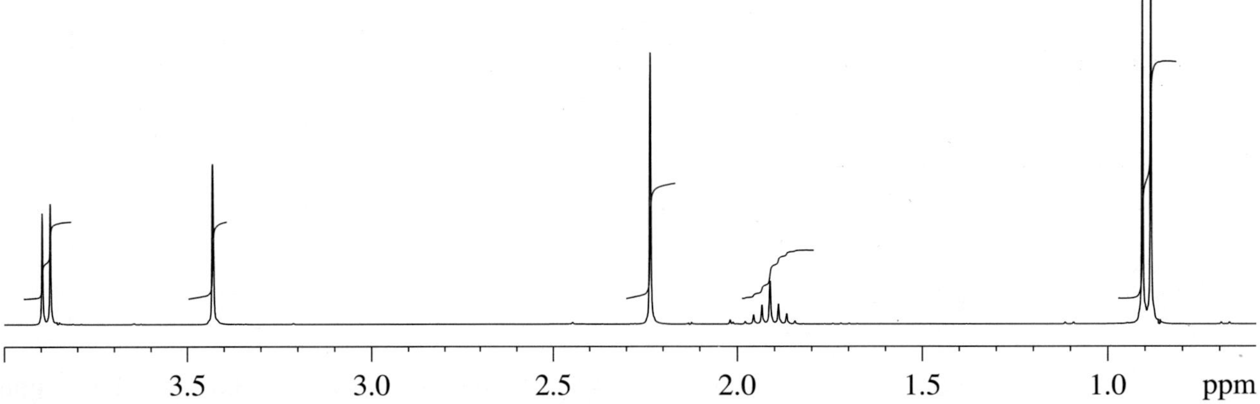

^{13}C/DEPT NMR 75.5 MHz

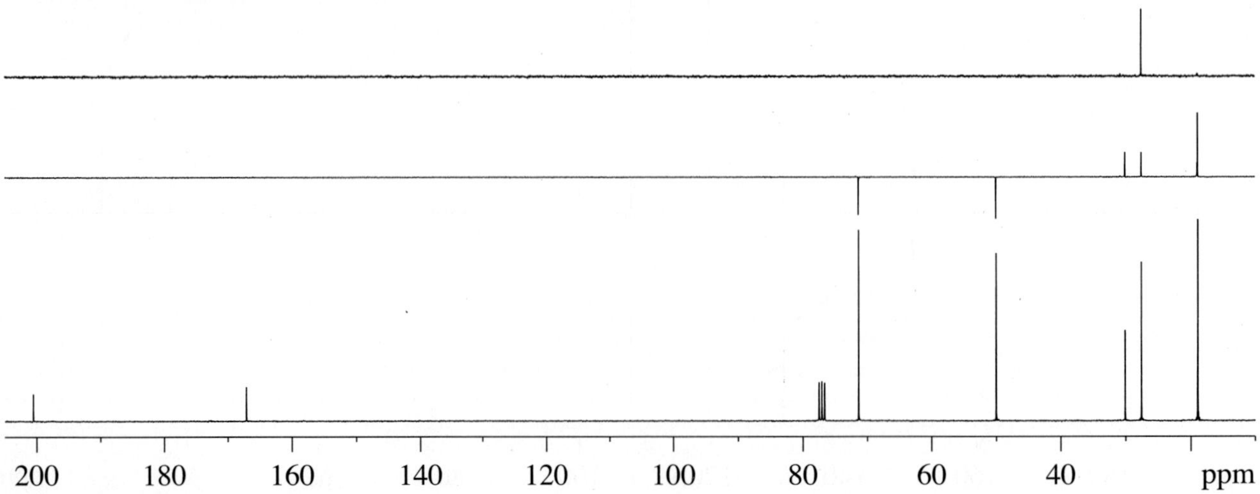

MASS

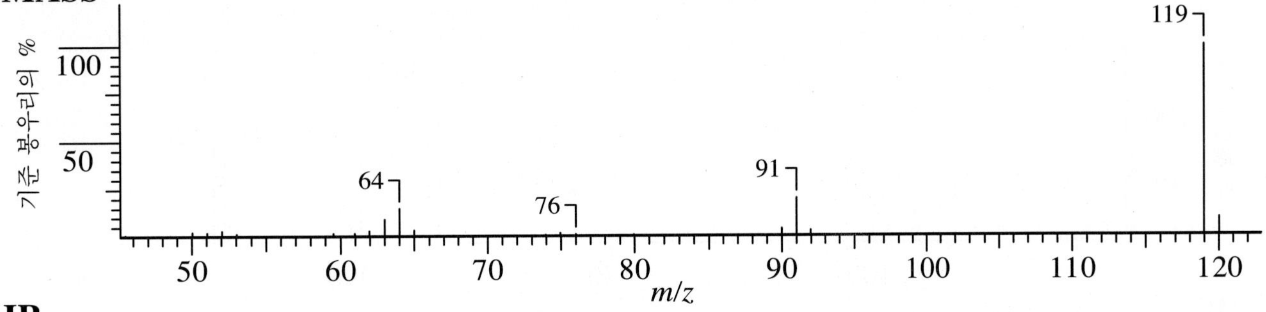

IR

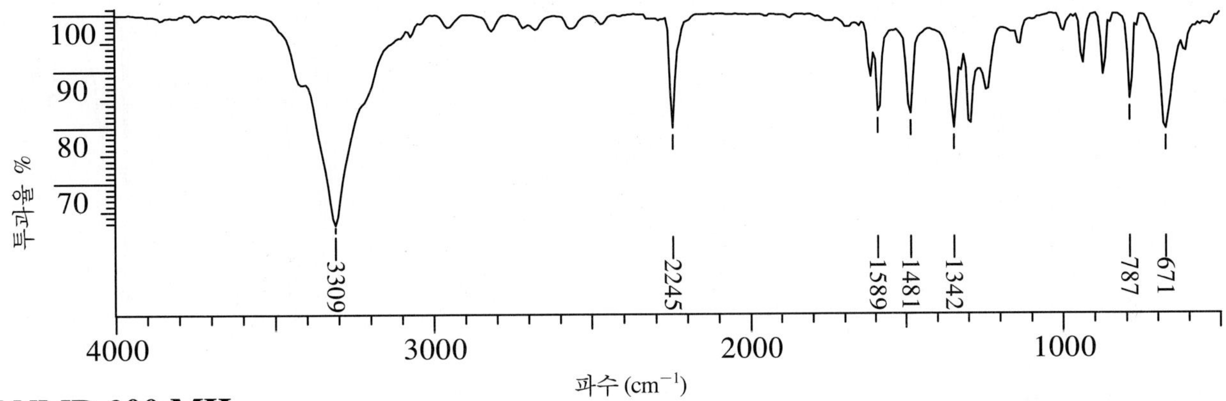

^{1}H NMR 300 MHz

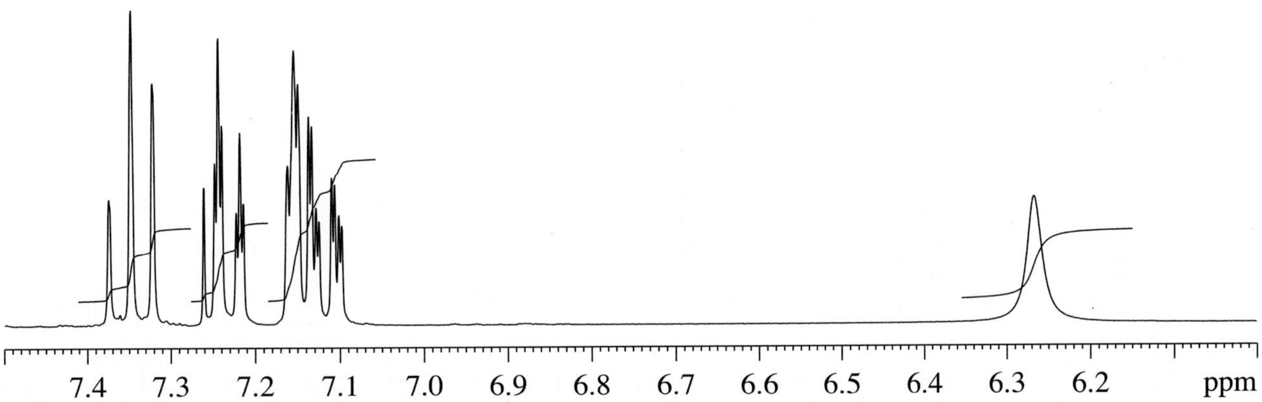

^{13}C/DEPT NMR 75.5 MHz

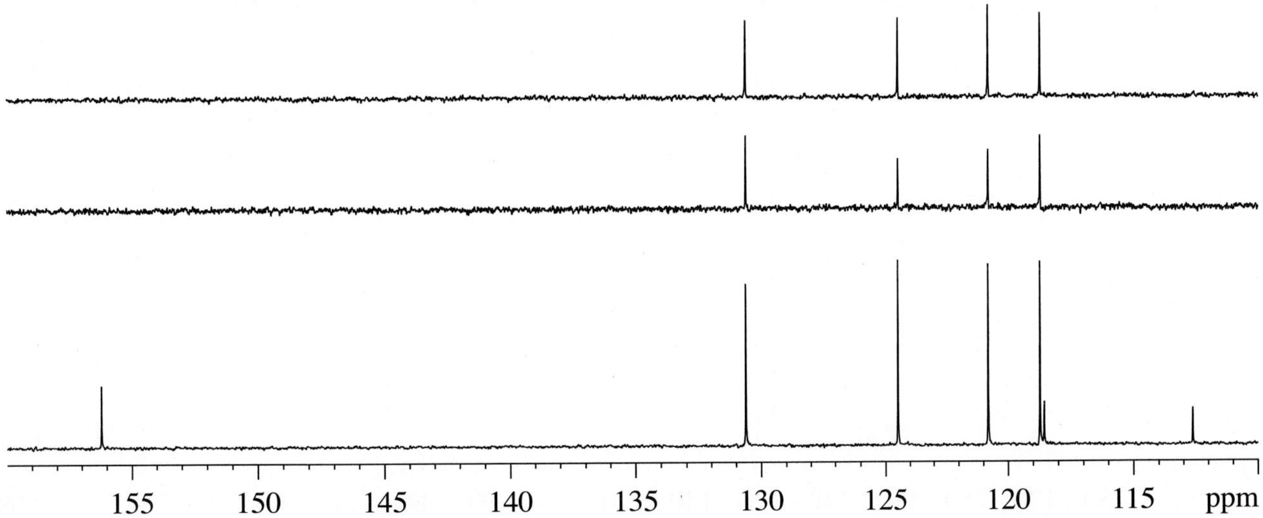

MASS

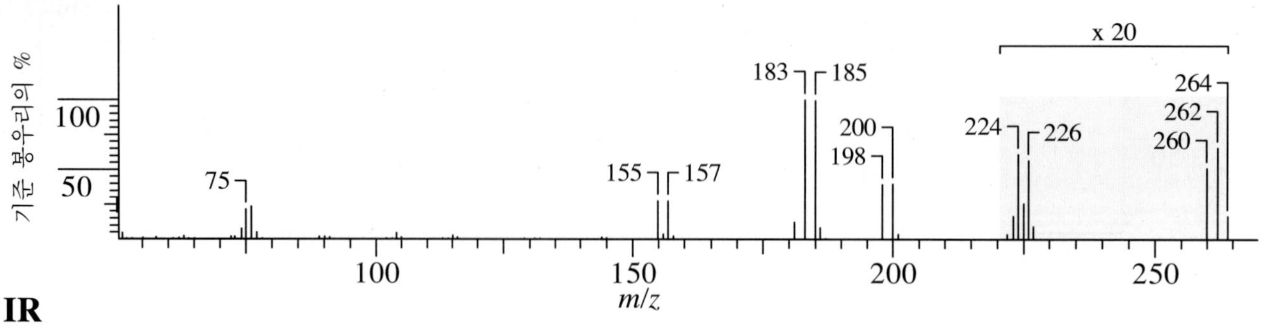

IR

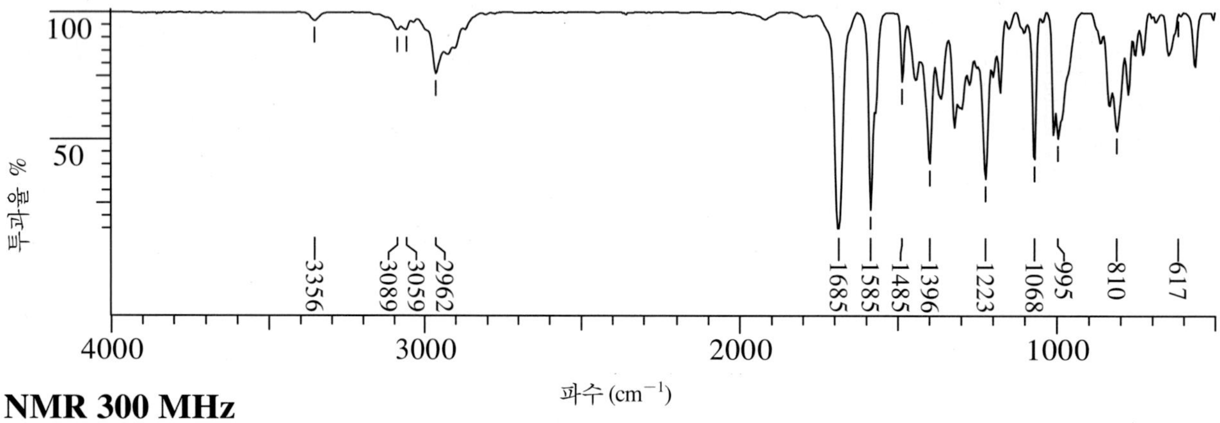

^{1}H NMR 300 MHz

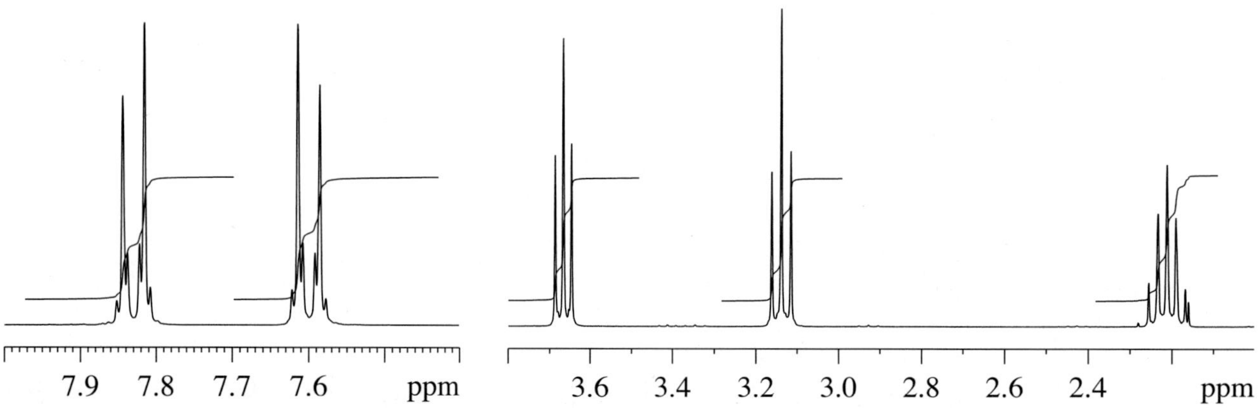

^{13}C/DEPT NMR 75.5 MHz

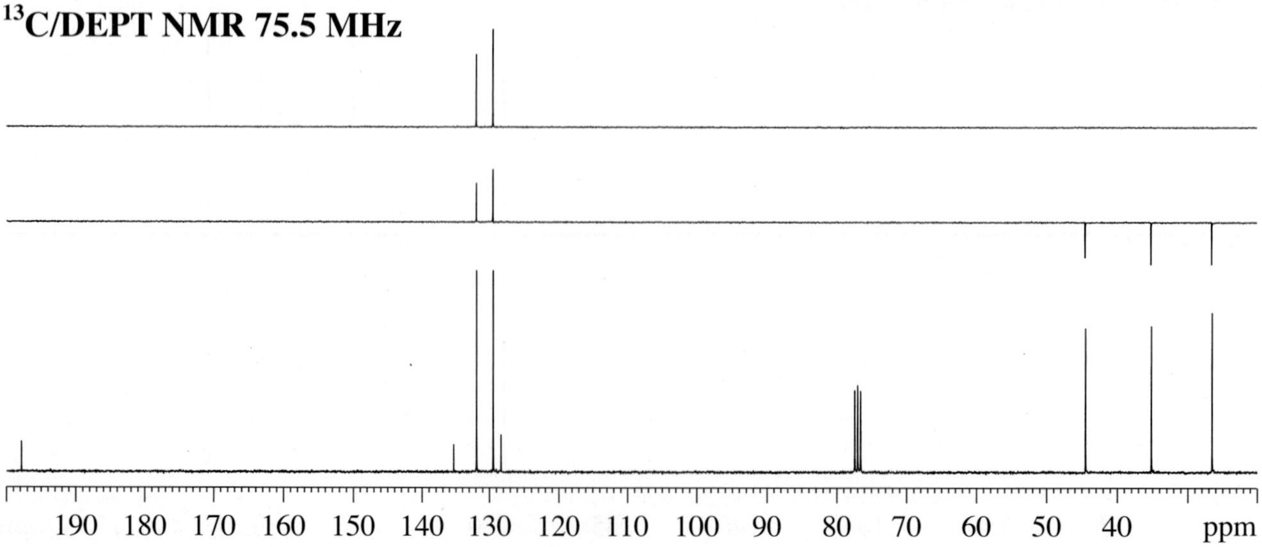

MASS

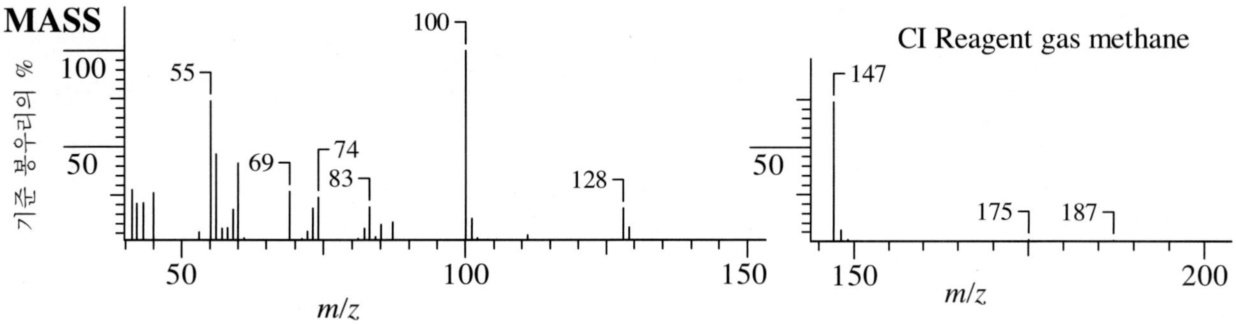

IR

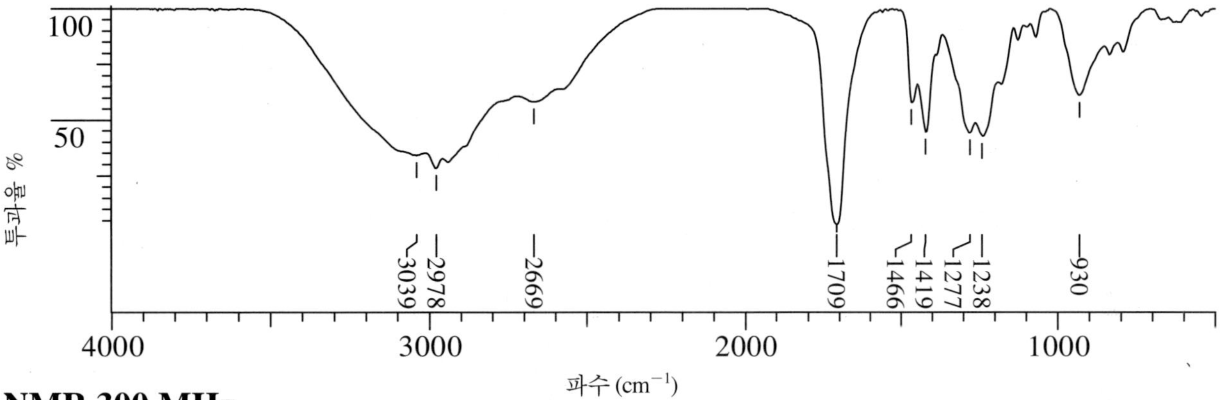

^{1}H NMR 300 MHz

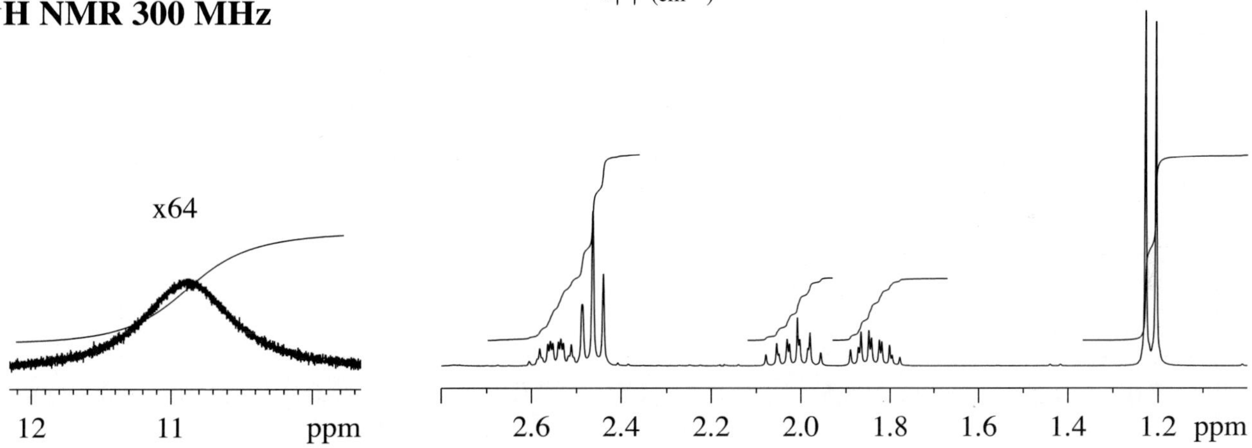

^{13}C/DEPT NMR 75.5 MHz

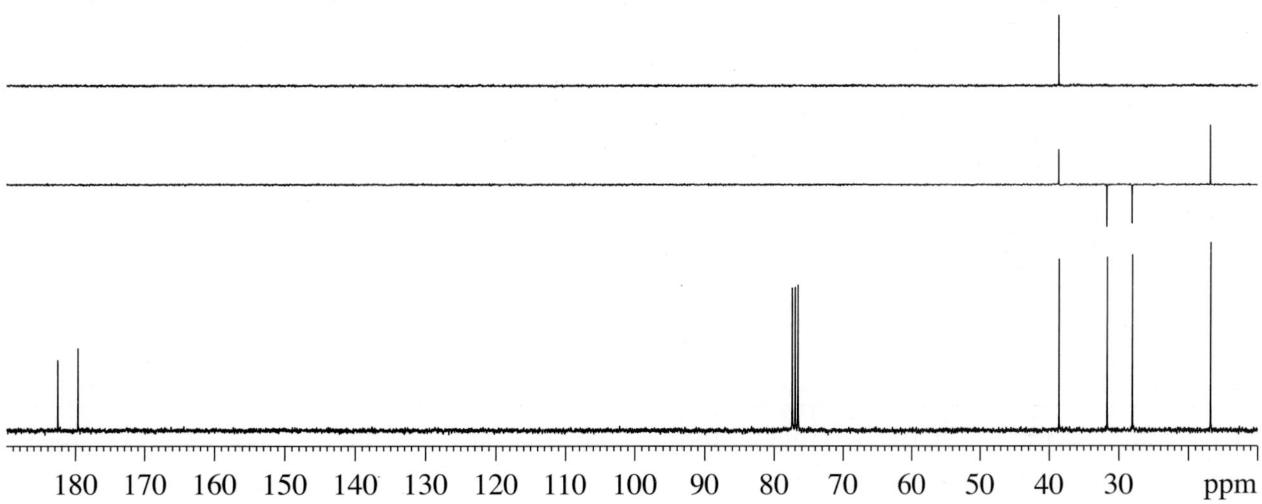

MASS

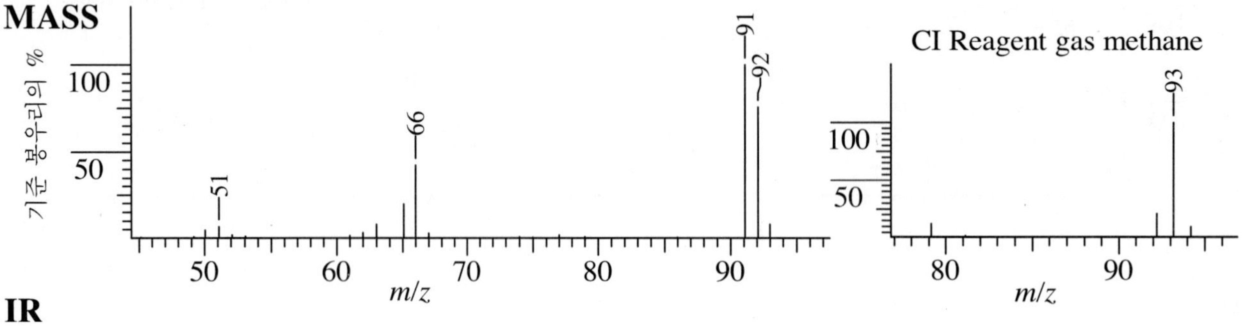

IR

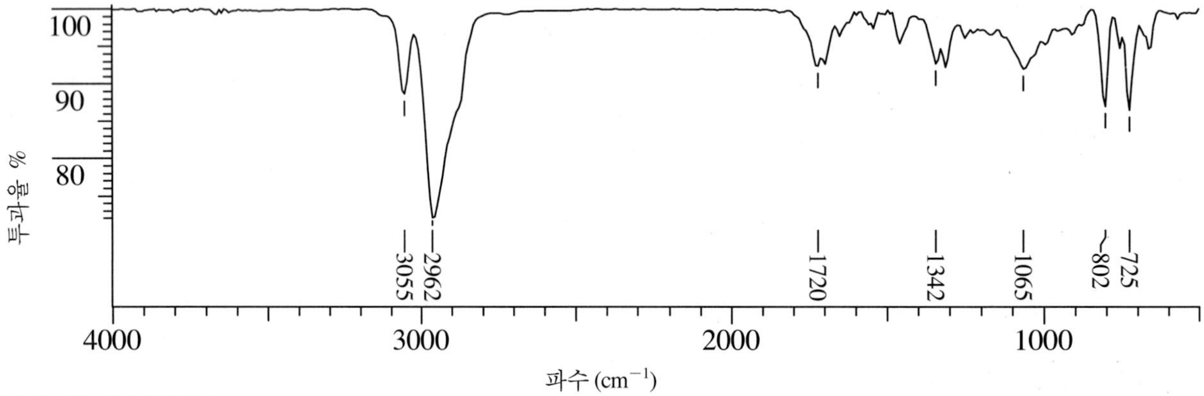

^{1}H NMR 300 MHz

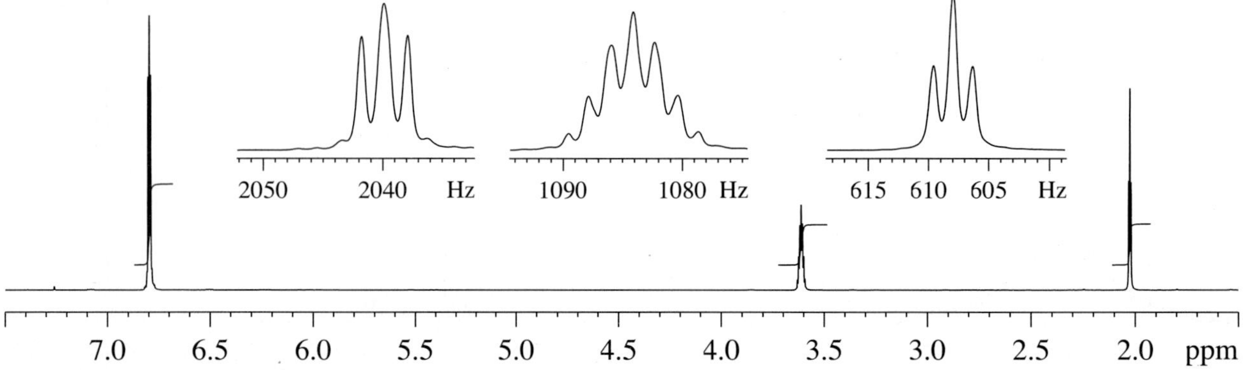

^{13}C/DEPT NMR 75.5 MHz

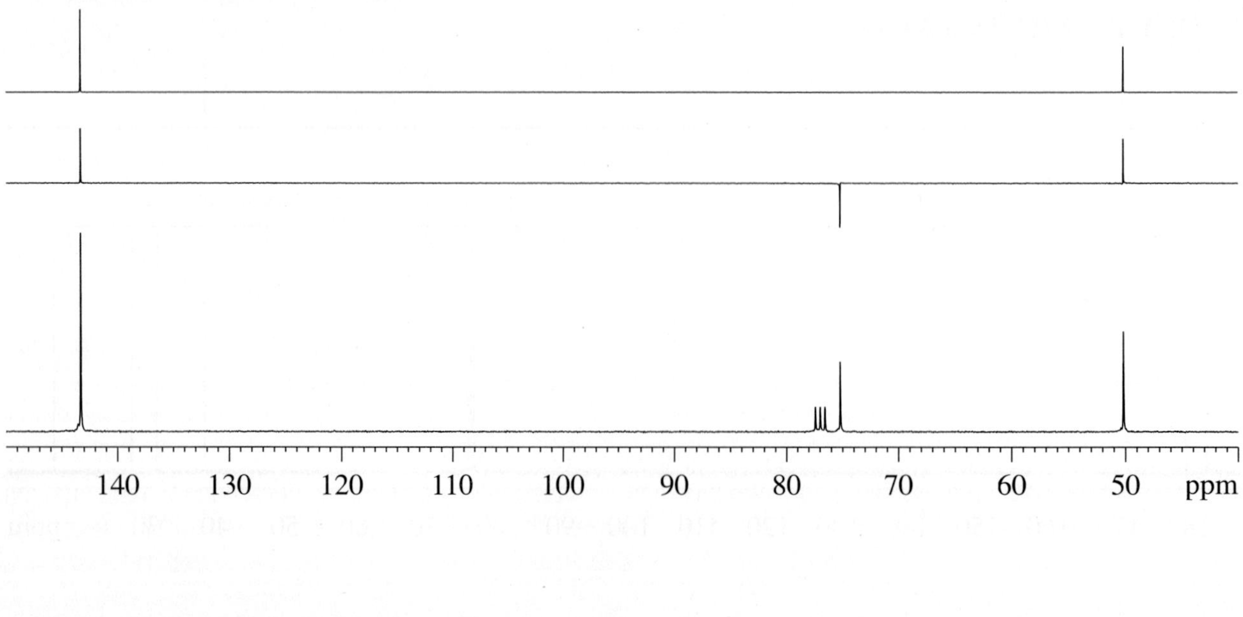

MASS

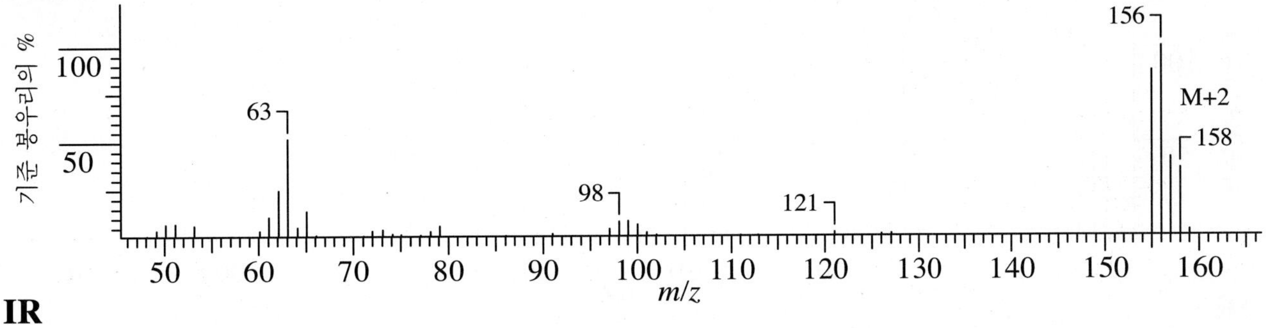

IR

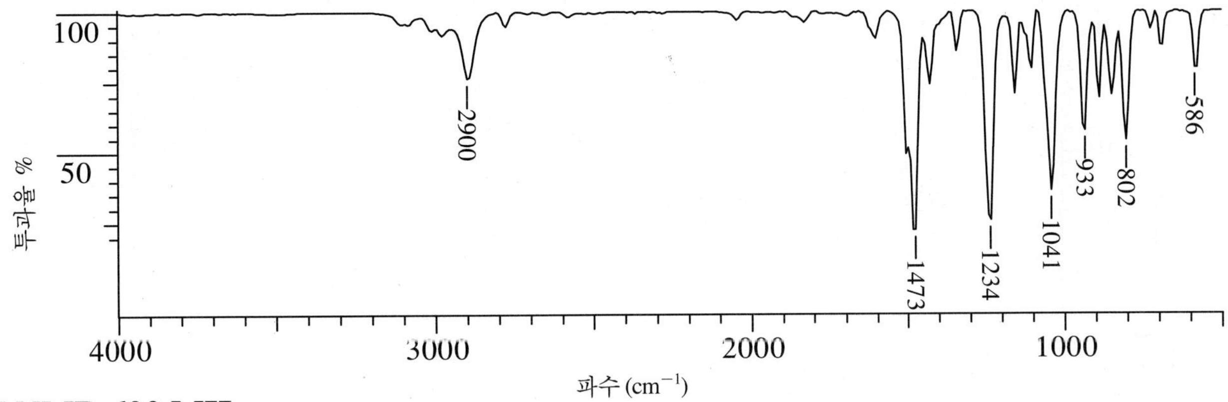

^{1}H NMR 600 MHz

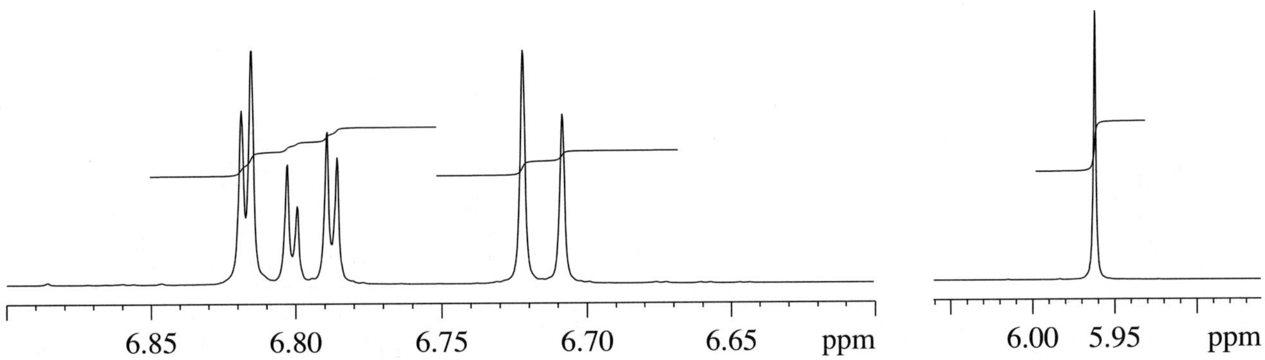

^{13}C/DEPT NMR 150.9 MHz

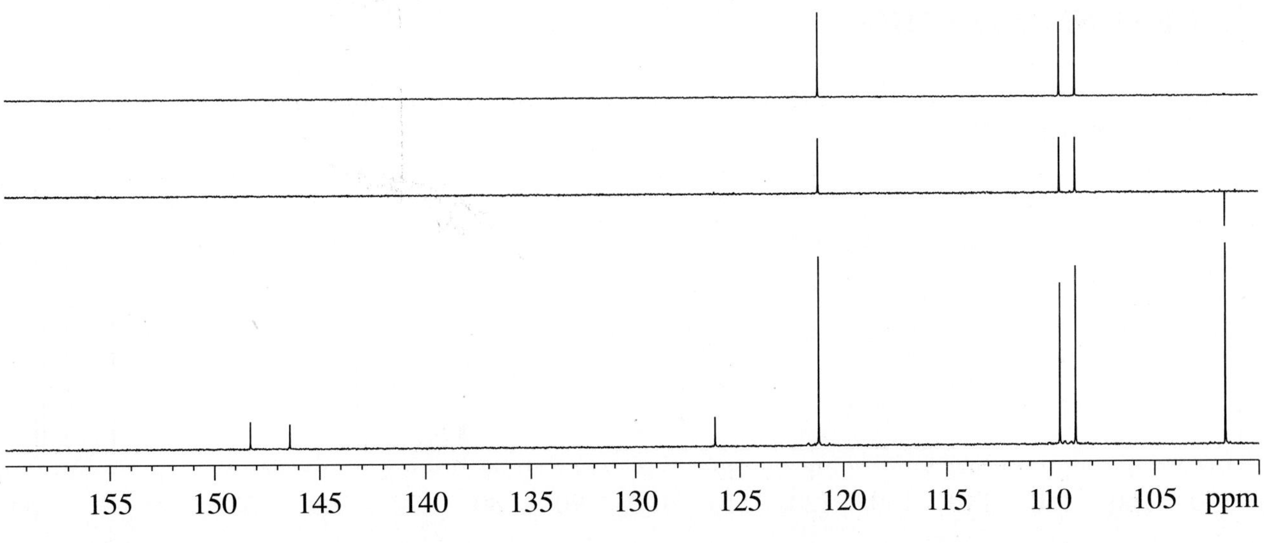

MASS

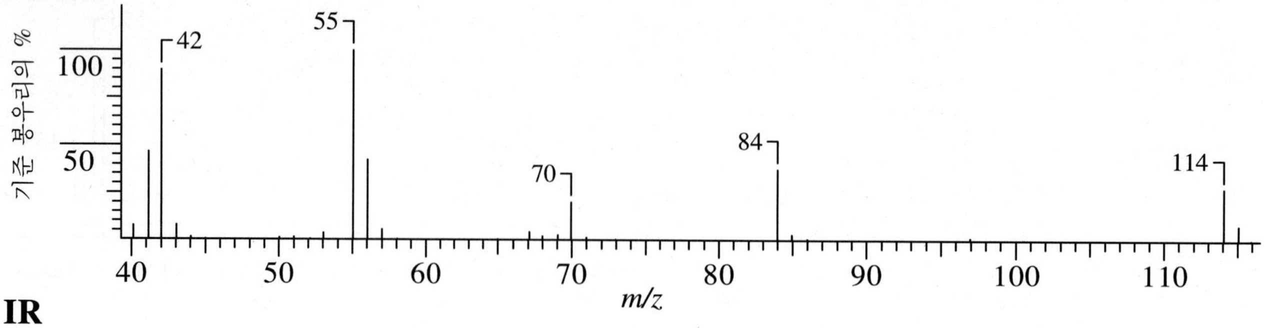

IR

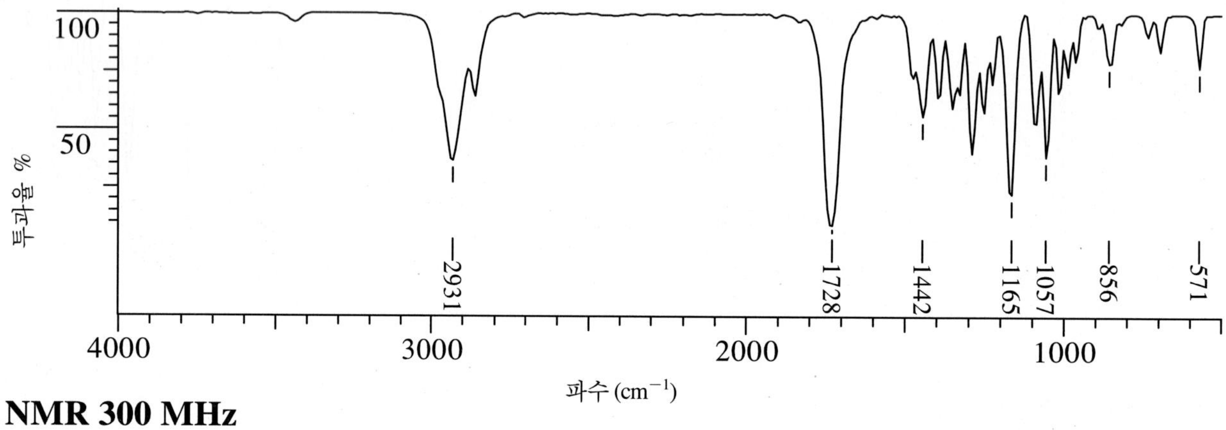

^{1}H NMR 300 MHz

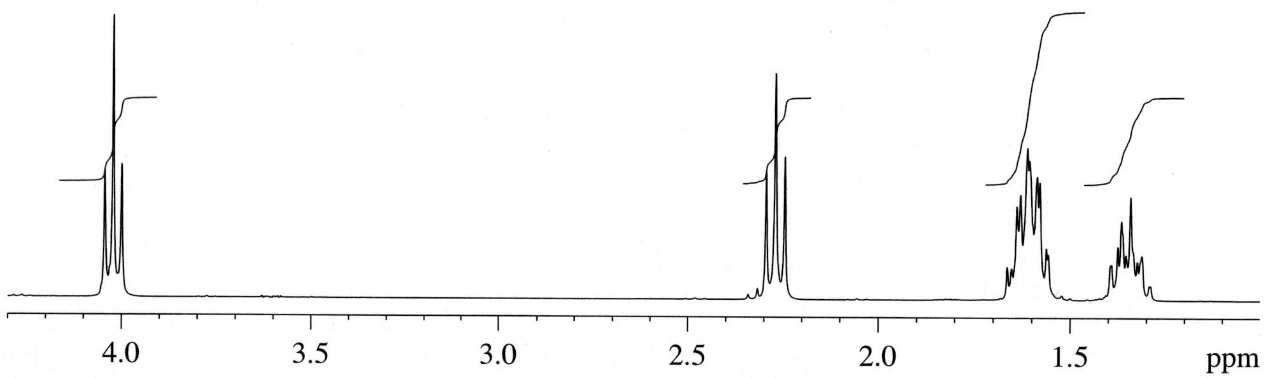

^{13}C/DEPT NMR 75.5 MHz

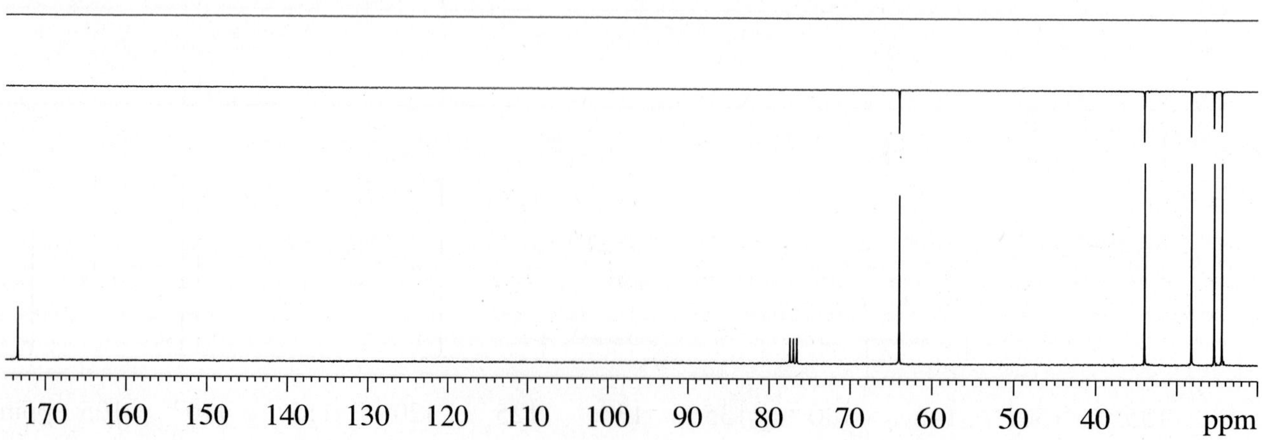

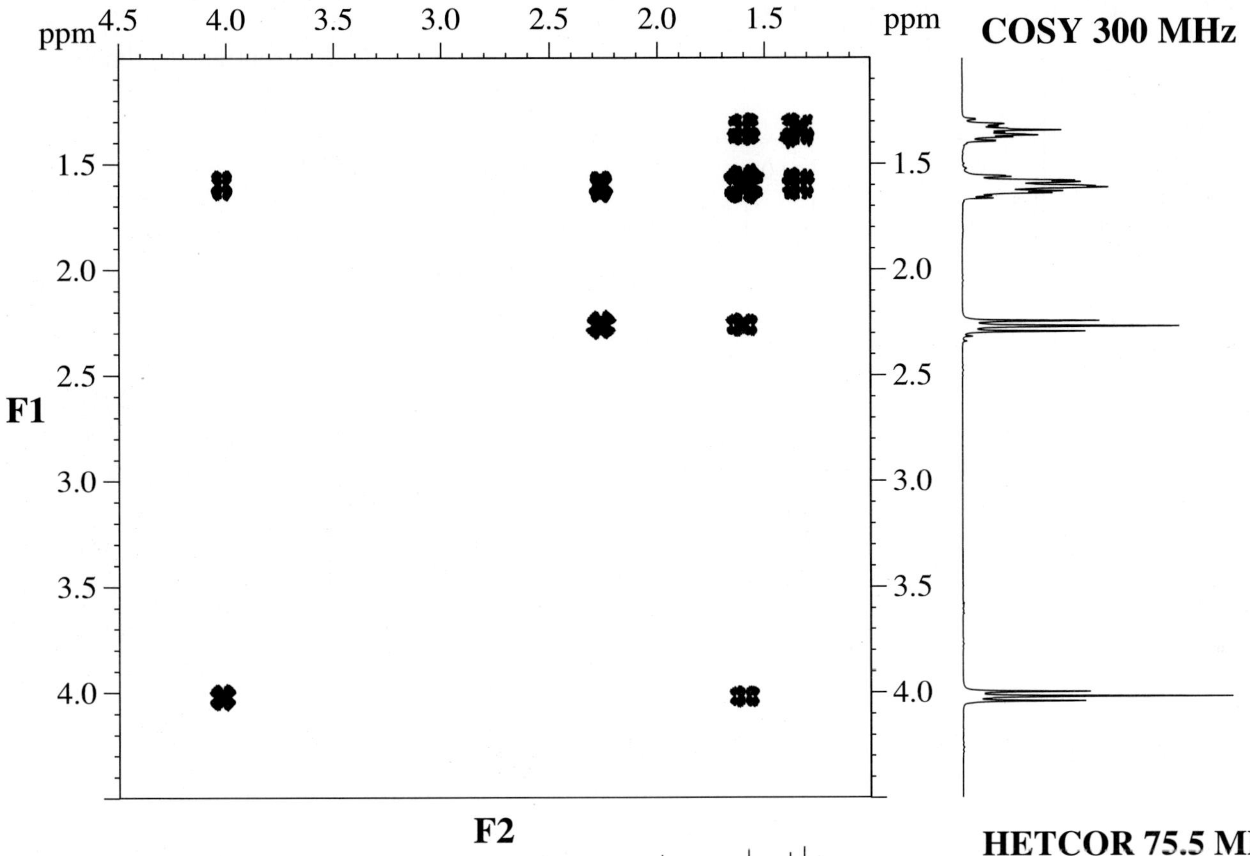
COSY 300 MHz
ppm
F1
F2

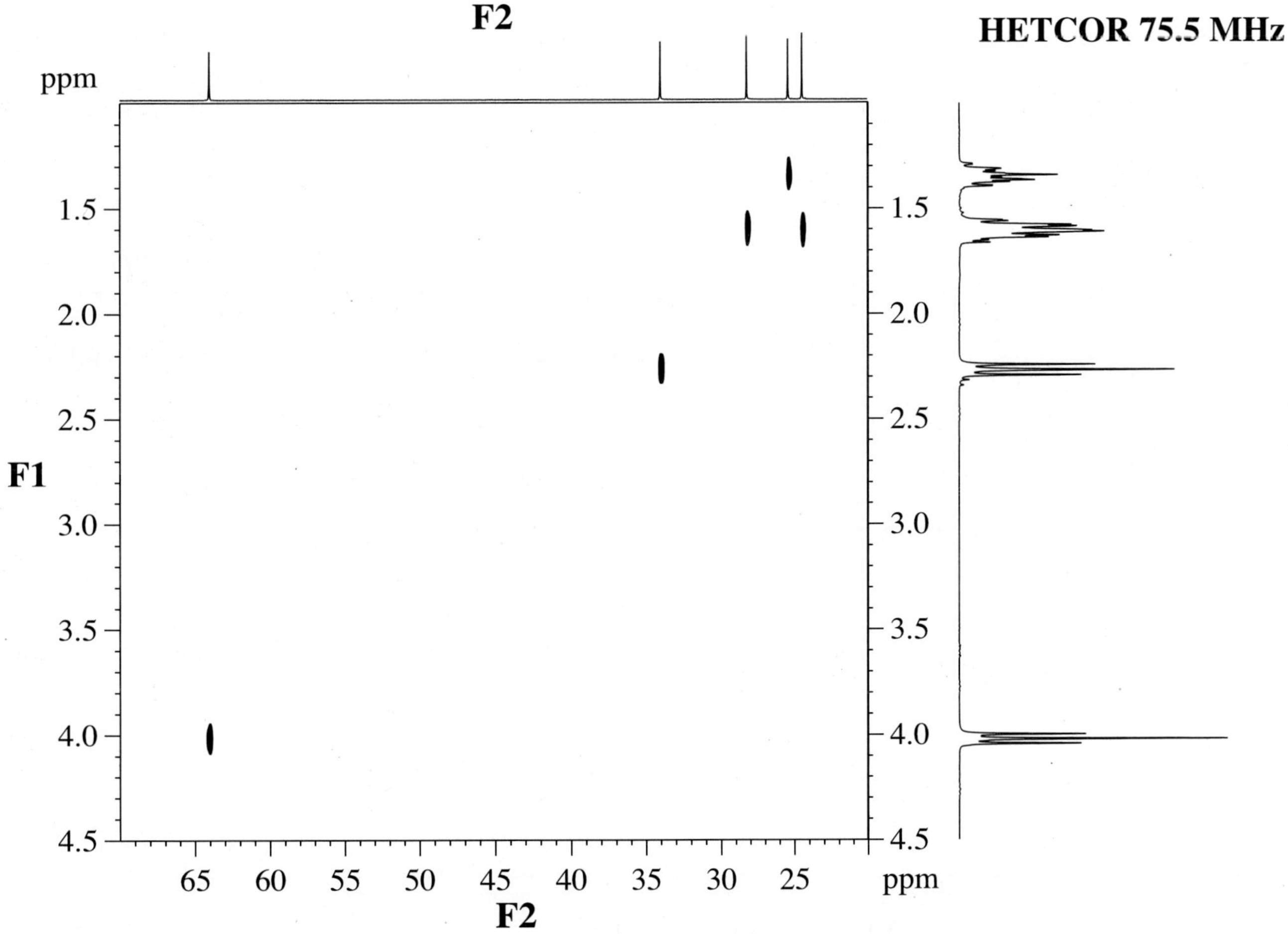
HETCOR 75.5 MHz
ppm
F1
F2

MASS

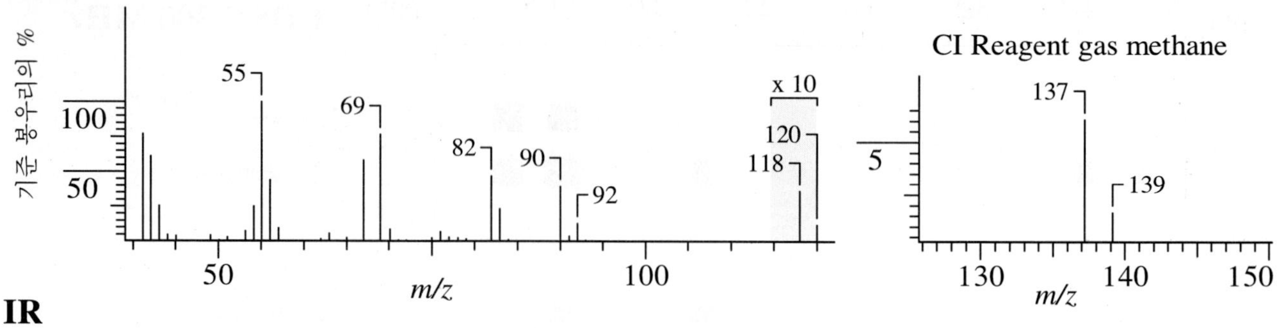

IR

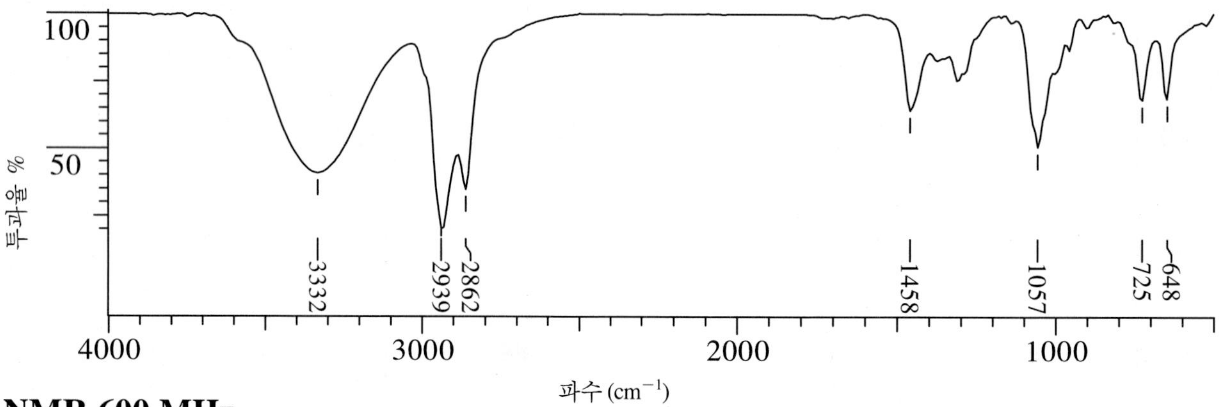

^{1}H NMR 600 MHz

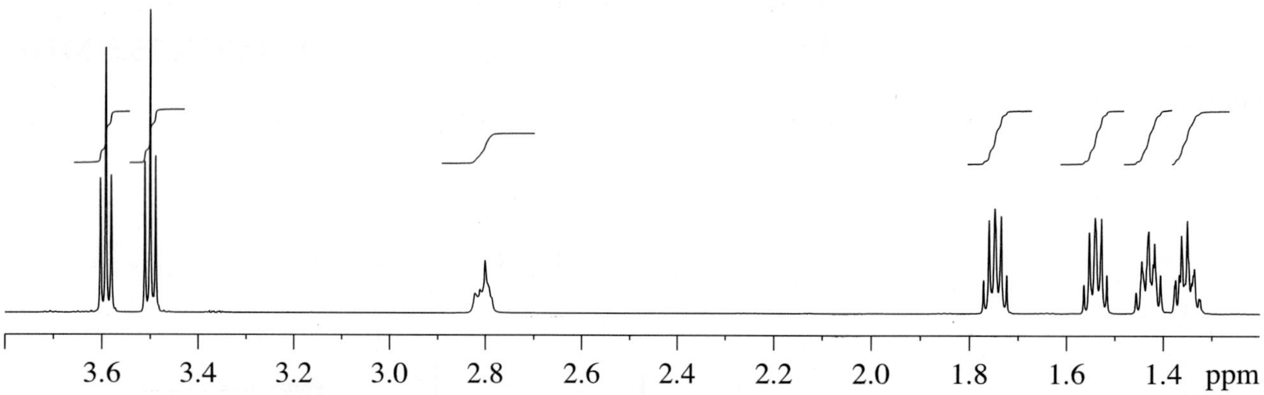

^{13}C/DEPT NMR 150.9 MHz

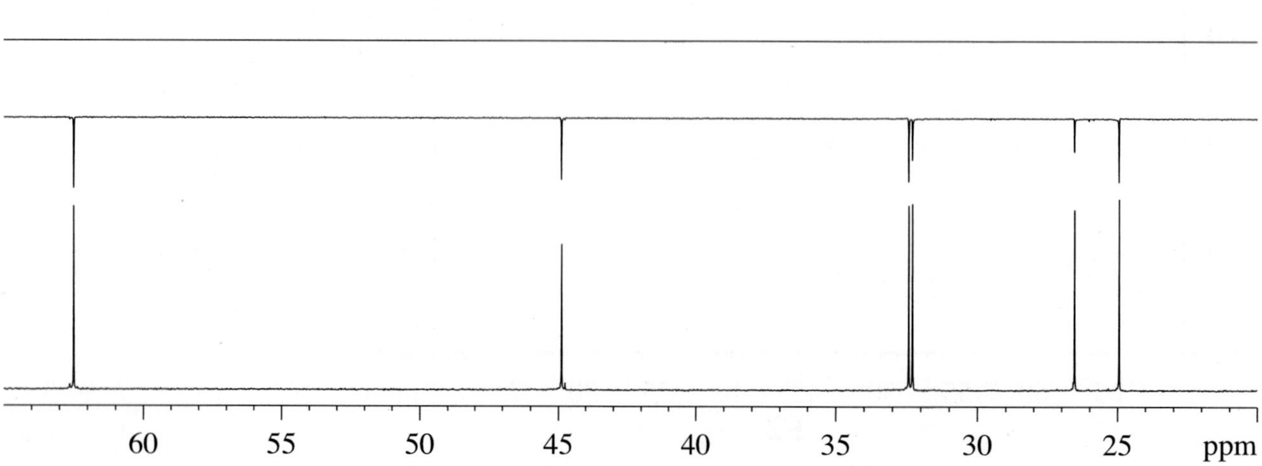

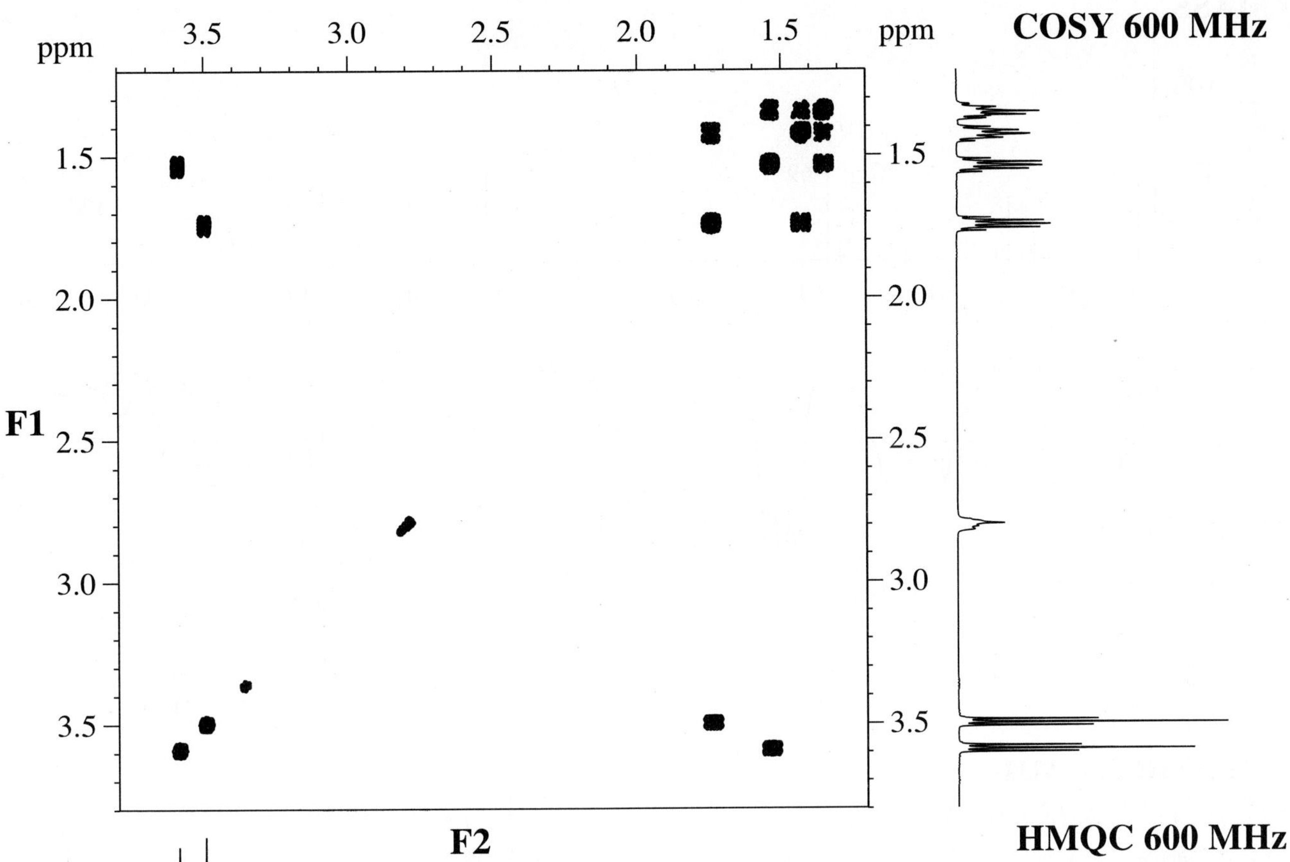
COSY 600 MHz
ppm
3.5
3.0
2.5
2.0
1.5
F1
F2

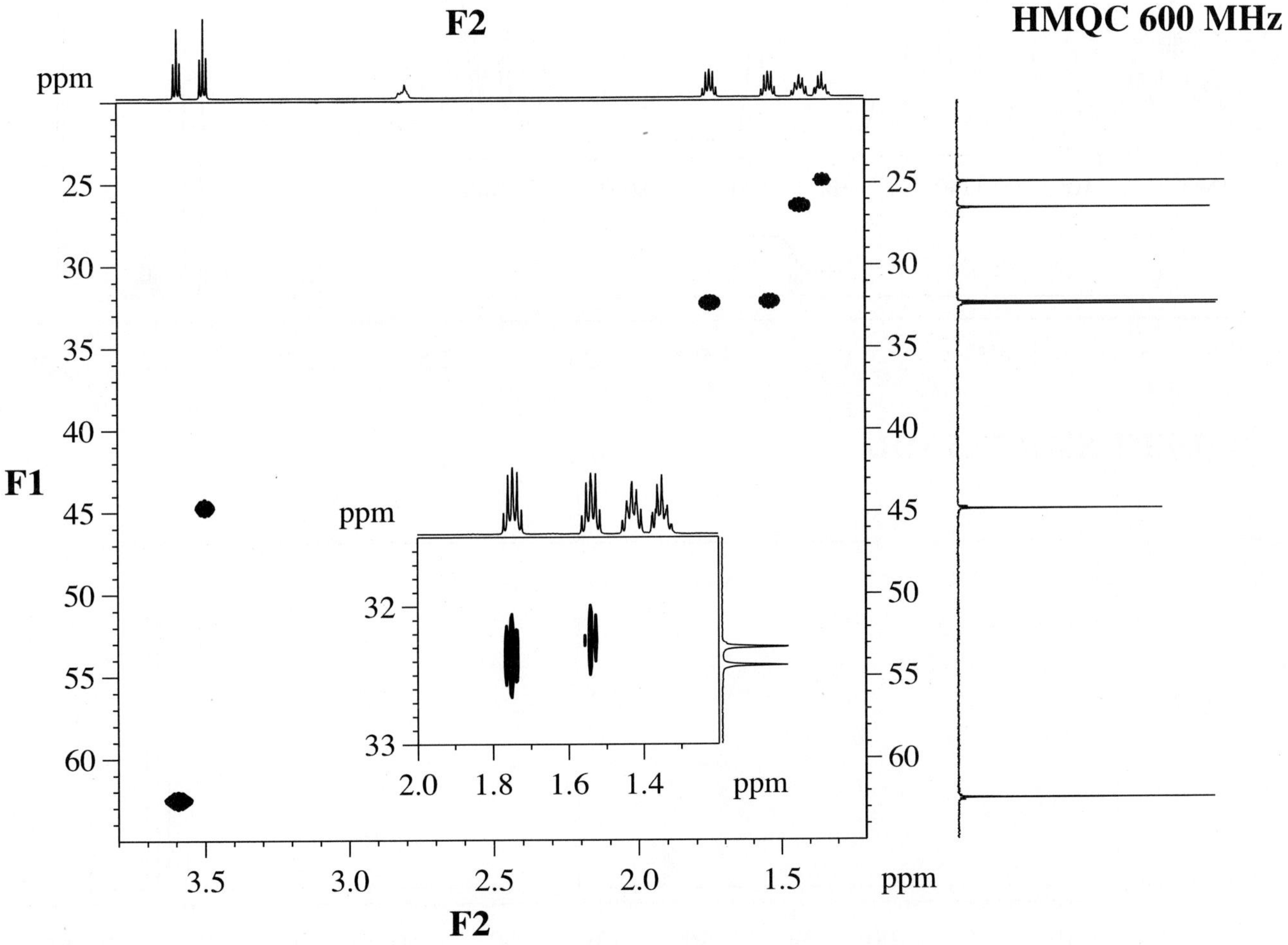
HMQC 600 MHz
ppm
25
30
35
40
45
50
55
60
F1
32
33
2.0
1.8
1.6
1.4
3.5
3.0
2.5
2.0
1.5
F2

MASS

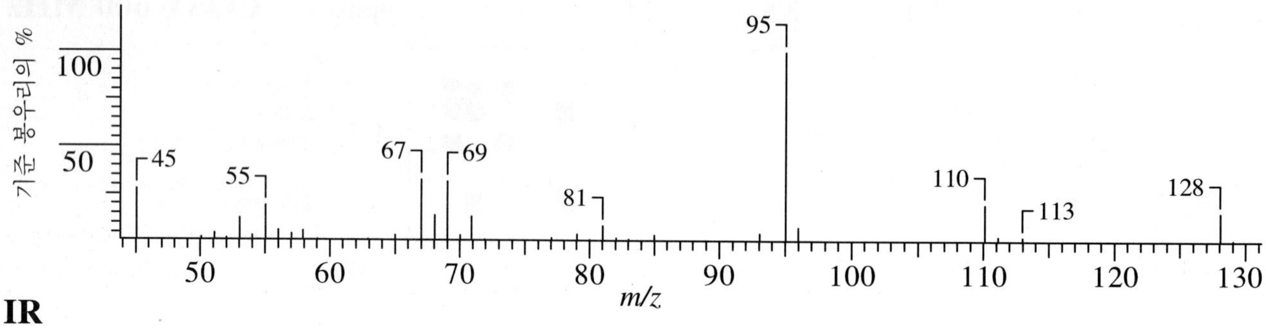

IR

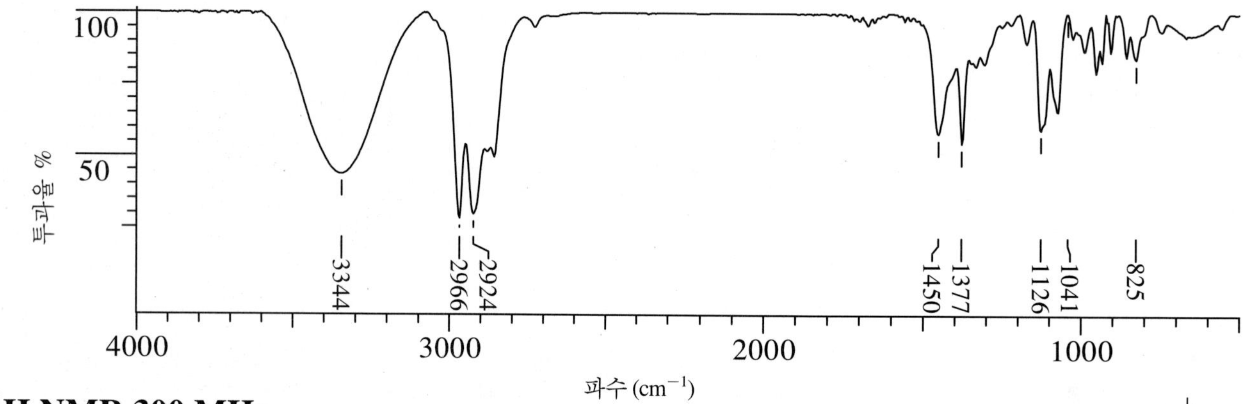

^{1}H NMR 300 MHz

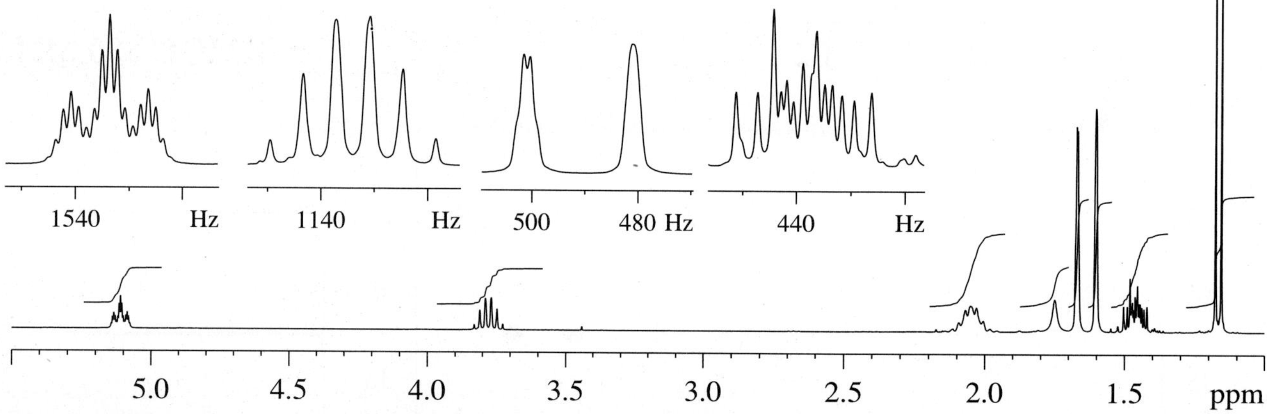

^{13}C/DEPT NMR 75.5 MHz

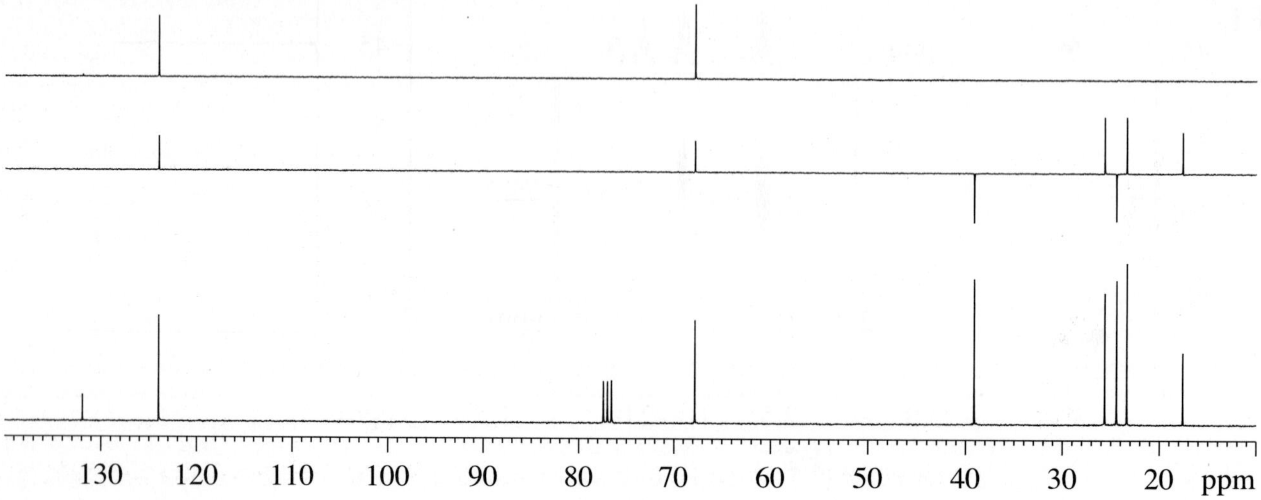

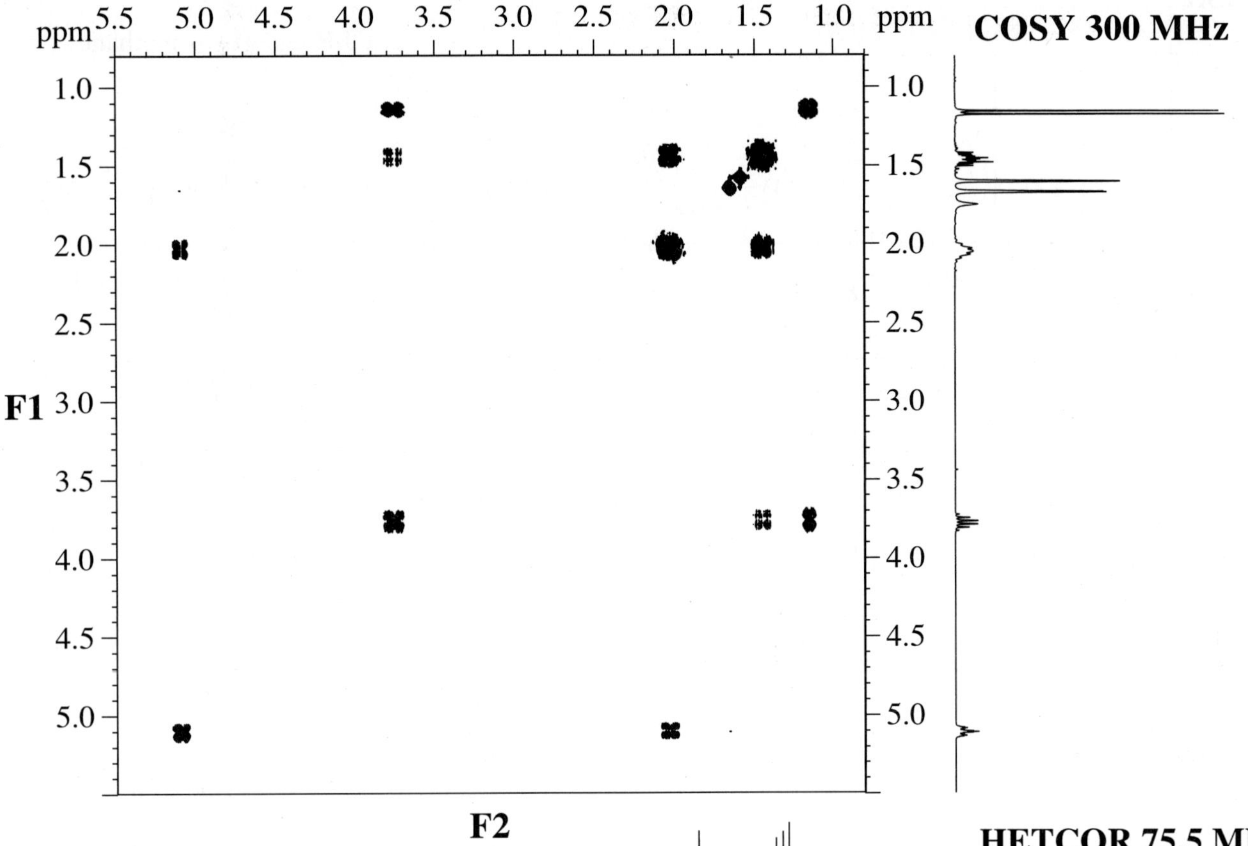
COSY 300 MHz
ppm
5.5
5.0
4.5
4.0
3.5
3.0
2.5
2.0
1.5
1.0
F1
F2

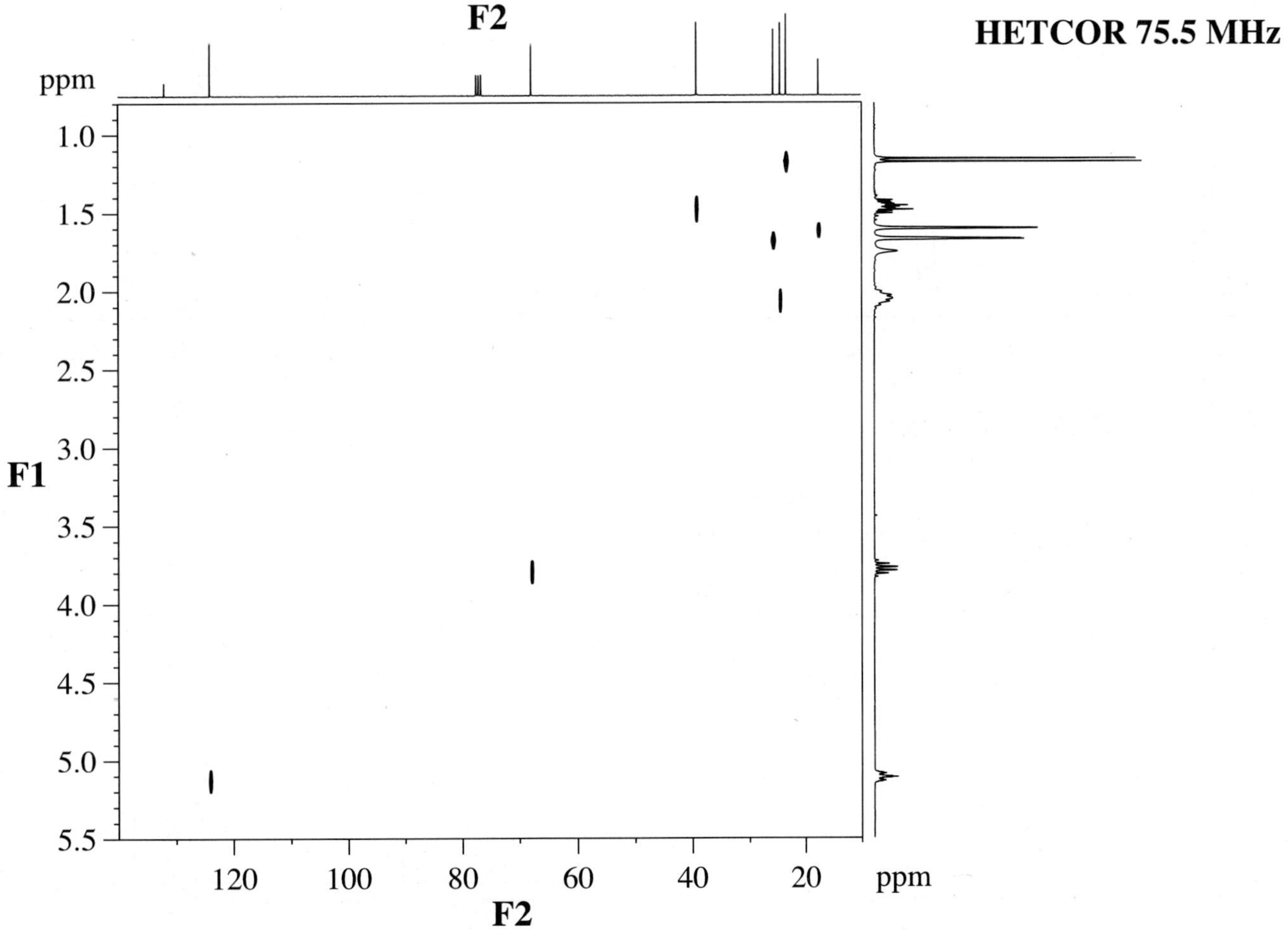
HETCOR 75.5 MHz
ppm
1.0
1.5
2.0
2.5
3.0
3.5
4.0
4.5
5.0
5.5
F1
120
100
80
60
40
20
F2

MASS

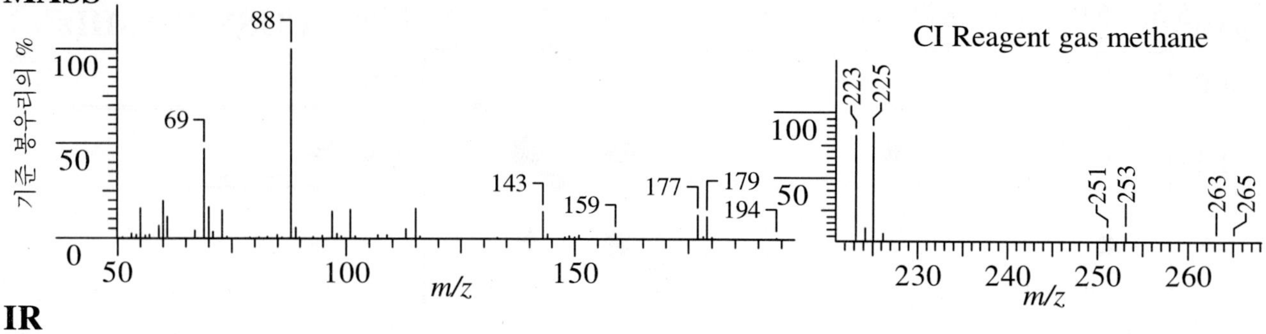

IR

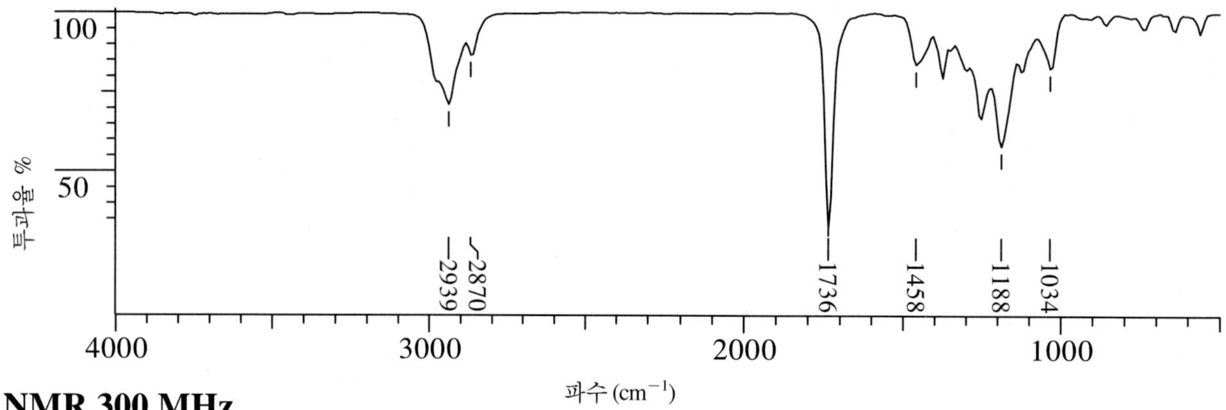

^{1}H NMR 300 MHz

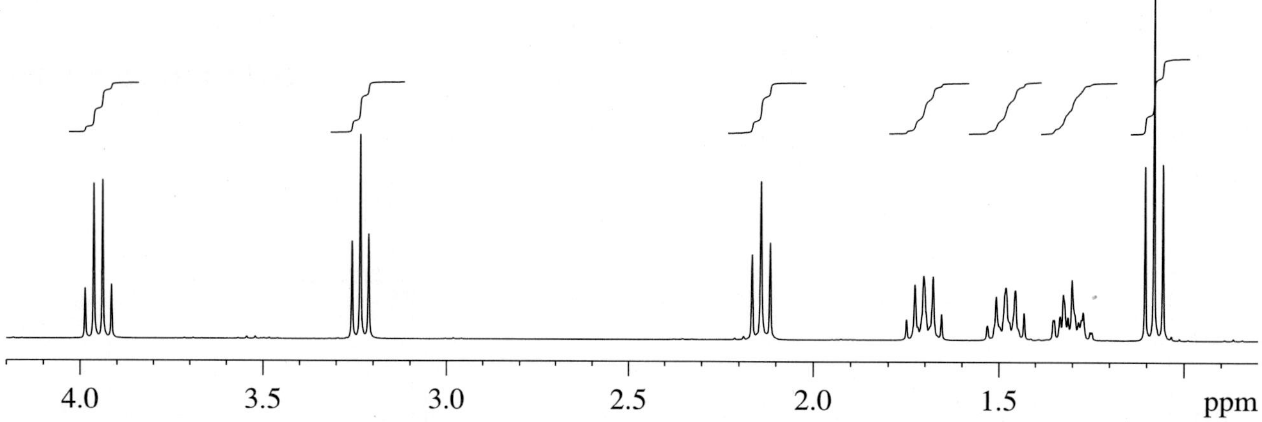

^{13}C/DEPT NMR 75.5 MHz

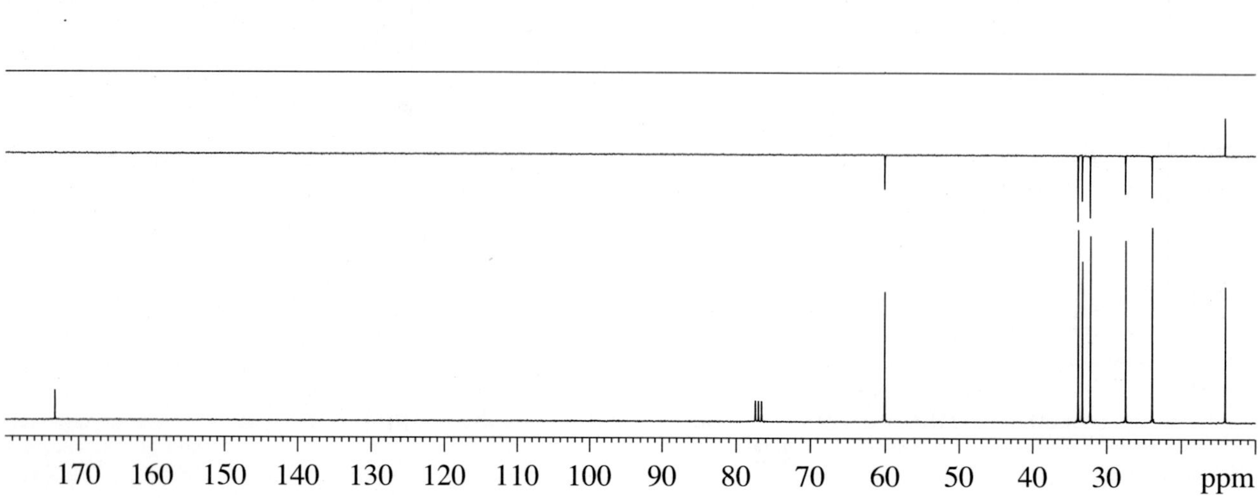

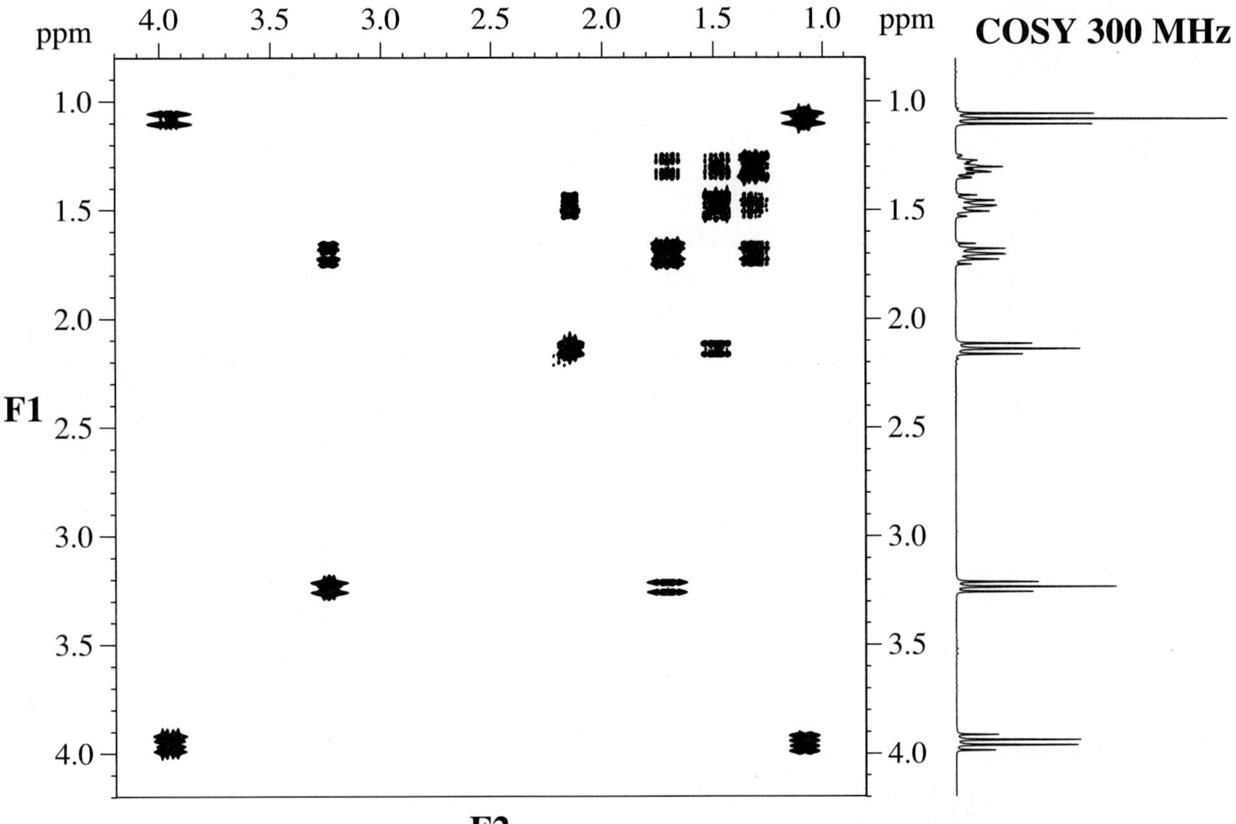
COSY 300 MHz
ppm
4.0
3.5
3.0
2.5
2.0
1.5
1.0
F1
F2

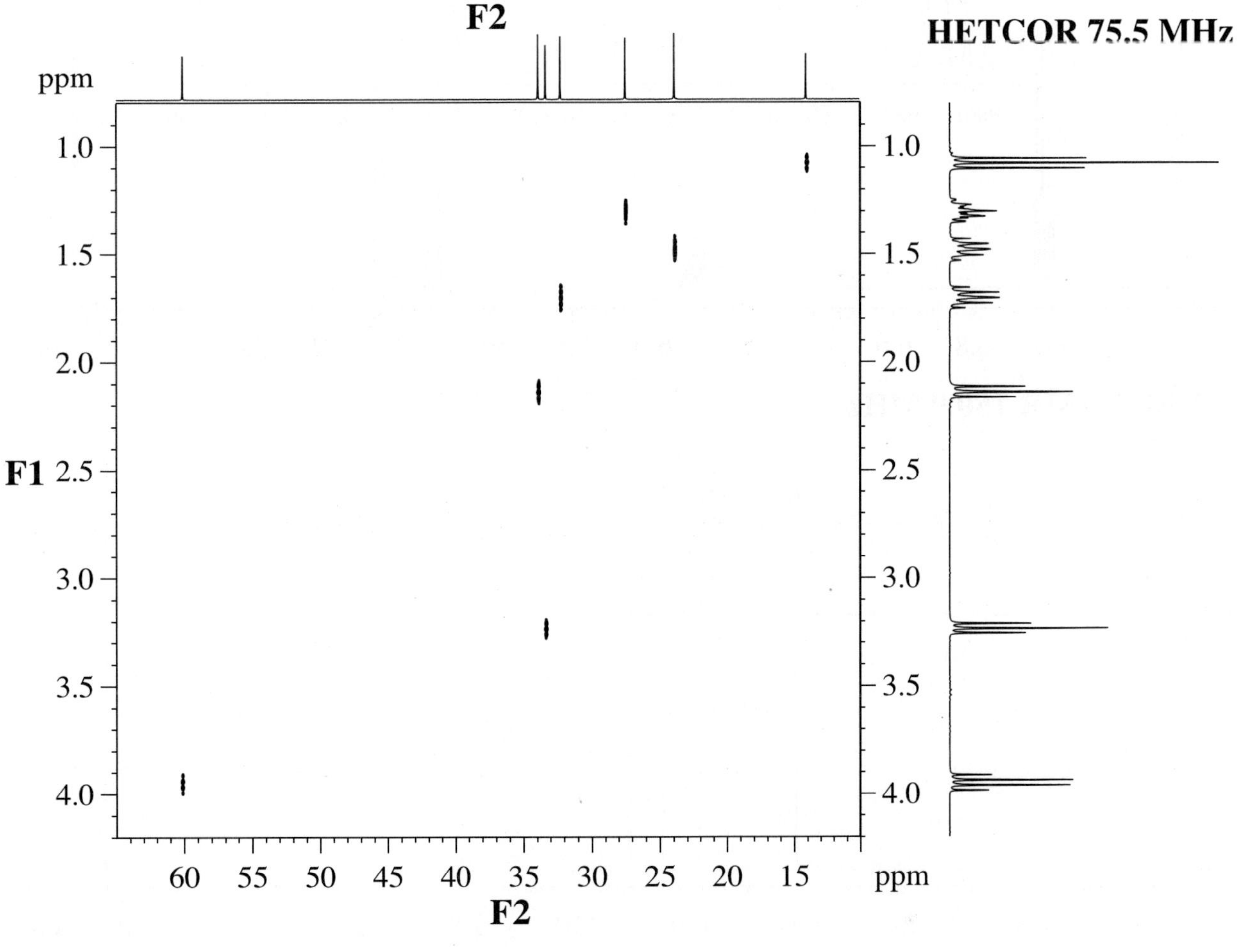
HETCOR 75.5 MHz
ppm
F1
60
55
50
45
40
35
30
25
20
15
F2

MASS

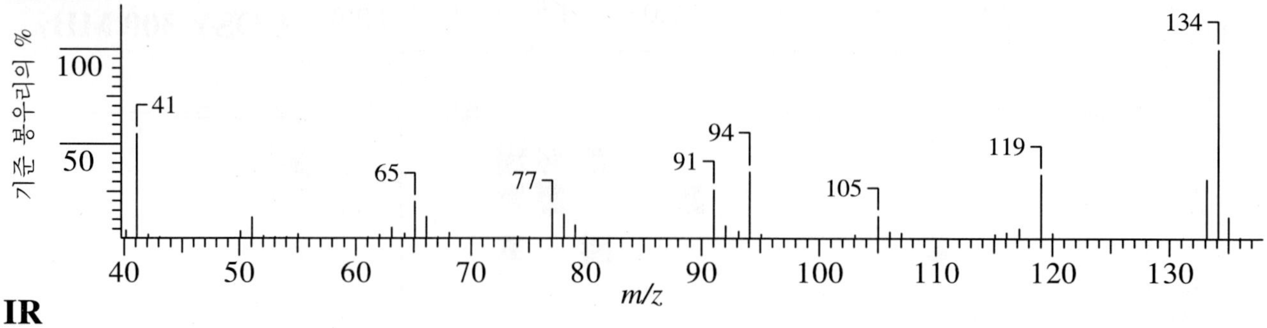

IR

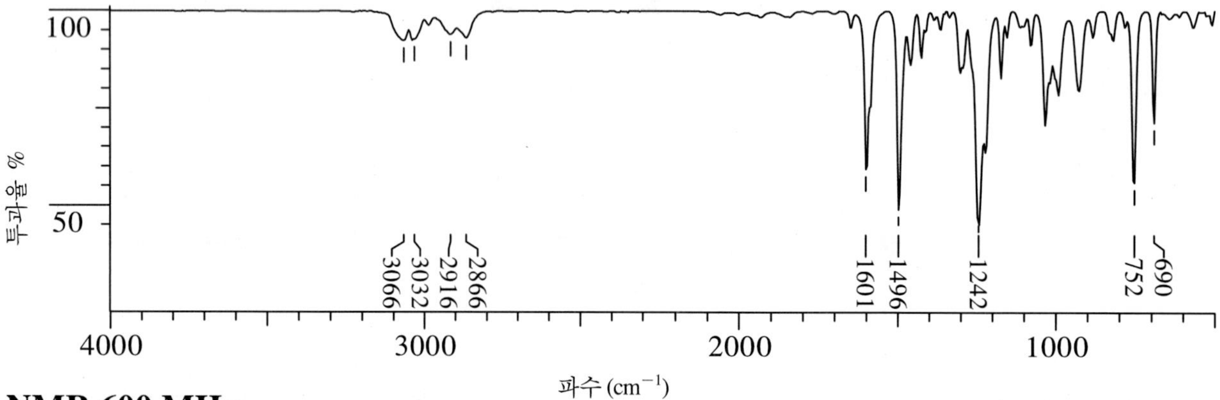

^{1}H NMR 600 MHz

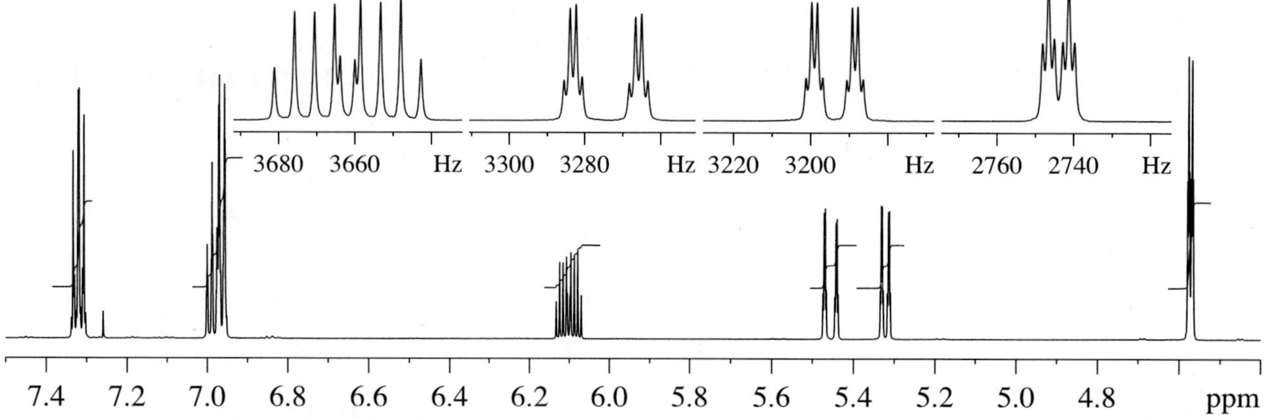

^{13}C/DEPT NMR 150.9 MHz

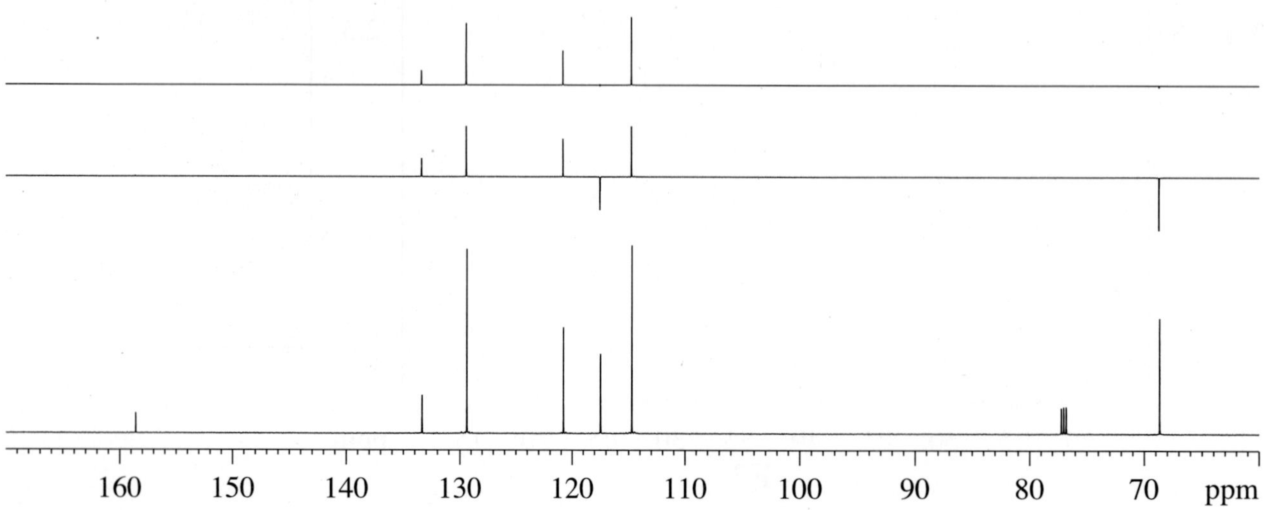

COSY 600 MHz

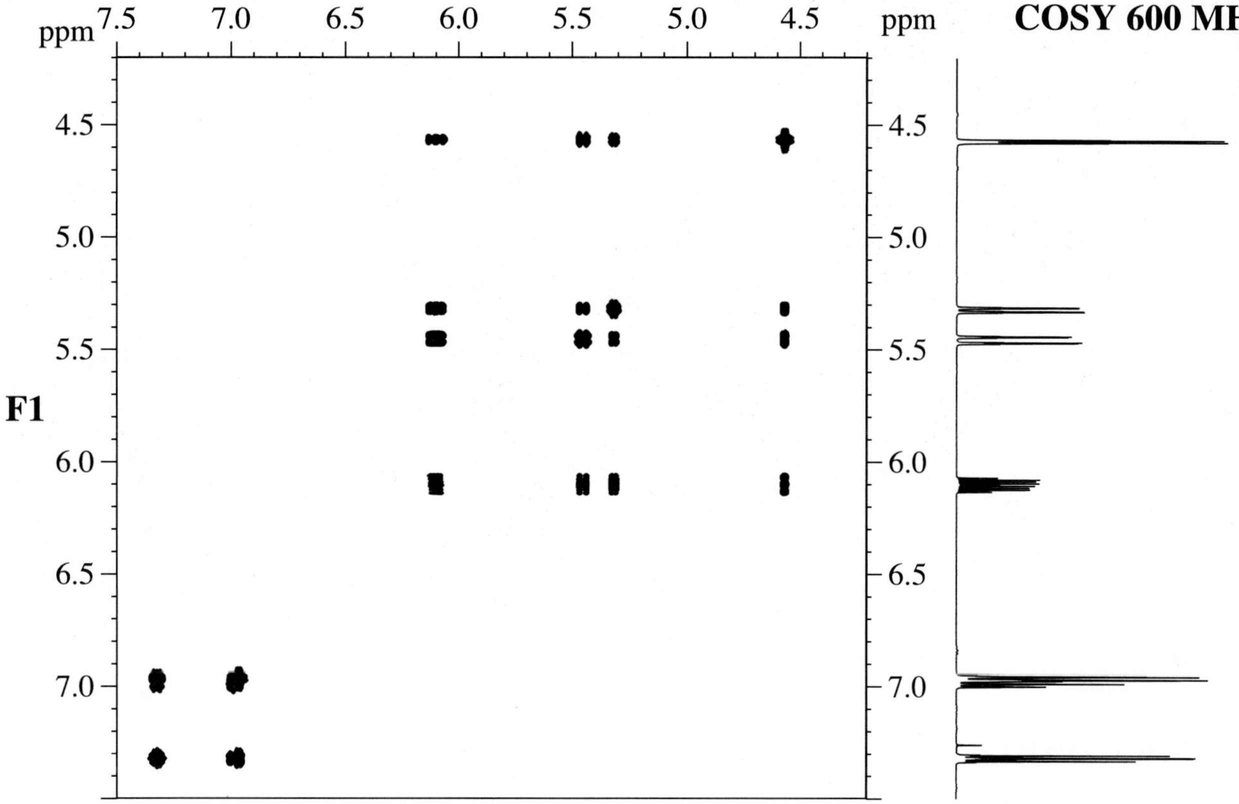

HMQC 600 MHz

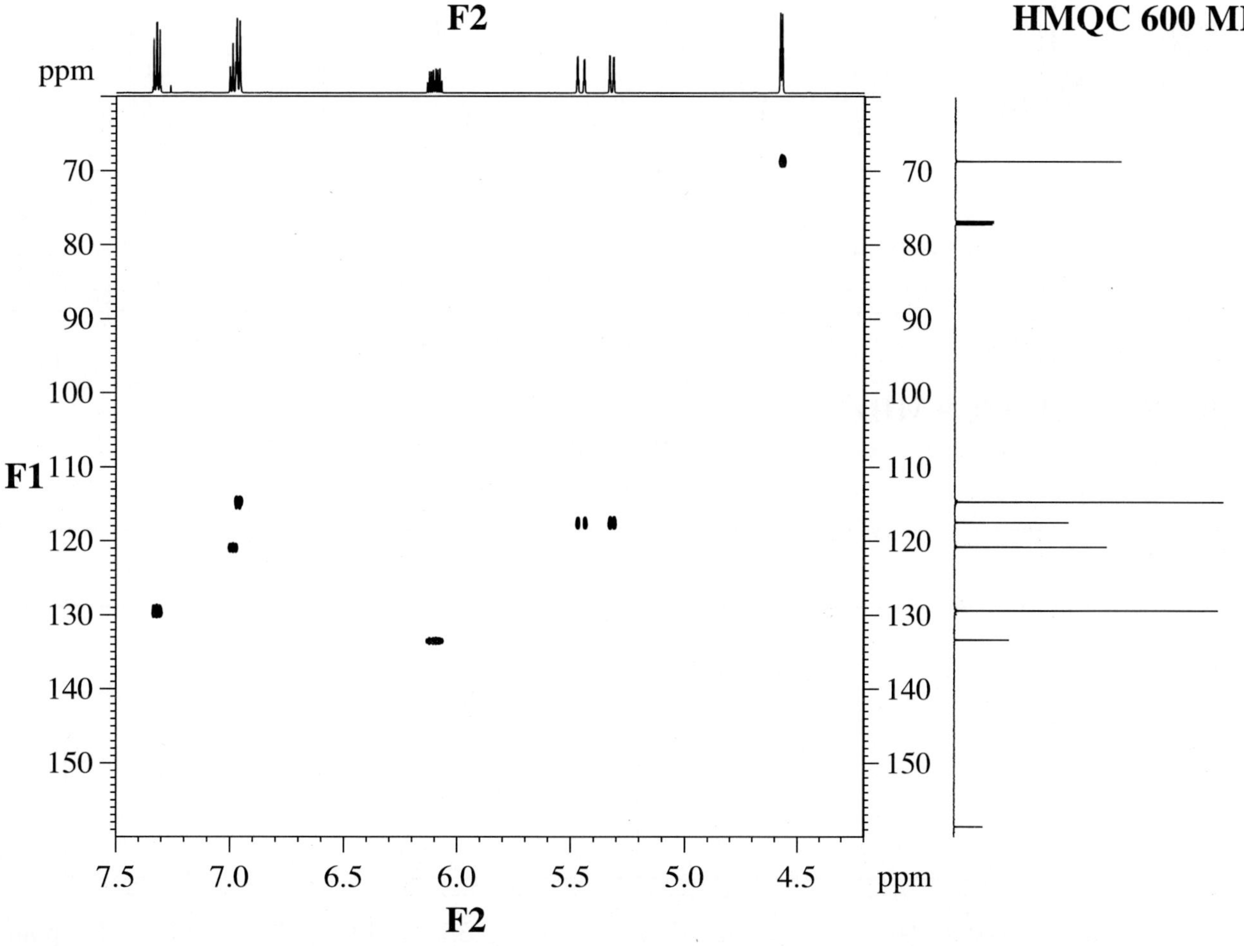

MASS

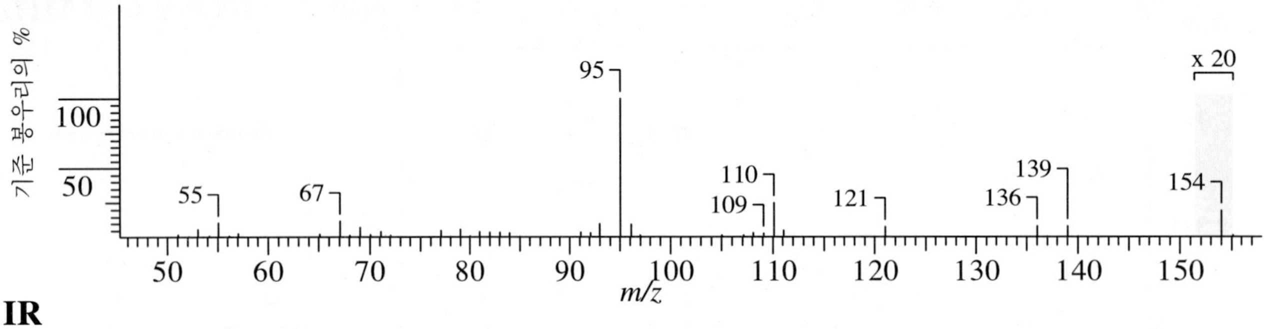

IR

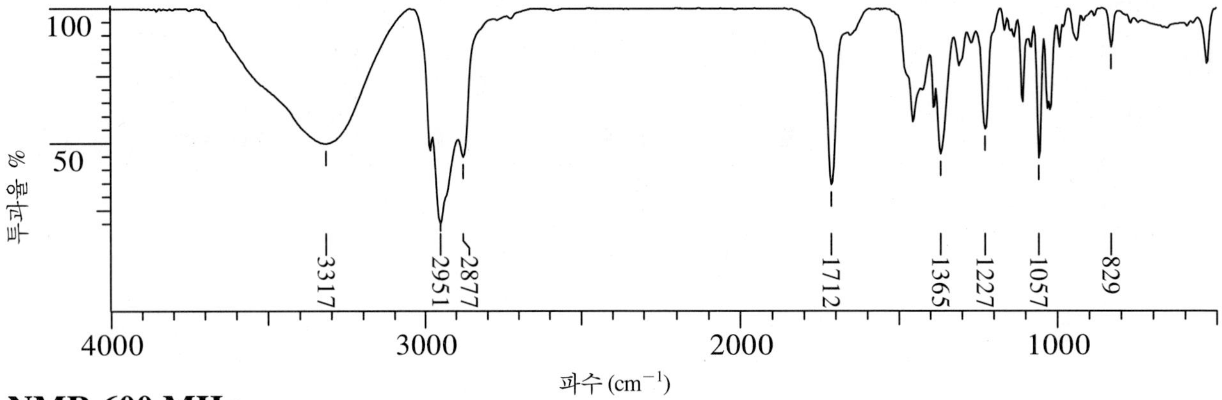

¹H NMR 600 MHz

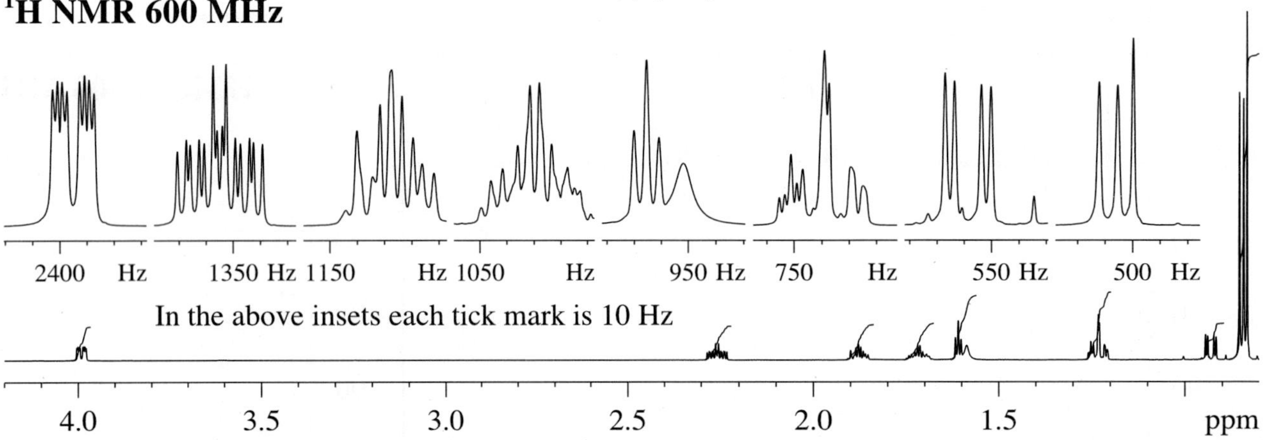

¹³C/DEPT NMR 150.9 MHz

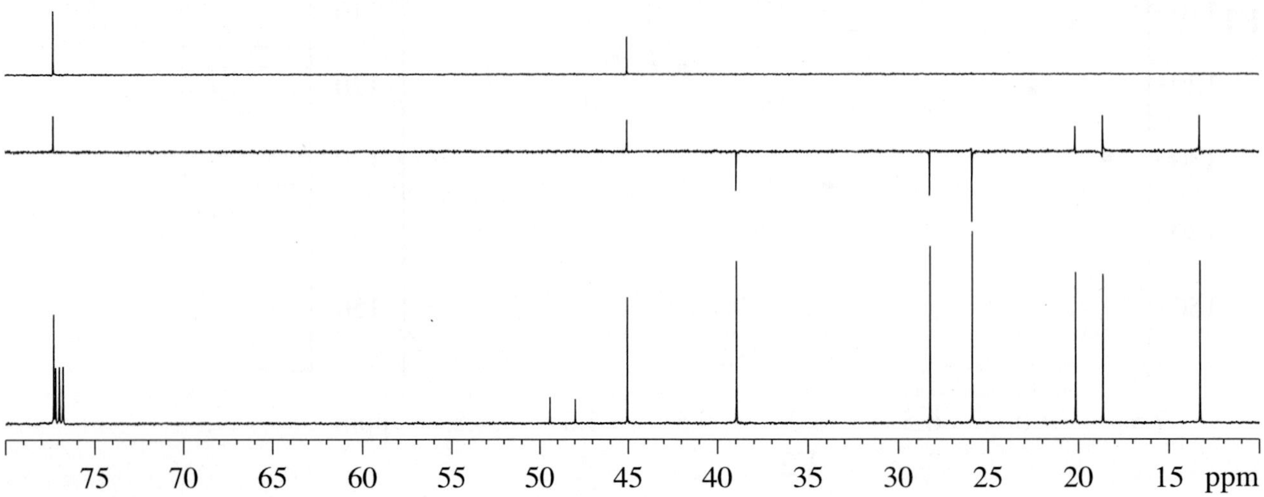

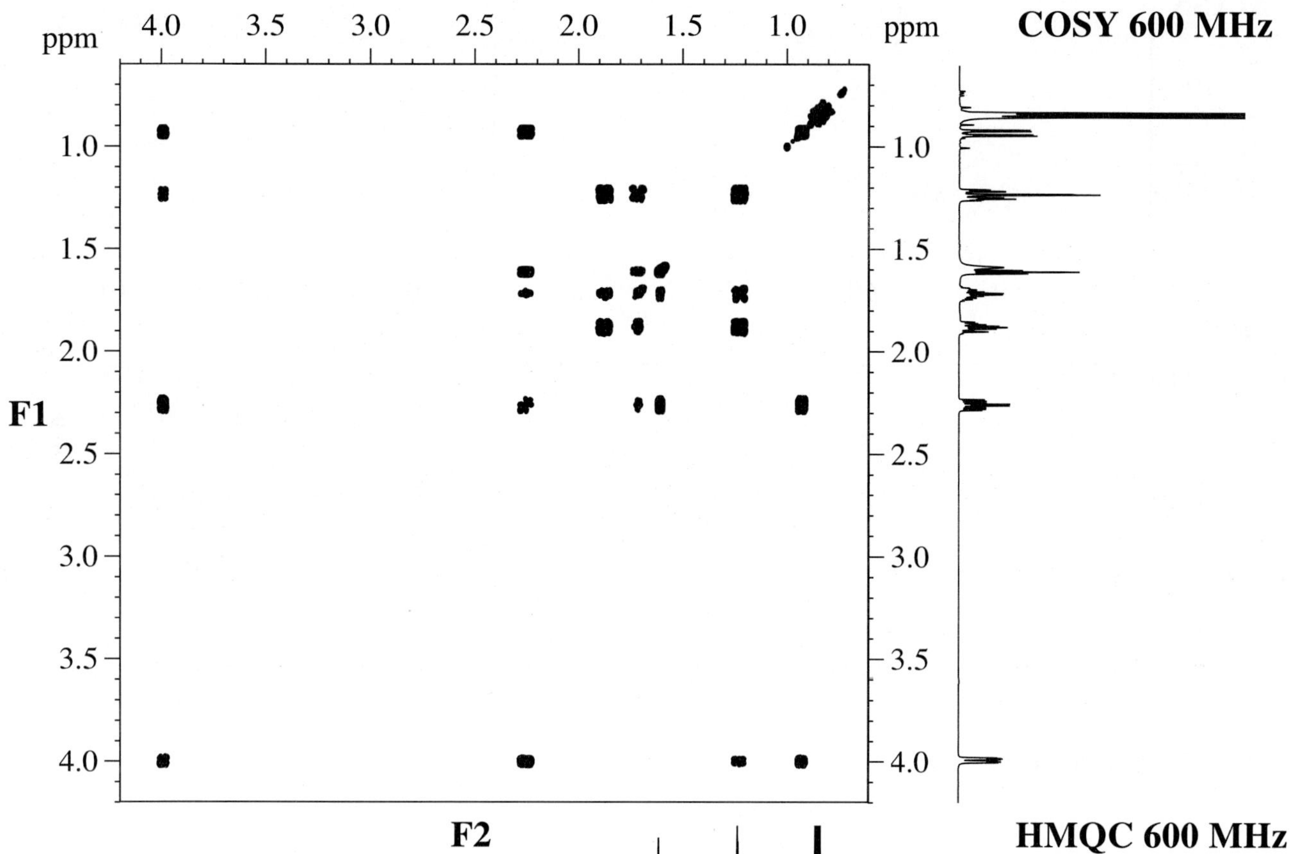
COSY 600 MHz
ppm
4.0
3.5
3.0
2.5
2.0
1.5
1.0
F1
F2

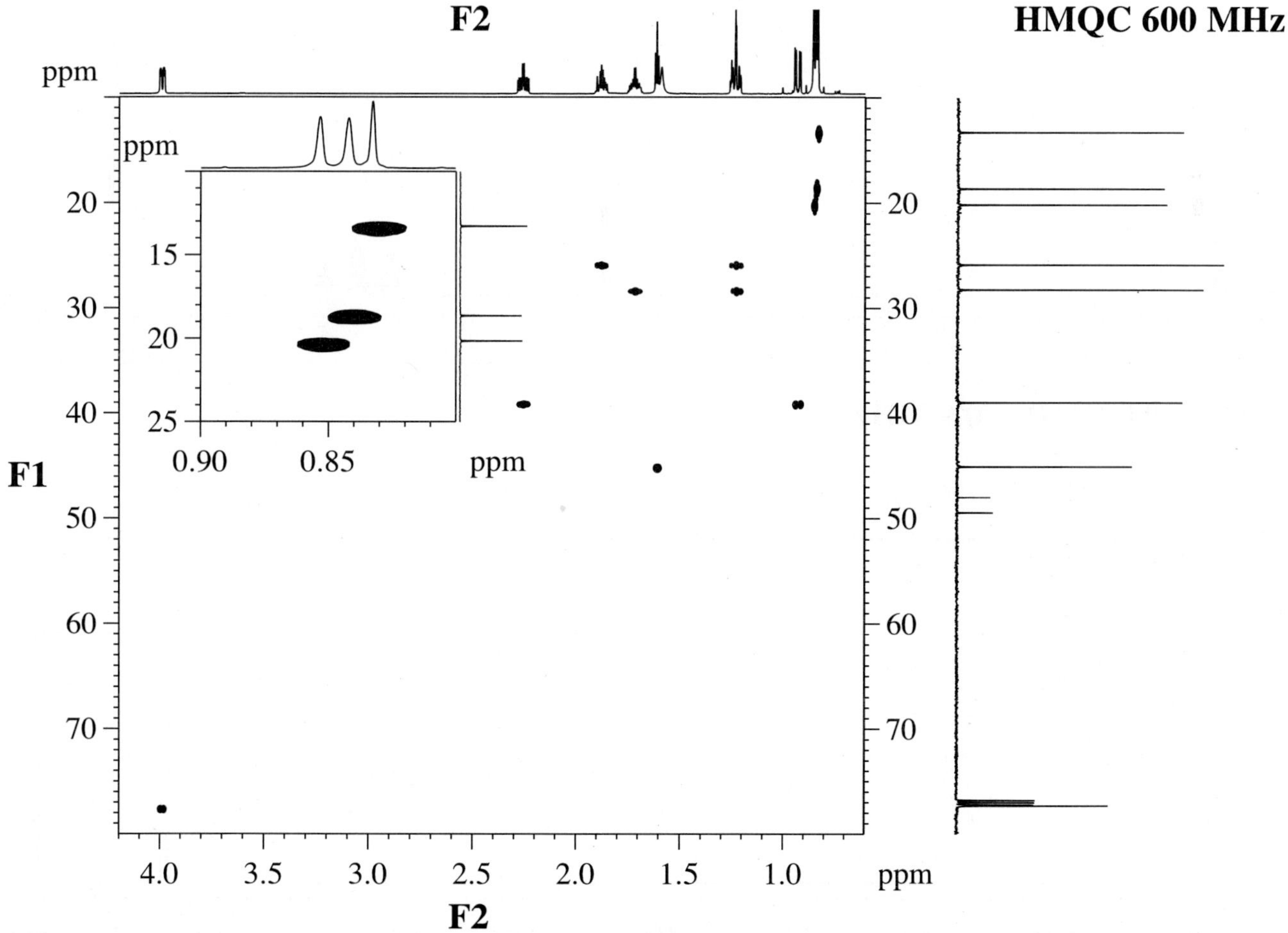
HMQC 600 MHz
ppm
F1
F2
0.90
0.85
15
20
25
30
40
50
60
70

MASS

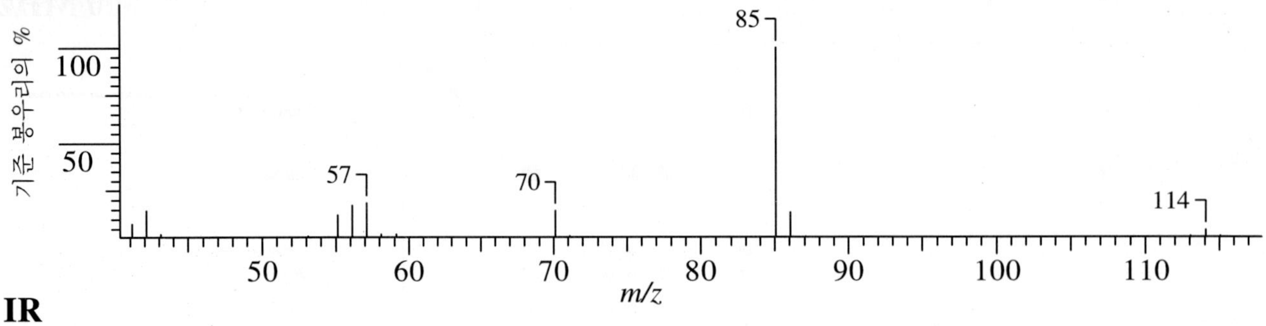

IR

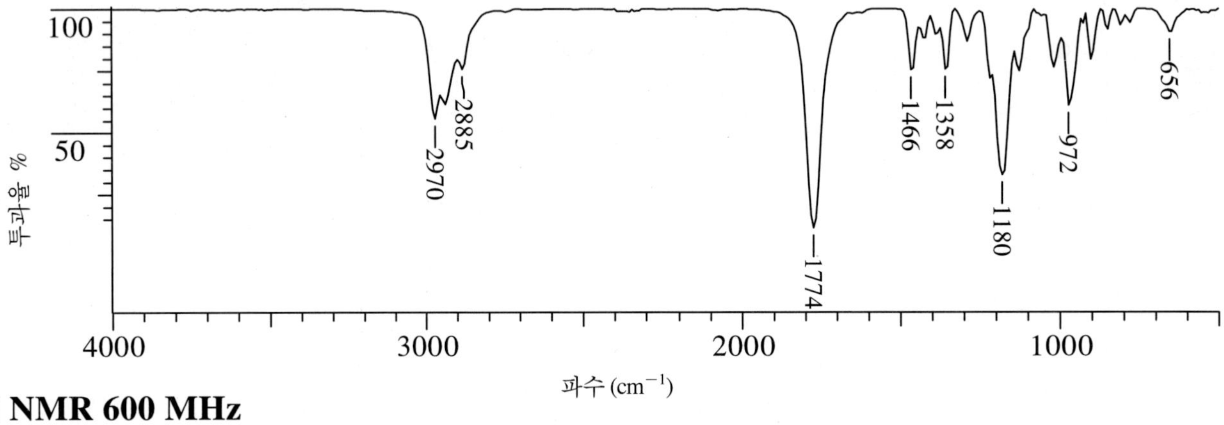

^{1}H NMR 600 MHz

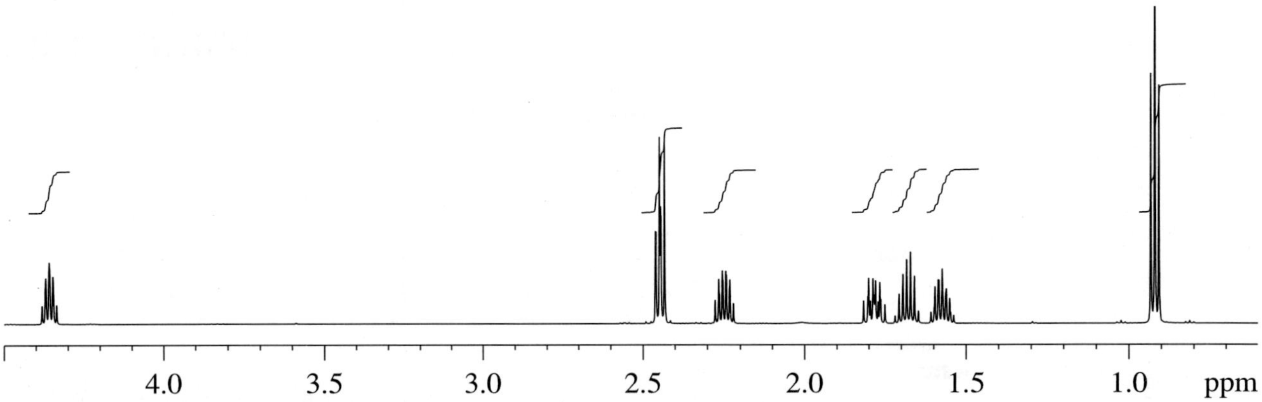

^{13}C/DEPT NMR 150.9 MHz

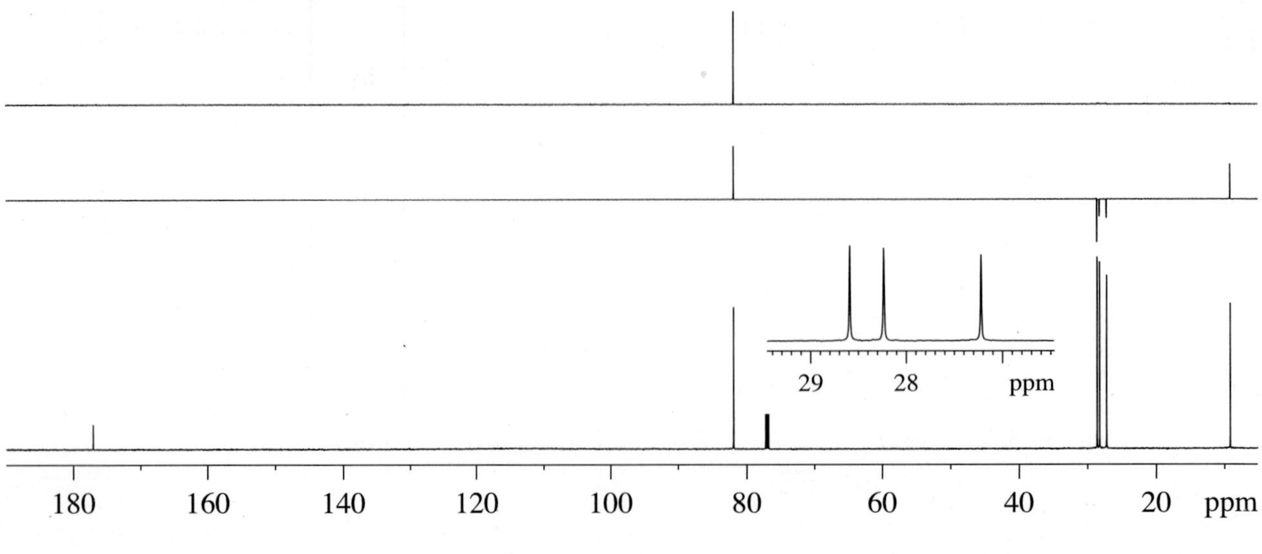

COSY 600 MHz

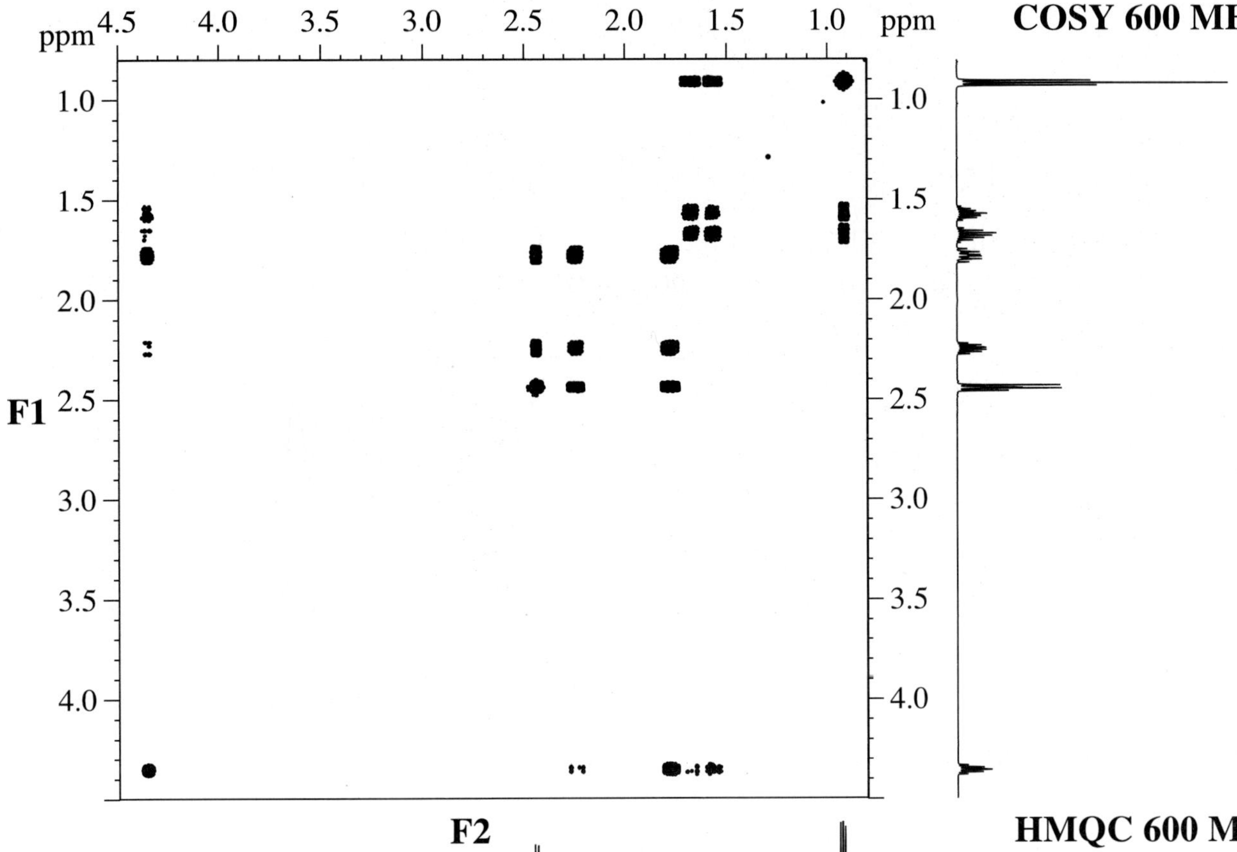

HMQC 600 MHz

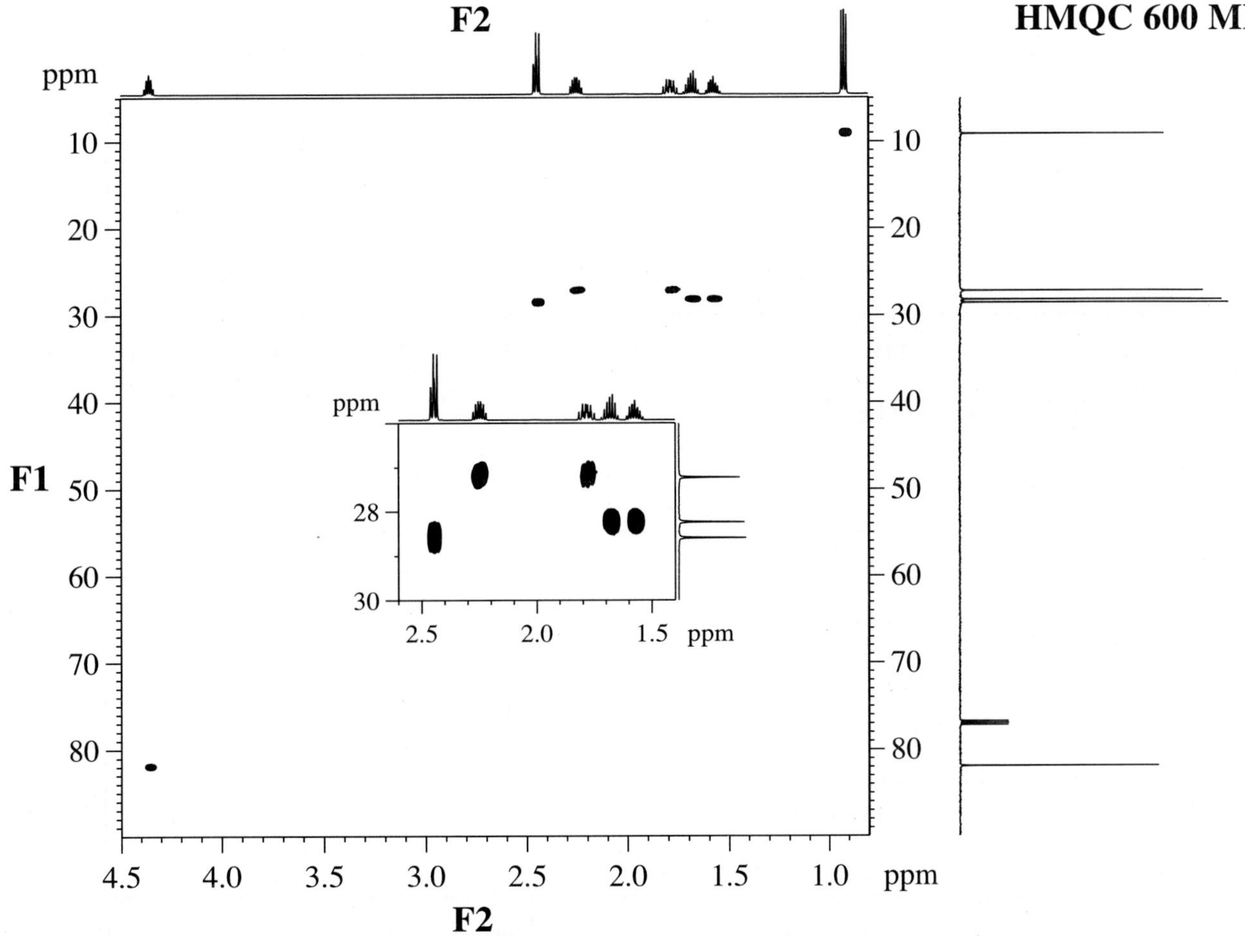

MASS

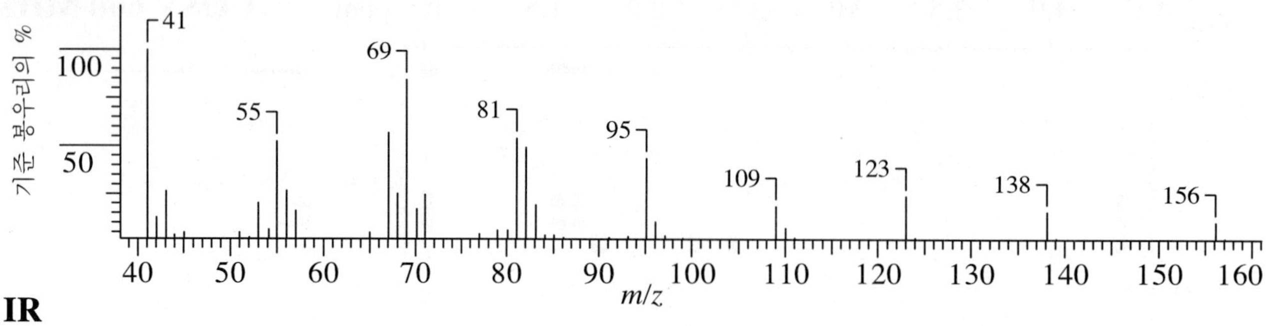

IR

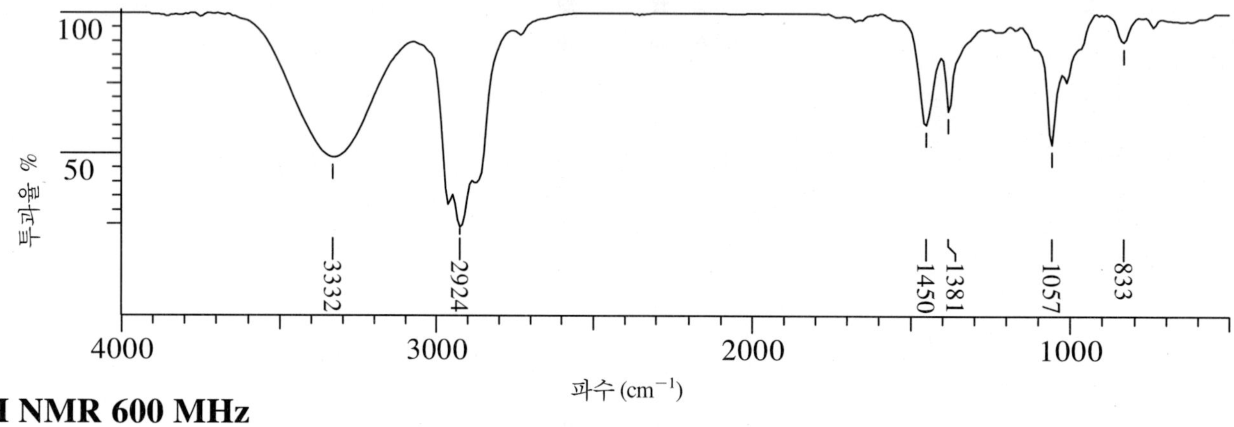

^{1}H NMR 600 MHz

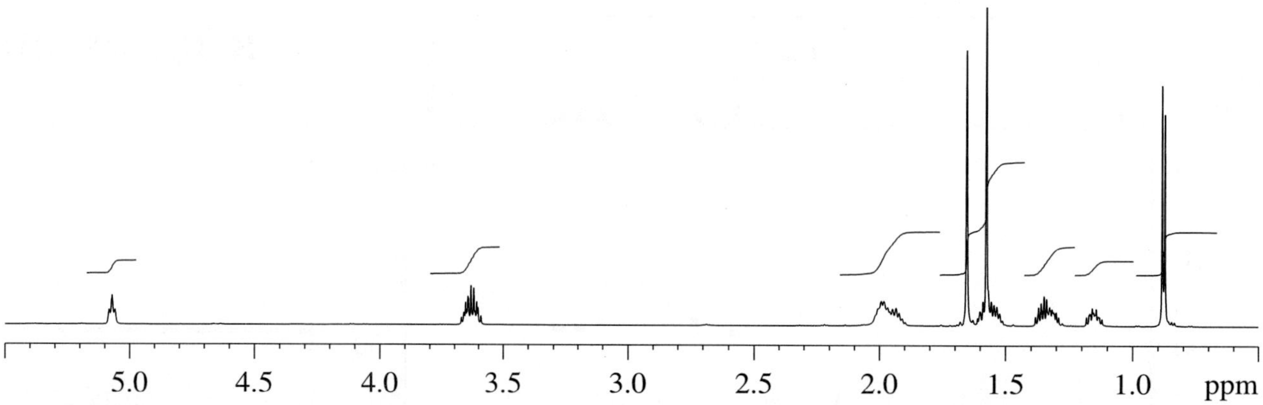

^{13}C/DEPT NMR 150.9 MHz

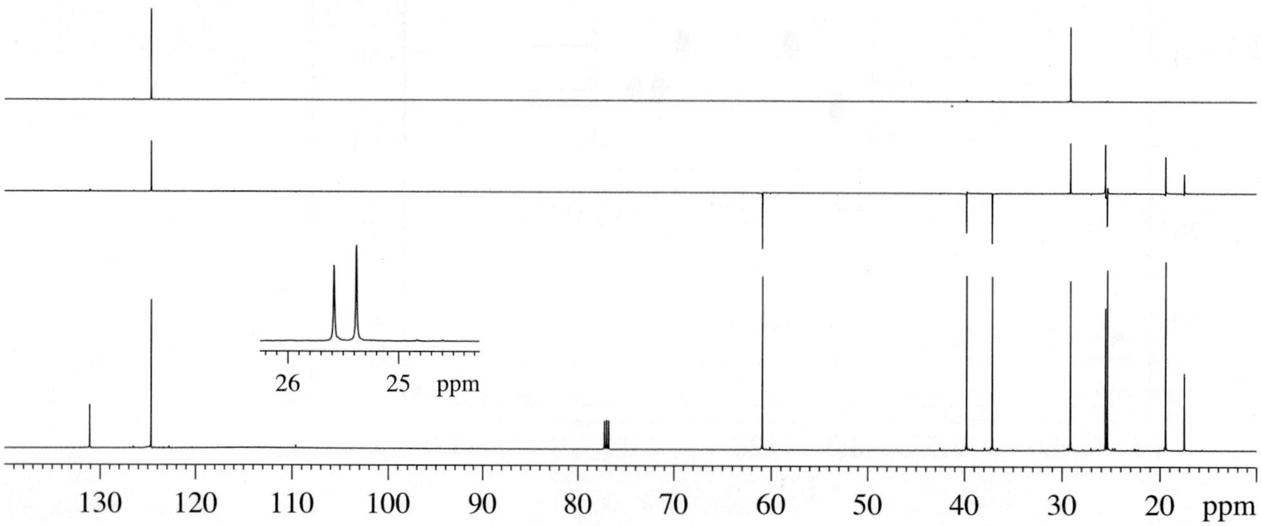

COSY 600 MHz

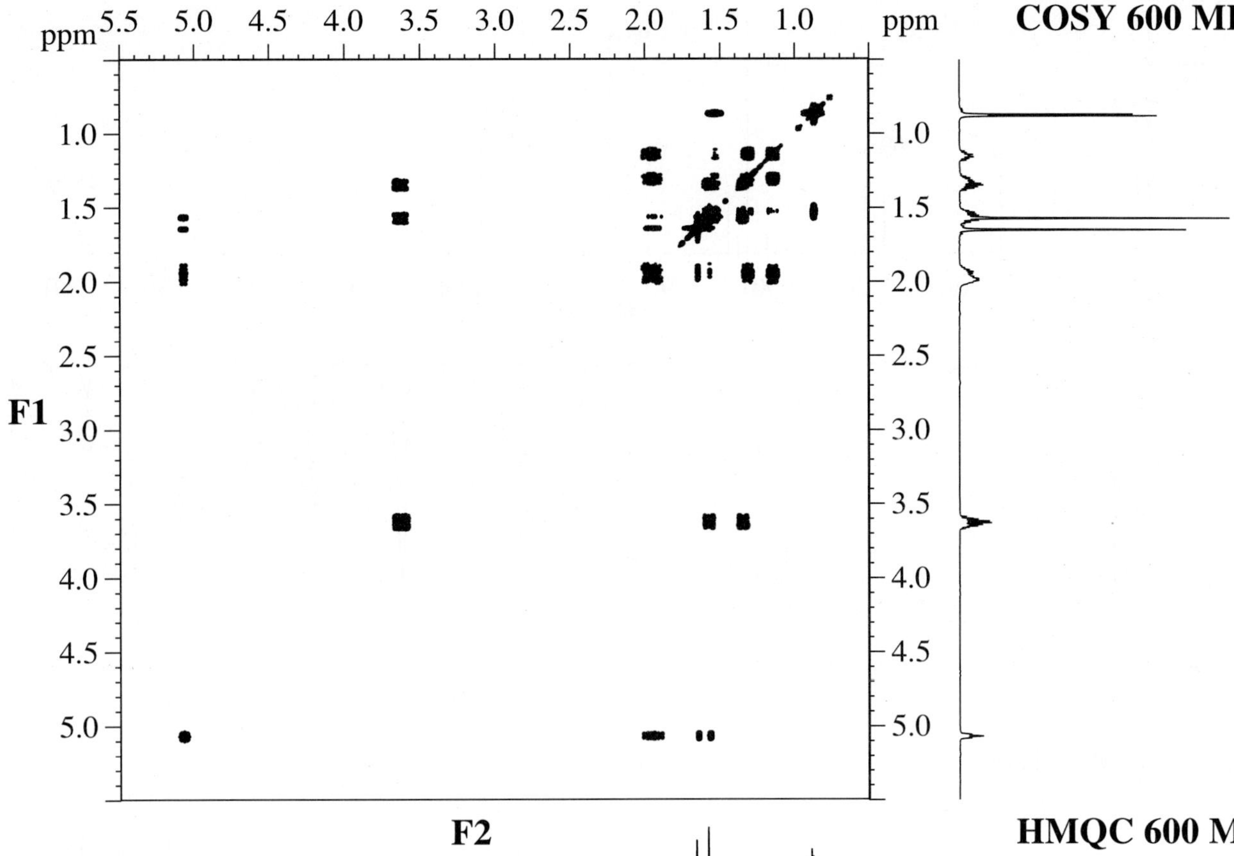

HMQC 600 MHz

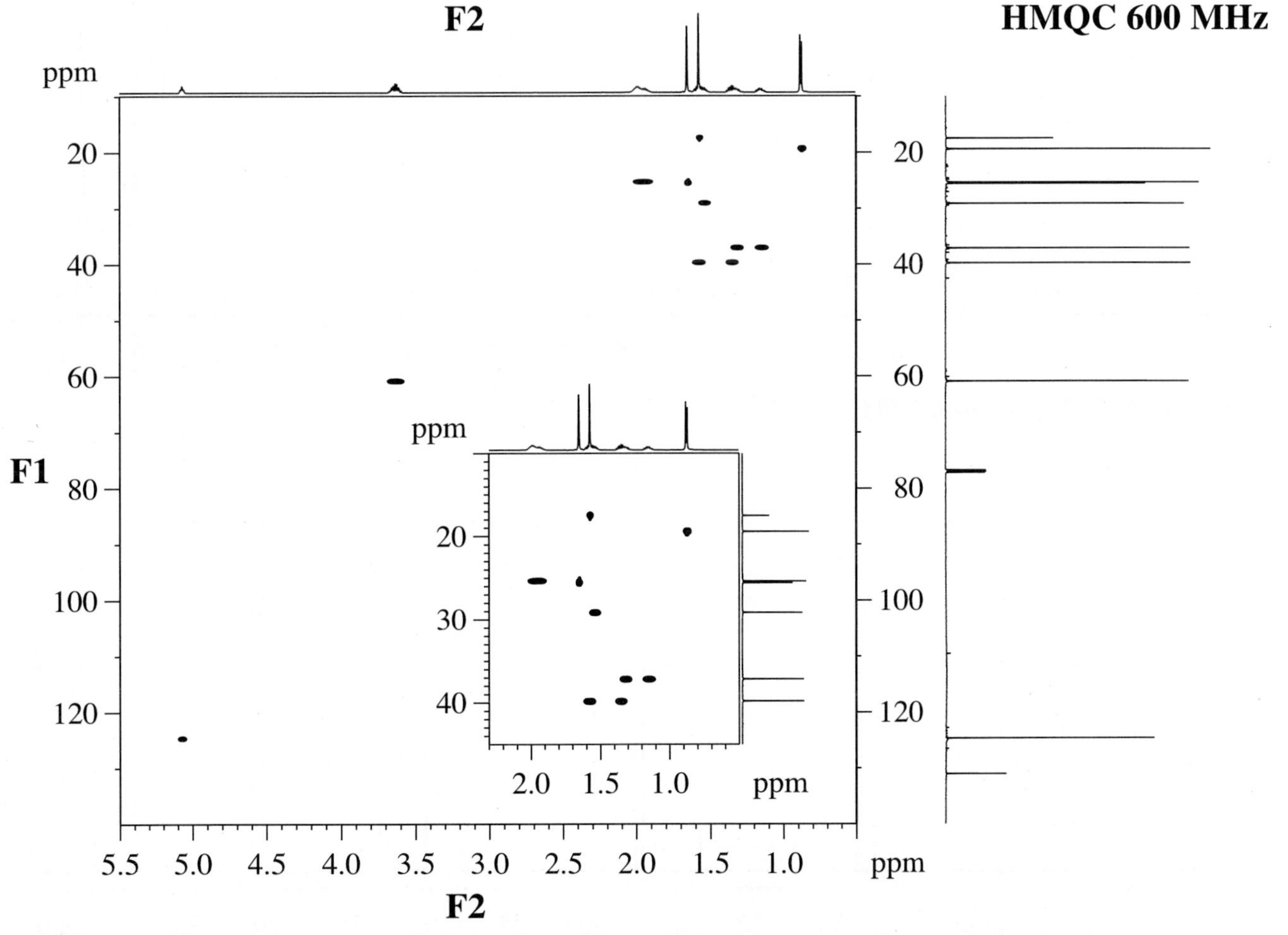

MASS

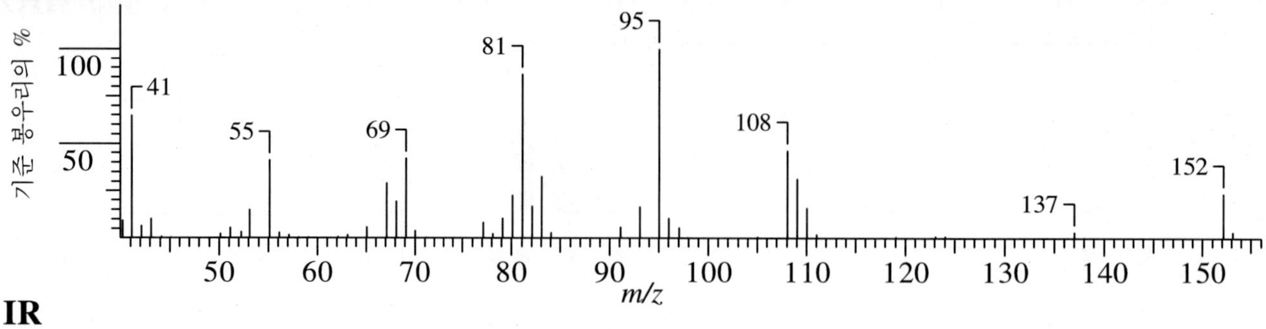

IR

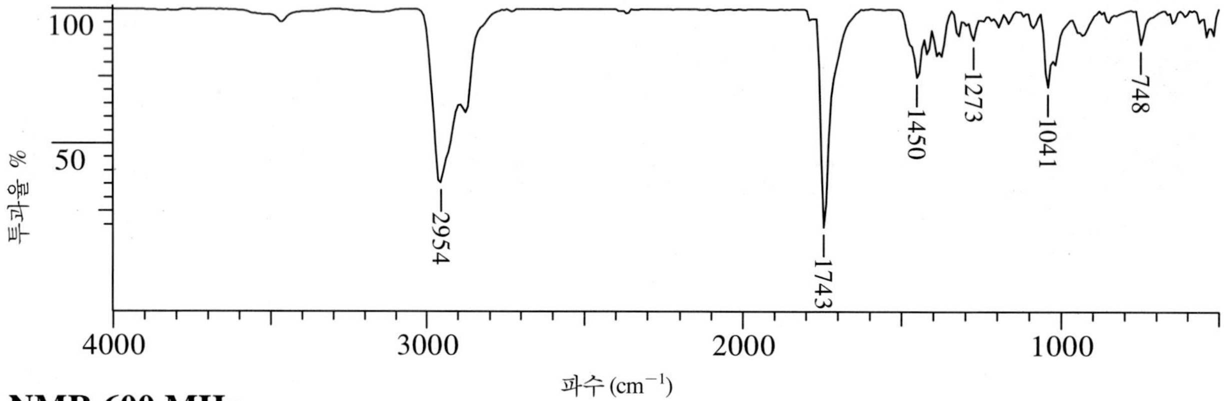

^{1}H NMR 600 MHz

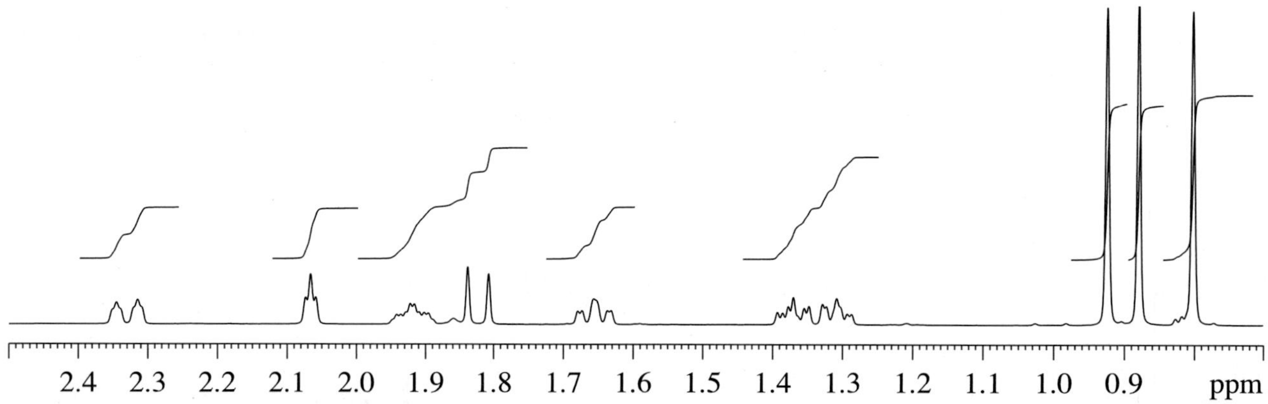

^{13}C/DEPT NMR 150.9 MHz

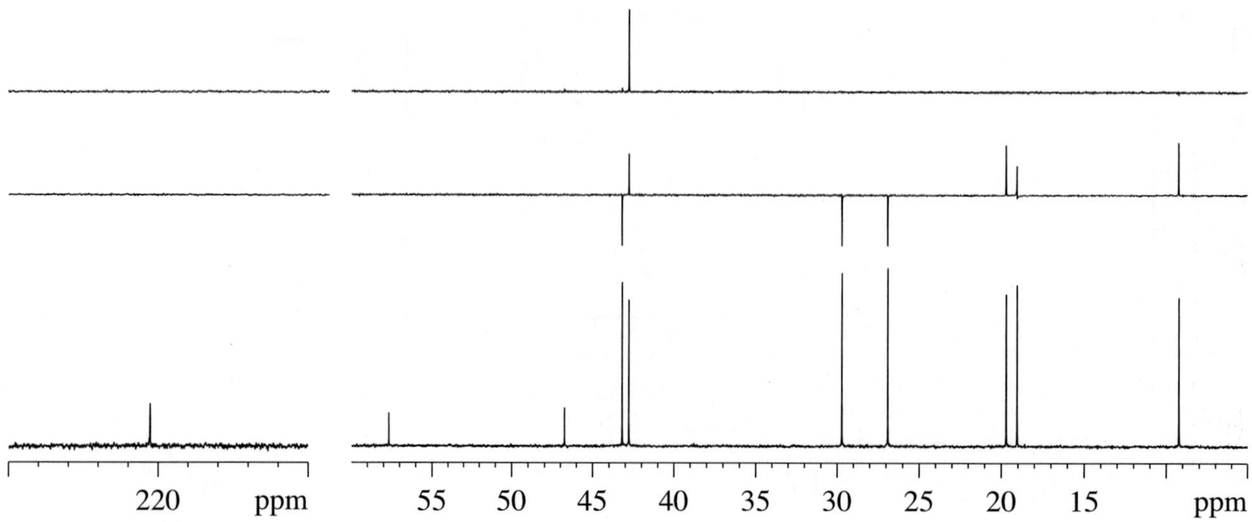

COSY 600 MHz

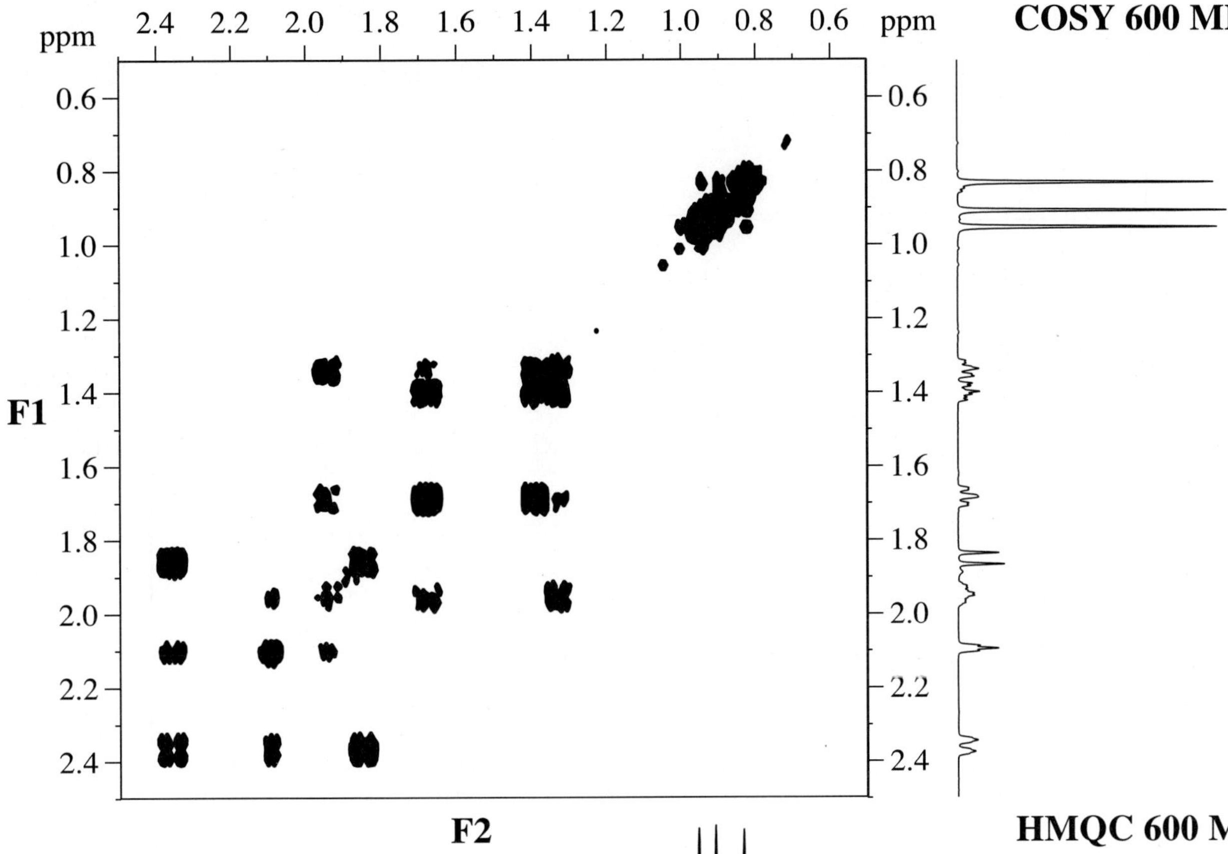

HMQC 600 MHz

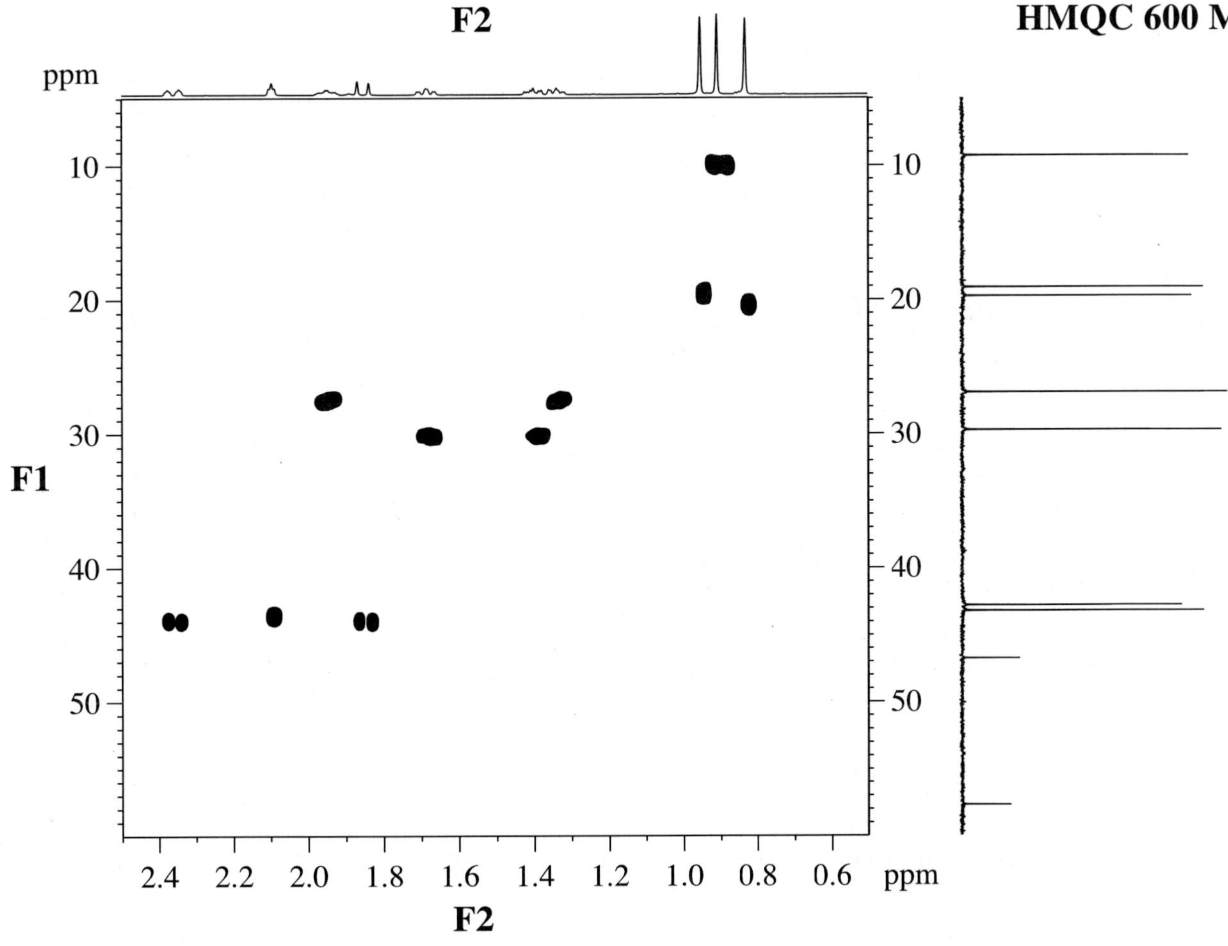

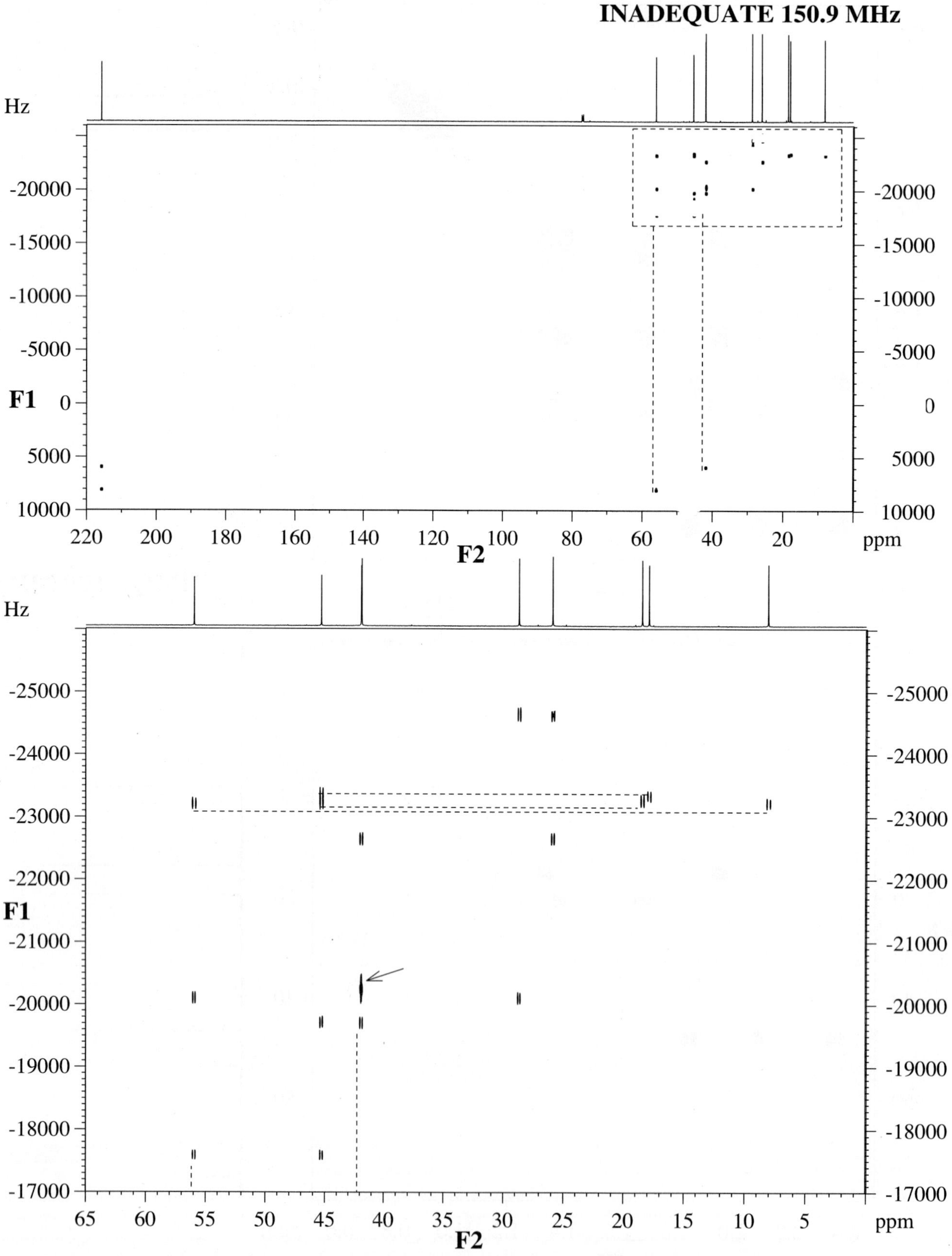
INADEQUATE 150.9 MHz
Hz
F1
F2
ppm

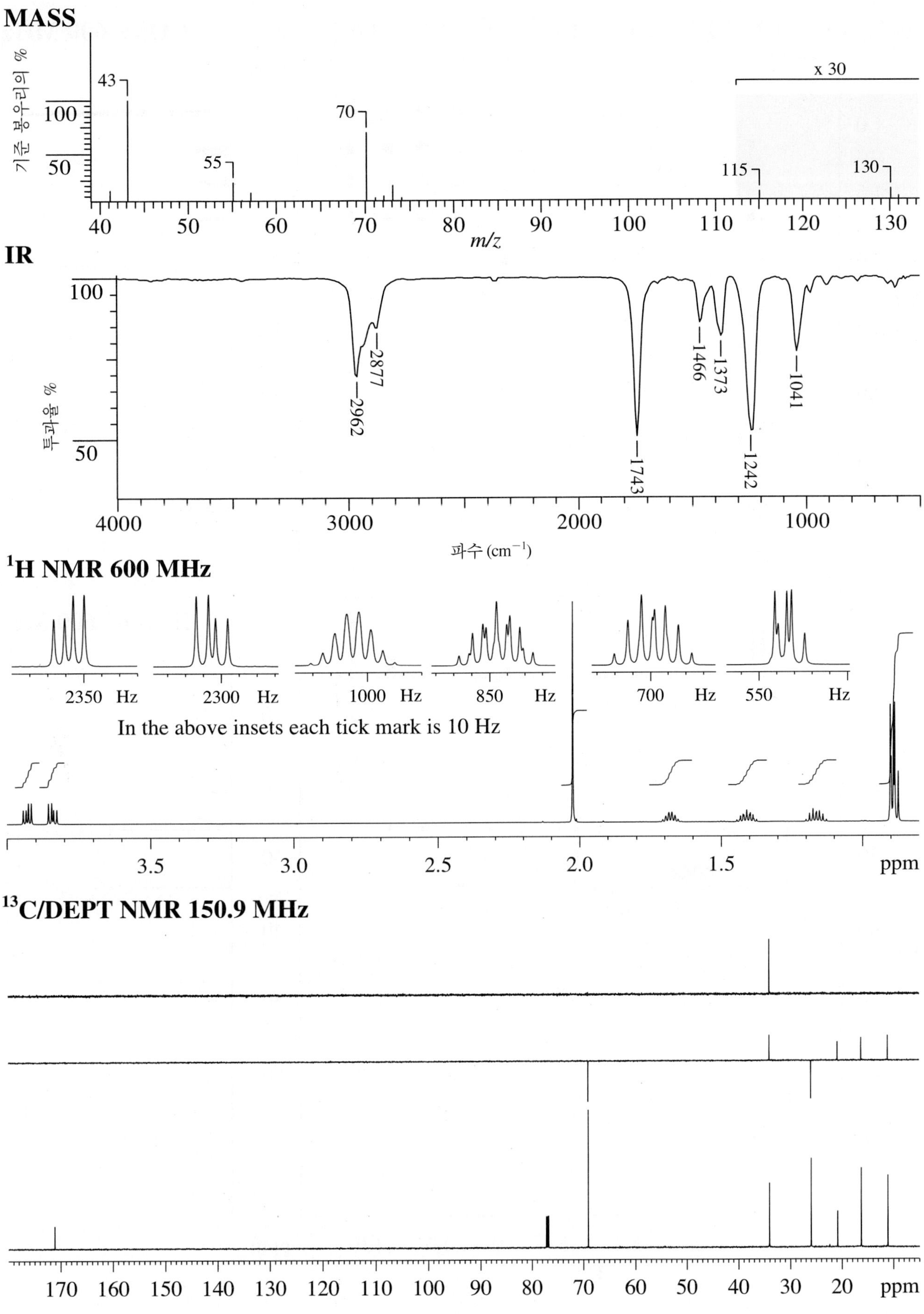
MASS
기준 봉우리의 %
100
50
43
55
70
115
130
x 30
40 50 60 70 80 90 100 110 120 130
m/z
IR
투과율 %
100
50
2962
2877
1743
1466
1373
1242
1041
4000 3000 2000 1000
파수 (cm⁻¹)
¹H NMR 600 MHz
2350 Hz
2300 Hz
1000 Hz
850 Hz
700 Hz
550 Hz
In the above insets each tick mark is 10 Hz
3.5 3.0 2.5 2.0 1.5 ppm
¹³C/DEPT NMR 150.9 MHz
170 160 150 140 130 120 110 100 90 80 70 60 50 40 30 20 ppm

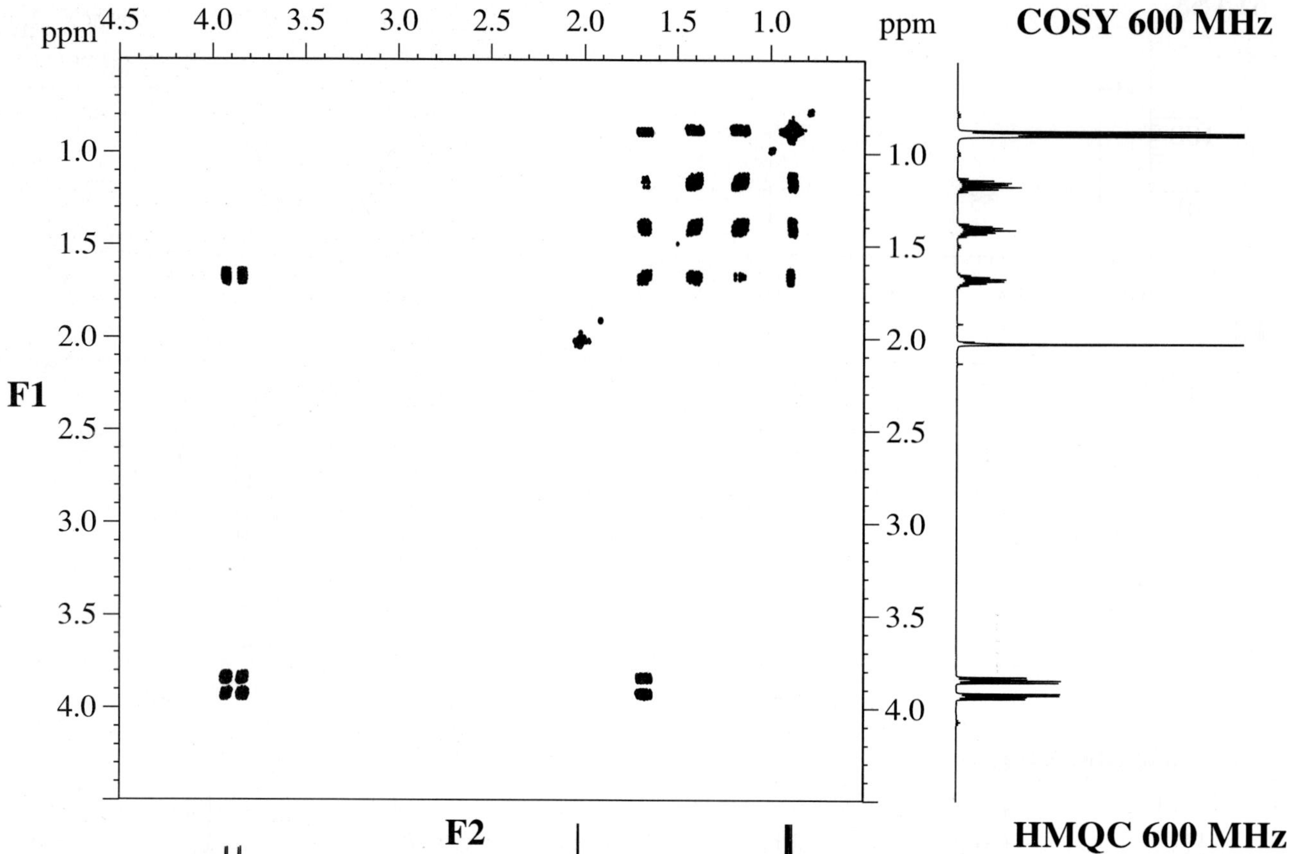
COSY 600 MHz
ppm
4.5
4.0
3.5
3.0
2.5
2.0
1.5
1.0
F1
F2

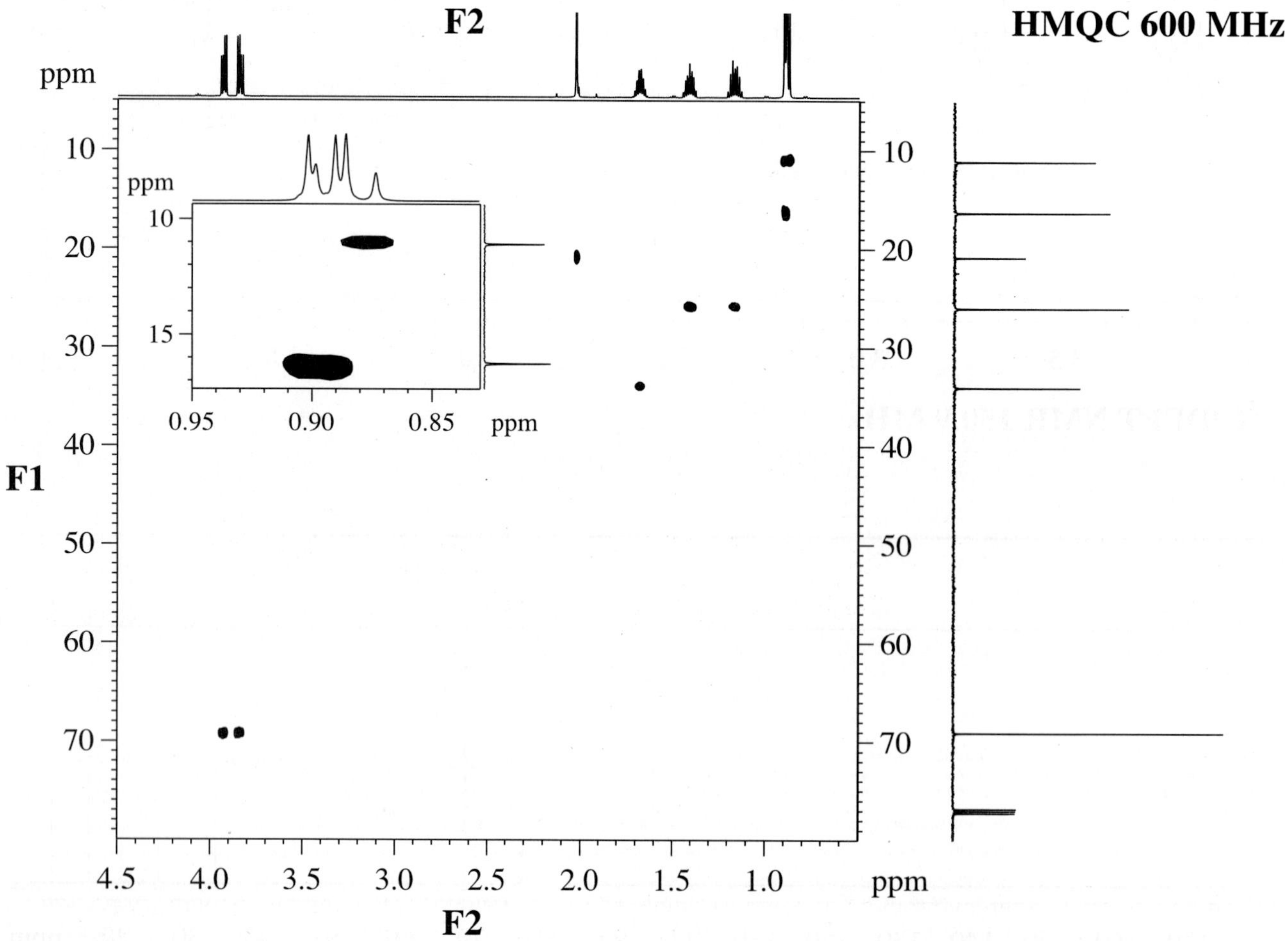
HMQC 600 MHz
ppm
10
20
30
40
50
60
70
F1
F2
4.5
4.0
3.5
3.0
2.5
2.0
1.5
1.0
0.95
0.90
0.85
15

MASS

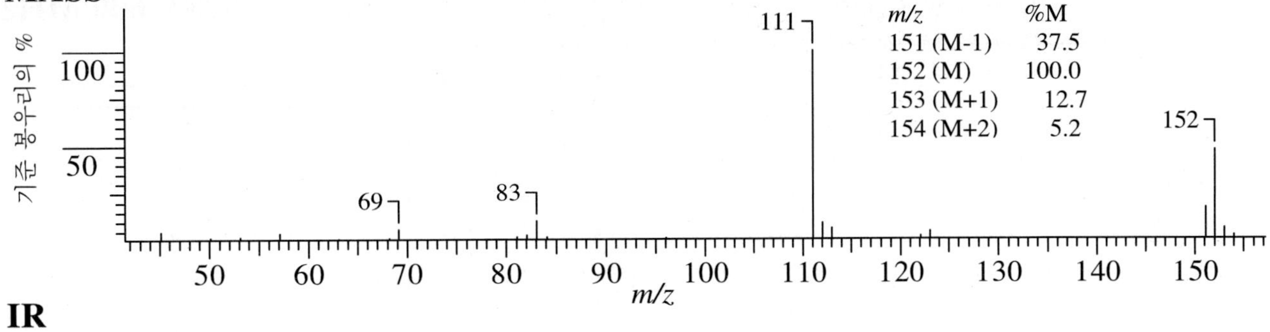

IR

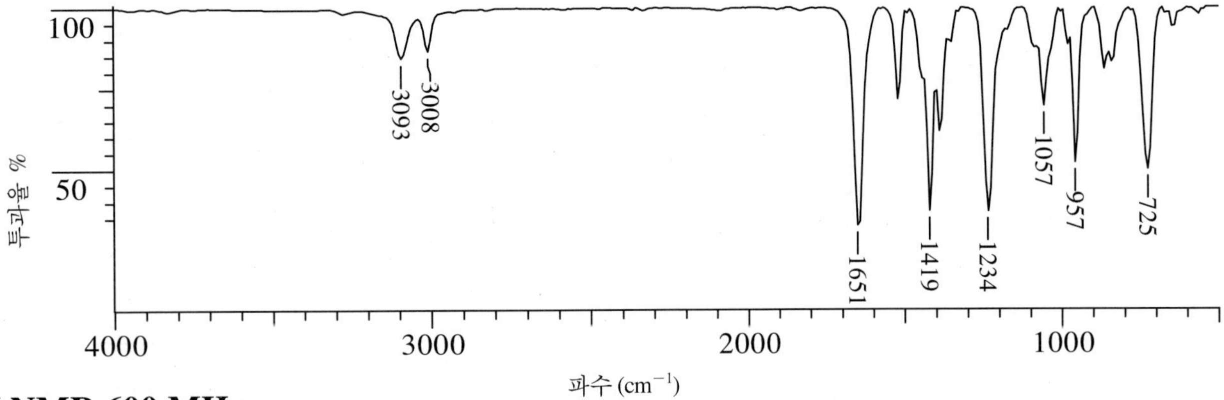

^{1}H NMR 600 MHz

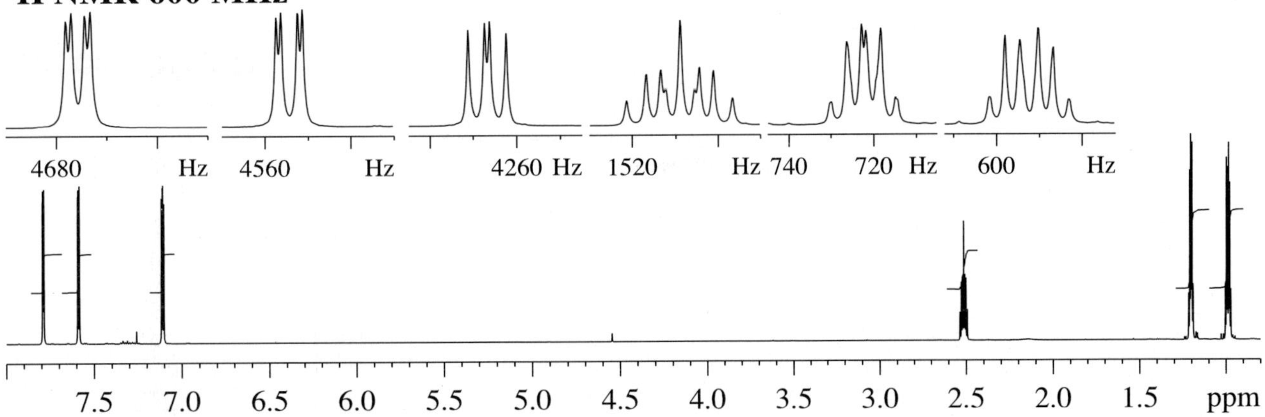

^{13}C/DEPT NMR 150.9 MHz

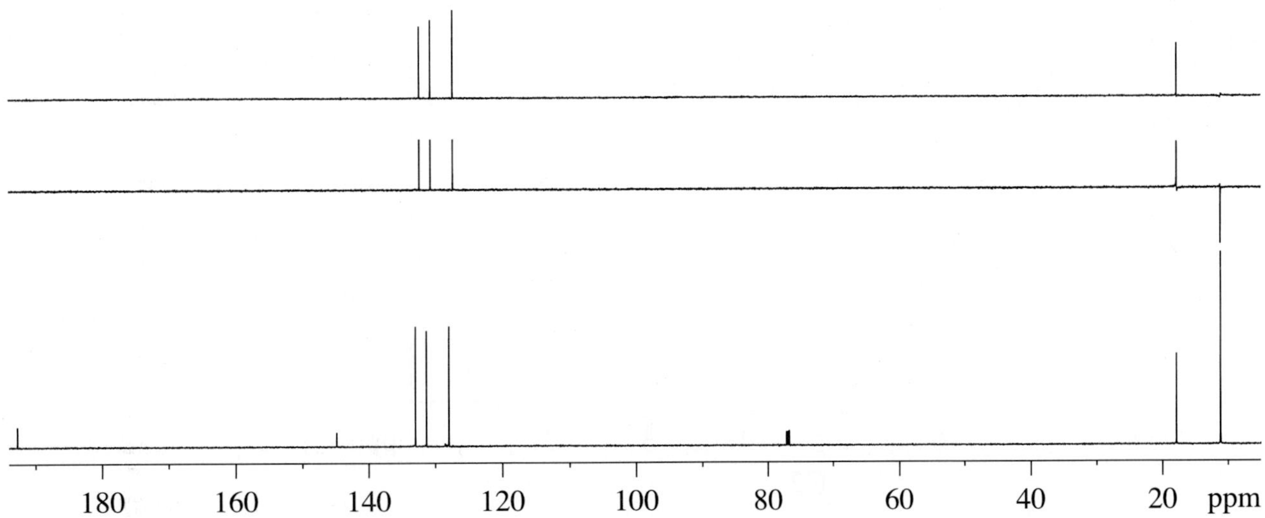

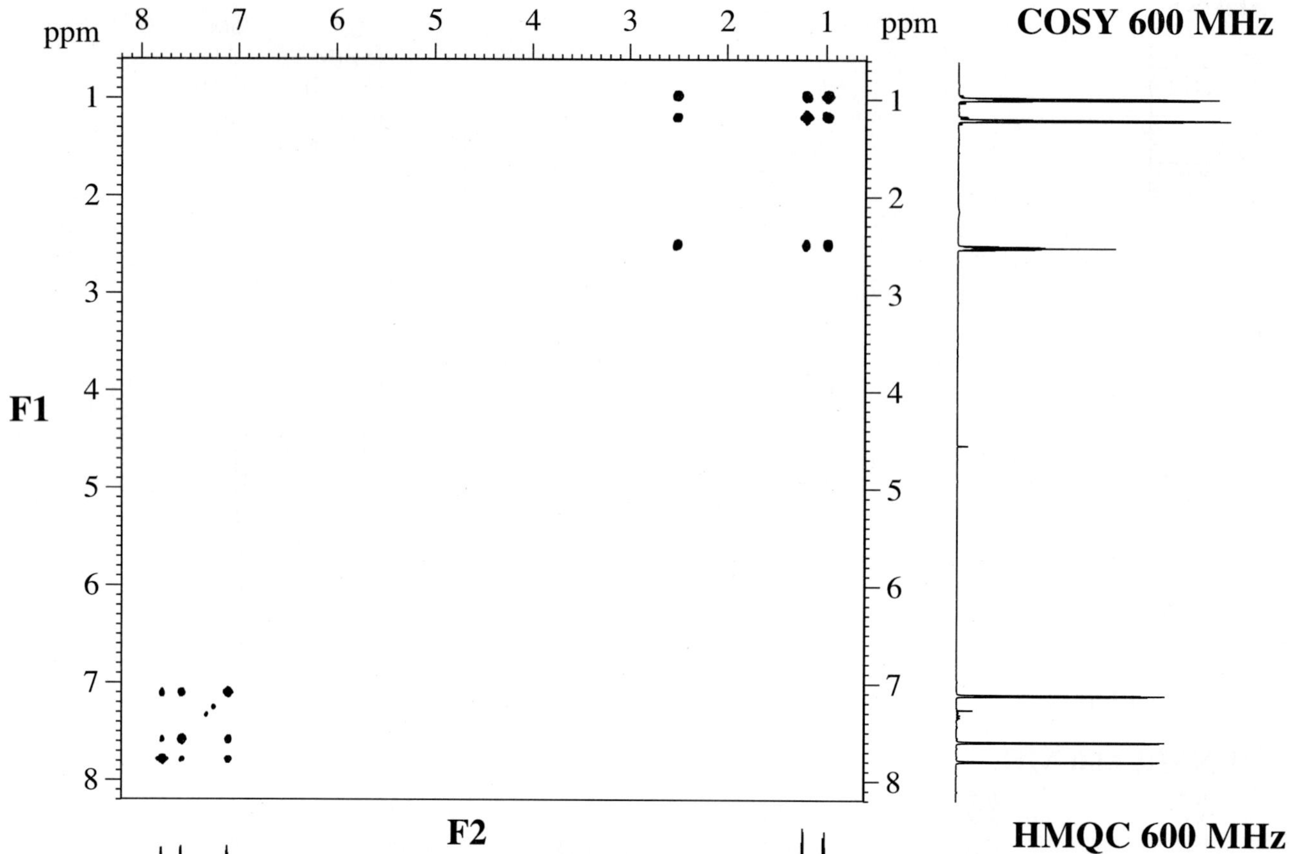
COSY 600 MHz
ppm
F1
F2

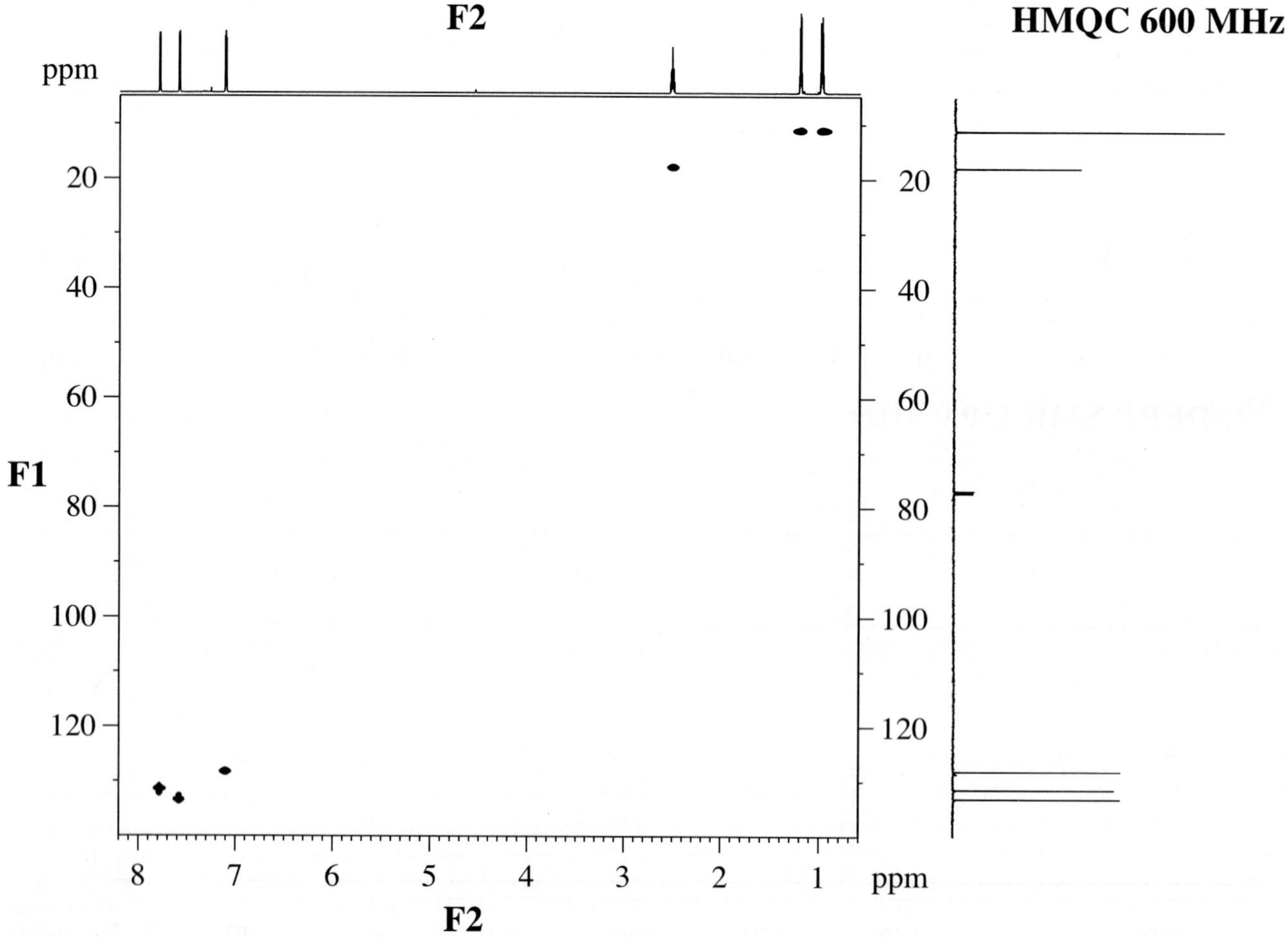
HMQC 600 MHz
ppm
F1
F2

MASS

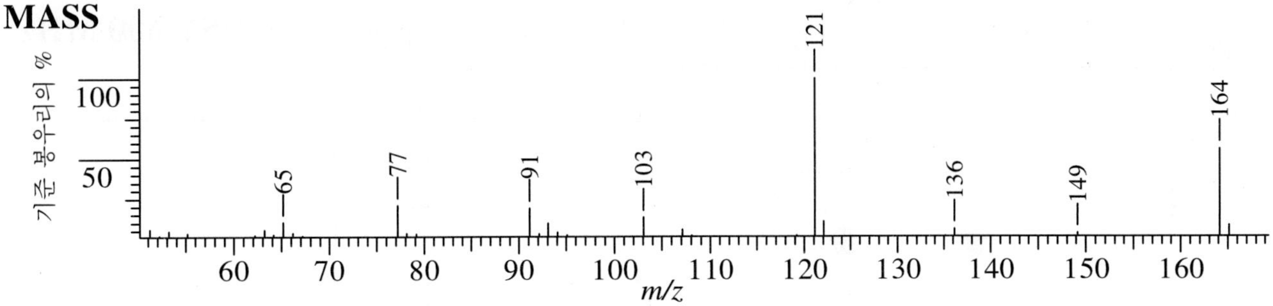

IR

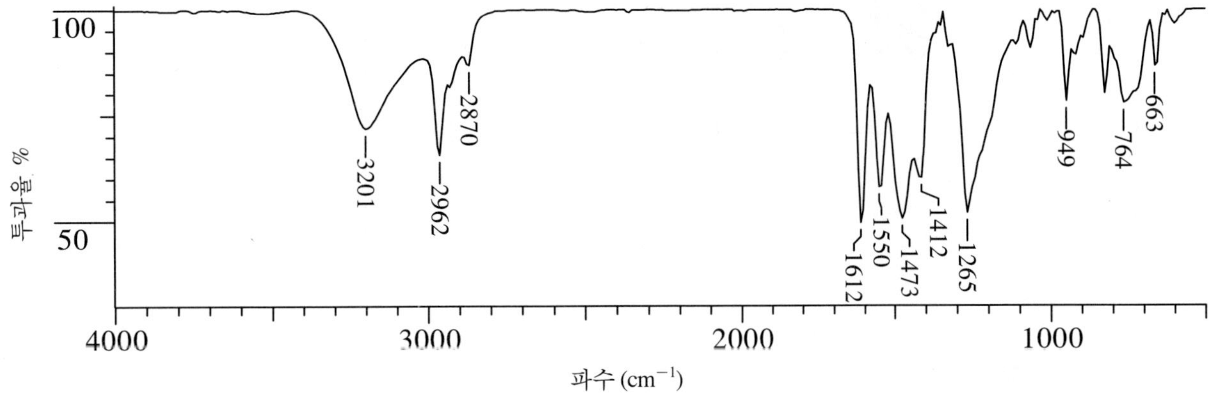

^{1}H NMR 600 MHz

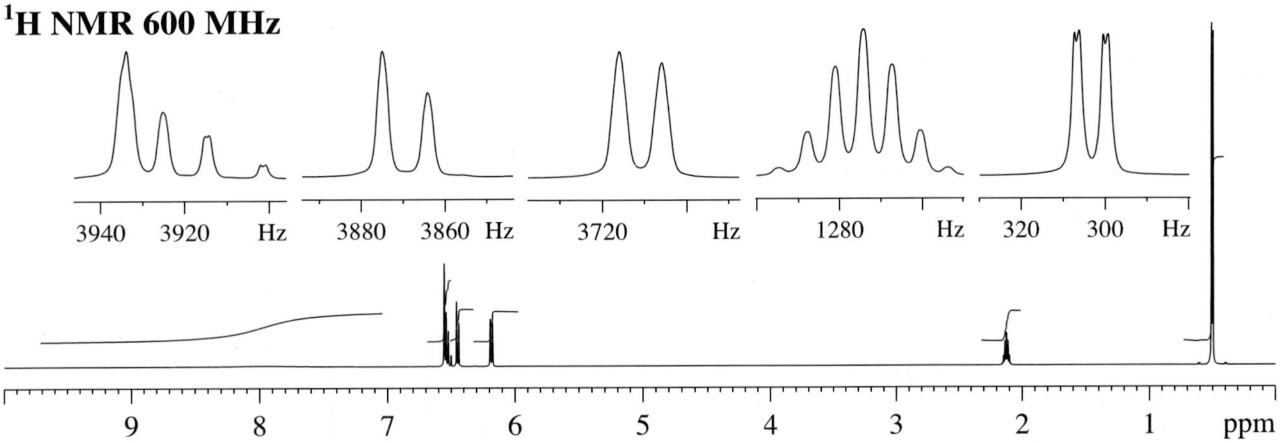

^{13}C/DEPT NMR 150.9 MHz

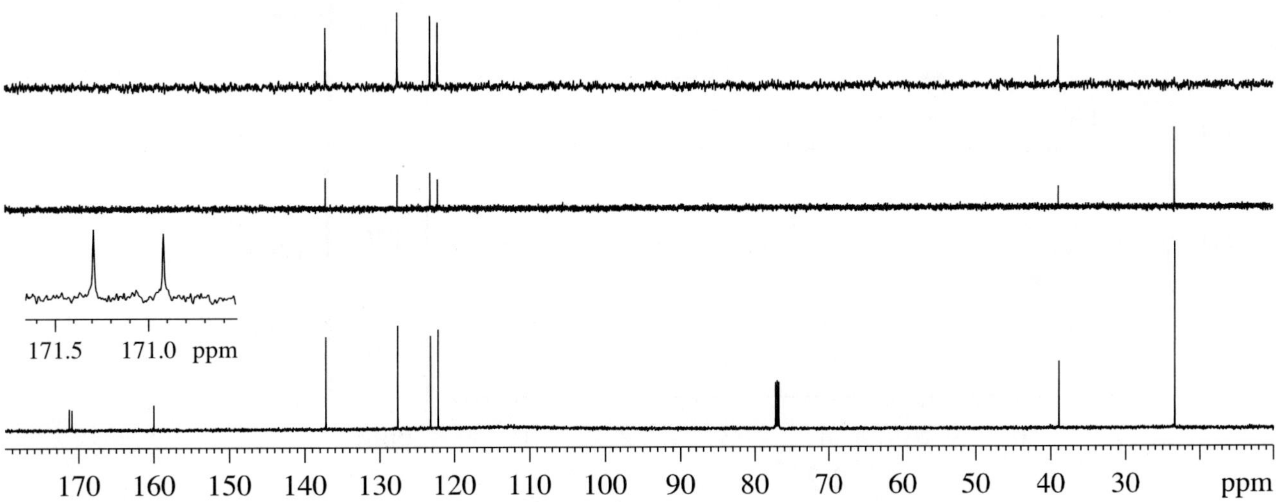

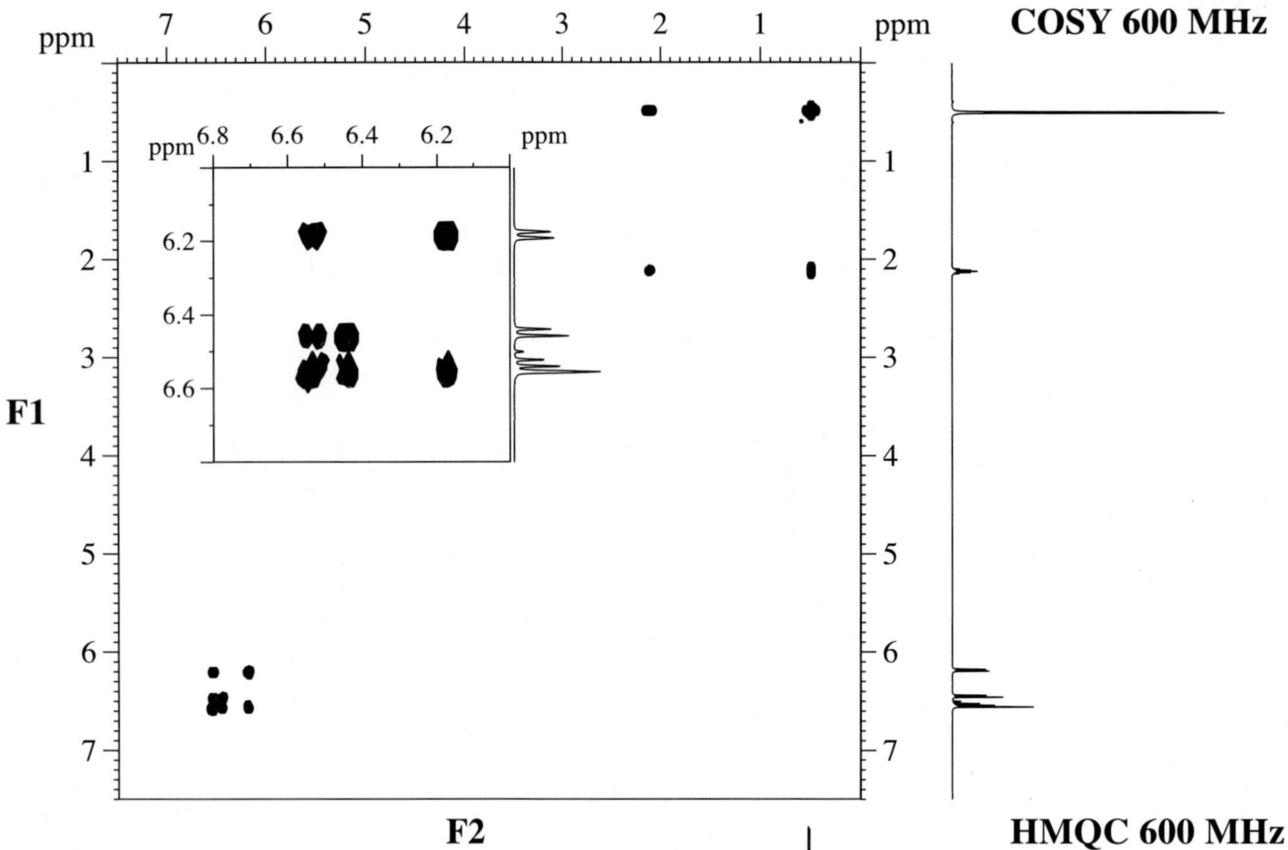
COSY 600 MHz
ppm
7
6
5
4
3
2
1
F1
F2
6.8
6.6
6.4
6.2

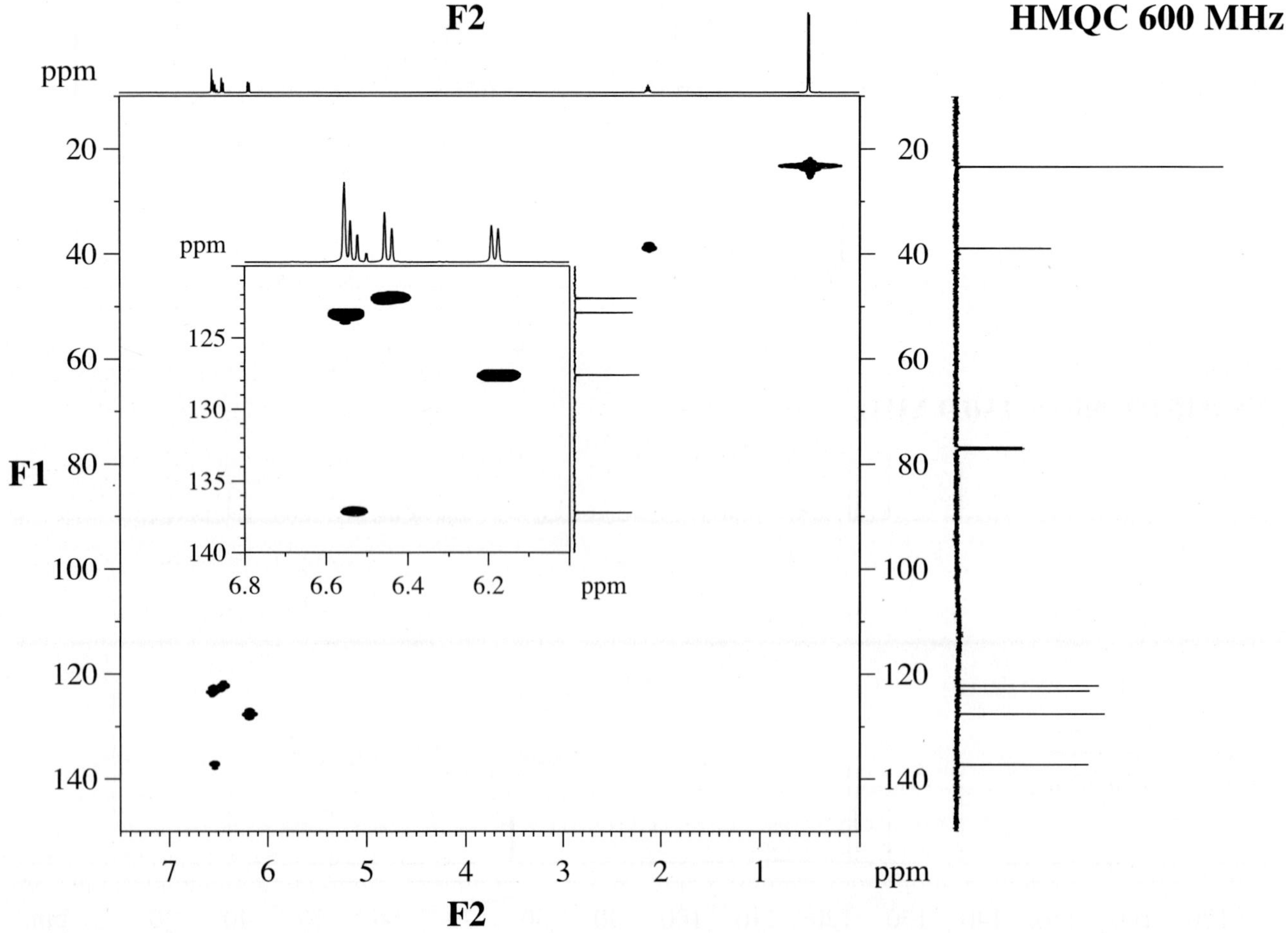
HMQC 600 MHz
ppm
20
40
60
80
100
120
140
F1
F2
125
130
135
6.8
6.6
6.4
6.2

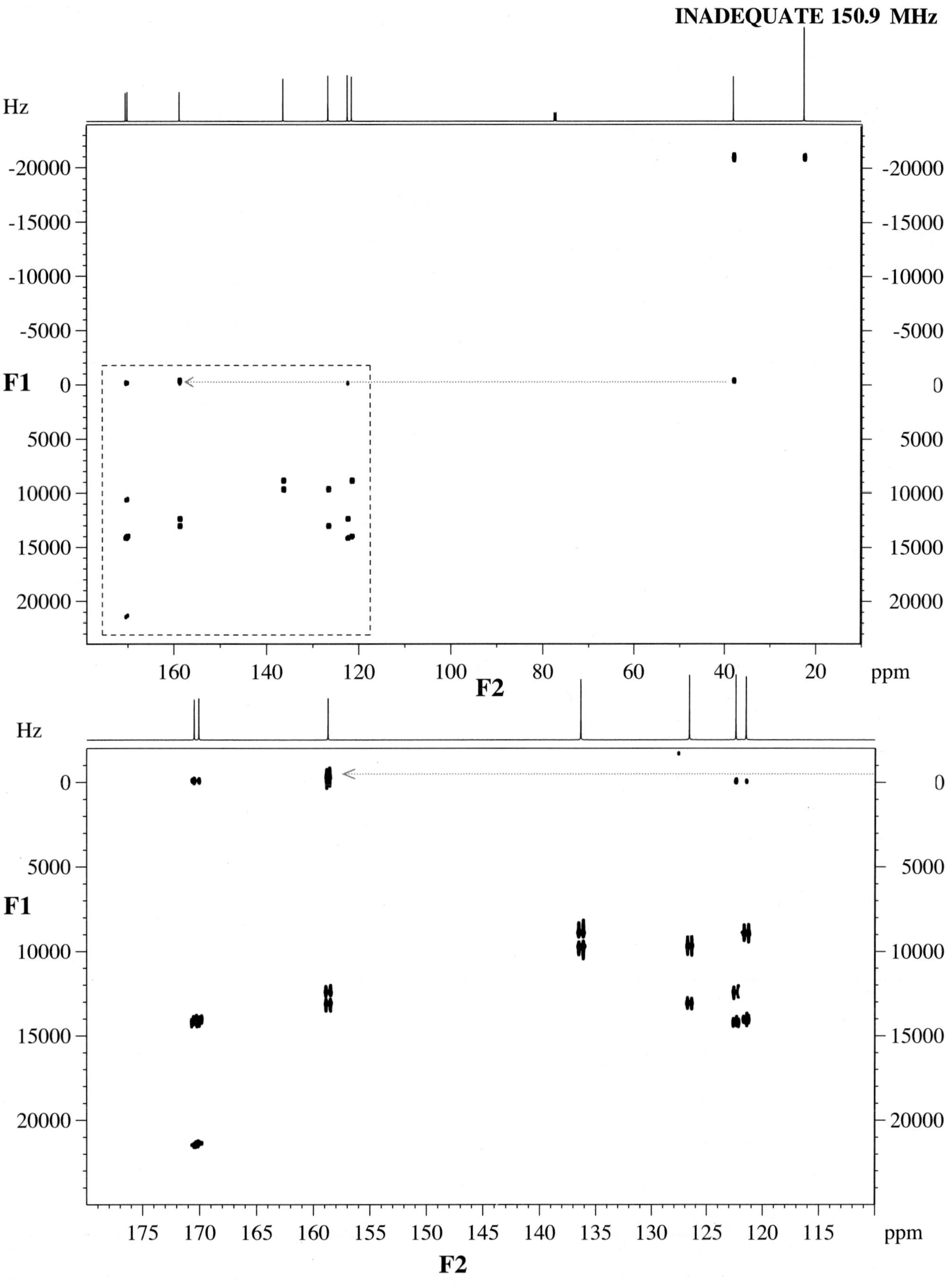
INADEQUATE 150.9 MHz
Hz
F1
F2
ppm

MASS

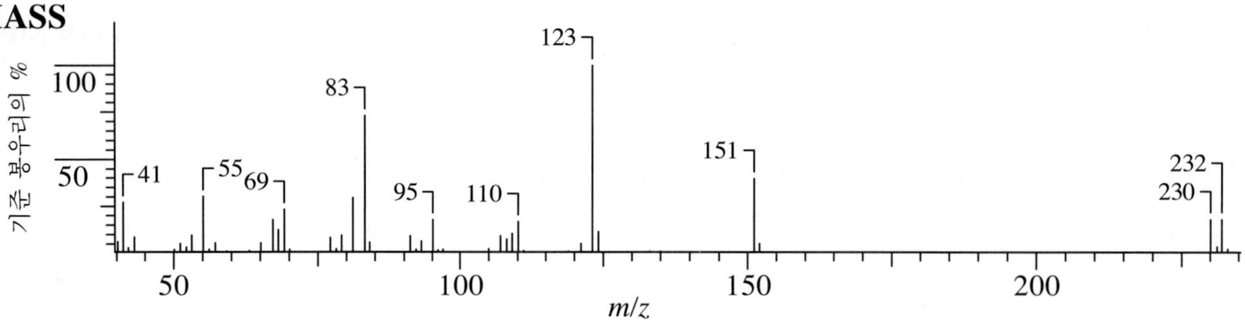

IR

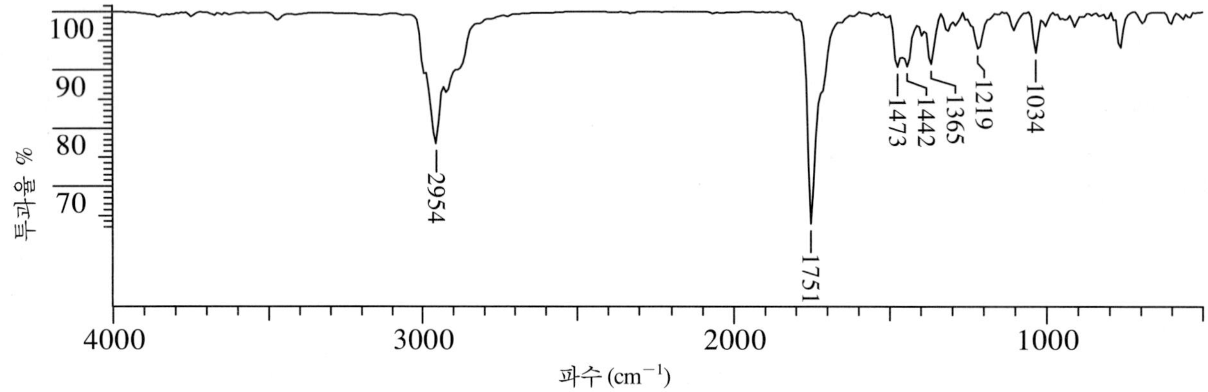

^{1}H NMR 600 MHz

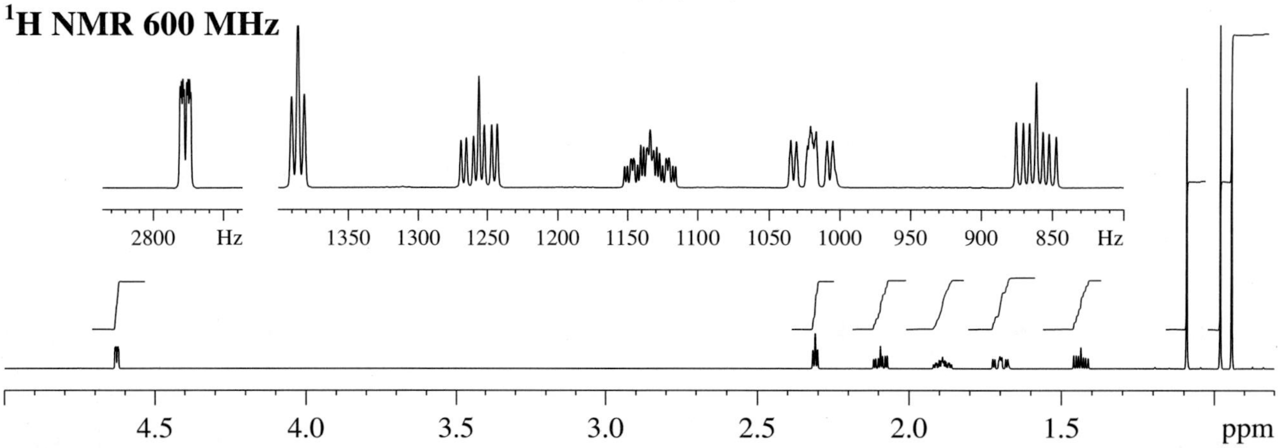

^{13}C/DEPT NMR 150.9 MHz

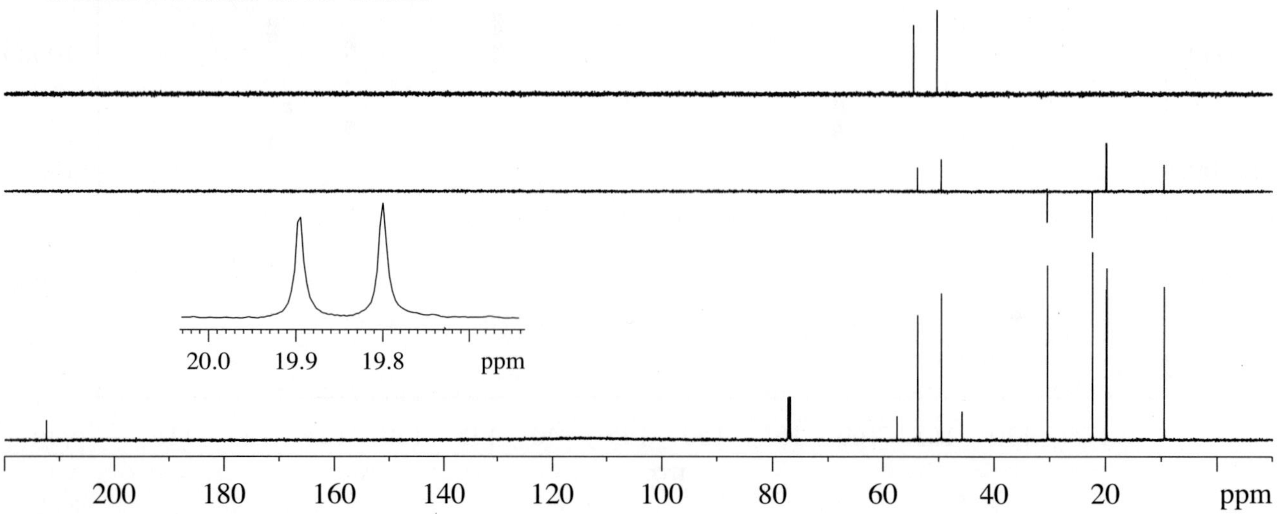

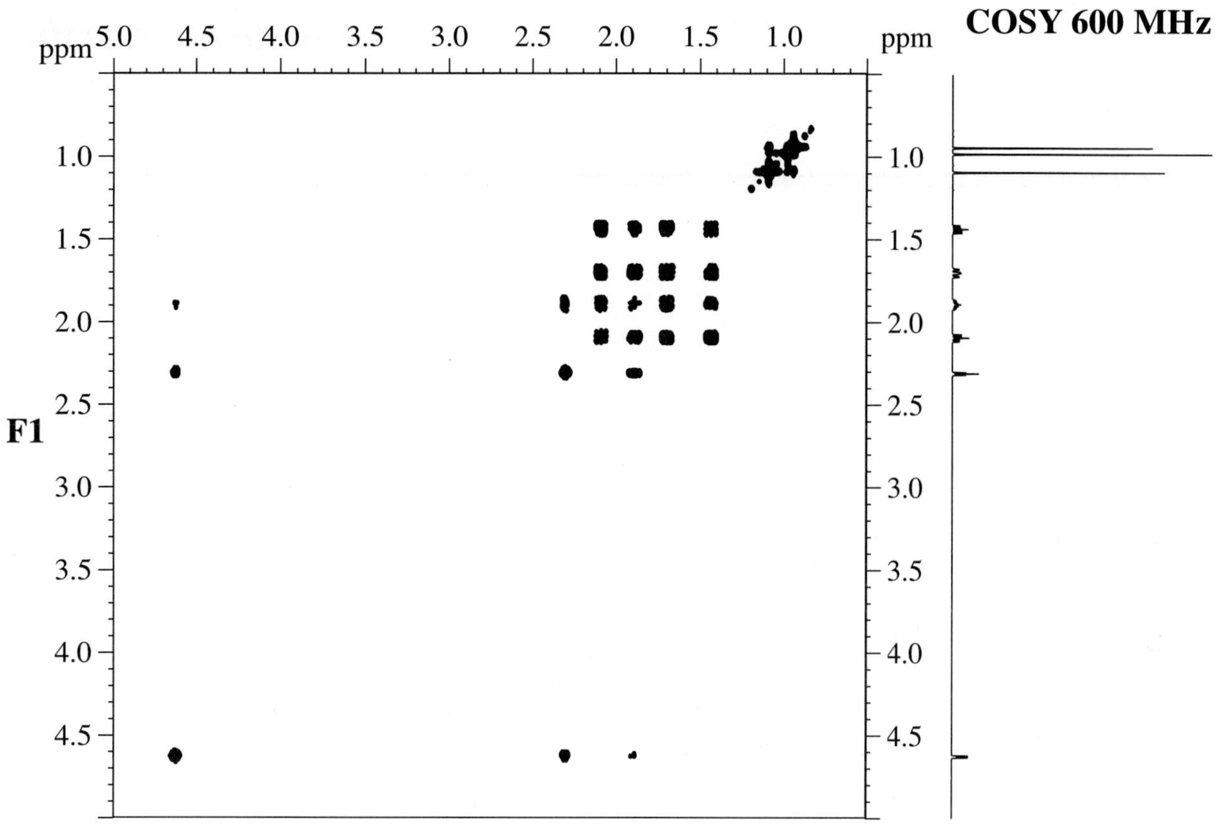
COSY 600 MHz
ppm
F1
F2

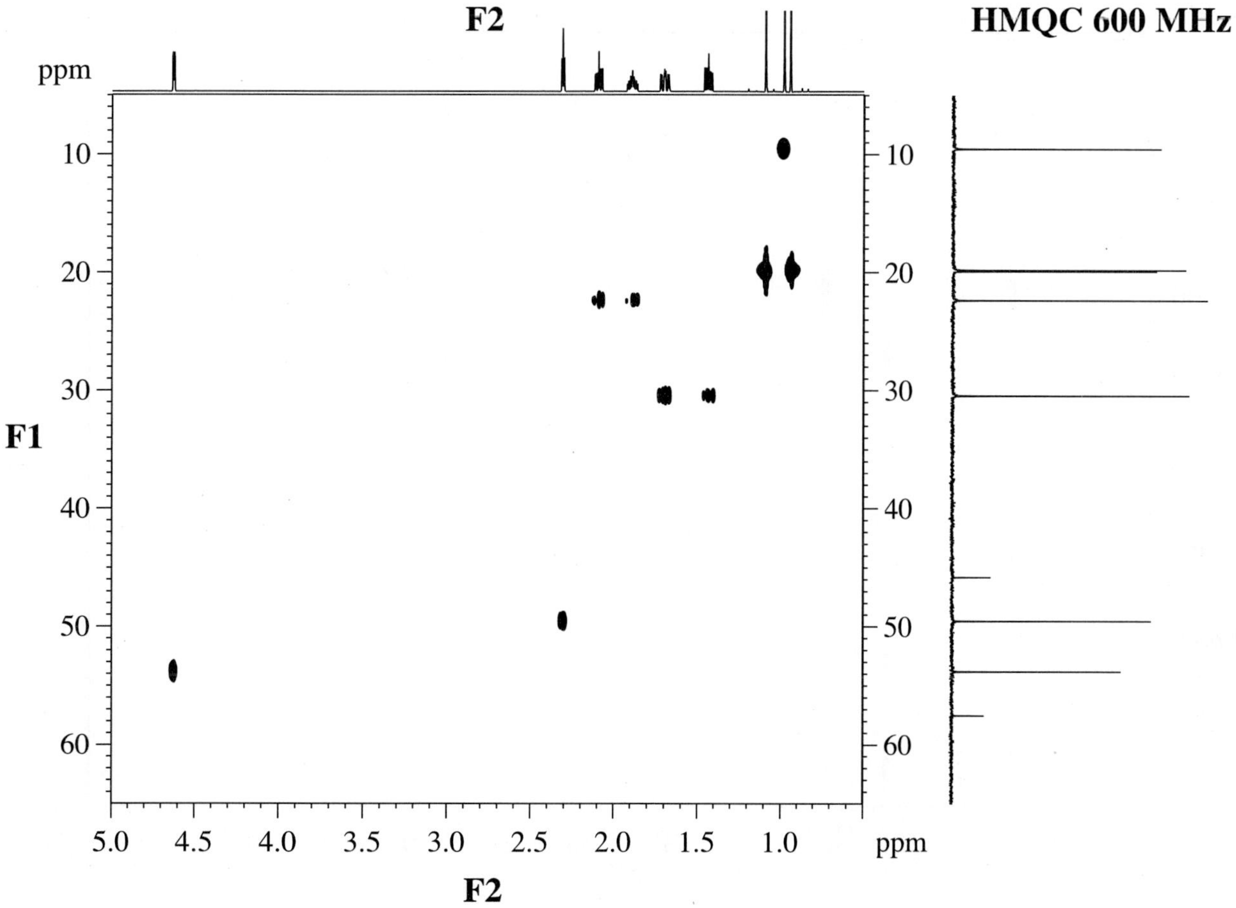
HMQC 600 MHz
ppm
F1
F2

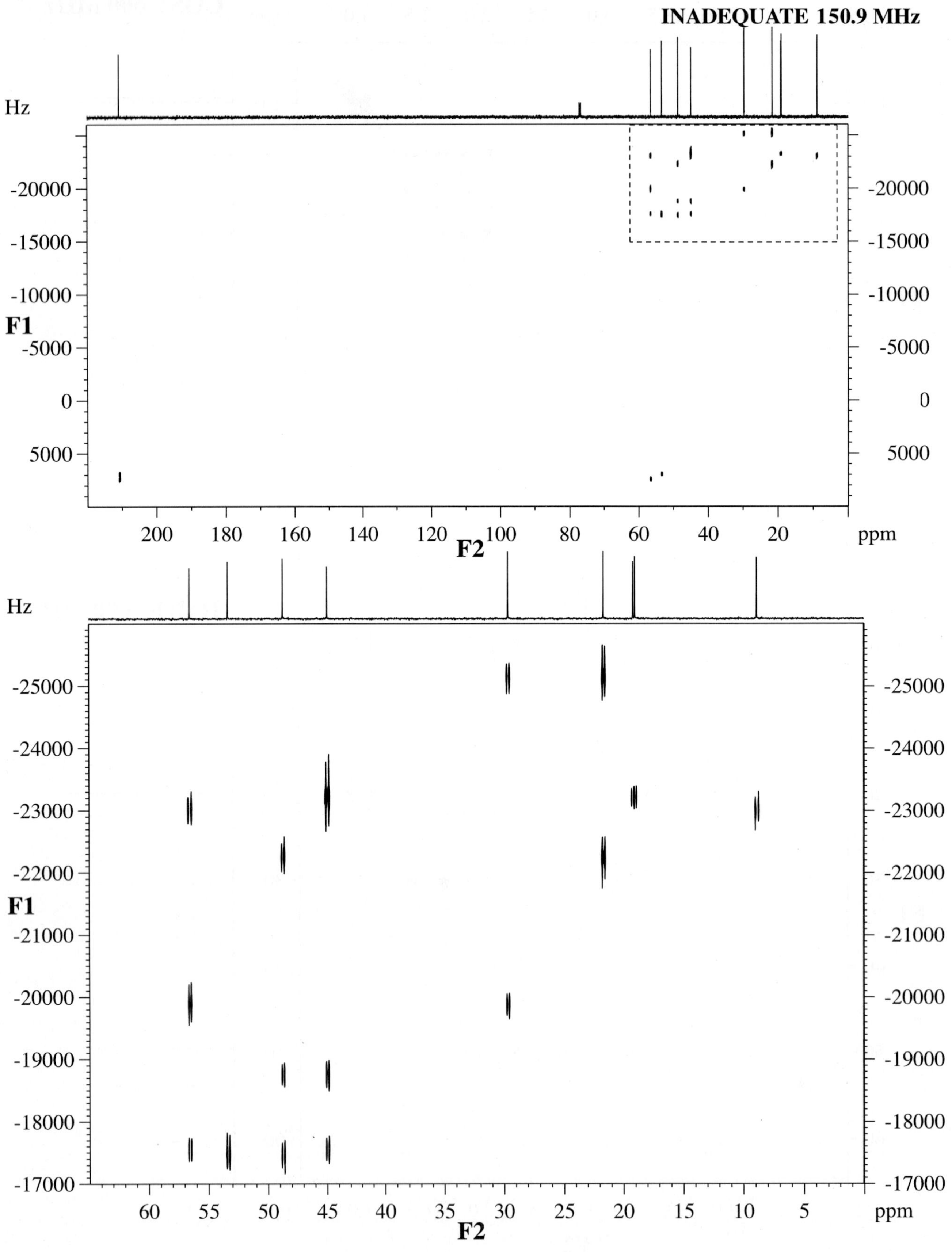
INADEQUATE 150.9 MHz
Hz
F1
-20000
-15000
-10000
-5000
0
5000
200
180
160
140
120
100
80
60
40
20
ppm
F2
Hz
F1
-25000
-24000
-23000
-22000
-21000
-20000
-19000
-18000
-17000
60
55
50
45
40
35
30
25
20
15
10
5
ppm
F2

MASS

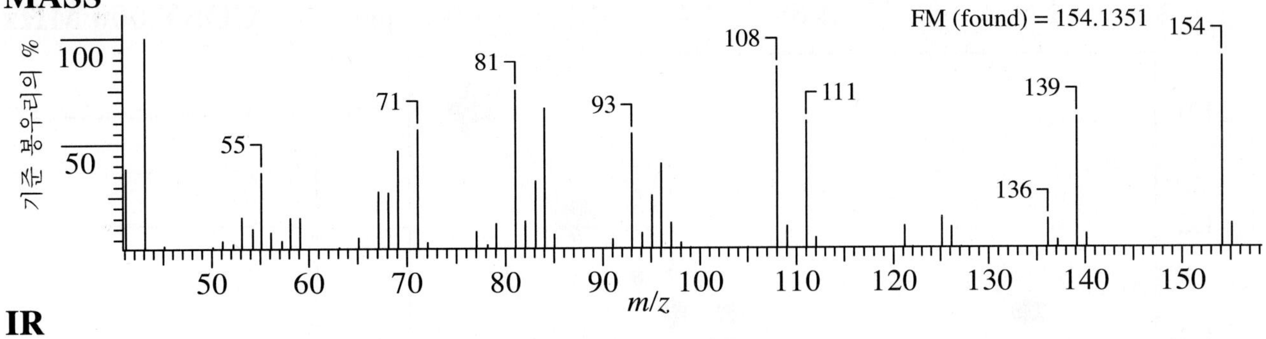

IR

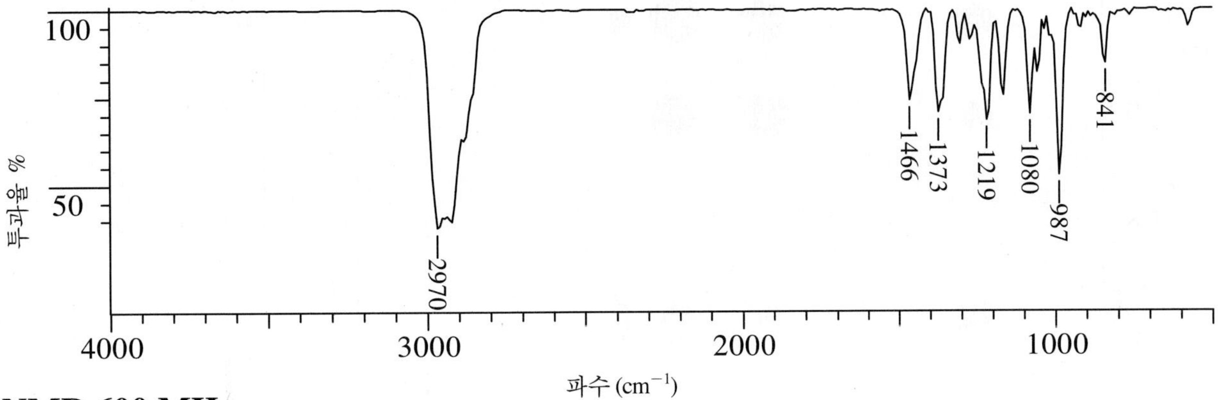

^{1}H NMR 600 MHz

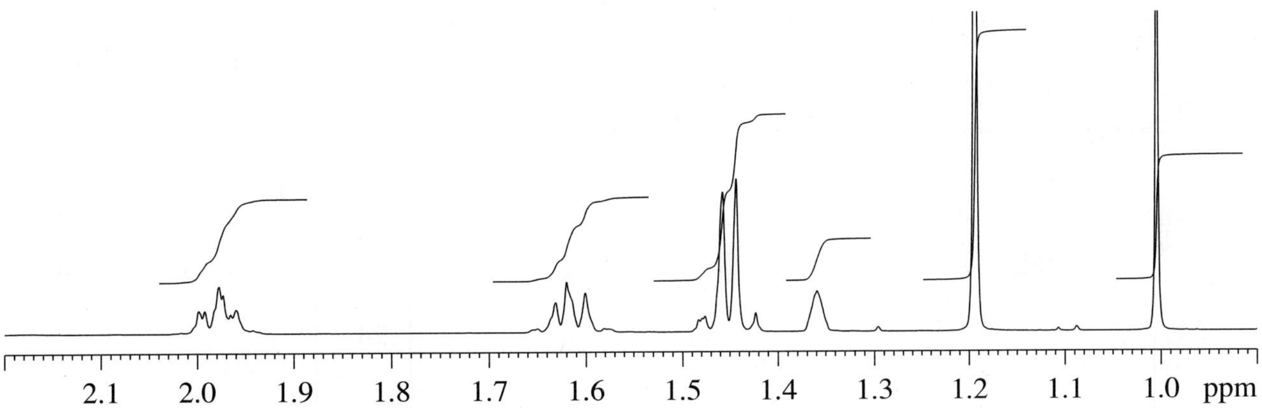

^{13}C/DEPT NMR 150.9 MHz

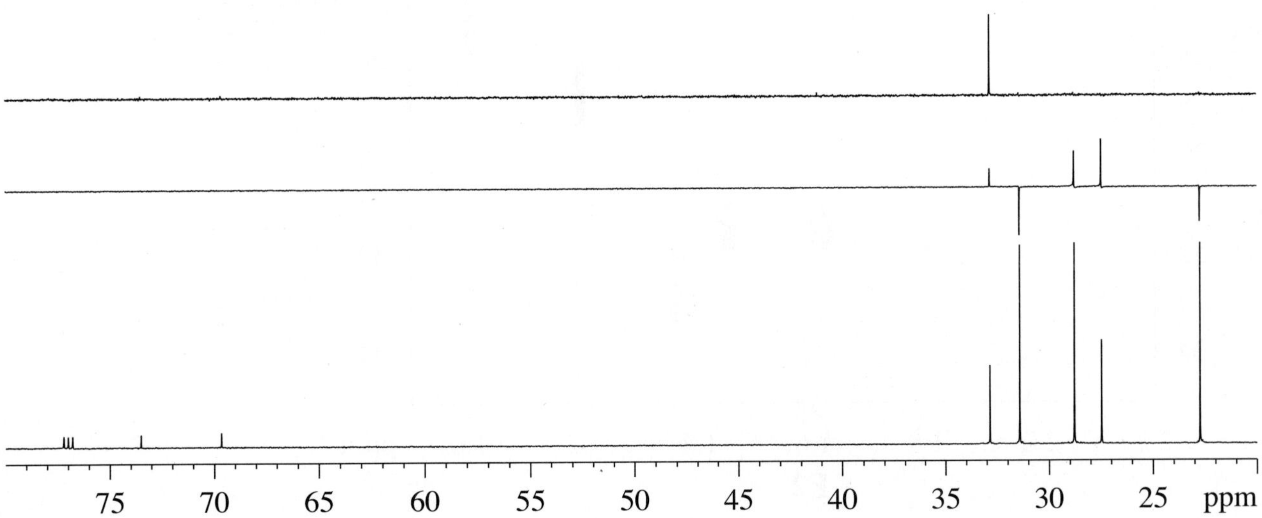

COSY 600 MHz

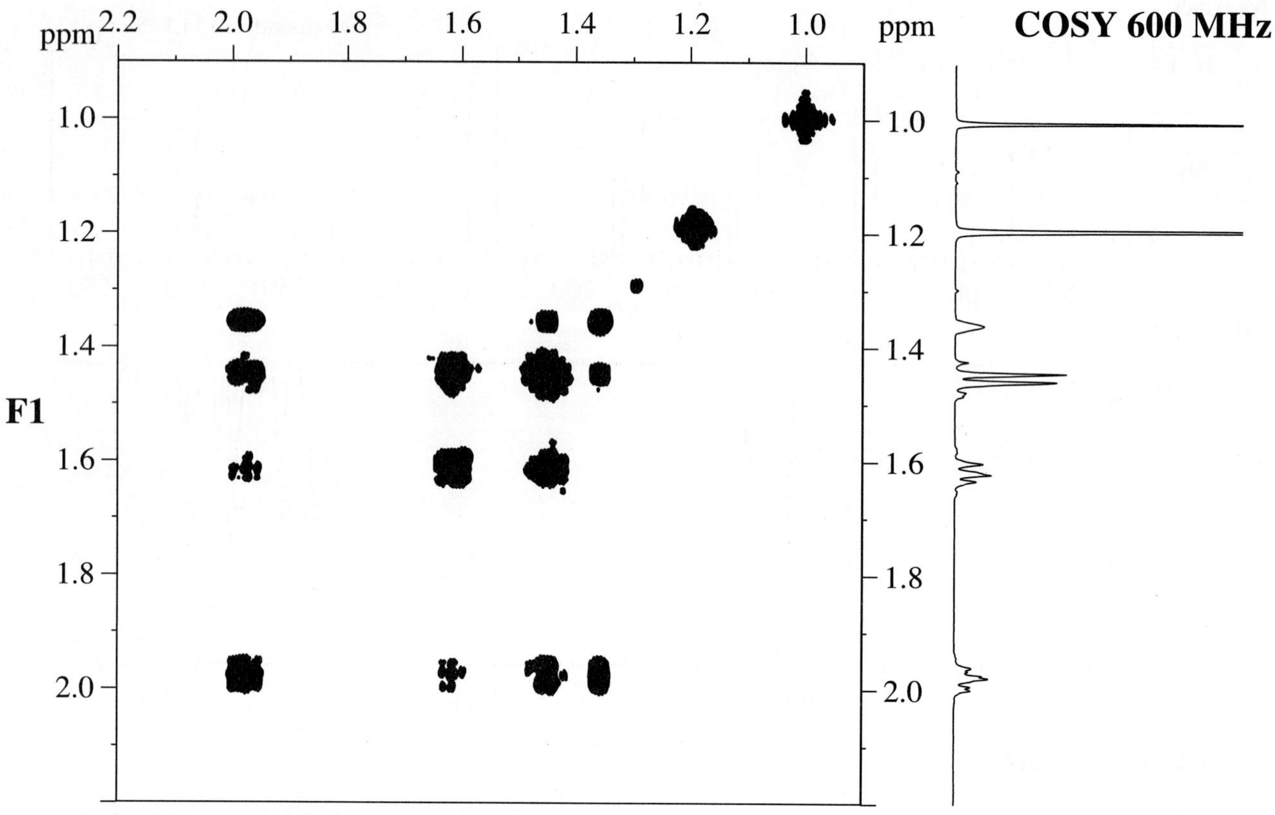

HMQC 600 MHz

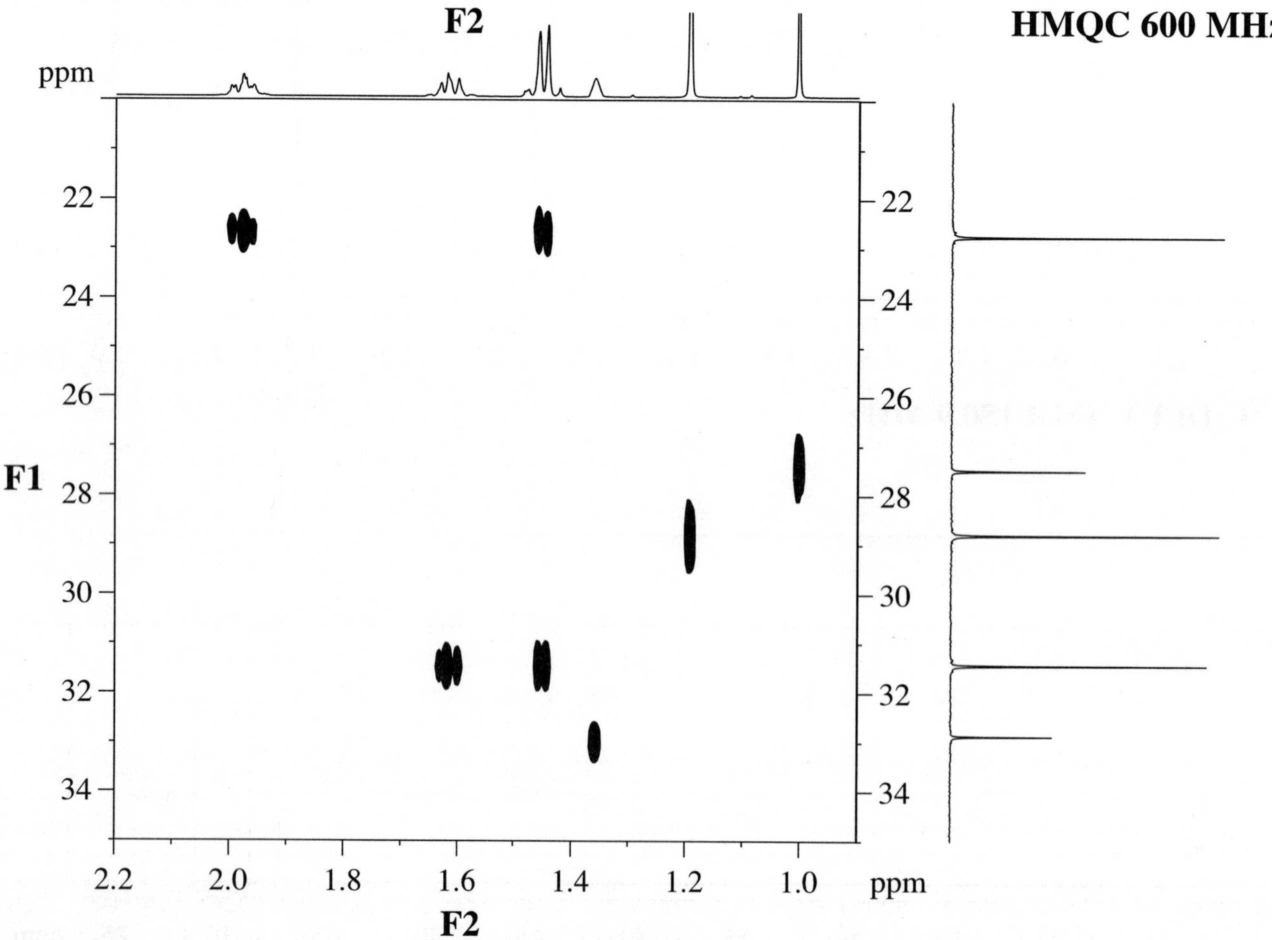

MASS

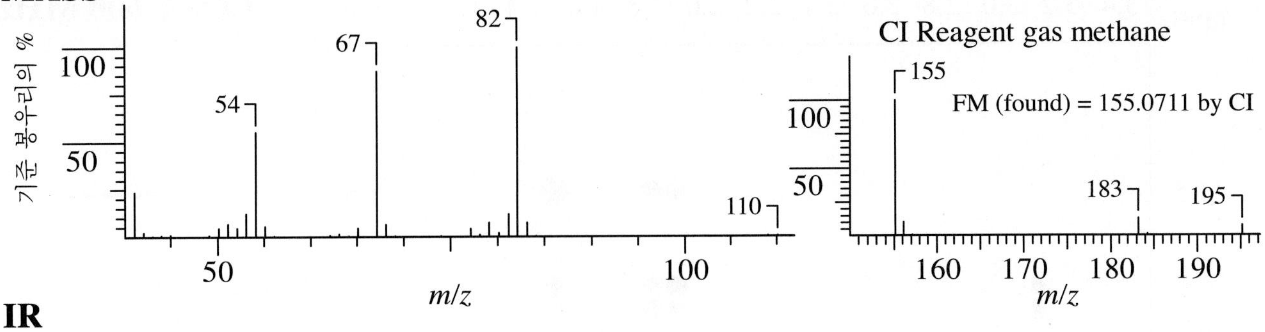

IR

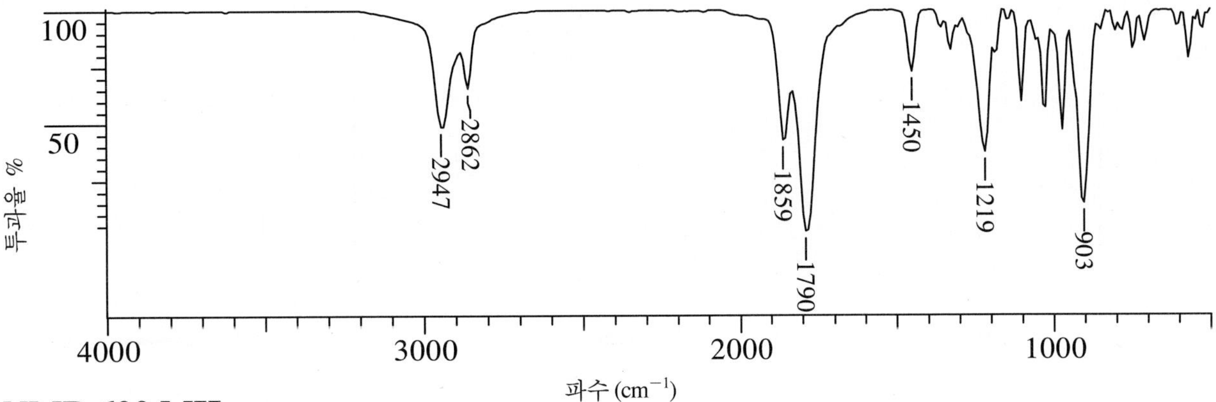

^{1}H NMR 600 MHz

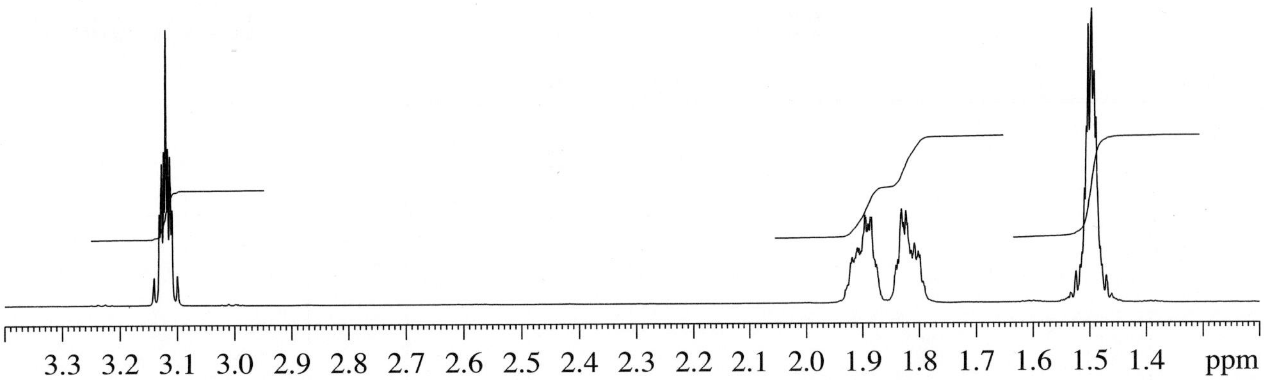

^{13}C/DEPT NMR 150.9 MHz

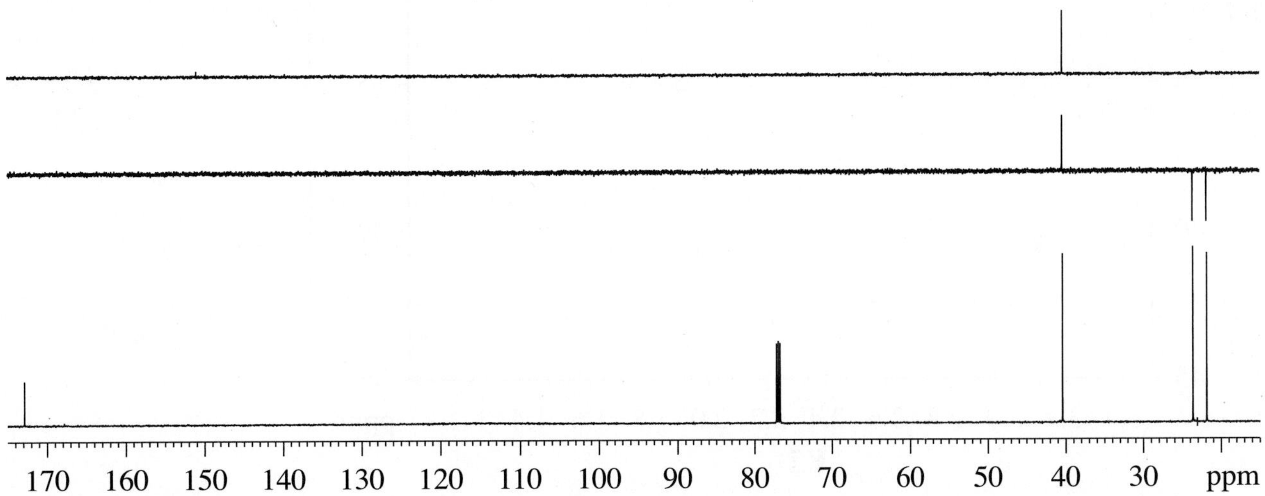

COSY 600 MHz

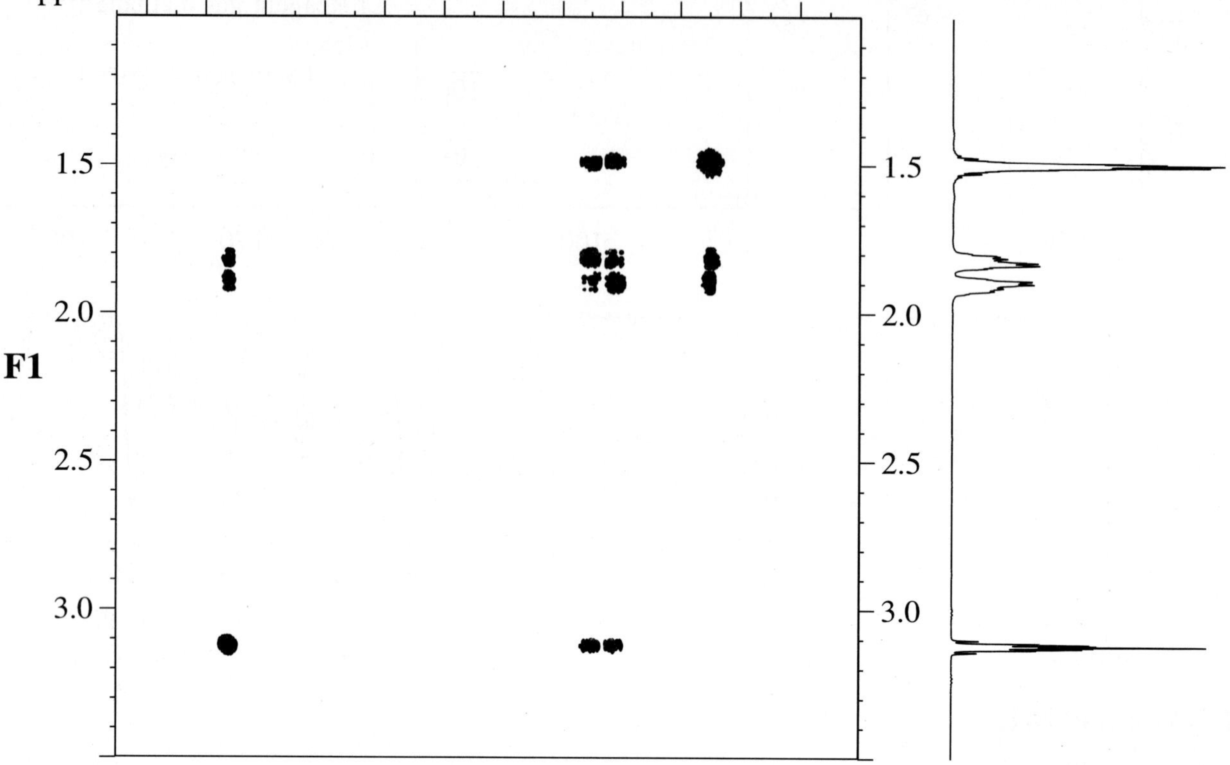

HMQC 600 MHz

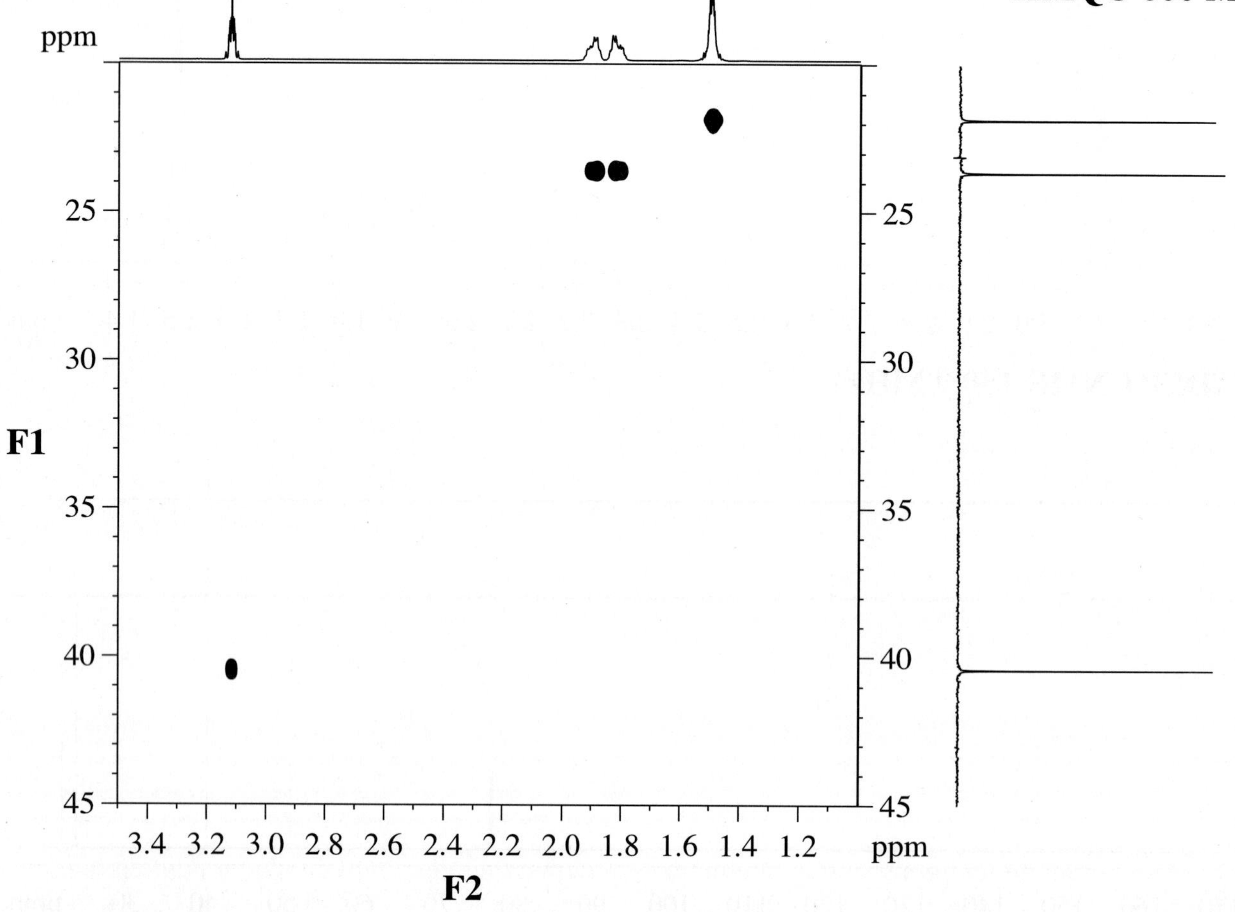

MASS

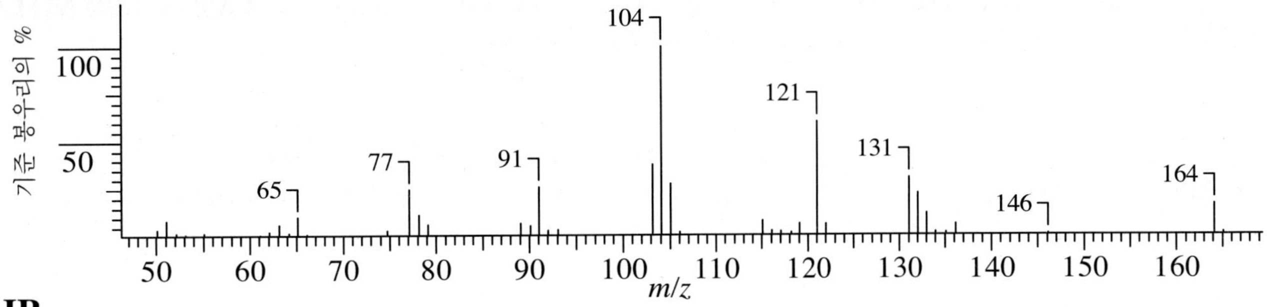

IR

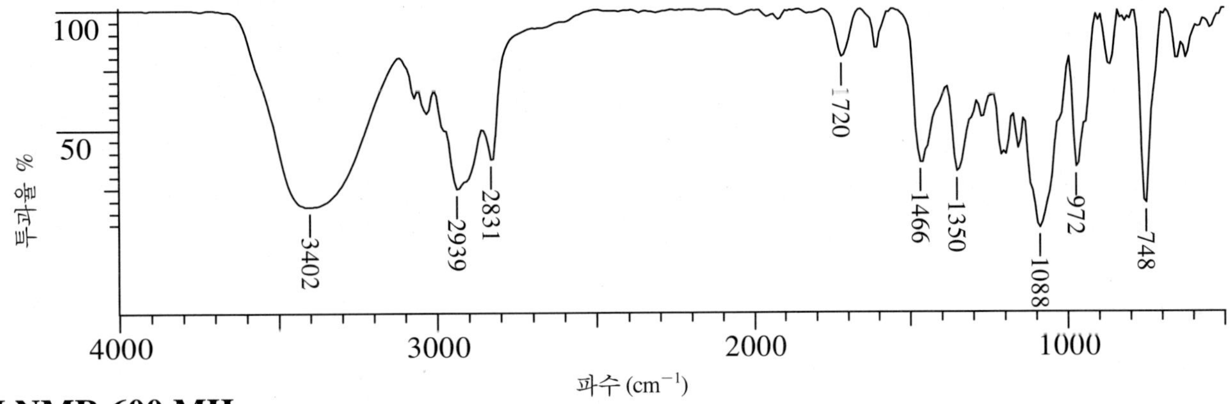

¹H NMR 600 MHz

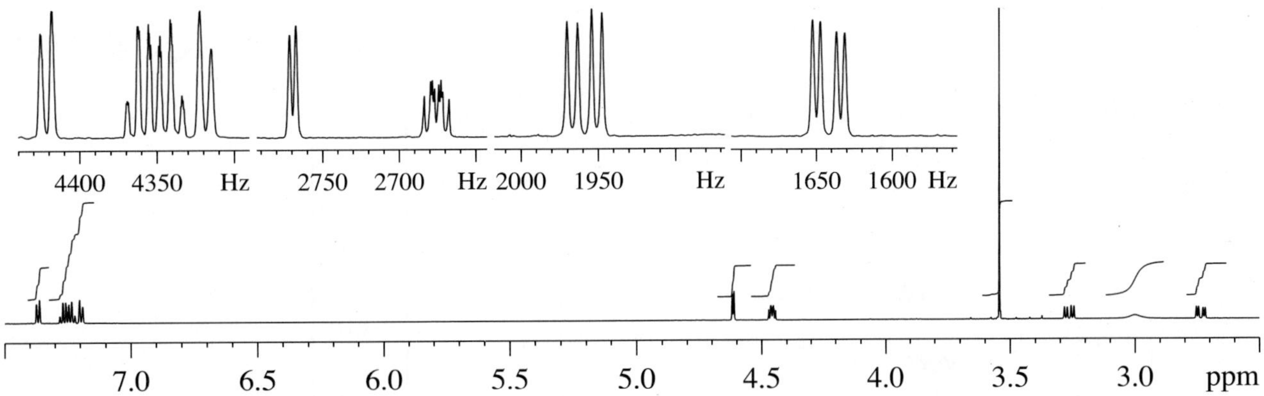

¹³C/DEPT NMR 150.9 MHz

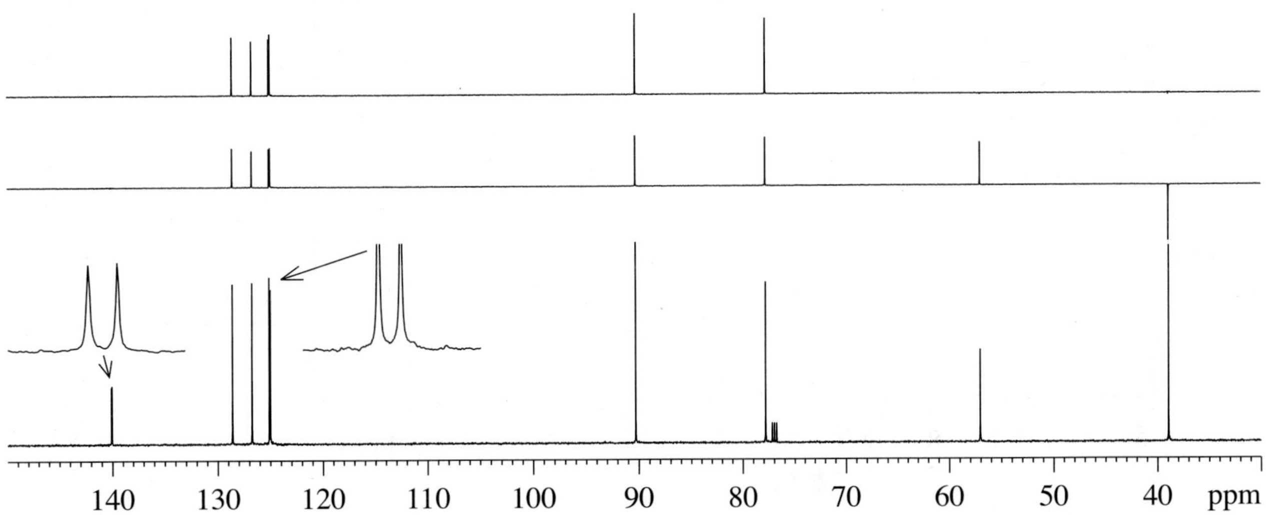

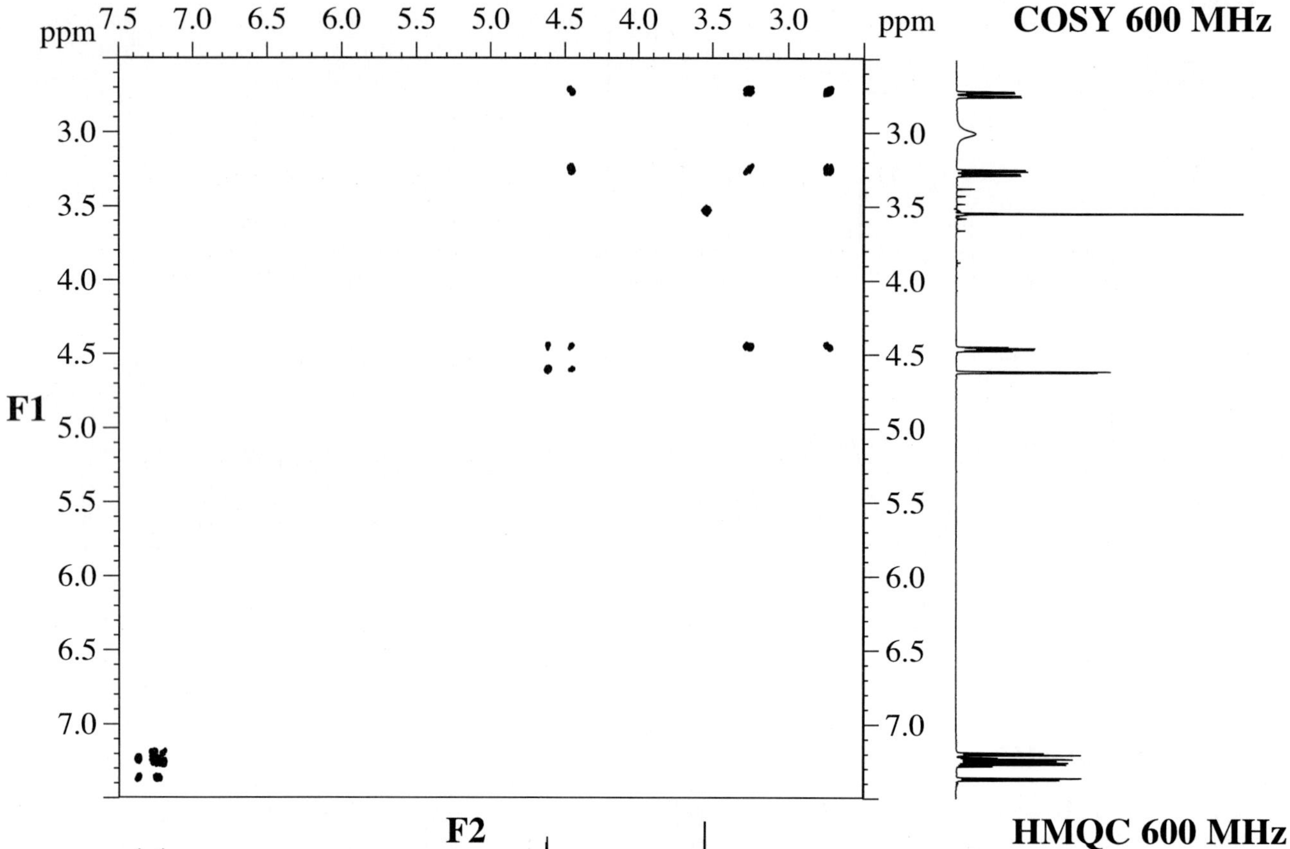
COSY 600 MHz
ppm
F1
F2

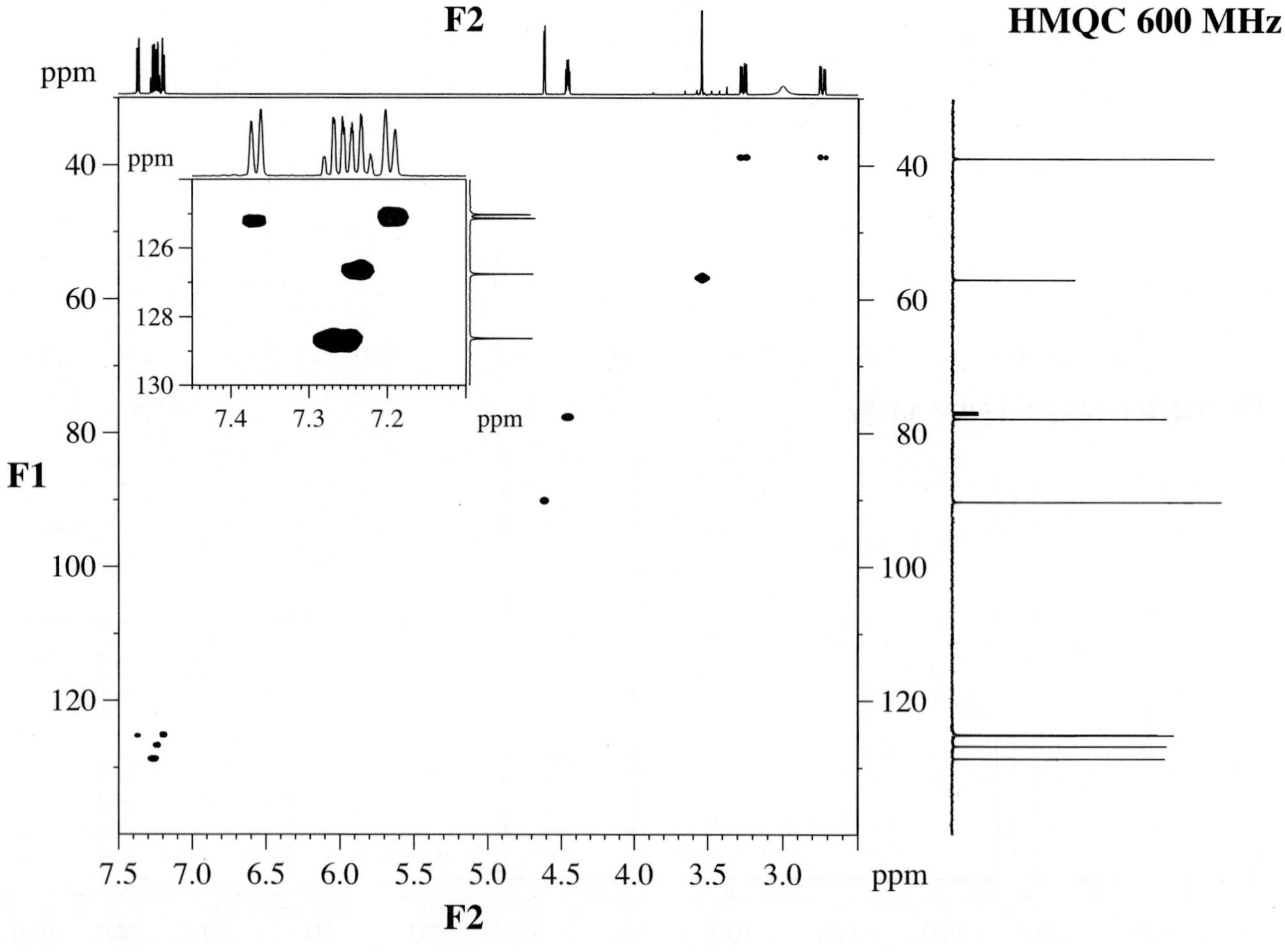
HMQC 600 MHz
ppm
F1
F2

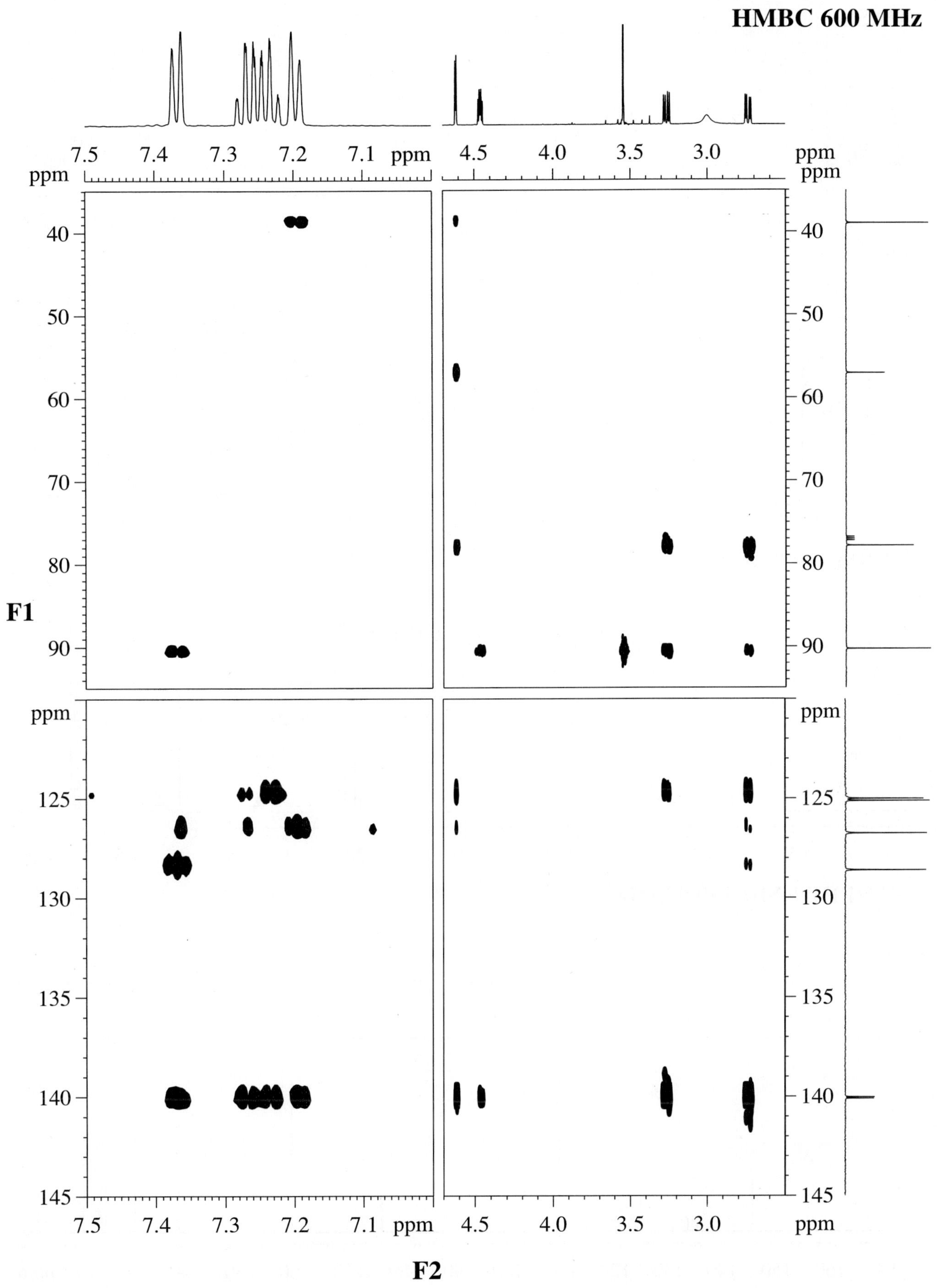
HMBC 600 MHz
F1
F2
ppm

MASS

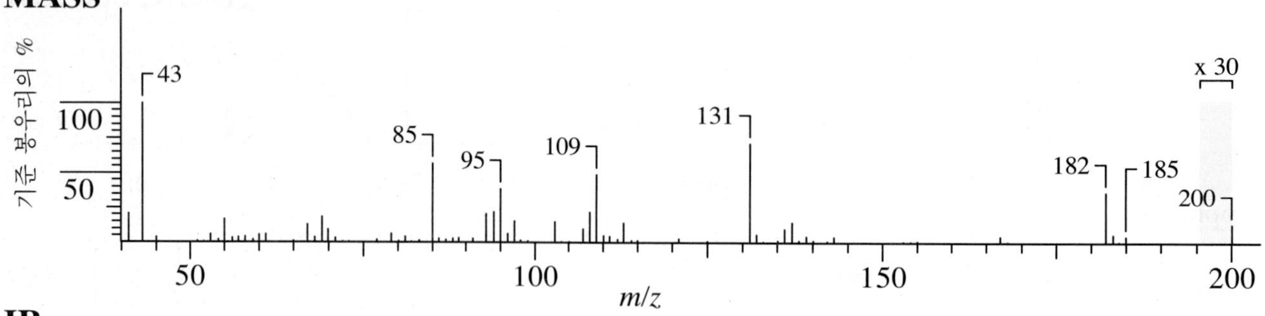

IR

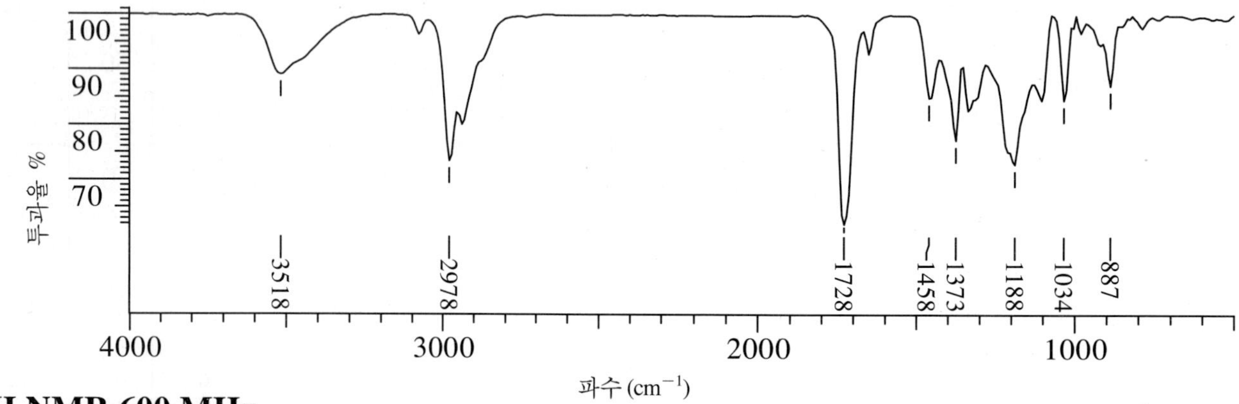

^{1}H NMR 600 MHz

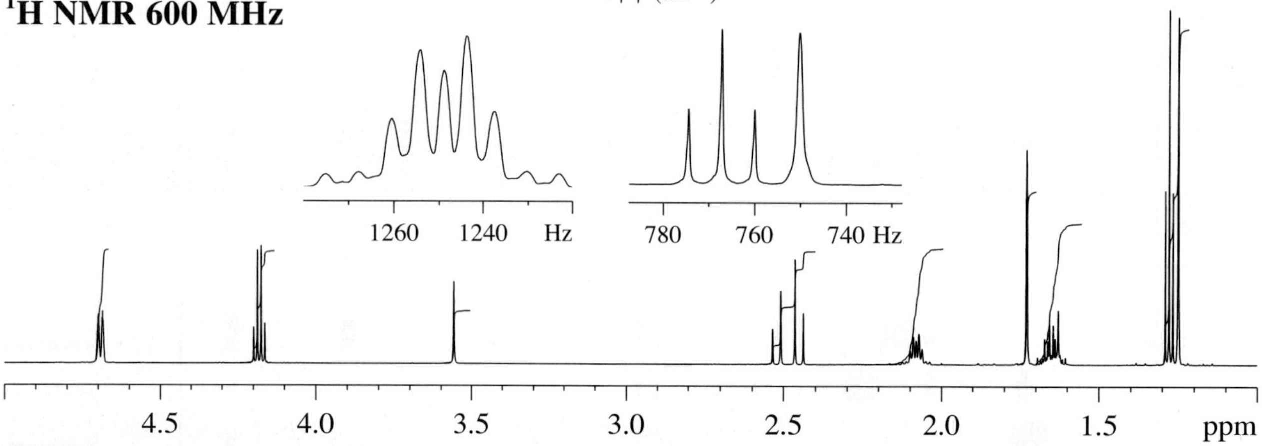

^{13}C/DEPT NMR 150.9 MHz

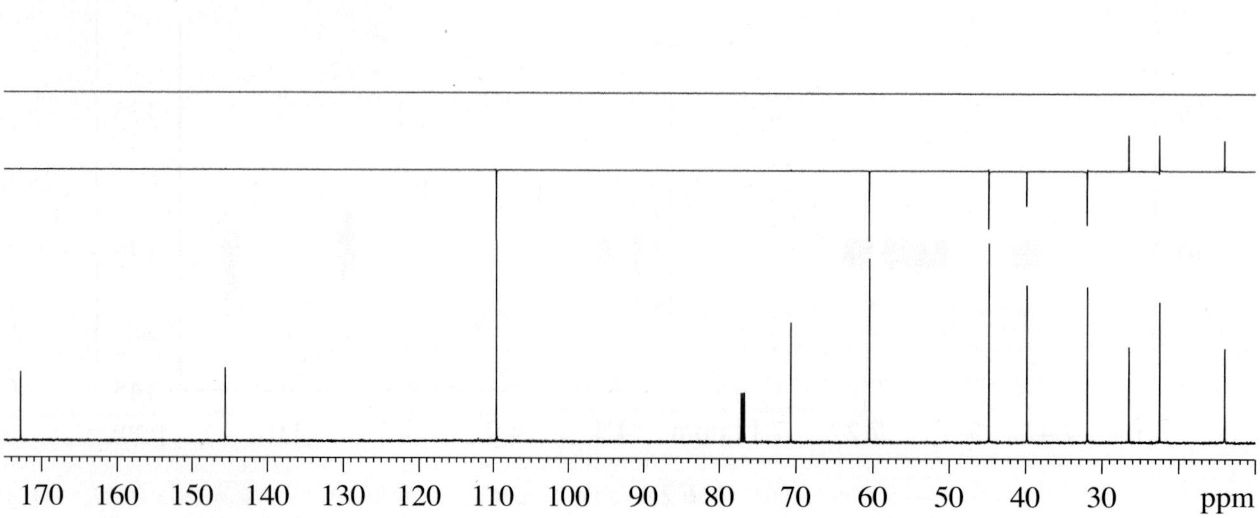

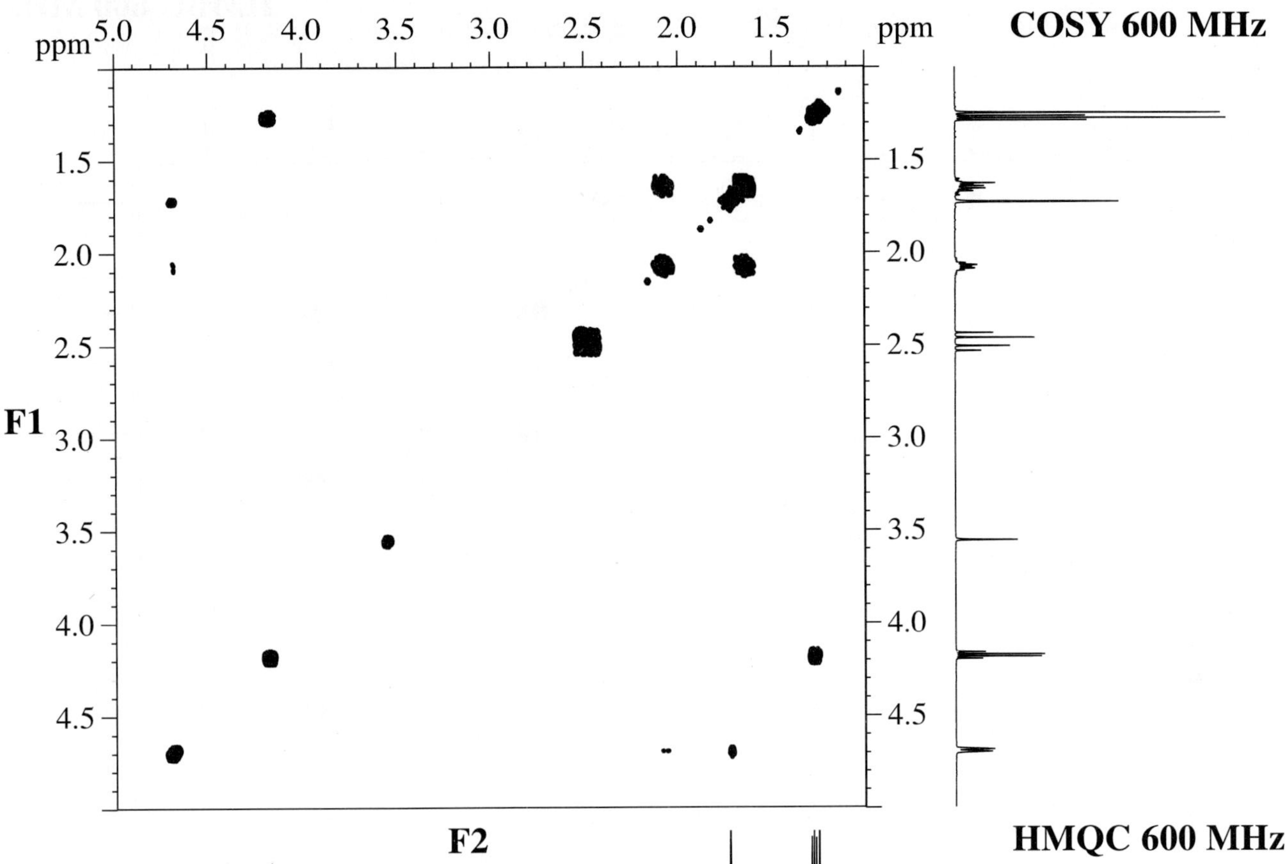
COSY 600 MHz
ppm
5.0 4.5 4.0 3.5 3.0 2.5 2.0 1.5
F1
1.5 2.0 2.5 3.0 3.5 4.0 4.5
F2

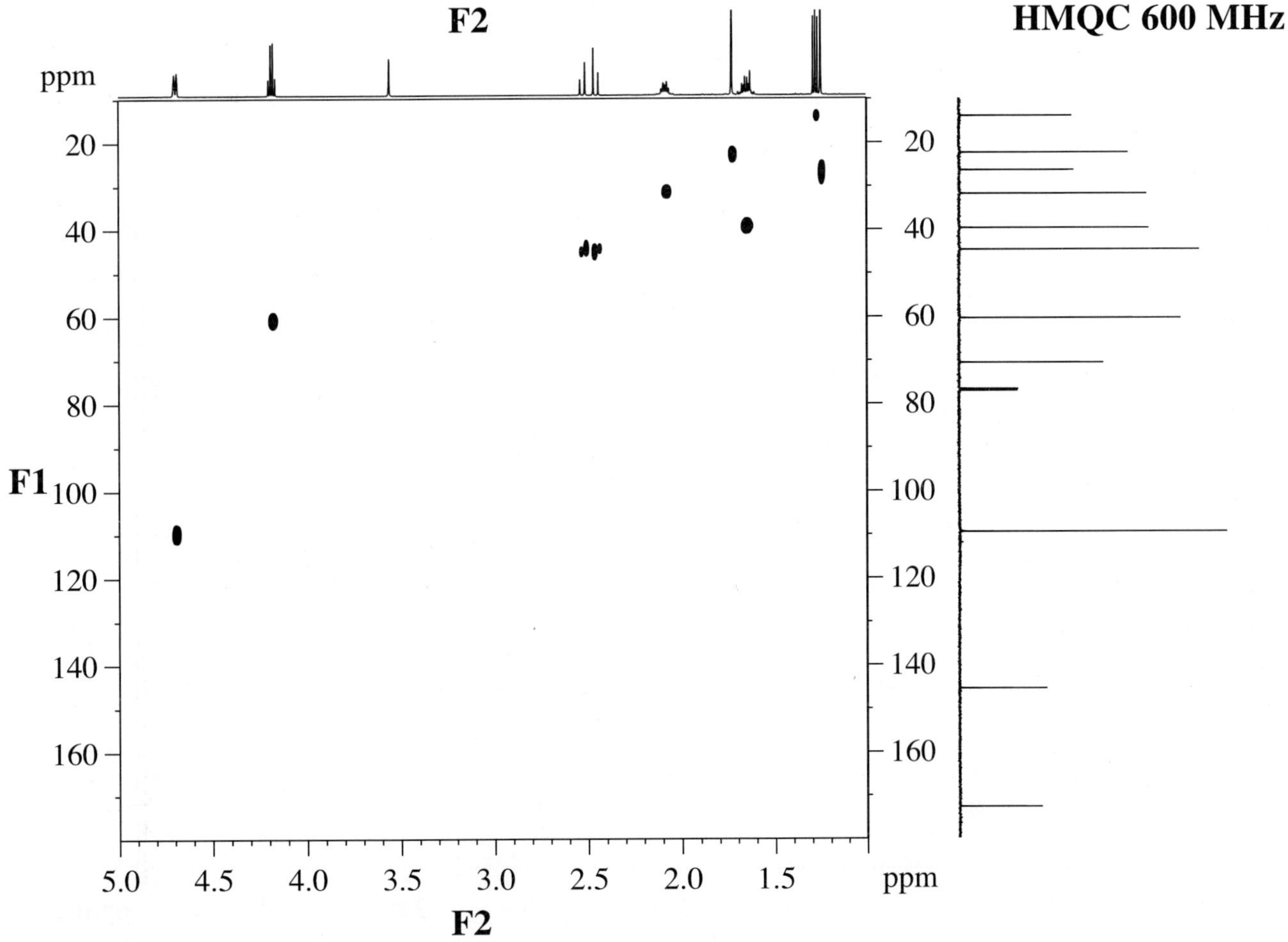
HMQC 600 MHz
ppm
20 40 60 80 100 120 140 160
F1
5.0 4.5 4.0 3.5 3.0 2.5 2.0 1.5
F2

문제 8.43C

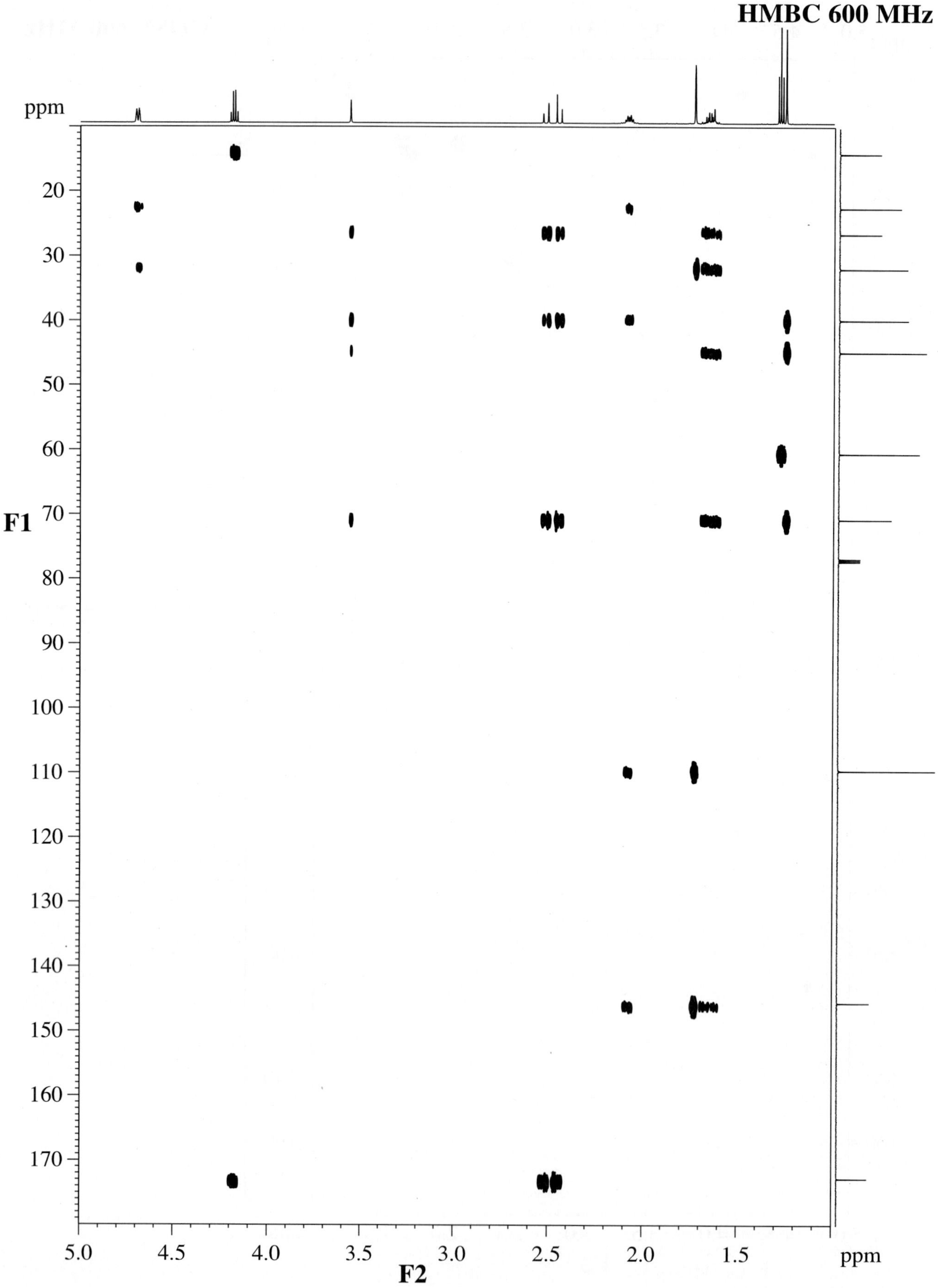
HMBC 600 MHz
ppm
F1
F2
ppm
20
30
40
50
60
70
80
90
100
110
120
130
140
150
160
170
5.0
4.5
4.0
3.5
3.0
2.5
2.0
1.5

MASS

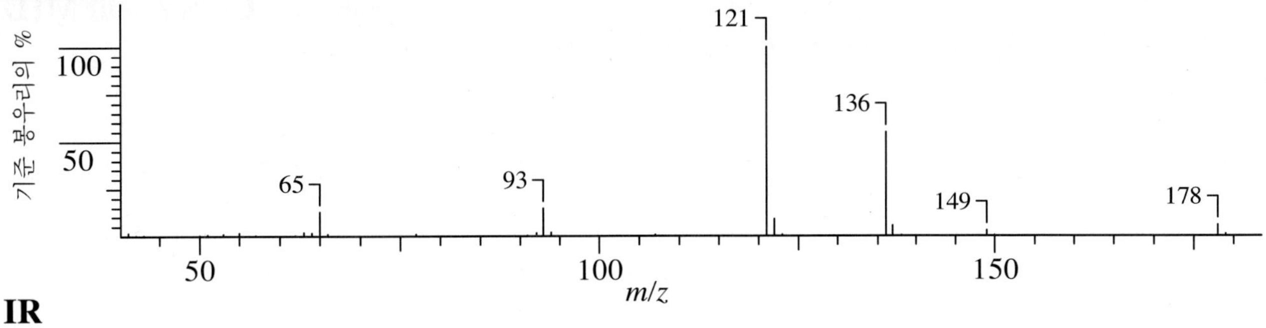

IR

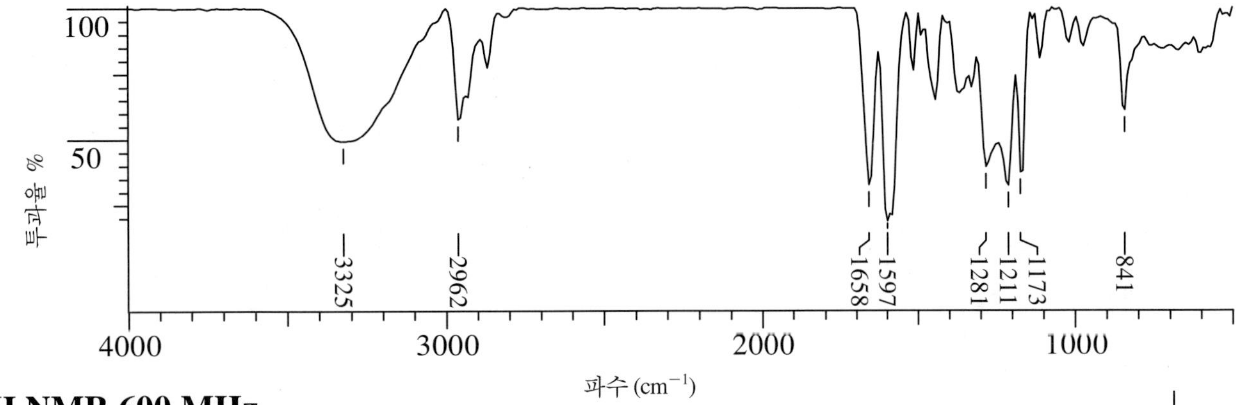

^{1}H NMR 600 MHz

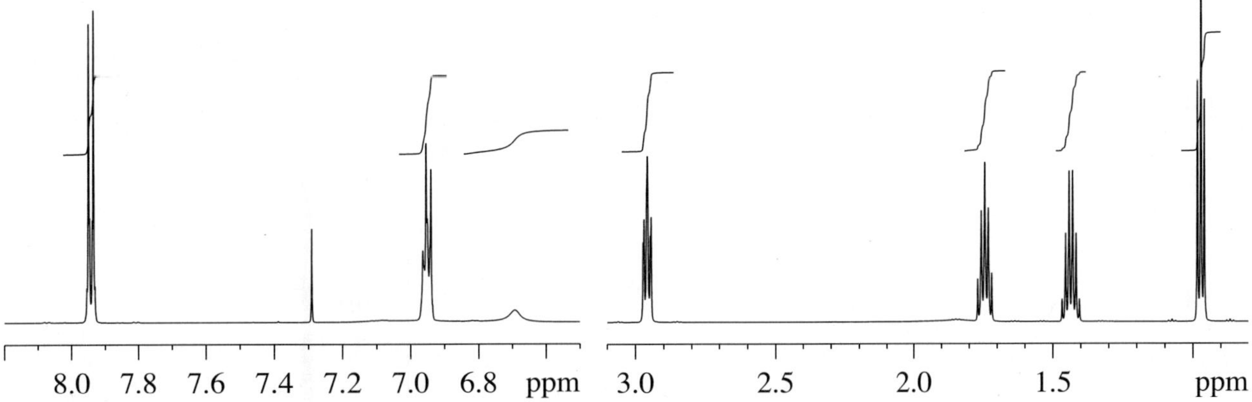

^{13}C/DEPT NMR 150.9 MHz

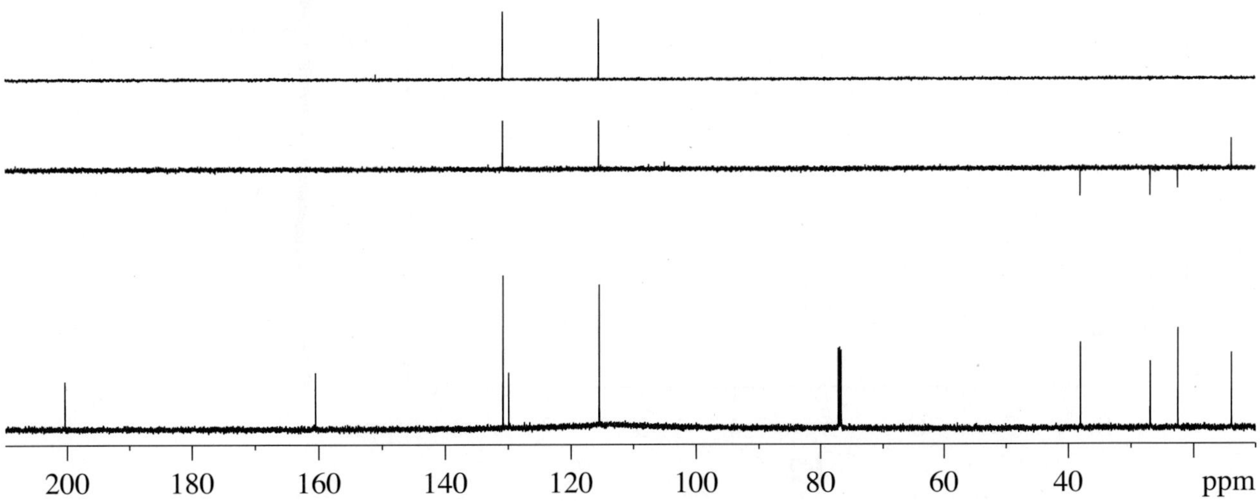

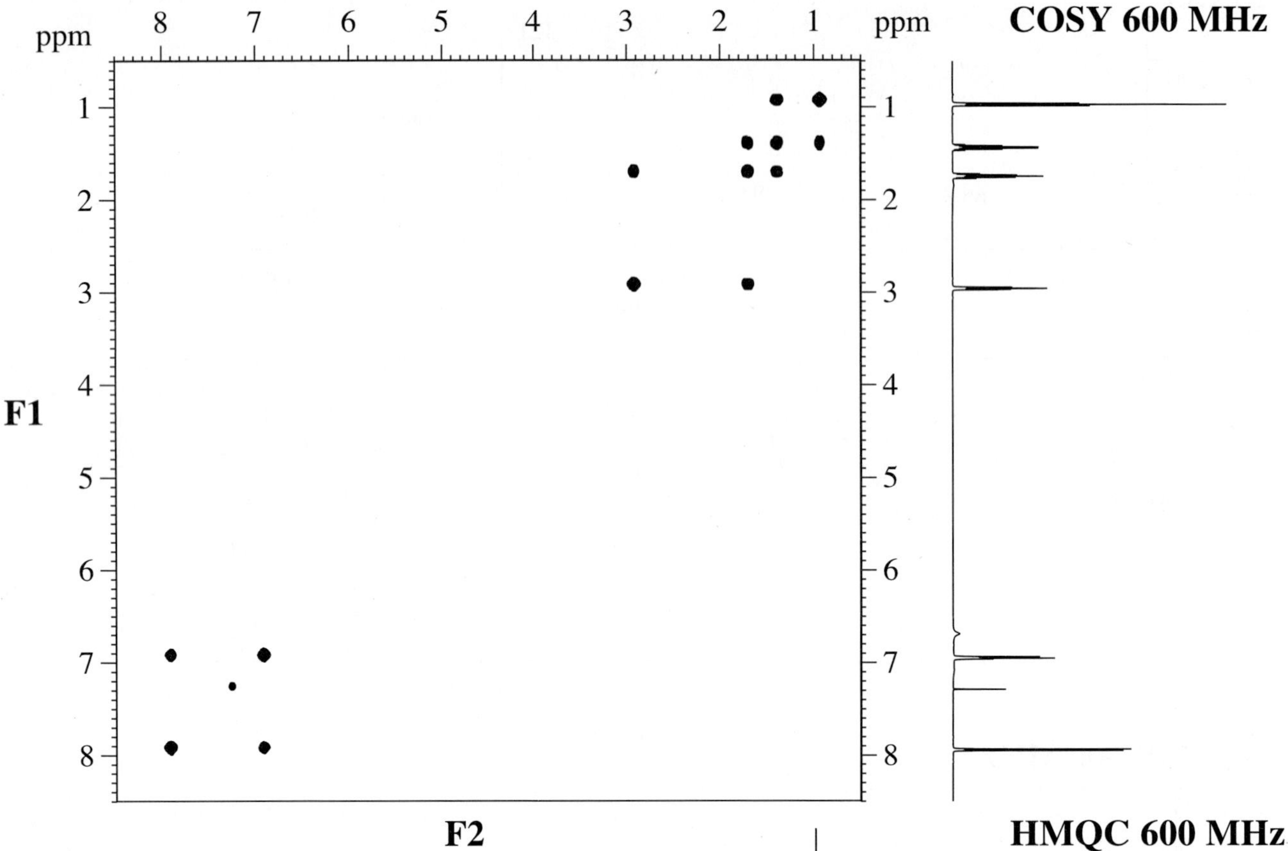
COSY 600 MHz
ppm
F1
F2

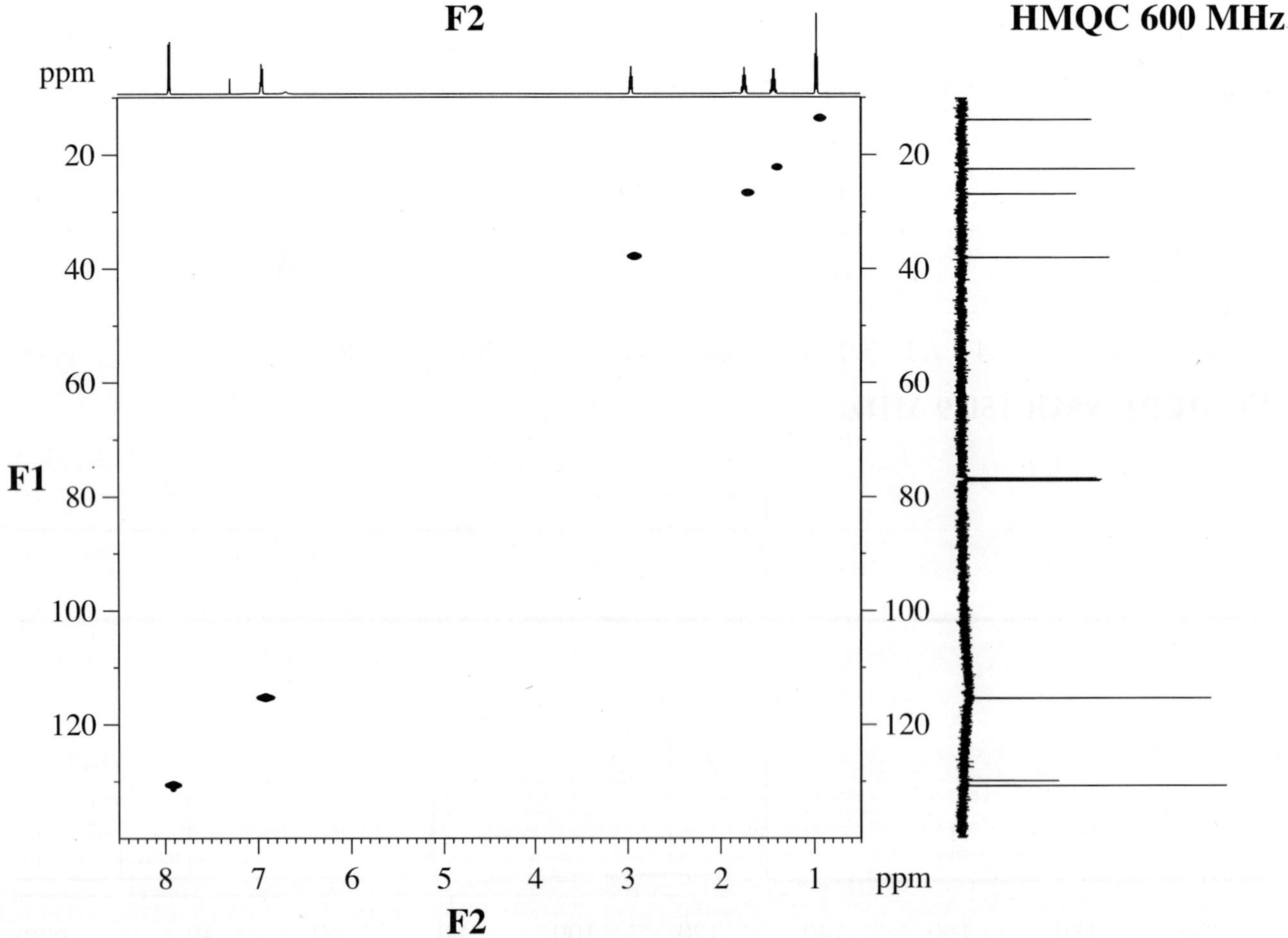
HMQC 600 MHz
ppm
F1
F2

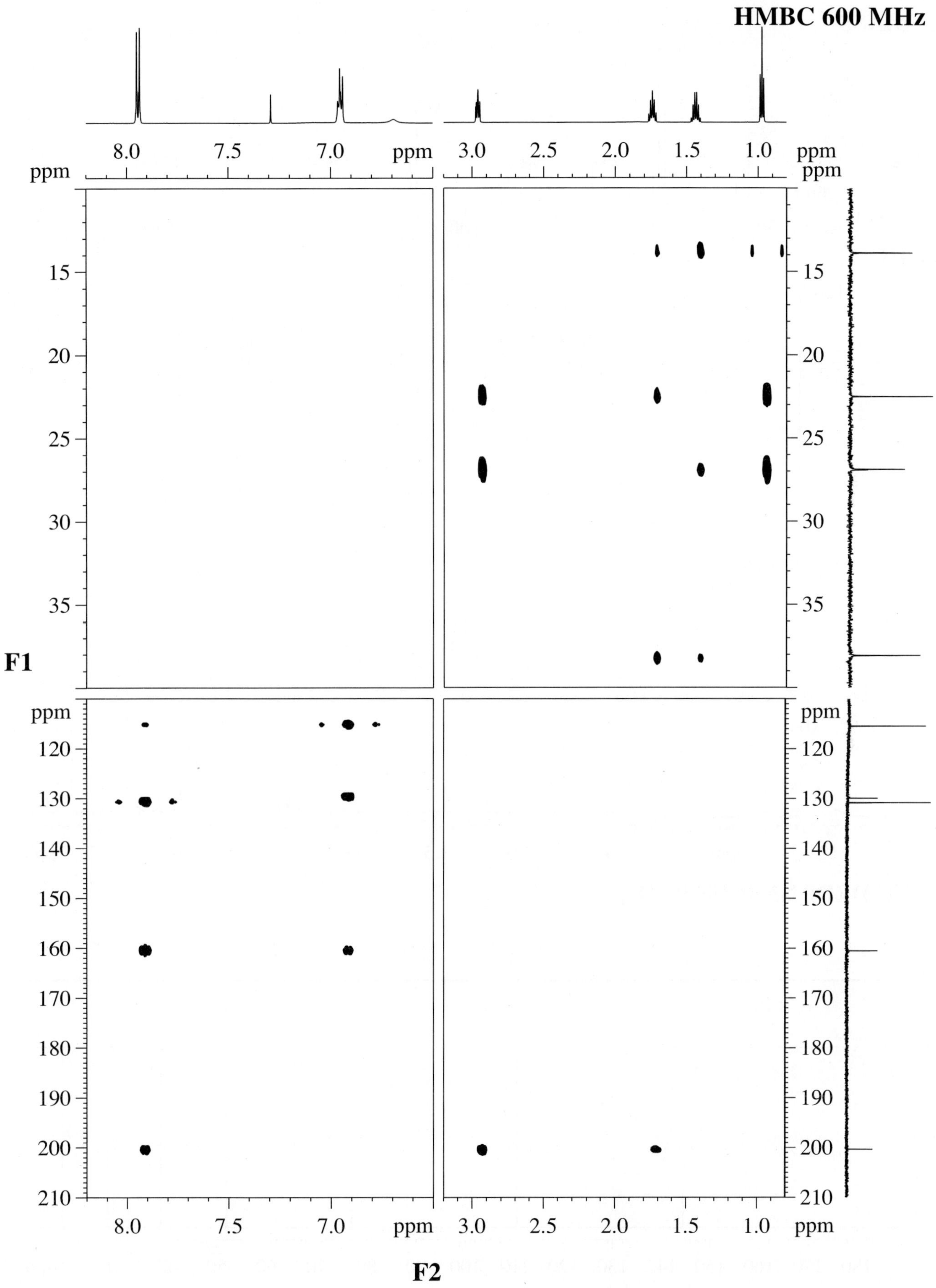
HMBC 600 MHz
8.0
7.5
7.0
ppm
3.0
2.5
2.0
1.5
1.0
ppm
F1
15
20
25
30
35
120
130
140
150
160
170
180
190
200
210
F2

MASS

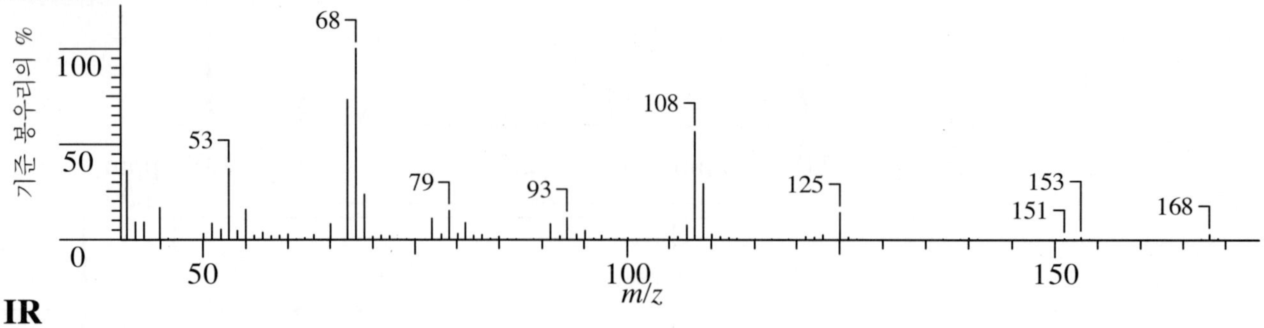

IR

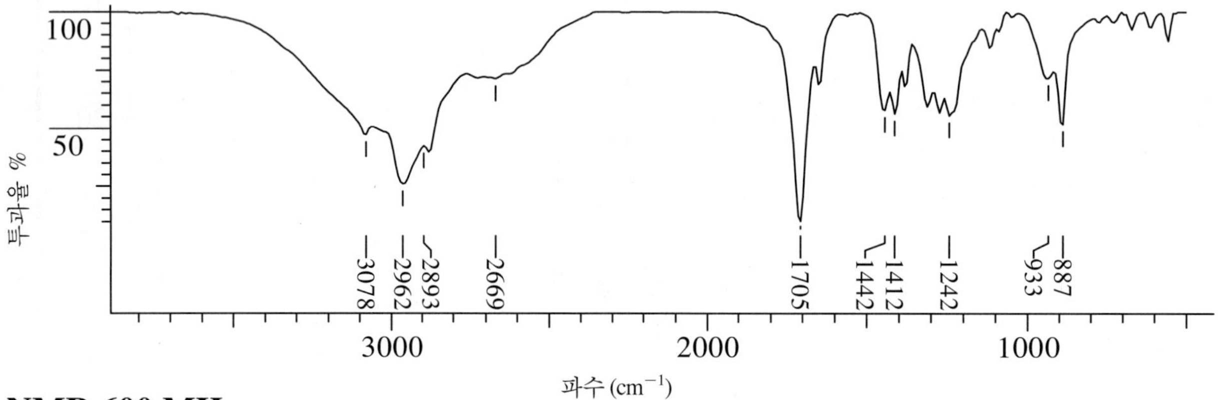

^{1}H NMR 600 MHz

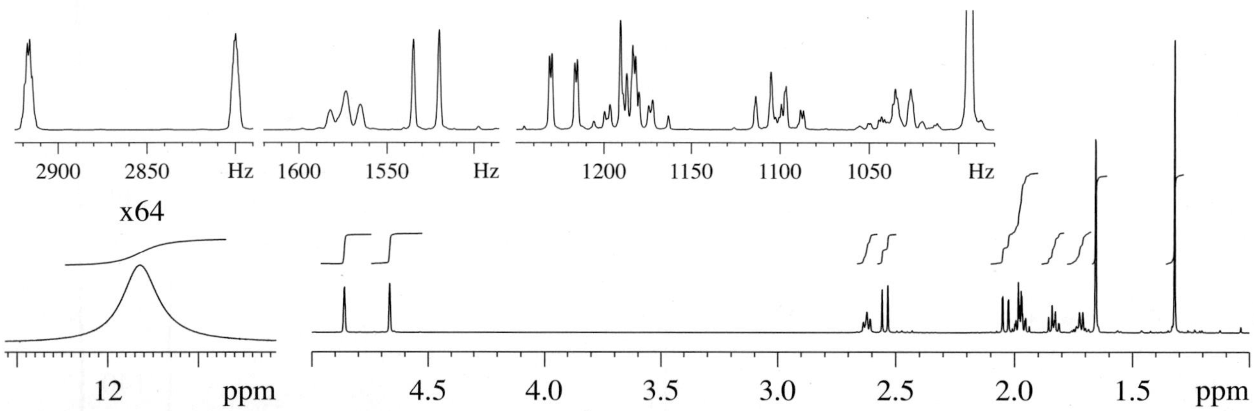

^{13}C/DEPT NMR 150.9 MHz

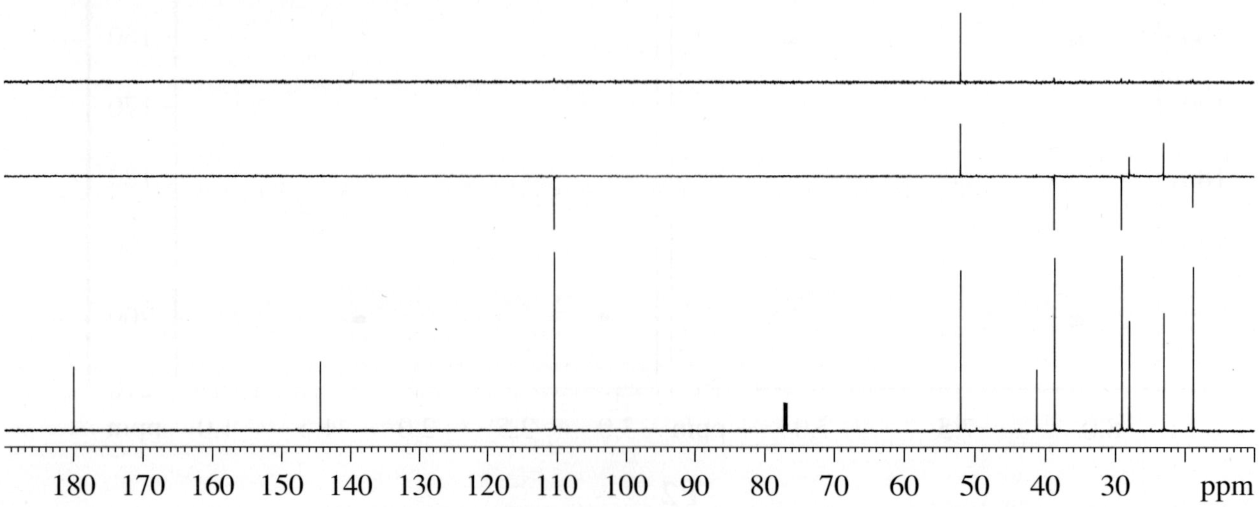

COSY 600 MHz

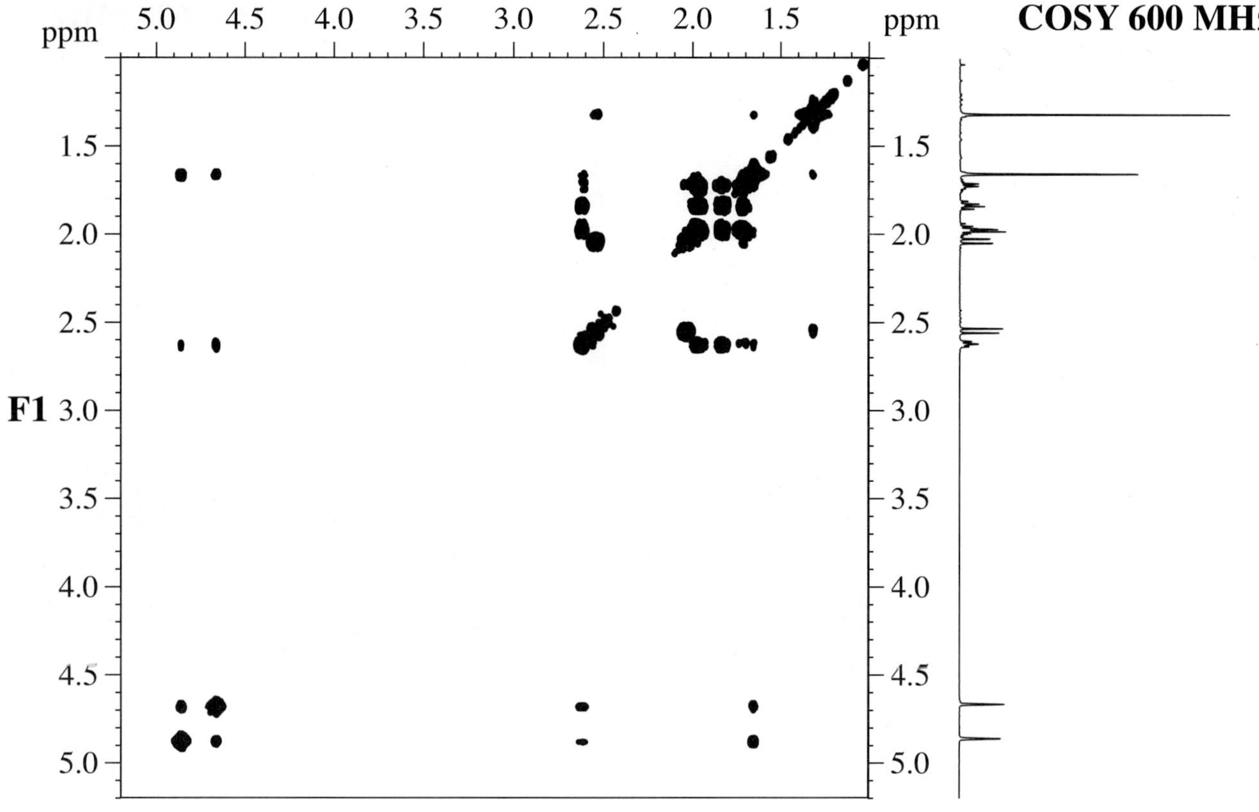

HMQC 600 MHz

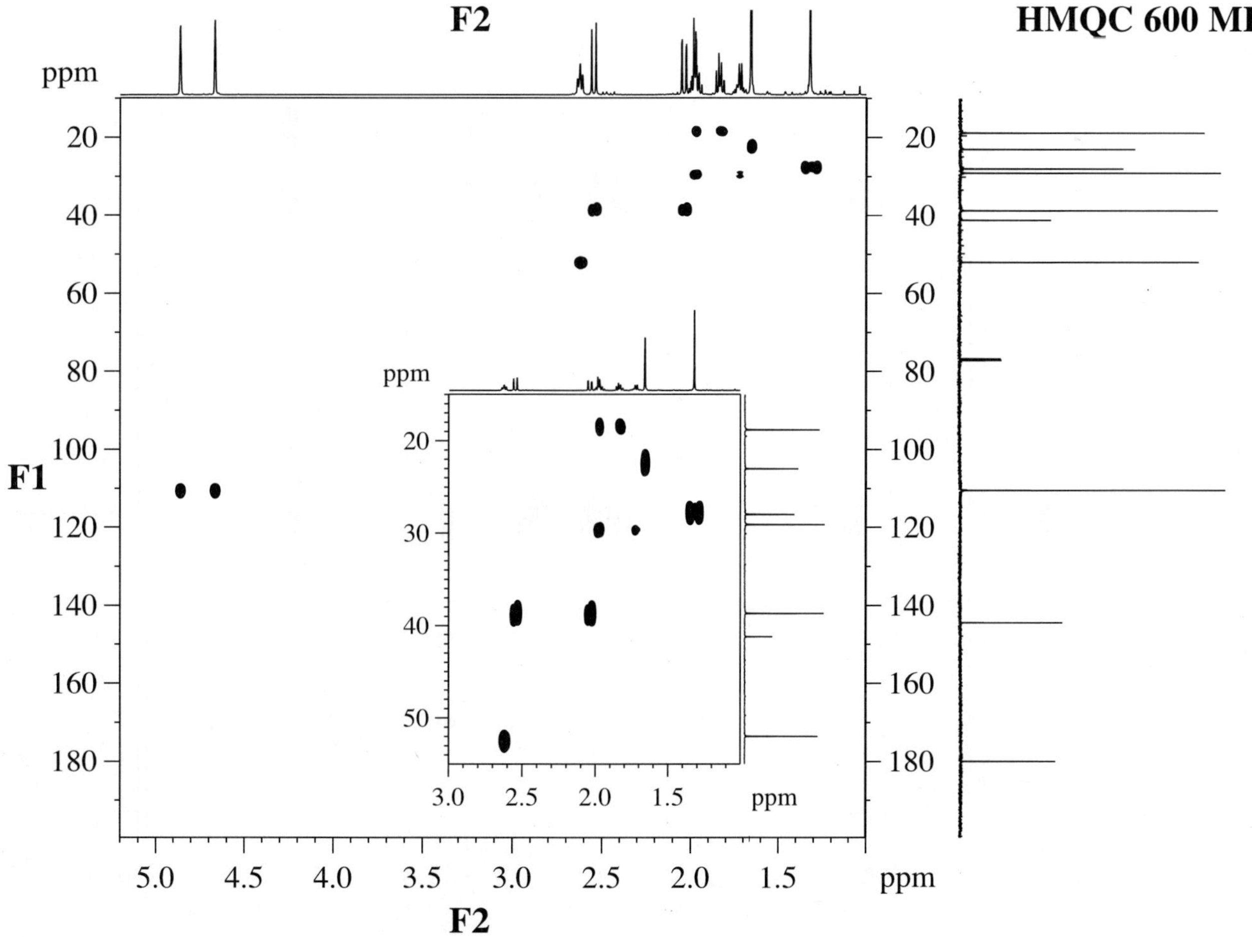

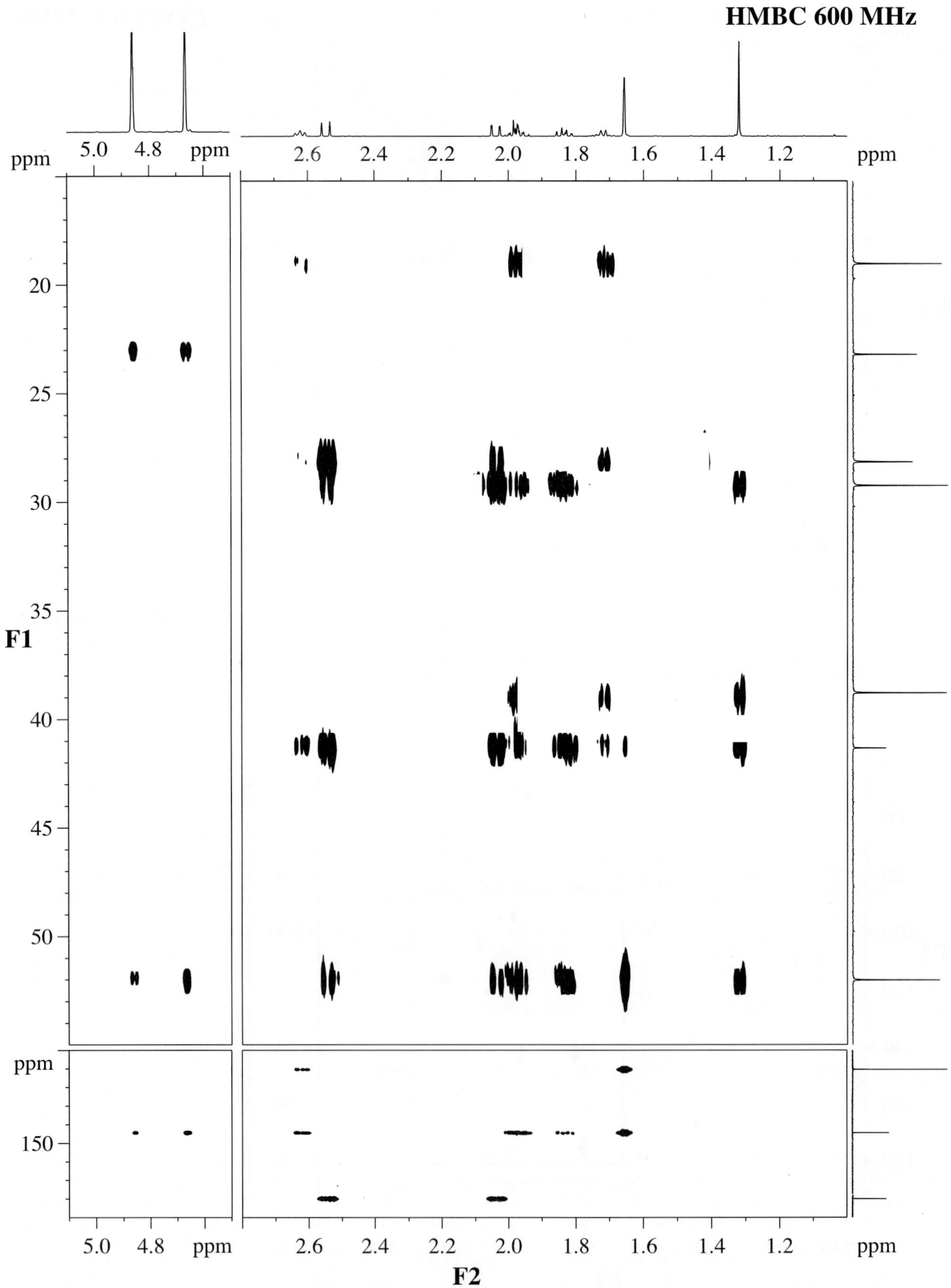
HMBC 600 MHz
ppm
5.0
4.8
ppm
2.6
2.4
2.2
2.0
1.8
1.6
1.4
1.2
ppm
20
25
30
35
F1
40
45
50
ppm
150
F2

MASS

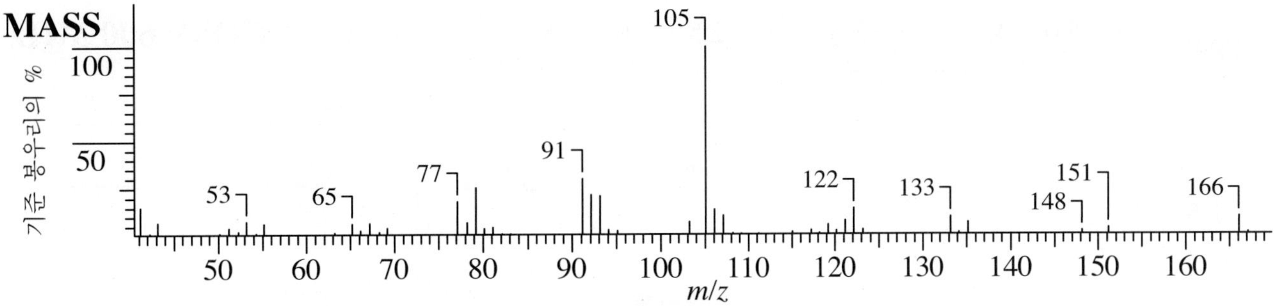

IR

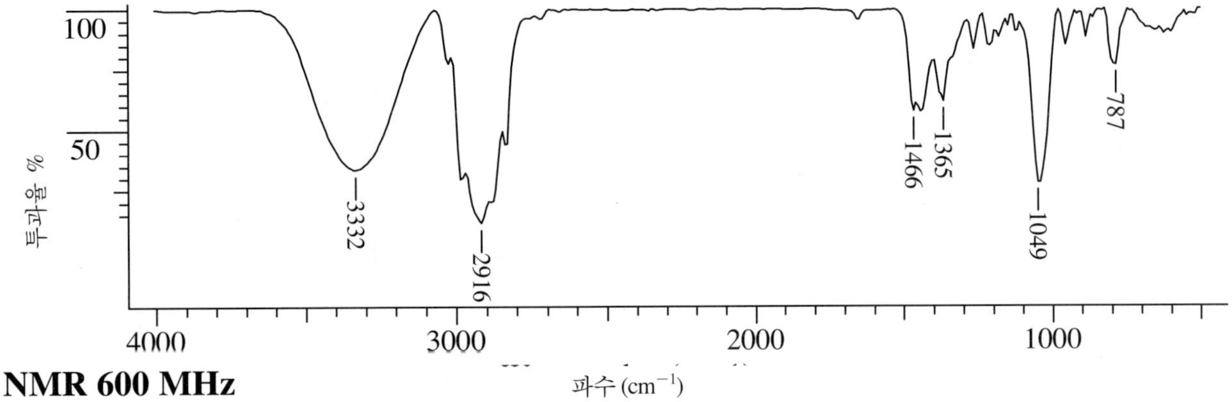

^{1}H NMR 600 MHz

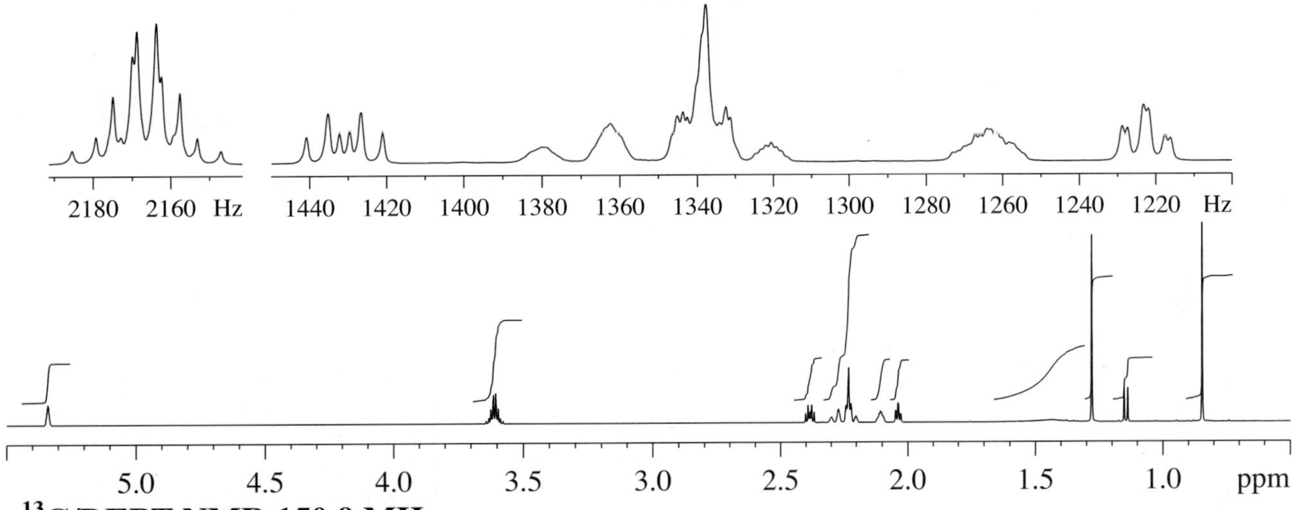

^{13}C/DEPT NMR 150.9 MHz

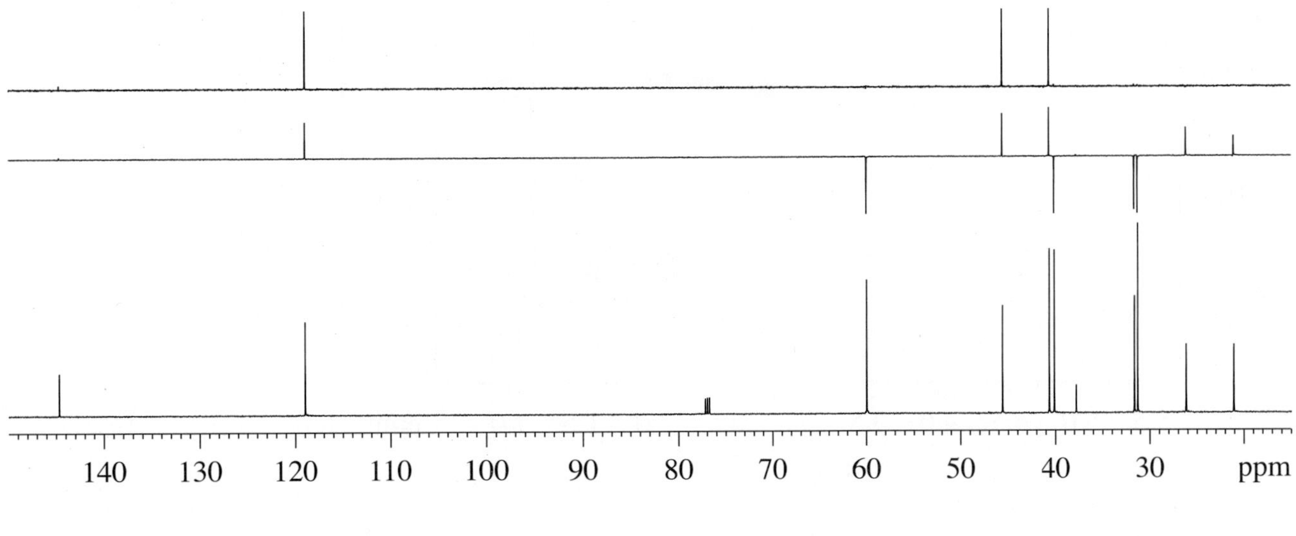

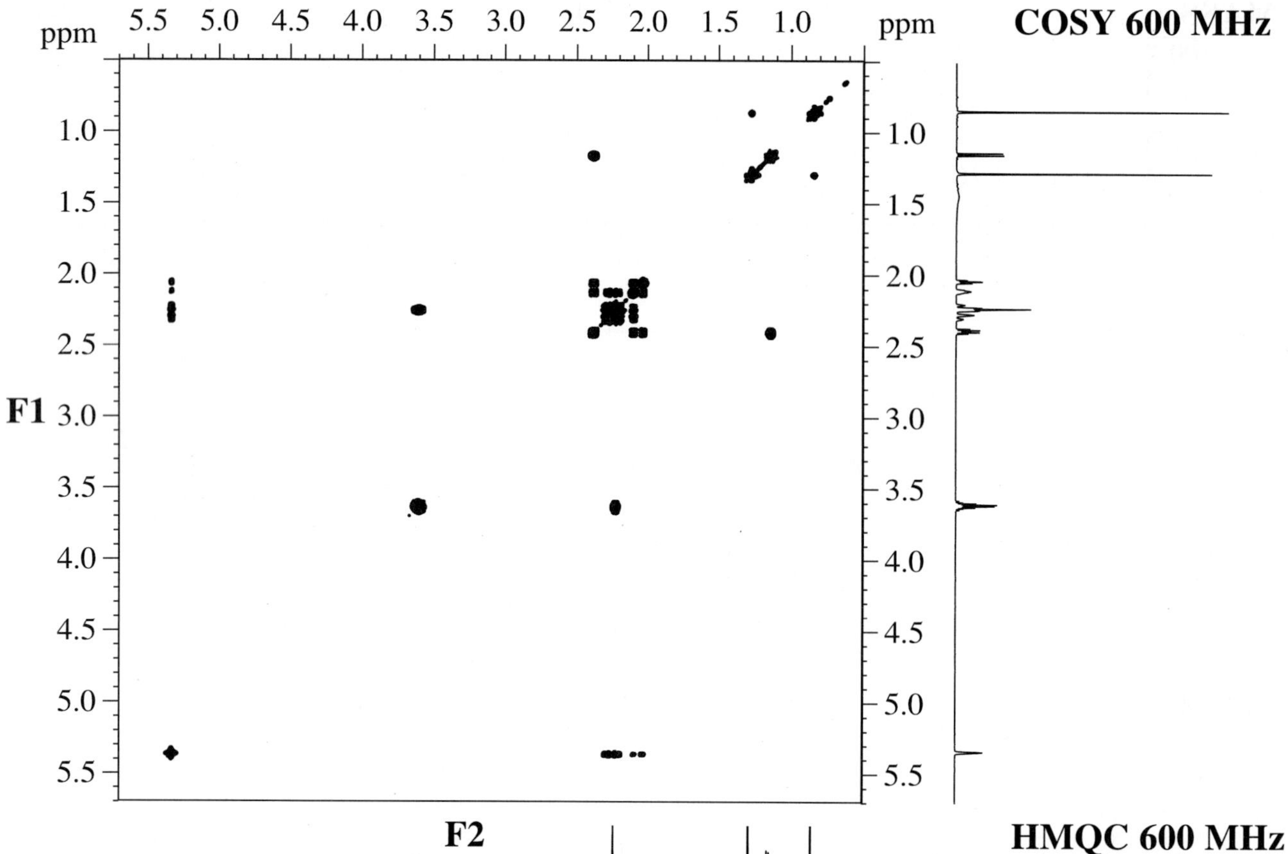
COSY 600 MHz
ppm
F1
F2

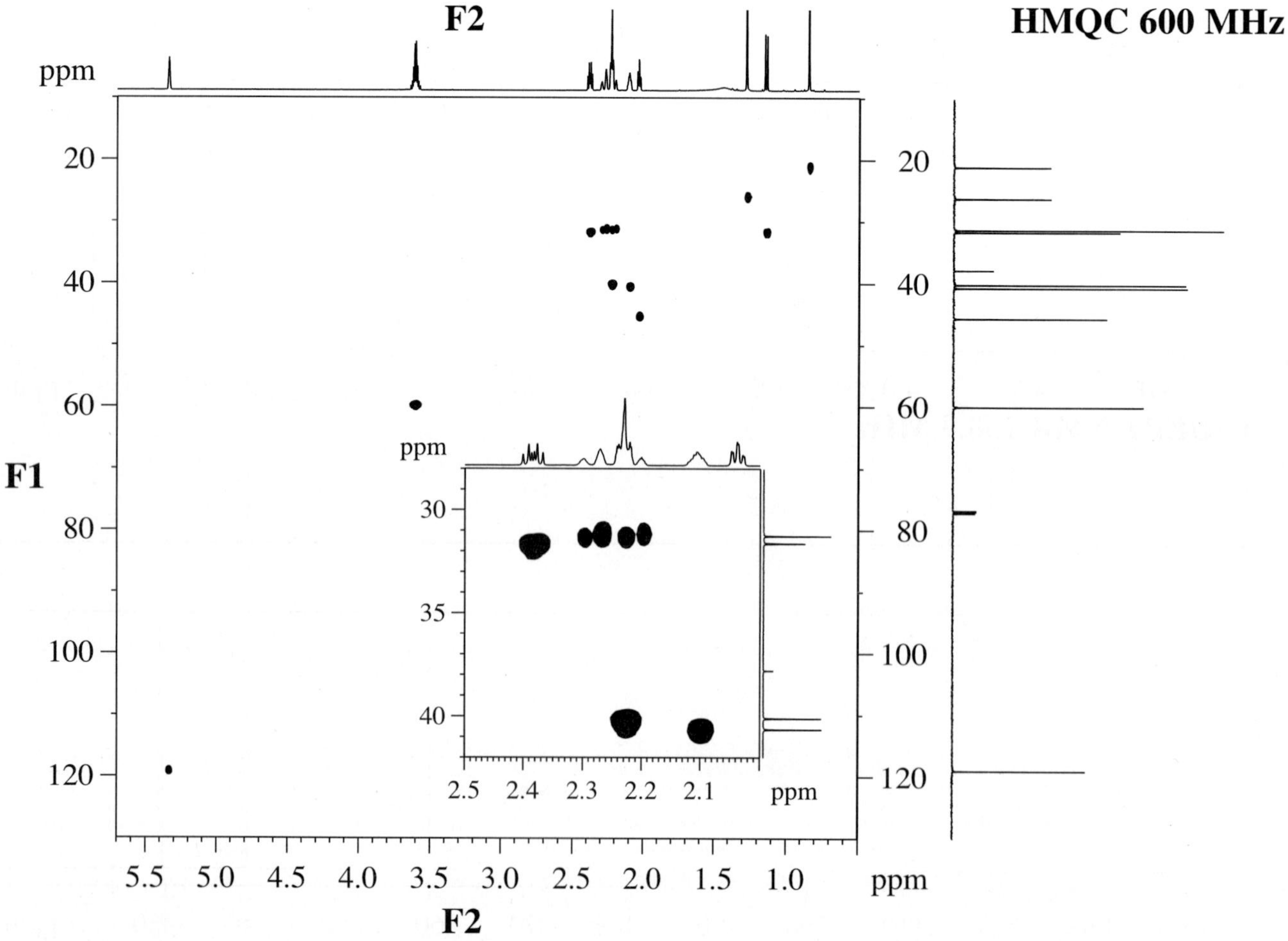
HMQC 600 MHz
ppm
F1
F2

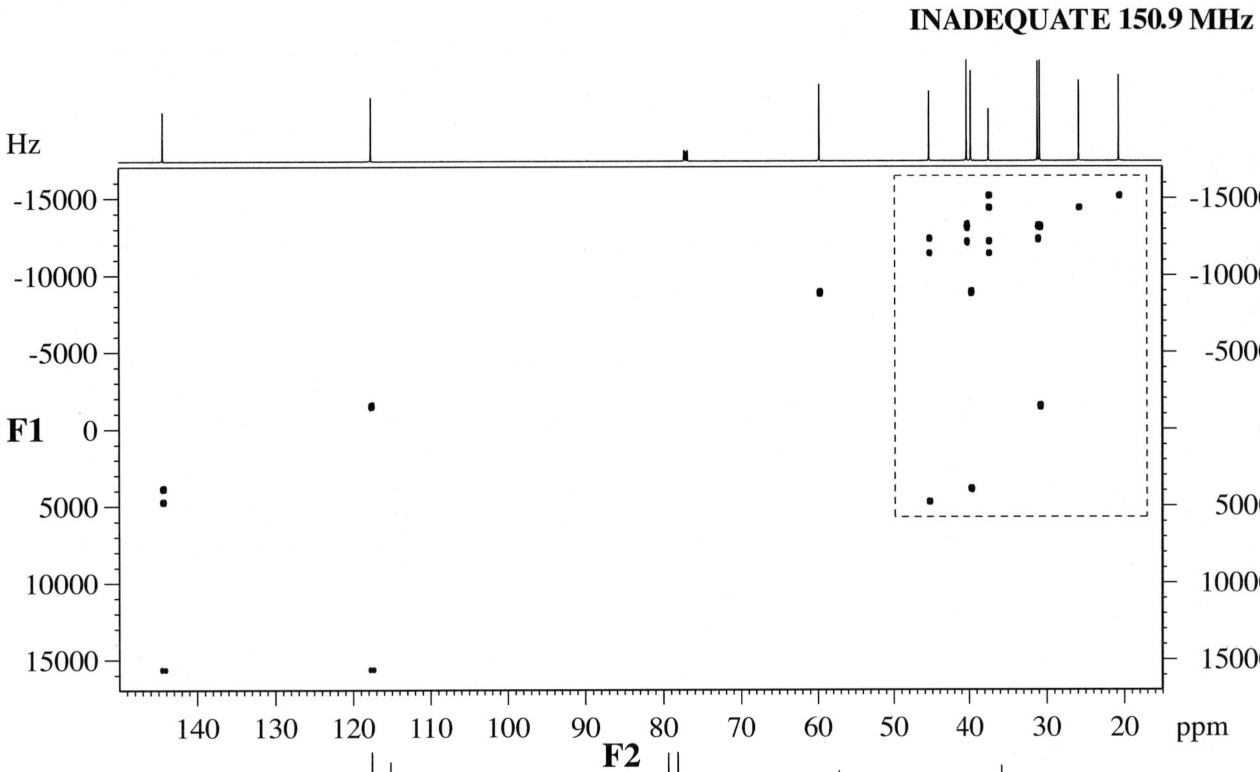
INADEQUATE 150.9 MHz
Hz
F1
F2
ppm

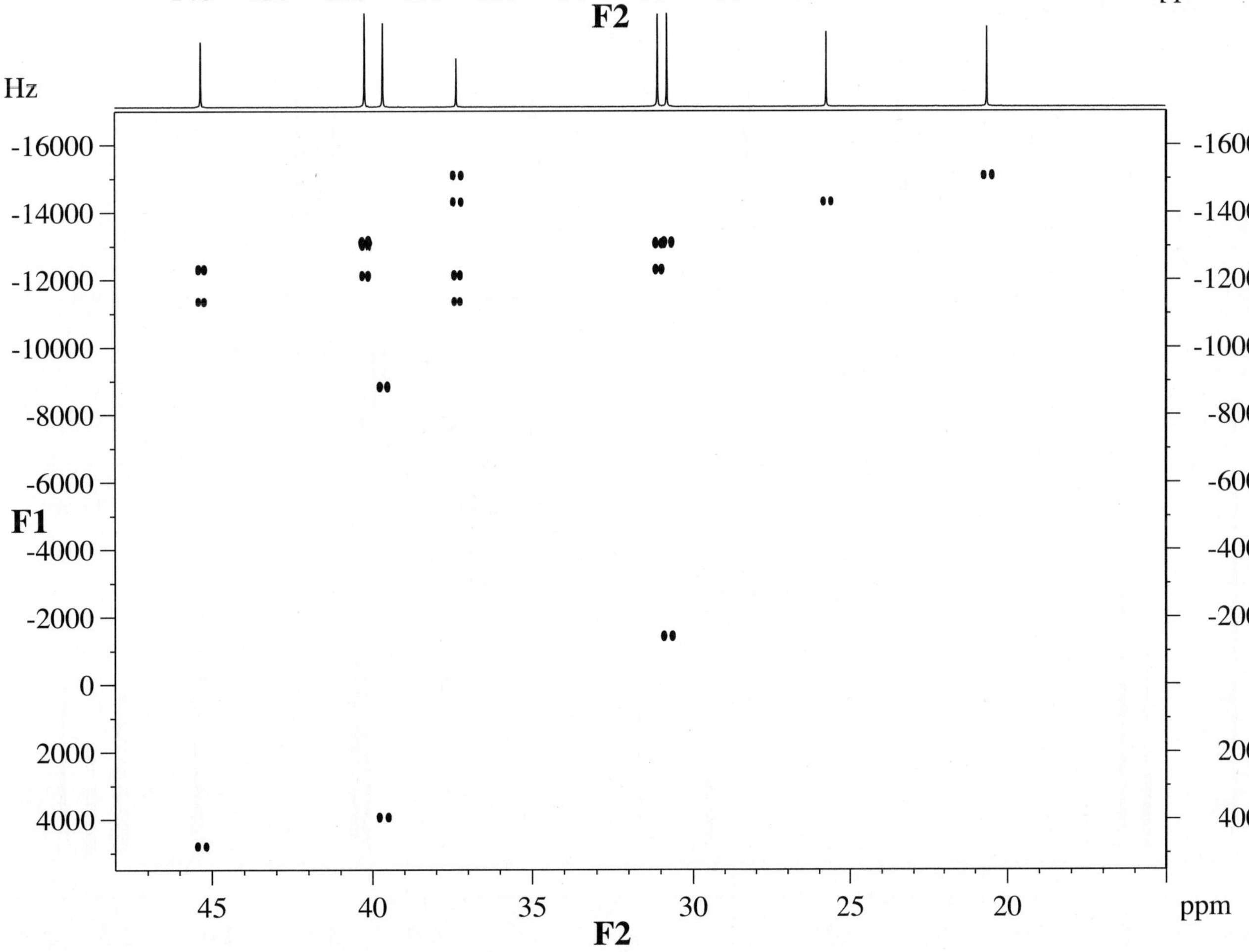
Hz
F1
F2
ppm

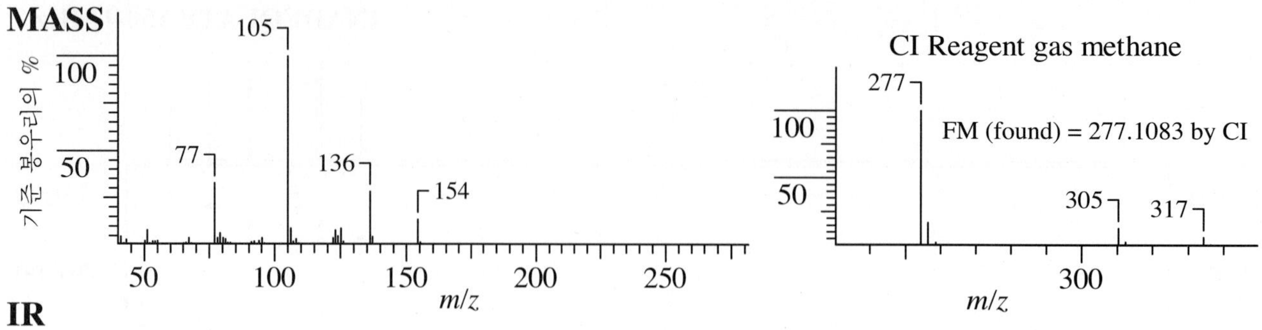
MASS
기준 봉우리의 %
100
50
105
77
136
154
50
100
150
200
250
m/z
CI Reagent gas methane
277
FM (found) = 277.1083 by CI
100
50
305
317
300
m/z

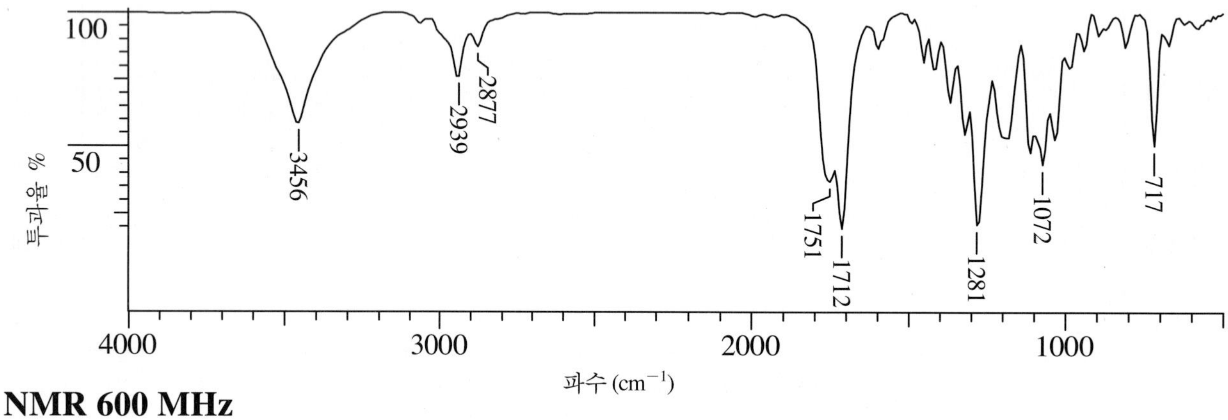
IR
투과율 %
100
50
3456
2939
2877
1751
1712
1281
1072
717
4000
3000
2000
1000
파수 (cm⁻¹)

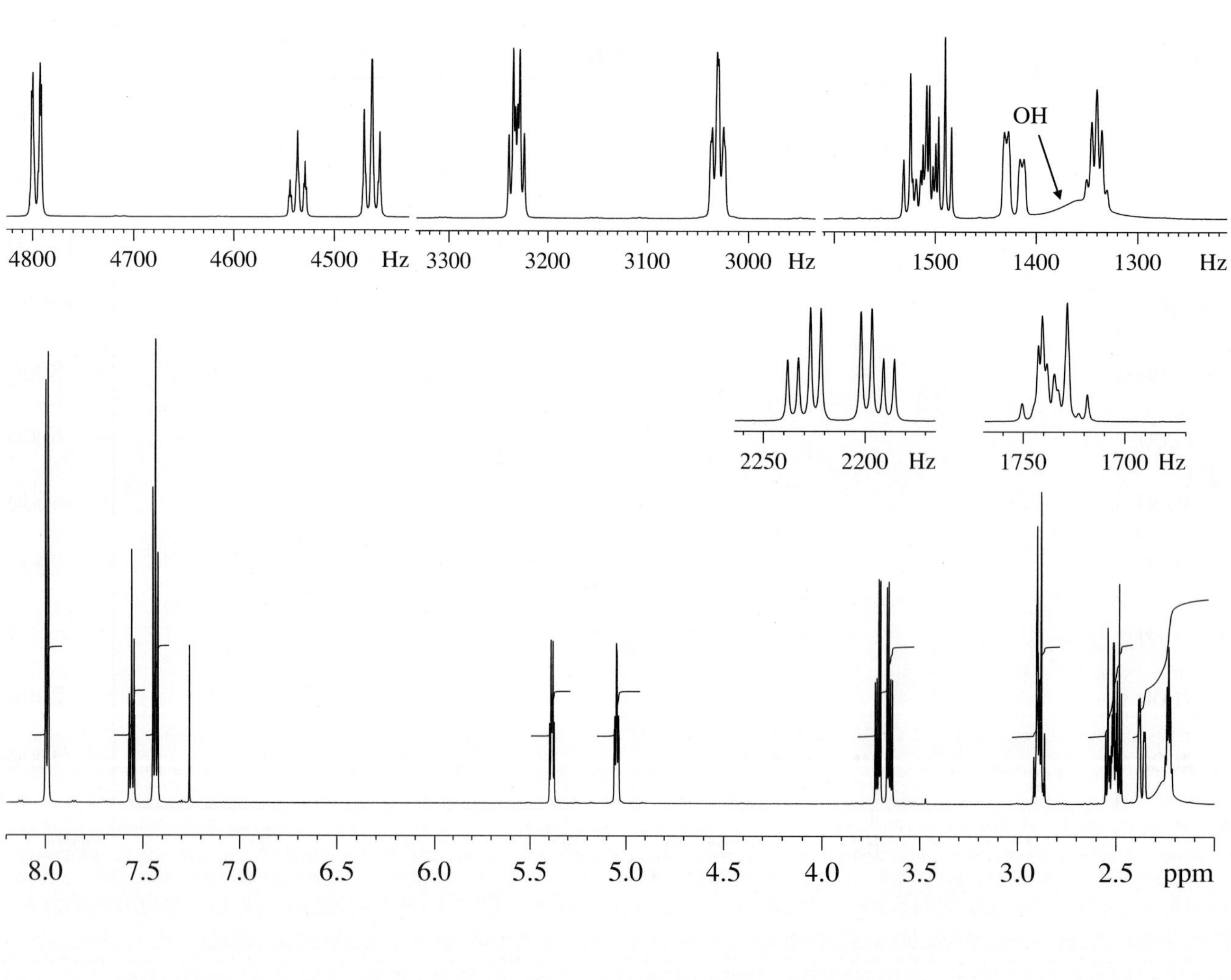
¹H NMR 600 MHz
4800
4700
4600
4500
Hz
3300
3200
3100
3000
Hz
OH
1500
1400
1300
Hz
2250
2200
Hz
1750
1700
Hz
8.0
7.5
7.0
6.5
6.0
5.5
5.0
4.5
4.0
3.5
3.0
2.5
ppm

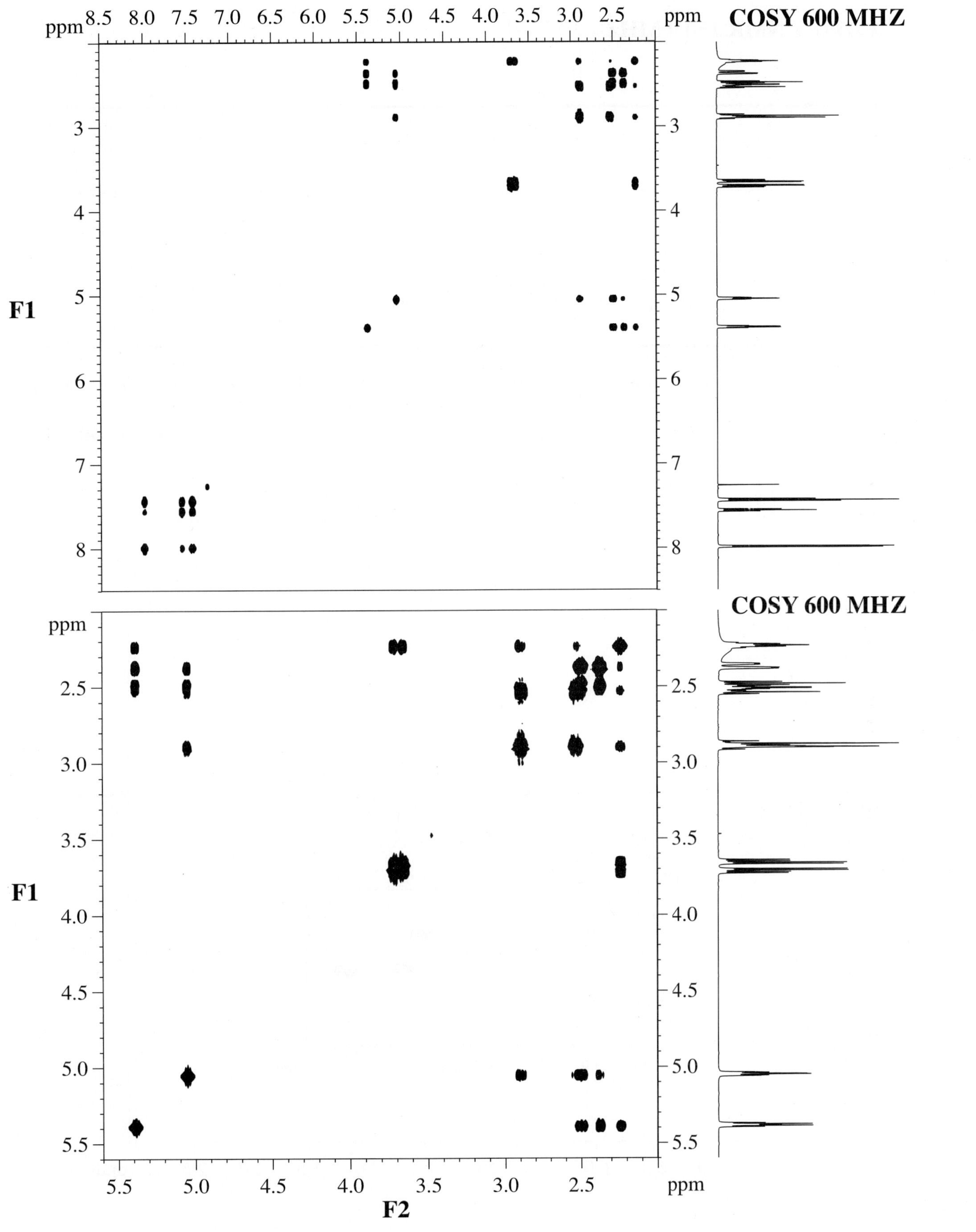
COSY 600 MHZ
ppm
F1
F2
COSY 600 MHZ

^{13}C/DEPT NMR 150.9 MHz

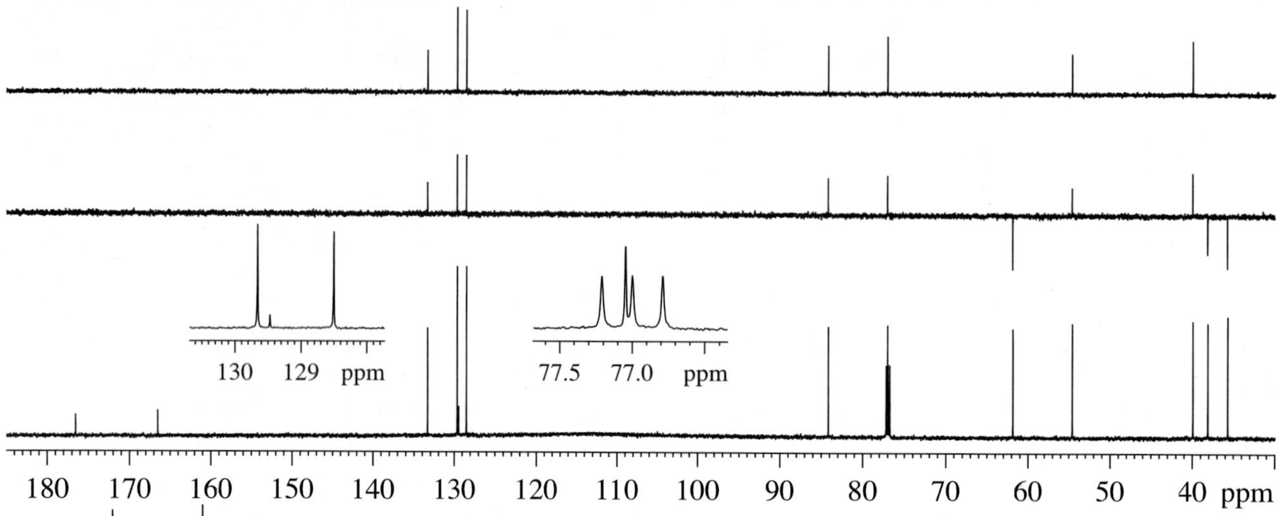

HMQC 600 MHz

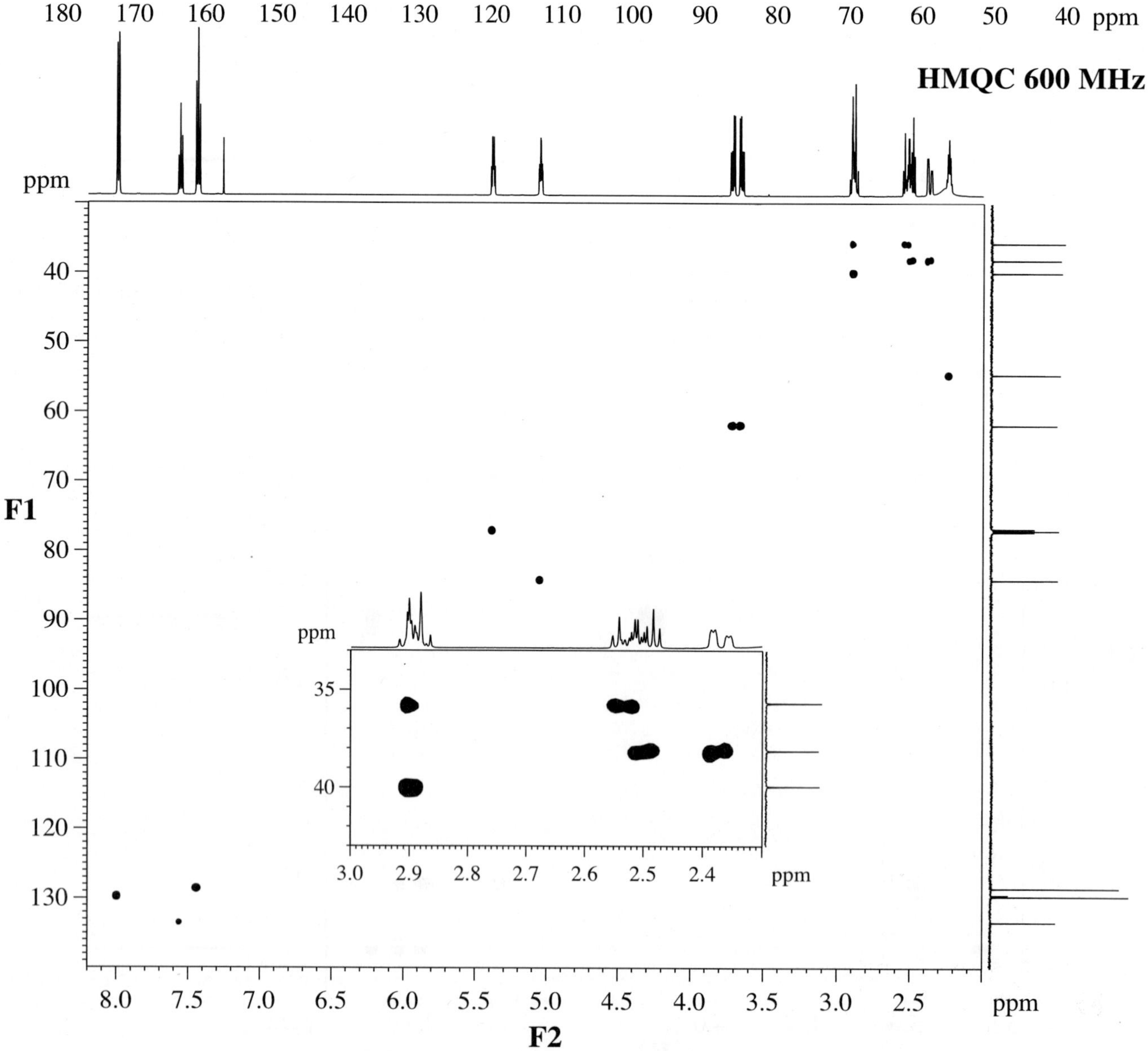

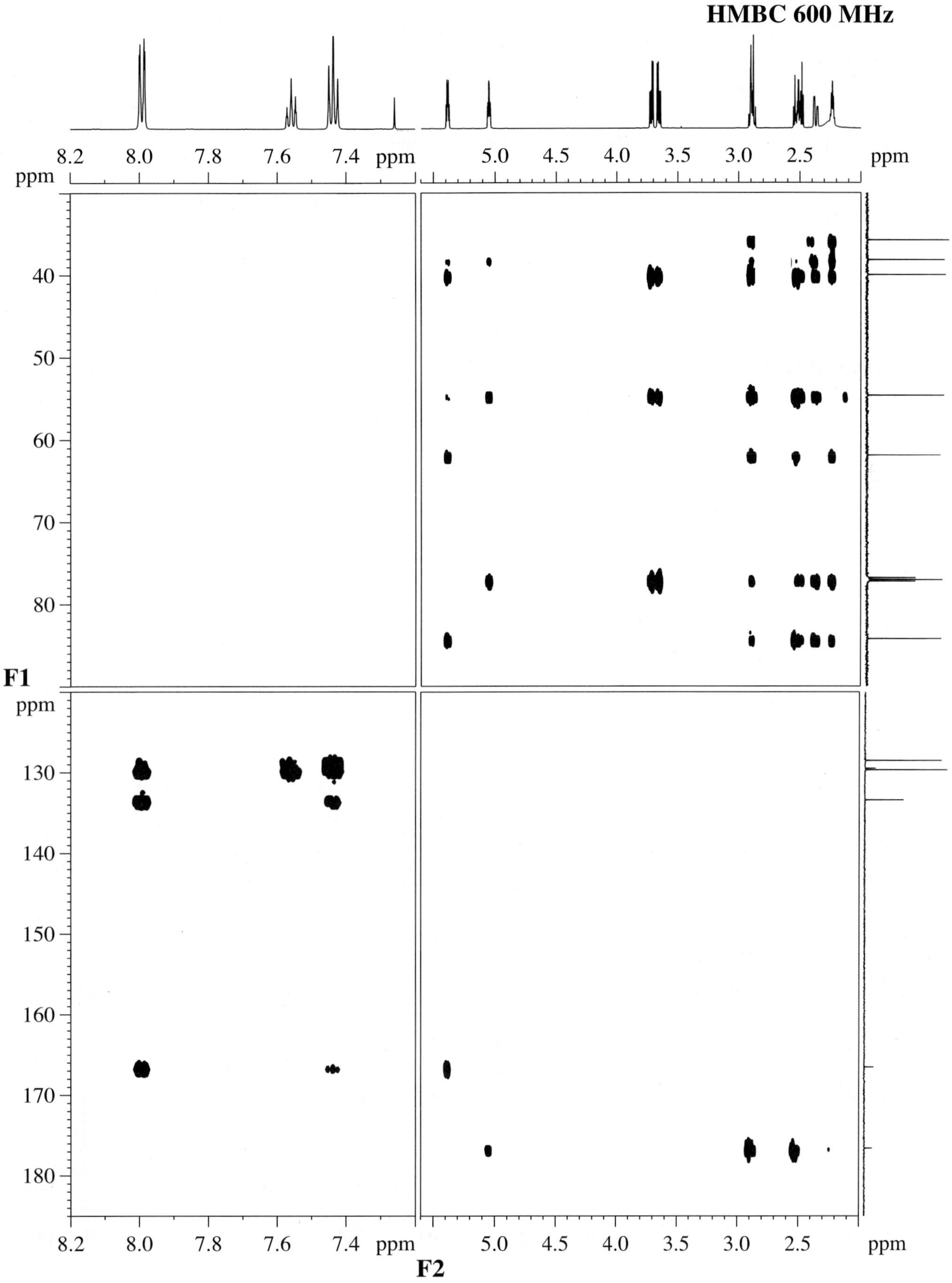
HMBC 600 MHz
ppm
F1
F2

ES MASS

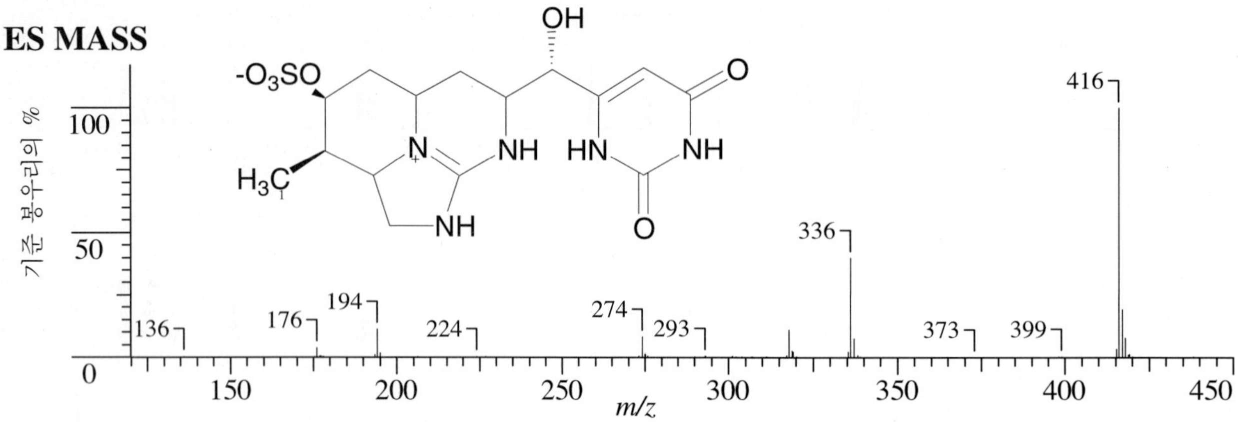

^{1}H NMR 600 MHz in D_2O

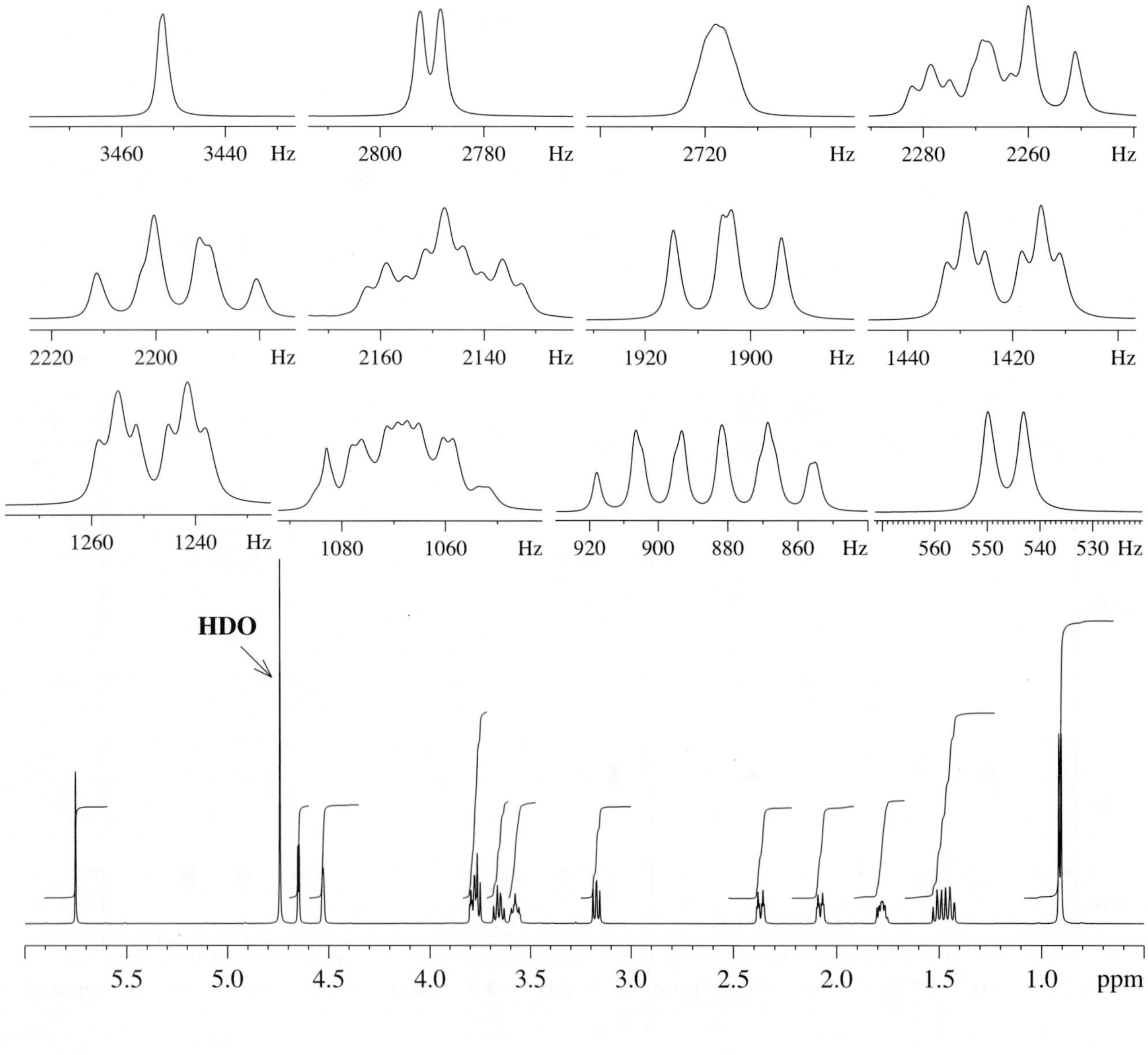

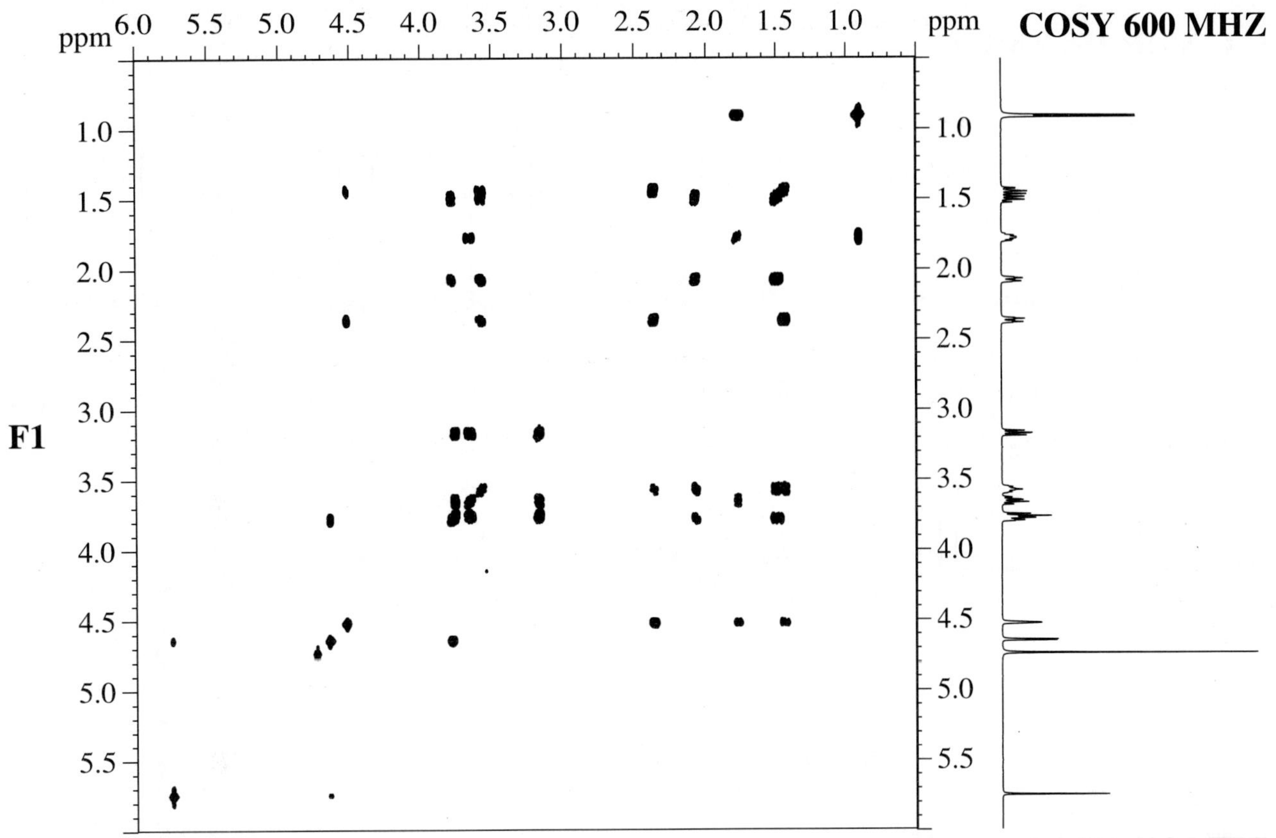
COSY 600 MHZ
ppm
F1
6.0 5.5 5.0 4.5 4.0 3.5 3.0 2.5 2.0 1.5 1.0
1.0 1.5 2.0 2.5 3.0 3.5 4.0 4.5 5.0 5.5

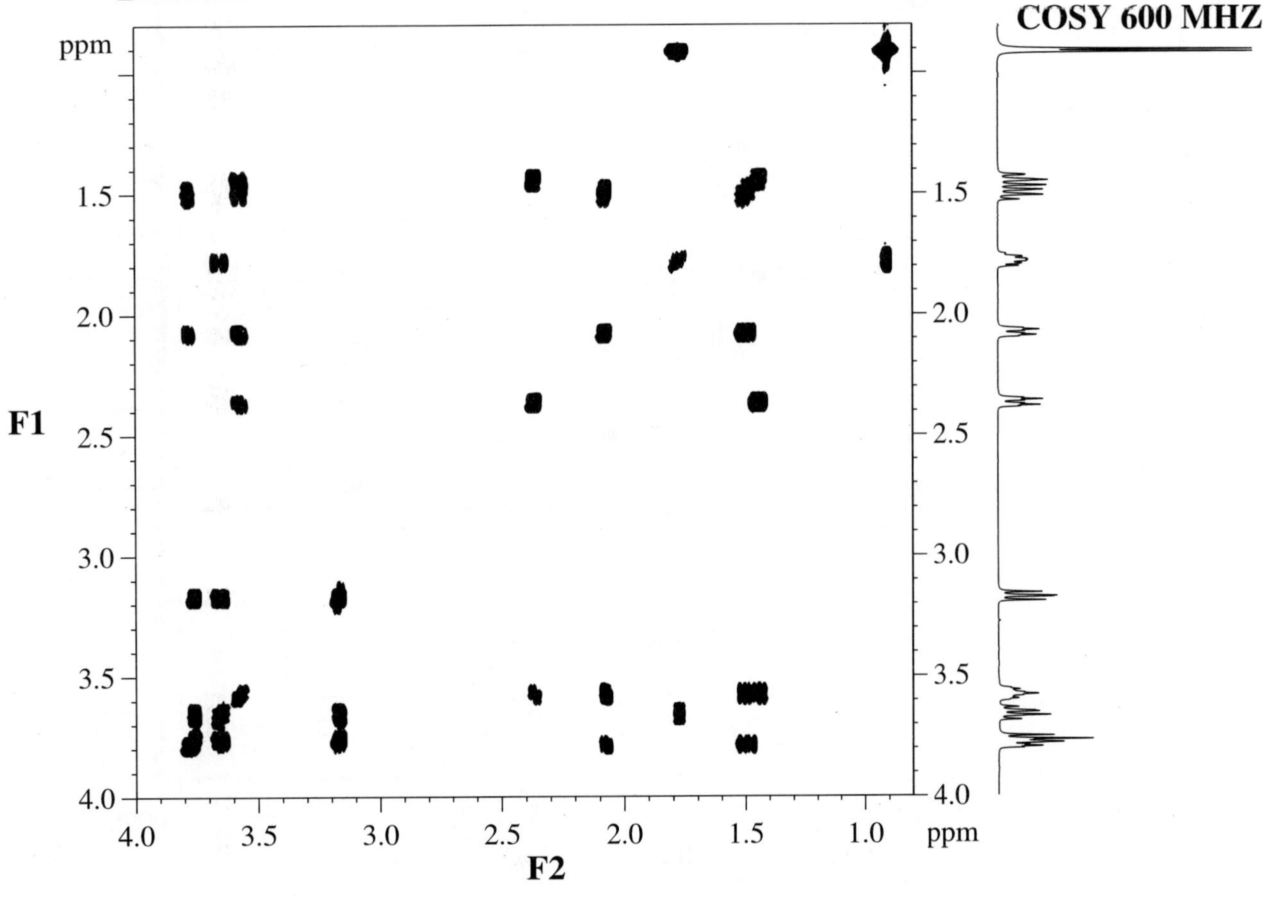
COSY 600 MHZ
ppm
F1
F2
4.0 3.5 3.0 2.5 2.0 1.5 1.0
1.5 2.0 2.5 3.0 3.5 4.0

^{13}C NMR 150.9 MHz

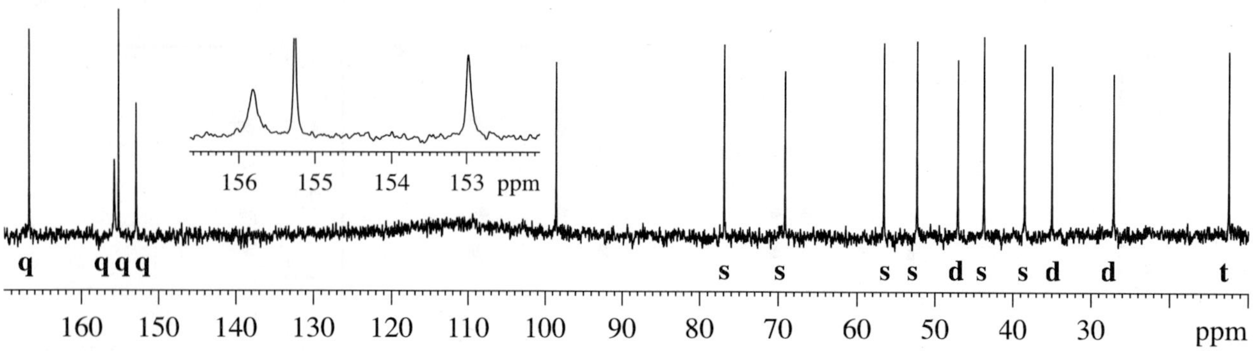

HMQC 600 MHz

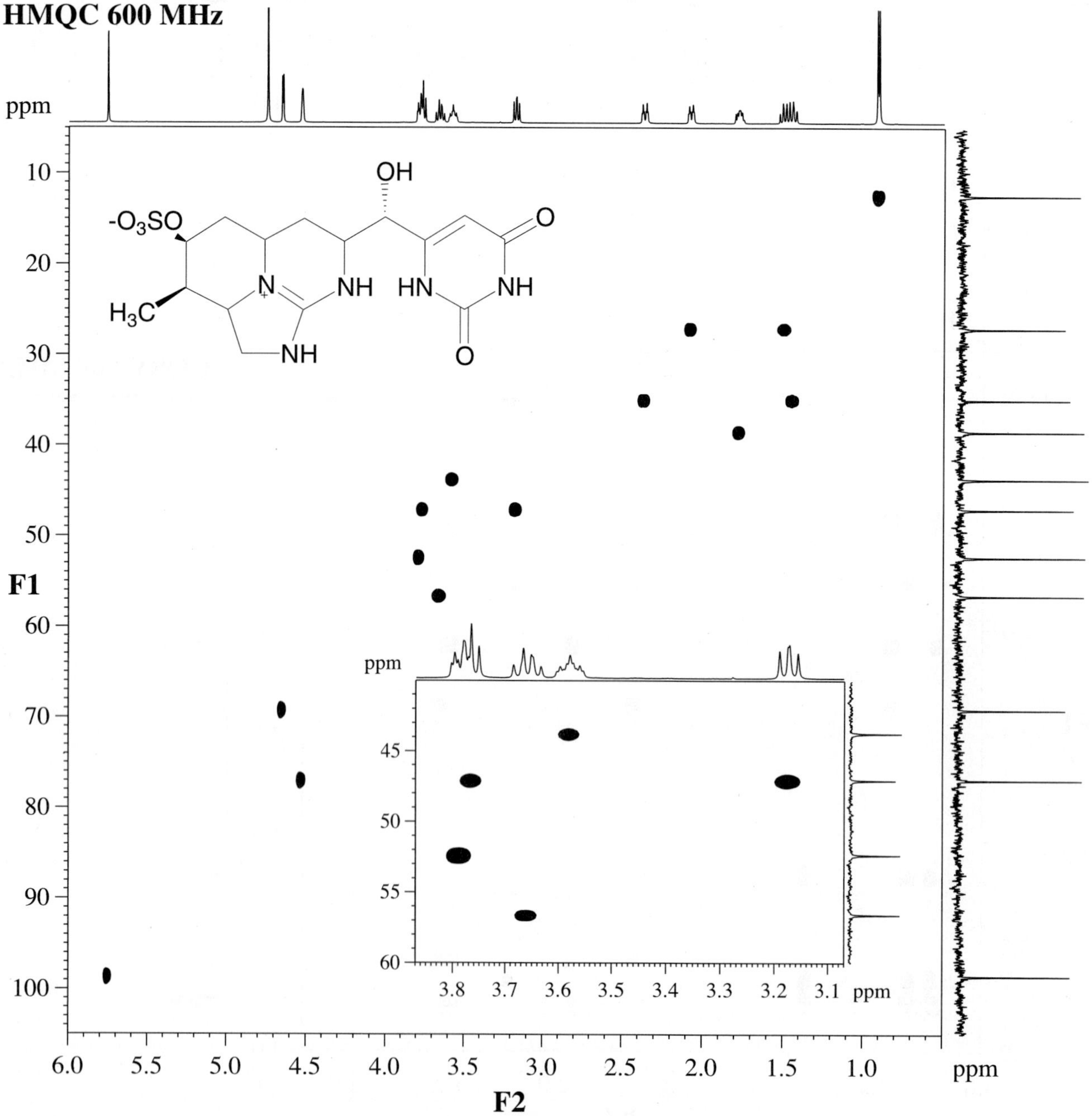

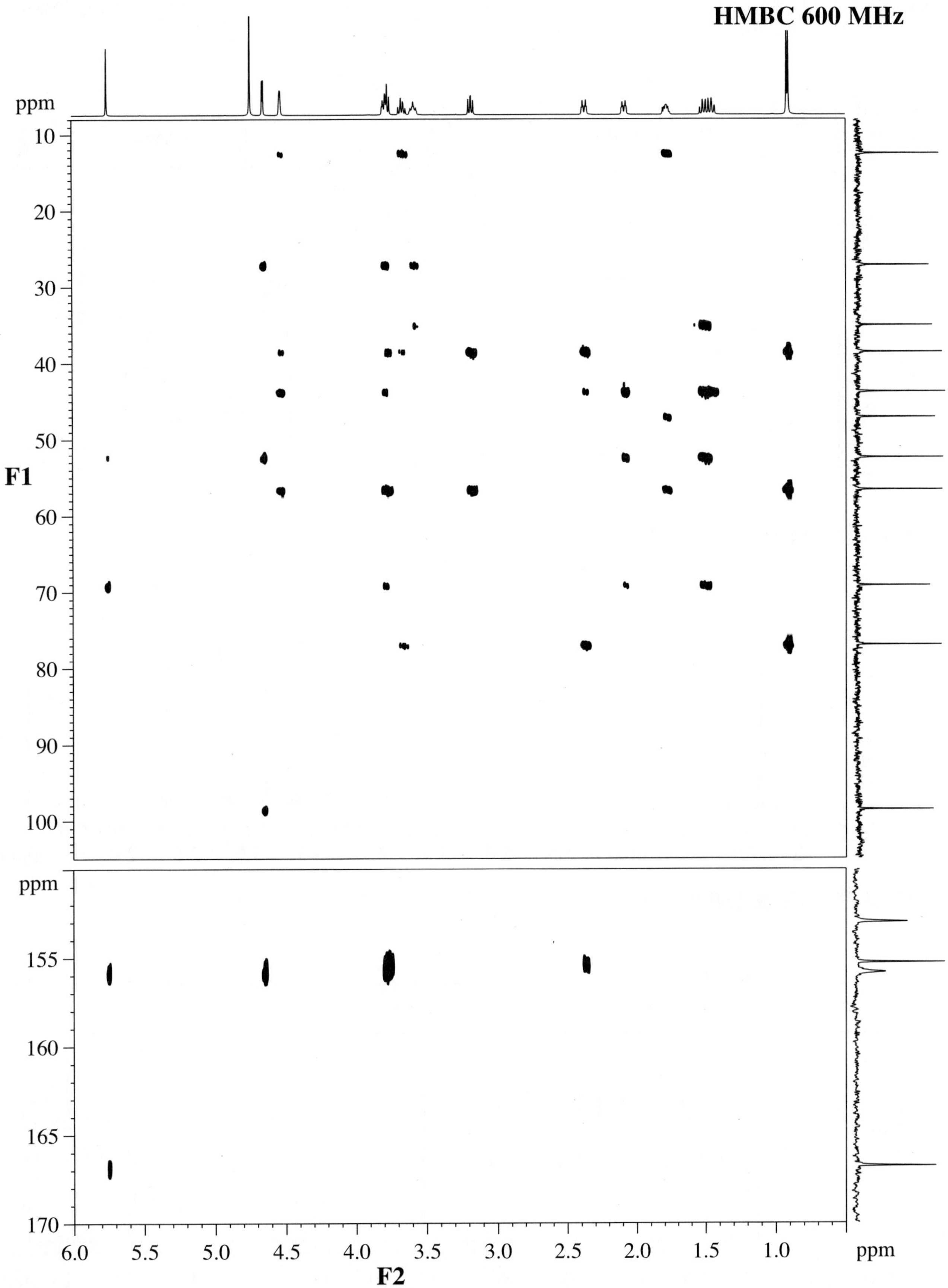
HMBC 600 MHz
ppm
F1
ppm
F2
ppm

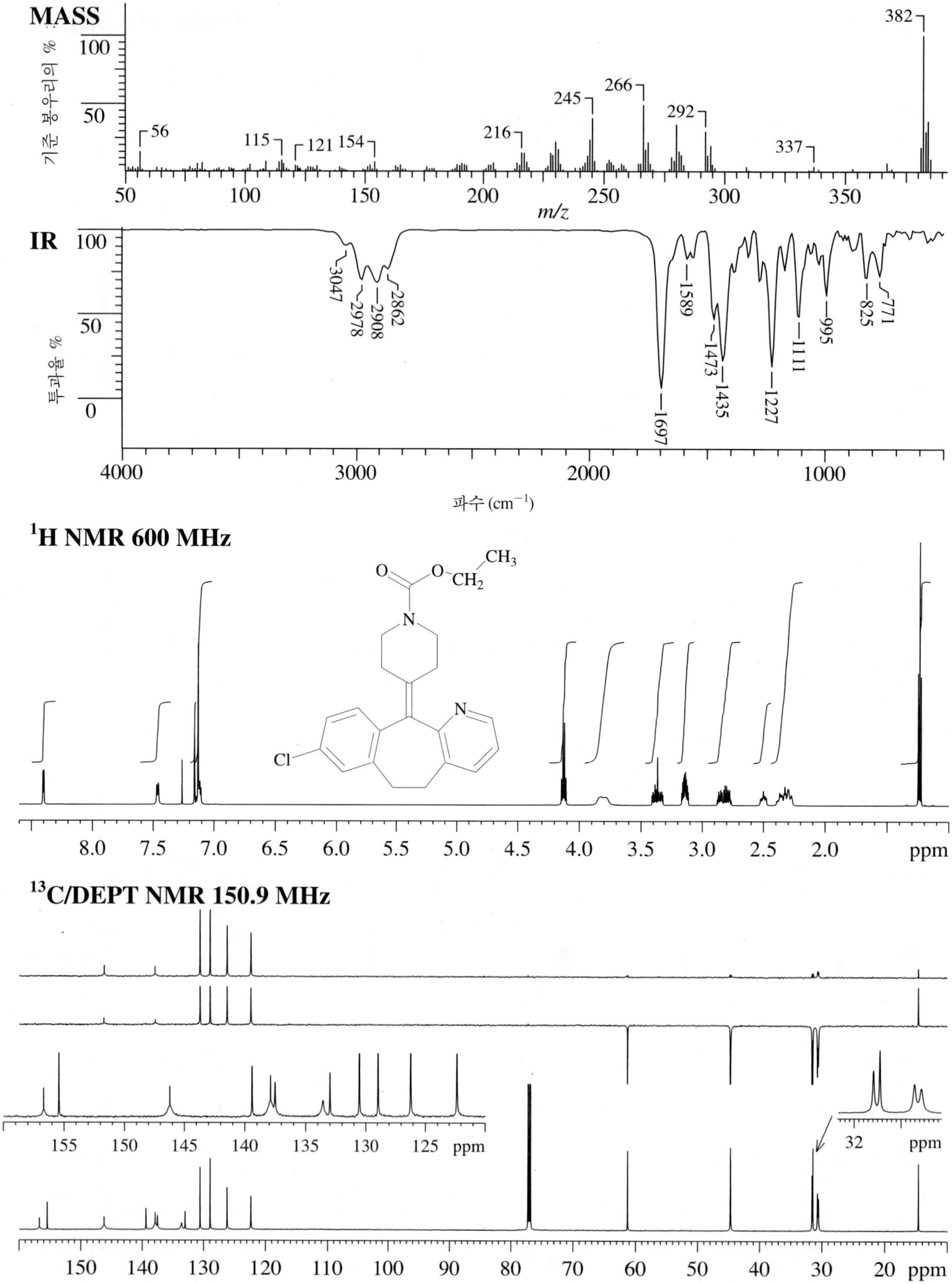
MASS
기준 봉우리의 %
382
266
245
292
56
115
121
154
216
337
m/z
IR
투과율 %
3047
2978
2908
2862
1697
1589
1473
1435
1227
1111
995
825
771
파수 (cm⁻¹)
¹H NMR 600 MHz
CH₃
O
O
CH₂
N
N
Cl
ppm
¹³C/DEPT NMR 150.9 MHz
ppm
32
ppm
ppm

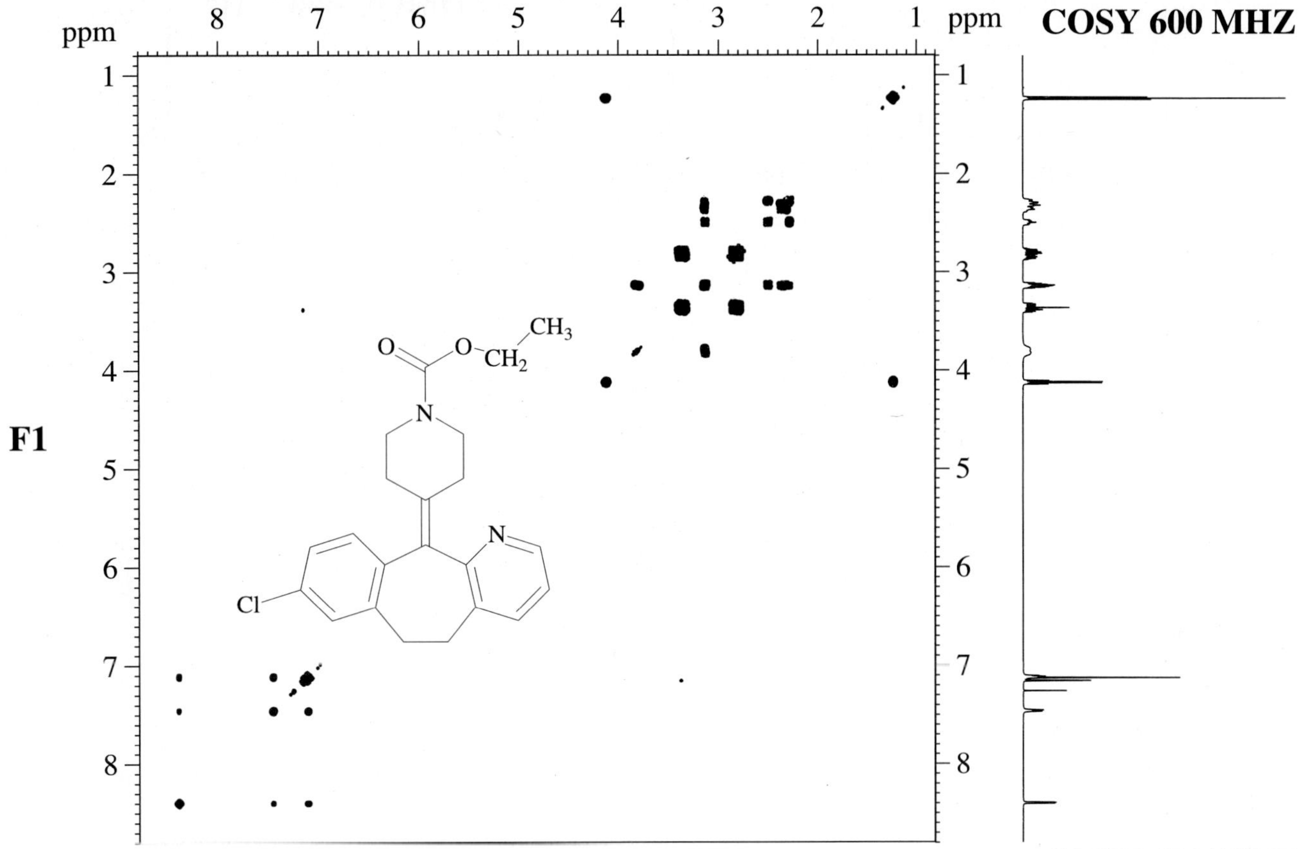
COSY 600 MHZ
ppm
F1
O
O
CH3
CH2
N
N
Cl

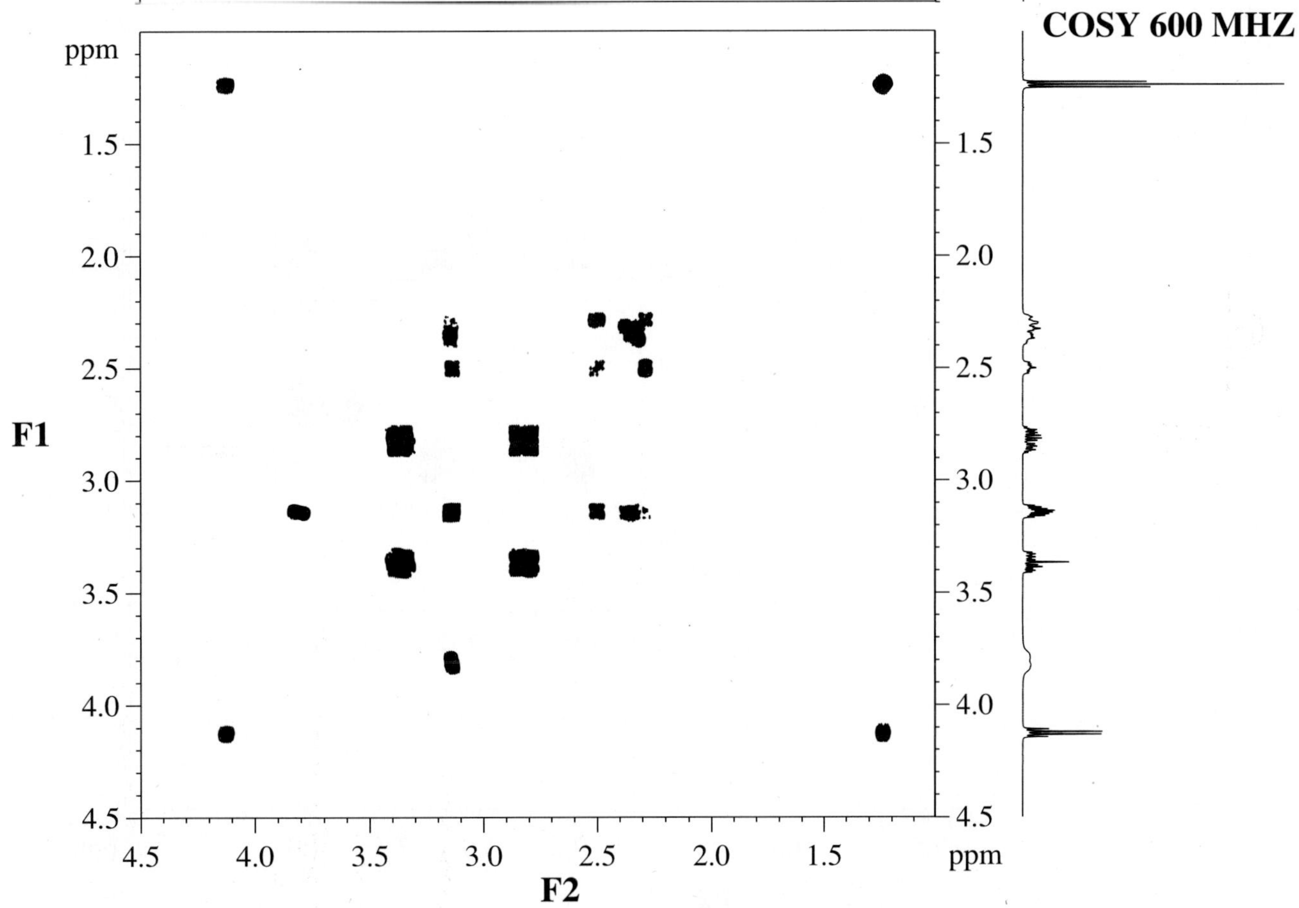
COSY 600 MHZ
ppm
F1
F2

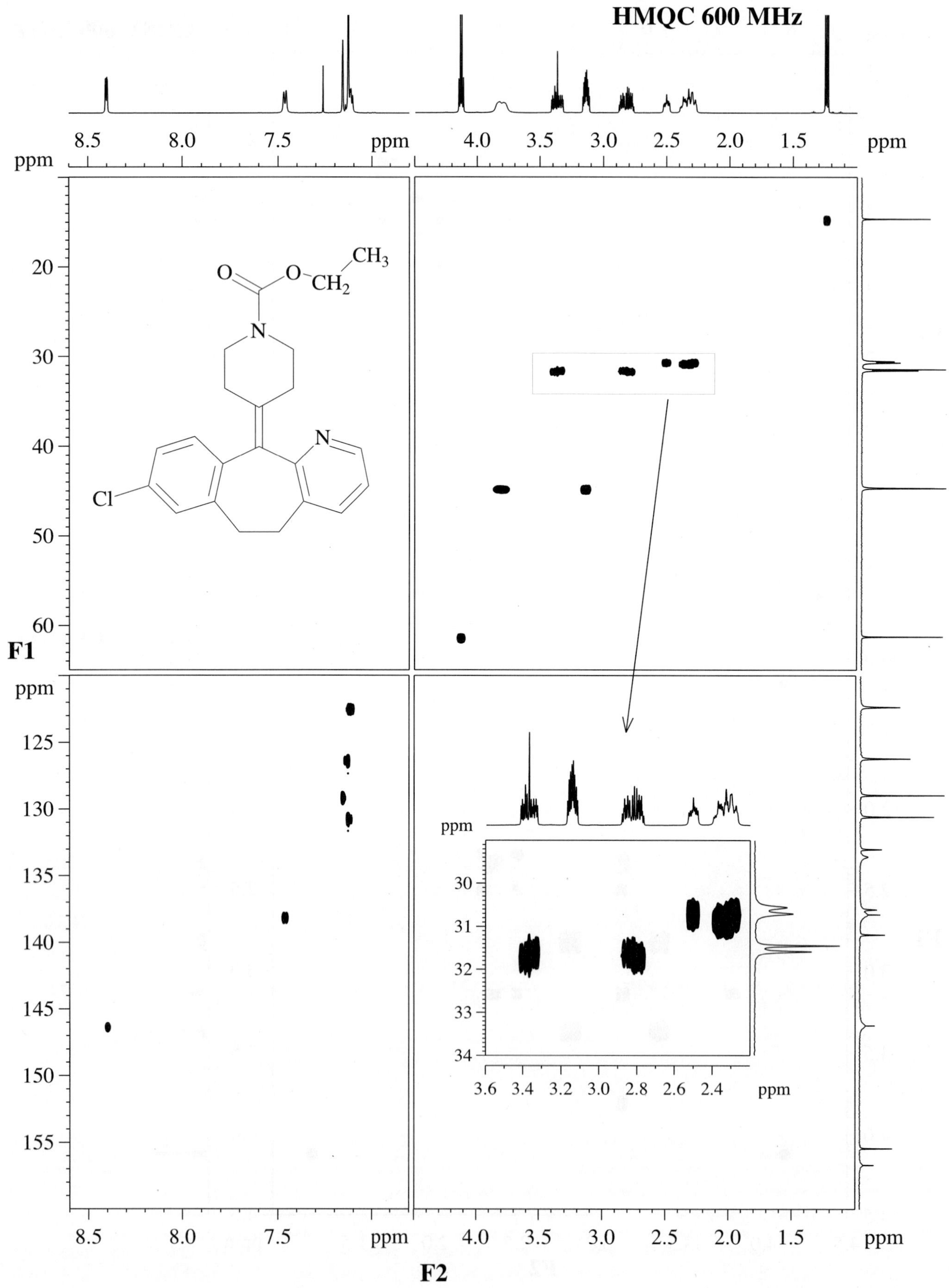
HMQC 600 MHz
ppm
8.5
8.0
7.5
4.0
3.5
3.0
2.5
2.0
1.5
20
30
40
50
60
F1
125
130
135
140
145
150
155
CH3
O
O
CH2
N
N
Cl
3.6 3.4 3.2 3.0 2.8 2.6 2.4
30
31
32
33
34
F2

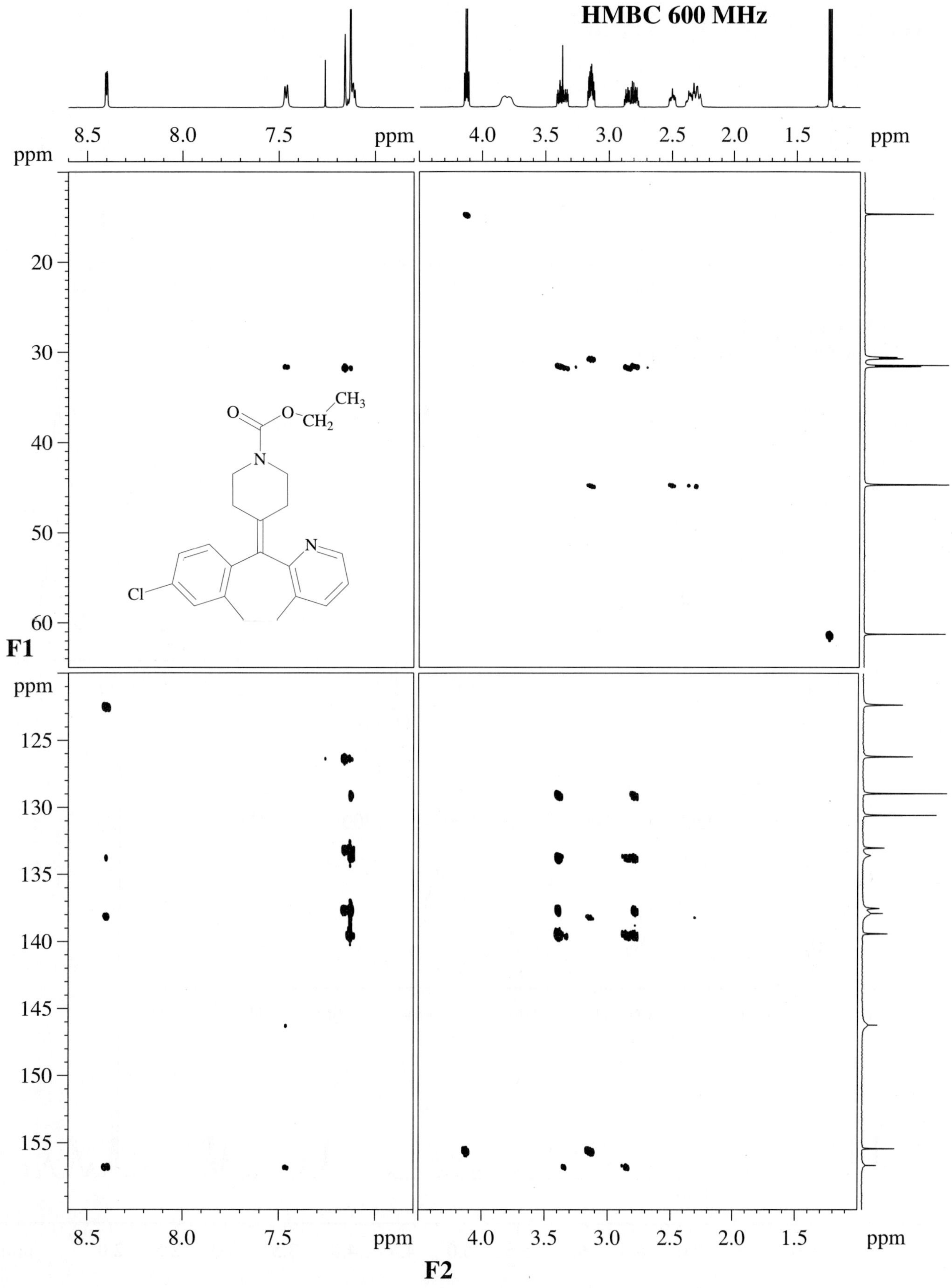
HMBC 600 MHz
ppm
F1
F2
O
O
CH2
CH3
N
N
Cl

ES MASS

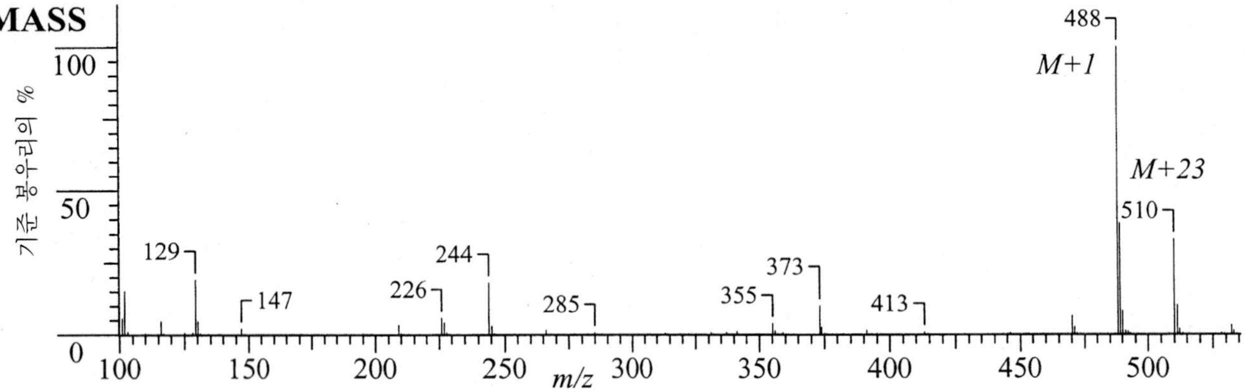

^{1}H NMR 600 MHz
O° C in 5%/95% D_2O/H_2O

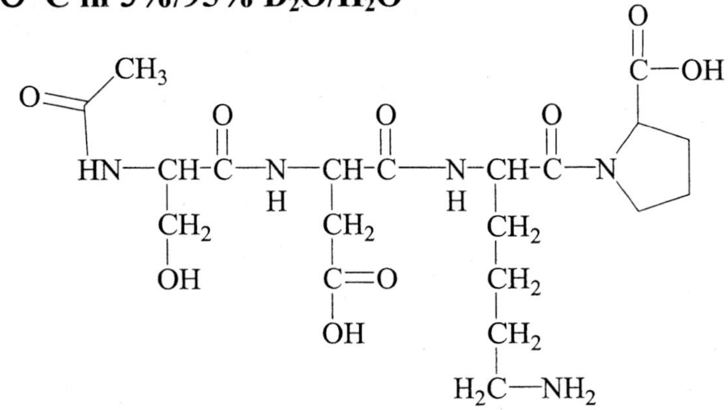

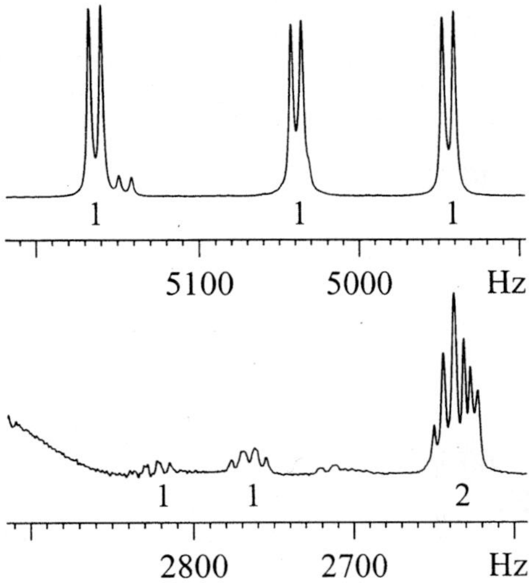

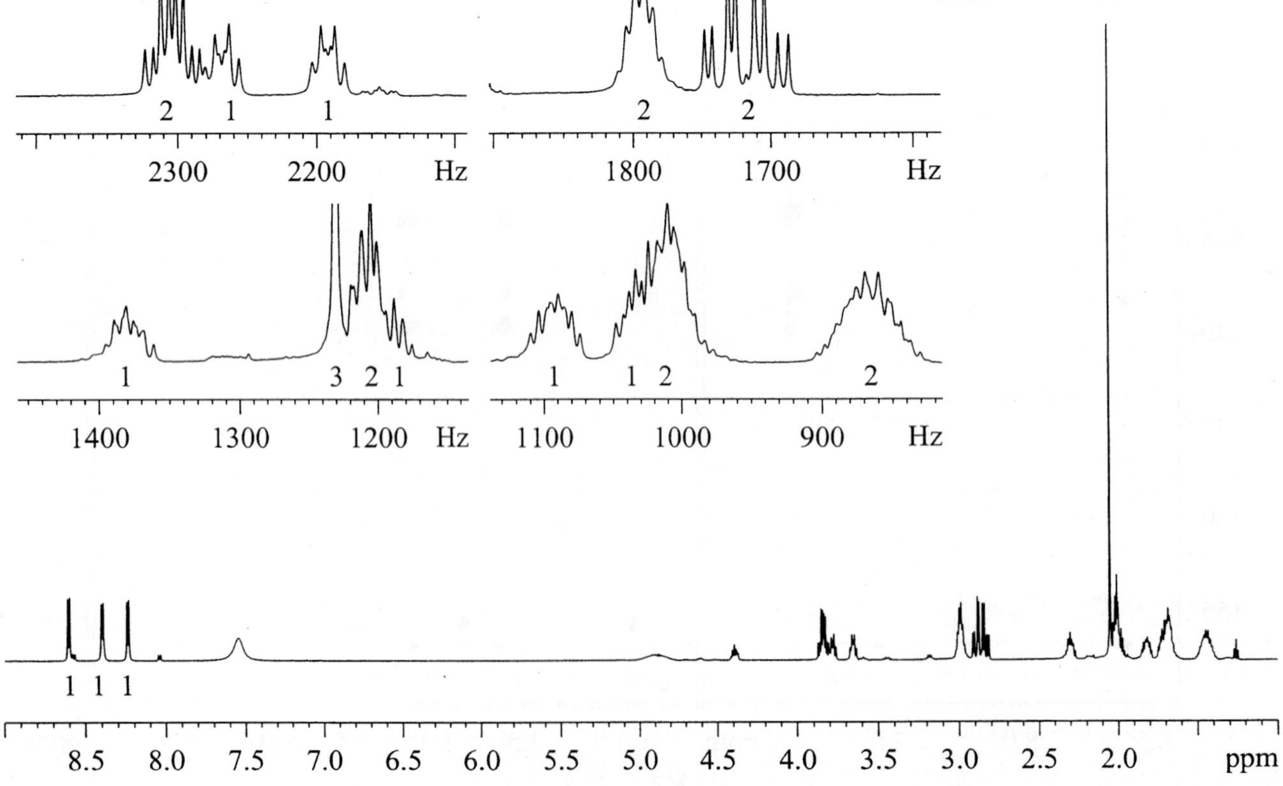

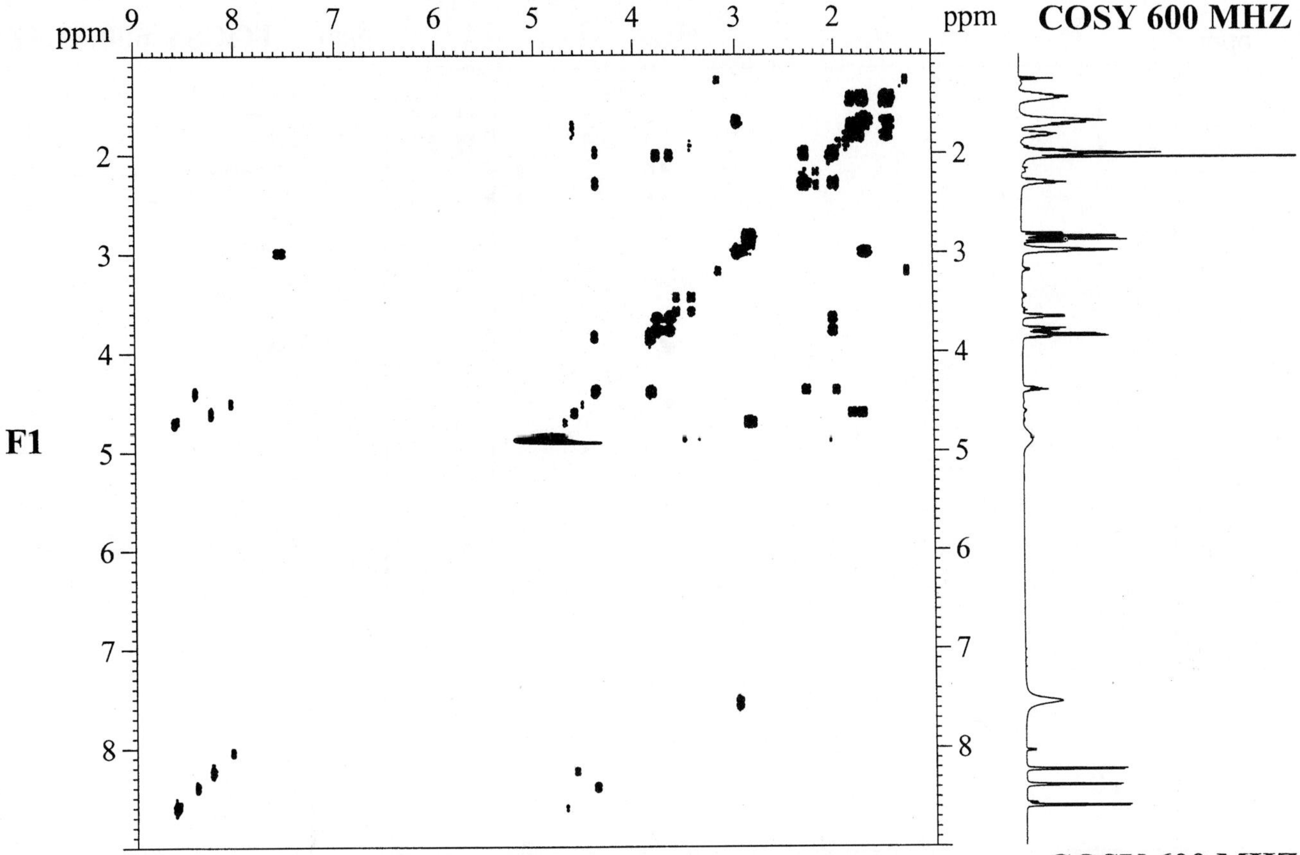
COSY 600 MHZ
ppm
F1
ppm

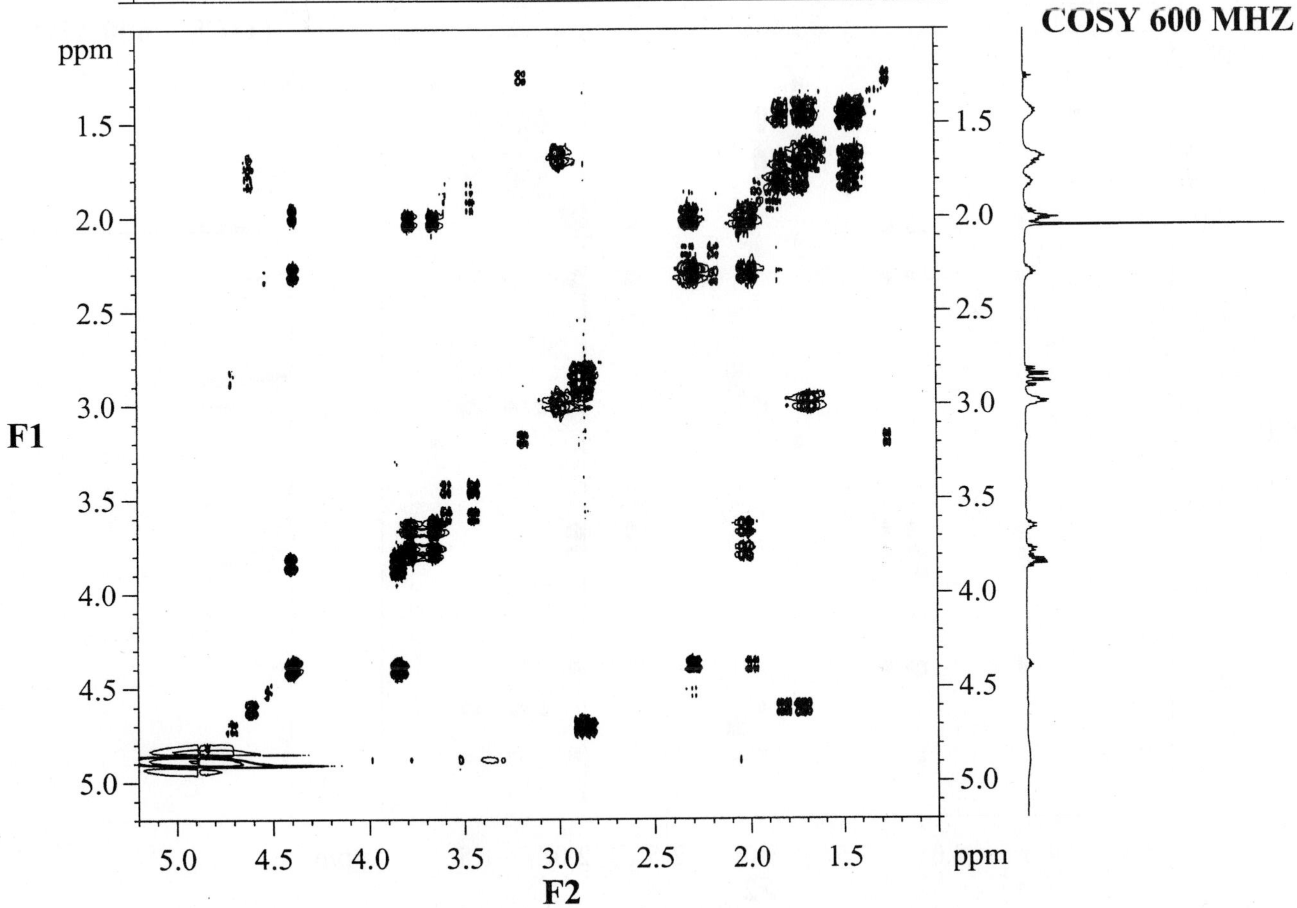
COSY 600 MHZ
ppm
F1
F2
ppm

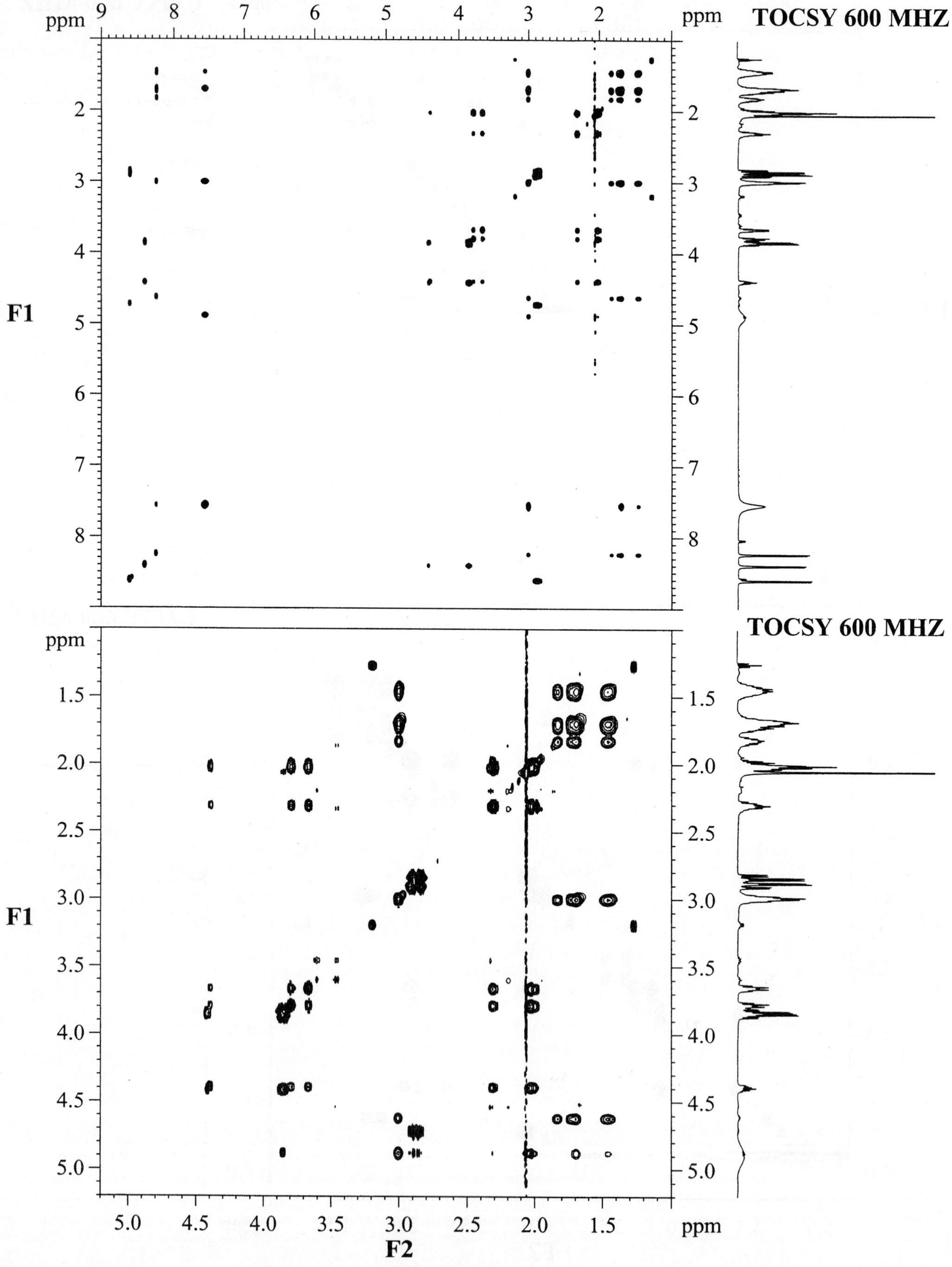
TOCSY 600 MHZ
ppm
F1
TOCSY 600 MHZ
ppm
F1
F2
ppm

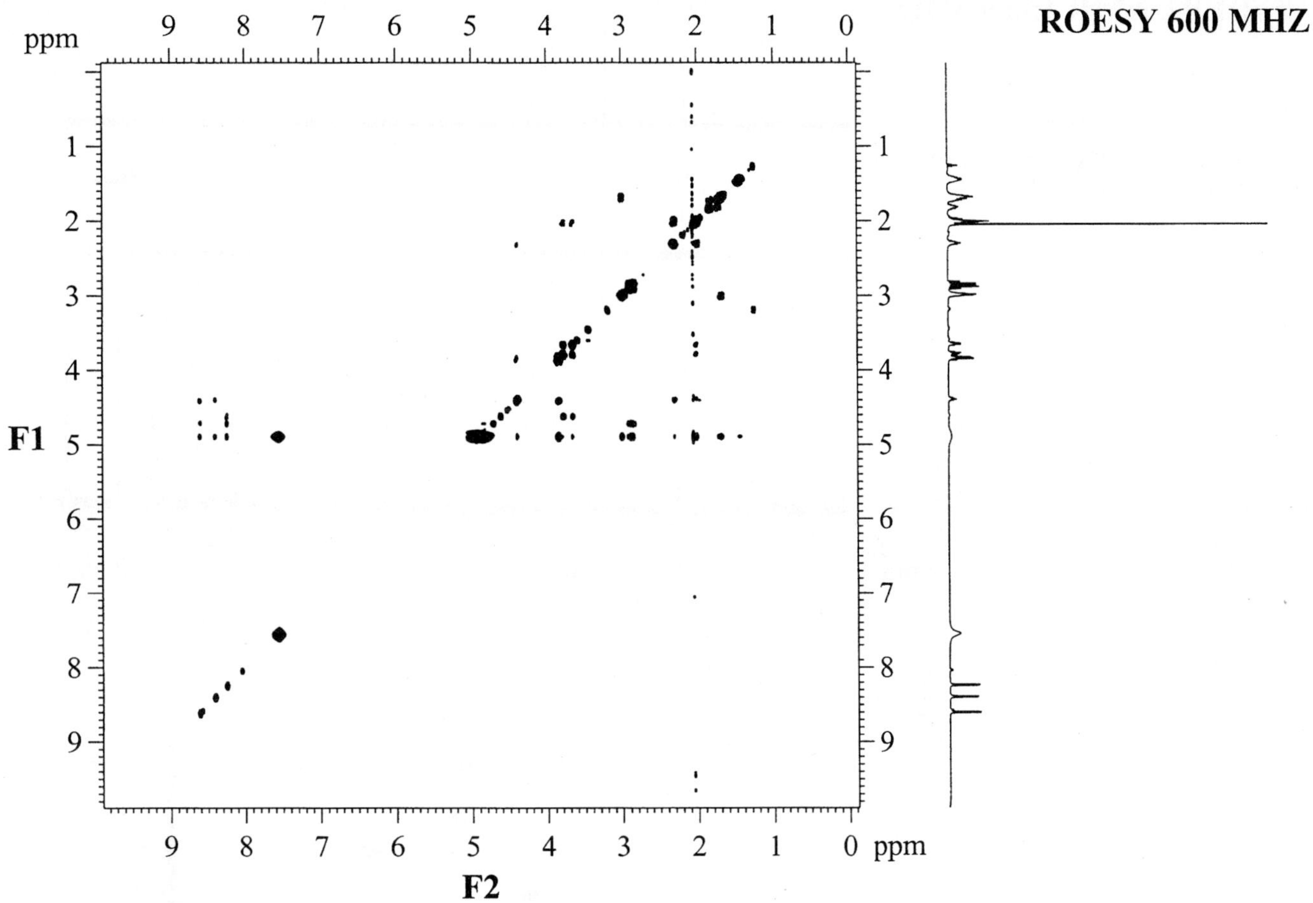
ROESY 600 MHZ
ppm
F1
F2

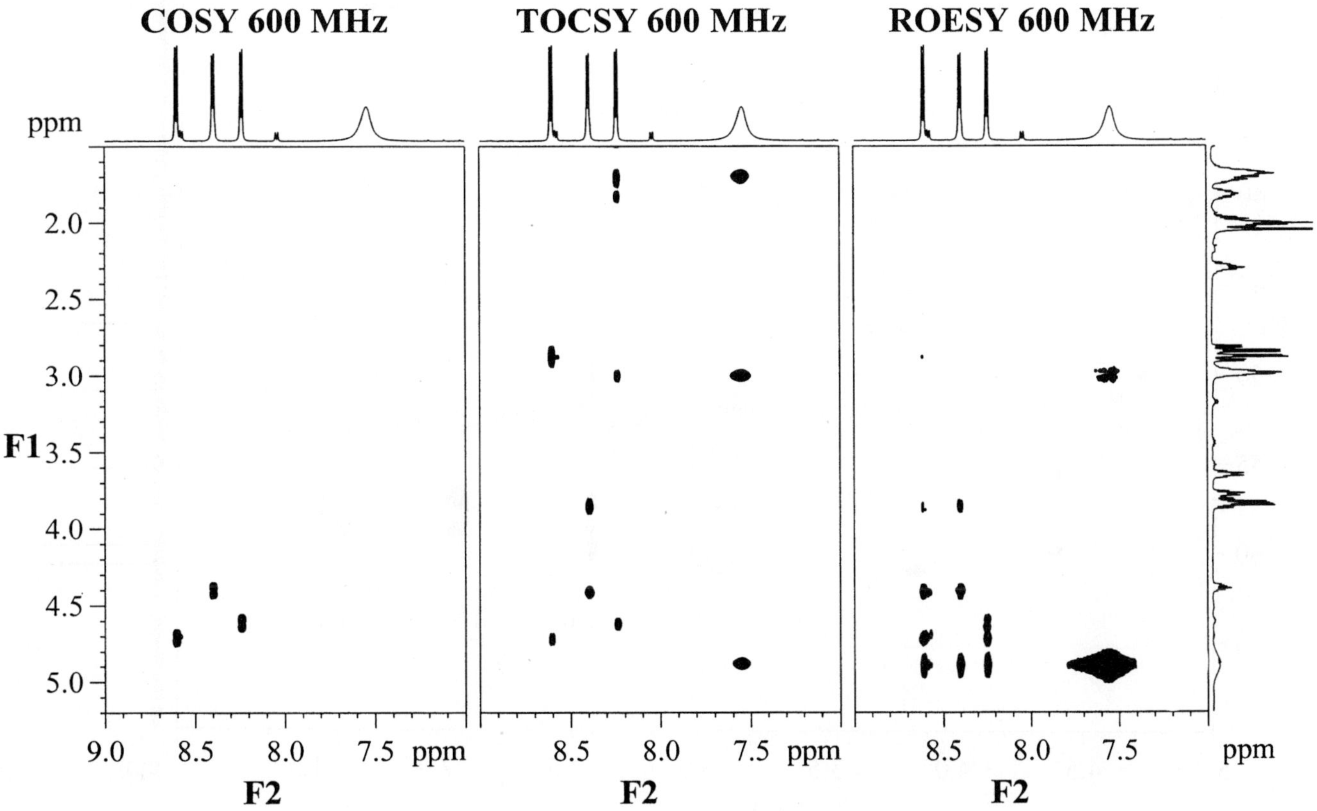
COSY 600 MHz
TOCSY 600 MHz
ROESY 600 MHz
ppm
F1
F2

^{13}C/DEPT NMR 150.9 MHz

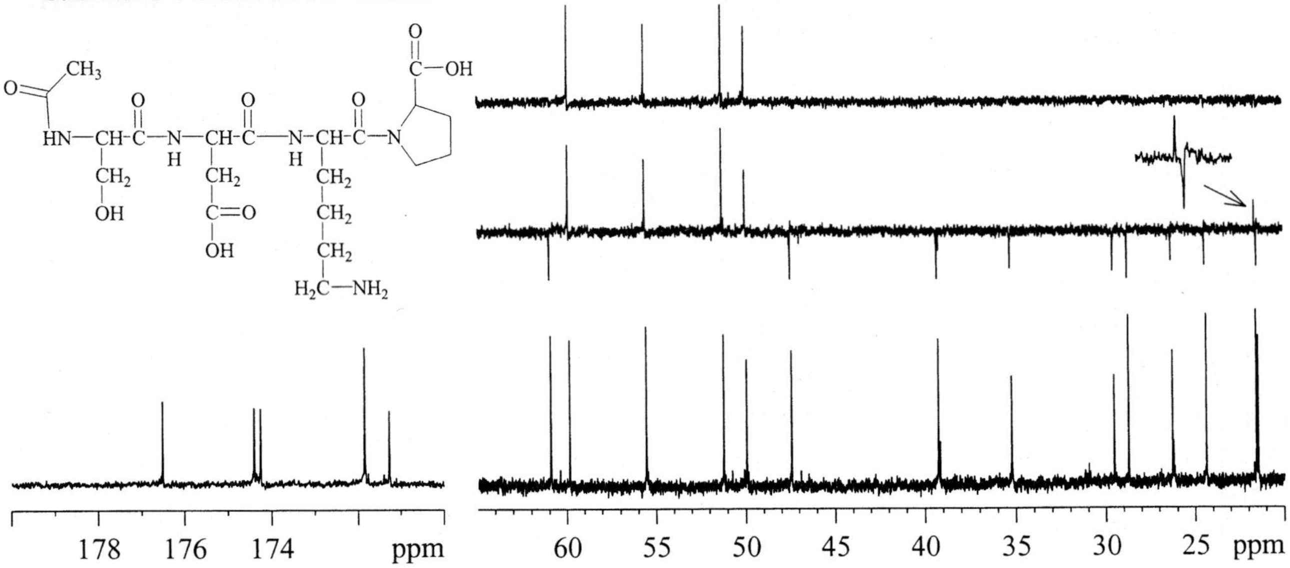

HMQC 600 MHz

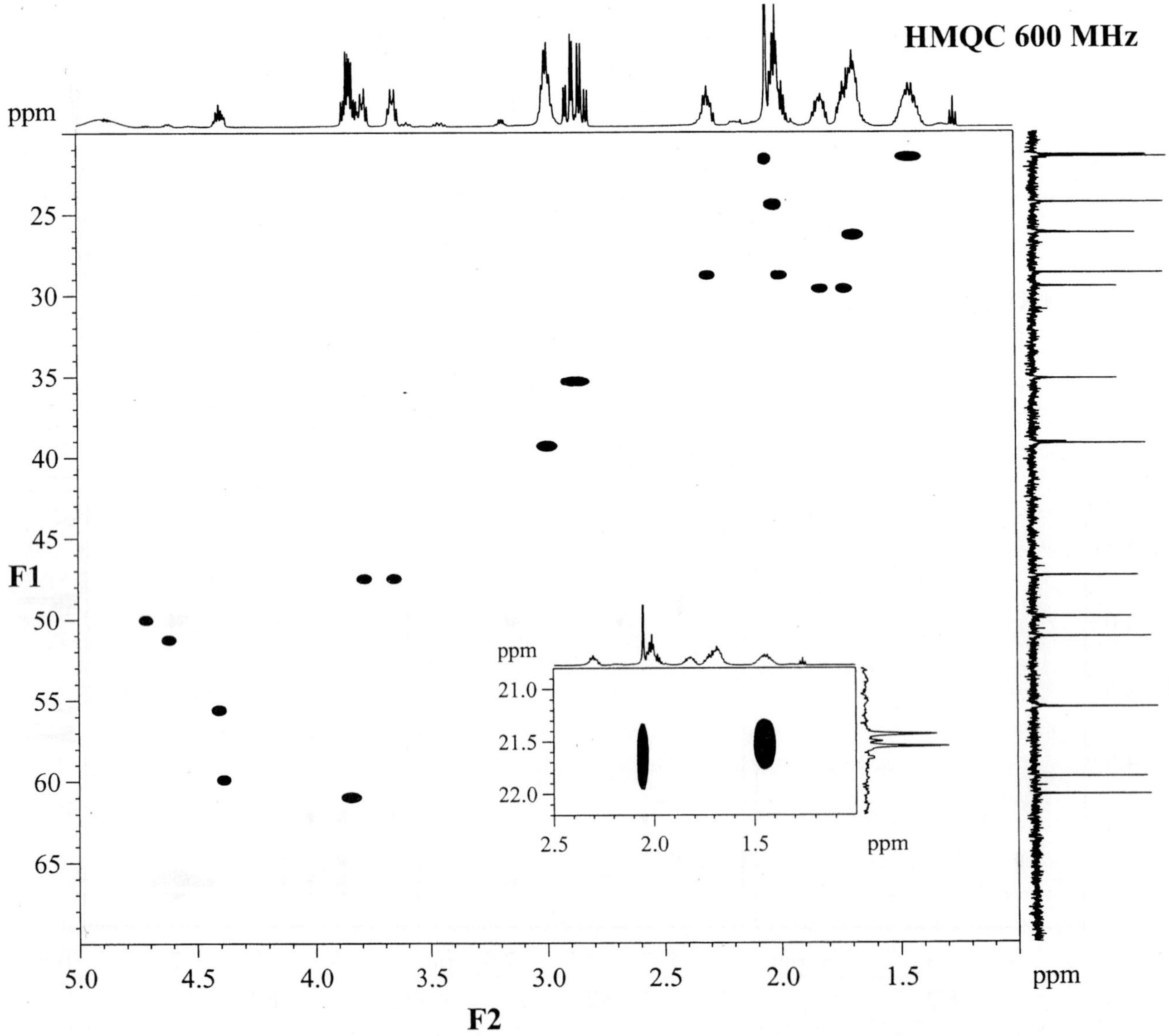

MASS

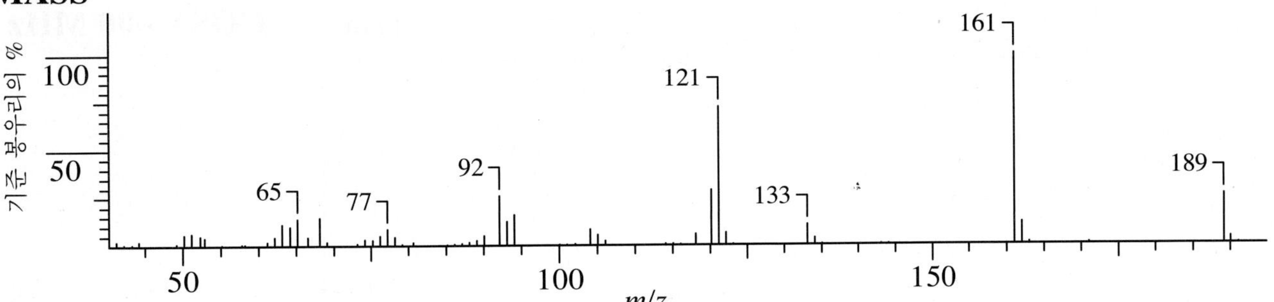

IR

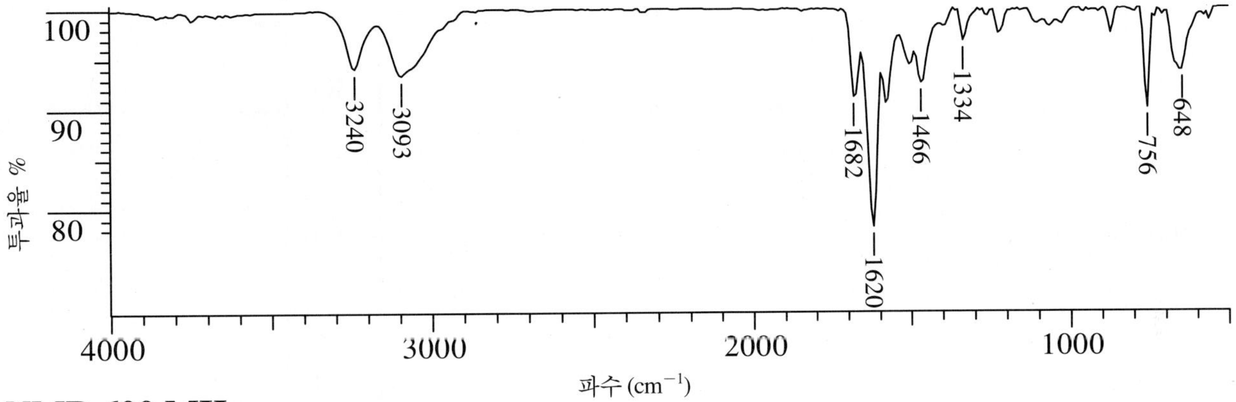

^{1}H NMR 600 MHz

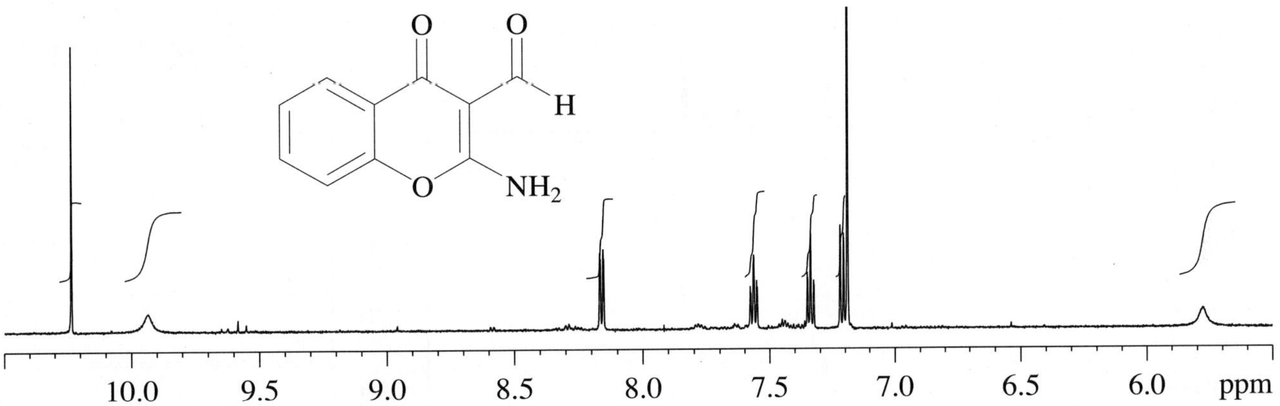

^{13}C/DEPT NMR 150.9 MHz

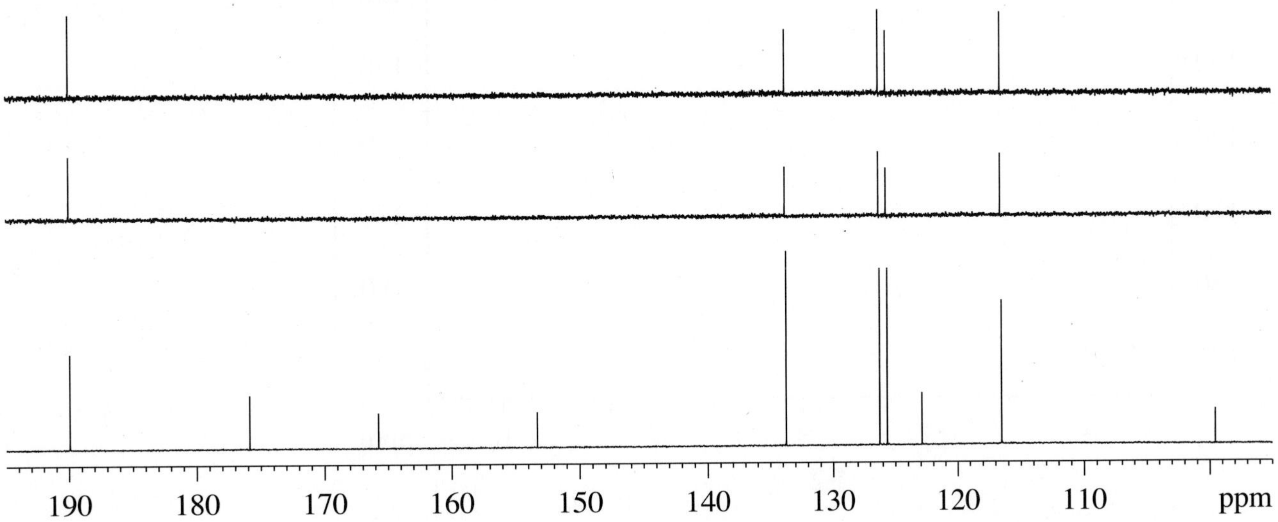

COSY 600 MHz

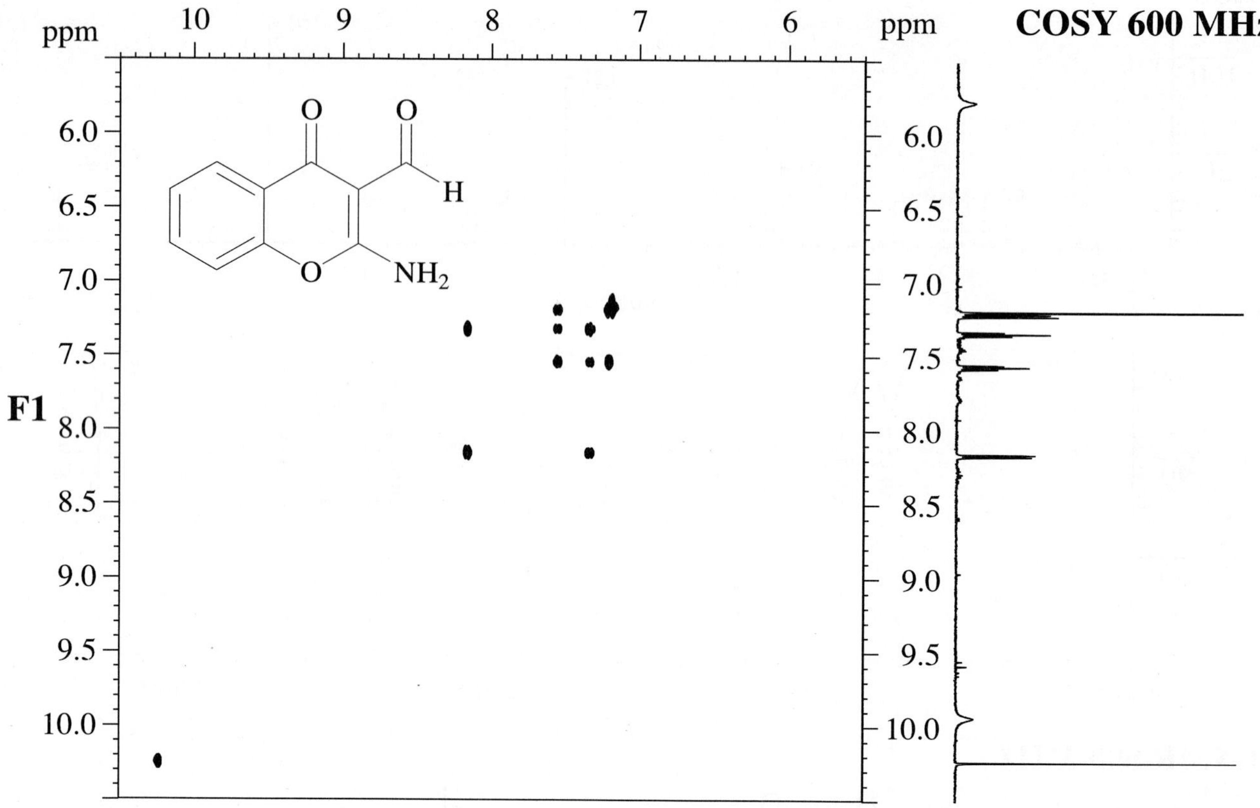

HMQC 600 MHz

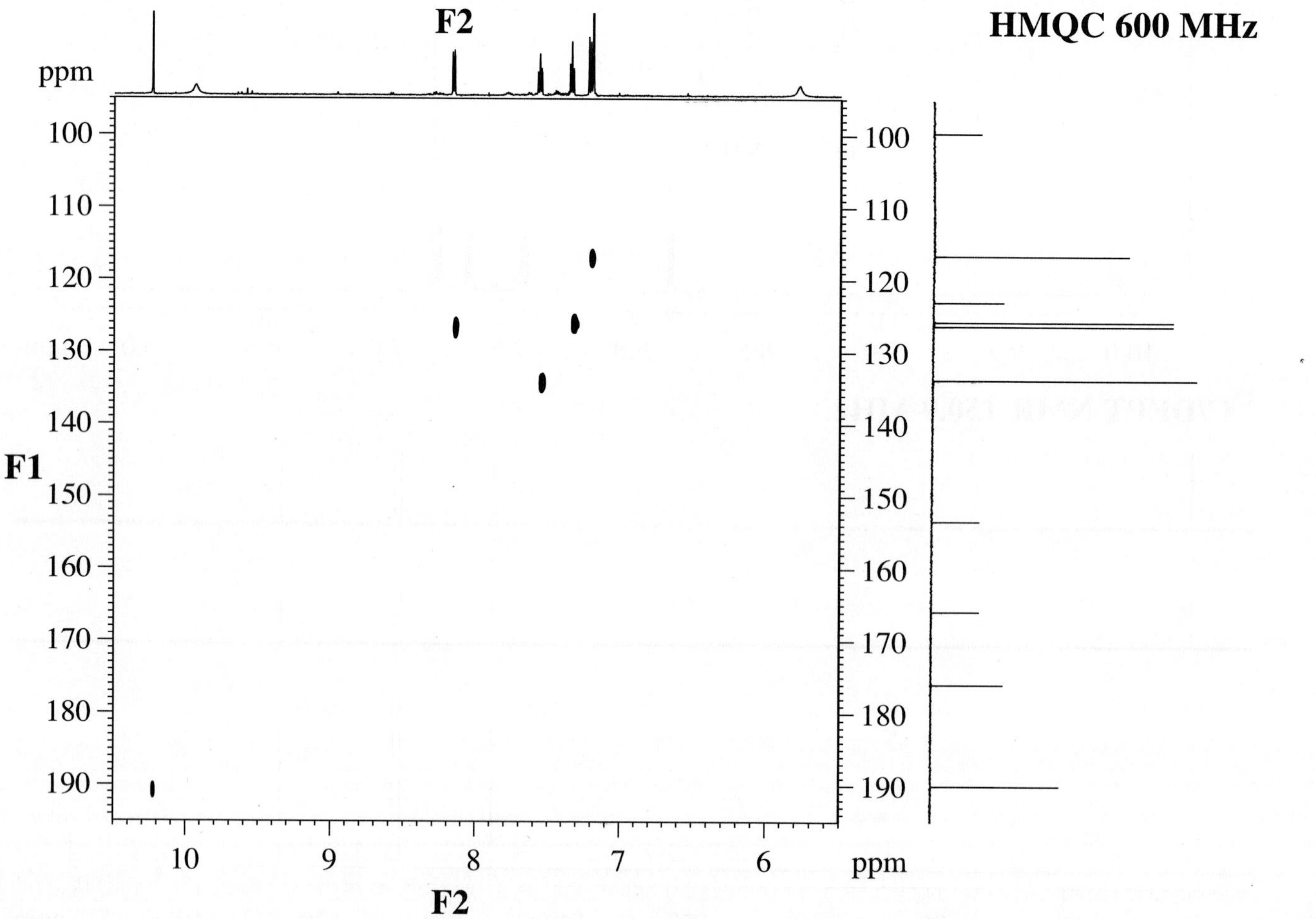

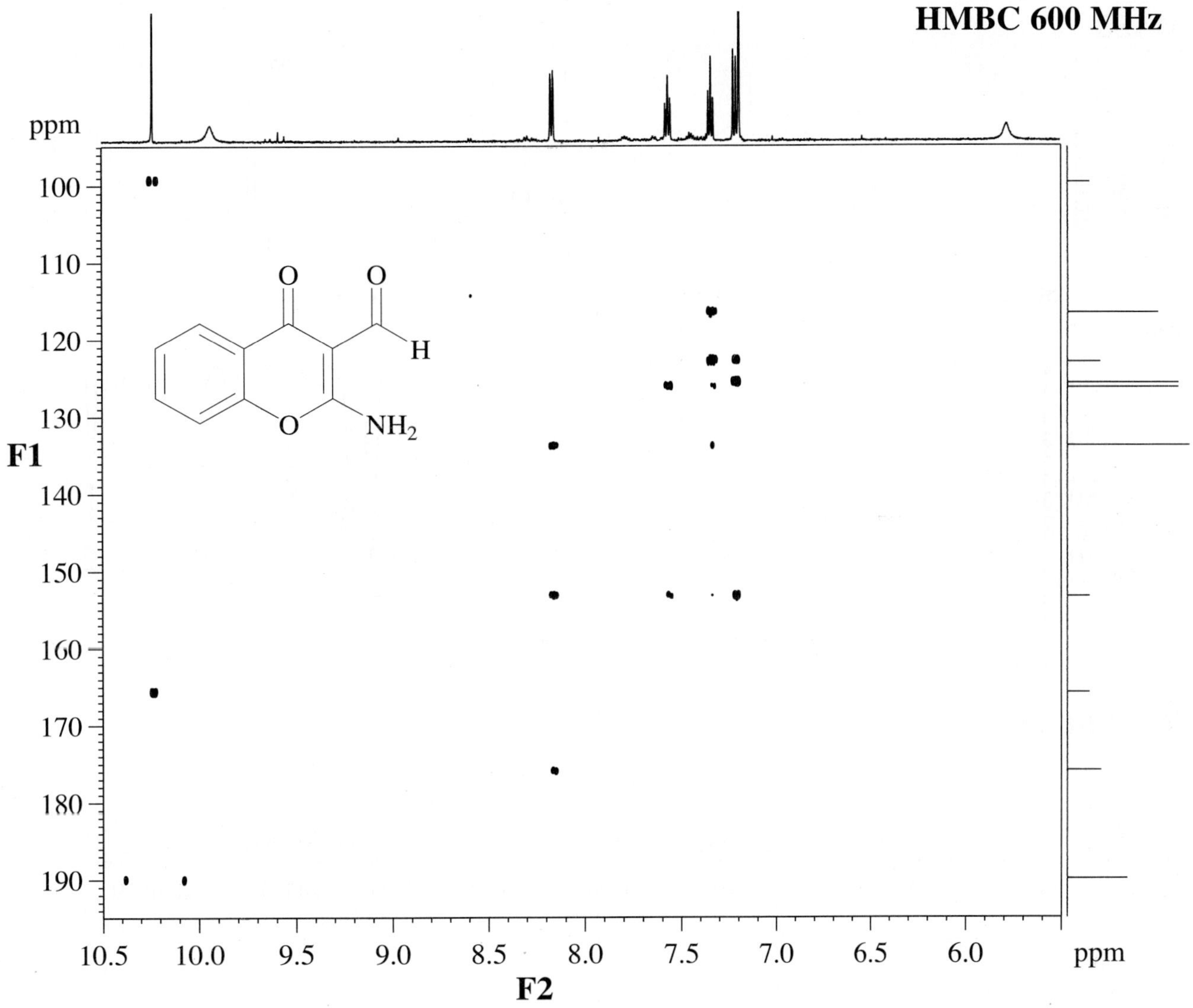
HMBC 600 MHz
ppm
O
O
H
O
NH2
F1
F2
ppm

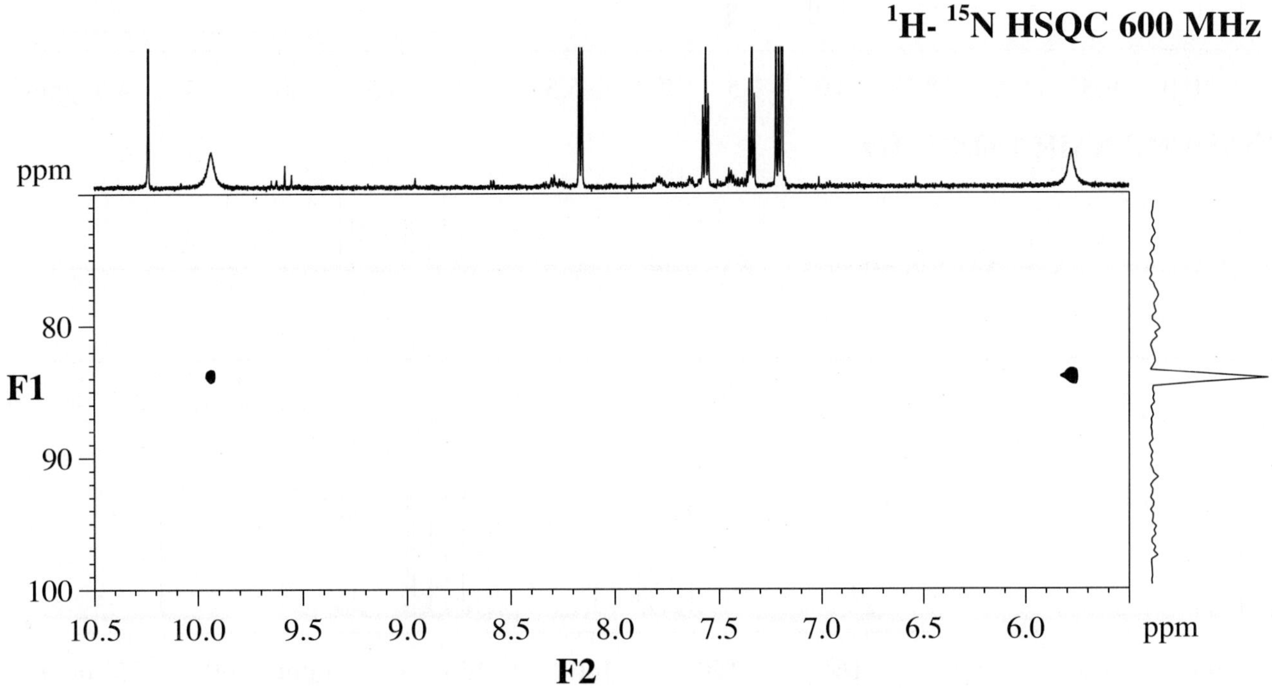
1H- 15N HSQC 600 MHz
ppm
F1
F2
ppm

MASS

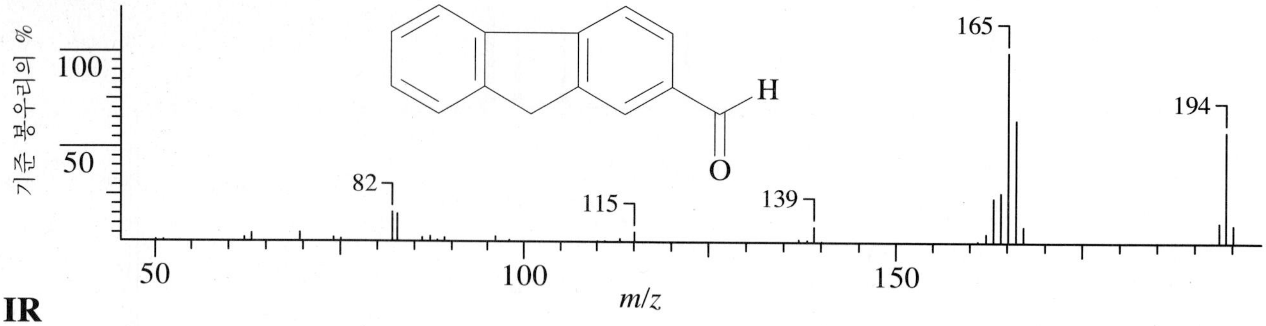

IR

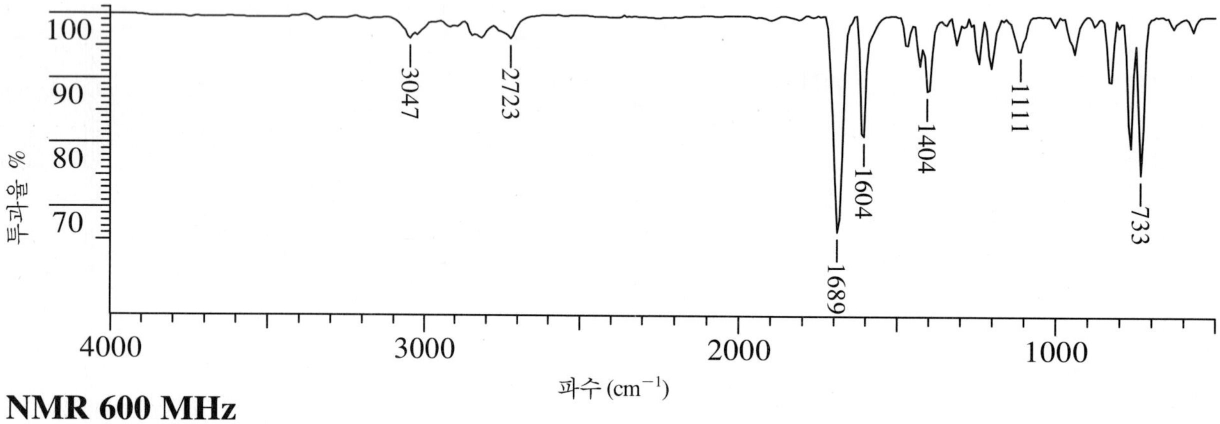

^{1}H NMR 600 MHz

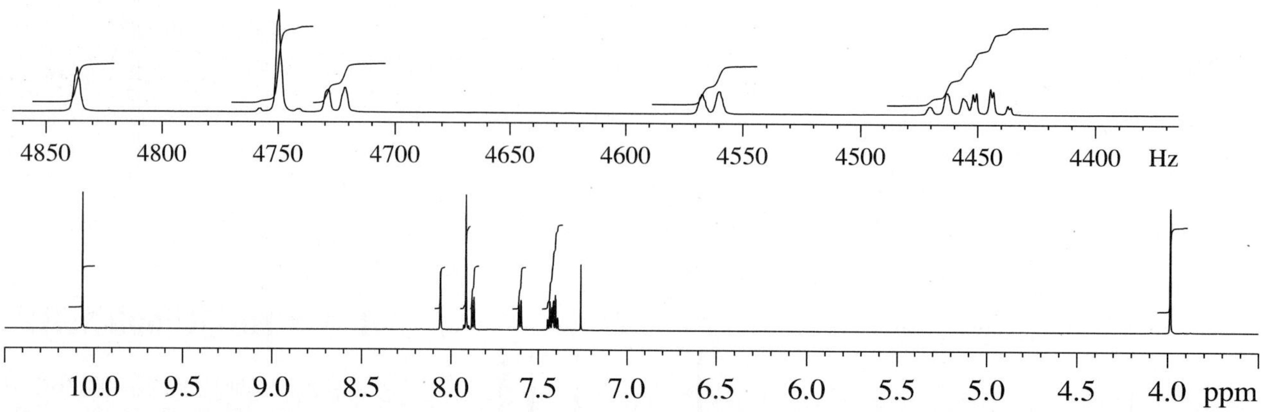

^{13}C/DEPT NMR 150.9 MHz

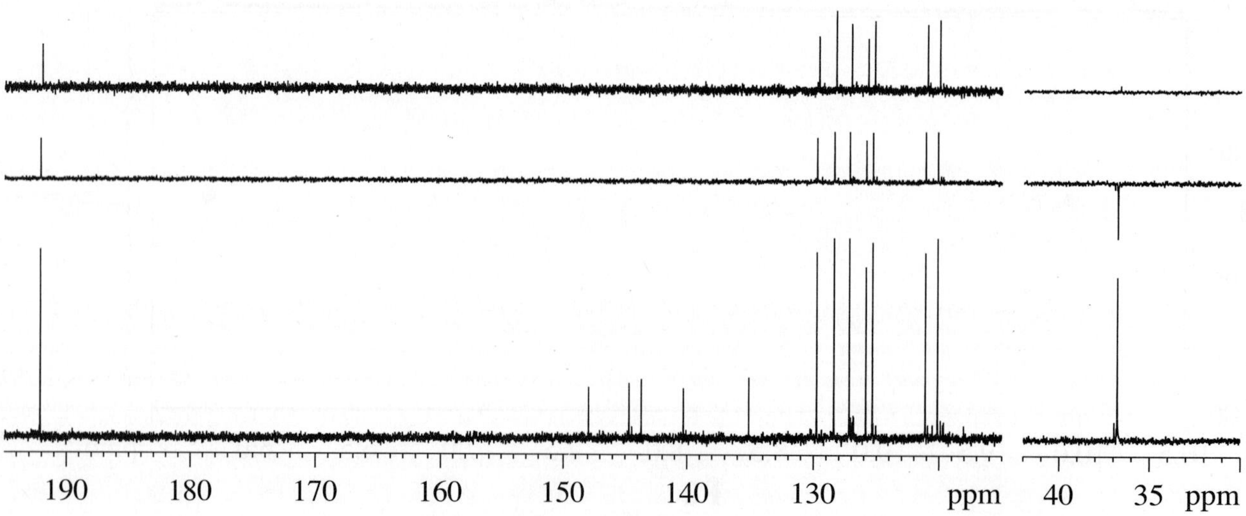

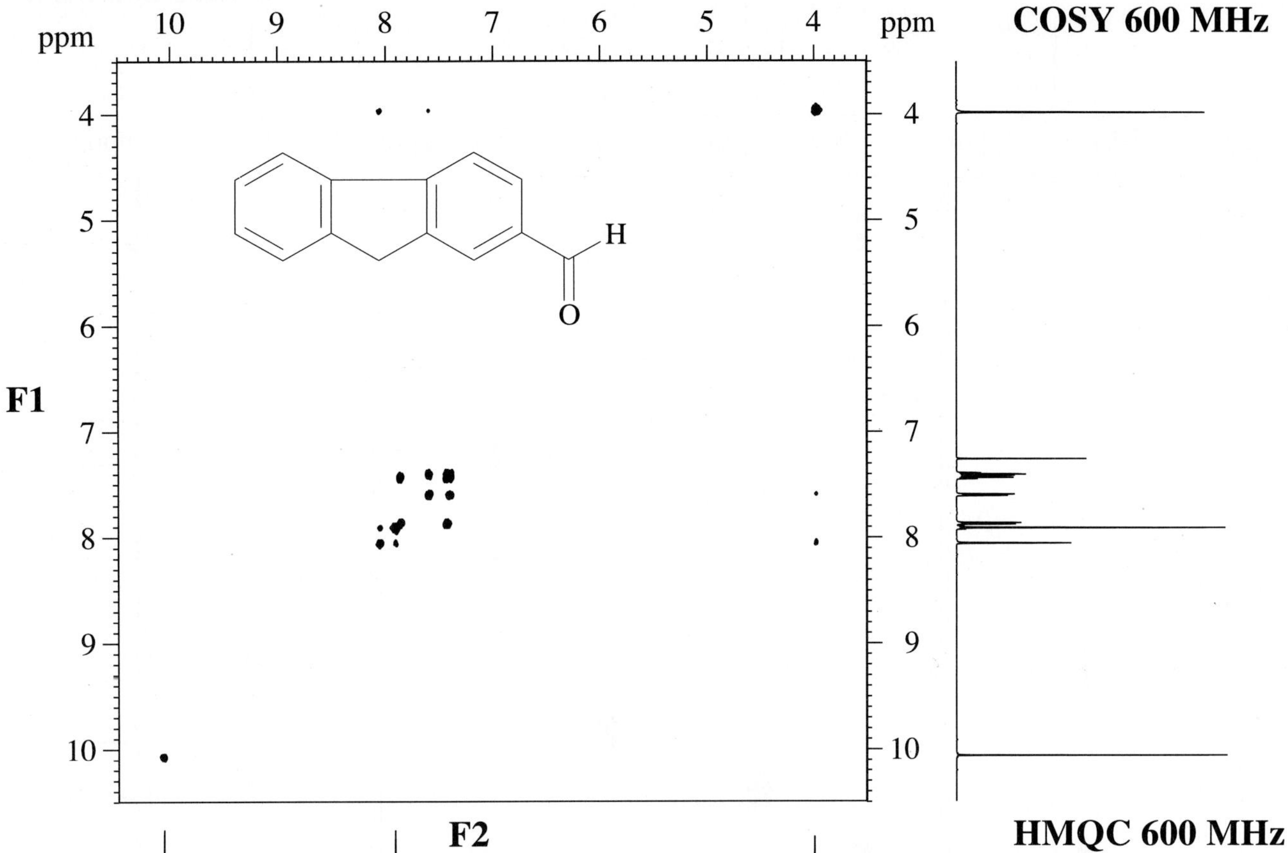
COSY 600 MHz
ppm
F1
F2
H
O

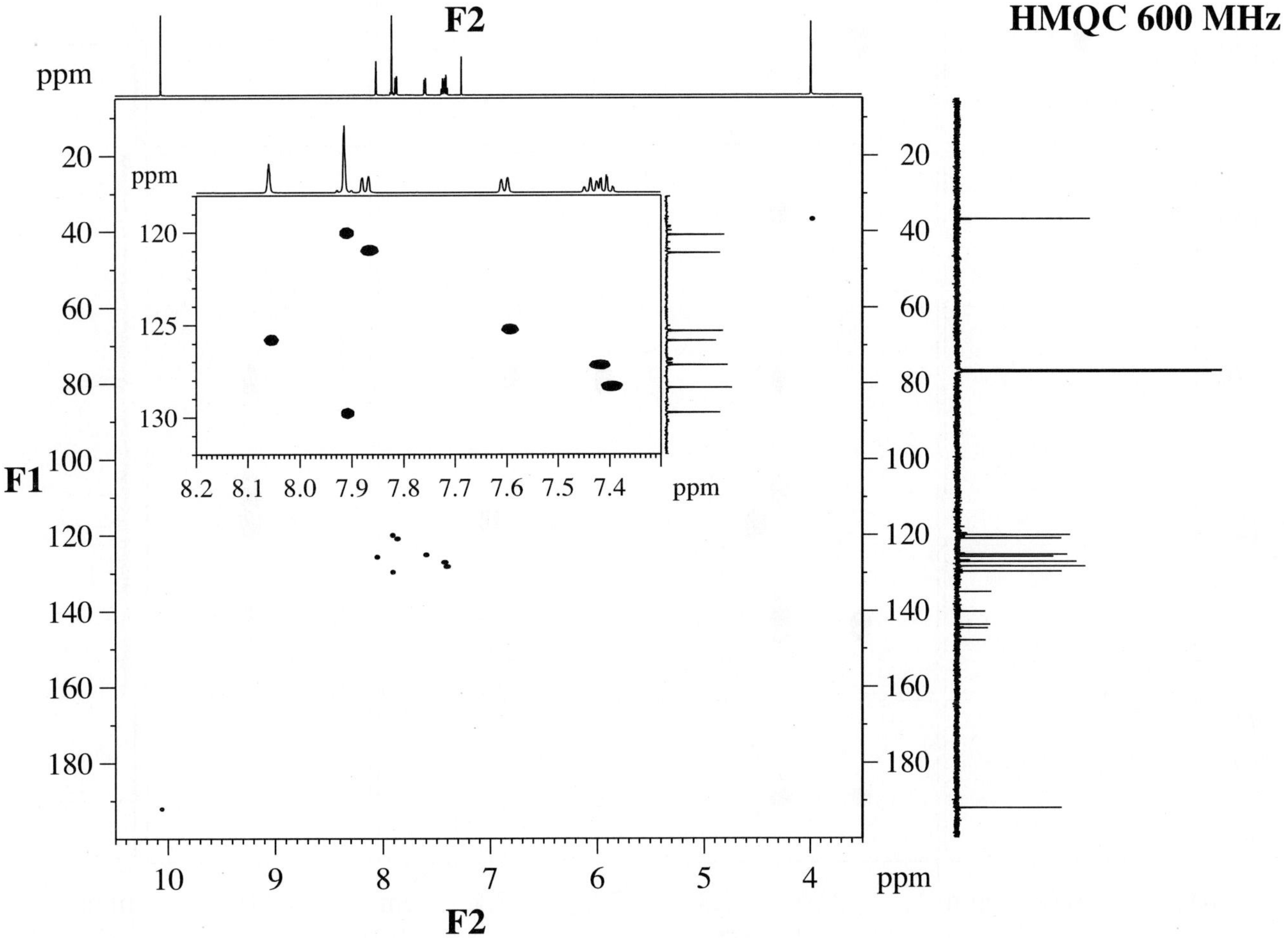
HMQC 600 MHz
ppm
F1
F2

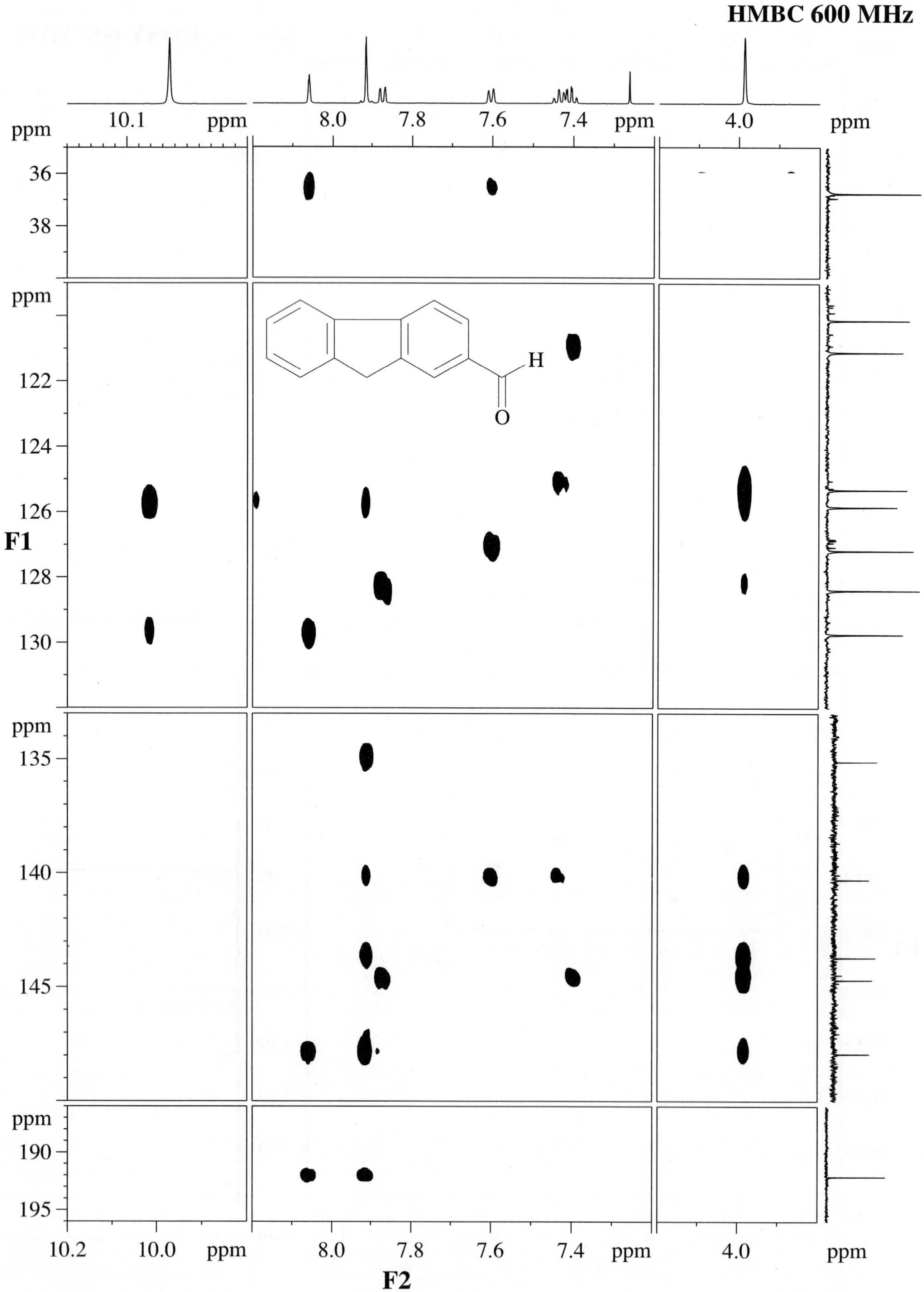
HMBC 600 MHz
F1
F2
ppm
H
O

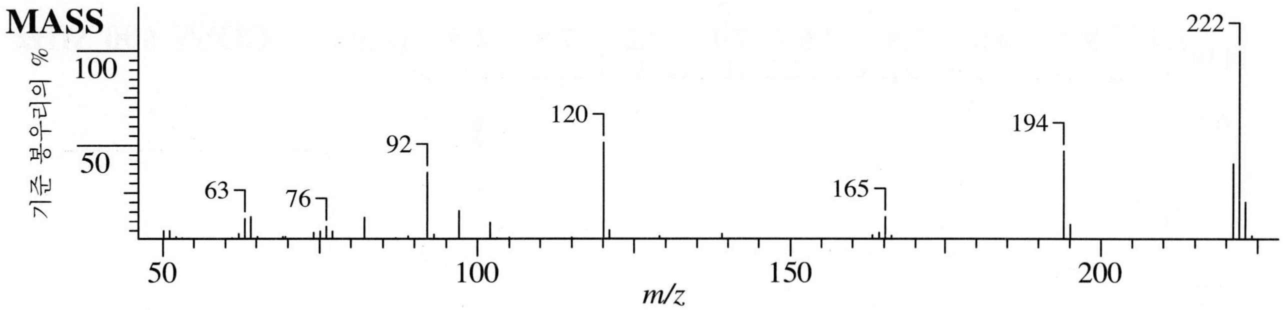
MASS
기준 봉우리의 %
100
50
63
76
92
120
165
194
222
50
100
150
200
m/z

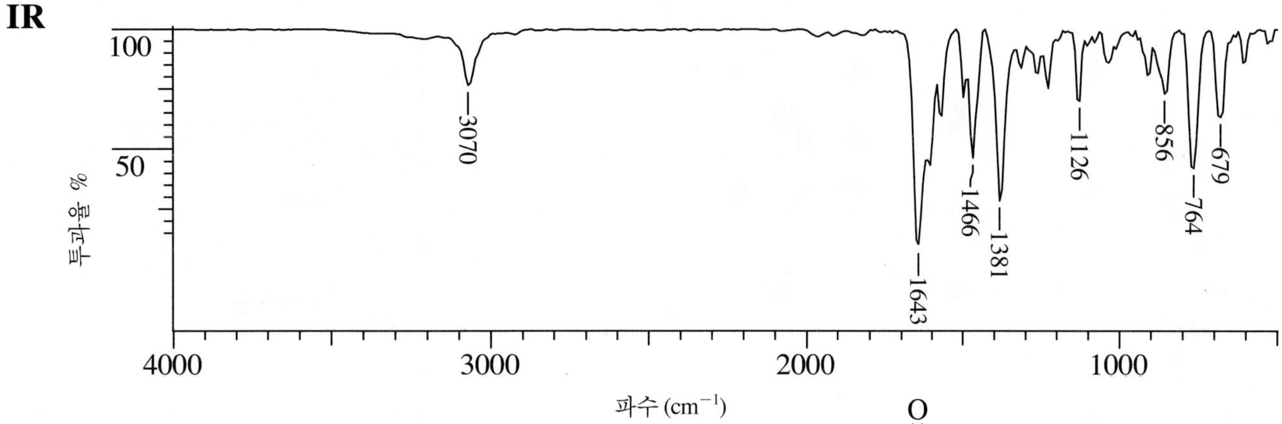
IR
100
50
투과율 %
3070
1643
1466
1381
1126
856
764
679
4000
3000
2000
1000
파수 (cm⁻¹)

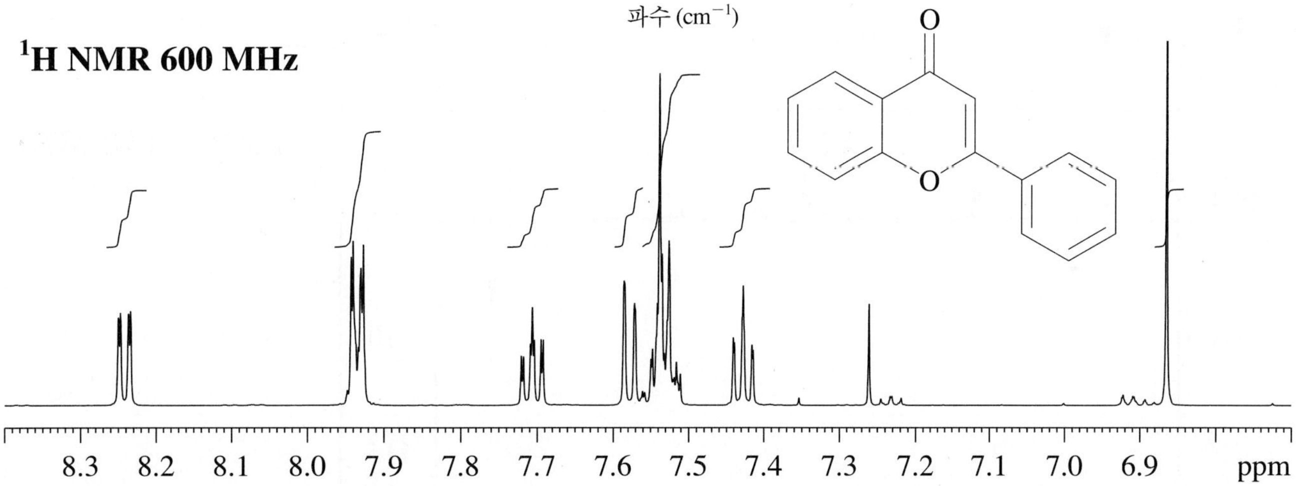
¹H NMR 600 MHz
O
O
8.3
8.2
8.1
8.0
7.9
7.8
7.7
7.6
7.5
7.4
7.3
7.2
7.1
7.0
6.9
ppm

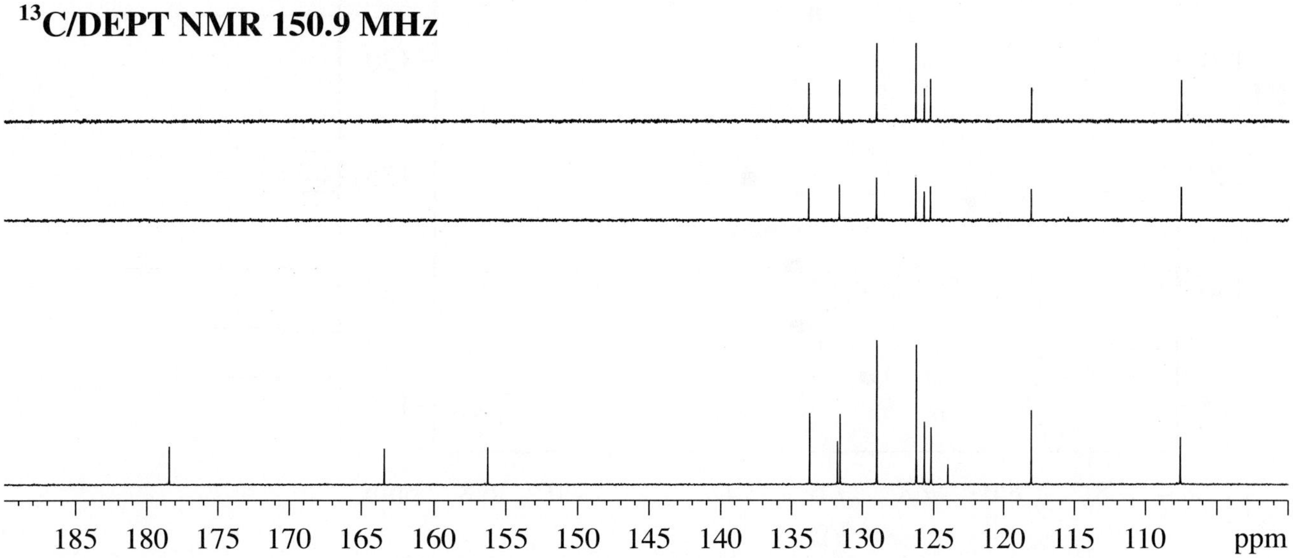
¹³C/DEPT NMR 150.9 MHz
185
180
175
170
165
160
155
150
145
140
135
130
125
120
115
110
ppm

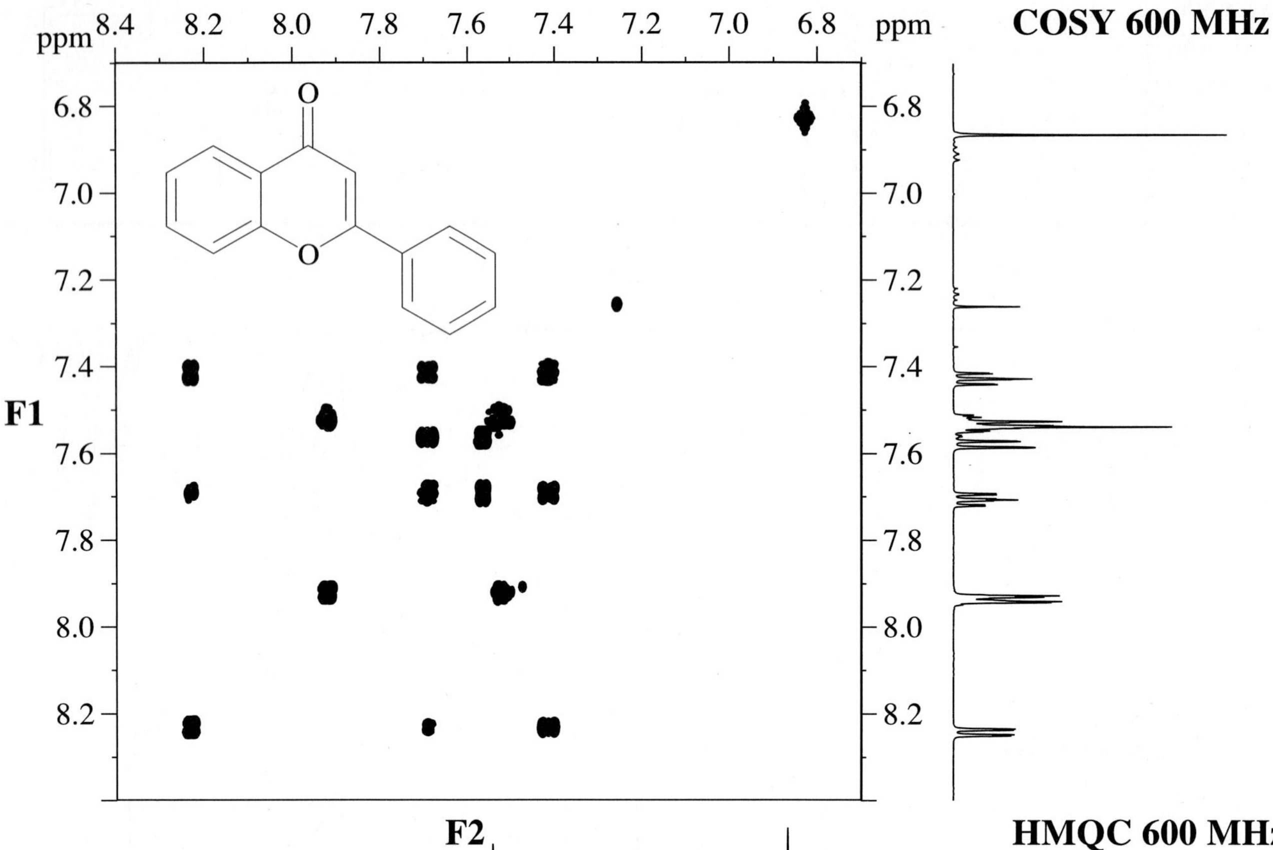

HMQC 600 MHz

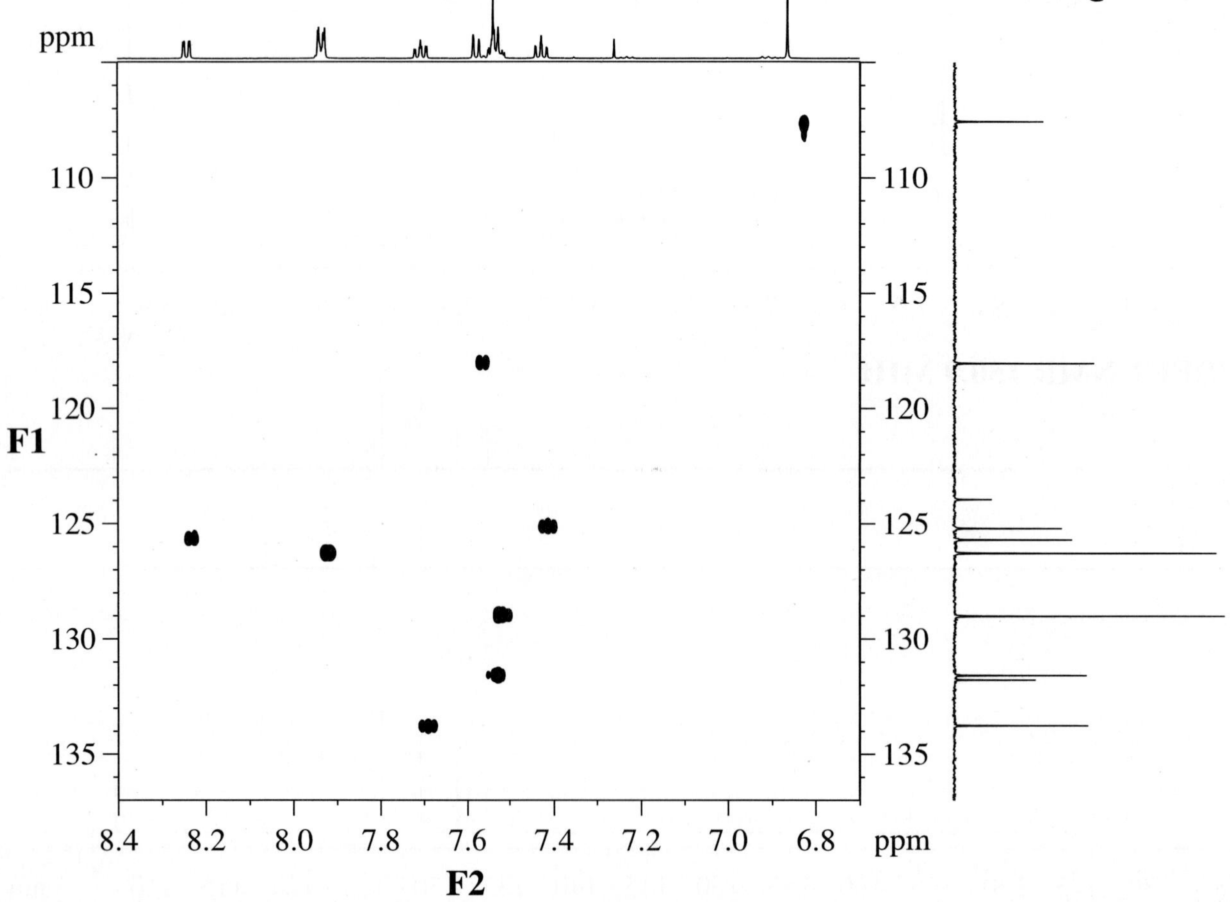

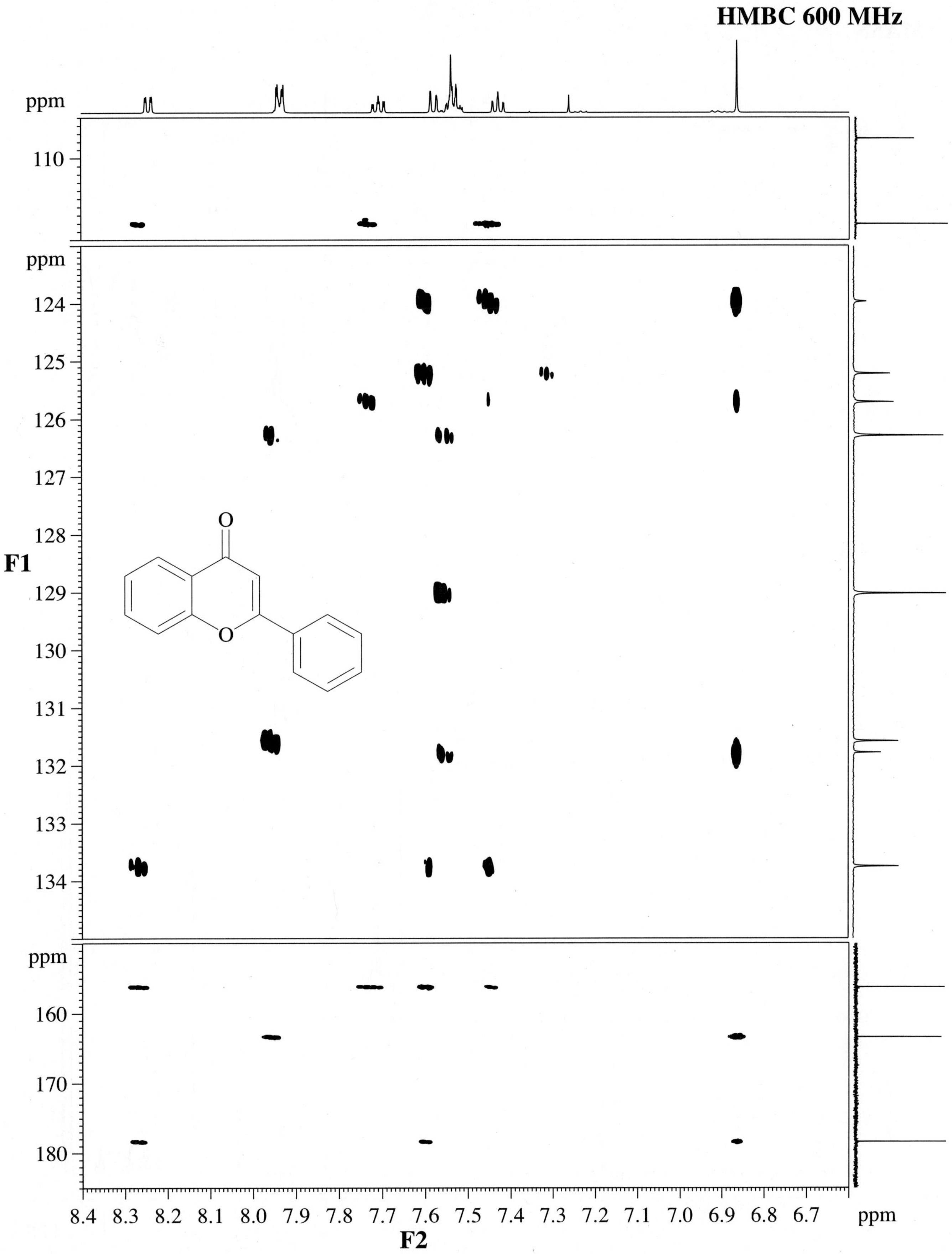
HMBC 600 MHz
ppm
110
ppm
124
125
126
127
128
129
130
131
132
133
134
ppm
160
170
180
F1
O
O
8.4 8.3 8.2 8.1 8.0 7.9 7.8 7.7 7.6 7.5 7.4 7.3 7.2 7.1 7.0 6.9 6.8 6.7 ppm
F2

MASS

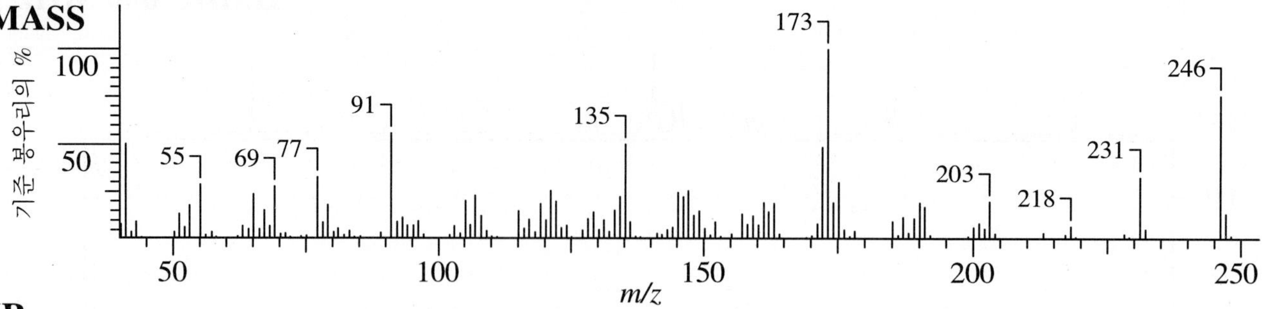

IR

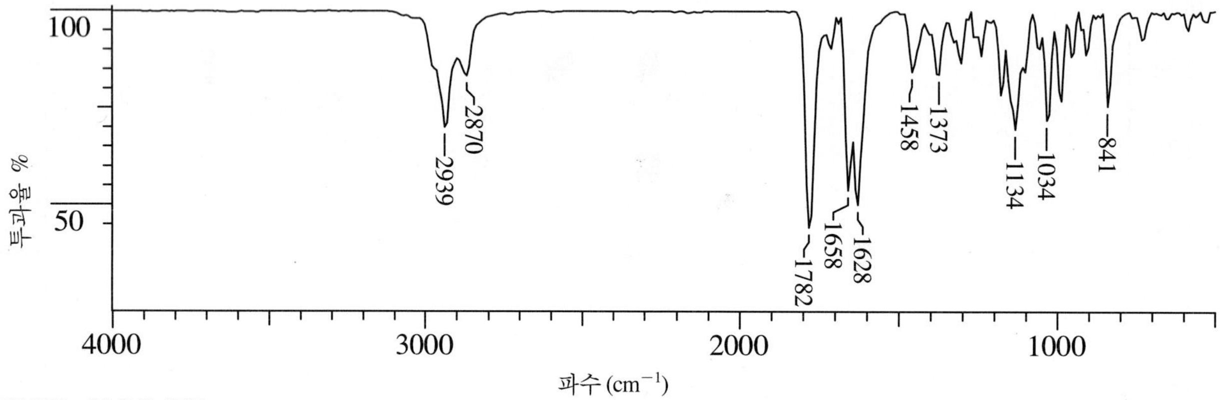

^{1}H NMR 600 MHz

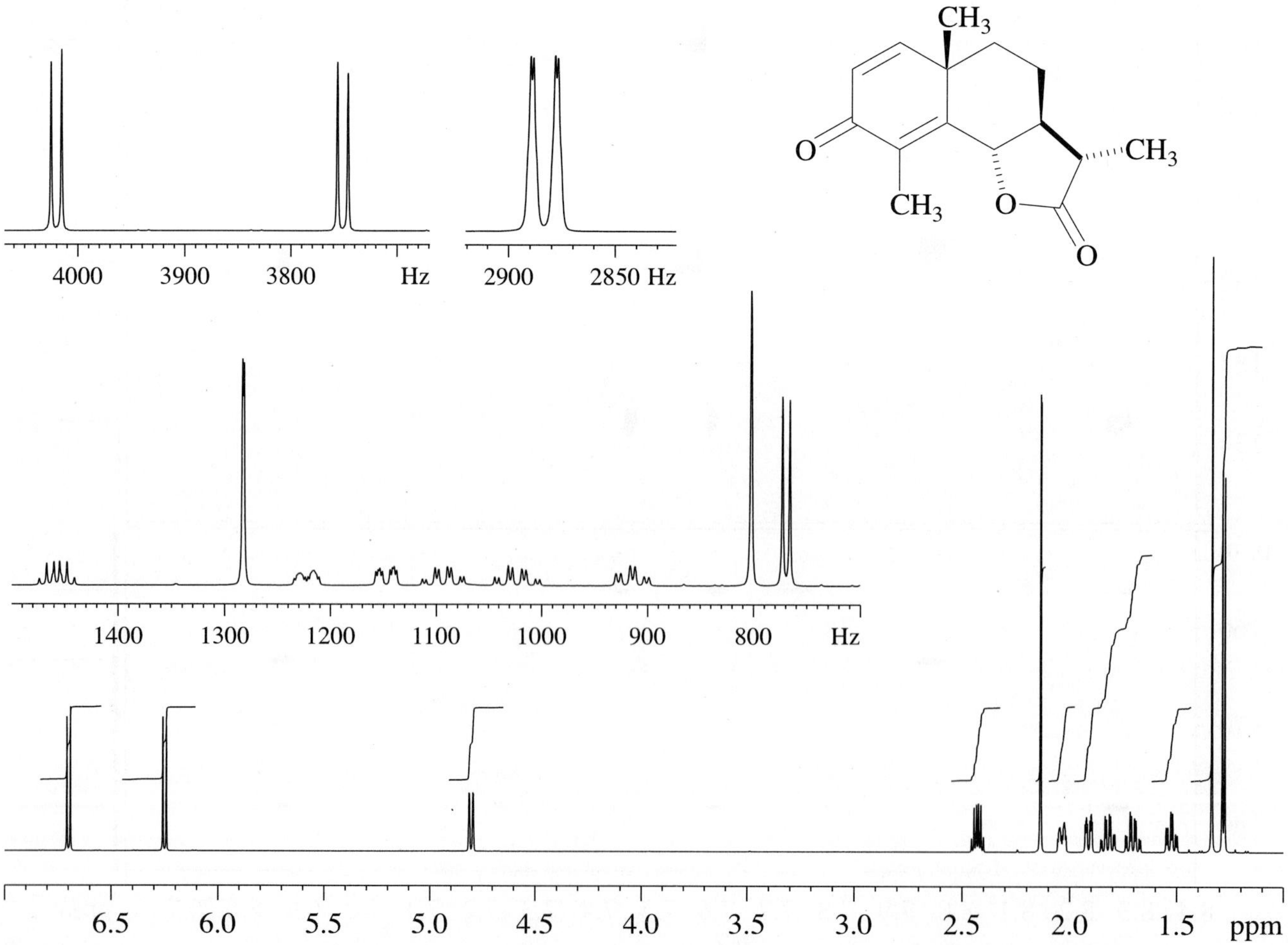

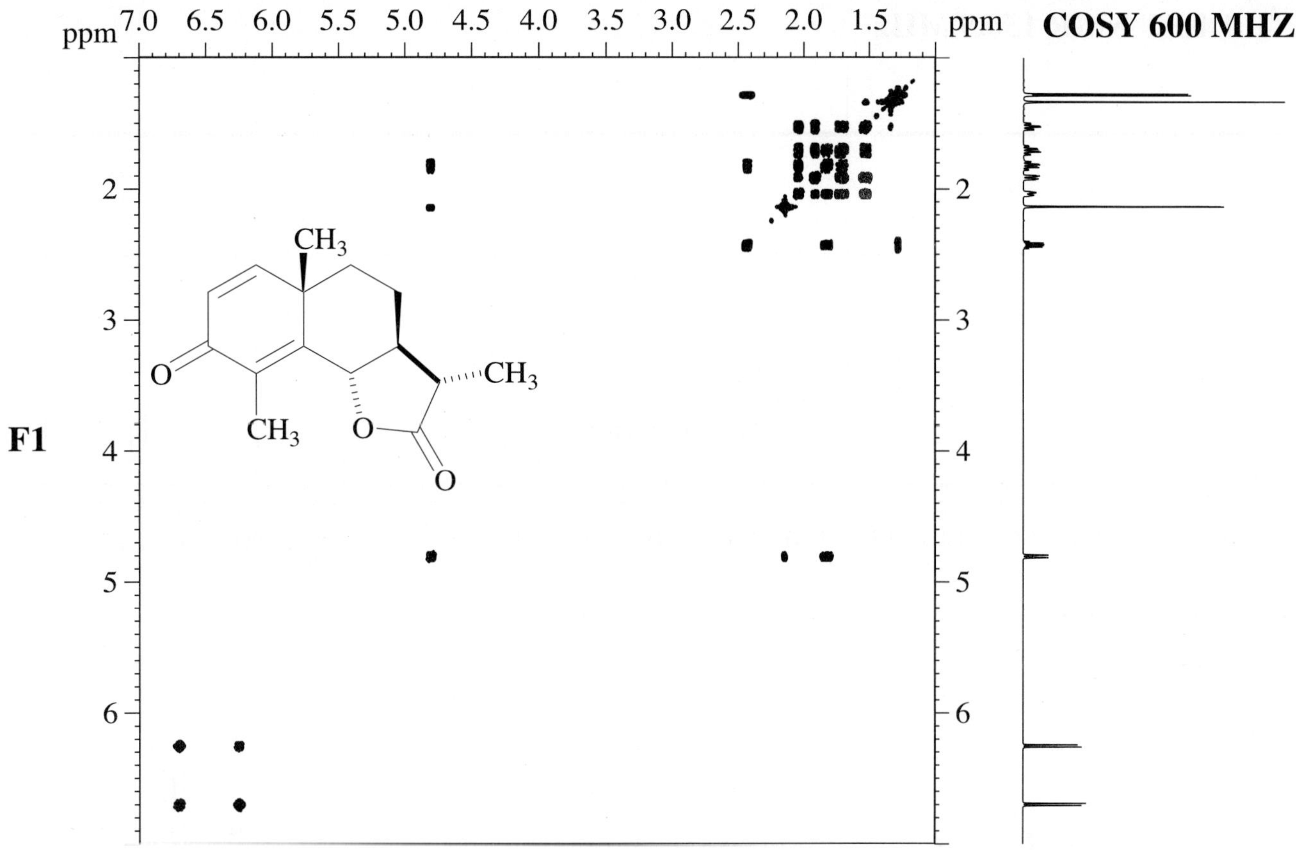
COSY 600 MHZ
ppm
7.0 6.5 6.0 5.5 5.0 4.5 4.0 3.5 3.0 2.5 2.0 1.5
F1
2
3
4
5
6
CH3
CH3
CH3
O
O
O

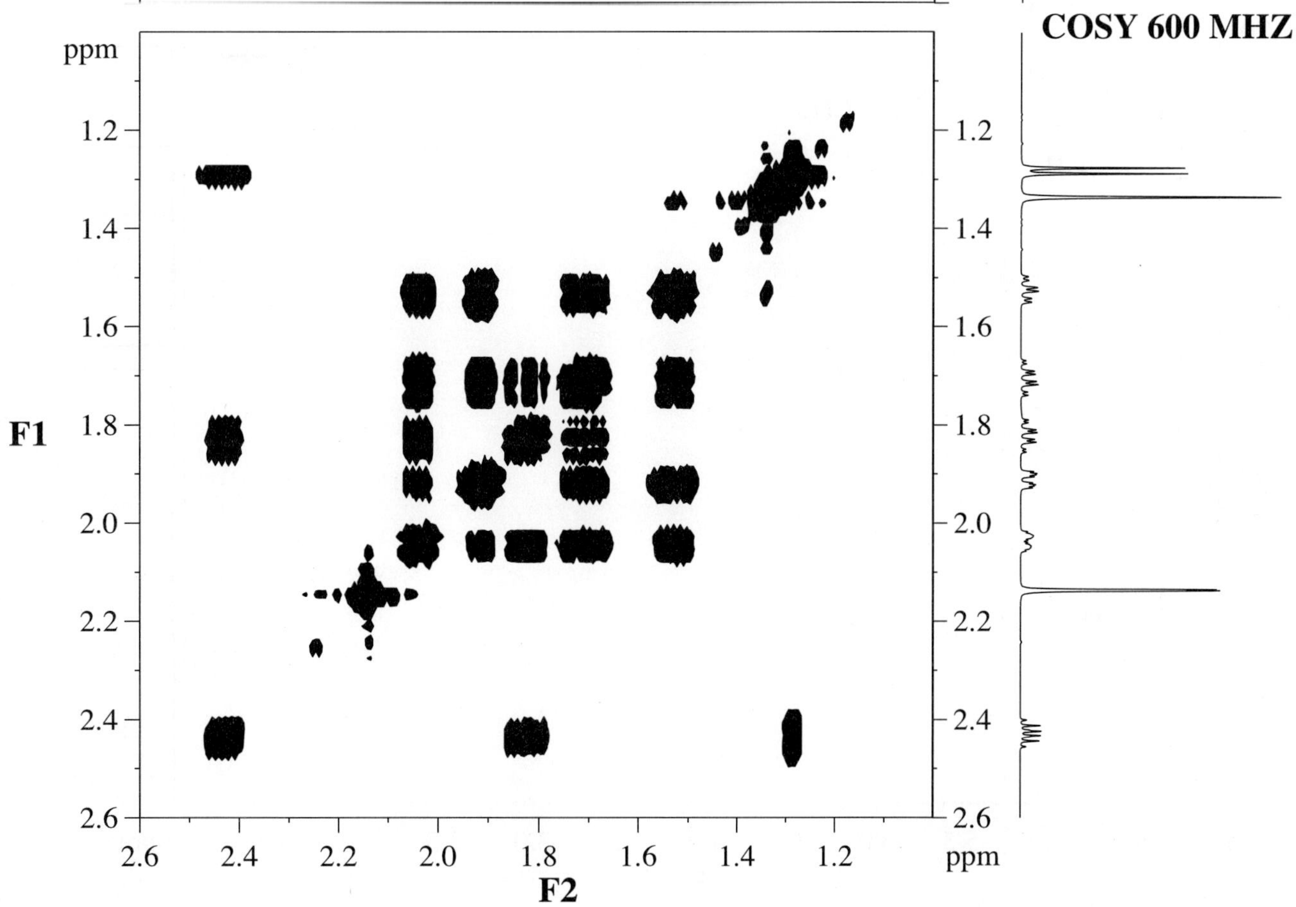
COSY 600 MHZ
ppm
1.2
1.4
1.6
1.8
2.0
2.2
2.4
2.6
F1
2.6 2.4 2.2 2.0 1.8 1.6 1.4 1.2
F2

^{13}C/DEPT NMR 150.9 MHz

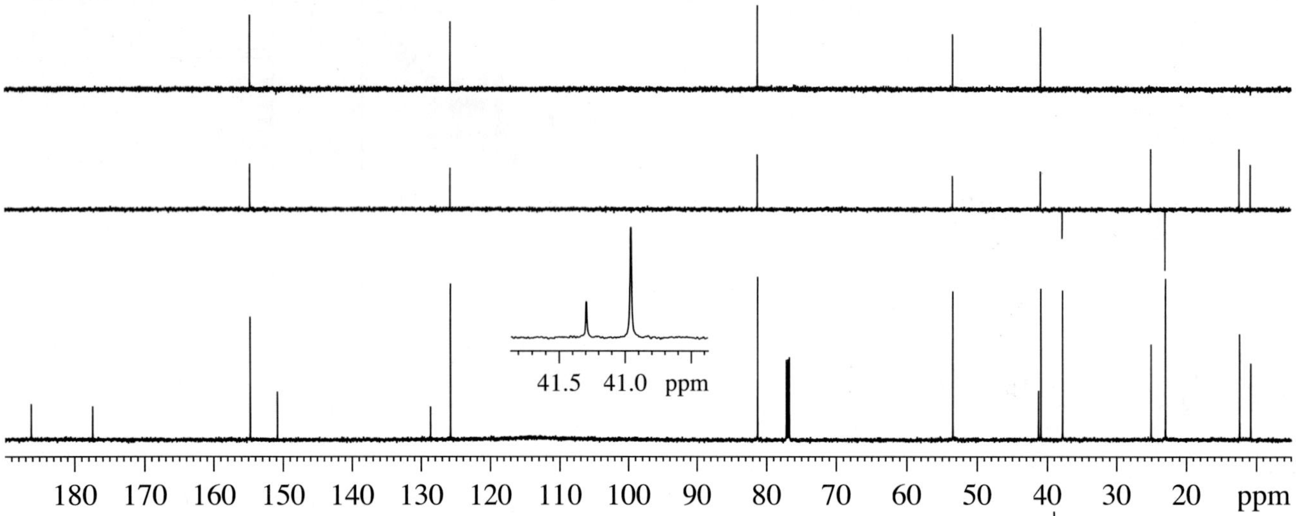

HMQC 600 MHz

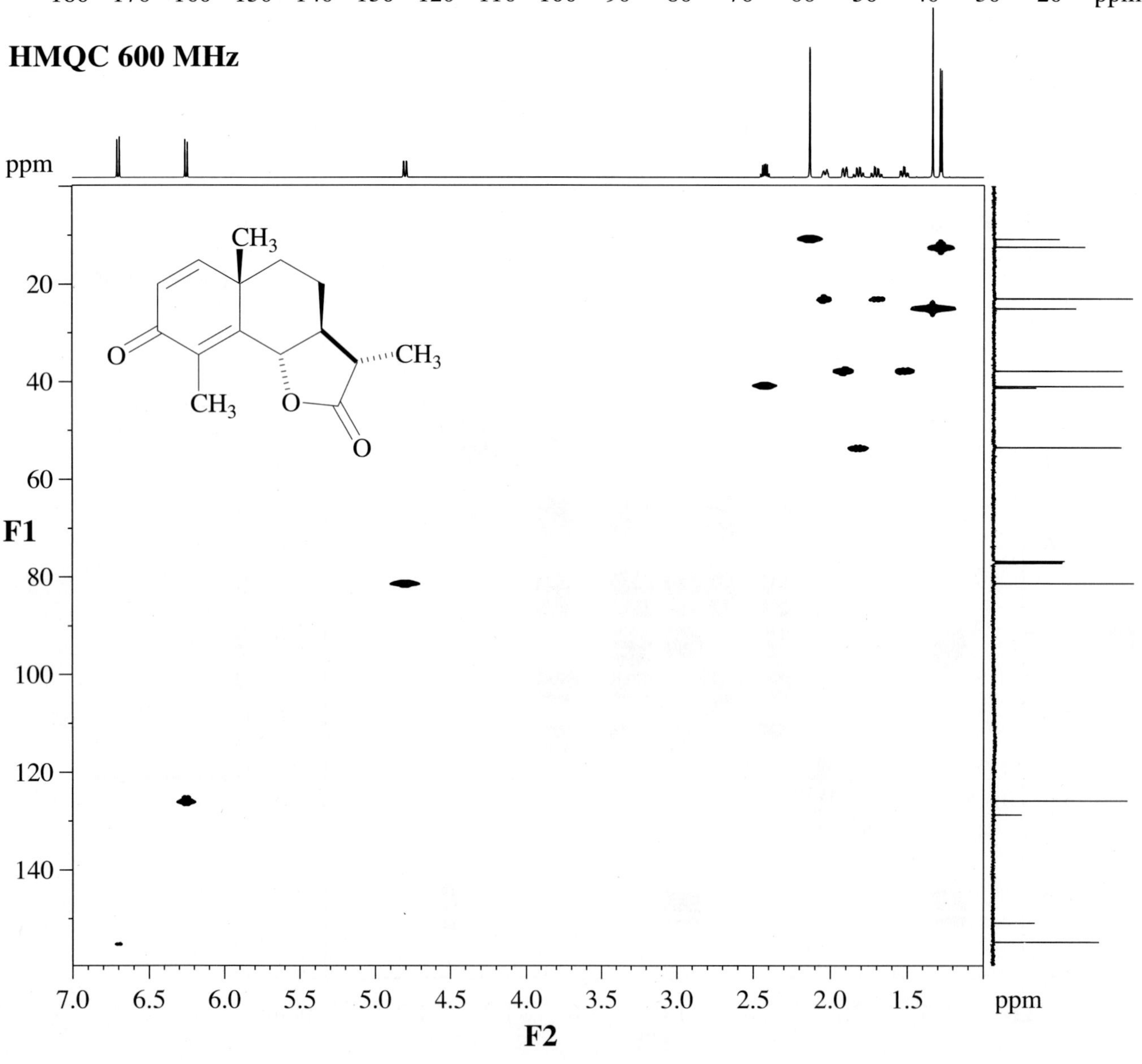

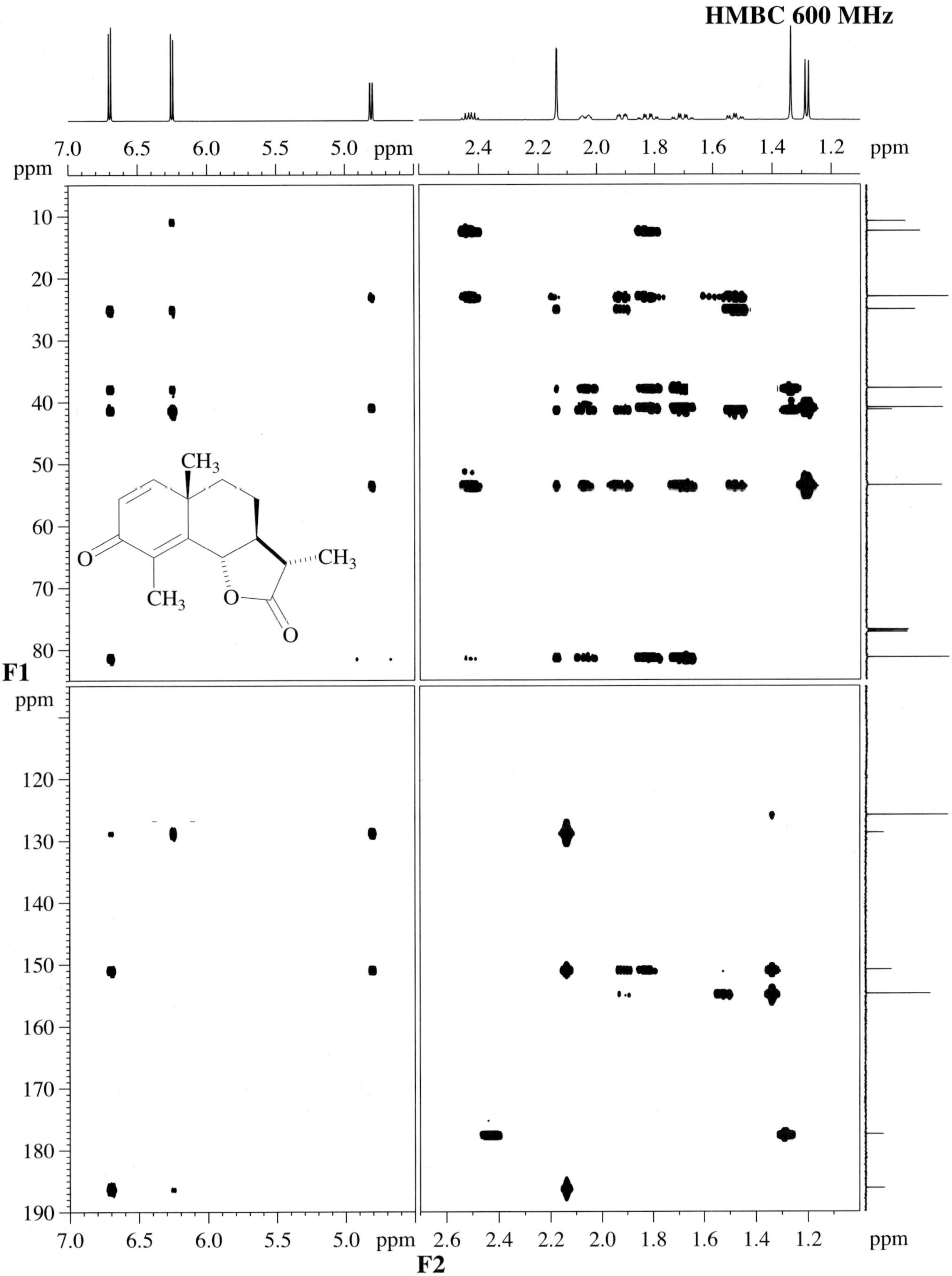
HMBC 600 MHz
F1
ppm
F2
ppm
CH3
CH3
CH3
O
O
O

MASS

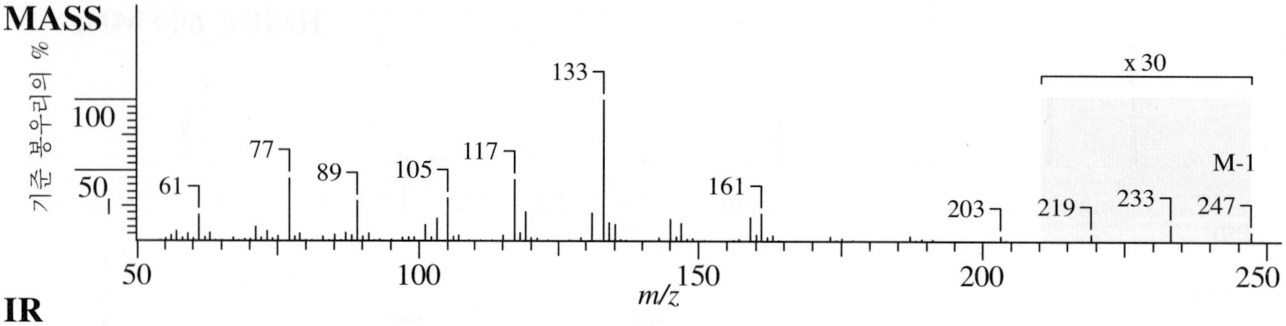

IR

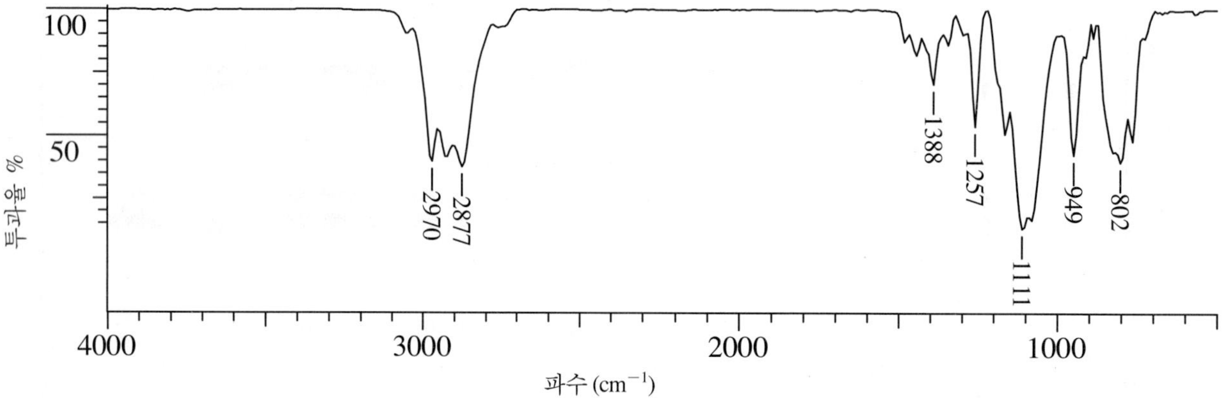

^{1}H NMR 600 MHz

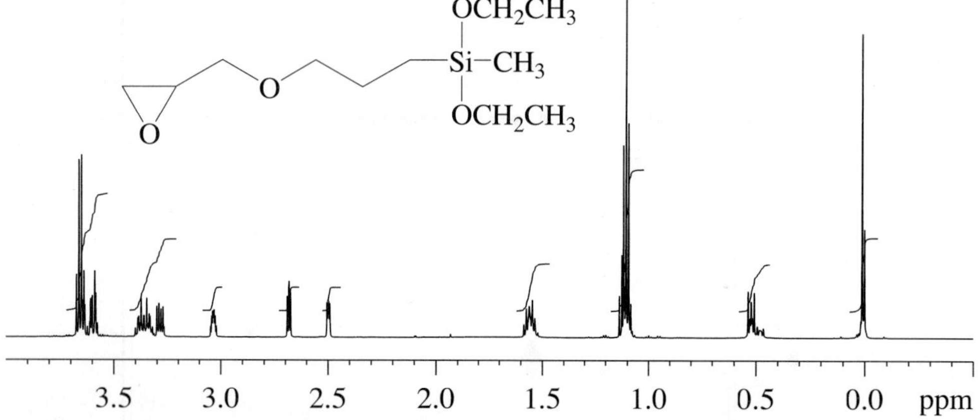

^{29}Si NMR 150.9 MHz
^{1}H Decoupled

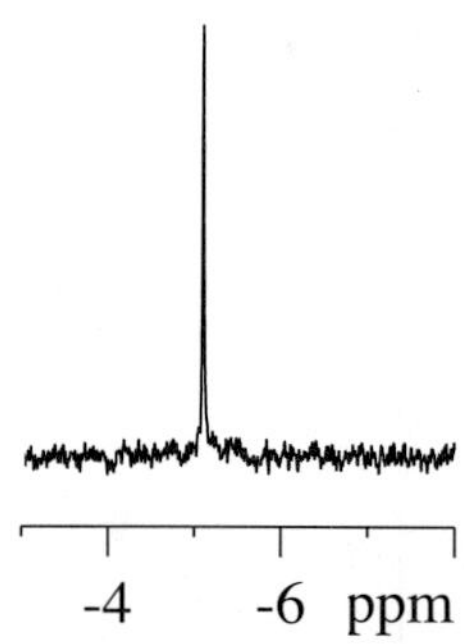

^{13}C/DEPT NMR 150.9 MHz

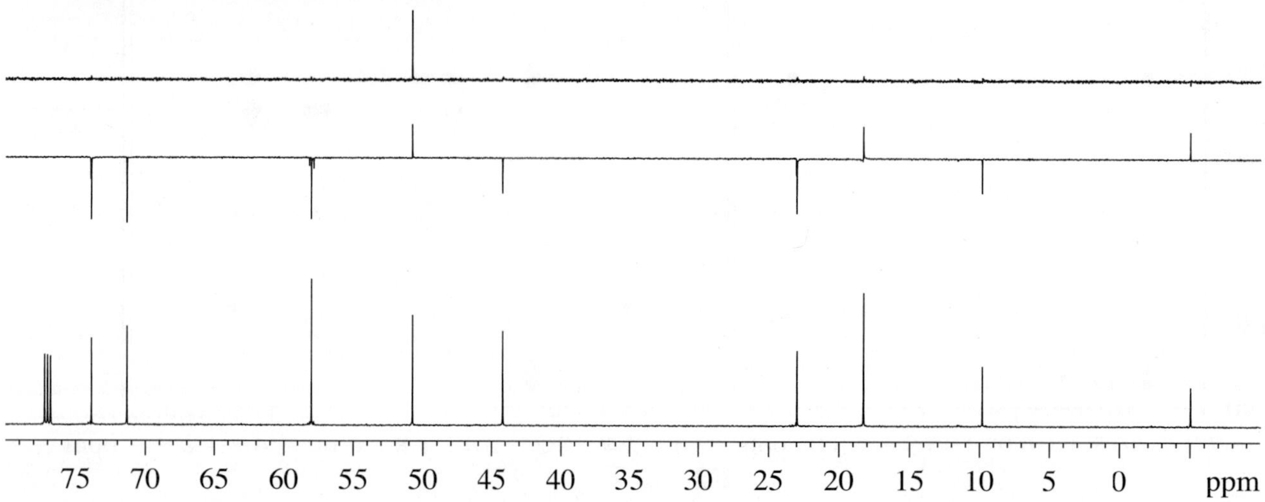

COSY 600 MHz

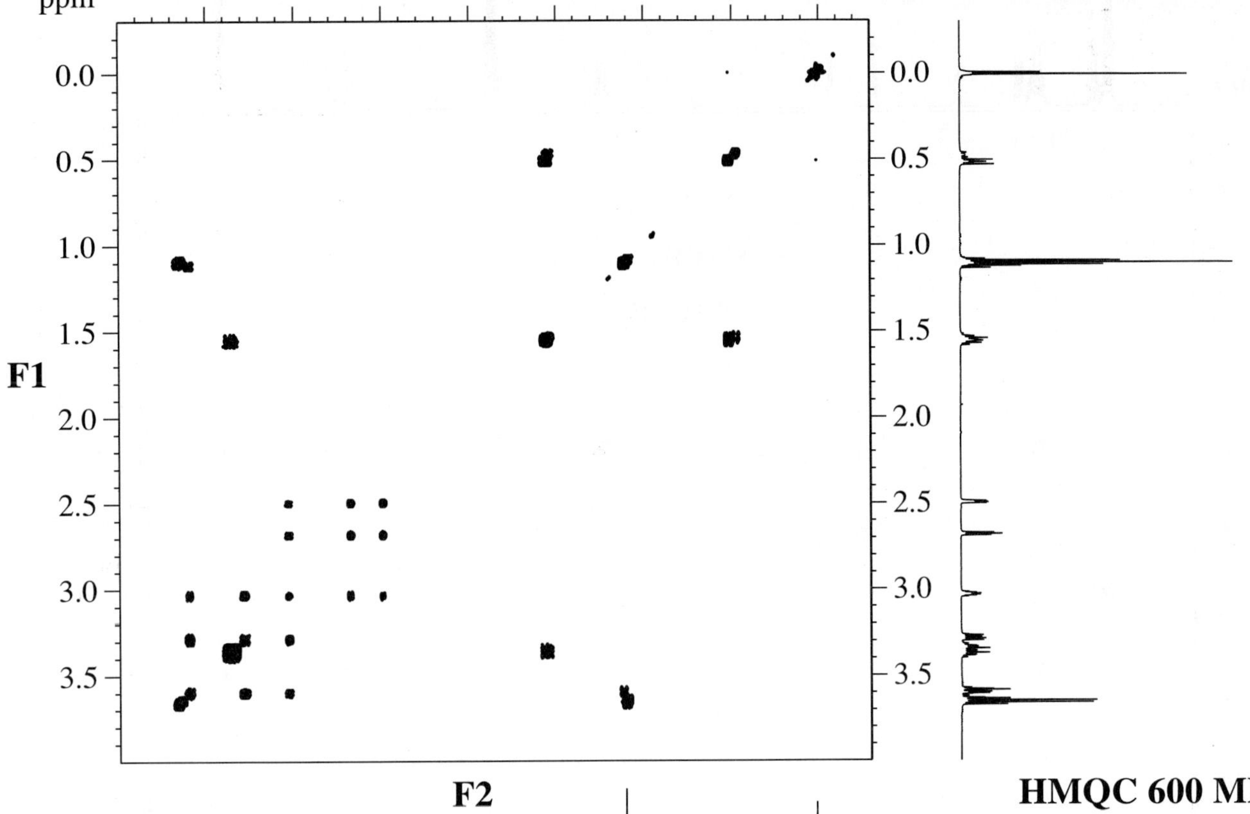

HMQC 600 MHz

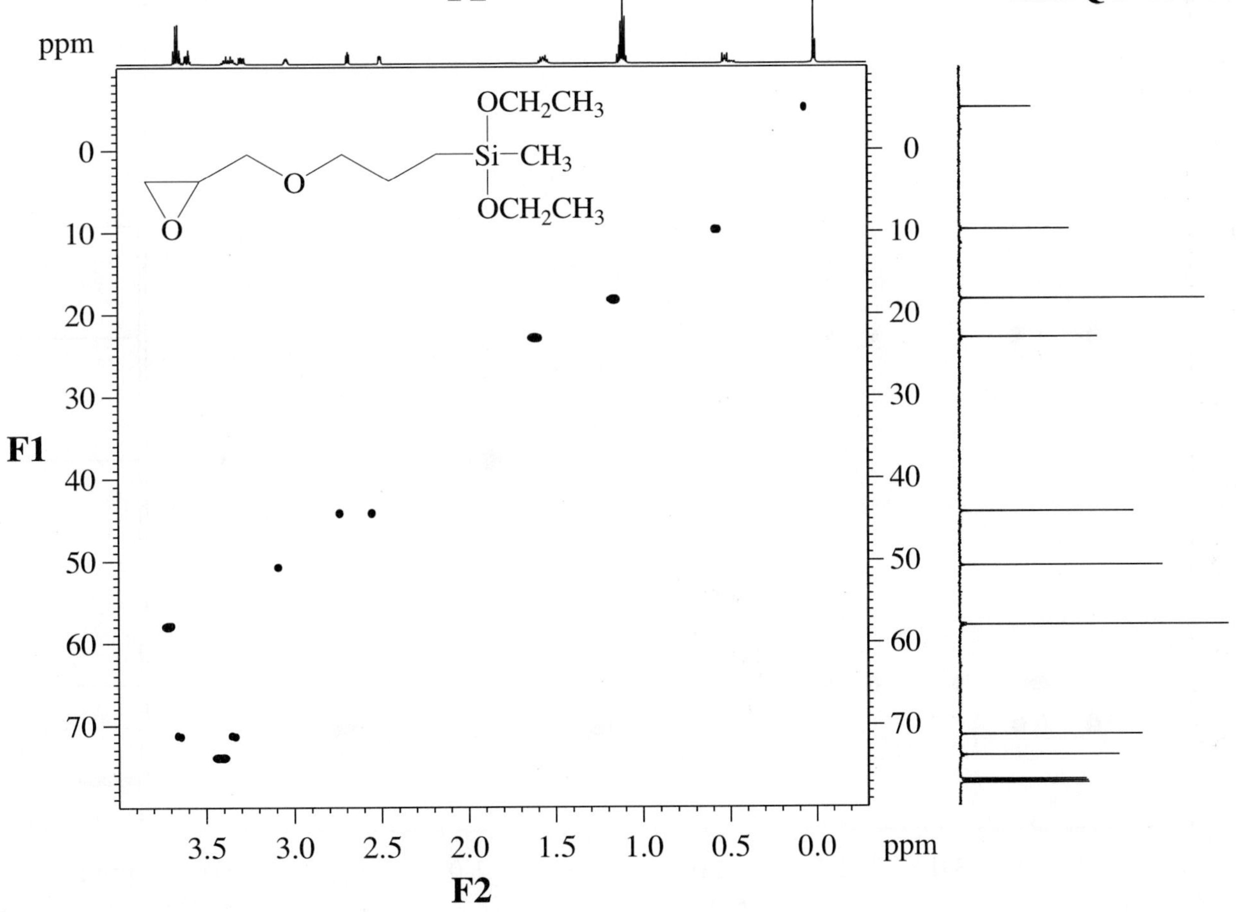

HMBC 600 MHz

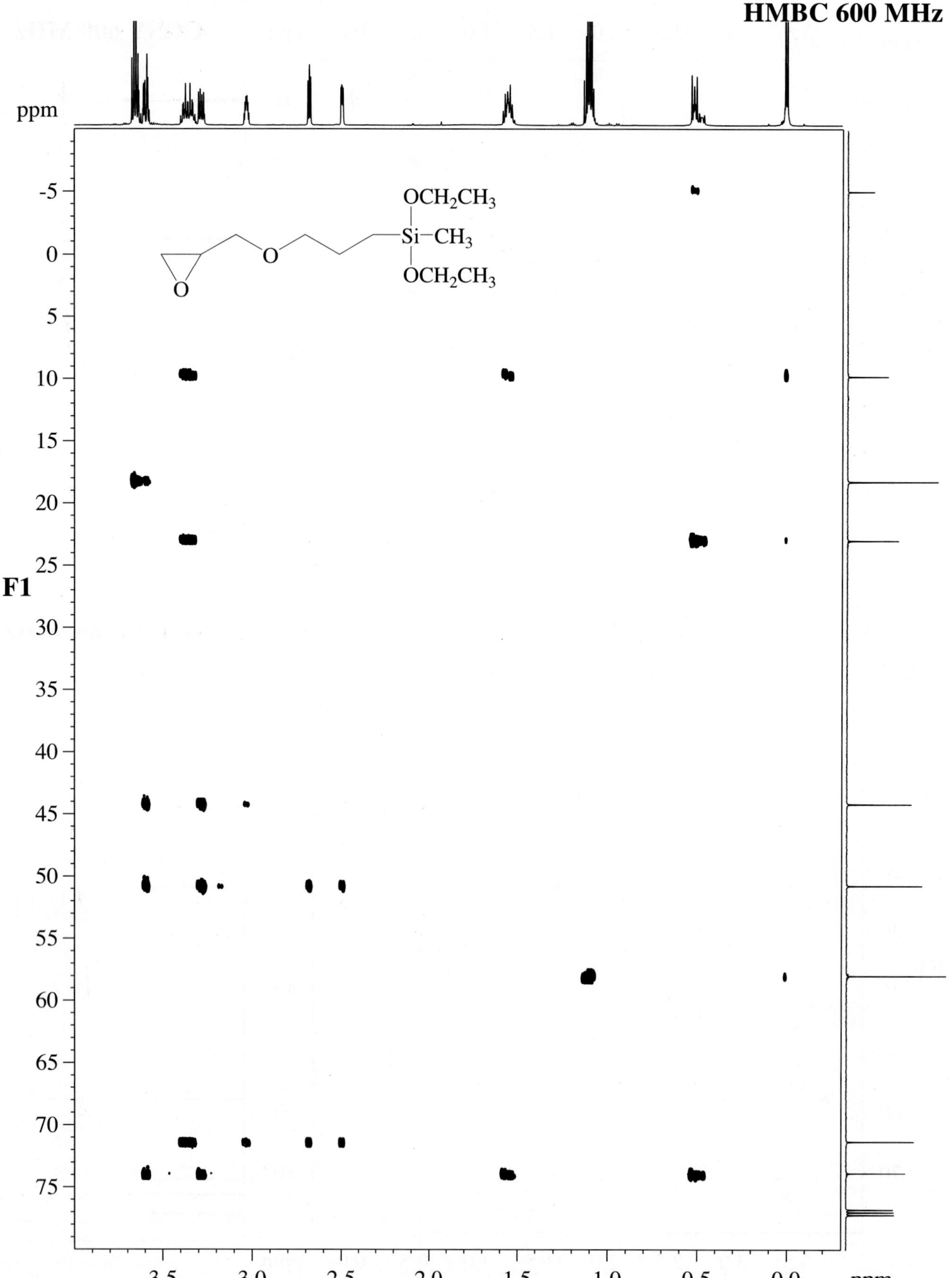

MASS

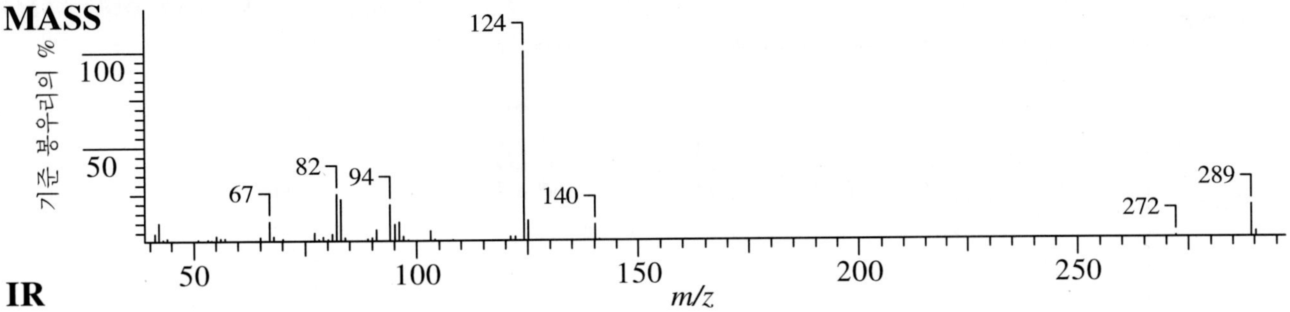

IR

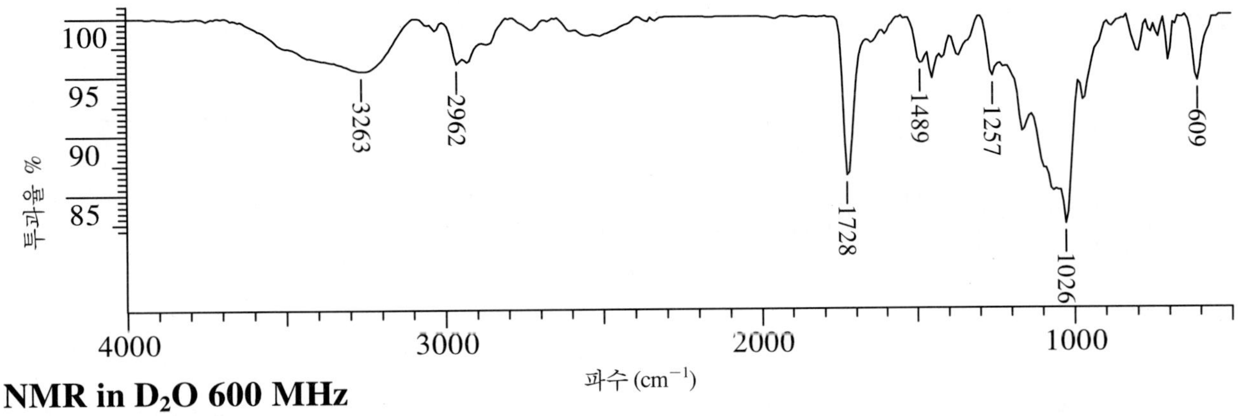

^{1}H NMR in D_2O 600 MHz

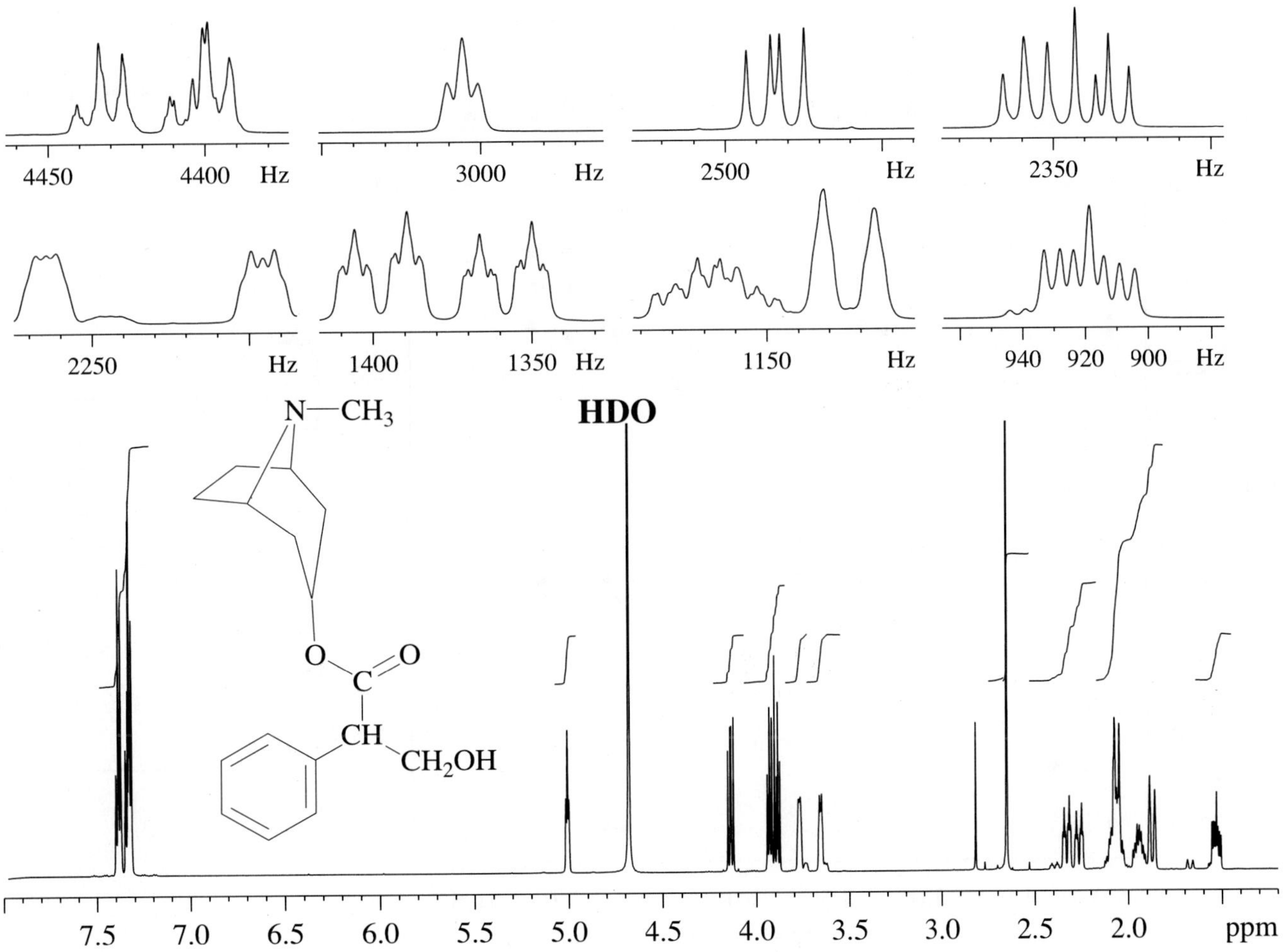

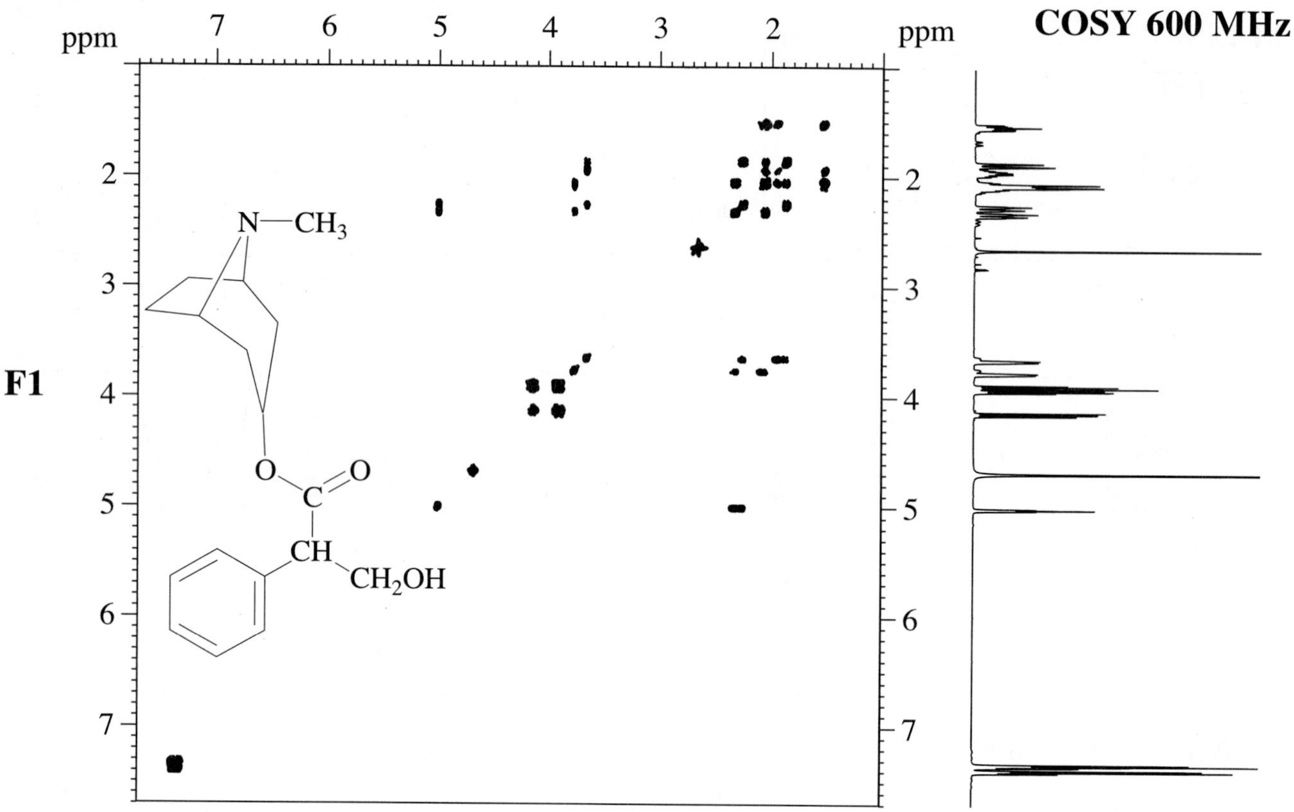
COSY 600 MHz
ppm
F1
N—CH3
O
C
O
CH
CH2OH

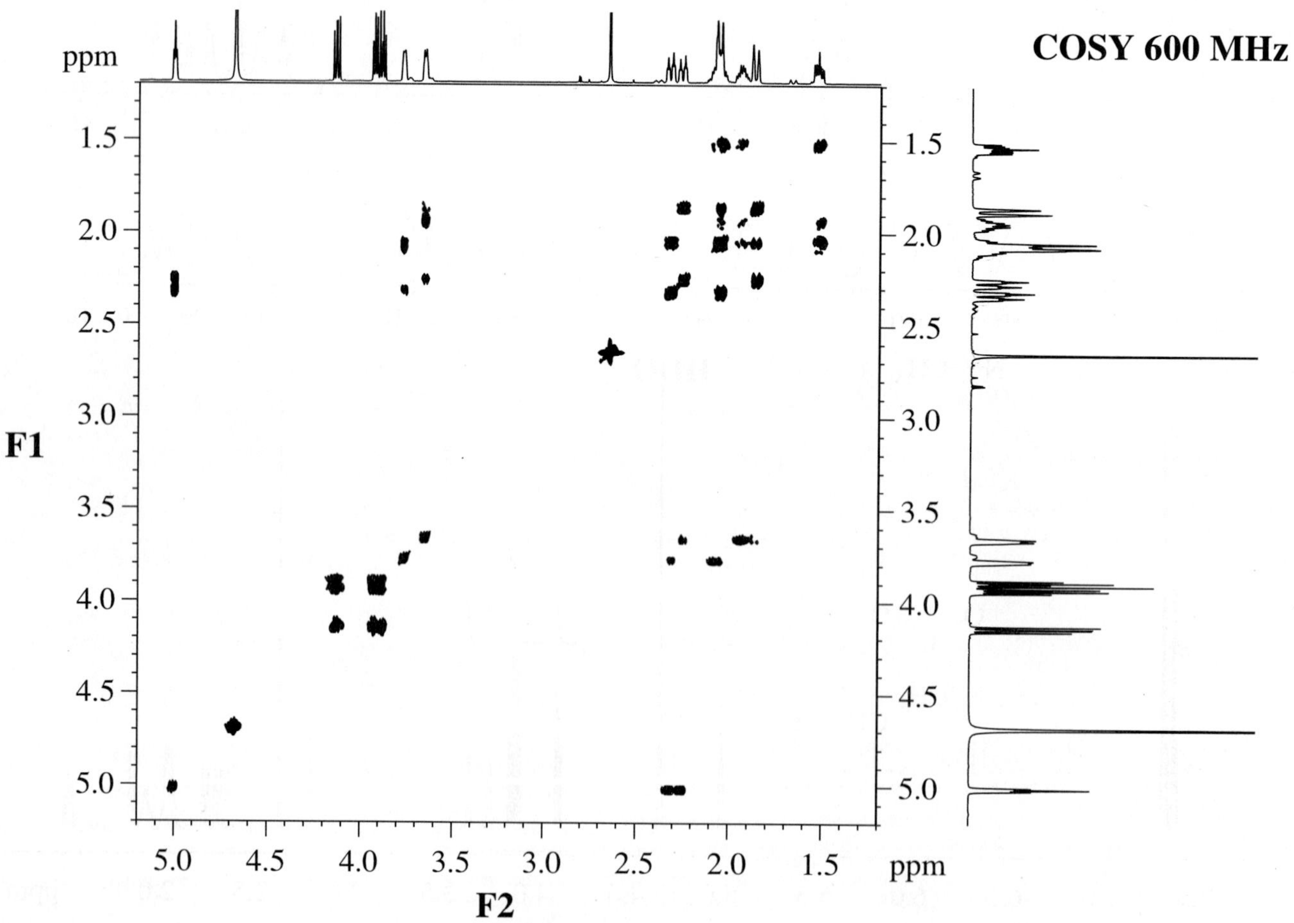
COSY 600 MHz
ppm
F1
F2

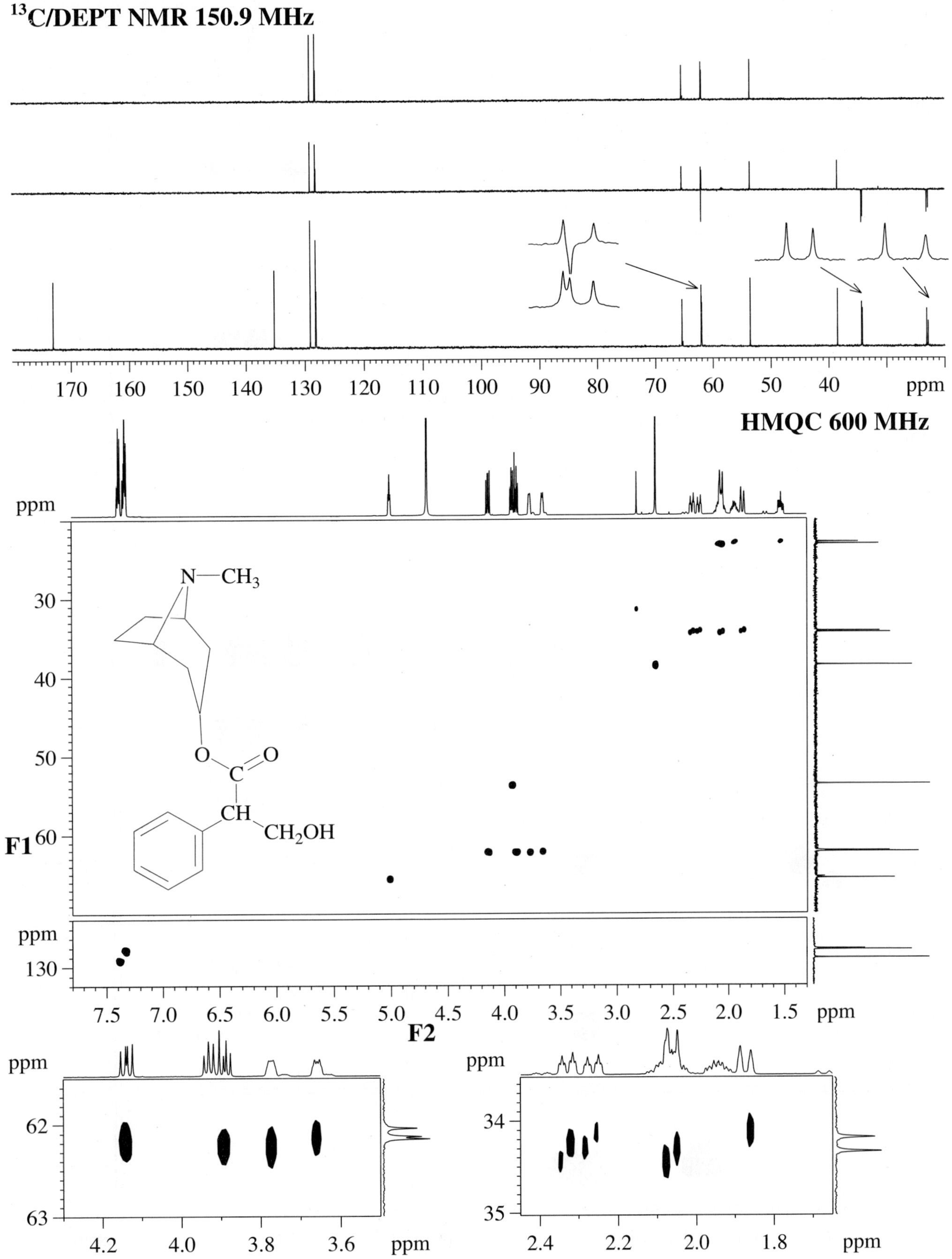
^{13}C/DEPT NMR 150.9 MHz
170 160 150 140 130 120 110 100 90 80 70 60 50 40 ppm
HMQC 600 MHz
N—CH3
O
C
O
CH
CH2OH
ppm
30
40
50
F1 60
ppm
130
7.5 7.0 6.5 6.0 5.5 5.0 4.5 4.0 3.5 3.0 2.5 2.0 1.5 ppm
F2
ppm
62
63
4.2 4.0 3.8 3.6 ppm
ppm
34
35
2.4 2.2 2.0 1.8 ppm

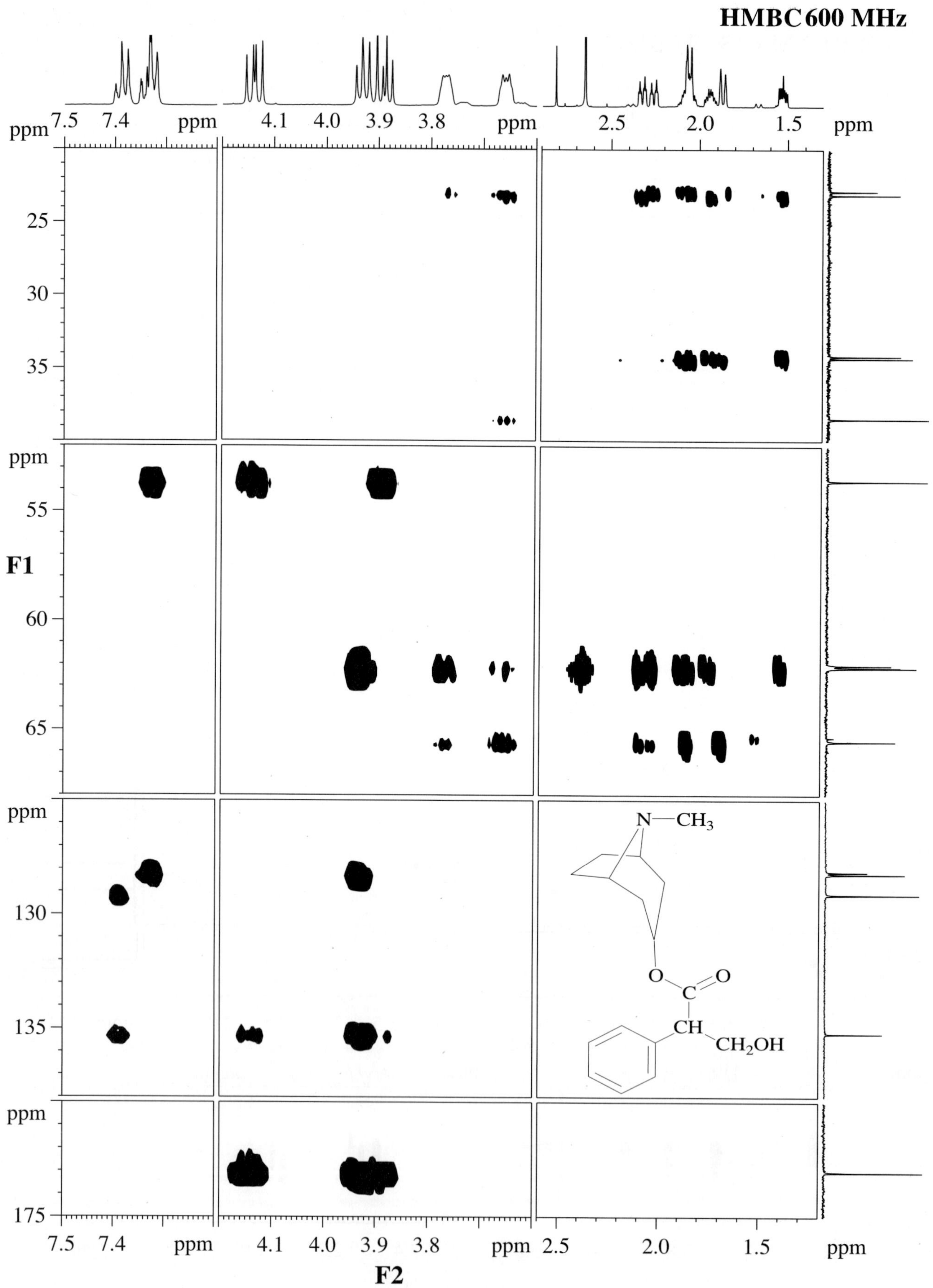
HMBC 600 MHz
ppm
7.5
7.4
ppm
4.1
4.0
3.9
3.8
ppm
2.5
2.0
1.5
ppm
25
30
35
55
F1
60
65
130
135
175
N—CH3
O
C
O
CH
CH2OH
F2

MASS

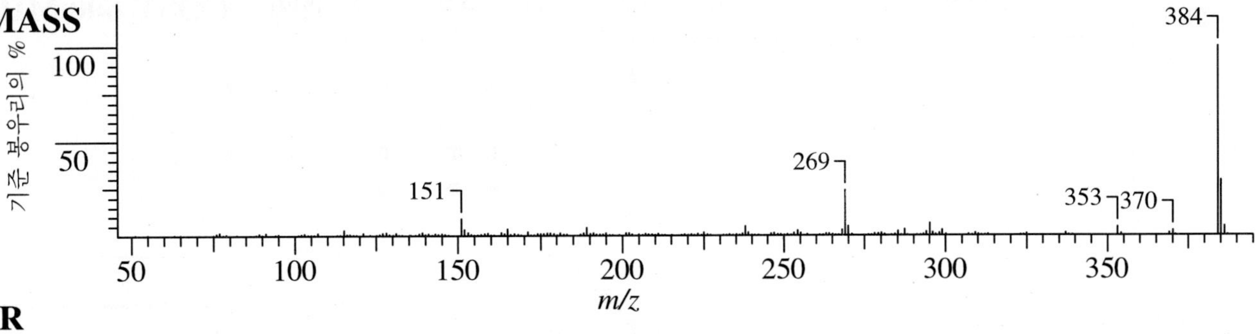

IR

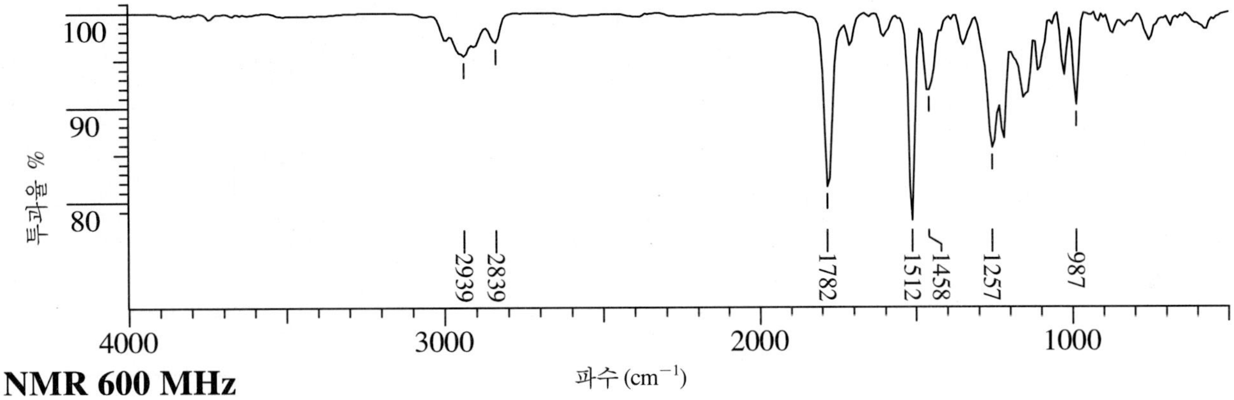

^{1}H NMR 600 MHz

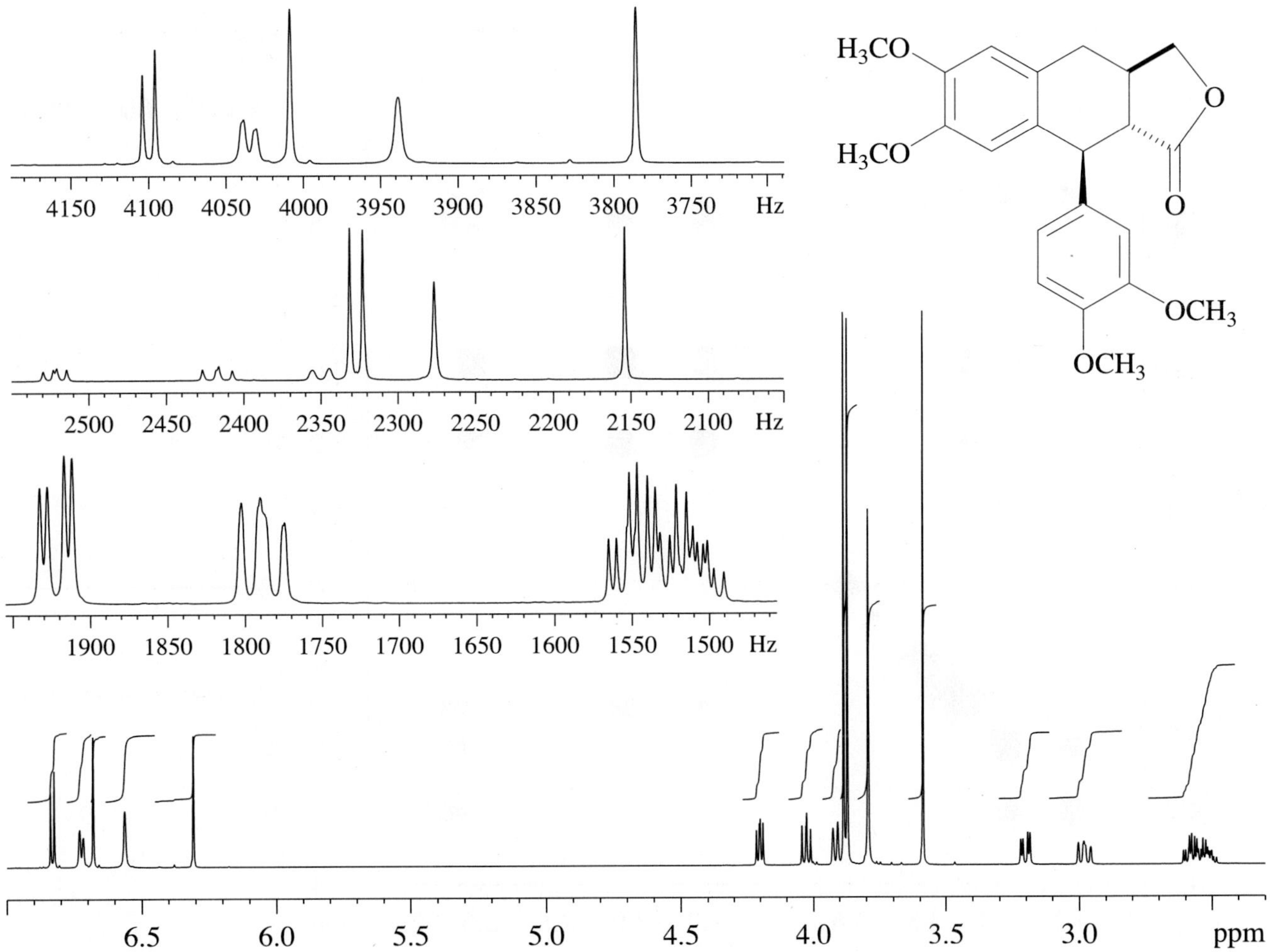

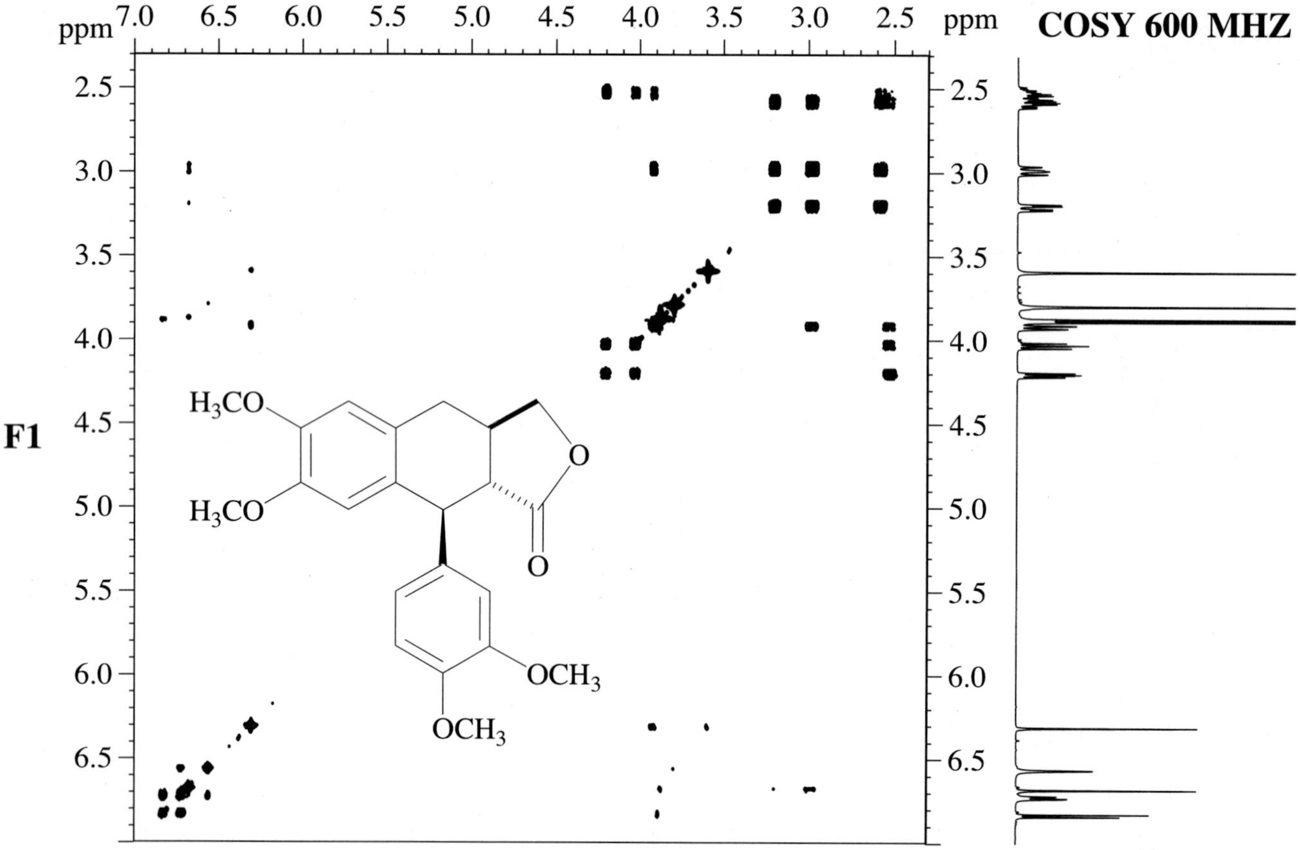
COSY 600 MHZ
ppm
F1
H3CO
H3CO
O
O
OCH3
OCH3

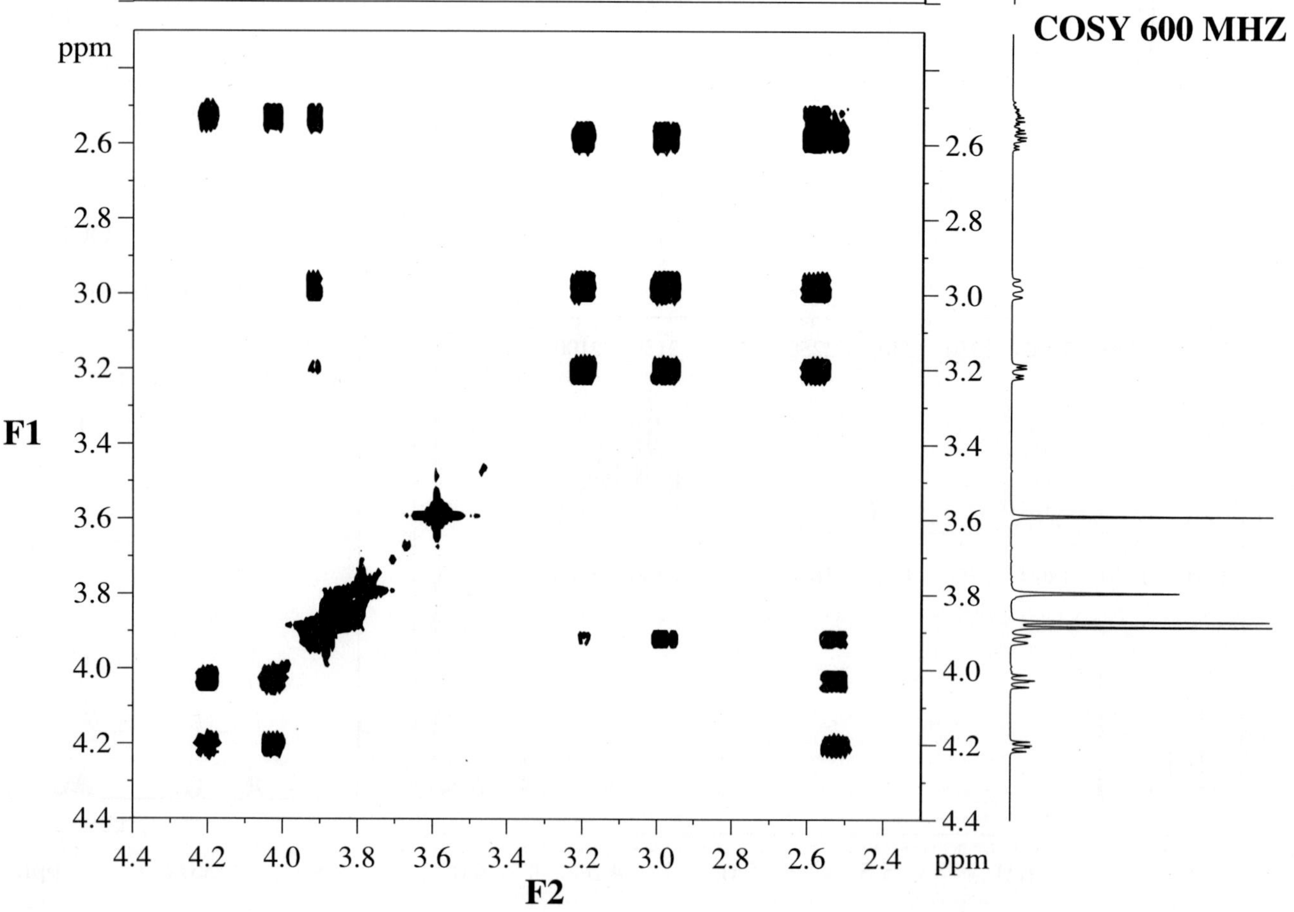
COSY 600 MHZ
ppm
F1
F2

^{13}C/DEPT NMR 150.9 MHz

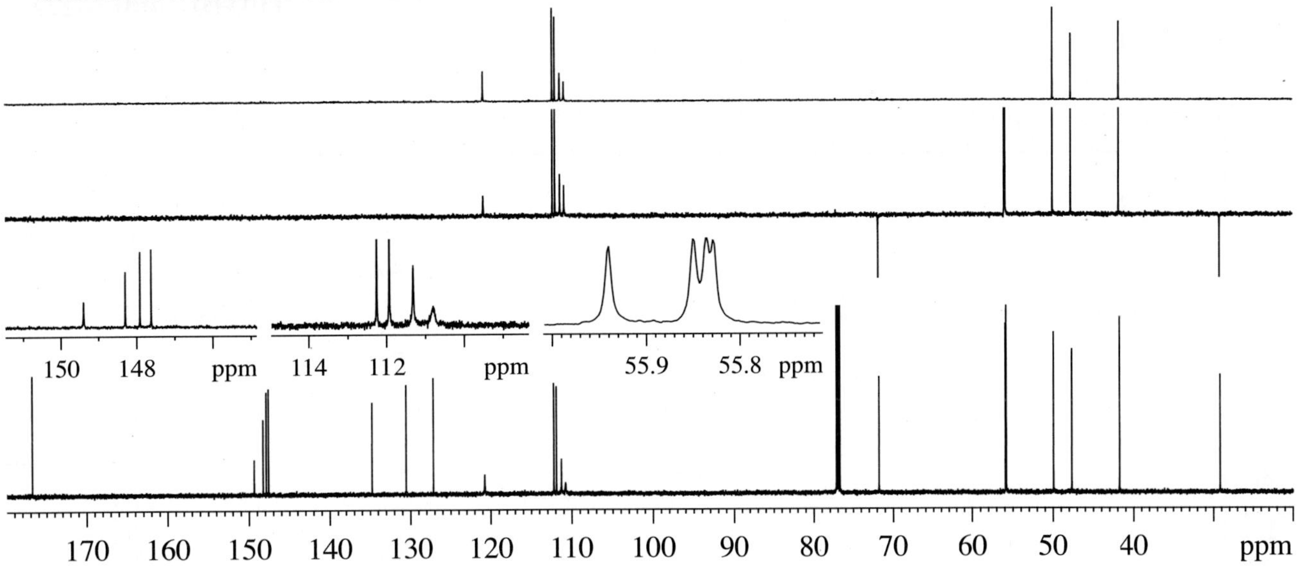

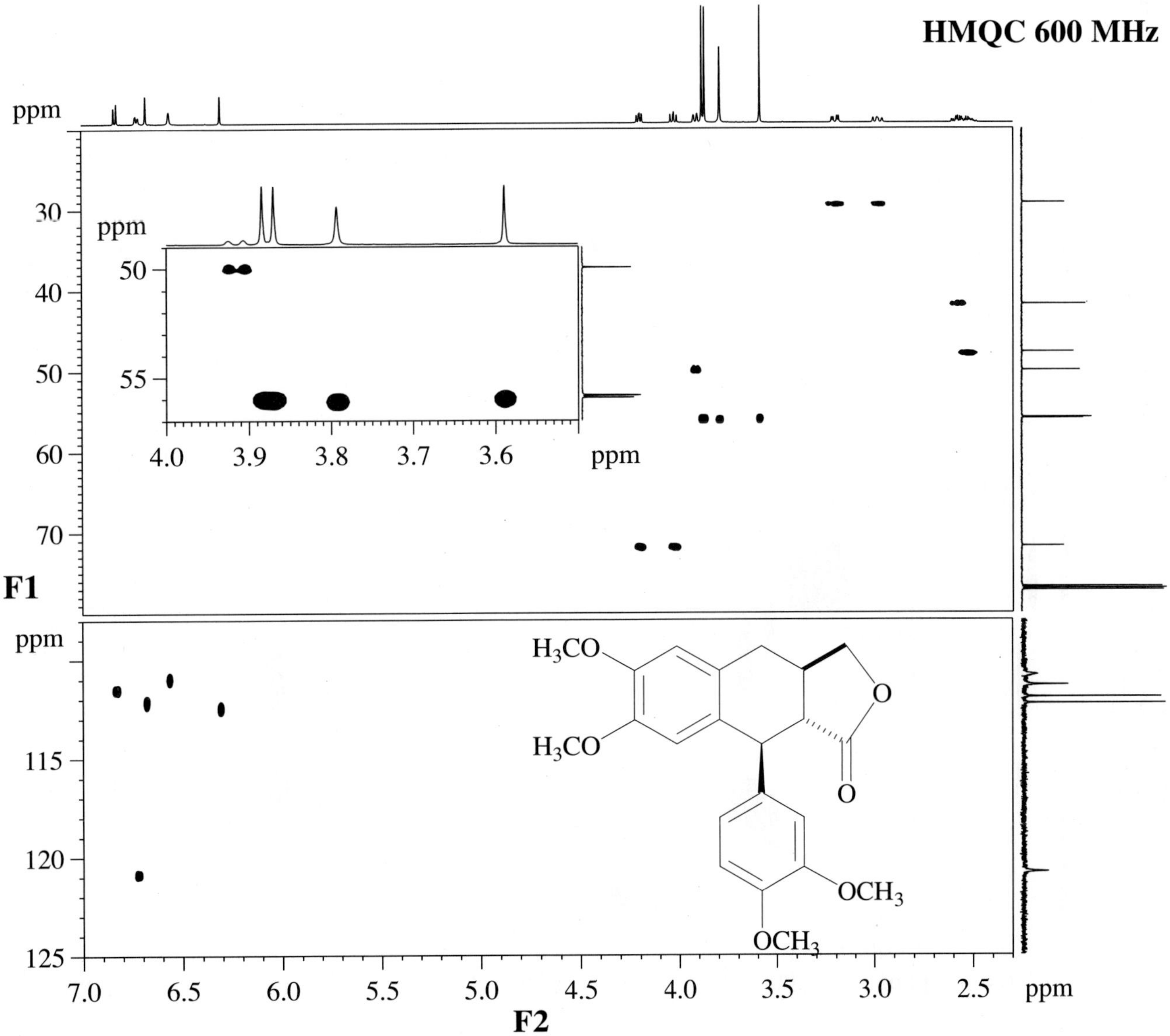

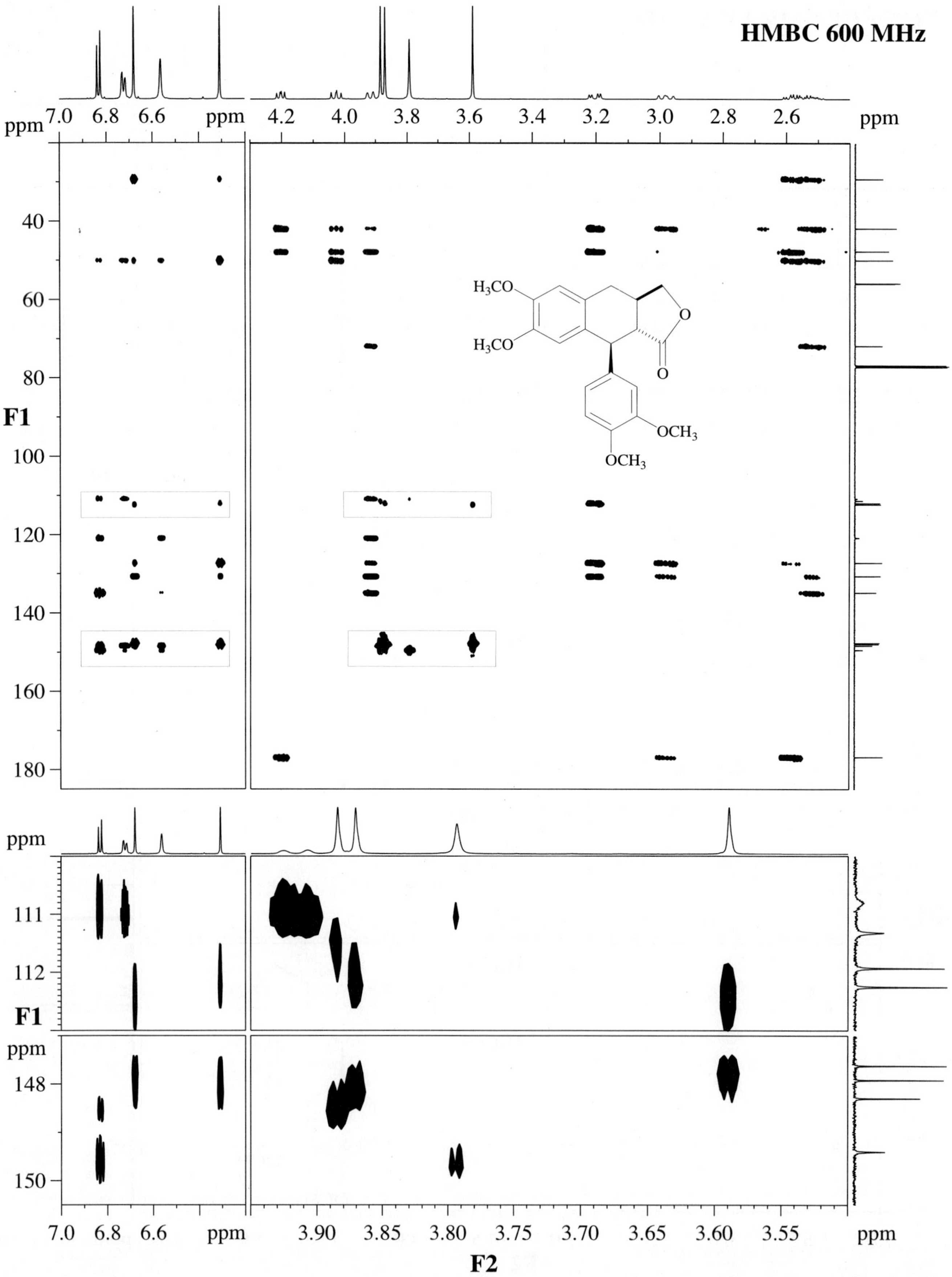
HMBC 600 MHz
H3CO
H3CO
O
O
OCH3
OCH3
F1
F2
ppm

MASS

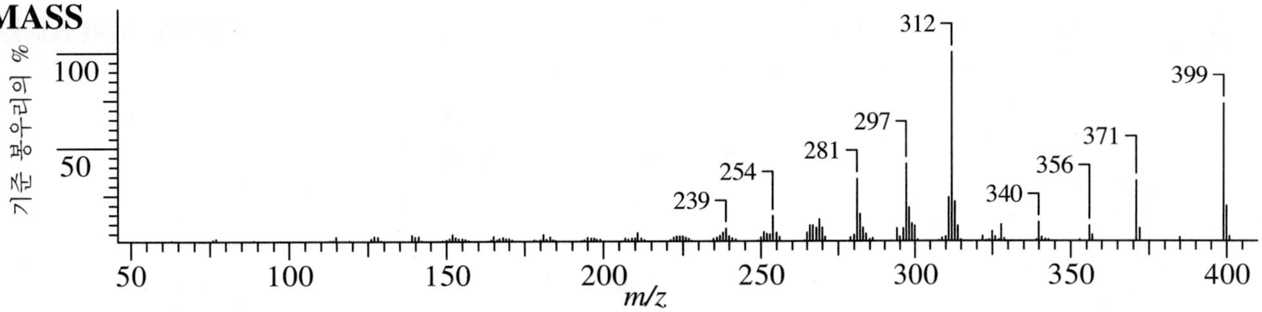

IR

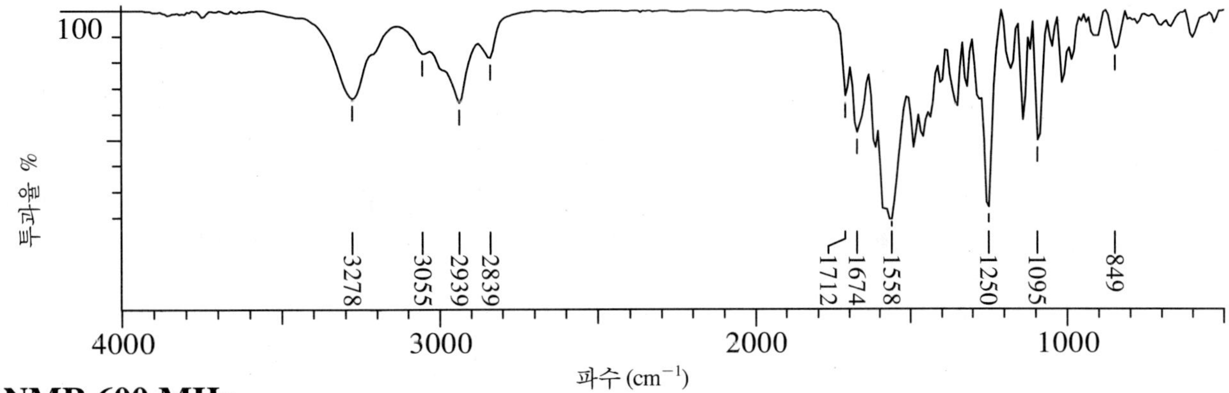

¹H NMR 600 MHz

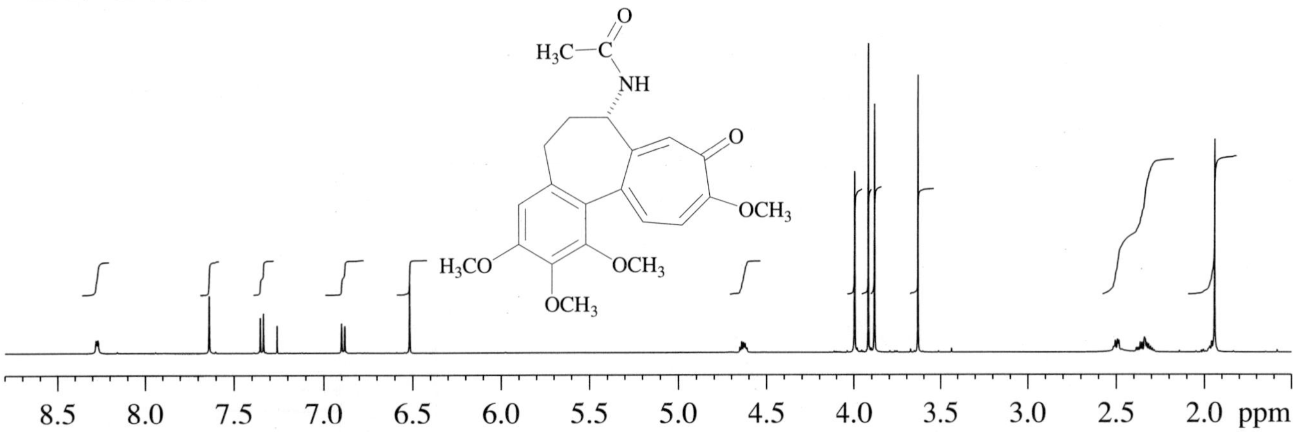

¹³C/DEPT NMR 150.9 MHz

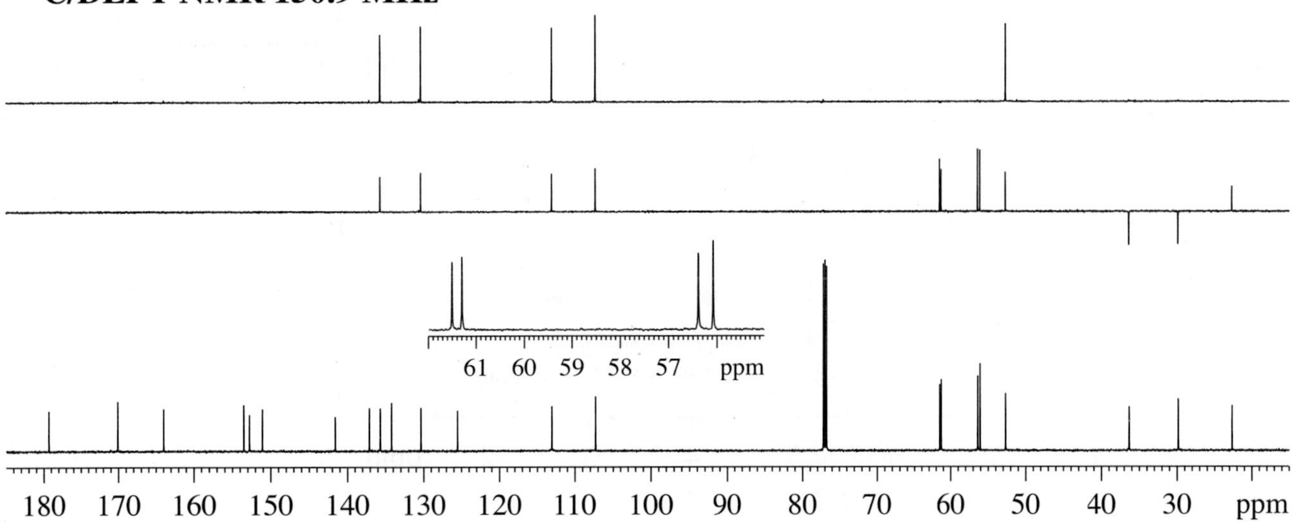

COSY 600 MHz

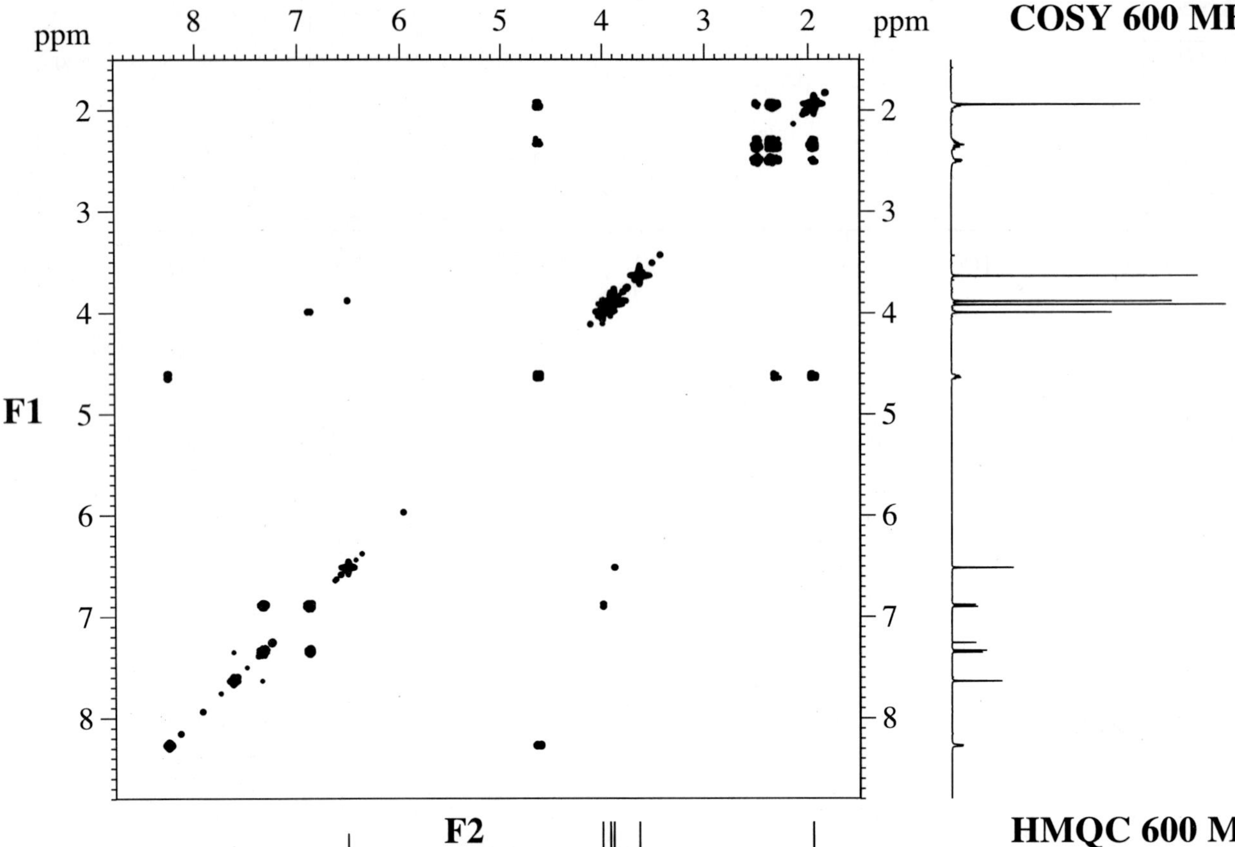

HMQC 600 MHz

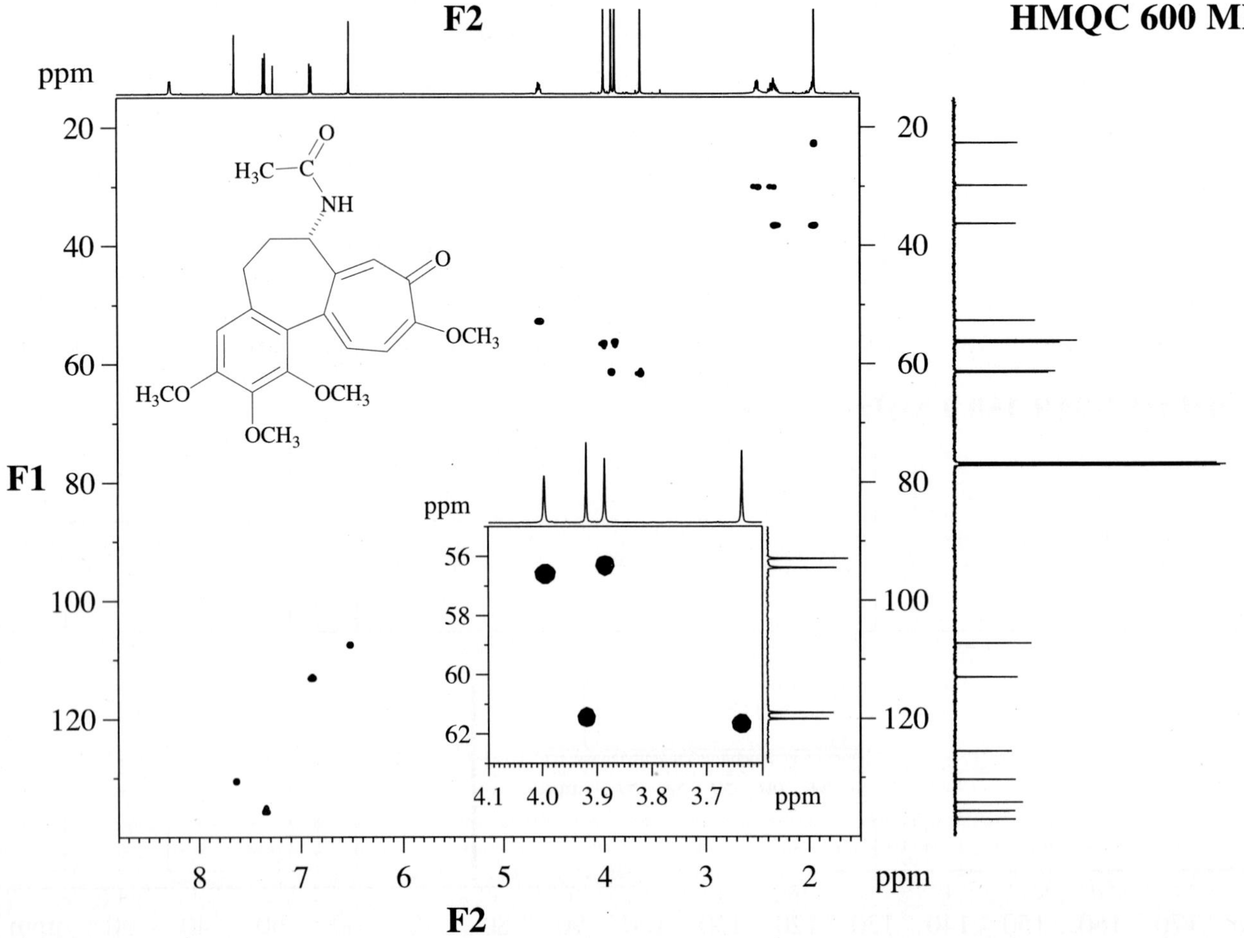

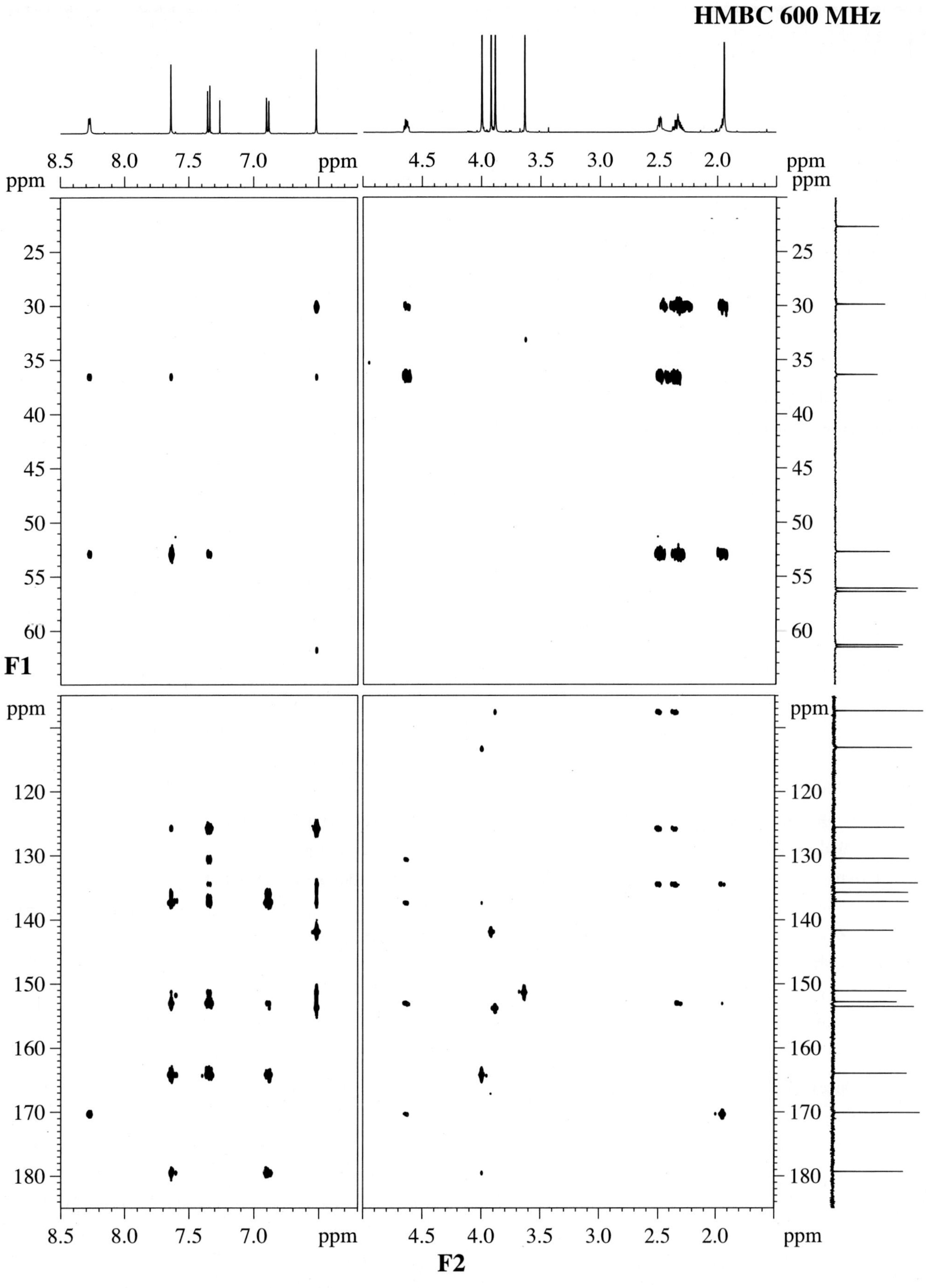
HMBC 600 MHz
ppm
F1
F2

찾아 보기

역 자

남계춘 : 전남대학교 교수
심원보 : 건양대학교 교수
문석식 : 공주대학교 교수
이효원 : 충북대학교 교수
홍인석 : 공주대학교 교수
-가나다순-

유기 화합물의 분광학 제7판

|저 자 Silverstein · Webster · Kiemle
|역 자 남계춘 · 문석식 · 심원보 · 이효원 · 홍인석
|펴 낸 이 주정희
|펴 낸 곳 자유아카데미
|주 소 경기도 파주시 교하읍 문발리 527-2
파주출판문화정보산업단지
|전 화 031-955-1321
|팩 스 031-955-1322
|전자우편 main@freeaca.com(대표)
editor@freeaca.com(편집)
|홈페이지 www.freeaca.com
|등 록 제406-2003-017호, 1980. 7. 12
|제7판1쇄 2008년 9월 10일 발행
|정 가 35,000원

역자와의
협의하에
인지생략

Printed in Korea
ISBN 978-89-7338-736-6 93430